Tabellenbuch Metallbau Konstruktionstechnik Feinblechbau

von

Josef Moos, Studiendirektor, Eching (Herausgeber)
Hans Werner Wagenleiter, Studiendirektor, Mülheim/Ruhr
Peter Wollinger, Studiendirektor, Winzer

4., überarbeitete Auflage

Handwerk und Technik – Hamburg

ISBN 978-3-582-0**3195**-2

Die Normblattangaben werden wiedergegeben mit Erlaubnis des DIN Deutsches Institut für Normung e.V. Maßgebend für das Anwenden der Norm ist deren Fassung mit dem neuesten Ausgabedatum, die bei der Beuth Verlag GmbH, Burggrafenstraße 6, 10787 Berlin, erhältlich ist.

Verlag Handwerk und Technik GmbH,
Lademannbogen 135, 22339 Hamburg; Postfach 63 05 00, 22331 Hamburg – 2009
E-Mail: info@handwerk-technik.de – Internet: www.handwerk-technik.de

Die CAD-Zeichnungen wurden nach Vorlagen ausgeführt vom Ingenieurteam Harald Kontny, 21109 Hamburg

Satz: CMS – Cross Media Solutions GmbH, 97080 Würzburg
Druck und Bindung: Stürtz GmbH, 97080 Würzburg

Vorwort

Das vorliegende Tabellenbuch ist ein Nachschlagewerk für alle, die in den vielfältigen Berufen des Metall- und Stahlbaus tätig sind. Es ergänzt die Lehrbücher, die im gleichen Verlag für diese Berufsgruppen schon erschienen sind. Als knappe, kompetente und übersichtliche Informationsquelle leistet es wertvolle Dienste in der Aus- und Fortbildung, in Meister-, Techniker- und Fachhochschulen ebenso wie in der Werkstatt und auf der Baustelle. Die Inhalte folgen dem bewährten Muster von Tabellenbüchern und sind gegliedert in

G Theoretische Grundlagen
K Technische Kommunikation
W Werkstoffe
B Bauelemente
F Fertigungstechnik
I Informations- und Steuerungstechnik

Damit sind die Themengebiete abgedeckt, die Benutzer erwarten, wenn sie sich rasch – allgemein als auch speziell – über die Arbeitsgebiete und Besonderheiten des Metall- und Stahlbaus sachkundig machen möchten. Besonders geeignet ist das Werk für Auszubildende in diesen Berufen, denn in der Auswahl der Normen und in der Zusammenstellung der Daten, Formeln, Zahlentafeln und Fachgebiete wurden die einschlägigen Rahmenlehrpläne der KMK sowie die Lehrpläne der Länder berücksichtigt.

Der fortschreitende politische Einigungsprozess der Europäischen Union verlangt nach gemeinsamen übernationalen Normen – der aktuelle Stand ist berücksichtigt, soweit er bei Drucklegung vorlag, Normenänderungen und neue Normen werden Anpassungen erfordern. Wo notwendig und sinnvoll wurden neben den Normen Erfahrungswerte „aus der Praxis" berücksichtigt und eingearbeitet. Auf Anwendungsbeispiele zu Formeln wurde bewusst verzichtet – so eignet sich dieses Tabellenbuch auch zum Einsatz in Prüfungen.
Die Berufe und Tätigkeiten des Metall- und Stahlbaus sind sehr breit gefächert, deshalb musste eine Auswahl und Kürzung der Inhalte erfolgen. Verlag und Autoren sind aber für Hinweise, Anregungen und Wünsche der Benutzer dankbar und werden sie bei der Überarbeitung und Ergänzung nach Möglichkeit berücksichtigen.

Sommer 2008 Autoren und Verlag

Inhaltsübersicht

Theoretische Grundlagen

Theoretische Grundlagen
Technische Kommunikation
Werkstoffe
Bauelemente
Fertigungstechnik
Informations- und Steuerungstechnik
Anhang

Grundbegriffe

Begriff	Erklärung	Beispiele
Ziffern	Ziffern sind die Zahlenzeichen 0, 1 bis 9 Aus Ziffern lassen sich Zahlen bilden	1, 2, 3, 4, 5, 6, 7, 8, 9, 0
Zahlen	Zahlen werden aus Ziffern gebildet.	5, 123, 10 458, −24, −23, 98 1/2, −21, −0,23
Vorzeichen	Vorzeichen zeigen an, ob Zahlen oder Größen positiv oder negativ sind. Das positive Vorzeichen „+“ kann weggelassen werden.	+20 = 20 +56,3 = 56,3 −42, −128,67
Rechenzeichen	Rechenzeichen sind Anweisungen, welche Rechenoperation auszuführen ist.	+, −, *, :, $\sqrt{}$
Größen	Größen sind Eigenschaften von physikalischen Zuständen oder Vorgängen und sind messbar. Die Größe ist das Produkt aus Zahlenwert und Einheit	Zeit, Temperatur, elektr. Widerstand, Länge Größe: Zeit, z. B. 3 h Wert: 3 h 3 = Zahlenwert h = Einheit für Stunde
Einheiten	Physikalische Größen werden mithilfe von Einheiten messbar und vergleichbar.	h für Zeit in Stunden m für Länge in Meter kg für Masse in Kilogramm
Einheitengleichungen	Einheitengleichungen stellen Beziehungen zwischen Einheiten der gleichen Größe her	1 m = 1000 mm (Größe: Länge) 1 h = 60 min (Größe: Zeit)
Konstanten	Konstanten sind gleichbleibende physikalische Größen oder Zahlenwerte	3,14 = Zahlenwert für „Kreiskonstante π“
Koeffizienten	Koeffizienten sind Größen, die für einen physikalischen Vorgang bestimmend sind.	λ = 2,1 W/m · K (= Wärmeleitfähigkeitskoeffizient für Beton)
Formelzeichen	Formelzeichen stehen für Größen und ersetzen das Wort	t für die Größe: Zeit s für die Größe: Weg
Formeln	Formeln sind Gleichungen; sie werden aus Formelzeichen gebildet und stellen Beziehungen zwischen Größen her	$v = s/t$
Größengleichungen	Gleichungen stellen Beziehungen zwischen physikalischen Größen her. Sie können enthalten – Konstanten, z. B. π – Zahlen – Formelzeichen, z. B. n, v, d – mathematische Zeichen, z. B. „ : “ Die Einheiten werden nicht berücksichtigt! Beim Übergang zur Zahlenwertgleichung – Einheiten berücksichtigen!	$n = v/(\pi \cdot d)$ $n = v/(\pi \cdot d)\ \frac{\text{mm} \cdot 1}{\text{min} \cdot \text{mm}}$ $n = v/(\pi \cdot d)\ \frac{1}{\text{min}}$
Runden	Für das Runden von Ergebnissen von Zahlenwertgleichungen gilt DIN 1333: Ist die über die verlangte Stellenzahl hinausgehende Ziffer 5 oder größer ⇒ **aufrunden** Ist die über die verlangte Stellenzahl hinausgehende Ziffer kleiner als 5 ⇒ **abrunden**	**Ergebnis** **gerundet** 2 Nachkommastellen verlangt: 254,336 ⇒ 254,34 12,253 ⇒ 12,25 3 Nachkommastellen verlangt: 78,3463 ⇒ 78,346 23,9007 ⇒ 23,901 ohne Nachkommastellen: 87,4 ⇒ 87 21,9 ⇒ 22

SI[1)]-Basiseinheiten DIN 1301-1:2002-10

Physikalische Größe	Formelzeichen (DIN 1304-1)	SI-Einheiten	Einheitenzeichen (DIN 1301-1)	Weitere Einheiten
Länge	*l*, *s*	Meter	m	1 Meile = 1609 m
Masse	*m*	Kilogramm	kg	1 t = 1000 kg
Zeit	*t*	Sekunde	s	1 min = 60 s 1 h = 60 min = 3600 s
elektrische Stromstärke	*I*	Ampère	A	
Temperatur	*T*	Kelvin	K	0 K = −273,15 °C 0 °C = 273,15 K
Lichtstärke	I_v	Candela	cd	
Stoffmenge	*n*	Mol	mol	

Abgeleitete SI-Einheiten (Auswahl) DIN 1301-1:2002-10, DIN 1301-2:1978-02

Physikalische Größe	Formelzeichen (DIN 1304-1)	abgeleitete SI-Einheiten	Einheitenzeichen (DIN 1301-1)	Weitere Einheiten
Fläche	*A*, *S*	Quadratmeter	m^2	
Volumen	*V*	Kubikmeter	m^3	1 Liter = 1 dm^3
Dichte	ϱ	Kilogramm/ Kubikmeter	$\frac{kg}{m^3}$	1 g/cm^3 = 1 kg/dm^3 = 1 t/m^3
Winkel	$\alpha, \beta, \gamma, \theta$	Grad	°	1 rad (Radiant) 1° = π/180 rad
Drehzahl	*n*	1 pro Sekunde	$\frac{1}{s}$, s^{-1}	min^{-1}
Winkelgeschwindigkeit	ω	rad pro Sekunde	$\frac{rad}{s}$	
Geschwindigkeit	*v*	Meter pro Sekunde	$\frac{m}{s}$	1 m/s = 3,6 km/h
Beschleunigung	*a*	Meter pro s^2	$\frac{m}{s^2}$	g = 9,81 m/s^2 (Erdbeschleunigung)
Kraft	*F*	Newton	N	1 N = 1 kg · m/s^2
Druck	*P*	Pascal	Pa	1 Pa = 1 N/m^2 1 bar = 10 N/cm^2
mechanische Spannung	σ, τ	Newton pro mm^2	$\frac{N}{mm^2}$	
Energie, Wärmemenge, Arbeit	*W*, *S*, *E*, *Q*	Joule Wattstunde Wattsekunde	J Wh Ws	1 J = 1 Nm = 1 Ws
Leistung	*P*	Watt	W	1 W = 1 Nm/s = 1 V · 1 A
elektrische Spannung	*U*	Volt	V	1 V = 1 W/A
elektrischer Widerstand	*R*	Ohm	Ω	
Wärmedurchgangskoeffizient	*U*	Watt pro m^2 und Kelvin	$\frac{W}{m^2 \cdot K}$	
Wärmeleitfähigkeit	λ	Watt pro m und K	$\frac{W}{m \cdot K}$	

[1)] Système International d'Unités (Internationales Einheitensystem)

Vorsätze von Einheiten (Auswahl) — DIN 1301-1:2002-10

Vorsatz	Zeichen	Potenzschreibweise	Bedeutung	Beispiel
Mega	M	10^6	millionenfach	1 Megawatt = 1 MW = 1 000 000 W
Kilo	k	10^3	tausendfach	1 Kilometer = 1 km = 1000 m
Hekto	h	10^2	hundertfach	1 Hektoliter = 1 hl = 100 l
Deka	da	10^1	zehnfach	1 Dekagramm = 10 g
Dezi	d	10^{-1}	Zehntel	1 Dezimeter = 1 dm = 0,1 m
Zenti	c	10^{-2}	Hundertstel	1 Zentimeter = 1 cm = 0,01 m
Milli	m	10^{-3}	Tausendstel	1 Millimeter = 1 mm = 0,001 m

Vielfache und Teile von Einheiten

Längen	Flächen	Raummaße	Massen	Kräfte
1 km = 1000 m	1 ha = 100 a	1 m^3 = 1000 dm^3	1 t = 1000 kg	1 MN = 1000 kN
1 m = 10 dm	1 a = 100 m^2	1 dm^3 = 1000 cm^3	1 kg = 1000 g	1 kN = 1000 N
1 dm = 10 cm	1 m^2 = 100 dm^2	1 hl = 100 l	1 mg = 0,001 g	1 daN = 10 N
1 cm = 10 mm	1 m^2 = 10 000 cm^2	1 l = 1000 ml	1 g = 1000 mg	
1 mm = 0,001 m	1 cm^2 = 100 mm^2	1 cl = 0,01 l		
1 µm = 0,001 mm		1 ml = 0,001 l		

Formelzeichen (Auswahl) — DIN 1304-1:1994-3

Zeichen	Physikal. Größe	Zeichen	Physikal. Größe	Zeichen	Physikal. Größe
l	Länge	m'	längenbezog. Masse	E, W	Energie
h	Tiefe, Höhe	m''	flächenbezog. Masse	P	Leistung
b	Breite	ϱ	Dichte	η	Wirkungsgrad
r	Radius	F	Kraft	U	elektrische Spannung
d, D	Durchmesser	F_G, G	Gewichtskraft	I	elektrischer Strom
s	Weglänge	M	Drehmoment	R	elektrischer Widerstand
A, S	Fläche	p	Druck	ϱ	spezifischer elektrischer Widerstand
S	Querschnittsfläche	p_{abs}	absoluter Druck		
α, β, γ	Winkel	p_{amp}	Atmosphärendruck	N	Windungszahl
V	Volumen	p_e	Überdruck	T, t	Temperatur
t	Zeit	σ	Zugspannung	t	Celsiustemperatur
ω	Kreisfrequenz	τ	Schubspannung	$\Delta T, \Delta t$	Temperaturunterschied
n	Drehzahl	ε	Dehnung	Q	Wärmemenge
v	Geschwindigkeit	T	Torsionsmoment	λ	Wärmeleitfähigkeit
a	Beschleunigung	E	Elastizitätsmodul	α	Längenausdehnungskoeffizient
g	Erdbeschleunigung	G	Schubmodul		
$\dot{Q}$	Volumenstrom	W	Widerstandsmoment	γ	Volumenausdehnungskoeffizient
ω, Ω	Winkelgeschwindigkeit	I	Flächenmom. 2. Grad		
φ	Phasenwinkel	μ	Reibungszahl	c	spez. Wärmekapazität
m	Masse	W, A	Arbeit	H_u	spez. Heizwert

Griechisches Alphabet

A	α	alpha	Z	ζ	zeta	Λ	λ	lambda	Π	π	pi	Φ	φ	phi
B	β	beta	H	η	eta	M	μ	mü	P	ϱ	rho	X	χ	chi
Γ	γ	gamma	Θ	ϑ	theta	N	ν	nü	Σ	σ	sigma	Ψ	ψ	psi
Δ	δ	delta	I	ι	iota	Ξ	ξ	xi	T	τ	tau	Ω	ω	omega
E	ε	epsilon	K	κ	kappa	O	ο	omikron	Y	υ	ypsilon			

Grundrechnungsarten

Rechenoperation	Erklärung	Beispiele
Addition $a+b=c$ Summand + Summand = Summe **Subtraktion** $x-y=z$ Minuend – Subtrahend = Differenz Addition und Subtraktion gehören zur Gruppe der „Strichrechnungen“ $a+b$ ist ein Term (= sinnvoller Rechenausdruck)	a, b Summanden c Summe x Minuend y Subtrahend z Differenz $+ - =$ Rechenzeichen $a+b$ bzw. $a-b$ Term, Ausdruck Nur Terme mit gleichen Variablen lassen sich addieren und subtrahieren. Terme mit ungleichen Variablen erst ordnen, dann addieren oder subtrahieren Klammern fassen zusammen, was zusammengehört!	$4+7+21=32$ $25-3-12=10$ $2\text{ m}+3\text{ m}=5\text{ m}$ $4a+3a+a=8a$ $18b-3b-2b=13b$ $7a+2b-3a+4b=4a+6b$ $16a-(5b+3b)=16a-8b$
Multiplikation $a \cdot b=c$ Faktor · Faktor = Produkt **Division** $x:y=z$ oder $\frac{x}{y}=z$ Dividend durch Divisor = Quotient Multiplikation und Division gehören zur Gruppe der „Punktrechnungen“	a, b Faktoren c Produkt x Dividend y Divisor z Quotient $a \cdot b$ bzw. $x:y$ Term, Ausdruck Faktoren können vertauscht werden Haben zwei Faktoren gleiches Vorzeichen ist das Ergebnis positiv: „+“ mal „+“ gibt „+“ und „–“ mal „–“ gibt „+“ Gilt auch für die Division! Haben zwei Faktoren verschiedenes Vorzeichen ist das Ergebnis negativ: „+“ mal „–“ gibt „–“ Gilt auch für die Division!	$2 \cdot 3 \cdot 5=30$ $60/2/3=10$ $2\text{ cm} \cdot 4\text{ cm}=8\text{ cm}^2$ $(+2)\cdot(+3)=+6$ $(-4)\cdot(-2)=+8$ $(-3)\cdot(+4)=-12$ $(+6)\cdot(-3)=-18$
Ausklammern	Gemeinsame Faktoren in Summen oder Differenzen ausklammern und vor die Klammer setzen.	$ax+bx=x\cdot(a+b)$ $\frac{a}{x}+\frac{b}{x}=\frac{1}{x}\cdot(a+b)$
Auflösen von Klammern	Faktor · Klammer = = Faktor · 1. Glied + Faktor · 2. Glied + + … Vorzeichen beachten! Klammer · Klammer = = jedes Glied der 1. Klammer · jedes Glied der 2. Klammer. Vorzeichen beachten!	$5\cdot(2+6)=5\cdot 2+5\cdot 6=40$ oder: $5\cdot 8=40$ $(4+a)\cdot(3+b)$ $=4\cdot 3+4\cdot b+3\cdot a+a\cdot b$ $=12+4b+3a+a\cdot b$
Rechenregeln	„Punktrechnung vor Strichrechnung“ Was zusammengehört oder zuerst berechnet werden soll steht in Klammern. Differenzen und Summen nicht kürzen. Bruchstrich kann eine Klammer ersetzen.	$4+2\cdot 3=4+6=10$ aber: $(4+2)\cdot 3=18$ $\frac{(5x+21)}{x}\neq 5+21$ $(7+9):2=\frac{7+9}{2}=8$

Bruchrechnen

Rechenoperation	Erklärung	Beispiele
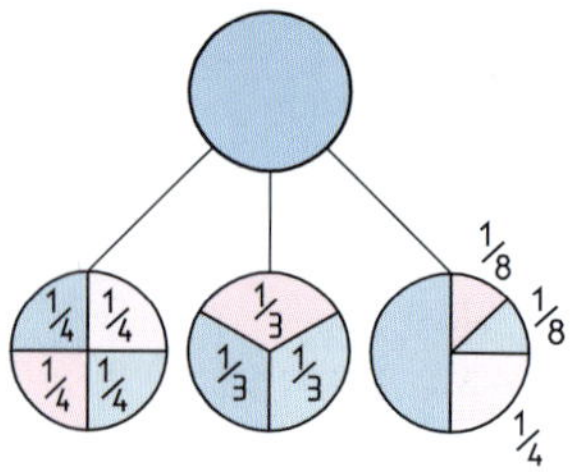	Ein Bruch ist ein Teil eines Ganzen. Nenner = Größe der Teilstücke = = Anzahl der Teilungen Zähler = Anzahl der gleichen Teilstücke	$\frac{1}{4}; \frac{3}{8}; \frac{7}{16}$
	x Zähler y Nenner	$\frac{x}{y}$
	Je größer der Nenner, desto kleiner das einzelne Teilstück!	$\frac{2}{9} < \frac{2}{7} < \frac{2}{3}$
	Zähler < Nenner: echter Bruch	$\frac{3}{9}; \frac{5}{6}$
	Zähler > Nenner: unechter Bruch (Ganze Zahl + Bruch)	$\frac{7}{7} + \frac{5}{7} = \frac{12}{7} = 1\frac{5}{7}$ $\frac{9}{8} = \frac{8}{8} + \frac{1}{8} = 1\frac{1}{8}$
Erweitern	Zähler und Nenner mit der gleichen Zahl multiplizieren.	$\frac{3}{4} = \frac{3 \cdot 2}{4 \cdot 2} = \frac{6}{8}$
Kürzen	Zähler und Nenner durch die gleiche Zahl teilen.	$\frac{9}{12} = \frac{9:3}{12:3} = \frac{3}{4}$
Addieren **Subtrahieren**	Nur gleichnamige Brüche (= mit gleichem Nenner) lassen sich addieren und subtrahieren	$\frac{1}{4} + \frac{3}{4} + \frac{6}{4} = \frac{10}{4}$
	bei ungleichnamigen Brüchen erst Hauptnenner suchen	$\frac{1}{3} + \frac{1}{4} = \frac{(4+3)}{12} = \frac{7}{12}$
	Hauptnenner (HN) = Produkt der einzelnen Nenner	$HN = 3 \cdot 4 = 12$
Multiplizieren Bruch · ganze Zahl	„Zähler mal Zahl"	$\frac{5}{12} \cdot 3 = \frac{(5 \cdot 3)}{12} = \frac{15}{12} = 1\frac{3}{12} = 1\frac{1}{4}$
Bruch · Bruch	„Zähler mal Zähler" und „Nenner mal Nenner"	$\frac{4}{5} \cdot \frac{3}{8} = \frac{(4 \cdot 3)}{(5 \cdot 8)} = \frac{12}{40} = \frac{3}{10}$
Dividieren Bruch durch ganze Zahl	„Zähler durch Zahl" oder „Nenner mal Zahl"	$\frac{7}{8} : 2 = \frac{\frac{7}{8}}{2} = \frac{7}{8 \cdot 2} = \frac{7}{16}$
Bruch durch Bruch	„Bruch mal Kehrwert des Divisors"	$\frac{5}{6} : \frac{10}{18} = \frac{\frac{5}{6}}{\frac{10}{18}} = \frac{5 \cdot 18}{6 \cdot 10} = \frac{90}{60} = \frac{9}{6} = 1\frac{1}{2}$
Ganze Zahl durch Bruch	„Ganze Zahl mal Kehrwert Bruch"	$12 : \frac{2}{3} = \frac{12}{\frac{2}{3}} = \frac{12 \cdot 3}{2} = \frac{36}{2} = 18$
Umwandeln Bruch in Dezimalzahl	„Zähler geteilt durch Nenner"	$\frac{3}{4} = 3:4 = 0{,}75$
Dezimalzahl in Bruch	„Bruch geteilt durch 1" und „mit soviel Vielfachen von 10 im Zähler und Nenner multiplizieren, wie Kommastellen im Zähler vorhanden sind".	$0{,}27 = \frac{0{,}27}{1} = \frac{0{,}27 \cdot 100}{1 \cdot 100} = \frac{27}{100}$ $0{,}456 = \frac{0{,}456}{1} = \frac{0{,}456 \cdot 1000}{1 \cdot 1000} = \frac{456}{1000}$

Potenzen

Rechenoperation	Erklärung	Beispiele
$a^b = c$	*a* Basis = Faktor *b* Exponent = Anzahl gleicher Faktoren *c* Potenzwert	$2^4 = 16$ Taschenrechner: 2 x^y 4 = 16
	Potenzen sind Produkte aus gleichen Faktoren	$2^4 = 2 \cdot 2 \cdot 2 \cdot 2 = 16$
	Jede Zahl „hoch 0" ergibt 1 Jede Zahl „hoch 1" ist die Zahl selbst	$2^0 = 1$ $23^0 = 1$ $2^1 = 2$ $23^1 = 23$
Addieren **Subtrahieren**	Potenzen wie gleichartige Zahlen addieren bzw. subtrahieren, aber: Basis und Exponent müssen gleich sein!	$2x^3 + 5x^3 = 7x^3$ $9a^4 - 3a^4 = 6a^4$
Multiplizieren Basis gleich, Exponent verschieden	Exponenten addieren, Basis beibehalten	$3x^2 \cdot 5x^3 = 3 \cdot 5 \cdot x^{2+3} = 15x^5$ $4^2 \cdot 4^3 = 4^{2+3} = 4^5 = 4096$
Basis verschieden, Exponent gleich	Basen miteinander multiplizieren, Exponenten beibehalten	$7x^2 \cdot 2y^2 = 7 \cdot 2(x \cdot y)^2 = 14(x \cdot y)^2$ $3^2 \cdot 5^2 = (3 \cdot 5)^2 = 15^2 = 225$
Dividieren Basis gleich, Exponent verschieden	Exponenten voneinander abziehen, Basis beibehalten	$\frac{3^6}{3^4} = 3^{6-4} = 3^2 = 9$
Basis verschieden, Exponent gleich	Basen dividieren, Exponenten beibehalten	$\frac{12^2}{3^2} = \left(\frac{12}{3}\right)^2 = 4^2 = 16$ $15x^5 : 5x^2 = (15:5)\,x^{5-2} = 3x^3$
Potenzieren allgemein: Exponent ist eine Zahl	Basis mit dem Produkt der Exponenten multiplizieren	$(3^4)^2 = 3^{4 \cdot 2} = 3^8$
Exponent ist ein Bruch	als Wurzel schreiben	$x^{\frac{2}{3}} = \sqrt[3]{x^2}$
Exponent ist eine negative Zahl	Basis in den Nenner, Exponent wird dann positiv	$x^{-3} = \frac{1}{x^3}$

Rechnen mit Zehnerpotenzen

Schreibweise als Zahl	Zehnerpotenz	Vorsatz (bei der Verwendung von Einheiten)	Schreibweise als Zahl	Zehnerpotenz	Vorsatz (bei der Verwendung von Einheiten)
1	10^0	Jede Zahl hoch Null = 1	1	10^0	
10	10^1	deka (da), z. B. Dekagramm	0,1	10^{-1}	deci (d), z. B. Dezimeter
100	10^2	hekto (h), z. B. Hektoliter	0,01	10^{-2}	centi (c), z. B. Zentimeter
1 000	10^3	kilo (k), z. B. Kilogramm	0,001	10^{-3}	milli (mm), z. B. Milligramm
10 000	10^4		0,000 1	10^{-4}	
100 000	10^5		0,000 01	10^{-5}	
1 000 000	10^6	Mega (M), z. B. Megawatt	0,000 001	10^{-6}	mikro (μm), z.B. Mikrometer

Wurzeln

Rechenoperation	Erklärung	Beispiele
$\sqrt[n]{a} = b$ oder: $a^{\frac{1}{n}} = b$	*a* Radikant *b* Wurzelwert *n* Wurzelexponent; gibt an, in wie viele gleiche Faktoren der Radikant zerlegt werden muss Exponent 2 wird meist weggelassen Wurzelziehen wird auch „Radizieren" genannt.	$\sqrt[3]{27} = \sqrt[3]{3 \cdot 3 \cdot 3} = 3$ $\sqrt{64} = 8$ Taschenrechner: [2] [7] [$x^{1/y}$] [3] [=] [3] [6] [4] [√] [8]
Vorzeichen	Wurzelexponent ist eine gerade Zahl: Wurzelwert positiv oder negativ Radikant darf nicht negativ sein! Wurzelexponent ist eine ungerade Zahl: Wurzelwert ist positiv, wenn Radikant positiv Wurzelwert ist negativ, wenn Radikant negativ	$\sqrt[2]{49} = +7$ oder -7 $\sqrt[4]{625} = +5$ oder -5 $\sqrt[3]{27} = +3$ $\sqrt[3]{-27} = -3$
Addieren **Subtrahieren**	Faktoren addieren (bzw. subtrahieren), Wurzel beibehalten aber: Wurzelexponent und Radikant müssen gleich sein!	$\sqrt{x} + 2\sqrt{x} = 3 \cdot \sqrt{x}$ $6\sqrt{y} - \sqrt{y} - 2\sqrt{y} = 3\sqrt{y}$
Multiplizieren **Dividieren**	Radikanten unter einer Wurzel schreiben und miteinander multiplizieren oder dividieren aber: Wurzelexponent muss gleich sein!	$\sqrt[2]{12} \cdot \sqrt[2]{3} = \sqrt[2]{12 \cdot 3} = \sqrt[2]{36} = 6$ $\sqrt[2]{12} : \sqrt[2]{3} = \sqrt[2]{\frac{12}{3}} = \sqrt[2]{4} = 2$
Potenzieren	Radikant potenzieren	$\left(\sqrt[2]{9}\right)^4 = \sqrt[2]{9^4} = 9^{\frac{4}{2}} = 9^2 = 81$ Taschenrechner: [4] [÷] [2] [=] [2] [Min] [AC] [9] [x^y] [MR] [=] [81]
Wurzel aus einer Wurzel ziehen	Wurzelexponenten miteinander multiplizieren	$\sqrt[3]{\sqrt[2]{64}} = \sqrt[3 \cdot 2]{64} = \sqrt[6]{64} = 2$ Taschenrechner: [3] [×] [2] [=] [6] [Min] [AC] [6] [4] [$x^{1/y}$] [MR] [=] [2]

Gleichungen

Begriff	Erklärung	Beispiele	
Seitentausch	Linke und rechte Seite können vertauscht werden	$5x+7=12$ $12=5x+7$	
Kehrwert	Auf beiden Seiten können Zähler und Nenner vertauscht werden	$\frac{8x}{24}=\frac{96}{48}$ $\frac{24}{8x}=\frac{48}{96}$	
		Gleichung	Rechenoperation auf beiden Seiten
Umstellen Summengleichung	Auf beiden Seiten den gleichen Wert abziehen	$x+8=20$ $x=20-8$ $x=12$	-8
Differenzgleichung	Auf beiden Seiten den gleichen Wert addieren	$x-4=12$ $x=12+4$ $x=16$	$+4$
Produktgleichung	Auf beiden Seiten durch den gleichen Wert teilen	$x\cdot 5=80$ $x=80:5$ $x=16$	$:5$
Quotientengleichung	Auf beiden Seiten mit dem gleichen Wert multiplizieren	$x:7=3$ $x=3\cdot 7$ $x=21$ oder $\frac{x}{7}=3$	$\cdot 7$
Potenzgleichung	Auf beiden Seiten die Wurzel ziehen, Wurzelexponent = Exponent der Potenz	$x^3=64$ $x=\sqrt[3]{64}$ $x=4$	$\sqrt[3]{\ }$
Allgemeine Formel	Schrittweise auflösen!	$v=\frac{s}{t}$ $\frac{s}{t}=v$ $s=v\cdot t$ $t=\frac{s}{v}$	 Seitentausch auflösen nach s auflösen nach t
	Schrittweise auflösen!	$A=d^2\cdot\frac{\pi}{4}$ $d^2\cdot\frac{\pi}{4}=A$ $d^2=4\cdot\frac{A}{\pi}$ $d=\sqrt[2]{4\cdot\frac{A}{\pi}}$	 Seitentausch auflösen nach d^2 auflösen nach d

Gleichungen (Fortsetzung)

	Formel	Formelzeichen	Erklärung
Schlussrechnung 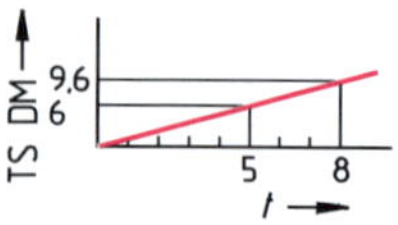	**Gleiches Verhältnis = direkt proportional** 1. Behauptungssatz: 5 t Stahl kosten 5000,– € 2. Mittelsatz: Mehrheit ⇒ Einheit 1 t Stahl kostet $\frac{5000}{5}$ € 3. Schlusssatz: Einheit ⇒ neue Mehrheit: 8 t Stahl kosten $\frac{5000\,€ \cdot 8}{5} = 8000\,€$		
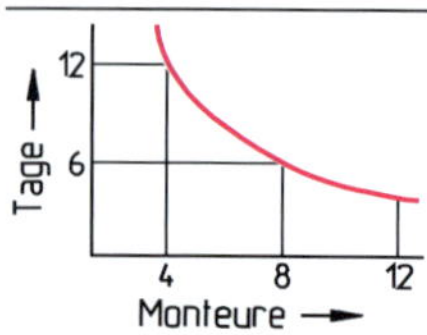	**umgekehrtes Verhältnis = indirekt proportional** 1. Behauptungssatz: 4 Monteure errichten eine Halle in 12 Tagen 2. Mittelsatz: Mehrheit ⇒ Einheit 3. Schlusssatz: Einheit ⇒ neue Mehrheit: 8 Monteure errichten die Halle in $\frac{12\text{ Tage} \cdot 4}{8} = 6$ Tagen		
Prozentrechnung 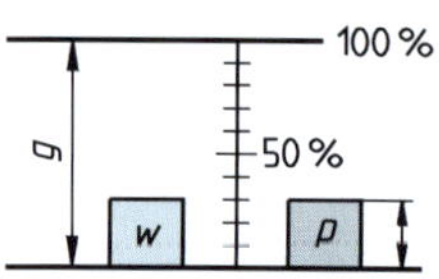	$1\,\% = \frac{1}{100} = 1$ v. H. (von Hundert) Bei der Prozentrechnung beziehen sich alle Größen auf 100 $\frac{p}{100} = \frac{w}{g}$ $w = \frac{p \cdot g}{100}$	p w g	Prozentsatz in % Prozentwert, Teilmenge Grundwert = 100%
Promillerechnung 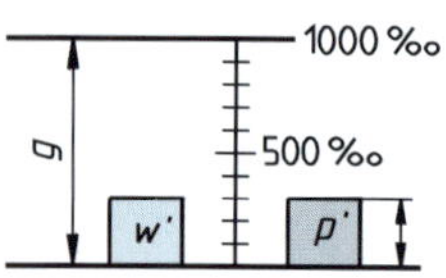	$1\,‰ = \frac{1}{1000} = 1$ v.T. (von Tausend) Bei der Promillerechnung beziehen sich alle Größen auf 1000 $\frac{p'}{1000} = \frac{w'}{g}$ $w' = \frac{p' \cdot g}{1000}$	p' w' g	Promillesatz in ‰ Promillewert Grundwert = 1000‰
Zinsrechnung 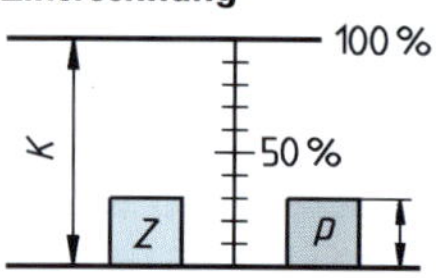	Der Zinssatz p verhält sich zu 100% wie die Zinsen Z zum eingesetzten Kapital K $\frac{p}{100} = \frac{Z}{K}$ $Z = \frac{K \cdot p \cdot t}{100}$	p Z K t	Zinssatz (-fuß) in % Zinsen in € Kapital in € Zeit in Jahren **Der Zinseszinseffekt ist nicht berücksichtigt**
Steigung (Gefälle) 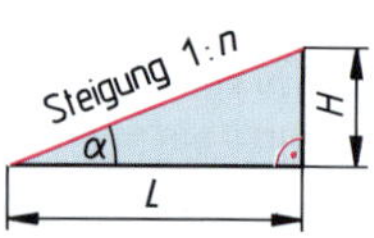	$1:n = \frac{H}{L}$ $S = \frac{H \cdot 100\%}{L}$ $\tan\alpha = \frac{H}{L}$	$1:n$ S H L α	Steigungsverhältnis Steigung (Gefälle) in % Höhendifferenz in m, mm horizontale Länge in m, mm Steigungswinkel in °
Neigung 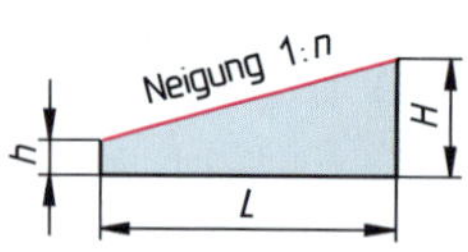	$1:n = \frac{H-h}{L}$ $H = h = \frac{L}{n}$ $L = n \cdot (H - h)$ $\tan\alpha = \frac{H}{L}$	$1:n$ H h L α	Neigungsverhältnis große Höhe in m, mm kleine Höhe in m, mm horizontale Länge in m, mm Neigungswinkel in °

Allgemeines Rechnen

	Formel	Formelzeichen	Erklärung
Maßstäbe Verkleinerung M 1 : *x* Werkstückmaß M 1 : 1 Vergrößerung M *x* : 1 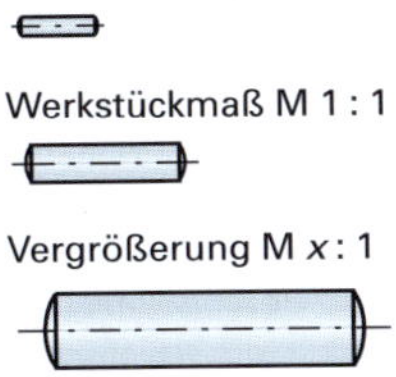	$ZM = \frac{WM}{x}$ $ZM = WM$ $ZM = WM \cdot x$	x ZM WM $1 : x$ $x : 1$	Verhältniszahl Zeichnungsmaß Werkstückmaß = natürl. Größe Verkleinerungen: z. B. 1 : 1000, 1 : 500, 1 : 100, 1 : 10, 1 : 5 Vergrößerungen: z. B. 2 : 1, 5 : 1, 10 : 1, 100 : 1
Schwindung 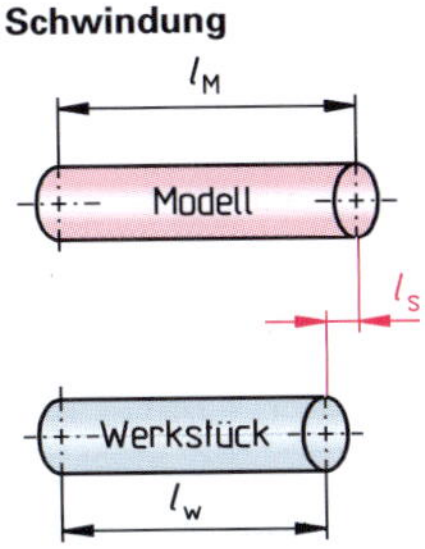	$l_W = l_M - l_S$ $l_S = \frac{l_M \cdot S_{\%}}{100}$ $l_M = \frac{l_W \cdot 100}{100 - S_{\%}}$	l_W l_M l_S $S_{\%}$	Länge des Werkstücks in mm Länge des Modells in mm Schwindung in mm Schwindmaß in %
Verschnitt 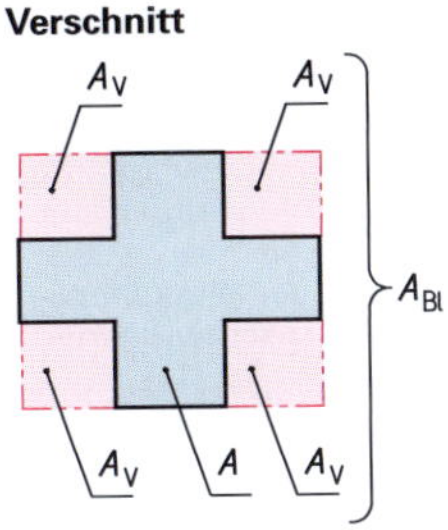	Fläche des fertigen Werkstücks $A = 100\%$ $A_{Bl} = A + A_V$ $A_V = A_{Bl} - A$ $A_{V\%} = \frac{A_V \cdot 100\%}{A}$ $A_{V\%} = \frac{(A_{Bl} - A) \cdot 100\%}{A}$ (bezogen auf die Ausgangsfläche)	A_{Bl} A A_V $A_{V\%}$	Blechbedarf, Ausgangsfläche in m², cm² Werkstückfläche in m², cm² Verschnitt in m², cm² Verschnitt in %
Mischungen 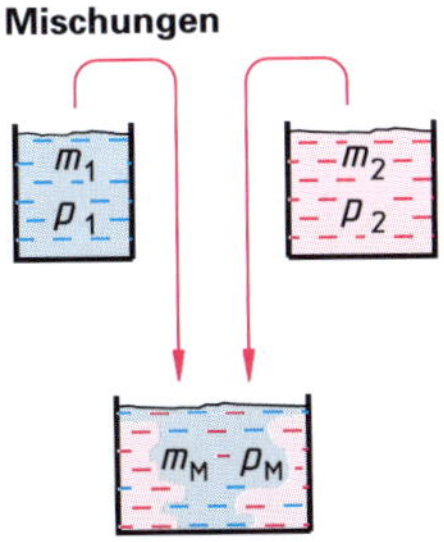	Durch Mischen von zwei Lösungen unterschiedlicher Menge *m* und Konzentration *p* soll eine Mischung m_M mit bestimmter Konzentration p_M hergestellt werden. $m_M = m_1 + m_2$ $p_1 \cdot m_1 + p_2 \cdot m_2 + \cdots = p_M \cdot (m_1 + m_2 + \cdots)$ $p_M = \frac{p_1 \cdot m_1 + p_2 \cdot m_2 + \cdots}{m_1 + m_2 +}$	p_1 p_2 p_M m_1 m_2 m_M	Massenanteil der Lösung 1 in % Massenanteil der Lösung 2 in % Massenanteil der Mischung in % erforderliche Masse von Lösung 1 in kg, g erforderliche Masse von Lösung 2 in kg, g Masse der Mischung in kg, g

$S_{\%}$ in %		$b_{\%}$ in %	
Gusseisen	1	Al-Guss	1,2
Stahlguss	2	CuZn-Guss	2

Rechtwinkliges Dreieck, Bogenmaß

	Formel	Formelzeichen	Erklärung
Lehrsatz des Pythagoras 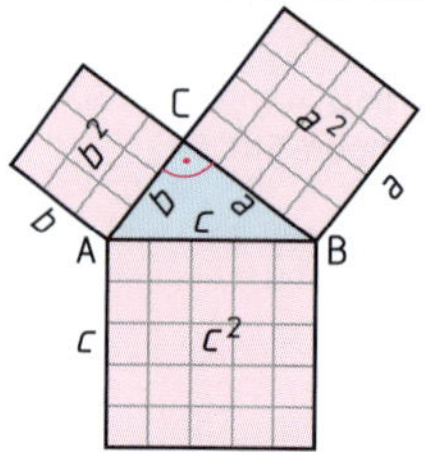	Im rechtwinkligen Dreieck gilt: Hypotenusenquadrat = Summe der Kathetenquadrate $c^2 = a^2 + b^2$ $c = \sqrt{a^2 + b^2}$ $a = \sqrt{c^2 - b^2}$ $b = \sqrt{c^2 - a^2}$	c a, b	Hypotenuse (liegt dem rechten Winkel gegenüber) Katheten (schließen den rechten Winkel ein)
Lehrsatz des Euklid (Kathetensatz) 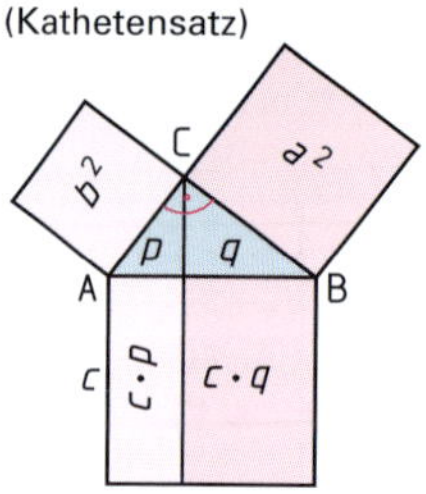	Im rechtwinkligen Dreieck gilt: Kathetenquadrat = Rechteck aus Hypotenuse und anliegendem Hypotenusenabschnitt $a^2 = c \cdot q$ $b^2 = c \cdot p$ $a = \sqrt{c \cdot q}$ $b = \sqrt{c \cdot p}$	a^2 b^2 c p, q	Kathetenquadrat Kathetenquadrat Hypotenuse Hypotenusenabschnitte
Winkelfunktionen 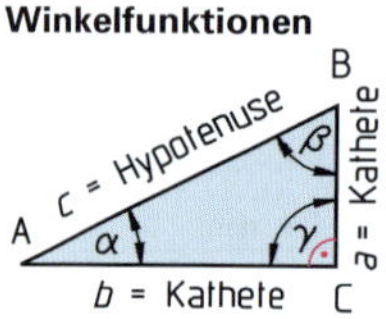 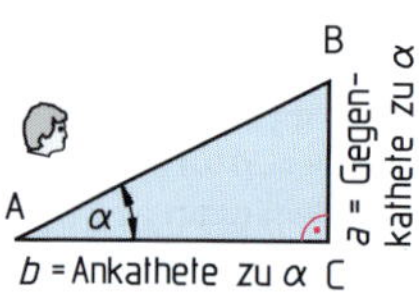 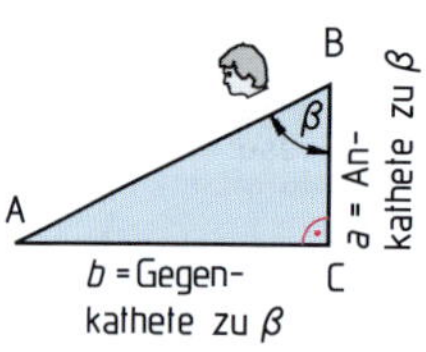	$\text{sinus} = \frac{\text{Gegenkathete}}{\text{Hypotenuse}}$ $\text{cosinus} = \frac{\text{Ankathete}}{\text{Hypotenuse}}$ $\text{tangens} = \frac{\text{Gegenkathete}}{\text{Ankathete}}$ $\text{cotangens} = \frac{\text{Ankathete}}{\text{Gegenkathete}}$ $\sin\alpha = \frac{a}{c}$ $\tan\alpha = \frac{a}{b}$ $\cos\alpha = \frac{b}{c}$ $\cot\alpha = \frac{b}{a}$ $\sin\beta = \frac{b}{c}$ $\tan\beta = \frac{b}{a}$ $\cos\beta = \frac{a}{c}$ $\cot\beta = \frac{a}{b}$	c a, b sin cos tan cot	Hypotenuse Katheten Sinus Cosinus Tangens Cotangens **Bei Berechnung der Winkelfunktionen mit dem Taschenrechner: Anzeige DEG bzw. D** Angabe der Steigung/Gefälle: siehe Seite G 10 $\text{Steigung} = \frac{\text{Gegenkathete}}{\text{Ankathete}}$ Steigung = tangens des Winkels Steigung = Prozentwert der Länge
Bogenmaß 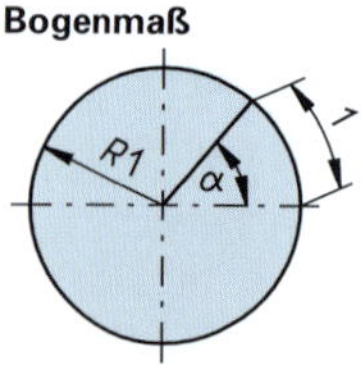	Angaben für einen Winkel α: – α in °: z. B. Halbkreis $\alpha = 180°$ – α in rad: z. B. Halbkreis $\widehat{\alpha} = \pi$ rad $\widehat{\alpha} = \frac{\pi \cdot \alpha}{180°}$ rad $\alpha = 30° = 0{,}523$ rad	α $\widehat{\alpha}$	Winkel in ° Winkel in rad (= Radiant, Bogenmaß) **1 rad ≈ 57°** 1° ≈ 0,0175 rad

Längen, Teilungen

	Formel	Formelzeichen	Erklärung
Teilung von Längen ohne Berücksichtigung der Bauteildicke **Randabstand** = **Teilung** (gleichmäßig) 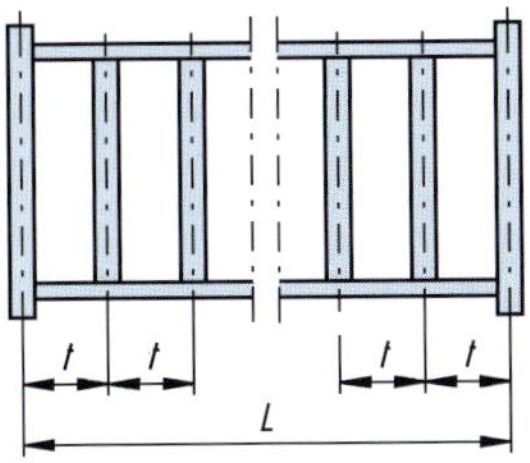	$L = z \cdot t$ $t = \frac{L}{n+1}$ $z = \frac{L}{t}$ $n = z - 1$	t L n z	Teilung (= Abstand der Mittellinien) in mm Gesamtlänge in mm Anzahl z. B. der Stäbe oder Bohrungen Anzahl der Teilungen (Felder)
Randabstand ≠ **Teilung** (gleichmäßig mit Randabstand) 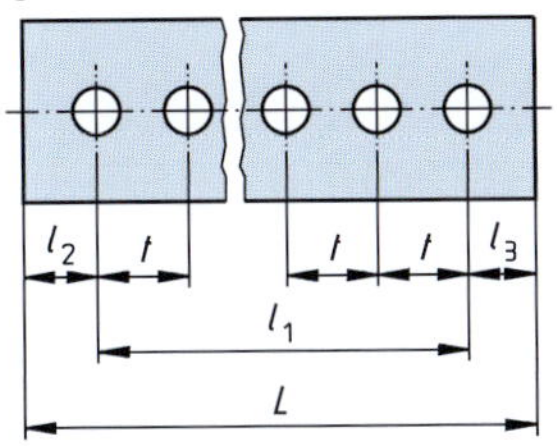	$L = l_1 + l_2 + l_3$ $L = z \cdot t + l_2 + l_3$ $t = \frac{l_1}{n-1}$ $z = \frac{l_1}{t}$ $n = z + 1$	l_1 $l_{2,3}$	Teilungslänge in mm Randabstände in mm
mit Berücksichtigung der Bauteildicke 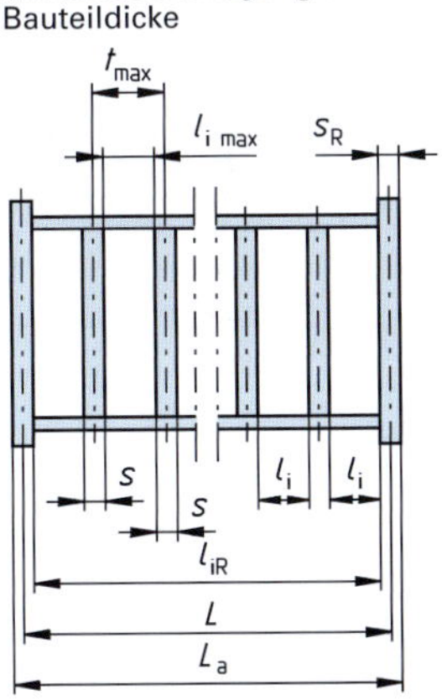	$t_{max} = l_{imax} + s$ $L = l_{iR} + s_R$ $L_a = L + s_R$ $z = \frac{L}{t_{max}}$ $z = \frac{l_{iR} + s_R}{l_{imax} + s}$ $n = z - 1$ $l_i = \frac{l_{iR} - n \cdot s}{z}$ $l_i = \frac{L_a - (2 \cdot s_R + n \cdot s)}{z}$	t_{max} L l_i l_{imax} l_{iR} L_a s s_R z n	maximale Teilung in mm Gesamtlänge in mm lichte Weite in mm maximale lichte Weite in mm lichte Weite des Rahmens in mm Außenlänge in mm Füllstabdicke in mm Rahmendicke in mm Anzahl der Teilungen (Felder) Anzahl der Stäbe, Bohrungen Nach Landesbauordnung: $l_{imax} \leq 120$ mm für senkrechte Stäbe: **(Durchschlupfsicherung)** $l_{imax} \leq 20$ mm für waagerechte Stäbe: **(Klettersicherung** in der unteren Hälfte von Geländern, wenn mit der Anwesenheit von Kindern zu rechnen ist)
Trennen von Bauteilen 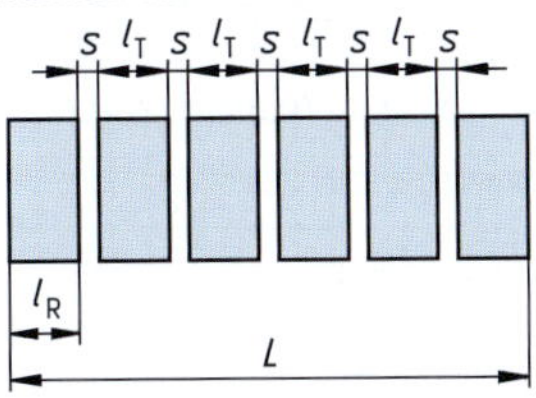	$n = \frac{L}{l_T + s}$ n immer abrunden bis zur nächsten **ganzen** Zahl. $l_R = L - (l_T + s) \cdot n$	n L l_T l_R s	Anzahl der Teilstücke Stablänge in mm Länge eines Teilstücks in mm Restlänge in mm Breite des Sägeschnitts in mm

Längen, Teilungen (Fortsetzung)

	Formel	Formelzeichen	Erklärung
Teilung an gekrümmten Bauteilen 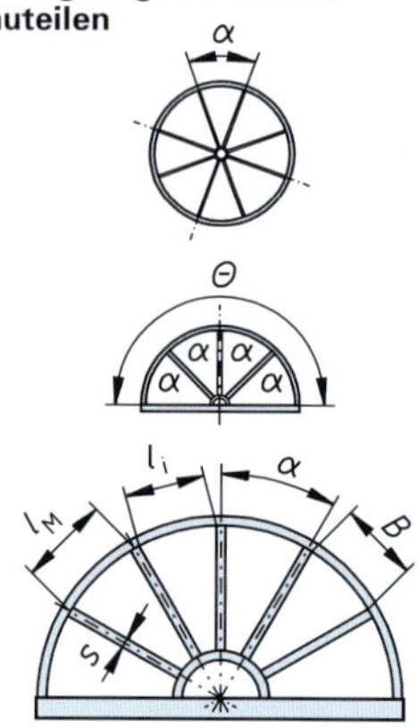	**Vollkreis**	α	Teilungswinkel in °
	$\alpha = \frac{360°}{n}$	n	Anzahl der Füllstäbe oder Bohrungen
	$l_M = d \cdot \sin\frac{\alpha}{2}$ $\quad l_i = l_M - s$	s	Füllstabdicke oder Bohrungsdurchmesser in mm
	$l_i = d \cdot \sin\frac{\alpha}{2} - s$	Θ	Gesamtwinkel eines Kreisausschnittes in °
	Kreisausschnitt	l_M	Sehnenlänge zwischen zwei Stabmitten (Bohrungsmitten) in mm
	$\alpha = \frac{\Theta}{n-1}$	l_{iR}	lichte Weite am Rand in mm
	$l_{iR} = d \cdot \sin\frac{\alpha}{2} - \frac{s}{2}$	l_i	lichte Weite zwischen zwei Füllstäben (Bohrungen) in mm
	$B = l_i$	d	Durchmesser des Rahmens (Lochkreisdurchmesser) in mm
		B	Bauteilbreite in mm

Teilungen mit Hilfe von Tabellen

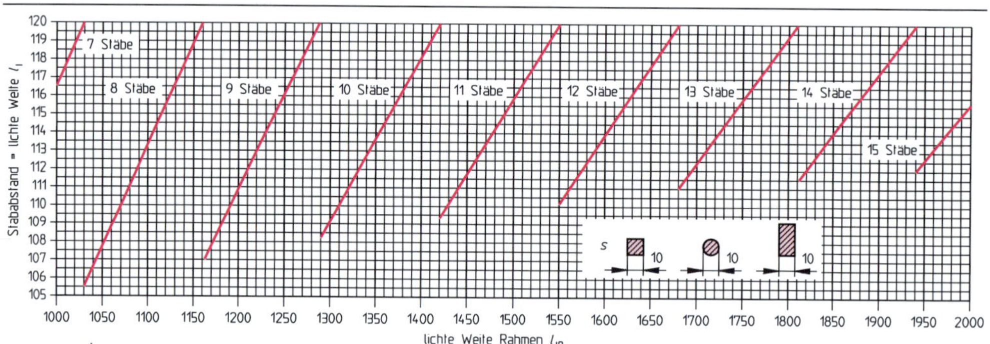

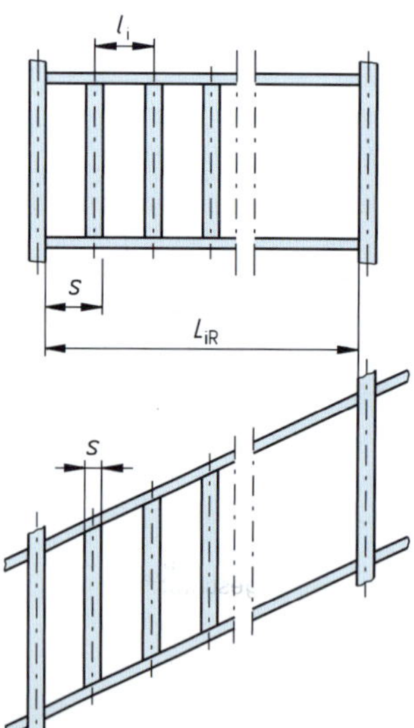

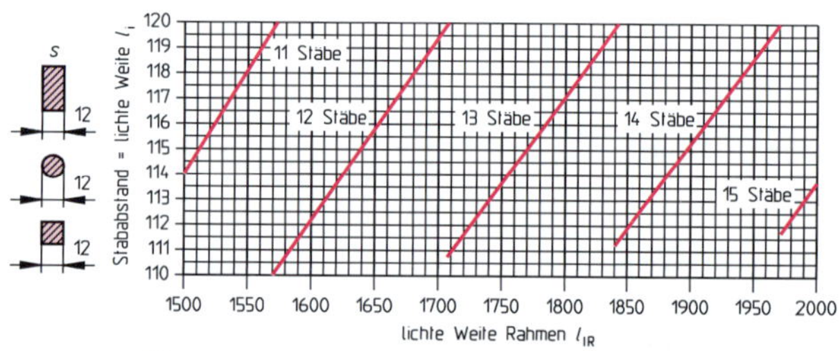

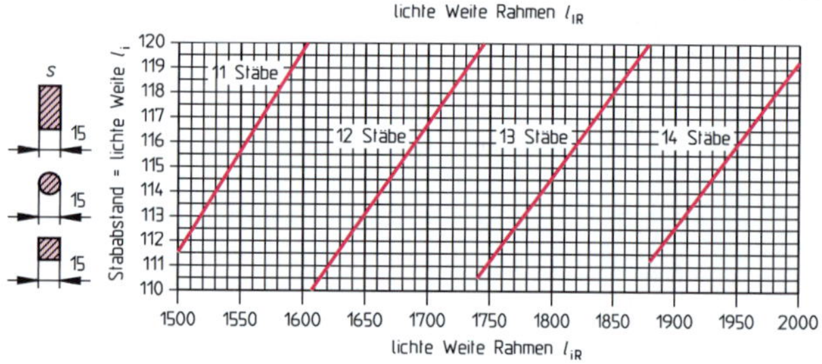

Gestreckte Längen

	Formel	Formelzeichen	Erklärung
Kreisring 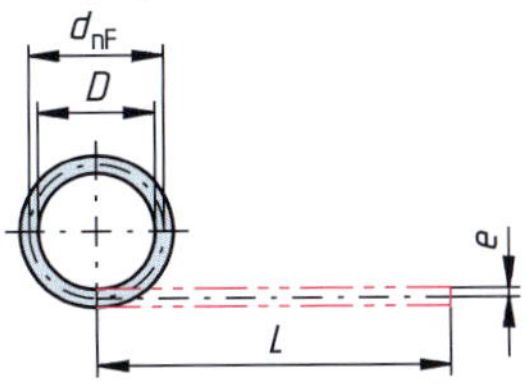	gestreckte Länge L = Länge der Schwerpunktlinie (neutralen Zone) $L = \pi \cdot d_{nF}$ $d_{nF} = D + 2 \cdot e$ $D = 2 \cdot R$	L d_{nF} e D R	gestreckte Länge in mm Durchmesser an der neutralen Zone in mm Abstand d. Schwerpunktlinie von Innenseite in mm Innendurchmesser (= Durchmesser des Biegedorns) in mm Biegeradius in mm
Bruchteil eines Kreises 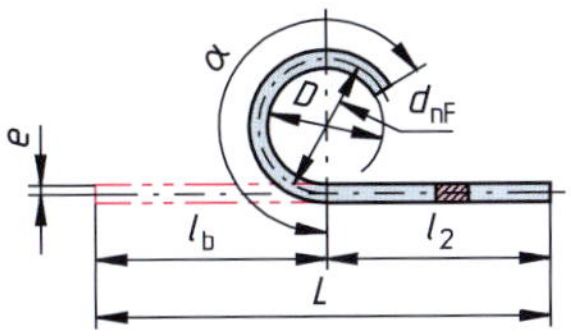	$L = l_b + l_2$ $l_b = \frac{\pi \cdot d_{nF} \cdot \alpha}{360^\circ}$ $d_{nF} = D + 2 \cdot e$	L l_b l_2 d_{nF} α e	gestreckte Länge in mm gekrümmtes Teilstück in mm gerades Teilstück in mm Durchmesser an der neutralen Zone in mm Biegewinkel in ° Abstand der Schwerpunktlinie in mm
Bunde Ecken abgerundet 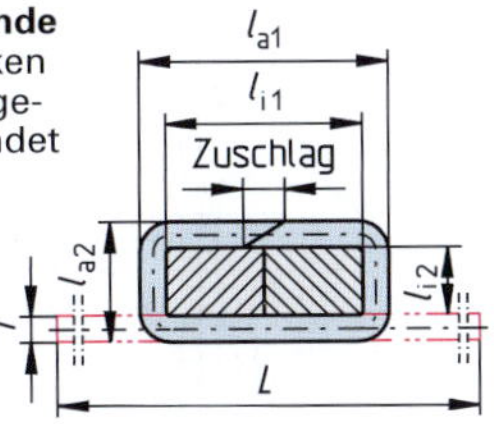	$L = 2 \cdot l_{a1} + 2 \cdot l_{a2} - n \cdot \frac{t}{2}$ $L = 2 \cdot l_{i1} + 2 \cdot l_{i2} + n \cdot \frac{t}{2}$	L $l_{a1,\,a2}$ $l_{i1,\,i2}$ n t	gestreckte Länge in mm Außenmaße in mm Innenmaße in mm Anzahl der Biegekanten Werkstückdicke (Bund) in mm Zuschlag: nach Werkstatterfahrung
Ecken angestaucht 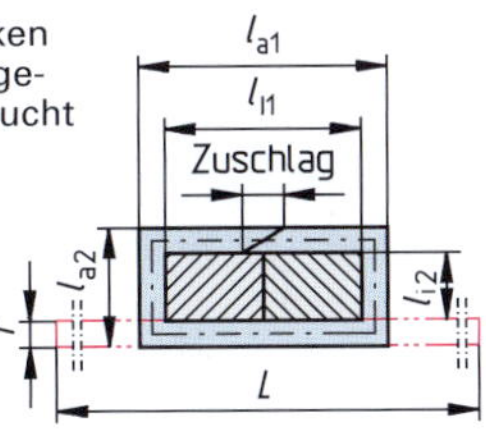	$L = 2 \cdot l_{a1} + 2 \cdot l_{a2} - n \cdot t$ $L = 2 \cdot l_{i1} + 2 \cdot l_{i2} + n \cdot t$		

Lage von Flächenschwerpunkten (zur Berechnung von gestreckten Längen)

S in Profilmitte

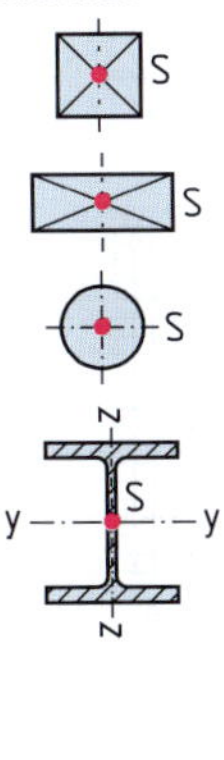

S nicht in Profilmitte

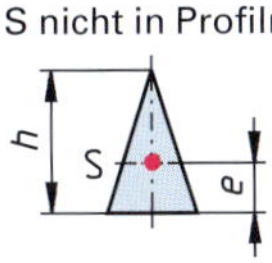

$e = \frac{h}{3}$

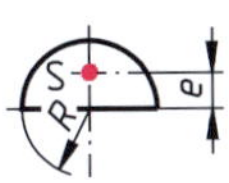

$e = \frac{4}{3} \cdot \frac{R}{\pi}$

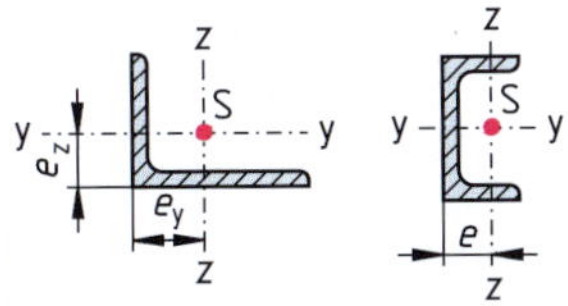

e, e_y, e_z siehe Profiltabellen

Beispiel:

$L = \pi \cdot (D + 2 \cdot e)$

L: gestreckte Länge des Bundes

D: Außendurchmesser d. Rohres

e: Schwerlinienabstand

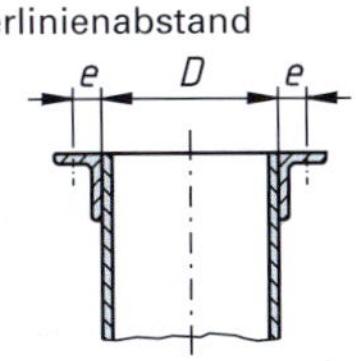

Flächen

	Formel	Formelzeichen	Erklärung
Quadrat 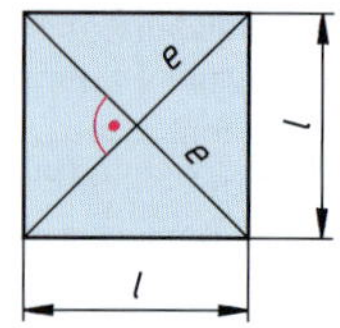	$A = l^2 \quad l = \sqrt{A}$ $A = \frac{e^2}{2} \quad e = l \cdot \sqrt{2}$ $U = 4 \cdot l$	A l e U	Fläche in mm² Seitenlänge in mm Diagonale, Eckenmaß in mm Umfang in mm
Rechteck 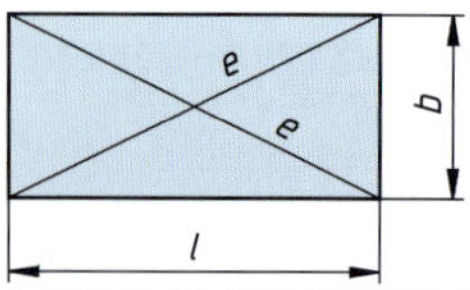	$A = l \cdot b$ $e = \sqrt{l^2 + b^2}$ $U = 2 \cdot (l + b)$	A l b e U	Fläche in mm² Seitenlänge in mm Breite in mm Diagonale, Eckenmaß in mm Umfang in mm
Parallelogramm allgemein 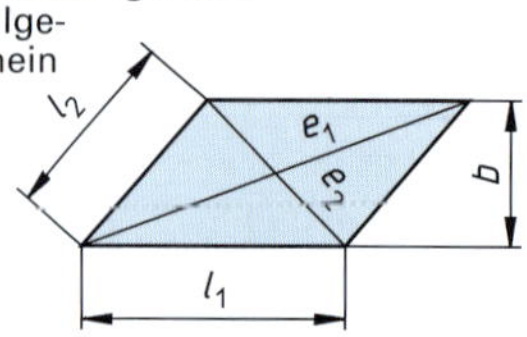	$A = l_1 \cdot b \quad A = l_1 \cdot l_2 \cdot \sin\alpha$ $U = 2 \cdot (l_1 + l_2)$	A $l_{1,2}$ b $e_{1,2}$ U α	Fläche in mm² Seitenlängen in mm Breite in mm Diagonale, Eckenmaß in mm Umfang in mm Eckenwinkel in °
Raute 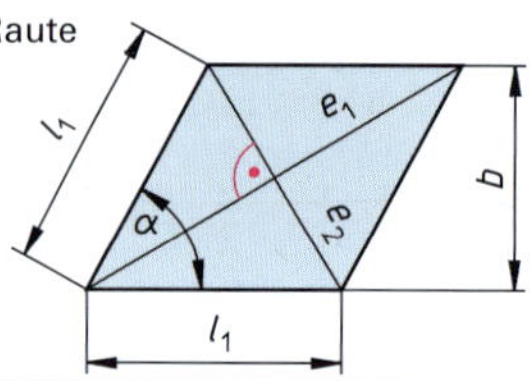	$A = l_1 \cdot b$ $A = l_1^2 \cdot \sin\alpha$ $U = 4 \cdot l$		
Dreieck allgemein 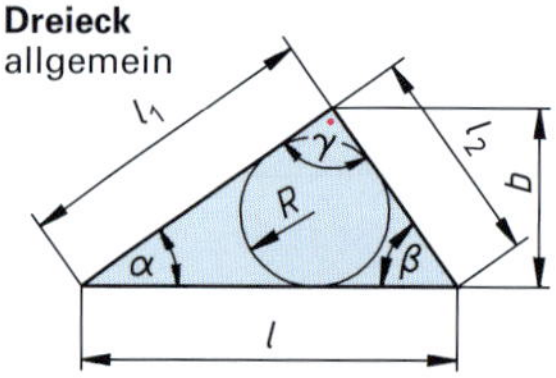	$A = \frac{l \cdot b}{2}$ $A = \frac{R \cdot U}{2}$ $U = l + l_1 + l_2$ $A = \frac{1}{4}\sqrt{U(U-2l)(U-2l_1)(U-2l_2)}$	A l b $l_{1,2}$ U α, β, γ R	Fläche in mm² Grundseite in mm Breite in mm Seitenlängen in mm Umfang in mm Winkel im Dreieck in ° Inkreisradius in mm
gleichschenkelig $\alpha = \beta$ 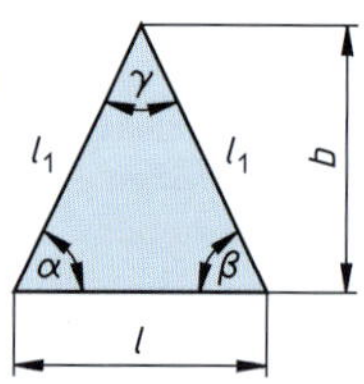	$A = \frac{l \cdot b}{2}$ $l_1 = \frac{l}{2} \cdot \sin\frac{\gamma}{2} \quad b = \sqrt{l_1^2 - \frac{l^2}{4}}$ $U = l + 2 \cdot l_1$		
gleichseitig $\alpha = \beta = \gamma$ 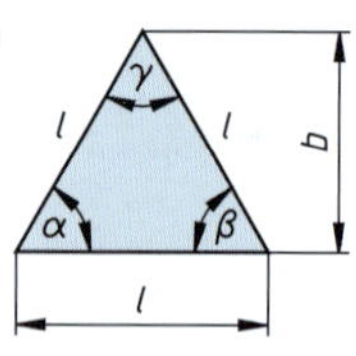	$A = \frac{l^2}{4} \cdot \sqrt{3} \quad \approx 0{,}433 \cdot l^2$ $b = \frac{l}{2} \cdot \sqrt{3} \approx 0{,}866 \cdot l$ $U = 3 \cdot l$		

Flächen (Fortsetzung)

	Formel	Formelzeichen	Erklärung

Trapez

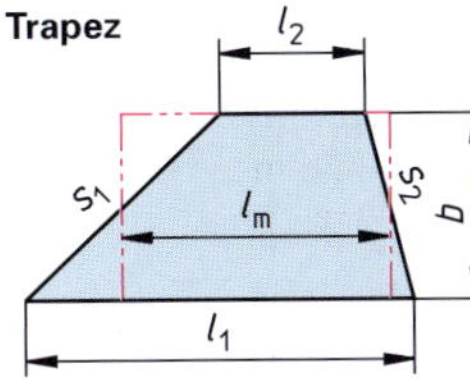

Formel	Formelzeichen	Erklärung
$A = l_m \cdot b$	A	Fläche in mm²
$A = \frac{l_1 + l_2}{2} \cdot b$	b	Breite in mm
$l_m = \frac{l_1 + l_2}{2}$	$l_{1,2}$	Seitenlängen, parallel in mm
$U = l_1 + l_2 + s_1 + s_2$	l_m	mittlere Seitenlänge
	$s_{1,2}$	Seitenlängen, nicht parallel in mm

Regelmäßiges Vieleck

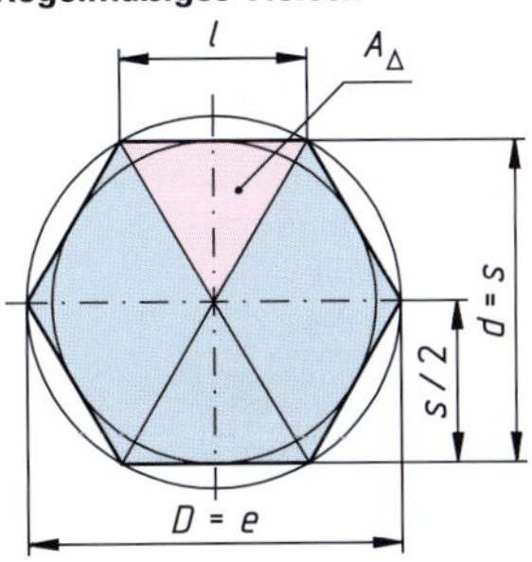

Formel	Formelzeichen	Erklärung
$A = A_{\triangle} \cdot n$	A	Vieleckfläche in mm²
$A = \frac{n \cdot l \cdot d}{4}$	$A_{\triangle}$	Teilfläche in mm²
$l = D \cdot \sin\left(\frac{180^\circ}{n}\right)$	n	Anzahl der Ecken
$U = n \cdot l$	l	Seitenlänge in mm
	d	Inkreisdurchmesser in mm
	D	Umkreisdurchmesser in mm
	e	Diagonale, Eckenmaß in mm
	U	Umfang in mm
	s	Schlüsselweite in mm

Eckenzahl	A			s
3	$0{,}325 \cdot D^2$	$0{,}299 \cdot d^2$	$0{,}433 \cdot l^2$	–
4	$0{,}500 \cdot D^2$	$1{,}000 \cdot d^2$	$1{,}000 \cdot l^2$	$0{,}707 \cdot e$
5	$0{,}594 \cdot D^2$	$0{,}908 \cdot d^2$	$1{,}721 \cdot l^2$	–
6	$0{,}650 \cdot D^2$	$0{,}866 \cdot d^2$	$2{,}598 \cdot l^2$	$0{,}866 \cdot e$
8	$0{,}707 \cdot D^2$	$0{,}828 \cdot d^2$	$4{,}828 \cdot l^2$	$0{,}924 \cdot e$
12	$0{,}750 \cdot D^2$	$0{,}804 \cdot d^2$	$11{,}196 \cdot l^2$	$0{,}966 \cdot e$

Drachenviereck

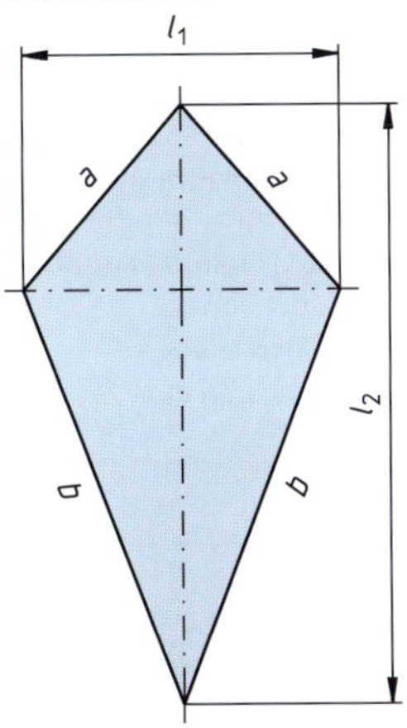

Formel	Formelzeichen	Erklärung
$A = \frac{l_1 \cdot l_2}{2}$	A	Fläche in mm²
$l_1 = \frac{2 \cdot A}{l_2} \quad l_2 = \frac{2 \cdot A}{l_1}$	$l_{1,2}$	Diagonalen in mm
$U = 2 \cdot (a + b)$	a, b	Seitenlängen in mm
	U	Umfang in mm

Unregelmäßiges Vieleck

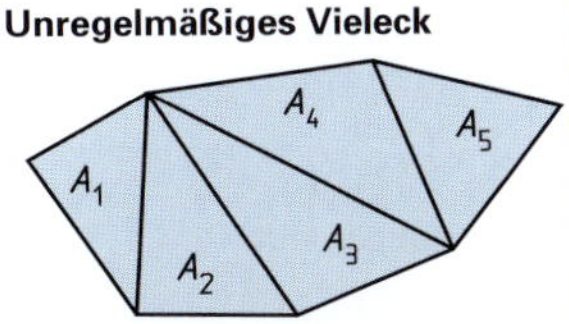

Formel	Formelzeichen	Erklärung
Berechnung mit Teilflächen	A	Vieleckfläche in mm²
A = Summe der Teilflächen	$A_{1,2,n}$	Teilflächen in mm²
$A = A_1 + A_2 + A_3 + \ldots + A_n$		

Flächen (Fortsetzung)

	Formel	Formelzeichen	Erklärung
Kreis 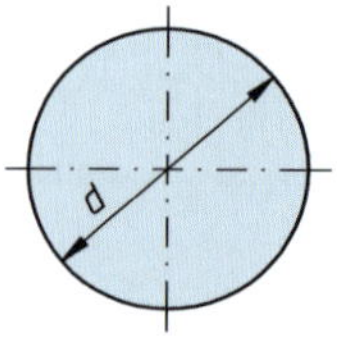 	$A = \frac{\pi \cdot d^2}{4}$ $A = 0{,}785 \cdot d^2 \quad d = \sqrt{\frac{4 \cdot A}{\pi}}$ $U = \pi \cdot d$ $U = 2 \cdot \sqrt{\pi \cdot A}$	A d π U	Fläche in mm^2 Durchmesser in mm Konstante $\pi = 3{,}14159\ldots \approx \frac{22}{7}$ Umfang in mm
Kreisausschnitt (Sektor) 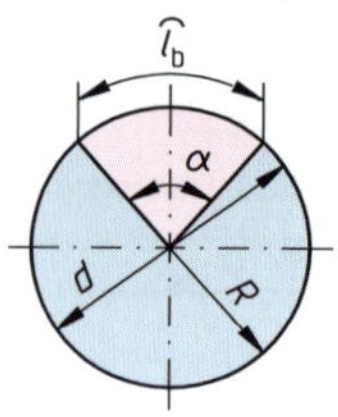 	$A = \frac{\pi \cdot d^2}{4} \cdot \frac{\alpha}{360°}$ $A = \frac{\widehat{l}_b \cdot r}{2} \qquad r = \frac{d}{2}$ $\widehat{l}_b = \frac{\pi \cdot d \cdot \alpha}{360°} \qquad \widehat{l}_b = \widehat{\alpha} \cdot \frac{d}{2}$ $U = \widehat{l}_b + d \qquad \widehat{\alpha} = \frac{\pi \cdot \alpha}{180°}$	A d α $\widehat{\alpha}$ l_b r π U	Fläche in mm^2 Durchmesser in mm Zentriwinkel in ° Bogenmaß in rad Bogenlänge in mm Radius in mm Konstante $\pi = 3{,}14159\ldots \approx \frac{22}{7}$ Umfang in mm
Kreisring 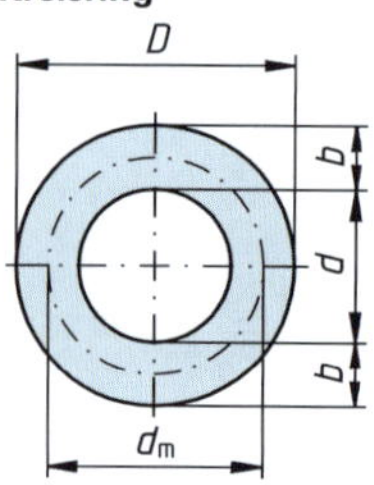 	$A = \frac{\pi \cdot D^2}{4} - \frac{\pi \cdot d^2}{4} = \frac{\pi}{4} \cdot (D^2 - d^2)$ $D = \sqrt{\frac{4 \cdot A}{\pi} + d^2}$ $d = \sqrt{D^2 - \frac{4 \cdot A}{\pi}}$ $b = \frac{D - d}{2} \qquad d_m = \frac{D + d}{2}$	A D d d_m π b	Fläche in mm^2 Außendurchm. in mm Innendurchm. in mm mittlerer Durchm. in mm Konstante $\pi = 3{,}14159\ldots \approx \frac{22}{7}$ Ringbreite in mm
Kreisringausschnitt 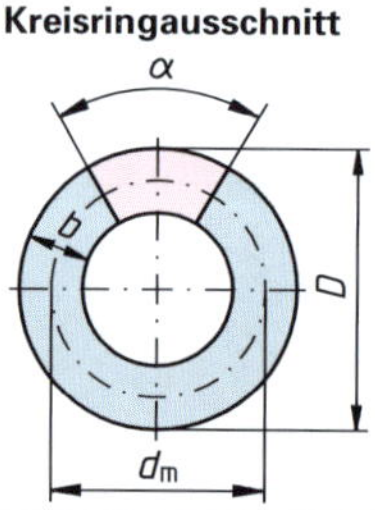 	$A = \left(\frac{\pi \cdot D^2}{4} - \frac{\pi \cdot d^2}{4}\right) \cdot \frac{\alpha}{360°}$ $A = \frac{\pi}{4} \cdot (D^2 - d^2) \cdot \frac{\alpha}{360°}$ $A = \pi \cdot d_m \cdot b \cdot \frac{\alpha}{360°}$ $b = \frac{D - d}{2} \qquad d_m = \frac{D + d}{2}$	A D d d_m π b α	Fläche in mm^2 Außendurchm. in mm Innendurchm. in mm mittlerer Durchm. in mm Konstante $\pi = 3{,}14159\ldots \approx \frac{22}{7}$ Ringbreite in mm Zentriwinkel in °
Kreisabschnitt (Segment) 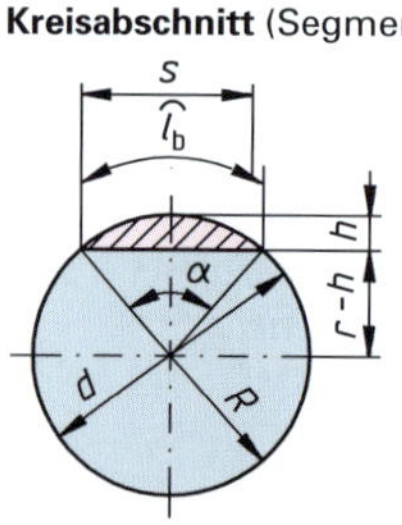 	$A = \frac{\widehat{l}_b \cdot r - s \cdot (r - h)}{2} \qquad A \approx \frac{2}{3} \cdot s \cdot h$ $s = d \cdot \sin\frac{\alpha}{2} = 2 \cdot r \cdot \sin\frac{\alpha}{2}$ $s = 2 \cdot \sqrt{h \cdot (2 \cdot r - h)}$ $h = \frac{d}{2} \cdot \left(1 - \cos\frac{\alpha}{2}\right) \qquad l_b = \frac{\pi \cdot d \cdot \alpha}{360°}$ $U = \widehat{l}_b + s$	A d α l_b s h r π U	Fläche in mm^2 Durchmesser in mm Zentriwinkel in ° Bogenlänge in mm Sehnenlänge in mm Bogenhöhe in mm Radius in mm Konstante $\pi = 3{,}14159\ldots \approx \frac{22}{7}$ Umfang in mm

Flächen (Fortsetzung)

	Formel	Formelzeichen	Erklärung
Ellipse 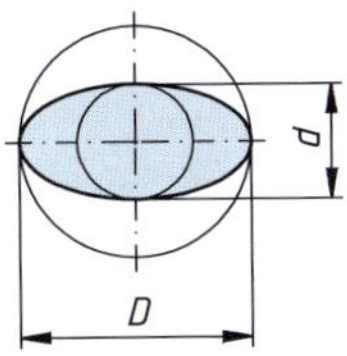	$A = \frac{\pi \cdot d \cdot D}{4}$ $A \approx 0{,}785 \cdot d \cdot D$ $U = \pi \sqrt{\frac{D^2 + d^2}{\alpha}}$ $U \approx 1{,}57 \cdot (D + d)$	A D d U	Fläche in mm² Umkreisdurchmesser in mm (= große Ellipsenachse) Inkreisdurchmesser in mm (= kleine Ellipsenachse) Umfang in mm
Korbbogen 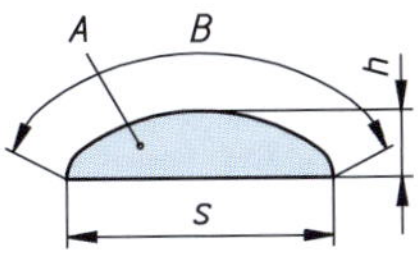	$A = 0{,}785 \cdot s \cdot h$ $B = \frac{s}{2} \cdot \mathrm{k}$ Verhältniszahl: $\frac{2h}{s}$	A B h k s	Fläche in mm² Länge des Bogens in mm Höhe des Bogens in mm Konstante Länge der Sehne in mm

$\frac{2h}{s}$	0,3	0,4	0,5	0,6	0,7	0,8
k	2,19	2,30	2,42	2,55	2,69	2,83

	Formel	Formelzeichen	Erklärung
Spitzbogen 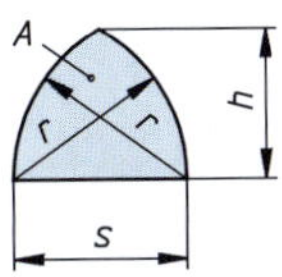	$A = \frac{1}{3} \cdot s \cdot h$ $r = \frac{h^2}{s} + \frac{s}{4}$	A h r s	Fläche in mm² Segmenthöhe in mm Bogenradius in mm Bogenbreite in mm („Stichmaß")
Parabelabschnitt 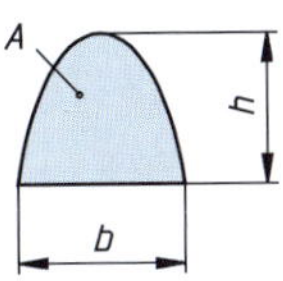	$A = \frac{4}{3} \cdot \frac{b}{2} \cdot h$	A b h	Fläche in mm² Parabelbreite in mm Parabelhöhe in mm
n-Eck 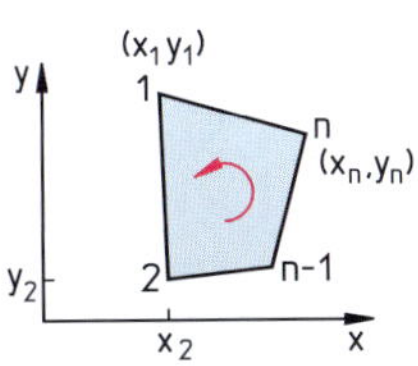 **Sonderfall Dreieck** 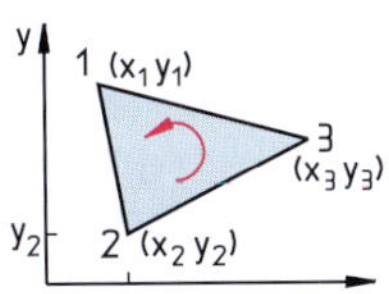	Berechnung der Fläche mithilfe der Gauß'schen Flächenformeln: $A = \frac{1}{2} \Sigma y_i (x_{i-1} - x_{i+1})$ $A = \frac{1}{2} \Sigma x_i (y_{i-1} - y_{i+1})$ $s = \sqrt{(x_{i+1} - x_i)^2 + (y_{i+1} - y_i)^2}$ für $i = n$ wird $i + 1 = 1$ $U = s_1 + s_2 + \ldots + s_n$ $A = \frac{1}{2} \cdot [(x_1 - x_2 - x \cdot y_{19})$ $+(x_2 + y_3 - x_3 \cdot y_2)$ $+(x_3 + y_1 - x_1 + y_3)]$ $s_1 = \sqrt{(x_2 - x_1)^2 + (y_2 - y_1)^2}$ $s_2 = \sqrt{(x_3 - x_2)^2 + (y_3 - y_2)^2}$ $s_3 = \sqrt{(x_1 - x_3)^2 + (y_1 - y_3)^2}$ $U = s_1 + s_2 + s_3$	A i s x y U	Fläche in mm² Eckpunkte (i = 1, 2, …, n) Skizze beachten! Kantenlänge, Seitenlänge in mm x-Koordinate in mm y-Koordinate in mm Umfang in mm

Körper

	Formel	Formelzeichen	Erklärung
Würfel 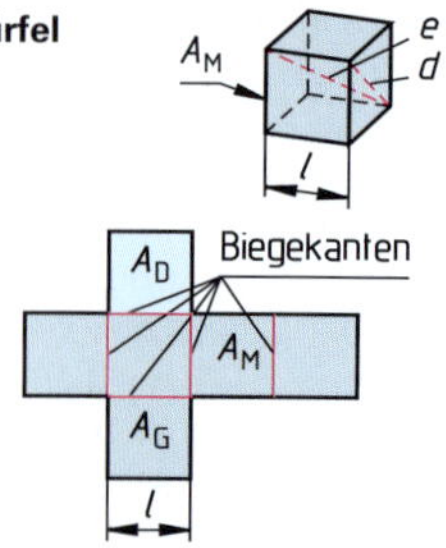	$V = l^3$ $l = \sqrt[3]{V}$ $e = l \cdot \sqrt{3}$ $\quad d = l \cdot \sqrt{2}$ $A_M = 4 \cdot l^2$ $A_O = 6 \cdot l^2$	V l e A_M A_O d	Volumen in mm^3 Seitenlänge in mm Raumdiagonale in mm Mantelfläche in mm^2 Gesamtoberfläche in mm^2 Flächendiagonale in mm
Rechteckprisma Quader 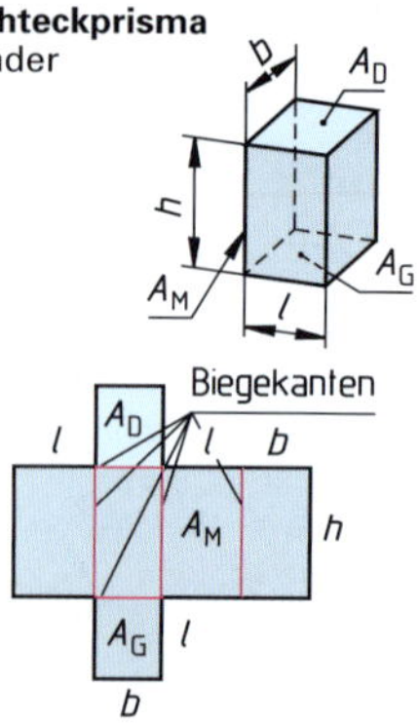	$V = l \cdot b \cdot h$ $\quad h = \frac{V}{l \cdot b}$ $V = A_G \cdot h$ $A_G = A_D = l \cdot b$ $A_M = 2 \cdot (l \cdot h + b \cdot h)$ $A_O = A_G + A_D + A_M$	V l b h A_G A_D A_M A_O	Volumen in mm^3 Länge in mm Breite in mm Höhe in mm Grundfläche in mm^2 Deckfläche in mm^2 Mantelfläche in mm^2 Gesamtoberfläche in mm^2
Prisma allgemein 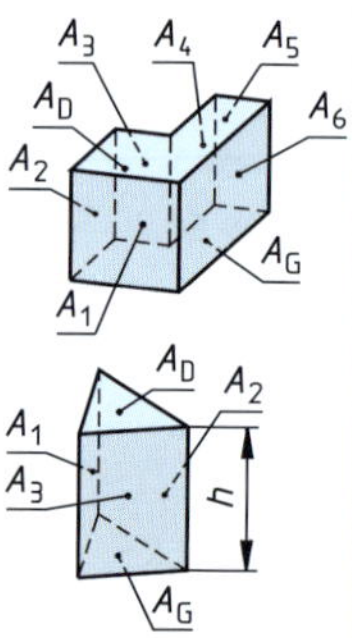	$V = A_G \cdot h$ $\quad A_G = A_D$ $A_M = A_1 + A_2 + A_3 + \ldots A_n$ $A_O = A_G + A_D + A_M$	V h $A_{1,2}$ A_G A_D A_M A_O	Volumen in mm^3 Höhe in mm Seitenflächen in mm^2 Grundfläche in mm^2 Deckfläche in mm^2 Mantelfläche in mm^2 Gesamtoberfläche in mm^2
Zylinder gerade 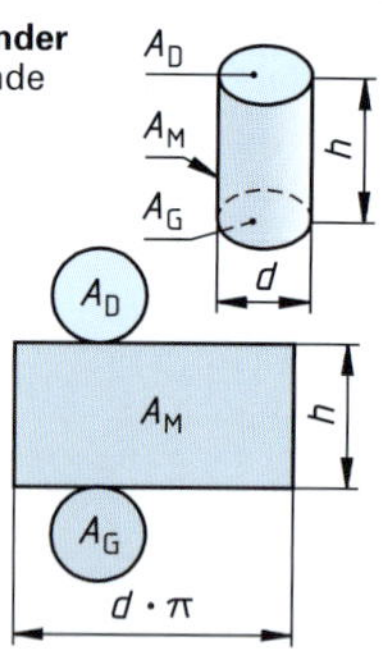	$V = \frac{\pi \cdot d^2}{4} \cdot h$ $V = A_G \cdot h$ $\quad h = \frac{4 \cdot V}{\pi \cdot d^2}$ $A_G = A_D$ $A_M = \pi \cdot d \cdot h$ $\quad d = \sqrt{\frac{4 \cdot V}{\pi \cdot h}}$ $A_O = A_G + A_D + A_M$	V d h A_G A_D A_M A_O	Volumen in mm^3 Durchmesser in mm Höhe in mm Grundfläche in mm^2 Deckfläche in mm^2 Mantelfläche in mm^2 Gesamtoberfläche in mm^2

Körper (Fortsetzung)

Hohlzylinder

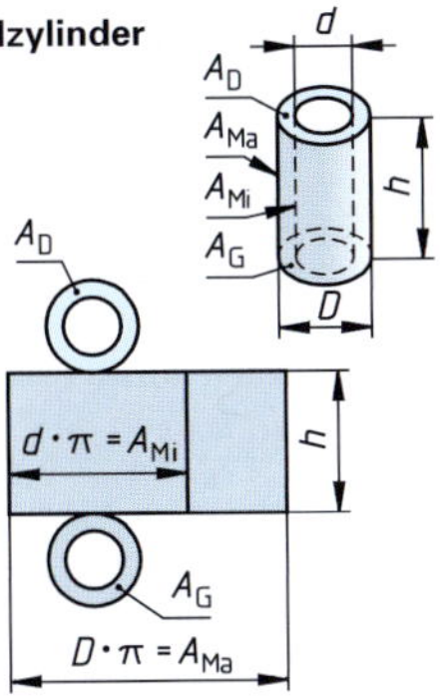

Formel	Formelzeichen	Erklärung
$V = A_G \cdot h$	V	Volumen in mm³
$A_G = \frac{\pi}{4} \cdot (D^2 - d^2)$	D	Außendurchmesser in mm
$A_G = A_D$	d	Innendurchmesser in mm
$A_M = A_{Mi} + A_{Ma}$	h	Höhe in mm
$A_{Mi} = \pi \cdot d \cdot h$	A_G	Grundfläche in mm²
$A_{Ma} = \pi \cdot D \cdot h$	A_D	Deckfläche in mm²
$A_O = A_{Mi} + A_{Ma} + A_G + A_D$	A_M	Mantelfläche in mm²
	A_{Mi}	Mantelfläche innen in mm²
	A_{Ma}	Mantelfläche außen in mm²
	A_O	Gesamtoberfläche in mm²

Kegel

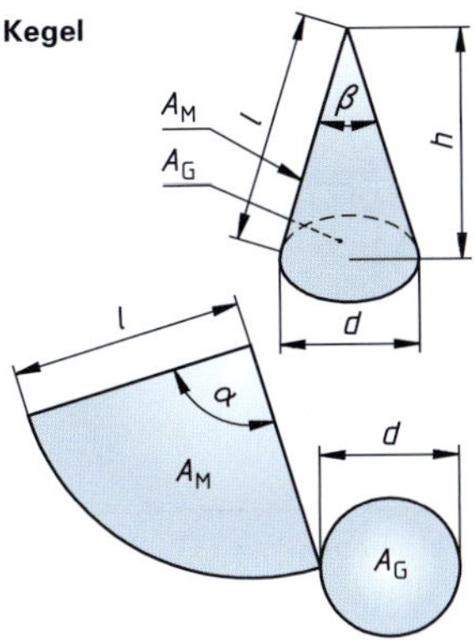

Formel	Formelzeichen	Erklärung
$V = \frac{1}{3} \cdot A_G \cdot h$	V	Volumen in mm³
$A_G = \frac{\pi \cdot d^2}{4}$	d	Durchmesser in mm
$V = \frac{\pi \cdot d^2 \cdot h}{3 \cdot 4}$	h	Höhe in mm
$l = \frac{d}{2} \cdot \sin \beta \qquad l = \sqrt{h^2 + \frac{d^2}{4}}$	l	Länge der Mantellinie in mm
$\alpha = 360° \cdot \frac{d}{2 \cdot l}$	β	halber Kegelwinkel in °
$A_M = \frac{\pi \cdot d \cdot l}{2}$	α	Spitzenwinkel des Kegelmantels in °
$A_O = A_G + A_M$	A_G	Grundfläche in mm²
	A_M	Mantelfläche in mm²
	A_O	Gesamtoberfläche in mm²

Kegelstumpf

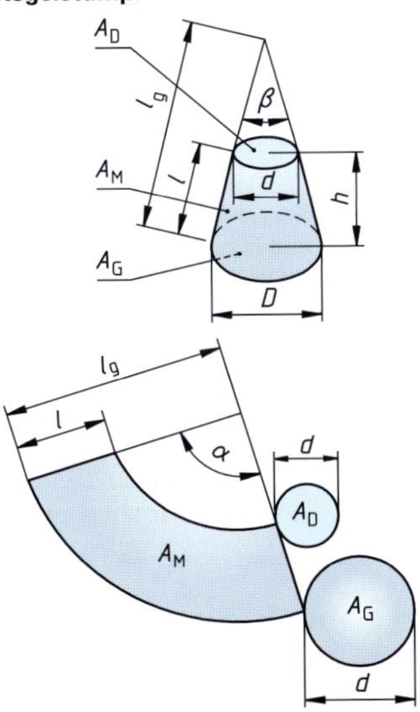

Formel	Formelzeichen	Erklärung
$V = \frac{\pi \cdot h}{12} \cdot (D^2 + d^2 + D \cdot d)$	V	Volumen in mm³
$V \approx \frac{A_G + A_D}{2} \cdot h$	D	Durchmesser der Grundfläche in mm
$A_G = \frac{\pi \cdot D^2}{4} \qquad A_D = \frac{\pi \cdot d^2}{4}$	d	Durchmesser der Deckfläche in mm
$l = \sqrt{h^2 + \left(\frac{D - d^2}{2}\right)}$	h	Höhe in mm
$A_M = \pi \cdot \frac{D + d}{2} \cdot l$	l	Länge der Mantellinie in mm
$A_O = A_G + A_D + A_M$	β	halber Kegelwinkel in °
$\alpha = 360° \cdot \frac{D}{2 \cdot l_g}$	α	Spitzenwinkel des Kegelmantels in °
	A_G	Grundfläche in mm²
	A_D	Deckfläche in mm²
	A_M	Mantelfläche in mm²
	A_O	Gesamtoberfläche in mm²
	l_g	Mantellinie bis Kegelspitze in mm

Körper (Fortsetzung)

	Formel	Formelzeichen	Erklärung
Pyramide 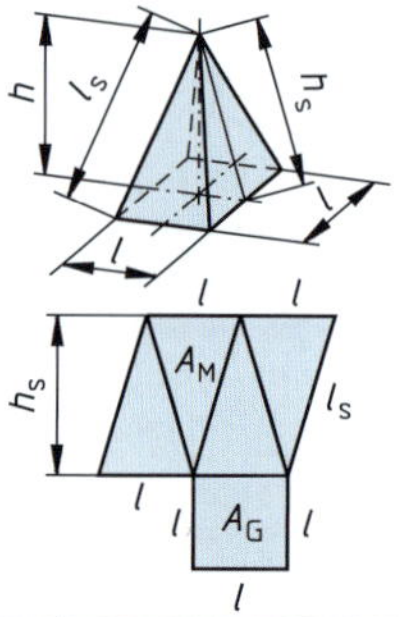	$V = \frac{1}{3} \cdot A_G \cdot h$ $A_G = l^2$ $h_s = \sqrt{\left(\frac{l}{2}\right)^2 + h^2}$ $l_s = \sqrt{\left(\frac{l}{2}\right)^2 + h^2}$ $A_M = 2 \cdot l \cdot h_s$ $A_O = A_G + A_M$	V l l_s h h_s A_G A_M A_O	Volumen in mm^3 Seitenlänge in mm Länge der Pyramidenkante in mm Höhe in mm Höhe der Seite in mm Grundfläche in mm^2 Mantelfläche in mm^2 Gesamtoberfläche in mm^2
Pyramidenstumpf quadratisch 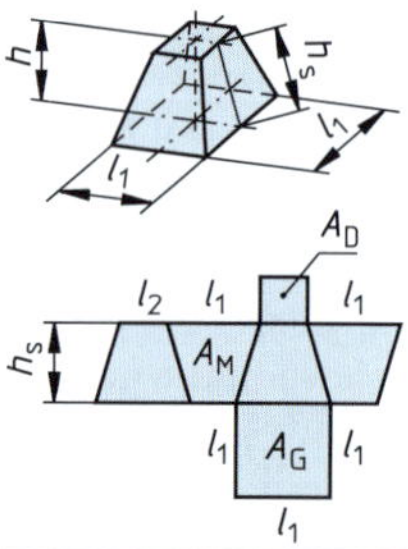	$V \approx \frac{A_G + A_D}{2} \cdot h$ $h_s = \sqrt{\left(\frac{l_1 + l_2}{2}\right)^2 + h^2}$ $A_G = l_1^2$ $A_D = l_1^2$ $A_M = 2 \cdot (l_1 + l_2) \cdot h_s$ $A_O = A_G + A_D + A_M$	V l_1 l_2 h h_s A_G A_D A_M A_O	Volumen in mm^3 Länge der Grundseite in mm Länge der Deckseite in mm Höhe in mm Höhe der Seitenfläche in mm Grundfläche in mm^2 Deckfläche in mm^2 Mantelfläche in mm^2 Gesamtoberfläche in mm^2
Fass 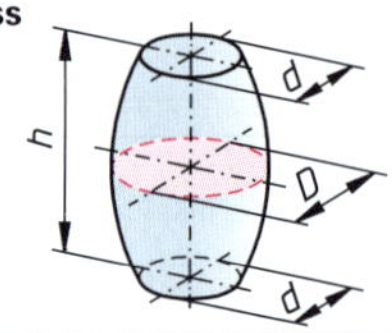	$V = \frac{\pi \cdot h}{12} \cdot (2 \cdot D^2 + d^2)$	V h D d	Volumen in mm^3 Höhe in mm größter Fassdurchmesser in mm kleinster Fassdurchmesser in mm
Simpson'sche Regel für alle stumpfen Körper 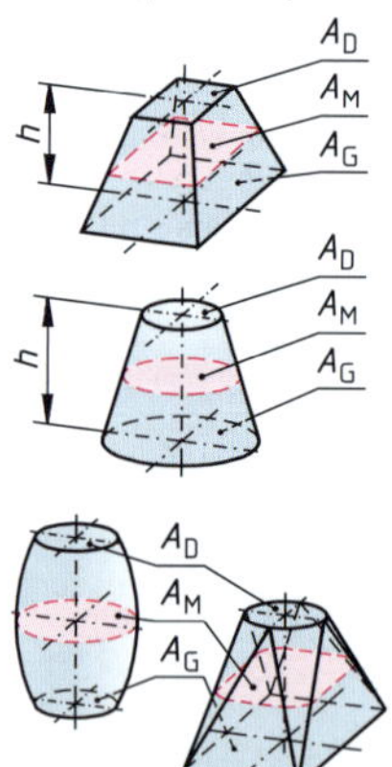	$V \approx \frac{h}{6} \cdot (A_G + A_D + 4 \cdot A_M)$	V h A_G A_D A_m	Volumen in mm^3 Höhe in mm Grundfläche in mm^2 Deckfläche in mm^2 mittlere Fläche in mm^2 (in halber Höhe)

Körper (Fortsetzung)

	Formel	Formelzeichen	Erklärung
Kugel 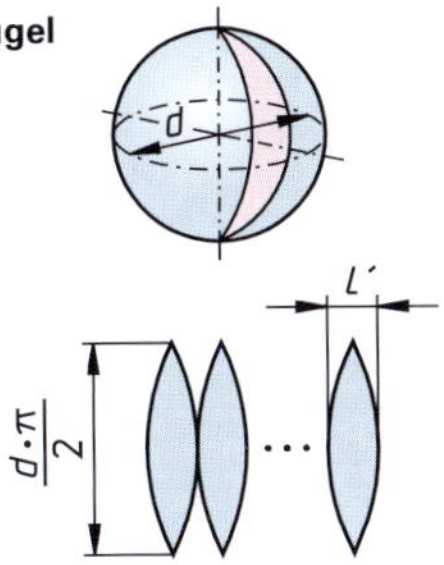 A_O nicht exakt abwickelbar	$V=\frac{\pi}{6}\cdot d^3$ $d=\sqrt[3]{\frac{6\cdot V}{\pi}}$ $d=\sqrt{\frac{A_O}{\pi}}$ $A_O=\pi\cdot d^2$	V d A_O L'	Volumen in mm^3 Durchmesser in mm Gesamtoberfläche in mm^2 Teilung am Durchmesser in mm = Länge des Zwickels
Kugelabschnitt (Kalotte) 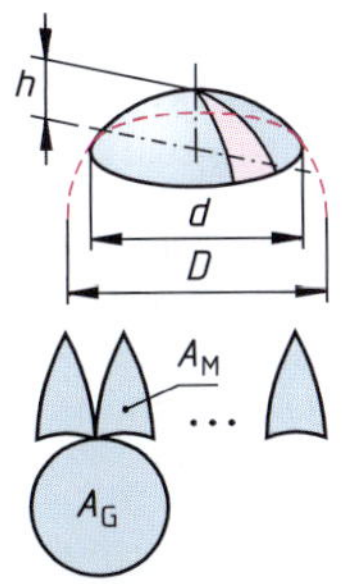 A_M nicht exakt abwickelbar	$V=\pi\cdot h^2\cdot\left(\frac{D}{2}-\frac{h}{3}\right)$ $A_G=\frac{\pi\cdot d^2}{4}$ $A_M=\pi\cdot D\cdot h=\pi\left[\left(\frac{d}{2}\right)^2+h^2\right]$ $A_O=\pi\cdot D\cdot h+\frac{\pi\cdot d^2}{4}$ $d=2\sqrt{h(D-h)}$ $D=\frac{d^2}{4\,h}+h$	V d D h A_G A_M A_O	Volumen in mm^3 Durchmesser der Kalotte in mm Durchmesser der Kugel in mm Höhe in mm Grundfläche in mm^2 Mantelfläche in mm^2 Gesamtoberfläche in mm^2
Kugelausschnitt (Sektor) 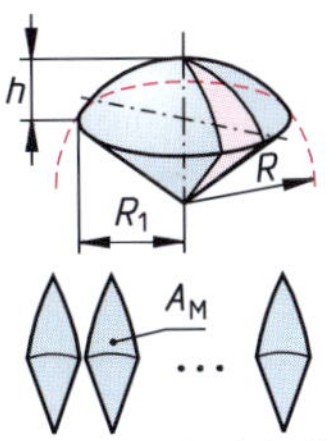 A_M nicht exakt abwickelbar	$V=\frac{2}{3}\cdot\pi\cdot R^2\cdot h$ $A_M=\pi\cdot R\cdot R_1$ $A_O=\pi\cdot R\cdot(R_1+2\cdot h)$	V R_1 R D A_M A_O	Volumen in mm^3 Radius des Kugelabschnitts in mm Radius der Kugel in mm Durchmesser der Kugel in mm Mantelfläche in mm^2 Gesamtoberfläche in mm^2
Guldin'sche Regel 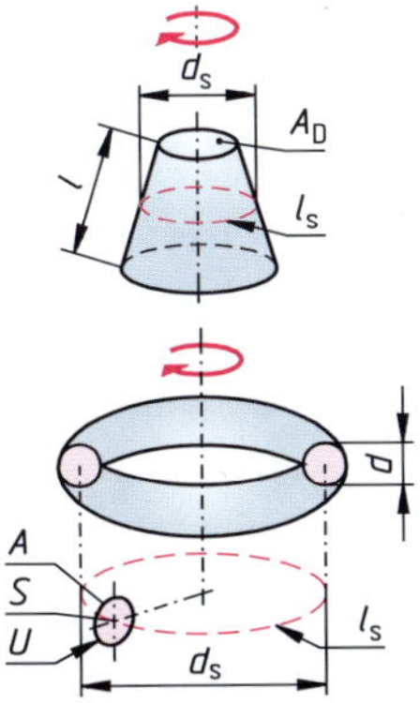	Die um eine Drehachse rotierende Linie l erzeugt eine Mantelfläche A_M, z. B. für einen Kegelstumpf: $A_M=l\cdot l_s$ $A_M=l\cdot\pi\cdot d_s$ Der um eine Drehachse rotierende Umfang U erzeugt eine Oberfläche A_O, z. B. einen Kreistorus: $A_O=U\cdot l_s$ $A_O=U\cdot\pi\cdot d_s$ Die um eine Drehachse rotierende Fläche A erzeugt ein Volumen V, z. B. für einen Kreistorus: $V=A\cdot l$ $V=A\cdot\pi\cdot d_s$ $V=\frac{\pi^2\cdot d^2}{4}\cdot d_s$	S l l_s d d_s U A_G A_D A_M A_O	Schwerpunkt Mantellinie in mm Schwerpunktweg in mm Durchmesser des Kreistorus in mm Durchmesser des Schwerpunktweges in mm Umfang in mm Grundfläche in mm^2 Deckfläche in mm^2 Mantelfläche in mm^2 Gesamtoberfläche in mm^2

Massenberechnung

	Formel	Formelzeichen	Erklärung

Massenberechnung mit Dichte und Volumen

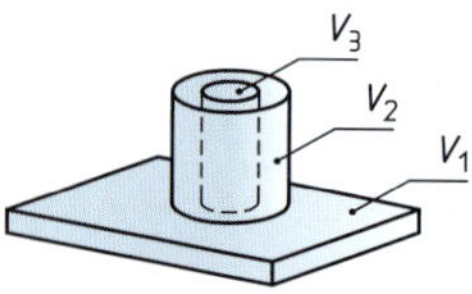

Formel:

$m = V \cdot \varrho$

$m = (V_1 + V_2 - V_3) \cdot \varrho$

Dichte ϱ in $\frac{kg}{dm^3}, \frac{g}{cm^3}, \frac{t}{m^3}$

Wasser:	1	Glas:	2,5
Stahl:	7,85	PVC:	1,35
Al:	2,7	Kupfer:	8,9

Formelzeichen	Erklärung
m	Masse in kg
V	Volumen in dm^3
$V_{1...3}$	Teilvolumen in dm^3
ϱ	Dichte in kg/cm^3

V in	dm^3	cm^3	m^3
ϱ in	$\frac{kg}{dm^3}$	$\frac{g}{cm^3}$	$\frac{t}{m^3}$
m in	kg	g	t

Massenberechnung mit Tabellen

Profile

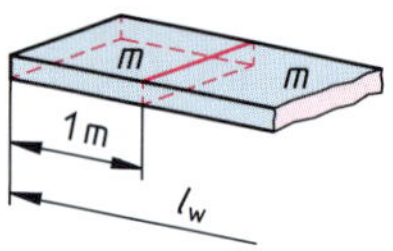

Bleche

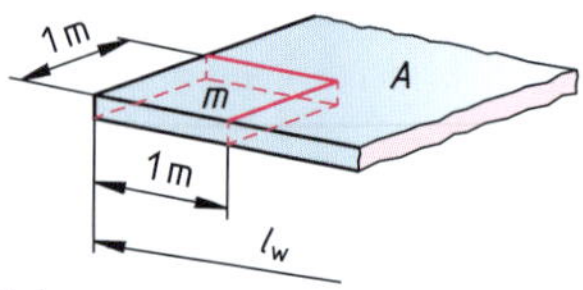

Rohre

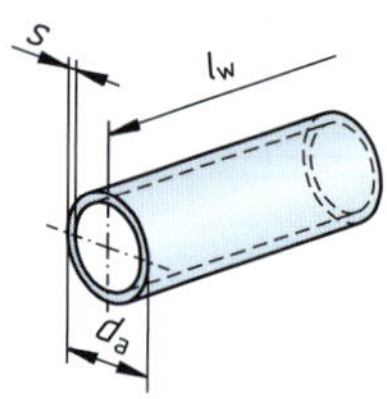

Formel:

$m = m' \cdot l_W$

$l_W = \frac{m}{m'}$ $m' = \frac{m}{l_W}$

$m = m'' \cdot A$ $m'' = m''_e \cdot t$

$A = \frac{m}{m''}$

m''_e in $\frac{kg}{m^2 \cdot mm}$

Stahl:	7,85	PVC:	1,35
Al:	2,7	Kupfer:	8,9

$m = (d_a - s) \cdot s \cdot k \cdot l_W$

k in $\frac{kg}{m \cdot mm^2}$

Stahl:	0,02466	PVC:	0,00440
Al:	0,00848	Cu:	0,02796

Formelzeichen	Erklärung
m	Masse in kg
m'	längenbezogene Masse in kg/m (siehe Profiltabellen)
m''	flächenbezogene Masse in kg/m^2 (siehe Profiltabellen)
m''_e	flächenbezogene Masse pro 1 mm Blechdicke in $\frac{kg}{m^2 \cdot mm}$
A	Werkstückfläche in m^2
l_W	Werkstücklänge in m
t	Blechdicke in mm
d_a	Rohraußendurchmesser in mm
s	Wanddicke in mm
k	Materialkonstante $\frac{kg}{m \cdot mm^2}$

Stahlbauarbeiten

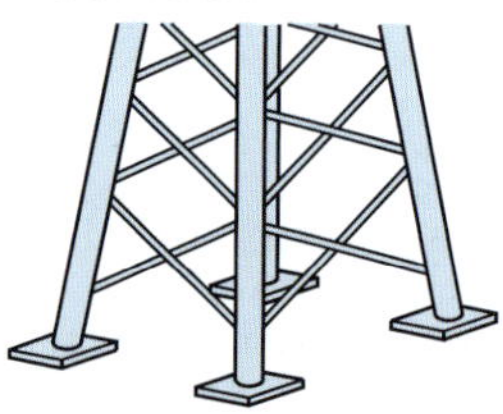

Metallbauabeiten

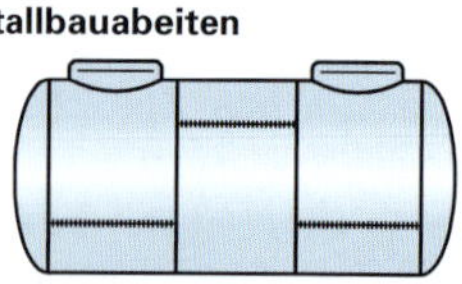

Formel:

Die Masse von Stahlkonstruktionen ist grundsätzlich durch Wiegen zu bestimmen (DIN 18360). Ist dies nicht möglich, so gilt:

$m = m'_H \cdot l_W$

$m'_H > m'$

Nach DIN 18360 gilt für

- **Stahlblechkonstruktionen**

  $m'' = 8 \frac{kg}{m^2}$

- **Profilkonstruktionen**

  $m_K = m' \cdot l_W \cdot 1{,}02$

- **geschweißte, geschraubte Konstruktionen**

  $m_{ges} = m_K \cdot 1{,}02$

- **geschweißte, geschraubte und zusätzlich verzinkte Konstruktionen**

  $m_{ges} = (m_K \cdot 1{,}02) \cdot 1{,}05$

Formelzeichen	Erklärung
m	Masse in kg
m'_H	Handelsgewicht für die längenbezogene Masse in kg/m m'_H berücksichtigt Walzwerkstoleranzen
l_W	Werkstücklänge in m
m''	flächenbezogene Masse in kg/m^2
1,02	Zuschlag von 2 % für Walztoleranz
m_{ges}	gesamte Masse in kg
1,02	Zuschlag von 2 % für Verbindungselemente, Nähte etc.
1,05	Zuschlag von 5 % für verzinkte Konstruktionen
m_K	Konstruktionsgewicht in kg

Rohlängen, Verschmiedungsgrad

Rohlängen

Strecken

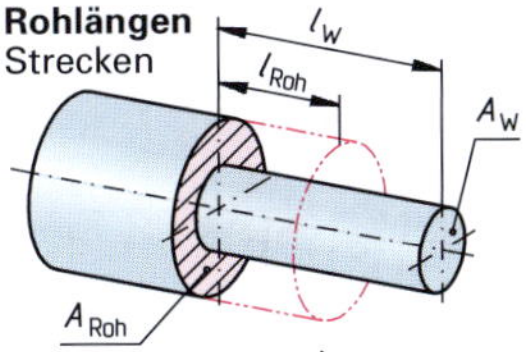

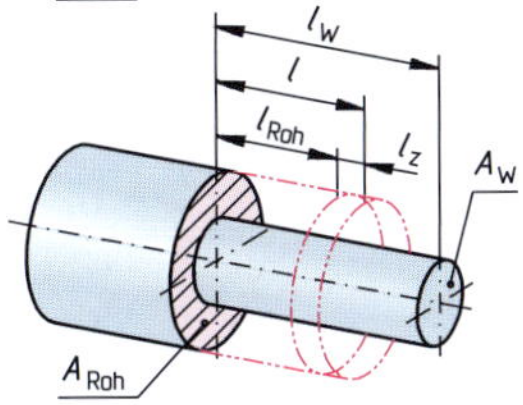

Stauchen

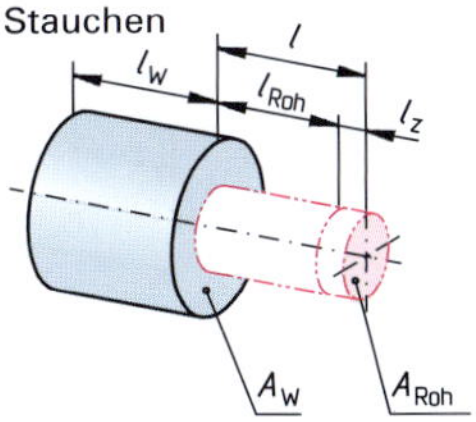

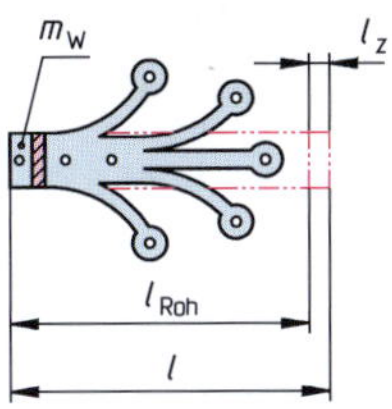

Formel

ohne Abbrand

$V_{Roh} = V_W$

$A_{Roh} \cdot l_{Roh} = A_W \cdot l_W$

$$l_{Roh} = \frac{A_W \cdot l_W}{A_{Roh}}$$

mit Abbrand

$$l = l_{Roh} + l_Z \qquad l_Z = l_{Roh} \cdot \frac{n}{100}$$

$$l = l_{Roh} \cdot \left(1 + \frac{n}{100}\right)$$

Keil: $l_{Roh} = \frac{1}{2} \cdot l_W$

Spitze: $l_{Roh} = \frac{1}{3} \cdot l_W$

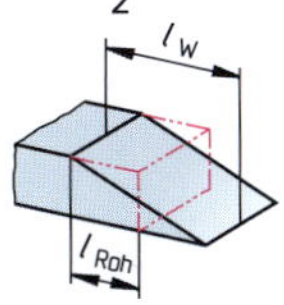

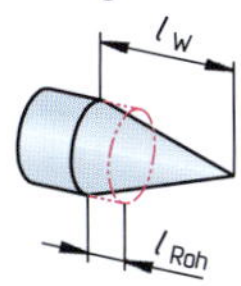

$m_{Roh} = m_W$ (ohne Abbrand)

$$l_{Roh} = \frac{m_W}{m'} \text{ (ohne Abbrand)}$$

$$l = l_{Roh} \cdot \left(1 + \frac{n}{100}\right) \text{ (mit Abbrand)}$$

Formelzeichen	Erklärung
V_{Roh}	Volumen des Rohlings in mm^3
V_W	Volumen des Werkstücks in mm^3
A_{Roh}	Querschnittsfläche des Rohlings in mm^2
A_W	Querschnittsfläche des Werkstücks in mm^2
l	Gesamtlänge des Rohlings in mm (= Lage der Markierungskerbe)
l_{Roh}	Länge des Rohlings in mm
l_W	Länge des Werkstücks in mm
l_Z	Zugabe für Abbrand in mm
n	Prozentsatz der Zugabe für Abbrand ($n = 5 \dots 20\%$)
m_{Roh}	Masse des Rohlings in kg
m'	längenbezogene Masse in kg/m
m_W	Masse des Werkstücks in kg

Verschmiedungsgrad

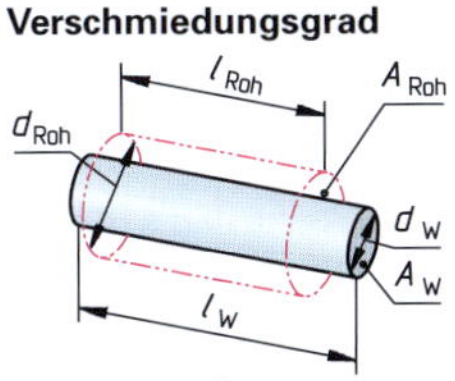

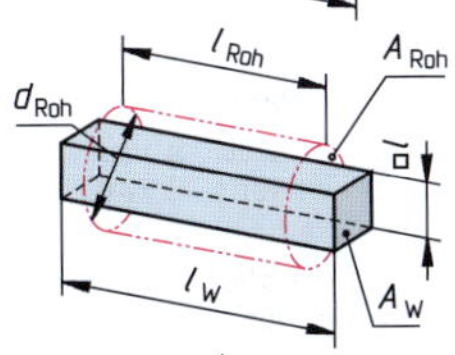

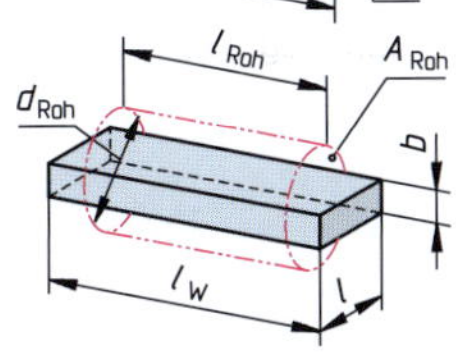

Formel

$$V_S = \frac{A_{Roh}}{A_W}$$

$V_S > 1$: Strecken
$V_S < 1$: Stauchen

Werkstück **rund**:

$$d_{Roh} = d_W \cdot \sqrt{V_S}$$

Werkstück **quadratisch**:

$$d_{Roh} = 2 \cdot l \cdot \sqrt{\frac{V_S}{\pi}}$$

Werkstück **rechteckig**:

$$d_{Roh} = 2 \cdot \sqrt{\frac{V_S \cdot l \cdot b}{\pi}}$$

Formelzeichen	Erklärung
V_S	Verschmiedungsgrad
A_{Roh}	Querschnittsfläche des Rohlings in mm^2
A_W	Querschnittsfläche des Werkstücks in mm^2
l_{Roh}	Länge des Rohlings in mm
l_W	Länge des Werkstücks in mm
d_{Roh}	Durchmesser des Rohlings in mm
d_W	Durchmesser des Werkstücks in mm
l	Kantenlänge des Werkstücks in mm
b	Breite des Werkstücks in mm

Rohlängen, Verschmiedungsgrad (Fortsetzung)

	Formel	Formelzeichen	Erklärung
Oberfläche von Profilkonstruktionen 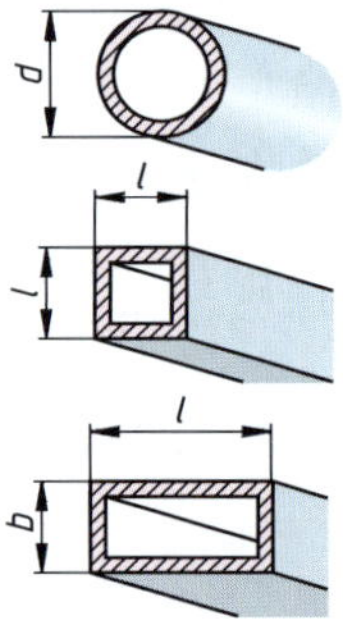	$U_M = U'_M \cdot l_W$ Rundstahl Rohre: $U'_M = \frac{\pi \cdot d}{1000}$ Quadratstahl Quadratrohr: $U'_M = \frac{4 \cdot l}{1000}$ Flachstahl Rechteckrohr: $U'_M = \frac{2 \cdot (l + b)}{1000}$ Profile: U'_M aus Profiltabellen	U'_M l_W U_M d l b	Mantelfläche in m^2/m Länge des Werkstücks in m Mantelfläche in m^2 Durchmesser in mm Kantenlänge in m Länge in mm Breite in mm
Profilfaktoren (für Brandschutz) Ummantelung profilfolgend Ummantelung kastenförmig	vierseitig (Stützen): $U/A = \frac{U'_M}{A} \cdot 10^4$ 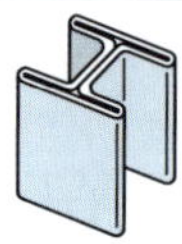 vierseitig (Stützen): $U/A = \frac{2 \cdot (b + h)}{A} \cdot 10^2$ 	U/A U'_M A h b	Profilfaktor in 1/m Mantelfläche pro Meter in m^2/m Profilfläche in cm^2 Profilhöhe in cm Profilbreite in cm

Mantelflächen, längenbezogen (Auswahl)

Mantelflächen ≙ Anstrichflächen (Beschichtungsflächen) ≙ Entrostungsflächen in m^2 je m Länge.
Profilabwicklung = $U'_M \cdot l$ in m^2 (zur Ermittlung von Profilfaktor U/A für Brandschutzberechnungen, siehe oben.
Je kleiner U/A ist, desto dünnere Verkleidungen reichen für die gleiche Brandwiderstandsfähigkeit aus.

DIN 1025						DIN EN 10210-2 warmgefertigt				DIN EN 10255, 10220		DIN 1026-1 U		DIN EN 10056-1	
IPE			HEA IPBl	HEB IPB	HEM IPBv	▯		□		○		[		└	
h in mm	U'_M in $\frac{m^2}{m}$	*h* in mm	U'_M in $\frac{m^2}{m}$	U'_M in $\frac{m^2}{m}$	U'_M in $\frac{m^2}{m}$	*H* × *B* × *T* mm	U'_M in $\frac{m^2}{m}$	*B* × *T* mm	U'_M in $\frac{m^2}{m}$	in mm	U'_M* in $\frac{m^2}{m}$	*a* × *s* mm	U'_M in $\frac{m^2}{m}$	*h* in mm	U'_M in $\frac{m^2}{m}$
80	0,328	100	0,561	0,567	0,619	50×30×3,2	0,15	40×3,2	0,152	10,2	0,032	30×15	0,103	20	0,077
100	0,400	120	0,677	0,686	0,738	60×40×3,2	0,19	4,0	0,150	13,5	0,042	30	0,174	25	0,097
120	0,457	140	0,794	0,805	0,857	5,0	0,19	50×3,2	0,192	17,2	0,054	40×20	0,142	30	0,116
140	0,551	160	0,906	0,918	0,970	80×40×3,2	0,23	4,0	0,190	21,3	0,067	40	0,199	35	0,136
160	0,623	180	1,02	1,04	1,09	5,0	0,23	60×3,2	0,232	26,9	0,085	50×25	0,181	40	0,155
180	0,698	200	1,14	1,15	1,20	90×50×4,0	0,270	5,0	0,227	33,7	0,106	50	0,232	45	0,174
200	0,768	220	1,26	1,27	1,32	5,0	0,27	70×4,0	0,270	42,4	0,133	60×30	0,215	50	0,194
220	0,848	240	1,37	1,37	1,38	100×50×4,0	0,290	5,0	0,267	48,3	0,152	65	0,273	55	0,213
240	0,922	260	1,48	1,48	1,50	6,3	0,28	80×4,0	0,310	60,3	0,189	80	0,312	60	0,233
270	1,04	280	1,60	1,60	1,62	100×60×4,0	0,310	80×6,3	0,304	76,1	0,239	100	0,372	65	0,252
300	1,16	300	1,72	1,72	1,73	6,3	0,30	90×4,0	0,350	88,9	0,279	120	0,434	70	0,272
330	1,25	320	1,76	1,76	1,77	120×60×4	0,350	6,3	0,344	101,6	0,319	140	0,489	75	0,291
360	1,35	340	1,79	1,79	1,81	6,3	0,34	100×4,0	0,390	108	0,339	160	0,546	80	0,311
400	1,47	360	1,83	1,83	1,85	140×80×4	0,430	6,3	0,384	114,3	0,359	180	0,611	90	0,351
450	1,61	400	1,91	1,93	2,00	6,3	0,42	120×5,0	0,467	133	0,418	200	0,661	100	0,390
500	1,74	450	2,01	2,03	2,10	160×80×5,0	0,47	6,3	0,464	139,7	0,439	220	0,718	110	0,430
550	1,88	500	2,11	2,12	2,18	8,0	0,46	140×6,3	0,544	159	0,500	240	0,775	120	0,469
600	2,01	550	2,21	2,22	2,28	180×100×6,3	0,54	10,0	0,534	165,1	0,519	260	0,834	130	0,508
		600	2,31	2,32	2,37	10,0	0,53	160×6,3	0,624	168,3	0,529	280	0,890	140	0,547

* errechnet

Abwicklungen

	Formel	Formelzeichen	Erklärung
Vierkantrohr 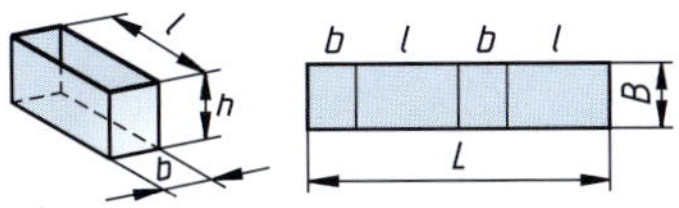	$L = 2 \cdot (l + b)$ $B = h$ ohne Verkürzungen durch Kanten	L B l b h	Tafellänge in mm Tafelbreite in mm Rohrlänge in mm Rohrbreite in mm Rohrhöhe in mm
Rundrohr 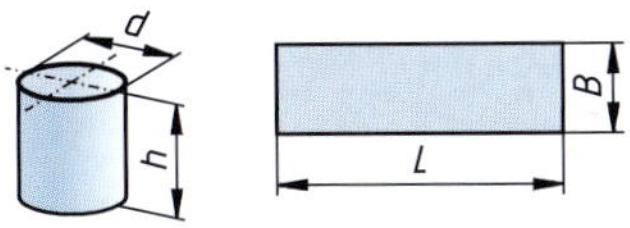	$L = \pi \cdot d$ $B = h$ ohne Zugaben für das Fügen	L B d h	Tafellänge in mm Tafelbreite in mm Durchmesser in mm Rohrhöhe in mm
Rundrohr, schräggeschnitten 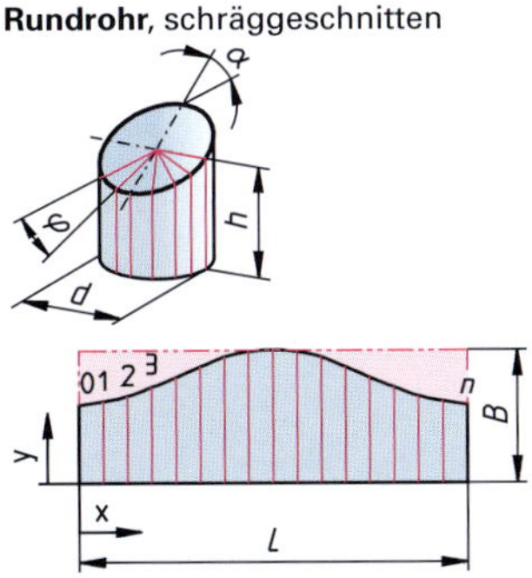	$L = \pi \cdot d$ $B = y_{max}$ $y_{max} = h + \tan\alpha \cdot \frac{d}{2}$ $x_n = \pi \cdot d \cdot n \cdot \frac{\varphi}{360°}$ $y_n = h - \frac{d}{2} \cdot \tan\alpha \cdot \cos(n \cdot \varphi)$ $\varphi = \frac{360°}{n_T}$ ohne Zugaben für das Fügen	L B d h y_{max} α n_T n x_n y_n	Tafellänge in mm Tafelbreite in mm Durchmesser in mm Rohrhöhe, Mitte in mm größte Rohrhöhe in mm Schnittwinkel in ° Teilung z. B. 12, 16, 24 Teilschritte: $n = 0 \ldots n$ x-Komponente y-Komponente
Segmentkrümmer 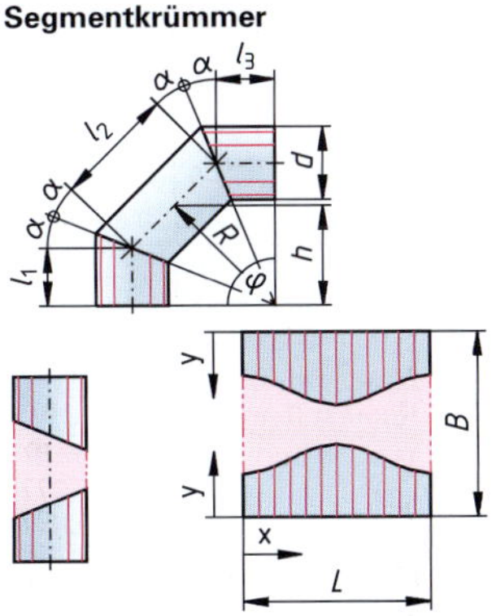	$\alpha = \frac{\varphi}{2 \cdot (n - 1)}$ $h = R \cdot \tan\alpha$ $H = 2 \cdot (n_T - 1) \cdot h$ $L = \pi \cdot d$ $B = H = 2 \cdot (n_T - 1) \cdot h$ $x_n = \pi \cdot d \cdot n \cdot \frac{\varphi}{360°}$ $y_n = h - \frac{d}{2} \cdot \tan\alpha \cdot \cos(n \cdot \varphi)$ $\varphi = \frac{360°}{n_T}$ ohne Zugaben für das Fügen	α φ d h L B d h y_{max} α n_T n x_n y_n	Schnittwinkel in ° Krümmerwinkel in ° Rohrdurchmesser in mm Segmenthöhe in mm Tafellänge in mm Tafelbreite in mm Durchmesser in mm Rohrhöhe, Mitte in mm größte Rohrhöhe in mm Schnittwinkel in mm Teilung z. B. 12, 16, 24 Teilschnitte: $n = 0 \ldots n$ x-Komponente y-Komponente
Trichter 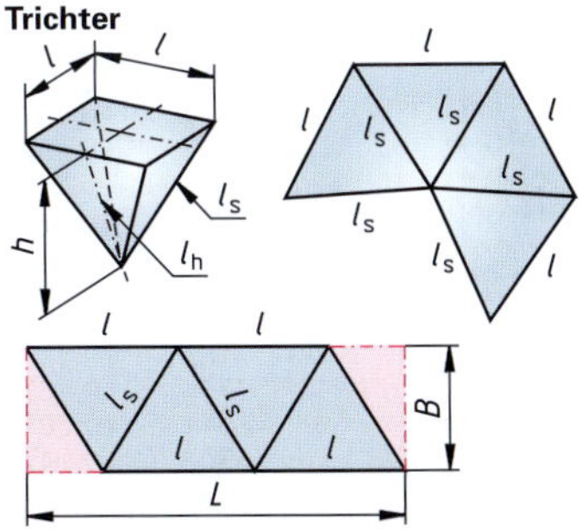	$L = 2 \cdot l + \frac{1}{2} \cdot l = 2{,}5 \cdot l$ $B = l_h$ $l_h = \sqrt{\left(\frac{l}{2}\right)^2 + h^2}$ $l_s = \sqrt{\left(\frac{l}{2}\right)^2 + l_h^2}$ ohne Verkürzungen durch Kanten	L B l h l_s	Tafellänge in mm Tafelbreite in mm Seitenlänge in mm Höhe in mm Kantenlänge in mm

Abwicklungen (Fortsetzung)

	Formel	Formelzeichen	Erklärung
Kegel 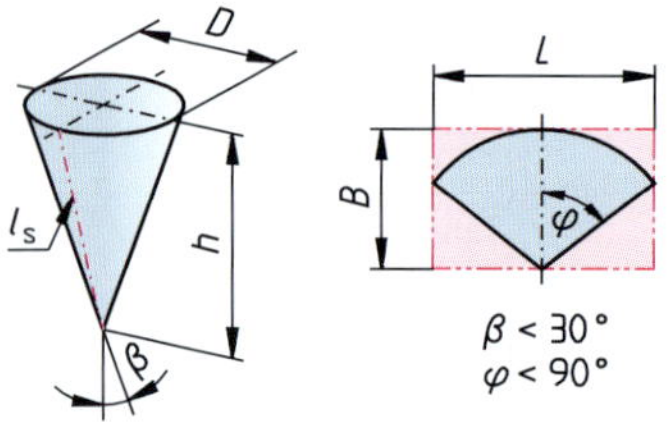 	$L = 2 \cdot l_s \cdot \sin \varphi$ $\varphi = 180° \cdot \sin \beta$ $B = l_s$ $l_s = \sqrt{h^2 + \left(\frac{D}{2}\right)^2}$ $l_s = \frac{D}{2 \cdot \sin \beta}$ $\tan \beta = \frac{D}{2 \cdot h}$	L B l_s D h φ β	Tafellänge in mm Tafelbreite in mm Länge der Mantellinie in mm Durchmesser in mm Höhe in mm halber Spitzenwinkel der Abwicklung in ° halber Kegelwinkel in °
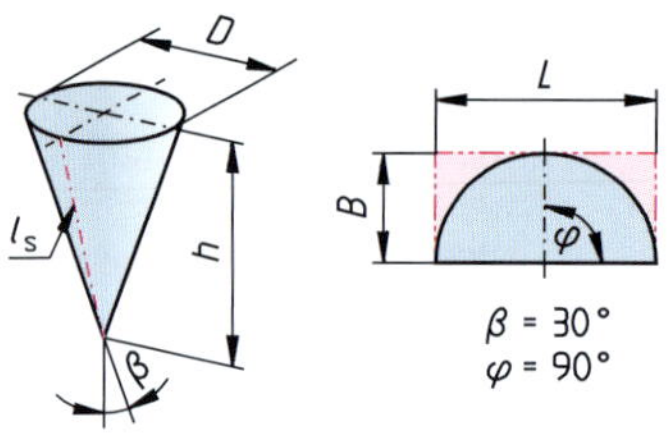 	$L = 2 \cdot l_s$ $B = l_s$		
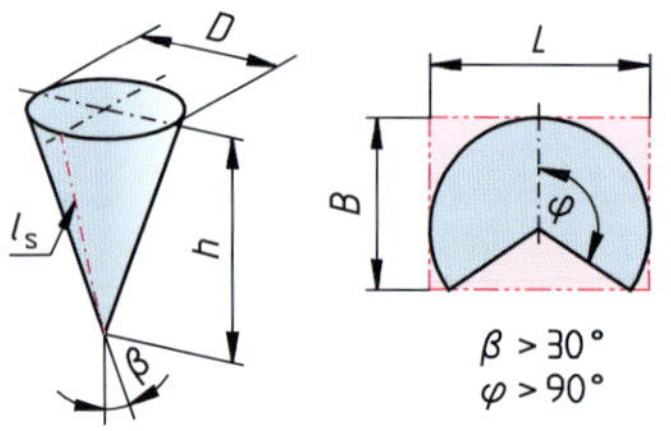 	$L = 2 \cdot l_s$ $B = l_s \cdot (1 - \cos \varphi)$ ohne Zugaben für das Fügen		
Kegelstumpf 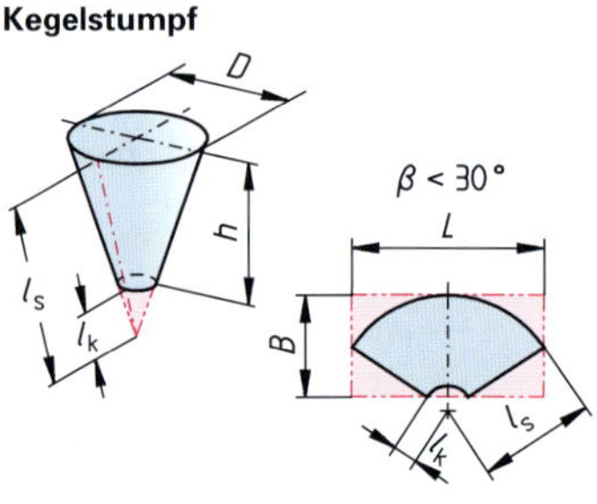 	$L = 2 \cdot l_s \cdot \sin \varphi$ $\varphi = 180° \cdot \sin \beta$ $B = l_s - l_k \cdot \cos \varphi$ $l_s = \frac{D}{2 \cdot \sin \beta}$ $l_k = \frac{d}{2 \cdot \sin \beta}$ $\tan \beta = \frac{D - d}{2 \cdot h}$	L B l_s l_K D d h φ β	Tafellänge in mm Tafelbreite in mm Länge der Mantellinie, Gesamtkegel in mm Länge der Mantellinie, Kegelspitze in mm großer Durchmesser in mm kleiner Durchmesser in mm Höhe in mm halber Spitzenwinkel der Abwicklung in ° halber Kegelwinkel in °
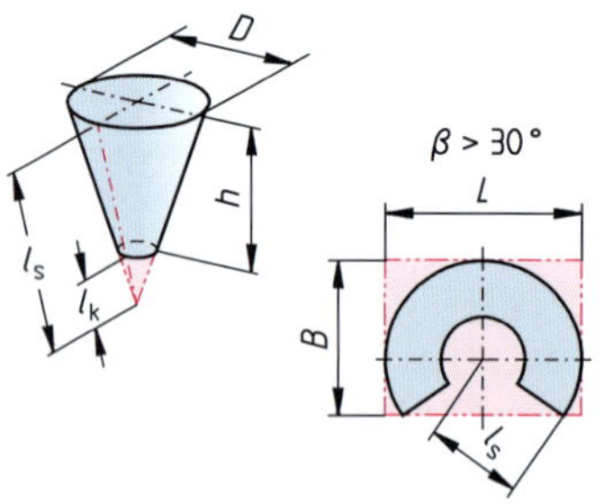 	$L = 2 \cdot l_s$ $B = l_s \cdot (1 - \cos \varphi)$ ohne Zugaben für das Fügen		

Abwicklungen (Fortsetzung)

	Formel	Formelzeichen	Erklärung
Kugel 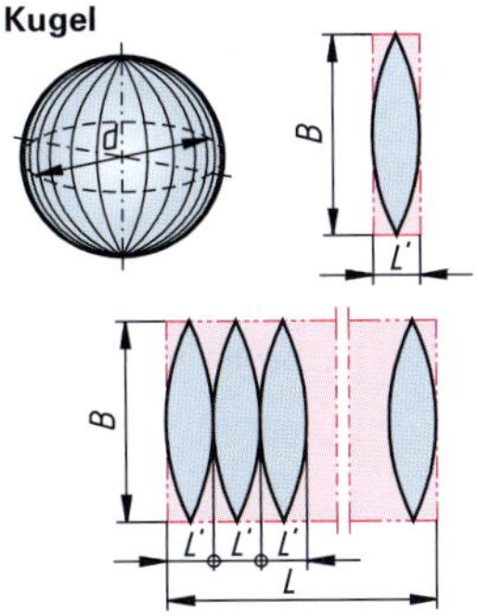	$L = \pi \cdot d$ $B = \frac{\pi \cdot d}{2}$ $L' = \frac{L}{n}$ ohne Zugaben für das Fügen	L B L' n	Tafellänge in mm Tafelbreite in mm Länge des Zwickels in mm Anzahl der Zwickel
Rohrabzweig $\alpha = 90°$ gleiche Durchmesser 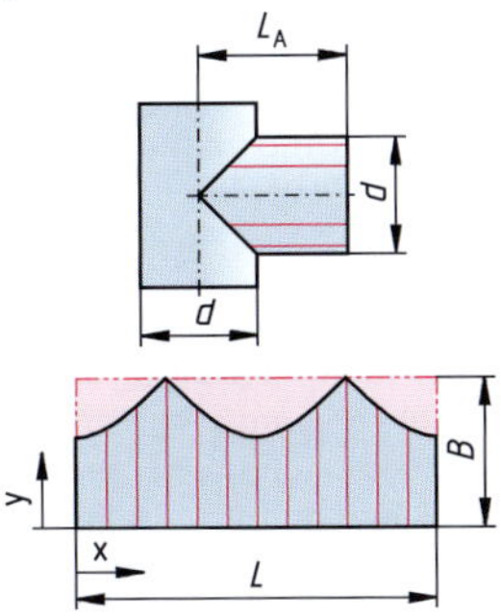	$L = \pi \cdot d$ $B = L_A$ $x_n = \pi \cdot d \cdot n \cdot \frac{\varphi}{360°}$ $y_n = L_A - \underbrace{\left\lvert \frac{d}{2} \cdot \cos \varphi \right\rvert}_{\text{immer positiv}}$ $\varphi = \frac{360°}{n_T}$ ohne Zugaben für das Fügen	L B d L_A α n_T n x_n y_n	Tafellänge in mm Tafelbreite in mm Durchmesser in mm Länge des Abzweigs in mm Abzweigwinkel in ° Teilung, z. B. 12, 16, 24, ... Teilschritte: $n = 0 \ldots n$ x-Komponente y-Komponente
Rohrabzweig $\alpha = 90°$ ungleiche Durchmesser 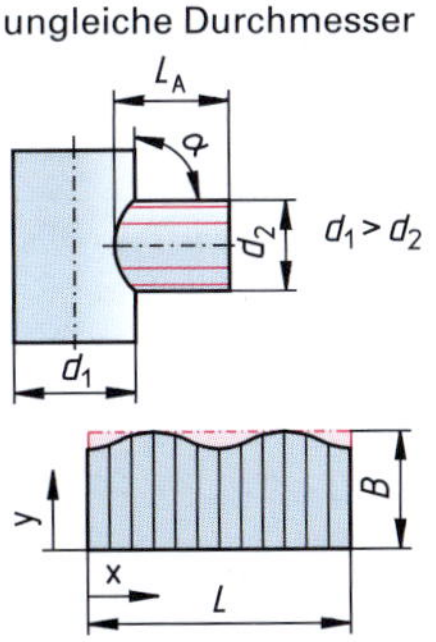	$L = \pi \cdot d_2$ $B = y_{max}$ $y_{max} = L_A - \sqrt{\left(\frac{d_1}{2}\right)^2 - \left(\frac{d_2}{2}\right)^2}$ $x_n = p \cdot d_2 \cdot n \cdot \frac{\varphi}{360°}$ $y_n = L_A - \sqrt{\left(\frac{d_1}{2}\right)^2 - \left(\frac{d_2}{2}\right)^2 \cdot \sin^2(n \cdot \varphi)}$ $\varphi = \frac{360°}{n_T}$ ohne Zugaben für das Fügen	L B d_1 d_1 L_A α n_T n x_n y_n	Tafellänge in mm Tafelbreite in mm Durchmesser des Abzweigs in mm Durchmesser des Abzweigs in mm Länge des Abzweigs in mm Abzweigwinkel in ° Teilung, z. B. 12, 16, 24, ... Teilschritte: $n = 0 \ldots n$ x-Komponente y-Komponente
Aushalsung 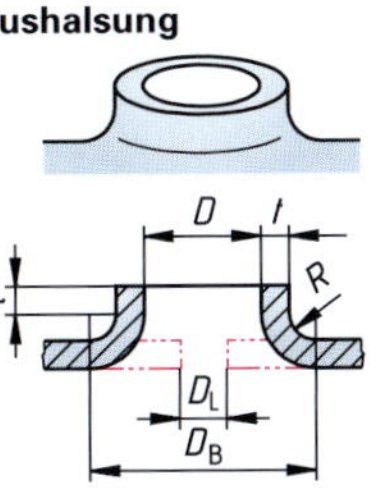	$D_B = D + t + 2 \cdot R$ $D_L = D_B - \pi \cdot R - 2 \cdot l$	D_B D t R D_L	Durchmesser für Bördelbeginn in mm Halsinnendurchmesser in mm Blechdicke in mm Bördelradius in mm Durchmesser für Lochausschnitt in mm (Erfahrungswert)

Geschwindigkeit

	Formel	Formelzeichen	Erklärung
gleichförmige, geradlinige Geschwindigkeit 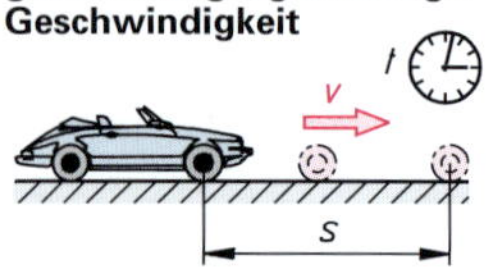	$v = \frac{s}{t}$ $s = v \cdot t$ $t = \frac{s}{v}$	v s t	Geschwindigkeit in m/s, km/h Weg in m, km Zeit in s, h 1 m/s = 3,6 km/h 1 km/h = 0,277 m/s
gleichförmige, kreisförmige Geschwindigkeit 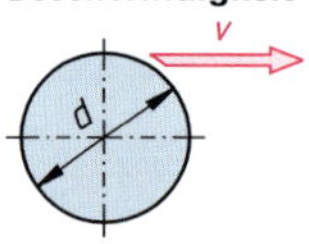	$v = \pi \cdot d \cdot n$ $d = \frac{v}{\pi \cdot n}$ $n = \frac{v}{\pi \cdot d}$ Bei der spanenden Bearbeitung durch Bohren, Drehen, Fräsen ist v die Schnittgeschwindigkeit v_S →Tabellen S. F 38 ff. Berechnet wird die Drehzahl an der Maschine.	v n d	Umfangsgeschwindigkeit in m/s, m/min Drehzahl, Umdrehungsfrequenz in 1/s, 1/min Durchmesser in m
Winkelgeschwindigkeit 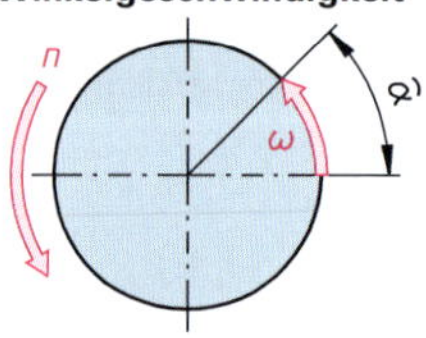	$\omega = 2 \cdot \pi \cdot n$ $n = \frac{\omega}{2 \cdot \pi}$	ω n	Winkelgeschwindigkeit in 1/s = Winkel $\widehat{\alpha}$ in rad/s, den ein Punkt auf einem Kreis in 1 s zurücklegt Drehzahl, Umdrehungsfrequenz in 1/s, 1/min
beschleunigte, geradlinige Bewegung 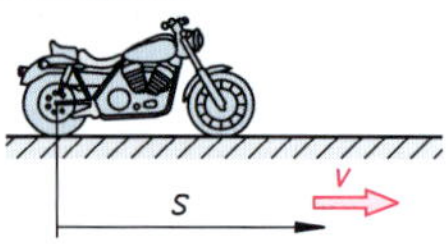	Beschleunigung „aus dem Stand" $v = a \cdot t$ $v = \sqrt{2 \cdot a \cdot s}$ $v = \frac{2 \cdot s}{t}$ $s = \frac{a \cdot t^2}{2}$ $t = \frac{v}{a}$ mit Anfangsgeschwindigkeit v_0 $v = v_0 + a \cdot t$ $v = \sqrt{v_0^2 + 2 \cdot a \cdot a}$ $s = v_0 \cdot t + \frac{a \cdot t^2}{2}$ $t = \frac{v - v_0}{a}$	v s t a v_0	Endgeschwindigkeit in m/s Beschleunigungsweg in m Beschleunigungszeit in s Beschleunigung in m/s² Für Verzögerungen (= Bremsen) wird a negativ 1 m/s = 3,6 km/h 1 km/h = 0,277 m/s Anfangsgeschwindigkeit in m/s
Freier Fall 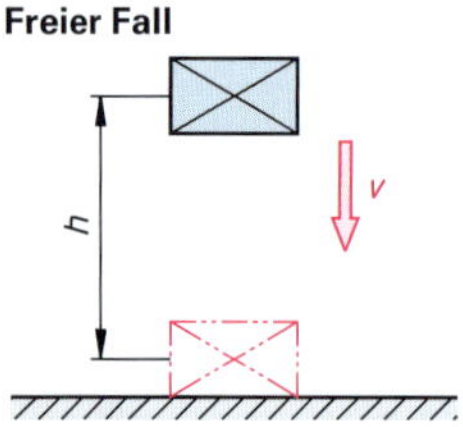	$v = g \cdot t$ $h = \frac{g \cdot t^2}{2}$ $t = \sqrt{\frac{2 \cdot h}{g}}$	v h t g	Endgeschwindigkeit in m/s Fallhöhe in m Fallzeit in s Erdbeschleunigung in m/s $g = 9{,}81\,\mathrm{m/s^2} \approx 10\,\mathrm{m/s^2}$
Kurbeltrieb 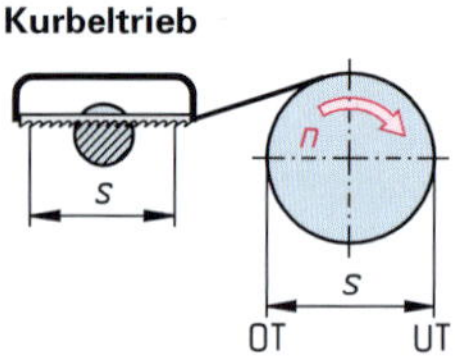	$v_m = 2 \cdot s \cdot n$ 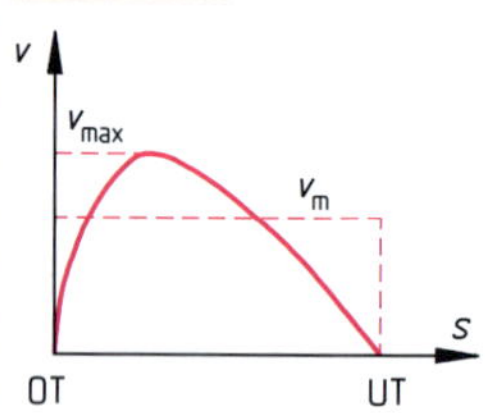	v_m n s	mittlere Geschwindigkeit in m/s Drehzahl, Umdrehungsfrequenz in 1/s, 1/min Weg in m

Übersetzungen

	Formel	Formelzeichen	Erklärung

Riementrieb
einfache Übersetzung

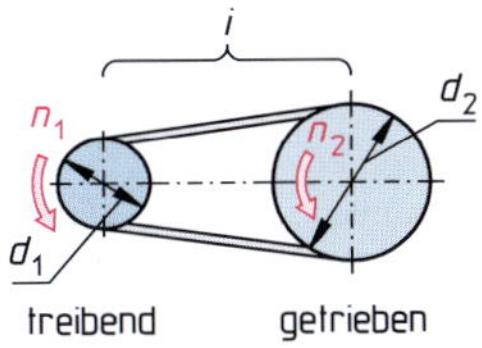

$$n_1 \cdot d_1 = n_2 \cdot d_2$$

$$i = \frac{n_1}{n_2} = \frac{d_2}{d_1}$$

Keilriemen: $d = d_\omega$
Kettentrieb: $d =$ Teilkreis ∅

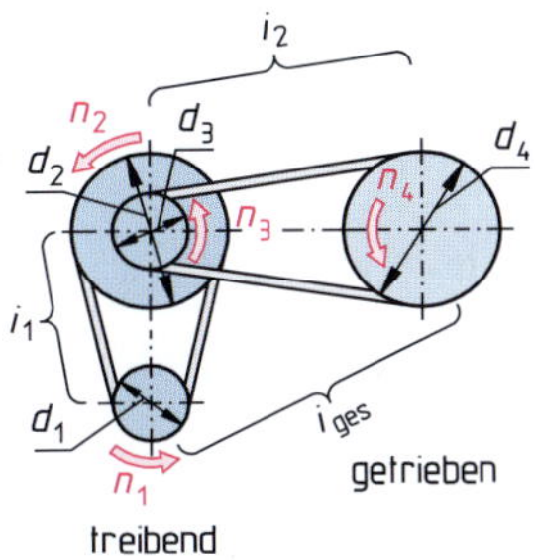

$$n_1 \cdot d_1 \cdot d_3 = n_4 \cdot d_2 \cdot d_4$$

$$n_A \cdot d_1 \cdot d_3 \cdot \ldots = n_E \cdot d_2 \cdot d_4 \cdot \ldots$$

$$i_{ges} = i_1 \cdot i_2$$

$$i_{ges} = \frac{n_1 \cdot n_3}{n_2 \cdot n_4} = \frac{n_1}{n_4}$$

$$i_{ges} = \frac{d_2 \cdot d_4}{d_1 \cdot d_3}$$

$$i_{ges} = \frac{n_A}{n_E} = \frac{d_2 \cdot d_4 \cdot d_6 \cdot \ldots}{d_1 \cdot d_3 \cdot d_5 \cdot \ldots}$$

Formelzeichen	Erklärung
$n_{1,3}$	Drehzahl, Umdrehungsfrequenz treibende Scheiben in 1/min
$n_{2,4}$	Drehzahl, Umdrehungsfrequenz getriebene Scheiben in 1/min
n_A	Anfangsdrehzahl in 1/min
n_E	Enddrehzahl in 1/min
$d_{1,3}$	Durchmesser treibende Scheiben in mm
$d_{2,4}$	Durchmesser getriebene Scheiben in mm
i	Übersetzungsverhältnis
i_{ges}	Gesamt-Übersetzungsverhältnis $i > 1$: Übersetzung ins Langsame $i < 1$: Übersetzung ins Schnelle
d_ω	wirksamer Durchmesser in mm

Zahntrieb
einfache Übersetzung

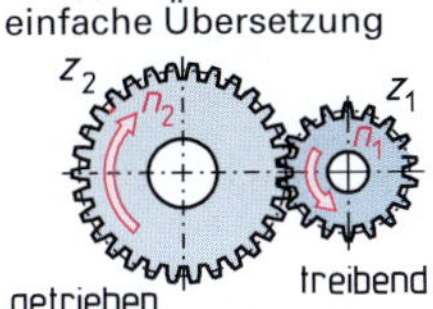

$$n_1 \cdot z_1 = n_2 \cdot z_2$$

$$i = \frac{n_1}{n_2} = \frac{z_2}{z_1}$$

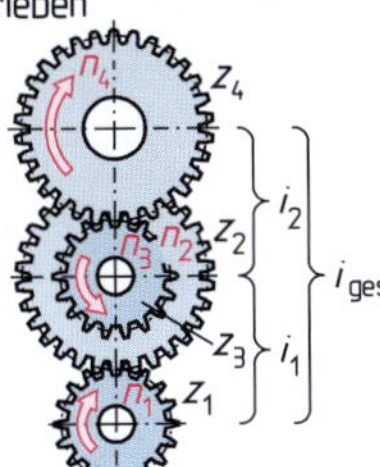

$$n_1 \cdot z_1 \cdot z_3 = n_4 \cdot z_2 \cdot z_4$$

$$n_A \cdot z_1 \cdot z_3 \cdot \ldots = n_E \cdot z_2 \cdot z_4 \cdot \ldots$$

$$i_{ges} = i_1 \cdot i_2$$

$$i_{ges} = \frac{n_1 \cdot n_3}{n_2 \cdot n_4} = \frac{n_1}{n_4}$$

$$i_{ges} = \frac{z_2 \cdot z_4}{z_1 \cdot z_3}$$

$$i_{ges} = \frac{n_A}{n_E} = \frac{z_2 \cdot z_4 \cdot z_6 \cdot \ldots}{z_1 \cdot z_3 \cdot z_5 \cdot \ldots}$$

Formelzeichen	Erklärung
$n_{1,3}$	Drehzahl, Umdrehungsfrequenz treibende Räder in 1/min
$n_{2,4}$	Drehzahl, Umdrehungsfrequenz getriebene Räder in 1/min
n_A	Anfangsdrehzahl in 1/min
n_E	Enddrehzahl in 1/min
$z_{1,3}$	Zähnezahlen treibender Räder
$z_{2,4}$	Zähnezahlen getriebene Räder
i	Übersetzungsverhältnis
i_{ges}	Gesamt-Übersetzungsverhältnis $i > 1$: Übersetzung ins Langsame $i < 1$: Übersetzung ins Schnelle

Schneckentrieb

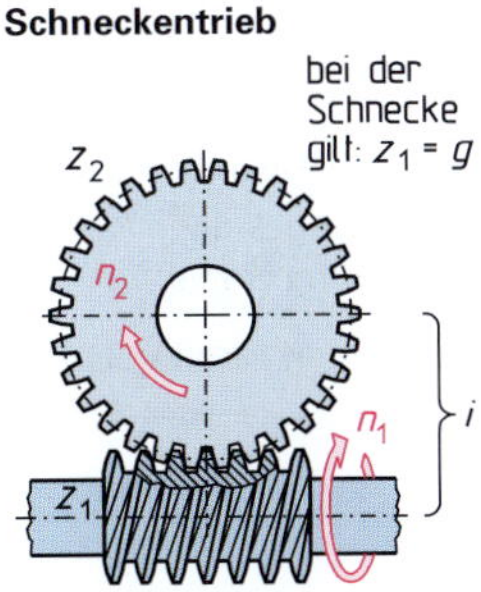

$$n_1 \cdot z_1 = n_2 \cdot z_2$$

$$i = \frac{n_1}{n_2} = \frac{z_2}{z_1}$$

Formelzeichen	Erklärung
n_1	Drehzahl, Umdrehungsfrequenz Schnecke in 1/min
n_2	Drehzahl, Umdrehungsfrequenz Schneckenrad in 1/min
z_1	Zähnezahl Schnecke
z_2	Zähnezahl Schneckenrad
i	Übersetzungsverhältnis $i > 1$: Übersetzung ins Langsame $i < 1$: Übersetzung ins Schnelle

Kräfte

	Formel	Formelzeichen	Erklärung
Kräfte 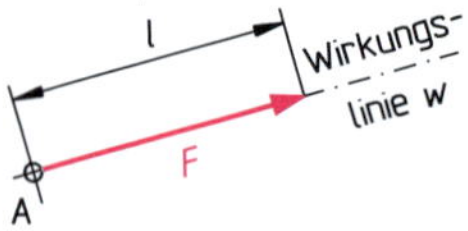	$F = l \cdot KM$ $\quad l = \frac{F}{KM}$ Bestimmungsgrößen von Kräften: 1. Angriffspunkt 2. Größe 3. Richtung, Wirkungslinie	F l KM w A	Kraft in N, kN Länge des gezeichneten Pfeils in cm, mm Kräftemaßstab in N/mm, N/cm, kN/cm Wirkungslinie Angriffspunkt
Zusammensetzen, Zerlegen von Kräften 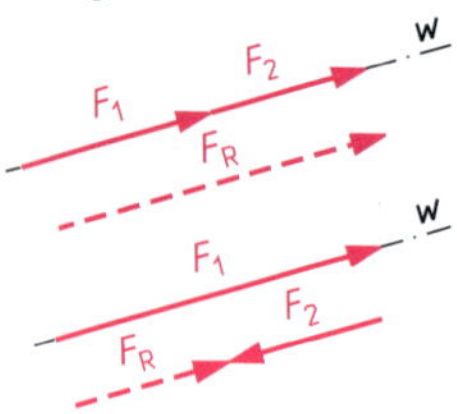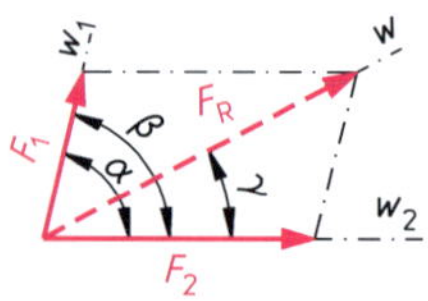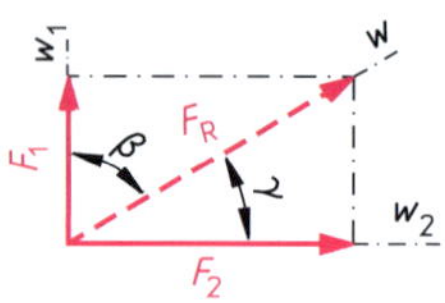	Gleiche Wirkungslinien: $F_R = F_1 + F_2$ $F_R = F_1 - F_2$ Wirkungslinien bilden einen Winkel: „Addition" von F_1 und F_2 = Diagonale F_R des Parallelogramms Zerlegung von F_1 und F_2 = Schnittpunkt der Parallelen zu w_1 und w_2 $F_R = \sqrt{F_1^2 + F_2^2 - 2 \cdot F_1 \cdot F_2 \cdot \cos\alpha}$ (Cosinussatz) $\sin\gamma = \frac{F_1}{F_R} \cdot \sin\alpha$ $\quad \sin\beta = \frac{F_2}{F_R} \cdot \sin\alpha$ Sonderfall: $w_1 \perp w_2$ $\quad \sin\gamma = \frac{F_1}{F_R}$ $F_R = \sqrt{F_1^2 + F_2^2}$ $\quad \sin\beta = \frac{F_2}{F_R}$	$F_{1,2}$ F_R α $w_{1,2}$ γ β A $\perp$ Sonderfall: Kräfte ohne gemeinsamen Schnittpunkt 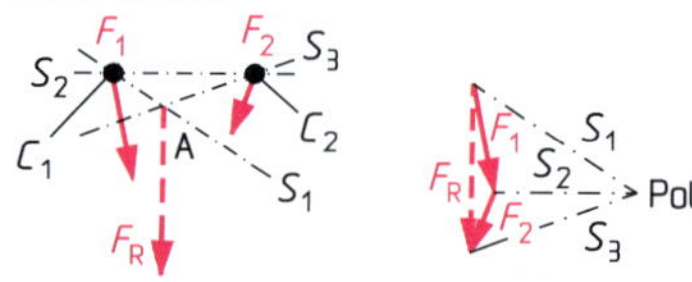Lageplan 1. F_R mit Krafteck bestimmen 2. Pol beliebig mit Polstrahlen 3. C_1 beliebig, S_1 durch C_1 S_2 durch $C_1 \rightarrow C_2$ S_3 durch $C_2 \rightarrow A$ (mit S_1)	Einzelkräfte in N Resultierende Kraft in N Winkel zwischen F_1 und F_2 in ° Wirkungslinien Winkel zwischen F_2 und F_R in ° Winkel zwischen F_1 und F_R in ° Angriffspunkt senkrecht auf …
Krafteck 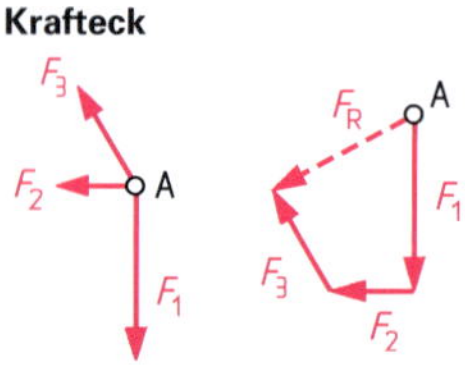	Die Teilkräfte werden maßstabsgerecht jeweils an der Pfeilspitze aneinander gereiht. Die resultierende Kraft F mehrerer Kräfte ist die Verbindung des Angriffspunkts A mit der Pfeilspitze der letzten Kraft.	$F_{1,2,3}$ F_R A	Einzelkräfte in N Resultierende Kraft in N Angriffspunkt
Gewichtskraft 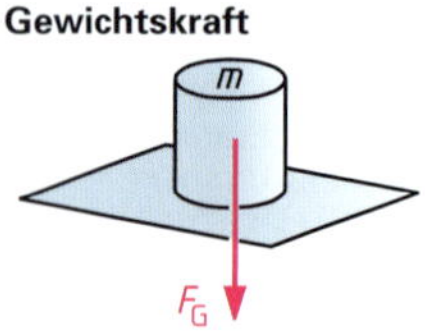	$F_G = m \cdot g$ $\quad g = 9{,}81 \frac{m}{s^2}$ Allgemein: $\quad g \approx 10 \frac{m}{s^2}$ $F = m \cdot a$	F_G m g F a	Gewichtskraft in N Masse in kg Erdbeschleunigung in m/s² bzw. N/kg $1\,N = 1\,kg \cdot m/s^2$ Beschleunigungskraft in N Beschleunigung in m/s² z. B. Pkw: ≈ 3 m/s² Bei Verzögerung ist a negativ

Mechanik

	Formel	Formelzeichen	Erklärung
Drehmoment 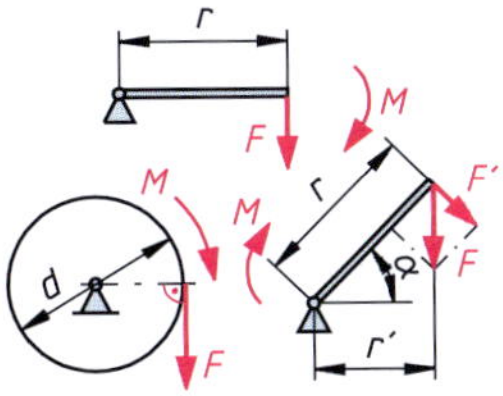	$M = F \cdot r$ $\quad M = F \cdot \frac{d}{2}$ Hebelarm = senkrechter Abstand zwischen Drehpunkt und Kraft $\left.\begin{array}{l} M = F \cdot r' \\ \text{bzw.} \\ M = F' \cdot r \end{array}\right\} M = F \cdot r \cdot \cos\alpha$	M F r, $d/2$ r r' α	Drehmoment in Nm Kraft in N Hebelarme in m wirksamer Hebelarm zu F in m wirksamer Hebelarm zu F' in m Neigungswinkel in °
Hebelgesetz 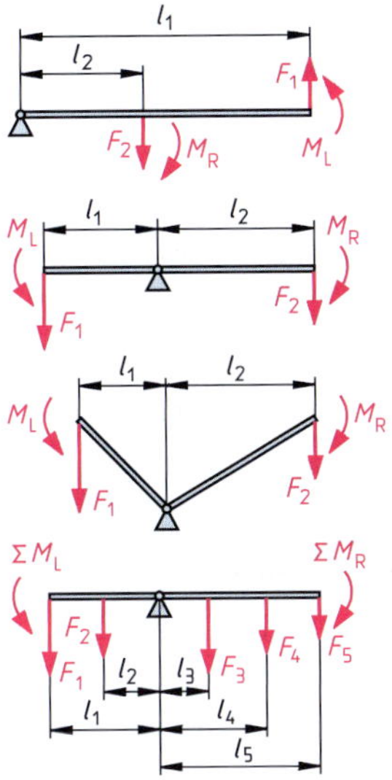	$M_L = M_R$ bzw. $\sum M = 0$ Einarmiger Hebel: $F_1 \cdot l_1 = F_2 \cdot l_2$ Zweiarmiger Hebel: $F_1 \cdot l_1 = F_2 \cdot l_2$ Winkelhebel: $F_1 \cdot l_1 = F_2 \cdot l_2$ Mehrere Kräfte $\sum M_L = \sum M_R$ $(F_1 \cdot l_1) + (F_2 \cdot l_2) =$ $(F_3 \cdot l_3) + (F_4 \cdot l_4) + (F_5 \cdot l_5)$	M_L M_R $\sum M$ $F_1 \ldots F_5$ $l_1 \ldots l_5$	Drehmoment, linksdrehend in Nm Drehmoment, rechtsdrehend in Nm Summe aller Drehmomente in Nm Kräfte in N Hebelarme in m In der Statik wird das Hebelgesetz zur Berechnung der Auflagerkräfte benutzt 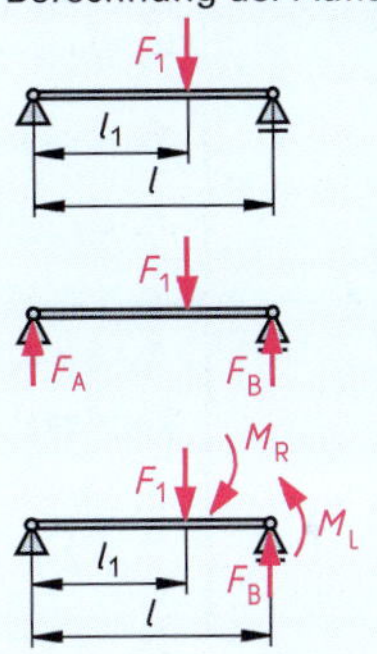 System „Actio = Reactio“ $F_1 = F_A + F_B$ $M_L = M_R$ $F_B \cdot l = F_1 \cdot l_1$ $F_B = \frac{F_1 \cdot l_1}{l}$ $F_A = F_1 - F_B$
Schiefe Ebene 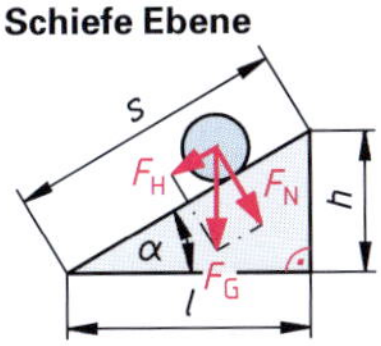	$\frac{F_H}{F_G} = \frac{h}{S}$ $\quad \frac{F_N}{F_G} = \frac{l}{s}$ $F_H = F_G \cdot \sin\alpha$ $F_N = F_G \cdot \cos\alpha$ Reibung nicht berücksichtigt	F_H F_N F_G l h s α	Hangabtriebskraft in N Normalkraft in N Gewichtskraft in N horizontale Länge in m Höhenunterschied in m Weg in m Neigungswinkel in °
Stellkeil 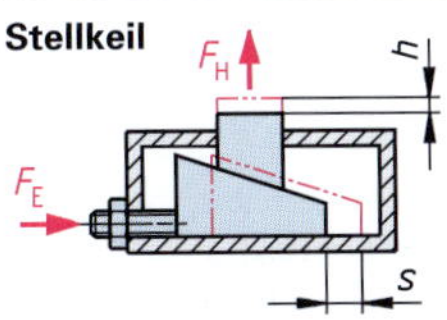	$F_E \cdot s = F_H \cdot h$ Reibung nicht berücksichtigt	F_E F_H h s	Eintreibkraft in N Hubkraft in N Hubhöhe in m, mm horizontale Länge in m Höhenunterschied in m Weg in m, mm
Treibkeil 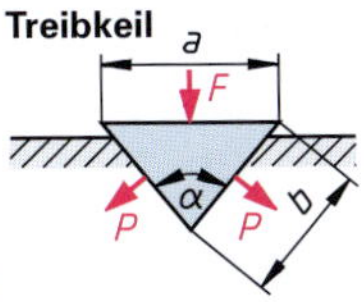	$P = F \cdot \frac{b}{a}$ $P = \frac{F}{2 \cdot \sin\frac{\alpha}{2}}$	P F b a α	Spaltkraft in N Eintreibkraft in N Kantenlänge: Keilfläche in m, mm Keilbreite in m, mm Keilwinkel in °

Mechanik (Fortsetzung)

	Formel	Formelzeichen	Erklärung
Seilkraft 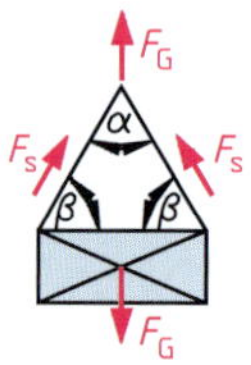	$F_s = \dfrac{F_G}{2 \cdot \sin\beta}$ $\quad \beta = 90° - \dfrac{\alpha}{2}$ $F_s = \dfrac{F_G}{2 \cdot \cos\frac{\alpha}{2}}$	F_s F_G β α	Kraft in einem Seilstrang in N Gewichtskraft in N Basiswinkel in ° Anschlagwinkel in °
Schraube 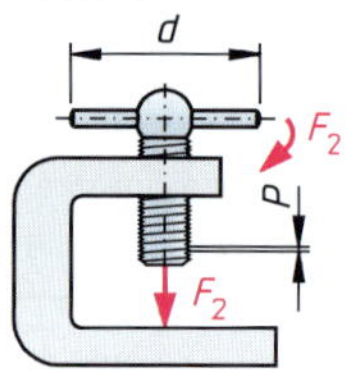	$F_2 \cdot P = F_1 \cdot \pi \cdot d$ $F_2 = \dfrac{F_1 \cdot \pi \cdot d}{P}$ $F_1 = \dfrac{F_1 \cdot P}{\pi \cdot d}$ Flankenreibung im Gewinde nicht berücksichtigt	F_1 F_2 d P	Drehkraft in N Kraft in der Spindel in N Knebellänge in mm Gewindesteigung in mm
Feste Rolle 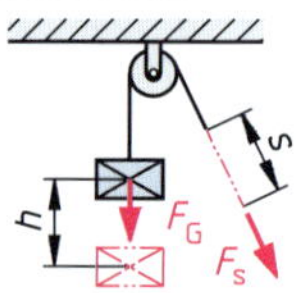	$F_G = F_s$ $\quad$ mit Reibung: $s = h$ $\quad F_s = \dfrac{F_G}{\eta}$ Gewichtskraft wird umgelenkt	F_s F_G s h η	Kraft in einem Seilstrang in N Gewichtskraft in N Kraftweg in m Hubhöhe in m Wirkungsgrad ($\eta < 1$ bzw. $< 100\%$)
Lose Rolle 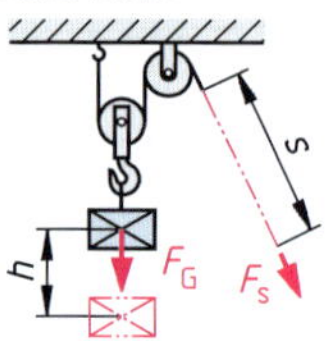	$F_G \cdot h = F_s \cdot s$ $\quad$ mit Reibung: $s = 2 \cdot h$ $F_s = \dfrac{F_G}{2}$ $\quad F_s = \dfrac{F_G}{n \cdot \eta}$ Gewichtskraft wird halbiert Seilweg *s* wird „verdoppelt"	F_s F_G s h η	Kraft in einem Seilstrang in N Gewichtskraft in N Kraftweg in m Hubhöhe in m Wirkungsgrad ($\eta < 1$ bzw. $< 100\%$)
Flaschenzug 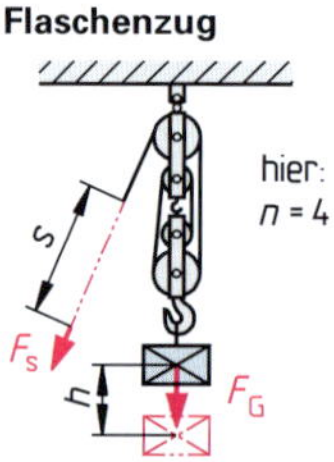	$F_G \cdot h = F_s \cdot s$ $\quad$ mit Reibung: $s = n \cdot h$ $F_s = \dfrac{F_G}{n}$ $\quad F_s = \dfrac{F_G}{2 \cdot \eta}$	F_s F_G s h η n	Kraft in einem Seilstrang in N Gewichtskraft in N Kraftweg in m Hubhöhe in m Wirkungsgrad ($\eta < 1$ bzw. $< 100\%$) Anzahl der losen Rollen
Differenzialflaschenzug 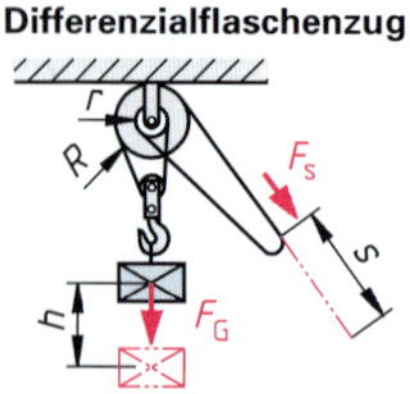	$F_s = \dfrac{F_G \cdot (R - r)}{2 \cdot R}$ $s = 2 \cdot h \cdot \dfrac{R}{R - r}$ mit Reibung: $F_s = \dfrac{F_G \cdot (R - r)}{2 \cdot R \cdot \eta}$	F_s F_G R r h s η	Handkraft in N Gewichtskraft in N Radius: große feste Rolle in m Radius: kleine feste Rolle in m Hubhöhe in m Kraftweg in m Wirkungsgrad ($\eta < 1$ bzw. $< 100\%$)

Mechanik, Arbeit, Energie

	Formel	Formelzeichen	Erklärung
Winde 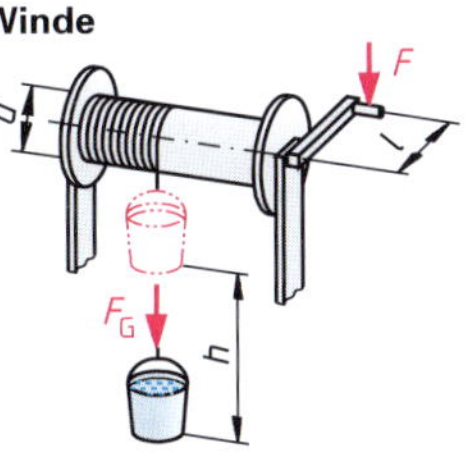	$F \cdot l = F_G \cdot \frac{d}{2}$ $2 \cdot F \cdot l \cdot \pi \cdot n = F_G \cdot h$ $h = \pi \cdot d \cdot n$ $F = \frac{F_G \cdot h}{2 \cdot l \cdot \pi \cdot n \cdot \eta}$ mit Reibung: $F = \frac{F_G \cdot h}{2 \cdot l \cdot \pi \cdot n \cdot \eta}$	F F_G l d h n η	Kraft an der Handkurbel in N Gewichtskraft in N Hebelarm in m Durchmesser: Seiltrommel in m Hubhöhe in m Zahl der Kurbelumdrehungen Wirkungsgrad ($\eta < 1$ bzw. $< 100\%$)
Räderwinde 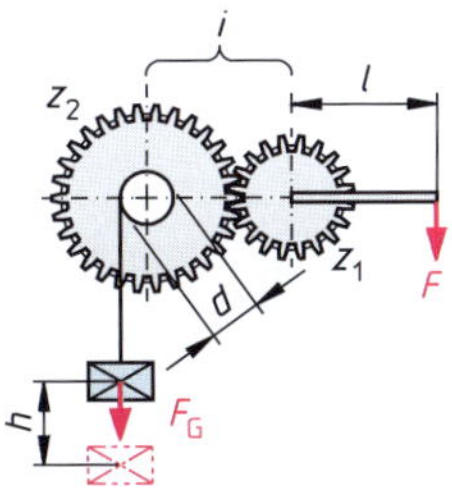	$F = \frac{F_G \cdot d}{2 \cdot i \cdot l}$ $F = \frac{F_G \cdot d \cdot z_1}{2 \cdot l \cdot z_2}$ $h = \frac{\pi \cdot d \cdot n}{i}$ $h = \frac{\pi \cdot d \cdot n \cdot z_1}{z_2}$ $\eta = \frac{h \cdot i}{\pi \cdot d}$	F F_G l d h n i z_1, z_2 η	Kraft an der Handkurbel in N Gewichtskraft in N Hebelarm in N Durchmesser: Seiltrommel in m Hubhöhe in m Zahl der Kurbelumdrehungen Übersetzung des Zahntriebs Zähnezahlen Wirkungsgrad ($\eta < 1$ bzw. $< 100\%$)
Arbeit, Energie 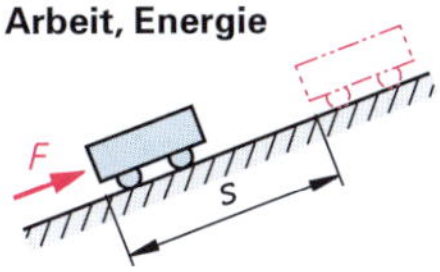	$W = F \cdot s$ $1\,\text{Nm} = 1\,\text{J} = 1\,\text{Ws} = 1\,\frac{\text{kg} \cdot \text{m}^2}{\text{s}^2}$	W F s	Arbeit in Nm Kraft in N Kraftweg in m Übliche Einheiten: – mech. Arbeit → Nm, J – Wärmearbeit → J – elektr. Arbeit → Ws
Potentielle Energie (Lage-Energie) 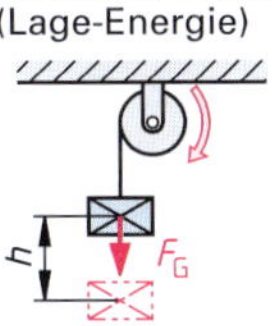	$W_p = F_G \cdot h$ $F_G = m \cdot g$ $W_p = m \cdot g \cdot h$ $g = 9{,}81\,\frac{\text{m}}{\text{s}^2}$ $g \approx 10\,\frac{\text{m}}{\text{s}^2}$	W_p m h F_G g	potentielle Energie in Nm Masse in kg Hubhöhe in m Gewichtskraft in N Erdbeschleunigung in m/s² $g \approx 10\,\frac{\text{m}}{\text{s}^2}$
kinetische Energie (Bewegungs-Energie) 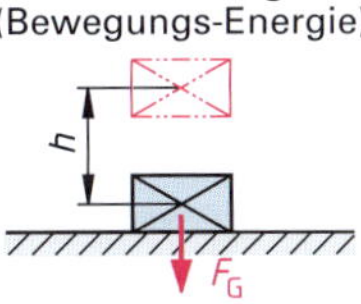	$W_k = \frac{1}{2} \cdot m \cdot v^2$ $1\,\frac{\text{m}}{\text{s}} = 3{,}6\,\frac{\text{km}}{\text{h}}$ $1\,\frac{\text{km}}{\text{h}} = 0{,}277\,\frac{\text{m}}{\text{s}}$	W_k m v	kinetische Energie in Nm Masse in kg Geschwindigkeit in m/s
Energieerhaltungssatz Goldene Regel der Mechanik 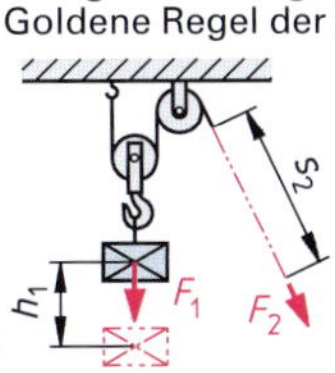	$W_1 = W_2$ $F_1 \cdot s_1 = F_2 \cdot s_2$	W_1, W_2 F_1, F_2 s_1, s_2	Arbeit in Nm Kräfte in N Wege in m

Leistung, Wirkungsgrad, Reibung

	Formel	Formelzeichen	Erklärung
Hubleistung 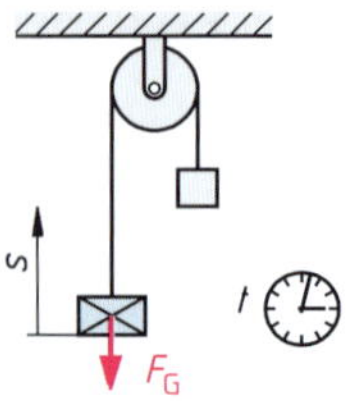	$P = \frac{W}{t}$ $P = \frac{F \cdot s}{t}$ $\quad v = \frac{s}{t}$ $P = F \cdot v$ $P = \frac{F_G \cdot s}{t}$ $P = \frac{m \cdot g \cdot s}{t} \Leftrightarrow P = F_G \cdot v$	P W t v F_G m s g	Leistung in Nm/s = W Arbeit in Nm = Ws Zeit in s Hubgeschwindigkeit in m/s Gewichtskraft in N Masse in kg Weg in m Erdbeschleunigung $g = 9{,}81\,\text{m/s}^2 \approx 10\,\text{m/s}^2$
Zugleistung 	$P = F \cdot v$ $\quad v = \frac{s}{t}$	P F v t s	Leistung in Nm/s = W Kraft in N Geschwindigkeit in m/s Zeit in s Weg in m
Pumpenleistung 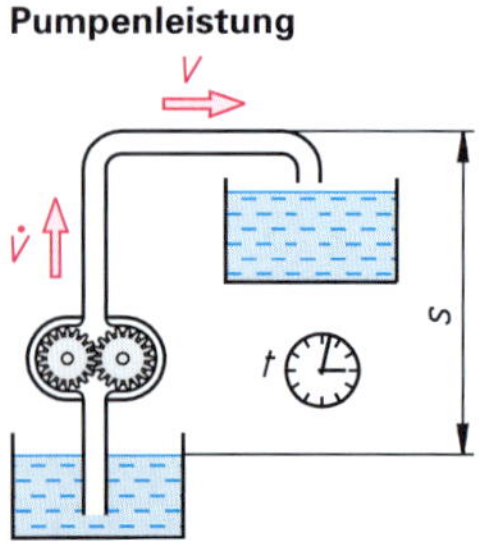	$P = q \cdot g \cdot s$ $P = \dot{V} \cdot \varrho \cdot g \cdot s$ $q = \frac{m}{t}$ $\quad \dot{V} = \frac{V}{t}$ $P = \frac{V \cdot \Delta P}{t}$ $1\,\text{bar} = 10\,\frac{\text{N}}{\text{cm}^2} = 100\,000\,\frac{\text{N}}{\text{m}^2}$ 1 bar ≈ 10 m Wassersäule	P q g s $\dot{V}$ m ϱ Δp t V	Pumpenleistung in Nm/s = W Fördermenge in kg/s Erdbeschleunigung $\approx 10\,\text{m/s}^2$ Förderhöhe in m Volumenstrom in dm^3/s Masse in kg Dichte in kg/dm^3 Druckdifferenz in N/m^2 Zeit in s Fördervolumen in dm^3
Wirkungsgrad 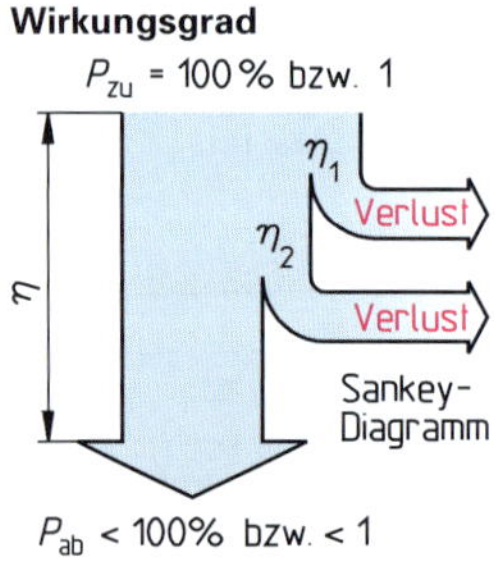	$\eta = \frac{P_{ab}}{P_{zu}}$ $\quad \eta = \frac{P_{ab}}{P_{zu}} \cdot 100\%$ $\eta = \frac{W_{ab}}{W_{zu}}$ $\quad \eta = \frac{W_{ab}}{W_{zu}} \cdot 100\%$ $\eta = \frac{F_{ab}}{F_{zu}}$ $\quad \eta = \frac{F_{ab}}{F_{zu}} \cdot 100\%$ $\eta = \eta_1 \cdot \eta_2 \cdot \eta_3$	η P_{zu} P_{ab} W_{zu} W_{ab} F_{zu} F_{ab}	Wirkungsgrad $\eta < 1$ bzw. $\eta < 100\%$ zugeführte Leistung in W abgeführte Leistung in W zugeführte Arbeit in Nm abgeführte Arbeit in Nm zugeführte Kraft in N abgeführte Kraft in N

Werte für η

Elektromotor	0,80	Wasserturbine	0,90	Schneckentrieb	0,60
Ottomotor	0,20	Transformator	0,98	Zahntrieb	0,95
Dieselmotor	0,35	Riementrieb	0,90		

	Formel	Formelzeichen	Erklärung
Reibung 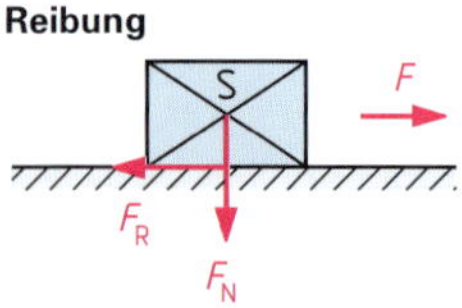	$F_R = \mu \cdot F_N$	F_R F_N μ	Reibungskraft in N Normalkraft in N Reibungskoeffizient

Haften: $F_R = \mu_H \cdot F_N$ $\mu_H = 0{,}2 \ldots 0{,}4$	**Gleiten:** $F_R \leq \mu_G \cdot F_N$ $\mu_G = 0{,}05 \ldots 0{,}1$	**Rollen:** $F_R \leq \mu_R \cdot F_N$ $\mu_R = 0{,}001 \ldots 0{,}1$

Reibzahlen μ über Werkstoffpaarung

Reibfaktor / Werkstoffe	Haftreibung μ_H trocken	Haftreibung μ_H gefettet	Gleitreibung μ_G trocken	Gleitreibung μ_G gefettet	Rollreibung μ_R
Stahl-Stahl	0,15	0,10	0,10	0,01	0,005
Stahl-GG, Stahl-Cu	0,18	0,10	0,16	0,01	–

Fluidtechnik

	Formel	Formelzeichen	Erklärung
Druckskalen 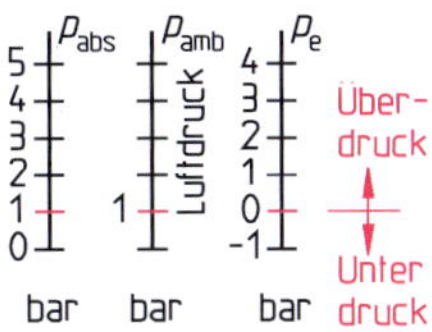	$p_e = p_{abs} - p_{amb}$ $p_{abs} < p_{amb} \Rightarrow$ Unterdruck $p_{abs} > p_{amb} \Rightarrow$ Überdruck	p_e p_{abs} p_{amb}	atmosph. Druckdifferenz in bar absoluter Druck in bar Luftdruck in bar = Atmosphärendruck ≈ 1 bar = Umgebungsdruck
Druck 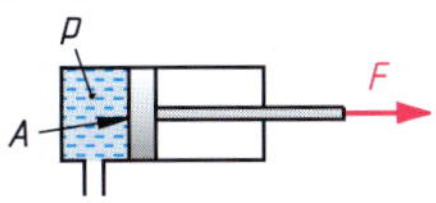	Allgemein $p = \frac{F}{A}$ $F = p \cdot A$ mit Reibung $p = \frac{F}{A \cdot \eta}$ $F = p \cdot A \cdot \eta$	p F A η	Druck in N/cm^2 Kolbenkraft in N Kolbenfläche in cm^2 Wirkungsgrad ($\eta < 1$ bzw. $< 100\%$)
Hydrostatischer Druck 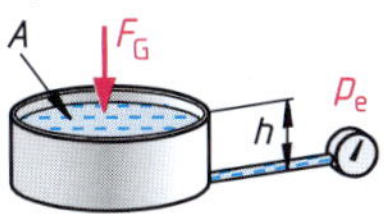	$p_e = \frac{F_G}{A}$ $p_e = \frac{A \cdot \varrho \cdot g \cdot h}{A}$ $p_e = \varrho \cdot g \cdot h$ $1\ Pa = 1\ \frac{N}{m^2}$ $1\ bar = 10\ N/cm^2 = 100\,000\ \frac{N}{m^2}$	p_e F_G A ϱ g h	hydrostatischer Druck = Boden-, Seitendruck in Pa Gewichtskraft der Flüssigkeit in N Fläche in cm^2 Dichte in kg/dm^3 Erdbeschleunigung in m/s^2 $g \approx 10\ m/s^2$ Höhe der Flüssigkeitssäule in m
Hydraulische Presse 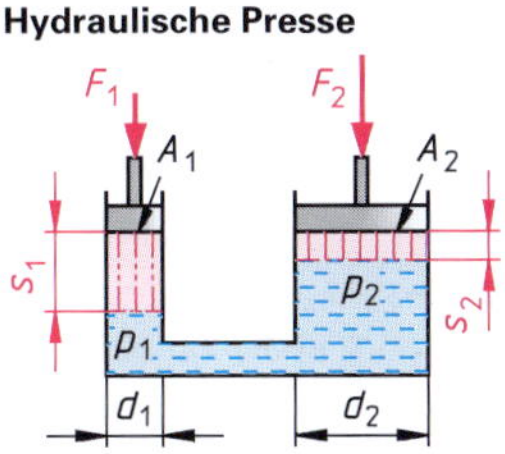	$\frac{F_1}{F_2} = \frac{A_1}{A_2}$ $\frac{F_1}{A_1} = \frac{F_2}{A_2}$ $\frac{F_1}{F_2} = \frac{d_1^2}{d_2^2}$ $F_1 \cdot s_1 = F_2 \cdot s_2$ $i = \frac{F_1}{F_2} = \frac{A_1}{A_2} = \frac{s_2}{s_1} = \frac{d_1^2}{d_2^2}$	$F_{1,2}$ $A_{1,2}$ $d_{1,2}$ $s_{1,2}$ $p_{1,2}$ i	Kolbenkräfte in N Kolbenflächen in cm^2 Kolbendurchmesser in cm Kolbenhübe in cm Druck im Medium in N/cm^2 Übersetzungsverhältnis
Strömende Flüssigkeiten 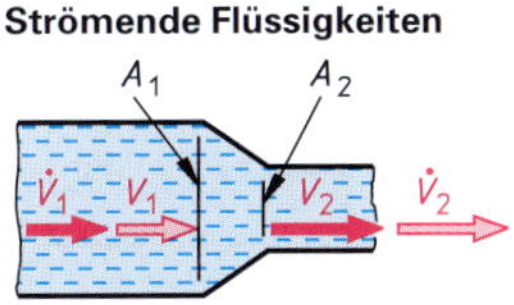	Allgemein: $\dot{V} = v \cdot A$ $\dot{V} = \frac{V}{t}$ Kontinuitätsgleichung $\dot{V}_1 = \dot{V}_2$ $A_1 \cdot v_1 = A_2 \cdot v_2$	$\dot{V}$ v A V t $\dot{V}_{1,2}$ $A_{1,2}$ $v_{1,2}$	Volumenstrom in cm^3/s Geschwindigkeit in cm/s Fläche in cm^2 Fördervolumen in cm^3 Zeit in s Volumenströme in cm^3/s Rohrquerschnitte in cm^2 Strömungsgeschwindigkeiten in cm/s
Auftrieb 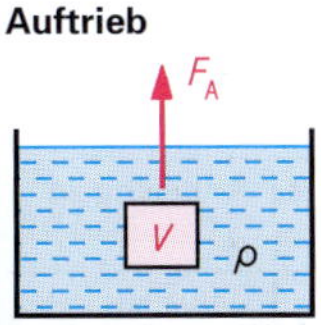	Auftrieb, den ein Körper erfährt = Gewicht der verdrängten Flüssigkeitsmenge $F_A = V \cdot \varrho \cdot g$ $\varrho > \varrho_K$: Körper schwimmt $\varrho = \varrho_K$: Körper schwebt $\varrho < \varrho_K$: Körper sinkt	F_A V ϱ ϱ_K g	Auftriebskraft in N Volumen der verdrängten Flüssigkeit in dm^3 Dichte der Flüssigkeit in kg/dm^3 Dichte des Körpers in kg/dm^3 Erdbeschleunigung in m/s^2 $g \approx 10\ m/s^2$

Wärmelehre

Temperaturskalen

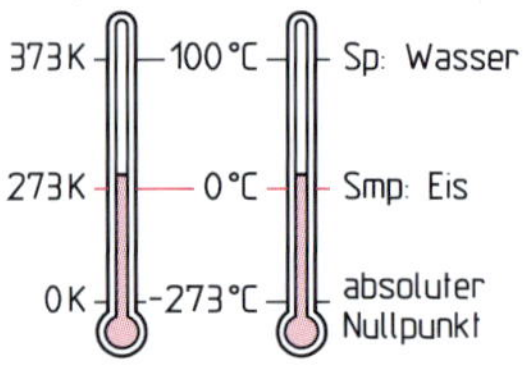

Formel

$T = t + 273$ $\quad \vartheta = t$

$t = T - 273$

$\Delta t = \Delta T$

$\Delta T = T_2 - T_1$

genau:
0 K = −273,15 °C

Formelzeichen	Erklärung
T	Kelvin-Temperatur in K (thermodynamische Temperatur)
Θ, (t)	Celsius-Temperatur in °C
Δ	Differenz, Unterschied
T_2	Endtemperatur in K
T_1	Anfangstemperatur in K
Smp	Schmelzpunkt
Sp	Siedepunkt

Längenausdehnung

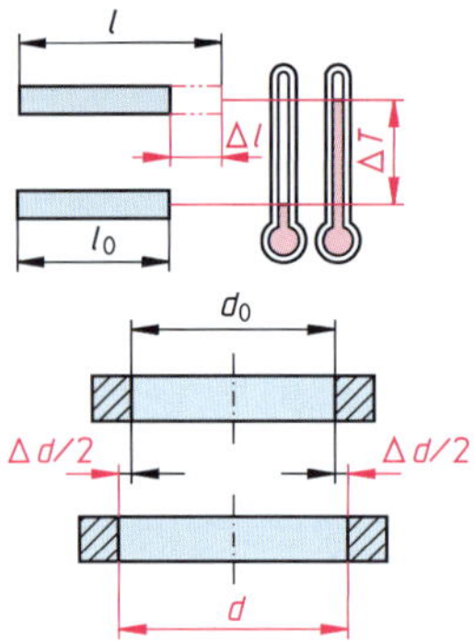

Formel

$\Delta l = l_0 \cdot \alpha \cdot \Delta T$

$l = l_0 \pm \Delta l$

$l = l_0 \cdot (1 \pm \alpha \cdot \Delta T)$

„+“ bei Erwärmung

„−“ bei Abkühlung

$\Delta d = d_0 \cdot \alpha \cdot \Delta T$

$d = d_0 \pm \Delta d$

$d = d_0 \cdot (1 \pm \alpha \cdot \Delta T)$

MERKE: $\Delta T = |\Delta \Theta|$

Formelzeichen	Erklärung
Δl	Längenausdehnung in mm
l_0	Länge **vor** Temperaturerhöhung in mm
α	Längenausdehnungskoeffizient in 1/K
l	Länge **nach** Temperaturerhöhung in mm
ΔT	Temperaturdifferenz in K
Δd	Durchmesseränd. in mm
d_0	Durchmesser **vor** Temperaturerhöhung in mm
d	Durchmesser **nach** Temperaturerhöhung in mm

α in $\frac{1}{K}$

Stahl:	0,000012	Cu:	0,000018	Glas:	0,000010
Al:	0,000023	PVC:	0,000080	Beton:	0,000010

Volumenausdehnung

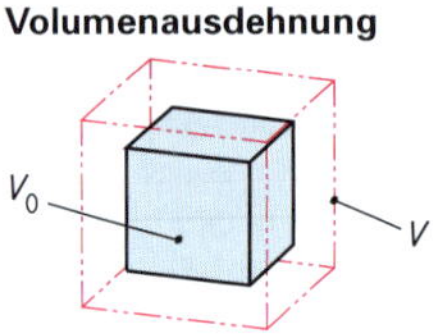

Formel

feste Stoffe, Flüssigkeiten

$\Delta V = V_0 \cdot \gamma \cdot \Delta T$

$V = V_0 \pm \Delta T$

$V = V_0 \cdot (1 \pm \gamma \cdot \Delta T)$

„+“ bei Erwärmung

„−“ bei Abkühlung

$\gamma \approx 3 \cdot \alpha$

Gase: $\Delta V = V_0 \cdot \frac{1}{273} \cdot \Delta T$

Formelzeichen	Erklärung
ΔV	Volumenzunahme in cm³
γ	Volumenausdehnungskoeffizient in 1/K
V_0	Volumen **vor** Temperaturerhöhung in cm³
V	Volumen **nach** Temperaturerhöhung in cm³
ΔT	Temperaturdifferenz in K
α	Längenausdehnungskoeffizient in 1/K

Wärmemenge

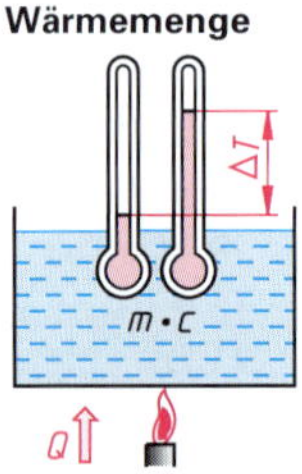

Formel

$Q = m \cdot c \cdot \Delta T$

c in $\frac{J}{kg \cdot K}$

Stahl:	490	Glas:	850
Edelstahl:	510	PVC:	1500
Cu:	400	Öl:	1600
Al:	920	Wasser:	4190

Formelzeichen	Erklärung
Q	Wärmemenge in J
m	Masse in kg
c	spezifische Wärmekapazität in J/(kg · K)
ΔT	Temperaturdifferenz in K

Schmelzwärme

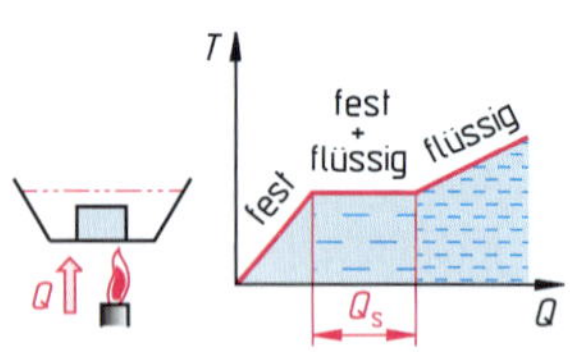

Formel

$Q_s = m \cdot q$

q in $\frac{kJ}{kg}$

Stahl:	270	Wachs:	175
Cu:	200	Al:	400

Formelzeichen	Erklärung
Q_S	Wärmemenge in kJ
m	Masse in kg
q	spezifische Schmelzwärme in kJ/kg

Wärmelehre (Fortsetzung)

	Formel	Formelzeichen	Erklärung

Verbrennungswärme

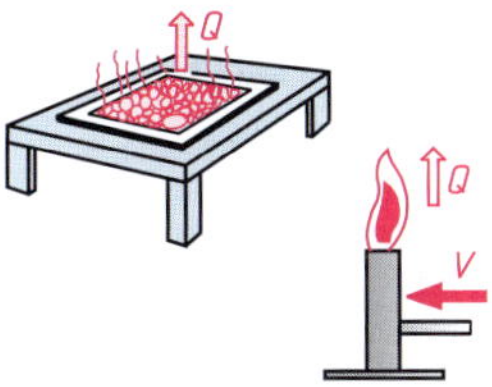

feste, flüssige Brennstoffe

$Q = m \cdot H_u$

gasförmige Brennstoffe

$Q = V \cdot H_u$

$Q_n = Q \cdot \eta \qquad \eta = \frac{Q_n}{Q}$

H_u in $\frac{kJ}{kg}$ bzw. $\frac{kJ}{m^3}$

Holz:	15 000	Stadtgas:	16 000
Koks:	30 000	Propan:	93 000

Formelzeichen	Erklärung
Q	erzielte Wärmemenge in kJ
m	Masse in kg
H_u	spezif. Heizwert in kJ/kg
V	Volumen in m^3
Q_n	praktisch nutzbare Wärmemenge in kJ
η	Wirkungsgrad $\eta < 1$ bzw. $\eta < 100\%$ η_{Esse} ca. 0,05 $\eta_{Gasofen}$ ca. 0,1…0,2 $\eta_{Elektroofen}$ ca. 0,5

Wärmeleistung

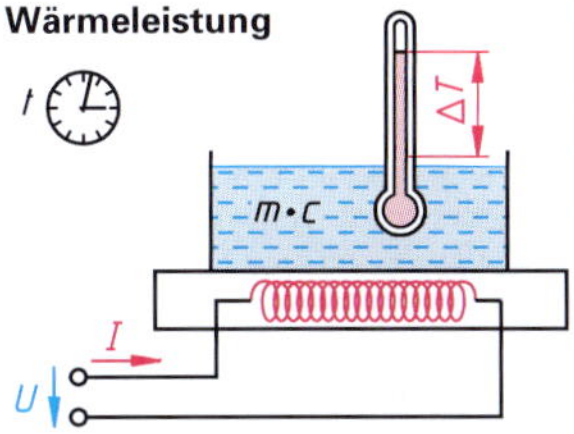

$\Phi = \frac{Q}{t}$

$Q = m \cdot c \cdot \Delta T$

1 Wh = 3 600 Ws = 3 600 J

1 kWh = 3 600 000 J

$\Delta T = T_1 - T_2$

Formelzeichen	Erklärung
Φ	Wärmeleistung (Wärmestrom) in W
Q	Wärmemenge in J, Wh
t	Zeit in s
m	Masse in kg
c	spezifische Wärmekapazität in J/(kg·K)
ΔT	Temperaturdifferenz in K

Wärme aus elektrischer Arbeit

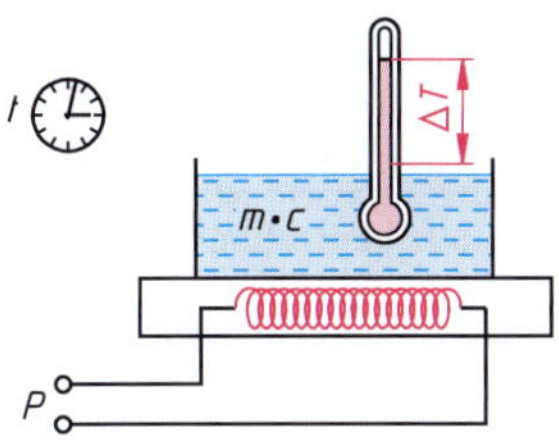

$Q = W$

$m \cdot c \cdot \Delta T = P \cdot t \cdot \eta$

$P = \frac{m \cdot c \cdot \Delta T}{t \cdot \eta}$

$P = U \cdot I$

Formelzeichen	Erklärung
W	elektrische Arbeit in Wh
P	elektrische Leistung in W
η	Wirkungsgrad $\eta < 1$ bzw. $\eta < 100\%$
Q	(erzeugte) Wärmemenge in kJ
t	Zeit in s
m	Masse in kg
U	Spannung in V
I	Stromstärke in A

Wärmemischung

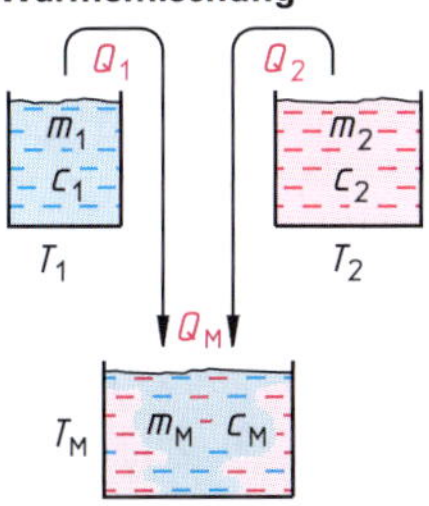

$Q_1 + Q_2 = Q_M$

$(m_1 \cdot c_1 \cdot T_1) + (m_2 \cdot c_2 \cdot T_2) = (m_1 \cdot c_1 + m_2 \cdot c_2) \cdot T_M$

$T_M = \frac{m_1 \cdot c_1 \cdot T_1 + m_2 \cdot c_2 \cdot T_2}{m_1 \cdot c_1 + m_2 \cdot c_2}$

Mischung gleicher Stoffe:

$T_M = \frac{m_1 \cdot T_1 + m_2 \cdot T_2}{m_1 + m_2}$

Formelzeichen	Erklärung
Q_1	Wärmemenge Stoff 1 in J
Q_2	Wärmemenge Stoff 2 in J
Q_M	Wärmem. Mischung in J
$m_{1,2}$	Masse von Stoff 1, 2 in kg
$c_{1,2}$	spezif. Wärmekapazität Stoff 1, 2 in J/(kg·K)
$T_{1,2}$	Temperatur Stoff 1, 2 in K
m_M	Masse d. Mischung in kg
T_M	Temperatur der Mischung in K

Wärmestrom

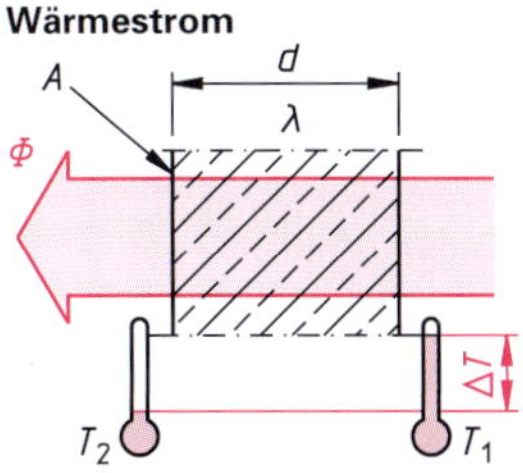

$\Phi = A \cdot U \cdot \Delta T \qquad U = \frac{\lambda}{d}$

$\Phi = A \cdot \frac{\lambda}{d} \cdot \Delta T \qquad R = \frac{1}{U}$

$Q = \Phi \cdot t$

Der Wärmestrom „fließt" immer zum Bereich mit niedrigerer Temperatur

Formelzeichen	Erklärung
Φ	Wärmestrom in W
λ	Wärmeleitfähigkeit in W/(m·K)
d	Bauteildicke in m
A	Bauteilfläche in m^2
$\Delta\Theta = \Delta T$	Temperaturdifferenz in K
U	Wärmedurchgangskoeffizient in $W/(m^2 \cdot K)$
R_T	Wärmedurchgangswiderstand in $(m^2 \cdot K)/W$
Q	Wärmeenergie in Wh
t	Zeit in h

Wärmelehre (Fortsetzung)

	Formel	Formelzeichen	Erklärung

Wärmedurchlasswiderstand

einschichtiges Bauteil

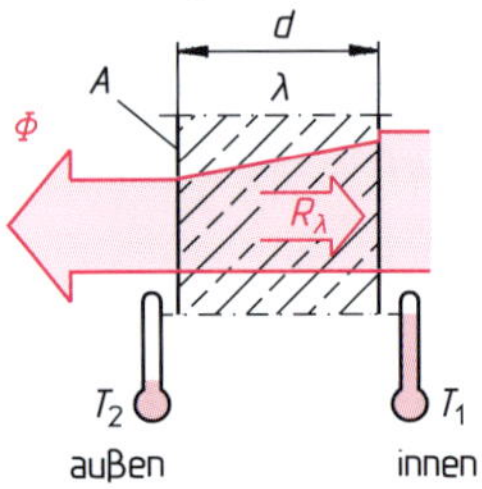

mehrschichtiges Bauteil

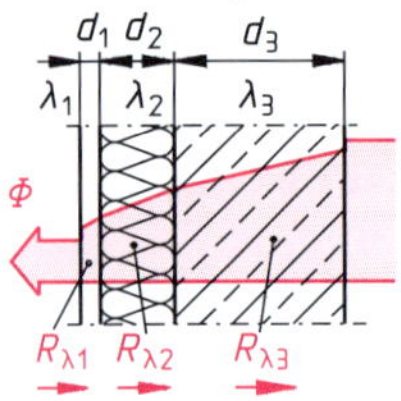

Formel:

$$R = \frac{d}{\lambda}$$

$$\lambda \text{ in } \frac{\text{W}}{\text{m} \cdot \text{K}}$$

Lochziegel:	0,4 … 0,6	Glas:	0,8
KS-Stein:	0,7	Holz:	0,15
Dämmstoff:	0,05	Al:	200
Gasbeton:	0,25	Stahl:	60

$$\frac{1}{\Lambda} = \frac{d_1}{\lambda_1} + \frac{d_2}{\lambda_2} + \frac{d_3}{\lambda_3}$$

$$R_\lambda = R_{\lambda_1} + R_{\lambda_2} + R_{\lambda_3}$$

Formelzeichen	Erklärung
R_T	Wärmedurchgangswiderstand in $(\text{m}^2 \cdot \text{K})/\text{W}$
U	Wärmedurchgangskoeffizient in $\text{W}/(\text{m}^2 \cdot \text{K})$
$\lambda, \lambda_{1,2,3}$	Wärmeleitfähigkeiten in $\text{W}/(\text{m} \cdot \text{K})$
$d_{1,2,3}$	Bauteildicken in m
$R_{\lambda_1, \lambda_2, \lambda_3}$	Wärmedurchlasswiderstände einzelner Bauteile in $(\text{m}^2 \cdot \text{K})/\text{W}$
Φ	Wärmestrom in W
A	

Bauteil	Wärmedurchgangskoeffizient U_{max} in $\frac{\text{W}}{\text{m}^2 \cdot \text{K}}$	
	Gebäude mit normaler Innentemperatur	Gebäude mit niedrigerer Innentemperatur
Außenwände	0,2 … 0,4	≈ 0,6
Außen liegende Fenster, Dachflächenfenster	1,0 … 1,5	≈ 2,5
Vorhangfassaden	1,5 … 1,8	≈ 2,5
Decken und Dächer	0,30	0,40

Wärmeübergangswiderstand

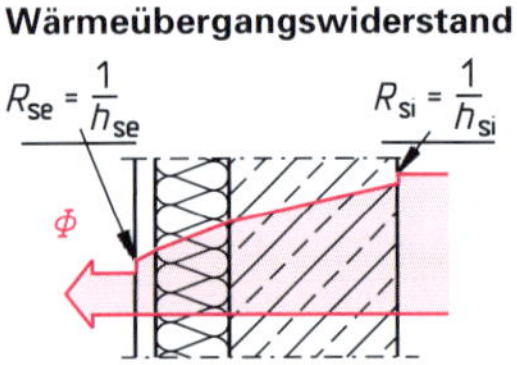

Formel:

$$R_{si} = \frac{1}{h_{si}} \qquad R_{se} = \frac{1}{h_{se}}$$

an Fenstern gilt:

R-Werte

$R_{si} \approx 0{,}13 \ldots 0{,}17$

$R_{se} \approx 0{,}02 \ldots 0{,}08$

Formelzeichen	Erklärung
R_{si}	Wärmeübergangswiderstand innen in $(\text{m}^2 \cdot \text{K})/\text{W}$
R_{se}	Wärmeübergangswiderstand außen in $(\text{m}^2 \cdot \text{K})/\text{W}$
h, h_{si}, h_{se}	Wärmeübergangskoeffizient in $\text{W}/(\text{m}^2 \cdot \text{K})$

Wärmedurchgangswiderstand

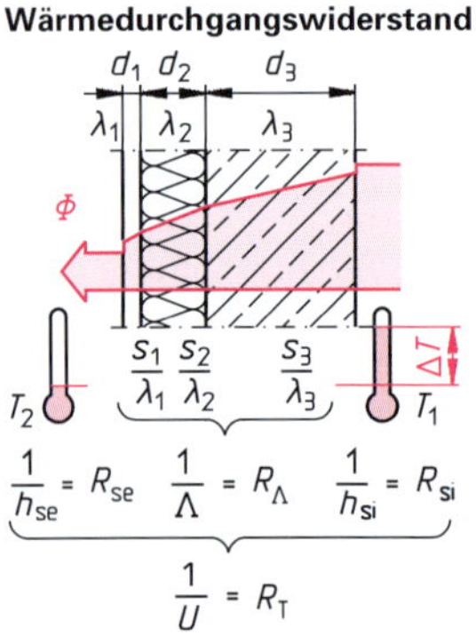

Formel:

$$\frac{1}{U} = \frac{1}{h_{si}} + \frac{1}{\Lambda} + \frac{1}{h_{se}}$$

$$R_T = \frac{1}{U}; \qquad R_{si} = \frac{1}{h_{si}};$$

$$R_\Lambda = \frac{1}{\Lambda}; \qquad R_{se} = \frac{1}{h_{se}}$$

$$\frac{1}{U} = R_T = R_{si} + R_\Lambda + R_{se}$$

$$U = \frac{1}{\frac{1}{h_{si}} + \frac{1}{\Lambda} + \frac{1}{h_{se}}}$$

Formelzeichen	Erklärung
$\frac{1}{U}$	Wärmedurchgangswiderstand in $(\text{m}^2 \cdot \text{K})/\text{W}$
U	Wärmedurchgangskoeffizient in $\text{W}/(\text{m}^2 \cdot \text{K})$
R_{si}	Wärmeübergangswiderstand innen in $(\text{m}^2 \cdot \text{K})/\text{W}$
R_{se}	Wärmeübergangswiderstand außen in $(\text{m}^2 \cdot \text{K})/\text{W}$
Φ	Wärmestrom in W
$\Delta\Theta, \Delta T$	Temperaturdifferenz in K
h_{si}, h_{se}	Wärmeübergangskoeffizient innen, außen in $\text{W}/(\text{m}^2 \cdot \text{K})$
R_Λ	Wärmedurchlasswiderstand der Wand in $(\text{m}^2 \cdot \text{K})/\text{W}$
R_T	Wärmedurchgangswiderstand in $(\text{m}^2 \cdot \text{K})/\text{W}$

Wärmelehre (Fortsetzung)

Wärmestrom an Gebäuden

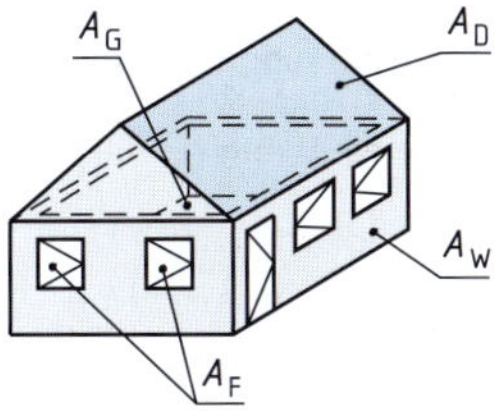

Formel:

$\Phi = A \cdot U_m \cdot \Delta T = \Delta \Theta$

Indices:
W: Außenwände
F: Fenster
G: Böden
D: Dächer

$$U_m = \frac{U_W \cdot A_W + U_F \cdot A_F + 0{,}8\, U_D \cdot A_D + 0{,}5\, U_G \cdot A_G}{A_W + A_F + A_D - A_G}$$

Formelzeichen	Erklärung
Φ	Wärmestrom in W
U_m	mittlerer Wärmedurchgangskoeffizient in W/(m² · K)
A	Fläche der betreffenden Umhüllung in m²
$\Delta T = \Delta \Theta$	Temperaturdifferenz in K

Energiedurchlassgrad für Fenster

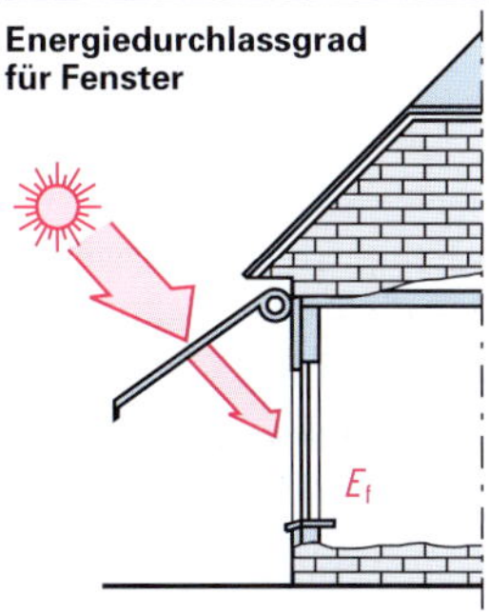

Formel:

$E_f = f \cdot g \cdot F_C$

$g = F_W \cdot g\perp$

Formelzeichen	Erklärung
E_f	Durchlassgrad für Strahlung in %
f	Fensterfläche in Prozent der Außenfläche
$g\perp$	Energiedurchlassgrad (ideal) Einfachfenster: $g\perp = 0{,}87$ hochwert. Vergl.: $g\perp = 0{,}5$
F_C	Abminderungsfaktor Markisen: ca. 0,5 Vorhänge: ca. 0,8
F_W	Abminderungsfaktor für schrägen Lichteinfall $F_W \approx 0{,}9$
g	Gesamtenergiedurchlass

Energiebilanz für Fenster

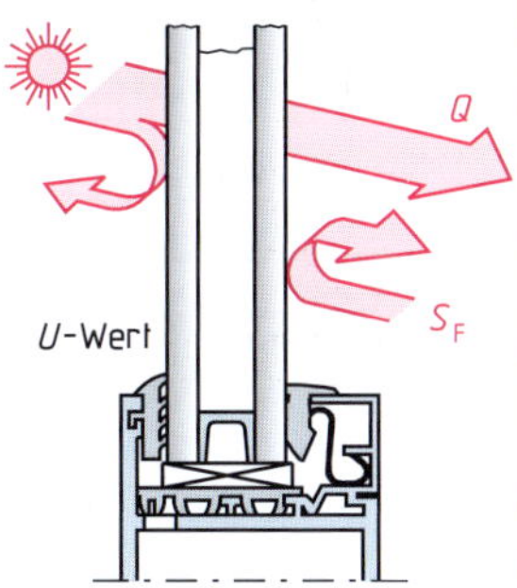

Formel:

$U_{eq,F} = U_F - g \cdot s_F$

Werte für s_F in $\frac{W}{m^2 \cdot K}$

Fensterrichtung	s_F
Süd	2,40
Ost, West, 15° Dach	1,65
Nord	0,95

Formelzeichen	Erklärung
$U_{eq,F}$	äquivalenter U-Wert = Energiebilanzwert in $\frac{W}{m^2 \cdot K}$
U_F	U-Wert des kompletten Fensters in $\frac{W}{m^2 \cdot K}$
g	Energiedurchlassgrad
s_F	Strahlungsgewinnfaktor in $\frac{W}{m^2 \cdot K}$

Normwärmebedarf
(Überschlagsrechnung)

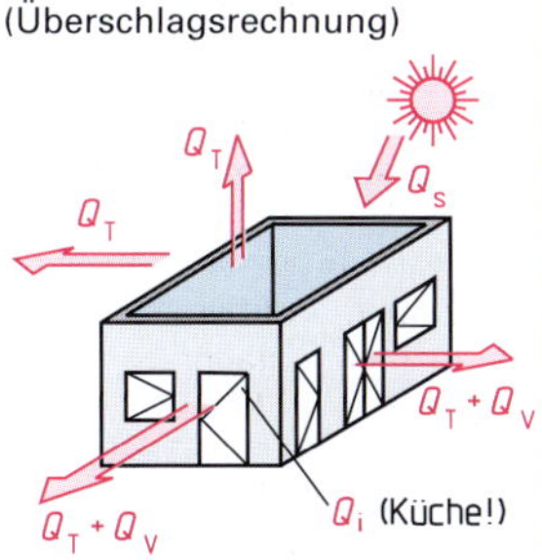

Formel:

$Q_h = 0{,}95\,(Q_s + Q_i) - (Q_T + Q_V)$
Gewinne – Verluste

(Berechnung von Q_s, Q_i, Q_T und Q_V nach Energieeinsparverordnung – EnEV vom 24.07.2007)

Geschätzter Wärmebedarf Q für Wohnungen

Bewertung	$\frac{W}{m^2}$	$\frac{W}{m^3}$
sehr gut	< 60	< 22
gut	60 ... 70	22 ... 26
normal	70 ... 90	26 ... 33
schlecht	90 ... 110	33 ... 41
sehr schlecht	> 110	> 41

Formelzeichen	Erklärung
Q_h	Jahres-Heizwärmebedarf in kWh/a
Q_i	interne Wärmegewinne in kWh/a
Q_s	solare Wärmegewinne in kWh/a
Q_T	Transmissionswärmeverluste in kWh/a
Q_V	Lüftungswärmeverluste in kWh/a
Φ	Wärmestrom in W

$Q \mathrel{\hat{=}} \Phi$ (Wärmeströme)

Wärmelehre (Fortsetzung)

Primärenergieverbrauch von Gebäuden (Höchstwerte) EnEV 2007-07

Verhältnis Nutzfläche zu Gebäudevolumen $\frac{A}{V}$ in $\frac{1}{m}$	Primärenergieverbrauch Q_p in kWh/m²·a (flächenbezogen auf die Nutzfläche A_N)		Primärenergieverbrauch Q_p in kWh/m³·a	Transmissionswärmeverlust H_T in W/m²·K	
	Wohngebäude	**Wohngebäude mit elektr. Warmwasserbereitung**	**andere Gebäude, z. B. Bürogebäude, Geschäftshäuser**	**Wohngebäude und Nichtwohngebäude mit Fensterflächenanteil ≤ 30 %**	**Nichtwohngebäude mit Fensterflächenanteil ≥ 30 %, z. B. Bürogebäude, Geschäftshäuser**
0,2	$66{,}00 + 2600/(100 + A_N)$	83,80	14,72	1,05	1,55
0,3	$73{,}53 + 2600/(100 + A_N)$	95,53	17,13	0,80	1,15
0,4	$81{,}06 + 2600/(100 + A_N)$	98,86	19,54	0,68	0,95
0,5	$88{,}58 + 2600/(100 + A_N)$	110,58	21,95	0,60	0,83
0,6	$96{,}11 + 2600/(100 + A_N)$	113,91	24,38	0,55	0,75
0,7	$103{,}64 + 2600/(100 + A_N)$	121,44	26,77	0,51	0,69
0,8	$11{,}17 + 2600/(100 + A_N)$	128,97	29,18	0,49	0,65
0,9	$118{,}7 + 2600/(100 + A_N)$	136,50	31,59	0,47	0,62
1,0	$126{,}23 + 2600/(100 + A_N)$	144,03	34,00	0,45	0,59
≥ 1,05	$130{,}00 + 2600/(100 + A_N)$	147,79	35,21	0,44	0,58

Hinweis: Im angegebenen Primärenergiebedarf Q_p sind Wärmeverluste und mögliche Wärmegewinne bereits berücksichtigt

Folgerungen aus der Energieeinsparverordnung (EnEV) für Metallbaukonstruktionen

- Thermische Trennung von Fenster-, Tür-, und Blendrahmenprofilen aus Aluminium und Stahl ist zwingend, um die Wärmeverluste gering zu halten
- Fenster an Wohngebäuden müssen unabhängig vom Werkstoff die Rahmenmaterialgruppe 1 (RG 1) erfüllen
- die U-Werte (nach DIN EN ISO 10077) lassen sich aus den „alten" k-Werten berechnen:
  für Fenster: $U = k + 0{,}1 \ldots 0{,}3\ \text{W/m}^2 \cdot \text{K}$
  für Vorhangfassaden: $U = k + 0{,}3 \ldots 0{,}5\ \text{W/m}^2 \cdot \text{K}$
- um U_F-Werte (U-Wert des Rahmens = frame) von $U \leq 2{,}1\ \text{W/m}^2 \cdot \text{K}$ zu erreichen sind notwendig
  - Dämmstege mit min. 35 mm
  - Verglasungsdichtungen mit Abschirmverfahren,
  - großvolumige Hohlkammer-Mitteldichtungen,
  - eingeschobene Dämmstege,
  - Mehrkammerprofile.

Begriffe und Definition nach EnEV

Außentemperatur	Temperatur der Außenluft
Innentemperatur	arithmetisches Mittel von Luft- und Strahlungstemperatur in Raummitte
Wärmestromkoeffizient Q	Wärmestrom zwischen zwei Temperaturzonen, geteilt durch die Temperaturdifferenz zwischen beiden Zonen
Wärmeverlust Q_V	Wärme, die von einem beheizten Raum an die Umgebung durch Wärmeübertragung oder Lüftung in der Zeiteinheit angegeben wird
Wärmegewinn Q	Wärme, die innerhalb eines beheizten Raums entsteht oder in diesen eintritt und von den Wärmequellen des Heizsystems unabhängig ist, z. B. Wärmegewinne durch Sonneneinstrahlung (nur möglich, wenn die Fensterflächen entsprechend orientiert sind)
Wärmebedarf	Wärme, die einem beheizten Raum zugeführt werden muss, um die innere Solltemperatur des beheizten Raums einzuhalten, z. B. 20 °C in Wohnzimmern
Heizenergiebedarf	Energie, die dem Heizsystem zugeführt werden muss, um den Heizwärmebedarf zu decken
Primärenergie	Energie aus primären Energieträgern, z. B. Gas, Kohle, Heizöl Ziel der EnEV ist die Reduzierung des Primärenergiebedarfs
Ausnutzungsgrad	Faktor, der den gesamten monatlichen oder jahreszeitlichen Wärmegewinn auf den nutzbaren Teil des Wärmegewinns reduziert. Bei hochwertiger Wärmeschutzverglasung ist der Ausnutzungsgrad gering
Berechnungsverfahren	Verfahren nach DIN EN 832 (11-1998), in dem die Berechnung von Wärmegewinnen und Wärmeverlusten geregelt ist und Grenzen für den Primärenergiebedarf in Abhängigkeit von Gebäudeart und Verhältnis von Nutzfläche A_N zu Gebäudevolumen V angegeben sind. Volumen zu Fläche

Festigkeitslehre

	Formel	Formelzeichen	Erklärung
Zug 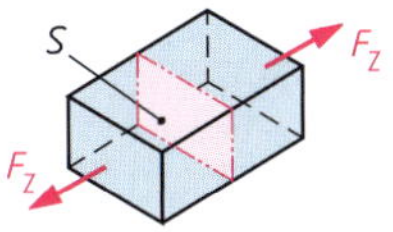	$\sigma_z = \frac{F_z}{S}$ $\sigma_z = \varepsilon \cdot E$ $\Delta l = \frac{F_z \cdot l}{S \cdot E}$ $E_{St} = 210\,000\ N/mm^2$ $\varepsilon_\% = \frac{\Delta l}{l} \cdot 100$ $E_{Al} \approx 60\,000\ N/mm^2$ $E_{Holz} \approx 10\,000\ N/mm^2$	σ_z F_z S l Δl E ε $\varepsilon_\%$	Zugspannung in N/mm^2 Zugkraft in N Querschnittsfläche in mm^2 Bauteillänge in mm Bauteildehnung in mm Elastizitätsmodul in N/mm^2 Dehnung Dehnung in %
Druck 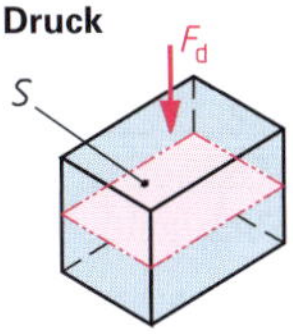	$\sigma_d = \frac{F_d}{S}$ $\sigma_d = \varepsilon \cdot E$ Bauteilhöhe muss klein sein im Verhältnis zur Querschnittsfläche, ansonsten Knickung $\Delta l = \frac{F_d \cdot l}{S \cdot E}$ $\varepsilon = \frac{\Delta l}{l}$	σ_d F_d S l Δl E ε	Druckspannung in N/mm^2 Druckkraft in N Querschnittsfläche in mm^2 Bauteillänge in mm Bauteilverkürzung in mm Elastizitätsmodul in N/mm^2 Dehnung
Biegung 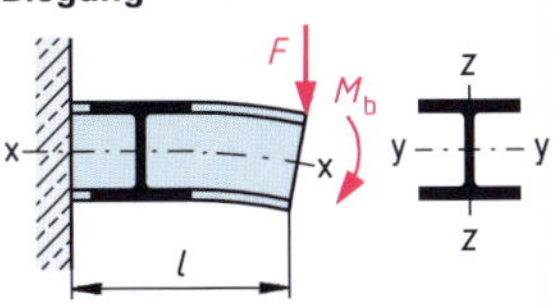	$\sigma_b = \frac{M_b}{W}$ $M_b = F \cdot l$ y– –y z– –z starke Achse schwache Achse $\sigma_b = \frac{M_b}{W_y}$ $\sigma_b = \frac{M_b}{W_z}$	σ_b M_b W W_y W_z F l	Biegespannung in N/mm^2 Biegemoment in N/mm^2 Widerstandsmoment in mm^2 Widerstandsmoment y-Achse Widerstandsmoment z-Achse Kraft in N Abstand/Hebelarm innen Berechnung von *M*: Seite G 33
Schub, Scherung einschnittig 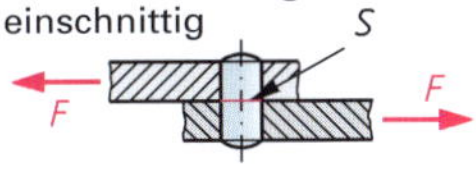 zweischnittig 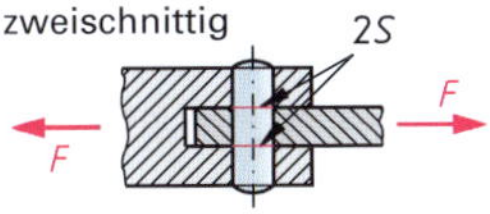	ein tragender Querschnitt $\tau = \frac{F}{S}$ $S = \frac{\pi \cdot d^2}{4}$ zwei tragende Querschnitte $\tau = \frac{F}{2 \cdot S}$ $S = \frac{\pi \cdot d^2}{4}$	τ F S d	Schubspannung in N/mm^2 Querkraft in N Querschnittsfläche in mm^2 Durchmesser in mm
Abscheren (Trennen) 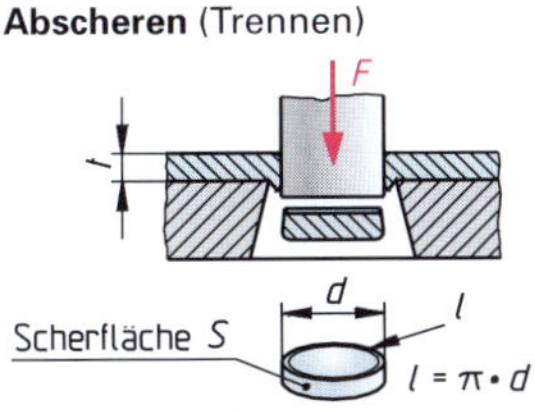	$F \geq S \cdot \tau_{aB}$ $S = l \cdot t$ τ_{aB} in N/mm^2: S235 (St 37): ≈ 300 N/mm^2 S255 (St 52): ≈ 400 N/mm^2	F S τ_{aB} R_m l t	Scherkraft in N Scherfläche in mm^2 Scherfestigkeit in N/mm^2 $\tau_{aB} \approx 0{,}8 \cdot R_m$ Zugfestigkeit in N/mm^2 Schnittkantenlänge in mm Blechdicke in mm
Flächenpressung 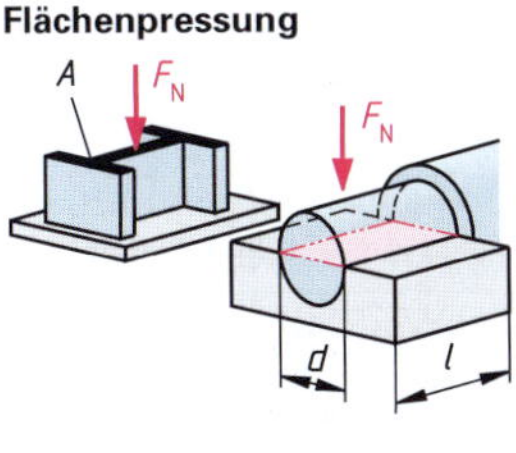	Ebene Berührflächen: $p_m = \frac{F_N}{A}$ gewölbte Berührflächen: $p_m = \frac{F_N}{l \cdot d}$ Berührflächen von Profilen: *A* siehe Profiltabellen	p_m F A l d	Flächenpressung in N/mm^2 Normalkraft in N Berührfläche in mm^2 Länge Lagerzapfen in mm Durchmesser Lagerzapfen in mm

Festigkeitslehre (Fortsetzung)

	Formel	Formelzeichen	Erklärung
Verdrehung (Torsion) 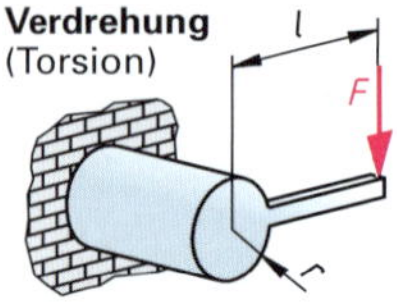	$\tau_t = \frac{M_t}{W_p}$ $\quad W_p = \frac{I_p}{r}$ $M_t = F \cdot l$	τ_1 M_t W_p l I_p	Torsionsspannung in N/mm² Torsionsmoment in N/mm² polares Widerstandsmoment in mm³ Stablänge in mm polares Flächenmoment 2. Grades in mm⁴
Zusammenwirken von Spannungen 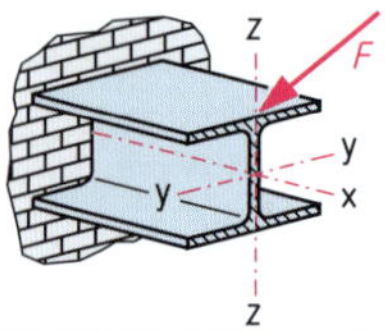	$\sigma_v = \sqrt{\sigma_y^2 - \sigma_y \cdot \sigma_z + \sigma_z^2 + 3\tau^2}$ $\sigma_v = \sigma_{zul}$ Nur Querkräfte und einachsige Biegung: $\sigma_v = \sqrt{\sigma^2 + 3\tau^2} \leq 1{,}1\,\sigma_{zul}$	σ_v σ_v σ_z τ_t σ_{zul}	Vergleichsspannung in N/mm² Spannung in der Biegeachse y-y in N/mm² Spannung in der Biegeachse z-z in N/mm² Torsionsspannung in N/mm² zulässige Spannung in N/mm² (aus Tabellen)
Zulässige Spannungen 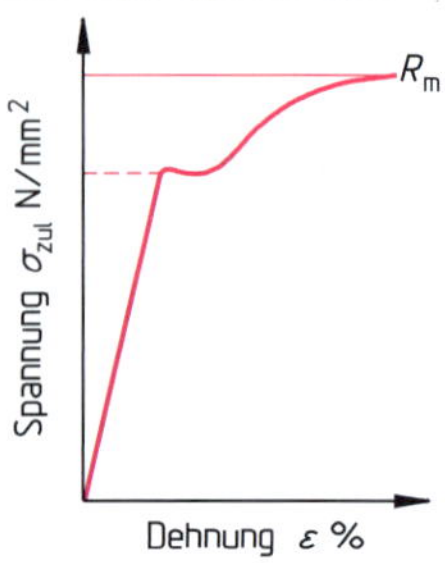	Allgemein: $\sigma_{zul}(\tau_{zul}) = \frac{\text{Festigkeitskennwert}}{\upsilon}$ **Sicherheit gegen Bruch: R_m** $\sigma_{zzul} = \frac{R_m}{\upsilon}$ $\quad F_{zzul} = \sigma_{zzul} \cdot S$ $\sigma_{dzul} = \frac{\sigma_{dB}}{\upsilon}$ $\quad F_{dzul} = \sigma_{dzul} \cdot S$ $\sigma_{zul} = \frac{\tau_{aB}}{\upsilon}$ $\quad F_{zul} = \tau_{zul} \cdot S$	σ_{zul} τ_{zul} υ R_m R_E S σ_{zzul} F_{zzul} σ_{dzul} F_{dzul} σ_{dB} τ_{aB}	zulässige Spannung in N/mm² zulässige Schubspannung in N/mm² Sicherheitszahl $\upsilon > 1$ Bruchgrenze in N/mm² Streckgrenze in N/mm² Querschnitt in mm² zulässige Zugspannung zulässige Zugkraft zulässige Druckspannung zulässige Druckkraft Druckfestigkeit Scherfestigkeit
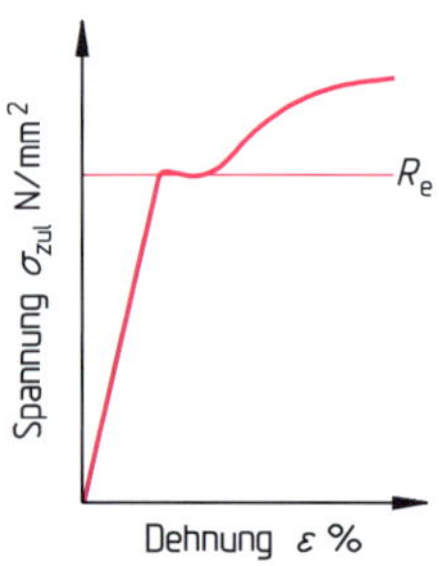	**Sicherheit gegen Verformen: R_e** $\sigma_{zzul} = \frac{R_e}{\upsilon}$ $\quad F_{zzul} = \sigma_{zzul} \cdot S$ $\sigma_{dzul} = \frac{R_e}{\upsilon}$ $\quad F_{dzul} = \delta_{dzul} \cdot S$ Biegung: $\delta_{bzul} = \frac{\sigma_{bmax}}{\upsilon}$ Torsion: $\tau_{tzul} = \frac{\tau_{tmax}}{\upsilon}$ Flächenpressung: $p_{mzul} = \frac{p_{mmax}}{\upsilon}$ $F_{bzul} = p_{mmax} \cdot S$	σ_{bzul} σ_{bmax} τ_{tzul} τ_{tmax} p_{mzul} p_{mmax}	zulässige Biegespannung in N/mm² maximale Biegespannung in N/mm² zulässige Torsionsspannung in N/mm² maximale Torsionsspannung in N/mm² zulässige Flächenpressung in N/mm² maximale Flächenpressung in N/mm²

Zulässige Spannungen im Metallbau

(Richtwerte für statische Vorbemessung im Metallbau, nicht zulässig im Stahlhochbau)

Spannungsart	Stahl: S235 (St 37)		Stahl: S355 (St 52)		Aluminium	Glas
	H	HZ	H	HZ		
Druck und Biegedruck	140	160	210	240	95 (105 bei HZ)	45 (ESG 120)
Zug und Biegezug	160	180	240	270	95 (105 bei HZ)	45
Schub	92	104	140	155	95 (105 bei HZ)	–

Lastfall H = Hauptlasten, Lastfall HZ = Haupt- und Zusatzlasten

Schnittgrößen DIN 18800-1:1990-11

Statik befasst sich mit ruhenden Bauteilen, Festigkeit ist eine Werkstoffeigenschaft.
Damit ein Bauteil „statisch“ vorbemessen (= Abmessungen überschlägig berechnen) und berechnet werden kann, müssen folgende Bedingungen erfüllt sein:
Summe aller horizontalen Kräfte = 0, Summe aller vertikalen Kräfte = 0, Summe aller Momente = 0

	Formel	Formelzeichen	Erklärung
Grundlage aller statischen Berechnungen Balken Definitionsfaser (immer unter dem Profil) Zug: ⊕ Druck: ⊖	$\Sigma F_H = 0$ $\Sigma F_V = 0$ $\Sigma M = 0$	ΣF_H ΣF_V ΣM	Summe aller horizontalen Kräfte in N, kN Summe aller vertikalen Kräfte in N, kN Summe aller Momente Nm, kNm
Schnittgrößen an einem Träger bestimmen 1. Systemskizze 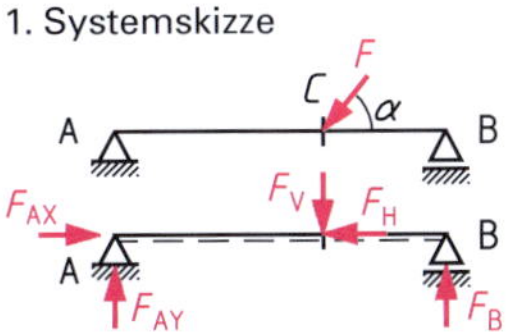	Zerlegen von F in F_V, F_H $F_V = F \cdot \sin\alpha$ $F_H = F \cdot \cos\alpha$	F F_V F_H F_{AY} F_B	Kraft auf den Träger in N, kN Vertikalkraft in N, kN Horizontalkraft in N, kN Auflagerkraft in A in N, kN Auflagerkraft in B in N, kN
2. Freimachen des Trägers 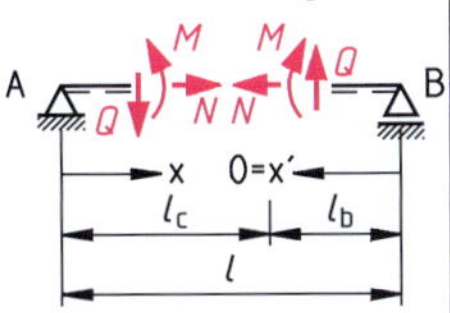	Auflagekräfte berechnen $\Sigma F_V = 0$ $F_{AY} + F_B = F$ $F_B = \frac{F_V \cdot l_c}{l}$ $F_{AV} = F_V - F_B$ $\Sigma F_H = 0$ $F_{AX} = F_H$	l F_{AX} l_c N Q M l_b	Trägerlänge in m Horizontalkraft im Auflager A in N, kN Länge von A bis Angriffspunkt der Kraft F in m Normalkraft in N, kN (in der Profilachse x-x) Querkraft in N, kN (senkrecht zum Profilquerschnitt) Biegemoment in Nm, kNm Länge von B bis Angriffspunkt der Kraft F in m
3. Vorzeichen festlegen 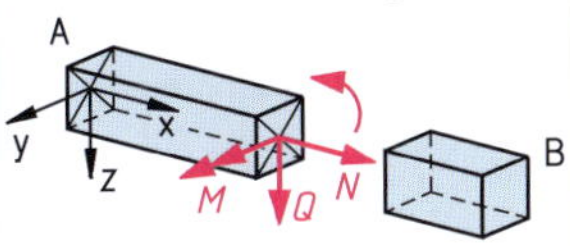	Schnittpunkt in C: **links**: $N = -F_{AX}$, $Q = F_{AY}$, $M = \frac{F_V \cdot l_b \cdot x}{l}$ **rechts**: $N = Q$, $Q = F_B$, $M = \frac{F_V \cdot l_c \cdot x'}{l}$	x x' E J $E \cdot I$	Länge von A aus in m Trägerlänge von B in m Elastizitätsmodul in N/mm², kN/cm² Flächenmoment 2. Grades in cm⁴ (profilabhängig) Steifigkeit in N/mm² bzw. kN/cm²
4. Schnittgrößen berechnen Normalkraftverlauf 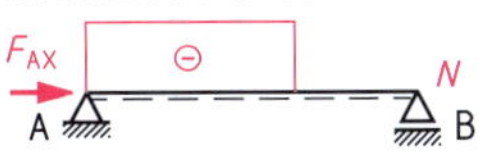Querkraftverlauf 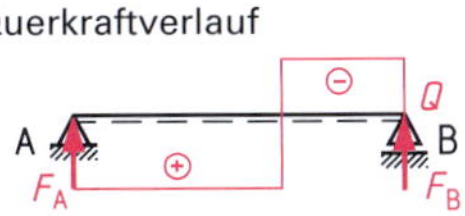Biegemomentanverlauf 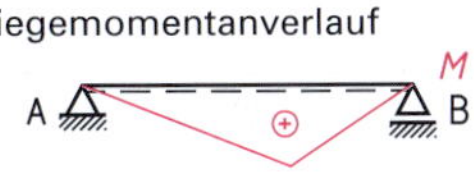	für $x = l_c$ und $M = M_{max}$ $M_{max} = \frac{F \cdot l_b \cdot l_c}{l}$ Definitionsfaser wird bei Beanspruchung gestreckt: M ist positiv gestaucht: M ist negativ Berechnung von M_{max} siehe G 47 ff.		
5. Durchbiegung berechnen 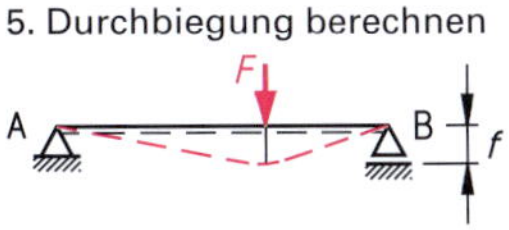	$f = \frac{1}{3} \frac{F \cdot l_c \cdot l_b}{E \cdot J}$ Berechnung von f siehe G 47 ff.		

Theoretische Grundlagen
Technische Kommunikation
Werkstoffe
Bauelemente
Fertigungstechnik
Informations- und Steuerungstechnik
Anhang

Bemessen von Konstruktionen: Überblick

1. Vorbemessung nach Verfahren σ_{zul}

Verglichen werden die berechneten Spannungen σ_{IST} im Bauteil mit den zulässigen Spannungen σ_{zul} für das Bauteil. σ_{zul} hängt ab vom Lastfall (siehe Seite G 44)
Ein Bauteil ist ausreichend vorbemessen, wenn $\sigma_{IST} \leq \sigma_{zul}$

2. Bemessen von Stahlkonstruktionen nach DIN 18800 bzw. EC3 (EC = EUROCODE):

Ermittelt wird die Tragfähigkeit einer Konstruktion.
Eine Konstruktion ist tragfähig, wenn die
Beanspruchung S_d kleiner als die Beanspruchbarkeit R_d ist.

$$S_d \leq R_d \quad \text{bzw.} \quad \frac{S_d}{R_d} \leq 1$$

Beanspruchungen S_d

sind berechnete Schnittgrößen, z. B.
- Normalkräfte N_d,
- Querkräfte $V_{z,d}$,
- Biegemomente $M_{y,d}$.

Sie entstehen durch Einwirkungen E von außen auf die Stahlkonstruktion, z. B. durch Lasten, Kräfte, Temperatureinflüsse, Setzungen. Man unterscheidet
- ständige Einwirkungen G
- veränderliche Einwirkungen Q
- außergewöhnliche Einwirkungen F_A

Zum Tragfähigkeitsnachweis werden die Einwirkungen noch mit Teilsicherheitsbeiwerten γ multipliziert
$\gamma_G = 1{,}35$ (für ständige Einwirkungen)
$\gamma_Q = 1{,}50$ (für veränderliche Einwirkungen)
$\gamma_G = \gamma_Q = 1{,}0$ (für Gebrauchstauglichkeitsnachweis bzw. **eine** außergewöhnliche Einwirkung)

Beanspruchbarkeiten R_d und Bemessungswerte $\sigma_{R,d}$, $\tau_{R,d}$, $E_{R,d}$

Beanspruchbarkeiten R_d sind werkstoff- und dickenabhängige charakteristische Kenngrößen, z. B.
- Streckgrenze f_{yk} in N/mm²
- Zugfestigkeit f_{uk} in N/mm²
- Elastizitätsmodul E für Stahl = 210 000 N/mm²
  für Edelstahl = 170 000 N/mm²

Bemessungswerte erhält man durch Division von charakteristischer Kenngröße mit dem Teilsicherheitsbeiwert γ_M.

$\gamma_M = 1{,}0$: Bauwerke ohne besondere Ansprüche
$\gamma_M = 1{,}1$: wenn Gefahr für Leib und Leben besteht

Für die Nachweismethode „elastisch – elastisch" gilt:
Normalspannung: $\sigma_{R,d} = f_{yk}/\gamma_M \mathrel{\hat{=}} R_d$ (Zug)
Schubspannung: $\tau_{R,d} = f_{yk}/(\sqrt{3} \cdot \gamma_M) \mathrel{\hat{=}} R_d$ (Schub)
Elastizitätsmodul: $E_{R,d} = E/\gamma_M \mathrel{\hat{=}} E_{zul}$

Grundkombinationen ersetzen die bei der Vorbemessung nach „Verfahren σ_{zul}" üblichen Lastfälle H und HZ (siehe G 44), das Ergebnis ist ΣE = Summe der Einwirkungen auf ein Bauteil

Grundkombination	Formel
Grundkombination 1: Es wirken – **alle** ständigen Einwirkungen und – **alle** ungünstig wirkenden veränderlichen Einwirkungen	$\Sigma E = \gamma_G \cdot G + \gamma_Q \cdot \psi \cdot \Sigma Q$ $\Sigma Q = V + s + w + m$
Grundkombination 2: Es wirken – **alle** ständigen Einwirkungen und – **eine** ungünstig wirkende veränderliche Einwirkung	$\Sigma E = \gamma_G \cdot G + \gamma_Q \cdot \psi \cdot Q$
Grundkombination 3: Es wirken – **alle** ständigen Einwirkungen und – **alle** ungünstig wirkenden veränderlichen Einwirkungen und **eine** außergewöhnliche Einwirkung	$\Sigma E = \gamma_G \cdot G + \gamma_Q \cdot \psi \cdot \Sigma Q + F_A$

Formelzeichen	Erklärung
ΣE	Summe aller Einwirkungen in N/m²
G	Ständige Last, z. B. Eigenlast, in N/m²
$\gamma_G = 1{,}35$	Teilsicherheitsbeiwert für ständige Einwirkungen
$\gamma_Q = 1{,}50$	Teilsicherheitsbeiwert für veränderliche Einwirkungen
$\psi = 0{,}9$	Kombinationsbeiwert
ΣQ	Summe veränderliche Einwirkungen in N/m²
V	Verkehrslasten in N/m²
s	Schneelasten in N/m²
w	Windlasten in N/m²
m	sonstige Lasten in N/m²
F_A	außergewöhnliche Einwirkung in N/m²

Bemessen von Konstruktionen — DIN 18800-1:1990-11

Beanspruchbarkeiten R_d von Werkstoffen im Stahlbau

Werkstoff	Erzeugnisdicke t in mm	Streckgrenze f_{yk} in $\frac{N}{mm^2}$	Zugfestigkeit f_{uk} in $\frac{N}{mm^2}$
Baustahl S235JR	$t \leq 40$	240	360
	$40 < t \leq 80$	215	
hochfester Baustahl S355J0	$t \leq 40$	360	490
	$40 < t \leq 80$	355	
Feinkornbaustahl S355N	$t \leq 40$	360	470
	$40 < t \leq 80$	335	
Stahlguss GS-52	$t \leq 100$	260	520
Vergütungsstahl: C35E	$t \leq 16$	300	550
	$16 < t \leq 80$	270	520

Grenzspannungen von Bauteilen und Schrauben im Stahlbau in $\frac{N}{mm^2}$

Art der Spannung	Werkstoff des Bauteils S235 (St 37)	S355 (St 52)
Normalspannung: Zug – Druck $\sigma_{R,d}$	218	327
Schubspannung: $\tau_{R,d}$	126	189
Lochleibungsdruck Abstand max. $\sigma_{l,R,d}$ Abstand min. $\sigma_{l,R,d}$	 655 147	 982 221

Art der Beanspruchung	Festigkeitsklasse der Schraube 4.6	5.6	8.8	10.9
Abscheren $\tau_{a,R,d}$	218	273	436	500
Zug in Richtung Schraubenachse $\sigma_{l,R,d}$	198	248	582	727

Ablauf einer Bemessung nach DIN 18800-1 bzw. EUROCODE 3: Tragfähigkeitsnachweis

Methode	Formel	Formelzeichen	Erklärung
„Elastisch – elastisch" gültig für tragende Bauteile im Stahlhochbau, die kippsicher und mind. 1,5 mm dick sind. Berechnet wird eine – zulässige Beanspruchbarkeit (Spannung) für das Bauteil – die zulässige Beanspruchbarkeit wird mit der tatsächlich wirkenden Beanspruchung verglichen	$\sigma_{R,d} = f_{yk}/\gamma_M \triangleq R_d$ (Zug) $\tau_{R,d} = f_{yk}/(\sqrt{3} \cdot \gamma_M) \triangleq R_d$ (Schub) $S_d \leq R_d$ bzw. $S_d/R_d \leq 1$	$\sigma_{R,d}$ f_{yk} $\tau_{R,d}$ γ_M R_d S_d	Bemessungswert für Normalspannung in N/cm² Streckgrenze in N/cm² Bemessungswert für Schubspannung in N/cm² Teilsicherheitsbeiwert 1,0 bzw. 1,1 Beanspruchbarkeit des Werkstoffs in N/cm² Beanspruchung des Bauteils in N/cm²
Beispiel: Einfeldträger 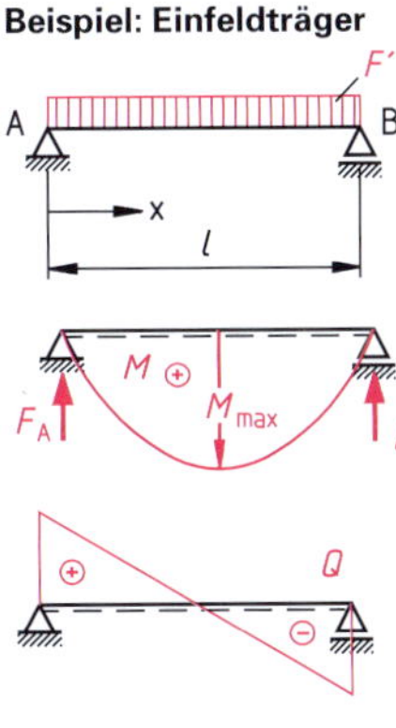 Definitionsfaser	$M_{max} = \frac{F' \cdot l^2}{8}$ $F_A = F_B = \frac{F' \cdot l}{2}$ $Q = F_A - (F' \cdot x)$ $S_d = \sigma_d = \frac{M_{max}}{W}$ $R_d = \sigma_{R,d} = \frac{f_{yk}}{\gamma_M}$ $\gamma_M = 1{,}1$ $\frac{S_d}{R_d} \leq 1$ (überprüfen) Schub im Steg $R_d = \tau_{R,d} = \frac{f_{yk}}{\sqrt{3} \cdot \gamma_M}$ $\frac{M_{b\,max}}{W} = \frac{f_{yK}}{\sqrt{3}}$ (mit $\gamma_M = 1{,}1$) $W = \frac{M_{b\,max} \cdot \sqrt{3} \cdot \gamma_M}{f_{yk}}$	M_{max} F' l F_A, F_B Q S_d W R_d f_{yk} γ_M $\tau_{R,d}$ x	maximales Biegemoment in Nm Streckenlast in N/m Trägerlänge in m Auflagerkräfte in N Querkraft in N Beanspruchung in N/cm², N/mm² Widerstandsmoment in cm³ (aus Tabellen) Beanspruchbarkeit (aus Tabellen) Streckgrenze Teilsicherheitsbeiwert Beanspruchbarkeit auf Schub in N/mm² Abstand in m vom Auflager **Einheiten beachten!**

Bemessen von Konstruktionen — DIN 18800-1 : 1990-11

Ablauf einer Bemessung nach DIN 18800-1 (Fortsetzung)

Methode	Formel	Formelzeichen	Erklärung
„Elastisch – plastisch" für Walzprofile im Stahlhochbau, wenn die Schnittgrößen N, V und M gegeben sind 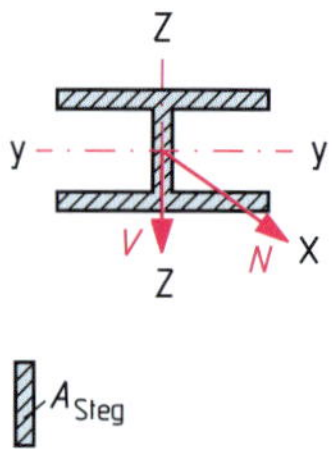	$N_{pl,d} = N_{pl}/1{,}1 = A \cdot f_{yk}/1{,}1$ $N_{pl,d} = A \cdot f_{yk}/1{,}1 \cdot 1000$ $V_{z,pl,d} = V_{pl}/1{,}1$ $V_{z,pl,d} = A_{Steg} \cdot f_{yk}/1{,}1 \cdot \sqrt{3} \cdot 1000$ $M_{pl,d} = M_{pl}/1{,}1$ $M_{pl,d} = 1{,}14 \cdot W_y \cdot f_{yk}/1{,}1 \cdot 1000$ Voraussetzungen für die Anwendung des Verfahrens: **„Elastisch – elastisch"** $V/V_{pl,d} \leq 0{,}33$ $N/N_{pl,d} \leq 0{,}1$ $M/M_{pl,d} \leq 1$ bei Spannungsüberlagerung: $0{,}9 \cdot (M/M_{pl,d}) + (N/N_{pl,d}) \leq 1$ $N_{pl,d}\, V_{z,pl,d}\, M_{y,pl,d}$ aus Tabellen	N $N_{pl,d}$ N_p 1,1 A A^*_{Steg} f_{yk} V $V_{z,pl,d}$ V_{pl} W_y M $M_{y,pl,d}$ $M_{y,pl}$	Normalkraft in kN Grenzschnittgröße für Normalkraft in kN Normalkraft, plastisch, in kN Teilsicherheitsbeiwert Querschnitt: Profils in mm² Querschnittsfläche des Stegs in N/mm² Streckgrenze in N/mm² Querkraft in N/mm² Grenzschnittgröße für Querkraft in N/cm² Querkraft, plast. in N/cm² Widerstandsmoment, starke Achse, in cm³ Biegemoment in Nm starke Achse *y-y* Grenzschnittgröße für Biegemoment in kNm Biegemoment, plast. in kNm, starke Achse *y-y*
Beispiel: Einfeldträger 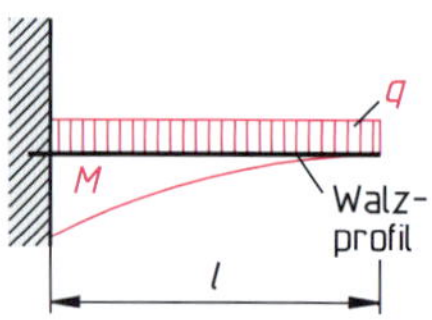	$M_{max} = \frac{F' \cdot l^2}{2}$ $M_{y,pl,d}$ aus Tabelle $\frac{M_{max}}{M_{y,pl,d}} < 1 \Rightarrow$ } Walzprofil ausreichend dimensioniert $\sigma_b = \frac{M}{W} < \sigma_{Rd} \Rightarrow$ }	F M_{max} $M_{y,pl,d}$ σ_b W $\sigma_{R,d}$	Streckenlast in kN/m maximales Biegemoment in kNm, Nm Grenzschnittgröße für Biegemoment in kNm, Nm (aus Tabelle G 48) Biegespannung in N/cm² Widerstandsmoment (aus Tabelle) Grenzspannung (aus Tabelle)

Grenzschnittgrößen $N_{pl,d}$, $V_{z,pl,d}$ und $M_{y,pl,d}$ für S235 (St 37), für S355 (St 52): Tabellenwert · 1,5

h in mm	IPE			*h* in mm	HE-A			HE-B		
	$M_{pl,d}$ in kNm	$N_{pl,d}$ in kN	$V_{z,pl,d}$ in kN		$M_{pl,d}$ in kNm	$N_{pl,d}$ in kN	$V_{z,pl,d}$ in kN	$M_{pl,d}$ in kNm	$N_{pl,d}$ in kN	$V_{z,pl,d}$ in kN
100	8,6	225	46,7	100	18,1	464	55,5	22,7	568	68,0
120	13,3	288	63,0	120	26,1	553	66,7	36,1	742	89,3
140	19,2	358	78,8	140	37,8	685	96,3	53,5	937	113
160	27,0	438	96,4	160	53,4	846	108	77,3	1184	148
180	36,3	523	115	180	70,9	987	122	105	1424	178
200	48,2	622	135	200	93,6	1175	147	140	1704	210
220	62,3	728	156	220	124	1404	175	180	1986	245
240	80,0	854	180	240	163	1676	206	230	2313	281
270	105	1003	216	260	201	1895	225	280	2585	305
				280	243	2122	259	335	2866	346
300	137	1174	259	300	302	2455	295	407	3253	389
330	175	1366	301	320	355	2714	334	469	3520	434
				340	404	2912	375	525	3729	482

Festigkeitswerte siehe W 7 f.

Bemessen von Konstruktionen — DIN 18800-1 : 1990-11

Ablauf einer Bemessung nach DIN 18800-1 (Fortsetzung)

	Formel	Formelzeichen	Erklärung
Gebrauchstauglichkeitsnachweis: 1. Bestimmen von I_{min} aus f_{zul} für den gegebenen Lastfall 2. Profil auswählen 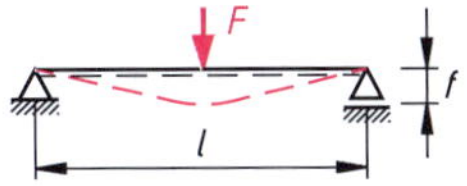	Annahme: $f_{zul} = \frac{1}{300} \cdot l$ f_{max} aus Tabelle G 51, G 52 Hier: Träger auf 2 Stützen Belastung mittig $f = \frac{1}{48} \cdot \frac{F \cdot l^3}{E \cdot I} \leq f_{zul}$ $I \geq \frac{1}{48} \cdot \frac{F \cdot l^3}{E \cdot f}$ bzw. $I \geq \frac{1}{48} \cdot \frac{F \cdot l^3 \cdot 300}{E \cdot l}$	l f_{zul} E I f $E \cdot I$	Trägerlänge in cm zul. Durchbiegung in cm Elastizitätsmodul (Stahl: 210 000 N/mm²) Flächenmoment 2. Grades in cm⁴ Einheiten beachten! Durchbiegung in cm Steifigkeit in N/mm² bzw. kN/cm² **Einheiten beachten!**
Stabilitätsnachweis: Biegeknicken 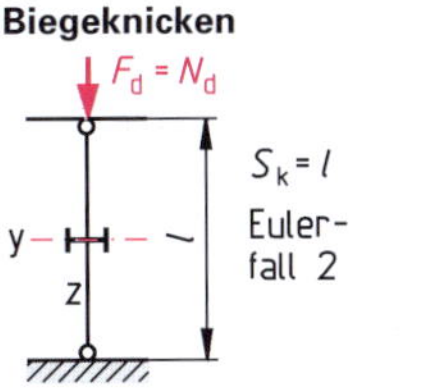 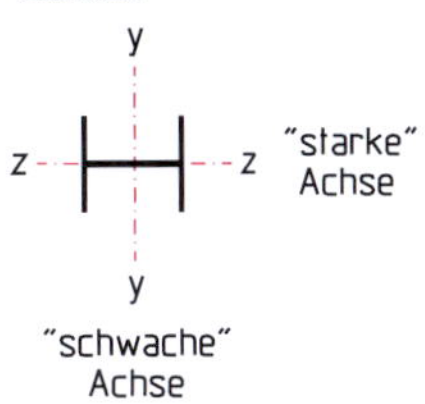	$N_{pl,d} = A \cdot \frac{f_{y,k}}{\gamma_M}$ $\frac{S_d}{R_d} = \frac{N_d}{\varkappa \cdot N_{pl,d}} < 1$ für beide Achsen nachweisen y-Achse: $\lambda_{k,y} = \frac{s_{ky}}{(i_y \cdot \lambda_a)} \Rightarrow$ KSL $i_y = \sqrt{\frac{I_y}{A}}$ aus KSL $\Rightarrow \varkappa$ z-Achse: $\lambda_{k,z} = \frac{s_{kz}}{(i_z \cdot \lambda_a)} \Rightarrow$ KSL $i_z = \sqrt{\frac{I_z}{A}}$ aus KSL $\Rightarrow \varkappa$	$N_{pl,d}$ A $f_{y,k}$ γ_M $\varkappa$ N_d S_d R_d KSL i_y, i_z λ_{ky}, λ_{kz} λ_a s_{ky}, s_{kz} M_{yd} W_y I_y, I_z	Grenzschnittgröße für Normalkraft in kN berechnet oder aus Tabelle G 48 Querschnittsfläche in cm² Streckgrenze in N/mm² Teilsicherheitsbeiwert $\gamma_M = 1{,}1$ Abminderungsfaktor Knickkraft in kN Beanspruchung in kN Beanspruchbarkeit in kN Knickspannungslinie Trägheitsradius in cm Schlankheitsgrad Bezugsschlankheit S235 (St 37): 92,9 S355 (St 52): 75,9 Knicklängen in cm Biegemoment in y-Richtung $= M_{max}$ in Nm Einheiten beachten! Widerstandsmoment in cm³ Flächenmoment 2. Grades in cm⁴ bezogen auf y, z-Achse **Einheiten beachten!**

Profil	Knicken um Achse	KSL
I, IPE	y z	a b
HE-B > 360	y z	a b
HE-B < 360	y z	b c
L	allgemein	c

	$\varkappa$-Werte für KSL		
λ_k	a	b	c
0,2	1,00	1,00	1,00
0,7	0,85	0,78	0,72
1,2	0,53	0,49	0,43
1,7	0,30	0,28	0,26
2,2	0,19	0,18	0,17
2,7	0,12	0,12	0,11

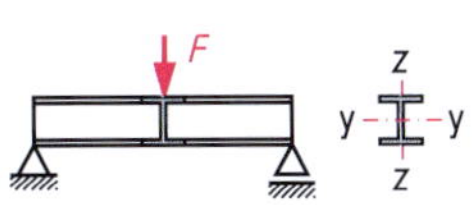

Kippen in Feldmitte bzw. an der Stelle mit M_{max}

Nachweis: Kippsicherheit

$l < c_0$

$$c_0 = 0{,}55 \cdot \lambda_a \cdot i_z \cdot W_y \cdot \frac{f_{y,k}}{M_{y,d}}$$

Statik und Festigkeitslehre

Flächen- und Widerstandsmomente

Querschnittsform	Axiales Flächenmoment 2. Grades I I_y für y-Achse I_z für z-Achse	Axiales Widerstandsmoment W W_y für y-Achse W_z für z-Achse
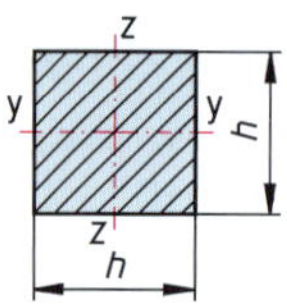	$I_y = I_z = \frac{h^4}{12}$	$W_y = W_z = \frac{h^3}{6}$
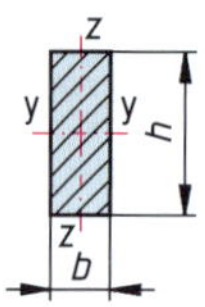	$I_y = \frac{b \cdot h^3}{12}$ $I_z = \frac{h \cdot b^3}{12}$	$W_y = \frac{b \cdot h^2}{6}$ $W_z = \frac{h \cdot b^2}{6}$
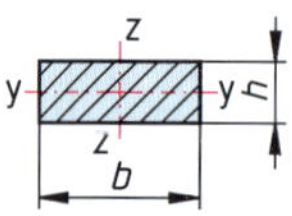	$I_y = \frac{b \cdot h^3}{12}$ $I_z = \frac{h \cdot b^3}{12}$	$W_y = \frac{b \cdot h^2}{6}$ $W_z = \frac{h \cdot b^2}{6}$
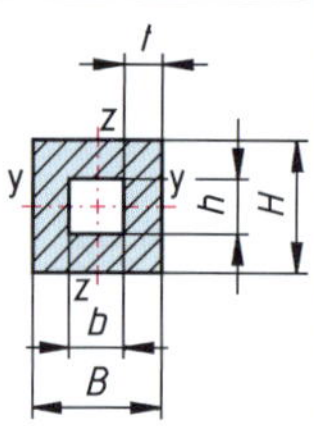	$I_y = \frac{B \cdot H^3 - b \cdot h^3}{12}$ $I_z = \frac{H \cdot B^3 - h \cdot b^3}{12}$	$W_y = \frac{B \cdot H^3 - b \cdot h^3}{6 \cdot H}$ $W_z = \frac{H \cdot B^3 - h \cdot b^3}{6 \cdot B}$
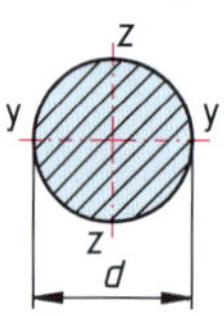	$I_y = I_z = \frac{\pi \cdot d^4}{64}$	$W_y = W_z = \frac{\pi \cdot d^3}{32}$
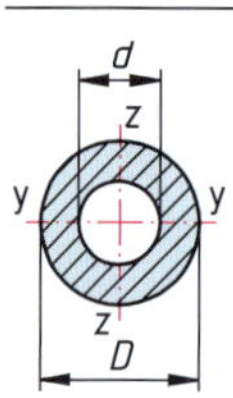	$I_y = I_z =$ $= \frac{\pi (D^4 - d^4)}{64}$	$W_y = W_z =$ $= \frac{\pi (D^4 - d^4)}{32 \cdot D}$
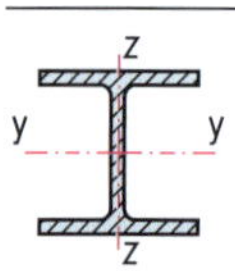	z. B. IPB 100 $I_y = 450 \text{ cm}^4$ $I_z = 167 \text{ cm}^4$	$W_y = 89{,}9 \text{ cm}^3$ $W_z = 33{,}5 \text{ cm}^3$ (aus Tabellen W 15 ff.)

Zusammengesetzte Querschnitte (Satz von Steiner)

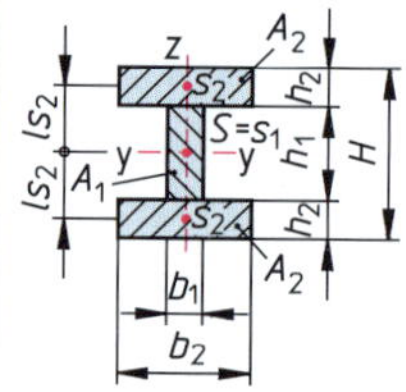

$W_{y-y} = \frac{J}{H/2}$

$W_{s_2} = \frac{J}{h/2}$

$W =$ Widerstandsmoment in cm^3

$y - \cdot - y$: s_1

$A_1 = b \cdot h_1$ $\quad A_2 = B \cdot h_2$

$I_{1y} = \frac{b_1 \cdot h_1^3}{12}$ $\quad W_{1y} = \frac{b_1 \cdot h_1^2}{6}$

$I_{2y} = \frac{b_2 \cdot h_2^3}{12}$ $\quad W_{2y} = \frac{b_2 \cdot h_2^2}{6}$

$I_y = \Sigma I_y + \Sigma (A \cdot l_s^2)$ (Schwerachse $y - y$)

$I_y = I_{1y} + 2 I_{2y} + A_1 \cdot l_{s_1} + 2 \underbrace{(A_2 \cdot l_{s_2})}_{\text{„Steiner-Anteile“}}$

$A_1 \cdot l_{s_1} = 0$ da $l_{s_1} = 0$

- A Teilfläche in cm^2
- b Breite in cm
- h Höhe in cm
- I Axiales Flächenmoment 2. Grades in cm^4
- l_s Abstand zum Gesamt-Schwerpunkt S
- S Gesamt-Schwerpunkt
- s Schwerpunkt der Teilfläche

Faustformeln für die Werte von W_y:

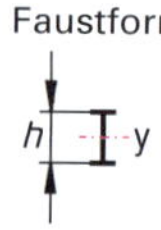	HE-B	$W_y \approx \frac{(h+2)^3}{19{,}5}$
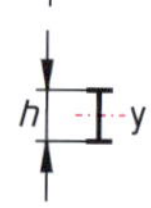	HE-A	$W_y \approx \frac{(h+3)^3}{24}$
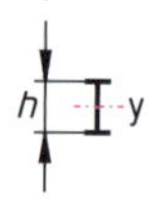	I	$W_y \approx \frac{(h+2)^3}{51}$
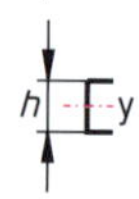	U	$W_y \approx \frac{(h+5)^3}{81}$

h in cm

Statik und Festigkeitslehre (Fortsetzung)

Auflagerkräfte, Biegemomente I

Belastungsfall	Auflagerkräfte F_A, F_B, F in N; l in m, F' in $\frac{\text{N}}{\text{m}}$	Biegemomente M_b in Nm	Durchbiegung f in mm; Länge l in m; E-Modul E in $\frac{\text{N}}{\text{mm}^2}$; Flächenmoment 2. Grades I in mm⁴
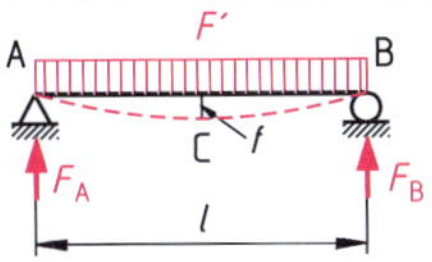	$F_A = F_B = \frac{F' \cdot l}{2}$ F' = Streckenlast	$M_{b\,max} = \frac{F' \cdot l^2}{8}$ (in C) 	$f_{max} = \frac{5}{384} \cdot \frac{F' \cdot l^4}{E \cdot I}$ (in C) Definitionsfaser gestreckt (siehe G45)
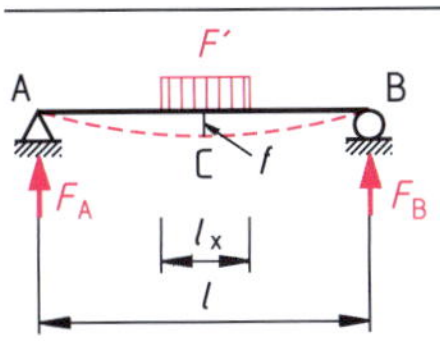	$F_A = F_B = \frac{F' \cdot l^x}{2}$ F' mittig	$M_{b\,max} = \frac{F' \cdot l_x}{4} \cdot \left(l - \frac{l_x}{2}\right)$ 	$f_{max} = \frac{1}{384} \cdot \frac{F' \cdot l_x}{E \cdot I} \cdot (8l^3 - 4l \cdot l_x^2 + l_x^3)$
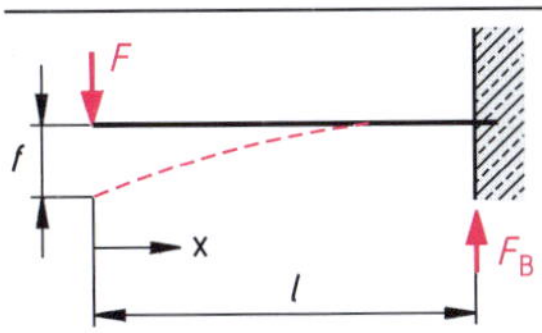	$F_B = F$	$M_x = -F \cdot x$ $M_{max} = -F \cdot l$ 	$f_{max} = \frac{1}{3} \cdot \frac{F \cdot l^3}{E \cdot I}$ (in B) Definitionsfaser gestaucht (siehe G45)
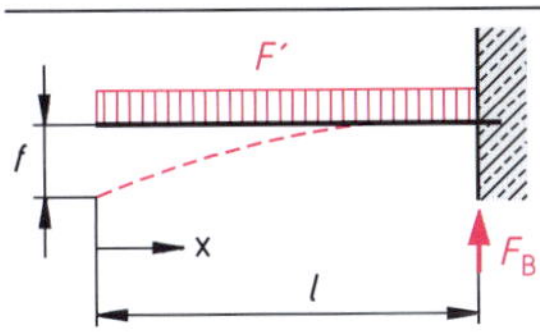	$F_B = F' \cdot l$	$M_x = -\frac{F' \cdot x^2}{2}$ $M_{max} = -\frac{F' \cdot l^2}{2}$ 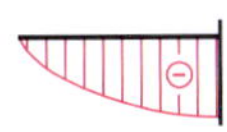	$f_{max} = \frac{1}{8} \cdot \frac{F \cdot l^4}{E \cdot I}$ (in B)
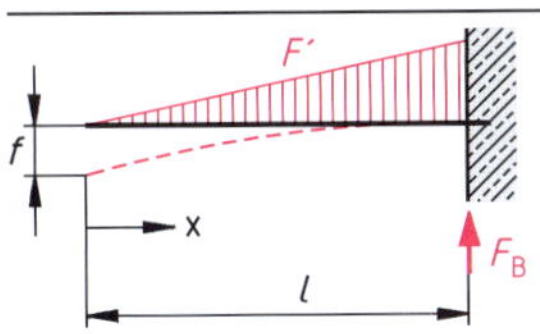	$F_B = \frac{F' \cdot l}{2}$	$M_x = -\frac{F' \cdot x^3}{6 \cdot l}$ $M_{max} = -\frac{F' \cdot l^2}{6}$ (in B)	$f_{max} = \frac{1}{30} \cdot \frac{F' \cdot l^4}{E \cdot I}$ (in B)
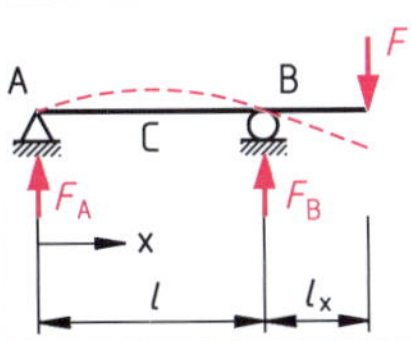	$F_A = -\frac{F \cdot l_x}{l}$ $F_B = \frac{F}{l}(l + l_x)$	$M_x = -F_A \cdot x$ $= -\frac{F \cdot l_x \cdot x}{l}$ $M_{b\,max} = -F \cdot l_x$ (in B)	$f_{max} = \frac{1}{9} \cdot \frac{F \cdot l^2}{E \cdot I} \cdot \frac{l_x}{\sqrt{3}}$ (in C) $f = \frac{1}{3} \cdot \frac{F}{E \cdot I} \cdot l_x^2 (l + l_x)$
Durchlaufträger („Gerberträger“) 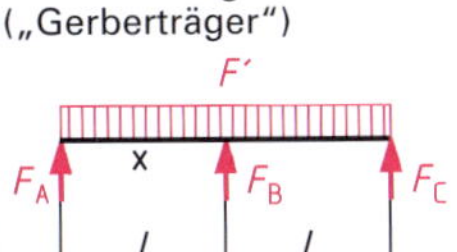	$F_A = 0{,}375 \cdot F' \cdot l$ $F_{B\,max} = 1{,}25 \cdot F' \cdot l$ $F_B = 0{,}625 \cdot F' \cdot l$	$M_x = 0{,}07 \cdot F \cdot l^2$ $M_{b\,min} = -0{,}125 \cdot F' \cdot l^2$	

Statik und Festigkeitslehre (Fortsetzung)

Auflagerkräfte, Biegemomente I

Belastungsfall	Auflagerkräfte F_A, F_B, F in N; l in m, F' in $\frac{N}{m}$	Biegemomente M_b in Nm	Durchbiegung f in mm; Länge l in m; E-Modul E in $\frac{N}{mm^2}$; Flächenmoment 2. Grades I in mm^4
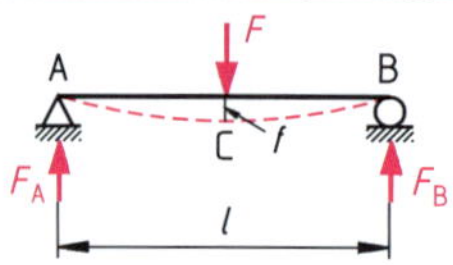	$F_A = F_B = \frac{F}{2}$	$M_{b\,max} = \frac{F \cdot l}{4}$ in C 	$f_{max} = \frac{1}{48} \cdot \frac{F \cdot l^3}{E \cdot I}$ (in C)
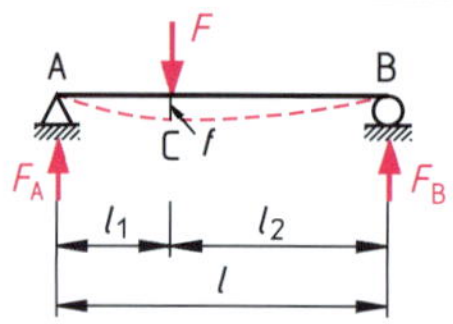	$F_A = \frac{F \cdot l_2}{l}$ $F_B = \frac{F \cdot l_1}{l}$	$M_{b\,max} = \frac{F \cdot l_1 \cdot l_2}{E \cdot I \cdot l}$ (in C) 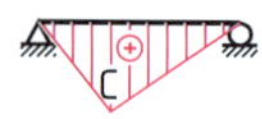	$f_{max} = \frac{1}{3} \cdot \frac{l_1^2 \cdot l_2^2}{E \cdot I \cdot l}$ (in C)
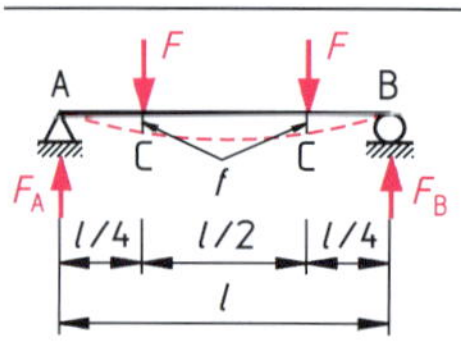	$F_A = F_B = F$	$M_{b\,max} = \frac{F \cdot l}{4}$ (in C) 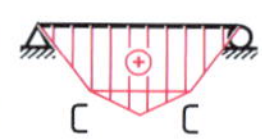	$f_{max} = \frac{1}{34{,}9} \cdot \frac{F \cdot l^3}{E \cdot I}$ (in C)
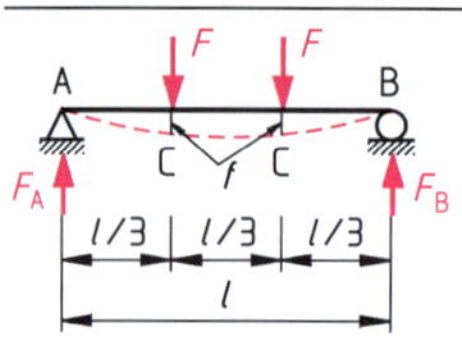	$F_A = F_B = F$	$M_{b\,max} = \frac{F \cdot l}{3}$ (in C) 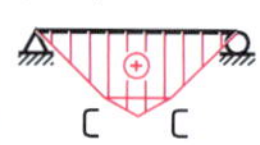	$f_{max} = \frac{1}{28{,}2} \cdot \frac{F \cdot l^3}{E \cdot I}$ (in C)
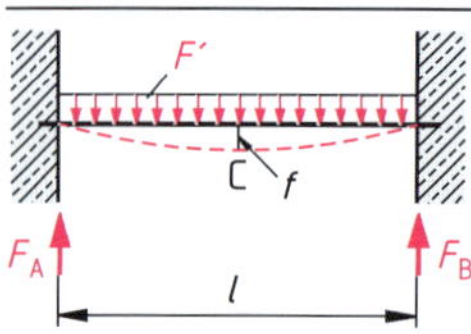	$F_A = F_B$ $= \frac{F' \cdot l}{2}$	$M_{b\,max} = \frac{F' \cdot l^2}{24}$ (in C) 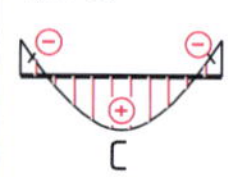	$f_{max} = \frac{1}{384} \cdot \frac{F' \cdot l^4}{E \cdot I}$
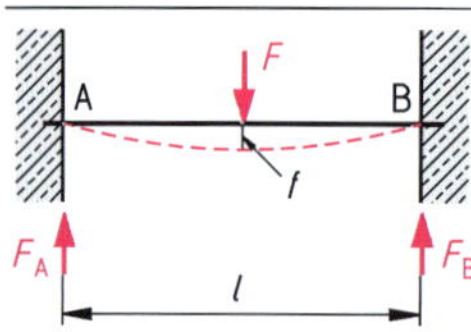	$F_A = F_B = \frac{F}{2}$	$M_{b\,max} = \frac{F \cdot l}{8}$ 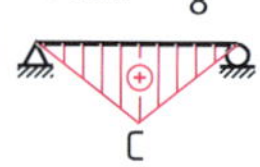	$f_{max} = \frac{1}{192} \cdot \frac{F \cdot l^3}{E \cdot I}$ (in C)
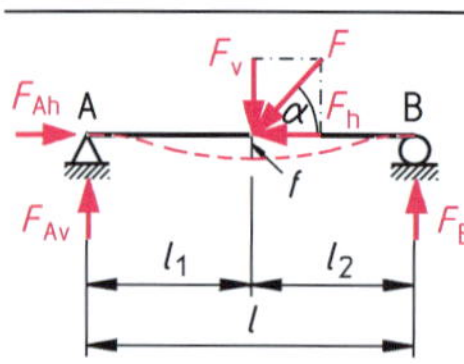	F zerlegen in F_v, F_h $F_v = F \cdot \sin \alpha$ $F_h = F \cdot \cos \alpha = F_{Ah}$ $F_{Av} = \frac{F_v \cdot l_2}{l}$ $F_B = \frac{F_v \cdot l_1}{l}$		für $l_1 < l_2$: $f_{max} = \frac{1}{27} \cdot \frac{F \cdot l_1}{E \cdot I \cdot l} \cdot \sqrt{3(l^2 - l_1^2)^3}$ für $l_1 > l_2$: $f_{max} = \frac{1}{27} \cdot \frac{F \cdot l_2}{E \cdot I \cdot l} \cdot \sqrt{3(l^2 - l_2^2)^3}$ (in C)

Statik und Festigkeitslehre (Fortsetzung)

Knickung

Knickung einfache Bauteile, elastisch

Knickung einfache Bauteile, unelastisch

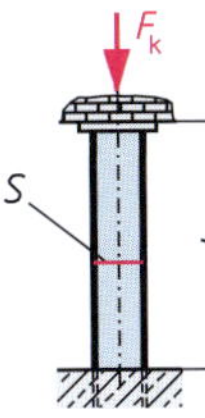

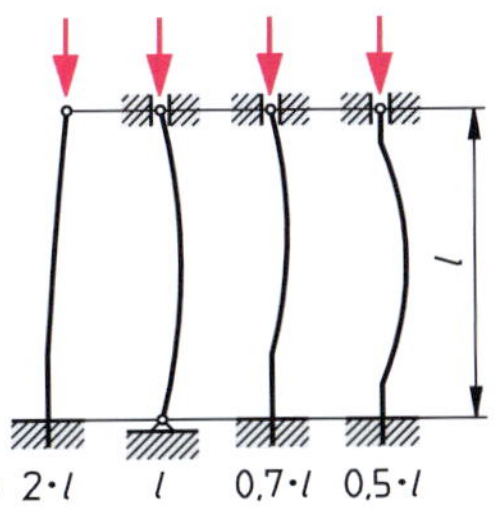

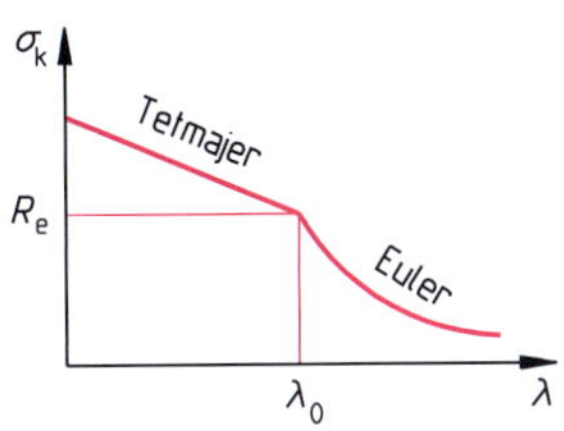

Formel	Formelzeichen	Erklärung
Nachweis nach „Euler"	σ_k	Knickspannung in N/mm²
$\sigma_k = \frac{F_k}{S}$ $\quad \sigma_k < \sigma_p$	σ_p	Proportionalitätsgrenze in N/mm²
	R_e	Streckgrenze in N/mm² für S235: 192 für S355: 288
$F_k = \frac{\pi^2 \cdot E \cdot I_{min}}{(s_k)^2} \mathrel{\widehat{=}} F_{max}$	F_k	Knickkraft in N
	S	Querschnittsfläche in mm²
	E	Elastizitätsmodul in N/mm²
$F_{d\,zul} = \frac{F_k}{\nu} = F_G$	I_{min}	Mindest-Flächenmoment 2. Grades in mm⁴
$i = \sqrt{\frac{I_{min}}{S}}$	s_k	Knicklänge in mm (siehe Eulerfall)
$\lambda = \frac{s_k}{i_{min}}$	F_{max}	maximale Druckkraft in der Stütze, profilabhängig, in N
Stütze ist knicksicher, wenn $\lambda \leq \lambda_0$	$F_{d\,zul}$	zulässige Druckkraft in der Stütze in N
	F_G	Gebrauchslast in N
$I_{min} = \frac{\mu \cdot F \cdot (s_k)^2}{\pi^2 \cdot E}$	υ	Sicherheitszahl $\upsilon > 1$ ($\upsilon = 2{,}5$ für S235, S355)
	i	Trägheitsradius
	i_{min}	kleinster Trägheitsradius
	λ	Schlankheitsgrad
	λ_0	Grenz-Schlankheitsgrad siehe Tabelle oder $\lambda_0 = \pi \cdot \sqrt{\frac{E}{R_e}}$
Nachweis nach „Tetmajer" Stütze ist knicksicher, wenn $\sigma_{k\,vor} \leq \sigma_{k\,zul}$		
$\sigma_{k\,vor} = \frac{F}{S}$	$\sigma_{k\,vor}$	vorhandene Knickspannung in N/mm²
$\sigma_{k\,zul} = k_1 - k_2 \cdot \lambda_0 \cdot k_3 \cdot \lambda_0^2$	$\sigma_{k\,zul}$	zul. Knickspannung in N/mm²
	$k_{1,2,3}$	Beiwerte (siehe Tabelle)
	λ_0	Grenz-Schlankheitsgrad (siehe Euler)

Beiwerte

Werkstoff	k_1	k_2	k_3	k_4
GG	760,9	11,77	0,052	< 80
S235 (St 37)	304	1,12	0	< 105
S355 (St 52)	228,5	0,61	0	< 89
Holz	28,7	0,19	0	< 100

Knickung im Stahlhochbau

Prinzip:
Die Druckspannung wird um einen Faktor ω erhöht und mit der zulässigen Druckspannung verglichen (für $\lambda \geq 20$)

Formel	Formelzeichen	Erklärung
ω-Verfahren Stütze ist knicksicher, wenn $\sigma_{k\,vor} \leq \sigma_{k\,zul}$ bzw.	$\sigma_{k\,vor}$	vorhandene Knickspannung in N/mm²
$\sigma_\omega \leq \sigma_{k\,zul}$	$\sigma_{k\,zul}$	zul. Knickspannung in N/mm²
	σ_ω	„Omegaspannung" in N/mm²
$\sigma_\omega = \frac{F}{S} \cdot \omega \leq \sigma_{k\,zul}$	F	Kraft in N
	S	Querschn. d. Stütze in N/mm²
	ω	ω-Wert (aus Tab.; abhängig vom Schlankheitsgrad)
$\lambda = \frac{s_k}{i_{min}}$	λ	Schlankheitsgrad (s. Euler)
	s_k	Knicklänge in mm
$\sigma_{k\,zul} = \frac{F_k}{S} = \frac{\pi \cdot E}{\lambda^2}$	i_{min}	kleinster Trägheitsradius in mm
	F_k	Knickkraft in N
$F_G = \frac{S \cdot \sigma_{k\,vor}}{\omega}$	E	Elastizitätsmodul in N/mm²
	F_G	Gebrauchslast in N

Statik und Festigkeitslehre (Fortsetzung)

Knickzahlen

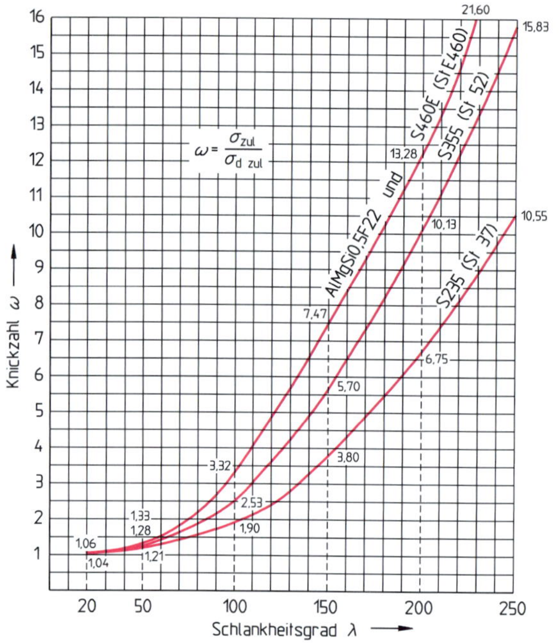

$\lambda = \frac{s_k}{i_{min}}$

s_k = Knicklänge = $2 \cdot l = 0{,}5\,l$

Faustformel für HE-B:

$F_{d\,zul} \approx 2 \cdot h^2 - 5(s_k - 2) \cdot h$

F_d = Tragkraft in kN

h = Profilhöhe in cm

s_k = Knicklänge in m

im Stahlbau:

$\lambda_{max} = 200$

$\lambda_{max} = 250$

(bei Sonderfällen)

EN AW-6060

(AlMgSi 0,5 F22)

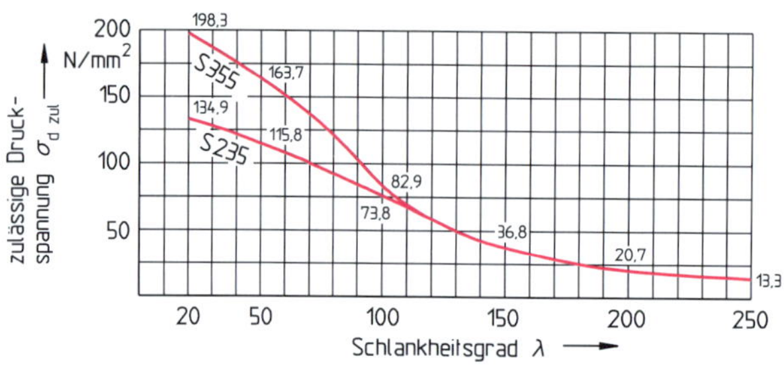

Annahme:

$\sigma_{d\,zul}$ = 140 N/mm² für S235 (St 37)

$\sigma_{d\,zul}$ = 210 N/mm² für S355 (St 52)

$\sigma_{d\,zul}$ = 160 N/mm² für EN AW-6060 (Al Mg Si 0,5 F22)

Für Aluminium kann die Kurve für S235 verwendet werden.

λ	S235 (St 37)	S355 (St 52)	λ	S235 (St 37)	S355 (St 52)	λ	S235 (St 37)	S355 (St 52)
20	1,04	1,06	100	1,90	2,53	180	5,47	8,21
25	1,06	1,08	105	2,00	2,79	185	5,78	8,67
30	1,08	1,11	110	2,11	3,06	190	6,10	9,14
35	1,11	1,15	115	2,23	3,35	195	6,42	10,13
40	1,14	1,19	120	2,43	3,65	200	6,75	10,65
45	1,17	1,23	125	2,64	3,96	205	7,10	11,17
50	1,21	1,28	130	2,85	4,28	210	7,45	11,71
55	1,25	1,35	135	3,08	4,62	215	7,81	12,26
60	1,30	1,41	140	3,31	4,96	220	8,17	12,82
65	1,35	1,49	145	3,55	5,33	225	8,55	13,40
70	1,41	1,58	150	3,80	5,70	230	8,93	13,99
75	1,48	1,68	155	4,06	6,09	235	9,33	14,59
80	1,55	1,79	160	4,32	6,48	240	9,73	15,20
85	1,62	1,91	165	4,60	6,90	245	10,14	15,83
90	1,71	2,06	170	4,88	7,32	250	10,55	
95	1,80	2,29	175	5,17	7,76			

Statik und Festigkeitslehre (Fortsetzung)

Stützenbemessung: Stützenprofile aus S235JR (St 37-2)

für die Geschosshöhen $s_k = 3$ m, 3,60 m und 4,20 m
Annahmen: mittige Belastung der Stützen, beidseitig gelenkige Lagerung (Eulerfall 2: $s_k = l$)

Geschoss-höhe s_k in m	Stützen-last V in kN	Erforderliches Stützenprofil alle Höhen und Wandstärken in mm					
		HE-A (IPBl) DIN 1025-3	HE-A (IPB) DIN 1025-2	HE-A (IPBv) DIN 1025-4	Geschweißte Kastenstütze $a \times s$	Rohrprofil DIN EN 10210-2 DIN EN 10219-2 $B \times T$ in mm	Rohrprofil DIN EN 10220 $D \times s$ in mm
3,00	100	100				80×5,0	101,6×3,6
	200	140	120	100		100×6,3	139,7×4,4
	300	160	140	100		120×6,3	177,8×5,0
	500	200	160	120		140×10,0	219,1×5,9
	800	240	200	160		200×10,0	298,5×7,1
	1000	260	220	180		220×10,0	
	1500	320	280	220	200×18	300×12,0	
	2000	450	320	240	240×18	350×12,5	
	3000		550	300	280×22		
	5000				300×40		
	8000				360×50		
	10000				450×50		
3,60	100	120	100			90×5,0	108,0×3,6
	200	140	120	100		120×6,0	152,4×4,5
	300	160	140	120		140×8,0	177,8×5,0
	500	200	180	140		160×8,0	219,1×5,9
	800	240	220	160		200×10,0	298,5×7,1
	1000	280	240	180		220×10,0	
	1500	340	280	220	200×18	300×12,0	
	2000	450	340	240	240×20	350×16,0	
	3000		600	300	280×25		
	5000				300×40		
	8000				360×50		
	10000				450×50		
4,20	100	120		100		90×6,0	127,0×4,0
	200	160	140	120		120×6,3	152,4×4,5
	300	180	160	120		140×8,0	177,8×5,0
	500	220	180	140		160×10,0	244,5×6,3
	800	260	220	180		200×10,0	298,55×7,1
	1000	280	240	200		260×12,0	
	1500	360	300	240	200×20	300×12,5	
	2000	500	360	240	240×20	350×16,0	
	3000			300	280×25		
	5000				300×40		
	8000				360×50		
	10000				450×50		

Lastannahmen für Bauten — DIN 1055-1 : 2002-06

Kräfte, die auf Bauwerke einwirken, sind Lasten.

Zu unterscheiden sind:

ständige Lasten:	• Eigenlasten des Bauwerks • bekannte, vorhersehbare Ausbaulasten
nicht ständige Lasten (= Verkehrslasten)	• unbekannte Ausbaulasten • Schneelasten • Windlasten • Lasten von Personen, Fahrzeugen etc.

1. Ständige Lasten *G*

(sind im Bauwerk immer vorhanden) **Auswahl**

Mauerwerk	kN/m^3
aus Natursteinen	ca. 30
aus künstlichem Stein	
Rohdichte: 500 kg/m^3	7
900 kg/m^3	11
1200 kg/m^3	14
2000 kg/m^3	20
2500 kg/m^3	25
Hochbauklinker	20
Kalksandstein, voll	19

Decken und Wände	kN/m^3
Stahlbeton (je cm Dicke)	0,25
Gipskarton, einfach	0,35
Gipsbauplatten, verputzt	0,70

Dämmstoffe	kN/m^2 je cm Dicke
Faserdämmstoffe	0,01
Korkschrotplatten	0,02

Dachdeckungen	kN/m^2
Faser-Wellplatten	0,24
Kupferdach auf 22 mm Schalung	0,30
Wellblechdach	0,25
Drahtglasdach 4–6 mm	0,13
Zuschlag für jeden weiteren mm	0,025

2. Verkehrslasten *V*

(sind veränderliche oder bewegliche Belastungen, die auf ein Bauteil oder Bauwerk einwirken) **Auswahl**

lotrechte Lasten	kN/m^2
Spitzboden	1,0
Decken von Wohnräumen	1,5–2
Büroräume, Flure etc.	2,0
Balkone (ab 10 m^2), Garagen	3,5
Balkone (bis 10 m^2), öffentl. Gebäude	5,0
Tribünen	7,5
Werkstätten	10–30
Zufahrten von Rampen, Parkhäusern	5,0
Versammlungsräume5,0	

waagerechte Lasten	kN/m
Brüstungen und Geländer in Holmhöhe:	
bis 8 m Absturzhöhe	0,5
ab 8 m Absturzhöhe	1,0
Treppen	
in Wohngebäuden	0,5
in öffentlichen Gebäuden, Tribünen	1,0

Geländer:	kN pro m
Auflehnlast	0,50
Blumenkästen	0,35
Geländerausfachung (Stäbe etc.)	0,40

Treppen:	kN/m^2
Wohngebäude	3,5
öffentl. Gebäude	5,0

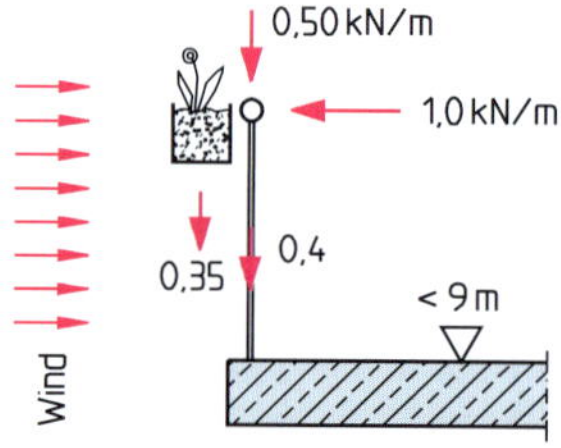

3. Verkehrslasten an fliegenden Bauten

(sind veränderliche oder bewegliche Belastungen, die auf ein Bauteil oder Bauwerk einwirken) **Auswahl**

Es gelten die Werte wie bei 1. Ständige Lasten und 2. Verkehrslasten
zusätzlich sind anzunehmen
lotrechte Lasten pro Kind 0,5 kN (≙ 50 kg)
pro Erwachsener 0,75 kN (≙ 75 kg)
Antriebs-/Bremskräfte 1/15 der bewegten Last
Schwingungen, Stoßkräfte mit Lasterhöhungsfaktor 1,2
Windlasten nach DIN 1055

Lastannahmen für Bauten: Windlasten DIN 1055-4:2004-02

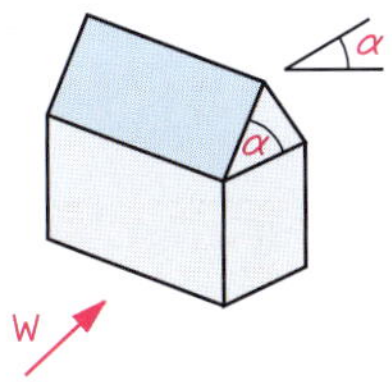

Formel

$w = c_{pe} \cdot q_h$

$W = c_f \cdot q_h \cdot A$

Allgemein gilt:

$q = \frac{1}{2}\varrho + v^2$

Windlasten wirken immer senkrecht zur getroffenen Fläche.
Man unterscheidet:
Winddruck (positive Werte) und
Windsog (negative Werte)

Formelzeichen	Erklärung
A	angeströmte Fäche in m^2
c_f	Kraftbeiwert (f = force)
c_{pe}	Druckbeiwert (p = pressure)
q	Geschwindigkeitsdruck in kN/mm^2
q_h	Geschwindigkeitsdruck in kN/mm^2 in der Höhe z
ϱ	Dichte der Luft ($\varrho = 1{,}25\ kg/m^3$)
v	Windgeschwindigkeit in m/s
w	Winddruck in kN/m^2
W	Windkraft auf die Gebäudefläche in kN
h	Höhe in m

Windzonen WZ, Geschwindigkeitsdruck q_h in kN/m^2 und Gebäudehöhe h in m

Windzone (WZ)	Windgeschwindigkeit v in m/s	Referenzdruck q_{ref} in kN/m^2	Winddruck q_h bei Gebäudehöhe $h \leq 10$ m (vereinfacht)	Geschwindigkeitsdruck q_h in kN/m^2 an der Höhe h in m eines Gebäudes L = Land, K = Küste, I = Inseln		
				$h \leq 10$	$10 \leq h \leq 18$	$18 \leq h \leq 25$
WZ 1	24,1	0,37	0,2	0,50	0,65	0,75
WZ 2	27,6	0,48	0,9	0,65 L 0,85 K	0,80 L 1,00 K	0,90 L 1,10 K
WZ 3	32,0	0,64	1,2	0,80 L 1,05 K	0,95 L 1,20 K	1,10 L 1,30 K
WZ 4	32,0	0,64	1,5	0,95 L 1,25 K 1,40 I	1,15 L 1,40 K	1,30 L 1,55 K

Für Gebäudehöhen $h > 25$ m sind die örtlichen Verhältnisse und Vorgaben der Baugenehmigungsbehörden zu beachten.

Druckbeiwerte c_p in Abhängigkeit von der betrachteten Fläche am Gebäude
$c_{pe,10}$ großformatige Bauteile, $A > 10\ m^2$, $c_{pe,1}$: kleinformatige Bauteile, $A < 1\ m^2$

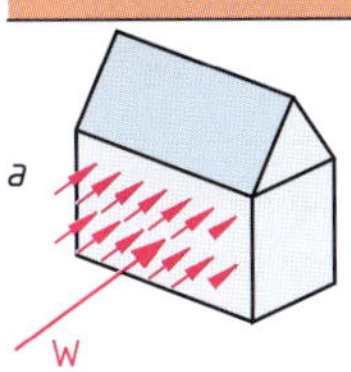

Bereich	A		B		C		D		E	
Bauteil	$c_{pe,10}$	$c_{pe,1}$	$c_{pe,10}$	$c_{pe,1}$	$c_{pe,10}$	$c_{pe,1}$	$c_{pe,10}$	$c_{pe,1}$	$c_{pe,10}$	$c_{pe,1}$
Druckbeiwert c_{pe} in kN/m^2 + Druck – Sog	–1,7	–2,0	–0,8	–1,0	–0,5		+0,8	+1,0	–0,5	

Wird mit der Windkraft W in kN gerechnet, so kann $c_f = c_{pe}$ gesetzt werden.

Druckbeiwerte c_p in Abhängigkeit von der Dachneigung
Positive Werte: Druck, negative Werte: Sog

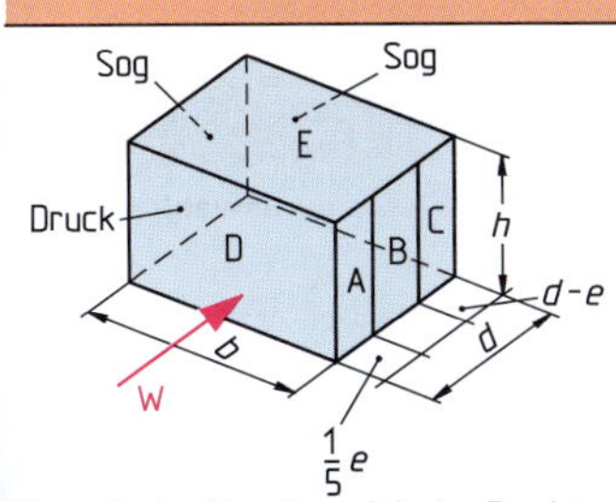

Neigungswinkel α	Bereich A Leeseite, Dachkante	Bereich B Leeseite, Dachkante	Bereich C Luvseite
5°	–1,2 … –2,0	–0,6 … –1,2	–0,6
15°	–0,8 … –1,5	–0,3	–1,5
30°	+0,7	+0,4	–0,5
45°	+0,7	+0,6	–0,3
60°	+0,7	+0,7	–0,3
75°	+0,8	+0,8	–0,3

$e = b$ **oder** $e = 2 \cdot h$, es gilt der kleinere Wert

Hinweis: Im Randbereich der Dachtraufen ist je nach Dachform und -überstand mit $c_p = 2{,}5$ *zu rechnen.*

Lastannahmen für Bauten: Windlasten DIN 1055-4:2004-02

Windzone 1 (WZ 1): südliche Bundesländer
Windzone 2 (WZ 2): nördliche Bundesländer, sowei sie nicht zu den WZ3 oder WZ 4 gehören
Windzone 3 (WZ 3): Küstenbereiche der Ostsee und der Nordsee, soweit diese nicht zur Windzone 4 gehören
Windzone 4 (WZ 4): Gebiet der Deutschen Bucht einschließlich aller Inseln und Dammbauwerke, sowie ein streifen entlang der Nordseeküste mit 5 km Breite landeinwärts

Für Hochhäuser ($h > 20$ m) und für besonders exponierte Standorte können höhere Werte notwendig werden. Es sind dabei auch die Vorgaben der Baugenehmigungsbehörden zu beachten.

Lastannahmen für Bauten: Schneelasten — DIN 1055-5:2004-02

Die Schneelast s ergibt sich aus der Dachform und der charakteristischen Schneelast s_k am Boden des Standorts. Schneelasten wirken immer senkrecht, die Lastangriffsfläche ist die senkrechte Projektion der Dachschräge.

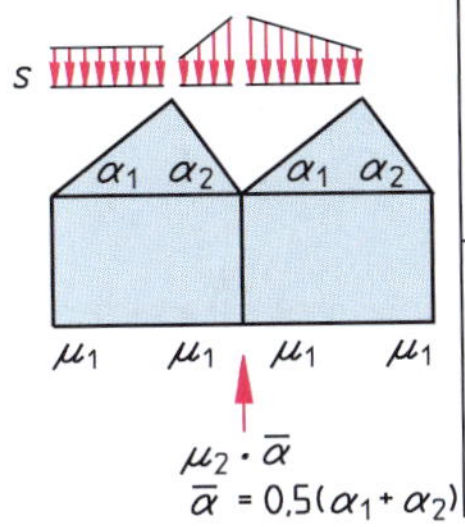

Formel

$s = \mu_1 + s_k$

$s = \mu_2 + s_k$

	μ_1	μ_2
$0 \leq \alpha \leq 30°$	0,8	$0{,}8 + 0{,}8 \cdot \alpha/30°$
$30° \leq \alpha \leq 60°$	$0{,}8 \cdot (60° - \alpha)/30°$	1,6
$\alpha > 60°$	0	1,6

Formelzeichen	Erklärung
α	Dachneigung in Grad (°)
s	Schneelast in kN/m²
s_k	Charakteristische Schneelast in kN/m²
μ_1	Formbeiwert für geneigte Dächer
μ_2	Formbeiwert für Schneeansammlungen bei aneinandergereihten Dächern

Mindestschneelast $s_{k\,min}$ in kN/m² in Abhängigkeit von der Schneelastzone

Schneelastzone	Mindestschneelast $s_{k\,min}$ in kN/m² (gültig bis zu einer Höhe *h* bis … über NN = Meereshöhe)	Charakteristische Schneelast s_k in kN/m² für eine Höhe *h* von … bis … m
Zone 1	**0,65** (bis 400 m über NN)	$s_k = 0{,}19 + 0{,}91[(h + 140)/760]^2$ für h = 400 m bis 800 m
Zone 2	**0,85** (bis 285 m über NN)	$s_k = 0{,}25 + 1{,}91[(h + 140)/760]^2$ für h = 285 m bis 1200 m
Zone 3	**1,1** (bis 285 m über NN)	$s_k = 0{,}31 + 2{,}91[(h + 140)/760]^2$ für h = 285 m bis 1200 m

Für bestimmte Lagen in der norddeutschen Tiefebene, in den Mittelgebirgen und den Alpen können erhöhte Schneelasten auftreten.

Bei Dächern bis 45° Neigung müssen Wind und Schnee gleichzeitig untersucht werden. Der ungünstigere der beiden Werte ist maßgebend.

$q = s + w/2$ oder $q = s/2 + w$ $\qquad$ q = Last, w = Windlast in kN/m², s = Schneelast (jeweils in kN/m²)

Schneeanhäufungen müssen ebenso berücksichtigt werden wie verminderte Schneelasten, wenn z.B. Dächer einseitig geräumt werden. Für fliegende Bauten gilt eine einheitliche Schneelast von 0,25 kN/m². Eislasten werden mit 7 kN/m³ berücksichtigt. Ist ein Dach mit Eis bedeckt, so muss die Windlast wegen der größeren Angriffsfläche um 75% erhöht werden.

Zusammenwirken von Dachlasten

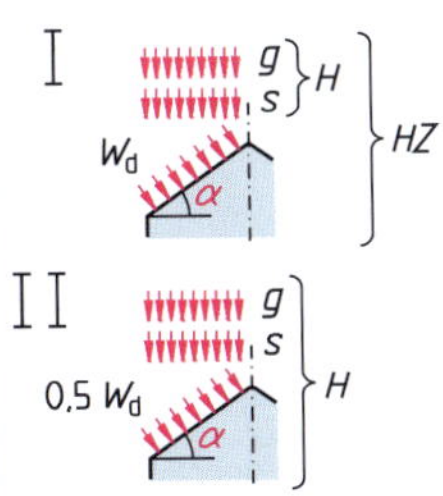

Formel

$$g = \frac{G}{\cos \alpha}$$

Lastkombination I:

$g + s$ (Lastfall H)
und
$g + s + w_D$ (Lastfall HZ)

Lastkombination II
(ungünstiger Fall):

$g + s + 0{,}5\ w_D$ (Lastfall H)
und
$g + w_D + 0{,}5\ s$ (Lastfall H)

Formelzeichen	Erklärung
α	Dachneigung in Grad (°)
G	Eigengewicht der Dachkonstruktion in kN/m² Dachfläche
g	Dachlast in kN/m²
w_D	Winddruck in kN/m²
	Schneelast in kN/m²
s	Regelschneelast in kN/m²

Theoretische Grundlagen
Technische Kommunikation
Werkstoffe
Bauelemente
Fertigungstechnik
Informations- und Steuerungstechnik
Anhang

Lastannahmen für Bauten: Schneelastzonen DIN 1055-5:2005-07

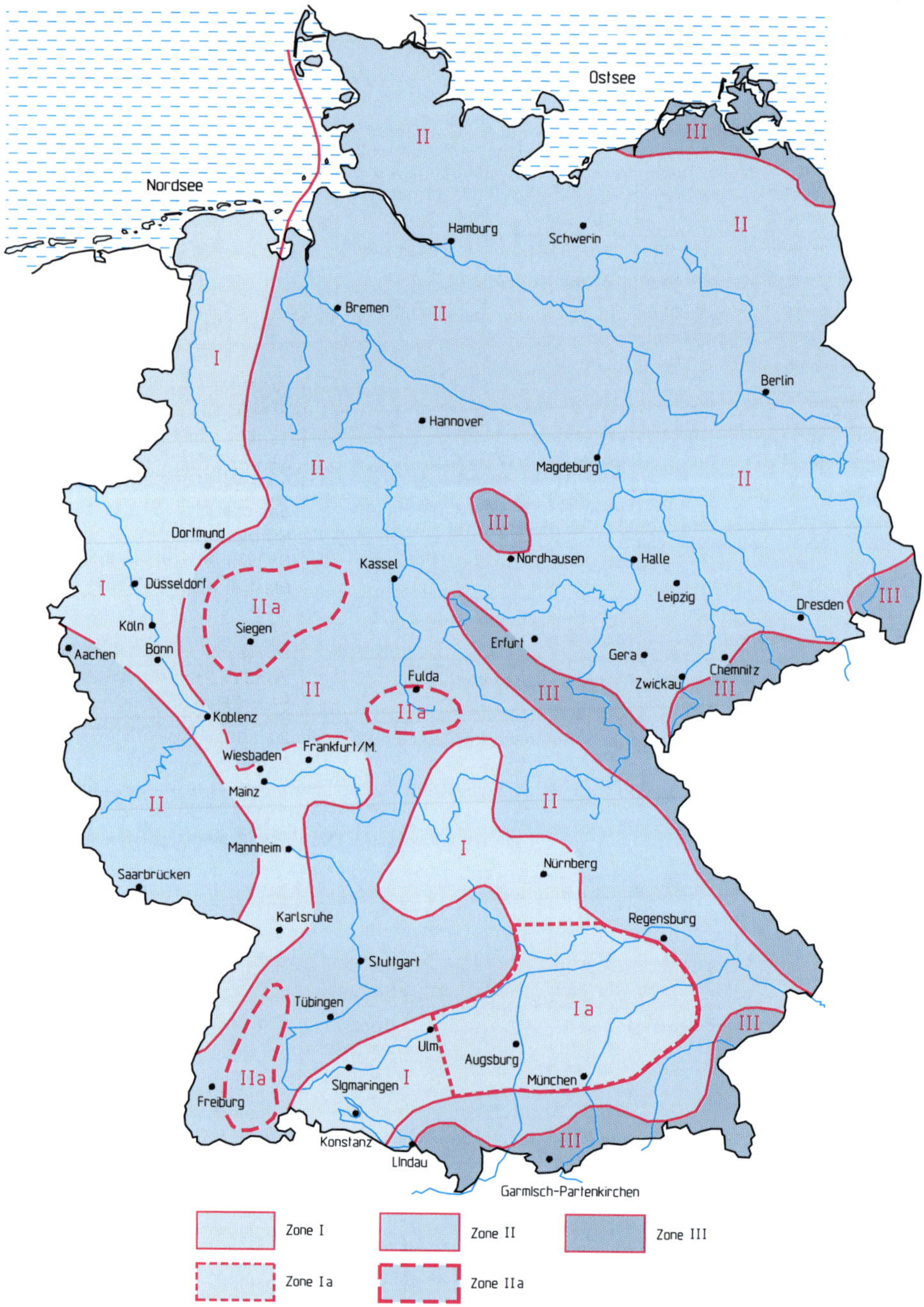

Windlasten an Metallbau-Konstruktionen

Die Tragfähigkeit und Gebrauchstauglichkeit von tragenden Konstruktionen im Stahl- und Metallbau wird nachgewiesen durch Überprüfen der

- **Festigkeit**: die IST-Spannung muss kleiner als die zulässige Spannung sein ($\sigma_{IST} < \sigma_{zul}$)
- **Stabilität**: das Bauwerk muss kippsicher und knicksicher sein.
- **Durchbiegung**: die tatsächliche Durchbiegung muss kleiner als die zulässige Durchbiegung sein.

Bauelemente des Metallbaus, wie Fenster, Fensterwände und Fassaden dürfen keine Kräfte aus dem Bauwerk aufnehmen, sie werden deshalb vor allem durch Windlast beansprucht. Nachgewiesen wird die Gebrauchstauglichkeit über die zulässige Durchbiegung. Ist eine Metallbaukonstruktion gebrauchstauglich, dann ist sie i.d.R. auch tragfähig, da die zulässige Durchbiegung mit $f_{zul} < 1/300$ L sehr niedrig angesetzt ist. Der Gebrauchstauglichkeitsnachweis erfolgt rechnerisch oder mithilfe von Diagrammen.

Weg A: Berechnen von I_{min}

1. Bauteil in der Ansicht skizzieren
2. Belastungsfigur ermitteln; die Winkelhalbierende teilt die Belastung auf Riegel und Stiel
   Ergebnis sind an Fassadenpfosten: Rechtecke
   an Fenster und Fensterwänden: Dreiecke, Trapeze
3. Berechnen von I_{min} für das gewählte Profil
4. Auswahl eines Profils aus Profiltabellen mit $I_{ist} > I_{min}$

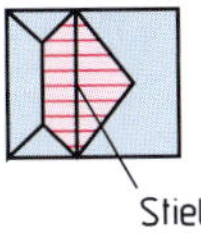

$I_{Stiel} = I_{\triangle} + I_{\triangle}$

Belastungsfigur	Formel	Formelzeichen	Erklärung
Rechteck z.B. an Fassadenpfosten 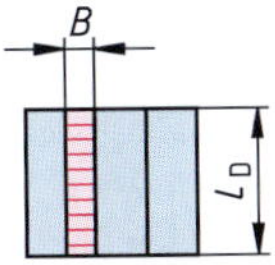	$I_{min} = \frac{5 \cdot B \cdot \omega \cdot L^4 \cdot c_p}{384 \cdot E \cdot f_{zul} \cdot 10^3}$ $f_{zul} = \frac{1}{300} \cdot L_D$	I_{min} B L_D c_p E	erforderl. Flächenmoment 2. Grades in cm⁴ Belastungsbreite in cm Stützweite in cm Bauwert für Staudruck (S. G 57) Elastizitätsmodul Al: $7 \cdot 10^3$ kN/cm² St: $21 \cdot 10^3$ kN/cm²
Dreieck z.B. an Fenstern und Fensterwänden 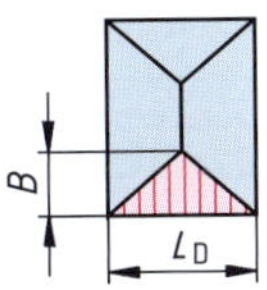	$I_{min} = \frac{1}{120} \cdot \frac{B \cdot \omega \cdot L^4 \cdot c_p}{2 \cdot E \cdot f_{zul} \cdot 10^3}$ $f_{zul} = \frac{1}{300} \cdot L_D$ $B = \frac{L_D}{2}$	f_{zul} ω	zulässige Durchbiegung in cm Windlast vereinfacht 0…8 m: 0,5 kN/m² 8…30 m: 0,8 kN/m² 20…100 m: 1,1 kN/m² Einheiten beachten!
Trapez z.B. an Fenstern und Fensterwänden 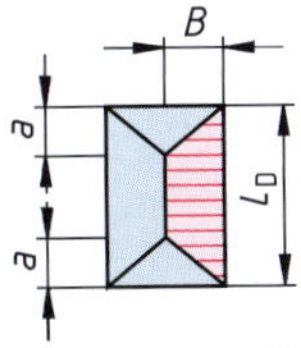	$I_{min} = \frac{1}{1920} \cdot \frac{B \cdot \omega \cdot L_D^4}{E \cdot f_{zul} \cdot 10^3} \cdot \left[25 - 40\frac{a^2}{L^2} + 16\frac{a^4}{L^4}\right]$		

Ermitteln des Kämpferprofils aus der Glaslast

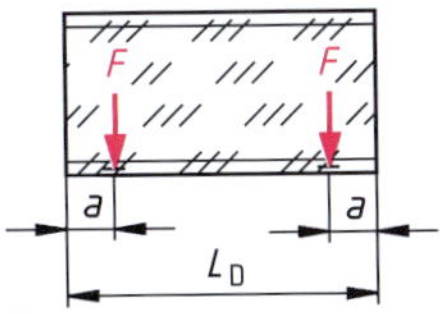	$I_{min} = \frac{1}{24} \cdot \frac{F \cdot a}{E \cdot f_{zul} \cdot 10^3} \cdot [3 \cdot L_D^2 - 4\,a^2]$	H F q_G a	Scheibenhöhe in cm Einzellast in kN Glasgewicht in kN/m² einfach: 0,15 isoliert: 0,30 dreifach isoliert: 0,45 Klotzungsabstand $a = 15$ cm

Windlasten an Konstruktionen

Weg B: Ermitteln von I_{min} mit Diagrammen

1. Rechtecklast f_{zul} < 1/300 L

System

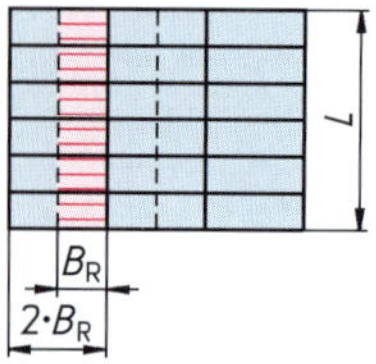

Statisches System

Träger auf 2 Stützen

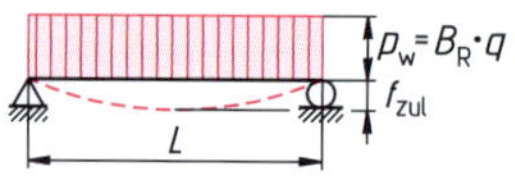

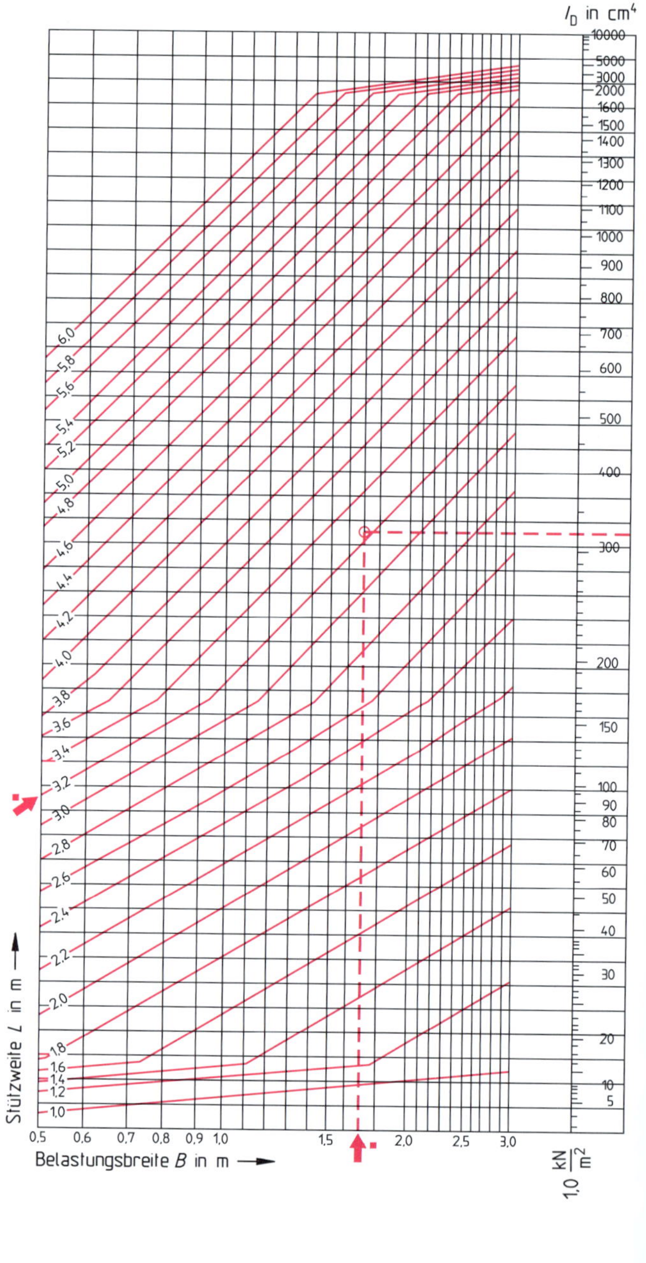

Anwendungsbeispiel ■

Stützweite $L = 3{,}20$ m
Belastungsbreite $B = 1{,}70$ m

Lösung: $I_p = 311\ cm^4$

bei $q = 0{,}5$ und $c_p = 1{,}0$
$I_{x\,erf} = 311 \cdot 0{,}5 \cdot 1{,}0 = 155{,}5\ cm^4$
bei $q = 0{,}8$ und $c_p = 1{,}0$
$I_{x\,erf} = 311 \cdot 0{,}8 \cdot 1{,}0 = 248{,}8\ cm^4$
bei $q = 1{,}1$ und $c_p = 1{,}0$
$I_{x\,erf} = 311 \cdot 1{,}1 \cdot 1{,}0 = 342{,}1\ cm^4$

Windlasten an Konstruktionen (Fortsetzung)

Weg B: Ermitteln von I_{min} mit Diagrammen

2. Trapez- und Dreiecklast f_{zul} < 1/300 L

System

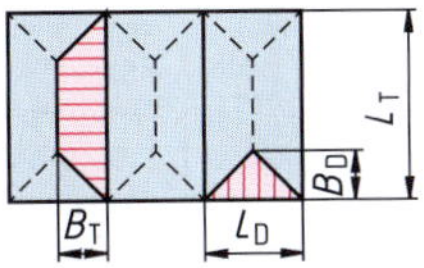

Statisches System Trapezlast
Träger auf 2 Stützen

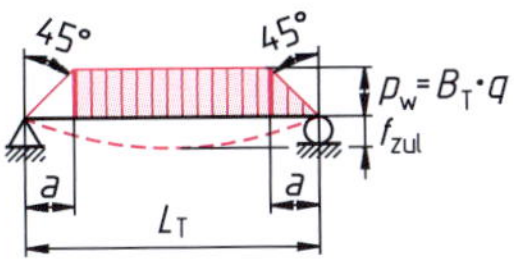

Statisches System Dreiecklast
Träger auf 2 Stützen

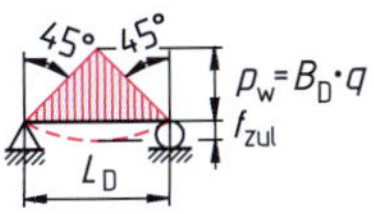

$B_D = \frac{L_D}{2}$

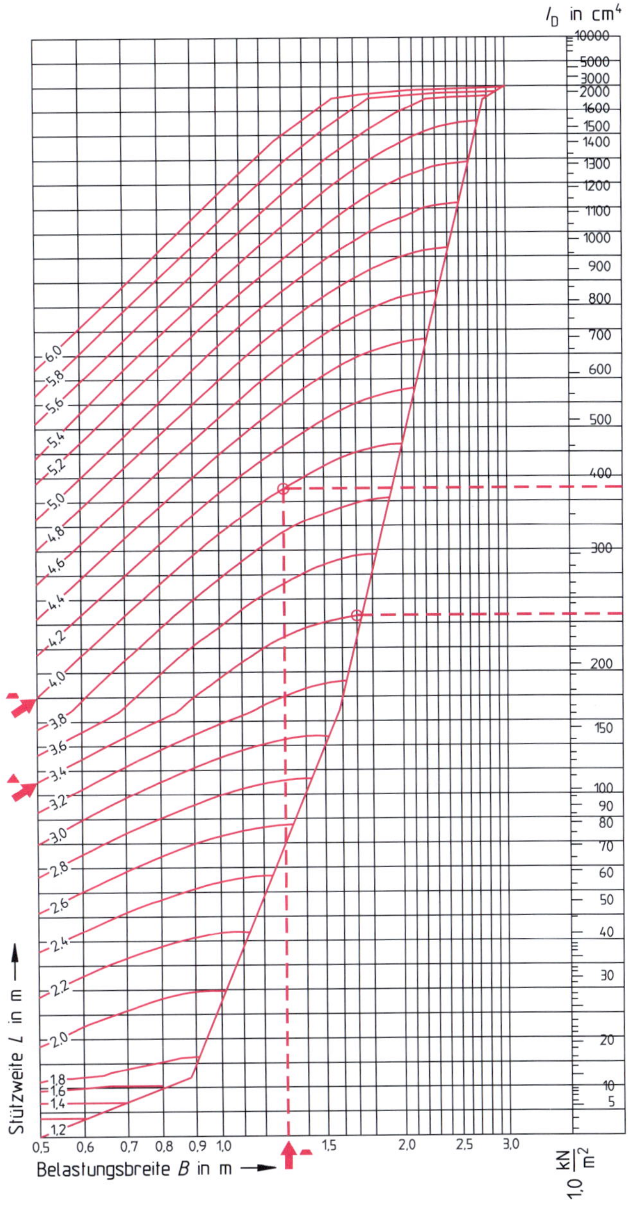

Anwendungsbeispiel Trapezlast ▲
Kurvenscharen zutreffend!
Stützweite $L_T = 4{,}00$ m
Belastungsbreite $B_T = 1{,}30$ m

Lösung: I_D = 389 cm⁴
bei $q = 0{,}5$ und $c_p = 1{,}0$
$I_{x\,erf} = 389 \cdot 0{,}5 \cdot 1{,}0 = 194{,}5$ cm^4
bei $q = 0{,}8$ und $c_p = 1{,}0$
$I_{x\,erf} = 389 \cdot 0{,}8 \cdot 1{,}0 = 311{,}2$ cm^4
bei $q = 1{,}1$ und $c_p = 1{,}0$
$I_{x\,erf} = 389 \cdot 1{,}1 \cdot 1{,}0 = 427{,}9$ cm^4

Anwendungsbeispiel Dreiecklast ▲
Zutreffende Werte sind die an die Kurvenscharen angrenzenden Geraden. Für die Dreiecklast ist nur die Stützweite L_D ausschlaggebend. Belastungsbreite B_D ergibt sich aus der Aufteilung von 45°.
Stützweite $L_D = 3{,}40$ m

Lösung: I_D = 239 cm⁴
bei $q = 0{,}5$ und $c_p = 1{,}0$
$I_{x\,erf} = 239 \cdot 0{,}5 \cdot 1{,}0 = 119{,}5$ cm^4
bei $q = 0{,}8$ und $c_p = 1{,}0$
$I_{x\,erf} = 239 \cdot 0{,}8 \cdot 1{,}0 = 191{,}2$ cm^4
bei $q = 1{,}1$ und $c_p = 1{,}0$
$I_{x\,erf} = 239 \cdot 1{,}1 \cdot 1{,}0 = 262{,}9$ cm^4

Glaslasten an Konstruktionen

Weg B: Ermitteln von I_{min} mit Diagrammen
3. Glaslast auf Kämpfer f_{zul} < 3 mm

System

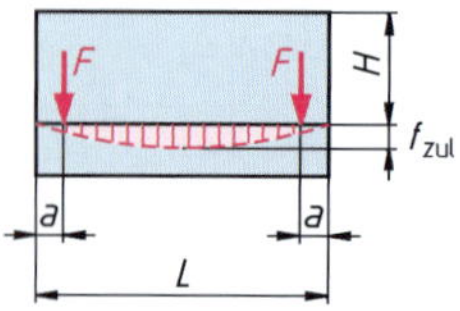

Statisches System
Träger auf 2 Stützen

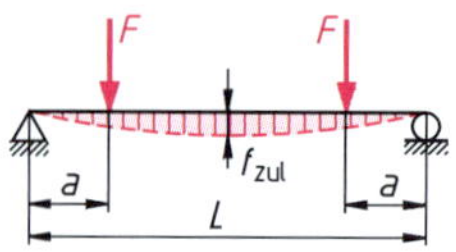

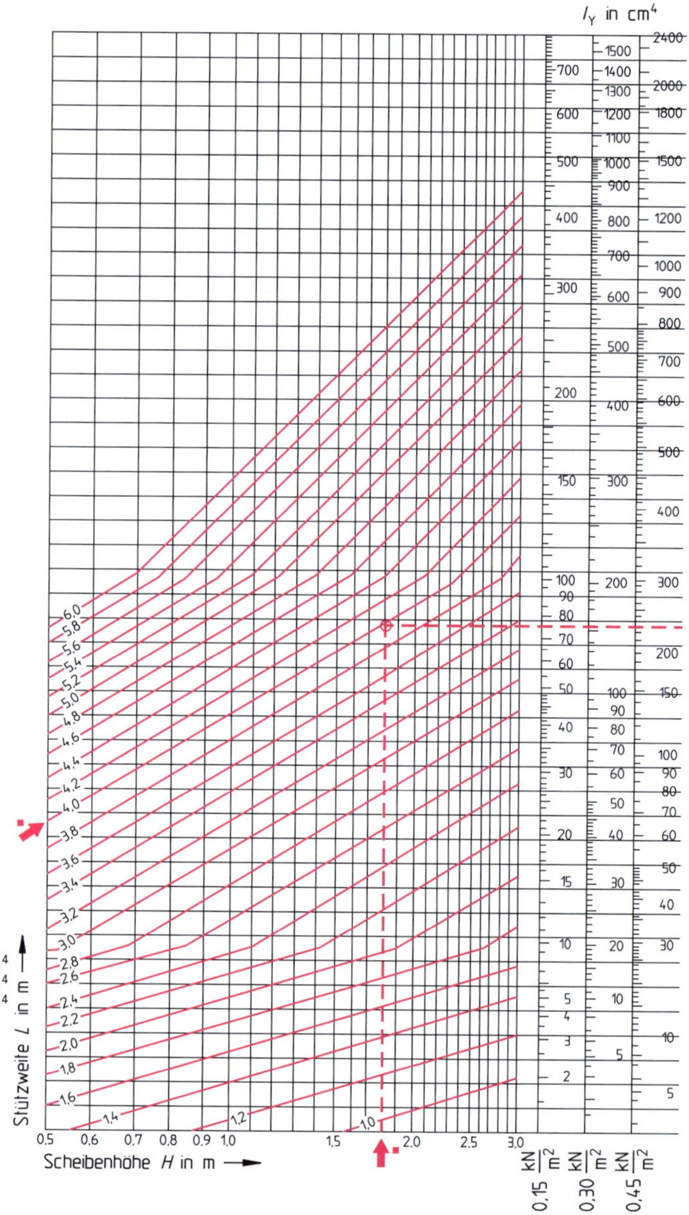

Anwendungsbeispiel ■
Stützweite L_T = 4,00 m
Scheibenhöhe H = 1,80 m

Lösung:
bei q_G = 0,15 kN/m² I_y = 77 cm⁴
bei q_G = 0,30 kN/m² I_y = 154 cm⁴
bei q_G = 0,45 kN/m² I_y = 231 cm⁴

Lastannahmen nach DIN 1055
q_G = 0,15 kN/m² (Einfachglas)
q_G = 0,30 kN/m² (Isolierglas)
q_G = 0,45 kN/m² (Dreifach-Isolierglas)

Grundbegriffe

	Formel	Formelzeichen	Erklärung
Ohm'sches Gesetz Gleichstrom 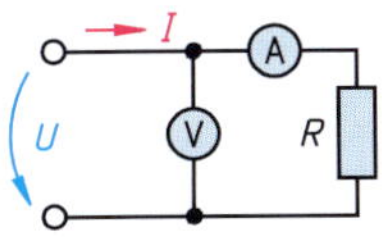	$I = \frac{U}{R}$ $U = I \cdot R$ $R = \frac{U}{I}$	I U R	Stromstärke in A Spannung in V Widerstand in Ω
Leiterwiderstand 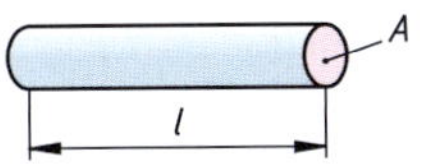	$R = \frac{\varrho \cdot l}{A}$ spezifischer Widerstand ϱ in $\Omega \cdot \frac{\text{mm}^2}{\text{m}}$ Al 0,0278; E–Cu 0,0175 Fe 0,10; Ag 0,016	R ϱ l A	Widerstand in Ω spezifischer Widerstand in $\Omega \cdot \text{mm}^2/\text{m}$ Leiterlänge in m Leiterquerschnitt in mm^2
Reihenschaltung von Widerständen 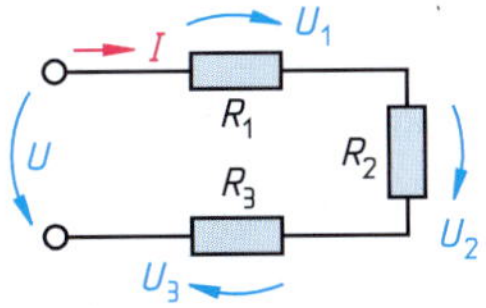	$R = R_1 + R_2 + R_3 + \ldots$ $U = U_1 + U_2 + U_3 + \ldots$ $I = I_1 = I_2 = I_3 = \ldots$ Durch alle Widerstände fließt der gleiche Strom	R $R_{1,2,3}$ I $I_{1,2,3}$ U $U_{1,2,3}$	Gesamt-Widerstand in Ω Einzel-Widerstände in Ω Gesamt-Strom in A Teil-Ströme in A Gesamt-Spannung in V Teil-Spannungen in V
Parallelschaltung von Widerständen 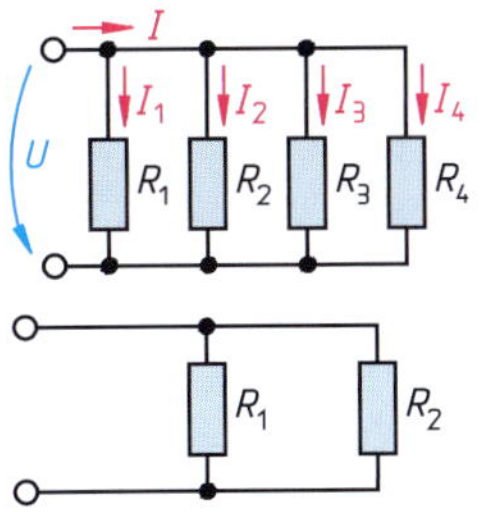	$\frac{1}{R} = \frac{1}{R_1} + \frac{1}{R_2} + \frac{1}{R_3} + \ldots$ $I = I_1 + I_2 + I_3 + \ldots$ $U = U_1 = U_2 = U_3 = \ldots$ In allen Widerständen herrscht die gleiche Spannung $\frac{I_1}{I_2} = \frac{R_2}{R_1}$ $R = \frac{R_1 \cdot R_2}{R_1 + R_2}$	R $R_{1,2,3}$ I $I_{1,2,3}$ U $U_{1,2,3}$	Gesamt-Widerstand in Ω Einzel-Widerstände in Ω Gesamt-Strom in A Teil-Ströme in A Gesamt-Spannung in V Teil-Spannungen in V
Transformator 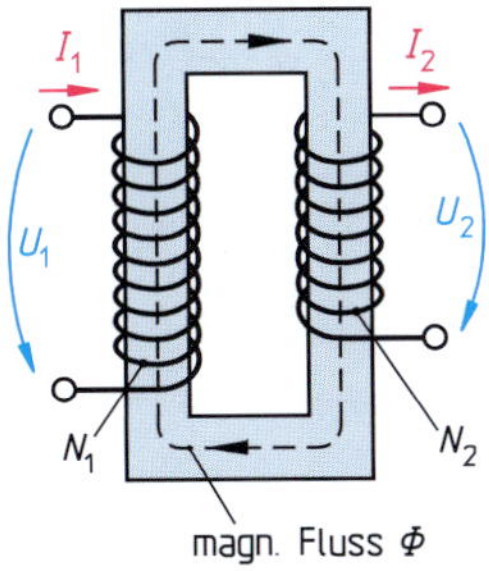	$\frac{U_1}{U_2} = \frac{N_1}{N_2}$ $\frac{I_1}{I_2} = \frac{N_2}{N_1}$ $ü = \frac{N_1}{N_2}$ $I_2 = \frac{N_1 \cdot N_1}{N_2}$ ohne Verluste durch den Leistungsfaktor φ $P_B = \frac{U_1 - U_2}{U_1} \cdot P_D$ $P_D = U_2 \cdot I_2$	U_1 U_2 I_1 I_2 N_1 N_2 P_B P_D $ü$	Primär-Spannung in V Sekundär-Spannung in V Primär-Strom in A Sekundär-Strom in A Windungen: Primärspule Windungen: Sekundärspule Bauleistung in V · A Durchgangsleistung in V · A Übersetzungsverhältnis

Grundbegriffe (Fortsetzung)

<table>
<tr><th></th><th>Formel</th><th>Formelzeichen</th><th>Erklärung</th></tr>
<tr><td>Elektrische Arbeit
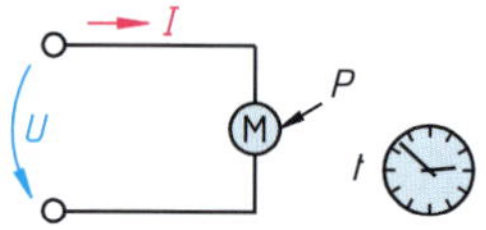
</td><td>$W = P \cdot t$
$W = U \cdot I \cdot t$</td><td>W

P
U
I
t</td><td>elektrische Arbeit in Ws
1 kWh = 3 600 000 Ws
elektrische Leistung in W
Spannung in V
Stromstärke in A
Zeit in s</td></tr>
<tr><td>Leistungsmessung
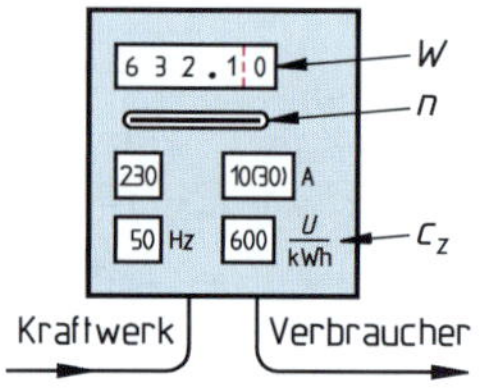
</td><td>$P = \frac{n \cdot 60}{c_z}$
$K = P \cdot k \cdot t$</td><td>P
n

c_z

K
k
t</td><td>Wirkleistung in kW
Umdrehungen der Zählerscheibe in min^{-1}
Zählerkonstante in Umdrehungen/kWh
Arbeitspreis in €
Tarif in €/kWh
Zeit in h</td></tr>
<tr><td>elektrische Leistung
(nur Ohm'sche Widerstände)
Gleich-/Wechselstrom
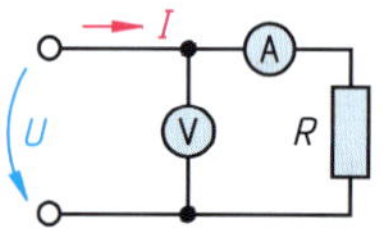
</td><td>$P = U \cdot I$
$P = I^2 \cdot R$
$P = \frac{U^2}{R}$
Öffentliches Netz:
$\sim$: $U = 230$ V   3$\sim$: $U = 400$ V</td><td>P
U
I
R
$\sqrt{3}$</td><td>elektr. Leistung in W
Spannung in V
Stromstärke in A
Widerstand in Ω
Verkettungsfaktor</td></tr>
<tr><td>elektrische Leistung
(mit Spulen = Motoren)
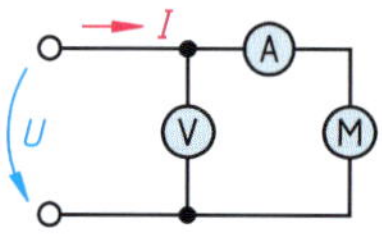
</td><td>$P = U \cdot I \cdot \cos\varphi$
$\cos\varphi = \frac{P}{U \cdot I}$</td><td>$P$
U
I
$\cos\varphi$</td><td>Wirk-Leistung in W
Spannung in V
Stromstärke in A
Leistungsfaktor</td></tr>
<tr><td>elektrische Leistung
bei Dreiphasen-Wechselstrom
in Sternschaltung (Y)
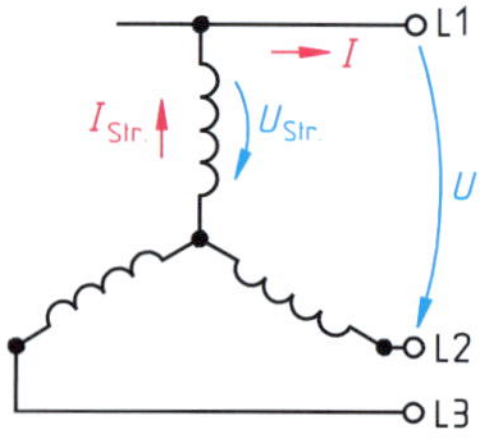

bei Dreiphasen-Wechselstrom
in Dreieckschaltung (△)
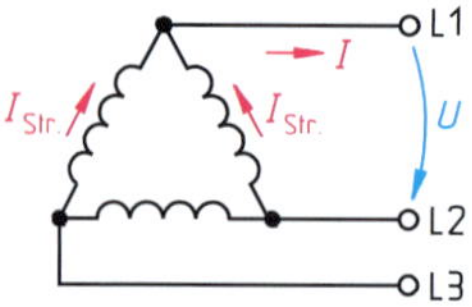
</td><td>$P = \sqrt{3} \cdot U \cdot I \cdot \cos\varphi$

$P = 3 \cdot U_{Str} \cdot I_{Str} \cdot \cos\varphi$</td><td>$P$
U
I
$\cos\varphi$
$\sqrt{3}$
I_{Str}
U_{Str}</td><td>Wirk-Leistung in W
Leiter-Spannung in V
Leiterstrom in A
Leistungsfaktor
Verkettungsfaktor
Strangstrom in A
Strangspannung in V</td></tr>
</table>

Schaltzeichen, graphische Symbole — DIN EN 60617:1997-08

Spannung, Strom

110 V — Gleichstrom allgemein

50 Hz — Wechselstrom mit Angabe der Frequenz: 50 Hz

3 N 50Hz 400V / 3x120mm² +1x50mm² — Dreiphasen-Vierleitersystem mit 3 Außenleitern und 1 Neutralleiter. 400 V. Außenleiter 120 mm², Neutralleiter 50 mm²

Reihenschaltung

Parallelschaltung

Dreieckschaltung

Sternschaltung

Schaltfolge für Drehstrommaschinen: Stern-Dreieck

Leitungen und Schalter

Leitung, allgemein Kabel, Leiter

Neutralleiter (N)
Schutzleiter (PE)
Neutralleiter mit Schutzleiterfunktion (PEN)

oder 3 — Leitung mit Kennzeichnung der Zahl der Leiter, z. B. 3 Leiter

Drei Leiter, ein Neutralleiter, ein Schutzleiter

koaxiale Leitung

Kreuzung von Leitungen ohne Verbindung, zweipolig

leitende Verbindung von Leitern, einpolig

Erdkabel

Freileitung

Leitung nicht angeschlossen

Verbindung beweglich

Abzweigdose

Hausanschlusskasten

Schukosteckdose

3 — Mehrfachsteckdose

Schalter, allgemein

Schalter, zweipolig

Wechselschalter

Serienschalter

Taster mit Leuchte

Leuchterauslass

Buchse mit Steckverbindung

Anschlussstelle für Schutzleiter

Bauelemente, Geräte

Widerstand, allgemein

Widerstand, veränderbar

Wicklung (Spule) allgemein

Maschine, allgemein

M 3~ — Drehstrom-Asynchronmotor

Transformator

allgemein

Spartransformator

allgemein

Gleichrichter

G — Generator, allgemein

M 3~ / G = — Umformer

Kondensator

Akkumulator, Batterie

M = — Elektromotor, Gleichstrom

Anzeige, allgemein

Anzeige, digital

Messinstrument, allgemein, anzeigend

A — Strommesser mit Angabe der Einheit Ampere

Sicherung

Anzeigen

Einstellbarkeit, allg.

Veränderbarkeit, allg.

Drehung

Fehler

Energiefluss

Theoretische Grundlagen
Technische Kommunikation
Werkstoffe
Bauelemente
Fertigungstechnik
Informations- und Steuerungstechnik
Anhang

Schutzmaßnahmen (I) gegen elektrischen Schlag — DIN VDE 0100-410:2007-06

Schutz gegen direktes Berühren	Schutz bei indirektem Berühren	Schutz gegen direktes *und* indirektes Berühren
Prinzip: Maßnahmen verhindern das Berühren spannungsführender Bauteile	Prinzip: Maßnahmen verhindern eine Gefährdung des Menschen trotz Berühren	Prinzip: Die auftretenden Spannungen und Ströme sind so klein, dass sie Menschen nicht gefährden
1. Schutz durch Isolierung aktiver Teile 2. Schutz durch Abdeckungen, etc. 3. Schutz durch Abstand und Absperrungen 4. Schutz durch Fehlerstrom-Schutzeinrichtungen (FI-Schalter)	1. Schutz durch Abschalten 2. Schutz durch Anzeigen und Melden 3. Schutzisolierung 4. Schutz durch nichtleitende Räume 6. Schutz durch örtlichen Potentialausgleich – erdfrei	1. Schutz durch Schutzkleinspannung (beim Schweißen < 42 V) 2. Schutz durch Funktionsspannung 3. Schutz durch Begrenzung der Entladungsenergie

Schutzklassen elektrischer Betriebsmittel DIN EN 60079-18:2005-01

Klasse/Beispiel	Kennzeichen
Schutzklasse I Geräte mit Schutzleiteranschluss, z. B. Elektromotor	
Schutzklasse II Geräte mit Schutzisolierung, z. B. Handleuchte mit Kunststoffgehäuse	
Schutzklasse III Geräte mit Schutz-Kleinspannung, z. B. elektr. Kinderspielzeug	

Handbereich nach DIN VDE 0100-200:1998-06

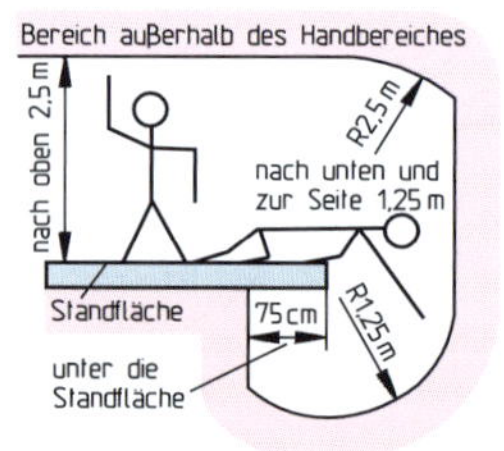

Schutz- und Sicherheitskennzeichen für elektrische Geräte

Zeichen	Benennung	wird erteilt durch	Bedeutung
CE	Communauté Européenne = Europäische Gemeinschaft	– zugelassenes und zertifiziertes Prüflabor	– elektromagnetische Verträglichkeit, – Störfestigkeit – diverse Sicherheitskriterien
	VDE-Zeichen	VDE-Prüfstelle	Bauweise entspricht den VDE-Bestimmungen
	Geprüfte Sicherheit	zertifizierte Prüfstelle, z. B. TÜV, VDE-Prüfstelle	Gerät entspricht den sicherheitstechnischen Anforderungen des Gesetzes für technische Arbeitsmittel (GTA)
	Funkschutzzeichen	VDE-Prüfstelle	Gerät ist funkentstört: G grob N Normal K Kleinstörgrad O Funkstörfrei

Schutzmaßnahmen (II) gegen indirektes Berühren — DIN VDE 0100-410:2007-06

Schutz durch Schutzkleinspannung (SELV)

mit Sicherheitstransformator

Prinzip: keine leitende Verbindung zum Netz, Schutzkleinspannung, Schutzisolierung

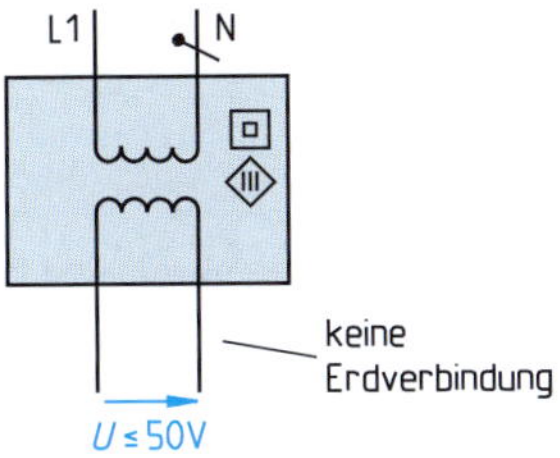

Schutz durch Funktionskleinspannung (PELV)

mit sicherer Trennung

Prinzip: Schutzkleinspannung, Erdung

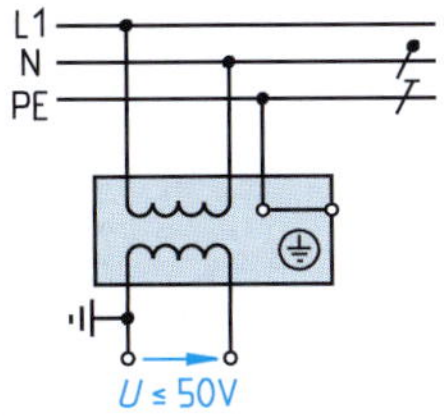

Schutz durch Schutztrennung: ein Gerät angeschlossen

Prinzip: keine leitende Verbindung zum Netz, erdfrei

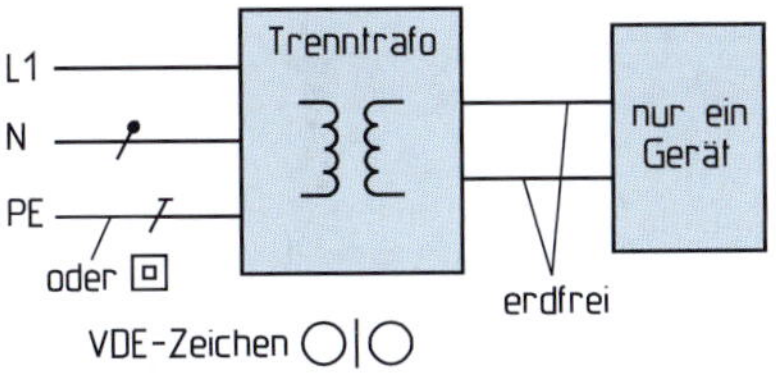

Schutz durch Schutztrennung: mehrere Geräte angeschlossen

Prinzip: keine leitende Verbindung zum Netz, erdfrei, Potentialausgleich

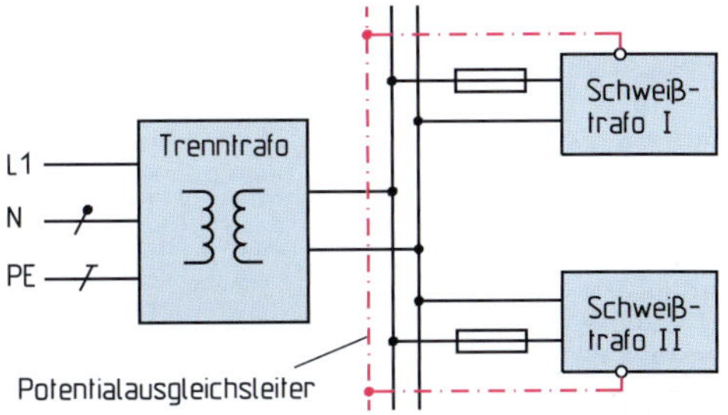

Schutz durch nichtleitende Räume

Prinzip: nichtleitender Raum
Widerstand von Fußboden und Wänden mind.

50 kΩ bei Nennspannungen bis 500 V oder 750 V

100 kΩ bei Nennspannungen über 500 V oder 750 V

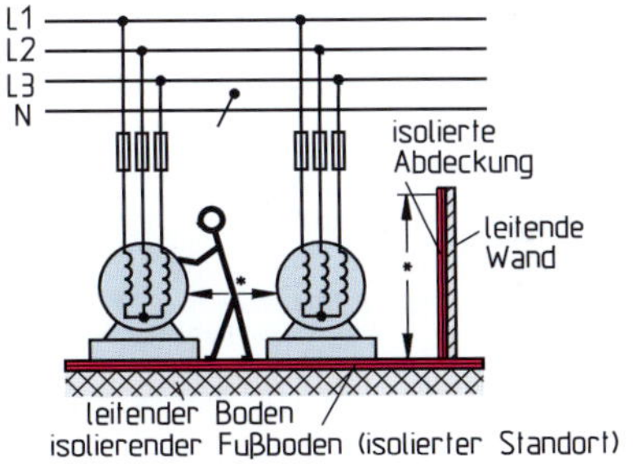

Schutz durch erdfreien örtlichen Potentialausgleich

Prinzip: Potentialausgleich verhindert Berührungsspannungen

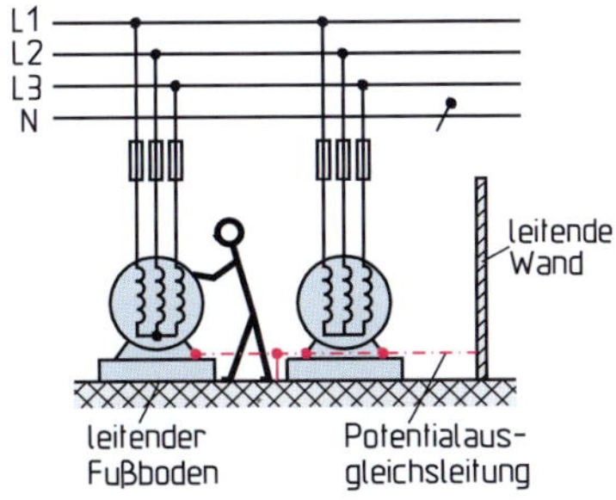

Technische Kommunikation

Grundlagen

Gerade

Gerade *g* ist eine unbegrenzte Linie ohne Richtungsänderung.

Strecke

Strecke $\overline{AB}$ ist die kürzeste Verbindung der Punkte A und B.

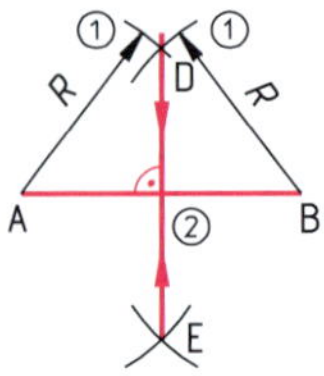

oder

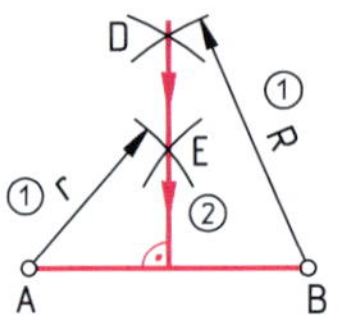

Halbieren einer Strecke $\overline{AB}$ und Errichten ihrer Mittelsenkrechten

① Kreisbögen um A und B mit beliebigen Radius *R* ergeben Schnittpunkte D und E.
② Die Verbindung der Punkte D mit E teilt die Strecke in gleiche Teile und steht senkrecht auf der Strecke $\overline{AB}$
oder
① Kreisbögen um A und B mit den Radien *R* und *r* ergeben Schnittpunkte D und E.
② Verlängerung der Strecke $\overline{DE}$ teilt die Strecke in gleiche Teile und steht senkrecht auf der Strecke $\overline{AB}$.

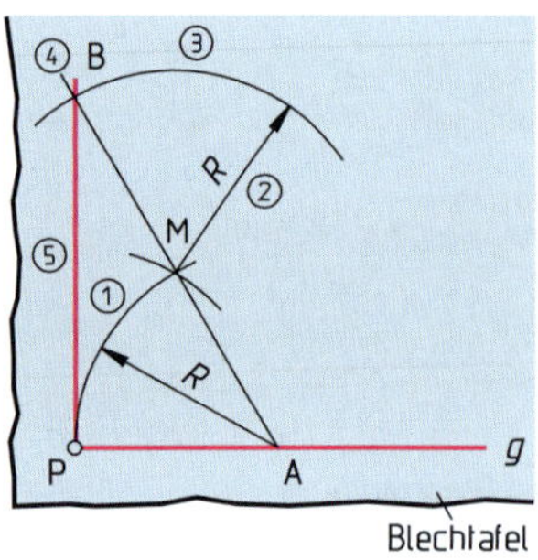

Errichten einer Senkrechten im Endpunkt P einer Geraden *g*

Weg 1

① Kreisbogen um P mit beliebigem Radius *R* ergibt Schnittpunkt A auf *g*.
② Kreisbogen um A mit Radius *R* ergibt Schnittpunkt M.
③ Kreisbogen um M mit Radius *R*.
④ Strahl von A durch M ergibt Schnittpunkt B.
⑤ Strahl von P durch B ergibt Senkrechte auf *g* im Punkt P.

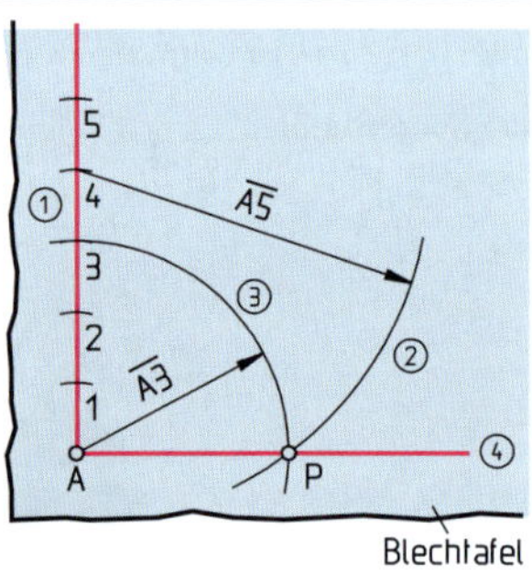

Weg 2

① Abtragen von 5 gleichen Teilen auf dem Strahl vom Punkt A und bezeichnen der Punkte 1–5
② Im Punkt 4 Kreisbogen mit dem Radius A5.
③ Kreisbogen um A mit Radius A3.
④ Die Verbindungslinie A mit dem Schnittpunkt P ist die gesuchte Senkrechte (Prinzip „Goldener Schnitt"; dieser beruht auf dem Lehrsatz des Pythagoras).

Grundlagen (Fortsetzung)

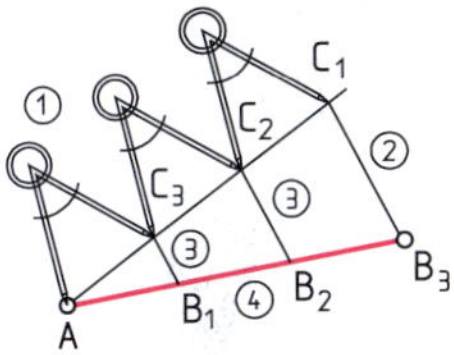

$n = 43$

Teilen der Strecke $\overline{AB}$ in *n* ($n = 3$) gleiche Teile

① Auf dem Hilfsstrahl von A (Winkel α beliebig) *n* gleich große Strecken mit dem Zirkel abtragen. Teilpunkte $C_1 - C_3$ benennen.
② Verbinden von Punkt B mit dem letzten Teilungspunkt C_n.
③ Strecke $\overline{BC}$ parallel verschieben durch die Teilungspunkte C_1, C_2, C_3 ergibt die Schnittpunkte B_3, B_2, B_1.
④ Die Schnittpunkte B_1, B_2, B_3 teilen die Strecke $\overline{AB}$ in *n* gleiche Teile.

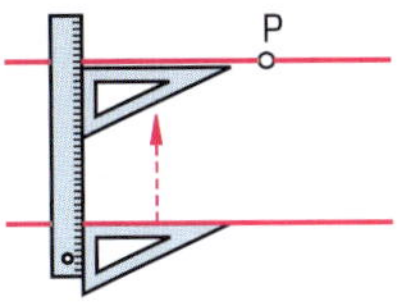

Parallele zu einer Geraden *g* durch einen Punkt P konstruieren

① Parallelverschieben mit Zeichendreiecken.

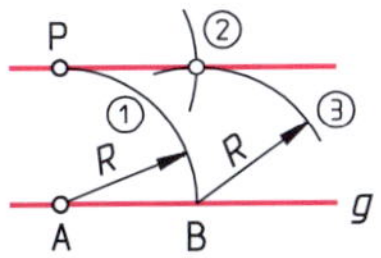

② Parallele konstruieren mit dem Zirkel
  ① Kreisbogen um beliebig gewählten Punkt A mit dem Radius *R* schneidet Gerade *g* in Punkt B.
  ② Kreisbogen um Punkt P mit Radius *R*.
  ③ Kreisbogen um Punkt B mit Radius *R* schneidet Radius um Punkt P in Punkt C.
  Die Verbindung $\overline{PC}$ ist parallel zu *g*.

Winkel

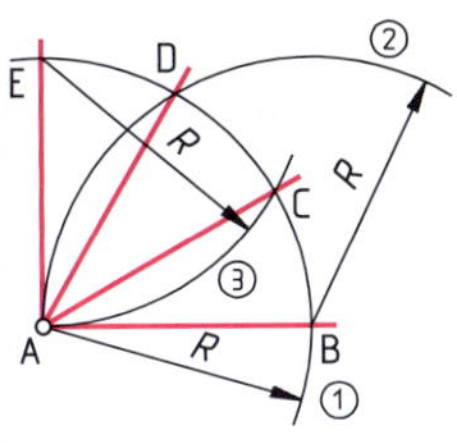

Rechten Winkel in drei gleiche Teile teilen

① Kreisbogen um Punkt A mit beliebigem Radius schneidet die Schenkel in den Punkten B und E.
② Kreisbogen um Punkt B schneidet den Kreisbogen um Punkt A im Punkt D.
③ Kreisbogen um Punkt E schneidet den Kreisbogen um Punkt A in Punkt C.
④ Die Verbindungslinien $\overline{AC}$ und $\overline{AD}$ teilen den rechten Winkel in drei gleiche Teile.

Hinweis:
Das Verfahren ist **nur** für rechte Winkel geeignet.

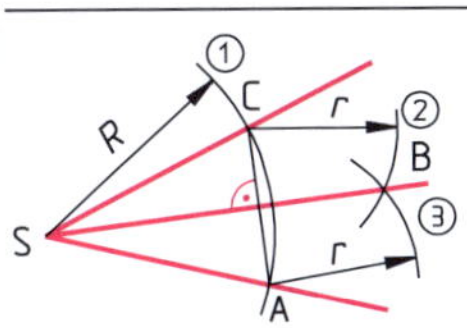

Halbieren eines Winkels

① Kreisbogen um Punkt S mit Radius *R* schneidet die Schenkel des Winkels in den Punkten A und C.
② Kreisbögen um Punkte A und C mit dem Radius *r* schneiden sich in Punkt B.
③ Die Verbindungslinie $\overline{SB}$ ist die Winkelhalbierende und Mittelsenkrechte auf $\overline{AC}$.

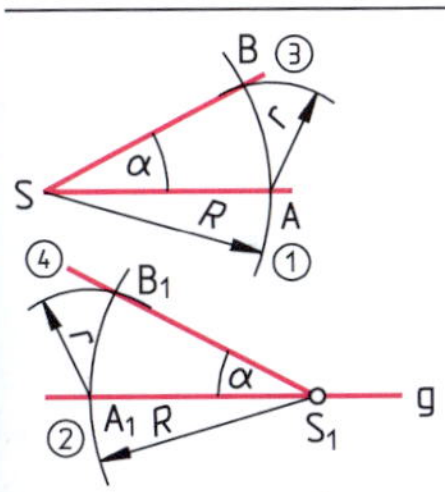

Winkel α an Gerade *g* übertragen

① Kreisbogen um Punkt S mit Radius *R* schneidet die Schenkel des Winkels in den Punkten A und B.
② Kreisbogen um Punkt S_1 mit Radius *R* ergibt Punkt A_1.
③ Die Sehne $\overline{AB}$ ergibt den Radius *r*.
④ Kreisbogen um Punkt A_1 mit Radius *r* schneidet Kreisbogen mit Radius *R* in Punkt B_1. Die Verbindungslinie $\overline{B_1S_1}$ ergibt den zu übertragenden Winkel α.

Kreise

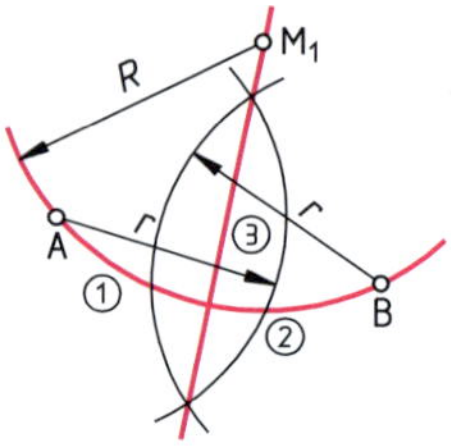

Kreisbogen durch die Punkte A und B zeichnen

① ② ③ Konstruktion der Mittelsenkrechten auf $\overline{AB}$ → siehe Beschreibung Seite K 2.
Alle Punkte auf der Mittelsenkrechten sind Mittelpunkte für Kreise durch die Punkte A und B.

Konstruktion eines flachen Kreisbogens ohne Mittelpunkt auf der Blechfläche (Beispiel: Abwicklung eines Kegelstumpfes mit großem ∅ 100 mm, kleinem ∅ 80 mm, Höhe 90 mm und Blechdicke 1 mm)

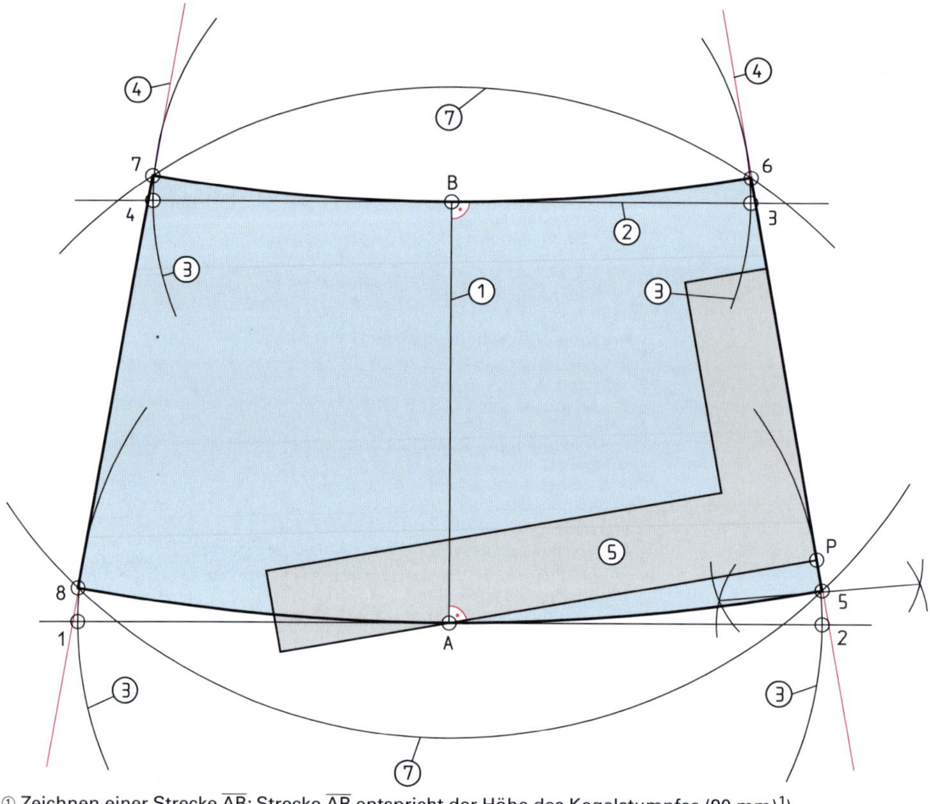

① Zeichnen einer Strecke $\overline{AB}$; Strecke $\overline{AB}$ entspricht der Höhe des Kegelstumpfes (90 mm)[1]).
② Errichten von Senkrechten in den Punkten A und B (siehe Beschreibung 3.1 Seite K 2).
③ Zeichnen von Kreisbögen mit $R_1 = 158{,}5$ mm und $R_2 = 127$ mm ($R = (d + \text{Blechdicke}) \cdot \pi/2$) um A und B ergeben die Punkte 1–4.
④ Tangenten mit Lineal zeichnen.
⑤ 90°-Winkel so an die Tangente anlegen, dass ein Schenkel A schneidet; ergibt den Punkt P.
⑥ Halbieren der Strecke $\overline{2P}$ (siehe Beschreibung 3, Seite K 2) ergibt Punkt 5.
⑦ Kreisbögen um A und B mit dem Radius $\overline{B5}$ schneiden die Tangenten in den Schnittpunkten 5–8.
⑧ Die Punkte 5, A, 8 bzw. 7, B, 6 mit Schablonen oder biegsamen Lineal verbinden.

[1]) Meist kann auf die wahre Länge verzichtet werden, da er in das gesamte System einbezogen wird. Wird die wahre Länge benötigt, so kann diese nach dem Lehrsatz des Pythagoras berechnet oder aus dem Aufriss abgegriffen werden.

Kreise (Fortsetzung)

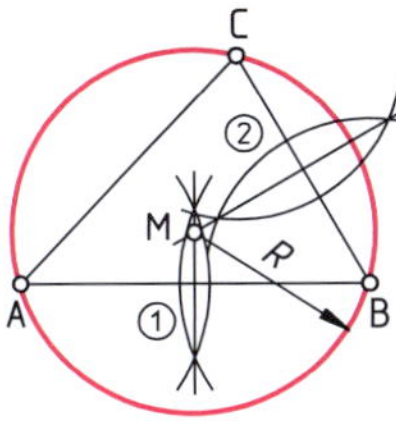

Umkreis eines Dreiecks konstruieren

① + ② Mittelsenkrechten auf den Strecken $\overline{AB}$ und $\overline{BC}$ errichten → siehe Beschreibung 3 Seite K2.
Die Mittelsenkrechten schneiden sich im Punkt M; M ist der Mittelpunkt des Umkreises.

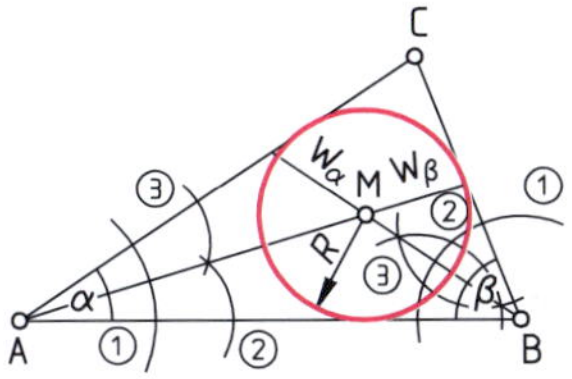

Inkreis eines Dreiecks konstruieren

① + ② + ③ Winkelhalbierende W_α und W_β konstruieren → siehe Beschreibung 8 Seite K3.
Die Winkelhalbierenden W_α und W_β schneiden sich im Mittelpunkt M des Inkreises.

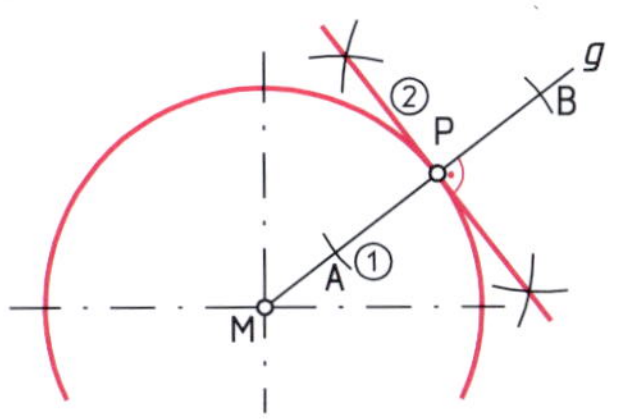

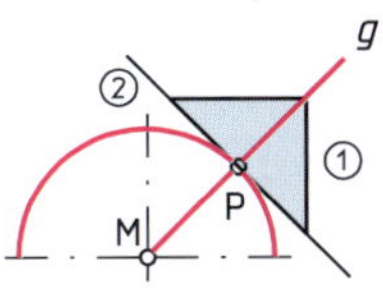

Konstruktion der Senkrechten von *g* im Punkt P (Tangente im Punkt P an Kreis konstruieren)

① Auf der Verlängerung der Strecke MP erzeugt Kreisbogen um Punkt P die Punkte A und B.
② Mittelsenkrechte auf der Strecke AB errichten → siehe Beschreibung 3 Seite K2.
Die Mittelsenkrechte ist die Tangente im Punkt P am Kreis.

oder

① Geodreieck im Punkt P auf *g* anlegen.
② Zeichnen der Senkrechten.

Kreisanschlüsse

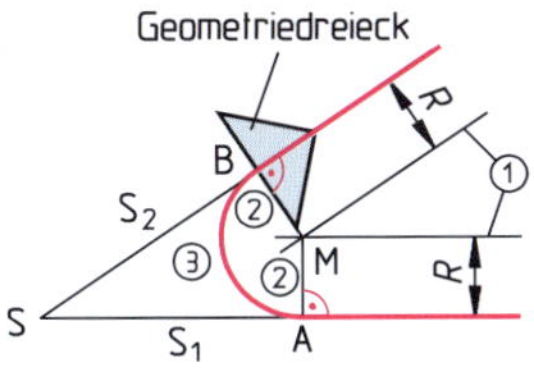

Kreisanschluss mit Radius *R* im Winkel konstruieren – Ecke abrunden

① Parallelen im Abstand *R* zu den Schenkeln S_1 und S_2 schneiden sich im Punkt M → siehe Beschreibung 5 und 6 Seite K3.
② Senkrechte auf S_1 und S_2 durch Punkt M ergeben die Punkte A und B → Geometriedreieck.
③ Kreisbogen um M mit dem Radius $\overline{MA}$ zeichnen.

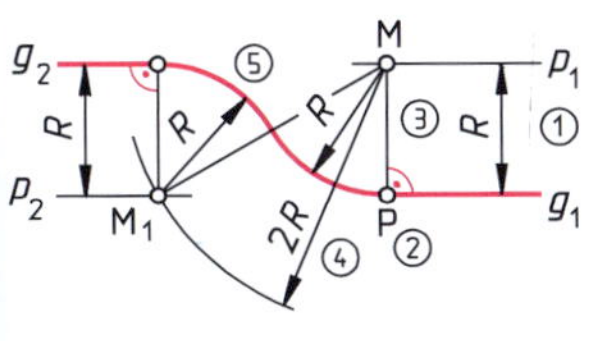

Kreisbogenübergang mit dem Radius *R* zwischen zwei Parallelen konstruieren

① Erzeugen der Parallelen p_1 und p_2 im Abstand *R* → siehe Beschreibung 5 und 6 Seite K3.
② Festlegen des Punktes P.
③ Senkrechte im Punkt P schneidet die Parallele p_1 im Punkt M.
④ Kreisbogen um M mit Radius 2*R* schneidet Parallele p_2 in M_1.
⑤ Kreisbögen um die Punkte M und M_1 mit dem Radius *R* verbinden die Geraden g_1 und g_2. Sie schneiden sich auf der Strecke $\overline{MM_1}$.

Kreisanschlüsse (Fortsetzung)

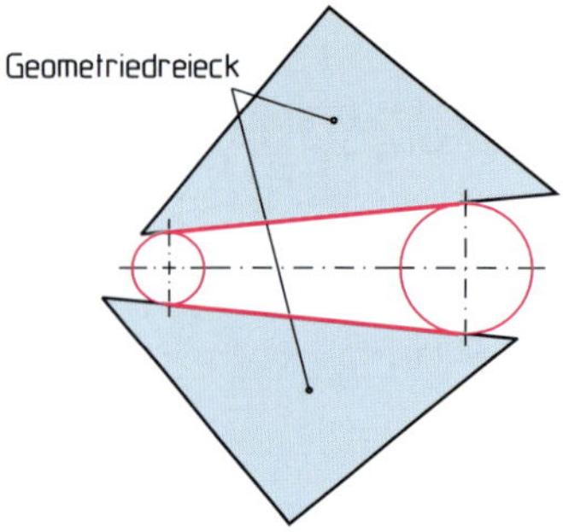

Zwei Kreise mit äußeren Tangenten verbinden
(Näherungskonstruktion)

Anlegen eines Geometriedreiecks an die Kreise von oben und unten.

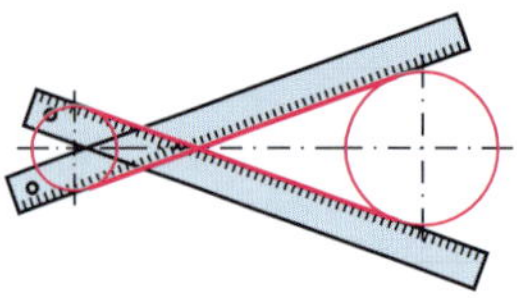

Zwei Kreise mit inneren Tangenten verbinden
(Näherungskonstruktion)

Lineal am großen Kreis von außen und am inneren Kreis von innen anlegen).

Regelmäßige Teilungen

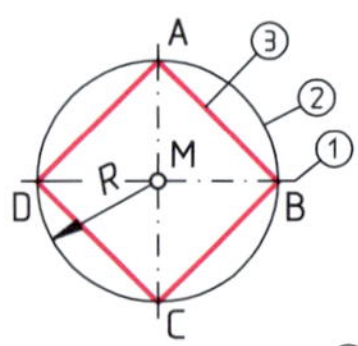

Quadrat konstruieren

① Achsenkreuz zeichnen.
② Kreis um M mit Radius *R* zeichnen.
③ Schnittpunkte A–D verbinden.

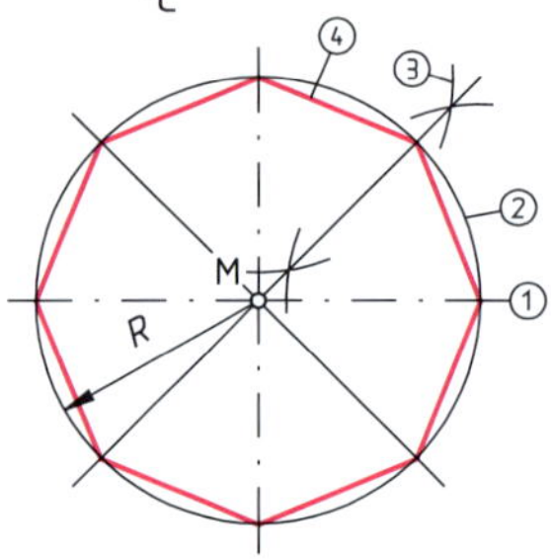

Achteck konstruieren

① Achsenkreuz zeichnen.
② Kreis um M mit Radius *R* zeichnen.
③ Winkelhalbierende konstruieren
→ siehe Beschreibung 8 Seite K 3.
④ Ecken verbinden.

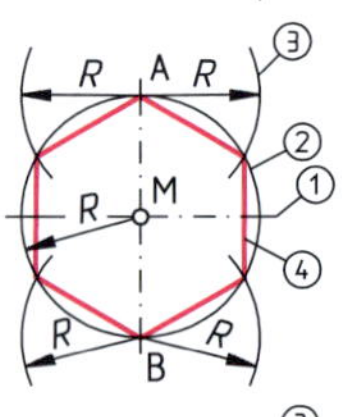

Sechseck konstruieren

① Achsenkreuz zeichnen.
② Kreis um M mit Radius *R* zeichnen.
③ Kreisbögen mit Radius *R* um Punkte A und B zeichnen.
④ Ecken verbinden.

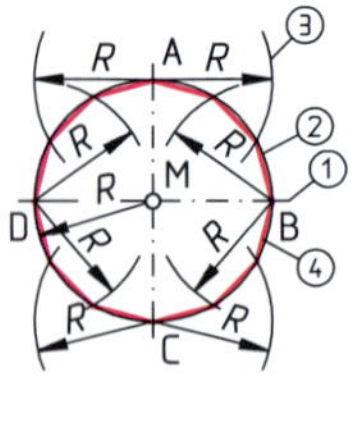

12-Eck konstruieren

① Achsenkreuz zeichnen.
② Kreis um M mit Radius *R* zeichnen.
③ Kreisbögen mit Radius *R* um Punkte A, B, C, D zeichnen.
④ Ecken verbinden.

Hinweis:
Für Abwicklungen Konstruktionen für 6- oder 12-Eck verwenden.

Beachte:
Formel Seite G 17

Pläne — DIN 199-1 : 2002-03

Pläne

- **Technische Zeichnungen**
  - Zusammenbauzeichnungen → Erläutern den Zusammenbau von Systemen
  - Einzelteilzeichnungen → Zeichnung eines Bauteils mit kompletter Bemaßung
  - Gruppenzeichnungen → Darstellung aller zusammengebauten Einzelteile
  - Fertigungszeichnungen → Darstellung von Einzelteilen mit Festlegung der Fertigungsbedingungen
  - Sammelzeichnungen → Zeichnung mehrerer gleicher Teile mit Größenangabe, Ausführungsvorgaben und Identifizierungsnummer
  - Explosionszeichnungen → Räumliche Anordnung von Bauteilen
- **Skizze** → Freihand erstellte Zeichnung als Entwurf oder Werkstückaufnahme vor Ort
- **Rohrleitungsplan** → Meist räumlich dargestellte Rohrleitungsverläufe
- **Bauzeichnungen**
  - Vorentwurfzeichnungen → Meist freihand erstellte Zeichnungen zur ersten zeichnerischen Umsetzung von Ideen
  - Entwurfszeichnung → Maßstäblich oder freihand erstellte Zeichnungen
  - Zeichnungen für Bauvorlagen → Maßstäbliche Zeichnungen (1:100) für Baugenehmigungen
  - Ausführungszeichnungen → Maßstäbliche Zeichnung (1:50) für die Fertigung von Gebäuden
  - Lagepläne → Maßstäbliche Zeichnung (1:500), die die Lage in öffentlichen Verkehrsflächen darstellt
  - Bauaufnahmen → Bestandsaufnahmen in unterschiedlichen Maßstäben
  - Teilzeichnungen → Maßstäblich Darstellung (1:20 bis 1:1) von speziellen Ausschnitten eines Baukörpers
  - Sonderzeichnungen → Maßstäbliche oder unmaßstäbliche Zeichnungen für Installation von Heizungen, Sanitäreinrichtungen, elektrischer Versorgung und Fliesenordnung
  - Aufmaßzeichnungen → Maßstäbliche oder unmaßstäbliche Zeichnung zur Erstellung einer Abrechnung

Diagramme — DIN 461 : 1973-03

Ebenes kartesiches Koordinatensystem

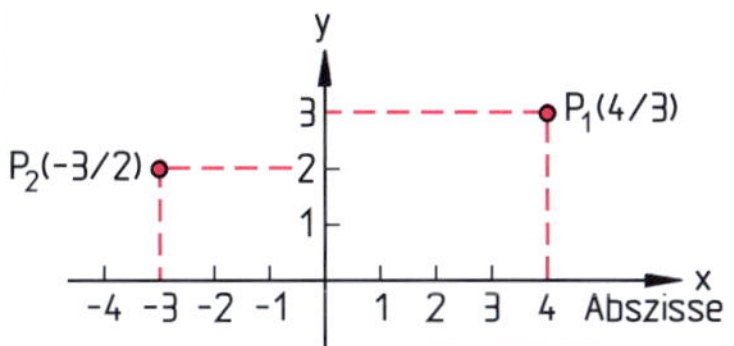

	P_1	P_2
x	4	-3
y	3	2

① Wertetabelle für Punkt P erstellen.
② Zeichnen eines rechtwinkligen Koordinatensystems.
Waagerechte Achse → Abszissenachse → x-Achse.
Senkrechte Achse → Ordinatenachse → y-Achse.
③ Abtragen von 4 Einheiten auf der Abszissenachse für P_1.
④ Abtragen von 3 Einheiten auf der Ordinatenachse für Punkt P.
⑤ Konstruktion und Bezeichnen des Punktes P_1 → beachte Kapitel Bemaßung.

Polarkoordinaten

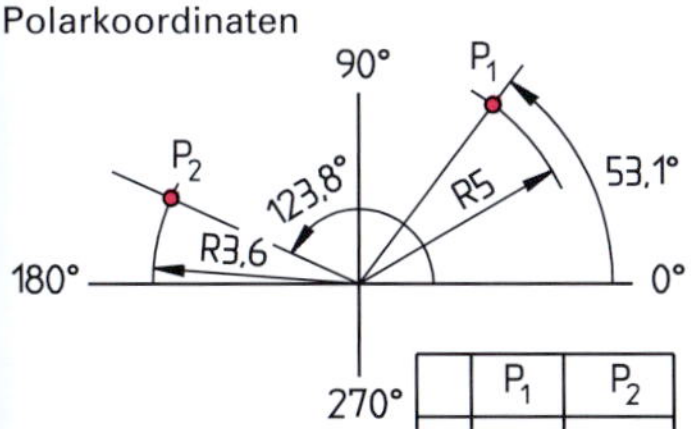

	P_1	P_2
R	5	3,6
α	53,1°	123,8°

① Wertetabelle für Punkt P_1 und P_2 erstellen.
② Zeichnen eines rechtwinkligen Koordinatensystems. Bezeichnen der Achsen gegen den Uhrzeigersinn.
Konstruktion von Punkt P_1.
③ Kreisbogen um den Nullpunkt mit dem Radius $R = 5$ mm zeichnen.
④ Zeichnen eines Strahls im Winkel von 53,1° gegen den Uhrzeigersinn.
⑤ Schnittpunkt mit P_1 bezeichnen.

Diagramme (Fortsetzung) — DIN 461 : 1973-03

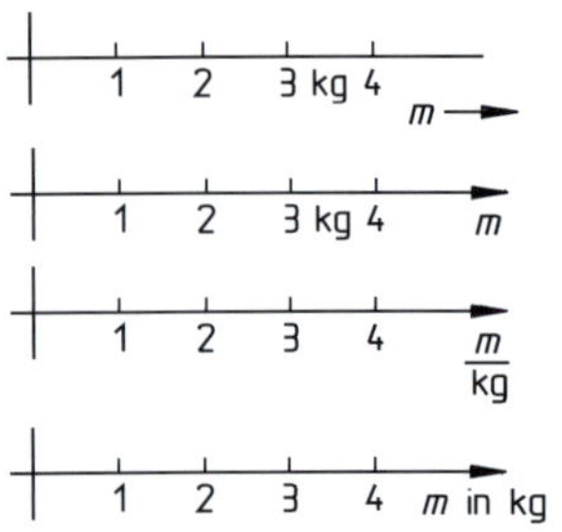

Weitere Eintragungsmöglichkeiten von Pfeilspitzen, Einheiten und Formelzeichen, z. B. Masse *m* in kg.

Nomogramm

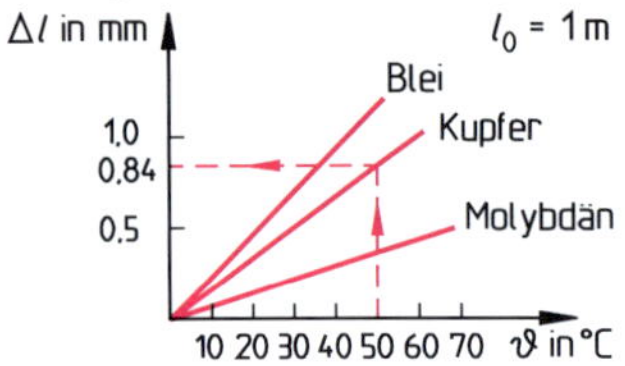

Mit den Nomogrammen können Werte graphisch bestimmt werden, z. B. die Längenänderung Δl eines Kupferstabes von $l_0 = 1$ m bei einer Temperatursteigerung von $\Delta\vartheta = 50\ °C$.

① Bestimmen von $\Delta\vartheta = 50\ °C$ auf der Abszisse.
② Projizieren auf den Graphen von Kupfer.
③ Projizieren des Schnittpunktes auf die Ordinatenachse.
④ Ablesen der Längenänderung $\Delta l = 0{,}84$ mm.

Funktionsgraphen

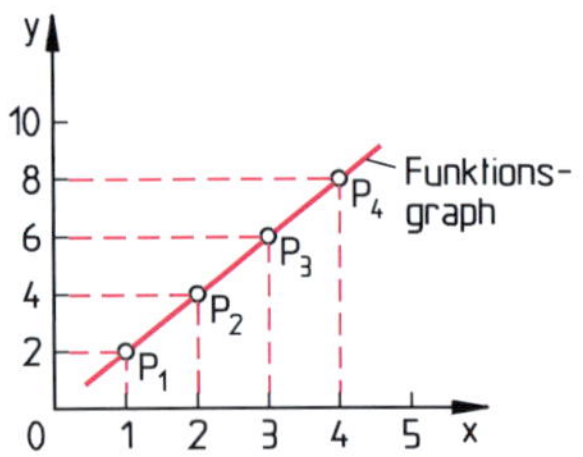

① Erstellen einer Wertetabelle.
② Zeichnen eines Achsenkreuzes, bezeichnen der Achsen mit x und y, einteilen der Achsen.
③ Eintragen der Punkte der Wertetabelle.
④ Verbinden der Punkte.

	x	y
P_1	1	2
P_2	2	4
P_3	3	6
P_4	4	8

Das Hartlot B-Ag67ZnCuCd635-720 (früher L-Ag67Cd) setzt sich aus den Legierungsbestandteilen Silber (67 %), Kupfer (11 %), Cadmium (10 %) und Zinn (12 %) zusammen. Diagramme stellen die Zusammensetzung des Lotes anschaulich dar. Eine Auswahl häufig verwendeter Diagrammarten sind nachfolgend dargestellt.

Liniendiagramm
Zusammensetzung von B-Ag67ZnCuCd635-720 (früher L-Ag67Cd)

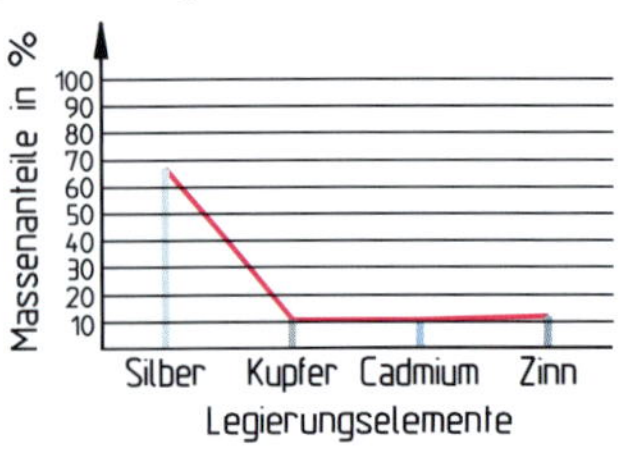

Kreisdiagramm

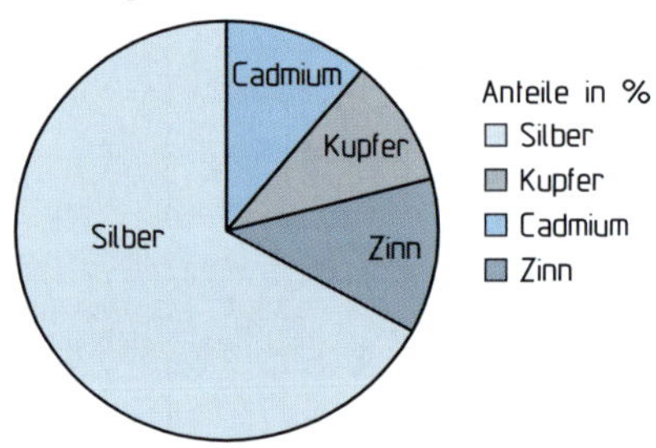

Diagramme (Fortsetzung) — DIN 461 : 1973-03

Flächendiagramme

Säulendiagramm

Zusammensetzung von B-Ag67ZnCuCd635-720 (früher L-Ag67Cd)

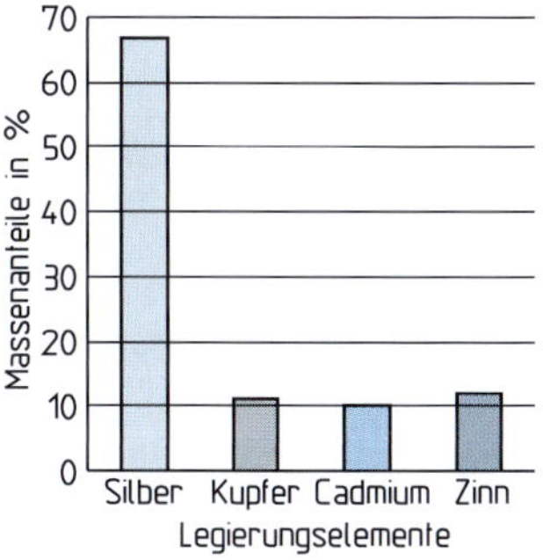

flächige Darstellung

Zusammensetzung von B-Ag67ZnCuCd635-720

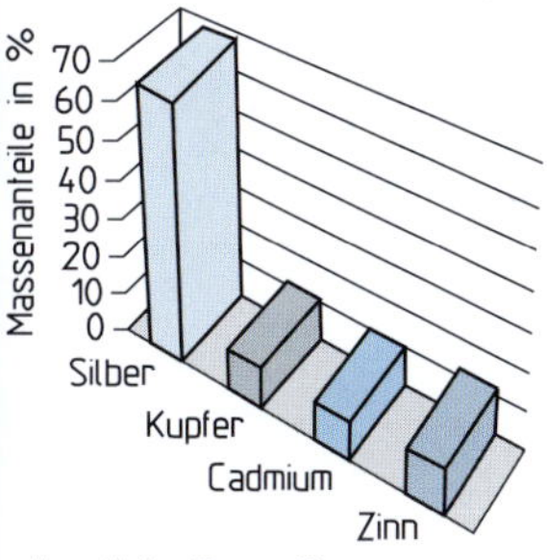

räumliche Darstellung

Zusammensetzung von B-Ag67ZnCuCd635-720

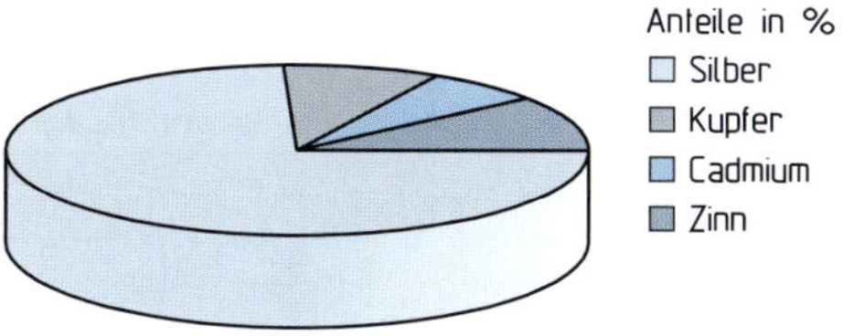

räumliche Darstellung

Sankey-Diagramm

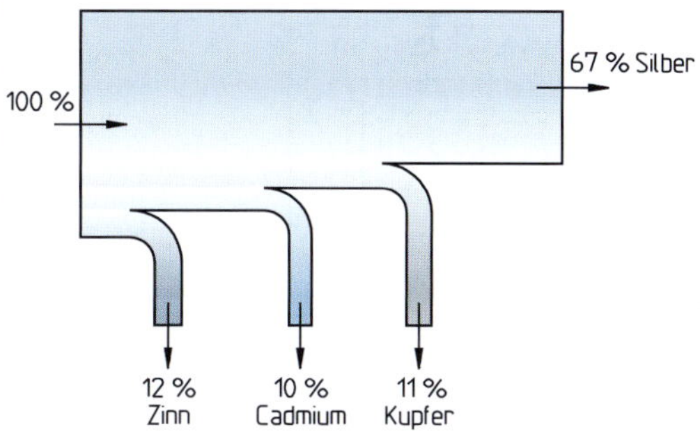

Normschrift — DIN EN ISO 3098-0 : 1998-04

In der Regel wird zur Beschriftung technischer Zeichnungen die Schriftform B, vertikal eingesetzt.

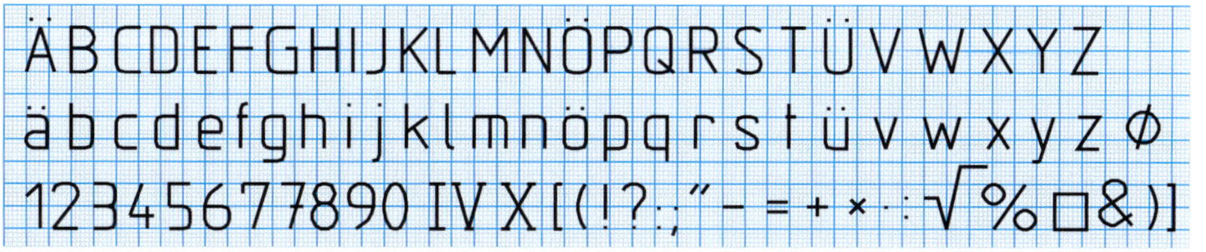

Die Höhe der Großbuchstaben orientiert sich an den vorgeschriebenen Schrifthöhen.

* Bei Texten mit Groß- und Kleinbuchstaben sollte die Mindestschrifthöhe $h = 3{,}5$ mm betragen.

Schrifthöhe $h = 10 \cdot$ Linienbreite

Schrifthöhe h in mm	2,5	3,5	5	7	10	14	20

Maßstäbe — DIN ISO 5455 : 1979-12

Verkleinerung	Natürliche Größe	Vergrößerung	
1:2 1:5 1:10 1:20 1:50 1:100	1:1	2:1 5:1 10:1 20:1 50:1 100:1	Gewählten Maßstab in das Schriftfeld eintragen. Abweichende Maßstäbe direkt in der Zeichnung an Positionsnummern oder Teilzeichnungen angeben.

Schablonen im Maßstab 1:1 werden als Naturgrößen bezeichnet.

Papierformate — DIN EN ISO 5457 : 1999-07

Ausgangsfläche $A_0 = 1\ m^2$
Seitenverhältnis $1 : \sqrt{2}$
Alle kleineren Formate ergeben sich durch Falten.

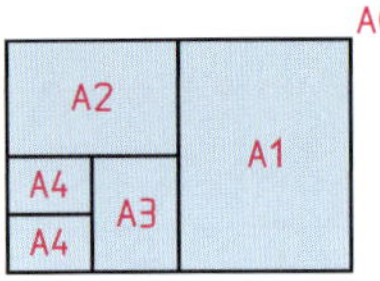

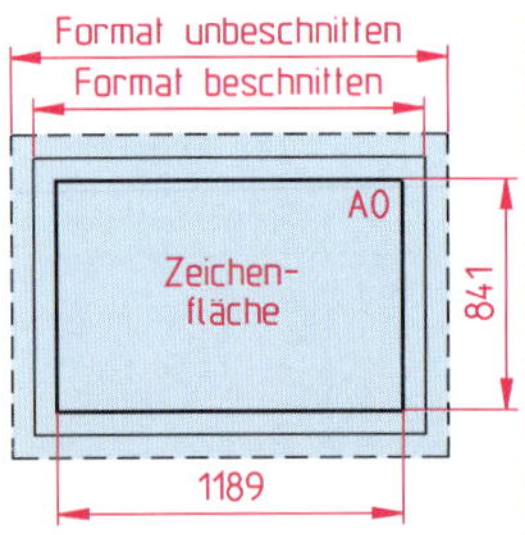

Kurzzeichen	Maße unbeschnitten	Maße beschnitten	Maße Zeichenfläche
A0	880 × 1230	841 × 1189	831 × 1179
A1	625 × 880	5940 × 841	584 × 831
A2	450 × 625	420 × 594	410 × 584
A3	330 × 450	297 × 420	287 × 410
A4	240 × 330	210 × 297	200 × 287

Zur Archivierung im Format A4 werden größere Formate nach DIN 824 gefaltet

A2
420 × 594

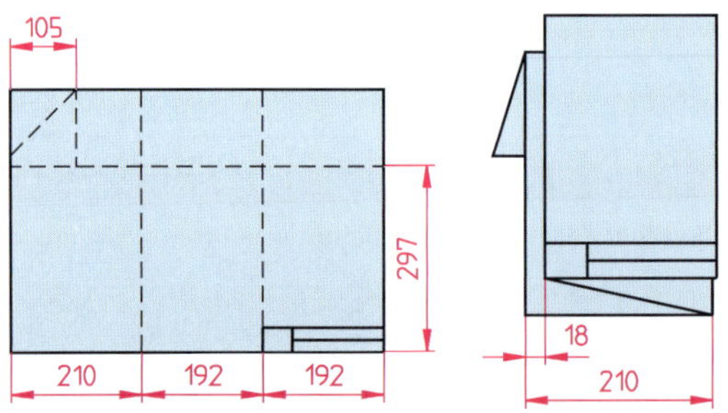

A3
297 × 420

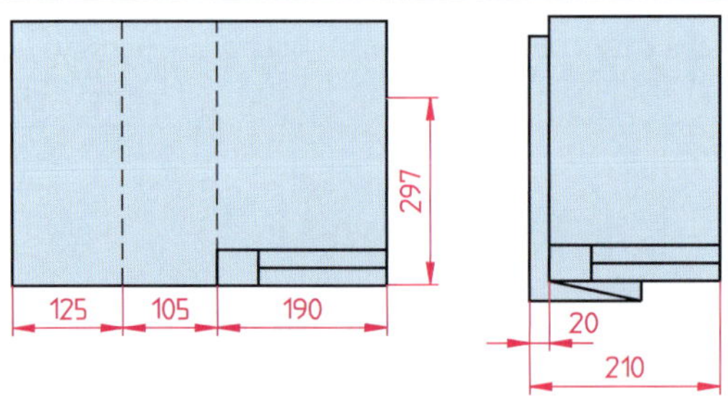

Schraffuren — DIN ISO 128-50 : 2002-05

Schraffuren zur Kennzeichnung von Werkstoffen

Schnittflächen werden ohne Rücksicht auf den Werkstoff schraffiert. Sehr dünne Querschnitte werden voll geschwärzt. Lichtkante zwischen geschwärzten Querschnitten zweier Profile belassen.

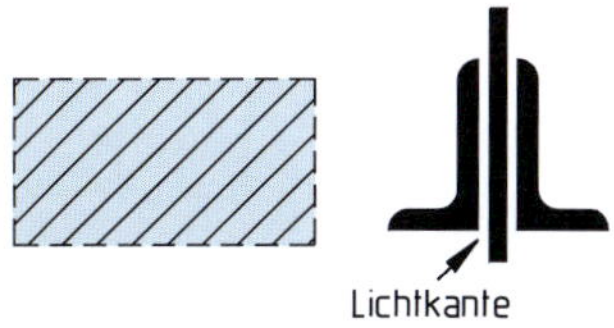

Diese Darstellung ist anzuwenden, wenn in einer Baueinheit verschiedene Werkstoffarten kombiniert werden.

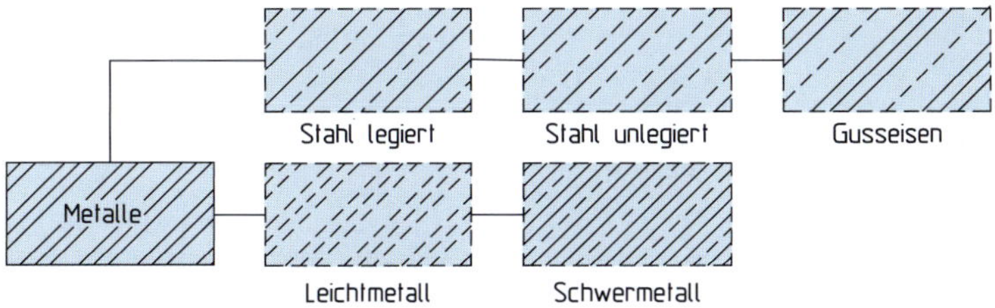

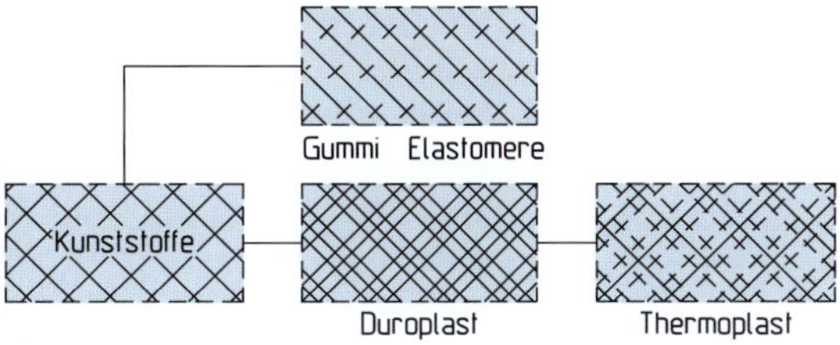

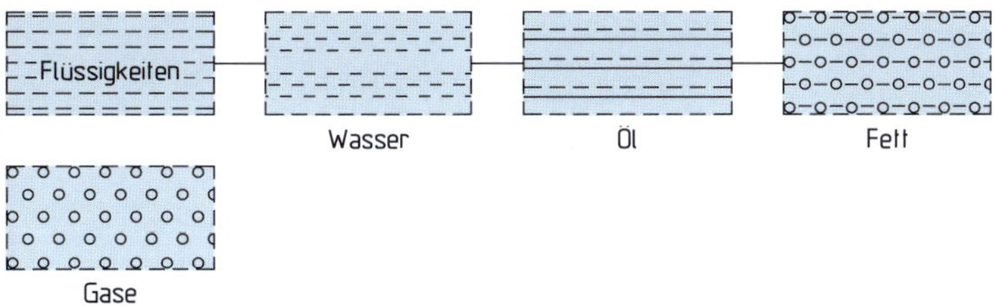

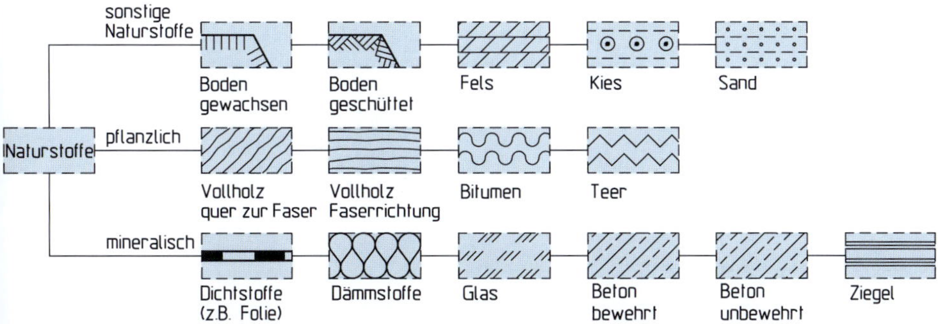

Schraffuren (Fortsetzung) — DIN ISO 128-50 : 2002-05

Auswahl von Schraffuren für Stoffe in Bauzeichnungen (Beispiel)

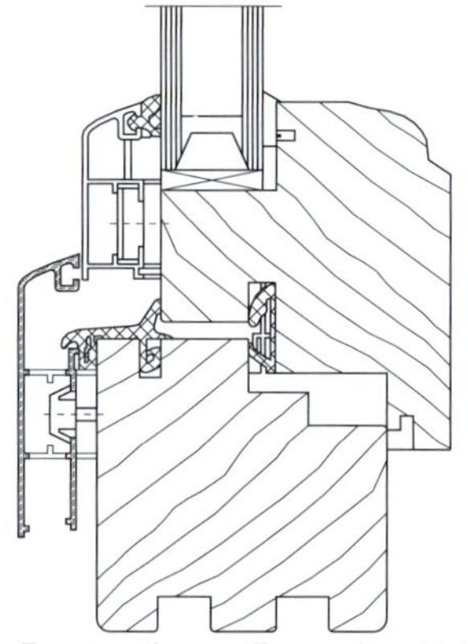

Das Bild zeigt einen Schnitt durch einen Fensterrahmen. Es werden die Werkstoffe Holz, Aluminium und Kunststoff für die Dichtung verwendet. Die Werkstoffe werden durch unterschiedliche Schraffuren gekennzeichnet.

Schriftfeld — DIN EN ISO 7200 : 2004-05

Datenfelder in Schriftfeldern und Dokumentenstammdaten

Die Position von Schriftfeldern in technischen Zeichnungen legt ISO 5457 fest. Für Textdokumente liegen keine ISO-Vorgaben vor.

Die Schriftfeldgesamtbreite von 180 mm passt auf eine A4-Seite und soll in gleicher Form für alle anderen Papiergrößen verwendet werden.

Beispiel für die Ausgestaltung von Schriftfeldern

Kompaktform

Verantwortliche Abt. ABC 2	Technische Referenz	Dokumentenart Teil-Zusammenbauzeichnung		Dokumentenstatus freigegeben		
Gesetzlicher Eigentümer	Erstellt durch: H. W. Wagenleiter	Titel, zusätzlicher Titel Grundplatte Komplett mit Haltern	3195-K12			
	Genehmigt von: J. Moos		Änd. A	Ausgabedatum 2005-07-31	Spr. de	Blatt 1/5

180

Erweiterte Form

Verantwortl. Abt. ABC 2	Technische Referenz	Erstellt durch: H. W. Wagenleiter	Genehmigt von J. Moos			
Gesetzlicher Eigentümer		Dokumentenart Teil-Zusammenbauzeichnung	Dokumentenstatus freigegeben			
		Titel, zusätzlicher Titel Grundplatte Komplett mit Haltern	3195-K12			
			Änd. A	Ausgabedatum 2005-07-31	Spr. de	Blatt 1/5

180

Stückliste (beispielhaft)

10,16	12,7	10,16	48,26	66,04	35,54
1	2	3	4	5	6
Pos.	Menge	Einheit	Benennung	Sachnummer / Norm - Kurzbezeichnung	Bemerkung

Zeilenhöhen: 4,23; 8,46; 8,46

Linienarten — DIN EN ISO 128-20:2002-12, DIN ISO 128-24:1999-12

Linie Benennung Darstellung	Linienbreiten für Liniengruppe 0,35	0,5	0,7	Anwendung
Volllinie breit	0,35	0,5	0,7	Sichtbare Kanten Sichtbare Umrisse Gewindespitzen Grenze der nutzbaren Gewindelänge Hauptdarstellungen in Diagrammen, Karten, Fließbildern Systemlinien in Metallbau-Konstruktionen Formteilungslinien in Ansichten
Volllinie schmal	0,18	0,25	0,35	Lichtkanten bei Durchdringungen Maßlinien Maßhilfslinien Hinweis- und Bezugslinien Schraffuren Umrisse eingeklappter Schnitte Kurze Mittellinien Gewindegrund Maßlinienbegrenzung Diagonalkreuze zur Kennzeichnung ebener Flächen Biegelinien an Roh- und bearbeiteten Teilen Umrahmungen von Einzelheiten Kennzeichnung sich wiederholender Einzelheiten Zuordnungslinien an konischen Formelementen Lagerichtung von Schichtungen Projektionslinien Rasterlinien
Freihandlinie schmal	0,18	0,25	0,35	Von Hand dargestellte Begrenzung von Teil- oder unterbrochenen Ansichten und Schnitten. Symmetrie- oder Mittellinien sind vorrangig zu zeichnen.
Zickzacklinie schmal	0,18	0,25	0,35	Mit Zeichenautomaten dargestellte Begrenzung von Teil- oder unterbrochenen Ansichten und Schnitten. Symmetrie- oder Mittellinien sind vorrangig zu zeichnen.
Strichlinie schmal	0,18	0,25	0,35	Unsichtbare Kanten Unsichtbare Umrisse
Strichlinie breit	0,35	0,5	0,7	Kennzeichnung zulässiger Oberflächenbehandlung
Strich-Punktlinie schmal	0,18	0,25	0,35	Mittellinien Symmetrielinien Teilkreise von Verzahnungen Teilkreise für Löcher
Strich-Punktlinie breit	0,35	0,5	0,7	Kennzeichnung begrenzter Bereiche, z. B. Wärmebehandlung Kennzeichnung von Schnittebenen Formteilungslinien in Schnitten
Strich-Zweipunktlinie schmal	0,18	0,25	0,35	Umrisse benachbarter Teile Endstellungen beweglicher Teile Schwerpunktlinien Umrisse vor der Formgebung Teile vor der Schnittebene Umrisse alternativer Ausführungen Umrisse von Fertigteilen in Rohteilen Umrahmung besonderer Bereiche oder Felder Projizierte Toleranzzone

Linienarten (Fortsetzung) DIN EN ISO 128-20:2002-12, DIN ISO 128-24:1999-12

Beispiel für die Anwendung von Linien

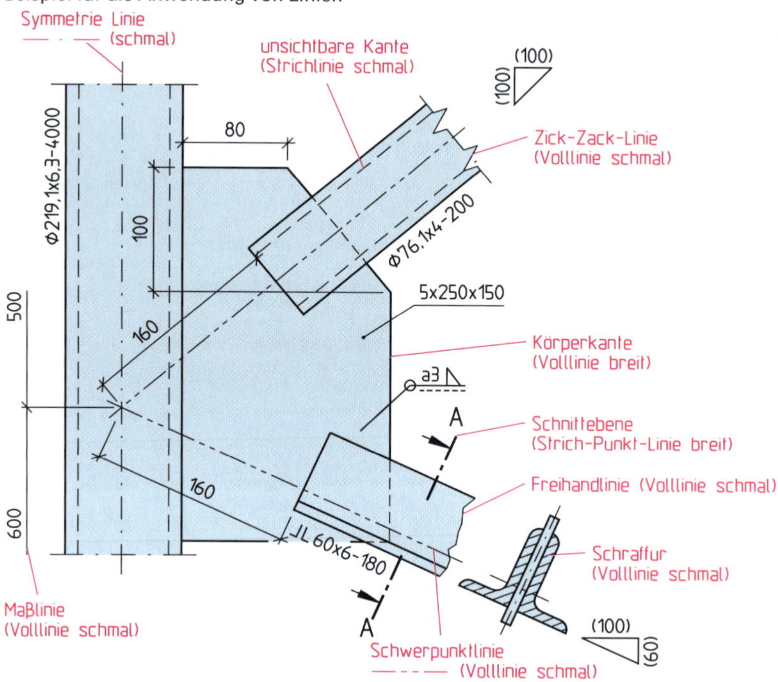

Bearbeitungsformen an Profilen

Schrägschnitt

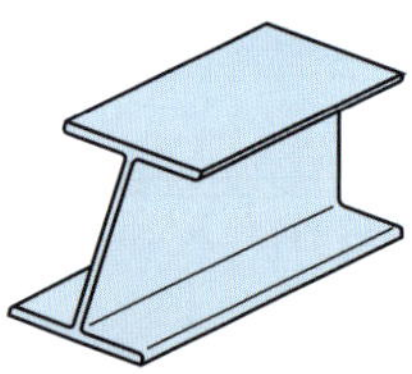

Schrägschnitt

Ausklinkungen

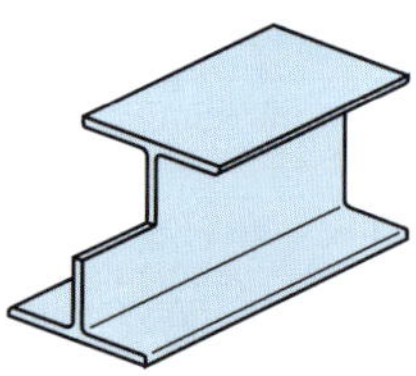

einseitige Ausklinkung

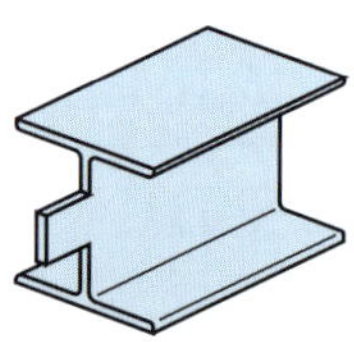

beidseitige Ausklinkung

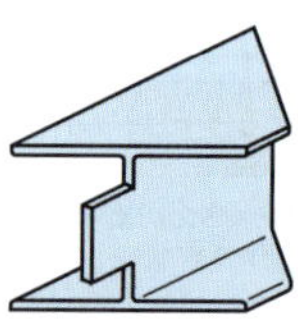

doppelte Schrägklinkung

Gehrungsschnitt

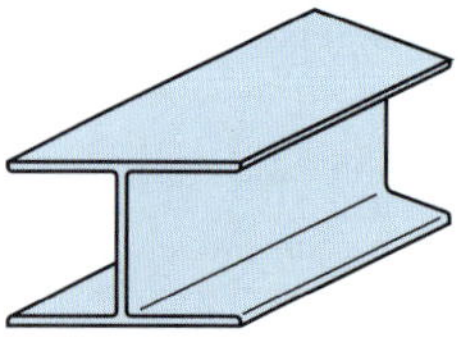

Gehrungsschnitt

Ausflanschungen

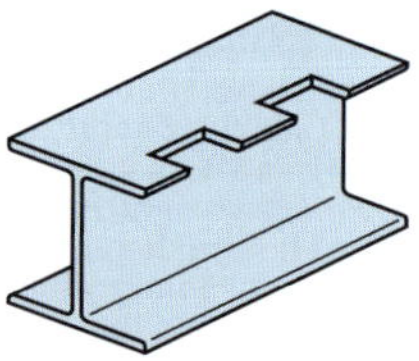

Ausflanschungen

Abflanschungen

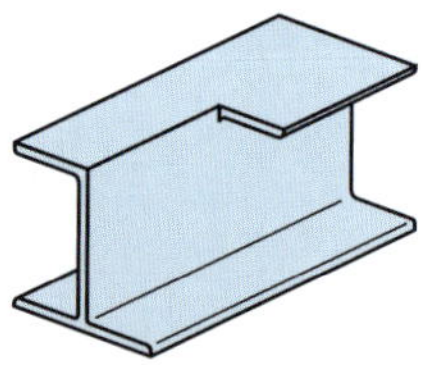

einseitige Abflanschung

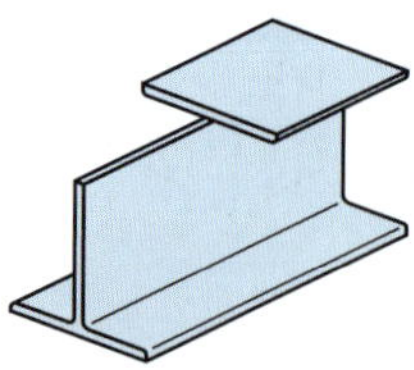

beidseitige Abflanschung

Isometrische Projektion — DIN ISO 5456-3 : 1998-04

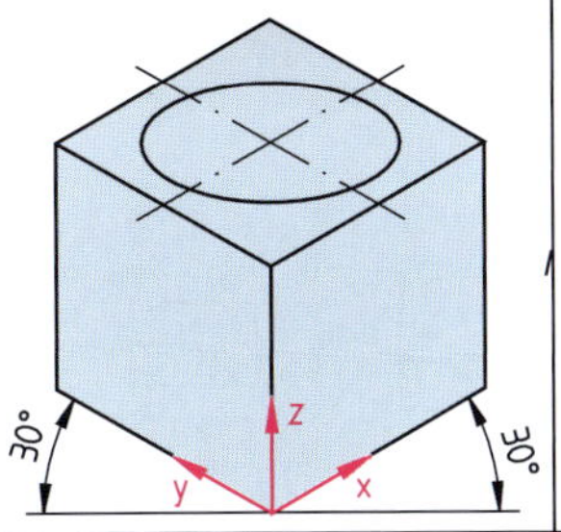

Isometrie
Seitenverhältnis $x : y : z = 1 : 1 : 1$

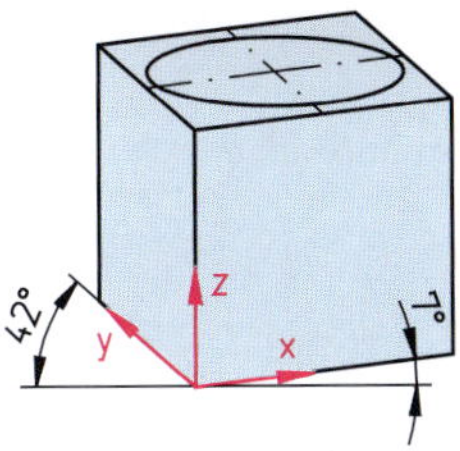

Dimetrie
Seitenverhältnis $x : y : z = 1 : 2 : 1$

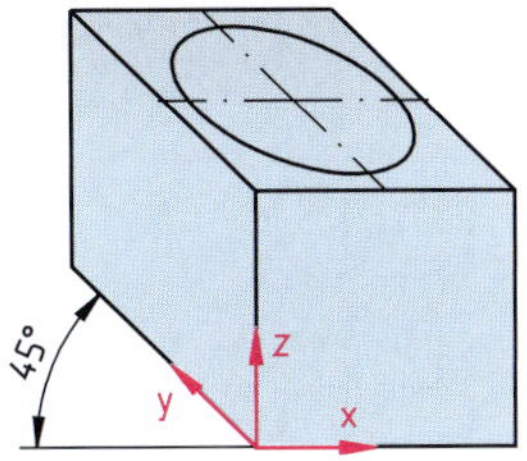

Kavalierperspektive
Seitenverhältnis $x : y : z = 1 : 1 : 1$

Die Isometrie ermöglicht einen gleichermaßen guten Blick auf alle 3 Seiten des Körpers, daher wird die Isometrie bevorzugt für Raumbilder verwendet. Kreise werden als Ellipsen mit speziellen Schablonen gezeichnet.

Beispiele

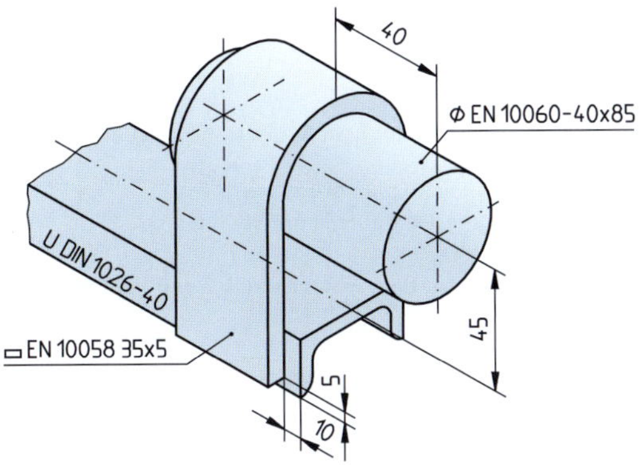

Metallbau

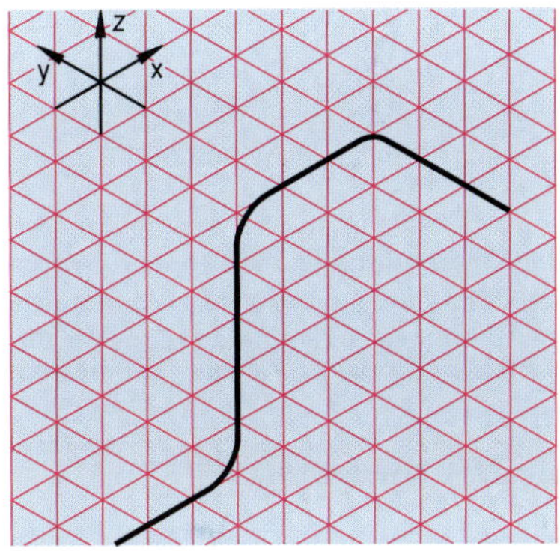

Rohrleitungsbau

Darstellung in Ansichten — DIN ISO 5456-2 : 1998-04

Werkstücke werden zu Fertigungszwecken meist in der orthogonalen Darstellung gezeichnet. Zur vollständigen Darstellung von Werkstücken sind je nach Wichtigkeit folgende Ansichten zu zeichnen.

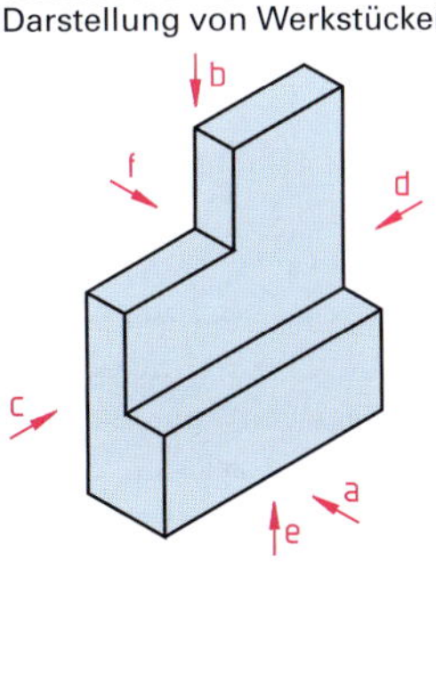

Betrachtungsrichtung		Bezeichnung der Ansicht	
Ansicht in Richtung	**Ansicht von**	**DIN ISO 5456-2**	**DIN 6 (alt)**
a	vorn	A	Vorderansicht
b	oben	B	Draufsicht
c	links	C	Seitenansicht von links
d	rechts	D	Seitenansicht von rechts
e	unten	E	Unteransicht
f	hinten	F	Rückansicht

Darstellung in Ansichten (Fortsetzung) — DIN ISO 5456-2 : 1998-04

DIN ISO 5456-2 definiert die Projektionsmethoden 1 und 3 sowie die Pfeilmethode. In Deutschland wird die Projektionsmethode 1 bevorzugt.

Projektionsmethode 1

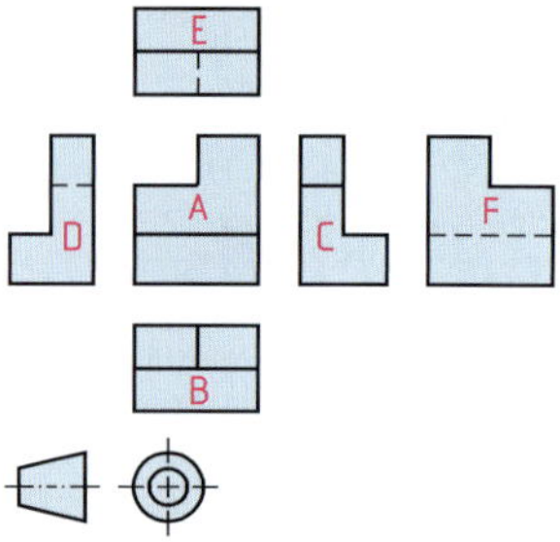

Projektionsmethode 2

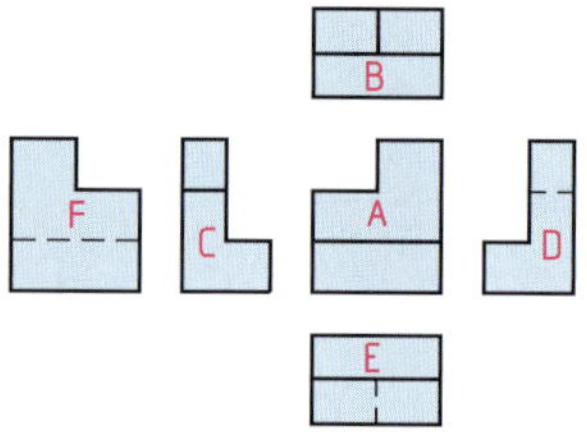

Pfeilmethode

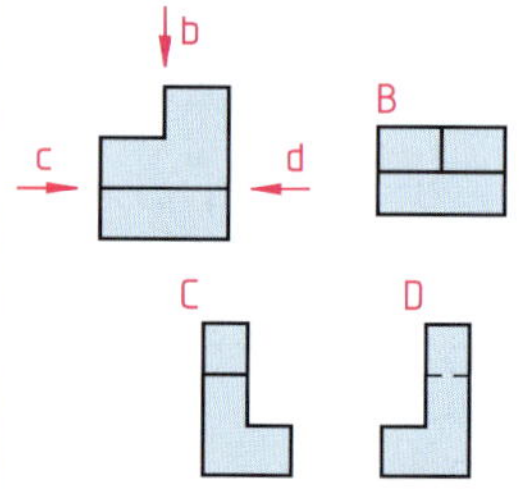

① Alle Ansichten mit Buchstaben kennzeichnen (ohne Hauptansicht).

② Blickrichtungen durch Pfeil und Buchstaben kennzeichnen.

③ Lage der gekennzeichneten Ansichten frei wählbar.

Regeln:

① Die gewählte Projektionsmethode wird durch das entsprechende Symbol im oder in der Nähe des Schriftfeldes angegeben.

② Die aussagefähigste Ansicht vom Körper als Hauptansicht (Vorderansicht) wählen.

③ Es sind soviel Ansichten zu zeichnen, wie zur eindeutigen Darstellung des Bauteils notwendig sind.

④ Gebrauchs- oder Einbaulage legen die Lage der Hauptansicht fest.

⑤ Verdeckte Umrisse oder Kanten können in die Ansicht eingezeichnet werden, wenn sie zu Verdeutlichung des Werkstückes beitragen, ohne die Lesbarkeit der Zeichnung zu beeinträchtigen.

Besondere Ansichten — DIN ISO 128-30 : 2002-05

Pfeilmethode A

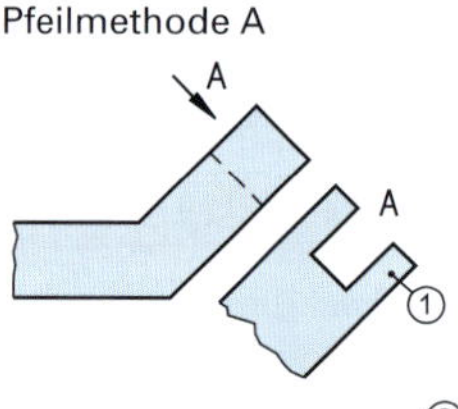

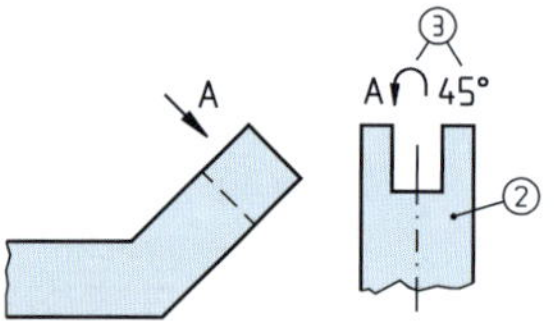

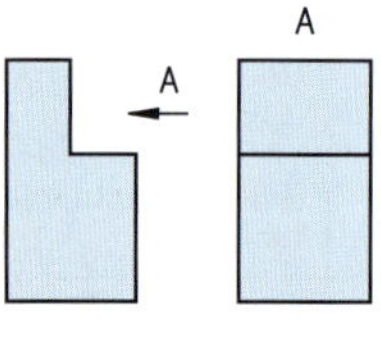

Die Pfeilmethode wird angewendet, wenn Projektionen Formverzerrungen verursachen.

① Projektionsgerechte Anordnung der Ansicht (Regelfall).

② Weitere mögliche Lage der Ansicht.

③ Die gedrehte Ansicht wird mit einem Großbuchstaben, Drehsymbol und Drehwinkel gekennzeichnet.

Pfeile kennzeichnen Ansichten, die in ihrer Lage von den Projektionsregeln abweichen.

Besondere Ansichten (Fortsetzung) DIN ISO 128-30, -34 : 2002-05

Teilansichten

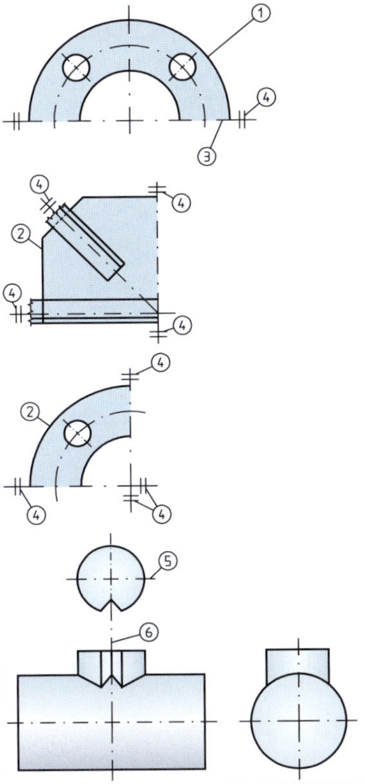

Bei symmetrischen Werkstücken ist eine Darstellung in Teilen zulässig.

① Darstellung als halbe Ansicht.

② Darstellung als Viertelansicht.

③ Mittellinien zeichnen, wenn sie auf Bruchkanten liegen.

④ Die Enden der Mittellinien erhalten zwei rechtwinklig angeordnete kurze Volllinien (schmale Strichstärke).

⑤ Teilansichten mit breiten Volllinien zeichnen.

⑥ Die Teilansichten mit der Hauptansicht durch eine Strich-Punktlinie verbinden.

Darstellungselemente[1])

Lichtkanten (gerundete Kanten)

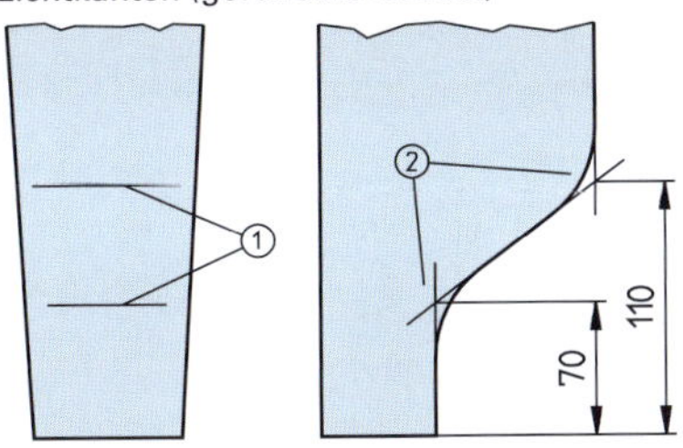

① Gerundete Übergänge durch Lichtkanten (schmale Volllinie) darstellen. Lichtkanten enden kurz vor Umrisslinien oder Körperkanten.

② Die Bemaßung von Lichtkanten erfolgt an den Schnittpunkten der verlängerten Umrisslinien oder Körperkanten.

Hinweis: Der Zwischenraum zwischen geschwärzt dargestellten Profilen heißt im Stahlbau ebenfalls Lichtkante.

Symmetrische Formen

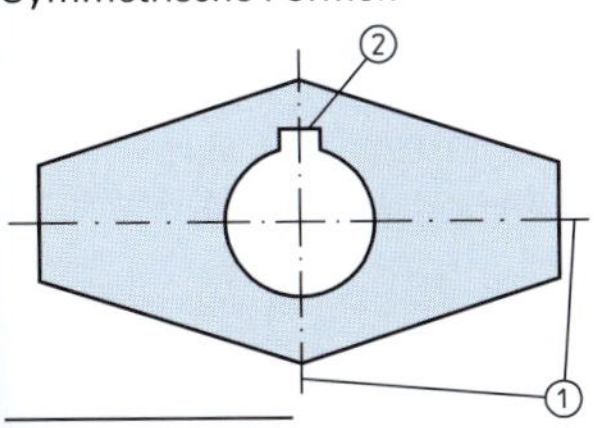

① Symmetrische Werkstücke durch Symmetrielinien (schmale Strich-Punkt-Linie) kennzeichnen.

② Geringfügige Symmetrieabweichungen sind zulässig.

[1]) ehemals DIN 6-1 : 1986-12

Darstellungselemente (Fortsetzung)

Bruchlinien

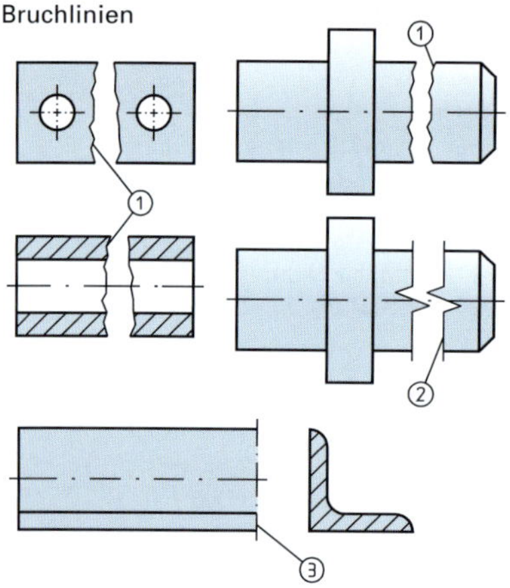

Formelemente dürfen abgebrochen oder unterbrochen dargestellt werden.

① Die Bruchlinie ist eine schmale Freihandlinie (auch bei Drehteilen in Ansicht und im Schnitt)

② Die Bruchlinie kann als eine Zickzacklinie gezeichnet werden.

③ Im Metallbau ist eine Symmetrielinie als Bruchlinie zugelassen.

Einzelheiten

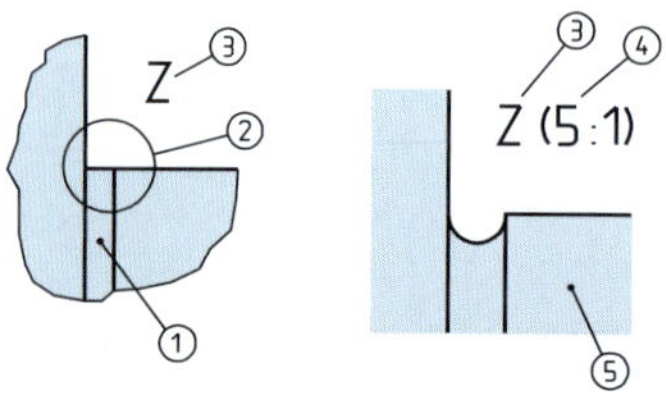

① Nicht eindeutig darstellbare Werkstückbereiche als Einzelheit zeichnen.

② Die darzustellende Einzelheit mit einer schmalen Volllinie einrahmen (Kreis, Ellipse, Rechteck).

③ Die Einzelheit mit einem Großbuchstaben kennzeichnen (vorzugsweise Z, Y, X ...)

④ Der Vergrößerungsmaßstab in der Einzelheit an den Großbuchstaben in Klammern schreiben.

⑤ Bruchlinien, umlaufende Kanten entfallen.

Angrenzende Teile, Grenzstellungen, ursprüngliche Formen, gestreckte Längen

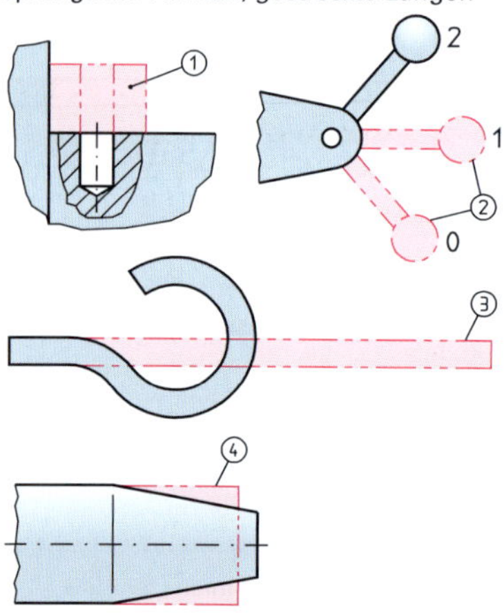

① Angrenzende Teile,

② Grenzstellungen,

③ gestreckte Längen,

④ ursprüngliche Formen in einer schmalen Strich-Zweipunktlinie zeichnen

Oberflächenstrukturen

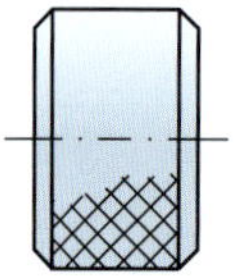

① Oberflächenstrukturen z. B. Kordel mit breiten Volllinien darstellen.

Darstellungselemente (Fortsetzung)

Biegelinien

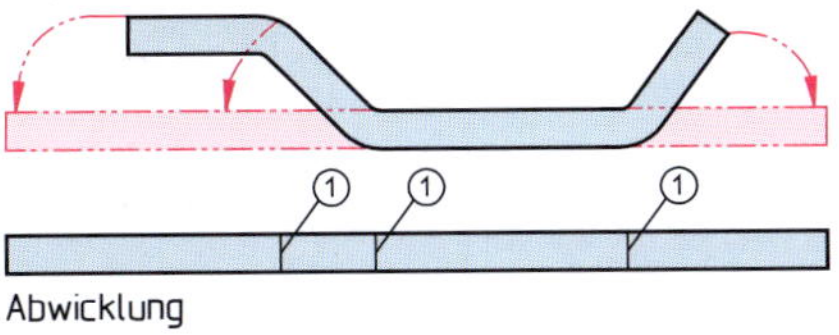

① Biegelinien als schmale Volllinien zeichnen.

Ebene Flächen

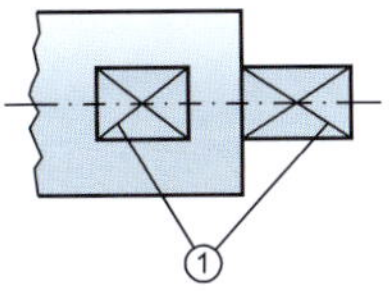

① Ebene Flächen durch ein Diagonalkreuz aus schmalen Volllinien kennzeichnen.

Vereinfachte Darstellungen

Sich wiederholende Formelemente

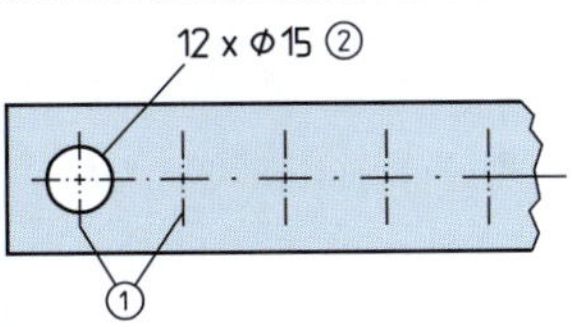

① Sich wiederholende Formelemente, z. B. Bohrungen, Nuten nur einmal komplett darstellen.

② Die Anzahl der Wiederholungen in die Zeichnung eintragen, z. B. 12 Bohrungen mit ∅ 15 mm.

Neigungen

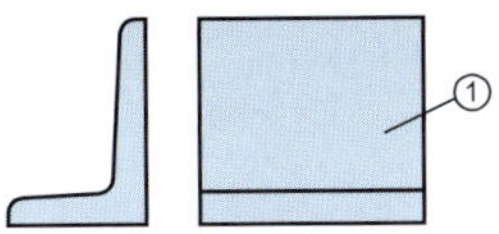

① Geringe Neigungen entfallen in anderen Ansichten, z. B. an gewalzten Profilen.

Durchdringungen

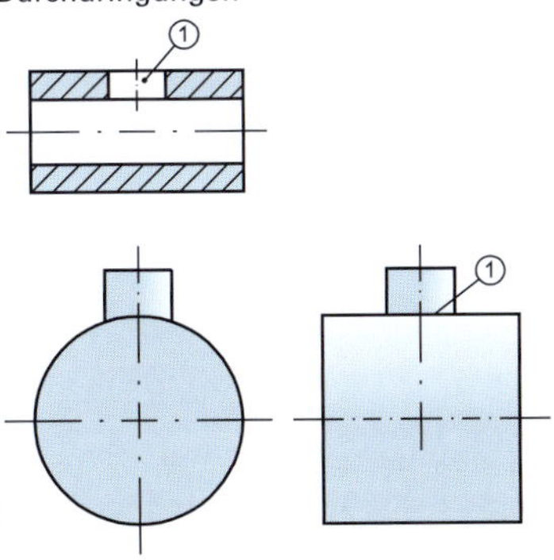

① Flache Durchdringungskurven gerade zeichnen oder ganz weglassen.

geradliniger Verlauf

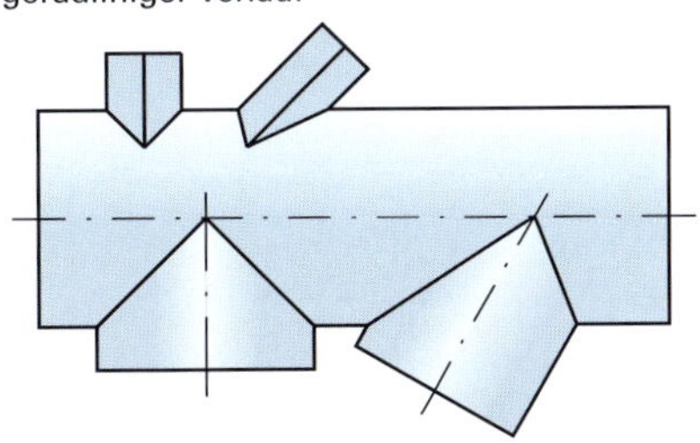

gekrümmter Verlauf

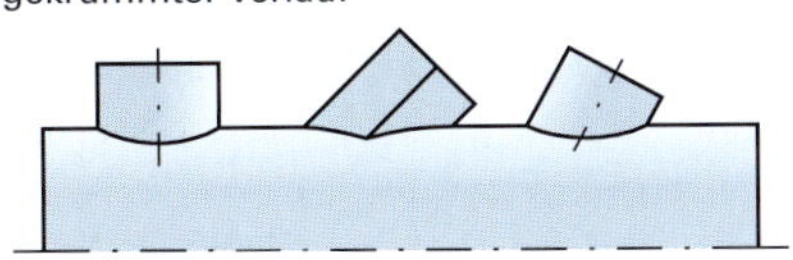

Vereinfachte Darstellungen (Fortsetzung)

Konstruktion einer Durchdringungskurve

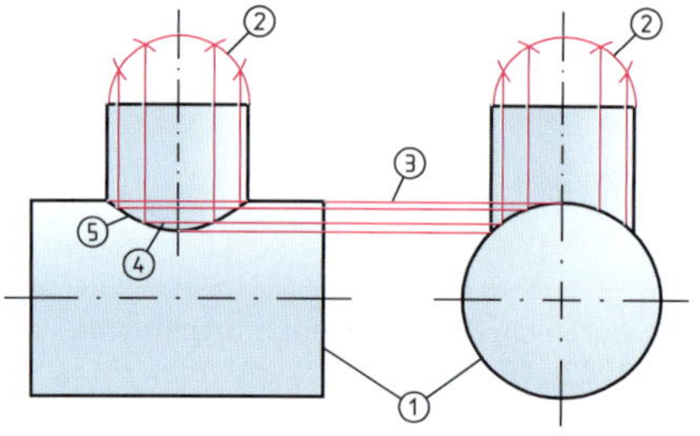

① Zeichnen von Ansicht A (Vorderansicht) und Ansicht C (Seitenansicht von links).

② Teilen des senkrechten Zylinders in 12 gleiche Teile und Einzeichnen der Mantellinien in beiden Ansichten.

③ Projizieren der Schnittpunkte der Mantellinien des senkrechten Zylinders aus Ansicht C (Seitenansicht) in Ansicht A (Vorderansicht).

④ Projektionslinien schneiden die Mantellinien in Ansicht A (Vorderansicht).

⑤ Verbindungslinie der Schnittpunkte ergibt die Durchdringungskurve.

Schnitte — DIN ISO 128-40, -44 : 2002-05

Vollschnitt

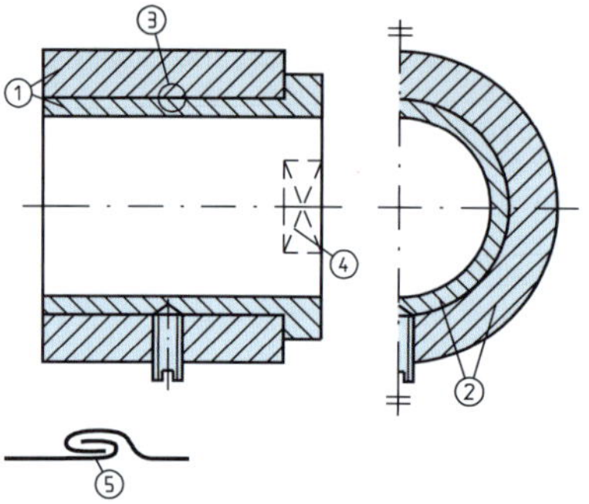

Halbschnitt

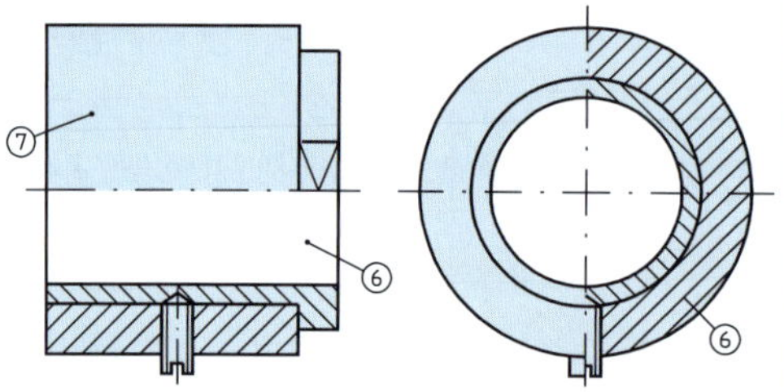

Teilschnitt

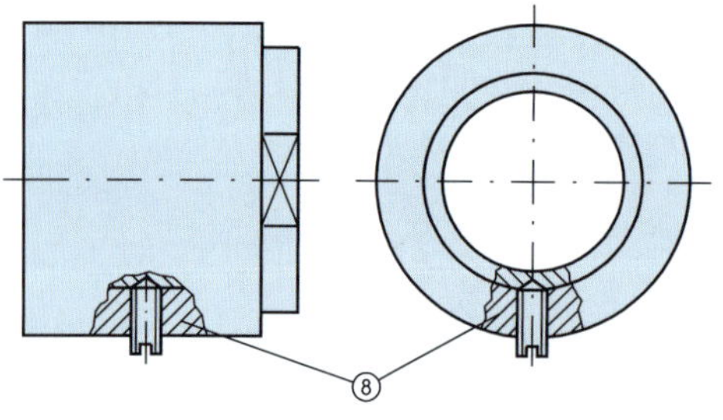

Werkstücke werden im
- Vollschnitt
- Halbschnitt
- Teilschnitt

gezeichnet.

① Schnittflächen im Winkel von 45° zu den Hauptumrissen oder zur Symmetrieachse schraffieren.

② Schraffurabstand an die Größe der Schnittfläche anpassen.

③ Geschnittene angrenzende Teile in unterschiedliche Richtungen schraffieren.

④ Hinter der Schnittebene liegende Einzelheiten mit einer schmalen Strichlinie zeichnen; davor liegende Einzelheiten mit einer schmalen Strich-Zweipunktlinie zeichnen.

⑤ Schmale Schnittflächen schwärzen; nebeneinander liegende geschwärzte Schnittflächen im Abstand von 0,5 mm zeichnen.

⑥ Bei Halbschnitten die untere bzw. rechte Hälfte geschnitten darstellen.

⑦ Verdeckte Kanten oder Umrisse können entfallen, wenn sie zur eindeutigen Darstellung des Werkstückes nicht notwendig sind.

⑧ Teilschnitte bzw. Ausbrüche durch eine schmale Freihandlinie begrenzen.

Schnitte (Fortsetzung) DIN ISO 128-40, -44 : 2002-05

Nicht zu schneidende Teile oder Teilbereiche

①

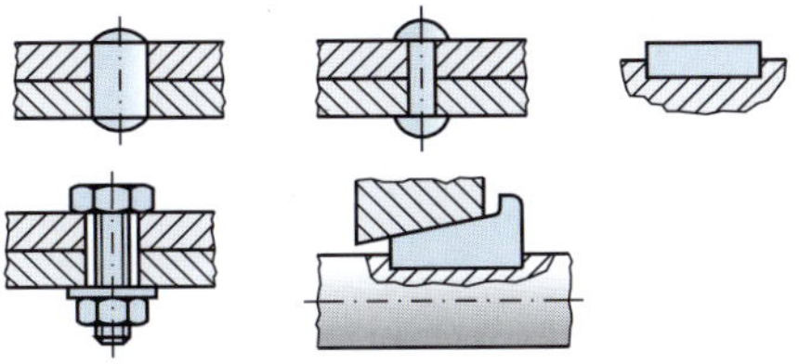

②

① Nicht geschnitten werden Bolzen, Stifte, Nieten, Schrauben, Passfedern, Keile, Wellen.

② Rippen, Speichen und Stege nicht schneiden, wenn sie sich von der Grundform abheben sollen.

Anordnung und Angabe der Schnittebenen

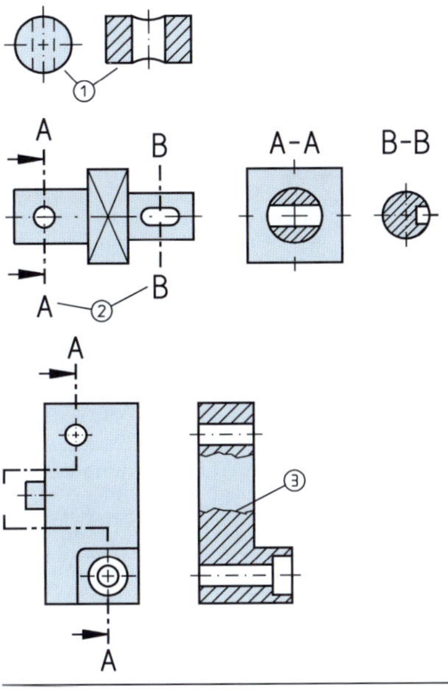

① Eindeutige Schnittlagen nicht gesondert kennzeichnen.

② Nicht eindeutige Schnittlagen kennzeichnen durch:
- breite Strichpunktlinie
- zwei Pfeile für die Blickrichtung und
- gegebenenfalls mit Großbuchstaben.

③ Schnittübergänge mit Bruchlinien zeichnen.

Winklig zueinander liegende Schnittebenen

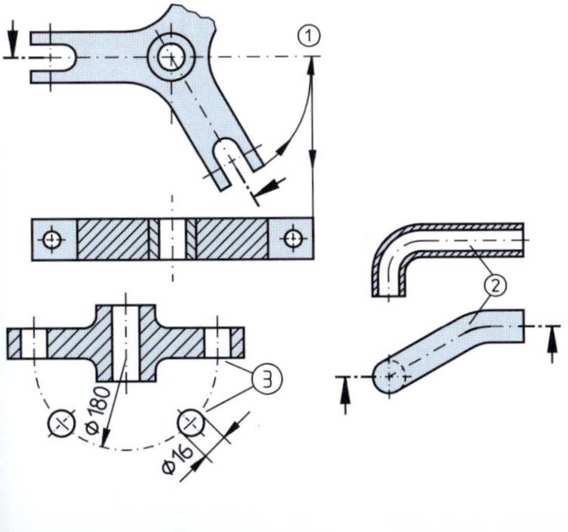

① Winklig zueinander liegende Schnittebenen so darstellen, als lägen sie in einer Ebene. Projektionsverkürzungen vermeiden.

② Schräg verlaufende Schnittebenen als Projektion zeichnen, wenn sie zwischen zwei parallelen Schnittebenen liegen.

③ Löcher in die Schnittebene drehen, wenn ihre genaue Lage durch eine zusätzliche Darstellung festgelegt wird.

Schnitte (Fortsetzung) — DIN ISO 128-40, -44 : 2002-05

Profilschnitte

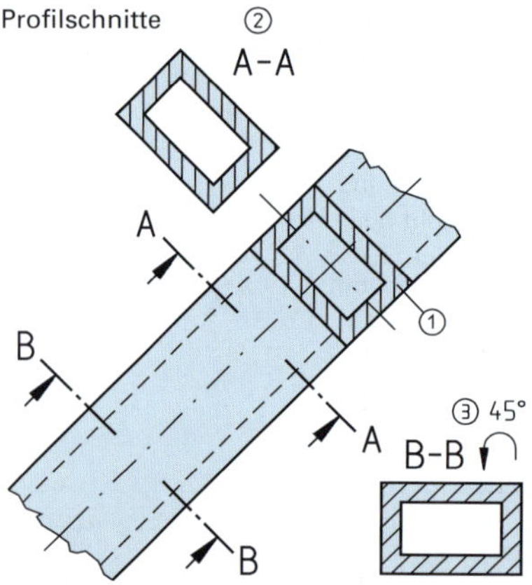

Profilschnitte
① in das Werkstück,
② projektionsgerecht neben das Werkstück oder
③ unter Angabe des Drehwinkels nicht projektionsgerecht neben das Werkstück zeichnen.

Rohrleitungen — DIN ISO 6412-1,2:1991-05

Allgemeine Grundlagen

Linienart (ISO 128)	Bezeichnung	Anwendung
	Breite Volllinie	Fließlinien
	Schmale Volllinie	Schraffur, Bemaßung, Hinweislinien, isometrische Rasterlinien
	Schmale Freihandlinie	Begrenzung von abgebrochenen oder unterbrochenen Ansichten und Schnitten
	Zickzacklinie	
	Breite Strichlinie	Fließlinien, die in anderen Zeichnungen dargestellt sind
	Schmale Strichlinie	Boden, Wände, Decken, Löcher, Durchbrüche
	Schmale Strichpunktlinie	Mittellinien
	Extra-breite Strichpunktlinie (viermal breiter als Schmale Strichpunktlinie)	Vertragsgrenzen
	Schmale Strich-Zweipunktlinie	Umrisse von angrenzenden Teilen Vor der Schnittebene liegende Teile

Rohrleitungen für Wasser, Abwasser und Gas nach DIN 1988, DIN 1986

Linie	Linienfarbe	Leitung für	Kennbuchstaben
	(blau)	Kaltwasser	TW (KW oder K)
	(rot)	Warmwasser	TWW (WW oder W)
	(grün)	Zirkulation	TWZ (ZW oder Z)
		Schmutzwasser	SW (S)
	(blau)	Regenwasser	RW (R)
		Mischwasser	MW (M)
		Lüftung	Lü (L)
	(gelb)	Gas	G

Isometrische Darstellung von Rohrleitungen

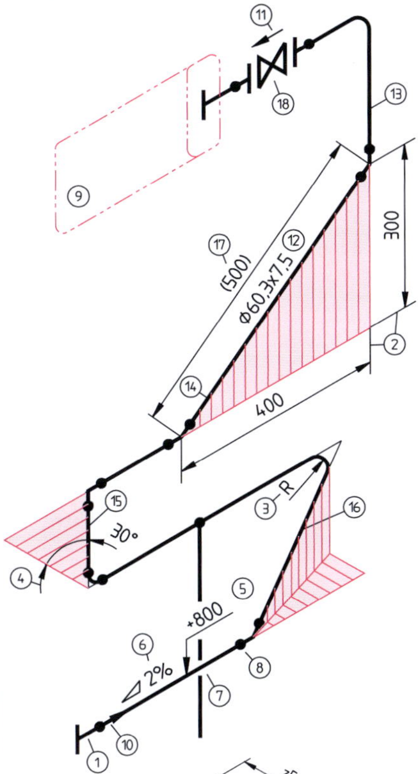

Rohrleitungen werden meist nach den Regeln der Isometrie (siehe Seite K 15 f.) gezeichnet, da das Wesentliche klarer als bei der orthogonalen Darstellung zu erkennen ist.

① Rohrleitungen als breite Volllinie darstellen.

② Rohre und Bögen über die Mittellinien bemaßen.

③ Radien an der breiten Volllinie bemaßen.

④ Winkel funktionsgerecht bemaßen.

⑤ Höhenangaben mit einer Hilfslinie, die auf die Rohrleitung oder deren Verlängerung zeigt, bemaßen.

⑥ Neigungen von Rohren mit einem der Neigung entsprechenden Neigungsdreieck und einer Zahlenangabe festlegen. Die Zahlenangabe erfolgt über:
- eine Prozentangabe, z. B. 2 %,
- das Neigungsverhältnis, z. B. 1 : 500,
- einen Bruch, z. B. 1/500,
- einen Winkel, z. B. 3°.

⑦ Die Fließlinie wird bei Leitungskreuzungen ohne Verbindung in der Regel nicht unterbrochen. Zur Verdeutlichung der Rohrleitungsanlagen zueinander ist eine Unterbrechung der Fließlinie zulässig.

⑧ Unlösbare Rohrleitungsverbindungen durch einen Punkt kennzeichnen.

⑨ Angrenzende Bauteile, z. B. Behälter, durch eine Strich-Zweipunktlinie kennzeichnen.

⑩ Pfeil auf der Rohrleitung bestimmt die Fließrichtung.

⑪ Fließrichtung an Absperrorganen durch einen Pfeil in Symbolnähe bestimmen.

⑫ Rohrabmessungen mit einer Hilfslinie oder direkt an der Volllinie eintragen.

⑬ Rohrleitungen, die parallel zu Koordinatenachsen verlaufen, oder besondere Angaben darstellen. Rohrleitungen, die nicht parallel zu Koordinatenachsen verlaufen, mittels Hilfsprojektionsebenen und Schraffuren darstellen, z. B.

⑭ Rohre auf einer vertikalen Ebene,

⑮ Rohre auf einer horizontalen Ebene,

⑯ Rohre, die nicht parallel zu Koordinatenachsen verlaufen.

⑰ Bei Doppelbemaßungen (zur Vereinfachung der Fertigung) ein Maß in Klammern setzen.

⑱ Graphische Symbole für z. B. Ventile isometrisch darstellen.

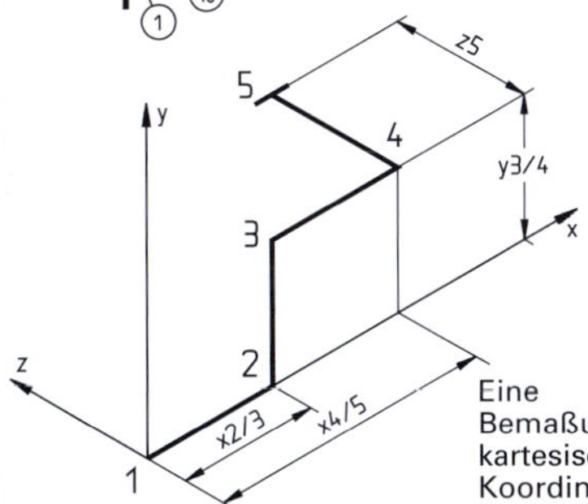

Eine Bemaßung mit kartesischen Koordinaten ist möglich.

Pos.	Koordinaten		
	X	Y	Z
1	0	0	0
2	+10	0	0
3	+10	+20	0
4	+30	+20	0
5	+30	+20	+20

Vereinfachte isometrische Darstellung von Zubehörteilen

Reduzierstück konzentrisch

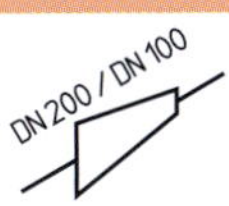

Flansche

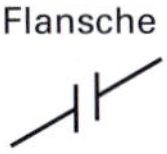

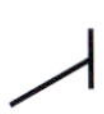

Schweißung auf der Baustelle

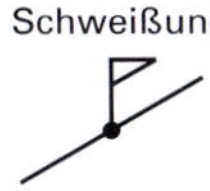

Stützen

allgemein

geführt

fest

gleitend

Hänger

allgemein

geführt

fest

gleitend

Rohrleitungen in technischen Zeichnungen

Symbole — DIN 2429-1,2:1988-01, DIN EN 806-1:2001-04

Leitungen	Erläuterung	Leitungen	Erläuterung
	Rohr, allgemein	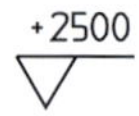	Niveauangabe
	Schlauch	ohne Verbindung  mit Verbindung  (geschweißt, geklebt, gelötet)	Fließlinien
	Rohr mit Mantelrohr		Dehnungsbogen
	Fließrichtung		Leitungsfestpunkt
 nach links  nach rechts	Gefälle  3° oder  1:50 oder  2 %	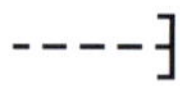	Leistungsabschluss

Verbindungen	Erläuterung	Verbindungen	Erläuterung
	Armatur		Armatur geflanscht
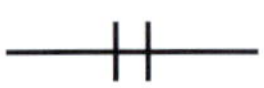	Flanschpaar		Apparat

Armaturen	Erläuterung	Armaturen	Erläuterung
	Absperrarmatur allgemein		Absperrschieber
	Absperrarmatur ohne Angabe der Verbindungsart		Absperrventil
	Absperrarmatur geflanscht		Eckventil
	Absperrarmatur geschweißt	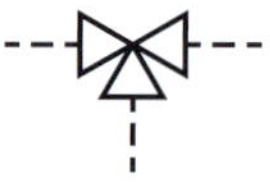	Dreiwegeventil
	Absperrarmatur geschraubt		Kugelhahn
			Rückflussverhinderer

Bemaßung DIN 406-11 : 1992-12

Arten der Maßeintragung

① ② ③

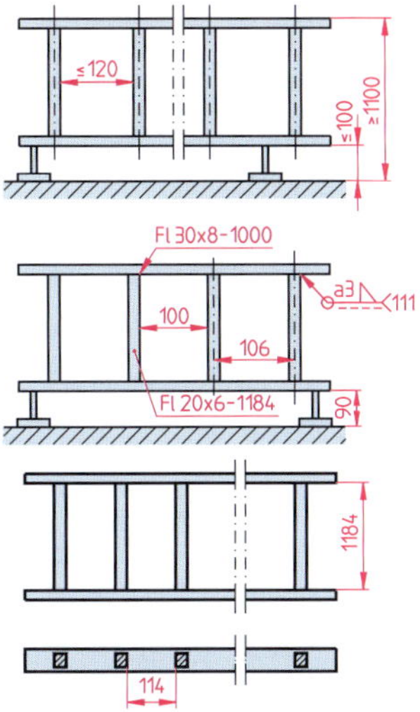

Der Zweck der Zeichnung bestimmt die Art der Bemaßung.

① Das Geländer ist **funktionsbezogen** bemaßt. Seine Funktion ist der Schutz seiner Benutzer; dieser kann nur gewährleistet werden, wenn die angegebenen Maße eingehalten werden.

② In der **fertigungsbezogenen** Bemaßungsart werden alle Maße eingetragen, welche die Fertigung ermöglichen, d. h. Profilabmaße, Profillängen, Abstand der Profile und die Verbindungstechnik. Dabei soll das Ablesen der Maße ohne zusätzliche Berechnungen möglich sein.

③ In der **prüfbezogenen** Bemaßungsart liegt der Schwerpunkt der Maßanordnung im direkten Ablesen der Maße, die mit dem jeweiligen Prüfmittel erfasst werden können.

Elemente der Maßeintragung

Maßlinien

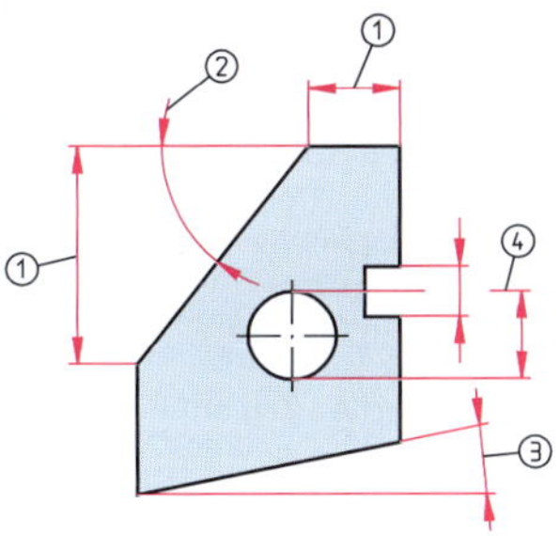

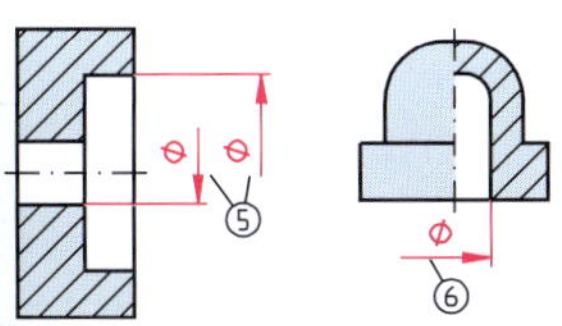

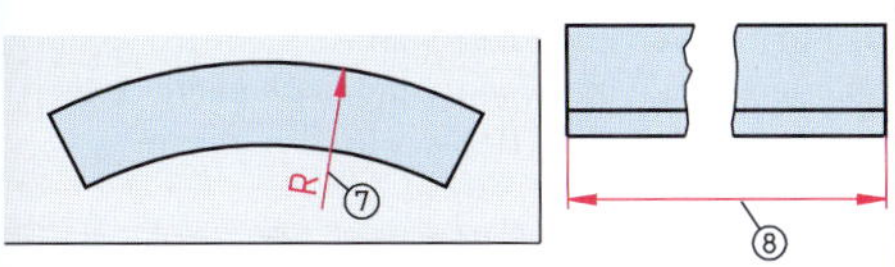

① Maßlinien parallel zu der zu bemaßenden Länge zeichnen.

② Winkel- und Bogenmaße als Kreisbogen um den Scheitelpunkt des Winkels oder dem Bogenmittelpunkt zeichnen.

③ Bei Winkelmaßen bis 30° kann die Maßlinie gerade sein. Sie steht senkrecht auf der Winkelhalbierenden.

④ Maßlinien sollen sich und andere Linien nicht schneiden, wenn es möglich ist.
Maßlinien abgebrochen zeichnen, bei
- Durchmessermaßen ⑤,
- Hälften eines symmetrischen Bauelements in Ansicht oder Schnitt ⑥,
- Mittelpunkten, die außerhalb der Zeichenebene liegen. ⑦

⑧ Die Maßlinie durchziehen bei verkürzt dargestellten Bauelementen.

Elemente der Maßeintragung (Fortsetzung)

Maßhilfslinien

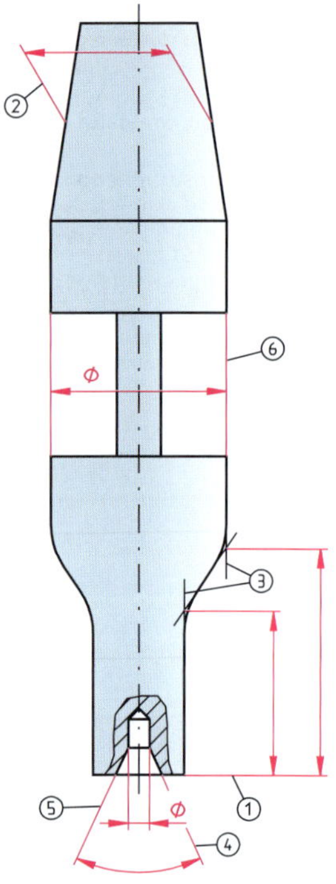

① Maßhilfslinien verlaufen in der Regel senkrecht zur Körperkante.

② Bei Unübersichtlichkeiten verlaufen die Maßhilfslinien vorzugsweise unter 60°.

③ Bei Übergängen ohne scharfe Kanten die Maßhilfslinie am Schnittpunkt der Projektionslinien zeichnen.

④ Projektionslinien dürfen unterbrochen werden, wenn der weitere Verlauf klar erkennbar ist.

⑤ Bei Winkelbemaßungen sind die Maßhilfslinien die Verlängerungen der Winkelschenkel.

⑥ Bauelemente mit gleichen Maßen mit einer gemeinsamen Maßhilfslinie bemaßen.

Maßlinienbegrenzung

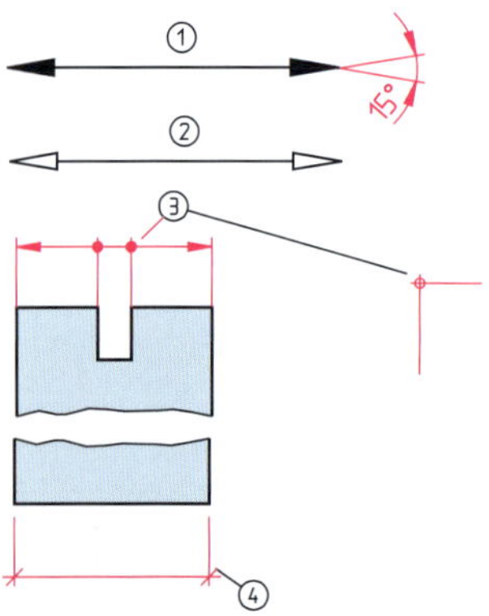

① Die übliche Begrenzung der Maßlinie ist der geschwärzte Pfeil.

② In CAD-Zeichnungen ist der nicht geschwärzte Pfeil zulässig.

③ Bei Platzmangel sind der Punkt oder Kreis als Maßlinienbegrenzung möglich.

④ Der Schrägstrich ist in fachbezogenen Zeichnungen üblich, z. B. in
- Bauzeichnungen
- Metallbauzeichnungen
- Stahlbauzeichnungen.

Hinweislinien

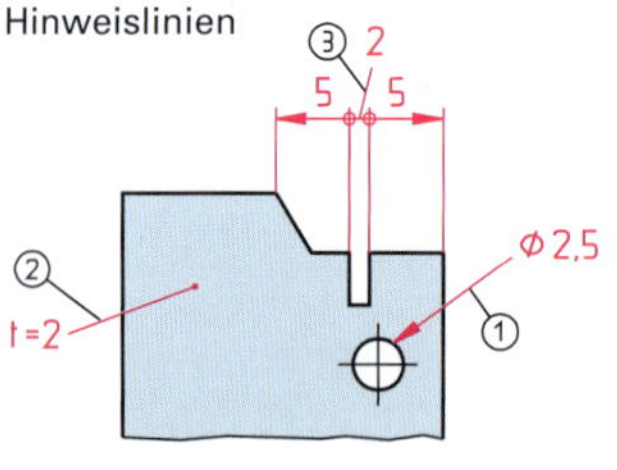

① Hinweislinien enden mit einem Pfeil.

② Hinweislinien enden mit einem Punkt auf einer Fläche.

③ Hinweislinien enden ohne Begrenzung, wenn sie an anderen Linien enden.

Maßeintragung in Zeichnungen

Anordnung von Maßzahlen

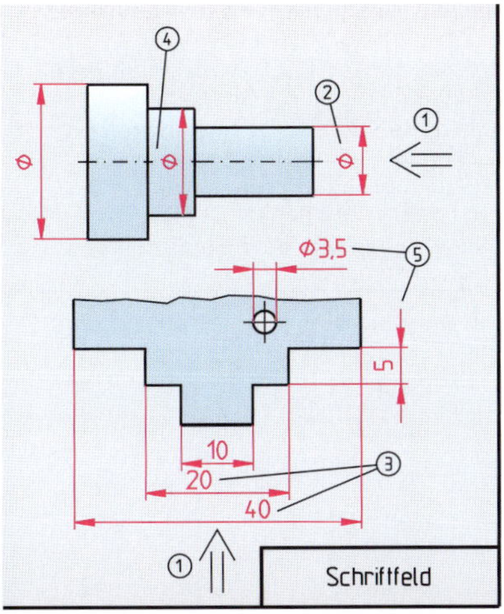

① Maßzahlen, Wortangaben und Symbole so eintragen, dass sie bezogen auf die Zeichnungslage von unten und rechts lesbar sind.
② Die Maßzahlen stehen über der Maßlinie und sind möglichst mittig anzuordnen.
③ Mehrere übereinanderstehende Maßzahlen gegeneinander versetzt eintragen.
④ Für Maßzahlen Schraffuren, Maßhilfslinien und Maßlinien unterbrechen.
⑤ Bei Platzmangel die Maßzahl an der Verlängerung der Maßhilfslinie oder an einer Bezugslinie eintragen.

Bemaßung von Schrägen und Winkeln

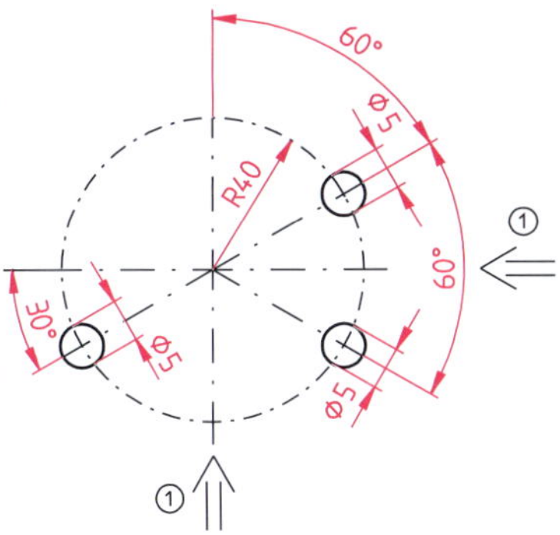

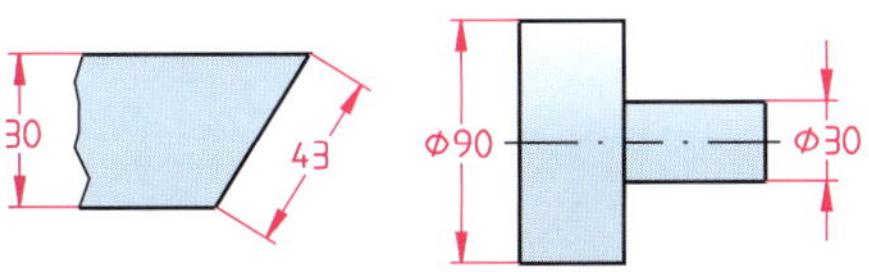

① Maßzahlen so eintragen, dass sie bezogen auf die Zeichnungslage von unten und rechts lesbar sind.

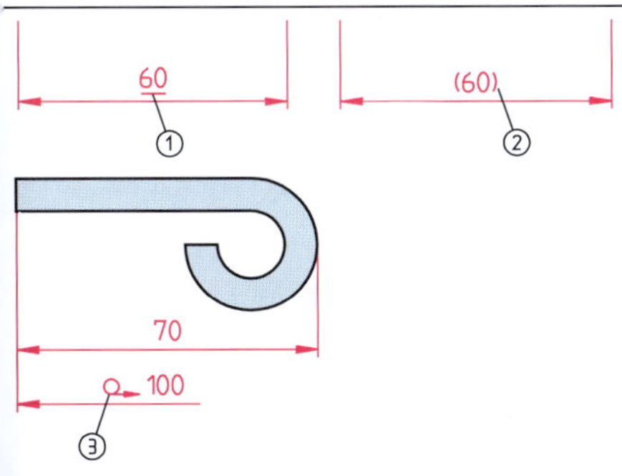

① Maßzahlen von nicht maßstäblich gezeichneten Teilen unterstreichen. Dies gilt nicht für unterbrochene Teile.
② Eingeklammerte Maße sind Hilfsmaße; sie werden für die geometrische Bestimmung nicht benötigt. Die Allgemeintoleranzen gelten für diese Maße nicht.
③ Die gestreckte Länge ohne Darstellung der Abwicklung mit dem Symbol ergänzend bemaßen.

Maßeintragung in Zeichnungen (Fortsetzung)

Durchmesser

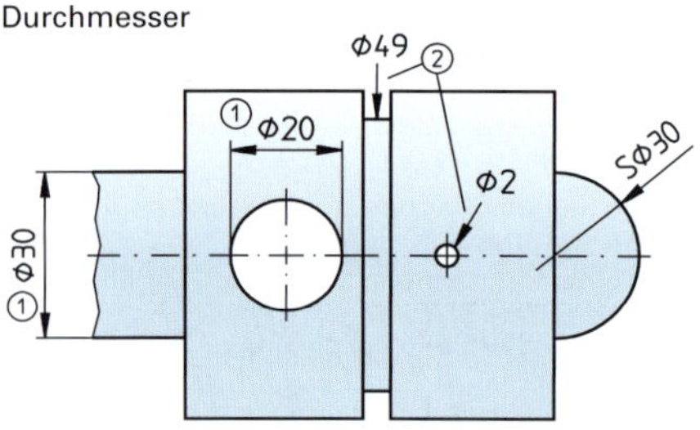

① Das Symbol ∅ bei jeder Durchmesserbemaßung vor die Maßzahl schreiben.

② Bei Platzmangel den Durchmesser an einer Hinweislinie bemaßen.

Kugeln

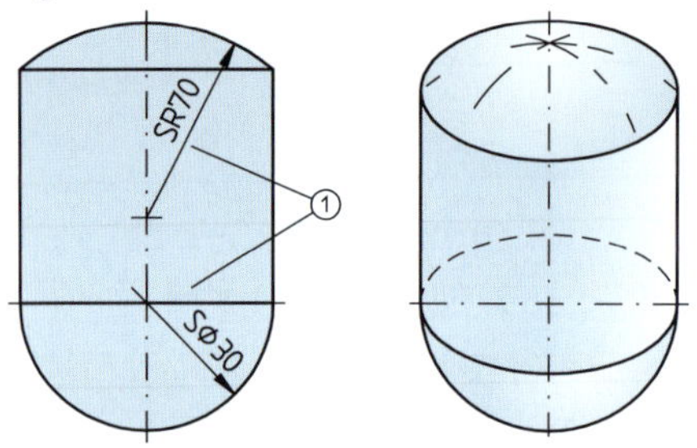

① Bei Kugeln groß S vor die Durchmesser- oder Radiusangabe schreiben.

S = sphärisch = kugelig

Radien

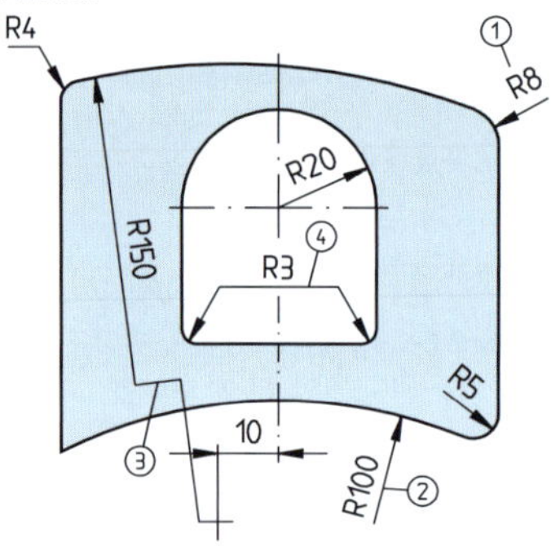

① Bei Radien groß *R* vor die Maßzahl schreiben.

② Die Maßlinie ist auf den Mittelpunkt des Radius ausgerichtet.

③ Die Maßlinie kann abgeknickt werden, um die Mittelpunktslage zu bemaßen.

④ Radienbemaßungen können zusammengefasst werden.

Bögen

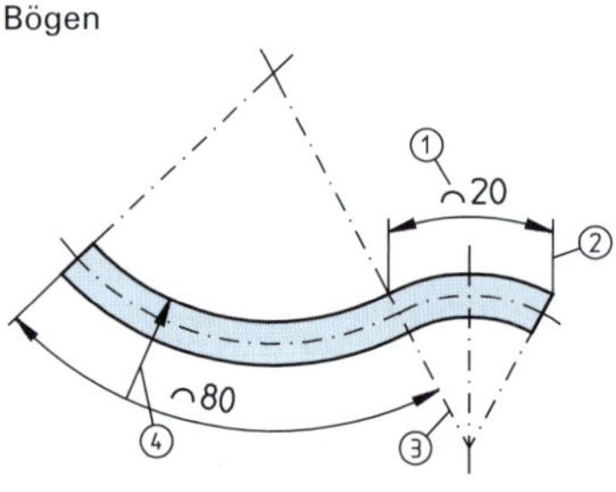

① Das Symbol ⌒ steht vor der Maßzahl; bei von Hand erstellten Zeichnungen kann es auch auf der Maßzahl stehen.

② Bei Bogenwinkeln < 90° verlaufen die Maßhilfslinien parallel zur Winkelhalbierenden.

③ Bei Bogenwinkeln > 90° die Maßlinie an die Schenkel des Winkels anbinden.

④ Ein Bezugspfeil kann bei Bedarf die Zuordnung zwischen Maßlinie und Formelement verdeutlichen.

Quadrate

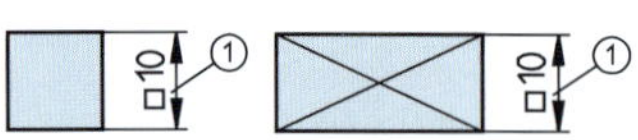

① Das Zeichen □ vor die Maßzahl eintragen.

Maßeintragung in Zeichnungen (Fortsetzung)

Schlüsselweiten

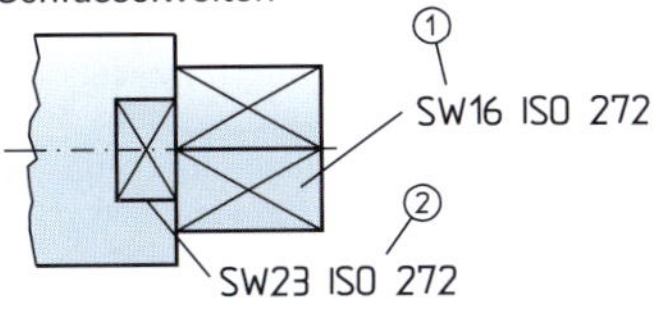

① Die Großbuchstaben SW vor die Maßzahl schreiben, wenn die Schlüsselweite nicht direkt bemaßt werden kann, z. B. SW16.

② Die Maßzahl um die entsprechende Norm erweitern, z. B. SW 23 ISO 272.

Rechtecke

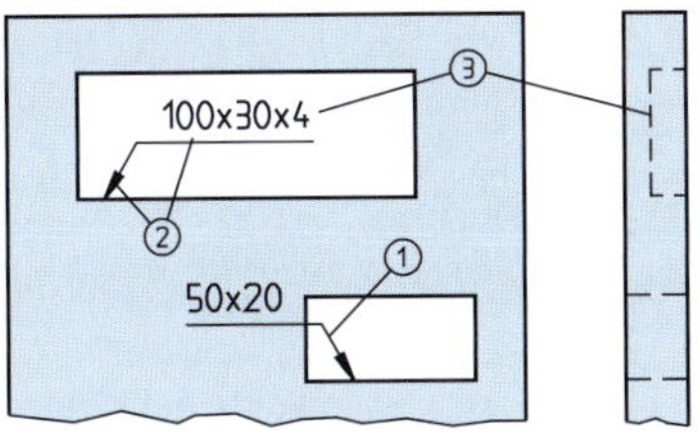

① Rechtecke können mit abgeknickten Hinweislinien bemaßt werden.

② Die Pfeillinie zeigt auf den Bauteil mit dem zuerst genannten Maß.

③ Eine zusätzliche Tiefenangabe ist zulässig, wenn eine zusätzliche Ansicht gezeichnet wird.

Neigungen nach DIN 406-11

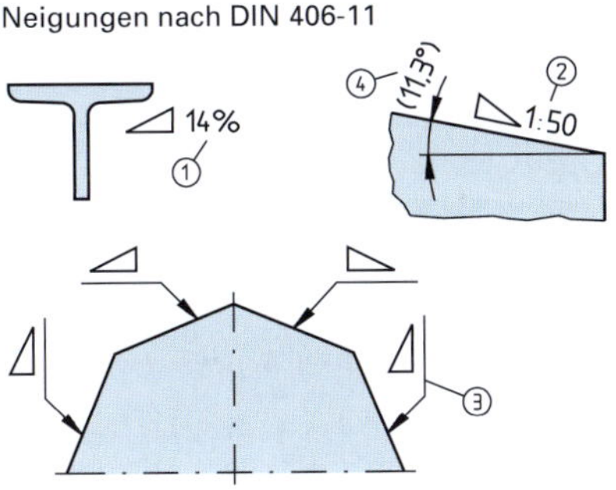

Das Zeichen ⊿ steht immer vor der

① Maßzahl der Neigung in Prozent, z. B. ⊿ 14%.

② Verhältniszahl der Neigung, z. B. ⊿ 1:5.

③ Das Zeichen ⊿ wird meist auf der abgeknickten Hinweislinie eingetragen.

④ Der Neigungswinkel darf ergänzend eingetragen werden, z. B. (11,3°).

Neigungen im Metallbau nach DIN ISO 5261

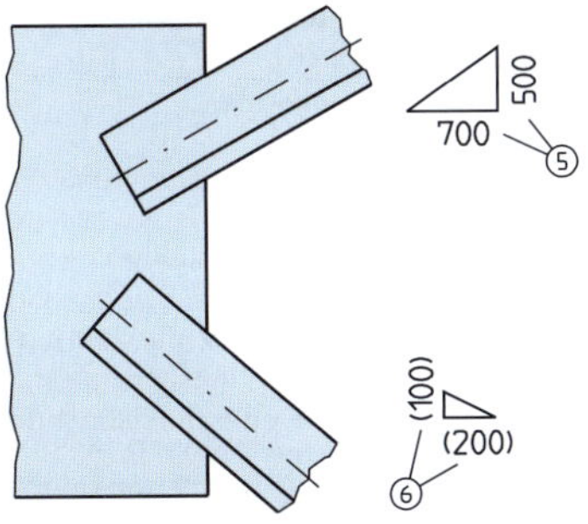

Im Metallbau werden die Neigungen der Profile

⑤ durch kleine rechtwinklige Dreiecke und Koordinaten (Katheten) in natürlicher Größe bemaßt.

⑥ mit Koordinaten bezogen auf 100 bemaßt; sie sind in Klammern zu setzen.
→ siehe Seite K 14

Verjüngungen

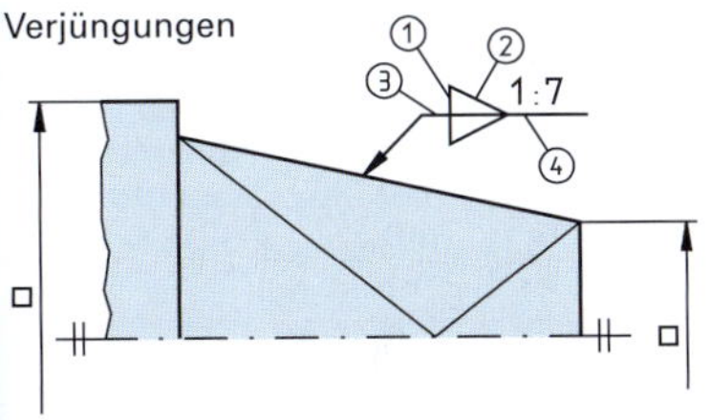

① Das Zeichen zeigt in die Verjüngungsrichtung.

② Das Zeichen ▷ steht vor der Maßzahl.

③ Die Bemaßung kann als Verhältniszahl oder Prozentzahl erfolgen.

④ Das Zeichen ▷ wird meist auf der abgeknickten Hinweislinie eingetragen.

Maßeintragung in Zeichnungen (Fortsetzung)

Fasen, Senkungen

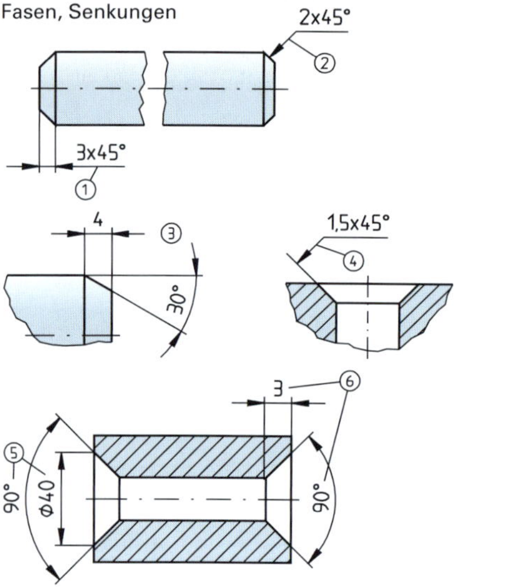

① 45°-Fasen vereinfacht mit Fasenbreite 2 × 45° angeben.

② Dargestellte oder nicht dargestellte Fasen mit 45° können auch mit Hinweislinien bemaßt werden.

③ Fasen ≠ 45° mit Fasenbreite und Winkelangabe bemaßen.

Kegelige 90°-Senkungen durch

④ Hinweislinien auf der verlängerten Fase,

⑤ Durchmesser und Winkel,

⑥ Senkungstiefe und Winkel

bemaßen.

Gewinde

Außengewinde (Bolzengewinde)

Ansicht

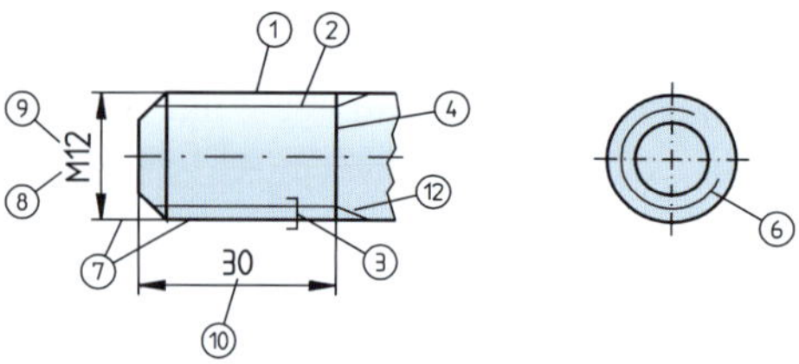

Schnitt

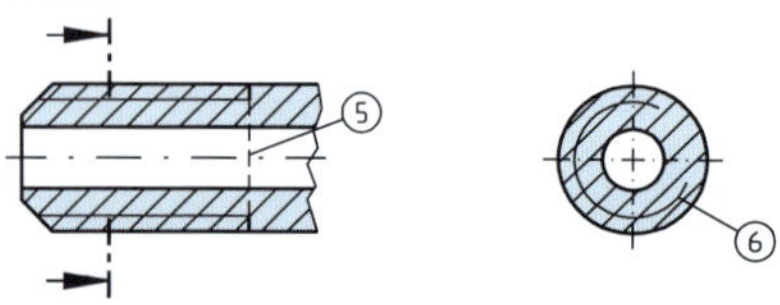

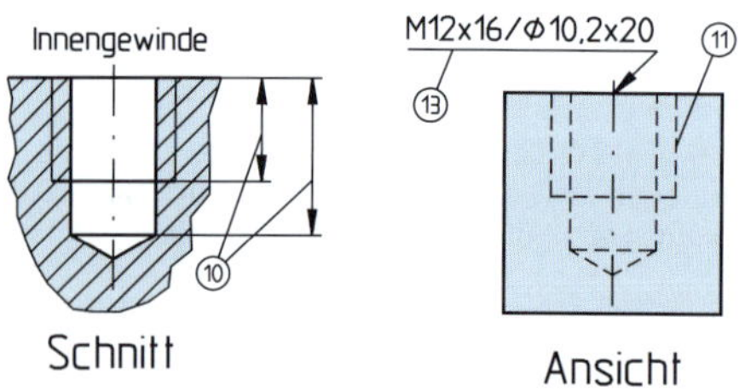

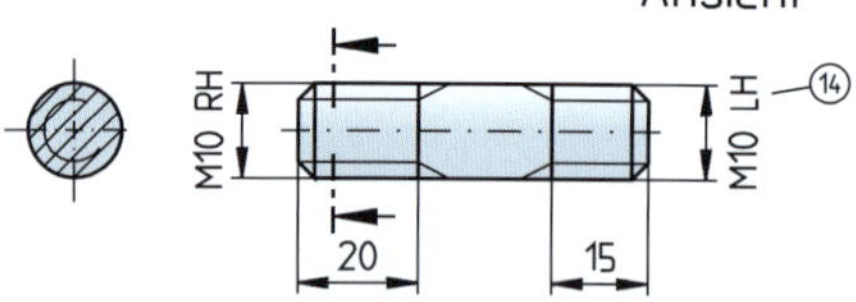

Gewinde werden vereinfacht dargestellt.

① Gewindespitzen mit breiter Volllinie.

② Gewindegrund mit schmaler Volllinie.

③ Der Abstand zwischen den Linien ① und ② ≥ 0,7 mm oder Gewindetiefe.

④ Die sichtbare Gewindebegrenzung in breiter Volllinie zeichnen.

⑤ Die nicht sichtbare Gewindebegrenzung bei Bedarf mit schmaler Strichlinie zeichnen.

⑥ Die Lage des ¾-Kreises ist beliebig; wird überwiegend wie dargestellt gezeichnet.

⑦ Das Gewinde am Nenndurchmesser bemaßen.

Die Gewindebemaßung setzt sich

⑧ aus dem Kurzzeichen für das Gewinde, z. B. M = metrisches Gewinde, und

⑨ dem Nenndurchmesser, z. B. 12 mm, zusammen.

⑩ Die Gewindelänge bemaßen, z. B. 30 mm. Zusätzlich Lochtiefe bei Gewindegrundlöchern bemaßen.

⑪ Verdeckte Gewinde in schmaler Strichlinie darstellen.

⑫ Gewindeausläufe nur bei funktionaler Notwendigkeit als schmale, schräg verlaufende Volllinie zeichnen.

⑬ Vereinfachte Bemaßung von Gewinde- und Gewindegrundloch möglich, z. B. Metrisches Gewinde ∅ 12 mm und 16 mm tief, Grundloch ∅ 10,2 mm und 20 tief.

⑭ Gewinderichtung durch

LH [1]) = Linksgewinde
RH [2]) = Rechtsgewinde

kennzeichnen, wenn beide Gewinderichtungen auftreten.

[1]) LH = Left Hand [2]) RH = Right Hand

Maßeintragung in Zeichnungen (Fortsetzung)

DIN 406-11 : 1992-12, DIN ISO 6410-1,-3 : 1993-12

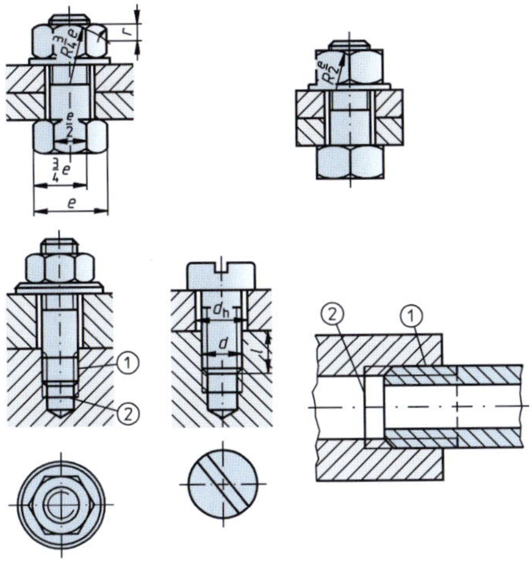

① Außengewinde verdeckt Innengewinde.

② Begrenzung des Innengewindes mit breiter Volllinie zeichnen.

siehe Seite K 56f. „Vereinfachte Darstellung von Verbindungselementen nach DIN ISO 5845-1 : 1997-04"

Teilungen

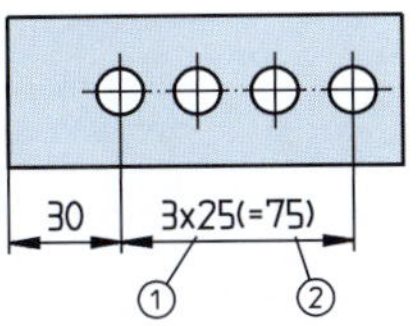

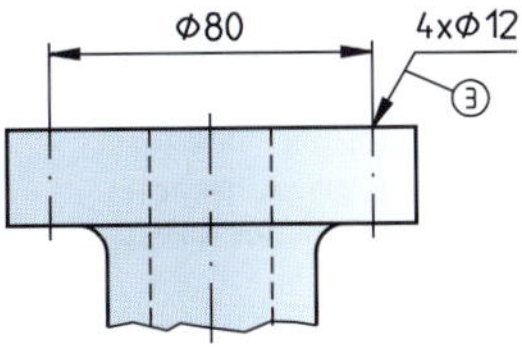

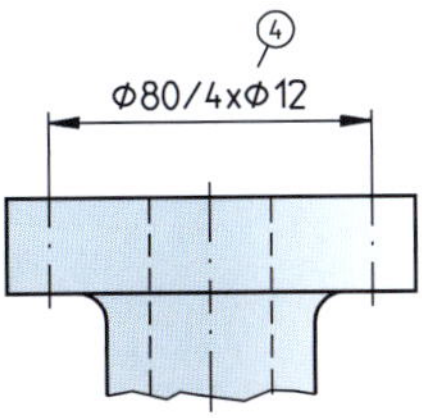

① Gleiche Formelemente in gleichen Abständen vereinfacht durch Anzahl und Abstand des Formelementes bemaßen.

② Das Gesamtmaß in Klammern ergänzen.

Gleiche Formelemente auf einem zylindrischen Umfang bei gleichmäßiger Verteilung durch

③ Hinweislinien mit Bezugspfeilen oder

④ Angaben auf dem Teilkreisdurchmesser bemaßen (Anzahl × Maß des Formelements).

Parallelbemaßung

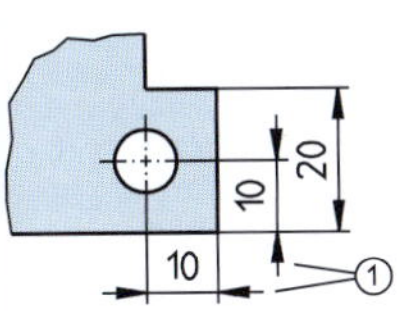

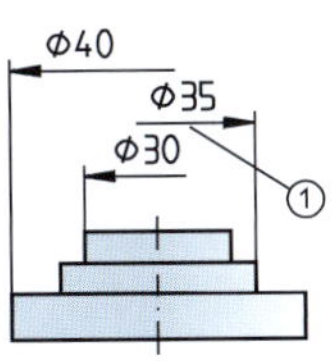

① Maßlinien parallel in eine, zwei oder drei senkrecht zueinander stehenden Richtungen eintragen.

Maßeintragung in Zeichnungen (Fortsetzung)

DIN 406-11 : 1992-12, DIN ISO 6410-1,-3 : 1993-12

Steigende Bemaßung

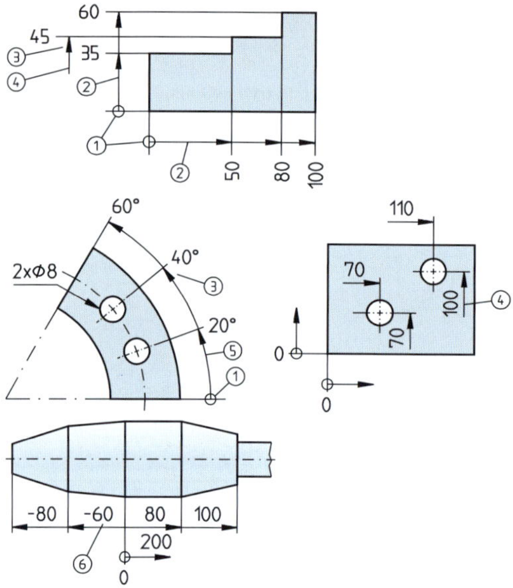

① Den Ursprung mit einem offenen Kreis festlegen.

② Vom Ursprung ausgehend meist nur eine Maßlinie einzeichnen.

③ Die Maßlinie mit einer Maßlinienbegrenzung abschließen.

④ Maßlinien können abgebrochen dargestellt werden.

⑤ Maßlinien verlaufen parallel zu gebogenen Körperkanten.

⑥ Bei steigender Bemaßung in zwei Richtungen erhält die Gegenrichtung ein negatives Vorzeichen.

Koordinatenbemaßung

Kartesische Koordinaten

Absolutbemaßung

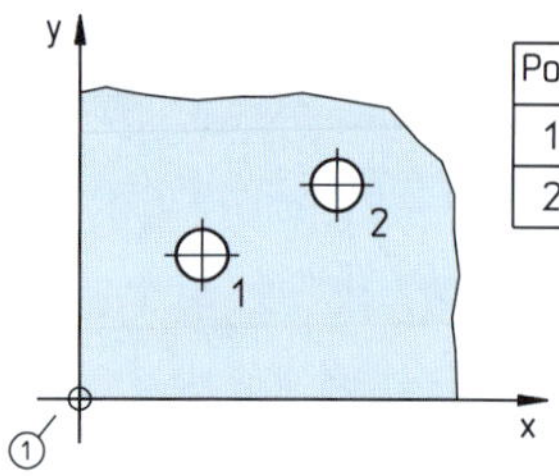

Pos.	x	y	d
1	80	50	Φ10
2	150	90	Φ8H7

②

Inkrementalbemaßung

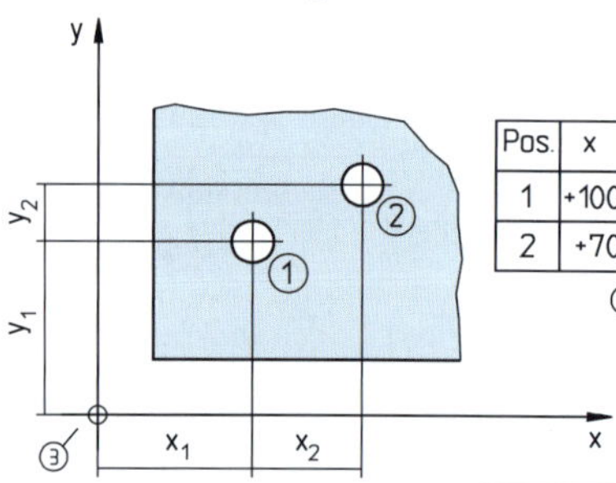

Pos.	x	y	d
1	+100	+100	Φ10
2	+70	+40	Φ8H7

②

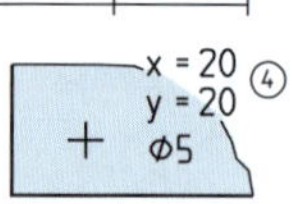

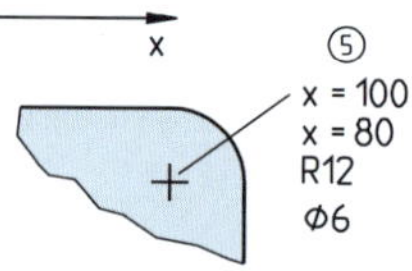

Kartesische Koordinatenachsen schneiden sich unter 90°. Sie gehen vom Ursprung aus, und es werden Längenmaße festgelegt.

① Der Ursprung liegt in einer Werkstückkante.

② Die Koordinaten können tabellarisch dargestellt werden.

③ Der Ursprung liegt außerhalb einer Werkstückkante.

④ Koordinaten und Formelementmaße können direkt am Koordinatenpunkt eingetragen werden.

⑤ Bei Platzmangel ist eine Bemaßung an einer Hinweislinie möglich.

Koordinatenbemaßung (Fortsetzung)

Polarkoordinaten

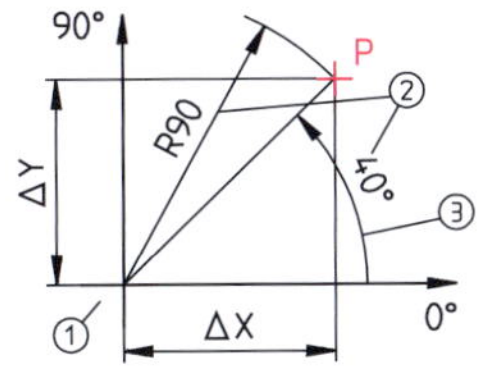

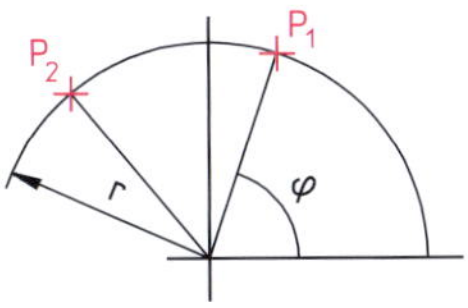

④

	r	φ
P_1	80	70°
P_2	80	120°

Polarkoordinaten
① vom Ursprung 0 aus bemaßen.
② bestehen aus einem Winkel und einem Radius.
③ gegen den Uhrzeigersinn messen.
④ können in Tabellen zusammengefaßt werden.

Die Polarkoordinaten lassen sich mit folgenden Formeln in kartesische Koordinaten umrechnen:

X-Richtung (waagerecht)

$\Delta X = R \cdot \cos\alpha$

$\Delta X = 90\ \text{mm} \cdot \cos 40° = 68{,}9\ \text{mm}$

Y-Richtung (senkrecht)

$\Delta Y = R \cdot \sin\alpha$

$\Delta Y = 90\ \text{mm} \cdot \sin 40° = 57{,}9\ \text{mm}$

Vereinfachte Darstellung und Bemaßung von Löchern — DIN 6780:2000-10

Vollständige Darstellung und Bemaßung nach DIN 406-11	Vollständige Darstellung und vereinfachte Bemaßung	Vereinfachte Darstellung und vereinfachte Bemaßung
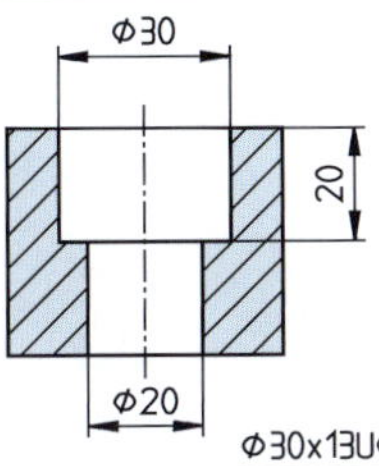	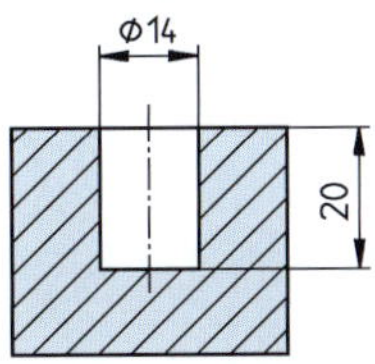	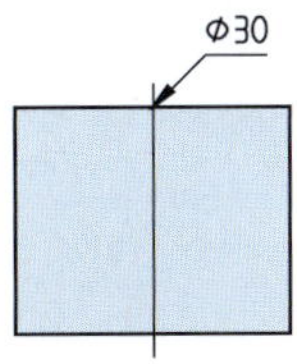
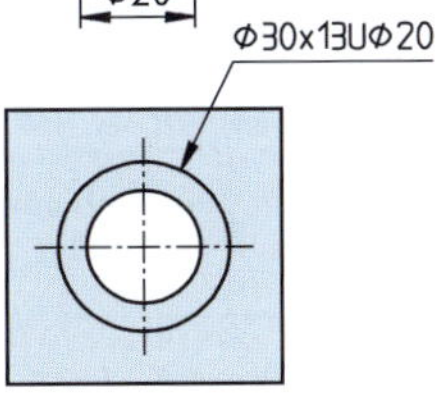	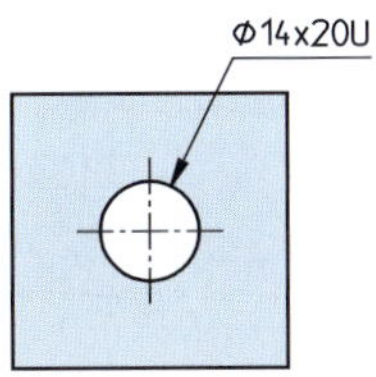	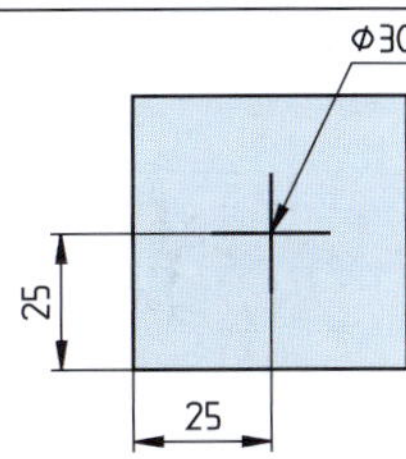

Aufbau der vereinfachten Bemaßung

Graphische Symbole

Symbol	Benennung	Beispiel
∅	Durchmesser	∅16
□	Quadrat, Vierkant	□16
×	Trennzeichen für Nennmaß und Tiefen- bzw. Winkelangabe oder Anzahl für Formelemente/Gruppen	M16×30
/	Trennzeichen für Tiefenangaben, z. B. Gewindelänge und Grundlochtiefe	M16×30/35
U	Zylindrische Senkung, flacher Lochgrund	∅16×35U
V	Werkstoffabhängige Bohrerspitze (Spitzenwinkel des Lochgrundes)	∅16×35V
W	Wendeschneidplattenbohrerspitze	∅16×35W
V̲	Maßangabe bis zur Bohrerspitze	∅16×35V̲
B-	Von der Rückseite gefertigt	B-∅16×35V

Aufbau der vereinfachten Bemaßung (Fortsetzung)

Die vereinfachte Bemaßung setzt sich aus einer Aufzählung und Benennung der verwendeten Geometrieelemente zusammen

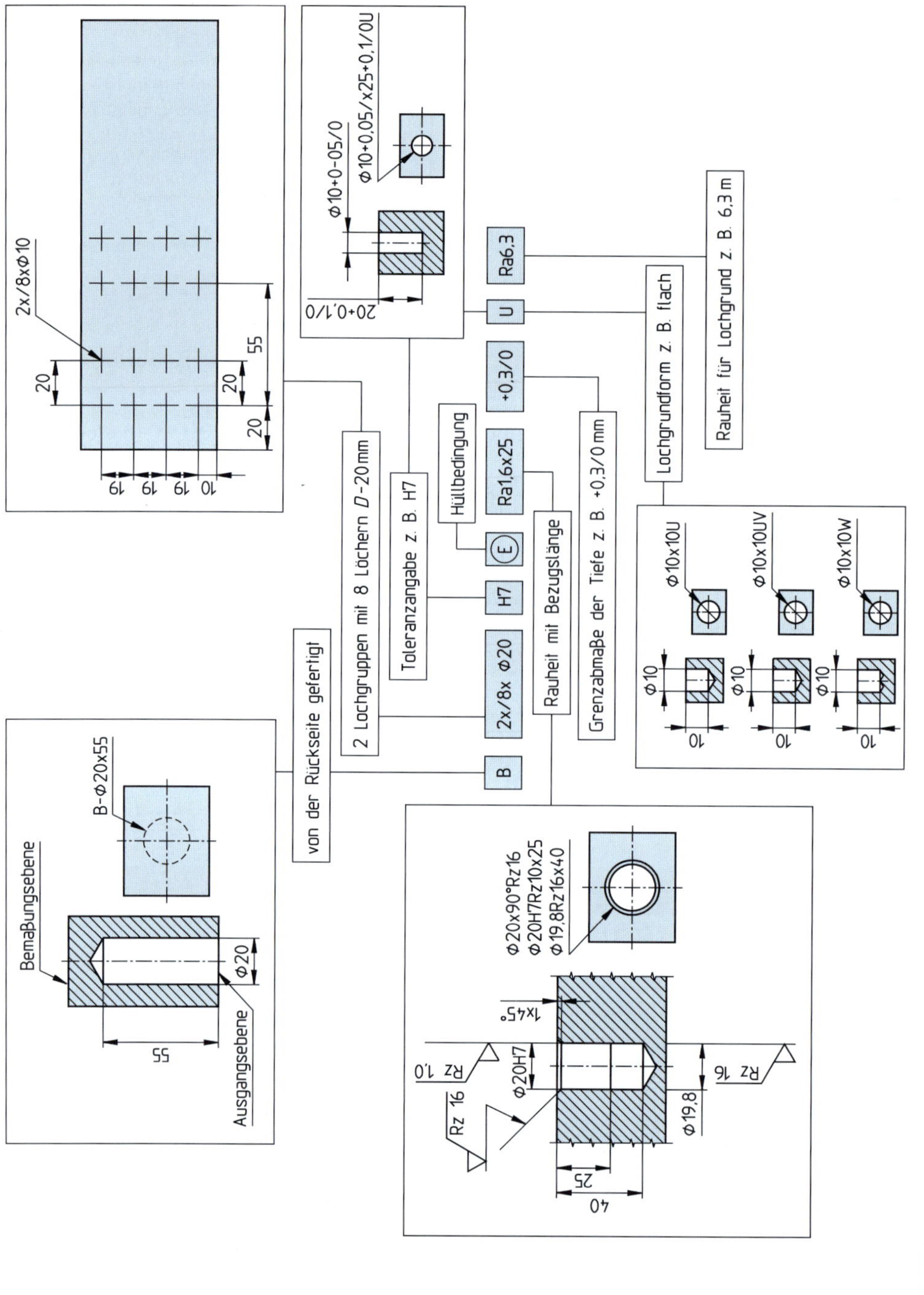

Aufbau der vereinfachten Bemaßung (Fortsetzung)

Beispiel

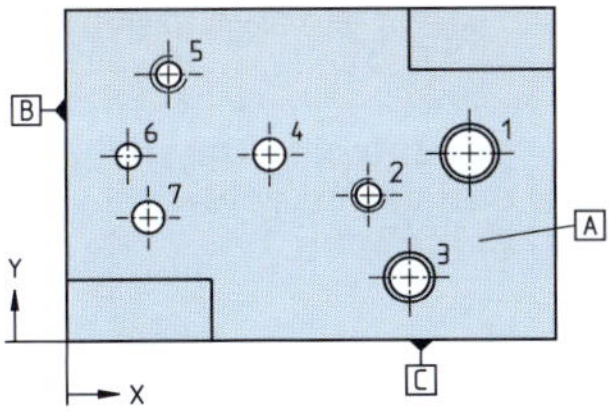

1. Bemaßung mit **kartesischen Koordinaten**

Regeln:

- Löcher erhalten fortlaufende Nummern
- Koordinatenursprung in der Zeichnung festlegen
- Formelemente in der Koordinatentabelle vereinfacht beschreiben und den Lochnummern zuordnen

Loch-Nr.	Koordinaten		Lochmaße	Positionstoleranz
	X	Y		
1	[184,5]	[100]	⌀22×90° Ra 16 ⌀20 H7 Ra 3,2×20/27	⌖ Φ0,01 A B C
2	138,1	92,3	M12×1,5-LH	a
3	164	34	⌀24×9,5 U ⌀15,5	a
4	[116]	[146]	⌀20 H7 Ra 3,2	⌖ Φ0,02 A B C
5	86	192	M12×20/35	a
6	36	174	⌀20×27 V	a
7	[46]	[70]	⌀15 + 0,050×25 U	⌖ Φ0,02 A B C

a Allgemeintoleranzen ISO 2768-mK

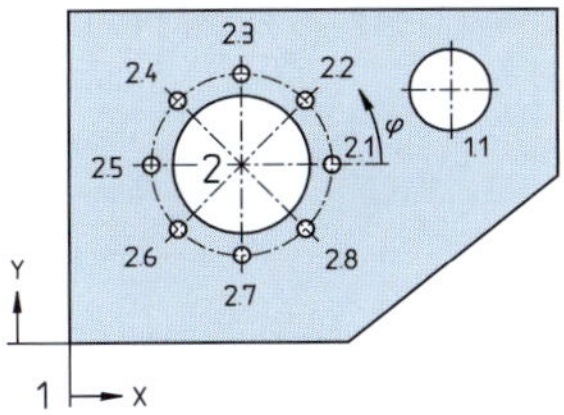

2. Bemaßung mit **Polarkoordinaten**

Polarkoordinaten bestimmen sich durch den Radius r und der Winkelangabe φ. Sie werden gegen den Uhrzeigersinn festgelegt und sind immer positiv.

Koordinatenursprung	Pos.	x	y	r	φ	d
1	1	0	0	–	–	–
1	1.1	135	75	–	–	—
1	2	60	50			⌀50
2	2.1			30	0°	⌀5
2	2.2			30	22,5°	⌀5
2	2.3			30	45°	⌀5
2	2.4			30	67,5	⌀5
2	2.5			30	90	⌀5
2	2.6			30	112,5	⌀5
2	2.7			30	135	⌀5
2	2.8			30	157,5	⌀5

Beispiele für die Darstellung und Bemaßung von Löchern, Senkungen und Innengewinde

Erklärung	Vollständige Darstellung und Bemaßung	Vollständige Darstellung und vereinfachte Bemaßung	Vereinfachte Darstellung und vereinfachte Bemaßung
Durchgangsloch ∅10 mm	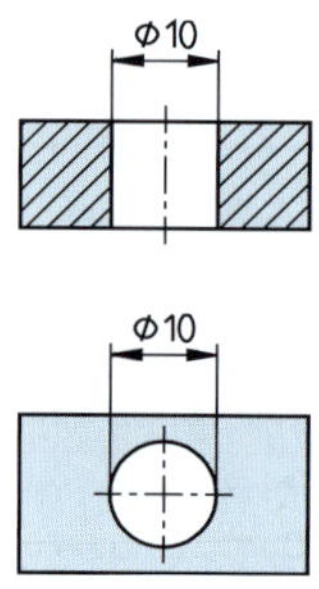	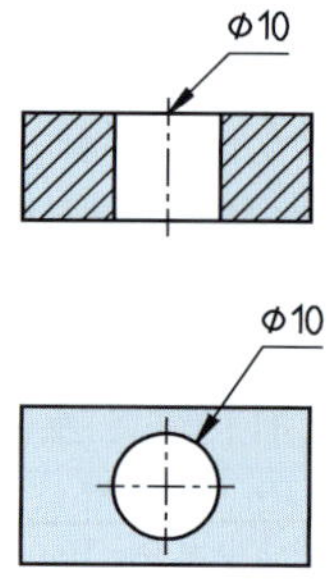	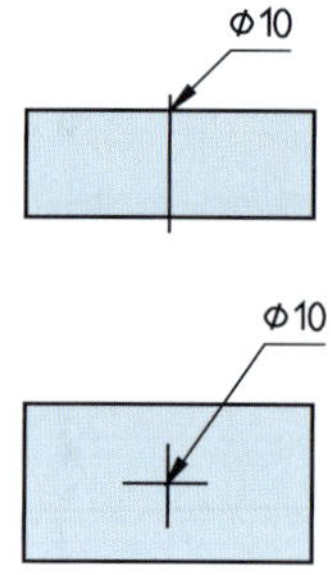
Grundloch ∅10 mm, 12 mm tief (keine Vorgabe an den Lochgrund)	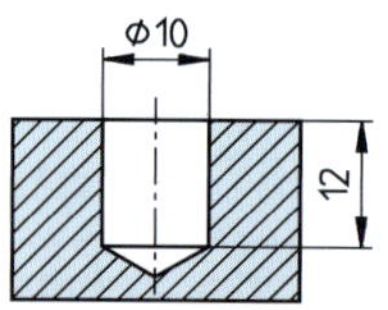	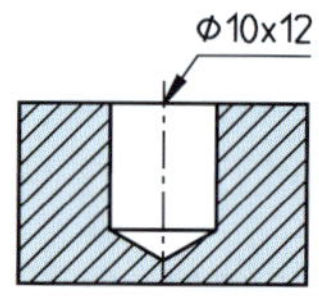	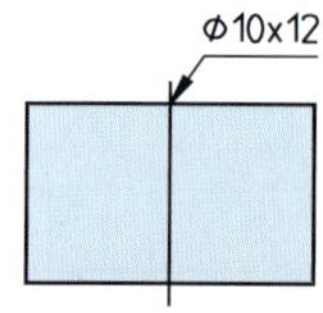
Grundloch ∅10 mm, 12 mm tief, von der Gegenseite (Rückseite) gebohrt	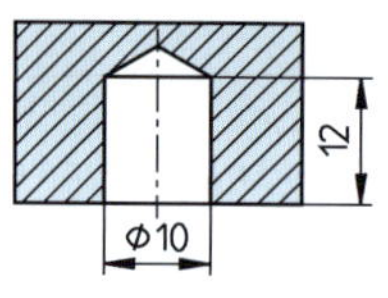	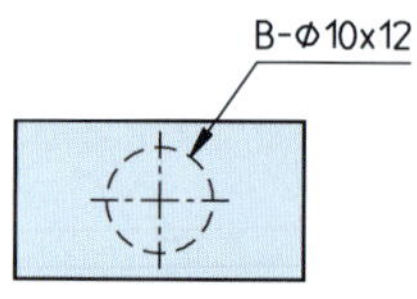	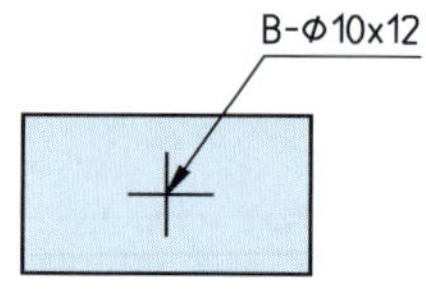
Passgrundloch ∅8 H7, 10 mm tief, Bohrungstiefe 15 mm, mit Fase 1×45°	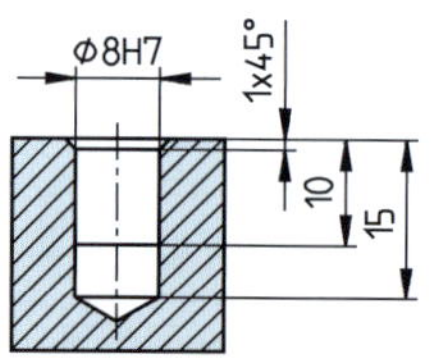	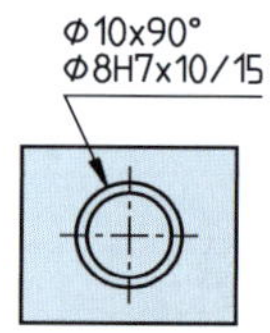	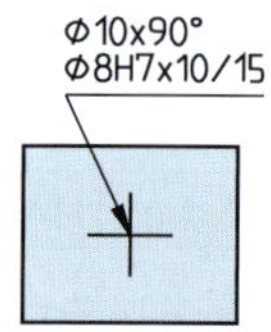
Passloch ∅10 H7 Ⓔ durchgehend, mit Fase 1×45°	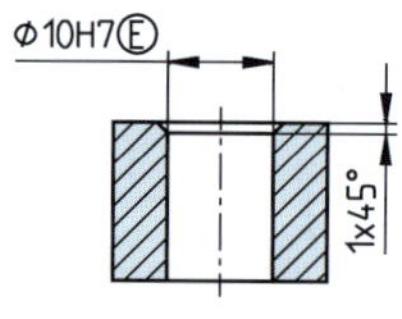	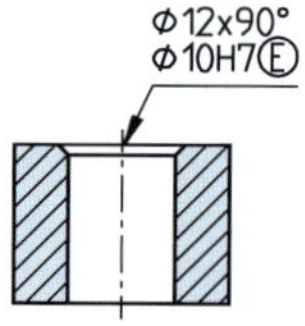	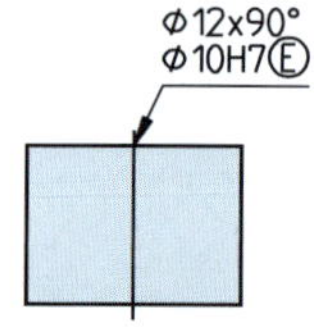
Grundloch ∅10 mm, 15 mm tief mit flachem Lochgrund	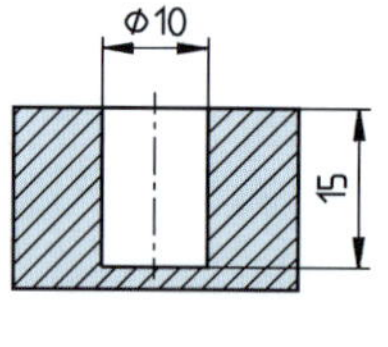	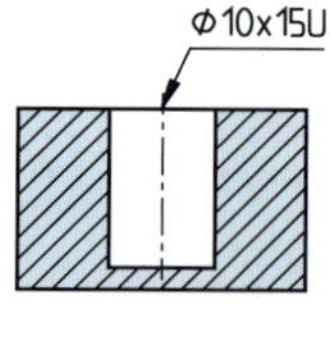	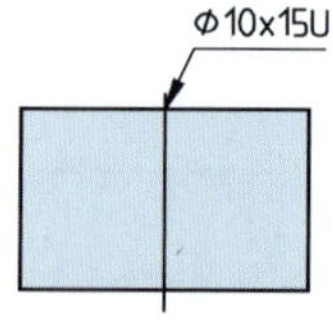

Beispiele für die Darstellung und Bemaßung von Löchern, Senkungen und Innengewinde (Fortsetzung)

Erklärung	Vollständige Darstellung und Bemaßung	Vollständige Darstellung und vereinfachte Bemaßung	Vereinfachte Darstellung und vereinfachte Bemaßung
quadratisches Durchgangsloch 10 mm × 10 mm	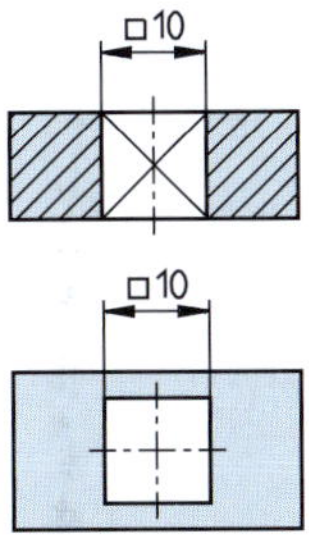	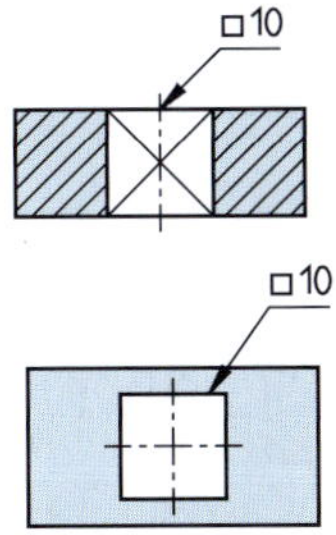	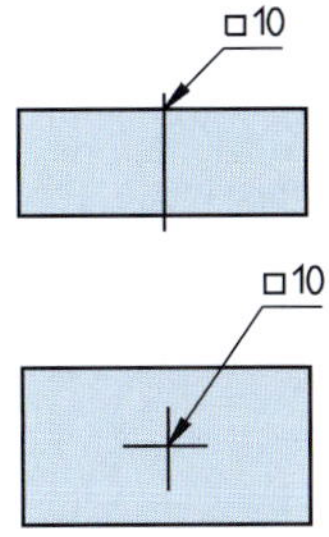
Durchgangsgewinde M10	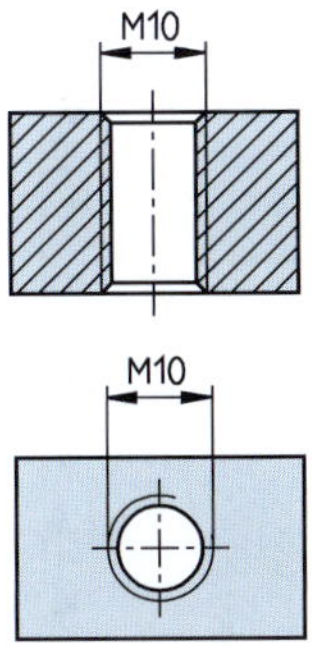	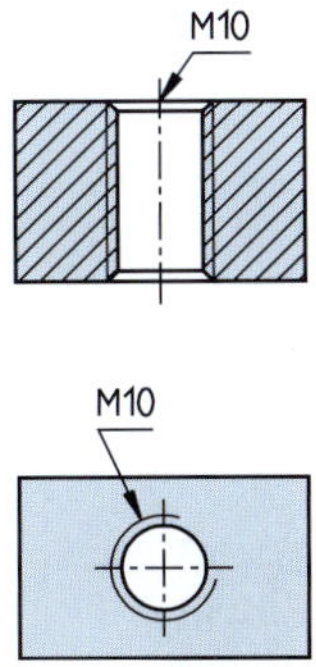	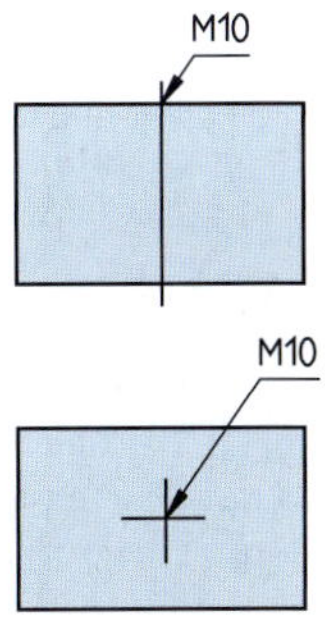
Gewinde M8 mit Gewindelänge 9 mm, Kernlochtiefe 12,9 mm	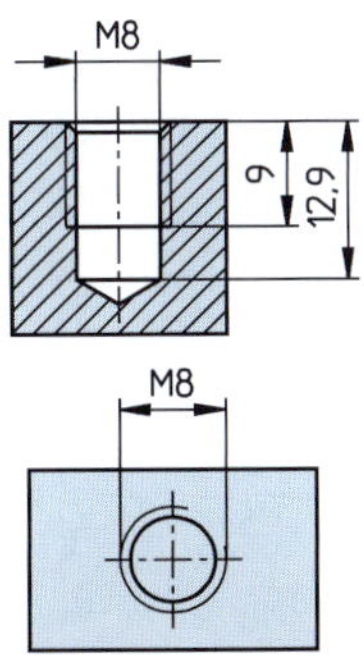	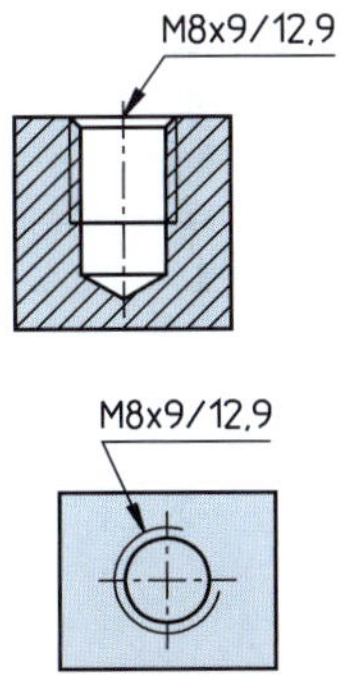	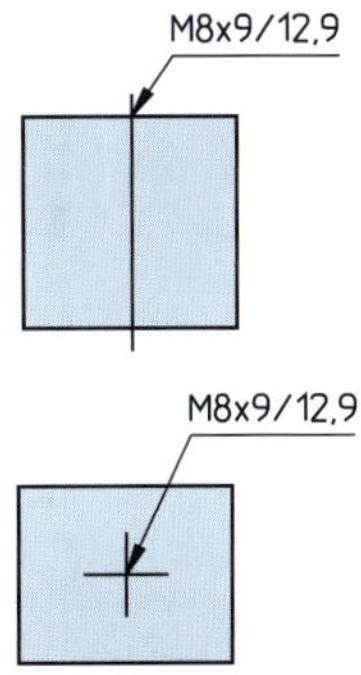
Gewinde M8 mit Gewindelänge 9 mm, Kernlochtiefe 12,9 mm, von der Pfeilseite gebohrt	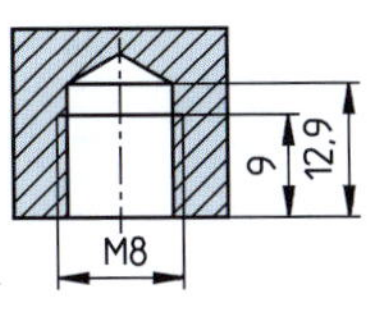	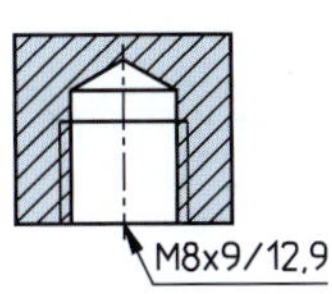	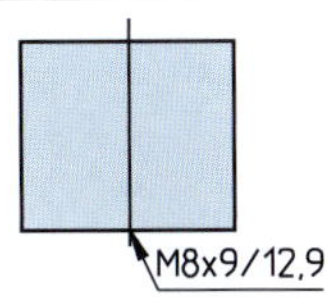
Gewinde M8 mit Gewindelänge 9 mm, Kernlochtiefe 12,9 mm, von der Rückseite (Gegenseite) gebohrt		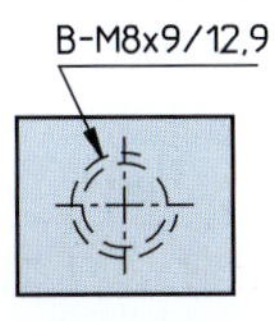	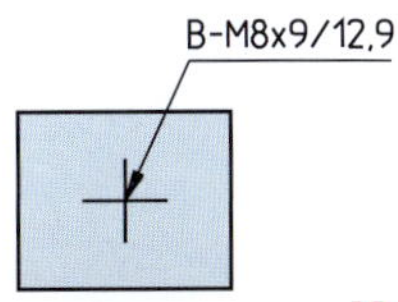

Beispiele für die Darstellung und Bemaßung von Löchern, Senkungen und Innengewinde (Fortsetzung)

<table>
<tr><th>Erklärung</th><th>Vollständige Darstellung und Bemaßung</th><th>Vollständige Darstellung und vereinfachte Bemaßung</th><th>Vereinfachte Darstellung und vereinfachte Bemaßung</th></tr>
<tr><td>Gewinde M10 mit Freisenkung ∅11 mm, 5 mm tief, Gewindetiefe 15 mm und Kernlochtiefe von 19,6 mm (von der Ausgangsebene bemaßt)</td>
<td>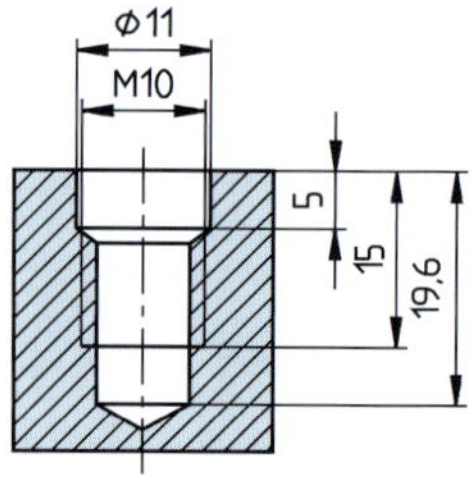
</td>
<td>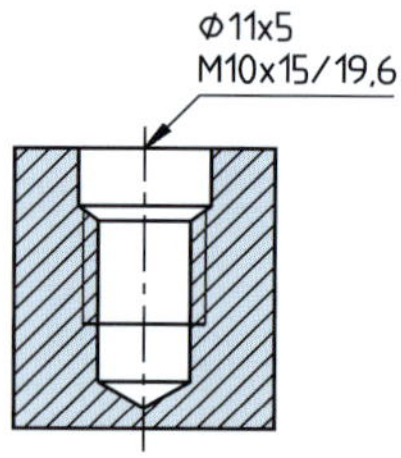

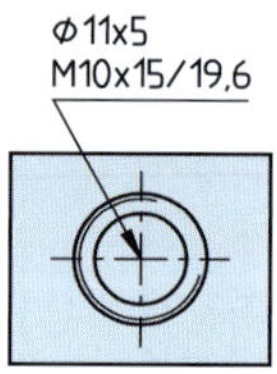
</td>
<td>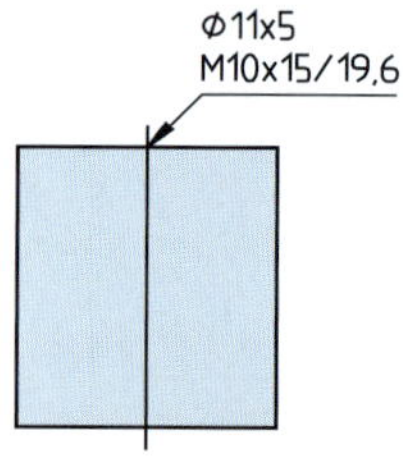

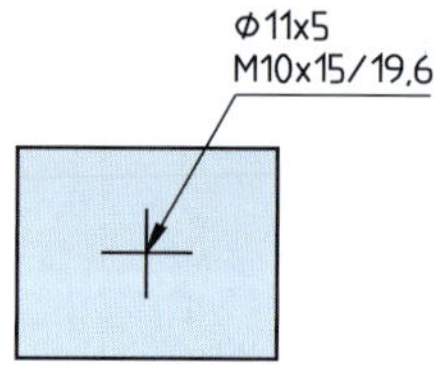
</td></tr>
<tr><td>Linksgewinde M10 mit Gewindelänge 15 mm, Kernloch durchgebohrt</td>
<td>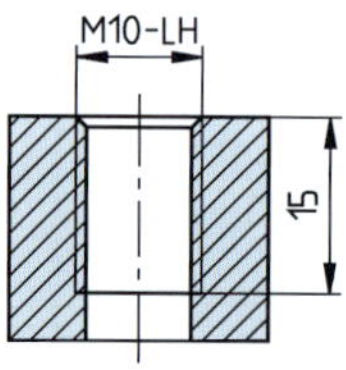
</td>
<td>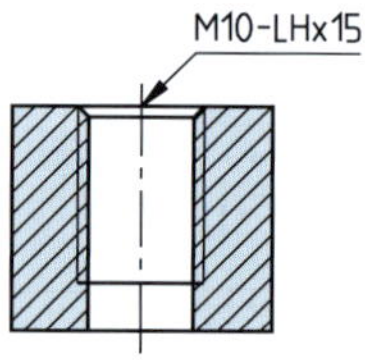

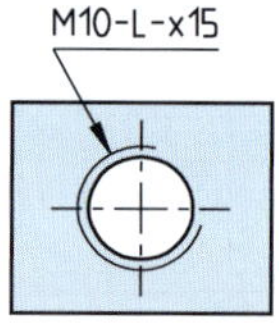
</td>
<td>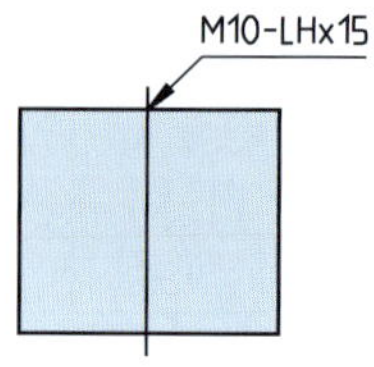

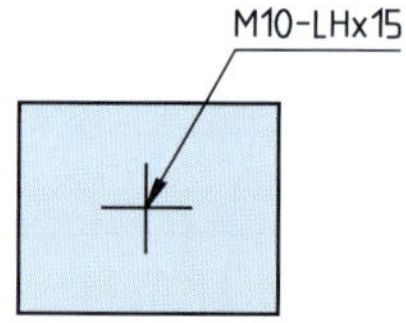
</td></tr>
<tr><td>Gewinde M10 mit 20°-Ansenkung bis auf Kernlochdurchmesser, Gewindelänge 15 mm und Kernlochtiefe von 19,6 mm</td>
<td>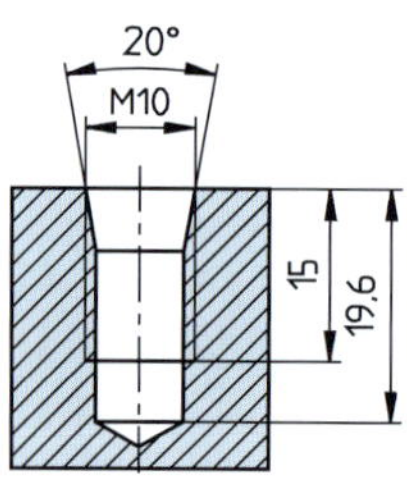
</td>
<td>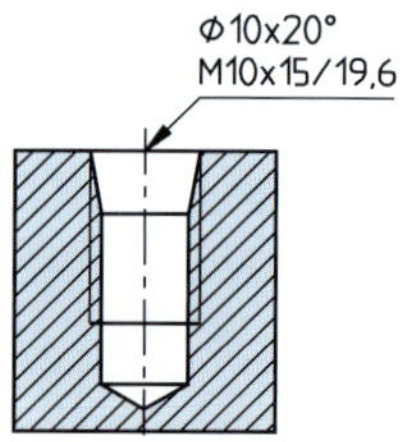

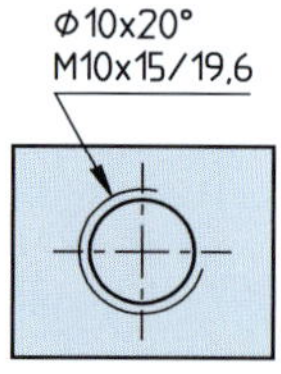
</td>
<td>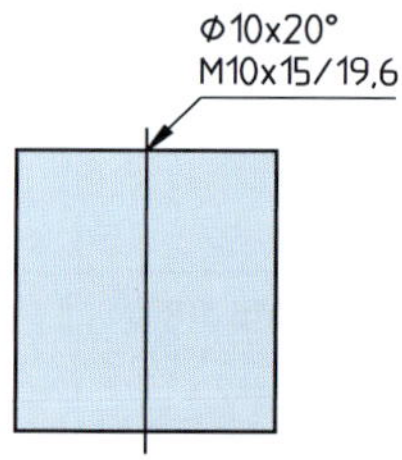

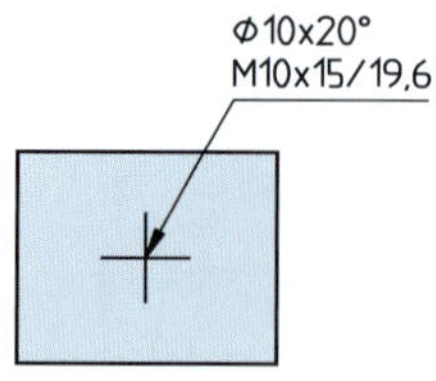
</td></tr>
</table>

Beispiele für die Darstellung und Bemaßung von Löchern, Senkungen und Innengewinde (Fortsetzung)

Erklärung	Vollständige Darstellung und Bemaßung	Vollständige Darstellung und vereinfachte Bemaßung	Vereinfachte Darstellung und vereinfachte Bemaßung
kegelige Ansenkung von 90° und Senkdurchmesser ∅8,6 mm	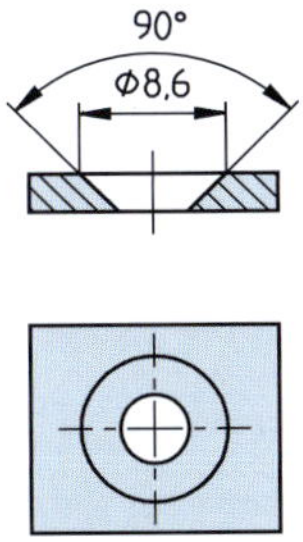	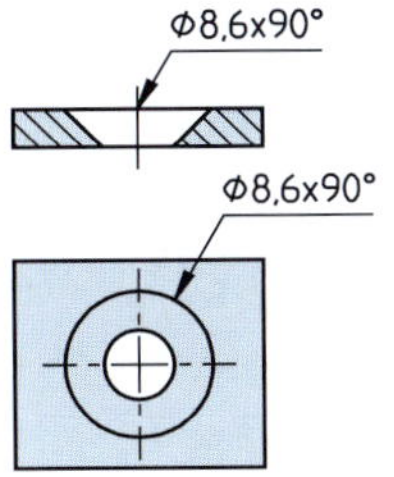	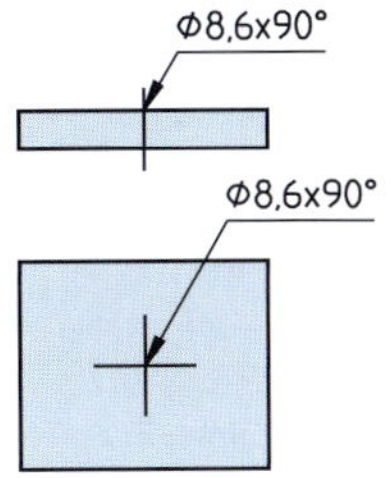
zylindrische Ansenkung ∅8 mm mit Senktiefe 0,3 mm, Durchgangsloch ∅4,3 mm mit kegeliger Ansenkung von 90° und Senkdurchmesser ∅8 mm	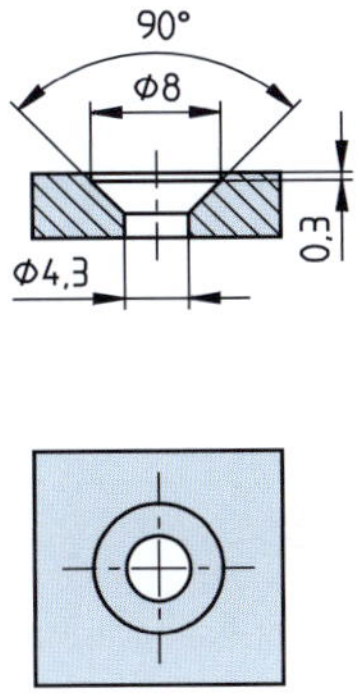	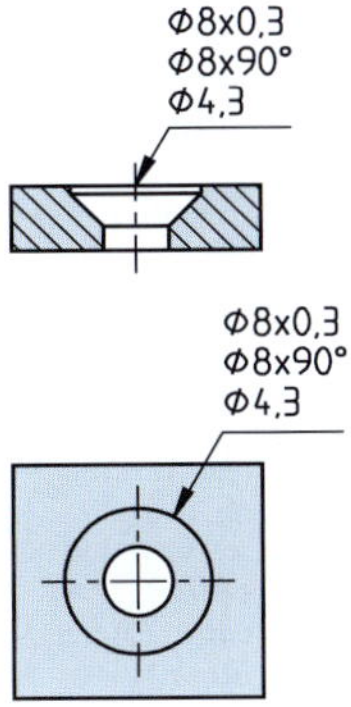	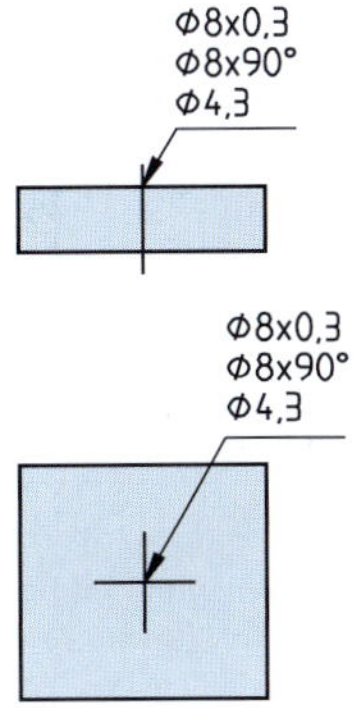

Maßtoleranzen — DIN ISO 2768-1, -2:1991-06, -04

Allgemeintoleranzen für Längenmaße

Genauigkeitsgrad	Nennmaßbereich in mm ab 0,5 bis 3	über 3 bis 6	über 6 bis 30	über 30 bis 120	über 120 bis 400	über 400 bis 1000	über 1000 bis 2000	über 2000 bis 4000
	obere und untere Abmaße für Längenmaße in mm							
f (fein)	±0,05	±0,05	±0,1	±0,15	±0,2	±0,3	±0,5	–
m (mittel)	±0,1	±0,1	±0,2	±0,3	±0,5	±0,8	±1,2	±2
c (grob)	±0,2	±0,3	±0,5	±0,8	±1,2	±2	±3	±4
v (sehr grob)	–	±0,5	±1	±1,5	±2,5	±4	±6	±8

Eintragebeispiel in Zeichnungen: ISO 2768-c

Allgemeintoleranzen für Winkelmaße

Genauigkeitsgrad	Nennmaßbereich für kürzeren Schenkel in mm bis 10	über 10 bis 50	über 50 bis 120	über 120 bis 400	über 400
	obere und untere Abmaße in Grad und Minuten				
f (fein) **m** (mittel)	±1°	±30′	±20′	±10′	±5′
c (grob)	±1° 30′	±1°	±30′	±15′	±10′
v (sehr grob)	±3°	±2°	±1°	±30′	±20′

Eintragebeispiel in Zeichnungen: ISO 2768-c

Hinweis: In älteren Zeichnungen können die Allgmeintoleranzen noch nach DIN 7168 toleriert sein; in Neukonstruktionen ist ausschließlich DIN ISO 2768 anzuwenden.

Allgemeintoleranzen für Schweißkonstruktionen DIN EN ISO 13920 : 1996-11

Allgemeintoleranzen für Längen- und Winkelmaße

Genauig-keitsgrad	Nennmaßbereich in mm ab 2 bis 30	über 30 bis 120	über 120 bis 400	über 400 bis 1000	über 1000 bis 2000	über 2000 bis 4000	über 4000 bis 8000	über 8000 bis 12000
	obere und untere Abmaße für Längenmaße in mm							
A	±1	±1	±1	±2	±3	±4	±5	±6
B	±1	±2	±2	±3	±4	±6	±8	±10
C	±1	±3	±4	±6	±8	±11	±14	±18
D	±1	±4	±7	±9	±12	±16	±21	±27

Genauig-keitsgrad	Nennmaßbereich in mm für die Länge des kürzeren Schenkels			Nennmaßbereich in mm für die Länge des kürzeren Schenkels		
	bis 400	über 400 bis 1000	über 1000	bis 400	über 400 bis 1000	über 1000
	obere und untere Abmaße für Winkelmaße in Grad und Minuten			obere und untere Abmaße für Winkelmaße als Tangenswert der Allgemeintoleranz in mm je 1 m des kürzeren Schenkels*		
A	±20′	±15′	±10′	±6	±4,5	±3
B	±45′	±30′	±20′	±13	±9	±6
C	±1°	±45′	±30′	±18	±13	±9
D	±1° 30′	±1° 15′	±1°	±26	±22	±18

Zeichnungseintragung z. B. für Genauigkeitsgrad „C“: EN ISO 13920-C
* Werte gerundet

Allgemeintoleranzen für Form und Lage

Genauig-keitsgrad	Nennmaßbereich in mm für größere Seitenlänge der Fläche über 30 bis 120	über 120 bis 400	über 400 bis 1000	über 1000 bis 2000	über 2000 bis 4000	über 4000 bis 8000	über 8000 bis 12000
	Genauigkeit für Geradheit, Ebenheit, Parallelität in mm						
E	0,5	1	1,5	2	3	4	5
F	1	1,5	3	4,5	6	8	10
G	1,5	3	5,5	9	11	16	20
H	2,5	5	9	14	18	26	32

Zeichnungseintragung z. B. für Genauigkeitsgrad „G“: EN ISO 13920-G
kombiniert mit Genauigkeitsgrad „B“ für Länge: EN ISO 13920-BG

Maßtoleranzen für thermische Schnitte DIN EN ISO 9013:2003-07 (früher DIN 2310)

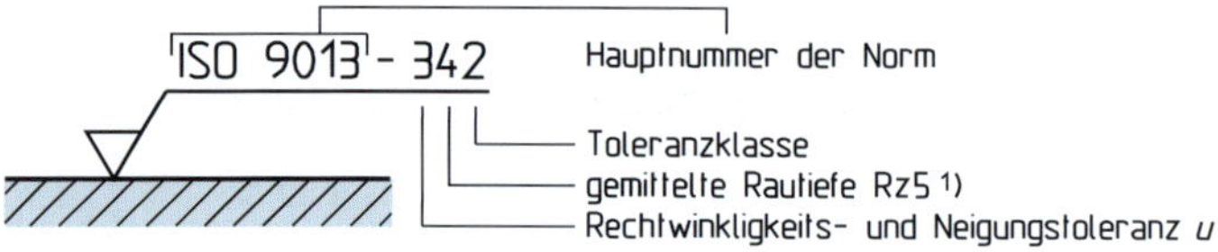

Hinweis:
Es wird in dieser Norm nur noch die Qualität der thermischen Schnitte unabhängig vom Schneidprozess (autogenes Brennschneiden, Plasmaschneiden, Laserstrahlschneiden) berücksichtigt; Brennschnitte an Aluminium, Titan, Magnesium und ihren Legierungen sowie Messing lassen sich nicht bzw. nur bedingt nach dieser Norm bewerten. Es sind in der Regel höhere Werte zu erwarten.

Bereich (Güteklassen)	Rechtwinkligkeits- und Neigungstoleranz u in mm 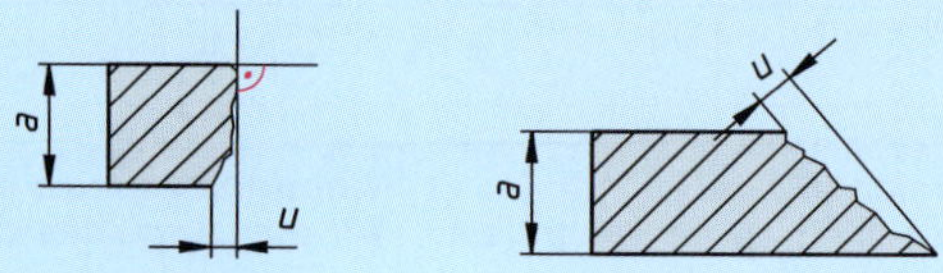	Rautiefe Rz5[1]) in µm 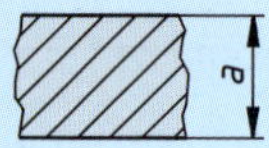
1	$u \leq 0{,}005 + 0{,}003\,a$	$Rz \leq 10 + (0{,}6a : \text{mm})$
2	$u \leq 0{,}15 + 0{,}007\,a$	$Rz \leq 40 + (0{,}8a : \text{mm})$
3	$u \leq 0{,}4 + 0{,}01\,a$	$Rz \leq 70 + (1{,}2a : \text{mm})$
4	$u \leq 0{,}8 + 0{,}02\,a$	$Rz \leq 110 + (1{,}8a : \text{mm})$
5	$u \leq 1{,}2 + 0{,}035\,a$	–

Werkstückdicke in mm	Grenzabmaße für Nennmaße in mm								Toleranzklasse
	0 … < 3	3 … < 10	10 … < 35	35 … < 125	125 … < 315	315 … < 1000	1000 … < 2000	2000 … < 4000	
0 … 1	±0,04	±0,1	±0,1	±0,2	±0,2	±0,3	±0,3	±0,3	**1** (früher Klasse A für autogenes Brennschneiden)
> 1 … 3,15	±0,10	±0,2	±0,2	±0,3	±0,3	±0,4	±0,4	±0,4	
> 3,15 … 6,3	±0,30	±0,3	±0,4	±0,4	±0,5	±0,5	±0,5	±0,6	
> 6,3 … 10		±0,5	±0,6	±0,6	±0,7	±0,7	±0,7	±0,8	
> 10 … 50		±0,6	±0,6	±0,4	±0,8	±1,0	±1,6	±2,5	
> 50 … 100			±1,3	±1,3	±1,4	±1,7	±2,2	±3,1	
> 100 … 150			±1,9	±2,0	±2,1	±2,3	±2,9	±3,8	
> 150 … 200			±2,6	±2,7	±2,7	±3,0	±3,6	±4,5	
> 200 … 250						±3,7	±4,2	±5,2	
> 250 … 300						±4,4	±4,9	±5,9	
0 … 1	±0,1	±0,3	±0,4	±0,5	±0,7	±0,8	±0,9	±0,9	**2** (früher Klasse B für autogenes Brennschneiden)
> 1 … 3,15	±0,2	±0,4	±0,5	±0,7	±0,8	±0,9	±1,0	±1,1	
> 3,15 … 6,3	±0,5	±0,7	±0,8	±0,9	±1,1	±1,2	±1,3	±1,3	
> 6,3 … 10		±1,0	±1,1	±1,3	±1,4	±1,5	±1,6	±1,7	
> 10 … 50		±1,8	±1,8	±1,8	±1,9	±2,3	±3,0	±4,2	
> 50 … 100			±2,5	±2,5	±2,6	±3,0	±3,7	±4,9	
> 100 … 150			±3,2	±3,3	±3,4	±3,7	±4,4	±5,7	
> 150 … 200			±4,0	±4,0	±4,1	±4,5	±5,2	±6,4	
> 200 … 250						±5,2	±5,9	±7,2	
> 250 … 300						±6,0	±6,7	±7,9	

Bauteile erhalten eine Bearbeitungszugabe, um die Fertigteil-Nennmaße einzuhalten, wenn eine Nachbearbeitung erfolgt.

Schnittdicke a in mm	Bearbeitungszugabe B_z für jede Schnittfläche in mm
2 … 20	2
> 20 … 50	3
> 50 … 80	5
> 80	7

Beispieleintragung in eine technische Zeichnung **Thermischer Schnitt ISO 9013-132**

[1]) Rz5 berechnet sich als arithmetisches Mittel aus den Rautiefen von 5 aneinandergrenzenden Einzelmessstrecken

Toleranzen im Hochbau — DIN 18202:2005-10

Grenzmaße

Bezug	Grenzabmaße in mm bei Nennmaßen in m: bis 3	über 3 bis 6	über 6 bis 15	über 15 bis 30	über 30
Maße im Grundriss, z. B. Längen, Breiten, Achs- und Rastermaße	±12	±16	±20	±24	±30
Maße im Aufriss, z. B. Höhen von Geschossen, Podesten sowie Abstände von Aufstandflächen und Konsolen	±16	±16	±20	±30	±30
Lichte Maße im Grundriss, z. B. Abstände zwischen Stützen, Pfeilern usw.	±16	±20	±24	±30	–
Lichte Maße im Aufriss, z. B. unter Decken und Unterzügen	±20	±20	±30	–	–
Öffnungen für Fenster, Türen, Einbauelemente usw.	±12	±16	–	–	–
Öffnungen mit oberflächenfertigen Leibungen	±10	±12	–	–	–

Winkeltoleranzen im Hochbau

Bezug	Stichmaß als Grenzwerte in mm bei Nennmaßen in m: bis 1	von 1 bis 3	über 3 bis 6	über 6 bis 15	über 15 bis 30	über 30
alle Flächen	6	8	12	16	20	30

Vorgefertigte Teile aus Stahl

Grenzabmaße in mm bei Nennmaß in mm: < 2000	über 2000 bis 4000	über 4000 bis 8000	über 8000 bis 12 000	über 12 000 bis 16 000	> 16 000
±1	±2	±3	±4	±5	±6

Toleranzübersicht

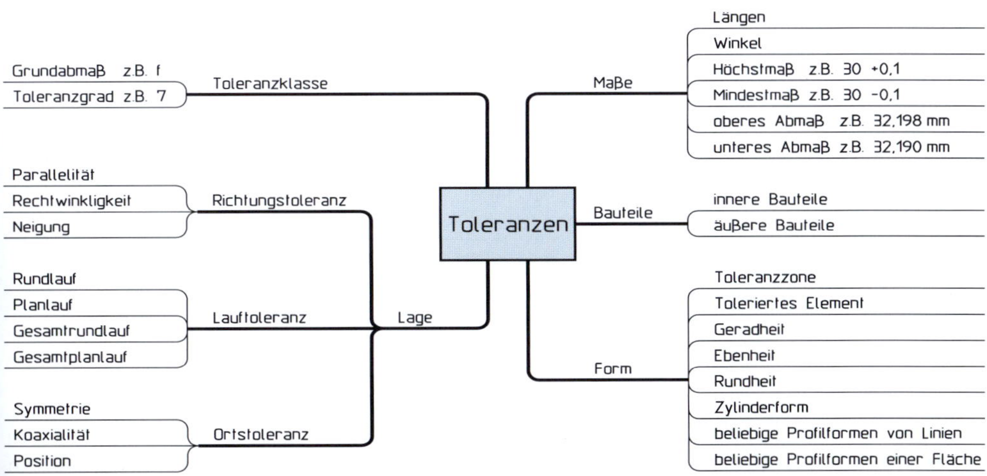

Maßtoleranzen in Zeichnungen — DIN ISO 286-1:1990-11, DIN 406-12:1992-12

Eintragung von Maßtoleranzen in Zeichnungen

Toleranzklassen

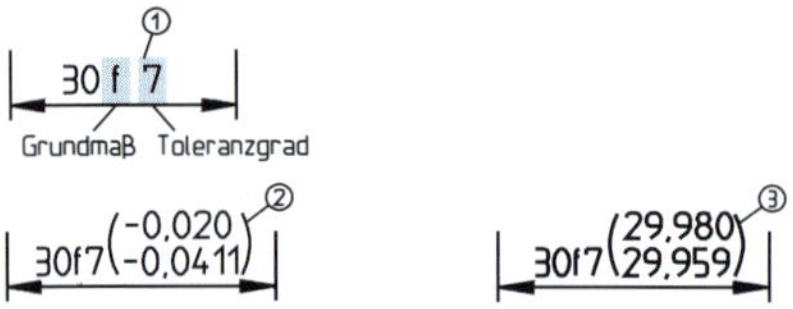

① Das Kurzzeichen der Toleranzklasse wird hinter das Nennmaß geschrieben. Das Kurzzeichen setzt sich aus dem Grundabmaß f und dem Toleranzgrad 7 zusammen.

② Die Abmaße können zusätzlich ergänzt werden.

③ Die Grenzmaße können zusätzlich ergänzt werden.

Abmaße, Grenzabmaße

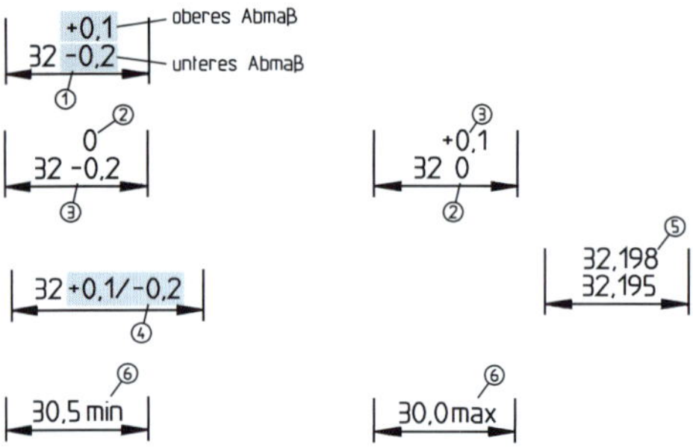

① Die Abmaße werden hinter das Nennmaß geschrieben. Das obere Abmaß steht über dem unteren Abmaß.

② Fällt eines der Abmaße mit dem Nennmaß zusammen, wird die Zahl 0 eingetragen.

③ Bei gleichen Abmaßen wird das Zeichen ± vor den Wert geschrieben, z. B. ±0,1

④ Die Abmaße können auch hintereinander geschrieben werden; sie sind durch einen Schrägstrich zu trennen, z. B. −0,1/−0,2

⑤ Grenzmaße werden als Höchstmaß und Mindestmaß eingetragen, z. B. 32,198
32,195

⑥ Einseitige Grenzmaße werden durch die Abkürzungen min. oder max. gekennzeichnet, z. B. 30,5 min.

Gefügte Bauteile

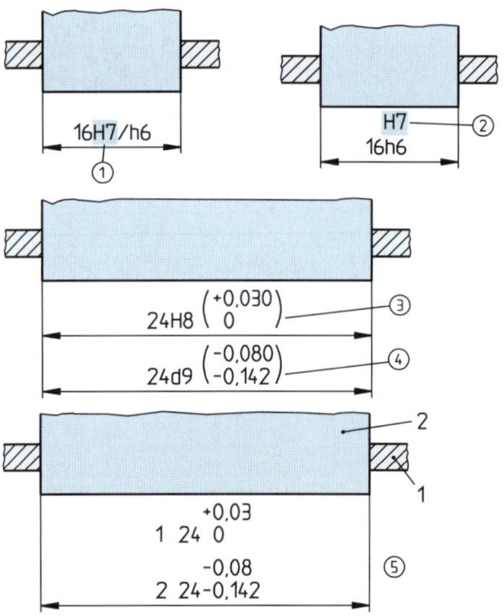

In Zusammenbauzeichnungen wird die Toleranzklasse des äußeren Bauteils

① vor oder

② über die Toleranzklasse des inneren Bauteils geschrieben.

Sollen die Abmaße eingetragen werden steht das Abmaß für

③ das äußere Bauteil oben und

④ für das innere Bauteil unten jeweils auf einer eigenen Maßlinie.

⑤ Die Eintragung ist vereinfacht auf einer Maßlinie möglich, wenn zusätzlich die Positionsnummern der Bauteile vor die Bemaßung geschrieben wird.

Toleranzen für Winkelmaße

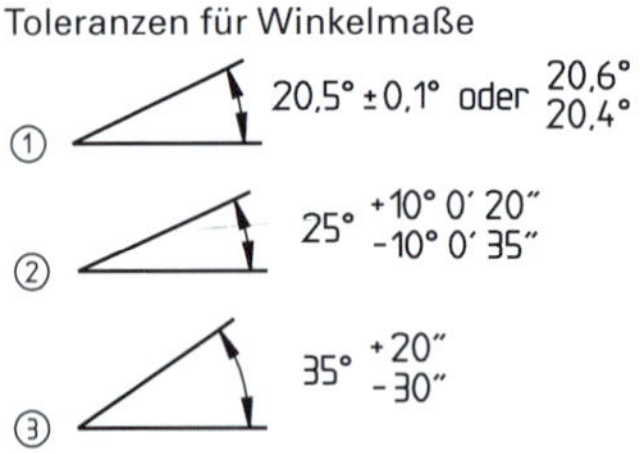

① Die Regeln der Längentoleranzen sind sinngemäß auf Winkelmaße übertragbar.

② Die Einheiten der Winkelmaße sind anzugeben.

③ Zur Vereinfachung dürfen die Nullen vor den Zahlenwerten weggelassen werden, wenn die Einheiten Winkelminuten oder -sekunden sind.

Passungen, Begriffe DIN ISO 286-1 : 1990-11

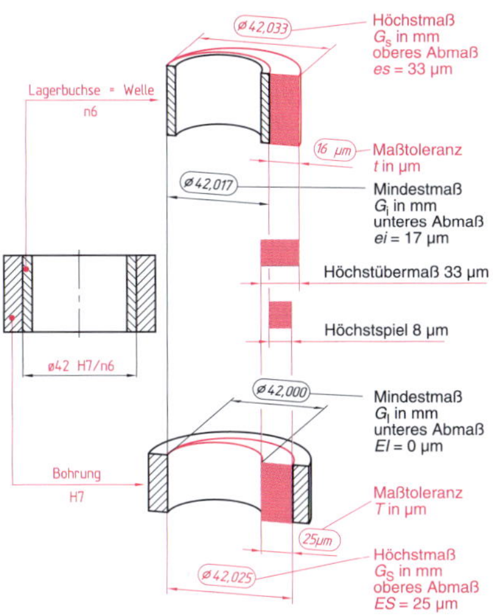

Begriffe	Bedeutung
Nulllinie	Linie, die das Nennmaß darstellt.
Grenzmaße oberes Abmaß (*ES, es*) unteres Abmaß (*EI, ei*)	 Größtes zugelassenes Istmaß. Kleinstes zugelassenes Istmaß.
Maßtoleranz (*T, t*)	Differenz zwischen oberen und unterem Abmaß $T = G_S - G_I = ES - EI$, $t = G_s - G_i = es - ei$
Grundtoleranz	Eine Toleranz in µm, die einem Toleranzgrad (z. B. IT7) und einem Nennmaßbereich (z. B. 10–18 mm) zugeordnet ist.
Toleranzgrad	Zahl für einen Grundtoleranzgrad
Toleranzklasse	Benennung für eine Kombination aus einem Grundabmaß mit einem Toleranzgrad, z. B. H7
Höchstmaß	Bohrung: $G_S = N + ES$, Welle: $G_s = N + es$
Mindestmaß	Bohrung: $G_I = N + EI$, Welle: $G_i = N + ei$
Passung	Differenz zwischen den Maßen zweier zu fügender Bauteile

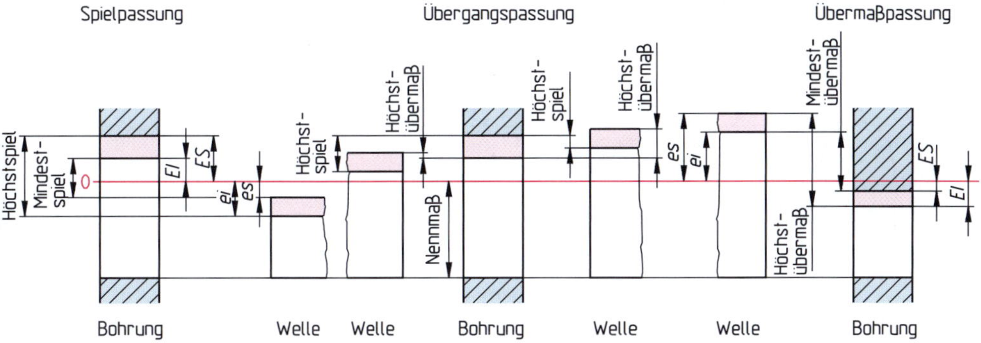

Passungssysteme

Einheitsbohrung

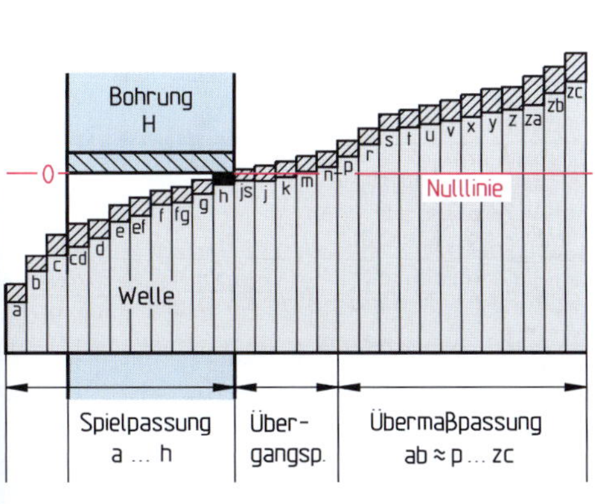

Bohrungen haben immer H.
Die H-Toleranz „sitzt" auf der Nulllinie

Einheitswelle

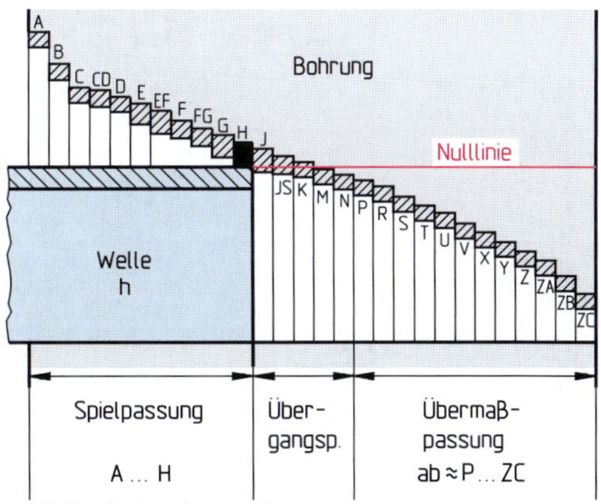

Wellen haben immer h.
Die h-Toleranz „hängt" an der Nulllinie.

Theoretische Grundlagen
Technische Kommunikation
Werkstoffe
Bauelemente
Fertigungstechnik
Informations- und Steuerungstechnik
Anhang

Grundtoleranzen in µm — DIN ISO 286-1, -2 : 1990-11

Nennmaß in mm	IT 01	IT 0	IT 1	IT 2	IT 3	IT 4	IT 5	IT 6	IT 7	IT 8	IT 9	IT 10	IT 11	IT 12	IT 13	IT 14*	IT 15*	IT 16*	IT 17*	IT 18*
bis **3**	0,3	0,5	0,8	1,2	2	3	4	6	10	14	25	40	60	100	140	250	400	600	1000	1400
über **3** bis **6**	0,4	0,6	1	1,5	2,5	4	5	8	12	18	30	48	75	120	180	300	480	750	1200	1800
über **6** bis **10**	0,4	0,6	1	1,5	2,5	4	6	9	15	22	36	58	90	150	220	360	580	900	1500	2200
über **10** bis **18**	0,5	0,8	1,2	2	3	5	8	11	18	27	43	70	110	180	270	430	700	1100	1800	2700
über **18** bis **30**	0,6	1	1,5	2,5	4	6	9	13	21	33	52	84	130	210	330	520	840	1300	2100	3300
über **30** bis **50**	0,6	1	1,5	2,5	4	7	11	16	25	39	62	100	160	250	390	620	1000	1600	2500	3900
über **50** bis **80**	0,8	1,2	2	3	5	8	13	19	30	46	74	120	190	300	460	740	1200	1900	3000	4600
über **80** bis **120**	1	1,5	2,5	4	6	10	15	22	35	54	87	140	220	350	540	870	1400	2200	3500	5400
über **120** bis **180**	1,2	2	3,5	5	8	12	18	25	40	63	100	160	250	400	630	1000	1600	2500	4000	6300
über **180** bis **250**	2	3	4,5	7	10	14	20	29	46	72	115	185	290	460	720	1150	1850	2900	4600	7200
über **250** bis **315**	2,5	4	6	8	12	16	23	32	52	81	130	210	320	520	810	1300	2100	3200	5200	8100
über **315** bis **400**	3	5	7	9	13	18	25	36	57	89	140	230	360	570	890	1400	2300	3600	5700	8900
über **400** bis **500**	4	6	8	10	15	20	27	40	63	97	155	250	400	630	970	1550	2500	4000	6300	9700
Qualität	sehr fein						fein			mittel			grob		sehr grob					

* Toleranzgrenze IT 14 bis IT 18 sind für die Nennmaße bis 1 mm nicht anzuwenden

Passungsauswahl

Passungsempfehlung

Aus der Reihe 1	H8/x8	H8/u8	H7/r6	H7/n6	H7/h6	H8/h9	H7/f7	F8/h6	H8/f7	F8/h9	E9/h9	D10/h9	C11/h9
Aus der Reihe 1 und 2	H7/s6	H7/k6	H7/j6	H11/h9	G7/h6	H7/g6	H8/e8	H8/d9	D10/h11	C11/h11			
Aus der Reihe 2	H11/h11	H11/d9	H11/c11	A11/h11	H11/a11								

System Einheitsbohrung (blau hinterlegt)
System Einheitswelle (gelb hinterlegt)

	Einheitsbohrung	Darstellung	Beschreibung	Darstellung	Einheitswelle
Übermaßpassung	H7/x8 (H8/u8)	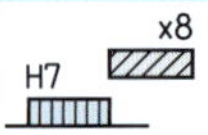	Übermaß Fügen der Bauteile nur Schrumpfen oder Dehnen mit/ohne Druck möglich; z. B. Räder/Kupplungen auf Achsen, Zapfen, Buchsen. Bauteile müssen gegen Verdrehen nicht gesichert werden.		
	H7/r6	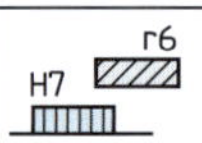			
Übergangspassung	H7/n6	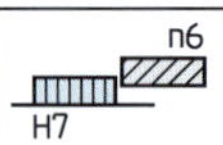	Eher Übermaß zu erwarten als Spiel. Fügen der Bauteile unter geringem Druck möglich; z. B. Kupplungen, Buchsen in Gehäusen, Ritzel auf Wellenenden. Sicherung gegen Verdrehen notwendig.		
	H6/j6	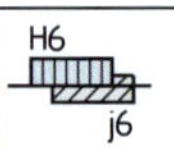	Eher Spiel zu erwarten als Übermaß. Fügen der Bauteile mit leichten Hammerschlägen; sichern gegen Verdrehen, z. B. Handräder, Riemenscheiben, Wechselräder.		
Spielpassung	H7/h6 H8/h9	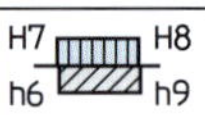	Bauteile noch gleitfähig, Verschieben mit Hand möglich z. B. Riemenscheiben, Handräder, Dichtungsringe.	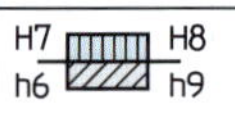	H7/h6 H8/h9
	H8/f7	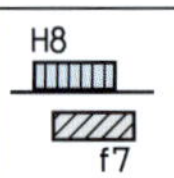	Bauteile haben kleines Spiel und sind leicht gegeneinander verschiebbar. Einsatz für alle Lagerungen auf Wellen, z. B. Wechselräder, Kupplungen, Steuerkolben.	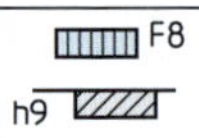	F8/h9
	H8/d9 (H11/d9)	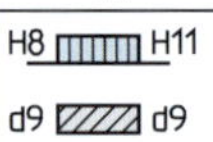	Bauteile mit reichlichem Spiel für grobe Passungen, z. B. Lager für Kranantriebe, Leerlaufscheiben, Achsbuchsen im Landmaschinenbau.	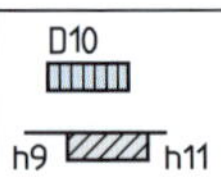	D10/h9 (D10/h11)

ISO-Passungen für Einheitsbohrung DIN ISO 286-2 : 1990-11, DIN 7154-1 : 1966-08

Nennmaß-bereich in mm	Grenzabmaße in µm																	
	Bohrg. H7	Welle									Bohrg. H8	Welle						
		s6	r6	n6	m6	k6	j6	h6	g6	f7		x8	u8	s8	h9	f7	e8	d9
von 1 bis 3	+10 0	+20 +14	+16 +10	+10 +4	+8 +2	+6 0	+4 −2	0 −6	−2 −8	−6 −16	+14 0	+34 +20	–	+28 +14	0 −25	−6 −16	−14 −28	−20 −45
über 3 bis 6	+12 0	+27 +19	+23 +15	+16 +8	+12 +4	+9 +1	+6 −2	0 −8	−4 −12	−10 −22	+18 0	+46 +28	–	+37 +19	0 −30	−10 −22	−20 −38	−30 −60
über 6 bis 10	+15 0	+32 +23	+28 +19	+19 +10	+15 +6	+10 +1	+7 −2	0 −9	−5 −14	−13 −28	+22 0	+56 +34	–	+45 +23	0 −36	−13 −28	−25 −47	−40 −76
über 10 bis 14	+18 0	+39 +28	+34 +23	+23 +12	+18 +7	+12 +1	+8 −3	0 −11	−6 −17	−16 −34	+27 0	+67 +40	–	+55 +28	0 −43	−16 −34	−32 −59	−50 −93
über 14 bis 18												+72 +45						
über 18 bis 24	+21 0	+48 +35	+41 +28	+28 +15	+21 +8	+15 +2	+9 −4	0 −13	−7 −20	−20 −41	+33 0	+87 +54	–	+68 +35	0 −52	−20 −41	−40 −73	−65 −117
über 24 bis 30												+97 +64	+81 +48					
über 30 bis 40	+25 0	+59 +43	+50 +34	+33 +17	+25 +9	+18 +2	+11 −5	0 −16	−9 −25	−25 −50	+39 0	+119 +80	+99 +60	+82 +43	0 −62	−25 −50	−50 −89	−80 −142
über 40 bis 50												+136 +97	+109 +70					
über 50 bis 65	+30 0	+72 +53	+60 +41	+39 +20	+30 +11	+21 +2	+12 −7	0 −19	−10 −29	−30 −60	+46 0	+168 +122	+133 +87	+99 +53	0 −74	−30 −60	−60 −106	−100 −174
über 65 bis 80		+78 +59	+62 +43									+192 +146	+148 +102	+105 +59				
über 80 bis 100	+35 0	+93 +71	+73 +51	+45 +23	+35 +13	+25 +3	+13 −9	0 −22	−12 −34	−36 −71	+54 0	+232 +178	+178 +124	+125 +71	0 −87	−36 −71	−72 −126	−120 −207
über 100 bis 120		+101 +79	+76 +54									+264 +210	+198 +144	+133 +79				
über 120 bis 140	+40 0	+117 +92	+88 +63	+52 +27	+40 +15	+28 +3	+14 −11	0 −25	−14 −39	−43 −83	+63 0	+311 +248	+233 +170	+155 +92	0 −100	−43 −83	−85 −148	−145 −245
über 140 bis 160		+125 +100	+90 +65									+343 +280	+253 +190	+163 +100				
über 160 bis 180		+133 +108	+93 +68									+373 +310	+273 +210	+171 +108				
über 180 bis 200	+46 0	+151 +122	+106 +77	+60 +31	+46 +17	+33 +4	+16 −13	0 −29	−15 −44	−50 −96	+72 0	+422 +350	+308 +236	+194 +122	0 −115	−50 −96	−100 −172	−170 −285
über 200 bis 225		+159 +130	+109 +80									+457 +385	+330 +258	+202 +130				
über 225 bis 250		+169 +140	+113 +84									+497 +425	+356 +284	+212 +140				
über 250 bis 280	+52 0	+190 +158	+126 +94	+66 +34	+52 +20	+36 +4	+16 −16	0 −32	−17 −49	−56 −108	+81 0	+556 +475	+396 +315	+239 +158	0 −130	−56 −108	−110 −191	−190 −320
über 280 bis 315		+202 +170	+130 +98									+606 +525	+431 +350	+251 +170				
über 315 bis 355	+57 0	+226 +190	+144 +108	+73 +37	+57 +21	+40 +4	+18 −18	0 −36	−18 −54	−62 −119	+89 0	+679 +590	+479 +390	+279 +190	0 −140	−62 −119	−125 −214	−210 −350
über 355 bis 400		+244 +208	+150 +114									–	+524 +435	+297 +208				
über 400 bis 450	+63 0	+272 +232	+166 +126	+80 +40	+63 +23	+45 +5	+20 −20	0 −40	−20 −60	−68 −131	+97 0	–	+587 +490	+329 +232	0 −155	−68 −131	−135 −232	−230 −385
über 450 bis 500		+292 +252	+172 +132										+637 +540	+349 +252				

Grundabmaße von Wellen und Bohrungen — DIN ISO 286-1 : 1990-11

Grundabmaße von Wellen in µm											Nennmaßbereich in mm	Grundabmaße von Bohrungen in µm							
d	e	f	h	j[1]	k[1]	n	r	s	u	x		E	F	H	J[2]	K[3]	N[3]	R	S
−20	−14	−6	0	−2	0	+4	+10	+14	+18	+20	bis 3	+14	+6	0	+4	0	−4	−10	−14
−30	−20	−10	0	−2	+1	+8	+15	+19	+23	+28	über 3 bis 6	+20	+10	0	+6	+5	−2	−15	−19
−40	−25	−13	0	−2	+1	+10	+19	+23	+28	+34	über 6 bis 10	+25	+13	0	+8	+6	−3	−19	−23
−50	−32	−16	0	−3	+1	+12	+23	+28	+33	+40	über 10 bis 14	+32	+16	0	+10	+8	−3	−23	−28
										+45	über 14 bis 18								
−65	−40	−20	0	−4	+2	+15	+28	+35	+41	+54	über 18 bis 24	+40	+20	0	+12	+10	−3	−28	−35
									+48	+64	über 24 bis 30								
−80	−50	−25	0	−5	+2	+17	+34	+43	+60	+80	über 30 bis 40	+50	+25	0	+14	+12	−3	−34	−43
									+70	+97	über 40 bis 50								
−100	−60	−30	0	−7	+2	+20	+41	+53	+87	+122	über 50 bis 65	+60	+30	0	+18	+14	−4	−41	−53
							+43	+59	+102	+146	über 65 bis 80							−43	−59
−120	−72	−36	0	−9	+3	+23	+51	+71	+124	+178	über 80 bis 100	+72	+36	0	+22	+16	−4	−51	−71
							+54	+79	+144	+210	über 100 bis 120							−54	−79
−145	−85	−43	0	−11	+3	+27	+63	+92	+170	+248	über 120 bis 140	+85	+43	0	+26	+20	−4	−63	−92
							+65	+100	+190	+280	über 140 bis 160							−65	−100
							+68	+108	+210	+310	über 160 bis 180							−68	−108
−170	−100	−50	0	−13	+4	+31	+77	+122	+236	+350	über 180 bis 200	+100	+50	0	+30	+22	−5	−77	−122
							+80	+130	+258	+385	über 200 bis 225							−80	−130
							+84	+140	+284	+425	über 225 bis 250							−84	−140
−190	−110	−56	0	−16	+4	+34	+94	+158	+315	+475	über 250 bis 280	+110	+56	0	+36	+25	−5	−94	−158
							+98	+170	+350	+525	über 280 bis 315							−98	−170
−210	−125	−62	0	−18	+4	+37	+108	+190	+390	+590	über 315 bis 355	+125	+62	0	+39	+28	−5	−108	−190
							+114	+208	+435	+660	über 355 bis 400							−114	−208
−230	−135	−68	0	−20	+5	+40	+126	+232	+490	+740	über 400 bis 450	+135	+68	0	+43	+29	−6	−126	−232

[1] für IT6, [2] für IT7 7, [3] bis IT 8

Oberflächenangaben — Auszug DIN EN ISO 1302:2002-06

Angabe der Oberflächenbeschaffenheit am Symbol

a = Oberflächenbeschaffenheit z. B. Ra 0,7 oder Rz 11

b = zweite mögliche Anforderung an die Oberflächenbeschaffenheit, wenn unter Pos. *a* eine erste Anforderung beschrieben ist.

c = Fertigungsverfahren z. B. gedreht

d = Oberflächenrillen und Oberflächenausrichtung z. B. „M"

e = Bearbeitungszugabe in mm

Symbolmaße

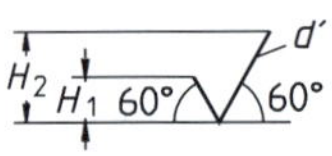

Größe der Ziffern und Großbuchstaben *h*	3,5	5	7
Linienbreite *d'*	0,35	0,5	0,7
Höhe H_1	5	7	10
Höhe H_2	10	14	20

Bedeutung der Symbole

Symbol	Erklärung	ISO 1302 (alt 1992)	ISO 1302 (neu 2002)	Beispiele
Grundsymbol	Das Grundsymbol ist mit weiteren Angaben zu ergänzen.	Ra3,2	Ra 3,2	Der Rauheitswert $Ra = 3{,}2\ \mu m$ darf nicht überschritten werden. Die Fertigung kann spanlos (z. B. Druckgießen) oder spanend (z. B. Fräsen) erfolgen.
Grundsymbol mit Querlinie	Die Oberfläche wird spanend hergestellt.	Ra3,2 Ra3,2	Ra 3,2	Nur R_a (Beachte: „16%-Regel"[1]) Der Rauheitswert $Ra = 3{,}2\ \mu m$ darf nicht überschritten werden. Die Fertigung erfolgt spanend, z. B. Fräsen.
Grundsymbol mit Querlinie	Die Oberfläche wird spanend hergestellt.	Ry4,2 Ry4,2 Ry4,2	Rz 4,2	Andere Kenngröße als nur *Ra* (Beachte: „16%-Regel"), z. B. R_z 4,2.
Grundsymbol mit Querlinie	Die Oberfläche wird spanend hergestellt.	Ramax1,6	Ramax 1,6	Die Rauheit darf 1,6 µm nicht überschreiten: „max-Regel".
Grundsymbol mit Querlinie	Die Oberfläche wird spanend hergestellt.	Ra3,2/2,5	-2,5 / Ra 3,2	Die Rauheit *Ra* 3,2 wird bezogen auf die Einzelmesstrecke von 2,5 mm.
Grundsymbol mit Querlinie	Die Oberfläche wird spanend hergestellt.	Ra1,6/Ry4,2	Ra 1,6 Rz 4,2	Die Rauheit *Ra* 1,6 wird mit einer weiteren Rauheitskenngröße z. B. *Rz* 4,2 kombiniert.
Grundsymbol mit Querlinie	Die Oberfläche wird spanend hergestellt.	Ra3,2 Ra1,6	U Ra 3,2 L Ra 1,6 L Ra 1,6 U = upper = ober L = lower = niedrig	Für die vorhandene Rauheit R_t gilt: U $Ra = 3{,}2\ \mu m \leq R_t \leq$ L $Ra = 1{,}6\ \mu m$ Die Fertigung erfolgt spanend, z. B. durch Fräsen. Die Buchstaben U und L können bei eindeutiger Angabe weggelassen werden. Die vorhandene Rauheit R_t darf den unteren Grenzwert 1,6 µm nicht unterschreiten.
Grundsymbol mit Kreis	Die Oberfläche darf nicht spanend bearbeitet werden oder ist im vorgefertigten Zustand zu belassen.	Ra25	Ra 25	Der Rauheitswert $Ra = 25\ \mu m$ darf nicht überschritten werden. Die Fertigung erfolgt spanlos, z. B. durch Gießen.
Grundsymbol mit waagerechter Linie ergänzt	Auf der waagerecht verlaufenden Linie werden Fertigungsverfahren, Oberflächenbehandlungen oder Überzüge vorgeschrieben.	geschliffen Ra0,8	geschliffen Ra 0,8	Der Rauheitswert $Ra = 0{,}8\ \mu m$ darf nicht überschritten werden. Das Fertigungsverfahren ist Schleifen.
Grundsymbol mit waagerechter Linie und Kreis ergänzt	Die Vorgaben der Oberflächenbeschaffenheit werden auf alle Oberflächen des Werkstückes erweitert.	Ra0,8	Ra 0,8	Der Rauheitswert $Ra = 0{,}8\ \mu m$ darf auf allen Oberflächen des Werkstückes nicht überschritten werden. Die Fertigung erfolgt spanend, z. B. durch Schleifen.

[1]) Definition 16%-Regel:
Eine Oberfläche gilt als annehmbar, wenn nicht mehr als 16% der gemessenen Werte den oberen bzw. unteren Grenzwert überschreiten bzw. unterschreiten, bezogen auf den in Zeichnungen oder Produktdokumentationen festgelegten Wert.

Oberflächenangaben in Zeichnungen

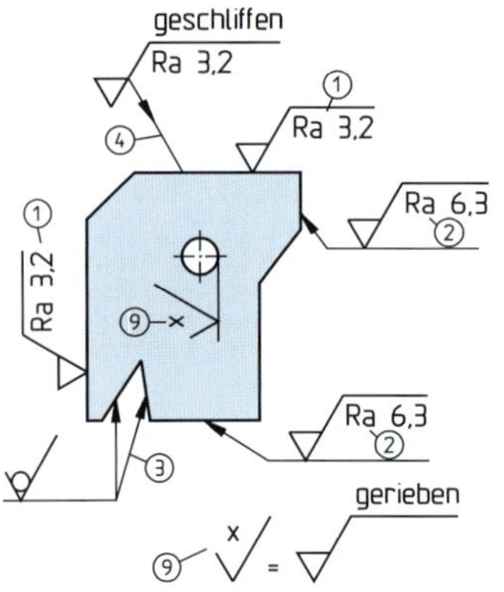

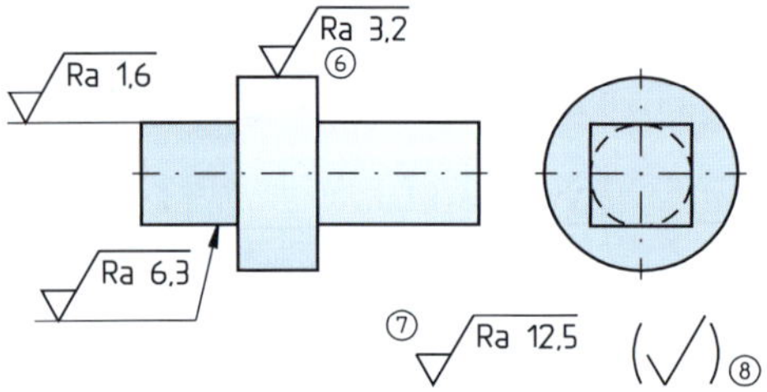

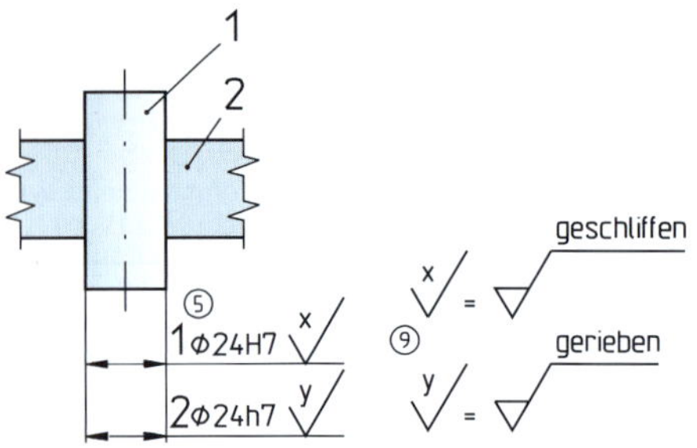

① Das Oberflächensymbol und ergänzende Eintragungen sind von unten oder rechts lesbar.

② Das Oberflächensymbol kann beliebig eingezeichnet werden, wenn der Rauheitswert von unten oder rechts lesbar ist.

Bei Bedarf können das Symbol und ergänzende Angaben auf eine Hinweislinie mit Pfeil eingetragen werden.

③ Der Pfeil zeigt auf die Oberfläche.

④ Die Verlängerung des Pfeils zeigt auf die Oberfläche.

⑤ Zur Vermeidung von Missverständnissen können die Positionsnummern den Oberflächenangaben vorangestellt werden.

⑥ Jede Oberfläche wird nur einmal in einer Zeichnung mit Oberflächenangaben versehen. Gleiches gilt für zylindrische oder prismatische Oberflächen.

⑦ Eine Oberflächenangabe außerhalb des Werkstückes bezieht sich auf alle Oberflächen.

⑧ Abweichungen zu einer für alle Oberflächen geltenden Angabe werden in Klammern gesetzt und in die Zeichnung eingetragen.

⑨ Umfangreiche oder sich wiederholende Angaben können verschlüsselt werden und in einer Legende in der Nähe des Schriftfeldes erläutert werden.

Oberflächenangaben in Zeichnungen (Fortsetzung)

Zeichnungseintragung	Erläuterung	
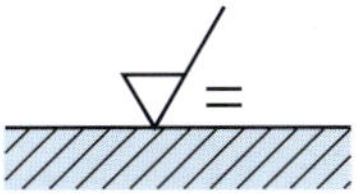	Rillenrichtung parallel zur Projektionsebene	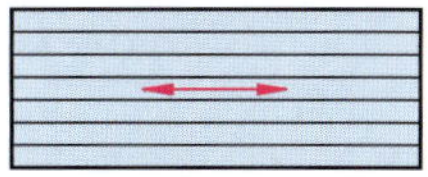
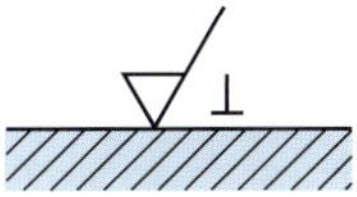	Rillenrichtung senkrecht zur Projektionsebene	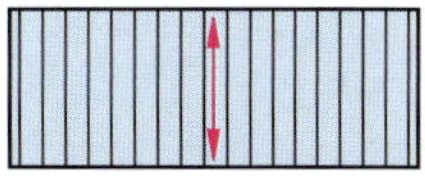
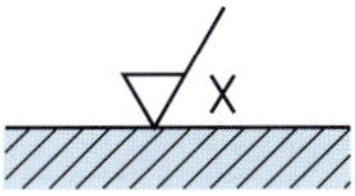	Rillenrichtung gekreuzt in zwei schrägen Richtungen	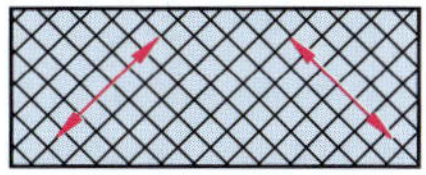
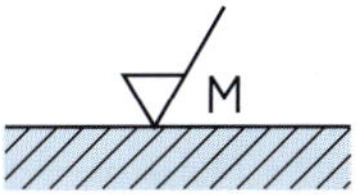	Rillenrichtung in viele Richtungen	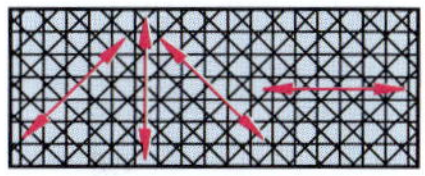
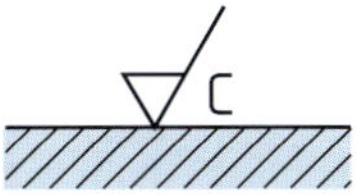	Rillenrichtung annähernd zentrisch zum Mittelpunkt der Oberfläche	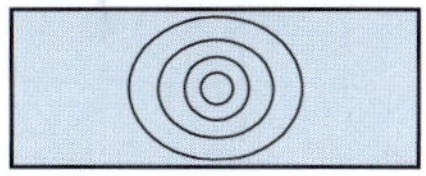
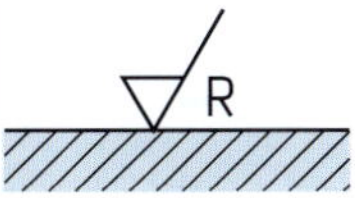	Rillenrichtung annähernd radial zum Mittelpunkt der Oberfläche	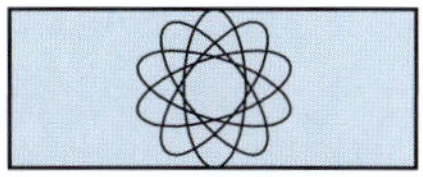
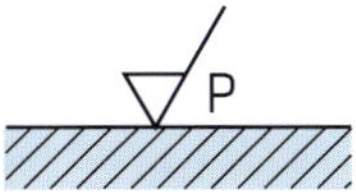	Nichtrillige Oberfläche, ungerichtet oder muldig	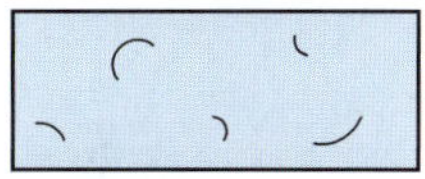
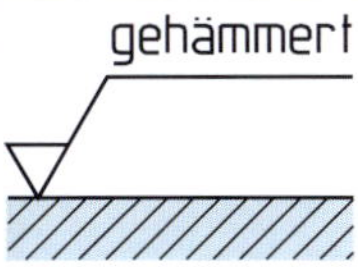	Oberfläche durch Hämmern gestaltet	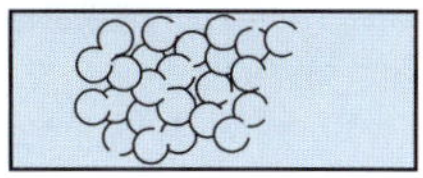
Mit Walzhaut	Textangabe in der Nähe des Schriftfeldes. Die Walzhaut nicht entfernen	

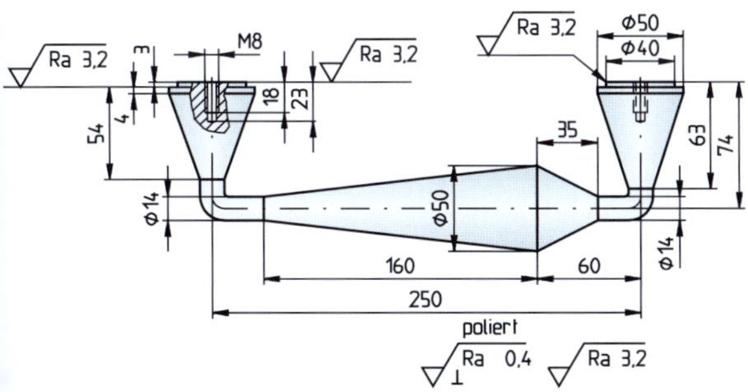

Eintragungsbeispiel für Oberflächenangaben

Theoretische Grundlagen
Technische Kommunikation
Werkstoffe
Bauelemente
Fertigungstechnik
Informations- und Steuerungstechnik
Anhang

Fertigungsverfahren und Oberflächenbeschaffenheit[1])

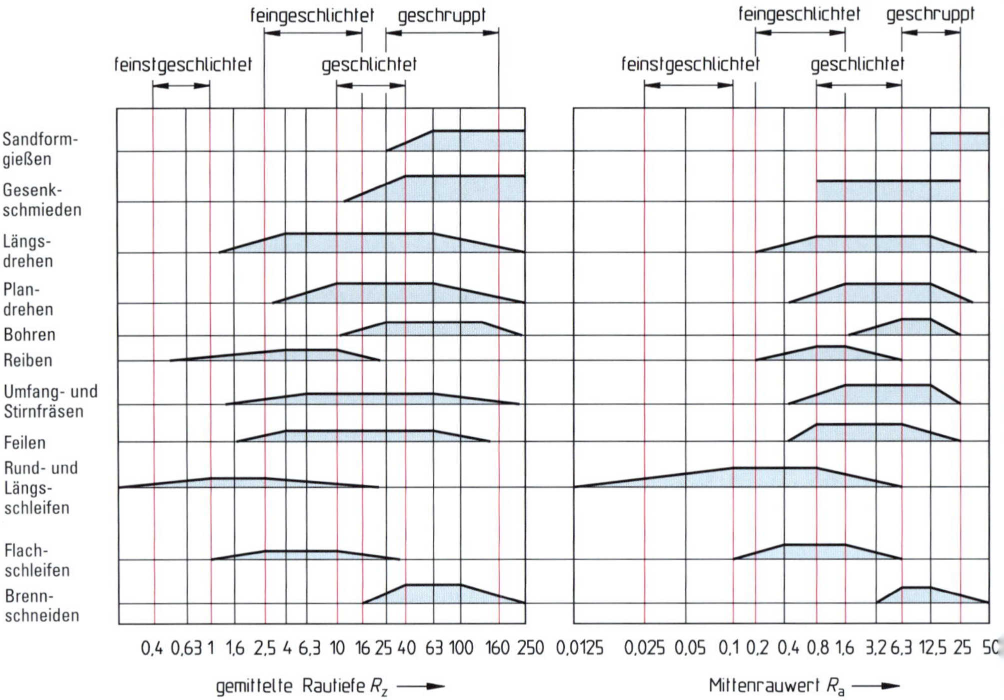

[1]) Anhaltswerte nach zurückgezogener DIN 4766

Symbole für die Darstellung von Schweiß- und Lötnahtformen DIN EN 22553:1997-03

Stoßarten

Stumpfstoß	Parallelstoß	Überlappstoß

T-Stoß	**Doppel-T-Stoß**	**Schrägstoß**

Eckstoß	Mehrfachstoß

Grundsätze für Bemaßung von Schweiß- und Lötverbindungen

Darstellung erläuternd	symbolhaft	Darstellung erläuternd	symbolhaft

Nicht durchgeschweißte I-Naht mit Vormaß

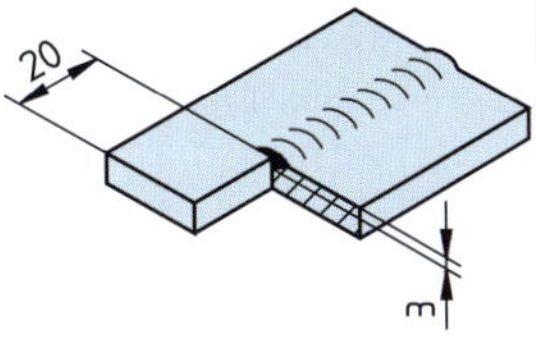

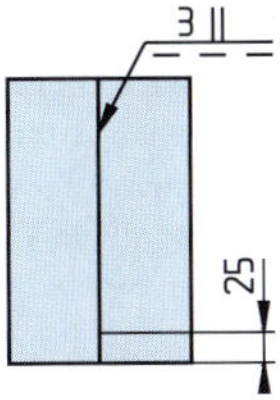

Nahtdickenangabe $s = 3$ mm entfällt bei durchgeschweißter Naht

unterbrochene I-Naht, durchgeschweißt

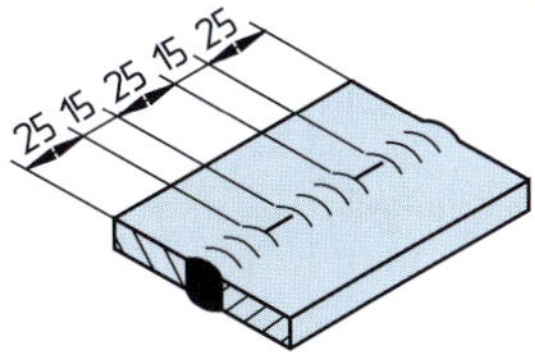

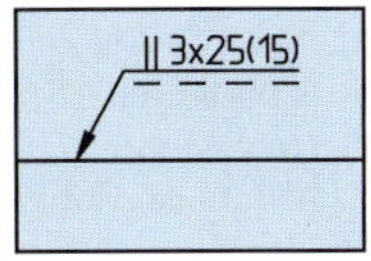

Nahtstücke: $n = 3$
Einzelnahtlänge: $l = 25$ mm
Zwischenraumlänge: $e = 15$ mm

durchgehende Kehlnaht

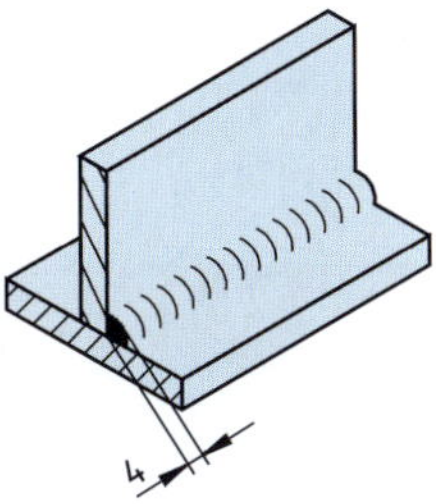

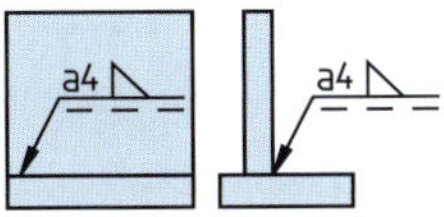

Bördelnaht

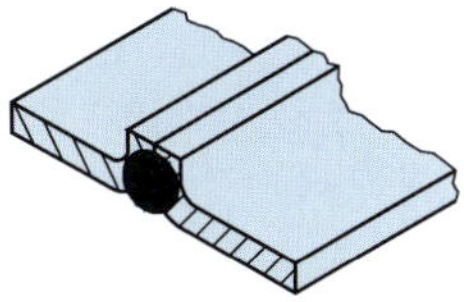

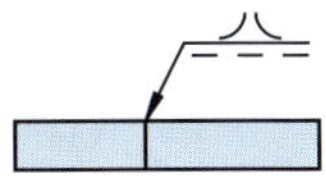

Doppelkehlnaht

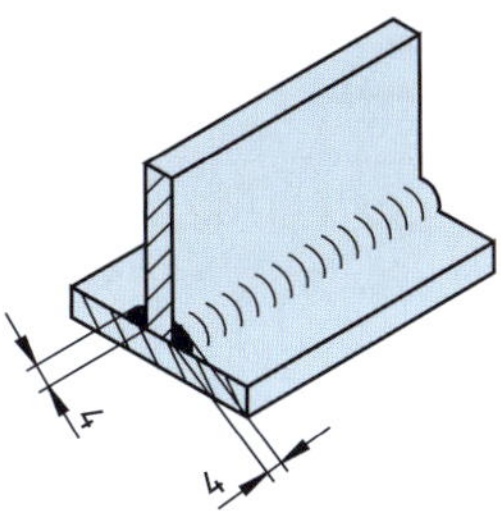

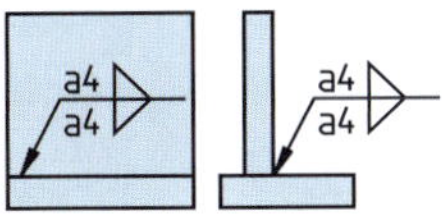

V-Naht mit Gegenlage

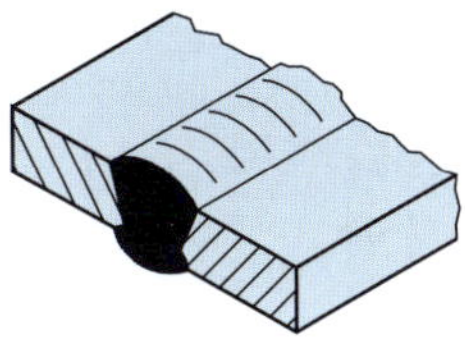

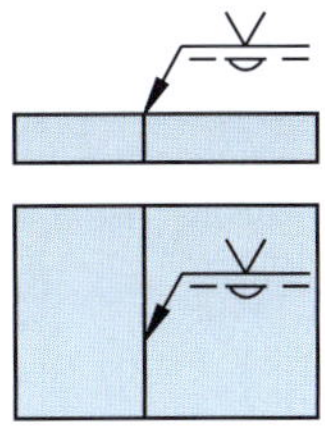

unterbrochene Kehlnaht versetzt mit zwei Vormaßen

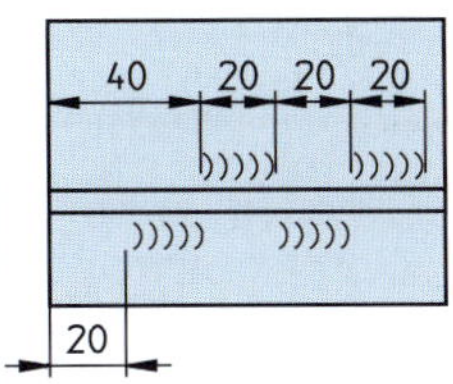

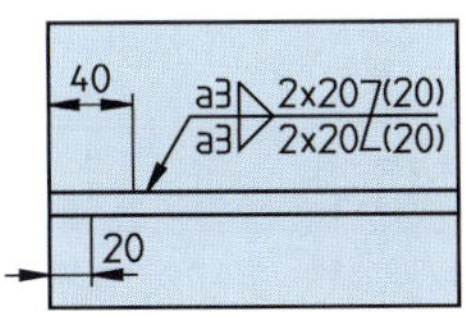

Punktnaht (Widerstandspressschweißen)

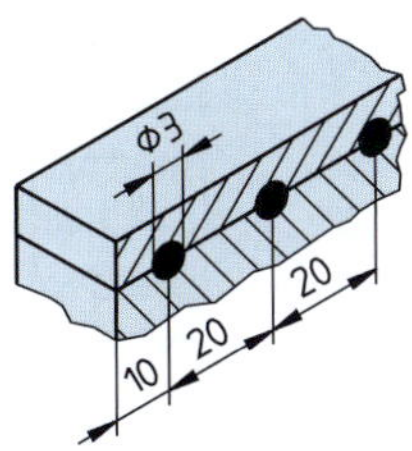

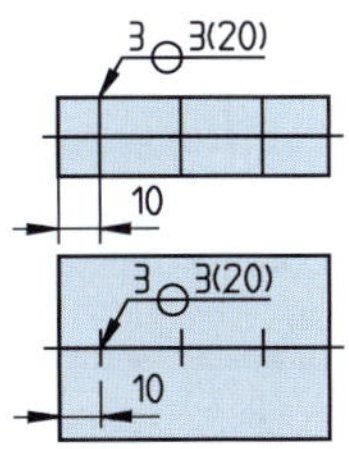

Ergänzende Angaben in der Gabel

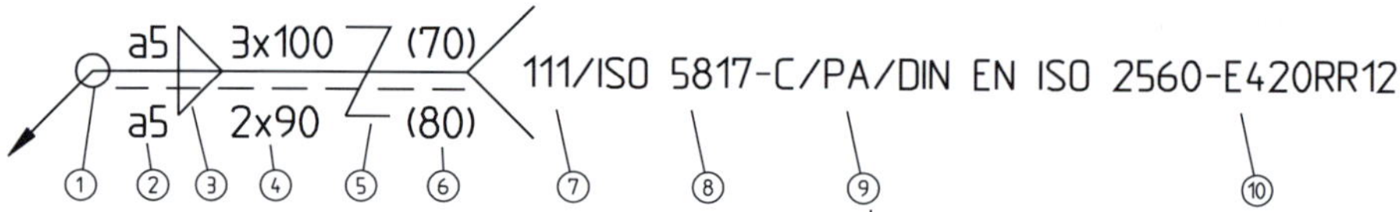

① Ergänzungssymbol
② Nahtdicken „a" oder „z" (bzw. Nahtdicke „s")
③ Nahtsymbol
④ Anzahl der Nähte × Nahtlänge
⑤ Zeichen für Nahtversatz
⑥ Nahtabstand
⑦ Kennzahl für Schweiß-/Lötverfahren
⑧ Bewertungsgruppe für Schweißnahtgüte
⑨ Schweißposition
⑩ Zusatzwerkstoff/Hilfsstoff

Gruppen gleicher Nähte

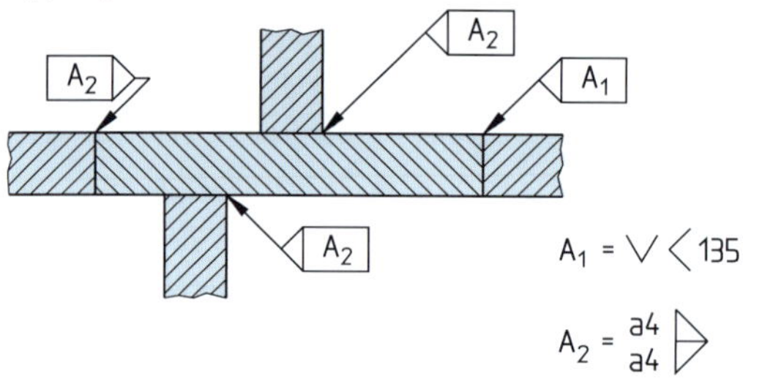

Gleiche Nähte

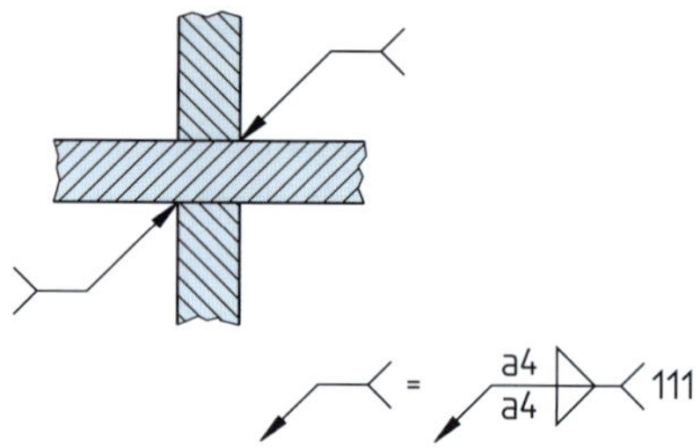

Grundsymbole

Symbol	Darstellung erläuternd	symbolhaft
 Bördelnaht	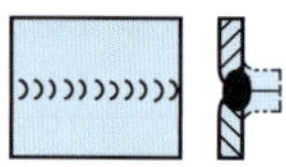	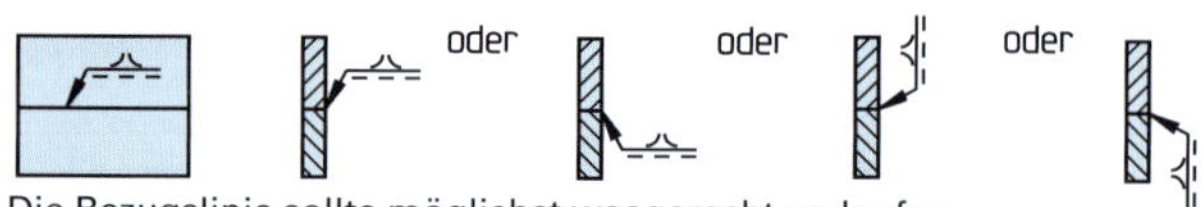 Die Bezugslinie sollte möglichst waagerecht verlaufen
 I-Naht	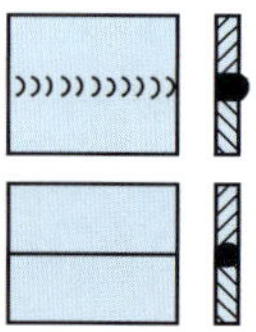	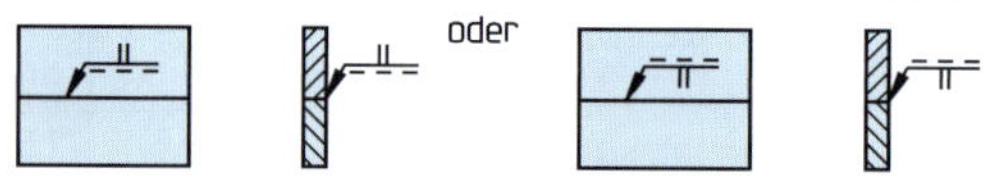 Die Naht wird von der Pfeilseite gefertigt 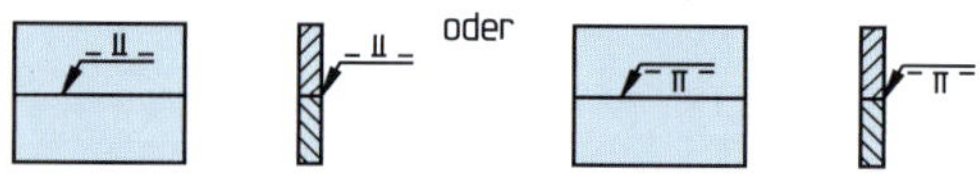 Die Naht wird von der Gegenseite gefertigt
 V-Naht	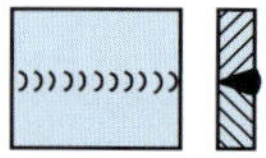	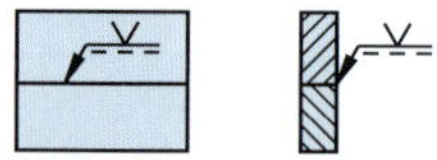
 HV-Naht Halbe-V-Naht	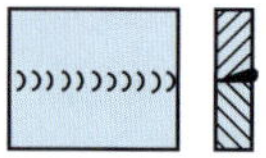	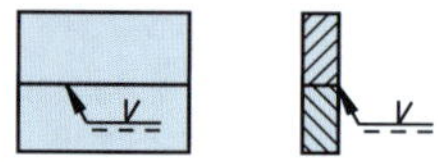 Die Pfeillinie des Bezugszeichnens zeigt auf die vorzubereitende Seite
 Y-Naht	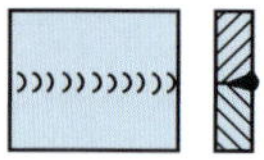	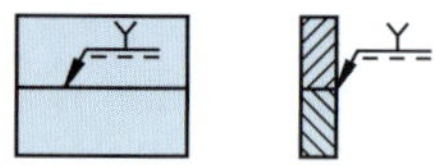

Grundsymbole (Fortsetzung)

Symbol	Darstellung erläuternd	symbolhaft
 Halbe-Y-Naht	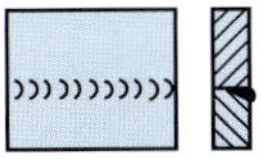	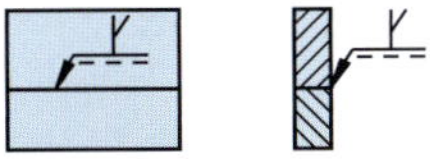
 U-Naht	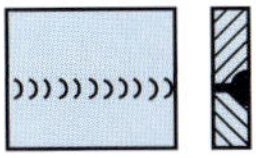	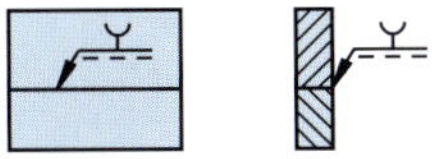
 HU-Naht Halbe-U-Naht	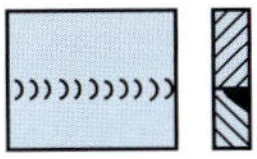	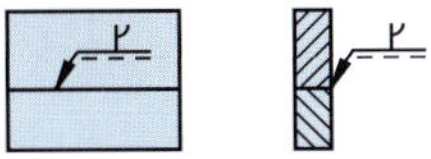
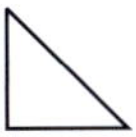 Kehlnaht	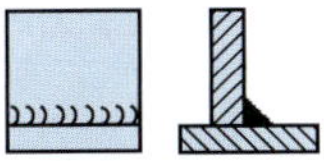	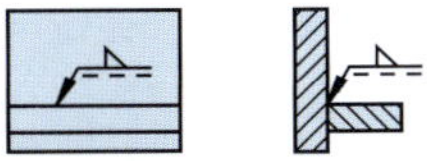
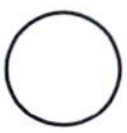 Punktnaht	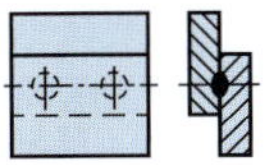	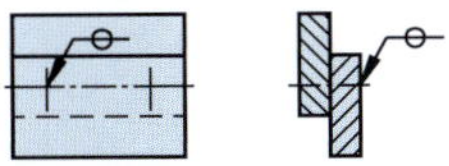 Die Strichlinie entfällt
 Lochnaht	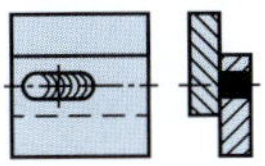	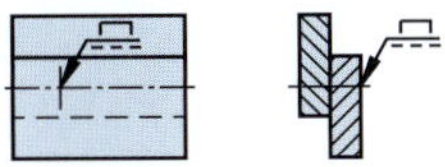
 Liniennaht	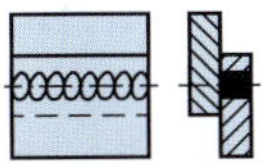	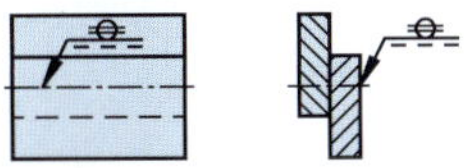
 Steil-flankennaht	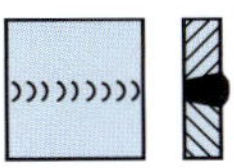	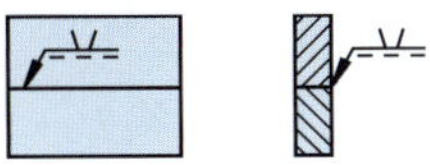
 Halb-Steil-flankennaht		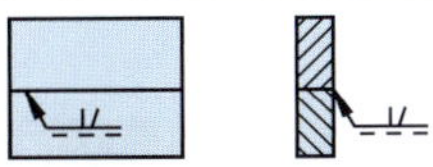
 Stirnflachnaht	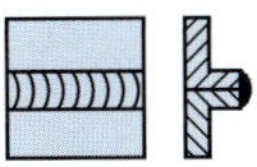	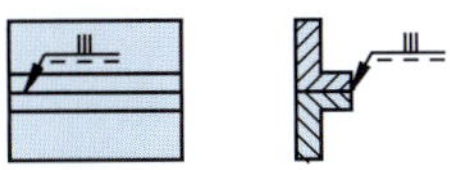
Flächennaht	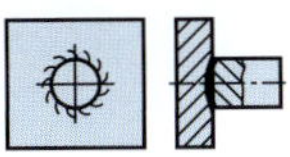	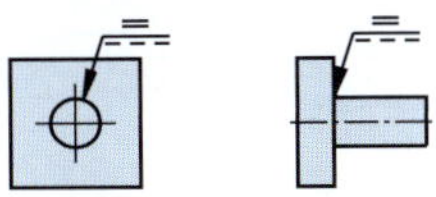
 Schrägnaht	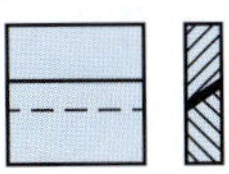	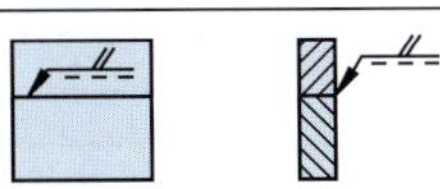

Grundsymbole (Fortsetzung)

Symbol	Darstellung erläuternd	symbolhaft
 Falznaht	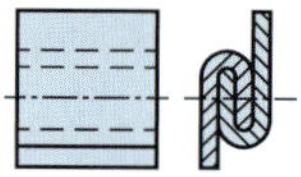	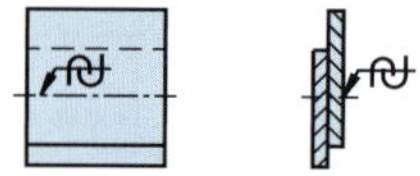
 Auftragung		

Kombination von Grundsymbolen, Zusatz- und Ergänzungssymbolen

Symbol	Darstellung erläuternd	symbolhaft	
 Doppel-V-Naht (X-Naht)	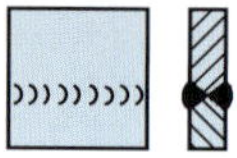	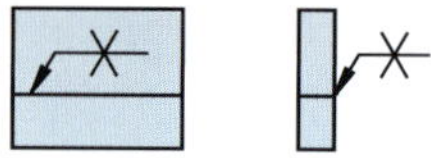 Bei symmetrischen Nähten entfällt die Strichlinie	
 beidseitig geschweißt I-Naht gewölbt	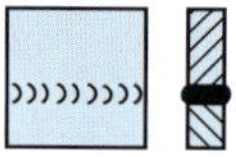	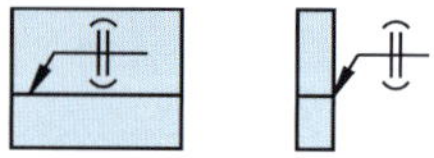	⌒ = gewölbt — = flach ⌣ = hohl
 V-Naht mit Gegennaht, flach	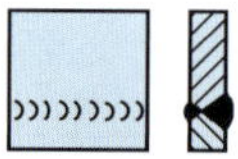	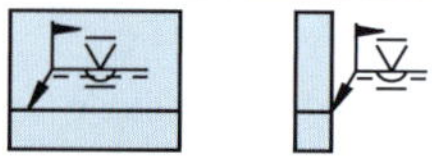	= Montagenaht = Gegennaht
 Kehlnaht, kerbfreier Übergang	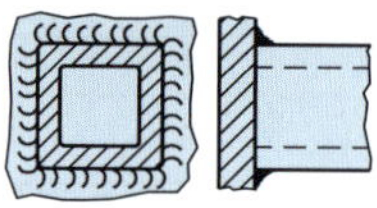	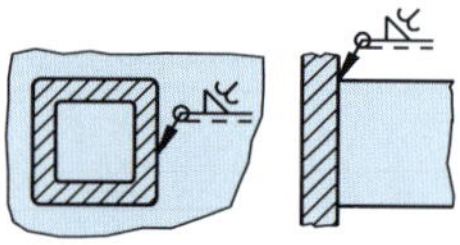	= kerbfreier Nahtübergang ○ = „ringsum"-Naht
 Doppel-HU-Naht, beidseitig eingeebnet	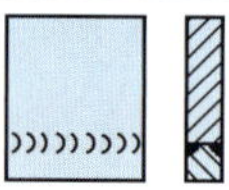	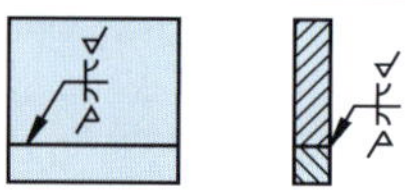	= Naht eingeebnet

Löcher, Schrauben, Niete in Metallbaukonstruktionen DIN ISO 5845-1 : 1997-04

Lochdarstellung (Lochachse senkrecht zur Zeichenebene)	Symbole		
	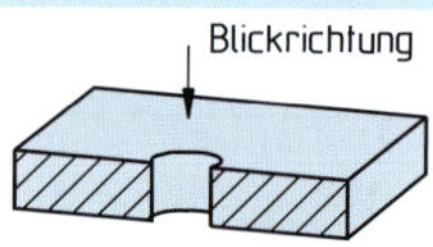 nicht gesenkt	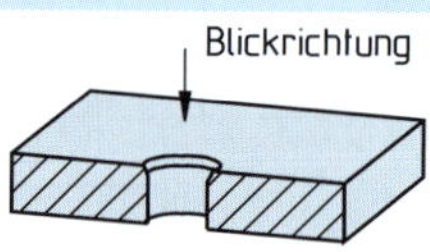 Senkung auf der Vorderseite	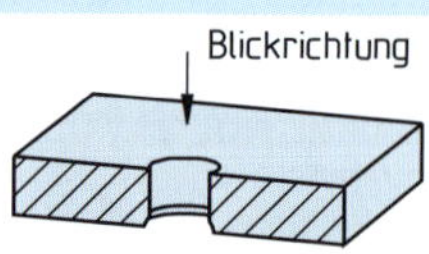 Senkung auf der Rückseite
gebohrt in der Werkstatt			
gebohrt auf der Baustelle	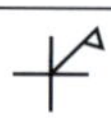		

Löcher, Schrauben, Niete in Metallbaukonstruktionen (Fortsetzung)

Lochdarstellung (Lochdarstellung parallel zur Zeichenebene)	Symbole	
	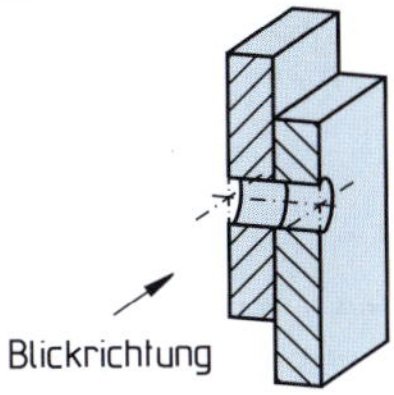 nicht gesenkt	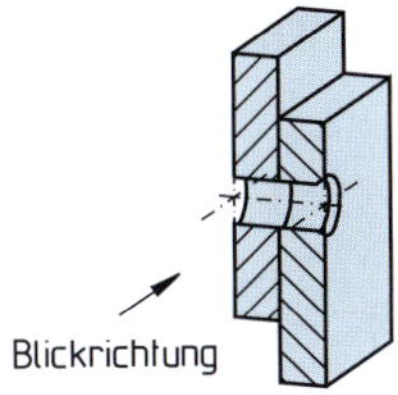 Senkung auf einer Seite
gebohrt in der Werkstatt	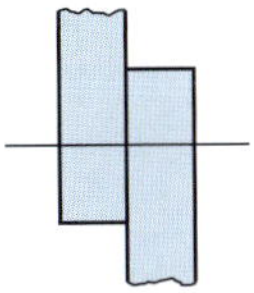	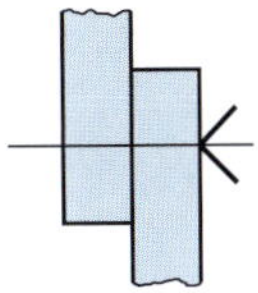
gebohrt auf der Baustelle	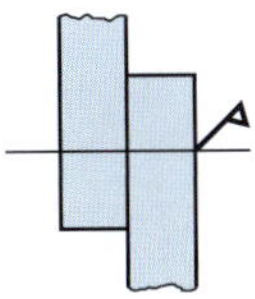	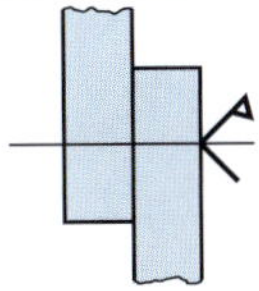

Symbole für Schrauben und Nieten

Schrauben- oder Nietdarstellung (Schrauben- oder Nietachse senkrecht zur Zeichenebene)	Symbole nicht gesenkt	 Senkung auf der Vorderseite	 Senkung auf der Rückseite
eingebaut in der Werkstatt			
eingebaut auf der Baustelle			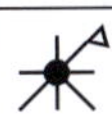
gebohrt und eingebaut auf der Baustelle			

Schrauben- oder Nietdarstellung (Schrauben- oder Nietachse senkrecht zur Zeichenebene)	Symbole nicht gesenkt	 Senkung auf einer Seite	 Lage der Mutter rechts	 links
eingebaut in der Werkstatt	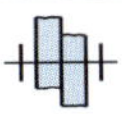	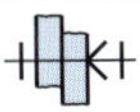	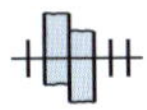	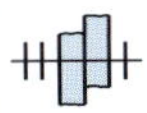
eingebaut auf der Baustelle	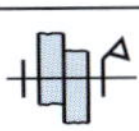	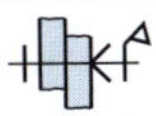	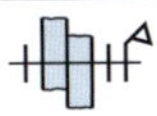	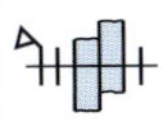
gebohrt und eingebaut auf der Baustelle	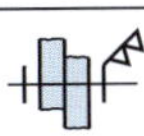	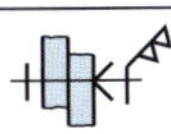	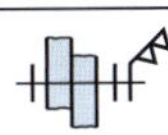	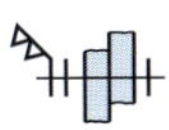

Symbole für Schrauben und Nieten (Fortsetzung)

Darstellung	Erläuterung
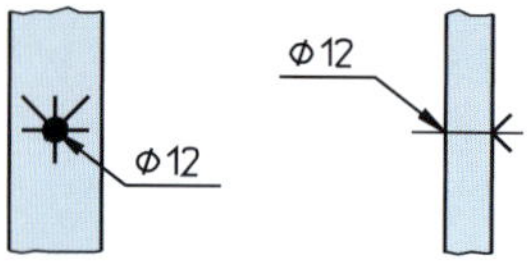	Durchgangsbohrung mit Durchmesser 12 mm, in der Werkstatt gebohrt, Vorderseite gesenkt.
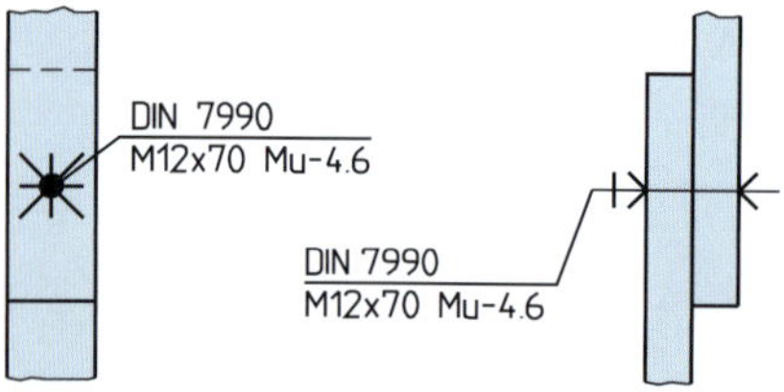	Sechskantschraube nach DIN 7990 mit metrischem Gewinde M12, 70 mm lang, Mutter der Festigkeitsklasse 4.6. Mutter untenliegend, beidseitig gesenkt.
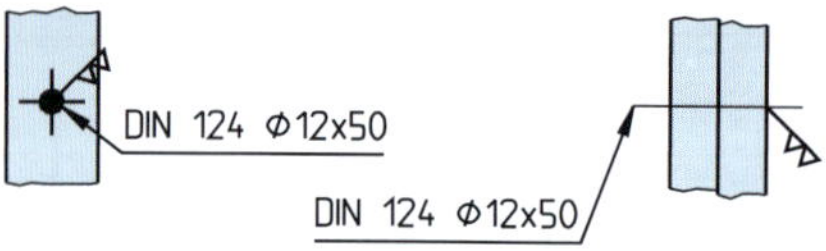	Niet nach DIN 124 mit einem Durchmesser von 12 mm, 50 mm lang, auf der Baustelle gebohrt und eingebaut.
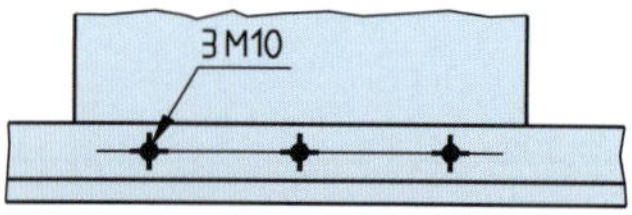	Gleiche Verbindungselemente brauchen nur einmal bemaßt werden.

Sinnbilder für Niete (Auswahl)

8	10	12	16	20	22	24	27	30	Rohniet *d* in mm	
8,4	11	13	17	21	23	25	28	31	Loch *d* in mm	
8,4							28	31	Niet mit Halbrundkopf beiderseits	
8,4							28	31	oben	Senkköpfe versenkt
8,4							28	31	unten	
8,4							28	31	beider-seits	
8,4							28	31	Niet auf der Baustelle schlagen	
8,4							28	31	Bohren und Nietschlagen auf der Baustelle	

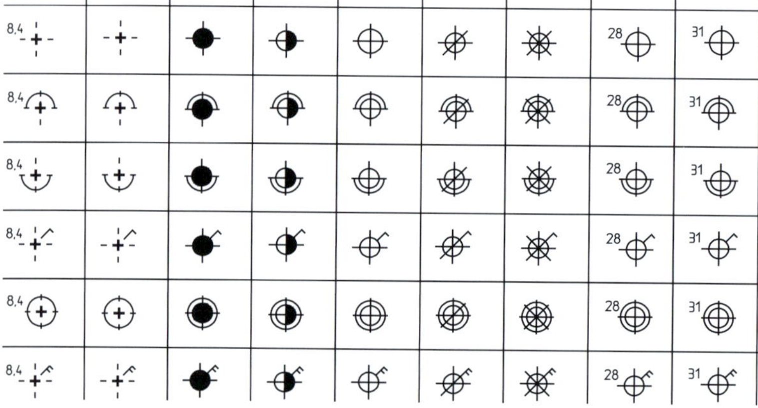

Sinnbilder für Schrauben (Auswahl)

M8	M10	M12	M16	M20	M22	M24	M27	M30	Gewinde-∅ in mm	
8	10	12	16	20	22	24	27	30	Schaft-∅ in mm	
									Kern-∅ in mm	
8,4	11	13	17	21	23	25	28	31	Loch-∅ in mm	
Doppelkreis mit Maßangabe z. B.									Gewindeloch	
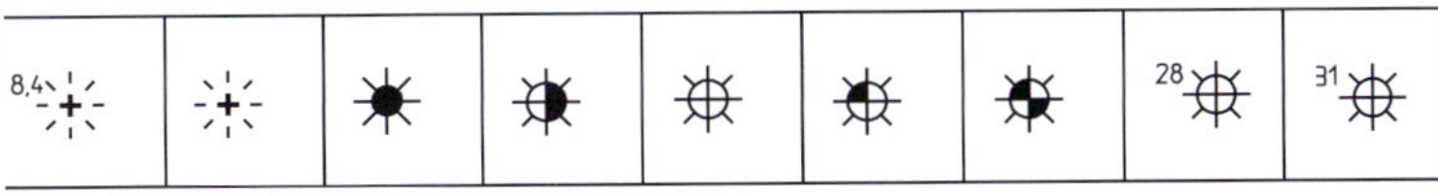									normales Durchgangsloch	Schraube
Kreis mit Angabe für Lochdurchmesser und Schraube z. B. 									abweichendes Durchgangsloch	
z. B. Kopf oben versenkt M16 						M16 unten versenkt 			Kopf versenkt	
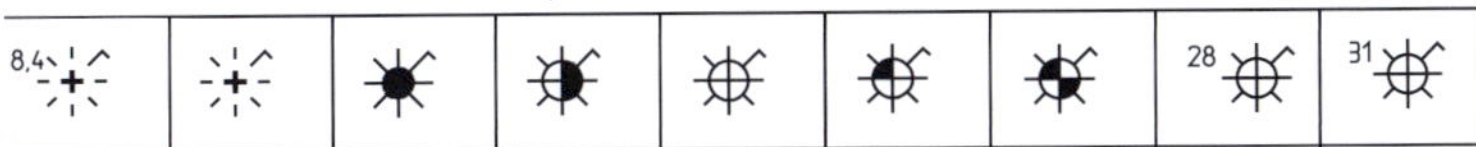									Einschrauben auf der Baustelle	
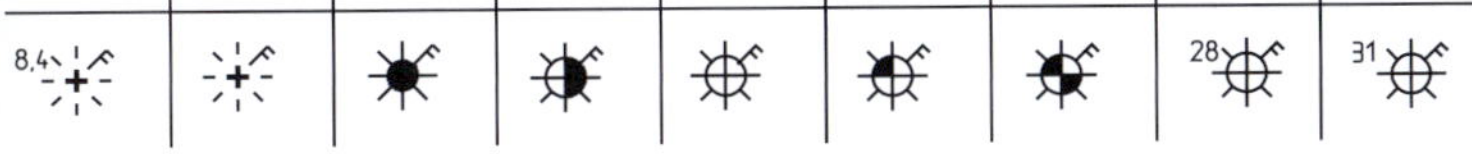									Bohren und Einschrauben auf der Baustelle	

Sinnbilder für Löcher (Auswahl)

Grundsymbole für Löcher		Für Loch-∅ < 13 mm und Loch-∅ > 26 mm Sinnbild Kreis mit Loch-∅-Angabe verwenden, z. B.
□	Loch-∅ 13 mm	Für Loch-∅ 13 mm ≤ d ≤ 26 mm Zusatzzeichen verwenden: • + ⇒ +1 mm für Loch-∅ 14 mm, 18 mm, 22 mm • / ⇒ +2 mm für Loch-∅ 15 mm, 19 mm, 23 mm • / und + ⇒ +3 mm für Loch-∅ 16 mm, 20 mm, 24 mm • × ⇒ +4 mm für Loch-∅ 25 mm • × und + ⇒ +5 mm für Loch-∅ 26 mm
△	Loch-∅ 17 mm	
○	Loch-∅ 21 mm	

Lochdurchmesser in mm	8,4	13	14	17	21	22	23	24	25	27
Sinnbild										
Senkungen	oben 					unten 				

Hinweis: Alle verwendeten Sinnbilder in Schriftfeldnähe erläutern.

Darstellung und Bemaßung von Metallbaukonstruktionen DIN ISO 5261 : 1997-04

Schematische Darstellung

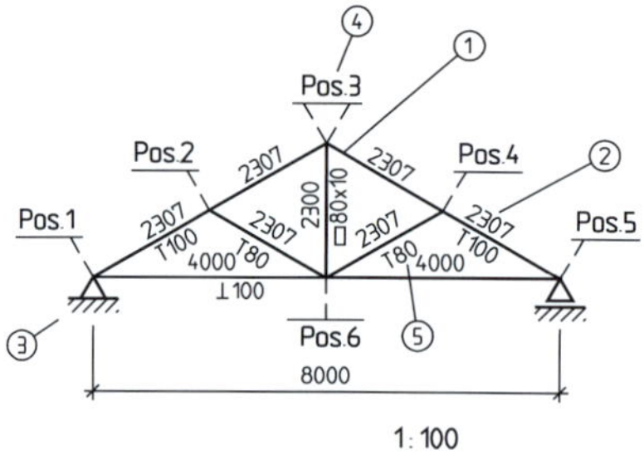

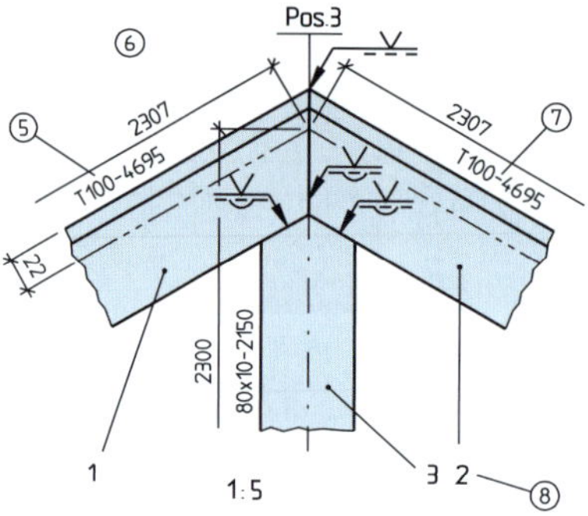

① Die Schwerpunktlinie wird als breite Volllinie gezeichnet.

② Der Abstand der Knotenpunkte wird an den gezeichneten Teilen angegeben.

③ Die Auflager- bzw. Einspannungsart wird gekennzeichnet durch:

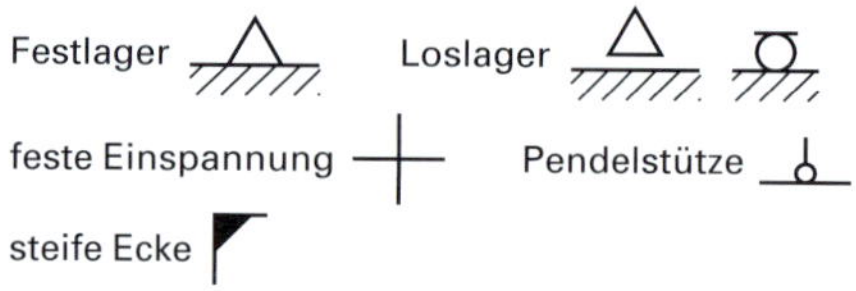

④ Die Knotenpunkte können mit Positionszahlen benannt werden.

⑤ Stäbe und Profile werden bezüglich Lage und Größe an der Volllinie eingetragen.

⑥ Fertigungszeichnungen beschränken sich auf die Darstellung und Bemaßung der Knotenpunkte.

⑦ Längen von Profilen und Stäben werden durch einen waagerechten Strich getrennt angegeben.

⑧ Profile und Stäbe werden mit Positionsnummern gekennzeichnet.

Knotenbleche

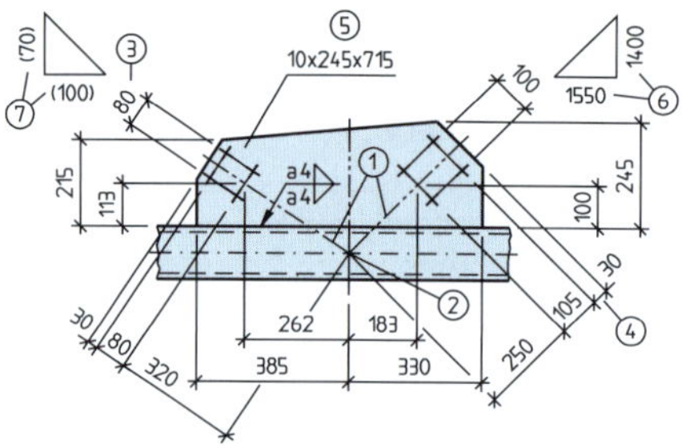

① Das Bezugssystem bestimmt sich durch zwei sich schneidende Schwerpunktlinien.

② Der Schnittpunkt von Schwerpunktlinien ist der Bezugspunkt.

Die Bemaßung des Knotenbleches umfasst

③ den Lochabstand zu den Schwerpunktlinien,

④ den Mindestabstand von Kante Knotenblech zu Lochmitte und

⑤ die Gesamtmaße des Bleches.

Neigungen von Achsen werden mit Systemdreiecken in

⑥ wahrer Größe oder

⑦ in Klammern auf 100 bezogen angegeben.

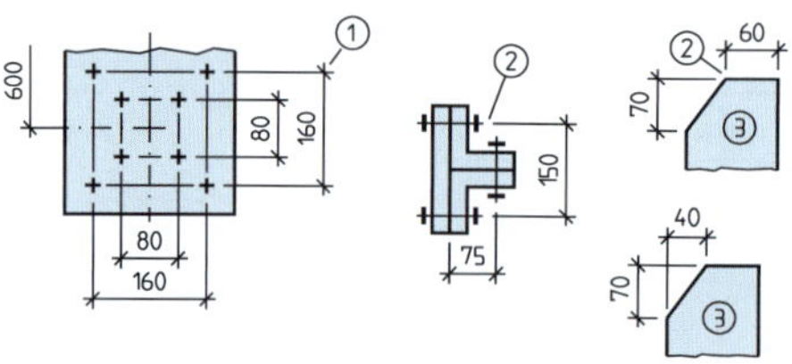

① Maßlinien werden mit Schrägstrichen begrenzt.

② Maßhilfslinien sind von zu bemaßenden Körperkanten und Symbolen für Löcher, Schrauben und Nieten zu trennen.

③ Schrägen sind durch Längenmaße anzugeben.

Gebogene Teile

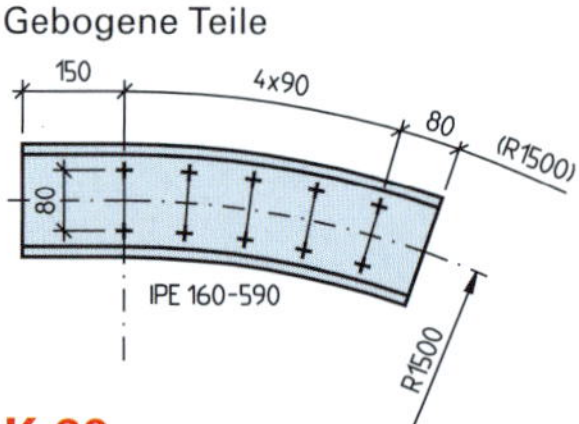

Bei Abwicklungsmaßen von gebogenen Teilen wird der Krümmungsradius, auf den sich die Bemaßung bezieht (z. B. äußere oder neutrale Faser), in Klammern auf der Maßlinie ergänzt.

Theoretische Grundlagen
Technische Kommunikation
Werkstoffe
Bauelemente
Fertigungstechnik
Informations- und Steuerungstechnik
Anhang

Vereinfachte Darstellung von Stäben

Benennung	Symbole und Maße	Bemerkung
Rundstab Rohr	∅ *d* ∅ *d* × *t*	*d* = Außendurchmesser *t* = Wanddicke
Quadratischer Stab Rohr mit quadratischem Querschnitt	□ *b* ▣ *b* × *t*	*b* = Seitenlänge *t* = Wanddicke
Flachstab Rohr mit rechteckigem Querschnitt	▭ *b* × *h* ▭ *b* × *h* × *t*	*b* = Breite *h* = Höhe *t* = Wanddicke
Sechskantstab	⬡ *s*	*s* = Schlüsselweite

Vereinfachte Darstellung von Profilen

Benennung	Symbol	Kurzzeichen	Beispiel
Winkelprofil	L	L	L 50 × 5-100, L 50 × 40 × 5-300
T-Profil	T	T	T 40-600
I-Profil	I	I	IPE 360-555
U-Profil	[	U	U 100-465
Z-Profil			Z 60-70
Schienenprofil			A 100-6000
Wulstwinkelprofil			
Wulstflachprofil (Hollandprofil)			

Hinweis: Sinnbilder bei Stahlkonstruktionen siehe K 49f. „Vereinfachte Darstellungen von Verbindungselementen“.

Prüfung von Schweißern — DIN EN 287-1 : 2006-06

Bezeichnungsbeispiel

Schweißerprüfung | EN 287-1 | 111 | P | BW | 2 | B | t09 | PF | ss nb |

- EN 287-1: Normblatt
- 111: Schweißverfahrenskennzahl (siehe F 2)
- P: Halbzeug: Blech (P), Rohr (T)
- BW: Nahtart: Stumpfnaht (BW), Kehlnaht (FW)
- 2: Werkstoffgruppe gemäß CR ISO 15 608; Werkstoffgruppe 2 = thermomechanisch gewalzte Feinkornstähle mit einer Streckgrenze $R_{eH} < 360\ N/mm^2$
- B: Zusatzwerkstoff: Keiner (nm), meist artgleich (siehe F 6 ff.)
- t09: Werkstückdicken: Dicke (*t*), Rohr-∅ (*D*)
- PF: Schweißposition (siehe F 3)
- ss nb: Nahtausführung

Nahtausführung	
bs	beidseitiges Schweißen
gb	Schweißen mit Gas als Wurzelschutz
gg	Wurzellage ausfugen o. Ausschleifen
mb	Schweißen mit Badsicherung
nb	Schweißen ohne Badsicherung
ng	ohne Ausfugen oder Ausschleifen
ss	einseitiges Schweißen

Schweißfolgeplan

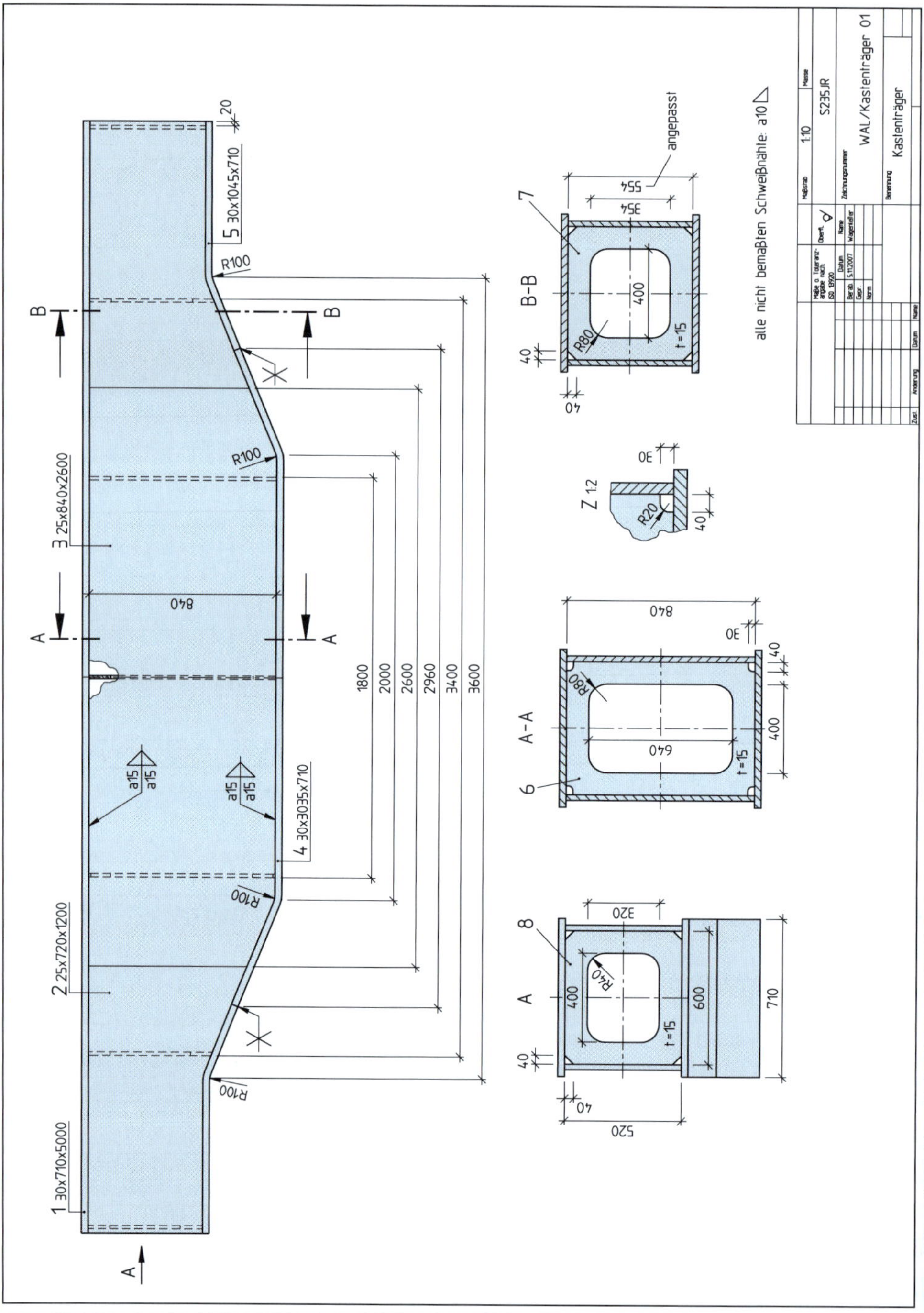

Stückliste für Kastenträger

1 Pos.	2 Menge	3 Einh.	4 Benennung	5 Norm	6 Bemerkung
1	1		Obergurt	EN 10025	Bl 30×710×5000, S235JR
2	4		Kastenblech schmal	EN 10025	Bl 25×720×1200, S235JR
3	2		Kastenblech groß	EN 10025	Bl 25×840×2600, S235JR
4	1		Untergurt lang	EN 10025	Bl 30×3035×710, S235JR
5	2		Untergurt kurz	EN 10025	Bl 25×1045×1200, S235JR
6	3		Versteifung groß	EN 10025	Bl 15×840×600, S235JR
7	2		Versteifung mittel	EN 10025	Bl 15×555×600, S235JR
8	2		Versteifung klein	EN 10025	Bl 15×520×600, S235JR

Schweißfolgeplan für Kastenträger

	Schweißfolgeplan	Ausg.: 03	Werkstoff: S235JR
Verlag Handwerk und Technik	Nr.: SP – 071107 Ident-Nr.: 5408 Bauteil: Kastenträger	Blatt: 1/2	Zeichnungsnummer: WAL/Kastenträger 01

Bauteilbezeichnung: WAL/Kastenträger 01
Hauptabmessungen: L=5000 mm, B=710 mm, H=840 mm
Masse (kg);
Allgemeine Angaben:
1. Nahtabmaße sind den Zeichnungen zu entnehmen.
2. Stumpfnähte in Position PA, Kehlnähte in Position PA oder PB geschweißt
3. Stumpfnähte Wurzeln ausgefugt und gegengeschweißt.
4. Schweißfolge nach Schweißfolgeplan (Anlage SFP 1)
5. Schweißrichtung von Mitte nach außen.
   Bei mehrlagigen Schweißnähten: Schweißrichtung nach jeder Lage ändern.
   Bei doppelseitigen Schweißnähten wechselseitig schweißen.

Vorrichtungen: Wendevorrichtung
Sonstiges: …

Schweißfolgeplan für Kastenträger

	Schweißfolgeplan	Ausg.: 03	Werkstoff: S235JR
Verlag Handwerk und Technik	Nr.: SP – 071107 Ident-Nr.: 5408 Bauteil: Kastenträger	Blatt: 2/2	Zeichnungsnummer: WAL/Kastenträger 01

Nr.	Arbeitsfolge	Schweißzusatz Schweißanweisungen Prüfanweisungen
1	Gebrannte Bleche auf Maßhaltigkeit prüfen	Prüfplan B verwenden
2	Heften von Pos. 3 mit 2×Pos. 2 und gegebenenfalls richten	111, EN 499 – E 42 0 RR 2
3	Wurzel schweißen	315, EN 440-G4Si1, Bauteil wenden, Wurzel ausfugen
4	DV-Naht schweißen	3215, EN 440-G4Si1, Hinweise Schweißplan beachten
5	Schweißnähte stichprobenweise durchstrahlen.	WPS -16.10.01 PA16.10.01
6	…	
15	Maß- und Formkontrolle	Prüfdokumentation nach Vorgabe beachten.
16	Übergabe	

Freihandzeichnen und Skizzieren

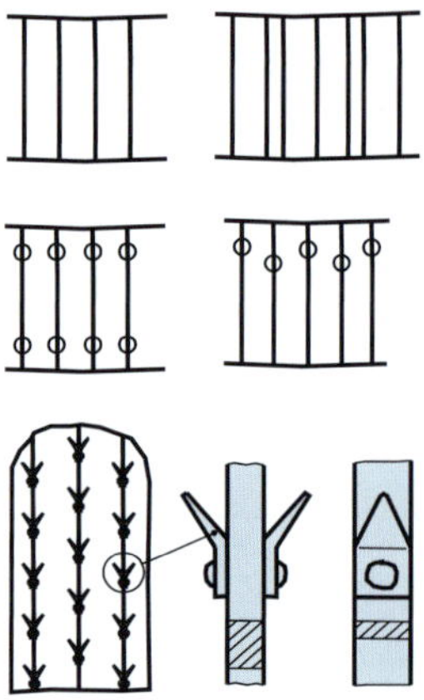

Skizzen in „Flachdarstellung" vermitteln den Gesamteindruck einer Metallbaukonstruktion am nachhaltigsten.

Details werden erst später herausgearbeitet.

Querschnittsformen werden in das Profil gezeichnet.

Schnitte und verdeckte Körperkanten werden weggelassen.

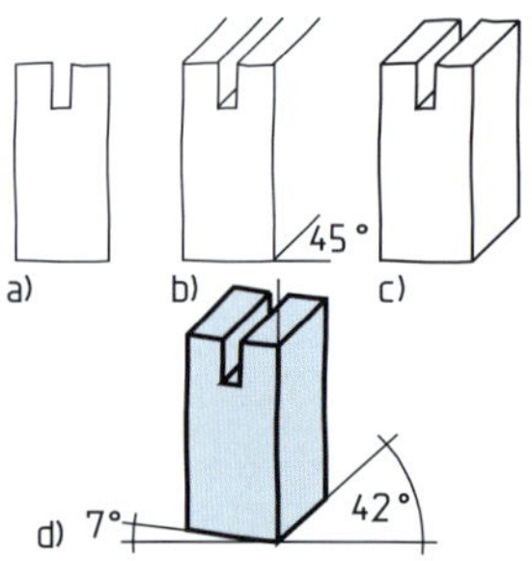

Räumliche Gebilde werden aus der Vorderansicht entwickelt:

a) Vorderansicht skizzieren

b) parallele Linien „nach hinten" im Winkel von 45° ziehen

c) Tiefenmaße auf etwa die Hälfte verkürzen

d) „Zurückdrehen" um 7° verbessert den perspektivischen Eindruck

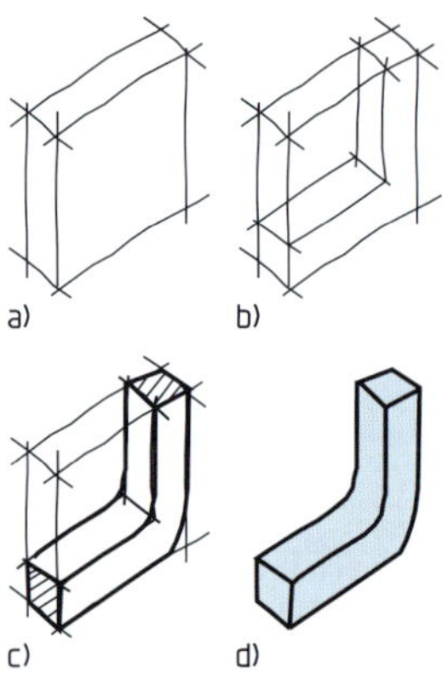

Skizzieren von Formen

a) Hüllform skizzieren

b) Grundform einzeichnen

c) Grundform schrittweise verbessern und ausziehen

d) Hilfslinien entfernen

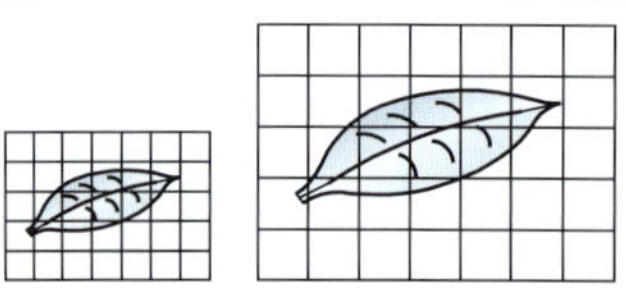

Vergrößern/Verkleinern von Formen

a) Kontur auf Papier mit quadratischem Raster skizzieren

b) Auf Kopiergerät vergrößern oder

c) Kontur auf ein Raster mit größerer Teilung übertragen

Freihandzeichnen und Skizzieren (Fortsetzung)

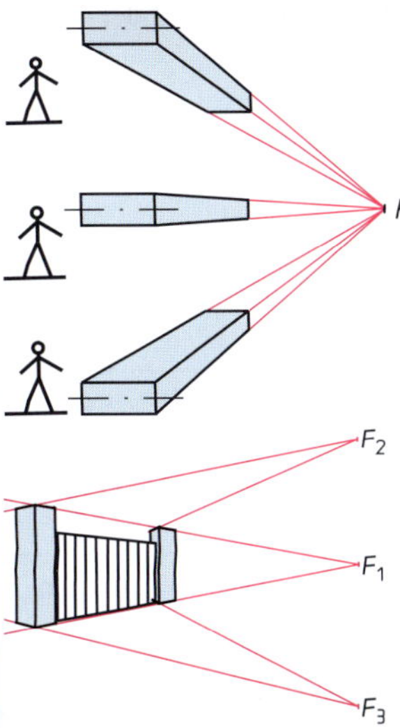

Perspektivische Darstellungen geben eine räumliche Situation am natürlichsten wieder. Alle Linien treffen sich im Fluchtpunkt *F*.

a) *F* unterhalb Augenhöhe („Froschperspektive")

b) *F* in Augenhöhe

c) *F* über Augenhöhe („Vogelperspektive")

d) Darstellung mit drei Fluchtpunkten F_1 und F_2 und F_3

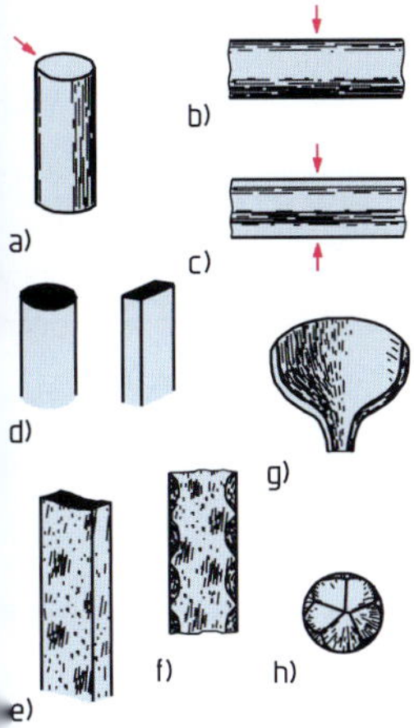

Schattierungen vermitteln einen räumlichen Eindruck:

Regeln:

a) Das Licht kommt von oben links

b) waagerechte Stäbe sind unten dunkler

c) bei Gegenlicht teilt sich die Schwärzung

d) geschwärzte Schnitte zeigen den Stabquerschnitt

e) Bearbeitungsspuren ergeben Schattierungen

f) Hammerschläge verursachen geschwärzte, bogenförmige Kerben

g) bei hohlen Formen sind Licht und Schattenseiten gegenüber Vollkörpern vertauscht

h) geschmiedete Nietköpfe sind immer fünfflächig, zwei Felder unten sind schattiert.

Skizzen dienen oft als Naturgrößen in der Werkstatt und werden dann in natürlicher Größe erstellt (M 1:1)

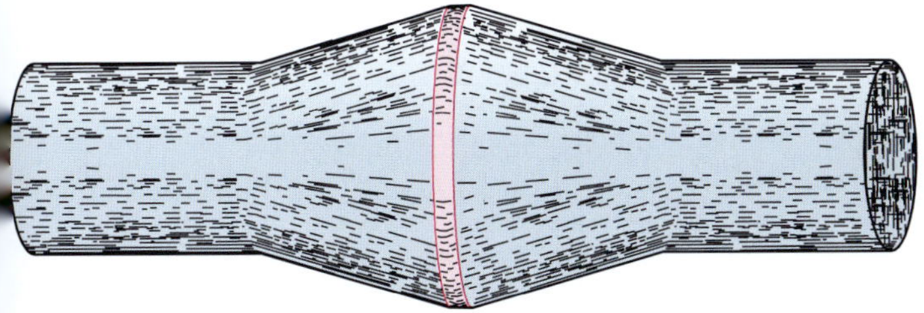

Theoretische Grundlagen
Technische Kommunikation
Werkstoffe
Bauelemente
Fertigungstechnik
Informations- und Steuerungstechnik
Anhang

Schraffuren und Sinnbilder in Bauzeichnungen — DIN 1356-1 : 1995-02

Symbol	Erläuterung	Symbol	Erläuterung
	Mauerwerk		Boden
	Beton, unbewehrt	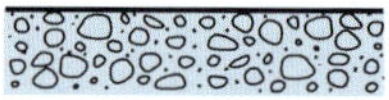	Kies
	Beton, bewehrt		Sand
	Betonfertigelement		Sperrschicht gegen Feuchte
	Putz, Mörtel		Dichtstoff
	Dämmstoff		Metall (z. B. Bewehrung, Träger)

Darstellung von Fenstern und Türen

Darstellung von Fenstern in Schnitten

stumpf, mit Isolierverglasung	Anschlag von innen, Einfachverglasung	Anschlag von außen, Dreischeiben-Isolierverglasung
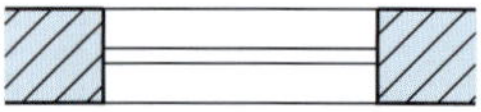	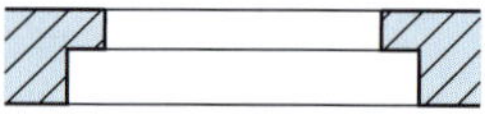	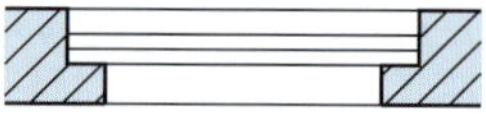

Darstellung von Türen in Schnitten

DIN links beidseitiger Schwelle	DIN rechts, Schwelle an der Öffnungsseite	DIN rechts, ohne Schwelle
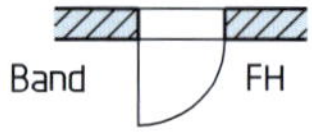	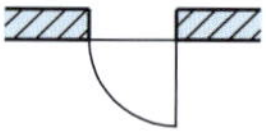	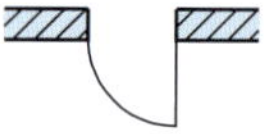

Öffnungsarten von Fenstern in Ansicht und Schnitt (Aufriss und Grundriss)

Symbol	Erläuterung	Symbol	Erläuterung
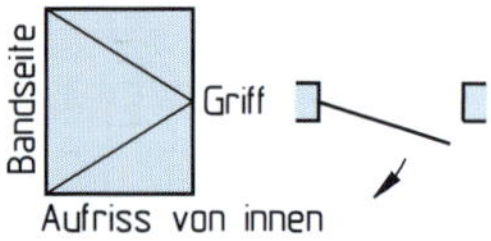	Drehflügel hier: DIN links	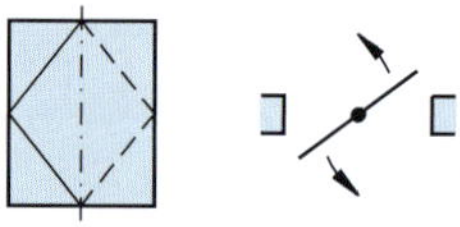	Wendeflügel
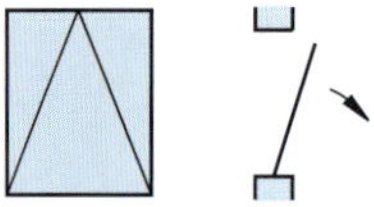	Kippflügel	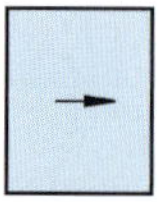	Schiebeflügel, horizontal

Öffnungsarten von Fenstern in Ansicht und Schnitt (Fortsetzung)

Symbol	Erläuterung	Symbol	Erläuterung
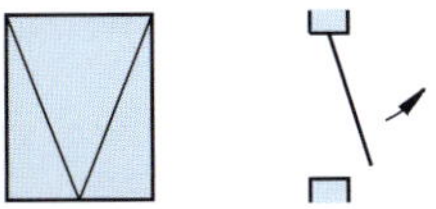	Klappflügel	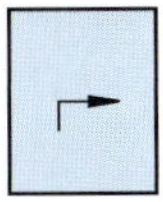	Hebe-Schiebeflügel
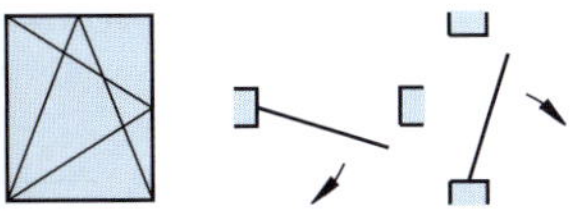	Drehkippflügel	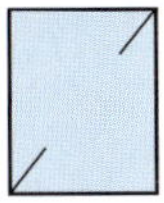	Festverglasung
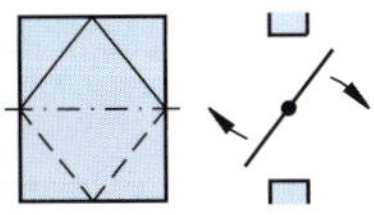	Schwingflügel	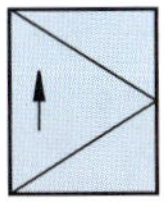	Hebe-Drehflügel

Treppen DIN 18360 : 2002-12, DIN 18065 : 2000-01

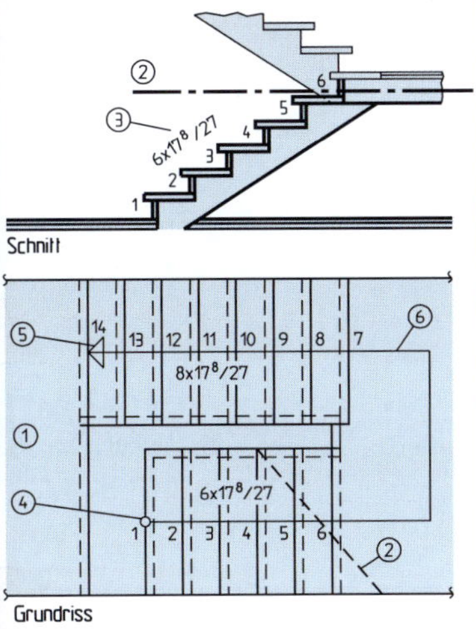

Darstellung:

① Treppenform ist am Grundriss erkennbar

② Schnittebene = 1 m über OKFFB

③ parallel zum Treppenlauf trägt man ein: Anzahl der Tritte · Steigungshöhe/Auftrittsbreite

④ Kreis markiert den Treppenanfang

⑤ Pfeil markiert das Treppenende

⑥ schmale Volllinie markiert die Ganglinie; diese liegt innerhalb des Gangbereiches

Treppengrundgisse

geradläufig

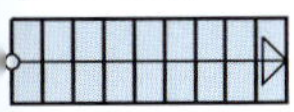

rechtsgewendelt

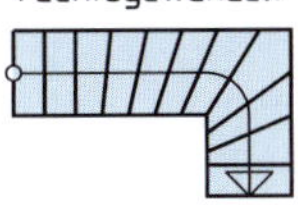

180° rechts gewendelt

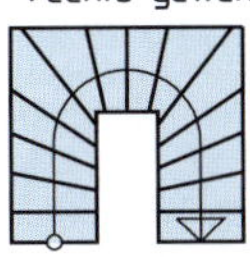

Spindeltreppe

mit Podest

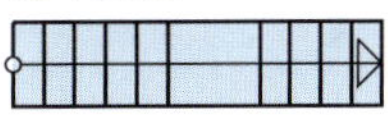

Rohbaurichtmaße und Baunormzahlen DIN 18 100 : 1983-10, DIN 4172 : 1955-07

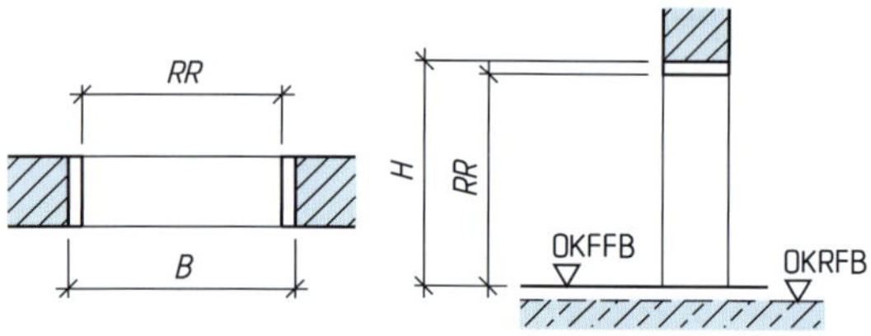

Baumaße orientieren sich an den Rohbaurichtmaßen (RP):

Lichte Öffnungen für Fenster und Türen:

Breite $B = RR + (2 \cdot 0{,}5)$ [cm]

Höhe H von OKFFB $= RR + 0{,}5$ [cm]

Für fugenlose Bauteile gilt: Baumaß $= RR$

Rohbaurichtmaße (*RR*) für Türöffnungen, die im Wohnungsbau üblich und vorteilhaft sind.

Vorzugsweise für:

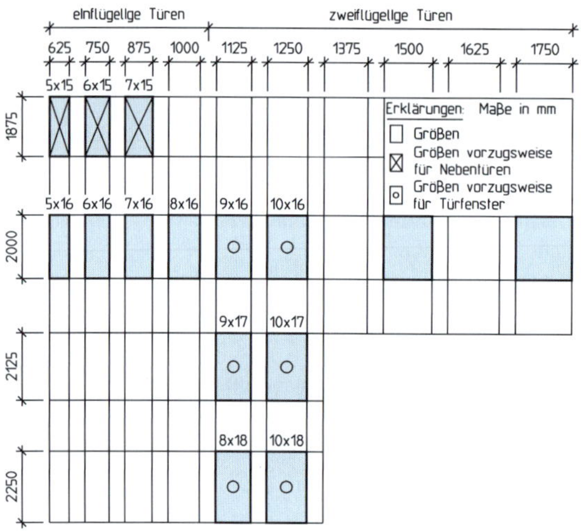

Die Zahlen über den Bilder sind Kennnummern für die Größe. Sie sind zusammengesetzt aus den Vielfachen des **Maßes 125 mm** (= Achtelmeter am) und ergeben die **Rohbaurichtmaße** für Breite und Höhe, **z. B. Türöffnung 7 × 16 DIN 18 100:**

Breite = 7 × 125 = 875 mm

Höhe = 16 × 125 = 2000 mm

Abkürzungen in Bauzeichnungen

Abkürzung	Erläuterung	Abkürzung	Erläuterung	Abkürzung	Erläuterung
KG	Kellergeschoss	RFB	Rohfußboden	BRH	Brüstungshöhe
EG	Erdgeschoss	FFB	Fertig-Fußboden	WD	Wanddurchbruch
OG	Obergeschoss	OKFFB	Oberkante: Fertigfußboden	WS	Wandschlitz
DG	Dachgeschoss	UK	Unterkante	DD	Deckendurchbruch
				DA	Deckenaussparung

Regeln für die Darstellung und Maßeintragung in Bauzeichnungen

Skizze

Grundriss

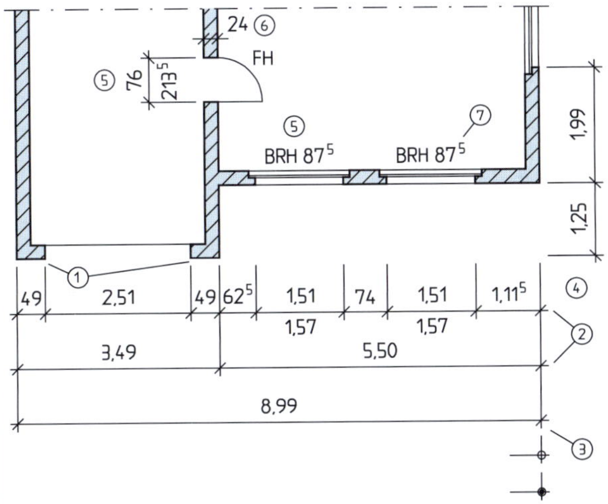

Erläuterung

Allgemeine Grundsätze:

- eingetragen werden Rohbaumaße
- Art und Umfang der Maßeintragung hängen vom Zweck und Art der Zeichnung ab.

Darstellung:

① Abstand zwischen Maßhilfslinie und Mauerkante lassen

② Maßlinien ragen über die Maßhilfslinien hinaus

③ Maßlinien sind durch Schrägstriche, Punkte oder Kreise begrenzt

④ Kettenmaße sind üblich, sie sind von innen nach außen zu ordnen in:
- Pfeiler bzw. Öffnungen,
- Wände bzw. Räume,
- Gesamtmaß

⑤ Bei Wandöffnungen, z. B. Fenster oder Türen, wird die Breite über, die Höhe unter der Maßlinie eingetragen, die Brüstungshöhe BRH an die Öffnung

⑥ Maße < 1 m werden in cm, Maße > 1 m werden in m angegeben

⑦ Bruchteile von cm werden hochgestellt

Aufriss

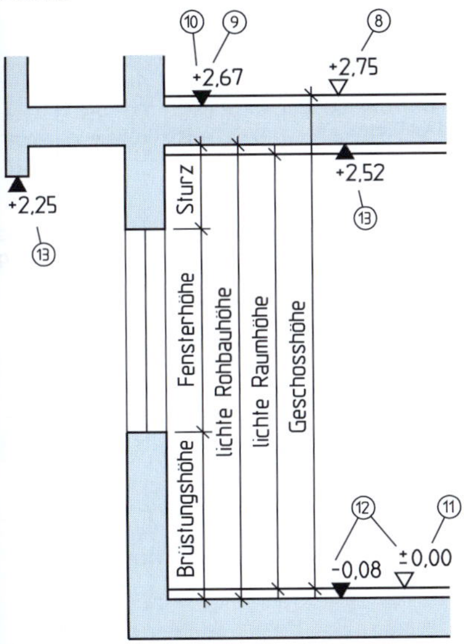

Darstellung:

Die Höhenlage von Bauteilen wird mit kleinen Dreiecken und der Höhenangabe festgelegt:

⑧ weißes Dreieck auf der Spitze stehend: Oberkante Fertigfußboden

⑨ schwarzes Dreieck auf der Spitze stehend: Oberkante Rohdecke

⑩ das Höhenmaß steht neben oder über dem Höhendreieck

⑪ das Höhenmaß wird in der Regel auf die Oberkante Fertigfußboden Erdgeschoss bezogen

⑫ Höhen darüber erhalten ein „+"-Zeichen, Höhen darunter ein „–"-Zeichen

⑬ Schwarzes Dreieck mit Spitze nach oben: Unterhöhe (Durchgang, lichte Höhe)

Regeln für die Darstellung und Maßeintragung in Bauzeichnungen (Fortsetzung)

Skizze	Erläuterung
Nennmaße von Mauerlängen 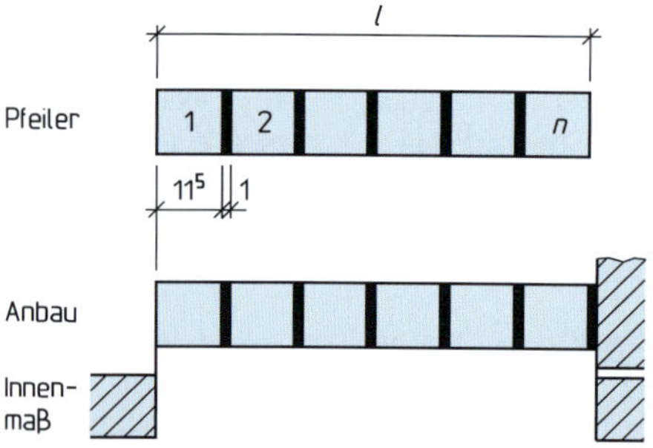 	Wandstärken, Mauerlängen und die Breite und Tiefe von Aussparungen richten sich nach – Wärmeschutzverordnung, – Rohbaurichtmaßen, – DIN 18 100, – Maßordnung im Hochbau. **Baunormzahl bzw. Rohbaurichtmaß ist 1/8 m = 12,5 cm** 1/8 m = 1 · Breite Normalformatstein (NF) + 1 · Fuge 1/8 m = 1 · 11,5 cm + 1 · 1 cm Wandstärken: 36 cm, 30 cm, 24 cm, 11,5 cm **Wandlängen *l*** (*n* = Anzahl der NF-Steine) Pfeiler: $l = n \cdot 11{,}5$ cm + $(n - 1) \cdot$ Fugenbreite 1 cm Anbauten: $l = n \cdot 11{,}5$ cm + $n \cdot$ Fugenbreite 1 cm Innenmaße: $l = n \cdot 11{,}5$ cm + $(n + 1) \cdot$ Fugenbreite 1 cm
Aussparungen und Durchbrüche in Wänden 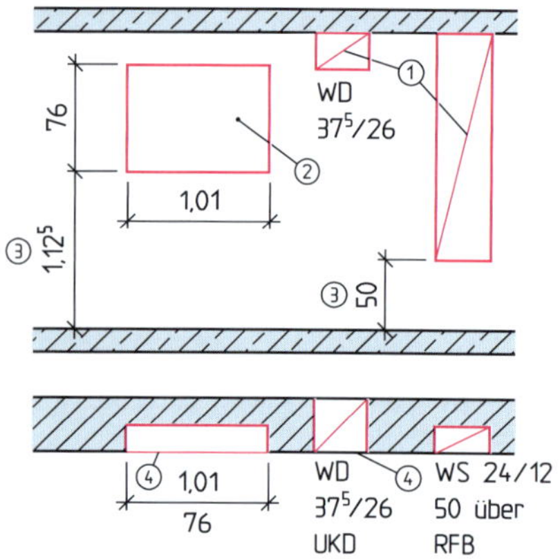 	Aussparungen und Durchbrüche müssen der Maßordnung im Hochbau entsprechen. Darstellung: ① Im Aufriss kennzeichnet man Schlitze und Durchbrüche mit einer Diagonale in schmaler Volllinie, Maße werden angegeben in der Reihenfolge: Breite/Höhe ② Nischen werden im Aufriss wie Fenster dargestellt und bemaßt ③ Zusätzlich gibt man die Höhe der Unterkante von Nischen und Schlitzen an ④ Im Grundriss gibt der raumseitige Abschluss den Endzustand an – schmale Volllinie: Schlitz bleibt offen – breite Volllinie: Schlitz wird zugemauert.
Aussparungen und Durchbrüche in Decken 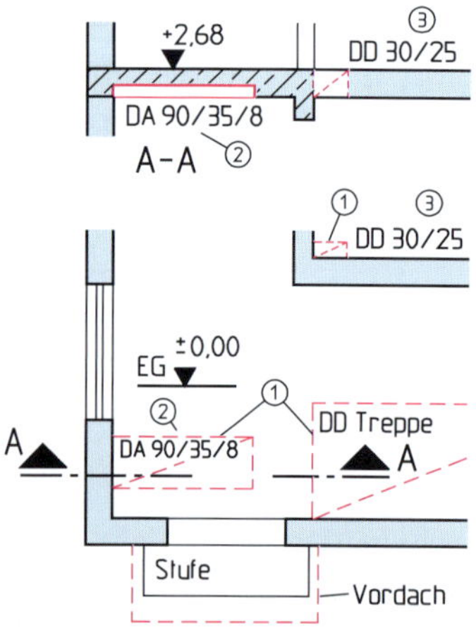 	In Decken werden Aussparungen (= DA) und Durchbrüche (= DD) immer in den Grundriss des darunter liegenden Geschosses gezeichnet. Darstellung: ① Strichlinien kennzeichnen die Umrisse von Deckenaussparungen und Deckendurchbrüchen, sie liegen **über** der Schnittebene und gelten als verdeckte bzw. projizierte Körperkanten ② Maßangaben für Aussparungen in der Reihenfolge: Länge/Breite/Tiefe ③ Maßangabe für Durchbrüche in der Reihenfolge: Länge/Breite.

Werkstoffe

Theoretische Grundlagen
Technische Kommunikation
Werkstoffe
Bauelemente
Fertigungstechnik
Informations- und Steuerungstechnik
Anhang

Periodensystem der Elemente, vereinfacht

rdnungsschema für alle Grundstoffe (= Elemente)

Perioden = Zahl der „Außen-schalen“	Hauptgruppen (= Zahl der Elektronen auf der „äußeren Schale“) Elemente einer Hauptgruppe haben ähnliche Eigenschaften Metalle						Gase		Edelgase
	I	II	Neben-gruppen Ia – VIIIa	III	IV	V	VI	VII	VIII
1	H Wasserstoff								He Helium
2	Li Lithium	Be Beryllium	Hier werden Metalle von	B Bor	C Kohlenstoff	N Stickstoff	O Sauerstoff	F Fluor	Ne Neon
3	Na Natrium	Mg Magnesium	Ac (= Actinium)	Al Aluminium	Si Silizium	P Phosphor	S Schwefel	Cl Chlor	Ar Argon
4	K Kalium	Ca Calcium	und Ag (= Silber)	Ga Gallium	Ge Germanium	As Arsen	Se Selen	Br Brom	Kr Krypton
5	Rb Rubidium	Sr Strontium	bis W (= Wolfram)	In Indium	Sn Zinn	Sb Antimon	Te Tellur	I Jod	Xe Xenon
6	Cs Cäsium	Ba Barium	und Zr	Tl Thallium	Pb Blei	Bi Bismut	Po Polonium	Ar Argon	Rn Radon
7	Fr Francium	Ra Radium	(= Zirkonium) eingeordnet						

Technisch wichtige Chemikalien: Eigenschaften, Verwendung (Auswahl)

Name	chem. Bezeichnung	Eigenschaften, *Verwendung*
Aceton	Propanon	farblose, brennbare Flüssigkeit *Füllung von Acetylenflaschen, löst Acetylen*
Benzin	Kohlenwasserstoff	wasserklare, leicht verdunstende und brennbare Flüssigkeit *Treibstoff für Motoren und Reinigungsmittel*
Bleimennige	Bleioxid	rote Flüssigkeit, Lösung von Bleioxid in Leinöl oder Kunstharz *früher Verwendung als Rostschutzfarbe. Nicht mehr zulässig!*
Essigsäure	Ethansäure	wasserklare stechend riechende Flüssigkeit, *Beizmittel*
Formalin	Formaldehyd in wässriger Lösung	stark riechende, farblose Flüssigkeit *Konservierungsmittel, Dämpfe sind gesundheitsschädigend*
Glycerin	Propantriol	farblos, zähfließende, süßschmeckende Flüssigkeit *Gleit- und Frostschutzmittel*
Härtesalz	Cyanid	wasserlösliche, sehr giftige salzartige Kristalle *in geschmolzenem Zustand: Erwärmen von Werkstücken beim Härten*
Kalk	Calciumoxid	weißes Pulver, stark wasserziehend *in gelöschtem Zustand als Bindestoff für Mörtel*
Karbid	Calciumkarbid	weißgraues, kristallines Pulver *gelöst in Wasser dient es zur Herstellung von Acetylen*
Königswasser	3 T. Salzsäure + 1 T. Salpetersäure	stark riechende rauchende Flüssigkeit *Lösungs- und Ätzmittel für alle Metall, auch Gold*
Lötwasser	Zinkchlorid + Salzsäure	graue stechend riechende Flüssigkeit *Lösungsmittel zum Löten*
Mineralöl	hochmolekulare Kohlenwasserstoffe	flüssige Kohlenwasserstoffe, als Fette auch fest *je nach molekularer Zusammensetzung: Treibstoff, Schmiermittel*
Natronlauge	Natriumhydroxid in wässriger Lösung	stark ätzende Flüssigkeit *Reinigen, Ätzen und Beizen von Metallen*
Salmiakgeist	Ammoniak in wässriger Lösung	farbloses, stechend riechendes Gas in Wasser gelöst *Reinigungsmittel und Fettlöser*
Salpetersäure	Salpetersäure	farblose, stark rauchende, gelbliche Flüssigkeit *Ätzmittel für alle Metalle, außer Platin und Gold*
Salzsäure	Salzsäure + Wasser	farblose, stark rauchende, wasseranziehende Flüssigkeit *Beiz- und Ätzmittel*
Schwefelsäure	Schwefelsäure	farblose, stark rauchende, wasseranziehende Flüssigkeit *Ätz- und Beizmittel für unedle Metalle*
Spiritus	Ethanol	farblose, brennbare Flüssigkeit, durch Vergällungsmittel nicht trinkbar *Lösungs- und Konservierungsmittel*
Tri	Trichlorethylen	wasserklare, leicht verdunstende Flüssigkeit *Reinigungsmittel, Dämpfe sind gesundheitsschädigend*

Stoffwerte von Werk- und Hilfsstoffen (Auswahl)

Metalle und Legierungen

Bezeichnung	Kurzzeichen	Dichte ϱ in $\frac{kg}{dm^3}$	*E*-Modul $E \times 10^4$ in $\frac{N}{mm^2}$	Zugfestigkeit R_m in $\frac{N}{mm^2}$	Längenausdehnungskoeffizient $\alpha \times 10^{-6}$ in $\frac{1}{K}$	Spez. Wärmekapazität *c* in $\frac{kJ}{kg \cdot K}$	Schmelzpunkt in °C	Wärmeleitfähigkeit λ in $\frac{W}{m \cdot k}$	Spez. elektr. Widerstand $\varrho \times 10^{-3}$ in $\frac{\Omega\ mm^2}{m}$
Aluminium	Al	2,7	7,2	40…100	23,9	0,899	660	238	28,6
Al-Knetlegierung	EN AW-6060 (AlMgSi0,5)	2,7	7,2	190	23,0	1,04	658	186	35
Al-Gusslegierung	G-AlSi12	2,64	7,2	150…200	21,0	–	ca. 570	155	42
Blei	Pb	11,35	1,7	11…13	29	0,13	327	35	210
Chrom	Cr	7,1	25,0	200…300	8,5	0,46	1900	69	140
Eisen	Fe	7,85	21		12	0,466	1535	75,5	130
Unleg. Stahl	S235JG (St 37)	7,85	21	370	12	0,49	1500	48…75	160
hochleg. Stahl	X12CrNi18-10	7,92	–	500…700	16	–	ca.1450	16	960
Grauguss	EN-GJL-250	7,52		250…350	11	0,25	ca.1150	55	600…1600
Gold	Au	19,3	8,1	100…140	14,3	0,13	1063	310	22
Hartmetall	K20	14,8	–	–	48	0,80	–	80	–
Kupfer	Cu	8,93	12,6	210…240	16,8	0,39	1083	364	17,8
Messing	CuZn40	8,40	–	350…480	20	0,38	ca. 900	117	62
Bronze	CuSn	ca. 8,0	–	350…480	18	0,38	ca. 900	120	–
Magnesium	Mg	1,74	4,5	160…200	26	0,924	650	157	45
Mangan	Mn	7,45	20,0	–	15	0,504	1244	29,7	392
Molybdän	Mo	10,22	–	–	5,2	0,26	2620	145	54
Nickel	Ni	8,9	22,5	350…520	13	0,441	1452	59	95
Platin	Pt	21,37	17,3	120…220	9	0,134	1769	70	98
Silber	Ag	10,5	8,1	130…160	19,7	0,235	960	407	15,9
Titan	Ti	4,4	11,1	350…560	8,2	0,63	1660	15,5	420
Vanadium	V	6,1	13,0	350…560	8,3	0,504	1900	31,4	55
Wolfram	W	19,3	41,5	400…1200	4,5	0,143	3380	130	55
Zink	Zn	7,14	10,0	120…150	29	0,395	419	113	63
Zinn	Sn	7,28	4,5	15…30	27	0,228	232	64	114

Nichtmetalle

Bezeichnung	Kurzzeichen	Dichte ϱ in $\frac{kg}{dm^3}$	Zugfestigkeit R_m in $\frac{N}{mm^2}$	Längenausdehnungskoeffizient $\alpha \times 10^{-6}$ in $\frac{1}{K}$	Spez. Wärmekapazität *c* in $\frac{kJ}{kg \cdot K}$	Schmelzpunkt in °C	Wärmeleitfähigkeit λ in $\frac{W}{m \cdot k}$	Verwendung, z. B. für
Acrylglas	PMMA	1,18	–	70	1,3	80	0,16	Verglasungen
Alkohol	C_2H_5OH	0,79	–	110	2,34	–114		Lösungsmittel
Asbest		2,1…2,6	–		0,80	1300	–	Isolierungen
Beton		2,0…2,8	5…60	12	0,88	–	–	Baustoff
Glas		2,5	50…200	8	9,67	ca.1100	0,8	Verglasungen
Holz	z. B. Fichte	0,5	–	4	1,35	–	0,1	Baustoff
Kork		0,1…0,3	–	–	1,88	–	0,05	Dämmstoff
Porzellan		2,4	–	30	0,80	–	0,7…1,6	Isolatoren
PVC		1,43	20…50	70	–	ca. 60	0,16	Rohre, Behälter
Styropor		0,02	–	60	0,07	85	0,025	Dämmstoff
Wasser	H_2O	1,0	–	18	4,19	0	–	
Kohlendioxid (Kohlensäure)	CO_2 ($H_2CO_3 + H_2O$)		–	–	–			Schutzgas zum Schweißen
Petroleum	–	0,81	–	–	550	–70	–	Entfettungsmittel, Brennstoff
Glycerin	–	1,3	–	–	2390	–18	–	Kühlmittel
Maschinenöl (Mineralöl)	–	0,91	–5	–	1670	≈5	–	Schmier/Gleitmittel

Bezeichnungssystem für Stähle

1. Bezeichnung nach dem Verwendungszweck: Beispiele: S275JR, S235JRG2[1]), E360+A, GP240GH

Hauptsymbole nach DIN EN 10027-1:2005-10		Zusatzsymbole nach DIN EN 10027-1:2005-10				
Pos. 1 Erzeugnis	**Pos. 2 Eigenschaften**	**Pos. 3 entfällt hier**	**Pos. 4 Zusatzsymbol Gruppe 1**	**Pos. 5 Zusatzsymbol Gruppe 2**	**Pos. 6 Zusatzsymbol ohne Gruppenbezeichnung**	**Pos. 7 Behandlungszustand/ Überzugsart**
S = Stahlbaustahl	275 = Streckgrenze 275 N/mm²		JR = Zähigkeitsangabe Kerbschlagarbeit 27 J bei 20 °C			
S = Stahlbaustahl	235 = Streckgrenze 235 N/mm²		JRG2 = Zähigkeitsangabe Kerbschlagarbeit 27 J bei 20 °C = Güteklasse 2[1])			
E = Maschinenbaustahl (E = Engineering)	360 = Streckgrenze 360 N/mm²					+ A = weichgeglüht
GP = Stahlguss für Druckbehälter	240 = Streckgrenze 240 N/mm²		G = andere Merkmale folgen	H = für hohe Temperaturen		

[1]) nicht mehr in Norm definiert

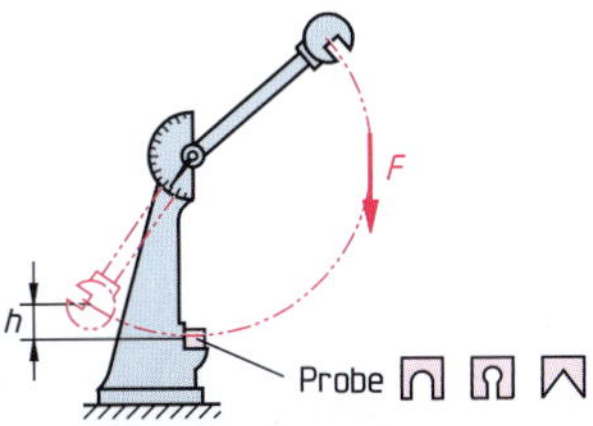

Gemessen wird die Schlagarbeit $W = F \times h$

Kerbschlagarbeit in Joule **27**	**40**	**60**	**Prüftemp. in °C**
JR	KR	LR	+20
J0	K0	L0	0
J2	K2	L2	−20
J4	K4	L4	−40
J6	K6	L6	−60

2. Bezeichnung nach dem Kohlenstoffgehalt: Beispiele: C45+QT, C15E

Hauptsymbole nach DIN EN 10027-1:2005-10		Zusatzsymbole nach DIN EN 10027-1:2005-10				
Pos. 1 Erzeugnis	**Pos. 2 Eigenschaften**	**Pos. 3 Legierungselemente**	**Pos. 4 Zusatzsymbol Gruppe 1**	**Pos. 5 Zusatzsymbol Gruppe 2**	**Pos. 6 Zusatzsymbol ohne Gruppen bezeichnung**	**Pos. 7 Behandlungszustand/ Überzugsart**
C = „Kohlenstoffstahl“	45 = C-Gehalt 0,45 % (45/100)					+ QT = vergütet
C = „Kohlenstoffstahl“	15 = C-Gehalt 0,15 % (15/100)		E = eingeschränkter Schwefelgehalt			

Multiplikatoren. (ergibt ganzzahlige Angabe von Legierungselementen)

100:	C, N, P, S
10:	Al, Cu, Mo, Ta, Ti, V
4:	Mn, Ni, Si, Cr, Co, W

3. Bezeichnung nach der Zusammensetzung durch chemische Kurzzeichen der Legierungselemente: Beispiel: 16MnCr5+C, 20MoCr4+QT

Hauptsymbole nach DIN EN 10027-1:2005-10		Zusatzsymbole nach DIN EN 10027-1:2005-10				
Pos. 1 Erzeugnis	**Pos. 2 Eigenschaften**	**Pos. 3 Legierungselemente**	**Pos. 4 Zusatzsymbol Gruppe 1**	**Pos. 5 Zusatzsymbol Gruppe 2**	**Pos. 6 Zusatzsymbol ohne Gruppenbezeichnung**	**Pos. 7 Behandlungszustand/ Überzugsart**
	16 = Kohlenstoff-Gehalt 0,16 % (16/100)	MnCr5 = Mangan-Gehalt 1,25 % (5/4) Chrom-Gehalt < 1 %				+ C = kaltverfestigt
	20 = C-Gehalt 0,20 % (20/100)	CrMo4 = Chrom-Gehalt 1,0 % (4/4) Molybdän-Gehalt < 1 %				+ QT = vergütet

4. Bezeichnung nach der Zusammensetzung durch chemische Kurzzeichen der Legierungselemente und deren Prozentgehalt

(keine Multiplikatoren für C-Gehalt, da „hochlegiert[2]"):
Beispiel: X20CrMoV12-1, X10CrNiS18-8

Hauptsymbole nach DIN EN 10027-1:2005-10		Zusatzsymbole nach DIN EN 10027-1:2005-10				
Pos. 1 Erzeugnis	**Pos. 2 Eigenschaften**	**Pos. 3 Legierungselemente**	**Pos. 4 Zusatzsymbol Gruppe 1**	**Pos. 5 Zusatzsymbol Gruppe 2**	**Pos. 6 Zusatzsymbol ohne Gruppenbezeichnung**	**Pos. 7 Behandlungszustand/Überzugsart**
X = Kennbuchstabe für „hochlegierten" Stahl (keine Multiplikatoren)	20 = C-Gehalt 0,20 %	CrMoV12 = Chrom-Gehalt 12 % = Molybdän-Gehalt < 1 % = Vanadium-Gehalt < 1 %				
X = Kennbuchstabe für „hochlegierten" Stahl (keine Multiplikatoren)	10 = C-Gehalt 0,10 %	CrNiS18-8 = Chrom-Gehalt 18 % = Nickel-Gehalt < 8 % = Schwefel-Gehalt < 1 %				

5. Bezeichnung nach der Zusammensetzung durch Prozentzahlen der Legierungselemente in festgelegter Reihenfolge

(Schnellarbeitsstähle für spanende Werkzeuge):
Beispiel: HS18-1-2-10

Hauptsymbole nach DIN EN 10027-1:2005-10		Zusatzsymbole nach DIN EN 10027-1:2005-10				
Pos. 1 Erzeugnis	**Pos. 2 Eigenschaften**	**Pos. 3 Legierungselemente**	**Pos. 4 Zusatzsymbol Gruppe 1**	**Pos. 5 Zusatzsymbol Gruppe 2**	**Pos. 6 Zusatzsymbol ohne Gruppenbezeichnung**	**Pos. 7 Behandlungszustand/Überzugsart**
HS = Kennbuchstabe für „hochlegierten" Stahl (keine Multiplikatoren)		18-1-2-10 = Wolfram-Gehalt 18 % = Molybdän-Gehalt 1 % = Vanadium-Gehalt 2 % = Kobalt-Gehalt 10 %				

Festgelegte Reihenfolge der Legierungselemente bei Schnellarbeitsstählen:
Wolfram-Gehalt Molybdän-Gehalt Vanadium-Gehalt Kobalt-Gehalt

Werkstoffnormung für Eisen und Stahl DIN 17006:1977-01[1]) (zurückgezogen)

Die Werkstoffangabe erfolgt nach

Herstellungsteil	Zusammensetzungsteil	Behandlungsteil
– Besondere Eigenschaften – Erschmelzungsart (Auswahl)	– C-Gehalt – Gehalt an Legierungsbestandteilen (Auswahl)	Hinweise zu Verarbeitung, Güteklassen, Gewährleistungsumfang (Auswahl)
A = alterungsbeständig E = Elektrostahl U = unberuhigt vergossen Q = kaltstauchbar	Angabe der Anteile von Kohlenstoff und Legierungsbestandteilen mit Multiplikatoren (siehe ...)	A = angelassen b = beste Bearbeitbarkeit S = spannungsarm geglüht V = vergütet

[1]) Die Werkstoffbezeichnung nach DIN 17006 ist technisch unbedeutend und wird nicht mehr verwendet
[2]) Der Begriff „hochlegiert" ist nicht genormt, jedoch noch üblich

Unlegierte Baustähle für den Stahl- und Metallbau — DIN EN 10 025-1, -5:2005-02

Kurzzeichen nach DIN EN 10 025	Ähnl. Stahlsorte nach früherer DIN 17 100	Stahlart	C-Gehalt in %	Streckgrenze R_e in $\frac{N}{mm^2}$	Zugfestigkeit R_m in $\frac{N}{mm^2}$	Bruchdehnung A in %	Eigenschaften und Verwendung
S185	St 33	BS	–	185	290...510	10...18	beschränkte Schweißeignung, einf. Geländer, Gitter, etc.
S235JR	St 37-2	BS	0,17	235	340...470	26	üblicher Stahl im Stahl- und Metallbau,
S235J0	St 37-3 U	QS	0,17	235	340...470	26	gute Schweißeignung gut schmiedbar gut spanend zu bearbeiten
S275JR	St 44-2	BS	0,21	275	410...560	22	gut schweißbar für gehobene Beanspruchung
S275J0	St 44-3 U	QS	0,18	275	410...560	22	
S355JR		BS	0,24	355	440...630	22	hochbeanspruchte Bauteile im Maschinen- und Stahlbau wie Brücken, Krane, etc.
S355J0	St 52-3 U	QS	0,20	355	490...630	22	
E295	St 50-2	BS	0,30	295	470...610	20	Höchste Belastungen im Maschinen- und Stahlbau, nicht zum Schweißen geeignet
E335	St 60-2	BS	0,40	335	570...710	16	
E360	St 70-2	BS	0,50	360	790...830	11	

BS = Basisstahl = Grundstahl; QS = Qualitätsstahl; E (= Engineering) für Maschinenbaustahl
R_e gilt für Erzeugnisdicken < 16 mm

Bei größeren Erzeugnisdicken sind die Streckgrenze R_e und die Zugfestigkeit R_m herabgesetzt (siehe G47). Ursache ist die verminderte Textur beim Walzen großer Querschnitte.

Wetterfeste Baustähle für den Stahl- und Metallbau — DIN EN 10 025-1, -5:2005-02

Kurzzeichen nach DIN EN 10 155 (zurückgezogen)	Ähnl. Stahlsorte nach früherer Bezeichn.	Desoxydationsart	C-Gehalt in %	Streckgrenze R_e in $\frac{N}{mm^2}$	Zugfestigkeit R_m in $\frac{N}{mm^2}$	Bruchdehnung A in %	Eigenschaften und Verwendung
S235J0W	WT St 37-2	FN	0,12...0,16	235	300...470	≈ 20	Wetterfeste Baustähle brauchen keinen Korrosionsschutz; sie enthalten ca. 0,2...1,5 Cr u. 0,2...0,5% Cu, das ausdiffundiert und einen Korrosionsschutz bildet
S235J2W	WT St 37-3	FF	0,12...0,16	235	300...470	≈ 18	
S355J0WP	–	FN	0,12...0,16	355	490...630	≈ 16	
S355J2G1W *	WT St 52-3	FF	0,12...0,16	355	490...630	≈ 16	

FN = desoxidierend vergossen, FF = besonders desoxidierend vergossen

Theoretische Grundlagen | Technische Kommunikation | Werkstoffe | Bauelemente | Fertigungstechnik | Informations- und Steuerungstechnik | Anhang

Feinkornbaustähle, schweißgeeignet (Auswahl) DIN EN 10025-1, -3, -4:2005-02

Kurzzeichen nach DIN EN 10025	Ähnl. Stahlsorte nach früherer Bezeichn.	C-Gehalt in %	Streckgrenze[1] R_e in $\frac{N}{mm^2}$	Zugfestigkeit[2] R_m in $\frac{N}{mm^2}$	Bruchdehnung A in %	Eigenschaften und Verwendung
S275N	StE 285	≤ 0,10	275...225	370...500	24	Konstruktionen mit hohen Festigkeitsanforderungen wie Behälter, Kessel, Maschinenteile
S355N	StE 355	≤ 0,10	355...295	470...600	22	
S420N	StE 420	≤ 0,10	420...340	520...650	19	
S460N	StE 460	≤ 0,10	460...400	550...720	17	

[1]) Streckgrenze fallend bei zunehmender Erzeugnisdicke: unterer Wert für Nenndicke $d \leq$ 16 mm
oberer Wert für Nenndicke 100...200 m

[2]) Zugfestigkeit steigend bei zunehmender Erzeugnisdicke: unterer Wert für Nenndicke $d \leq$ 100 mm
oberer Wert für Nenndicke 100...200 m

Einsatzstähle (Auswahl) DIN EN 10084:2008-06

Kurzzeichen nach DIN EN 10084	Ähnl. Stahlsorte nach früherer Bezeichn.	C-Gehalt in %	Streckgrenze R_e in $\frac{N}{mm^2}$	Zugfestigkeit R_m in $\frac{N}{mm^2}$	Bruchdehnung A in %	Eigenschaften und Verwendung
C10E	Ck 10	≈ 0,10	295	490...630	16	einfache Maschinenteile z. B. Achsen, Zahnräder, etc.
C15E	Ck 15	≈ 0,15	355	590...780	14	
16MnCr5	16 MnCr 5	≈ 0,16	590	780...1080	10	
20MnCr5	20 MnCr 5	≈ 0,20	685	980...1270	8	hochbeanspruchte Maschinenteile, z. B. Wellen, Spindeln, etc.
20MoCr4	20 MoCr 4	≈ 0,20	590	785...1080	10	
20NiCrMo2-2	20 NiCrMo 2 2	≈ 0,20	590	980...1270	10	je 0,5 % Nickel und Chrom; für hochbeanspruchte Maschinenteile

Die Festigkeitsangaben R_e, R_m und A gelten am blindgehärteten Querschnitt mit 30 mm Durchmesser. Sie sind der zurückgezogenen Norm DIN 17210:1969-12 entnommen.

Stähle für das Flamm- und Induktionshärten (Auswahl) DIN EN 10083:2006-10

Kurzzeichen nach DIN EN 10083	Ähnl. Stahlsorte nach früherer Bezeichn.	C-Gehalt in %	Streckgrenze R_e in $\frac{N}{mm^2}$	Zugfestigkeit R_m in $\frac{N}{mm^2}$	Bruchdehnung A in %	Eigenschaften und Verwendung
C35	C 35	≈ 0,35	420	620...760	17	Profile, Bleche, Rohre, Draht
C45	C 45	≈ 0,45	480	700...840	14	
45Cr2	45 Cr 2	≈ 0,45	640	880...1080	12	
41CrMo4	41 CrMo 4	≈ 0,42	780	980...1180	11	

Die gewährleisteten Eigenschaften gelten für vergüteten Zustand, die Festigkeitsangaben für Durchmesser ≤ 16 mm

Vergütungsstähle (Auswahl) — DIN EN 10083-1, 2 : 2006-10

Kurzzeichen nach DIN EN 10083-1	Ähnl. Stahlsorte nach früherer Bezeichn.	C-Gehalt in %	Streckgrenze R_e in $\frac{N}{mm^2}$	Zugfestigkeit R_m in $\frac{N}{mm^2}$	Bruchdehnung A in %	Eigenschaften und Verwendung
C22E	Ck22	≈0,22	340	500…650	20	Maschinenteile mit steigenden Anforderungen an Güte und Festigkeit
C45E	Ck45	≈0,45	490	700…850	14	
C60E	Ck60	≈0,60	580	850…1000	11	
28Mn6		≈0,28	590	800…950	13	
38Cr2		≈0,38	550	800…950	14	
46Cr2		≈0,46	650	900…1100	12	
34Cr4		≈0,34	700	900…1100	11	
41Cr4		≈0,41	750	1000…1200	11	
25CrMo4		≈0,25	700	900…1100	12	
34CrMo4		≈0,34	800	1000…1200	11	
51CrV4		≈0,51	900	1100…1300	9	

Festigkeitsangaben gelten für den vergüteten Zustand und für Durchmesser von 16…40 mm

Warmfeste Baustähle (Auswahl)

Kurzzeichen nach DIN bzw. DIN EN	C-Gehalt in %	Streckgrenze R_e in $\frac{N}{mm^2}$	Zugfestigkeit R_m in $\frac{N}{mm^2}$	Bruchdehnung A in %	Warmstreckgrenze in $\frac{N}{mm^2}$ bei °C 200	300	400	500	Eigenschaften und Verwendung
X20CrMoV11-1	≈0,20	490	690…830	16	461	392	353	265	warmfeste Rohre
24CrMo5	≈0,24	440	590…740	18	412	363	304	253	warmfeste Schrauben und Muttern
11CrMo9-10	≈0,13	275	440…590	22	275	235	206	177	warmfeste Rohre
25CrMo4	≈0,10	265	440…590	20	245	226	206	186	warmfeste Rohre
21CrMoV5-7	≈0,20	550	700…850	16	500	460	412	334	warmfeste Rohre

Automatenstähle (Auswahl)

Kurzzeichen nach DIN EN ISO 4957	C-Gehalt in %	Sonstige Legierungsmetalle in %	Zugfestigkeit R_m in $\frac{N}{mm^2}$	Eigenschaften und Verwendung
11SMn30	0,11	S: 0,35; Mn: 1,1	380…570	für einfache Beschläge; nicht für Wärmebehandlung geeignet
10S20	0,1	S: 0,2; Mn: 0,9	360…53	Stifte, Bolzen, einf. Maschinenelemente, zum Einatzhärten geeignet
35S20	0,35	S: 0,2; Mn: 0,9	520…680	Wellen, Achsen; zum Vergüten geeignet
38SMn28	0,38	S: 0,28; Mn: 1,3	530…730	für hochwertige Maschinenelemente, zum Vergüten geeignet

Theoretische Grundlagen | Technische Kommunikation | Werkstoffe | Bauelemente | Fertigungstechnik | Informations- und Steuerungstechnik | Anhang

Werkzeugstähle (Auswahl)

Kurzzeichen nach DIN bzw. DIN EN	C-Gehalt in %	Härtetemperatur in °C	Härtemittel	Anlasstemperatur in °C	Härte nach Anlassen in HRC	Eigenschaften und Verwendung
unlegierte „Kaltarbeitsstähle"						DIN EN ISO 4957:2001-02
C80W1	0,80	790	Wasser	180	59	Kaltarbeitswerkzeuge, Körner, etc.
C105W1	1,05	780	Wasser	180	60	einfache Schneidwerkzeuge
C135W2	1,35	800	Öl	50	62	Feilen, Fräser
C60W	0,60	800	Öl	180	57	Handwerkzeuge
„niedrig" legierte Werkzeugstähle*						DIN EN 10027-1:2005-10
100Cr6	1,0	840	Öl	180	80	Bohrer, Dorne, Schaber, etc.
105WCr6	1,05	820	Öl	180	59	Scheren, Messer, Werkzeuge
60WCrV7	0,60	890	Öl	180	67	Holzbearbeitungswerkzeuge
55NiCrMoV6	0,55	850	Luft	500	40	Hammergesenke
145V33	1,45	850	Wasser	180	60	Schmiede-Trennwerkzeuge
90MnCrV8	0,90	800	Öl	180	58	einf. Schneidwerkzeuge
„hoch" legierte Werkzeugstähle*						DIN EN 10027-1:2005-10
X210Cr12	2,10	900	Öl, Luft	600	42	Gesenke, Kerne
X37CrMoV5-1	0,37	1000	Öl, Luft	550	50	Gussformen, Presswerkzeuge
X40CrMoV5-1	0,40	830	Öl, Luft	580	41	Presswerkzeuge
X32CrMoV3-3	0,32	1040	Öl, Luft	550	47	Gussformen für Sonderwerkstoffe
Schnellarbeitsstähle angegeben werden in der Reihenfolge: Wolfram – Molybdän – Vanadium – Kobalt (ohne Teiler)						DIN EN 10027-1:2005-10
HS12-1-4-5	0,9	1230	Öl, Luft	560	65	verschleißfeste Werkzeuge
HS10-4-3-10	0,9	1230	Öl, Luft	560	66	Drehmeißel, Fräser
HS6-5-2-5	0,9	1220	Öl, Luft	520	64	hochwertige Fräswerkzeuge
HS18-1-2-5	0,9	1280	Öl, Luft	560	64	Schneidwerkzeuge, Messer
HS6-5-2		1210		560	64	Sägeblätter, Reibahlen
HS18-0-1	0,9	1280	Luft	550	65	Schneidsegmente, Werkzeuge für Industrieschneide

* Die Begriffe hochlegiert und niedriglegiert sind nicht genormt, jedoch noch üblich

Betonstähle (Auswahl) DIN 488-1:1984-09

Kurzzeichen nach DIN 488-1	übliche Bezeichnung	C-Gehalt in %	zul. Zugspannung σ in $\frac{N}{mm^2}$	Streckgrenze R_e in $\frac{N}{mm^2}$	Bruchdehnung A in %	Erzeugnisform, Verwendung
BSt500S	IVS	0,22	286	500	10	gerippte Stäbe ∅ 6…28, bes. zum MAG-Schweißen geeignet
BSt500M	IVM	0,15	286	500	8	Matten aus gerippten Stäben ∅ 4…12, bes. zum MAG-Schweißen geeignet
BSt500P		0,15	286	500	8	Drähte, gerippt und glatt, ∅ 4…12, bes. zum E-Schweißen geeignet

Stähle für Druckbehälter (Auswahl) DIN EN 10028-1:2008-02

Kurzzeichen nach DIN EN 10028-2	früher übliche Bezeichnung	Zugfestigkeit R_m in $\frac{N}{mm^2}$	Streckgrenze R_e in $\frac{N}{mm^2}$ bei °C 20	200	300	400	500	Bruchdehnung A in %
unlegierte Qualitätsstähle								
P235GH	HI	350…480	≈200	≈160	≈120	≈110	–	25
P265GH	HII	400…530	≈240	≈ 80	≈140	≈120	–	22
P295GH	17Mn4	440…580	≈250	≈210	≈180	≈140	–	21
P355GH	19Mn6	480…650	≈330	≈250	≈200	≈160	–	20
legierte Qualitätsstähle								
13CrMo4-5	13CrMo44	430…600	≈270	≈220	≈180	≈170	≈160	19
10CrMo9-10	10CrMo910	460…630	≈270	≈230	≈210	≈180	≈160	17
11CrMo9-10	–	520…670	≈310	≈250	≈230	≈215	≈195	17

Die Werte für Zugfestigkeit und Streckgrenze sind Mittelwerte, abhängig von der Erzeugnisdicke: Der Wert sinkt mit der Erzeugnisdicke

Nichtrostende Stähle – EDELSTAHL Rostfrei® (Auswahl) DIN EN 10088-1:2005-09

Kurzzeichen nach DIN EN 10088-1	C-Gehalt in %	Zugfestigkeit R_m in $\frac{N}{mm^2}$	Streckgrenze $R_{p0,2}$ in $\frac{N}{mm^2}$	Bruchdehnung A in %	Werkstoff-Nr.	Eigenschaften und Verwendung
ferritische Stähle (nicht korrosionsbeständig)						
X6Cr13	0,08	400…600	250…270	18…20	1.400	für Innenbauteile, Geländer, Verkleidungen, Möbel, etc.
X6Cr17	0,08				1.4016	korrosionsträge, für Außenbauteile, Haushaltsgeräte, etc
martensitische Stähle (korrosionsbeständig)						
X30Cr13	0,30	≈700	–	15	1.4028	bedingt korrosionsbeständig
X50CrMoV15	0,50	≈850	–	12	1.4116	korrosionsbeständig, hochfest
X17CrNi16-2	0,17	≈950	–	14	1.4057	korrosionsbeständig, hochfest
austenitische Stähle (korrosionsbeständig						
X4CrNiMo17-12-2	0,05	520…680	220	40	–	beste Korrosionsbeständigkeit, für Außenbauteile und Bauteile in der chemischen und Nahrungsmittelindustrie
X6CrNiTi18-10	0,06	500…740	200	35	1.4541	
X9CrNiS18-8	0,10				–	

Oberflächenkennzeichnung für kaltgewalztes Blech und Band

Oberflächenart

Kennzeichen (frühere Bezeichnung)	Benennung
A (03)	übliche kaltgewalzte Oberfläche
B (05)	beste Oberfläche

Oberflächenausführung

Kennzeichen	Benennung	Merkmale der Oberfläche	Rautiefe Ra in m
b	besonders glatt	gleichmäßig glatt	<0,4
g	glatt	gleichmäßig glatt	<0,9
m	matt	gleichmäßig matt	0,6…1,6
r	matt	aufgeraut	>1,6

Stähle für Bleche und Bänder (Auswahl)

Kurzzeichen nach DIN, DIN EN (frühere Bezeichnung)	Oberfläche	C-Gehalt in %	Zugfestigkeit R_m in $\frac{N}{mm^2}$	Streckgrenze R_e in $\frac{N}{mm^2}$	Bruchdehnung A in %	Brinellhärte HB	Eigenschaften/ Verwendung/ Bemerkungen
kaltgewalztes Blech und Band aus weichen Stählen zum Kaltumformen							DIN EN 10 130:2007-02
DC01; FeP01 (St 12)	b, g, m, r	0,12	270...410	280	28	≤65	zum Tiefziehen bedingt geeignet
DC03; FeP03 (RRSt 13)		0,10	270...370	240	34	≤55	gute Tiefziehgüte
DC04; FeP04 (St 14)		0,08	270...350	210	38	≤50	beste Tiefziehqualität
kaltgewalztes Blech und Band aus unlegierten Baustählen							DIN 1623-2:1986-02
St37-2G (Fe 360 B)	b, g, m, r	0,17	360...510	215	20		Vergießung freigestellt
USt37-2 G (Fe 360 B)							unberuhigt vergossen
St37-3 G (Fe 360 D1)							besonders beruhigt vergossen
St44-3 G (Fe 430 D1)		0,20	430...580	245	18	–	besonders beruhigt vergossen
St50-2 G (Fe 490-2)		0,40	490...660	295	14		beruhigt vergossen
St52-3 G (Fe 510 D1)		0,20	510...680	325	16		besonders beruhigt vergossen
St60-2 G (Fe 590-2)		0,50	590...770	335	10		beruhigt vergossen
St70-2 G (Fe 690-2)		0,65	680...900	365	6		beruhigt vergossen
feuerverzinktes Blech und Band: aus weichen Stählen zum Kaltumformen							DIN EN 10327:2004-09
DX51D (St 02 Z)			500	–	22		
DX52D (St 03 Z)			420	300	26		
DX53D (St 05 Z)			380	260	30		
DX54D (St 06 Z)			350	220	36		
feuerverzinktes Blech und Band, aus Baustählen							DIN EN 10326:2004-09
S250GD (StE 250-2 Z)			330	250	19		
S280GD (StE 280-2 Z)			360	280	18		
S320GD (StE 320-2 Z)			390	320	17		
S350GD (StE 350-3 Z)			420	350	16		

Bezeichnungsbeispiele

Angabe	Stahlsorte	Oberflächen-		Größe		
		art	ausführ.	Dicke	Breite	Länge
Blech DIN EN 10130 – FeP04Bm – 1,2×800×2000	DC04; FeP04	B	m	1,2	800	2000
Blech DIN 1623-2 – St37-3 G – 2,0×500×1500	St37-3G	–	–	2,0	500	1500
Blech DIN EN 10327 – DX54D – 0,8×500×1000 Überzug nach DIN EN ISO 1461 (z.B.: beidseitige Zinkauflage 100...275 g/m²)	DX54D	–	–	0,8	500	1000
Blech DIN EN 10326 – S280GD – 1,0×1000×2000 Überzug nach DIN EN ISO 1461 (z.B.: beidseitige Zinkauflage 100...275 g/m²)	S280GD	–	–	1,0	1000	2000

Stähle für nahtlose Präzisionsstahlrohre (Auswahl)

Kurzzeichen nach DIN EN 10027-1	früher übliche Bezeichnung	Zugfestigkeit R_m in $\frac{N}{mm^2}$	Streckgrenze R_e $\frac{N}{mm^2}$	Bruchdehnung A in %	Chemische Zusammensetzung				
					C	Si	Mn	P	S
S215GSiT	St 30Si	290...420	215	30	0,1	0,3	<0,5	0,04	0,04
S235G2T	St 35	340...470	235	25	0,17	0,35	>0,4	0,05	0,05
S255GT	St 45	440...570	255	21	0,21	0,35	<0,4	0,05	0,05
S355GT	St 52	490...630	355	22	0,22	0,55	>1,6	0,05	0,05

Die Festigkeitswerte R_m und R_e gelten für den Zustand normalgeglüht
Lieferformen: **BK** = zugblank, hart; **BKW** = zugblank, weich; **GBK** = geglüht; **NGK** = normalgeglüht
Bezeichnungsbeispiel: Rohr DIN 2391 – 40×2 – S235G2T

Stähle zum Messermachen (Auswahl)

Kurzzeichen nach amerikanischer Werksnorm	Bezeichnung nach DIN	Werkstoffnummer nach DIN EN 10027-2	C-Gehalt in %	Mn-Gehalt in %	Cr-Gehalt in %	Mo-Gehalt in %	V-Gehalt in %	Eigenschaften und Verwendung
schmiedbare Stähle								
O1	90MnCrV8	12510	0,9	≈0,3	≈0,3		≈0,80	Standardsorte, nicht korrosionsbeständig
A2	X100CrMoV15	12363	1,0	≈0,5	≈5,0	≈1,0	0,15	Standardsorte, nicht korrosionsbeständig
440 A	X45CrNiMoV15	14110	0,5	≈1,0	14		0,15	Standardsorten, Härteverlust bei höheren Temperaturen, Härte bis 60 HRC, rostträge bis gute Korrosionsbeständigkeit, auch für größere Messer geeignet
440 B	X90CrNiMoV15	14212	0,9	≈1,0	18	≈1,0	0,15	
440 C	X105CrNiMoV17	14125	1,05	1,0	18	1,0	0,17	
AL – 129			0,70	–	12,50	5,25	–	sehr zäh, Härte bis 55 HRC
BG – 42			1,15	–	14,50	4,0	1,20	verschleißfest, Härte bis 60 HRC
BG – 43			1,20	–	14,50	4,00	2,20	verschleißfest, Härte bis 60 HRC
WD – 65			1,15		15,00	4,00	3,00	hochwarmfest, verschleißfest, schwierige Bearbeitung, beste Schneidhaltigkeit, Härte bis 65 HRC,
ATS 34 (154 CM)			1,05	0,4	14	4	0,15	Standardsorte, Härte bis 60 HRC, rostfrei
Pulvermetallurgische Stähle, nicht schmiedbar, nicht umformbar, nicht durch Wärmebehandlung härtbar								
CPM 440V	–	–	2,2	0,5	17,5		9,0	für höchste Ansprüche geeignet, Schneidhaltigkeit 25fach höher als bei Standardsorten-Stahlsorten
Vanadis 4	–	–	2,2	1,5	8		4,0	hochzähe und bruchfeste Messer

Einfluss der Legierungsbestandteile bei Messerwerkstoffen (Auswahl)

C (Kohlenstoff)	bestimmt Härtbarkeit, Festigkeit und Bearbeitbarkeit, üblich 0,5...2,0 %
Mn (Mangan)	verbessert Schmiedbarkeit und Einhärtetiefe
Cr (Chrom)	erhöht die Festigkeit und Abriebbarkeit, ab 14 % Cr ist der Messerstahl korrosionsbeständig
Mo (Molybdän)	erhöht die Schneidhaltigkeit, senkt die Schmiedbarkeit
V (Vanadium)	steigert Schneidhaltigkeit

Langerzeugnisse aus Stahl, Profile (Auswahl)

Gruppe	Untergruppe	Kurzzeichen	Bezeichnung	Seite
Formstahl $h > 80$ mm	U-Profile	U	(U-Stahl, rundkantig)	W 15
		UAP, UPE	(U-Stahl mit parallelen Flanschen)	W 16
	I-Profile (genormt)	I	(schmale I-Träger, rundkantig)	W 17
		mit parallelen Flanschflächen:		
		IPE	mittelbreite I-Träger	W 18
		IPBI (HE-A)	breite I-Träger, leichte Ausführung	W 20
		IPB (HE-B)	breite I-Träger	W 19
		IPBv (HE-M)	breite I-Träger, verstärkte Ausführung	W 21
	I-Profile (nicht genormt)	HE-AA	breite I-Träger, extra leicht	–
		HL	Breitflanschträger	–
		HD	Breitflansch-Stützenprofil	–
		HP	Breitflanschpfähle	–
		UB	brit. Universalträger	–
		UC	brit. Universalstützen	–
		W	amerik. Breitflanschträger	–
	Spezialprofile	½ H	halbierte I-Träger	W 22
		A	Kranschienen	W 28
Stabstahl $h < 80$ mm	mit vollem Querschnitt	Rd	Rundstahl	W 34
			Vierkantstahl, Sechskant I	W 34
			Flachstahl, blank, warm gewalzt	W 35
			Breitflachstahl	W 36
	mit profiliertem Querschnitt	U	(U-Stahl, rundkantig)	W 15
		UAP, UPE	(U-Stahl mit parallelen Flanschen)	–
		L	Winkelstahl, gleichschenkelig	W 27
		LS	Winkelstahl: scharfkantig, parallel	W 28
		L	Winkelstahl, ungleichschenkelig	W 26
		T	T-Stahl: hochstegig	W 23
		TB	T-Stahl: breitfüßig	W 24
		TPS	T-Stahl: scharfkantig, parallel	W 28
		Z	Z-Stahl	W 25
			Wulstflachstahl	–
			Stabstahl-Spezialprofile (Auswahl)	–
Rundhohl-Profile		Ro	Rohr: nahtlos, geschweißt	W 31, 32, 33
Rechteck-Hohl-Profile			quadratisch	W 29
			rechteckig	W 30
Kalt-Profile			U-Profil	W 37
			C-Profil	–
			Hutprofil	–

Warmgewalzte rundkantige U-Profile — DIN 1026-1:2000-03

Normallängen: bei Profillängen unter 300 mm: 8 bis 16 m, über 300 mm: 8 bis 18 m
Neigung der inneren Flanschflächen: 8% bei $h \leq 300$ mm, 5% bei $h > 300$ mm

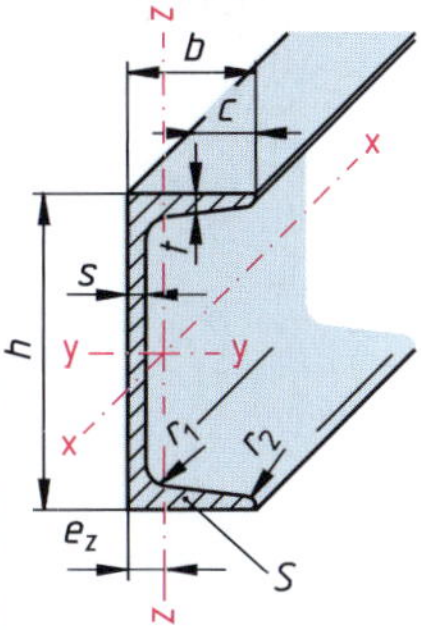

$h \leq 300$ mm ◿ 8%

$h > 300$ mm ◿ 5%

Beispiel:
U-Profil DIN 1026 – U 100 – S235JR (USt 37-2)

Höhe:	$h = 100$ mm
Breite:	$b = 50$ mm
Querschnittsfläche:	$S = 13{,}5$ cm^2
Widerstandsmoment (Maß für die Eignung als Träger)	
(„starke" Achse)	$W_y = 41{,}2$ cm^3
(„schwache" Achse)	$W_z = 8{,}49$ cm^3
Flächenmoment 2. Grades (Maß die Eignung als Stütze)	
(„starke" Achse)	$I_y = 106$ cm^4
(„schwache" Achse)	$I_z = 29{,}3$ cm^4

Abweichende Bezeichnungen:

	DIN 1026	Stahlbau
starke Achse:	$x-x$	$y-y$
schwache Achse:	$y-y$	$z-z$

$c = \frac{b}{2}$ bei $h \leq 300$ mm $\quad r_1 = t$

$c = \frac{b-s}{2}$ bei $h > 300$ mm $\quad r_2 = \frac{t}{2}$

Kurzzeichen U	Abmessungen[1] h in mm	b in mm	s in mm	t in mm	Querschnittsfläche S in cm^2	Statische Kennwerte „starke" Achse $y-y$: I_y in cm^4	W_y in cm^3	„schwache" Achse $z-z$: I_z in cm^4	W_z in cm^3	Abstand der Schwerachse $z-z$ e_z in cm	Masse: Längenbezogene Masse m' in $\frac{kg}{m}$
30 × 15	30	15	4	4,5	2,21	2,53	1,69	0,38	0,39	0,52	1,74
30	30	33	5	7	5,44	6,39	4,26	5,01	2,60	1,34	4,27
40 × 20	40	20	5	5,5	3,66	7,58	3,79	1,14	0,86	0,67	2,87
40	40	35	5	7	6,21	14,1	7,05	6,68	3,08	1,33	4,88
50 × 25	50	25	5	6	4,92	16,8	6,73	2,49	1,48	0,81	3,86
50	50	38	5	7	7,12	26,5	10,6	9,10	3,74	1,37	5,59
60	60	30	6	6	6,46	31,6	10,5	4,51	2,16	0,91	5,07
65	65	42	5,5	7,5	9,03	57,5	17,7	14,0	5,04	1,42	7,09
80	80	45	6	8	11,0	106	26,5	19,4	6,35	1,45	8,65
100	100	50	6	8,5	13,5	205	41,1	29,3	8,45	1,55	10,6
120	120	55	7	9	17,0	364	60,7	43,1	11,1	1,61	13,3
140	140	60	7	10	20,4	605	86,4	62,5	14,7	1,76	16,0
160	160	65	7,5	10,5	24,0	925	115,6	85,1	18,2	1,84	18,9
180	180	70	8	11	28,0	1354	150	114	22,4	1,93	22,0
200	200	75	8,5	11,5	32,2	1911	191	148	26,9	2,01	25,3
220	220	80	9	12,5	37,4	2691	245	196	33,5	2,14	28,4
240	240	85	9,5	13	42,3	3599	300	247	39,6	2,24	33,2
260	260	90	10	14	48,3	4824	371	317	47,8	2,37	37,9
280	280	95	10	15	53,4	6276	448	398	57,2	2,53	41,9
300	300	100	10	16	58,8	8028	535	493	67,6	2,70	46,1
320	320	100	14	17,5	75,8	10870	679	597	80,6	2,60	59,5
350	350	100	14	16	77,30	12840	734	571	75,1	2,40	60,6
380	380	102	13,5	16	80,4	15760	829	615	78,7	2,38	63,1
400	400	110	14	18	91,5	20350	1018	851	102	2,68	71,8

DIN 997:1970-10
DIN 1026-U

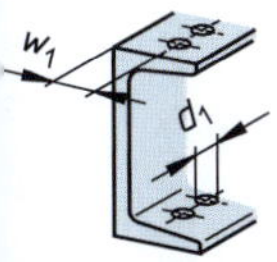

Kurzzeichen [	Anreißmaße in mm w_1	d_1 max.
30 × 15	10	4,3
30	20	8,4
40 × 20	11	6,4
40	20	8,4
50 × 25	16	8,4
50	20	11
60	18	8,4
65	25	11
80	25	13
100	30	13
120	30	17 … 13
140	35	17

Kurzzeichen [	Anreißmaße in mm w_1	d_1 max.
160	35	21 … 17
180	40	21
200	40	23 … 21
220	45	23
240	45	25 … 23
260	50	25
280	50	25
300	65	28
320	58	28
350	58	28
380	60	28
400	60	28

1) Abmessungen entsprechen aktuellen Herstellerunterlagen. Diese können von der Norm geringfügig abweichen.

Warmgewalzte scharfkantige U-Profile

(mit parallelen inneren Flanschflächen) (**Werksnorm** Preussag Stahl AG)

Normallängen: bei Profillängen unter 300 mm: 8 bis 16 m, über 300 mm: 8 bis 18 m

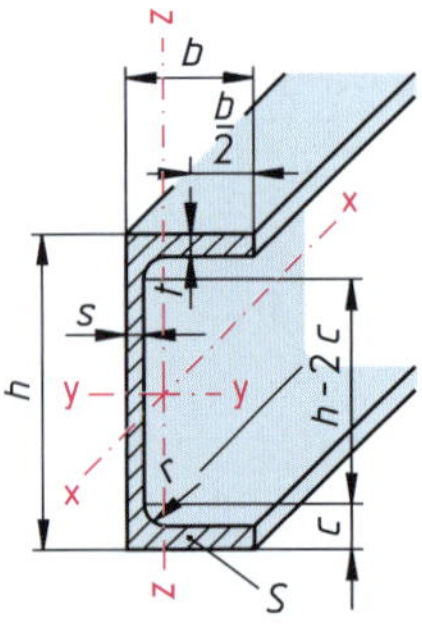

Beispiel:
UPE-Profil – U 100 – S235JR (USt 37-2)

Höhe:	$h = 100$ mm
Breite:	$b = 55$ mm
Querschnittsfläche:	$S = 13{,}9\ \text{cm}^2$
Widerstandsmoment (Maß für die Eignung als Träger)	
(„starke" Achse)	$W_y = 45{,}3\ \text{cm}^3$
(„schwache" Achse)	$W_z = 11{,}8\ \text{cm}^3$
Flächenmoment 2. Grades (Maß für die Eignung als Stütze)	
(„starke" Achse)	$I_y = 227\ \text{cm}^4$
(„schwache" Achse)	$I_z = 42{,}3\ \text{cm}^4$

Abweichende Bezeichnungen: $r = t$

	DIN-üblich	**Stahlbau**
starke Achse:	$x - x$	$y - y$
schwache Achse:	$y - y$	$z - z$

Kurzzeichen UPE	Abmessungen[1]) h in mm	b in mm	s in mm	t in mm	Querschnittsfläche S in cm²	Statische Kennwerte „starke" Achse $y-y$: I_y in cm⁴	W_y in cm³	„schwache" Achse $z-z$: I_z in cm⁴	W_z in cm³	Abstand der Schwerachse $z-z$ e_z in cm	Masse: Längenbezogene Masse m' in kg/m
80	80	50	4,5	8	3,24	118	29,4	28,3	8,9	1,58	8,88
100	100	55	5	8,5	13,9	227	45,3	42,3	11,8	1,74	10,9
120	120	60	5,5	9	16,8	392	65,4	60,7	15,3	2,05	13,2
140	140	60	6	9,5	20,0	630	90,0	84,3	19,2	2,05	15,7
160	160	70	6,5	10	23,7	965	121	114	23,8	2,19	18,6
180	180	75	7	10,5	27,5	1400	156	151	29,0	2,34	21,6
200	200	80	7,5	11	31,6	1970	197	196	34,9	2,49	24,8
220	220	85	8	12	36,7	2770	252	256	43	2,64	28,8
240	240	90	8,5	13	42,6	3820	318	331	52,3	2,79	33,4
270	270	95	9	14	49,3	5560	412	425	63,2	2,94	38,7
300	300	100	9,5	15	56,6	7820	522	538	75,4	3,08	44,4
330	330	105	11	16	67,8	11010	667	682	89,7	3,17	53,2
360	360	110	12	17	77,9	14830	824	844	105	3,20	61,2
400	400	115	13,5	18	91,9	20980	1049	1050	123	3,37	72,2

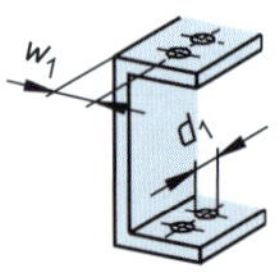

Anreißmaße: siehe [DIN 1026, W 15 nach DIN 997

Kurzzeichen [	Anreißmaße in mm w_1	d_1 max.
30 × 15	10	4,3
30	20	8,4
40 × 20	11	6,4
40	20	8,4
50 × 25	16	8,4
50	20	11
60	18	8,4
65	25	11
80	25	13
100	30	13
120	30	17 … 13
140	35	17

Kurzzeichen [	Anreißmaße in mm w_1	d_1 max.
160	35	21 … 17
180	40	21
200	40	23 … 21
220	45	23
240	45	25 … 23
260	50	25
280	50	25
300	65	28
320	58	28
350	58	28
380	60	28
400	60	28

[1]) Abmessungen entsprechen aktuellen Herstellerunterlagen. Diese können von der Norm geringfügig abweichen.

Warmgewalzte I-Profile DIN 1025-1 : 1995-05

(Schmale I-Profile mit schrägen Flanschen)

Normallängen: bei Profillängen unter 300 mm: 8 bis 16 m, über 300 mm: 8 bis 18 m

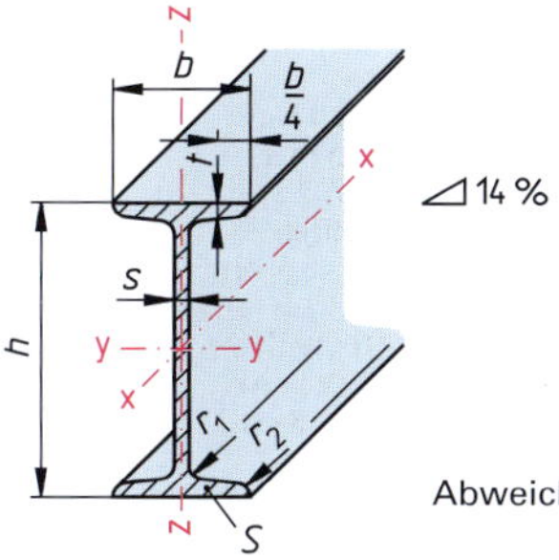

Beispiel:
I-Profil DIN 1025 – S235JR (USt 37-2) – **I 100**

Höhe:	$h = 100$ mm
Breite:	$b = 50$ mm
Querschnittsfläche:	$S = 10{,}60\ \text{cm}^2$
Widerstandsmoment (Maß für die Eignung als Träger)	
(„starke" Achse)	$W_y = 34{,}2\ \text{cm}^3$
(„schwache" Achse)	$W_z = 4{,}88\ \text{cm}^3$
Flächenmoment 2. Grades (Maß für die Eignung als Stütze)	
(„starke" Achse)	$I_y = 171\ \text{cm}^4$
(„schwache" Achse)	$I_z = 12{,}2\ \text{cm}^4$

Abweichende Bezeichnungen: $r_1 = s$

	DIN 1025	**Stahlbau**
starke Achse:	$x - x$	$y – y$
schwache Achse:	$y - y$	$z – z$

$r_2 = 0{,}6\,s$

Kurz-zeichen I	Abmessungen[1] h in mm	b in mm	s in mm	t in mm	Quer-schnitts-fläche S in cm²	Statische Kennwerte „starke" Achse $y–y$: I_y in cm⁴	W_y in cm³	„schwache" Achse $z–z$: I_z in cm⁴	W_z in cm³	Masse: Längen-bezogene Masse m' in kg/m
80	80	42	3,9	5,9	7,57	77,8	19,5	6,28	3,00	5,94
100	100	50	4,5	6,8	10,6	170,3	34,1	12,2	4,86	8,34
120	120	58	5,1	7,7	14,2	327,1	54,5	21,4	7,38	11,1
140	140	66	5,7	8,6	18,2	572,4	81,7	35,1	10,6	14,3
160	160	74	6,3	9,5	22,8	934	117	54,6	14,8	17,9
180	180	82	6,9	10,4	27,9	1 444	160	81,2	19,8	21,9
200	200	90	7,5	11,3	33,4	2 138	214	116,4	25,9	26,2
220	220	98	8,1	12,2	39,5	3 055	278	162	33,1	31,50
240	240	106	8,7	13,1	46,1	4 239	353	220	41,5	36,2
260	260	113	9,4	14,1	53,3	5 735	441	287	51,0	41,9
280	280	119	10,1	15,2	61,0	7 575	541	363	61,0	47,9
300	300	125	10,8	16,2	69,0	9 785	652	450	71,9	54,2
320	320	131	11,5	17,3	77,7	12 490	781	554	84,6	61
340	340	137	12,2	18,3	86,7	15 670	922	672	98,1	68
360	360	143	13,0	19,5	97,0	19 570	1087	817	114	76
380	380	149	13,7	20,5	107,0	23 980	1262	973	131	84
400	400	155	14,4	21,6	117,7	29 170	1459	1156	149	92,4
450	450	170	16,2	24,3	147,0	45 790	2035	1722	203	115
500	500	185	18,0	27,0	179,4	68 650	2746	2473	267	141
550	550	200	19,0	30,0	212,0	98 950	3598	3481	348	166

DIN 1025-I

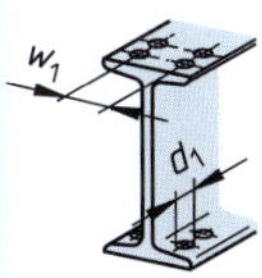

Kurz-zeichen I	Anreißmaße in mm w_1	d_1 max.
80	22	6,4
100	28	6,4
120	32	8,4
140	34	11
160	40	11
180	44	13
200	48	13
220	52	13
240	56	17 … 13

Kurz-zeichen I	Anreißmaße in mm w_1	d_1 max.
260	60	17
280	60	17
300	64	21 … 17
320	70	21 … 17
340	74	21
360	76	23 … 21
380	82	23 … 21
400	86	23
500	100	28

[1]) Abmessungen entsprechen aktuellen Herstellerunterlagen. Diese können von der Norm geringfügig abweichen.

Warmgewalzte I-Profile — DIN 1025-5:1994-03

(Mittelbreite I-Profile mit parallelen Flanschen)

Normallängen: bei Profillängen unter 300 mm: 8 bis 16 m, über 300 mm: 8 bis 18 m

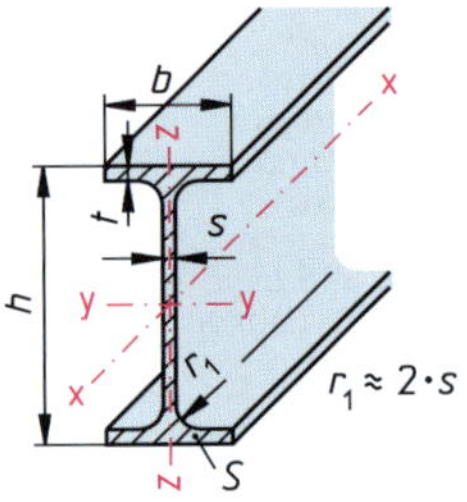

Beispiel:
IPE-Profil DIN 1025 – S235JR (USt 37-2) – **IPE 100**

Höhe:	$h = 100$ mm
Breite:	$b = 50$ mm
Querschnittsfläche:	$S = 10{,}3\ \text{cm}^2$
Widerstandsmoment (Maß für die Eignung als Träger)	
(„starke" Achse)	$W_y = 34{,}2\ \text{cm}^3$
(„schwache" Achse)	$W_z = 5{,}79\ \text{cm}^3$
Flächenmoment 2. Grades (Maß für die Eignung als Stütze)	
(„starke" Achse)	$I_y = 171\ \text{cm}^4$
(„schwache" Achse)	$I_z = 15{,}9\ \text{cm}^4$

Abweichende Bezeichnungen: $r_1 \approx 2s$

	DIN 1025	**Stahlbau**
starke Achse:	$x - x$	$y - y$
schwache Achse:	$y - y$	$z - z$

Kurzzeichen IPE	Abmessungen[1] h in mm	b in mm	s in mm	t in mm	Querschnittsfläche S in cm²	Statische Kennwerte „starke" Achse $y-y$: I_y in cm⁴	W_y in cm³	„schwache" Achse $z-z$: I_z in cm⁴	W_z in cm³	Masse: Längenbezogene Masse m' in kg/m
80	80	46	3,8	5,2	7,64	80,1	20,0	8,49	3,69	6,0
100	100	55	4,1	5,7	10,3	171	34,2	15,9	5,79	8,1
120	120	64	4,4	6,3	13,2	318	53,0	27,7	8,65	10,3
140	140	73	4,7	6,9	16,40	541	77,3	44,9	12,3	12,9
160	160	82	5,0	7,4	20,1	869	109	68,3	16,7	15,7
180	180	91	5,3	8,0	23,9	1317	146	101	22,2	18,8
200	200	100	5,6	8,5	28,5	1943	194	142	28,5	22,3
220	220	110	5,9	9,2	33,4	2772	252	205	37,3	26,2
240	240	120	6,2	9,8	39,1	3992	324	284	47,3	30,7
270	270	135	6,6	10,2	45,9	5790	429	420	62,2	36,1
300	300	150	7,1	10,7	53,8	8356	557	604	80,5	42,2
330	330	160	7,5	11,5	62,6	11767	713	788	98,5	49,2
360	360	170	8,0	12,7	72,7	16266	904	1043	123	57,1
400	400	180	8,6	13,5	84,5	23128	1156	1318	146	66,3
450	450	190	9,4	14,6	98,8	33743	1500	1676	176	77,6
500	500	200	10,2	16,0	116,0	48199	1928	2142	214	90,7
550	550	210	11,1	17,2	134,0	67116	2441	2668	254	105,5
600	600	220	12,0	19,0	156,0	92093	3069	3387	308	122,4

DIN 1025-IPE

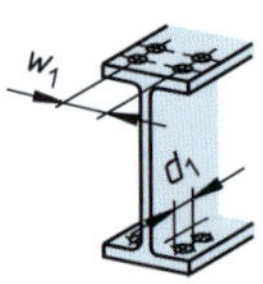

Kurzzeichen IPB	Anreißmaße in mm w_1	d_1 max.
80	26	6,4
100	30	8,4
120	36	8,4
140	40	11
160	44	13
180	50	13
200	56	13
220	60	17
240	68	17

Kurzzeichen IPB	Anreißmaße in mm w_1	d_1 max.
270	72	21…17
300	80	23
330	86	25…23
360	90	25
400	96	28…25
450	106	28
500	110	28
550	120	28
600	120	28

[1] Abmessungen entsprechen aktuellen Herstellerunterlagen. Diese können von der Norm geringfügig abweichen.

Warmgewalzte I-Profile — DIN 1025-2:1995-11

(Breite I-Profile mit parallelen Flanschen)
IPB-Reihe (HE-B-Reihe)

Normallängen: bei Profillängen unter 300 mm: 8 bis 16 m, über 300 mm: 8 bis 18 m

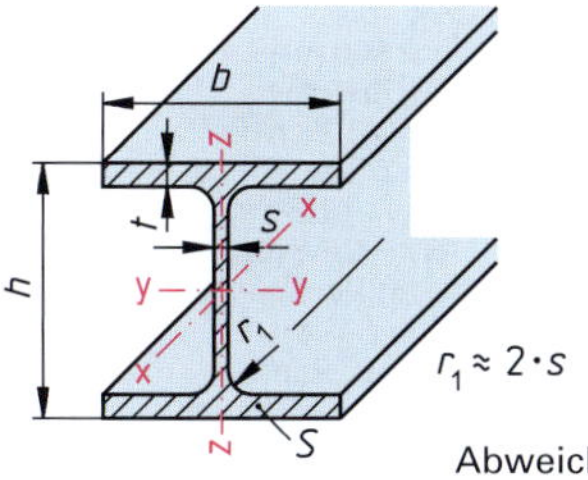

Beispiel:
IPB-Profil DIN 1025 – S235JR (USt 37-2) – **IPB 100**

Höhe: $h = 100$ mm
Breite: $b = 100$ mm
Querschnittsfläche: $S = 26{,}0\ \text{cm}^2$
Widerstandsmoment (Maß für die Eignung als Träger)
(„starke" Achse) $W_y = 89{,}9\ \text{cm}^3$
(„schwache" Achse) $W_z = 33{,}5\ \text{cm}^3$
Flächenmoment 2. Grades (Maß für die Eignung als Stütze)
(„starke" Achse) $I_y = 450\ \text{cm}^4$
(„schwache" Achse) $I_z = 167\ \text{cm}^4$

Abweichende Bezeichnungen: $r_1 \approx 2s$

	DIN 1025	**Stahlbau**
starke Achse:	$x - x$	$y - y$
schwache Achse:	$y - y$	$z - z$

Kurzzeichen	Abmessungen[1]					Statische Kennwerte „starke" Achse $y-y$		„schwache" Achse $z-z$		Masse
IPB bzw. HE-B	h in mm	b in mm	s in mm	t in mm	Querschnittsfläche S in cm^2	I_y in cm^4	W_y in cm^3	I_z in cm^4	W_z in cm^3	Längenbezogene Masse m' in $\frac{\text{kg}}{\text{m}}$
100	100	100	6	10	26,0	450	89,9	167	33,5	20,4
120	120	120	6,5	11	34,0	864	144	318	52,9	26,7
140	140	140	7	12	43,0	1509	216	550	78,5	33,7
160	160	160	8	13	54,3	2492	311	889	111	41,6
180	180	180	8,5	14	65,3	3831	426	1363	151	51,2
200	200	200	9	15	78,10	5696	570	2003	200	61,3
220	220	220	9,5	16	91,0	8091	736	2843	258	71,5
240	240	240	10	17	106,0	11259	938	3923	327	83,2
260	260	260	10	17,5	118,0	14919	1148	5135	395	93,0
280	280	280	10,5	18	131,0	19270	1376	6595	471	103,1
300	300	300	11	19	149,0	25166	1678	8563	571	117
320	320	300	11,5	20,5	161,0	30824	1926	9239	616	126,7
340	340	300	12	21,5	171,0	36656	2156	9690	646	134,2
360	360	300	12,5	22,5	181,0	43193	2400	10141	676	141,8
400	400	300	13,5	24	198,0	57680	2884	10819	721	155,3
450	450	300	14	26	218,0	79888	3551	11721	781	171,1
500	500	300	14,5	28	239,0	107180	4287	12624	842	187,3
550	550	300	15	29	254,0	136690	4971	13077	872	199,4
600	600	300	15,5	30	270,0	171040	5701	13530	902	212,0
800	800	300	17,5	33	334,0	359080	8977	14904	994	262,0
1000	1000	300	19	36	400,0	644050	12895	16276	1085	314,0

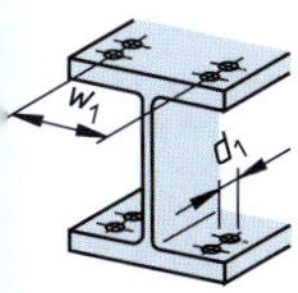

Kurzzeichen IPB	Anreißmaße in mm einreihig w_1	zweireihig w_2	w_3	d_1 max.
100	56	56	–	13
120	66	66	–	17
140	76	76	–	21
160	86	86	–	23
180	100	100	–	25
200	110	110	–	25
220	120	120	–	25
240	96	35	35	25
260	106	106	40	25
280	110	110	45	25
300	120	120	45	25

Kurzzeichen IPB	Anreißmaße in mm einreihig w_1	zweireihig w_2	w_3	d_1 max.
320	120	120	45	28
340	120	120	45	28
360	120	120	45	28
400	120	120	45	28
450	120	120	45	28
500	120	120	45	28
550	120	120	45	28
600	120	120	45	28
800	130	130	40	28
1000	130	130	40	28

1) Abmessungen entsprechen aktuellen Herstellerunterlagen. Diese können von der Norm geringfügig abweichen.

Warmgewalzte I-Profile DIN 1025-3 : 1994-03

(Breite I-Profile mit parallelen Flanschen, leichte Ausf.)
IPBI-Reihe (HE-A-Reihe)

Normallängen: bei Profillängen unter 300 mm: 8 bis 16 m, über 300 mm: 8 bis 18 m

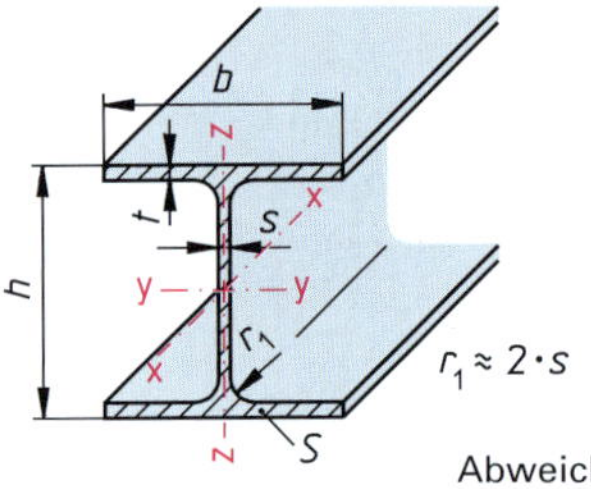

Beispiel:
IPBI-Profil DIN 1025 – S235JR (USt 37-2) – **IPBI 100**

Höhe:	$h = 96$ mm
Breite:	$b = 100$ mm
Querschnittsfläche:	$S = 21{,}2\ \text{cm}^2$
Widerstandsmoment (Maß für die Eignung als Träger)	
(„starke" Achse)	$W_y = 72{,}8\ \text{cm}^3$
(„schwache" Achse)	$W_z = 26{,}8\ \text{cm}^3$
Flächenmoment 2. Grades (Maß für die Eignung als Stütze)	
(„starke" Achse)	$I_y = 349\ \text{cm}^4$
(„schwache" Achse)	$I_z = 134\ \text{cm}^4$

Abweichende Bezeichnungen: $r_1 \approx 2s$

	DIN 1025	**Stahlbau**
starke Achse:	$x - x$	$y - y$
schwache Achse:	$y - y$	$z - z$

Kurzzeichen	Abmessungen[1])					Statische Kennwerte				Masse
						„starke" Achse $y-y$		„schwache" Achse $z-z$		
IPBI bzw. HE-A	h in mm	b in mm	s in mm	t in mm	Querschnittsfläche S in cm²	I_y in cm⁴	W_y in cm³	I_z in cm⁴	W_z in cm³	Längenbezogene Masse m' in $\frac{\text{kg}}{\text{m}}$
100	96	100	5	6	21,2	349	72,8	134	26,8	16,7
120	114	120	5	8	25,3	606	106	231	38,5	19,9
140	133	140	5,5	12	31,4	1033	155	389	55,6	24,7
160	152	160	6	9	38,8	1673	220	616	76,9	30,4
180	171	180	6	9,5	45,3	2510	294	925	103	35,5
200	190	200	6,5	10	53,8	3692	389	1336	134	42,3
220	210	220	7	11	64,3	5410	515	1955	178	50,5
240	230	240	7,5	12	76,8	7763	675	2769	231	60,3
260	250	260	7,5	12,5	86,8	10455	836	3668	282	68,2
280	270	280	8	13	97,3	13673	1013	4763	340	76,4
300	280	300	8,5	14	113,0	18263	1260	6310	421	88,3
320	310	300	9	15,5	124,0	22929	1479	6985	466	97,6
340	330	300	9,5	16,5	133,0	27693	1678	7436	496	105,0
360	350	300	10	17,5	143,0	33090	1891	7887	526	112,0
400	390	300	11	19	159,0	45069	2311	8564	571	125,0
450	440	300	11,5	21	178,0	63722	2896	9465	631	140,0
500	480	300	12	23	198,0	86975	3550	10367	691	155,0
550	540	300	12,5	24	212,0	111930	4146	10819	721	166,0
600	590	300	13	25	226,0	141210	4797	11271	751	178,0
800	790	300	15	28	286	303440	7682	12639	843	224,0
1000	990	300	16,5	31	347,0	553850	11189	14004	934	272,0

HEA = IPBI;
HEB = IPB

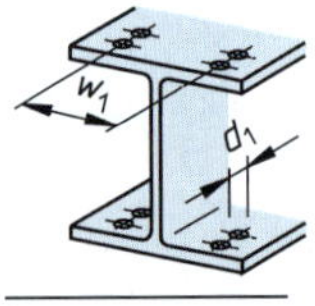

Kurzzeichen	Anreißmaße in mm			
	einreihig	zweireihig		d_1 [2]) max.
IPBI	w_1	w_2	w_3	
100	56	–	–	13
120	66	–	–	17
140	76	–	–	21
160	86	–	–	23
180	100	–	–	25
200	110	–	–	25
220	120	–	–	25
240	–	96	35	25
260	–	106	40	25

Kurzzeichen	Anreißmaße in mm			
	einreihig	zweireihig		d_1 [2]) max.
IPBI	w_1	w_2	w_3	
280	–	110	45	25
300	–	120	45	28
320	–	120	45	28
340	–	120	45	28
360	–	120	45	28
400	–	120	45	28
450	–	120	45	28
500	–	120	45	28
550	–	220	45	28

[1]) Abmessungen entsprechen aktuellen Herstellerunterlagen. Diese können von der Norm geringfügig abweichen.

[2]) Haben Niete und Schrauben einen kleineren als den hier angegebenen Durchmesser, können dennoch die gle chen Anreißmaße angewendet werden.

Warmgewalzte I-Profile DIN 1025-4:1994-03

(Breite I-Profile mit parallelen Flanschen, schwere Ausf.)
IPBv-Reihe (HE-M-Reihe)

Normallängen: bei Profillängen unter 300 mm: 8 bis 16 m, über 300 mm: 8 bis 18 m

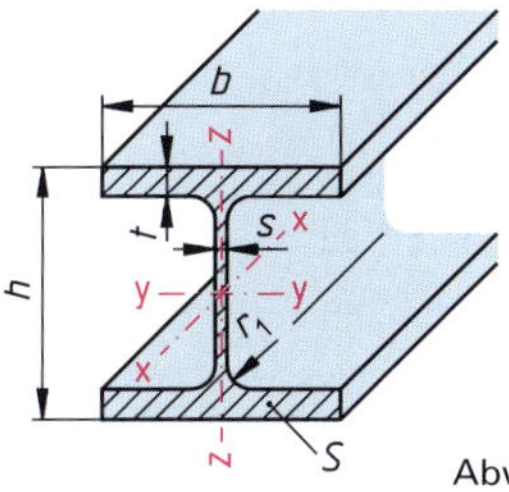

Beispiel:
IPBv-Profil DIN 1025 – S235JR (USt 37-2) – **IPBv 100**

Höhe:	$h = 120$ mm
Breite:	$b = 106$ mm
Querschnittsfläche:	$S = 53{,}2$ cm^2
Widerstandsmoment (Maß für die Eignung als Träger)	
(„starke" Achse)	$W_y = 190$ cm^3
(„schwache" Achse)	$W_z = 75{,}3$ cm^3
Flächenmoment 2. Grades (Maß für die Eignung als Stütze)	
(„starke" Achse)	$I_y = 1140$ cm^4
(„schwache" Achse)	$I_z = 399$ cm^4

Abweichende Bezeichnungen: $r_1 \approx 2s$

	DIN 1025	**Stahlbau**
starke Achse:	$x - x$	**$y–y$**
schwache Achse:	$y - y$	**$z–z$**

Kurzzeichen	Abmessungen[1])					Statische Kennwerte				Masse
						„starke" Achse $y–y$		„schwache" Achse $z–z$		
IPBv bzw. HE-M	h in mm	b in mm	s in mm	t in mm	Querschnittsfläche S in cm^2	I_y in cm^4	W_y in cm^3	I_z in cm^4	W_z in cm^3	Längenbezogene Masse m' in $\frac{kg}{m}$
100	120	106	12	20	53,2	1 143	190	399	75,3	41,8
120	140	126	12,5	21	66,4	2 018	288	703	112	52,1
140	160	146	13	22	80,6	3 291	411	1 144	157	63,2
160	180	166	14	23	97,1	5 098	566	1 759	212	76,2
180	200	186	14,5	24	113	7 483	748	2 580	277	88,9
200	220	206	15	25	131	10 642	967	3 651	354	103
220	240	226	15,5	28	149	14 605	1 217	5 012	444	117
240	270	248	18	32	200	24 289	1 800	8 153	657	157
260	290	268	18	32,5	220	31 307	2 159	10 449	780	172
280	310	288	18,5	33	240	39 547	2 551	13 163	914	189
300	340	310	21	39	303	59 201	3 482	19 403	1252	238
320	359	309	21	40	312	68 135	3 796	19 709	1276	245
340	377	309	21	40	316	76 372	4 052	19 711	1276	248
360	395	308	21	40	319	84 867	4 297	19 522	1268	250
400	432	307	21	40	326	104 120	4 820	19 336	1260	256
450	478	307	21	40	335	131 480	5 501	19 339	1260	263
500	534	306	21	40	344	161 930	6 180	19 155	1252	270
550	572	306	21	40	354	197 980	6 923	19 158	1252	278
600	620	305	21	40	364	237 450	7 660	18 975	1244	285
800	814	303	21	40	404	442 600	10 875	18 627	1230	317
1000	1008	302	21	40	444	722 300	14 331	18 459	1222	349

HEM = IPBv

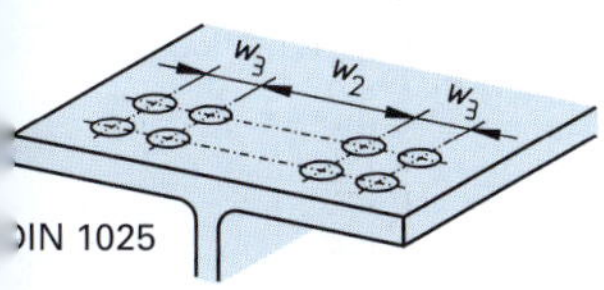

Kurzzeichen IPBv	Anreißmaße in mm einreihig w_1	zweireihig w_2	w_3	d_1 max.
100	60	60	–	13
120	68	68	–	17
140	76	76	–	21
160	86	86	–	23
180	100	100	–	25
200	110	110	–	25
220	120	120	–	25
240	100	100	35	25
260	110	110	40	25
280	116	116	45	25
300	120	120	50	25

Kurzzeichen IPBv	Anreißmaße in mm einreihig w_1	zweireihig w_2	w_3	d_1 max.
320	125	125	47	28
340	126	126	47	28
360	126	126	47	28
400	126	126	47	28
450	126	126	47	28
500	130	130	45	28
550	130	130	45	28
600	130	130	45	28
800	132	132	42	28
1000	132	132	42	28

[1]) Abmessungen entsprechen aktuellen Herstellerunterlagen. Diese können von der Norm geringfügig abweichen.

Warmgewalzte halbierte I-Profile (Auswahl) — DIN (siehe bei Vollprofil)

Normallängen: 8 bis 18 m

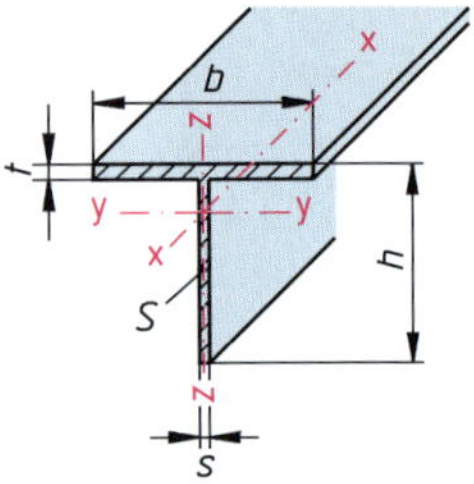

Beispiel:
1/2 IPE-Profil DIN 1025 – S235JR – 1/2 IPE 300

Höhe: $h = 150$ mm
Breite: $b = 150$ mm
Querschnittsfläche: $S = 26{,}9\ cm^2$
Widerstandsmoment (Maß für die Eignung als Träger)
(„starke" Achse) $W_y = 43{,}6\ cm^3$
(„schwache" Achse) $W_z = 40{,}3\ cm^3$
Flächenmoment 2. Grades (Maß für die Eignung als Stütze)
(„starke" Achse) $I_y = 509\ cm^4$
(„schwache" Achse) $I_z = 302\ cm^4$

Abweichende Bezeichnungen:

	DIN 1025	Stahlbau
starke Achse:	$x - x$	***y–y***
schwache Achse:	$y - y$	***z–z***

[1]) Abmessungen entsprechen aktuellen Herstellerunterlagen. Diese können von der Norm geringfügig abweichen.

Kurzzeichen	Abmessungen[1])					Statische Kennwerte				Masse
						„starke" Achse y–y		„schwache" Achse z–z		
	h in mm	b in mm	s in mm	t in mm	Querschnittsfläche S in cm^2	I_y in cm^4	W_y in cm^3	I_z in cm^4	W_z in cm^3	Längenbezogene Masse m' in $\frac{kg}{m}$
½ I	**halbierte schmale I-Profile nach DIN 1025-1 (I-Reihe)**									
300	150	125	10,8	16,2	34,5	691	62,6	225	36,0	27,1
320	160	131	11,5	17,3	38,9	888	75,7	277	42,3	30,5
400	200	155	14,4	21,6	58,9	2 140	147	578	74,6	46,2
450	225	170	16,2	24,3	73,4	3 400	209	861	101	57,6
500	250	185	18,0	27,0	89,7	5 150	286	1240	134	70,4
½ IPE	**halbierte mittelbreite I-Profile nach DIN 1025-5 (IPE-Reihe)**									
300	150	150	7,1	10,7	26,9	509	43,6	302	40,3	21,1
330	165	160	7,5	11,5	31,3	717	55,8	394	49,3	24,6
400	200	180	8,6	13,5	42,2	1 450	93,7	659	73,4	33,2
450	225	190	9,4	14,6	49,4	2 220	129	838	88,4	38,8
500	250	200	10,2	16,0	57,8	3 260	172	1070	107	45,3
550	275	210	11,1	17,2	67,2	4 670	225	1330	127	52,8
600	300	220	12,0	19,0	78,0	6 500	288	1690	154	61,2
½ IPBl	**halbierte breite I-Profile nach DIN 1025-3 (HE-A = IPBl)**									
300	145	300	8,5	14	56,3	630	51,2	3150	210	44,2
320	155	300	9	15,5	62,2	808	61,7	3490	230	48,8
400	195	300	11	19	79,5	1 900	118	4280	285	62,4
450	220	300	11,5	21	89,0	2 820	156	4730	316	69,9
500	245	300	12	23	98,8	4 020	201	5180	346	77,5
550	270	300	12,5	24	106	5 530	253	5410	361	83,1
600	295	300	13	25	113	7 400	313	5640	376	88,9
½ IPB	**halbierte breite I-Profile nach DIN 1025-2 (HE-B = IPB)**									
300	150	300	11	19	74,5	871	69,5	4280	285	58,5
320	160	300	11,5	20,5	80,7	1 100	82,3	4620	308	63,3
400	200	300	13,5	24	98,9	2 440	149	5410	361	77,6
450	225	300	14	26	109	3 570	195	5860	391	85,6
500	250	300	14,5	28	119	5 020	249	6310	421	93,7
550	275	300	15	29	127	6 830	310	6540	436	99,7
600	300	300	15,5	30	135	9 060	381	6760	451	106
½ IPBv	**halbierte breite I-Profile nach DIN 1025-4 (HE-M = IPBv)**									
300	170	310	21	39	152	2 170	161	9700	626	119
320	180	309	21	40	156	2 550	179	9850	638	122
400	216	307	21	40	163	4 430	249	9670	630	128
450	239	307	21	40	168	6 000	318	9670	630	132
500	262	306	21	40	172	7 880	382	9580	626	135
550	286	306	21	40	177	10 210	456	9580	626	139
600	310	305	21	40	182	12 920	536	9490	622	143

Warmgewalzte, gleichschenkelige rundkantige T-Profile (Auswahl) DIN EN 10 055 : 1995-12

Normallängen: 6 m, 8 m

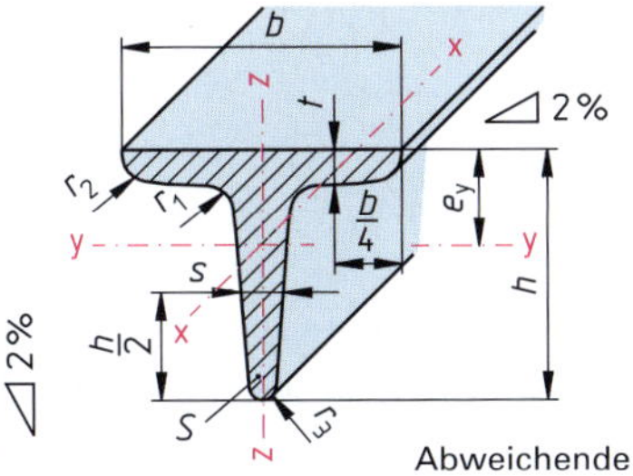

Beispiel:
T-Profil EN 10 055 – T100 – S235JR (USt 37-2)

Höhe:	$h = 100$ mm
Breite:	$b = 100$ mm
Querschnittsfläche:	$S = 20{,}9$ cm²
Widerstandsmoment (Maß für die Eignung als Träger)	
(„starke" Achse)	$W_y = 24{,}6$ cm³
(„schwache" Achse)	$W_z = 17{,}7$ cm³
Flächenmoment 2. Grades (Maß für die Eignung als Stütze)	
(„starke" Achse)	$I_y = 179$ cm⁴
(„schwache" Achse)	$I_z = 88{,}3$ cm⁴

Abweichende Bezeichnungen: $r_1 = t$, $r_2 \approx \frac{t}{2}$

	DIN EN 10 055	**Stahlbau**
starke Achse:	$x - x$	**$y - y$**
schwache Achse:	$y - y$	**$z - z$**

Kurzzeichen	**Abmessungen[1])**				**Statische Kennwerte**					**Masse**
					„starke" Achse $y-y$		**„schwache" Achse $z-z$**			
T	**h in mm**	**b in mm**	**$s = t$ in mm**	**Querschnittsfläche S in cm²**	**I_y in cm⁴**	**W_y in cm³**	**I_z in cm⁴**	**W_z in cm³**	**Abstand der Achse $y-y$ in cm (e_y)**	**Längenbezogene Masse m' in $\frac{kg}{m}$**
20*	20	20	3	1,12	0,38	0,27	0,20	0,20	0,58	0,88
25*	25	25	3,5	1,64	0,87	0,49	0,43	0,34	0,73	1,29
30	30	30	4	2,26	1,72	0,80	0,87	0,58	0,85	1,77
35	35	35	4,5	2,97	3,10	1,23	1,57	0,90	0,99	2,33
40	40	40	5	3,77	5,28	1,84	2,58	1,29	1,12	2,96
50	50	50	6	5,66	12,1	3,36	6,06	2,42	1,39	4,44
60	60	60	7	7,94	23,8	5,48	12,2	4,07	1,66	6,23
70	70	70	8	10,6	44,5	8,79	22,2	6,32	1,94	8,32
80	80	80	9	13,6	73,7	12,8	37	9,25	2,22	10,7
100	100	100	11	20,9	179	24,6	88,3	17,7	2,74	16,9
120	120	120	13	29,6	366	42,0	178,0	29,7	32,8	23,2
140	140	140	15	39,9	660	64,7	330,0	47,2	38,0	31,3

* Handelsware, nicht genormt

T, TB

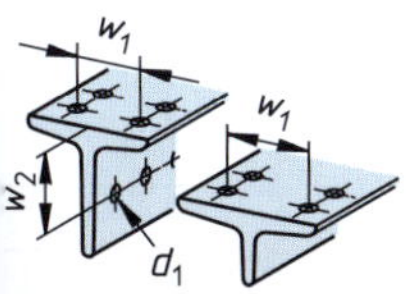

Kurzzeichen	**Anreißmaße in mm**		
T	**w_1**	**w_2**	**d_1 max.**
30	17	17	4,3
35	19	19	4,3
40	21	22	6,4
50	30	30	6,4
60	34	35	8,4
70	38	40	11
80	45	45	11
100	60	60	13
120	70	70	17
140	80	80	21

[1]) Abmessungen entsprechen aktuellen Herstellerunterlagen. Diese können von der Norm geringfügig abweichen.

Warmgewalzte, breitfüßige rundkantige TB-Profile (Auswahl) — nicht genormt

($b:h = 2:1$)
Normallängen: 6 m, 8 m

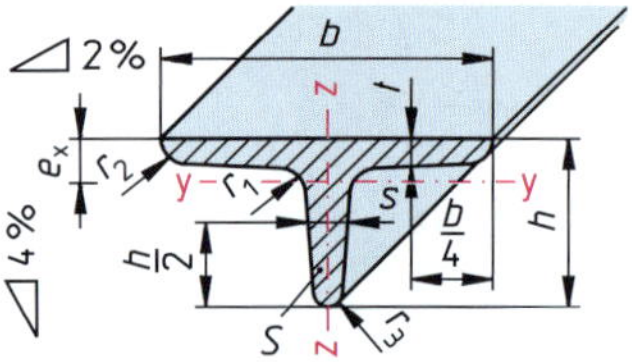

Beispiel: **TB-Profil – TB 100 – S235JR** (USt 37-2)
Höhe: $h = 50$ mm
Breite: $b = 100$ mm
Querschnittsfläche: $S = 8{,}50$ cm²

$r_1 = t$

$r_2 \approx \frac{t}{2}$

	Stahlbau
starke Achse:	z–z
schwache Achse:	y–y

Kurzzeichen T	Abmessungen h in mm	b in mm	$s = t$ in mm	Querschnittsfläche S in cm²	Statische Kennwerte „schwache" Achse y–y: I_y in cm⁴	W_y in cm³	„starke" Achse z–z: I_z in cm⁴	W_z in cm³	Masse Längenbezogene Masse m' in $\frac{kg}{m}$
30	30	60	5,5	4,64	2,58	1,11	8,62	2,87	3,64
35	35	70	6	5,94	4,49	1,65	15,1	4,31	4,66
40	40	80	7	7,91	7,81	2,50	28,5	7,13	6,21
50	50	100	8,5	12,0	18,7	4,78	67,7	13,5	9,42
60	60	120	10	17,0	38,0	8,09	137	22,8	13,4

Warmgewalzte Halbrundprofile (Auswahl) — nicht genormt
Warmgewalzte Flachhalbrundprofile (Auswahl) — nicht genormt

Normallängen: 3 m bis 8 m

Halbrundprofile Abmessungen d in mm	$h = \frac{d}{2}$ in mm	Masse Längenbezogene Masse m' in $\frac{kg}{m}$	Flachhalbrundprofile Abmessungen d in mm	h in mm	Masse Längenbezogene Masse m' in $\frac{kg}{m}$
16	8	0,79	16	3,5	0,30
20	10	1,23	20	6,5	0,73
26	13	2,08	25	8	1,13
30	15	2,77	30	6	1,0
40	20	4,93	40	5	1,06
50	25	7,71	50	6	1,59
60	30	11,1	60	8	2,54
75	37,5	17,3	65	7,5	2,58

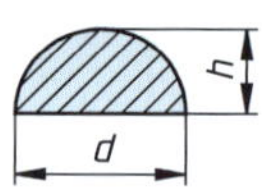

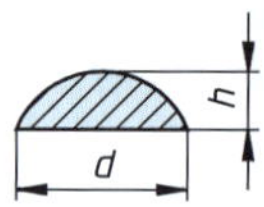

Hespenstahl (bevorzugt für Metallzäune und Geländerfüllungen) — nicht genormt

Normallänge 3 m

Kurzzeichen	Abmessungen b in mm	h in mm	Masse Längenbezogene Masse m' in $\frac{kg}{m}$
16 × 5	16	5	0,64
25 × 8	25	8	1,17
30 × 8	30	8	1,30
40 × 12	40	12	2,37

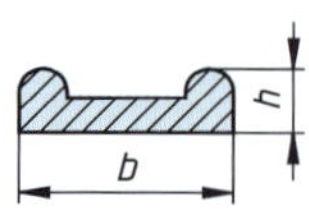

Warmgewalzte, rundkantige Z-Profile — DIN 1027 : 2004-04

Normallängen: 6 m, 8 m

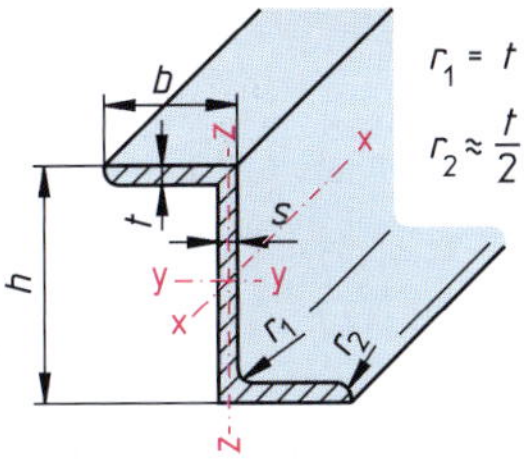

Beispiel: **Z-Profil DIN 1027 – Z 100 – S235JR** (USt 37-2)

Höhe:		$h = 100$ mm
Breite:		$b = 100$ mm
Querschnittsfläche:		$S = 14{,}5\ cm^2$
Widerstandsmoment (Maß für die Eignung als Träger)	(„starke“ Achse)	$W_y = 44{,}4\ cm^3$
	(„schwache“ Achse)	$W_z = 14{,}0\ cm^3$
Flächenmoment 2. Grades (Maß für die Eignung als Stütze)	(„starke“ Achse)	$I_y = 222\ cm^4$
	(„schwache“ Achse)	$I_z = 72{,}5\ cm^4$

Abweichende Bezeichnungen:

	DIN 1027	**Stahlbau**
starke Achse:	$x - x$	$y–y$
schwache Achse:	$y - y$	$z–z$

$r_1 = t$

$r_2 \approx \frac{t}{2}$

Kurzzeichen Z	Abmessungen¹) *h* in mm	*b* in mm	*s* in mm	*t* in mm	Querschnittsfläche *S* in cm	Statische Kennwerte „starke“ Achse I_y in cm^4	W_y in cm^3	„schwache“ Achse I_z in cm^4	W_z in cm^3	Masse Längenbezogene Masse *m'* in $\frac{kg}{m}$
30	30	38	4	4,5	4,32	5,96	3,97	13,7	3,80	3,39
40	40	40	4,5	5	5,43	13,5	6,75	17,6	4,66	4,26
50	50	43	5	5,5	6,77	26,3	10,5	23,8	5,88	5,31
60	60	45	5	6	7,91	47	14,9	30,1	7,09	6,21
80	80	50	6	7	11,1	109	27,3	47,4	10,1	8,71
100	100	55	6,5	8	14,5	222	44,4	72,5	14,0	11,4
120	120	60	7	9	18,2	402	67	108	18,8	14,3
140	140	65	8	10	22,9	676	96,6	148	24,3	18,0
160	160	70	8,5	11	27,5	1060	132	204	31,0	21,6

Kurzzeichen Z	Anreißmaße in mm w_1	d_1 max.	Kurzzeichen Z	Anreißmaße in mm w_1	d_1 max.
30	20	11	100	30	17
40	22	11	120	35	17
50	25	11	140	35	17
60	25	13	160	35	21
80	30	13			

DIN 1027-Z

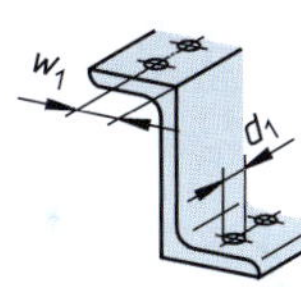

Systemprofile, Selbstbauprofile (Auswahl) (bevorzugt für Feineisenkonstruktionen) — nicht genormt

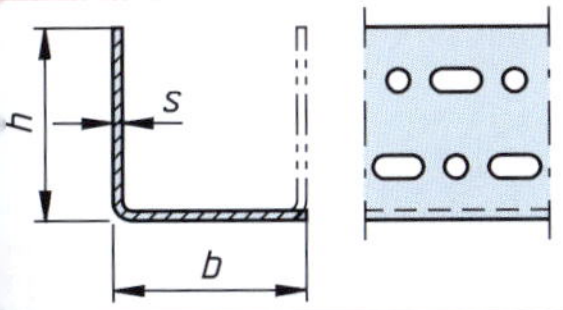

Formen: Grundformen sind L-, U- und C Formen, hergestellt durch Kanten. Es sind aber auch andere Herstellungsverfahren nach Kundenwunsch möglich, z. B. Kaltwalzen. Die Ausstanzungen (= Lochbild) variieren in Abhängigkeit von den Herstellern.

Werkstoff: Kaltgewalztes Blech oder Band aus allgemeinem Baustahl nach DIN 1623-2 : 1986-02.

Kurzzeichen (Auswahl)	Abmessungen *h* in mm	*b* in mm	*s* in mm	Querschnittsfläche *S* in cm^2	Statische Kennwerte „starke“ Achse *x–x* I_x in cm^4	W_x in cm^3	„schwache Achse *y–y* I_x in cm^4	W_x in cm^3	Längenbezogene Masse *m'* in $\frac{kg}{m}$
L 140	35,6	35,6	1,78	0,97	1,20	0,37	1,20	0,37	0,76
L 160	40,1	40,1	2,03	1,29	2,15	0,65	2,15	0,65	1,02
L 225	62,0	40,8	2,03	1,66	7,33	1,50	2,52	0,73	1,30
L 260	66,0	44,5	2,54	2,28	11,02	2,19	4,30	1,16	1,79
U 345 S	87,2	42,8	2,03	2,94	34,3	6,39	5,58	1,57	2,29

1) Abmessungen entsprechen aktuellen Herstellerunterlagen. Diese können von der Norm geringfügig abweichen.

Warmgewalzte, ungleichschenkelige rundkantige L-Profile (Auswahl)

DIN EN 10056-1:1998-10
(ehemals DIN 1029)

Normallängen: 6 m, 8 m

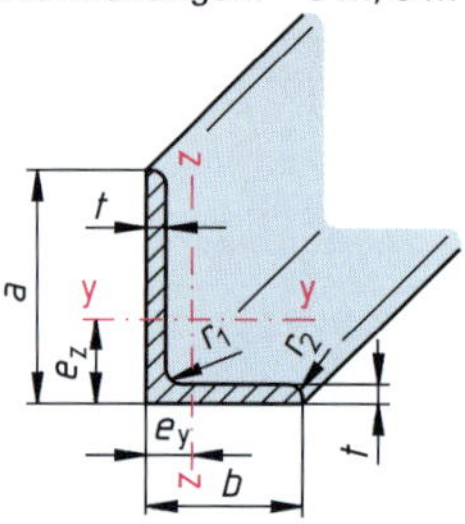

Beispiel: **L EN 10056-1 – 100 × 50 × 8 – S235JR** (USt 37-2)

Schenkelbreite: $a = 100$ mm, $b = 50$ mm
Schenkeldicke: $t = 8$ mm
Querschnittsfläche: $S = 11{,}43\ \text{cm}^2$
Widerstandsmoment (Maß für die Eignung als Träger)
(„starke" Achse) $W_y = 18\ \text{cm}^3$
(„schwache" Achse) $W_z = 5{,}04\ \text{cm}^3$
Flächenmoment 2. Grades (Maß für die Eignung als Stütze)
(„starke" Achse) $I_y = 116\ \text{cm}^4$
(„schwache" Achse) $I_z = 19{,}5\ \text{cm}^4$

Abweichende Bezeichnungen: $r_1 \approx s$

	DIN EN 10056-1	**Stahlbau**
starke Achse:	$x - x$	$y - y$
schwache Achse:	$y - y$	$z - z$

$r_2 \approx \frac{s}{2}$

Kurzzeichen L	Abmessungen[1] a in mm	b in mm	t in mm	Querschnittsfläche S in cm^2	Abstand e_z in cm	Abstand e_y in cm	Statische Kennwerte „starke" Achse I_y in cm^4	W_y in cm^3	„schwache" Achse I_z in cm^4	W_z in cm^3	Masse Längenbezogene Masse m' in $\frac{\text{kg}}{\text{m}}$
30 × 20 × 3	30	20	3	1,43	1,0	0,5	1,25	0,62	0,44	0,29	1,12
4			4	1,86	1,03	0,54	1,59	0,81	0,55	0,38	1,46
40 × 20 × 3*	40	20	3	1,72	1,4	0,44	2,79	1,08	0,47	0,30	1,35
4			4	2,26	1,47	0,48	3,59	1,42	0,60	0,39	1,77
50 × 40 × 4*	50	40	4	3,46	1,52	1,03	8,54	2,47	4,86	1,64	2,71
5*			5	4,27	1,56	1,07	10,4	3,02	5,89	2,01	3,35
60 × 40 × 5	60	40	5	4,79	1,96	0,97	17,2	4,25	6,11	2,02	3,76
6			5	5,68	2,0	1,01	20,1	5,03	7,12	2,38	4,46
80 × 40 × 6	80	40	6	6,89	2,85	0,88	44,9	8,73	7,59	2,44	5,41
8			8	9,01	2,94	0.95	57,6	11,4	9,68	3,18	7,07
100 × 50 × 8	100	50	8	11,43	3,59	1,13	116	18,0	19,5	5,04	8,97
10*			10	14,1	3,67	1,20	141	22,2	23,4	6,17	11,06
100 × 65 × 8	100	65	8	12,7	3,27	1,55	127	18,9	42,2	8,54	9,94
120 × 80 × 10	120	80	10	19,1	3,92	1,95	276	34,1	98,1	16,2	15,02
12			12	22,7	4,0	2,03	323	40,4	114	19,1	17,8
150 × 75 × 9	150	75	9	19,6	5,28	1,57	455	46,8	78,3	13,2	15,38
11*			11	23,6	5,37	1,65	545	56,6	93,0	15,9	18,56
180 × 90 × 10*	180	90	10	26,2	6,28	1,85	880	75,1	151	21,2	20,58
12*			12	31,2	6,37	1,93	1040	89,3	177	25,1	24,47
200 × 100 × 10	200	100	10	29,2	6,93	2,01	1220	93,2	210	26,3	22,95
12			12	34,8	7,03	2,10	1440	111	247	31,3	27,32

* Lagerware – nichtgenormte Größen bis 250 × 90 × 16

DIN EN 10056

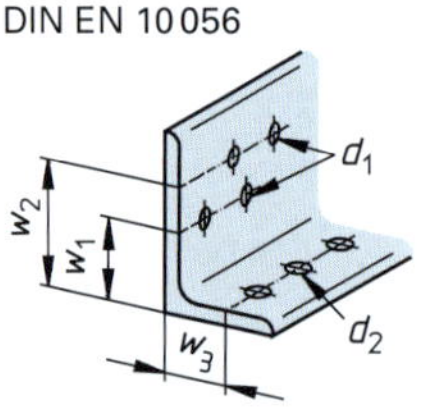

Kurzzeichen L	Anreißmaße in mm w_1	w_2	w_3	d_1 max.	d_2 max.
30 × 20 × 3	17	–	12	8,4	4,3
4					
40 × 20 × 3*	22	–	12	11	4,3
4					
45 × 30 × 4	25	–	17	13	8,4
5					
50 × 40 × 5*	30	–	22	13	11
60 × 40 × 5	35	–	22	17	11
6					
75 × 50 × 7	40	–	30	23	13
80 × 40 × 6	45	–	22	23	11
8					
100 × 50 × 8	55	–	30	25	13
10*					
100 × 65 × 8	55	–	30	25	13
120 × 80 × 10	50	80	45	25	23
12					
150 × 75 × 9	60	105	40	28	23
11*					21
180 × 100 × 10*	60	135	50	28	25
12*					
200 × 100 × 10	65	150	55	28	25
12					

[1]) Abmessungen entsprechen aktuellen Herstellerunterlagen. Diese können von der Norm geringfügig abweichen.

Warmgewalzte, gleichschenkelige rundkantige Winkelprofile (Auswahl)

DIN EN 10 056-1 : 1998-10
(ehemals DIN 1028)

Normallängen: 6 m, 8 m, 10 m, 12 m

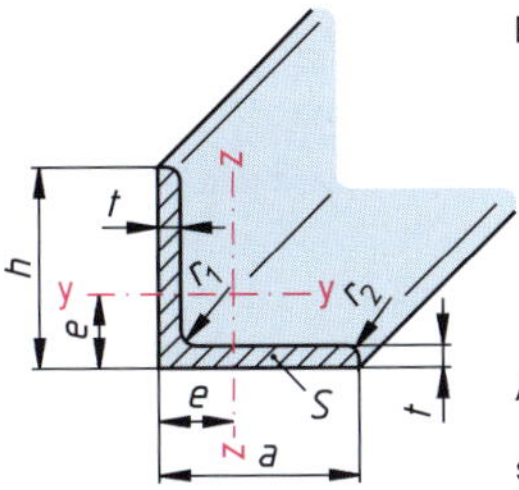

Beispiel: **L EN 10 056-1 – 100 × 100 × 10 – S235JR** (USt 37-2)

Schenkelbreite:	$a = 100$ mm
Schenkeldicke:	$t = 10$ mm
Querschnittsfläche:	$S = 19{,}2\ \text{cm}^2$
Widerstandsmoment (Maß für die Eignung als Träger) (zwei gleich „starke" Achsen)	$W_y = W_z = 24{,}7\ \text{cm}^3$
Flächenmoment 2. Grades (Maß für die Eignung als Stütze) („starke" Achse)	$I_y = I_z = 177\ \text{cm}^4$

Abweichende Bezeichnungen:

	DIN EN 10 056-1	Stahlbau
starke Achse:	$x - x$	**y–y**
schwache Achse:	$y - y$	**z–z**

$r_1 \approx s$

$r_2 \approx \frac{s}{2}$

Kurzzeichen L	**Abmessungen**[1] *a* in mm	*t* in mm	Querschnittsfläche *S* in cm²	Abstand $e_z = e_y$ in cm	**Statische Kennwerte** $I_y = I_z$ in cm⁴	$W_y = W_z$ in cm³	**Masse** Längenbezogene Masse *m'* in kg/m
20 × 20 × 3	20	3	1,12	0,6	0,39	0,28	0,88
25 × 25 × 3		3	1,42	0,73	0,79	0,45	1,12
4	25	4	1,85	0,76	1,01	0,58	1,45
30 × 30 × 3		3	1,74	0,84	1,41	0,65	1,36
4	30	4	2,27	0,89	1,81	0,86	1,78
35 × 35 × 4		4	2,67	1,0	2,96	1,18	2,09
5*	35	5	3,28	1,04	3,56	1,45	2,52
40 × 40 × 4		4	3,08	1,12	4,48	1,56	2,42
5	40	5	3,79	1,16	5,43	1,91	2,97
45 × 45 × 4*		4	3,49	1,23	6,43	1,97	2,74
5*	45	5	4,3	1,28	7,83	2,43	3,38
50 × 50 × 5		5	4,8	1,4	11	3,05	3,77
6		6	5,69	1,45	12,8	3,61	4,47
7*	50	7	6,56	1,49	14,6	4,15	5,15
60 × 60 × 5		5	5,82	1,64	19,4	4,45	4,57
6	60	6	6,91	1,69	22,8	5,29	5,42
8		8	9,03	1,77	29,1	6,88	7,09
70 × 70 × 7		7	9,4	1,97	42,4	8,43	7,38
9*	70	9	11,9	2,05	52,6	10,6	9,32
80 × 80 × 8	80	8	12,3	2,26	72,3	12,6	9,63
10		10	15,1	2,34	87,5	15,5	11,9
90 × 90 × 7	90	7	12,2	2,45	92,6	14,1	9,61
9		9	15,5	2,54	116	18	12,1
100 × 100 × 8*	100	8	15,5	2,74	145	19,9	12,18
10*		10	19,2	2,82	177	24,7	15,04
12*		12	22,7	2,9	207	29,2	17,83
120 × 120 × 10*		10	23,2	3,31	313	36,0	18,20
12*	120	12	27,5	3,40	368	42,7	21,62
150 × 150 × 12*	150	12	34,8	4,12	737	67,7	27,35
15*		15	43,0	4,25	898	83,5	33,77
180 × 180 × 16*	180	16	55,4	5,02	1 680	130	43,48
18*		18	61,9	5,10	1 870	145	48,60
200 × 200 × 16*		16	61,8	5,52	2 340	162	48,50
20*	200	20	76,4	5,68	2 850	199	59,53
24*		24	90,6	5,84	3 331	235	71,11

* Lagerware – nichtgenormte Größen

DIN EN 10 056-1

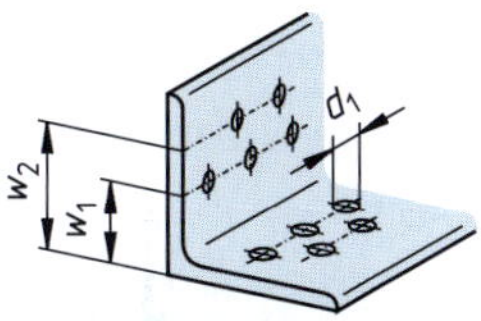

Kurzzeichen L	**Anreißmaße in mm** w_1	w_2	d_1 max.
20 × 3	12	–	4,3
25 × 3	15	–	6,4
4			
30 × 3	17	–	8,4
4			
35 × 4	18	–	11
5*			
40 × 4	22	–	11
5			
45 × 4*	25	–	13
5*			
50 × 5	30	–	13
6			
7*			
60 × 5	35	–	17
6			
8			
70 × 7	40	–	21
9*			
80 × 8	45	–	23
10			
90 × 7	50	–	25
9			
100 × 8	55	–	25
10			
12			
120 × 10	50	80	25
12			
150 × 12	60	105	28
15			
180 × 16	60	135	28
18	65		
200 × 16	65	150	28
20			

[1]) Abmessungen entsprechen aktuellen Herstellerunterlagen. Diese können von der Norm geringfügig abweichen.

Warmgewalzte, gleichschenkelige scharfkantige Winkelprofile — DIN 1022 : 2004-04

Normallängen: 6 m, 8 m, 10 m, 12 m (für Konstruktionen im Stahlbau nicht gebräuchlich)
Beispiel: **LS-Profil DIN 1022 – LS 50 × 5 – S235JR** (USt 37-2)

Kurzzeichen LS	Abmessungen[1]) a in mm	t in mm	Querschnittsfläche S in cm^2	Statische Kennwerte $W_y = W_z$ in cm^3	Masse Längenbezogene Masse m' in $\frac{kg}{m}$
20 × 3	20	3	1,11	0,28	0,87
4	20	4	1,44	0,37	1,13
25 × 3	25	3	1,41	0,47	1,11
4	25	4	1,84	0,60	1,44
30 × 3	30	3	1,71	0,68	1,34
4	30	4	2,24	0,88	1,76
35 × 4	35	4	2,84	1,22	2,07
40 × 4	40	4	3,04	1,62	2,39
5	40	5	3,75	1,97	2,94
45 × 5	45	5	4,25	2,53	3,34
50 × 5	50	5	4,75	3,15	3,73

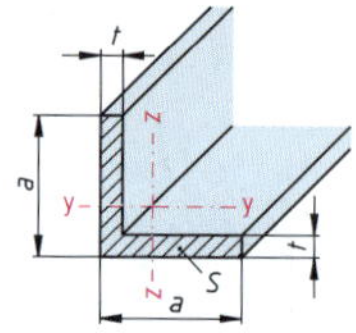

Abweichende Bezeichnungen:

	DIN 1022
starke Achse:	$x-x$
schwache Achse:	$y-y$
	Stahlbau
starke Achse:	***y–y***
schwache Achse:	***y–z***

Warmgewalzte, gleichschenkelige scharfkantige T-Profile — DIN 59 051 : 2004-04

Normallängen: 6 m, 8 m, 10 m, 12 m (für Konstruktionen im Stahlbau nicht gebräuchlich)
Beispiel: **T-Profil DIN 59 051 – S235JR** (USt37-2) **– TPS 40**

Kurzzeichen TPS	Abmessungen[1]) a in mm	t in mm	Querschnittsfläche S in cm^2	Statische Kennwerte W_y in cm^3	W_z in cm^3	Masse Längenbezogene Masse m' in $\frac{kg}{m}$
20	20	3	1,11	0,29	0,20	0,87
25	25	3,5	1,63	0,53	0,37	1,28
30	30	4	2,24	0,88	0,61	1,76
35	35	4,5	2,95	1,36	0,93	2,31
40	40	5	3,75	1,97	1,35	2,94

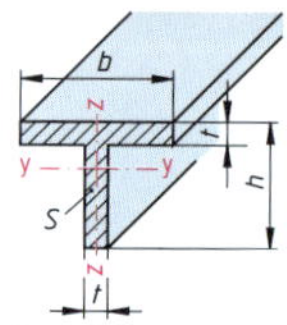

Abweichende Bezeichnungen:

	DIN 59 051
starke Achse:	$x-x$
schwache Achse:	$y-y$
	Stahlbau
starke Achse:	***y–y***
schwache Achse:	***z–z***

Kranschienen (Auswahl) — DIN 536-1 : 1991-09

Normallängen: 9 m bis 12 m

Gebrauchslage
$y-y$

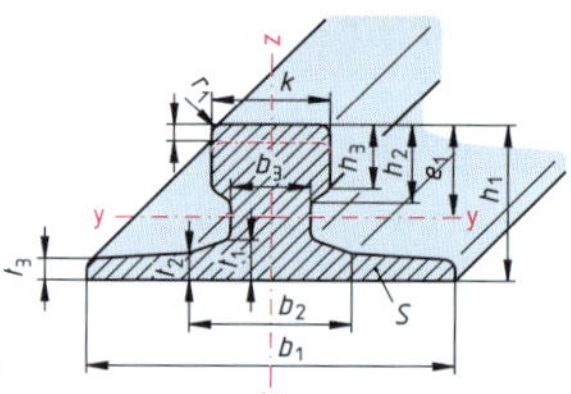

Form A

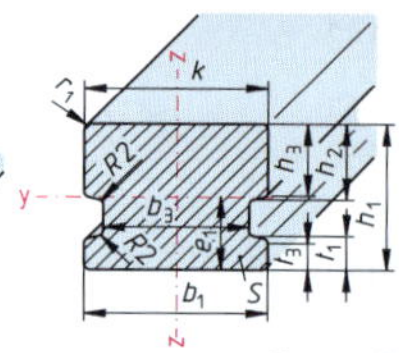

Form F

Kurzzeichen	Abmessungen[1]) k in mm	b_1 in mm	b_3 in mm	h_1 in mm	h_3 in mm	Querschnittsfläche S in cm^2	Statische Kennwerte $y-y$ I_x in cm^4	W_x in cm^3	$z-z$ I_z in cm^4	W_z in cm^3	Masse Längenbezogene Masse m' in $\frac{kg}{m}$
A											
45	45	125	24	55	20	28,2	90	27	170	27,2	22,2
55	55	150	31	65	25	40,5	179	45,6	337	44,9	31,8
65	65	175	38	75	30	55,1	322	71,4	606	69,3	43,3
75	75	200	45	85	35	71,7	536	105	1011	101	56,3
100	100	200	60	95	40	95,06	869	162	1345	135	100,4
F											
100	100	100	70	80	41	73,2	412	101	547	109	57,5
120	120	120	90	80	41	89,6	498	122	971	162	70,1

[1]) Abmessungen entsprechen aktuellen Herstellerunterlagen. Diese können von der Norm geringfügig abweichen

Quadratische Hohlprofile für den Stahlbau (Auswahl) nahtlos oder geschweißt, warm gefertigt — DIN EN 10210-2 : 2006-07

Normallängen: bis 16 m

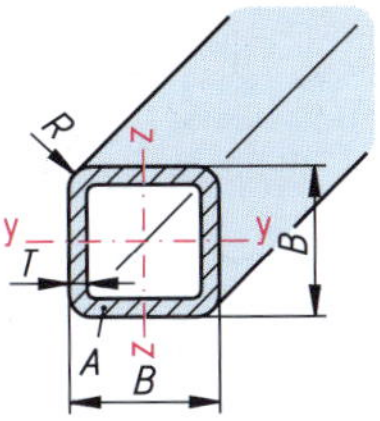

$R \leq 2{,}5 \cdot T$ für $B \leq 140$ mm
$R \leq 3{,}0 \cdot T$ für $B > 140$ mm

Beispiel: **Hohlprofil EN 10210 – S355J0 – 100 × 4**

Seitenlängen:	$B = 100$ mm
Wanddicke:	$T = 4$ mm
Querschnittsfläche:	$A = 15{,}2$ cm²
Widerstandsmoment (Maß für Durchbiegung als Träger) (zwei gleich „starke" Achsen)	$W_z = W_y = 46{,}4$ cm³
Flächenmoment 2. Grades (Maß für Knickung als Stütze) (zwei gleich „starke" Achsen)	$I_z = I_y = 232$ cm⁴

Abweichende Bezeichnungen:

DIN EN 10210	**Stahlbau**
$x - x$	$y - y$
$y - y$	$z - z$

Abmessungen[1]			Statische Kennwerte			Masse
Nennmaß B in mm	Wanddicke T in mm	Querschnittsfläche A in cm²	$I_z = I_y$ in cm⁴	$W_z = W_y$ in cm³	i in cm	Längenbezogene Masse m' in $\frac{kg}{m}$
40	3,0	4,34	9,78	4,89	1,50	3,41
	4,0	5,59	11,8	5,91	1,45	4,39
50	3	5,54	20,2	8,08	1,91	4,35
	4	7,19	25,0	9,99	1,86	5,64
60	3	6,74	36,2	12,1	2,32	5,29
	4	8,79	45,4	15,1	2,27	6,90
	5	10,7	53,3	17,8	2,23	8,42
80	4	12,0	114	28,6	3,09	9,41
	5	14,7	137	34,2	3,05	11,6
	6,3	18,1	156	40,5	2,99	14,2
100	4	15,2	232	46,4	3,91	11,9
	5	18,7	279	55,9	3,86	14,7
	6,3	23,2	336	67,1	3,80	18,2
120	5	22,7	498	83,0	4,68	17,8
	6,3	28,2	603	100	4,62	22,2
	8	35,2	726	121	4,55	27,6
	10	42,9	852	142	4,46	33,7
140	5	26,7	807	115	5,50	21,0
	6,3	33,3	984	141	5,44	26,1
	8	41,6	1195	171	5,36	32,6
160	6,3	38,3	1499	187	6,26	30,1
	8	48,0	1831	229	6,18	37,6
	10	58,9	2186	273	6,09	46,3
180	6,3	43,3	2168	241	7,07	34,0
	8	54,4	2661	296	7,00	42,7
	10	66,9	3193	355	6,91	52,5
200	6,3	48,4	3011	301	7,89	38,0
	8	60,8	3709	371	7,81	47,7
	10	74,9	4471	447	7,72	58,8
	12,5	92,1	5336	534	7,61	72,3
220	6,3	53,4	4049	368	8,71	41,9
	8	67,2	5002	455	8,63	52,7
	10	82,9	6050	550	8,54	65,1
	12,5	102	7254	659	8,43	80,1
260	8	80,0	8423	648	10,3	62,8
	10	98,9	10242	788	10,2	77,7
	16	153	15061	1159	9,91	120
300	8	92,8	13128	875	11,9	72,8
	10	115	16026	1068	11,8	90,2
	16	179	23850	1590	11,5	141
400	10	155	39128	1956	15,9	122
	12,5	192	47839	2392	15,8	151
	16	243	59344	2967	15,6	191

[1]) Abmessungen entsprechen aktuellen Herstellerunterlagen. Diese können von der Norm geringfügig abweichen.

Rechteck-Hohlprofile für den Stahlbau (Auswahl) nahtlos oder geschweißt, warm gefertigt — DIN EN 10210-2 : 2006-07

Normallängen: bis 16 m

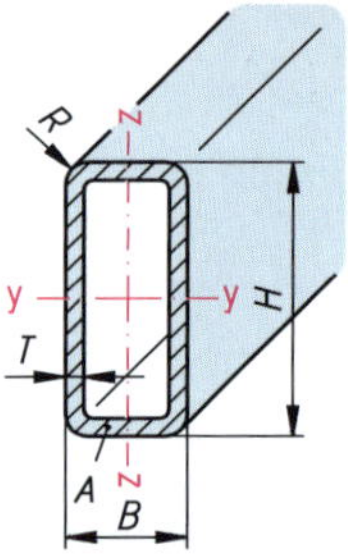

Beispiel: **Hohlprofil EN 10210 – S355J0 – 100 × 50 × 4**

Seitenlängen: $H = 100$ mm, $B = 50$ mm

Wanddicke: $T = 4$ mm

Querschnittsfläche: $A = 11{,}2\ cm^2$

Widerstandsmoment (Maß für die Eignung als Träger)
- („starke" Achse) $W_y = 27{,}9\ cm^3$
- („schwache" Achse) $W_z = 18{,}5\ cm^3$

Flächenmoment 2. Grades (Maß für die Eignung als Stütze)
- („starke" Achse) $I_y = 140\ cm^4$
- („schwache" Achse) $I_z = 46{,}2\ cm^4$

Abweichende Bezeichnungen:

	DIN EN 10210	**Stahlbau**
starke Achse:	$x - x$	$y - y$
schwache Achse:	$y - y$	$z - z$

Abmessungen[1] Nennmaß $H \times B$ in mm	Wanddicke T in mm	Querschnittsfläche A in cm^2	Statische Kennwerte „starke" Achse $y-y$: I_y in cm^4	W_y in cm^3	„schwache" Achse $z-z$: I_z in cm^4	W_z in cm^3	Masse Längenbezogene Masse m' in $\frac{kg}{m}$
50 × 30	3	4,34	13,6	5,43	5,94	3,96	3,41
60 × 40	3	5,54	26,5	8,82	13,9	6,95	4,35
	4	7,19	32,8	10,9	17,0	8,52	5,64
80 × 40	3	6,74	54,2	13,6	18,0	9,0	5,29
	4	8,79	68,2	17,1	22,2	11,1	6,9
	5	10,7	80,3	20,1	25,7	12,9	8,42
100 × 50	4	11,2	140	27,9	46,2	18,5	8,78
	5	13,7	167	33,3	54,3	21,7	10,8
	6,3	16,9	197	39,4	63,0	25,2	13,3
100 × 60	4	12,0	158	31,6	70,5	23,5	9,41
	5	14,7	189	37,8	83,6	27,9	11,6
	6,3	18,1	225	45,0	98,1	32,7	14,2
120 × 60	4	13,6	249	41,5	83,1	27,7	10,7
	5	16,7	299	49,9	98,8	32,9	13,1
	6,3	20,7	358	59,7	116	38,8	16,2
140 × 80	4	16,8	441	62,9	184	46,0	13,2
	5	20,7	534	76,3	221	55,3	16,3
	6,3	25,7	646	92,3	265	66,2	20,2
150 × 100	6,3	29,5	898	120	474	94,8	23,1
	8	36,8	1087	145	569	114	28,9
	10	44,9	1282	171	665	133	35,3
160 × 80	5	22,7	744	93,0	249	62,3	17,8
	6,3	28,2	903	113	299	74,8	22,2
	8	35,2	1091	136	356	89,0	27,6
180 × 100	6,3	33,3	1407	156	557	111	26,1
	8	41,6	1713	190	671	134	32,6
	10	50,9	2036	226	787	157	40,0
200 × 100	6,3	35,8	1829	183	613	123	28,1
	8	44,8	2234	223	739	148	35,1
	10	54,9	2664	266	869	174	43,1
300 × 200	8	76,8	9717	648	5184	518	60,3
	10	94,9	11819	788	6278	628	74,5
	12,5	117	14273	952	7537	754	91,9
400 × 200	8	92,8	19562	978	6660	666	72,8
	10	115	23914	1196	8084	808	90,2
	12,5	142	29063	1453	9738	974	112
	16	179	35738	1787	11824	1182	141
500 × 300	10	155	53762	2150	24439	1629	122
	12,5	192	65813	2633	29780	1985	151
	16	243	81783	3271	36768	2451	191
	20	300	98777	3951	44078	2939	235

[1]) Abmessungen entsprechen aktuellen Herstellerunterlagen. Diese können von der Norm geringfügig abweichen.

Rundhohlprofile für den Stahlbau (Auswahl)

nahtlos oder geschweißt

warmgefertigt: DIN EN 10210-2 : 2006-07
kaltgefertigt: DIN EN 10219-2 : 2006-07

Lieferlänge: bis 16 m

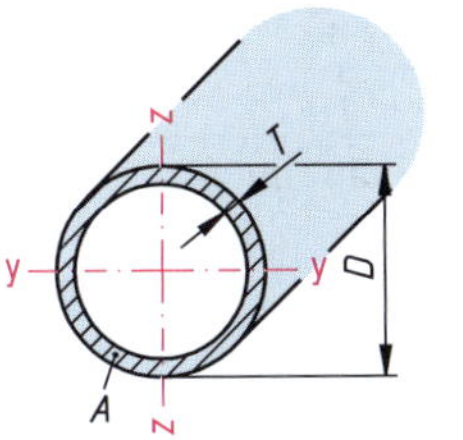

Beispiel: **Rohr EN 10210 – S275JR – 101,6 × 6,3**

Außen-∅: $D = 101{,}6$ mm
Wanddicke: $T = 6{,}3$ mm
Querschnittsfläche: $A = 18{,}9\ \text{cm}^2$
Widerstandsmoment (Maß für die Eignung als Träger)
(zwei gleich „starke" Achsen) $W_y = W_z = 28{,}8\ \text{cm}^3$
Flächenmoment 2. Grades (Maß für die Eignung als Stütze)
(zwei gleich „starke" Achsen) $I_y = I_z = 146\ \text{cm}^4$

Abweichende Bezeichnungen:

DIN EN 10210	**Stahlbau**
$x - x$	$y - y$
$y - y$	$z - z$

DN	Abmessungen[1] Nennmaß D in mm	Wanddicke T in mm	Querschnittsfläche A in cm²	Statische Kennwerte $I_y = I_z$ in cm⁴	$W_y = W_z$ in cm³	i in cm	Längenbezogene Masse m' in $\frac{\text{kg}}{\text{m}}$
25	33,7	2,6	2,54	3,09	1,84	1,10	1,99
		4	3,73	4,19	2,49	1,06	2,93
32	42,4	2,6	3,25	6,46	3,05	1,41	2,55
		4	4,83	8,99	4,24	1,36	3,79
40	48,3	3,2	4,53	11,6	4,80	1,60	3,56
		4	5,57	13,8	5,70	1,57	4,37
50	60,3	3,2	5,74	23,5	7,78	2,02	4,51
		4	7,07	28,2	9,34	2,0	5,55
65	76,1	4	9,06	59,1	15,5	2,55	7,11
		5	11,2	70,9	18,6	2,52	8,77
80	88,9	4	10,7	96,3	21,7	3,00	8,38
		5	13,2	116	26,2	2,97	10,3
		6	15,6	135	30,4	2,94	12,3
100	101,6	4	12,3	146	28,8	3,45	9,63
		5	15,2	177	34,9	3,42	11,9
		6,3	18,9	215	42,3	3,38	14,8
	114,3	4	13,9	211	36,9	3,90	10,9
		5	17,2	257	45,0	3,87	13,5
		8	26,7	379	66,4	3,77	21,0
125	139,7	5	21,2	481	68,8	4,77	16,6
		6,3	26,4	589	84,3	4,72	20,7
		8	33,1	720	103	4,66	26,0
150	168,3	5	25,7	856	102	5,78	20,1
		6,3	32,1	1053	125	5,73	25,2
		8	40,3	1297	154	5,67	31,6
		10	49,7	1564	186	5,61	39,0
		12,5	61,2	1868	222	5,53	48,0
150	177,8	6,3	33,9	1250	141	6,07	26,6
		8	42,7	1541	173	6,01	33,5
		10	52,7	1862	209	5,94	41,4
		12,5	64,9	2230	251	5,86	51,0
200	219,1	6,3	42,1	2386	128	7,53	33,1
		8	53,1	2960	270	7,47	41,6
		10	65,7	3598	328	7,40	51,6
		16	102	5297	483	7,20	80,1
		20	125	6261	572	7,07	98,2
200	273	6,3	52,8	4696	344	9,43	41,4
		8	66,6	5852	429	9,37	52,3
		10	82,6	7154	524	9,31	64,9
		12,5	102	8697	637	9,22	80,3
		16	129	10707	784	9,10	101
		20	159	12798	938	8,97	125
		25	195	15127	1108	8,81	153

bis $D = 1219$ mm, $T = 25$ mm

[1]) Abmessungen entsprechen aktuellen Herstellerunterlagen. Diese können von der Norm geringfügig abweichen.

Mittelschwere Gewinderohre (nahtlos oder geschweißt) (Herstellerunterlagen)

Lieferlänge: 6 m bis 12 m

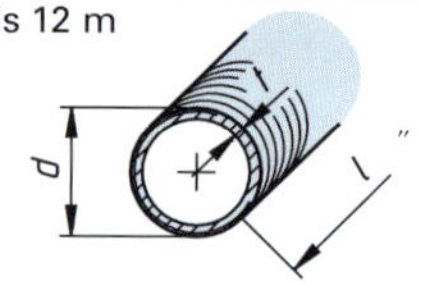

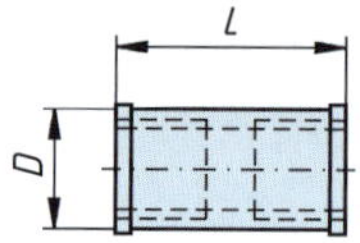

Abmessungen: Rohr DN	Wanddicke *t* in mm	Außendurchmesser *d* ≈ mm	Withworth-Rohrgewinde	Masse Längenbezogene Masse *m'* in $\frac{kg}{m}$	Abmessungen: Muffe Außen-∅ *D* in mm	Länge *L* in mm
6	2,0	10,2	R 1/8	0,399	14	17
8	2,35	13,5	R 1/4	0,638	18,5	25
10	2,35	17,2	R 3/8	0,836	21,3	26
15	2,65	21,3	R 1/2	1,197	26,4	34
20	2,65	26,9	R 3/4	1,55	31,8	36
25	3,25	33,7	R 1	3,08	48,3	48
32	3,25	42,4	R 1 1/4	3,08	48,3	48
40	3,25	48,3	R 1 1/2	3,541	54,3	48
50	3,65	60,3	R 2	5,003	66,3	56
65	3,65	76,1	R 2 1/2	6,386	82	65
80	4,05	88,9	R 3	8,309	95	71
100	4,5	114,3	R 4	11,870	122	83
125	4,85	139,7	R 5	15,892	147	92
150	4,85	165,1	R 6	18,835	174	92

Werkstoff: Unlegierte Baustähle nach DIN EN 10 025, 10 028
Lieferart: schwarz, verzinkt (= **B**), nichtmetallischer Überzug (= **C**)
Bezeichnung: **Gewinderohr DIN 2440 – DN 100 nahtlos B**

Nahtlose Präzisionsstahlrohre, kaltgezogen (Auswahl) DIN EN 10 305 : 2003-02

Lieferlänge: 2 m bis 7 m

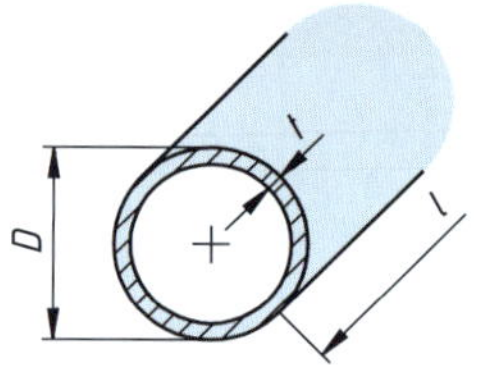

Außen-∅ *D* in mm	Längenbezogene Masse *m'* in $\frac{kg}{m}$ bei Dicke *t* in mm — Wanddicke *t* in mm → 0,5	1	1,5	2	2,5	3	4	5	6	8	10	12	16	18
5	0,056	0,099												
10	0,117	0,222	0,314	0,395	0,462	0,519								
15	0,179	0,345	0,499	0,641	0,771	0,838	1,09	1,23						
20	0,240	0,469	0,684	0,888	1,08	1,26	1,58	1,85	2,07					
30	0,364	0,715	1,05	1,38	1,70	2,0	2,56	3,08	3,55	4,34	4,93			
40	0,487	0,962	1,42	1,87	2,31	2,74	3,55	4,32	5,03	6,31	7,40			
50		1,21	1,79	2,37	2,93	3,48	4,45	5,55	6,51	8,29	9,86			
60		1,43	2,12	2,81	3,43	4,14	5,42	6,66	7,84	10,07				
70		1,70	2,53	3,35	4,16	4,96	6,51	8,01	9,47	12,2	14,8	17,2		
80		1,21	2,85	3,77	4,70	5,56	7,36	9,07	10,74	13,94				
100				4,83	6,01	7,18	9,47	11,7	13,9	18,2	22,2	26,0	33,1	36,4
120				5,82	7,24	8,66	11,4	14,2	16,9	22,1	27,1	33,1	41,0	45,3
160						11,6	15,4	19,1	22,8	30,0	37,0	45,5	56,8	63,0
200							19,3	24,0	28,7	37,9	46,9	57,8	72,6	80,8

Werkstoff: Baustähle nach DIN EN 10 027-1
Lieferart: Zugblank hart (= **BK**), Zugblank weich (= **BKW**), geglüht (= **GBK**), normalgeglüht (= **NBK**)
Bezeichnung: **Rohr EN 10 305 – S235 – Ro 50 × 2,5 – 1800**

Geschweißte Konstruktionsrohre, Geländerrohre DIN EN 10255:2007-07

Lieferlänge: 6 m

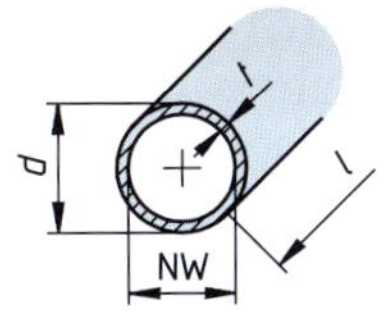

DN	Abmessungen: Rohr			Masse: Rohr	Abmessungen: Rohrbogen[1]			Masse: Rohrbogen[1]	
								90°	180°
	Nennweite in Zoll (″)	Außen-∅ *D* in mm	Wanddicke *t* in mm	Längenbezogene Masse *m'* in $\frac{kg}{m}$	Schenkellänge *a* in mm	Schenkellänge *b* in mm	Radius *r* in mm	Masse *m* in $\frac{kg}{Stück}$	Masse *m* in $\frac{kg}{Stück}$
15	1/2″	21,75	1,75	0,8	55	95	40	0,14	0,18
20	3/4″	26,75	1,75	1,0	60	115	55	0,22	0,32
25	1″	33,50	2,0	1,50	70	140	70	0,37	0,56
32	1 1/4″	42,25	2,0	2,0	100	200	100	0,68	0,82
40	1 1/2″	48,25	2,0	2,2	115	135	120	0,91	1,32
50	2″	60,0	2,0	2,8	120	260	140	1,29	1,92

[1]) gemäß Herstellerunterlagen

Rundhohlprofil: Nahtlose Stahlrohre DIN EN 10220:2003-03
Geschweißte Stahlrohre DIN EN 10220:2003-03

Lieferlänge: 6 m bis 12 m
Skizze s. o.

DN	Nennmaß = Außen-∅ *D* in mm	Wanddicke *t* in mm	Querschnittsfläche *S* in cm^2	Statische Kennwerte Biegeachse *x–x = y–y*		Längenbezogene Masse *m'* in $\frac{kg}{m}$
				I in cm^4	*W* in cm^3	
25	33,7	2,6 4,0	2,54 3,73	3,09 4,19	1,84 2,49	1,952 2,874
32	42,4	2,6 4,0	3,25 4,83	6,46 8,99	3,05 4,24	2,501 3,718
40	48,3	2,6 4	3,73 5,57	9,78 13,8	4,05 5,70	2,874 4,287
50	60,3	2,9 5	5,23 8,89	21,6 33,5	7,16 11,1	4,032 8,690
65	76,1	2,9 5	6,67 11,2	44,7 70,9	11,8 18,6	5,140 8,603
80	88,9	3,2 6,3	8,62 16,3	79,2 140	17,8 31,5	6,632 12,557
00	101,6	3,6 6,3	11,1 18,9	133 215	26,6 42,4	8,535 14,519
	108	3,6 6,3	11,8 20,1	161 261	29,8 48,4	9,094 15,550
25	133	4 7,1	16,2 28,1	338 558	50,8 83,9	12,459 21,582
50	159	4,5 7,1	21,8 33,9	652 979	82,0 123	16,775 26,095

Warmgefertigter Stabstahl (Auswahl)

Rundstahl DIN EN 10060:2004-02	Vierkantstahl DIN EN 10059-1:2004-02	Sechskantstahl DIN EN 10061:2004-02

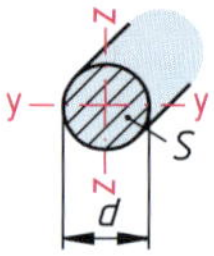

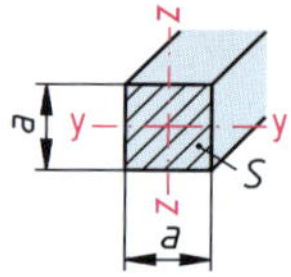

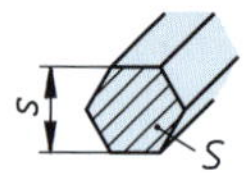

Lieferlänge: gestuft, bis 12 m

Rundstahl				Vierkantstahl				Sechskantstahl
Durchmesser *d* in mm	Querschnittsfläche *S* in cm²	$W_y = W_z$ in cm³	Längenbezogene Masse *m'* in $\frac{kg}{m}$	Kantenlänge *a* in mm	Querschnittsfläche *S* in cm²	$W_y = W_z$ in cm³	Längenbezogene Masse *m'* in $\frac{kg}{m}$	Schlüsselweite *s* in mm
8	0,50	0,05	0,39	**8**	0,64	0,08	0,50	
10	0,78	0,10	0,62	**10**	1,0	0,16	0,78	
12	1,13	0,17	0,89	**12**	1,44	0,28	1,13	
14	1,54	0,27	1,21	**14**	1,96	0,45	1,54	
16	2,01	0,40	1,58	**16**	2,56	0,68	2,01	
18	2,54	0,57	2,0	**18**	3,24	0,97	2,54	**18**
20	3,14	0,79	2,47	**20**	4,0	1,33	3,14	**20,5**
22	3,80	1,05	2,98	**22**	4,84	1,78	3,8	**22,5**
24	4,52	1,36	3,55					**23,5**
25	4,91	1,53	3,85	**25**	6,25	2,60	4,91	**25,5**
28	6,16	2,16	4,83					**28,5**
30	7,07	2,65	5,55	**30**	9,0	4,5	7,07	**31,5**
32	8,04	3,22	6,31	**32**	10,2	5,46	8,04	**33,5**
35	9,62	4,21	7,55	**35**	12,3	7,15	9,62	**37,5**
38	11,3	5,39	8,80					
40	12,6	6,28	9,86	**40**	16,0	10,7	12,6	**42,5**
45	15,9	8,95	12,5					
50	19,6	12,3	15,4	**50**	25,0	20,8	19,6	**47,5**
55	23,8	16,3	18,7					**52**
60	28,3	21,2	22,2	**60**	36,0	36,0	28,3	**57**
80	50,3	50,3	39,5	**80**	64,0	85,3	50,2	
100	78,5	98,2	61,7	**100**	100	167	78,5	
120	113	170	88,8					

Beispiel: **Rund EN 10060 – S235J** (USt 37-2)

Kaltgezogener, blanker Stabstahl (Auswahl) — DIN EN 10278 : 1999-12

Rundstahl	Vierkantstahl	Sechskantstahl

Lieferlänge: gestuft, bis 12 m (Querschnitte siehe oben), längenbezogene Masse berechnet

Abmessung $d = s = a$ in mm	Längenbezogene Masse *m'* in $\frac{kg}{m}$ Rd	Vierkant	Sechskant	Abmessung $d = s = a$ in mm	Längenbezogene Masse *m'* in $\frac{kg}{m}$ Rd	Vierkant	Sechskant
2	0,024	0,031	0,027	20	2,42	3,08	–
3	0,054	0,069	0,060	24	3,48	–	3,85
4	0,097	0,124	0,107	30	5,44	–	6,00
5	0,151	0,192	0,167	32	6,19	7,88	6,83
6	0,218	0,278	0,240	36	7,84	10,01	8,64
8	0,387	0,492	0,427	40	9,67	12,36	–
10	0,605	0,770	0,667	50	15,11	19,23	16,68
12	0,871	1,11	0,960	60	21,78	–	24,03
14	1,19	1,51	1,30	70	29,63	37,77	32,67
16	1,15	1,97	1,71	80	38,75	49,25	42,65
18	1,96	2,49	–	100	60,53	77,01	66,71

Beispiel: **0,6 t Rund EN 10278 – 16 × Lager 6000 – EN 10027-1 S235JR**
(= Masse in Tonnen, Durchmesser 16 mm, Lagerlänge 6 m, Baustahl)

Blanker Flachstahl (S235JR) — DIN EN 10278 : 1999-12

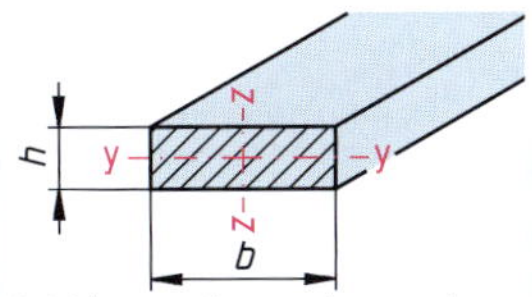

Breite b in mm	Längenbezogene Masse m' in $\frac{kg}{m}$ bei Dicke h in mm (berechnet) Dicke h in mm → 2	2,5	3	4	5	6	8	10	12	16	20	25	32	40	50
5	0,077	0,096	0,116												
6	0,092	0,116	0,138	0,184											
8	0,124	0,154	0,184	0,246	0,308	0,37									
10	0,154	0,192	0,232	0,308	0,386	0,462									
12	0,184	0,232	0,278	0,370	0,462	0,554	0,740								
14	0,216	0,270	0,324	0,432	0,540	0,646	0,862								
16	0,246	0,308	0,370	0,492	0,616	0,740	0,981	1,24							
18	0,278	0,347	0,416	0,554	0,694	0,832	1,11	1,38	1,67						
20	0,308	0,386	0,462	0,616	0,770	0,942	1,24	1,54	1,84	2,46					
22	0,338		0,508	0,678	0,848	1,02	1,35	1,7	2,03						
25	0,386	0,482	0,578	0,770	0,962	1,16	1,54	1,92	2,32	3,08	3,86				
28	0,432	–	0,646	0,862	1,08	1,29	1,73	2,16	2,59	3,45	4,32				
32	0,492	0,616	0,740	0,981	1,24	1,48	1,97	2,46	–	3,94	4,92	6,16			
36	0,554	0,694	0,832	1,11	1,38	1,67	–	2,78	3,33	–	5,54				
40	0,616	–	0,924	1,24	1,54	1,84	2,46	3,08	3,7	4,92	6,16	7,7	9,81		
45	0,694	–	1,04	1,38	1,74	2,08	2,78	3,46	–	5,54	6,94	8,66	11,09		
50	0,77	–	1,16	1,54	1,92	2,32	3,08	3,86	4,62	6,16	7,7	9,62	12,36		
56	–	–	1,29	1,73	2,16	–	3,45	4,32	5,18	6,9	8,62	10,78	13,83		
63	–	–	1,45	1,94	2,42	2,91	3,88	4,86	5,82	7,76	9,7	12,16	15,5	19,42	
70	–	–	–	2,16	2,7	3,24	–	5,4	6,46	8,62	10,79	13,44	–	21,58	
80	–	–	–	–	3,08	3,7	–	6,16	7,4	9,81	12,36	15,4	–	–	–
90					3,46	4,16	–	6,94	8,32	11,09	13,83	17,36			
100					3,85	4,62	–	7,7	9,24	12,36	15,4	19,23			
125					4,82	5,78	7,7	9,62	11,58	15,4	19,22	24,03	30,8	38,55	48,16
140						6,46	–	10,79	12,95						
160								12,36			24,62	30,8			

Beispiel: 1,5 t Flach EN 10278 – 20 × 12 Lager 3000 – EN 10027-1 S235JR
(= Masse in Tonnen, Breite 20 mm, Dicke 12 mm, Lagerlänge 3 m)

Warmgewalzter Flachstahl (S235JR) — DIN EN 10058:2004-02

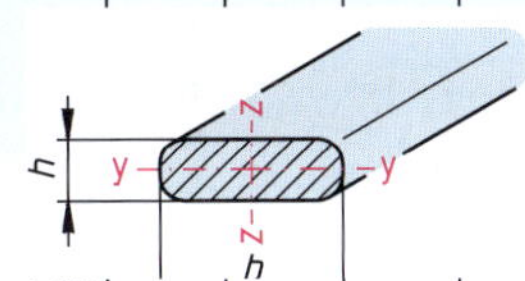

Breite b in mm	Längenbezogene Masse m' in $\frac{kg}{m}$ bei Dicke h in mm (berechnet) Dicke h in mm → 5	6	7	8	9	10	12	14	16	18	20	30	40	50	60
10	0,39														
12	0,47	0,57													
14	0,55	0,66	0,77	0,88											
16	0,63	0,75	0,88	1	1,13	1,26									
18	0,71	0,85	–	1,13	1,27	1,41									
20	0,79	0,94	1,10	1,26	1,41	1,57	1,88								
25	0,98	1,18	1,37	1,57	–	1,96	2,36	2,75	3,14						
26	1,02	1,22	1,43	1,63	–	2,04	2,45	2,86	3,27	3,67	4,08				
28	1,10	1,32	1,54	1,76	–	2,20	2,64	3,08	3,52	3,96					
30	1,18	1,41	1,65	1,88	2,12	2,38	2,83	3,30	3,77	4,24	4,71				
32	1,26	1,51	–	2,01	–	2,51	3,01	3,52	4,02		5,02				
35	1,37	1,65	1,92	2,20	–	2,75	3,30	3,85	4,12	4,85	5,50				
40	1,57	1,88	2,20	2,51	2,83	3,14	3,77	4,40	5,02	5,65	6,28	9,42			
45	1,77	2,12	2,47	2,83	–	3,53	4,24	4,95	5,65		7,07	10,6			
50	1,96	2,36	2,75	3,14	3,53	3,93	4,71	5,50	6,28	7,07	7,85	11,8	15,7		
55	2,16	2,59	–	3,45	–	4,32	5,18	6,04	6,91	7,77	8,84	13,0			
60	2,36	2,83	3,30	3,77	4,24	4,71	5,65	–	7,54	8,48	9,42	14,1	18,8		
65	2,55	3,06	–	4,08	4,59	5,10	6,12	–	8,16		10,2	15,3	20,4		
70	2,75	3,30	3,85	4,40	–	5,50	6,59	–	8,79	9,89	11,0	16,5	22,0	27,5	
80	3,14	3,77	4,40	5,02	–	6,28	7,54	–	10,0		12,6	18,8	25,1	31,4	
90	3,53	4,24		5,65	6,36	7,07	8,48	–	11,3		14,1	21,2	28,3	35,3	42,4
100	3,93	4,71		6,28	–	7,85	9,42	11,0	12,6		15,7	23,6	31,4	38,3	47,1
110				6,91	7,77	8,84	10,4	12,1	13,8		17,3	25,9	34,5	43,2	
120				7,54	–	9,42	11,3	–	15,1		18,8	26,3	37,7	47,1	56,5
130				8,16	9,18	10,2	12,2	14,3	16,3		20,4	30,6	40,8	51,0	
140				8,79		11,0	13,2		17,6		22,0	33,0	44,0	55,0	
150				9,42		11,8	14,1	16,5	18,8		23,6	35,3	47,1	58,9	70,7

Beispiel: 2,5 t Flach DIN 1017-1 – 20 × 12 – 600 – EN 10027-1 S235JR
(= Masse in Tonnen, Breite 20 mm, Dicke 12 mm, Länge 600 mm)

Warmgewalzter Breitflachstahl (S235JR) — DIN 59 200 : 2001-05

Breite *b* in mm	Längenbezogene Masse *m'* in $\frac{kg}{m}$ bei Dicke *h* in mm (berechnet) Dicke *h* in mm →												
	5	**6**	**8**	**10**	**12**	**15**	**20**	**25**	**30**	**40**	**50**	**60**	**80**
160	6,28	7,54	10,0	12,6	15,1	18,8	25,1	31,4	37,7	50,2	62,8	75,4	100
180	7,07	8,48	11,3	14,1	17,0	21,2	28,3	35,3	42,4	56,5	70,7	84,8	113
200	7,85	9,24	12,6	15,7	18,8	23,6	31,4	39,3	47,1	62,8	78,5	94,2	126
220	8,64	10,4	13,8	17,3	20,7	25,9	34,5	43,2	51,8	69,1	86,4	104	138
240	9,42	11,3	15,1	18,8	22,6	28,3	37,7	47,1	56,5	75,4	94,2	113	151
250	9,81	11,8	15,7	19,6	23,6	29,4	39,3	49,1	58,9	78,5	98,1	118	157
260	10,2	12,2	16,3	20,4	24,4	30,6	40,8	51,0	61,2	81,6	102	122	163
280	11,0	13,2	17,6	22,0	26,4	33,0	44,0	54,9	65,9	87,9	110	132	176
300	11,8	14,1	18,8	23,6	28,3	35,3	47,1	58,9	70,7	94,2	118	141	188
320	12,6	15,1	20,1	25,1	30,1	37,7	50,2	62,8	75,4	100	126	151	201
340	13,3	16,0	21,4	26,7	32,0	40,0	53,4	66,7	80,1	107	133	160	214
350	13,7	16,5	22,0	27,5	33,0	41,2	55,0	68,7	82,4	110	137	165	220
360	14,1	17,0	22,6	28,3	33,9	42,4	56,5	70,6	84,8	113	141	170	226
380	14,9	17,9	23,9	29,8	35,8	44,7	59,7	74,6	89,5	119	149	179	239
400	15,7	18,8	25,1	31,4	37,7	47,1	62,8	78,5	94,2	126	157	188	251
450	17,7	21,2	28,3	35,3	42,4	53,0	70,7	88,4	106	141	177	212	283
500	19,6	23,6	31,4	38,3	47,2	59,0	78,7	98,3	118	157	196	236	314
550	21,6	25,9	34,5	43,2	51,8	64,8	86,4	108	130	173	216	259	345
600	23,6	28,3	37,7	47,1	56,5	70,7	94,2	118	141	188	236	283	377
650	25,5	30,6	40,8	51,0	61,2	76,5	102	128	153	204	255	306	408
700	27,5	33,0	44,0	55,0	65,9	82,4	110	137	165	220	275	330	440
750	29,4	35,3	47,1	58,9	70,7	88,3	118	147	177	236	294	353	471
800	31,4	37,7	50,2	62,8	75,4	94,2	126	157	188	251	314	377	502
900	35,3	42,4	56,5	70,7	84,8	106	141	177	212	283	353	424	565
1000	39,2	47,1	62,8	78,5	94,2	118	157	196	236	314	392	471	628
1100	43,2	51,8	69,1	86,4	104	130	173	216	259	345	432	518	691
1200	47,1	56,5	75,4	94,2	113	141	188	235	283	377	471	565	754

Beispiel: Breitflach DIN 59 200 200 × 12 – 2500 – S235JR (= Breite 200 mm, Dicke 12 mm, Länge 2500 mm)

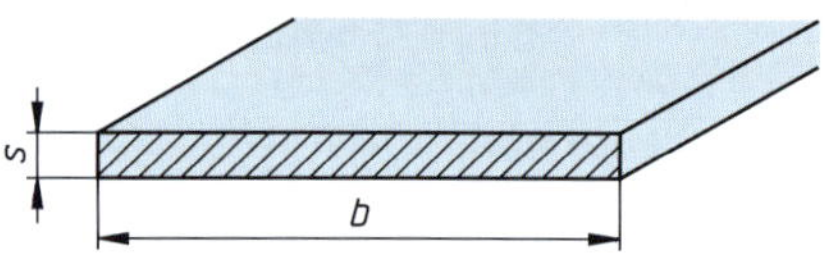

Kaltprofile aus Stahl (Auswahl) — DIN EN 10 162 : 2003-12

Maße nach Herstellerangaben

L-Profil	Z-Profil	C-Profil	Hutprofil	Sigma-Profil
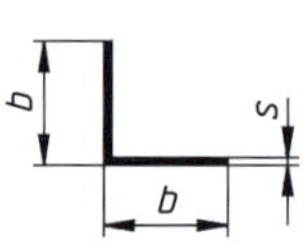	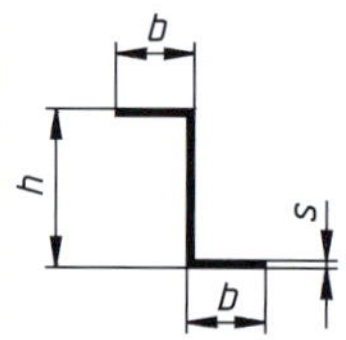	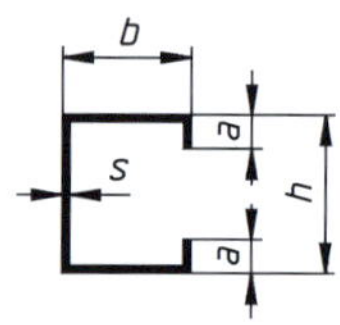	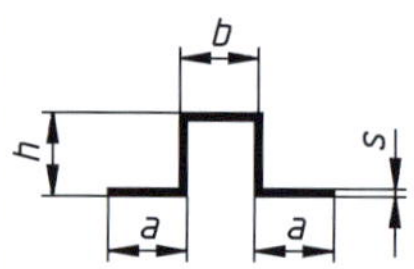	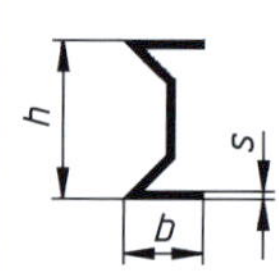

Ankerschienen (nicht genormt)

zur Befestigung von Bauteilen an Bauwerken mithilfe von Ankern

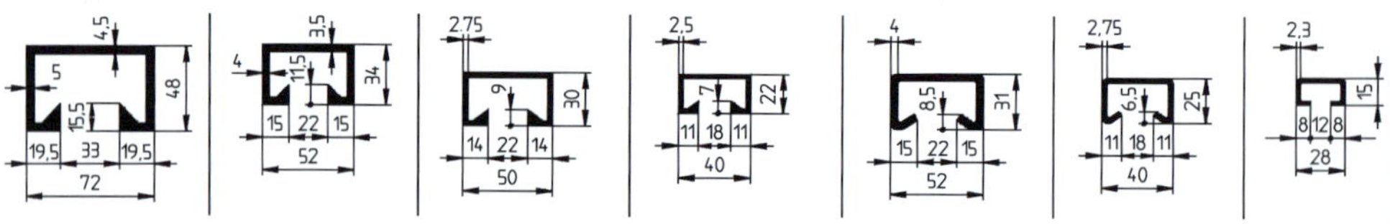

Theoretische Grundlagen
Technische Kommunikation
Werkstoffe
Bauelemente
Fertigungstechnik
Informations- und Steuerungstechnik
Anhang

Kaltprofile (Auswahl) nahtlos oder geschweißt — DIN EN 10 162 : 2003-12

Normallängen: bis 8 m

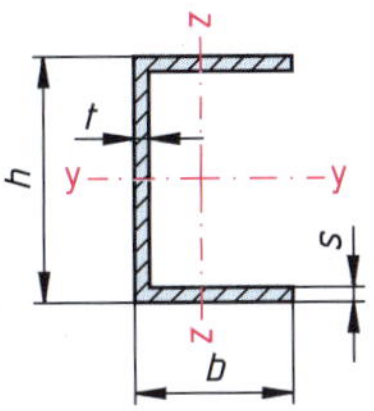

Beispiel:
Kaltprofil U 100/50 × 3 – 2000 – FeP04

Höhe:	$h = 100$ mm
Breite:	$b = 50$ mm
Wanddicke:	$t = 3$ mm
Querschnittsfläche:	$S = 5{,}65$ cm^2
Widerstandsmoment (Maß für Durchbiegung als Träger)	
(„starke" Achse)	$W_y = 17{,}4$ cm^3
(„schwache" Achse)	$W_z = 3{,}89$ cm^3
Flächenmoment 2. Grades (Maß für Knickung als Stütze)	
(„starke" Achse)	$I_y = 87{,}2$ cm^4
(„schwache" Achse)	$I_z = 14{,}0$ cm^4

Abweichende Bezeichnungen:

	DIN EN 10 162	**Stahlbau**
starke Achse:	$x - x$	$y - y$
schwache Achse:	$y - y$	$z - z$

Kurzzeichen U	Abmessungen h in mm	b in mm	s in mm	t in mm	Querschnittsfläche S in cm^2	Statische Kennwerte „starke" Achse $y-y$: I_y in cm^4	W_y in cm^3	„schwache" Achse $z-z$: I_z in cm^4	W_z in cm^3	Masse: Längenbezogene Masse m' in $\frac{kg}{m}$
20/20 × 1,5	20	20	1,5	1,5	0,812	0,537	0,537	0,33	0,269	0,63
25/25 × 1,5	25	25	1,5	1,5	1,04	1,11	0,887	0,67	0,430	0,81
30/30 × 2	30	30	2	2	1,64	2,49	1,86	1,53	0,82	1,29
40/40 × 3	40	40	3	3	3,25	8,60	4,30	5,33	2,15	2,55
50/50 × 4	50	50	4	4	5,37	22,0	8,79	13,7	4,44	4,22
80/40 × 3	80	40	3	3	4,45	43,1	10,8	6,98	2,45	3,49
100/50 × 3	100	50	3	3	5,65	87,2	17,4	14,0	3,89	4,43
100/50 × 5	100	50	5	7,5	8,95	130	26,1	21,5	6,17	7,03
120/60 × 3	120	60	3	3	6,85	154	25,7	24,7	5,67	5,38
140/60 × 4	140	60	4	4	9,77	284	40,8	33,6	7,59	7,67
150/65 × 7	160	65	7	10,5	18,2	649	81,1	70,3	15,0	14,3
200/80 × 6	200	80	6	9	20,1	1160	118	120	20,2	15,8

Kaltgewalztes Band und Blech (aus weichem unlegiertem Stahl) DIN EN 10 130 : 2007-02

Kurzzeichen	Desoxidationsart	Oberflächenausführung	Anteile in % C	N	Zugfestigkeit R_m in $\frac{N}{mm^2}$	Streckgrenze R_e in $\frac{N}{mm^2}$	Bruchdehnung A in %	besondere Eigenschaften
DC01, FeP01 (St 12)	beliebig	b, g, m, r	0,1	0,007	270 ... 410	280	28	Ziehgüte
DC03, FeP03 (St 13)	RR	b, g, m, r	0,1	0,007	270 ... 370	240	34	Tiefziehgüte
DC04, FeP04 (St 14)	RR	b, g, m, r	0,08	–	270 ... 350	210	38	Sondertiefziehgüte

RR: besonders beruhigt vergossen
Oberflächenausführung: a: übliche kaltgewalzte Oberfläche b: beste Oberfläche g: glatt m: matt r: rau

Kaltgewalztes Band und Blech (aus allgemeinem Baustahl) DIN 1623-2:1986-02

Kurzzeichen	Desoxidationsart	Oberflächenausführung	Anteile in % C	N	Zugfestigkeit R_m in $\frac{N}{mm^2}$	Streckgrenze R_e in $\frac{N}{mm^2}$	Bruchdehnung A in %
St 37-2G	beliebig	b, g, m, r	0,17	0,04	360...510	215	20
USt 37-26	U	b, g, m, r	0,17	0,04	360...510	215	20
St 37-3G	RR	b, g, m, r	0,17	0,04	360...510	215	20
St 44-3G	RR	b, g, m, r	0,20	0,04	430...580	245	18
St 50-2G	R	b, g, m, r	0,40	0,05	490...660	325	14
St 52-3G	RR	b, g, m, r	0,20	0,04	510...680	325	16
St 60-2G	R	b, g, m, t	0,50	0,05	590...900	335	10

Desoxidationsart: U: unberuhigt vergossen R: beruhigt vergossen RR: besonders beruhigt vergossen
Oberflächenausführung: a: übliche kaltgewalzte Oberfläche b: beste Oberfläche g: glatt
m: matt r: rau

Beispiel: Blech DIN 1623 – 3 × 1000 – (= Dicke 3 mm, Breite 1000 mm)

Massen für kaltgewalztes Breitband und Blech (Auswahl) (gerechnet mit Handelsgewicht 8 kg/m² · mm)

Dicke t in mm	Masse m'' in $\frac{kg}{m^2}$	Tafelgröße $b \times l$ in mm 530 × 760	800 × 1600	1000 × 2000	1250 × 2500	1500 × 3000
0,2	1,60	0,65	–	–	–	–
0,32	2,56	1,03	3,28	5,12	–	–
0,40	3,20	1,30	4,10	6,60	10,00	14,40
0,50	4,00	1,61	5,12	8,00	12,50	0,63
0,75	6,00	2,42	7,68	12,00	18,75	27,00
1,00	8,00	3,22	10,24	16,00	25,00	36,00
1,25	10,00	–	12,80	20,00	31,25	45,00
1,50	12,00	–	15,36	24,00	37,50	54,00
2,00	16,00	–	20,48	32,00	50,00	72,00
2,50	20,00	–	28,16	44,00	68,75	99,00

Massen für kaltgewalztes Band und Blech (gerechnet mit 7,85 kg/m² · mm)

Blechdicke t in mm	0,35	0,40	0,50	0,80	1,00	1,20	1,50	2,00	3,00
Masse m'' in $\frac{kg}{m^2}$	2,75	3,14	3,93	6,28	7,85	9,42	11,80	15,70	23,60

Handelsformen:

Art	Breite	Dicke	Herstellung
Band, warmgewalzt	10...2000	0,8...20	gewalzt, beschnitten
Blech, warmgewalzt	Tafeln	3...150	gewalzt, beschnitten
Feinblech	5600...2000	0,8...3	längsgeteilt aus Band
Stäbe	–600	0,8...15	längsgeteilt aus Band

Warmgewalztes Blech mit Mustern (Belagblech) — DIN 59220:2000-04

Riffelblech
Nenndicken **3**, 3,5, **4**, 4,5, **5**, **6**, **8**, **10**, **12**, 14, 15, 16, 18, 20, 22, 24, 25 mm (**bevorzugte Größen**)

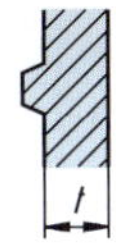

Masse *G* in kg: berechnet $G = (l \times b \times t \times 8) + 4 \ldots 9$ **kg je m²**
Riffeln rautenförmig mit $a \times b = 46$ bzw. 50×25 bzw. 57×23 (je nach Blechdicke)

Masse *G* in kg und Vorzugsgrößen (gerechnet mit Handelsgewicht)

Nenndicke *t* in mm	Masse *G* in kg	Lieferlängen bei Blechbreiten *b* in mm		
		600 … 1250	600 … 1500	610 … 1500
3	27	1500 … 12000	–	–
4	38	–	1700 … 12000	–
5	46	–	1700 … 12000	–
6	54	–	1700 … 12000	–
8	70	–	1700 … 12000	–
10	86	–	–	1700 … 7000
12	102	–	–	1700 … 7000

Tränenblech — DIN 59220:2000-04

Nenndicken **3**, 3,5, **4**, **5**, **6**, **8**, **10**, **12**, 15, 20 mm (**bevorzugte Größen**)

Trennhöhe ca. 25 % der Grunddicke
Tränenabmessung ca. 30 × 7 mm, spitz zulaufend
Beispiel: Tränenblech DIN 59220 – 3 × 1500 – S235JR
(= Dicke 3 mm, Breite 1500 mm)

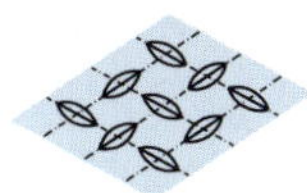

Masse *G* in kg und Vorzugsgrößen (gerechnet mit Handelsgewicht)

Nenndicke *t* in mm	Masse *G* in kg	Lieferlängen bei Blechbreiten *b* in mm		
		600 … 1250	600 … 1500	610 … 1500
3	25	1500 … 12000	–	–
4	34	–	1700 … 12000	–
5	42	–	1700 … 12000	–
6	51	–	1700 … 12000	–
8	67	–	1700 … 12000	–
10	83	–	–	1700 … 6100
12	99	–	–	1700 … 6100

Drahtgeflecht, Drahtgewebe (Auszug) — DIN EN 10223:2004-08

Art	Viereckgeflecht	Sechseckgeflecht	Drahtgewebe (Wellengitter, quadratisch)	Drahtgewebe (Wellengitter, rechteckig)	Drahtgewebe, geschweißt
Muster	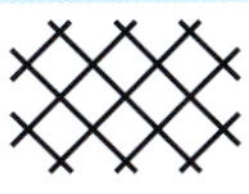	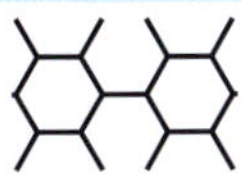	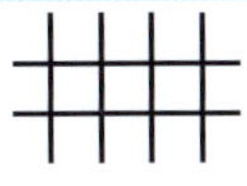	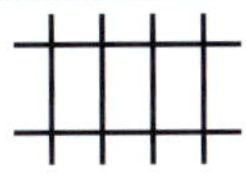	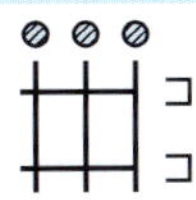
Drahtdurchmesser *d* in mm	2 … 3,4	0,6 … 1,6	0,6 … 12,0	0,6 … 2,0	vertikal: Rundstahl horizontal: U-Kaltprofil
Maschenweite in mm	40, 50, 60	10, 16, 20, 25, …, 100	50 × 50	40 × 10, 50 × 100, 50 × 200	Breite: 50, 100 Höhe: 200
Geflechtsbreite in m	1, 1,25, 1,5, 1,75, 2	0,5, 0,75, …, 2,0	2 … 5	2 … 5	2 … 5
Ausführung	verzinkt, kunststoffummantelt	verzinkt, kunststoffüberzogen	roh, verzinkt, kunststoffummantelt	roh, verzinkt, kunststoffummantelt	verzinkt, lackiert

Beispiel: **10 Rollen Drahtgeflecht EN 10223 – 60 × 2,8 × 1000 zn E kst** (Maschenweite 60 mm, Drahtdurchmesser 2,8 mm, 1 m breit, geflochten aus Draht, der verzinkt und im Extruderverfahren kunststoffummantelt ist.

Gitterroste DIN 24537-1:2006-04:1991-10

Art	Quadratrost	Rechteckrost	Diagonalrost	Trapezrost	Wabenrost
Muster	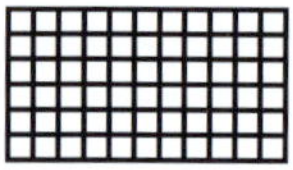	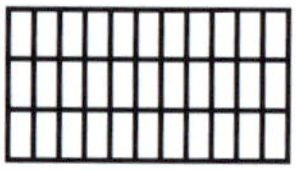			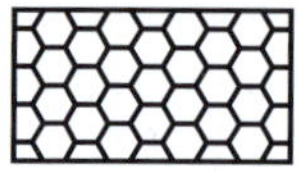

Maschenweite: 30 × 30 oder 30 × 44
Höhe: 30 und 40 mm, Stützweite: 600 … 1500 mm
Zulässige Belastung: 40 × 70 kN/m²
Werkstoff: Allgemeine Baustähle nach DIN EN 10025

Schweißpressrost (SP)

Zulässige Belastung P_{zul} von Quadratrost

(zweiseitig aufliegend, Stützweite l = 0,80 m, Last gleichmäßig verteilt)

Tragstab Höhe h – Breite b in mm	Maschenweite	Teilung in mm	P_{zul} in $\frac{kN}{m^2}$
25 – 2	30 × 30	32	11,39
30 – 2	30 × 30	32	16,41
30 – 3	30 × 0	33	23,86
40 – 2	30 × 30	32	29,17
40 – 3	30 × 30	33	42,42
40 – 4	35 × 35	39	47,86

Pressrost (P)

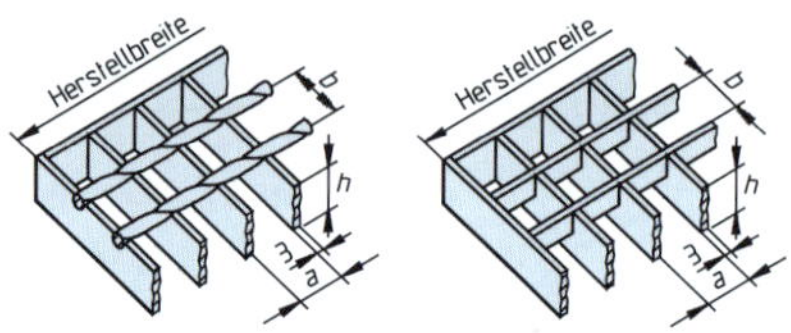

Herstellbreite (1000 max.)

Trittstufen aus Gitterrost DIN 24531:2006-04, -2:2007-08

Länge l in mm	Breite b in mm	Höhe h in m	Abstand Befestigung in mm	Masse m in $\frac{kg}{Stück}$	Zulässige Einzellast P in kN
600	240	30	120	6	3
	240	40	120	7,7	4
	260	30	150	7,5	3
	260	40	150	9,5	4
	295	30	180	10	3
	295	40	180	12	4
800	240	30	120	8	2,25
	240	40	120	9,5	3
	260	30	150	9,0	2,25
	260	40	150	10,5	3,0
	295	30	180	11,5	2,25
	295	40	180	13	3,0
1000	240	30	120	9,5	1,75
	240	40	120	11,5	2,5
	260	30	150	10,5	1,75
	260	40	150	12,5	2,5
	295	30	180	13,0	1,75
	295	40	180	15,0	2,5
1200	240	30	120	11,5	1,5
	240	40	120	13,0	2,0
	260	30	150	13,0	1,5
	260	40	150	15,5	2,0
	295	30	180	15,5	1,5
	295	40	180	18,0	2,0

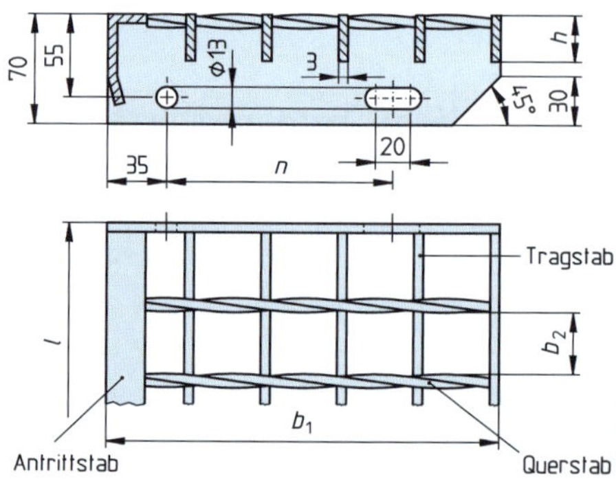

Werkstoff: Allgemeine Baustähle nach DIN EN 10025

Beispiel: Stufe DIN 24531 – SP40 – 44 – 800 × 240
Trittstufe aus Schweißpressrost, Tragstabhöhe 40 mm, Maschenweite 44 mm, Länge 800 mm, Breite 240 mm

Profile aus EDELSTAHL Rostfrei®

Lieferformen:

1. Warm- und kaltgeformte Flach- und Langerzeugnisse z. B. Blech von 2 … 10 mm Dicke, 40 … 1600 mm breit Warmband, Draht, Stabstahl in L-, U-, I-, Hut-, Z-Form
2. Rohre z. B. geschweißte kreisrunde Rohre von 0,5 … 40 mm Wanddicke ab 6 mm Durchmesser, Vierkantrohre und nahtlos gezogene kreisförmige Rohre von 1 … 14 mm Wanddicke und 6 … 400 mm Durchmesser
3. Gekantete Profile in U-und L-Form
4. Sonderprofile, z. B. Fenster- und Fassadenprofile stranggepresst, Türprofile gekantet, Mauerkanten-, Putz- und Treppenschienenprofile stranggepresst und gekantet (herstellerspezifische Formen und Maße))

Werkstoffe: Nichtrostender Stahl der Sorten X5CrNi18-10, X6CrNiTi18-10 nach DIN EN 10088-1:2005-09 sowie nach Kundenspezifikation,

Lieferlängen: 2 m (= Regellänge), sowie 3 m, 4,2 m und 6 m, weitere Längen nach Kundenspezifikation

Stabstahl kaltgeformt (Auswahl aus Herstellerunterlagen)

Warmgeformte Profile werden mit größeren Wandstärken bei gleichen Profilaußenmaßen geliefert. Die längenbezogenen Massen sind annähernd identisch

L-Profil, gleichschenkelig

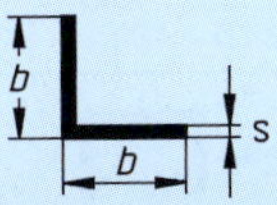

L-Profil, ungleichschenkelig

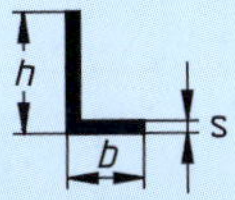

U-Profil, gleichschenkelig

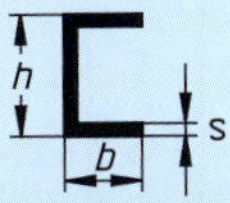

C-Profil, gleichschenkelig

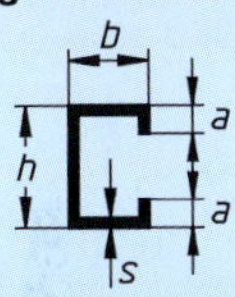

L-Profil, gleichschenkelig			L-Profil, ungleichschenkelig				U-Profil, gleichschenkelig				C-Profil, gleichschenkelig				
b in mm	*s* in mm	*m'* in kg/m	*h* in mm	*b* in mm	*s* in mm	*m'* in kg/m	*h* in mm	*b* in mm	*s* in mm	*m'* in kg/m	*h* in mm	*b* in mm	*a* in mm	*s* in mm	*m'* in kg/m
10	1,0	0,140	9	7	0,80	0,090	7,5	22	0,6	0,389					
10	1,5	0,200													
12	1,5	0,260	12	6	1,0	0,130					12	12	2,5	0,6	0,283
15	1,0	0,145	12	8	1,0	0,144	15	15	1,0	0,332					
15	2,0	0,440					15	20	1,0	k. A.	16	6	2,5	1,0	0,225
15	3,0	0,620									16	6	3	1,0	k. A.
20	1,0	0,300	22	19	3,0	0,877	20	15	1,0	k. A.	20	8	4	1,0	0,320
20	1,5	0,440					20	20	1,0	k. A.	20	12	5	1,5	0,550
20	2,0	0,600													
20	3,0	0,860									20	12	10	3,0	k. A.
25	2,0	0,875					25	15	1,0	k. A.	27	15	7,5	2,3	1,084
25	2,5	0,930					25	25	1,5	k. A.					
30	1,5	0,680	30	20	1,5	0,570	30	30	1,5	k. A.	30	10	9	1,5	0,713
30	2,5	1,130	30	20	2,0	0,750	30	40	2,5	k. A.	6	36	9	2,5	2,160
40	1,5	0,920	40	20	1,5	0,710	38	55	3,0	3,200	40	18	11,3	3,0	1,974
40	2,0	1,200	40	20	2,0	0,940	42	12	1,0	k. A.					
40	3,0	1,820	40	20	3,0	1,330	45	80	3,0	4,600					
50	1,50	1,180	50	30	2,0	1,090					52	30	11	1,5	k. A.
50	2,0	1,550	50	30	2,0	1,230	50	22	2,0	1,400					
50	3,0	2,230	50	30	3,0	1,820	50	38	3,0	k. A.					
50	4,0	3,010	50	30	4,0	2,370	50	38	4,0	k. A.					
60	2,0	1,870	60	40	2,0	1,550	60	30	2,0	k. A.	60	30	10	2,0	k. A.
60	4,0	3,650	60	40	4,0	3,070	65	42	4,0	k. A.	60	40	10	2,0	k. A.
70	2,0	2,190	70	30	3,0	2,280	70	35	3,0	k. A.	68	40	14	1,5	k. A.
80	4,0	4,860	80	40	4,0	3,650	80	40	3,0	k. A.	80	40	15	2,0	k. A.
90	2,0	2,830	90	40	2,0	2,030									
100	2,0	3,150	100	50	2,0	2,350	100	22	2,0	2,100	100	50	20	1,0	k. A.
100	4,0	6,060	100	50	4,0	4,610	100	50	4,0	k. A.	100	50	20	2,0	k. A.
100	10,0	14,220	100	75	4,0	5,410	100	50	5,0	k. A.					
120	4,0	7,330	120	60	4,0	5,570	120	60	4,0	k. A.					
130	4,0	8,130	130	65	4,0	6,050									
140	4,0	8,770	140	70	4,0	6,530	140	70	5,0	k. A.					
150	4,0	9,410	150	76	4,0	7,010									
160	4,0	10,00	160	80	4,0	7,490	160	80	5,0	k. A.					
180	4,0	11,330	180	90	4,0	9,410									
200	4,0	12,610	200	100	4,0	9,750	200	100	10,0	k. A.					

k. A. = keine verbindliche Angabe durch den Hersteller

Beispiel: C-Profil 100 × 50 × 20, *s* = 1,0 X5CrNi18-10 (DIN EN 10088-1)

Profile aus EDELSTAHL Rostfrei®

Rohre (Auswahl) DIN EN ISO 1127 : 1997-03

Außendurchmesser in mm		längenbezogene Masse m' in $\frac{kg}{m}$ Wandstärke s in mm					
Reihe 1	Reihe 2	1	2	3,2	4	5	6,3
	6	0,125					
10,2		0,230	0,410				
	16	0,376	0,701				
17,2		0,406	0,761				
	20	0,476	0,901				
26,9		0,649	1,250	1,900	2,290		
	32		1,500				
33,7		0,818	1,580	2,450			
	38		1,81	2,79			
48,3			2,3	3,610		5,420	6,630
60,3			2,92	4,58	5,630		8,520
	101,6		4,98		9,770		

Beispiel: Rohr ISO 1127 - X5CrNi18 - 10 - 26,6 × 2

Stabstahl, Profilübersicht

Kaltprofile

Z-Profil

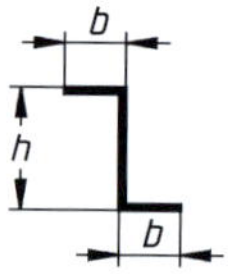

hª = ª20ª…ªhª = ª40,
bª = ª10 bª = ª75

Hut-Profil

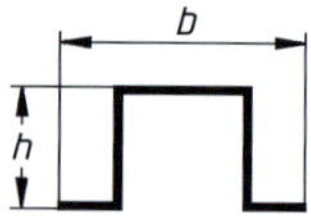

$h = 20$ª…ª$h = 40$,
$b = 40$ $b = 75$

Türprofile

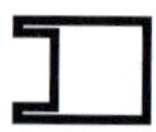

Mauerkantenprofile

Putzprofile

Warmprofile

T-Profile

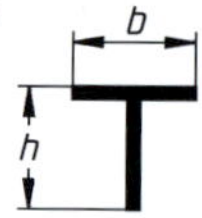

$h = b = 20$ª…ª$h = b = 160$

I-Profile

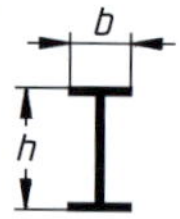

$h = 80$ª…ª$h = 400$
$b = 42$ $b = 180$

Ankerschienen

Bodenbelagprofile

Stahldraht (Auswahl nach Herstellerunterlagen)

In Ringen gewickelt oder auf Spulen aufgezogen, Durchmesser 0,1 mm … 8,0 mm, in Stangen bis 20 mm, mit zahlreichen Abstufungen im Durchmesser
Werkstoff: weiche Baustähle nach DIN EN 10025, unlegierte Qualitätsstähle nach DIN EN 10018, z. B. C4D

Durchmesser in mm	längenbezogene Masse m' in $\frac{kg}{1000\,m}$	1 kg Draht ≈ l in m	Durchmesser in mm	längenbezogene Masse m' in $\frac{kg}{1000\,m}$	1 kg Draht ≈ l in m	Durchmesser in mm	längenbezogene Masse m' in $\frac{kg}{1000\,m}$	1 kg Draht ≈ l in m
0,1	0,0616	16234	1,12	7,69	130,0	3,15	61,2	16,34
0,2	0,246	4065	1,25	9,66	103,5	4	98,9	10,11
0,32	0,631	1585	1,4	12,1	82,64	4,5	125	8,0
0,4	0,989	1011	1,6	15,8	63,29	5,0	154	6,49
0,5	1,54	649,4	1,8	19,9	50,25	6,3	245	4,08
0,63	2,45	408,2	2,0	24,6	40,65	8	395	2,53
0,71	3,11	321,5	2,5	38,5	25,97	10	616	1,62
1,0	6,16	162,3	2,8	48,4	20,66	20	2460	0,41

Beispiel: Draht 1,25 C4D

Eisen-Gusswerkstoffe (Auswahl)

Aufbau des Kurznamensystems aus sechs Positionen — DIN EN 1560 : 1997-08

Position 1	Position 2	Position 3	Position 4	Position 5	Position 6
Erzeugnisart EN	Metallart z. B. GJ G = Guss J = Eisen	Graphitstruktur: L = lamellar G = kugelig M = Temperkohle V = vermikular N = graphitfrei	Mikro- bzw. Makrostruktur: A = Austenitisch F = ferritisch P = perlitisch m = martensitisch L = ledeburitisch T = vergütet B = nichtentkohlend geglüht w = entkohlend geglüht	mechanische Eigenschaften bzw. chemische Zusammensetzung 5.1 Herstellung der Probestücke 5.2 Zugfestigkeit in N/mm² 5.3 Dehnung in % 5.4 Prüftemperatur für Schlagzähigkeit RT = Raumtemperatur LT = Tieftemperatur (low) 5.5 Härte 5.6 chemische Zusammensetzung	zusätzliche Anforderungen z. B. D = Gussstück im Gusszustand H = Gussstück wärmebehandelt W = Gussstück geeignet zum Verbindungsschweißen

Beispiele:
EN-GJS-400-15-RT = Gussstück (EN) aus Gusseisen (GJ) mit Kugelgraphit (S), Mindestzugfestigkeit 400 N/mm² (400) 15 % Dehnung, Schlagzähigkeit bei Raumtemperatur geprüft (RT)
EN-GJL-HB175 = Gussstück (EN) aus Gusseisen (GJ) mit lamellarer Graphitstruktur (L), Brinellhärte 175 (HB175)
EN-GJN-X300CrNiSi9-5-2 = Gussstück (EN) aus Gusseisen (GJ), graphitfrei, d. h. ledeburitischer Bereich (N), hochlegiert (X) mit 300/100 % Kohlenstoff = 3 % C, 9 % Chrom, 5 % Nickel, 2 % Silizium. (= Austenitisches Gusseisen, sehr gute korrosions- und hitzebeständig, nichtmagnetisierbar)

Gusseisen mit Lamellengraphit — DIN EN 1561 : 1997-08

Werkstoffbezeichnung	Zugfestigkeit R_m in $\frac{N}{mm^2}$	Druckfestigkeit in $\frac{N}{mm^2}$	Dichte in $\frac{kg}{dm^3}$	C-Gehalt in %	Eigenschaften	Verwendung
EN-GJL-150	150 … 200	600	7,10	3,5	gut zu gießen	Gussteile ohne besondere Eigenschaften, z. B. Maschinengestelle
EN-GJL-200	200 … 300	720	7,15	3,4		
EN-GJL-250	250 … 350	840	7,20	3,0	gut zu bearbeiten verschleißfeste „Gusshaut", gute Dämpfung	
EN-GJL-300	300 … 400	960	7,25	2,8		
EN-GJL-350	350 … 450	1080	7,30	2,8		höherwertige Gussteile z. B. Maschinenteile

Gusseisen mit Kugelgraphit — DIN EN 1563 : 2005-10

Werkstoffbezeichnung	Zugfestigkeit R_m in $\frac{N}{mm^2}$	Streckgrenze in $\frac{N}{mm^2}$	Dehnung A in %	Druckfestigkeit in $\frac{N}{mm^2}$	Gefüge	Verwendung
EN-GJS-400-15	≥ 400	≥ 250	≥ 15	700	ferritisch	Gussteile von höherer Festigkeit und Zähigkeit, wie Maschinenelemente, Fahrzeugteile, Fittings, etc.
EN-GJS-500-7	≥ 500	≥ 320	≥ 7	800	ferritisch/perlitisch	
EN-GJS-600-3	≥ 600	≥ 370	≥ 3	870	ferritisch/perlitisch	
EN-GJS-700-2	≥ 700	≥ 420	≥ 2	1000	perlitisch	
EN-GJS-800-2	≥ 800	≥ 480	≥ 2	1150	perlit./martensit.	

Temperguss — DIN EN 1562 : 2006-08

Werkstoffbezeichnung	Zugfestigkeit R_m in $\frac{N}{mm^2}$	Streckgrenze in $\frac{N}{mm^2}$	Dehnung A in %	Härte HB	Gefüge und Eigenschaften
EN-GJMW-350-4	≥ 350	–	≥ 4	≤ 230	entkohlend geglühter Temperguss, „weißer" Temperguss (GTW)
EN-GJMW-400-5	≥ 400	≥ 220	≥ 5	≤ 220	
EN-GJMW-450-7	≥ 450	≥ 260	≥ 7	≤ 230	
EN-GJMB-350-10	≥ 350	≥ 200	≥ 10	≤ 150	nicht entkohlend geglühter Temperguss, „schwarzer" Temperguss (GTS)
EN-GJMB-550-4	≥ 550	≥ 340	≥ 4	ca. 200	

Bezeichnungssystem für Aluminium und Al-Knetlegierungen

Möglichkeiten der Bezeichnung nach DIN EN 573-2 : 1994-12

Üblich: Numerische Bezeichnung **oder** Bezeichnung nach chemischer Zusammensetzung
EN AW-8011 A — **EN AW-8011 A [AlFeSi(A)]**

- A — Kennzeichen für nationale Variante
- 8011 — chemische Zusammensetzung
- W — Halbzeug (wrought = Knetlegierung, schmiedbar)
- A — Aluminium
- EN — EURONORM

Ausnahme: EN AW-AlFeSi(A)

Legierungsgruppen: Bezeichnung mit 4 Ziffern — DIN EN 573-1 : 2005-02

Leistungs-gruppe	Chemische Zusammensetzung	Numerische Bezeichnung	Werkstoff-Kurzzeichen
1. XXX	Aluminium 99 % und größer	EN AW-1098	EN AW-Al 99,98
		EN AW-1050 A	EN AW-Al 99,5
Aluminium-Knetlegierungen (Beispiele)			
2. XXX	– Kupfer (AlCu)	EN AW-2024	EN AW-AlCu4Mg1
3. XXX	– Mangan (AlMn)	EN AW-3103	EN AW-AlMn1
4. XXX	– Silicium (AlSi)	EN AW-4006	EN AW-AlSi1Fe
5. XXX	– Magnesium (AlMg)	EN AW-5754	EN AW-AlMg3
6. XXX	– Magnesium, Silicium (AlMgSi)	EN AW-6012	EN AW-AlMgSiPb
7. XXX	– Zink (AlZn)	EN AW-7072	EN AW-AlZn1
8. XXX	– sonstige Elemente	EN AW-8011 A	EN AW-AlFeSi(A)

Kurzzeichen für Behandlungszustand, Festigkeit — DIN EN 515 : 1993-12

F: Herstellungszustand für Erzeugnisse aus Umformverfahren, im Allgemeinen ohne Angabe von Festigkeitswerten

Hxxx: H = kaltverfestigt + 2 oder 3 Ziffern
- Kennzeichen für besondere Behandlungsweise
- Grad der Verfestigung in 1/2 (z. B. 2 = viertelhart, 4 = halbhart, 8 = hart)
- Art der thermischen Behandlung (z. B. 1 = keine, 2 = rückgeglüht)

Ox: O = weichgeglüht + Ziffer 1 … 3
- 1 = bei hoher Temperatur geglüht und langsam abgekühlt
- 2 = thermomechanisch behandelt
- 3 = homogenisiert
- Der Normalfall ist O ohne zusätzliche Ziffer.

Txxxxx: T = wärmebehandelt + 1 … 5 Ziffern, auf andere Zustände als F, H, O
- genauere Angaben des Behandlungszustandes
- grobe Angabe des Behandlungszustandes (z. B. 4 = kaltausgehärtet, 6 = warmausgehärtet)

W: lösungsgeglüht, eventuell mit Zeitangabe für Kaltauslagern

Werkstoffnormung für NE-Metalle

Werkstoffnormung — DIN EN 573-2 : 1994-12

Kennbuchstaben für die Herstellung und Verwendung	Kennzeichen für die Zusammensetzung	Kurzzeichen für Behandlungszustand Zugfestigkeit Oberflächenbeschaffenheit
G – Guss (allgemein) Sandguss GD – Druckguss GK – Kokillenguss GZ – Schleuderguss (Zentrifugalguss) GC – Strangguss (C = Continuous) V – Vor- und Verschnittlegierung Gl – Gleitmetall (Lagermetall) L – Lot Lg – Lagermetall R – Reduktionslegierung	Chemische Symbole Al Aluminium, Mg Magnesium, Pb Blei, Sn Zinn, Ti Titan, Cu Kupfer, Ni Nickel, Si Silicium, Zn Zink **Kennzahlen = %-Angabe** Beispiel: a) Kurzzeichen **ohne** Kennzahl AlMn (≈1,2 % Mn; Rest Al) AlMg3 (3 % Mg; Rest Al) b) Kurzzeichen **mit** Kennzahl Ni88Cr (88 % Ni; Rest Cr)	H Hüttenwerkstoff R Reinstwerkstoff F Festigkeitskennzahl z. B. **F45** Mindestzugfestigkeit 450 N/mm^2 HV Vickershärte **Bei Leichtmetallen:** ka kalt ausgelagert (gehärtet) wa warm ausgelagert (gehärtet) ta teilausgehärtet g geglüht u. abgeschreckt ho homogenisiert p gepresst pl plattiert wh gewalzt (walzhart) zh gezogen (ziehhart)

Beispiele für die Benennung von NE-Metallen

Werkstoffkurzbezeichnung	Herstellungsteil	Zusammensetzungsteil in Masse %	Behandlungsteil
EN-AW Al 99,5O		Reinheitsgrad 99,5	O = weichgeglüht
Al99,98Rzh (veraltet)		Reinheitsgrad 99,98 R = Reinstaluminium	zh = gezogen
G-AlSi12ka	Gusslegierung	12 Si; Rest Al	ka = kalt ausgelagert
E-Ni99,8	Elektrolyse	Hüttennickel, Reinheitsgrad 99,8	
CuZn40Al2		40 Zn; 2 Al; Rest Cu	
S-Pb70Sn30 [1]	S = Weichlot	70 Pb; 30 Sn	
L-SnZn10	L = Lot (Weichlot)	10 Zn; Rest Sn	
L-Ag64	L = Lot (Hartlot)	64 Ag; ≈20 Cu; Rest Zn	

[1]) S ≙ Lot nach DIN EN 29 453

Zink (Zn): Primärzink — DIN EN 1179 : 2003-09

Werkstoffkurzbezeichnung	Zusammensetzungsteil in Masse % = Reinheitsgrad	Kennfarbe	Verwendung
Z1	99,995	weiß	Zinkbleche, Opferanoden, Tiefziehteile
Z2	99,99	gelb	
Z3	99,95	grün	
Z4	99,5	blau	Bäder zum Feuerverzinken, Bedachungsbleche, Bänder
Z5	98,5	schwarz	

Zink: Legierungen — DIN EN 988 : 1996-08

Bezeichnung	Zusammensetzung in Masse %	Verwendung
Titanzink	Zink: Z1, Ti: 0,05–0,2, Cu: 0,08–1, Al: max 0,015 %	Bedachungen, Regenrinnen, Fallrohre

Blei — DIN EN 12 659 : 1999-11

Werkstoffkurzbezeichnung	Zusammensetzungsteil in Masse % = Reinheitsgrad	Verwendung
Pb 99,9 (Hüttenblei)	99,95	Bedachungen, Verwahrungen
PbSb8 (Hartblei)	Pb 92, Rest: Antimon	Bauwesen, Rohre, chemische Industrie

Nichteisenmetalle (Leichtmetalle)

Aluminium (Al) — DIN EN 485-2:2007-07

Numerische Bezeichnung [Chem. Zusammensetzung] Werkst.-Nr.	Zugfestigkeit R_m in $\frac{N}{mm^2}$	Streckgr. $R_{p\,0,2}$	Bruchdehnung $A_{50\,mm}$ in %[1] für die Zustände		Eigenschaften und Verwendung
EN AW-1050A [Al99,5]	65 … 95	≥ 20	≥ 26	O	gut gieß- und schweißbar sehr gut korrosionsbeständig gut strangpressbar mit abnehmendem Reinheitsgrad verschlechtern sich die elektrische und thermische Leitfähigkeit Bänder, Bleche, Profile, Dosen, Haushaltsfolien
	140	≥ 120	≥ 2	H 18	
	105 … 145	≥ 75	≥ 5	H 24	
EN AW-1200 [Al99,0]	75 … 105	≥ 25	≥ 24	O	
	150	≥ 130	≥ 2	H 18	
	115 … 155	≥ 90	≥ 5	H 24	

[1]) für $A_{50\,mm}$ gilt die Nenndicke 3 mm

Aluminium-Knetlegierungen — DIN EN 485-2:2007-07

Numerische Bezeichnung [Chem. Zusammensetzung] Werkst.-Nr.	Zugfestigkeit R_m in $\frac{N}{mm^2}$	Streckgr. $R_{p\,0,2}$	Bruchdehnung $A_{50\,mm}$ in %[1] für die Zustände		Eigenschaften und Verwendung
Nicht aushärtbare Legierungen					
EN AW-3103 [AlMn1]	90 … 130	≥ 35	≥ 21	O	mittlere Festigkeit korrosionsbeständig, gut umformbar Fassadenverkleidungen Nieten, Schrauben Nahrungsmittelindustrie
	185	≥ 165	≥ 2	H 18	
	140 … 180	≥ 110	≥ 5	H 24	
EN AW-3004 [AlMn1Mg1]	155 … 200	≥ 60	≥ 15	O	
	260	≥ 230	≥ 2	H 18	
	220 … 265	≥ 170	≥ 4	H 24/H 34	
EN AW-5754 [AlMg3]	190 … 240	≥ 80	≥ 16	O	universeller Konstruktionswerkstoff; seewasserfest, gut schweiß- und umformbar, gute Festigkeit
	290	≥ 250	≥ 2	H 18	
	220 … 270	≥ 130	≥ 10	H 22/H 32	
Kalt- und warmaushärtbare Legierungen					
EN AW-6060 [AlMgSi]	–	–	–	O	Rohre, Stangen, Drähte Strangpressprofile gute Korrosionsbeständigkeit und Schweißbarkeit
	≥ 120	≥ 60	≥ 14	T 4	
	≥ 190	≥ 150	≥ 6	T 6	
EN AW-6082 [AlSi1MgMn]	≤ 150	≤ 85	≥ 16	O	Rohre, Stangen, Drähte Strangpressprofile gute Korrosionsbeständigkeit und Schweißbarkeit
	≥ 205	≥ 110	≥ 14	T 4	
	≥ 310	≥ 260	≥ 7	T 6	
EN AW-2024 [AlCu4Mg1]	≤ 220	≤ 140	≥ 13	O	hochfester Konstruktionswerkstoff, sehr gut span- und schmiedbar, nicht schmelzschweißbar, nicht sehr korrosionsbeständig
	≥ 425	≥ 275	≥ 14	T 4	
	–	–	–	T 6	
EN AW-7020 [AlZn4,5Mg1]	≤ 220	≤ 140	≥ 13	O	hochfester Konstruktionswerkstoff, gut span- und schmiedbar, schlecht schweißbar, spannungsrisskorrosionsempfindlich
	≥ 320	≥ 210	≥ 12	T 4	
	≥ 350	≥ 280	≥ 8	T 6	

[1]) für $A_{50\,mm}$ gilt die Nenndicke 3 mm

NE-Metall-Profile (nicht für den Stahlbau geeignet)

Aluminium und Aluminiumlegierung | **DIN EN 573-3 : 2007-11**
Magnesiumlegierung | **DIN EN 1753 : 1997-08**

	Kurzzeichen I, [, T, L Abmessungen $h \times b \times s \times t$	Querschn.-fläche S in mm^2	Für die Biegeachsen x–x: $I_x \cdot 10^4$ mm^4	x–x: $W_x \cdot 10^3$ mm^3	y–y: $I_y \cdot 10^4$ mm^4	y–y: $W_y \cdot 10^3$ mm^3	Längenbezogene Masse m' in $\frac{kg}{m}$ Al	Mg
I-Profil	40 × 40 × 3 × 3	347	9,39	4,68	3,2	1,6	0,937	0,625
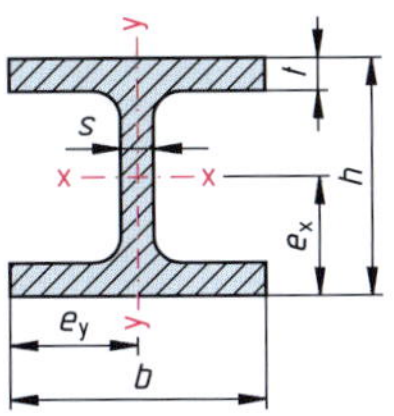	× 4 × 4	453	11,6	5,8	4,28	2,14	1,22	0,816
	45 × 45 × 4 × 4	513	17,1	7,6	6,09	2,7	1,39	0,923
	× 4 × 5	595	19,8	8,81	7,62	3,39	1,61	1,07
	50 × 50 × 4 × 4	573	27,5	11,0	8,55	3,42	1,55	1,03
	× 4 × 6	766	31,7	12,7	12,5	5,0	2,01	1,38
	60 × 50 × 3 × 3	467	28,7	9,57	6,26	2,52	1,26	0,841
	× 4 × 4	613	36,5	12,2	8,61	3,45	1,66	1,10
	80 × 42 × 4 × 6	790	81,6	20,4	7,44	3,54	2,13	1,42
	× 60 × 5 × 6	1074	113,8	23,5	21,7	7,23	2,90	1,93
	100 × 50 × 5 × 7	1144	181,2	36,2	14,7	5,88	3,09	2,06
	× 70 × 6 × 7	1527	251	50,2	40,2	11,5	4,12	2,74
U-Profil	40 × 20 × 2	153	3,7	1,85	0,57	0,995	0,413	0,275
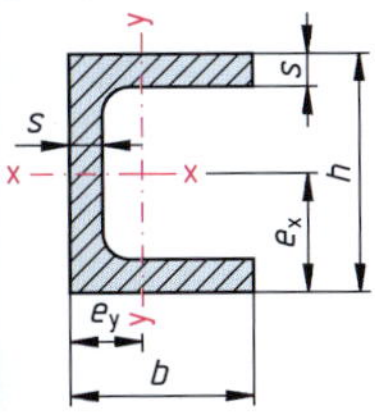	× 3	225	5,17	2,59	0,795	1,3	0,608	0,405
	40 × 30 × 3	285	7,24	3,62	2,52	2,49	0,770	0,513
	× 4	371	8,97	4,49	3,17	3,03	1,00	0,668
	50 × 30 × 3	315	12,2	4,88	2,7	2,91	0,851	0,567
	× 4	411	15,5	6,2	3,66	3,8	1,11	0,74
	50 × 40 × 4	491	19,6	7,83	7,8	5,65	1,33	0,884
	× 5	607	23,3	9,32	9,26	6,54	1,64	1,09
	60 × 30 × 4	451	23,7	7,9	3,69	4,12	1,22	0,812
	× 5	557	28,4	9,47	4,38	4,7	1,5	1,0
	80 × 40 × 6	895	82,4	20,6	12,9	10,6	2,42	1,61
	100 × 40 × 6	1010	142	28,3	13,8	12,5	2,74	1,82
T-Profil	20 × 30 × 2	96,9	0,323	0,681	0,461	0,308	0,262	0,174
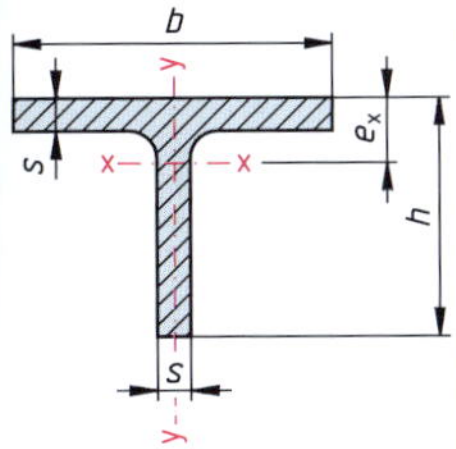	× 2,5	121	0,386	0,781	0,563	0,375	0,327	0,218
	× 3	144	0,451	0,881	0,678	0,452	0,389	0,259
	30 × 30 × 2	117	1,01	1,25	0,45	0,3	0,316	0,211
	× 2,5	146	1,26	1,48	0,565	0,376	0,394	0,263
	× 3	174	1,44	1,67	0,68	0,452	0,470	0,313
	40 × 40 × 3	234	3,56	3,24	1,61	0,805	0,632	0,421
	× 4	307	4,58	3,98	2,15	1,08	0,829	0,553
	× 5	382	5,55	4,73	2,7	1,35	1,03	0,687
	50 × 50 × 3	294	7,1	5,22	3,13	1,25	0,794	0,529
	× 4	387	9,19	6,56	4,19	1,68	1,04	0,697
	× 5	482	10,7	7,33	5,25	2,1	1,3	0,868
	60 × 60 × 4	467	16,2	9,82	7,22	2,41	1,26	0,841
	× 5	582	19,6	11,6	9,05	3,05	1,57	1,05
	× 6	691	23,2	13,5	10,9	3,63	1,87	1,24
L-Profil	10 × 10 × 1,5	28,2	0,025	0,082	0,025	0,082	0,076	0,051
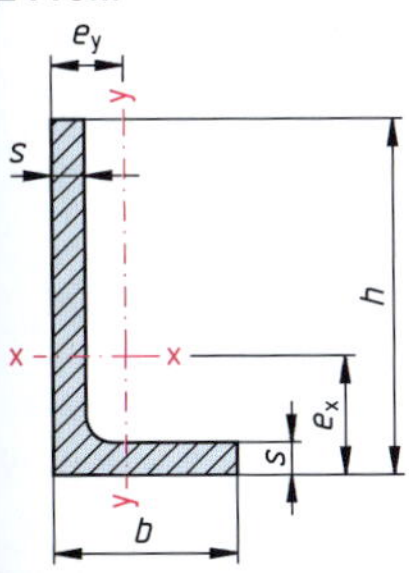	× 2	36,4	0,031	0,098	0,031	0,098	0,099	0,066
	× 2,5	45,1	0,037	0,109	0,037	0,109	0,122	0,081
	20 × 10 × 1,5	43,3	0,177	0,244	0,031	0,137	0,166	0,078
	× 2	56,6	0,226	0,305	0,038	0,158	0,153	0,101
	× 2,5	70,1	0,272	0,357	0,045	0,174	0,189	0,126
	30 × 15 × 2	86,6	0,806	0,749	0,141	0,43	0,234	0,156
	× 2,5	106	0,981	0,896	0,169	0,488	0,292	0,193
	× 3	127	1,15	1,03	0,195	0,534	0,343	0,229
	40 × 20 × 2	116	1,96	1,39	0,348	0,848	0,314	0,209
	× 2,5	145	2,41	1,68	0,421	0,981	0,392	0,261
	× 3	172	2,83	1,95	0,49	1,09	0,464	0,31
	50 × 25 × 2,5	183	4,79	2,72	0,85	1,67	0,494	0,329
	× 3	217	5,69	3,2	0,994	1,86	0,586	0,391
	× 4	285	7,3	4,0	1,26	2,21	0,77	0,513

Anmerkung: Al und Al-Legierung $\varrho = 2{,}7\ kg/dm^3$, Mg-Legierung $\varrho = 1{,}8\ kg/dm^3$

Beispiel: T-Profil R20 × 30 × 3-EN AW-6060[AlMgSiT6]; (R) gerundete Kanten **AlMgSi0,5 F22** (veraltet)
oder **T-Profil R20 × 30 × 3-EN AW-6060T6**

NE-Metall-Profile

Quadratische und rechteckige Rohre, gepresst — nach Herstellerangaben

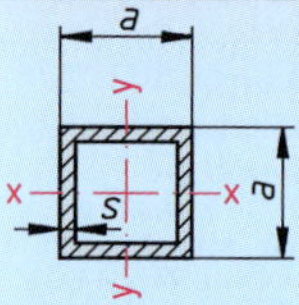

Quadratrohre
Werkstoff vorzugsweise EN AW-6060[AlMgSi]

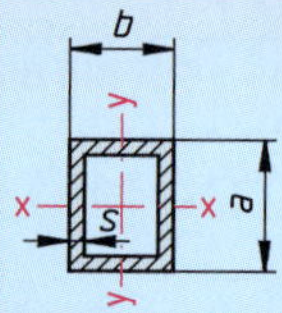

Rechteckrohre
Werkstoff vorzugsweise EN AW-6060[AlMgSi]

Profilmaß $a \times s$ mm	Querschnitt A_s cm²	Gewicht pro m kg/m	Statische Werte $I_x = I_y$ cm⁴	$W_x = W_y$ cm³
15 × 2	1,04	0,281	0,30	0,40
20 × 2	1,44	0,389	0,74	0,78
30 × 2	2,24	0,605	2,95	1,96
30 × 3	3,24	0,875	3,99	2,66
40 × 2	3,04	0,821	7,34	3,67
40 × 4	5,76	1,56	12,60	6,30
50 × 4	7,36	1,99	26,15	10,46
60 × 4	8,96	2,42	47,07	15,69
80 × 4	12,16	3,28	117,3	29,33
100 × 4	15,36	4,15	236,3	47,27

Profilmaß $a \times b \times s$ mm	Querschnitt A_s cm²	Gewicht pro m kg/m	Statische Werte I_x cm⁴	W_x cm³	I_y cm⁴	W_y cm³
20 × 15 × 2	1,24	0,335	0,62	0,62	0,39	0,51
25 × 15 × 2	1,44	0,389	1,10	0,88	0,47	0,63
30 × 15 × 2	1,64	0,443	1,76	1,18	0,56	0,74
30 × 20 × 3	2,64	0,713	2,89	1,92	1,45	1,45
40 × 30 × 2	2,64	0,713	5,89	2,95	3,73	2,48
50 × 30 × 2	3,04	0,820	10,16	4,08	4,51	3,01
50 × 30 × 3	4,44	1,20	14,21	5,68	6,18	4,12
60 × 40 × 4	7,36	1,99	34,50	11,50	17,80	8,90
80 × 40 × 4	8,96	2,42	71,13	17,78	23,00	11,50
100 × 40 × 4	10,56	2,85	125,7	25,13	28,21	14,11

Bestellbeispiel: Rechteckrohr EN AW-6060 – AlMgSi0,5F22 – 50 × 30 × 3

Rohre

Rundrohre, nahtlos gepresst

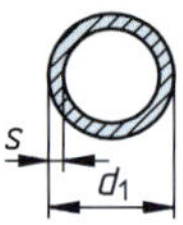

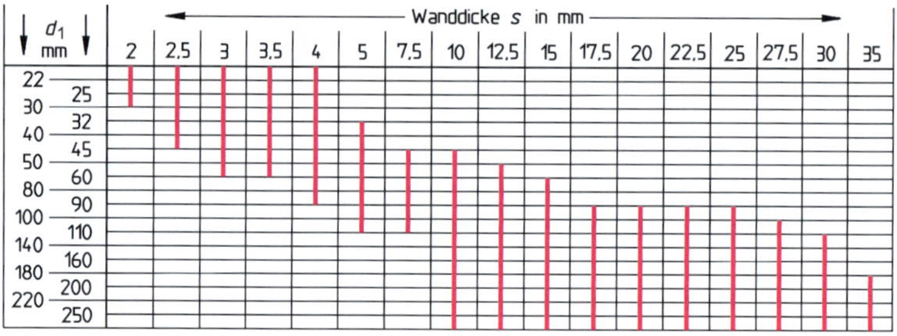

Profile und Bleche aus Aluminium- Legierungen

Übersicht Strangpressprofile, Rohre, Folien, Bleche, Bänder:

Stangen	Formstangen	Standardprofile	Formrohre	System-Hohlprofile	Formrohre mit Außenprofilierung	gezogene Rohre	Bleche	Bänder

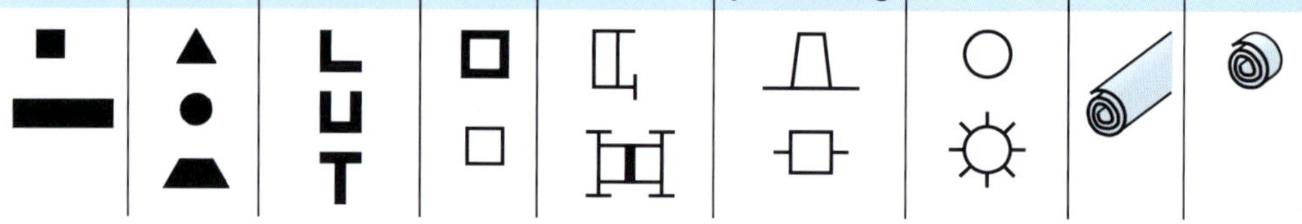

Nichteisenmetalle (Schwermetalle)

Kupfer (Cu) (Auswahl) — DIN EN CEN/TS 13888:2004-09

Kurzzeichen	Chemische Zusammensetzung	Eigenschaften und Verwendung
Reinkupfer		
Cu-ETP1	Cu ≥ 99,99 %	Verwendet als Werkstoff in der Elektrotechnik und für hochwertige Bauelemente, wasserstoffbeständig nach EN 1976, hergestellt aus Cu-CATH-1 (vormals Kathodenkupfer)
Sauerstofffreies Kupfer		
Cu-OF	Cu ≥ 99,95 %	Kupfer von hoher Reinheit, Halbzeuge mit hoher Wasserstoffbeständigkeit nach EN 1976, sehr gut zum Schweißen und Hartlöten
Sauerstoffhaltiges Kupfer		
Cu-ETP	Cu ≥ 99,90 %	Sauerstoff bis 0,04 %, Blei bis = 0,005%, Halbzeuge, Bauteile der E-Technik, etc.
Cu-FRHC	Cu ≥ 99,90 %	Sauerstoff bis, 0,04 %, Halbzeuge, Bänder, Bleche
Cu-FRTP	Cu ≥ 99,90 %	Sauerstoff bis 0,10 %, Gussteile, etc.

Kupfer-Knetlegierungen (Auswahl) — DIN EN CEN/TS 13888:2004-09

Kurzzeichen	Chemische Zusammensetzung in Masse-%	Zugfestigkeit R_m in $\frac{N}{mm^2}$	Streckgrenze $R_{p0,2}$ in $\frac{N}{mm^2}$	Bruchdehnung A in %	Eigenschaften und Verwendung
Kupfer-Zink-Legierungen (Messing)					
CuZn30	69,0…71,0 Cu Rest Zn	300…530	110…490	67…14	sehr gut kaltumformbar durch Tiefziehen, Instrumente
CuZn40	59,5…61,5 Cu Rest Zn	350…480	240…400	43…12	gut warm- und kaltumformbar (Schmiedemessing, Münzmetall), geeignet zum Biegen, Nieten, Stauchen
CuZn39Pb2	58…60 Cu 1,5…2,5 Pb Rest Zn	370…600	280…550	40…9	gering kaltumformbar durch Biegen, Nieten und Bördeln; gut stanzbar; gut zerspanbar (Bohr- und Fräsqualität); Uhrenmessing
CuZn40Pb2	57,0…59,0 Cu 1,5…2,5 Pb Rest Zn	390…670	310…640	35…8	gut umformbar nach Anwärmen, gering umformbar ohne Anwärmen, Legierung für spanabhebende Bearbeitung

Kupfer-Gusslegierungen — DIN EN CEN/TS 13888:2004-09

Kurzzeichen (alte Bez.)	Zugfestigkeit R_m in $\frac{N}{mm^2}$	Streckgr. $R_{p0,2}$ in $\frac{N}{mm^2}$	Bruchdehnung A in %	Brinellhärte HB 10	Eigenschaften und Verwendung
CuSn12-C (Zinnbronze)	260	140	12	80	Schneckenradkränze, Schneckenräder, Gelenksteine, Lager mit hohen Lastspitzen, unter Last bewegte Spindelmuttern
CuSn7Zn4Pb7-C (Lagerbronze)	240	120	15	65	Werkzeugmaschinenlager, Baumaschinenlager, Schiffswellenüberzüge
CuSn12Ni2-C (Lagerbronze)	280	160	14	90	Gleitlagerschalen, meerwasserbeständig, Lauf- und Schaufelräder für Pumpen und Wasserturbinen

Profile aus Kupfer und Kupfer-Knetlegierungen

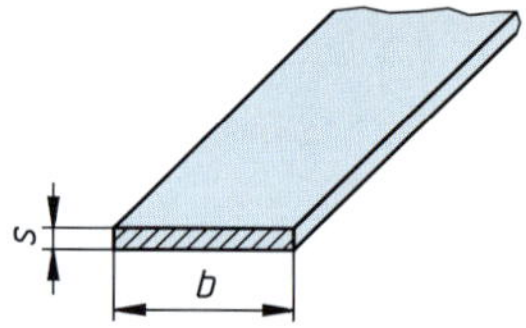

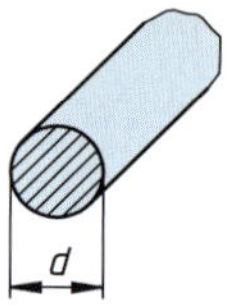

Bleche und Blechstreifen kaltgewalzt			Rundstangen – gezogen		Drähte – gezogen DIN EN 12166:1998-04	
Dicke in mm	Breite in mm	Masse m'' [1] in $\frac{kg}{m^2}$	Durchmesser in mm	Masse m' [1] in $\frac{kg}{m}$	Durchmesser in mm	Masse m' [1] in $\frac{kg}{m}$
0,2	500 … 700	1,78	0,5	0,00175	0,1	0,0699
0,25		2,22	1,0	0,00699	0,2	0,280
0,3	700 … 900	2,67	2,0	0,0279	0,3	0,629
0,4	900 … 1100	3,56	3,0	0,0629	0,4	1,12
0,45		4,00	4,0	0,112	0,5	1,75
0,5		4,45	5,0	0,175	0,6	2,52
0,6		5,34	6,0	0,252	0,7	3,42
0,7		6,23	8,0	0,447	0,8	4,47
0,8		7,12	10,0	0,699	0,9	5,66
0,9		8,00	12	1,01	1,0	6,99
1,0		8,90	14	1,37	2	28,0
1,2		10,69	16	1,79	3	62,9
1,5		13,35	18	2,26	4	112
2,0		17,80	20	2,79	5	175
2,2		19,59	25	4,37	6	252
2,5		22,21	32	7,16	7	342
3,0		26,75	36	9,06	8	447
3,2		28,50	40	11,2	9	566
3,5		31,19	50	17,5	10	699
4,0		35,61	60	25,2	12	1010
4,5		40,10	70	34,2	14	1370
5,0		44,50	80	44,7	16	1790

Bezeichnung eines Bleches aus CuZn36 mit 0,5 mm Dicke, 600 mm Breite, 2000 mm Länge:
Blech CuZn36 – 0,5 × 600 × 2000

Bezeichnung einer Rundstange aus CuZn40 mit 18 mm Außendurchmesser:
Rund CuZn40-18

[1]) berechnet

Kupferbleche aus sauerstofffreiem Kupfer nach DIN EN CEN/TS 13888

Qualität: F20 weich, F25 halbhart
Dicke und Gewicht in kg für eine Tafel 1000 × 2000

Dicke mm	Gewicht $\frac{kg}{Tafel}$	Dicke mm	Gewicht $\frac{kg}{Tafel}$
0,40	7,10	1,20	21,40
0,50	8,99	1,25	22,24
0,60	10,77	1,50	26,97
0,65	11,60	2,00	35,95
0,70	12,58	2,50	45,00
0,75	13,30	3,00	54,54
0,80	14,38	4,00	71,91
1,00	17,98	5,00	89,89

Qualität: F20 weich, F25 halbhart

Dicke und Gewicht in kg für eine Tafel 1000 × 2000 wie SF-Cu
Lieferbare Blechdicken in mm: 0,50 0,80 1,00 1,20 1,50 2,00

Rechteckstangen, gezogen

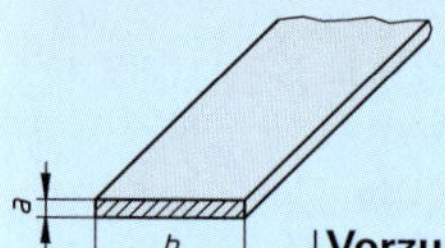

	Vorzugsmaße		
$b \times a_1, a_2, a_3 \ldots$	mm | 5 × 2, 3, 4	6 × 2, 3, 4, 5	8 × 2, 3, 4, 5, 6
10 × 2 … 6, 8	12 × 2 … 10	15 × 2 … 12	18 × 2 … 15
18 × 2 … 15	20 × 2 … 18	25 × 2 … 15, 20	30 × 3 … 25
40 × 3 … 30, 35	50 × 3 … 40	60 × 3 … 40	80 × 4 … 40
100 × 5 … 40	120 × 6 … 40	140 × 10, 15 … 35, 40	
150 × 10 … 40	160 × 10 … 40	180 × 10 … 40	200 × 10 … 40

Nichteisenmetalle (Schwermetalle)

Profilabmessungen und Werkstoffe sind herstellerabhängig, aufgelistet sind nur Vorzugsmaße und -profile

Kupfer-Zink-Legierung (Schmiedebronze) — Kupfer-Zink-Legierung (Tombak)

Werkstoff, bevorzugt CuZn40Mn2 — bevorzugt CuZn15

Rund Regellänge 4 m		Vierkant Regellänge 4 m		Rechteck Regellänge 4 m … 6 m Auswahl: kleinste … größte Breite		Bleche	
Ø in mm	Masse m' in kg/m	a in mm	Masse m' in kg/m	$b \times s$ in mm	Masse m' in kg/m	Breite × Länge × Dicke	kg/Tafel
8	0,427	10×10	0,85	12×5	1,02	600×2000×0,8	8,38
10	0,668	12×12	1,22	…60×5	2,55	600×2000×1,2	12,25
12	0,961	15×15	1,91	12×6	0,62	600×2000×4,0	41,92
15	1,502	20×20	3,40	30×6	1,53	600×2000×6,0	61,20
18	2,160	25×25	5,31	20×8	1,37	1000×2000×1	17,47
20	2,670	30×30	7,65	50×8	3,40	1000×2000×1,5	26,20
22	3,230	40×40	13,60	20×10	1,70	1000×2000×2	34,92
25	4,172	50×50	21,25	…60×10	5,10	1000×2000×3	51,00
30	6,008			30×15	3,82		
40	10,660			50×20	8,50		
				70×30	17,85		

Handlaufprofil

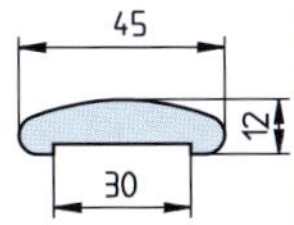

2,94 kg/m

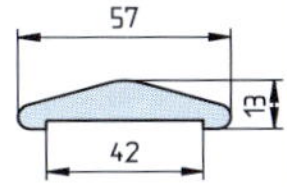

4,35 kg/m

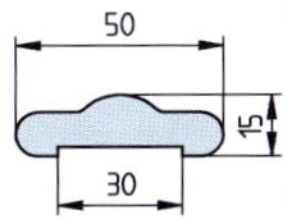

3,43 kg/m

Kugeln aus Kupfer-Zink-Legierung (Messing)

Werkstoff, bevorzugt CuZn40 gegossen, poliert, mit und ohne Lackierung

	massiv										Hohlkugel, dickwandig					
Durchmesser in mm	10	12	15	20	25	30	35	40	50	60	70	80	90	100	120	150
Gewindebohrung M.	4	4	5	6	6	6	8	8	10	10	10	12	12	12	12	12

Kupfer-Zink-Legierung (Messing)

Werkstoff, bevorzugt CuZn40

Vierkant Regellänge 3 m		Rechteck		Rohr		Profilmessing	Bleche Tafel 2000 × 600 mm	
a in mm	Masse m' in kg/m	$b \times s$ in mm	Masse m' in kg/m	$d \times s$ in mm	Masse m' in kg/m		Dicke in mm	kg/Tafel
3×3	0,06	5×2	0,09	6×1,5	0,18	**L-Profil**		
4×4	0,14	…50×2	0,86	…10×1,5	0,34	10×10×1	0,8	8,20
5×5	0,21	6×3	0,15	…20×1,5	0,75	20×20×2	1,0	10,26
6×6	0,31	…50×3	1,29	…30×1,5	1,15	25×25×3	1,2	12,31
8×8	0,55	8×4	0,27	…50×1,5	1,95	30×30×4	1,5	15,38
10×10	0,86	…50×4	1,78	…60×1,5	2,34	40×40×4	2,0	20,52
12×12	1,69	10×5	0,43	…100×1,5	3,57	50×50×4	2,5	25,64
16×16	2,20	…80×5	3,44	10×2	0,43	**T-Profil**	3,0	30,78
20×20	3,44	8×6	0,40	…16×2	0,75	15×15×2	4,0	41,04
30×30	7,74	…60×6	3,10	…20×2	0,97	20×20×2	5,0	51,30
40×40	13,76	10×8	0,68	…30×2	1,50	25×25×3	6,0	60,0
50×50	21,50	…80×8	5,54	…40×2	2,04	30×30×3	8,0	82,0
60×60	30,96	15×10	1,29	…80×2	4,19	**U-Profil**	10,0	102,0
80×80	55,04	…100×10	8,50	25×2,5	1,51	8×8×8×1	15,0	150,0
100×100	86,0	20×15	2,59	…40×2,5	2,52	10×10×10×1		
		…60×15	7,74	20×3	1,37	15×15×15×1,5		
		40×30	10,20	…40×3	2,96	20×20×20×2		
		…80×30	22,44	20×5	2,00	25×25×25×2		
				…80×5	10,01	30×30×30×2		
						30×30×30×3		

Einteilung der Kunststoffe

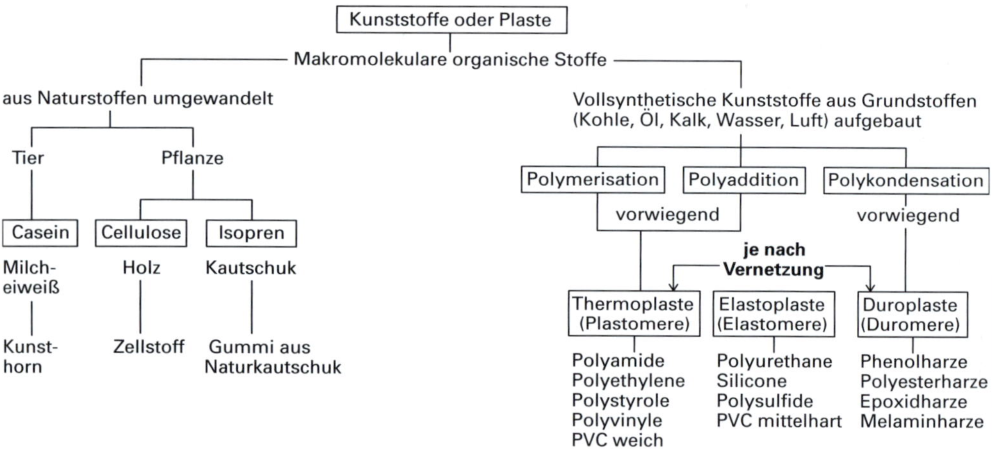

Rohre aus Kunststoff

Rohre aus Polyethylen weich (PE weich)

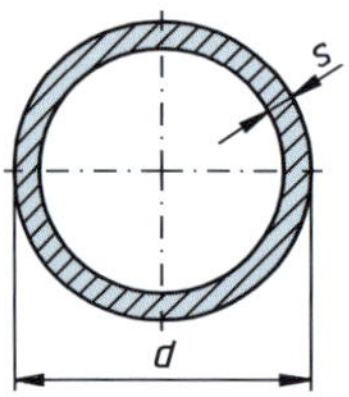

Bezeichnung eines Rohres aus PE-hart Typ 1 von 40 mm Außendurchmesser und 2 mm Wandfläche:

Rohr DIN 8074 – 40 × 2 – 1

Außendurchmesser *d* in mm	Reihe 1 Betriebsdruck 2,5 bar		Reihe 2 Betriebsdruck 6 bar		Reihe 3 Betriebsdruck 10 bar	
	Wanddicke *s*	längenbezogene Masse *m'* in kg/m [1])	Wanddicke *s*	längenbezogene Masse *m'* in kg/m [1])	Wanddicke *s*	längenbezogene Masse *m'* in kg/m [1])
10	–	–	–	–	2,0	0,050
12	–	–	–	–	2,0	0,062
16	–	–	2,0	0.088?0,124	2,7	0,111
20	–	–	2,2		3,4	0,174
25	2,0	0,145	2,7	0,188	4,2	0,269
40	2,0	0,240	4,3	0,475	6,7	0,679
50	2,4	0,363	5,4	0,741	8,4	1,06
75	3,6	0,801	8,1	1,66	12,5	2,36
110	5,3	1,72	11,8	3,52	18,4	5,09
160	7,7	3,60	–	–	–	–

Rohre aus Polyethylen hart Typ 1 (PE hart) DIN 8074 : 1999-08

Außendurchmesser *d* in mm	Reihe 1 Betriebsdruck 2,5 bar		Reihe 2 Betriebsdruck 3,2 bar		Reihe 3 Betriebsdruck 4 bar		Reihe 4 Betriebsdruck 6 bar		Reihe 5 Betriebsdruck 10 bar	
	Wanddicke *s*	Masse *m'* in kg/m [1])	Wanddicke *s*	Masse *m'* in kg/m [1])	Wanddicke *s*	Masse *m'* in kg/m [1])	Wanddicke *s*	Masse *m'* in kg/m [1])	Wanddicke *s*	Masse *m'* in kg/m [1])
10	–	–	–	–	–	–	–	–	2	0,051
20	–	–	–	–	–	–	–	–	2	0,117
40	–	–	–	–	2	0,248	2,3	0,285	3,7	0,43
50	–	–	–	–	2	0,314	2,9	0,44	4,6	0,666
75	2	0,478 …	2,4	0,572	2,9	0,675	4,3	0,976	6,9	1,48
110	2,7	0,941	3,5	1,2	4,3	1,46	6,3	2,08	10	3,14
160	3,9	1,95	5	2,47	6,2	3,04	9,1	4,35	14,6	6,67
200	4,9	3,05	6,2	3,84	7,7	4,69	11,4	6,79	18,2	10,4
250	6,1	4,76	7,8	5,99	9,7	7,37	14,2	10,6	22,8	16,2

[1]) aus Herstellertabellen

Rohre aus Polyvinylchlorid hart (PVC hart) — DIN 8062:1988-11

Außendurchmesser d in mm	Reihe 1 f. Lüftungsleitungen: Wanddicke s	Reihe 1: längenbezogene Masse m' in $\frac{kg}{m}$ [1]	Reihe 2 Betriebsdruck 4 bar: Wanddicke s	Reihe 2: längenbezogene Masse m' in $\frac{kg}{m}$ [1]	Reihe 3 Betriebsdruck 6 bar: Wanddicke s	Reihe 3: längenbezogene Masse m' in $\frac{kg}{m}$ [1]	Reihe 4 Betriebsdruck 10 bar: Wanddicke s	Reihe 4: längenbezogene Masse m' in $\frac{kg}{m}$ [1]	Reihe 5 Betriebsdruck 16 bar: Wanddicke s	Reihe 5: längenbezogene Masse m' in $\frac{kg}{m}$ [1]
10	–	–	–	–	–	–	–	–	1,0	0,045
20	–	–	–	–	–	–	–	–	1,5	0,137
40	–	–	–	–	1,8	0,334	1,9	0,350	3,0	0,525
50	–	–	–	–	1,8	0,422	2,4	0,552	3,7	0,809
75	–	–	1,8	0,642	2,2	0,782	3,6	1,22	5,6	1,82
110	1,8	0,950	2,2	1,16	3,2	1,64	5,3	2,61	8,2	3,90
160	1,8	1,39	3,2	2,41	4,7	3,44	7,7	5,47	11,9	8,17
200	1,8	1,74	4,0	3,70	5,9	5,37	9,6	8,51	14,9	12,8
250	2,0	2,40	4,9	5,65	7,3	8,31	11,9	13,2	18,6	19,9

Rohre aus Polyethylen hoher Dichte (HDPE) Typ 2 — DIN 8074:1999-08

10	–	–	–	–	–?–	–	–	–	2	0,051
20	–	–	–	–	2	–	–	–	2	0,116
40	–	–	–	–		0,246	2,3	0,282	3,7	0,425
50	–	–	–	–	2	0,311	2,9	0,436	4,6	0,659
75	2	0,473	2,4	0,566	2,9	0,668	4,3	0,966	6,9	1,47
110	2,7	0,933	3,5	1,19	4,3	1,45	6,3	2,06	10	3,11
160	3,9	1,93	5	2,44	6,2	3,01	9,1	4,31	14,6	6,6
200	4,9	3,02	6,2	3,8	7,7	4,64	11,4	6,71	18,2	10,3
250	6,1	4,71	7,8	5,92	9,7	7,29	14,2	10,4	22,8	16

[1]) aus Herstellertabellen

Lieferart: Ringbunde oder in Längen bis 12 m
Bezeichnungsbeispiel: Rohr DIN 8074-32 × 3 – PE-HD

Lieferart: Längen bis 12 m
Bezeichnungsbeispiel:
Rohr DIN 8062-32 × 1,8 – PVC-U

Halbzeuge aus thermoplastischen Kunststoffen — DIN 16985:1989-06

Werkstoffe: PA 6, PA 6G, PA 66, PA 610, PA 12, PBT, PC, PET, PE-HD, PE-HMW, PE-,UHMW, PP-H, PP-B, PP-R, PPO, POM, PVC-U, PVC-HI, PVC-C, PVDF

Rundstäbe aus thermoplastischen Kunststoffen — DIN 16980:1987-05

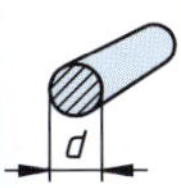

Durchmesser d	mm	3	4	5	6	8	10	12	16	18	20	22	25	28	30	32	36
Werkstoffe: siehe oben		40	45	50	56	60	63	70	80	90	100	110	125	140	150	160	180
		200	220	250	280	300	320	360	400	450	500						

Hohlstäbe aus POM (DIN 16978:1975-08), PETP und PBTP (DIN 16809:1980-05) und PA (DIN 16983:1980-05)

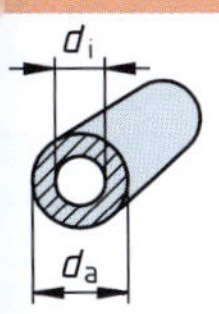

Außendurchmesser d_a	mm	20	22	25	28	30	32	32	36	36	38	40	40	45	45
Innendurchmesser d_i	mm	14	16	18	22	20	25	22	20	25	25	20	30	25	36

d_a	50	50	56	56	60	60	63	63	70	70	70	75	80	80	80	90	90	100	100	110	110
d_i	30	40	30	45	30	50	30	50	36	50	60	50	40	60	70	50	70	50	80	50	80

d_a	125	125	125	140	140	150	150	150	160	180	180	180	200	200	220	250	280	300
d_i	50	80	100	50	110	60	100	125	80	80	125	150	100	150	100	125	125	150

Flachstäbe aus thermoplastischen Kunststoffen — DIN 16986 : 1987-05

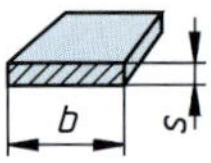

Breite *b*	mm	500 (5 … 60)														
Breite *b*	mm	300 (5 … 100)														
Dicke *s*	mm	5	6	8	10	12	16	20	25	36	40	45	50	60	80	100

Werkstoffe: siehe oben

Tafeln aus thermoplastischen Kunststoffen

Extrudierte Tafeln aus PE-HD		Dicke *s*: bis 50 mm, Länge und Breite frei vereinbar	
Tafeln aus weichmacher-freiem PVC (PVC-U, PVC-HI)		Dicke für extrudierte Tafeln: bis 40 mm	Länge und Breite frei
		Dicke für gepresste Tafeln: bis 100 mm	
Tafeln aus	PC	Dicken: 1; 1,6; 2; 2,5; 3; 4; 5; 6; 8; 10 (mm)	Länge und Breite frei vereinbar
	POM	Dicken: 1; 1,6; 2; 3; 4; 5; 6 (mm)	
	PETP, PBTP	Dicken: 1; 1,6; 2; 3; 4; 5 (mm)	
Tafeln aus PA (PA 6, PA 6 G, PA 66, PA 12)		Dicken: 1; 1,6; 2; 3; 4; 5; 8; 10; 12; 16	Breite: 100 Länge: 2000 oder 1000 mm
		20; 25; 30; 36; 40; 50; 60; 80; 100; 125; 150; 200	

Bezeichnungsbeispiel: Tafel PA 6-3

Dach- und Dichtungsbahnen aus Kunststoff

aus chloriertem Polyethylen (PE-C)	Dicken: 1,2; 1,5; 2 (mm)
aus Polyvinylchlorid (PVC-P)	Dicken: 1,2; 1,5; 2 (mm)
aus Polyisobutylen (PIB)	Dicken: 1,5; 2 (mm)
aus Ethylencopolymerisat-Bitumen	Dicken: 1,5; 2; 2,5; 3 (mm)

Bezeichnungsbeispiel: Dach-Dichtungsbahn PE-C-1,5 – GV (GV – Glasvlieseinlage)

Eigenschaften von Kunststoff

Vorteile	Eignung als	Nachteile	Probleme bei der Verwendung als
geringe Dichte $0{,}2 \ldots 2{,}2\ \frac{g}{m^3}$	Leichtbauteil	niedriger E-Modul, geringe Festigkeit bei sehr hohen und sehr niedrigen Temperaturen	Konstruktionswerkstoff, da der Werkstoff zum „Kriechen" neigt
Korrosionsbeständigkeit	Fassadenverkleidung	nur bedingt UV-beständig	Bauteile, die Witterungs-einflüssen ausgesetzt sind
Beständigkeit gegen Chemikalien	Behälter, Rohrleitung in der chemischen Industrie	elektrostatisch aufladbar	Boden- und Teppichbeläge
gute Isoliereigenschaften gegen Wärme und Schall	Dämmstoffe, Abdichtung zwischen Glas und Rahmen	große Wärmedehnung	Beschichtungswerkstoff
einfärbbar	dekorative Bauteile	selten farbecht	dekorativer Überzug
physiologische Unbedenklichkeit	Lebensmittelverpackungen	Abfälle schwierig zu verwerten	Verpackungsmaterial

Thermoplaste (Plastomere)

Kurzzeichen	Chemische Bezeichnung	Handelsnamen	Grenztemperatur in °C	Eigenschaften	Verwendung
PE	Polyethylen	Hostalen, Lupolen	60…80 80…100	PE-weich } korrosions- PE-hart } fest kältefest bis –40 °C schmiegsam bis hart	Verpackung, Wasserleitungen, mechanisch hoch beanspruchbar, nur pressbar
E/EA E/VA	Ethylen-Copolymerisate	Lupolen V	40…70	schmiegsam bis gummielastisch	schmiegsame Bauteile, PVC-Weichmacher
PP	Polypropylen	Hostalen PP, Novolen, Luparen	100…130	härter, temperaturfest, weniger kältefest	Maschinenteile glasfaserverstärkt
PIB	Polyisobutylen	Oppanol B3…B200	ca. 50 (B200)	rohgummiartig	B3…B100 Weichkleber B200 hochgefüllt: Bahnen für Korrosionsschutz
PS	Polystyrol	Styropor, Vestyron, Hostyren	60…80	hart, etwas spröde, glasklar	Verpackung, schaumfähiges PS (Styropor)
S/B	Polystyrol, schlagfest	Styropor 400 Vestyron 500	ca. 75	weniger spröde, nicht glasklar	Geräteteile, Verpackungen
SAN	Polystyrol-Acrylnitril	Vestoran B	75…95	glasklar, wärmebest. und beständig gegen Benzin	Haushaltsartikel, Feingerätebau
ABS	ABS-Copolymere	Novodur, Teluran	80…105	gedeckte Farben, sehr schlagfest, gut temperaturbeständig	Schutzhelme, Gehäuse, Büromaschinenteile
PVC hart	Polyvinylchlorid VC-Copolymere	Hostalit, Trosiplast, Vestolit, Vinnol	30…70 50…60	hart, korrosionsfest, gut warm formbar und schweißbar	Dachrinnen, chemische Apparate, Leitungen, Schaumstoff
PVDC	Polyvinyldichlorid	Hostalit	80…100	korrosionsfest wie PVC	wie PVC
PVC schlagzäh	Polyvinylchlorid schlagzäh	Hostalit Z	50…60	schlagzäh auch bei Kälte, witterungsbeständig	Tafeln und Profile für Außenbau (Wellplatten), Möbeldeckfolien
PVC weich	Weich-Polyvinylchlorid		40…60	je nach Art und Menge des Weichmachers ledergummiartig, versteifend von 0…30 °C	Schläuche, Polsterungen, Dekoration, Bekleidung, Schaumstoffe
PTFE	Polytetrafluorethylen	Hostaflon TF, Teflon	260	sehr korrosionsfest, abriebfest, weich –150…280 °C	Dichtungen, Haftung verhindernde Überzüge
PCTFE	Polytrifluorchlorethylen	Hostaflon C	150	schmiegsam, sonst ≈PTFE –50…150 °C	Dichtungen, Schläuche, Beschichtungen
PVF	Polyvinylfluorid	Tedlar (Folie)	105	wetterfest, korrosionsfest –70…105 °C	dünne Folien als Außenhaut von Bauwerken
PVAC	Polyvinylacetat	Mowilith, Vinnapas	–	Dispersion (Latex)	Holzleim, Bindemittel
PMMA	Polymethylmethacrylat	Plexiglas, Resarit	70…95	„Acrylglas" optisch hochwertig, hart und zäh	Verglasungen, Leuchten, Medizin
POM	Polyoxymethylen	Delrin, Hostaform	100…140 > 160	kristallin, hart, zäh –40 °C, glasfaserverstärkt	Armaturen, Maschinenteile
CA CAB CP	Cell.-Ester Cell.-Acetat Cell.-Acetobutyrat Cell.-propionat	Cellidor, Ecaron	40…60	glasklare, zähfeste Formmassen	Gebrauchsartikel, Werkzeuggriffe, CAB: maß- und tropenbeständig, technische Bauteile
PC	Polycarbonat	Makrolon	90…135	glasklar, zäh bis –100 °C glasfaserverstärkt	Sterilisierbare medizinische Geräte, Haushaltsgeschirr
PETP	Polyethylenterephthalat	Arnite, Folien; Hostaphan	130	zähfest von –60…130 °C	Formmassen wie POM, E-Isolierung, Verpackung
PA	Polyamide	Degamid, Durethan, Ultramid, Rilsan	60…150	teilkristallin, hornartig, zähelastisch	Zahnräder, wartungsfreie Lager, biegsame Druckrohre

Duroplaste (Duromere)

Kurz-zeichen	Chem. Bezeichnung	Handelsnamen	Lieferform	Grenztemperatur in °C	Eigenschaften	Verwendung
PF	**Phenolplaste:** Formaldehydharze	Bakelite, Resinol, Imprenal	technische Harze	–	fest spritlöslich, flüssig beschränkt mit Wasser verdünnbar	Bindemittel für Holzwerkstoffe, Heißleime, Vorprod. f. Schaumst.
		Typ 11 … 16 Typ 30 … 32 Typ 51 … 52 Typ 54 … 57 Typ 71 … 84	Pressmassen	150 } 100	mit Steinmehl gefüllt mit Holzmehl gefüllt mit Zellstoff-Fasern Zell.-Schnitzeln/-Bahnen Textil-Fasern/-Bahnen -Schnitzeln	temp.- und feuchtbeanspruchte Pressteile } für steigende mechanische Beanspruchung
		Hp 2061 … 2064 Hgw 2072 Hgw 2081 … 2083	Schichtpressstoffe	120 130 120	Hartpapier Glas-Hartgewebe Baumwoll-Hartgewebe	Elektrotechnik } für E-Technik und Maschinenbau (Lager, Zahnräder)
		PSCH KLA … C KP-Typ-Nummern Werzalit, Durofol PAG-Holz	Pressschichtholz, Kunstharzpressholz		Furnier-Einlagen verschiedener Anordnung Furnier-Formpressstoffe Spanholz-Formpressstoffe	**Z:** für Zahnräder, **M:** für Maschinenteile, Wandverkleidungen, Möbelteile
UF MF	**Aminoplaste:** Harnstoff-Formaldehydharze Melamin-Formaldehydharze	**UF:** Resamin, Urecoll **MF:** u. a. Melan, Madurit	technische Harze	–	oft wässrige Lösungen, fest als Brocken oder Pulver	**UF:** Bindemittel für Spanplatten, Schaumstoff, Kaurit-Leim **MF:** Pressal-, Melocol-Heißleim
		Typ 131 (UF) Typ 152 (MF) Typ 153 … 157 (MF) Typ 180 … 182 (MF–PF)	Pressmassen	65 100 } 100 … 130	} Pressmassen mit kurzfaserigem Zellstoff technische Pressmassen mit mineralischen oder organischen Füllstoffen	Installationsmaterial, Ess- und Trinkgeschirr
		Hgw 2272, Formica, Getalit, Resopal, Ultrapas	Schichtpressstoffe	130 … 100	MF-Glasseidengewebe PF-gebundener Kern, MF-gebundene Deckschichten	kriechstromfeste Elektroteile, dekorativer Schichtpressstoff (Möbel)
UP EP	mit Druck und drucklos härtende „Gießharze“; ungesättigte Polyester-Epoxidharze u. ä.	**UP:** Leguval, Palatal, Polyleit, Vestopal **EP:** Araldit, Harzmatten Epoxin	Gießharze	EP > UP je nach Harz 70 … 150	flüssig vergießbar, oft in 2 Komponenten, die nach Vermischen in begrenzter Zeit verarbeitet werden müssen	Bindemittel für Kunstharzbeton für belastbare Klebeverbindungen EP zum Umgießen von Elektroteilen
		Hm 2471, 2472 (UP) Hgw 2372 (EP)	Schichtpressstoff	130/155 130	Glasfaser-Harzmatte Glasseiden-Hartgewebe	technische Schichtpressstoffe
		für Textilglas und Verarbeitungshilfsmittel: Flugzeugteile	glasfaserverstärkte Kunststoffe	≈ 130	Glasgehalt 30 … 80 % Stränge, Matten oder Gewebe in UP oder EP eingebettet	Großteile: Boote, Karosserien
PUR	vernetzte Polyurethane	Desmophene Desmodure	Polyalalkohol Polyisocyanate	–	viele verschiedene Produkte meist flüssig, im Gemisch vergießen	Bindemittel für Estriche, Kleber, Beschichtungsmasse
		Vulkollan	Halbzeug Formstoff	80 … 130	stramm gummielastisch	technische Formteile
		Moltopren	Schaumstoffe	100 … 120	hart und gummielastisch (Polyesterschaum)	hart: Stützmaterial weich: Polstermaterial
Si	Silicone	Silicon mit Firmennamen	Siliconharz	170 … 300	Lackharze	Elektroisolier- und Schornsteinlacke
		Hgw 2572	Schichtpressstoff	180	Glasseidenhartgewebe	technischer Schichtpressstoff
		Silopren Silatic	Siliconkautschuk	200	Eigenschaften bleiben gleich von –100 … 200 °C	Dichtungen, Elektroisolierungen

Flachglas im Bauwesen

Fensterglas (Begriff, Maße) nach DIN EN 572-4:2004-09

Fensterglas ist ein Alkali-Kalk-Glas, plan und durchsichtig. Es wird maschinell im Ziehverfahren hergestellt, ist gleichmäßig dick und seine beiderseits feuerblanken Oberflächen sind nahezu eben.

Die Norm gilt für üblich helles und ungefärbtes Fensterglas, wie es zum Verglasen von Bauten und zur weiteren Verarbeitung zu Sondergläsern verwendet wird.

		3	4	5	6	8	10	12	15	19
Norm-Nenndicke	mm	3	4	5	6	8	10	12	15	19
zulässige Abweichung	± mm	0,2	0,3			0,4	0,5	0,6	1,0	
hergestellt bis zu einer	Länge von mm	3620								
	Breite von mm	3180								
zul. Abw. für Seitenlängen	bis 2000 ± mm	2				3			5	
	über 2000 ± mm	3				4			6	

Spiegelglas (Begriff, Maße) nach DIN EN 572-2:2004-09

Spiegelglas ist ein Alkali-Kalk-Glas, plan und durchsichtig. Es erhält nach dem Guss entweder durch Fließen auf einem Metallbad oder durch Walzen und zusätzliche mechanische Bearbeitung seine planparallelen und polierten Oberflächen.

Die Norm gilt für üblich helles und ungefärbtes sowie für in der Masse gefärbtes Spiegelglas, wie es zum Verglasen von Bauten und zur weiteren Verarbeitung zu Sondergläsern verwendet wird.

		3	4	5	6	8	10	12	15	19
Norm-Nenndicke	mm	3	4	5	6	8	10	12	15	19
zuläss. Abweichung	mm	± 0,2					± 0,3		± 0,5	± 1,0
Größte Länge [1]	mm	4500	6000			7500	9000		6000	4500
Größte Breite	mm	3180								2820
zuläss. Abweich. für Bestellmaße	bis 2000 mm	± 2					± 3		± 5	
	über 2000 mm	± 3					± 4		± 6	

[1]) Größere Längen (Überlängen) sind Sonderanfertigungen.

Gussglas (Begriff, Maße) nach DIN EN 572-5:2004-09

Gussglas ist ein Alkali-Kalk-Glas, plan, durchscheinend, jedoch nicht durchsichtig, mit oder ohne Drahtnetzeinlage. Durch ein Maschinenwalzverfahren erhält es seine Oberflächen, mit oder ohne Ornamentierung auf einer oder auf beiden Fläche(n). Je nach Ausführung wird es als **Drahtglas** (D), **Drahtornamentglas** (DO) oder **Ornamentglas** (O) bezeichnet.

Maße in mm

	Nenndicke	zul. Abw. ±	Breite max.	Länge max.
Drahtglas	7	0,7	2520	4500
	9	1,0		
Drahtornamentglas	7	0,7	2520	4500
	9	1,0		
Ornamentglas	4	0,5	1500	2100
	6		2520	4500
	8	0,8		

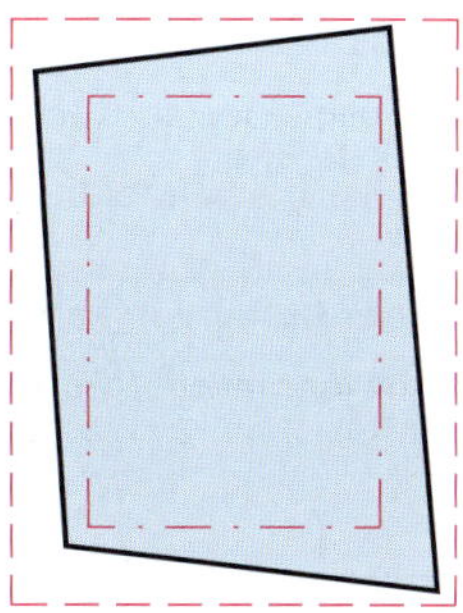

Für den **Zuschnitt** der Flachgläser nach DIN EN 572-2, -4, -5 gilt: Eine rechteckig geforderte Scheibe muss von einem Rechteck eingeschlossen sein, dessen Seiten – – – – den zulässigen Größtmaßen entsprechen und ein Rechteck einschließen, dessen Seiten –·–·–·–· den zulässigen Kleinstmaßen entsprechen.

Die beiden Toleranzbegrenzungen haben den gleichen Flächenschwerpunkt. Für andere geometrische Formen gilt der Zuschnitt für rechteckige Scheiben sinngemäß.

Flachglas im Bauwesen

Physikalisch-technische Eigenschaften von Fensterglas (Kalknatron-Silikat-Glas)

Dichte $\varrho = 2{,}5\ \text{kg/dm}^3$; Wärmedehnung $\alpha = 8{,}5 \dots 9{,}5 \cdot 10^{-6}\ 1/\text{K}$; Elastizitätsmodul $E \approx 70\,000\ \text{N/mm}^2$; Biegezugfestigkeit $R_m \approx 30\ \text{N/mm}^2$; spezifischer elektrischer Widerstand $\varkappa = 10^{12} \dots 10^{13}\ \Omega\text{cm}$; Wärmeleitfähigkeit $\lambda = 0{,}8\ \text{W/mK}$

Strahlungsdurchlässigkeit einer 4 cm dicken Glasscheibe für Licht der Wellenlänge 0,36 bis 2,5 μm = 75 bis 90 %

Transformationstemperatur	= 525 ... 545 °C	($\eta = 10^{12}$ Pa · s)
Erweichungstemperatur	= 710 ... 735 °C	($\eta = 10^{6,6}$ Pa · s)
Verarbeitungstemperatur (Umformen)	= 1015 ... 1045 °C	($\eta = 10^{3}$ Pa · s)

Wärmedurchgangszahl, Schalldämmmaß und Preisrelation verschiedener Verglasungen

Beschreibung der Verglasung Glasart Rahmen mit Rahmenmaterialgruppe (RMG)	Anordnung und Abmessungen in mm	Wärmedurchgangszahl U_W in $\frac{\text{W}}{\text{m}^2\,\text{K}}$	Schalldämmmaß R_w in Dezibel (dB)	Preisrelation %
Einfachglas		5,2	23	35
Zweifach-Isolierglas Rahmen aus – Holz/PVC: RMG 1 – Al/St therm. getrennt: RMG 2.1, 2.2, 2.3 – einfach Al/St: RMG 3		 2,9 3,2–3,6 4,1	 30 30 30	 100 150 125
Zweifach-Isolierglas mit Wärmebeschichtung Rahmen aus Holz/PVC: RMG 1	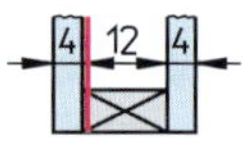	~1,7	30	200
Zweifach-Isolierglas mit Wärme- und Sonnenbeschichtung Rahmen aus Holz/PVC: RMG 1	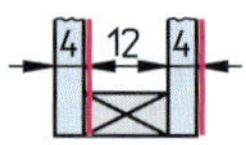	~1,6	30	215
Dreifach-Isolierglas Rahmen aus Holz/PVC: RMG 1	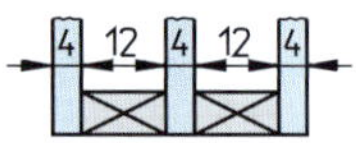	~2,0	35	150
Schallschutzglas, einfach Rahmen aus Holz/PVC: RMG 1	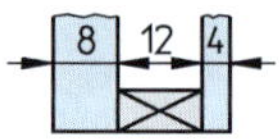	~3,0	40	140
Zweifach-Isolierglas mit Wärmebeschichtung und Schallschutz Rahmen aus Holz/PVC: RMG 1	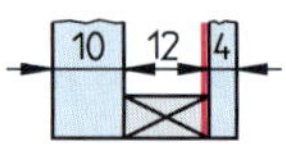	~1,6	43	270
Verbundfenster als Schallschutzfenster Rahmen aus Holz/PVC: RMG 1	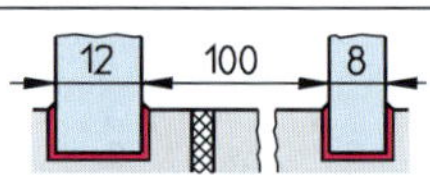	~3,0	45	250

Einordnung von Fenstern und Fenstertüren von Rahmenmaterialgruppen (RMG)

Rahmenmaterialgruppe (RMG)	Wärmedurchgangskoeffizient U_f des Rahmens in $\frac{\text{W}}{\text{m}^2 \cdot \text{K}}$	Bauweise des Rahmens
1	$U_f < 2{,}0$	Holz oder PVC
2.1	$2{,}0 < U_f \leq 2{,}8$	Al- oder St-Profile, thermisch getrennt (mit steigender Qualität)
2.2	$2{,}8 < U_f \leq 3{,}5$	
2.3	$3{,}5 < U_f \leq 4{,}5$	
3	$U_f > 4{,}5$	Einfache Al- oder St-Profile

Schallschutzklassen von Fenstern nach DIN 4109-4:
bis 24 dB (0), 25 bis 29 dB (1), 30 bis 34 dB (2), 35 bis 39 dB (3), 40 bis 44 dB (4), 45 bis 49 dB (5), ≥ 50 dB (6

Werkstoffprüfung

Werkstoffprüfung ermittelt Kennwerte der mechanischen Eigenschaften von Konstruktionswerkstoffen, z. B. Zugfestigkeit und Streckgrenze, und deren Verhalten in definierten Situationen, z. B. bei der Bearbeitung.

	Formel bzw. Skizze	Formelzeichen	Erklärung
1. Zugversuch **DIN EN 10 002-1 : 2001-12** ein genormter Probestab wird bis zum Bruch auf Zug beansprucht und dabei Zugfestigkeit, Streckgrenze und Dehnung bestimmt. a) S235JR (= Stahl mit ausgeprägter Streckgrenze) b) hochfester Stahl ohne erkennbare Streckgrenze 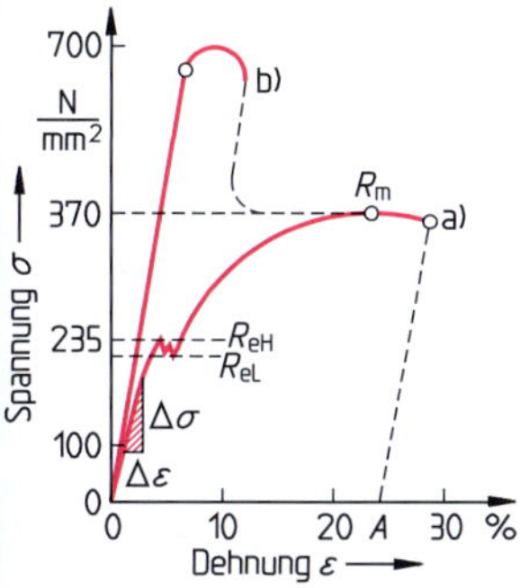 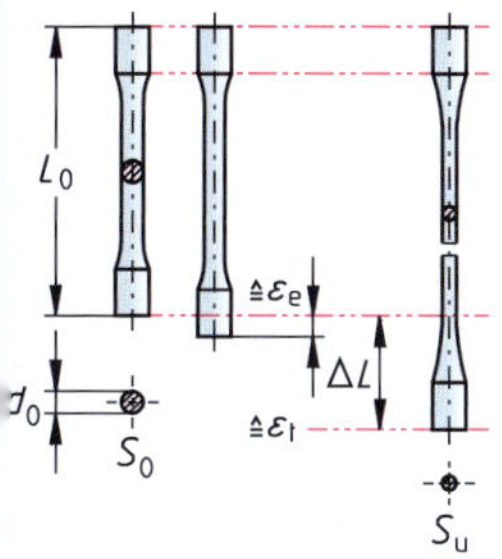 	$R_m = \frac{F_m}{S_0}$ $R_{eL} = \frac{F_{eL}}{S_0}$ $R_{eH} = \frac{F_{eH}}{S_0} \mathrel{\hat{=}} R_e$ $A = \frac{L_u - L_0}{L_0}$ $L_u = L_0 + \Delta L$ $Z = \frac{S_0 - S_u}{S_0} \cdot 100$ $\sigma = \frac{F}{S_0}$ $\varepsilon = \frac{\Delta L}{L_0} \cdot 100$ $\varepsilon_e = \frac{\Delta F}{L_0}$ Hook'sches Gesetz: $\sigma = E \cdot \varepsilon_e$ $E = \frac{\Delta\sigma}{\Delta\varepsilon_e}$	A d_0 E F F_m $F_{0,2}$, F_{eL}, F_{eH} L_0 L_u ΔL $R_{p0,2}$ R_{eL} R_{eH} R_m R_e S_0 S_u Z ε ε_e ε_r ε_t σ Δ	Bruchdehnung in % Durchmesser des Probestabs in mm Elastizitätsmodul (für Stahl 210 000 N/mm³) Kraft (allgemein) in N/mm² max. Zugkraft in N Zugkraft bei $R_{p0,2}$, R_{eL}, R_{eH}, in N Versuchslänge = Ausgangslänge des Probestabs in mm $L_0 \approx 5\,d_0 \approx 5{,}65\,S_0$ Messlänge des Probestabs nach dem Bruch in mm Längenänderung des Probestabs in mm Dehngrenze bei 0,2 % bleibender Dehnung in N/mm² untere Streckgrenze in N/mm² obere Streckgrenze in N/mm² = Streckgrenze R_e Bruchgrenze = Zugfestigkeit in N/mm² techn. Streckgrenze in N/mm² Anfangsquerschnitt des Probestabs in mm² Bruchquerschnitt des Probestabs in mm³ Brucheinschürung in % Dehnung in % elastische Dehnung in % bleibende Dehnung in % gesamte Dehnung in % Spannung in N/mm² „Unterschied"
2. Druckversuch **DIN 50 106 : 1978-12** eine genormte zylindrische Probe wird bis zum Anriss bzw. Bruch gestaucht und dabei Druckfestigkeit, Stauchung bestimmt 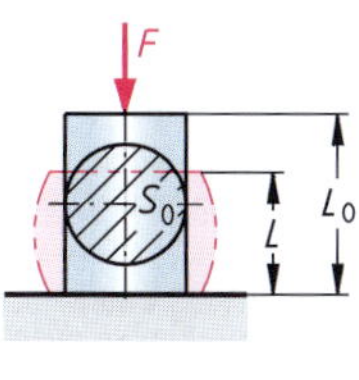 	$\sigma_d = \frac{F}{S_0}$ $\sigma_{dB} = \frac{F_B}{S_0}$ $\varepsilon_{dB} = \frac{L_0 - L}{L_0} \cdot 100$	F F_B L L_0 S_0 σ_{dB} σ_d ε_{dB}	Kraft (allgemein) in N/mm² max. Druckkraft in N Endlänge der Probe in mm Anfangslänge der Probe in mm Anfangsquerschnitt in mm² Druckfestigkeit in N/mm² Druckspannung in N/mm² Bruchstauchung in %

Werkstoffprüfung (Fortsetzung)

	Formel bzw. Skizze	Formelzeichen	Erklärung
3. Tiefungsversuch an Blechen (nach Erichsen) **DIN EN ISO 20482:2003-12** in eine eingespannte Probe aus Blech 0,2…3 mm wird kugeliger Stempel bis zum ersten Anriss eingedrückt; die Erichsentiefung *E* ist ein Maß für die Umformeigenschaft von Blech 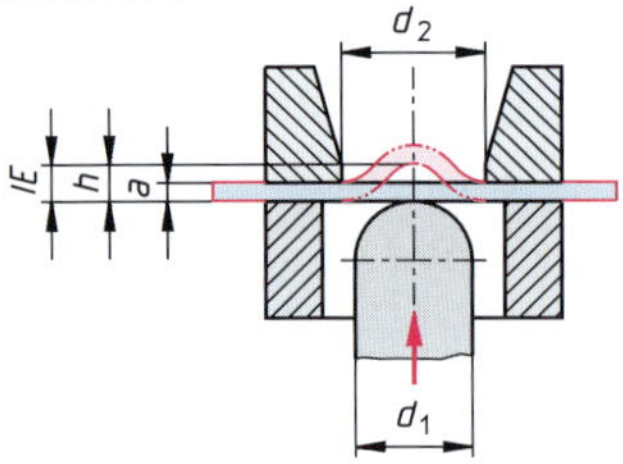	Werkstoff aus allg. Baustahl DIN EN 10130: Probe a): DC01/FeP01 (St 12) Probe b): DC04/FeP04 (St 14) Sondertiefziehgüte 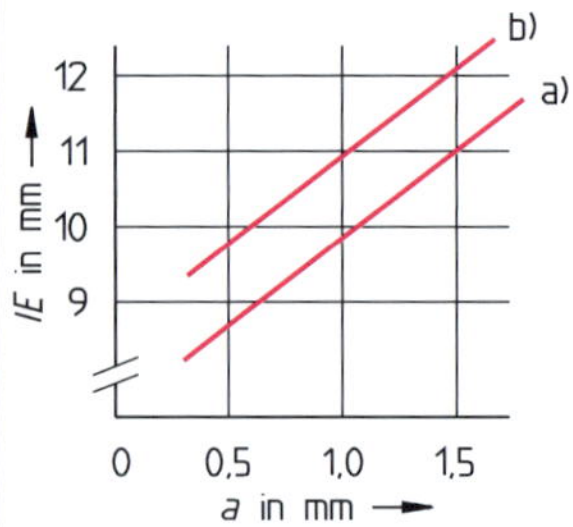	d_2 d_1 *F* *IE* *a* *h*	Bohrungsdurchmesser der Matrize in mm Durchmesser des kugelförmigen Stempelkopfes Blechhaltekraft (10 kN) Erichsen-Tiefung in mm Dicke des Probeblechs Tiefe der während des Versuchs erzeugten Einsenkung
4. Technologischer Biegeversuch (Faltversuch) **DIN EN ISO 7438:2005-10** (nur für Werkstattversuche) eine Biegeprobe wird bis zum gewünschten Biegewinkel oder bis zum ersten Anriss gebogen und daraus das Umformverhalten des Werkstoffs bestimmt.	$l = (D + 3\,a) \pm \frac{a}{2}$ 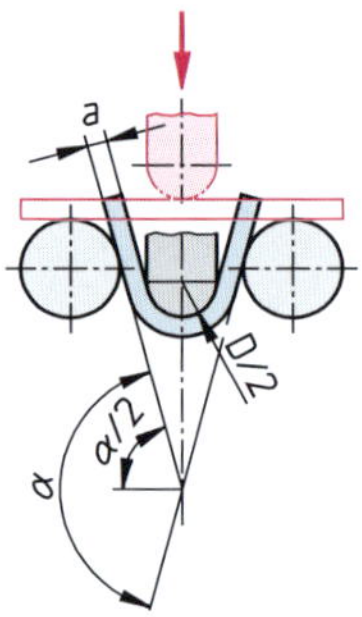	*a* *b* *l* *γ* $\frac{D}{2}$	Dicke der Probe in mm (= Erzeugnisdicke) Breite der Probe in mm (20…50) Abstand der Auflager Biegewinkel Rundungsradius Biegestempel in mm
5. Kerbschlagversuch (nach Charpy) **DIN EN 10045-1:1991-04** in Verbindung mit **DIN 50115:1991-04** eine gekerbte Probe wird bei unterschiedlichen Temperaturen mit einem Pendelschlagwerk zerstört und aus der Schlagarbeit die Kerbschlagzähigkeit direkt ermittelt; es lässt sich auch die Kaltversprödung ermitteln 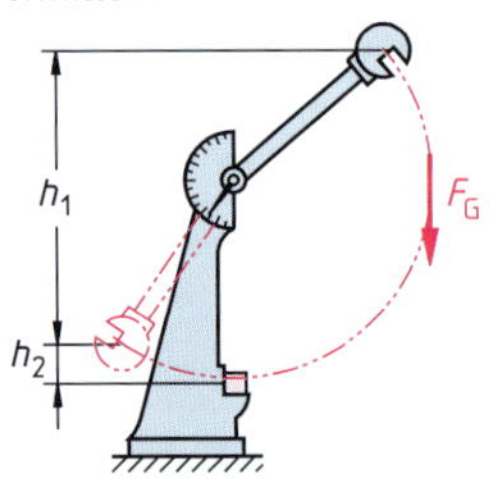	KU bzw. $KV = F_G \cdot (h_1 - h_2)$ $a_k = \frac{F_G \cdot (h_1 - h_2)}{b \cdot h_k}$ $a_k = \frac{KU}{S_0}$ bzw. $a_k = \frac{KV}{S_0}$ $S_0 = b \cdot h_k$ 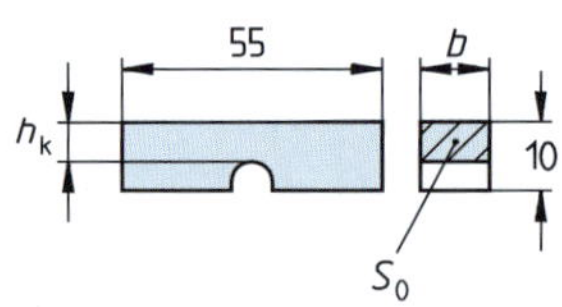	a_k *b* F_G h_k h_1 h_2 $(h_1 - h_2)$ *KU* *KV* S_0	Kerbschlagzähigkeit in N/mm Breite der Probe in mm (Normalprobe: $b = 10$ mm) Gewichtskraft des Pendelhammers in N Höhe der Probe an der Kerbe in mm Pendelhammerhöhe vor dem Versuch in m Pendelhammerhöhe nach dem Versuch in m Differenzhöhe in m Kerbschlagarbeit mit *U*-Kerbe in J bzw. Nm Kerbschlagarbeit mit *V*-Kerb in J bzw. Nm Probenquerschnitt an der Kerbe in mm²

Werkstoffprüfung (Fortsetzung)

6. Härteprüfung

Härte ist der Widerstand gegen Eindringen eines Körpers; ein Prüfkörper wird in die Werkstückoberfläche eingedrückt und aus dem Maß bzw. der Tiefe des Eindrucks die Härte ermittelt.

Verfahren	**Härteprüfung nach Brinell** DIN EN ISO 6506-1:2006-03	**Härteprüfung nach Vickers** DIN EN ISO 6507-1:2006-03	**Härteprüfung nach Rockwell** DIN EN ISO:6508-1:2006-03
	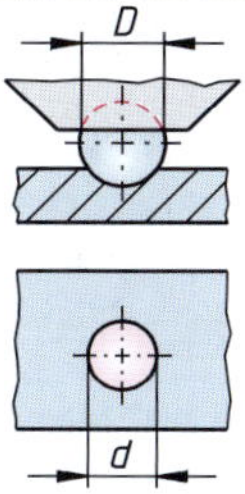	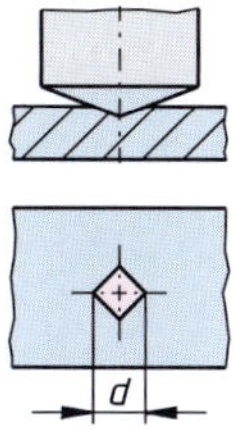	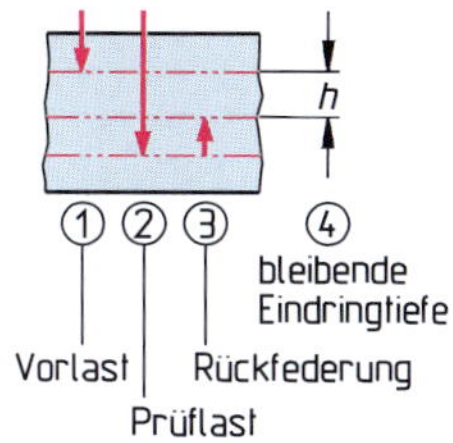
Formel	HBS bzw. HBW $= \frac{0{,}102 \cdot F}{A}$ $A = \frac{D \cdot \pi}{2}(D - \sqrt{D^2 - d^2})$	HV $= \frac{0{,}102 \cdot F}{A}$ $A = \frac{d^2}{1{,}854}$	HRC/HRA $= 100 - \frac{h}{0{,}002}$
Prinzip	gehärtete Stahl- oder Hartmetallkugel wird in den Prüfkörper eingedrückt; der Durchmesser *d* ist ein Maß für die Härte des Prüfkörpers	Diamantpyramide wird in den Prüfkörper eingedrückt; Länge *d* der Diagonale ist ein Maß für die Härte des Prüfkörpers	Diamantkegel oder gehärtete Stahlkugel wird nach dem Aufbringen einer Vorlast in den Prüfkörper eingedrückt: bleibende Eindringtiefe *h* ist ein Maß für die Härte des Prüfkörpers
Prüfkörper	Verfahren HBS: gehärtete Stahlkugel HBW: Hartmetallkugel mit ∅ *D* = 1; 2,5; 5; 10 mm	Diamantpyramide Flächenwinkel 136°	Verfahren HRC/HRA: Diamantkegel Spitzenwinkel 120° HRB/HRF: gehärtete Stahlkugel
Prüfung	Prüfkraft 10 ... 30 000 N je nach Werkstoff, Probendicke und Kugeldurchmesser Prüfzeit: 10 ... 30 s	Prüfkraft 50 ... 980 N je nach Prüfbedingung Prüfzeit: 10 ... 30 s	HRC: Prüfvorkraft 98 N Prüfkraft 98 ... 1373 N HRB: Prüfkraft 883 N HRA, HRF: Prüfkraft 490 N Prüfzeit: 10 ... 30 s
Anwendung	alle Werkstoffe, die „weicher" sind als gehärteter Stahl	harte und weiche Werkstoffe	HRC/HRA: gehärteter Stahl HRB/HRF: „weicher" Stahl und NE-Metalle
Bezeichnungsbeispiel	**140 HBS-5/250/20** 140 = Brinell-Härtewert HBS = ... mit Stahlkugel 5 = Kugeldurchmesser *D* 250 = Prüfkraft 250 · 9,81 = 2452 N 20 = Einwirkdauer 20 s	**240HV20/25** 240 = Vickershärte HV = Verfahren Vickers 20 = Prüfkraft 20 · 9,81 = 196 N 25 = Einwirkdauer 25 s	65 HRC 65 = Rockwellhärte HRC = Verfahren mit Diamantkegel (cone)

Härtewerte im Vergleich für Stahl und Stahlguss (Auswahl)

DIN EN ISO 18265:2004-02

Zugfestigkeit R_m in $\frac{N}{mm^2}$	Vickershärte HV	Brinellhärte HB	Rockwellhärte HRC	HRB	Zugfestigkeit R_m in $\frac{N}{mm^2}$	Vickershärte HV	Brinellhärte HB	Rockwellhärte HRC	HRB
255	80	76,0	–	–	1095	340	323	34,4	–
305	95	90,2	–	52,0	1220	380	361	38,8	–
350	110	105	–	62,3	1350	420	399	42,7	–
450	140	133	–	75,0	1485	460	437	46,1	–
510	160	152	–	81,7	1700	520	494	50,5	–
610	190	181	–	89,5	1810	550	523	52,3	–
705	220	209	–	95,0	2030	610	580	55,7	–
770	240	228	20,3	98,1	–	690	–	59,7	–
900	280	266	27,1	(104)	–	940	–	68	–

Wärmebehandlung von Stahl

Wärmebehandlung von Stahl verändert das Gefüge und in dieser Folge die mechanischen Kennwerte, wie Streckgrenze, Zugfestigkeit, Härte und die technologischen Eigenschaften wie Bearbeitbarkeit.

Eisen-Kohlenstoffdiagramm (Ausschnitt – vereinfacht)

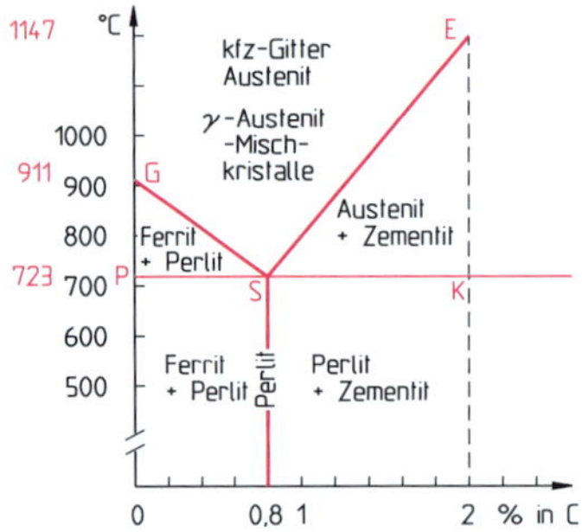

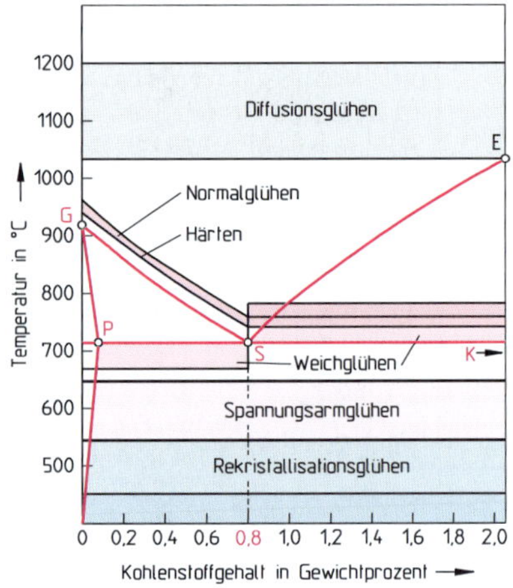

Wärme-behandlung	Erläuterung	Vorgänge
Abschrecken	Abkühlen eines Werkstücks aus dem Austenitbereich mit großer Geschwindigkeit	Abkühlen in Wasser ⇒ hohe Härte ... in Öl ⇒ geringere Härte
Anlassen	Erwärmen nach dem Abschrecken auf Temperaturen unterhalb GSK mit nachfolgendem Abschrecken	Erwärmen auf ca. 300 °C ergibt „Schneidhärte" ca. 500 °C ergibt „Schlaghärte"
Austenithärten	Erwärmen auf Austenisitisierungstemperatur (über GSK)	Kohlenstoffatome werden vollständig im Eisengitter gelöst
Einsatzhärten	Härten nach vorhergehendem Aufkohlen der Randzone des Werkstücks	Kohlenstoff diffundiert in die Randzone ein und steigert den C-Gehalt
Flammhärten	Erwärmen der Randzone eines Werkstücks (über GSK) mit einem Brenner und sofortiges Abkühlen	rasches Erwärmen und Abkühlen insb. bei Serienteilen üblich, da automatisierbar
Glühen	langsames Erwärmen – langsames Abkühlen	
– Diffusionsglühen	Eindringen (= Diffundieren) von Atomen von außen, z.B. C-Atomen beim Einsetzen	Erwärmen über 1050 °C
– Rekristallisations-glühen	Neubildung der Kornstruktur, z.B. nach Grobkornbildung durch Schweißen	Erwärmen auf 500 ... 550 °C
– Spannungsarm-glühen	Verringern der inneren Spannungen durch Gitterumlagerungen	Erwärmen auf 550 ... 650 °C
– Weichglühen	„weich machen" von gehärteten Werkstücken	Erwärmen im Bereich PSK
– Zwischenglühen	Glühen zwischen zwei Bearbeitungsvorgängen z.B. beim Umformen	Erwärmen
– Normalglühen	Verringern der Spannungen und Verfeinerung des Gefüges	Erwärmen auf 780 ... 950 °C
Härten	rasches Abkühlen des Austenitgefüges	Härtesteigerung durch Einlagerung von Kohlenstoffatomen im Gitter = Martensitbildung
Induktionshärten	Erwärmen der Randzone eines Werkstücks (über GSK) durch elektrische Induktion und sofortiges Abkühlen	rasches Erwärmen und Abkühlen insb. bei Serienteilen üblich, da automatisierbar
Nitrieren	Erwärmen in stickstoffabgebenden Medien und anschließendes Abschrecken	Einhängen in heißes Stickstoffgas – keine Martensitbildung, geringe Schichtdicken
Vergüten	Härten mit nachfolgendem Anlassen mit Temperaturen knapp unterhalb GSK	Martensithärten mit Anlassen auf „Schlaghärte"

Korrosion

Spannungsreihe

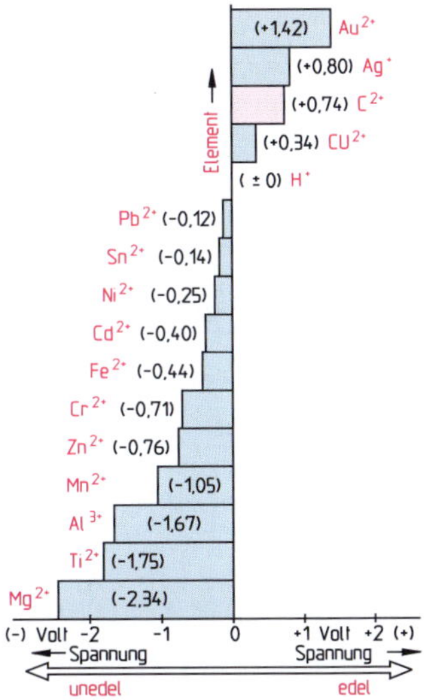

Korrosionsarten

Arten	Darstellung	Ursachen
Gleichmäßige Flächenkorrosion	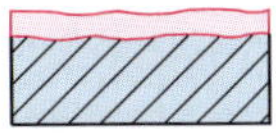	Luft, Wasser, Säuren, Verunreinigungen auf der Oberfläche
Lochkorrosion	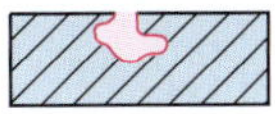	örtliche Korrosion durch elektrochemischen Angriff oder durch punktuelle Einwirkungen, z. B. von Säuren
Kontaktkorrosion	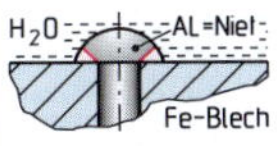	direkte Berührung von Werkstoffen mit unterschiedlichem Potential sowie einem Elektrolyten
Selektive Korrosion	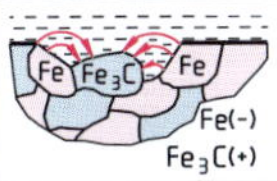	innerhalb des Werkstücks durch unterschiedliche Potentiale der Legierungsbestandteile
Interkristalline Korrosion	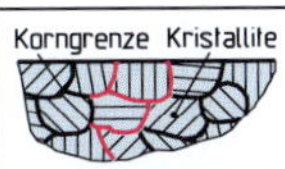	innerhalb des Werkstücks durch elektrochemische Zersetzung an den Korngrenzen
Transkristalline Korrosion	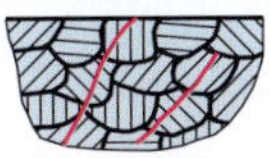	Innerhalb des Werkstücks durch Wechselbeanspruchung und daraus resultierende Risse

Metallschutzschichten

Verfahren	Durchführung	Anwendung
Schmelztauchen	Eintauchen in flüssige Metalle, z. B. Stahlteile in flüssiges Zink oder Zinn Legierungsbildung an der Oberfläche	im Stahlbau als Feuerverzinken
Galvanisieren	Eintauchen der Werkstücke als Katode in einen Elektrolyt mit dem Überzugsmetall als Anode. Die Anode löst sich durch den Gleichstrom auf, wandert zur Katode und überzieht das Werkstück; keine Legierungsbildung an der Oberfläche	Galvanisches Verzinken, wenn die Schutzschicht besonders dünn und haftbar sein soll
Plattieren	Aufwalzen eines Schutzmetalls auf den Werkstoff	bei der Herstellung von korrosionsbeständigem Halbzeug, z.B. Blechen, Profilen mit hochfestem, aber wenig widerstandsfähigem Grundwerkstoff

Einteilung des Makroklimas in Atmosphärentypen

Atmosphärentyp	Kennzeichen
Landatmosphäre (L)	Meist ländliche oder kleinstädtische Gebiete ohne nennenswerte Verunreinigungen an Schwefeldioxid und anderen korrosionsfördernden Schadstoffen
Stadtatmosphäre (S)	Durch Schwefeldioxid und andere Schadstoffe verunreinigte Atmosphäre in dichtbesiedelten Gebieten ohne Industrieansammlungen
Industrieatmosphäre (I)	Stark durch Schwefeldioxid und andere Schadstoffe verunreinigte Atmosphäre, typisch für Ballungsgebiete der Industrie und Bereiche, die in der Hauptwindrichtung solcher Gebiete liegen
Meeresatmosphäre (M)	Vorwiegend durch Chloride verunreinigte Atmosphäre, typisch für das Meer und einen schmalen Küstenstreifen

Die Atmosphärentypen können ineinander übergehen, z. B. bei Industrieansammlungen an der Küste → Mischung aus Meeres- und Industrieatmosphäre.

Korrosionsverhalten der Werkstoffe

Wirkmedium	Metall			
	Stahl	Aluminium	Kupfer	Zink
Luft, trocken	+	+	+	+
Luft, feucht	⊖	+	⊕	+
Salzsäure	–	–	⊖	–
Schwefelsäure	–	–	⊖	–
Salpetersäure	–	⊕	–	–
Zementmörtel	+	–	+	⊕
Kalkmörtel	⊕	–	+	–
Gipsmörtel	⊕	+	+	⊕

\+ korrosionsbeständig, Abtrag < 0,1 mm/a
⊕ bedingt korrosionsbeständig, Abtrag ≈ 1 mm/a
– wenig korrosionsbeständig, Abtrag 1 … 10 mm/a
⊖ starke Korrosion

Korrosionsschutz von Stahlbauteilen durch Feuerverzinken DIN EN ISO 1461 : 1999-03

Schichtdicken

Teile	Materialdicke in mm	Örtliche Schichtdicke in µm	Entsprechende flächenbezogene Masse $\frac{g}{m^2}$ gerundet	Mindestwerte[2]) der örtlichen Schichtdicken in µm
Stahlteile	< 1	50	360	45
Stahlteile	≥ 1 … < 3	55	400	50
Stahlteile	≥ 3 … < 6	70	500	60
Stahlteile	≥ 6	85	610	75
Kleinteile[1])		55	400	50
Gussteile[1])		70	500	60

[1]) Beträgt die Dicke geschleuderter Teile < 1 mm, so gelten die Anforderungen wie für Stahlteile mit einer Dicke < 1 mm. Sollen Werkstücke geschleudert werden, ist dies zu vereinbaren.
[2]) Die Schichtdicke ist nach oben nicht begrenzt, sofern der Verwendungszweck nicht beeinträchtigt wird.

Schutzdauer von Zinküberzügen

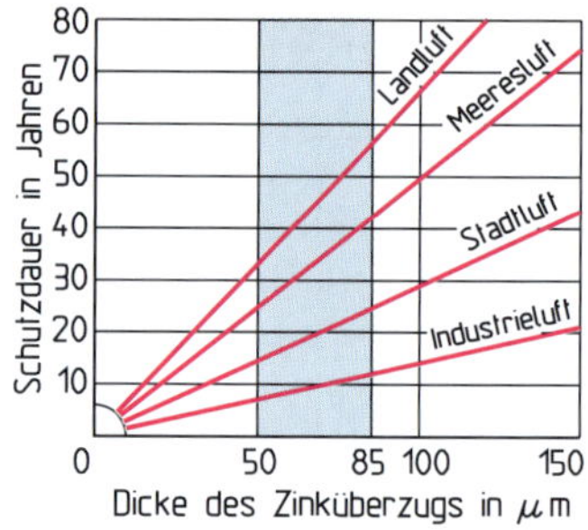

Oberflächenhärte von verzinkten Bauteilen

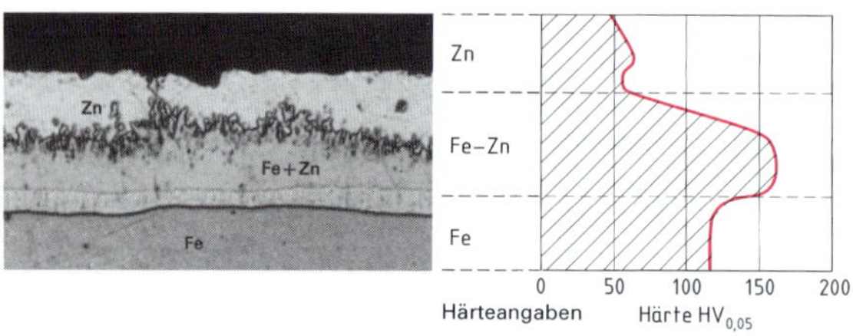

Jährliche Abtragungswerte für Zink in µm

Beanspruchung außen a, innen i		Streubereiche	Mittelwerte in µm
a	Landluft	< 1,0 … 4,0	1,5
	Stadtluft	1,0 … 6,0	3,5
	Industrieluft	4,0 … 13,0	8,0
	Meeresluft	< 1,0 … 7,0	2,0
i	–	–	< 1,5

Ausgangszustand der Stahloberfläche

Bei Neukonstruktionen sind die Oberflächen normalerweise noch nicht beschichtet. Man unterscheidet nachstehende Rostgrade DIN EN ISO 12944

A = Stahloberfläche mit festhaftendem Zunder bedeckt, in der Hauptsache frei von Rost
B = Stahloberfläche mit beginnender Zunderabblätterung und beginnendem Rostangriff
C = Stahloberfläche, von der der Zunder weggerostet ist oder sich abschaben lässt, die aber nur wenige für das Auge sichtbare Rostnarben aufweist
D = Stahloberfläche, von der der Zunder weggerostet ist und die zahlreiche für das Auge sichtbare Rostnarben aufweist.

Norm-Reinheitsgrade

Norm-Reinheitsgrade	Wesentliche Merkmale der vorbereiteten Stahloberfläche
Sa 1	Lediglich loser Zunder, loser Rost und lose Beschichtungen sind entfernt.
Sa 2	Nahezu aller Zunder, nahezu aller Rost und nahezu alle Beschichtungen sind entfernt, d. h. auf der Oberfläche dürfen nur so viele fest haftende Reste von Zunder, Rost und Beschichtungen verbleiben (keine zusammenhängende Schicht), dass der Gesamteindruck den photographischen Vergleichsmustern entspricht (siehe Erläuterungen).
Sa 2½	Zunder, Rost und Beschichtungen sind soweit entfernt, dass Reste auf der Stahloberfläche lediglich als leichte Schattierungen infolge Tönung von Poren sichtbar bleiben.
Sa 3	Zunder, Rost und Beschichtungen sind vollständig entfernt (ohne Vergrößerung betrachtet).

Entfernen von arteigenen Schichten

Entrostungsverfahren	Bemerkungen
Handentrostung	in der Regel unzureichend, nur in Ausnahmefällen zulässig
maschinelle Entrostung (z. B. rotierende Drahtbürste)	sehr aufwendig, nicht so wirksam wie Strahlen. Anwendung, wenn Strahlen wegen Staubentweichung nicht zulässig
Strahlen	wirksamstes und wirtschaftlichstes Verfahren. Umgebung und bereits beschichtete Teile vor umherspritzenden Strahlmitteln schützen
– Schleuderstrahlen	in Durchlaufanlagen, meist angewandtes Verfahren
– Druckluftstrahlen	in Strahlkabinen, Strahlhallen, im Freien (nur bei Schutz der Umgebung)
– Saugkopfstrahlen	VAKU-PLAST begrenzte Leistungsfähigkeit, aber staubfrei
– Nassstrahlen	nur für Sonderfälle, gestrahlte Flächen rosten schnell

Entfernen von artfremden Verunreinigungen

Verunreinigung	Verfahren
Staub, lose Ablagerungen	Abfegen, Abbürsten, Abblasen, Absaugen
lose Beschichtungsteile und lose Verunreinigungen	maschinelles Bürsten
festsitzende Beschichtungsteile und Ablagerungen	Schleifen, Strahlen
ölige, fettige, aus löslichen Chemikalien bestehende Verunreinigungen	Druckwasserstrahlen
Öl- und Fettschichten	Lösungsmittel (z. B. Testbenzin, Alkohol)

Empfehlungen für die Größe von Entlüftungs- und Zulauföffnungen

Hohlprofil-Abmessungen in mm			Mindest-Loch-∅ in mm bei einer jeweiligen Anzahl der Öffnungen von		
○	□	▭	1	2	4
<15	<15	<20 × 10	6		
20	20	30 × 15	8		
30	30	40 × 20	10	8	
40	40	50 × 30	12	10	
50	50	60 × 40	15	12	10
60	60	80 × 40	18	12	10
80	80	100 × 60	20	15	12
100	100	120 × 80	25	18	15
120	120	150 × 100	25	18	15
160	160	200 × 100	30	20	15
200	200	260 × 140	30	20	15

Allgemeine Regeln für das Feuerverzinken

1. Vor Beginn der Fertigung ist die Konsultation einer Beratungsstelle für Feuerverzinken sinnvoll, um Mängel in der Konstruktion zu beheben.
2. Die Oberflächen der Stahlteile müssen frei von Fett, Schweißspray, Zunder und Beschichtungen sein.
3. Die Bauteile sind möglichst „flächig" zu konstruieren – nicht sperrig.
4. Stark verformte Bauteile oder Bauteile mit vielen und langen Schweißnähten besitzen innere Spannungen, diese können beim Feuerverzinken frei werden und zu erheblichen Verformungen führen.
5. Innengewinde etc. sind mit geeigneten Pasten abzudecken.
6. Durch unterschiedlichen Siliziumgehalt in Stählen kann es zu Verfärbungen der Zinkschicht kommen, diese sind keine Qualitätsmängel.

Korrosionsschutz für Aluminium-Bauteile DIN 17611:2007-11

Kurzzeichen	Art der Behandlung: Vorbehandlung	Haupt- und Nachbehandlung	Hinweise und Erläuterungen	Aussehen der anodisierten Bauteile
E0 (P0)	ohne wesentliche oberflächenabtragende Vorbehandlung	anodisiert und verdichtet	Anodische Oxidation nach Entfetten und Beizen (Beseitigung der vorhandenen Oxidschicht) ohne weitere Vorbehandlung. Die durch die Herstellung und/oder die Bearbeitung bedingte Oberflächenbeschaffenheit bleibt erhalten. Riefen, Kratzer, Scheuerstellen, Feilstriche und dergleichen bleiben sichtbar. Korrosionserscheinungen, die vor dem Beizen nicht oder nur schwer erkennbar sind, können durch diese Behandlung sichtbar werden.	Press-Oberfläche
E1 (P1)	geschliffen	anodisiert und verdichtet	Schleifen Oberflächenfehler werden weitgehend beseitigt (kein Planschliff). Je nach Schleifkorn sind grobe bis feine Schleifriefen sichtbar	stumpf Schleifriefen
E2 (P2)	gebürstet	anodisiert und verdichtet	Bürsten Die Bürstenstriche sind sichtbar. Riefen, Kratzer, Scheuerstellen, Feilstriche werden nur zum Teil entfernt.	matt glänzend
E3 (P3)	poliert	anodisiert und verdichtet	Polieren Stegabzeichnungen an Profilen können durch diese Behandlung deutlich sichtbar werden.	glänzend
E4 (P4)	geschliffen und gebürstet	anodisiert und verdichtet	Schleifen und Bürsten Riefen, Kratzer, Scheuerstellen, Feilstriche und sonstige Oberflächenfehler – vor allem verdeckte Korrosionserscheinungen – werden beseitigt.	matt glänzend
E5 (P5)	geschliffen und poliert	anodisiert und verdichtet	Schleifen und Polieren Riefen, Kratzer, Scheuerstellen, Feilstriche und sonstige Oberflächenfehler – vor allem verdeckte Korrosionserscheinungen – werden beseitigt.	glänzend
E6 (P6)	chemisch behandelt in Spezialbeizen	anodisiert und verdichtet	Entfetten in speziellen Beizlösungen Korrosionserscheinungen, die vor dem Beizen nicht oder nur schwer erkennbar sind, können durch diese Behandlung sichtbar werden. Diese Korrosionserscheinungen können jedoch durch eine zusätzliche mechanische Vorbehandlung beseitigt werden.	stumpf bis matt

Die natürliche Oxidation im Vergleich zu bearbeiteten Verfahren

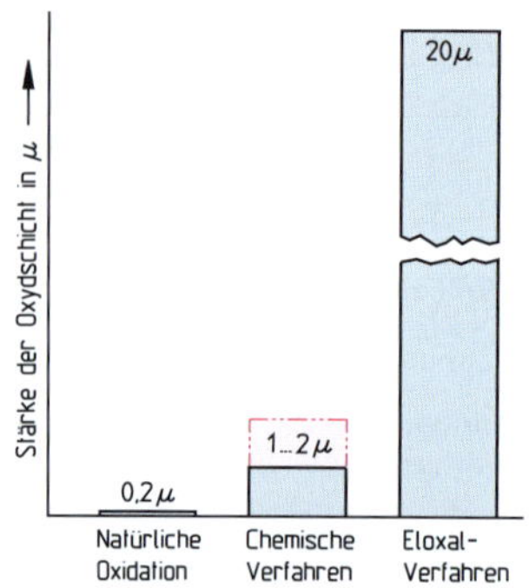

Aufbauunterschiede bei Eloxalschichten und galvanischen Metallüberzügen

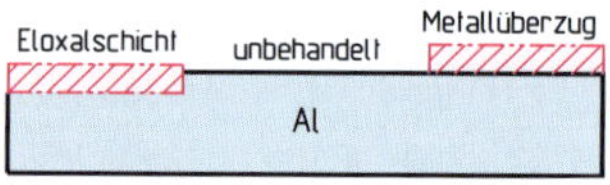

Verfahren zur Erzeugung farbiger Oxidschichten

Farbtöne:
C-0 Farblos, C-31 Leichtbronze, C-32 Hellbronze, C-33 Mittelbronze, C-34 Dunkelbronze, C-35 Schwarz

System	Verfahrensprinzip	Struktur	Nuancen	Oberflächenaspekt
Chemische Färbung	Vorbehandeln, Anodisieren (keine spezielle Legierung), Färben (mit hochechten anorg. Färbesalzen, ohne Strom, 1- oder 2-badig), Sealen	Farbgebende Substanzen (Schwermetalloxidhydrate, Fe, Ca, Mn) im äußeren Bereich der Schicht eingelagert. Oxidschicht-Dicke mindestens 20 µm	Helle – dunkle Bronze- und Goldtöne, gedeckt	Metallcharakter bleibt erhalten; Oxidschicht etwas trüber, vor allem bei Goldnuancen
Adsorptive Färbung	Vorbehandeln, Anodisieren (keine spezielle Legierung), Färben (mit hochechten org. Farbstoffen ohne Strom), Sealen	Farbgebende Substanz (org. Farbstoff) z.T. in ganzer Schicht eingelagert, mit dem Aluminium untrennbar verbunden. Oxidschicht-Dicke mindestens 20 µm	Bunttöne: Tiefgelb, -rot, -blau, -türkis, -schwarz; keine Braun-, Bronze- und Grautöne	Metallcharakter des Aluminiums bleibt erhalten; hohe Brillanz
Farbanodisierung	Vorbehandeln, Anodisieren (spez. Legierung – organische Säure), Sealem	Farbgebende Substanz in hartem Al-Oxid verteilt. Mit dem Aluminium untrennbar verbunden. Oxidschicht-Dicke 15…40 µm	Braun, Bronze, Grau, Schiefer, Schwarz, keine Bunttöne, kein Weiß	Metallcharakter des Aluminiums bleibt erhalten
Elektrolytische Färbung	Vorbehandeln, Anodisieren (keine spezielle Legierung), Färben mit Metallsalzen und Wechselstrom, Sealen oder Beschichten mit farblosem Lack, dann Härten	Farbgebende Substanz am Grund der Poren, besteht aus Metallen in hochdisperser Form, mit dem Aluminium, untrennbar verbunden. Oxidschicht-Dicke mind. 20 µm	Braun, Bronze, Grau, Schiefer, Schwarz, keine Bunttöne, kein Weiß	Metallcharakter des Aluminiums bleibt erhalten
Elektrolytische Färbung kombiniert mit absorptiver Färbung	Vorbehandeln, Anodisieren (keine spezielle Legierung), Färben mit hochechten org. oder anorg. Farbstoffen, Sealen (Ni)	Die eine farbgebende Substanz ist am Grund der Poren, die andere in der Schicht eingelagert. Oxidschicht-Dicke mind. 20 µm	Praktisch unbeschränkt, gedeckte Farbtöne, kein Weiß	Metallcharakter und Oberflächenaspekt des Aluminiums bleiben erhalten

Farbskala nach RAL (Auswahl)

Die RAL-Nr. ist zwischen Auftraggeber und Auftragnehmer zu vereinbaren, wenn Bauteile und Konstruktionen farbig beschichtet werden sollen. RAL = Deutsches Institut für Gütesicherung und Kennzeichnung (früher: Reichsausschuss für Lieferbedingungen)

RAL-Nr.	Farbe	RAL-Nr.	Farbe	RAL-Nr.	Farbe
24 beige-gelbe Farben		**8 lila-violett Farben**		**32 graue Farben**	
1000	Grünbeige	4001	Rotlila	7000	Fehgrau
1003	Signalgelb	4006	Verkehrspurpur	7042	Verkehrsgrau A
1032	Ginstergelb	**22 blaue Farben**		**18 braune Farben**	
8 orange Farben		5000	Violettblau	8000	Grünbraun
2000	Gelborange	5003	Saphirblau	8022	Schwarzbraun
2002	Blutorange	5022	Nachtblau	8025	Blassbraun
2010	Signalorange	**30 grüne Farben**		**10 weiße/schwarze Farben**	
19 rote Farben		6000	Patinagrün	9001	Cremeweiß
3000	Feuerrot	6003	Olivgrün	9003	Signalweiß
3020	Verkehrsrot	6027	Lichtgrün	9004	Signalschwarz
3027	Himbeerrot	6030	Signalgrün	9016	Verkehrsweiß
				9017	Verkehrsschwarz

Kanthölzer – Balken – Dachlatten aus Nadelschnittholz DIN 4074-1, 3, 4 : 2003-06; -2 : 1958-12

Bezeichnung	Querschnitt	Dicke *d* bzw. Höhe *h*	Breite *b* in mm
Kantholz, Balken	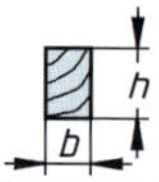	$b \leq h \leq 3\,b$	$b > 40$
Bohle	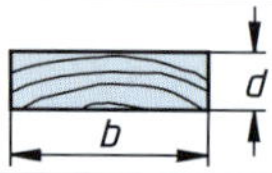	$d > 40$ mm	$b > 3\,d$ Breiten: 75 ... 200 Dicken: 44, 48, 50, 63, 70, 75
Brett	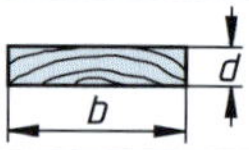	$d \leq 40$ mm	$b \geq 80$ mm Breiten: 75 ... 200 Dicken: 16, 18, 22, 24, 28, 38
Latte	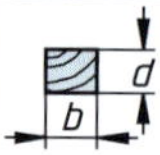	$d \leq 40$ mm	$b < 80$

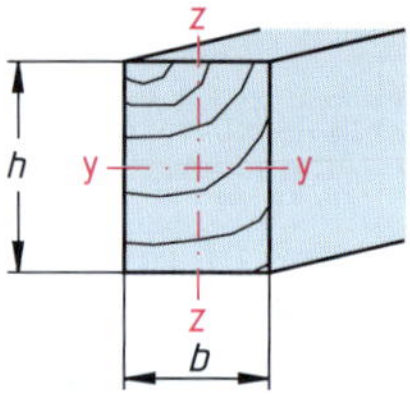

Beispiel: **Kantholz 10/20**

Breite:	$b = 10$ cm
Höhe:	$h = 20$ cm
Querschnittsfläche:	$S = 200\ \text{cm}^2$
Widerstandsmoment (= Maß für die Eignung als Träger)	
(„starke" Achse y – y)	$W_y = 667\ \text{cm}^3$
(„schwache" Achse z – z)	$W_z = 333\ \text{cm}^3$
Flächenmoment 2. Grades (= Maß für die Eignung als Stütze)	
(„starke" Achse y – y)	$I_y = 6667\ \text{cm}^4$
(„schwache" Achse z – z)	$I_z = 1667\ \text{cm}^4$

Kurzzeichen = Abmessung $\frac{b}{h}$ in cm	Querschnittsfläche *S* in cm^2	Statische Kennwerte „starke" Achse W_y in cm^3	I_y in cm^4	„schwache" Achse W_z in cm^3	I_z in cm^4	Masse Längenbezogene Masse m' in $\frac{\text{kg}}{\text{m}}$ (Dichte $\varrho = 600\ \frac{\text{kg}}{\text{m}^3}$)
Kanthölzer und Balken (Auswahl = Lagerware)						
6/6	36	38	108	36	108	2,16
6/8	48	64	256	48	144	2,88
6/12	72	144	864	72	216	4,32
8/8	64	85	341	85	341	3,84
8/10	80	133	667	107	427	4,80
8/12	96	192	1 152	128	512	5,76
8/16	128	341	2 731	171	683	7,68
10/10	100	167	833	167	833	6,00
10/12	120	240	1 440	200	1 000	7,20
10/20	200	667	6 607	333	1 667	12,0
10/22	220	807	8 873	367	1 833	13,2
12/12	144	288	1 728	288	1 728	8,64
12/14	168	392	2 744	336	2 016	10,1
12/16	192	512	4 096	384	2 304	11,6
12/20	240	800	8 000	480	2 880	14,4
12/24	288	1152	13 824	576	3 456	17,3
14/14	196	457	3 201	457	3 201	11,8
14/16	224	597	4 779	523	3 659	13,4
16/16	256	683	5 461	683	5 461	15,4
16/20	320	1067	10 667	853	6 827	19,2
18/22	396	1452	15 972	1188	10 692	23,8
20/20	400	1333	13 333	1333	13 333	24,0
20/24	480	1920	23 040	1600	1 600	28,8
Dachlatten						
24/48	11,5	9,2	22,1	4,57	5,5	0,69
30/50	15,0	12,5	31,3	7,5	1,3	0,90
40/60	24,0	42,0	72,0	16,0	32,0	1,44

Bauelemente

Gewinde-Übersicht DIN 202:1999-11

Gewinde-benennung	Gewinde-profil	Kenn-buch-stabe	Kurz-zeichen Beispiel	Gewinde-Nenndurch-messer Rohr-Nennweite	Norm	Anwendung Beispiel
Metrische ISO-Gewinde	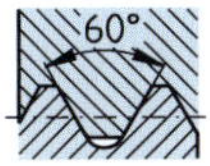	M	M20	1 bis 68 mm	DIN 13-1	Regelgewinde
			M10×1	1 bis 1000 mm	DIN 13-2 … -11	Feingewinde
Metrisches Gewinde mit großem Spiel			M36	12 bis 180 mm	DIN 2510	Schrauben mit Dehnschaft
Metrisches kegeliges Außengewinde	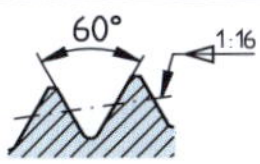		M36×2	6 bis 60 mm	DIN 158-1, -2	Verschlussschrauben und Schmiernippel
Zylindrisches Rohrgewinde für nicht im Gewinde dichtende Verbindungen		G	G $1^1/_2$	$^1/_8$ bis 6 inch	DIN EN ISO 228-1, -2	Außen- und Innengewinde für Rohrverbindungen (nicht dichtend)
Zylindrisches Rohrgewinde für im Gewinde dichtende Verbindungen		Rp	Rp $^3/_4$	$^1/_{16}$ bis 6 inch	DIN EN 10226-1	Rohrgewinde im Gewinde dichtend für Gewinderohre, Fittings, Rohrverschraubungen (für mittelschwere Gewinderohre DIN EN 10255)
Kegeliges Rohrgewinde für im Gewinde dichtende Verbindungen	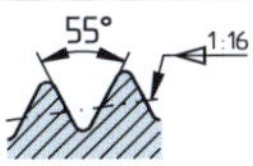	R	R $^3/_4$	$^1/_{16}$ bis 6 inch	DIN EN 10226-1	
Metrisches ISO-Trapezgewinde	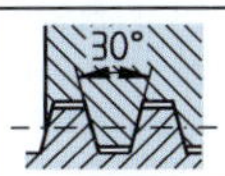	Tr	Tr 40×7	8 bis 300 mm	DIN 103-1 … 8	Allgemein als Bewegungsgewinde
Metrisches Sägengewinde	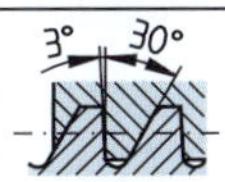	S	S 48×8	10 bis 640 mm	DIN 513-1 … 3	Einseitiges Befestigungsgewinde
Zylindrisches Rundgewinde	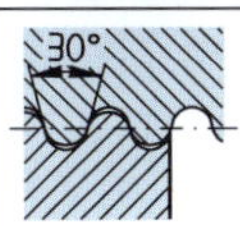	Rd	Rd 40×$^1/_6$	8 bis 200 mm	DIN 405-1 … 3	Allgemein (z.B. Rohrstützen, Montagestützen für Deckenschalungen)
			Rd 40×5	10 bis 300 mm	DIN 20 400	Rundgewinde mit großer Tragtiefe (Wagonkupplungen, Kranhaken)
Blechschraubengewinde	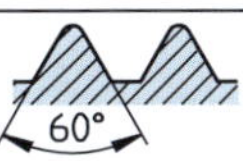	ST	St 3,5	1,5 bis 9,5 mm	DIN EN ISO 1478	Für Blechschrauben

Bezeichnungsbeispiele von Gewinden

Kurzbezeichnung	Erläuterung der Kurzbezeichnung
M20	Metrisches ISO-Regelgewinde, 20 mm Gewinde-Nenndurchmesser
M20×1	Metrisches ISO-Feingewinde, 20 mm Gewinde-Nenndurchmesser, Steigung 1 mm
M20 – LH	Metrisches ISO-Regelgewinde, 20 mm Gewinde-Nenndurchmesser, Linksgewinde (LH = left hand)
M20 – RH	Metrisches ISO-Regelgewinde, 20 mm Gewinde-Nenndurchmesser, Rechtsgewinde (RH = right hand), bei Teilen mit Rechts- und Links-Gewinde
Tr 40×14 P7	Metrisches ISO-Trapezgewinde mit 40 mm Gewinde-Nenndurchmesser, Steigung P_h = 14 mm, Teilung P = 7 mm, Gangzahl = P_h/P = 14/7 mm = 2
Rd 40×1/3 P1/6	Rundgewinde mit 40 mm Gewinde-Nenndurchmesser, Steigung P_h = 1/3 inch, Teilung P = 1/6 inch, Gangzahl = P_h/P = 1/3 : 1/6 = 2
S30×6	Sägengewinde mit 30 mm Gewinde-Nenndurchmesser, 6 mm Steigung
R $^3/_4$	Kegeliges Rohrgewinde für Rohrnennweite $^3/_4$ inch

Metrisches ISO-Gewinde (Regelgewinde) DIN 13-1 : 1999-11

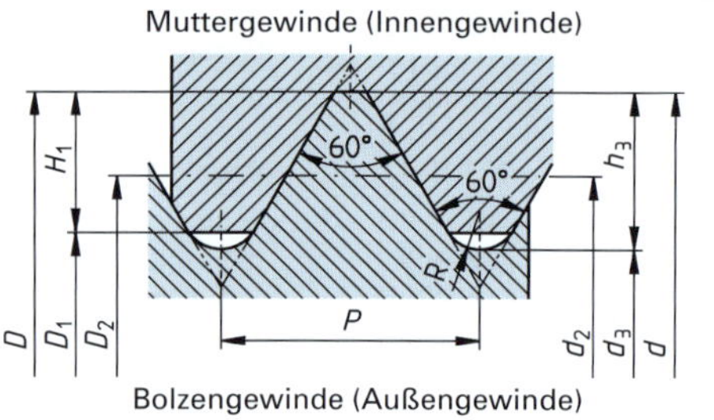

Durchmesser des Muttergewindes	Durchmesser des Bolzengewindes
Nenndurchmesser	$D = d$
Steigung	P
Flankenwinkel	60°
Gewindetiefe Bolzen	$h_3 = 0{,}6134 \cdot P$
Gewindetiefe Mutter	$H_1 = 0{,}5413 \cdot P$
Flankendurchmesser	$d_2 = D_2 = d - 0{,}6495 \cdot P$
Kerndurchmesser Bolzen	$d_3 = d - 1{,}2269 \cdot P$
Kerndurchmesser Mutter	$D_1 = d - 1{,}0825 \cdot P$
Rundung	$R = 0{,}1443 \cdot P$
Kernlochbohrer-durchmesser	$= d - P$
Spannungsquerschnitt	$S = \frac{\pi}{4} \cdot \left(\frac{d_2 + d_3}{2}\right)^2$

Gewindebezeichnung $D = d$ Reihe 1	Reihe 2	Steigung P	Kern-∅ Bolzen d_3	Kern-∅ Mutter D_1	Kernloch-∅	Spannungsquerschnitt S
M3		0,5	2,378	2,459	2,5	5,03
M4		0,7	2,764	2,850	3,2	6,78
M5		0,8	4,019	4,134	4,2	14,2
M6		1	4,773	4,914	5	20,1
M8		1,25	6,466	6,647	6,8	36,6
M10		1,5	8,160	8,376	8,5	58
M12		1,75	9,853	1,106	10,2	84,3
	M14	2	11,546	11,835	12	115
M16		2	13,546	13,835	14	157
	M18	2,5	14,933	15,294	15,5	192
M20		2,5	16,933	17,294	17,5	245
	M22	2,5	18,933	19,294	19,5	303
M24		3	20,319	20,752	21	353
	M27	3	23,319	23,752	24	459
M30		3,5	25,706	26,211	26,5	561
	M33	3,5	28,706	29,211	29,5	694
M36		4	31,039	31,670	32	817
	M39	4	34,039	34,670	35	976
M42		4,5	36,479	37,129	37,5	1120
	M45	4,5	39,479	40,129	40,5	1300
M48		5	41,866	42,587	43	1470
	M52	5	45,866	46,587	47	1760
M56		5,5	49,252	50,046	50,5	2030
	M60	5,5	53,252	54,046	55	2360
M64		6	56,639	57,505	58	2680

Metrisches ISO-Gewinde (Feingewinde) DIN 13-2 : 1999-11

Gewindebezeichnung $d \times P$	Kern-∅ Bolzen d_3	Kern-∅ Mutter D_1	Gewindebezeichnung $d \times P$	Kern-∅ Bolzen d_3	Kern-∅ Mutter D_1	Gewindebezeichnung $d \times P$	Kern-∅ Bolzen d_3	Kern-∅ Mutter D_1
M3 × 0,35	2,571	2,621	M24 × 1,5	22,160	22,376	M72 × 2	69,546	69,835
M4 × 0,5	3,387	3,549	M24 × 2	21,564	21,835	M72 × 3	68,319	68,752
M5 × 0,5	4,387	4,459	M30 × 1,5	28,160	28,376	M80 × 2	77,546	77,835
M6 × 0,75	5,080	5,188	M30 × 2	27,546	27,835	M80 × 4	75,093	75,670
M8 × 1	6,773	6,917	M36 × 1,5	34,160	34,376	M90 × 2	87,546	87,835
M10 × 0,75	9,080	9,188	M36 × 2	33,546	33,835	M90 × 4	85,093	85,670
M10 × 1	8,773	8,917	M42 × 1,5	40,160	40,376	M100 × 2	97,546	97,835
M12 × 1	10,773	10,917	M42 × 2	39,546	39,835	M100 × 4	95,093	95,670
M12 × 1,25	10,466	10,647	M48 × 2	45,546	45,835	M110 × 4	105,09	105,67
M14 × 1,5	12,160	12,376	M48 × 3	44,319	44,852	M125 × 4	120,09	120,67
M16 × 1	14,773	14,917	M56 × 2	53,546	53,835	M140 × 4	135,09	135,67
M16 × 1,5	14,160	14,376	M56 × 3	52,319	52,752	M160 × 6	152,64	153,51
M20 × 1	18,773	18,917	M64 × 2	61,546	61,835	M180 × 6	172,64	173,51
M20 × 1,5	18,160	18,376	M64 × 3	60,319	60,752	M200 × 6	192,64	193,51

Whitworth-Rohrgewinde für Gewinderohre und Fittings — DIN EN 10226-1:2004-10

(im Gewinde dichtende Verbindungen)

Zylindrisches Innengewinde (Kurzzeichen Rp)

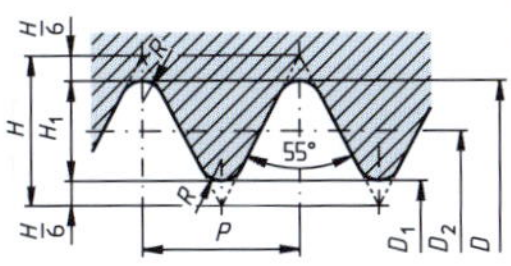

Kegeliges Außengewinde (Kurzzeichen R)

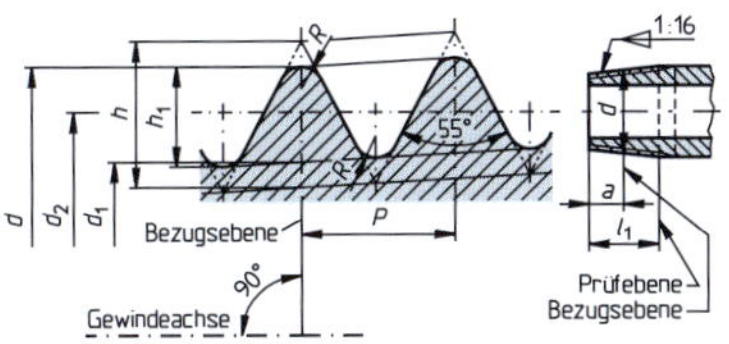

Die Gewindeschneidkluppe schneidet die Steigung von 1/16 von selbst

Gewindedurchmesser	$d = D$
Gangzahl auf 25,4 mm	Z
Steigung	$P = \frac{25{,}4\,\text{mm}}{Z}$
Flankendurchmesser	$D_2 = d_2 = d - h_1$
Kerndurchmesser	$D_1 = d_1 = d - 2 \cdot h_1$
Gewindetiefe	$H_1 = h_1 = 0{,}640327 \cdot P$
Flankenwinkel	55°
Rundung	$R = r = 0{,}137329 \cdot P$

Gewindebezeichnung Innengewinde	Außengewinde	Gangzahl Z	Steigung P	Außen-∅ $D = d$	Kern-∅ $D_1 = d_1$	Nennweite der Rohre DN (≈ Innen-∅ des Rohres)	Abstand der Bezugsebene a	Nutzbare Gewindelänge l_1
Rp 1/16	R 1/16	28	0,907	7,723	6,561	3	4,0	6,5
Rp 1/8	R 1/8	28	0,907	9,728	8,566	6	4,0	6,5
Rp 1/4	R 1/4	19	1,337	13,157	11,445	8	6,0	9,7
Rp 3/8	R 3/8	19	1,337	16,662	14,950	10	6,4	10,1
Rp 1/2	R 1/2	14	1,814	20,955	18,631	15	8,2	13,2
Rp 3/4	R 3/4	14	1,814	26,441	24,117	20	9,5	14,5
Rp 1	R 1	11	2,309	33,249	30,291	25	10,4	16,8
Rp 1 1/4	R 1 1/4	11	2,309	41,910	38,952	32	12,7	19,1
Rp 1 1/2	R 1 1/2	11	2,309	47,803	44,845	40	12,7	19,1
Rp 2	R 2	11	2,309	59,614	56,656	50	15,9	23,4
Rp 2 1/2	R 2 1/2	11	2,309	75,184	72,226	65	17,5	26,7
Rp 3	R 3	11	2,309	87,884	84,926	80	20,6	29,8
Rp 4	R 4	11	2,309	113,030	110,072	100	25,4	35,8
Rp 5	R 5	11	2,309	138,430	135,472	125	28,6	40,1
Rp 6	R 6	11	2,309	163,830	160,872	150	28,6	40,1

Metrisches ISO-Trapezgewinde — DIN 103-1:1977-04

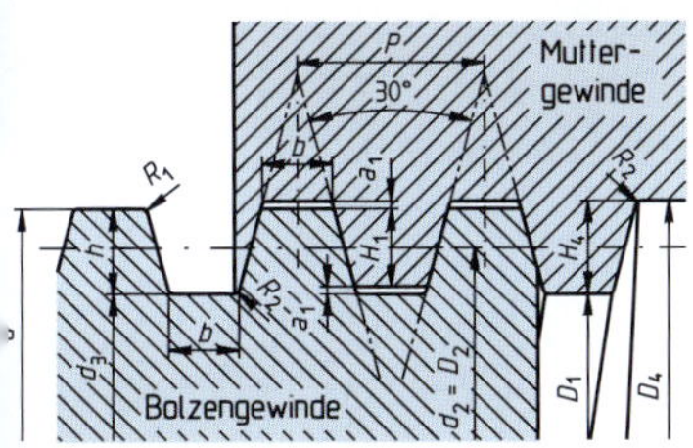

enndurchmesser	d
teigung eingängig	P
teigung mehrgängig	$P_h = n \cdot P$
angzahl	$n = P_h / P$
ankenwinkel	30°
ewindetiefe	$h_3 = H_4 = H_1 + a_c = 0{,}5 \cdot P + a_c$
ankenüberdeckung	$H_1 = 0{,}5 \cdot P$
pitzenspiel	a_c
ußendurchmesser	$D_4 = d + 2\,a_c$
ern-∅ Bolzen	$d_3 = d - (P + 2 \cdot a_c)$
Mutter	$D_1 = d - P$
ankendurchmesser	$d_2 = D_2 = d - 0{,}5 \cdot P$
undungen	$R_1 = \max 0{,}5 \cdot a_c$; $R_2 = \max a_c$
rehmeißelbreite	$B = 0{,}366 \cdot P - 0{,}54 \cdot a_c$

Gewindebezeichnung $d \times P$	Außen-∅ D_4	Kern-∅ Bolzen d_3	Kern-∅ Mutter D_1	Gewindetiefe $h_3 = H_4$	Drehmeißelbreite b
Tr 10 × 2	10,5	7,5	8	1,25	0,597
Tr 12 × 3	12,5	8,5	9	1,75	0,963
Tr 14 × 3	14,5	10,5	11	1,75	0,963
Tr 16 × 4	16,5	11,5	12	2,25	1,329
Tr 20 × 4	20,5	15,5	16	2,25	1,329
Tr 24 × 5	24,5	18,5	19	2,75	1,695
Tr 28 × 5	28,5	22,5	23	2,75	1,695
Tr 30 × 6	31	23	24	3,5	1,926
Tr 32 × 6	33	25	26	3,5	1,926
Tr 36 × 6	37	29	30	3,5	1,926
Tr 40 × 7	41	32	33	4	2,292
Tr 42 × 7	43	34	35	4	2,292
Tr 44 × 7	45	36	37	4	2,292
Tr 46 × 8	47	37	38	4,5	2,658
Tr 48 × 8	47	37	38	4,5	2,658
Tr 50 × 8	51	41	42	4,5	2,658
Tr 52 × 8	53	43	44	4,5	2,658
Tr 60 × 9	61	50	51	5	3,024
Tr 70 × 10	71	59,5	60	5,5	3,390
Tr 80 × 10	81	69	70	5,5	3,390

Festigkeitsklassen von Schrauben DIN EN ISO 898-1 : 1999-11

Festigkeitsklasse	3.6	4.6	4.8	5.6	5.8	6.8	8.8	9.8	10.9	12.9
Zugfestigkeit in N/mm²	300	400		500		600	800	900	1000	1200
Streckgrenze in N/mm²	180	240	320	300	400	480	–	–	–	–
0,2 Dehngrenze $R_{p0,2}$ in N/mm²	–	–	–	–	–	–	640	720	900	1080
Bruchdehnung *A* in%	25	22	–	20	–	–	12	10	9	8

Festigkeitsklassen von Muttern und zugehörige Schrauben aus Stahl DIN EN 20898-2 : 1994-02

Mutterhöhe		$0,5 \cdot d \leq m < 0,8 \cdot d$		$m \geq 0,8 \cdot d$							
Festigkeitsklasse		04	05	4	5		6	8	9	10	12
Prüfspannung in N/mm²		380	500	510	520 … 630		600 … 720	800 … 920	900 … 950	1040 … 1060	1140 … 1200
Gewindebereich		≤ M39		> M16	≤ M39				≤ M16	≤ M39	≤ M16
Zugehörige Schraube	Festigkeitsklasse			3.6 4.6 4.8	3.6 4.6 4.8	5.6 5.8	6.8	8.8	9.8	10.9	12.9
	Gewindebereich	≤ M39		> M16	≤ M16	≤ M39	≤ M39		≤ M16	≤ M39	

Festigkeitswerte von Schrauben und Muttern aus NE-Metallen DIN EN 28839 : 1991-12

Werkstoff Kennzeichen	Kurzzeichen	Gewinde-∅ *d*	Zugfestigkeit R_m in N/mm² (mindestens)	0,2% Dehngrenze $R_{p0,2}$ in N/mm² (mindestens)	Bruchdehnung *A* in% (mindestens)
CU1	Cu-ETP oder Cu-FRHC	$d \leq$ M39	240	160	14
CU2	CuZn37	$d \leq$ M6	440	340	11
		M6 $< d \leq$ M39	370	250	19
CU3	CuZn39Pb3	$d \leq$ M6	440	340	11
		M6 $< d \leq$ M39	370	250	19
CU4	CuSn6	$d \leq$ M12	470	340	22
		M12 $< d \leq$ M39	400	200	33
CU6	CuZn40Mn1Pb	M6 $< d \leq$ M39	440	180	18
AL1	AlMg3	$d \leq$ M10	270	230	3
		M10 $< d \leq$ M20	250	180	4
AL3	AlSi1MgMn	$d \leq$ M6	320	250	7
		M6 $< d \leq$ M39	310	260	10
AL4	AlCu4MgSi	$d \leq$ M10	420	290	6
		M10 $< d \leq$ M39	380	260	10
AL6	AlZn5,5MgCu	$d \leq$ M39	510	440	7

Durchgangslöcher für Schrauben DIN EN 20273 : 1992-02

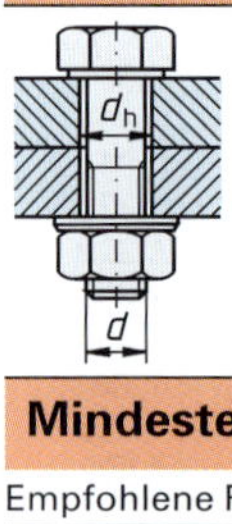

Gewinde-∅ *d*	Durchgangsloch d_h fein	mittel	grob	Gewinde-∅ *d*	Durchgangsloch d_h fein	mittel	grob
M3	3,2	3,4	3,6	M16	17	17,5	18,5
M4	4,3	4,5	4,8	M20	21	22	24
M5	5,3	5,5	5,8	M24	25	26	28
M6	6,4	6,6	7	M30	31	33	35
M8	8,4	9	10	M36	37	39	42
M10	10,5	11	12	M42	43	45	48
M12	13	13,5	14,5	M48	50	52	56

Mindesteinschraubtiefen l_e in Grundlochgewinde

Empfohlene Richtwerte, bei Feingewinde 25% Zuschlag

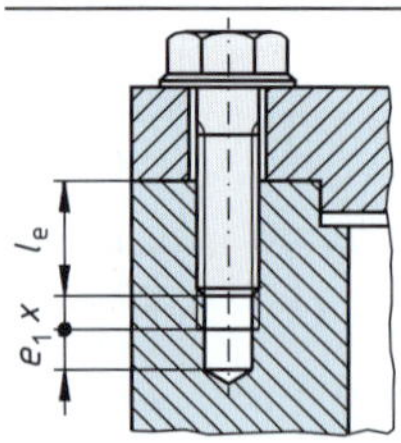

Festigkeitsklasse	3.6; 4.6	4.8 … 6.8	8.8	10.9
Stahl bis 400 N/mm²	$0,8 \cdot d$	$1,2 \cdot d$	–	–
Stahl bis 600 N/mm²	$0,8 \cdot d$	$1,0 \cdot d$	$1,2 \cdot d$	$1,4 \cdot d$
Stahl bis 800 N/mm²	$0,8 \cdot d$	$1,0 \cdot d$	$1,2 \cdot d$	$1,2 \cdot d$
Grauguss	$1,3 \cdot d$	$1,5 \cdot d$	$1,5 \cdot d$	–
Kupferlegierungen	$1,3 \cdot d$	$1,3 \cdot d$	–	–
Aluminiumlegierungen	$1,2 \cdot d$	$1,4 \cdot d$	–	–
Kunststoffe	$2,5 \cdot d$	–	–	–

$x \approx 3 \cdot P$; $e_1 \approx 4 \ldots 6 \cdot P$; Bohrlochtiefe $= l_e + x + e_1$

Sechskantschrauben — DIN EN ISO 4014, 4017, 8765, 8676:2001-03

Mit Schaft, metrisches Regelgewinde: DIN EN ISO 4014
Mit Schaft, metrisches Feingewinde: DIN EN ISO 8765
Mit Gewinde bis Kopf, metr. Regelgewinde: DIN EN ISO 4017
Mit Gewinde bis Kopf, metr. Feingewinde: DIN EN ISO 8676

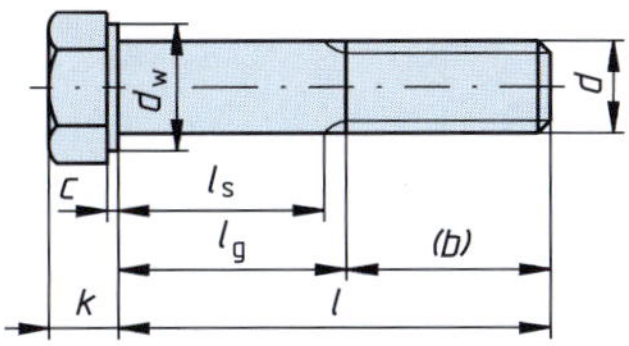

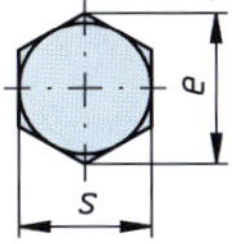

$l_g = l - b$
$l_s = l_g - 5\,P$
l_g = Mindest-Klemmlänge

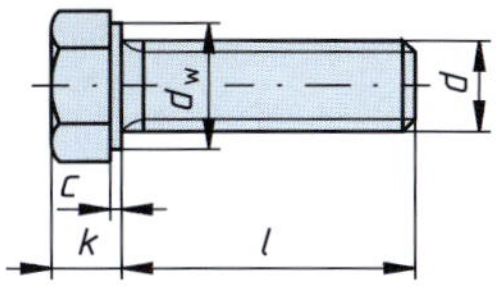

Normale Längen l: 8, 10, 12, 16, 20, 25 bis 70 mm je 5 mm gestuft, dann bis 200 mm je 10 mm, darüber je 20 mm gestuft, Festigkeitsklassen: 5.6, 8.8, 10.9
Nichtrostender Stahl A2-70 (≤ M20); A2-50 (> M20)

Bezeichnungsbeispiel:
Sechskantschraube ISO 4014 – M10 × 65 – 8.8
Sechskantschraube mit Schaft und Regelgewinde M10, Länge 65 mm; Festigkeitsklasse 8.8

ISO											
4014; 4017 8765; 8676	**Gewinde *d* / Gewinde *d* × *P***	**M4**	**M5**	**M6**	**M8 / M8×1**	**M10 / M10×1**	**M12 / M12×1,5**	**M16 / M16×1,5**	**M20 / M20×1,5**	**M24 / M24×2**	**M30 / M30×2**
	d_w	5,9	6,9	8,9	11,6	14,6	16,6	22,5	28,2	33,6	42,7
	k	2,8	3,5	4	5,3	6,4	7,5	10	12,5	15	18,7
	s	7	8	10	13	16	18	24	30	36	46
	e_{min}	7,7	8,8	11	14,4	17,8	20	26,8	33,5	40	50,8
	c	0,4	0,5	0,5	0,8	0,6	0,6	0,8	0,8	0,8	0,8
4014	b	14	16	18	22	26	30	38	46	54	66
8765	b				22	26	30	38	46	54	66
4014	l von	25	25	30	40	45	50	65	80	90	110
	bis	40	50	60	80	100	120	160	200	240	300
4017	l von	8	10	12	16	20	25	30	40	50	60
	bis	40	50	60	80	100	120	150	150	150	200
8765	l von				40	45	50	65	80	100	120
	bis				80	100	120	160	200	240	300
8676	l von				16	20	25	35	40	40	40
	bis				80	80	120	160	200	200	200

Sechskantschrauben — DIN EN ISO 4016, DIN EN ISO 4018:2001-03

Mit Schaft: DIN EN ISO 4016
Gewinde bis Kopf: DIN EN ISO 4018

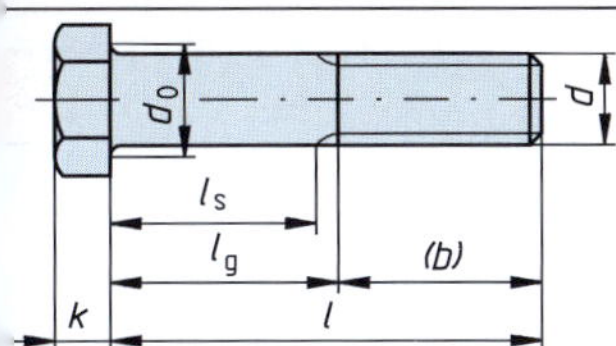

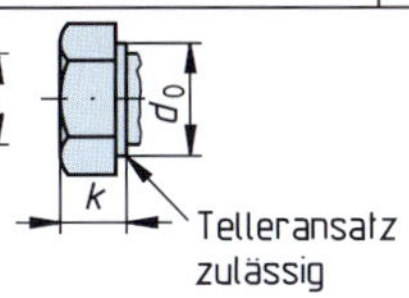

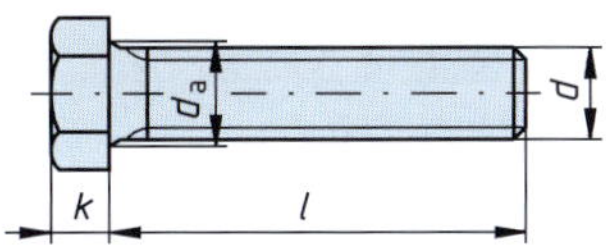

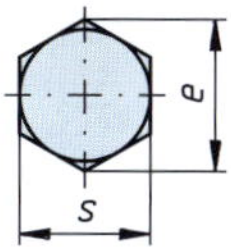

$lg = l - b$ = Mindestklemmlänge

Normale Längen: 10, 12, 16, 20 … 70 je 5 mm gestuft, 80 … 160 je 10 mm gestuft, 180 … 360 je 20 mm gestuft, Festigkeitsklassen: 3.6, 4.6, 4.8.
Bezeichnungsbeispiel: Sechskantschraube ISO 4016 – M10 × 50 – 4.6
Sechskantschraube mit Schaft, Gewinde M10, Länge 50 mm. Festigkeitsklasse 4.6.

Gewinde *d*	**M5**	**M6**	**M8**	**M10**	**M12**	**M16**	**M20**	**M24**	**M30**
b	16	18	22	26	30	38	46	54	66
d_w	6,7	8,7	11,5	16,5	22	22,7	33,2	42,8	
k	3,5	4	5,3	6,4	7,5	10	12,5	15	18,7
s	8	10	13	16	18	24	30	36	46
e	8,6	10,9	14,2	17,6	19,9	26,2	33	39,6	50,9
d_a	6	7,2	10,2	12,2	14,7	18,7	24,4	28,4	35,4
l von	25/10 [1])	30/12 [1])	40/16 [1])	45/20 [1])	55/25 [1])	65/30 [1])	80/40 [1])	100/50 [1])	120/60 [1])
bis	50	60	80	100	120	160	200	240	300

[1]) für ISO 4018

Zylinderschrauben mit Innensechskant DIN EN ISO 4762:2004-06, DIN 7984:2002-12

Zylinderschraube mit Innensechskant DIN EN ISO 4762	Zylinderschraube mit Innensechskant und niedrigem Kopf DIN 7984
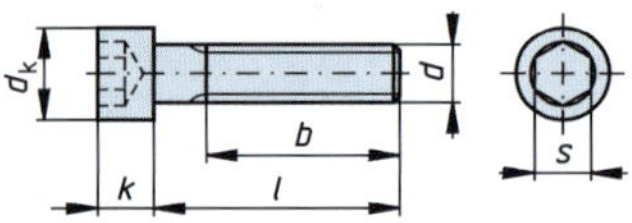	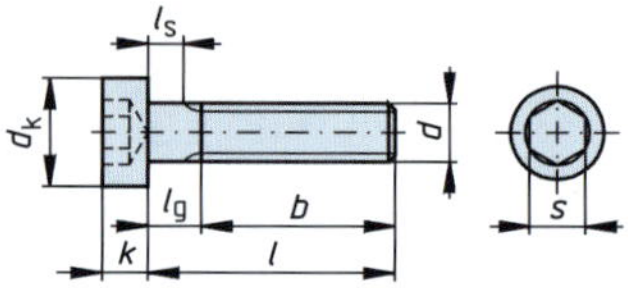

$l_g = l - b$
$l_s = l_g - 5\,P$
l_g = Mindestklemmlänge

Normale Längen: 8, 10, 12, 16, 20...70 je 5 mm gestuft, dann bis 160 je 10 mm gestuft, darüber je 20 mm gestuft
Festigkeitsklassen für ISO 4762: 8.8, 10.9, 12.9 für DIN 7984: 8.8; nichtrostender Stahl: A2-70, A4-70
Bezeichnungsbeispiel: Zylinderschraube DIN 7984 – M10 x 55 – 8.8
Zylinderschraube mit Innensechskant und niedrigem Kopf, Gewinde M10, Länge 55 mm, Festigkeitsklasse 8.8

ISO 4762 u. DIN 7984	Gewinde *d*	M5	M6	M8	M10	M12	M16	M20	M24
ISO 4762 u. DIN 7984	d_K	8,5	10	13	16	18	24	30	36
ISO 4762	b	22	24	28	32	36	44	52	60
	k	5	6	8	10	12	16	20	24
	s	4	5	6	8	10	14	17	19
Gewinde bis Kopf	l von	8	10	12	16	20	25	30	40
	bis	25	30	35	40	50	60	70	80
Schaftschraube	l von	30	35	40	45	55	65	80	90
	bis	50	60	80	100	120	160	200	200
DIN 7984	b	16	18	22	26	30	38	46	54
	k	3,5	4	5	6	7	9	11	13
	s	3	4	5	7	8	12	14	17
Gewinde annähernd bis Kopf	l von	8	10	12	16	20	30	40	50
	bis	25	25	30	35	45	55	60	80
	l_g	2,4	3	3,75	4,5	5,25	6	7,5	9
Schaftschraube	l von	30	30	35	40	50	60	70	90
	bis	–	40	60	70	80	80	100	100

Zylinderschraube mit Innensechskant und niedrigem Kopf und Schlüsselführung DIN 6912:2002-12

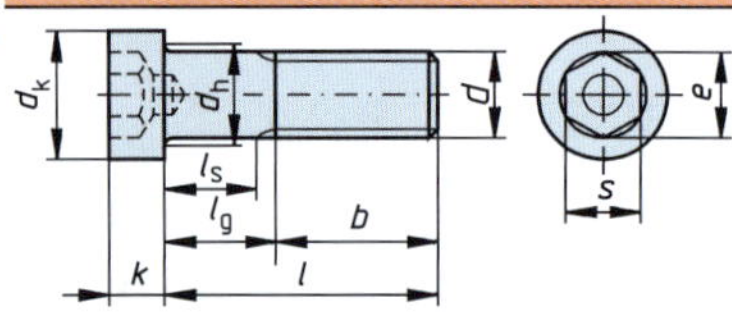

	Gewinde *d*	M5	M6	M8	M10	M12	M16	M20	M24
	b	16	18	22	26	30	38	46	54
	k	3,5	4	5	6,5	7,5	10	12	14
	s	4	5	6	8	10	14	17	19
	l von	10	10	12	16	16	20	30	60
	bis	60	70	80	90	100	140	180	200
Gewinde annähernd bis Kopf	l von	10	10	12	16	16	20	30	60
	bis	20	25	30	35	40	50	60	80
	l_g	4,2	5,5	7	8	9,5	11	14	16
Schaftschraube ($l_g = l - b$)	l von	25	30	35	40	50	60	70	90
	bis	60	70	80	90	100	140	180	200

Normale Längen: 10, 12, 16, 20, 25, 30, 35, 40 bis 200 mm je 10 mm gestuft
Festigkeitsklassen: 8.8
Nichtrostender Stahl A2-70 (≤ M20); A2-50 (< M24)

Bezeichnungsbeispiel: Zylinderschraube DIN 6912 – M10 x 60 – 8.8
Zylinderschraube; Gewinde M10, Länge 60 mm, Festigkeitsklasse 8.8

Sechskant-Passschrauben mit langem Gewindezapfen — DIN 609 : 1995-02

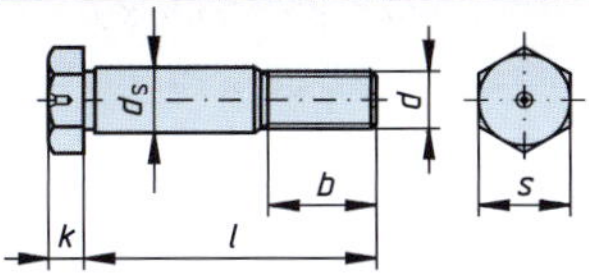

Normale Längen: 25, 28, 30, 32, 35, 40, 42, 45, 48, 50 … 150 mm je 5 mm gestuft
Festigkeitsklassen: 8.8. Nichtrostender Stahl A2-70 ($\leq$ M20); A2-50 (> M20)

Gewinde d / Gewinde $d \times P$		M8 / M8 × 1	M10 / M10 × 1,25	M12 / M12 × 1,25	M16 / M16 × 1,5	M20 / M20 × 1,5	M24 / M24 × 2
b für	$l < 50$	14,5	17,5	20,5	25	28,5	–
	$l = 50$ … 150	16,5	19,5	22,5	27	30,5	36,5
d_S		9	11	13	17	21	25
k		5,3	6,4	7,5	10	12,5	15
s		13	16 [1])/17	18 [1])/19	24	30	36
l	von	25	30	32	38	45	55
	bis	80	100	120	150	150	150

Bezeichnungsbeispiel: Sechskantpassschraube DIN 609 – M12 × 1,25 × 50 – SW 18 – 8.8
Sechskantpassschraube, Gewinde M12 × 1,25, Länge 50 mm, neue Schlüsselweite 18 mm, Festigkeitsklasse 8.8

[1]) für Neukonstruktionen sind SW 16 bzw. SW 18 anzugeben

Senkschrauben mit Innensechskant — DIN EN ISO 10642 : 2004-06

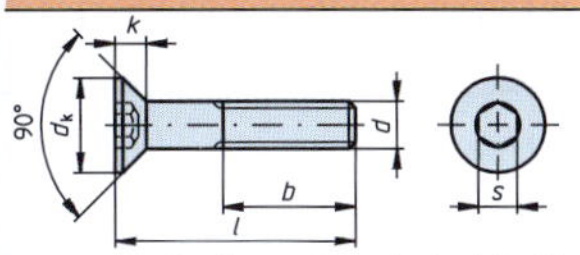

wenn $l < b$, dann Gewinde bis Kopf

Gewinde d		M4	M5	M6	M8	M10	M12	M16	M20
b		20	22	24	28	32	36	44	52
d_K		8,9	11,2	13,4	17,9	22,4	26,8	33,6	40,3
k		2,5	3,1	3,7	5,0	6,2	7,4	8,8	10,2
s		2,5	3	4	5	6	8	10	12
l	von	8	8	8	10	12	20	30	35
	bis	40	50	60	90	100	100	100	100

Normale Längen: 8, 10, 12, 16, 20, 25, 30, 35, 40, 50, 60, 70, 80, 90, 100 mm
Festigkeitsklassen: 8.8; 10.9; 12.9
Bezeichnungsbeispiel: Senkschraube ISO 10642 – M10 × 50 – 8.8
Senkschraube mit Innensechskant, Gewinde M10, Länge 50 mm, Festigkeitsklasse 8.8

Zylinderschrauben mit Schlitz — DIN EN ISO 1207 : 1994-10

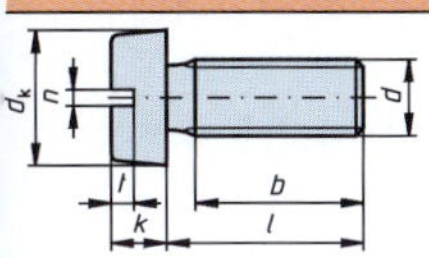

Gewinde d		M2	M2,5	M3	M4	M5	M6	M8	M10
d_K		3,8	4,5	5,5	7	8,5	10	13	16
k		1,3	1,6	2	2,6	3,3	3,9	5	6
n		0,5	0,6	0,8	1,2	1,2	1,6	2	2,5
t		0,6	0,7	0,85	1,1	1,3	1,6	2	2,4
b		–	–	–	–	38	38	38	38
Schraube mit Schaft l	von	–	–	–	–	45	45	45	45
	bis					50	60	80	80
Gewinde bis Kopf l	von	3	3	4	5	6	8	10	12
	bis	20	25	30	40	50	60	80	80

Normale Längen: 3, 4, 5, 6, 8, 10, 12, 16, 20, 25, 30, 35, 40, 45, 50, 60, 70, 80 mm
Festigkeitsklassen: 4.8, 5.8, 8.8. Nichtrostender Stahl A2-70; A2-50
Bezeichnungsbeispiel: Zylinderschraube ISO 1207 – M6 × 20 – 5.8
Zylinderschraube mit Schlitz, Gewinde M6, Gewinde bis Kopf, Länge 20 mm, Festigkeitsklasse 5.8

Senkschrauben und Linsensenkschrauben mit Schlitz mit Kreuzschlitz — DIN EN ISO 2009, 2010 : 1994-10; DIN EN ISO 7046-1, 7047 : 1994-10

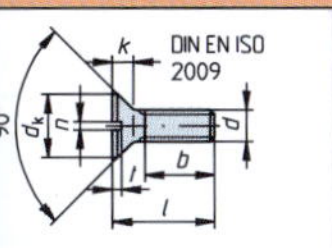

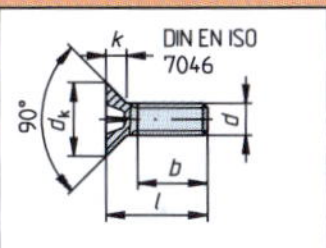

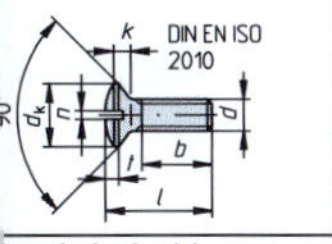

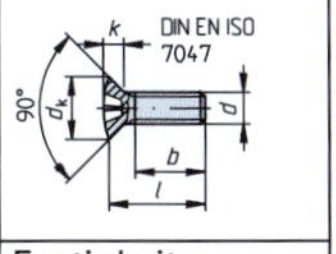

estigkeitsklassen: .8 und 5.8 Nichtrostender tahl A2-70; A2-50

Festigkeitsklassen: 4.8 Nichtrostender Stahl A2-70; A2-50

Normale Längen: 3, 4, 5, 6, 8, 10, 12, 6, 20, 25, 30, 35, 40, 45, 50, 55, 60 mm ür ISO 2009 u. 2010 uch 70, 80 mm

Kreuzschlitzformen

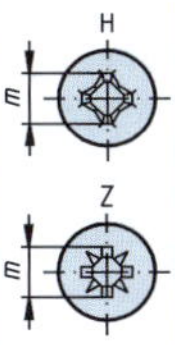

Gewinde d		M2	M2,5	M3	M4	M5	M6	M8	M10
d_K		3,8	4,7	5,5	8,4	9,3	11,3	15,8	18,3
k		1,2	1,5	1,65	2,7	2,7	3,3	4,65	5
n		0,5	0,6	0,8	1,2	1,2	1,6	2	2,5
f		0,5	0,6	0,7	1	1,2	1,4	2	2,3
t ISO 2009		0,6	0,8	0,9	1,3	1,4	1,6	2,3	2,6
t ISO 2010		0,8	1	1,2	1,6	2	2,4	3,2	3,8
Kreuzschlitzgröße		0	1		2		3	4	
b		–	–	–	–	38	38	38	38
ISO 2009 u. 2010	l von	3	4	5	6	8	8	10	12
	bis	20	25	30	40	50	60	80	80
ISO 7046-1 7047	l von	3	3	4	5	6	8	10	12
	bis	20	25	30	40	50	60	60	60

Bezeichnungsbeispiel: Senkschraube ISO 7046-1 – M6 × 50 – 4.8 – Z
Senkschraube mit Gewinde M6, Länge 50 mm, Festigkeitsklasse 4.8, Kreuzschlitzform Z

Theoretische Grundlagen
Technische Kommunikation
Werkstoffe
Bauelemente
Fertigungstechnik
Informations- und Steuerungstechnik
Anhang

Blechschrauben mit Schlitz — DIN ISO 1481, 1482, 1483 : 1990-08
Blechschrauben mit Kreuzschlitz — DIN ISO 7049, 7050, 7051 : 1990-08

Blechschraube ISO 1481

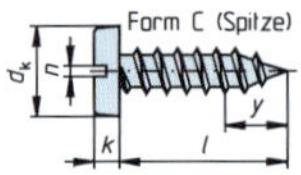

Blechschraube ISO 7049

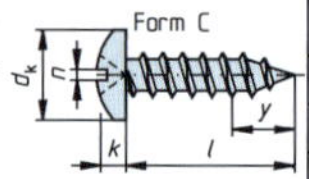

Blechschraube ISO 1482

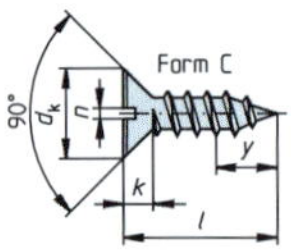

Blechschraube ISO 7050

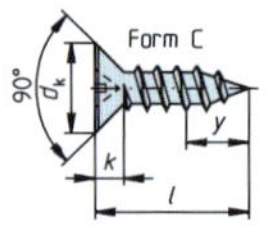

Blechschraube ISO 1483

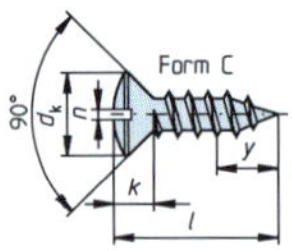

Blechschraube ISO 7051

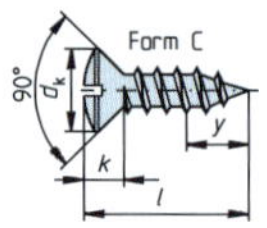

Form F (Zapfen)

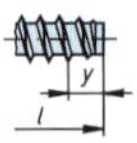

Kreuzschlitz

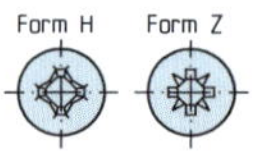

DIN ISO	Gewinde		ST2,2	ST2,9	ST3,5	ST4,2	ST4,8	ST5,5	ST6,3
1482, 1483, 7050, 7051	d_K		3,8	5,5	7,3	8,4	9,3	10,3	11,3
1481, 7049			4	5,6	7	8	9,5	11	12
1481	k		1,3	1,8	2,1	2,4	3	3,2	3,6
7049			1,6	2,4	2,6	3,1	3,7	4	4,6
1482, 1483, 7050, 7051			1,1	1,7	2,35	2,6	2,8	3	3,15
1481, 1482, 1483	n		0,5	0,8	1	1,2	1,2	1,6	1,6
7049, 7050, 7051	Kreuzschlitzgröße		0	1	2			3	
Alle Blechschrauben	y	Form C	2	2,6	3,2	3,7	4,3	5	6
		Form F	1,6	2,1	2,5	2,8	3,2	3,6	3,6
1481	l	von			6,5				
		bis			22	9,5		13	
1483		von			9,5	25	9,5	32	
		bis	4,5	6,5	22		32		13
1482, 7050, 7051		von	16	19	9,5				38
		bis			25	9,5		13	
7049		von			9,5	32	9,5	38	
		bis			25		38		

Normale Längen: 4, 5, 6,5, 9,5, 13, 16, 19, 22, 25, 32, 38 mm
Werkstoff: Stahl
Bezeichnungsbeispiel: Blechschraube ISO 7050 – ST 4,2 × 25 – C – Z
Senk-Blechschraube mit Gewinde ST 4,2, Länge 25 mm, spitze Form C, Kreuzschlitzform Z

Kombiblechschrauben mit flachen Scheiben — DIN EN ISO 10510 : 1999-12

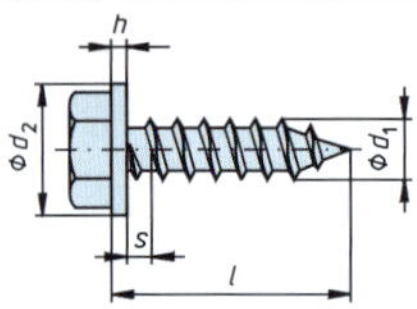

Sechskant-Blechschraube mit Spitze

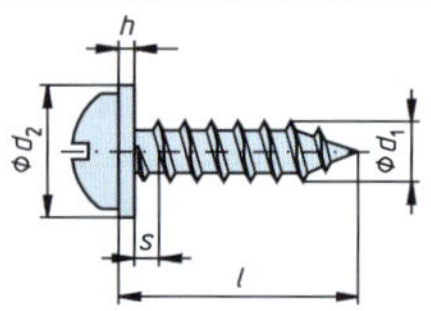

Flachkopf-Blechschraube mit Zapfen

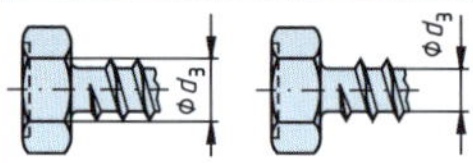

Innendurchmesser der Auflagefläche d_a und Schaftdurchmesser d_s

Bezeichnung einer Kombi-Blechschraube besteht aus:
- der Benennung des Teils,
- der Angabe dieser Norm,
- den Eigenschaften der Schraube,
- dem Kurzzeichen für die Schraube (s. u.)
- dem Kurzzeichen für die Scheibe (s. u.)

Gewindegröße	a	d_a	Maße der Scheiben Normale Reihe Form N		Große Reihe Form L	
ST2,2	0,8	2,1	1	5	1	7
ST2,9	1,1	2,8	1	7	1	9
ST3,5	1,3	3,3	1	8	1	11
ST4,2	1,4	4,03	1	9	1	12
ST4,8	1,6	4,54	1	10	1,6	15
ST5,5	1,8	5,22	1,6	12	1,6	15
ST6,3	1,8	5,93	1,6	12	1,6	15
ST8	2,1	7,76	1,6	16	2	24
ST9,5	2,1	9,43	2	20	2,5	30

Kurzzeichen für Schrauben

ISO 1479	Sechskant-Blechschraube	S1
ISO 7049	Linsenkopf-Blechschraube mit Kreuzschlitz	S2
ISO 1481	Flachkopf-Blechschraube mit Schlitz	S3

Kurzzeichen für Scheiben

Bezugsnorm		Außendurchmesser	Kurzzeichen
ISO 10669	Flache Scheiben für Kombi-Blechschrauben	Normal Groß	N L

Bezeichnungsbeispiele:
Kombi-Blechschraube ISO 10510 – ST 4,2 × 16 – C – S1 – N
Kombi-Blechschraube mit Sechskantkopf mit der Schraubengröße ST 4,2, 16 mm lang mit Spitze (Form C) nach ISO 1479 (Kurzzeichen S1) und einer flachen Scheibe, normale Reihe nach ISO 10669 (Kurzzeichen N)
Kombi-Blechschraube ISO 10510 – ST 4,2 × 16 – C – Z – S2 – N
Kombi-Blechschraube mit Linsenkopf mit Kreuzschlitz mit der Schraubengröße ST 4,2, 16 mm lang mit Spitze (Form C) und Kreuzschlitz Form Z nach ISO 7049 (Kurzzeichen S2) und einer flachen Scheibe, normale Reihe nach ISO 10669 (Kurzzeichen N)

Bohrschrauben mit Blechschraubengewinde — DIN EN ISO 15 480, 15 481, 15 482, 15 483: 2000-02

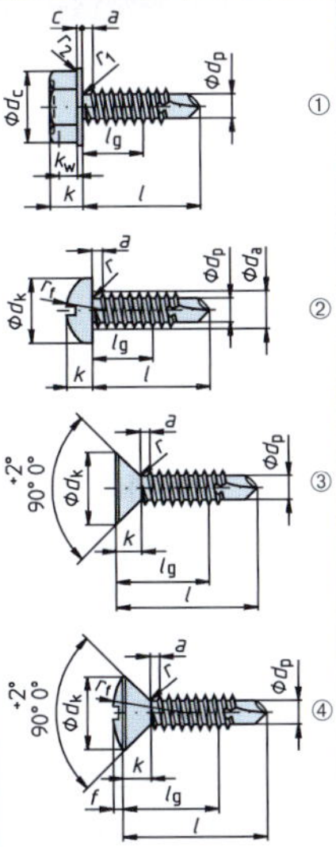

Gewinde		ST2,9	ST3,5	ST4,2	ST4,8	ST5,5	ST6,3
Max. Bohrlochdurchmesser nach DIN EN ISO 10 666		2,5	3,0	3,6	4,2	4,8	5,4
Bohrbereich, Blechdicke *s*	von	0,7	0,7	1,75	1,75	1,75	2
	bis	1,9	2,25	3	4,4	5,25	6
Schraubenkopfmaße							
① ISO 15 480, Sechskant-Bohrschraube	d_c	6,3	8,3	8,8	10,5	11	13,5
	c	0,4	0,6	0,8	0,9	1	1
	k	2,8	3,4	4,1	4,3	5,4	5,9
	s	4	5,5	7	8	8	10
② ISO 15 481, Linsenkopf-Bohrschraube	d_K	5,6	7	8	9,5	11	12
	k	2,4	2,6	3,1	3,7	4	4,6
③ ISO 15 482, Senkkopf-Bohrschraube	d_K	5,5	7,3	8,4	9,3	10,3	11,3
④ ISO 15 483, Linsensenkkopf-Bohrschraube	*k*	1,7	2,35	2,6	2,8	3	3,15
Kreuzschlitzgröße für ISO 15 481–15 483		1	2			3	
Nennlänge *l* (nur für ISO 15 480 und ISO 15 481)		l_g (min)					
	9,5	3,25	2,85				
	13	6,6	6,2	4,3	3,7		
	16	9,6	9,2	7,3	5,8	5	
	19	12,5	12,1	10,3	8,7	8	7
	22		15,1	13,3	11,7	11	10
	25		18,1	16,3	14,7	14	13
	32			23	21,5	21	20
	38			29	27,5	27	26
	45				34,5	34	33
	50				39,5	39	38

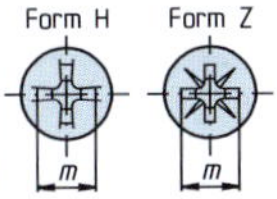

Normale Längen: 9,5, 13, 16, 19, 22, 25, 32, 38, 45, 50 mm. Werkstoff: Stahl

Bezeichnungsbeispiel: Bohrschraube ISO 15 482 – ST 4,8 × 32 – Z
Senkkopf-Bohrschraube (Form O) mit Gewinde ST 4,8, Länge 32 mm, Kreuzschlitzform Z

Gewindeschneidschrauben — DIN 7513, 7516 : 1995-09

Kreuzschlitzschrauben DIN 7516		Schlitzschrauben DIN 7513	
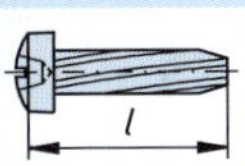	Form AE Maße nach DIN EN ISO 7045	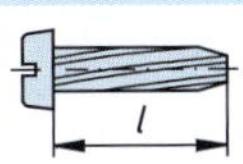	Form BE Maße nach DIN EN ISO 1207
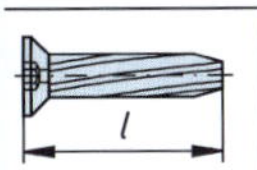	Form DE Maße nach DIN EN ISO 7046	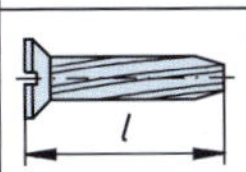	Form FE Maße nach DIN EN ISO 2009
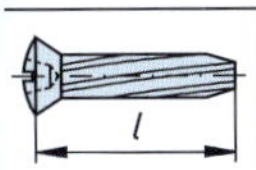	Form EE Maße nach DIN EN ISO 7047	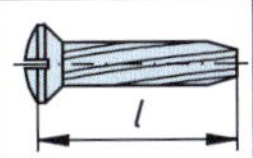	Form GE Maße nach DIN EN ISO 2010

Gewinde *d*		M3	M4	M5	M6	M8
Kernloch-∅ *d* H11		2,7	3,6	4,5	5,5	7,4
Nennlänge *l*	von	6 [1]	8 [1]	10 [1]	12 [1]	16
	bis	20	25	30	35	40

Normale Längen: 6, 8, 10, 12, 16, 20, 25, 30, 35, 40 mm
Werkstoff: Stahl nach DIN 17 210; DIN EN 10 083
Kreuzschlitzformen: H und Z

Bezeichnungsbeispiel:
Schneidschraube DIN 7516 – DE M4 × 20 – St – H
Kreuzschlitz-Schneidschraube mit Senkkopf, Gewinde M4, Länge 20 mm, Kreuzschlitzform H

[1]) die kleinste Nennlänge nicht für die Formen DE, EE, FE, GE

Flachrundschrauben mit Vierkantansatz für Holz-Metallverbindungen — DIN 603 : 1981-10

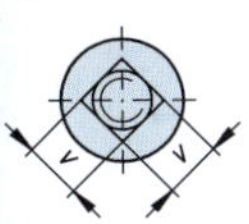

v = d

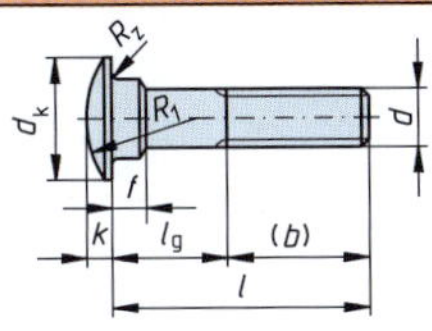

Gewinde *d*		M5	M6	M8	M10	M12	M16	M20
d_K		13	16	20	24	30	38	46
f		3,5	4	5	6	8	12	15
k		3	3,5	4,5	5	6,5	8,5	10,5
R_1		10,7	12,6	16	19,2	24,1	29,3	33,9
R_2		0,5	0,5	0,5	0,5	1	1	1
b für $l \leq 125$		16	18	22	26	30	38	46
b für $l > 125$		–	24	28	32	36	44	52
l	von	16	16	20	20	30	50	60
	bis	80	150	150	200	200	200	200

Normale Längen: 16, 20, 25 bis 70 mm je 5 mm gestuft, dann je 10 mm, dazu 180 und 200 mm
Festigkeitsklassen: 3.6, 4.6
Bezeichnungsbeispiel: Flachrundschraube DIN 603 – M10 × 60 – 3.6
Flachrundschraube mit Gewinde M10, Länge 60 mm, Festigkeitsklasse 3.6

Hammerschrauben mit Vierkant (Aufspannschrauben für Werkzeugmaschinen) — DIN 186 : 1988-04

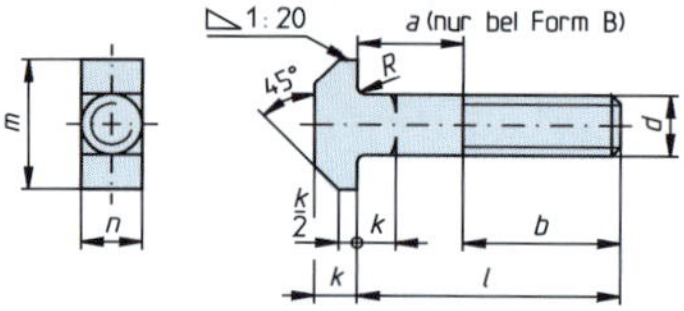

Form A mit Schaft (Gewindelänge *b*)
Form B mit langem Gewinde (bis zum Maß *a*)
Bezeichnungsbeispiel:
Hammerschraube DIN 186 – B M12 × 100 – 4.6
Hammerschraube Form B
mit Gewinde M12, Länge 100 mm,
Festigkeitsklasse 4.6

Gewinde *d*	M6	M8	M10	M12	M16	M20	M24
k	4,5	5,5	7	8	10,5	13	5
n	6	8	10	12	16	20	24
m	16	18	21	26	30	36	43
R	0,5	0,5	0,5	1	1	1	1,6
a	10	13	16	19	25	31	37
b für $l \leq 120$	18	22	26	30	38	46	54
b für $l > 120$	–	–	–	–	44	52	60
l von	30	30	30	40	50	60	70
l bis	60	80	100	120	160	200	200

Normale Längen: 30, 40, 50, 60, 70, 80, 90, 100, 120, 140, 160, 180, 200 mm
Festigkeitsklassen: 3.6, 4.6

Stiftschrauben — DIN 835, 938, 939 : 1995-02

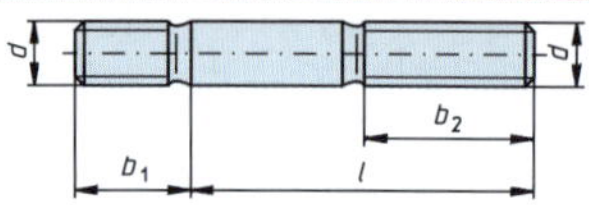

DIN 938: $b_1 \approx d$ Einschrauben in Stahl
DIN 939: $b_1 \approx 1{,}25 \cdot d$ Einschrauben in Gusseisen
DIN 835: $b_1 \approx 2 \cdot d$ Einschrauben in Al-Legierungen

Gewinde *d*	M6	M8	M10	M12	M16	M20	M24
Gewinde $d \times P$	–	M8 × 1	M10 × 1,25	M12 × 1,25	M16 × 1,5	M20 × 1,5	M24 × 2
b_2 für $l \leq 125$	18	22	26	30	38	46	54
b_2 für $l > 125$	–	–	–	–	44	52	60
l von	25	30	35	40	50	60	70
l bis	60	80	100	120	160	200	200

Normale Längen: 25, 30, 35, 40, 45, 50, 55, 60, 65, 70, 75, 80, 90, 100, 110, 120, 130, 140 … 200 mm
Festigkeitsklassen: 5.6, 8.8, 10.9
Bezeichnungsbeispiel: Stiftschraube DIN 938 – M10 × 50 – 8.8
Stiftschraube mit Gewinde M10, Länge 50 mm, Festigkeitsklasse 8.8

Gewindestifte mit Schlitz — DIN EN 24 766, 27 434, 27 435, 27 436 : 1992-10
Gewindestifte mit Innensechskant — DIN EN ISO 4026, 4027, 4028, 4029 : 2004-05

Gewindestift-Kopfformen

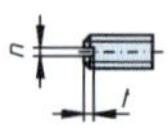	ISO 7434	ISO 4766	ISO 7436	ISO 7435	Nur für Gewindedurchmesser bis M12
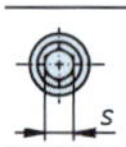	ISO 4027	ISO 4026	ISO 4029	ISO 4028	Für alle Gewindedurchmesser

Gewindestift-Spitzen

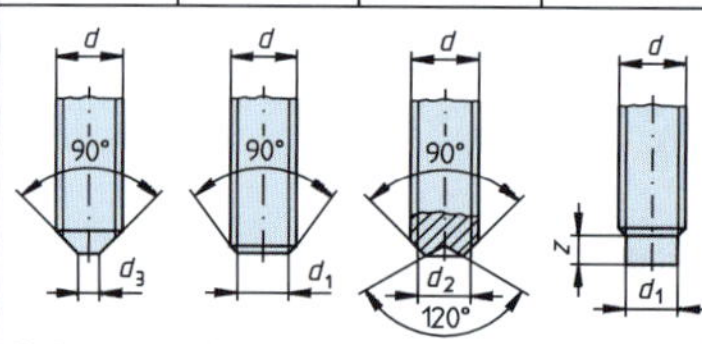

Spitze — Kegelkuppe — Ringschneide — Zapfen

Gewinde *d*	M3	M4	M5	M6	M8	M10	M12	M16
d_1	2	2,5	3,5	4	5,5	7	8,5	12
d_2	1,4	2	2,5	3	5	6	8	10
d_3	0,3	0,4	0,5	1,5	2	2,5	3	4
d_3 (ISO 4027)	0,75	1	1,25	1,5	2	2,5	3	4
z	1,8	2,3	2,8	3,3	4,3	5,3	6,3	8
n	0,6	0,8	1,0	1,2	1,5	1,9	2,3	–
t	1,0	1,4	1,6	2,0	2,5	3,0	3,6	–
s	1,5	2	2,5	3	4	5	6	8
ISO 7435 l von	5	6	8	8	10	12	16	–
ISO 7435 l bis	16	20	25	30	40	50	60	
ISO 7436 l von	3	4	5	6	8	10	12	–
ISO 7436 l bis	16	20	25	30	40	50	60	
ISO 4766 l von	3	4	5	6	8	10	12	–
ISO 4766 l bis	16	20	25	30	40	50	60	
ISO 7434 l von	4	6	8	8	10	12	16	–
ISO 7434 l bis	16	20	25	30	40	50	60	

Normale Längen:
3, 4, 5, 6, 8, 10, 12, 16, 20, 25, 30, 35, 40, 45, 50, 55, 60 mm
Werkstoffe:
Gewindestifte mit Schlitz: Stahl 14H; 22H; nichtrostender Stahl A1-50
Gewindestifte mit Innensechskant: Stahl 45H; nichtrostender Stahl A2-70
(Fortsetzung B 13)

(Fortsetzung von B 12)	Gewinde *d*			M3	M4	M5	M6	M8	M10	M12	M16
Bezeichnungsbeispiele:	ISO 4026	*l*	von	3	4	5	6	8	10	12	16
Gewindestift ISO 4028 – M6 × 12 – 45H			bis	20	20	25	30	40	50	60	60
Gewindestift mit Zapfen und Innensechskant und Gewinde M5, Länge 16 mm,	ISO 4027	*l*	von	3	4	5	6	8	10	12	16
Festigkeitsklasse 45H			bis	16	20	25	25	40	50	60	60
Gewindestift ISO 7435 – M5 × 16 – 14H	ISO 4028	*l*	von	4	5	6	8	8	10	12	16
Gewindestift mit Zapfen und Schlitz und			bis	16	20	25	30	40	50	60	60
Gewinde M5, Länge 16 mm, Festigkeitsklasse 14H	ISO 4029	*l*	von	3	4	5	6	8	10	12	16
			bis	16	20	25	30	40	50	60	60

Sechskantschrauben für Stahlkonstruktionen — DIN 7990:2008-04

Für SL-Verbindungen

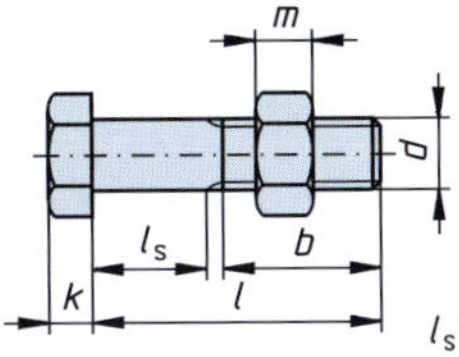

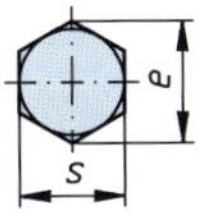

$l_s = l - b - 2 \cdot p$

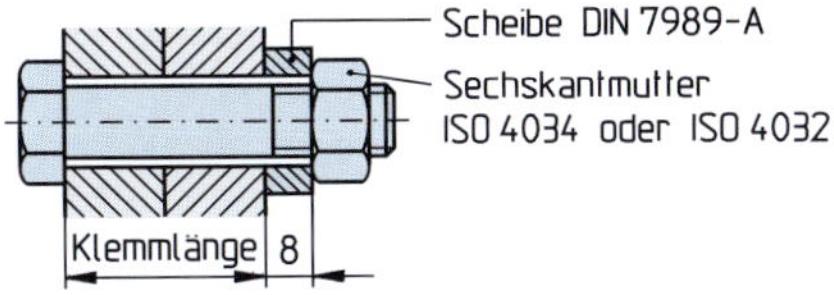

Bezeichnungsbeispiel: Sechskantschraube DIN 7990 – M16 × 70 – Mu – 4.6 – tzn
Sechskantschraube mit Gewinde M16, Länge 70 mm, mit Mutter, Festigkeitsklasse 4.6, in feuerverzinkter Ausführung. **Festigkeitsklasse 4.6 oder 5.6.**

Gewinde *d*	M12	M16	M20	M24	M27	M30
Steigung *P*	1,75	2	2,5	3	3	3,5
Gewindelänge *b*	20,5	24,5	28,5	33	35,5	38,5
Eckenmaß *e*	19,85/20,88	26,17	32,95	39,55	45,2	50,85
Schlüsselweite *s*	18	24	30	36	41	46
Kopfhöhe *k*	8	10	13	15	17	19
Länge *l* von	30	35	40	45	50	55
bis	120	150	180	200	200	200
je 5 mm gestuft						

Sechskant-Passschrauben für Stahlkonstruktionen — DIN 7968:2007-07

Für SLP-Verbindungen

$l_s = l - b - y$

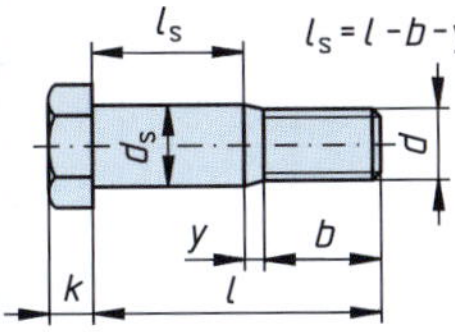

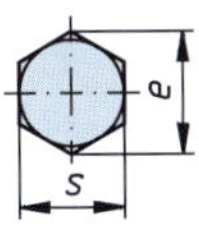

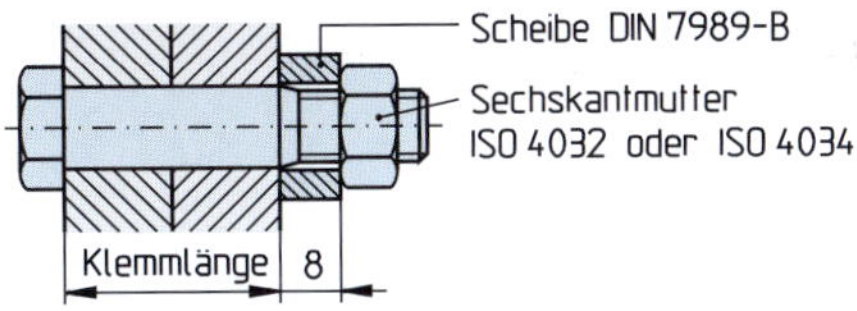

mit Sechskantmutter (nach DIN EN ISO 4034 oder DIN EN ISO 4032)

Bezeichnungsbeispiel: Passschraube DIN 7968 – M20 × 85 – 5.6 – MU – 5.6 – tzn
Sechskant-Passschraube mit Gewinde M20, Länge 85 mm, Festigkeitsklasse 5.6, mit Mutter, in feuerverzinkter Ausführung **Festigkeitsklasse 5.6**

Gewinde *d*	M12	M16	M20	M24	M27	M30
Steigung *P*	1,75	2	2,5	3	3	3,5
Schaftdurchmesser d_s b11	13	17	21	25	28	31
Gewindelänge *b*	20,5	24,5	28,5	33	35,5	38,5
Eckenmaß *e*	19,85	26,17	32,95	39,55	45,2	50,85
Schlüsselweite *s*	18	24	30	36	41	46
Kopfhöhe *k*	8	10	13	15	17	19
Schaftauslauf *y*	6,5	7,5	8,5	10	10	11,5
Länge *l* von	30	35	40	50	60	70
bis	120	160	180	200	200	200
je 5 mm gestuft						

Senkschrauben mit Schlitz für Stahlkonstruktionen DIN 7969:2007-10

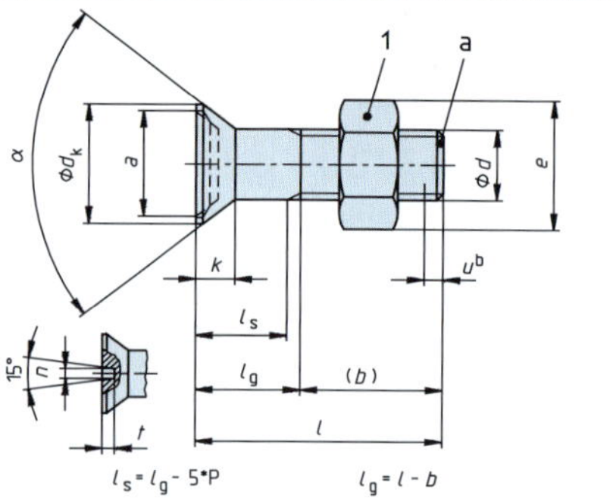

Gewinde d		M12	M16	M20	M24
α		75°		60°	
d_K		21	28	32	38
k		7	9	11,5	13
a		13,7-14,7	18,6-19,6	21,4-22,4	25,6-26,6
b	Für 1<60 bei M12 und l<80 bei M16-M24	22	28	32	38
	Für 1>60 bei M12 und l>80 bei M16-M24	28	35	40	50
n		2,5	2,5	3	3
t		3	3	3,5	3,5
Nenn-län-gen l	Gewinde bis Kopf	35	45	50-55	60-65
	Schaft-schraube	40-160	50-160	60-160	70-160

Nennlängen 35–80 mm in 5 mm Abstufung
Nennlängen von 80–160 mm in 10 mm Abstufung

Bezeichnungsbeispiel:
Senkschraube DIN 7969 – M20 – 70 - Mu – 4.6 – tZn

Senkschraube mit Schlitz für Stahlkonstruktionen als Garnitur mit Gewinde M20, Nennlänge 70 mm, mit Sechskantmutter (Mu), Schraubenfestigkeitsklasse 4.6 in feuerverzinkter Ausführung

Klemmlängen l_k:

Gewinde d	M12		M16		M20		M24	
Länge l	l_k min.	l_k max.	l_k min.	l_k max.	l_k min.	l_k max.	l_k min.	l_k max.
35	11	14						
40	13	19						
45	18	24	15	20				
50	23	29	18	25	20	21		
55	28	34	23	30	20	26		
60	33	39	28	35	24	31	25	27
65	32	44	33	40	29	36	25	32
70	37	49	38	45	34	41	29	37
75	42	54	43	50	39	46	34	42
80	47	59	43	55	44	51	39	47
90	57	69	51	65	46	61	37	57
100	67	79	61	75	56	71	47	67
110	77	89	71	85	66	81	57	77
120	87	99	81	95	76	91	67	87
130	97	109	91	105	86	101	77	97
140	107	119	101	115	96	111	87	107
150	117	129	111	125	106	121	97	117
160	127	139	121	135	116	131	107	127

Scheiben für Stahlkonstruktionen — DIN 7989-1, -2:2001-04

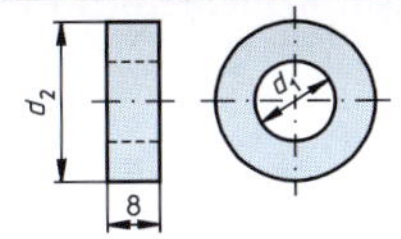

Nennmaß/Gewindenenn-∅	10	12	16	20	24	27	30
Für Schraubengewinde	M 10	M 12	M 16	M 20	M 24	M 27	M 30
Innendurchmesser $d_{1\,(min)}$	11	13,5	17,5	22	26	30	33
Außendurchmesser d_2	20	24	30	37	44	50	56

Produktklasse A und C
Werkstoff: Stahl
Härteklasse 100 HV
Oberfläche blank oder feuerverzinkt

Bezeichnungsbeispiel: Scheibe DIN 7989-12-C-100 HV
Scheibe der Nenngröße 12 (für Schrauben M12), Produktklasse C, Härteklasse 100 HV

Scheiben für U- und I-Träger — DIN 434:2000-04, DIN 435:2000-01

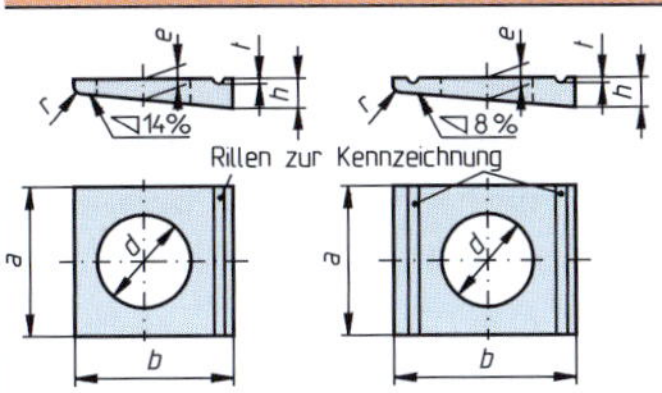

DIN 434
für I-Stahl

DIN 435
für U-Stahl

Werkstoff: Stahl 100–250 HV 10
Bezeichnungsbeispiel:
U-Scheibe DIN 434 – 18 – St
Scheibe für I-Träger und Gewinde M16, Werkstoff Stahl

Innendurchmesser *d*		**9**	**11**	**13,5**	**17,5**	**22**	**24**	**26**	**30**
Für Gewinde		M 8	M 10	M 12	M 16	M 20	M 22	M 24	M 27
Breite *a*		22	22	26	32	40	44	56	56
Länge *b*		22	22	30	36	44	50	56	56
Rillentiefe *t*		0,5	0,5	0,7	0,8	0,9	1	1	1
DIN 434	*e*	2,9	2,9	3,7	4,45	5,25	6	6,26	6,26
	h	3,8	3,8	4,9	5,9	7	8	8,5	8,5
	r	1,6	1,6	2	2,4	2,8	3,2	3,2	3,2
DIN 435	*e*	3,05	3,05	4,1	5	6,1	6,5	6,9	6,9
	h	4,6	4,6	6,2	7,5	9,2	10	10,8	10,8
	r	1,2	1,2	1,6	2	2,4	2,4	2,4	2,4

Gewindefurchende Schrauben (Auszug) — DIN 7500:2007-03

Schrauben, die sich beim Eindrehen in ein vorgebohrtes Kernloch ihr Gegengewinde *spanlos* selbst formen

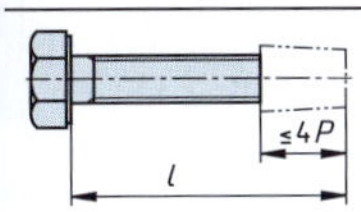

Form DE:
Möglicher Durchmesserbereich zum Furchen M2 bis M12, übrige Schraubenmaße nach DIN EN 4017

Weitere Schraubenformen:

Form CE
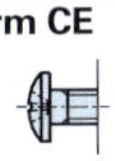
M2–M10
Schraubenmaße nach DIN EN ISO 7045

Form EE
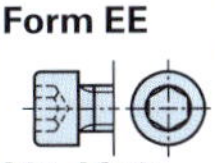
M2–M12
Schraubenmaße nach DIN EN ISO 7462

Form NE

M2–M10
Schraubenmaße nach DIN EN ISO 7047

Form OE
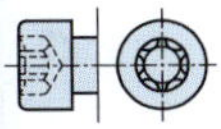
M2–M12
Schraubenmaße nach DIN EN ISO 14579

Form PE
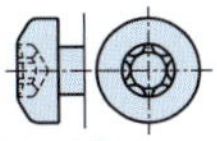
M2–M10
Schraubenmaße nach DIN EN ISO 14583

Form QE
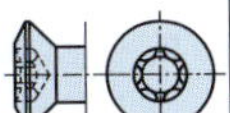
M2–M10
Schraubenmaße nach DIN EN ISO 14584

Handelsübliche Längen in mm:
6, 8, 10, 12, 16, 20, 25, 30, 35, 40, 45, 50, 55, 60, 70, 80
Bezeichnungsbeispiel:
Schraube DIN 7500 – DE M6×20

Gewinde *d*	**M4**		**M5**		**M6**		**M8**		**M10**		**M12**	
Gewindesteigung *P*	0,7		0,8		1		1,25		1,5		1,75	
Max. Furchbereich	2,8		3,2		4		5		6		7	
Länge von – bis	6–30		8–40		8–50		10–60		12–80		16–80	
	Lochdurchmesser d_H (Toleranzfeld H11)											
Werkstoffdicke oder Einschraublänge	St	Al	St	Al	St	Al	St	Al	St	Al	St	Al
4	3,65		4,55		5,5	5,45	7,3		9,3	9,15		
5	3,7	3,65	4,6		5,5	5,45	7,4	7,3	9,3	9,2		
5,5	3,7	3,65	4,6		5,5		7,4	7,3	9,3	9,2		
6	3,7	3,65	4,6		5,5		7,4	7,3	9,3	9,2		
6,5	3,7		4,65		5,5		7,4	7,3	9,3	9,2		
7	3,7		4,65		5,55	5,5	7,5	7,4	9,3	9,2		
7,5	3,7		4,65		5,55	5,5	7,5	7,4	9,4	9,3		
8–10			4,65		5,55		7,5	7,4	9,4	9,3		
10–15							7,5		9,5	9,4		
15–20							7,5		9,5	9,4		

Sechskantschraubenverbindungen (HV-Schrauben) mit großen Schlüsselweiten für hochfeste vorspannbare Schraubenverbindungen im Metallbau DIN EN 14399-4:2006-06

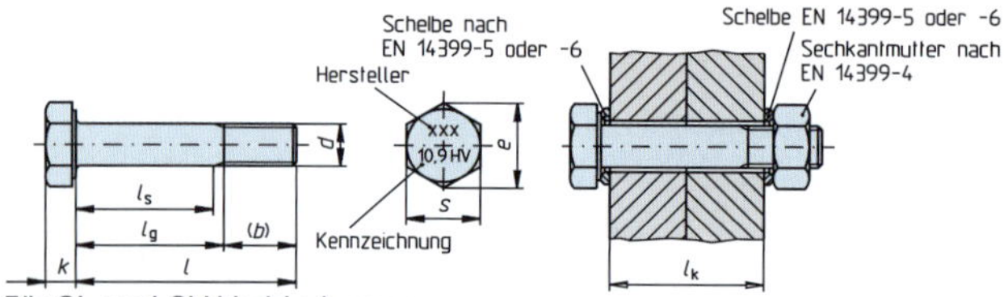

Für SL-und GV-Verbindungen
$l_g = l - b$
$l_s = l_g - 3 \cdot P$

HV-Verschraubung mit:
- Sechskantschraube EN 14399-4
- Sechskantmutter EN 14399-4
- 2 Scheiben für HV-Verbindungen EN 14399-5 oder -6
  Garnitur nur vom gleichen Hersteller zulässig

Oberflächenzustand:
- normal: üblicher Herstellungszustand mit leichtem Ölfilm
- feuerverzinkt
- nach Vereinbarung
  Festigkeitsklasse: 10.9/10

Bezeichnungsbeispiel:
Garnitur Schraube/Mutter
EN 14399-4 – M16 × 80 – 10.9/10 – HV –tZn:
HV-Schraubengarnitur für hochfest vorspannbare Schraubenverbindung für den Metallbau, bestehend aus Sechskantschraube mit großer Schlüsselweite, Gewinde M16, Nennlänge 80 mm, Festigkeitsklasse 10.9 und einer Sechskantmutter mit großer Schlüsselweite, Gewinde M16, Festigkeitsklasse 10, feuerverzinkte Ausführung

Gewinde *d*	M 12	M 16	M 20	M 22	M 24	M 27	M 30	M 36
Steigung *P*	1,75	2	2,5	2,5	3	3	3,5	4
Gewindelänge *b*	23	28	33	34	39	41	44	52
Eckenmaß *e*	23,91	29,56	35,03	39,55	45,2	50,85	55,37	66,44
Schlüsselweite *s*	22	27	32	36	41	46	50	60
Kopfhöhe *k*	8	10	13	14	15	17	19	23
Länge *l* von	35	40	45	50	60	70	75	85
bis	95	130	155	165	195	200	200	200
je 5 mm gestuft								

Sechskant-Passschrauben (HVP-Schrauben) mit großen Schlüsselweiten für hochfeste vorspannbare Schraubenverbindungen im Metallbau DIN EN 14399-8:2008-03

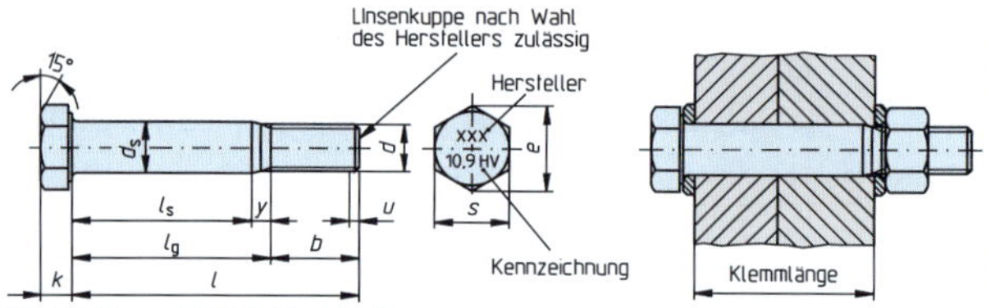

Für SLP- und GVP- Verbindungen

HVP-Verschraubung mit:
- Sechskant-Passschraube EN 14399-8
- Sechskantmutter EN 14399-4
- Scheiben für HV-Verbindungen EN 14399-5 oder -6

Oberflächenzustand: Nutzbare Gewindelänge $l_S = l - b - y$
- normal: üblicher Herstellungszustand mit leichtem Ölfilm
- feuerverzinkt
- nach Vereinbarung
  Festigkeitsklasse: 10.9/10

Bezeichnungsbeispiel:
Garnitur Sechskant-Passschraube/Mutter
EN 14399-8 – M20 × 100 – 10.9/10 – HVP:
HV-Garnitur für hochfest vorspannbare Schraubenverbindung im Metallbau, bestehend aus Sechskant-Passschraube mit großer Schlüsselweite, Gewinde M20, Nennlänge100 mm, Festigkeitsklasse 10.9 und Sechskantmutter mit großer Schlüsselweite, Gewinde M20, Festigkeitsklasse 10.

Gewinde d_1	M 12	M 16	M 20	M 22	M 24	M 27	M 30	M 36
Schaftdurchmesser d_s b11	13	17	21	23	25	28	31	37
Steigung *P*	1,75	2	2,5	2,5	3	3	3,5	4
Gewindelänge *b*	23	28	33	34	39	41	44	52
Gewindeübergang *y*	6,5	7,5	8,5	8,5	10	10	11,5	13
Eckenmaß *e*	23,91	29,56	35,03	39,55	42,20	50,85	55,37	66,44
Schlüsselweite *s*	22	27	32	36	41	46	50	60
Kopfhöhe *k*	8	10	13	14	15	17	19	23
Länge *l* von	50	65	75	80	90	95	105	125
bis	95	125	155	165	185	200	200	200
je 5 mm gestuft								

Hammerschrauben mit großem Kopf DIN 7992:1970-12

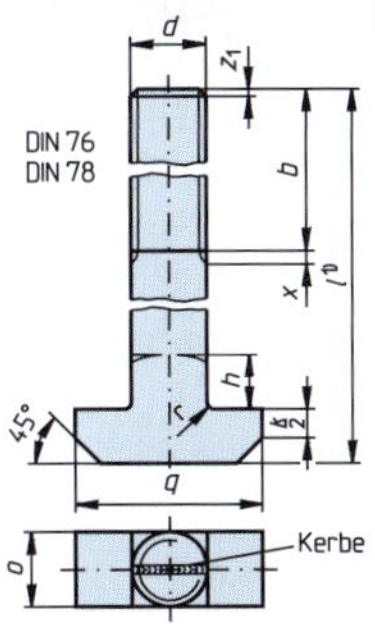

Anwendungsbeispiel

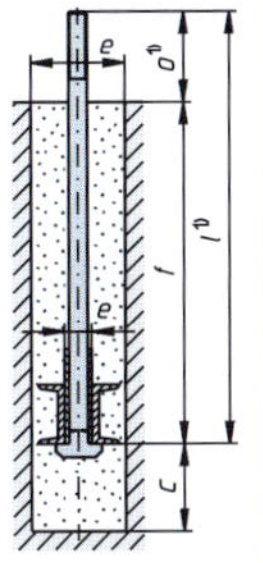

Gewinde *d*		M 24	M 30	M 36	M 42	M 48	M 56	M 64
b		100	120	140	170	200	220	240
h		18	20	25	30	30	30	30
k		18	22	25	30	35	40	50
o		24	30	36	42	48	56	64
q		65	75	85	95	110	125	140
Tragkraft in N		31700	51000	74000	102000	135000	187000	248000
Anker-kanal	*c*	140	150	170	190	210	220	240
	e	30	35	42	50	58	65	75
	f bis	800	1000	1200	1400	1600	1800	2000
U-Stahl (DIN 1026)		65	65	80	100	120	120	140

Bezeichnungsbeispiel: Hammerschraube DIN 7992 – M36 × 1200 – 3.6
Hammerschraube mit großem Kopf, Gewinde M36, Länge 1200 mm, Festigkeitsklasse 3.6

[1]) Die Länge *l* errechnet sich aus der Einbautiefe *f* plus den Überstand *a*; sie ist auf jeweils 20 mm zu runden. Sind Zwischenlängen unvermeidlich, so sind diese in 10 mm Abständen zu stufen.

Sechskantmuttern (HV-Muttern) mit großen Schlüsselweiten für hochfest vorspannbare Schraubenverbindungen im Metallbau DIN EN 14399-4:2006-06

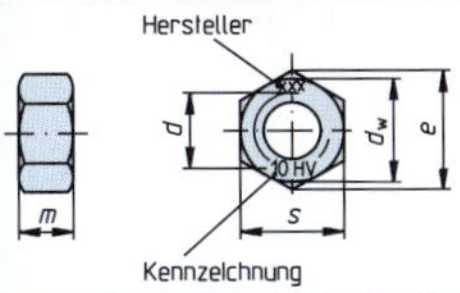

Oberflächenzustand siehe Schraube HV
Festigkeitsklasse: 10

Bezeichnungsbeispiel:
Sechskantmutter EN 14399-4-M20-HV
Sechskantmutter mit Gewinde M20 für hochfest vorspannbare Schraubenverbindungen im Metallbau

Gewinde *d*	M 12	M 16	M 20	M 22	M 24	M 27	M 30	M 36
Kopfdurchmesser d_w	20,1	24,9	29,5	33,3	38	42,8	46,6	55,9
Eckenmaß *e*	23,91	29,56	35,03	39,55	45,20	50,85	55,37	66,44
Mutterhöhe *m*	10	13	16	18	20	22	24	29
Schlüsselweite *s*	22	27	32	36	41	46	50	60

Scheiben für HV-Verbindungen im Metallbau DIN EN 14399-6:2006-06

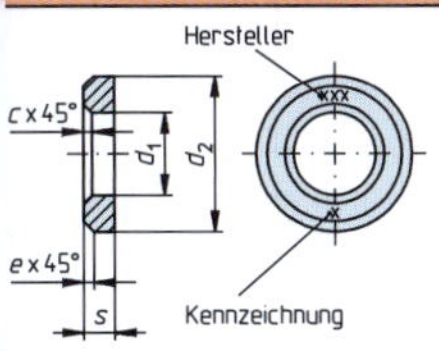

Innendurchmesser d_1	12	16	20	22	24	27	30	36
Für Gewinde	M 12	M 16	M 20	M 24	M 24	M 27	M 30	M 36
Außendurchmesser d_2	24	30	37	39	44	50	56	66
Innenfase *c*	1,6	1,6	2	2	2	2,5	2,5	3
Außenfase *e*	0,5	0,75	0,75	0,75	0,75	1	1	1,25
Scheibendicke *s*	3	4	4	4	4	5	5	6

Bezeichnungsbeispiel: Scheibe EN 14399 – 36: HV-Scheibe für HV-Schraubenverbindung mit Gewinde M30

Scheibe für U-und I-Träger für HV-Schrauben DIN 6917:1989-10; DIN 6918:1990-04

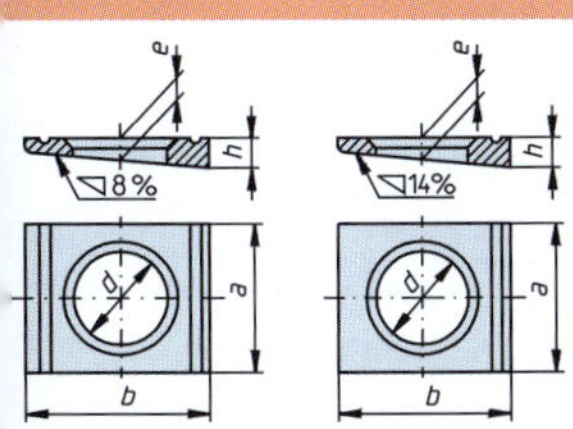

DIN 6918 Für U-Stahl — DIN 6917 Für I-Stahl

Werkstoff: Stahl 295-350 HV 10

Bezeichnungsbeispiel: U-Scheibe DIN 6918 – 25
HV-Scheibe für U-Profile mit Innendurchmesser 25 mm (für Gewinde M24)
I-Scheibe DIN 6917 – 31
HV-Scheibe für I-Profile mit Innendurchmesser 25 mm (für Gewinde M30)

Innen-∅ *d*		13	17	21	23	25	28	31	37
Für Gewinde		M 12	M 16	M 20	M 22	M 24	M 27	M 30	M 36
Breite *a*		26	32	40	44	56	56	62	68
Länge *b*		30	36	44	50	56	56	62	68
DIN 6917	*h*	6,2	7,5	9,2	10	10,8	10,8	11,7	12,5
	e	4,1	5	6,1	6,5	6,9	6,9	7,5	8
DIN 6918	*h*	4,9	5,9	7	8	8,5	8,5	9	9,4
	e	3,7	4,45	5,25	6	6,26	6,26	6,52	6,68

Klemmlängen von Sechskantschrauben im Stahlbau nach DIN 7990:2008-04 und DIN 7968:2007-07

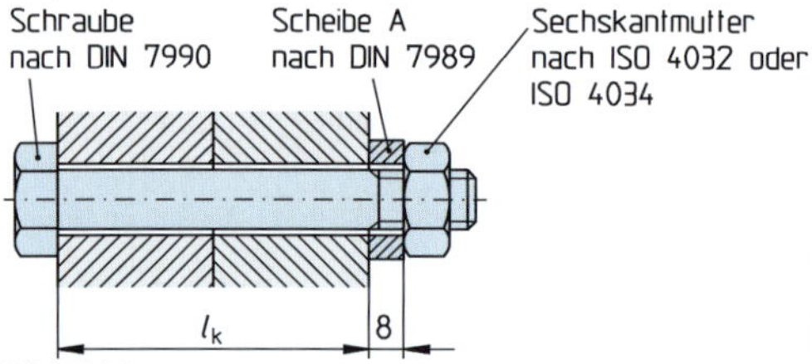

DIN 7990

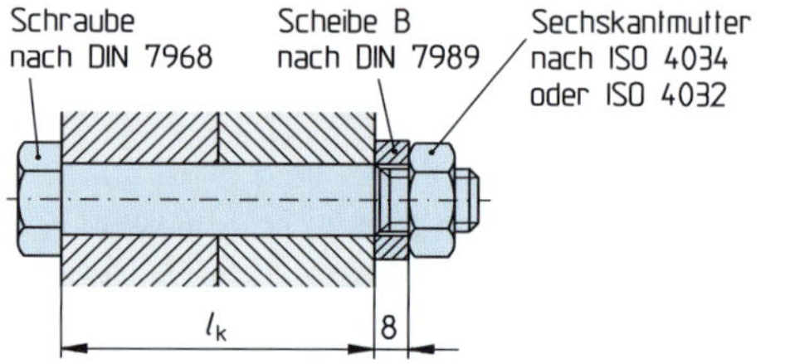

DIN 7968

Gewinde *d*	**M 12**	**M 16**	**M 20**	**M 24**	**M 27**	**M 30**
Schraubenlänge *l*	**Klemmlängen l_k**					
30	4,5 bis 9,5 [1])					
35	9,5 bis 14,5	5,5 bis 10,5 [1])				
40	14,5 bis 19,5	10,5 bis 15,5	7 bis 12 [1])			
45	19,5 bis 24,5	15,5 bis 20,5	12 bis 17	8 bis 13 [1])		
50	24,5 bis 29,5	20,5 bis 25,5	17 bis 22	13 bis 18 [1])	10,5 bis 15,5 [1])	
55	29,5 bis 34,5	25,5 bis 30,5	22 bis 27	18 bis 23	15,5 bis 20,5 [1])	13 bis 18 [1])
60	34,5 bis 39,5	30,5 bis 35,5	27 bis 32	23 bis 28	20,5 bis 25,5	18 bis 23 [1])
65	39,5 bis 44,5	35,5 bis 40,5	32 bis 37	28 bis 33	25,5 bis 30,5	23 bis 28
70	44,5 bis 49,5	40,5 bis 45,5	37 bis 42	33 bis 38	30,5 bis 35,5	28 bis 33
75	49,5 bis 54,5	45,5 bis 50,5	42 bis 47	38 bis 43	35,5 bis 40,5	33 bis 38
80	54,5 bis 59,5	50,5 bis 55,5	47 bis 52	43 bis 48	40,5 bis 45,5	38 bis 43
85	59,5 bis 64,5	55,5 bis 60,5	52 bis 57	48 bis 53	45,5 bis 50,5	43 bis 48
90	64,5 bis 69,5	60,5 bis 65,5	57 bis 62	53 bis 58	50,5 bis 55,5	48 bis 53
95	69,5 bis 74,5	65,5 bis 70,5	62 bis 67	58 bis 63	55,5 bis 60,5	53 bis 58
100	74,5 bis 79,5	70,5 bis 75,5	67 bis 72	63 bis 68	60,5 bis 65,5	58 bis 63
105	79,5 bis 84,5	75,5 bis 80,5	72 bis 77	68 bis 73	65,5 bis 70,5	63 bis 68
110	84,5 bis 89,5	80,5 bis 85,5	77 bis 82	73 bis 78	70,5 bis 75,5	68 bis 73
115	89,5 bis 94,5	85,5 bis 90,5	82 bis 87	78 bis 83	75,5 bis 80,5	73 bis 78
120	94,5 bis 99,5	90,5 bis 95,5	87 bis 92	83 bis 88	80,5 bis 85,5	78 bis 83
125		95,5 bis 100,5	92 bis 97	88 bis 93	85,5 bis 90,5	83 bis 88
130		100,5 bis 105,5	97 bis 102	93 bis 98	90,5 bis 95,5	88 bis 93
135		105,5 bis 110,5	102 bis 107	98 bis 103	95,5 bis 100,5	93 bis 98
140		110,5 bis 115,5	107 bis 112	103 bis 108	100,5 bis 105,5	98 bis 103
145		115,5 bis 120,5	112 bis 117	108 bis 113	105,5 bis 110,5	103 bis 108
150		120,5 bis 125,5	117 bis 122	113 bis 118	110,5 bis 115,5	108 bis 113
155			122 bis 127	118 bis 123	115,5 bis 120,5	113 bis 118
160			127 bis 132	123 bis 128	120,5 bis 125,5	118 bis 123
165			132 bis 137	128 bis 133	125,5 bis 130,5	123 bis 128
170			137 bis 142	133 bis 138	130,5 bis 135,5	128 bis 133
175			142 bis 147	138 bis 143	135,5 bis 140,5	133 bis 138
180			147 bis 152	143 bis 148	140,5 bis 145,5	138 bis 143
185				148 bis 153	145,5 bis 150,5	143 bis 148
190				153 bis 158	150,5 bis 155,5	148 bis 153
195				158 bis 163	155,5 bis 160,5	153 bis 158
200				163 bis 168	160,5 bis 165,5	158 bis 163

[1]) Diese Klemmlängen bzw. Schraubenlängen gelten nur für Sechskantschrauben nach DIN 7990

Klemmlängen von HV-Sechskantschrauben nach DIN EN 14399-4:2006-06 (Auswahl) und -8:2008-03

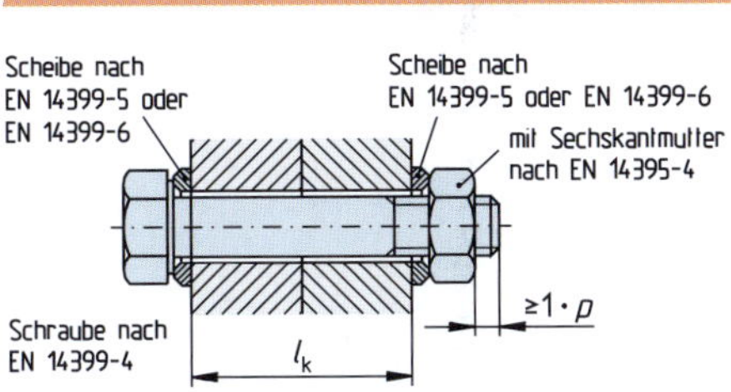

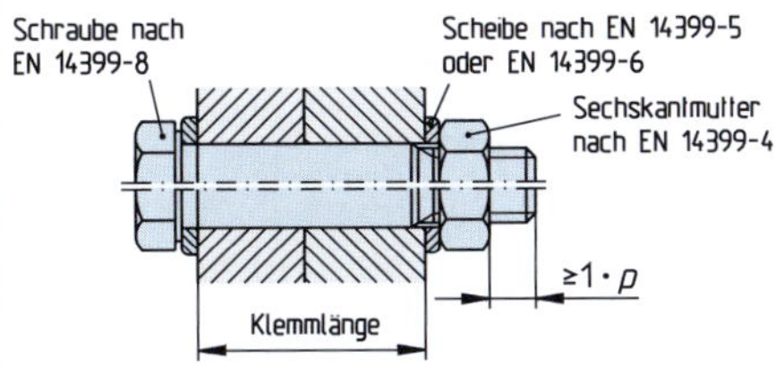

Gewinde *d*	M 16		M 20		M 22		M 24		M 27		M 30		M 36
	EN 14399-4	EN 14399-8	EN 14399-4	EN 14399-8	EN 14399-4	EN 14399-8	EN 14399-4	EN 14399-8	EN 14399-4	EN 14399-8	EN 14399-4	EN 14399-8	EN 14399-4
Nennlänge *l*	**Klemmlängen in mm**												
35													
40	17–22												
45	22–27		18–23										
50	27–32		23–28		22–27								
55	32–37		28–33		27–32								
60	37–42		33–38		32–37		29–34						
65	42–47	42–47	38–43		37–42		34–39						
70	47–52	47–52	43–48		42–47		39–44		36–41				
75	52–57	52–57	48–53	48–53	47–52		44–49		41–46		39–44		
80	57–62	57–62	53–58	53–58	52–57	52–57	49–54		46–51		44–49		
85	62–67	62–67	58–63	58–63	57–62	57–62	54–59		51–56		49–54		43–48
90	67–72	67–72	63–68	63–68	62–67	62–67	59–64	59–64	56–61		54–59		48–53
95	72–77	72–77	68–73	68–73	67–72	67–72	64–69	64–69	61–66	61–66	59–64		53–58
100	77–82	77–82	73–78	73–78	72–77	72–77	69–74	69–74	66–71	66–71	64–69		58–63
105	82–87	82–87	78–83	78–83	77–82	77–82	74–79	74–79	71–76	71–76	69–74	69–74	63–68
110	87–92	87–92	83–88	83–88	82–87	82–87	79–84	79–84	76–81	76–81	74–79	74–79	68–73
115	92–97	92–97	88–93	88–93	87–92	87–92	84–89	84–89	81–86	81–86	79–84	79–84	73–78
120	97–102	97–102	93–98	93–98	92–97	92–97	89–94	89–94	86–91	86–91	84–89	84–89	78–83
125	102–107	102–107	98–103	98-103	97–102	97–102	94–99	94–99	91–96	91–96	89–94	89–94	83–88
130	107–112		103–108	103-108	102–107	102–107	99–104	99–104	96–101	96–101	94–99	94–99	88–93
135			108–113	108-113	107–112	107–112	104–109	104–109	101–106	101–106	99–104	99–104	93–98
140			113–118	113-118	112–117	112–117	109–114	109–114	106–111	106–111	104–109	104–109	98–103
145			118–123	118-123	117–122	117–122	114–119	114–119	111–116	111–116	109–114	109–114	103–108
150			123–128	123-128	122–127	122–127	119–124	119–124	116–121	116–121	114–119	114–119	108–113
155			128–133	128-133	127–132	127–132	124–129	124–129	121–126	121–126	119–124	119–124	113–118
160					132–137	132–137	129–134	129–134	126–131	126–131	124–129	124–129	118–123
165					137–142	137–142	134–139	134–139	131–136	131–136	129–134	129–134	123–128
170							139–144	139–144	136–141	136–141	134–139	134–139	128–133
175							144–149	144–149	141–146	141–146	139–144	139–144	133–138
180							149–154	149–154	146–151	146–151	144–149	144–149	138–143
185							154–159	154–159	151–156	151–156	149–154	149–154	143–148
190							159–164		156–161	156–161	154–159	154–159	148–153
195							164–169		161–166	161–166	159–164	159–164	153–158
200									166–171	166–71	164–169	164–169	158–163

Verbindungsarten und Tragfähigkeitswerte mit hochfesten Schrauben im Stahlbau (für Vorbemessungen) nach DIN 18800-1 : 1990-11

	Art der Verbindung	Anwendung	Wirkungsweise		Berechnung
Scher/Lochlaibungsverbindungen (SL-, SLP-Verbindungen)	SL-Verbindung Lochspiel: 0,3 mm $< \Delta d \leq$ 2 mm Vorspannung: 0 und $\geq 0{,}5 \cdot F_V$	Bauteile mit vorwiegend ruhender Belastung (z. B. Stahlhochbau)	Übertragung von Kräften senkrecht zur Schraubenachse durch Beanspruchung auf Abscheren in der Schraube und Lochlaibungsdruck auf der Schraube und Bauteil. Erhöhung des zulässigen Lochlaibungsdruckes durch teilweises Vorspannen der Schrauben	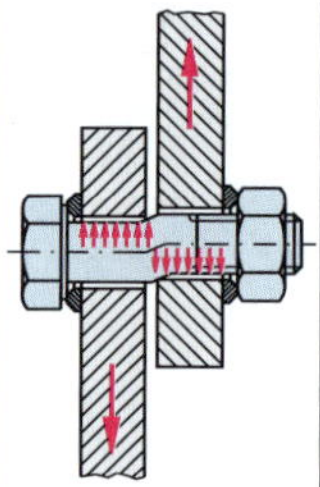 Wirkungsweise der Scher/Lochlaibungsverbindung	$\frac{\text{zul } Q_{SL}}{\text{zul } Q_{SLP}}$ $= \text{zul } \tau_{aL} \cdot \frac{m \cdot d^2}{4} \cdot \pi$ M = Anzahl der Scherfugen D = Kern- bzw. Schaftdurchmesser der Schraube $\sigma_l = \frac{Q}{d \cdot \min \sum t} \leq \text{zul } \sigma_l$ $\min \sum t$ Kleinste Summe der Blechdicken mit in gleicher Richtung wirkendem Lochlaibungsdruck
	SLP-Verbindung Lochspiel: $\Delta d \leq$ 0,3 mm Vorspannung: 0 und $\geq 0{,}5 \cdot F_V$	Bauteile mit vorwiegend und nicht vorwiegend ruhender Belastung (z. B. Stahlhochbau und Brückenbau)			
	SL- Verbindung ohne Vorspannung mit zusätzlicher Zugbeanspruchung	Bauteile mit vorwiegend ruhender Belastung (z. B. Stahlhochbau)	Übertragung von zusätzlichen Kräften in Richtung der Schraubenachse durch Zugbeanspruchung der Schrauben		$\text{zul } Z = \text{zul } \sigma_Z \cdot A_S$ A_S Spannungsquerschnitt der Schraube Keine Abminderung von Q_{SL} Q_{SLP}
Gleitfeste Verbindung (GV-, GVP-Verbindungen)	GV-Verbindung Lochspiel: 0,3 mm $< \Delta d \leq$ 2 mm Vorspannung: $1{,}0 \cdot F_V$	Bauteile mit vorwiegend und nicht vorwiegend ruhender Belastung (z. B. Stahlhochbau, Brücken und Krane)	Übertragung von Kräften senkrecht zur Schraubenachse durch Reibung in den besonders vorbehandelten Berührungsflächen infolge planmäßiger Vorspannung der Schrauben. Bei GVP-Verbindungen zusätzliche Kraftübertragung durch Beanspruchung auf Abscheren und Lochlaibungsdruck	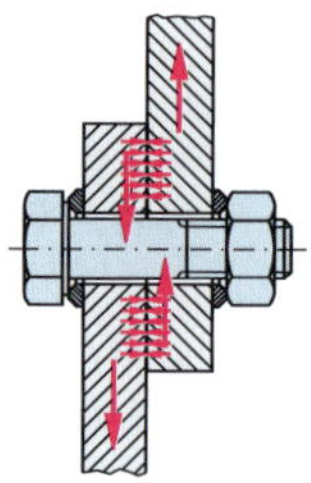 Wirkungsweise der gleitfesten Verbindung	$\text{zul } Q_{GV} = \frac{\mu \cdot F_V}{\nu}$ μ = 0,5 (Reibwert) ν = 1,1 ... 1,4 (Sicherheitsbeiwert)
	GVP-Verbindung Lochspiel: $\Delta d \leq$ 0,3 mm Vorspannung: $1{,}0 \cdot F_V$				
	GV- und GVP-Verbindung volle Vorspannung mit zusätzlicher Zugbeanspruchung		Übertragung von zusätzlichen Kräften in Richtung der Schraubenachse durch Zugbeanspruchung der Schrauben		$\text{zul } Z = 0{,}6 \ldots 0{,}8 \cdot F_V$ Abminderung von zul Q_{GV}/zul Q_{GVP} $\text{zul } Q_{GV} = 0{,}2\, Q_{GV}$ $\text{zul } Q_{GVP} = 0{,}5\, Q_{SLP} + 0{,}2 \cdot Q_{GV}$

Erforderliche Vorspannkräfte, Drehmomente und Drehwinkel für planmäßig vorgespannte Schraubenverbindungen mit hochfesten Schrauben 10.9 nach DIN 18800-7:2002-09

	1	2	3	4	5	6	7	8
			Vorspannen der Schraube nach dem					
	Schraubendurchmesser	Erforderliche Vorspannkraft (Regelvorspannkraft) F_V in der Schraube	Drehmomentverfahren		Drehimpulsverfahren	Drehwinkelverfahren	Kombinierten Verfahren	
			Aufzubringendes Drehmoment M_A		Aufzubringende Vorspannkraft $F_{V,DI}$[2])	Aufzubringendes Voranziehmoment $M_{VA,DW}$[2])	Erhöhtes Voranziemoment $M_{VA,KV}$	
			Feuerverzinkt und geschmiert[1])	Leicht geölt	Wie in Spalte 3 oder 4[2])	Wie in Spalte 3 oder 4[2])	Feuerverzinkt und geschmiert	Leicht geölt
	mm	kN	Nm	Nm	kN	Nm	Nm	Nm
1	M 12	50	100	120	60	10	75	90
2	M 16	100	250	350	110	50	190	260
3	M 20	160	450	600	175	50	340	450
4	M 22	190	650	900	210	100	490	680
5	M 24	220	800	1100	240	100	600	825
6	M 27	290	1250	1650	320	200	940	1240
7	M 30	350	1650	2200	390	200	1240	1650
8	M 36	510	2800	3800	560	200	1200	2850
		Erforderliche Weiterdrehwinkel[4]) für das kombinierte Vorspannverfahren – abhängig von der Klemmlänge l_k (Für das Drehwinkelverfahren gelten die doppelten Werte als erste Anhaltswerte.)				Klemmlänge l_k	Weiterdrehweinkel ν	
9	M 12 bis M 36					$l_k < 2d$	45	
10						$2d = l_k < 6d$	60	
11						$6d = l_k < 10d$	90	
						$10d < l_k$	k. A.	

[1]) Muttern mit Molybdändisulfid oder gleichwertigem Schmierstoff behandelt
[2]) Unabhängig von Schmierung des Gewindes und der Auflageflächen von Mutter und Schraube
[3]) Das aufzubringende Voranziemoment $M_{VA,DW}$ kann mit dem Drehmomentverfahren oder mit dem Drehimpulsverfahren erfolgen.
Voraussetzung für die Anwendung ist eine bereits vor dem Vorspannen weitgehend ebene flächige Anlage der Bauteile. Ist diese flächige Anlage der Bauteile auch nach dem Aufbringen der Voranziehmomente nach Spalte 6 nicht erreichbar, so muss das kombinierte Verfahren mit dem erhöhten Voranziehmoment angewendet werden.
Der erforderliche Weiterdrehwinkel muss durch eine Verfahrensprüfung an der Originalverschraubung ermittelt werden (z. B. Messung der Schraubenverlängerung). Als Startwert für die Verfahrensprüfung können die doppelten Weiterdrehwinkel des kombinierten Verfahrens angewendet werden.
[4]) Ist eine flächige Anlage der Bauteile durch die Einhaltung der Weiterdrehwinkel nicht erreichbar, so muss der erforderliche Weiterdrehwinkel durch eine Verfahrensprüfung an der Originalverschraubung ermittelt werden (z. B. Messung der Schraubenverlängerung).

Überprüfen der Vorspannung bei gleitfesten Verbindungen mit hochfesten Schrauben DIN 18800-7:2002-09

Weiterdrehen der Mutter bis zum Erreichen eines eingestellten Prüfmomentes:

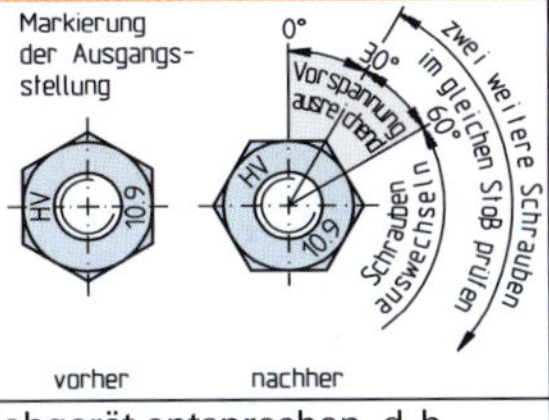

Belastungsart	Menge der zu überprüfenden Schrauben
Vorwiegend ruhend	5%
Vorwiegend nicht ruhend	10%

Das Prüfgerät muss dem Anziehgerät entsprechen, d. h. handangezogene Schrauben sind mit einem Handschlüssel, maschinell angezogene mit einem maschinellen Anziehgerät zu prüfen.

- handbetätigte Drehmomentschlüssel: Weiteranziehen mit einem 10% höheren Drehmoment als nach Tabelle – Spalte 3 bzw. 4
- Schlagschrauber: Wiederansetzen und Betätigen eines auf $F_{V,DI}$ nach Tabelle – Spalte 5 eingestellten Schlagschraubers

Weiter-Drehwinkel	Auswirkung
Bis 30°	Vorspannung ausreichend
30 bis 60°	Vorspannung nur bedingt aureichend, zusätzlich 2 weitere Schrauben im gleichen Anschluss prüfen
Über 60°	Schraube auswechseln, zusätzlich 2 weitere Schrauben im gleichen Anschluss prüfen

Verbindungen mit Schrauben und Nieten im Stahlbau: Nachweise der Tragsicherheit — DIN 18800-1 : 1990-11

Die Tragsicherheitsnachweise gelten für alle Ausführungsformen von Schraubenverbindungen (vgl. Tabelle) und Nietverbindungen.

Nachweise der Tragsicherheit:
Es ist für jede Schraube nachzuweisen, dass die **vorhandenen Kräfte kleiner als** die **Grenzkräfte** sind.

Es bedeuten:

V_a, V_l, N: **vorhandene Kräfte** (einwirkende äußere Kräfte)
$V_{a,R,d}$, $V_{l,R,d}$, $N_{R,d}$: **Grenzkräfte** (zulässige Kräfte)

Die Grenzkräfte sind vom jeweiligen Schrauben- bzw. Niet-Werkstoff und dem Querschnitt der Schraube/des Niets abhängig.

Lochspiel $\Delta d = d_L - d_{Sch}$	Nicht planmäßig vorgespannt [1]	Planmäßig vorgespannt [2]: Ohne gleitfeste Reibfläche	Planmäßig vorgespannt [2]: Mit gleitfester Reibfläche
$0{,}3 < \Delta d \leq 2{,}0$	SL	SLV	GV
$\Delta d \leq 0{,}3$	SLP	SLVP	GVP

SL: Scher-Lochlaibungsverbindung
SLP: Scher-Lochlaibungs-Pass-Verbindung
SLV: Scher-Lochlaibungsverbindung, planmäßig vorgespannt
SLVP: Scher-Lochlaibungs-Passverbindung, planmäßig vorgespannt
GV: Gleitfeste, planmäßig vorgespannte Verbindung
GVP: Gleitfeste, planmäßig vorgespannte Passverbindung
d_L: Lochdurchmesser
d_{Sch}: Schaftdurchmesser der Schraube

[1]) Verbindungen, die ohne Kontrolle des Anziehmomentes angezogen werden
[2]) nur mit Schrauben der Festigkeitsklasse 8.8 und 10.9

Die Nachweise sind zu führen hinsichtlich:

Abscheren	Lochlaibung	Zug	Zug und Abscherung
$\frac{V_a}{V_{a,R,d}} \leq 1$	$\frac{V_l}{V_{l,R,d}} \leq 1$	$\frac{N}{N_{R,d}} \leq 1$	$\left(\frac{N}{N_{R,d}}\right)^2 + \left(\frac{V_a}{V_{a,R,d}}\right)^2 \leq 1$

Grenzabscherkraft $V_{a,R,d}$ einer Schraube in kN

Schrauben-werkstoff	Ausführungsform der Schraubenverbindung	Schraubengröße (Gewindenenndurchmesser) Schaftdurchmesser bei Passschrauben						
		M 12 13	M 16 17	M 20 21	M 24 25	M 27 28	M 30 31	M 36 37
4.6	SL	24,68	43,87	68,54	98,70	124,92	154,22	222,08
		18,39	34,25	53,45	77,02	100,15	122,40	178,25
	SLP	28,96	49,52	75,57	107,10	134,35	164,68	234,59
5.6	SL	30,84	54,84	85,68	123,38	156,15	192,78	277,60
		22,98	42,82	66,82	96,27	125,18	153,00	222,82
	SLP	36,20	61,90	94,46	133,87	167,93	205,85	293,24
8.8	SL, SLV, GV	49,35	87,74	137,09	197,41	249,84	308,45	444,16
		36,79	68,51	106,91	154,04	200,29	244,80	356,51
	SLP, SLVP, GVP	57,92	99,05	151,14	214,20	268,69	329,35	469,18
10.9	SL, SLV, GV	56,55	100,53	157,08	226,19	286,28	353,43	508,94
		42,15	78,50	122,50	176,50	229,50	280,50	408,50
	SLP, SLVP, GVP	66,37	113,49	173,18	245,44	307,88	377,38	537,61

Berechnung der Grenzabscherkraft
$V_{a,R,d} = A \cdot \alpha_a \cdot f_{u,b,k} / \gamma_M$

Die ermittelten Grenzabscherkräfte gelten für eine Scherfuge. Die farbigen Tabellenwerte gelten, wenn das Gewinde in der Scherfuge liegt
$A = A_{Sch}$, wenn der glatte Teil des Schaftes in der Scherfuge liegt
$A = A_{Sp}$, wenn der Gewindeteil des Schaftes in der Scherfuge liegt
$\alpha_a = 0{,}6$ für Festigkeitskl. 4.6, 5.6, 8.8
$\alpha_a = 0{,}55$ für Festigkeitskl. 10.9
γ_M Teilsicherheitsbeiwert $\gamma_M = 1{,}1$
A Abscherquerschnitt
A_{Sch} Schaftquerschnitt
A_{Sp} Spannungsquerrschnitt
$f_{u,b,k}$ Zugfestigkeit des Schraubenwerkstoffs
α_a Verhältnis Scherfestigkeit/Zugfestigkeit

Grenzzugkraft $N_{R,d}$ einer Schraube in kN

		Schraubengröße (Gewindenenndurchmesser) Schaftdurchmesser bei Passschrauben						
		M 12 13	M 16 17	M 20 21	M 24 25	M 27 28	M 30 31	M 36 37
4.6	SL	22,43	39,88	62,31	89,73	113,56	140,20	201,89
	SLP	26,33	45,02	68,70	97,36	122,13	149,71	213,26
5.6	SL	28,04	49,85	77,89	112,16	141,96	175,25	252,37
	SLP	32,91	56,28	85,87	121,70	152,67	187,13	266,58
8.8	Alle Ausführungen	49,05	91,35	142,55	205,38	267,05	326,40	475,35
10.9	Alle Ausführungen	61,31	114,18	178,18	256,73	333,82	408,00	594,18

Berechnung der Grenzzugkraft $N_{R,d}$
$N_{R,d} = A_{Sch} \cdot f_{y,b,k} / (1{,}1 \cdot \gamma_M)$
für Schrauben mit glattem Schaft
$N_{R,d} = A_{Sp} \cdot f_{u,b,k} / (1{,}25 \cdot \gamma_M)$
für Schrauben mit Gewinde bis Kopf (Gewindestangen) und wenn Verformungen durch Fließen der Schrauben nicht zulässig sind
A_{Sch} Schaftquerschnitt
A_{Sp} Spannungsquerrschnitt
$f_{u,b,k}$ Zugfestigkeit des Schraubenwerkstoffs
$f_{y,b,k}$ Streckgrenze des Schraubenwerkstoffs
γ_M Teilsicherheitsbeiwert $\gamma_M = 1{,}1$

Verbindungen mit Schrauben und Nieten im Stahlbau: Nachweise der Tragsicherheit (Fortsetzung) DIN 18800-1 : 1990-11

Grenzlochleibungskräfte $V_{l,R,d}$

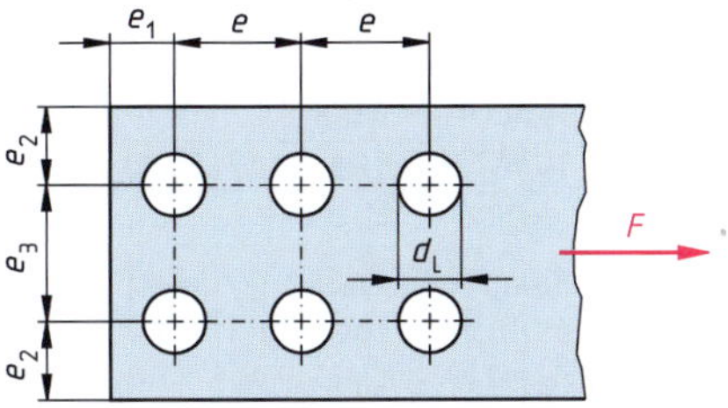

Die Tabellenwerte gelten für: $e_2 \geq 1{,}5 \cdot d_L$ und $e_3 \geq 3{,}0 \cdot d_L$ [1]) und wenn der glatte Schraubenschaft in der Lochleibung steckt

[1]) für $e_2 = 1{,}2 \cdot d_L$ und $e_3 \leq 2{,}4 \cdot d_L$ (Minimumwerte) müssen andere α_1-Faktoren herangezogen werden

Berechnung der Grenzlochleibungskraft $V_{l,R,d}$

$$V_{l,R,d} = \frac{t \cdot d_{Sch} \cdot \alpha_1 \cdot f_{yk}}{\gamma_M}$$

t Blechdicke in mm (Tabellenwerte: $t = 1$ mm)
d_{Sch} Schaftdurchmesser der Schraube (glatter Schaft in der Leibung)
α_1 Faktor, der die maßgeblichen Rand- bzw. Lochabstände in Kraftrichtung berücksichtigt:

$\alpha_1 = \dfrac{1{,}1 \cdot d_1}{d_L - 0{,}30}$ (Randabstand in Kraftrichtung maßgebend)

$\alpha_1 = \dfrac{1{,}08 \cdot e}{d_L - 0{,}77}$ (Lochabstand in Kraftrichtung maßgebend)

$f_{y,k}$ Streckgrenze des Bauteilwerkstoffs
γ_M Teilsicherheitsbeiwert ($\gamma_M = 1{,}1$)

Grenzlochleibungskraft $V_{l,R,d}$ in kN je mm Blechdicke

			Randabstand in Kraftrichtung e_1 maßgebend ($e_{1\,min} = 1{,}2 \cdot d_L$; $e_{1\,max} = 3 \cdot d_L$)													
			Bauteilwerkstoff: S235							Bauteilwerkstoff: S355						
			M 12 13	M 16 17	M 20 21	M 24 25	M 27 28	M 30 31	M 36 37	M 12 13	M 16 17	M 20 21	M 24 25	M 27 28	M 30 31	M 36 37
für SL, SLV und GV – Ausführung	e_1/d_L	e/d_L	e													
	1,50		3,535	4,713	5,891	7,069	7,953	8,836	10,604	5,302	7,069	8,836	10,604	11,929	13,255	15,905
	1,60		3,823	5,097	6,371	7,645	8,601	9,556	11,468	5,734	7,645	9,556	11,468	12,901	14,335	17,201
	1,70		4,111	5,481	6,851	8,221	9,249	10,276	12,332	6,166	8,221	10,276	12,332	13,873	15,415	18,497
	1,80	2,27	4,399	5,865	7,331	8,797	9,897	10,996	13,196	6,598	8,797	10,996	13,196	14,845	16,495	19,793
	1,90	2,37	4,687	6,249	7,811	9,373	10,545	11,716	14,060	7,030	9,373	11,716	14,060	15,817	17,575	21,089
	2,00	2,47	4,975	6,633	8,291	9,949	11,193	12,436	14,924	7,462	9,949	12,436	14,924	16,789	18,655	22,385
	2,10	2,57	5,263	7,017	8,771	10,525	11,841	13,156	15,788	7,894	10,525	13,156	15,788	17,761	19,735	23,681
	2,20	2,68	5,551	7,401	9,251	11,101	12,489	13,876	16,652	8,326	11,101	13,876	16,652	18,733	20,815	24,977
	2,30	2,78	5,839	7,785	9,731	11,677	13,137	14,596	17,516	8,758	11,677	14,596	17,516	19,705	21,895	26,273
	2,40	2,88	6,127	8,169	10,211	12,253	13,785	15,316	18,380	9,190	12,253	15,316	18,380	20,677	22,975	27,569
	2,50	2,98	6,415	8,553	10,691	12,829	14,433	16,036	19,244	9,622	12,829	16,036	19,244	21,649	24,055	28,865
	2,60	3,08	6,703	8,937	11,171	13,405	15,081	16,756	20,108	10,054	13,405	16,756	20,108	22,621	25,135	30,161
	2,70	3,19	6,991	9,321	11,651	13,981	15,729	17,476	20,972	10,486	13,981	17,476	20,972	23,593	26,215	31,457
	2,80	3,29	7,279	9,705	12,131	14,557	16,377	18,196	21,836	10,918	14,557	18,196	21,836	24,565	27,295	32,753
	2,90	3,39	7,567	10,089	12,611	15,133	17,025	18,916	22,700	11,350	15,133	18,916	22,700	25,537	28,375	34,049
	3,00	3,49	7,855	10,473	13,091	15,709	17,673	19,636	23,564	11,782	15,709	19,636	23,564	26,509	29,455	35,345
für SLP, SLVP und GV – Ausführung	e_1/d_L	e/d_L														
	1,50		3,829	5,007	6,185	7,364	8,247	9,131	10,898	5,744	7,511	9,278	11,045	12,371	13,696	16,347
	1,60		4,141	5,415	6,689	7,964	8,919	9,875	11,786	6,212	8,123	10,034	11,945	13,379	14,812	17,679
	1,70		4,453	5,823	7,193	8,564	9,591	10,619	12,674	6,680	8,735	10,790	12,845	14,387	15,928	19,011
	1,80	2,27	4,765	6,231	7,697	9,164	10,263	11,363	13,562	7,148	9,347	11,546	13,745	15,395	17,044	20,343
	1,90	2,37	5,077	6,639	8,201	9,764	10,935	12,107	14,450	7,616	9,959	12,302	14,645	16,403	18,160	21,675
	2,00	2,47	5,389	7,047	8,705	10,364	11,607	12,851	15,338	8,084	10,571	13,058	15,545	17,411	19,276	23,007
	2,10	2,57	5,701	7,455	9,209	10,964	12,279	13,595	16,226	8,552	11,183	13,814	16,445	18,419	20,392	24,339
	2,20	2,68	6,013	7,863	9,713	11,564	12,951	14,339	17,114	9,020	11,795	14,570	17,345	19,427	21,508	25,671
	2,30	2,78	6,325	8,271	10,217	12,164	13,623	15,083	18,002	9,488	12,407	15,326	18,245	20,435	22,624	27,003
	2,40	2,88	6,637	8,679	10,721	12,764	14,295	15,827	18,890	9,956	13,019	16,082	19,145	21,443	23,740	28,335
	2,50	2,98	6,949	9,087	11,225	13,364	14,967	16,571	19,778	10,424	13,631	16,838	20,045	22,451	24,856	29,667
	2,60	3,08	7,261	9,495	11,729	13,964	15,639	17,315	20,666	10,892	14,243	17,594	20,945	23,459	25,972	30,999
	2,70	3,19	7,573	9,903	12,233	14,564	16,311	18,059	21,554	11,360	14,855	18,350	21,845	24,467	27,088	32,331
	2,80	3,29	7,885	10,311	12,737	15,164	16,983	18,803	22,442	11,828	15,467	19,106	22,745	25,475	28,204	33,663
	2,90	3,39	8,197	10,719	13,241	15,764	17,655	19,547	23,330	12,296	16,079	19,862	23,645	26,483	29,320	34,995
	3,00	3,49	8,509	11,127	13,745	16,364	18,327	20,291	24,218	12,764	16,691	20,618	24,545	27,491	30,436	36,327

Verbindungen mit Schrauben und Nieten im Stahlbau: Nachweise der Tragsicherheit (Fortsetzung) — DIN 18800-1 : 1990-11

Grenzlochleibungskraft $V_{l,R,d}$ in kN je mm Blechdicke

			Lochabstand in Kraftrichtung *e* maßgebend ($e_{min} = 2{,}2 \cdot d_L$; $e_{max} = 6 \cdot d_L$ bzw. $10 \cdot d_L$[1])													
			Bauteilwerkstoff: S235							Bauteilwerkstoff: S355						
			M 12 13	M 16 17	M 20 21	M 24 25	M 27 28	M 30 31	M 36 37	M 12 13	M 16 17	M 20 21	M 24 25	M 27 28	M 30 31	M 36 37
für SL, SLV und GV – Ausführung	e/d_L	e_1/d_L														
	2,20	1,73	4,205	5,606	7,008	8,410	9,461	10,512	12,614	6,307	8,410	10,512	12,614	14,191	15,768	18,922
	2,30	1,83	4,488	5,983	7,479	8,975	10,097	11,219	13,463	6,731	8,975	11,219	13,463	15,146	16,828	20,194
	2,40	1,93	4,770	6,360	7,951	9,541	10,733	11,926	14,311	7,155	9,541	11,926	14,311	16,100	17,889	21,466
	2,50	2,03	5,053	6,737	8,422	10,106	11,369	12,633	15,159	7,580	10,106	12,633	15,159	17,054	18,949	22,739
	2,60	2,13	5,336	7,114	8,893	10,672	12,006	13,340	16,008	8,004	10,672	13,340	16,008	18,009	20,009	24,011
	2,70	2,22	5,619	7,491	9,364	11,237	12,642	14,047	16,856	8,428	11,237	14,047	16,856	18,963	21,070	25,284
	2,80	2,32	5,901	7,869	9,836	11,803	13,278	14,753	17,704	8,852	11,803	14,753	17,704	19,917	22,130	26,556
	2,90	2,42	6,184	8,246	10,307	12,368	13,914	15,460	18,552	9,276	12,368	15,460	18,552	20,871	23,191	27,829
	3,00	2,52	6,467	8,623	10,778	12,934	14,551	16,167	19,401	9,700	12,934	16,167	19,401	21,826	24,251	29,101
	3,50	3,01	7,881	10,508	13,135	15,761	17,732	19,702	23,642	11,821	15,761	19,702	23,642	26,597	29,553	35,463
	4,00	$e/d_L < 2{,}2$	9,295	12,393	15,491	18,589	20,913	23,236	27,884	13,942	18,589	23,236	27,884	31,369	34,855	41,825
	4,50		10,708	14,278	17,847	21,417	24,094	26,771	32,125	16,063	21,417	26,771	32,125	36,141	40,156	48,188
	5,00		12,122	16,163	20,204	24,244	27,275	30,305	36,367	18,183	24,244	30,305	36,367	40,912	45,458	54,550
	5,50		13,536	18,048	22,560	27,072	30,456	33,840	40,608	20,304	27,072	33,840	40,608	45,684	50,760	60,912
	6,00		14,950	19,933	24,916	29,900	33,637	37,375	44,849	22,425	29,900	37,375	44,849	50,456	56,062	67,274
	10,00		26,260	35,014	43,767	52,521	59,086	65,651	78,781	39,391	52,521	65,651	78,781	88,629	98,476	118,172
für SL, SLV und GV – Ausführung	e/d_L	e_1/d_L														
	2,20	1,73	4,555	5,957	7,358	8,760	9,811	10,862	12,965	6,833	8,935	11,038	13,140	14,717	16,294	19,447
	2,30	1,83	4,862	6,357	7,853	9,349	10,471	11,593	13,837	7,292	9,536	11,780	14,024	15,706	17,389	20,755
	2,40	1,93	5,168	6,758	8,348	9,938	11,131	12,323	14,709	7,752	10,137	12,522	14,907	16,696	18,485	22,063
	2,50	2,03	5,474	7,159	8,843	10,527	11,791	13,054	15,580	8,211	10,738	13,264	15,791	17,686	19,581	23,371
	2,60	2,13	5,781	7,559	9,338	11,116	12,450	13,784	16,452	8,671	11,339	14,007	16,675	18,675	20,676	24,678
	2,70	2,22	6,087	7,960	9,833	11,705	13,110	14,515	17,324	9,130	11,940	14,749	17,558	19,665	21,772	25,986
	2,80	2,32	6,393	8,360	10,327	12,295	13,770	15,245	18,196	9,590	12,540	15,491	18,442	20,655	22,868	27,294
	2,90	2,42	6,699	8,761	10,822	12,884	14,430	15,976	19,068	10,049	13,141	16,233	19,325	21,645	23,964	28,602
	3,00	2,52	7,006	9,161	11,317	13,473	15,089	16,706	19,940	10,509	13,742	16,976	20,209	22,634	25,059	29,909
	3,50	3,01	8,537	11,164	13,791	16,418	18,388	20,359	24,299	12,806	16,747	20,687	24,627	27,583	30,538	36,448
	4,00	$e/d_L < 2{,}2$	10,069	13,167	16,265	19,364	21,687	24,011	28,658	15,104	19,751	24,398	29,045	32,531	36,016	42,987
	4,50		11,601	15,170	18,740	22,309	24,986	27,663	33,017	17,401	22,755	28,109	33,464	37,479	41,495	49,526
	5,00		13,132	17,173	21,214	25,255	28,285	31,316	37,377	19,699	25,760	31,821	37,882	42,428	46,973	56,065
	5,50		14,664	19,176	23,688	28,200	31,584	34,968	41,736	21,996	28,764	35,532	42,300	47,376	52,452	62,604
	6,00		16,196	21,179	26,162	31,145	34,883	38,620	46,095	24,293	31,768	39,243	46,718	52,324	57,931	69,143
	10,00		28,449	37,202	45,956	54,709	61,274	67,839	80,969	42,673	55,803	68,933	82,064	91,911	101,759	121,454

[1] $e_{max} = 10 \cdot d_L$, wenn lokale Beulgefahr nicht besteht

Vorspannkräfte und Anziehmomente von Schaft- und Dehnschrauben

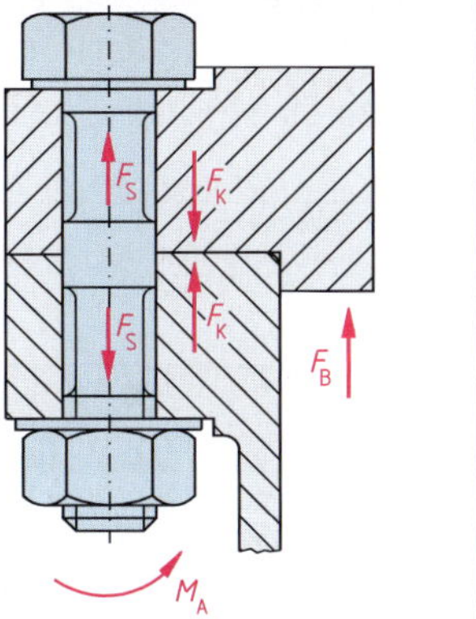

Die Tabellenwerte berücksichtigen eine 90 %ige Ausnutzung der Schrauben-Streckgrenze.

Verspannungs-Schaubild

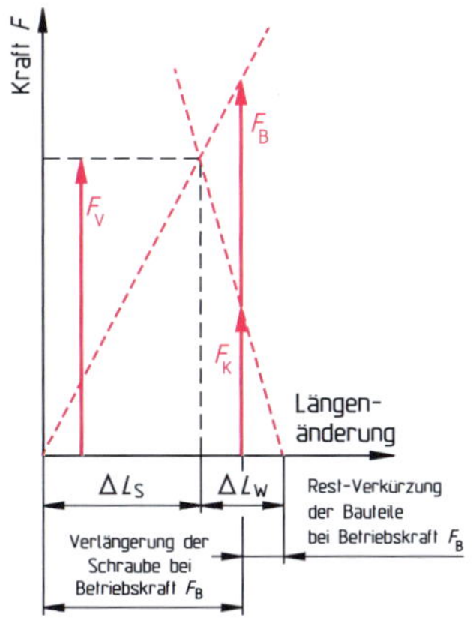

Erläuterungen zum Verspannungs-Schaubild und den Tabellen:

- F_V = Vorspannkraft
- F_B = Betriebskraft
- F_K = Klemmkraft
- F_S = Schraubengesamtkraft
- Δl_S = Verlängerung der Schraube beim Anziehen
- Δl_W = ? Verkürzung der Werkstücke beim Anziehen
- μ = Gleitreibungszahl
- S = Spannungsquerschnitt in mm^2
- A_T = Schaftquerschnitt der Dehnschrauben in mm^2
- d = Gewinde-∅
- $d \times P$ = Gewinde-∅ × Steigung (Feingewinde)

Schaftschrauben

d / *d* × *P*	*S* in mm^2	Maximale Vorspannkraft F_V in kN – Festigkeitsklasse 8.8 – Gleitreibungszahl μ 0,10	8.8 / 0,16	8.8 / 0,20	10.9 / 0,10	10.9 / 0,16	10.9 / 0,20	12.9 / 0,10	12.9 / 0,16	12.9 / 0,20	Maximales Anziehmoment M_A in Nm – Festigkeitsklasse 8.8 – Gleitreibungszahl μ 0,10	8.8 / 0,16	8.8 / 0,20	10.9 / 0,10	10.9 / 0,16	10.9 / 0,20	12.9 / 0,10	12.9 / 0,16	12.9 / 0,20
M 8	36,6	17,9	15,9	14,6	26,3	23,3	21,4	30,7	27,3	25,1	20	27	30	30	39	44	35	46	52
M 10	58,0	28,5	25,3	23,2	41,8	37,1	34,1	48,9	43,4	39,9	40	53	60	59	78	87	69	91	100
M 12	84,3	41,5	36,8	33,9	61,0	54,0	49,8	71,5	63,5	58,0	69	92	105	100	135	151	120	155	177
M 16	157	78,5	69,5	64,0	115	102	94,0	135	120	110	170	230	260	250	335	380	290	390	445
M 20	245	126	112	103	180	160	147	210	187	172	340	460	520	490	660	740	570	770	870
M 22	303	158	140	129	224	200	184	263	234	216	470	630	710	660	900	1000	780	1050	1200
M 24	353	182	162	149	259	230	212	303	269	248	590	790	890	840	1150	1250	980	1300	1500
M 27	459	239	213	196	340	303	279	398	355	327	870	1150	1350	1250	1650	1900	1450	1950	2200
M 30	561	291	259	238	414	369	339	484	431	397	1200	1600	1800	1700	2250	2550	1950	2650	3000
M 8 × 1	39,2	19,6	17,4	16,0	28,7	25,6	23,5	33,6	29,9	27,6	22	29	33	32	43	48	37	50	56
M 10 × 1	64,5	32,8	29,3	27,0	48,1	43	39,6	56,5	50,5	46,4	44	60	68	64	88	100	76	105	115
M 12 × 1,5	88,1	44	39,2	36,1	64,5	57,5	53,0	75,5	67,5	62,0	72	96	110	105	140	160	125	165	185
M 16 × 1,5	167	85,5	76	70,5	125	112	103	147	131	121	180	245	280	265	360	410	310	425	480
M 20 × 1,5	272	144	129	119	206	184	170	241	216	199	375	520	590	530	740	840	620	860	980

Dehnschrauben: Schaftdurchmesser $d_T = 0{,}9 \cdot d_3$ (d_3 = Kerndurchmesser)

d / *d* × *P*	A_T in mm^2	Maximale Vorspannkraft F_V in kN – Festigkeitsklasse 8.8 – Gleitreibungszahl μ 0,10	8.8 / 0,16	8.8 / 0,20	10.9 / 0,10	10.9 / 0,16	10.9 / 0,20	12.9 / 0,10	12.9 / 0,16	12.9 / 0,20	Maximales Anziehmoment M_A in Nm – Festigkeitsklasse 8.8 – Gleitreibungszahl μ 0,10	8.8 / 0,16	8.8 / 0,20	10.9 / 0,10	10.9 / 0,16	10.9 / 0,20	12.9 / 0,10	12.9 / 0,16	12.9 / 0,20
M 8	26,6	10,5	8,9	8,05	15,3	13,1	11,8	18	15,3	13,8	12	15	17	17	22	24	20	26	28
M 10	42,4	16,4	14	12,6	24,1	20,6	18,5	28,2	24,1	21,7	23	29	32	34	43	47	40	51	56
M 12	61,8	24,7	21,1	19,1	36,3	31,1	28	42,5	36,3	32,8	41	53	58	60	77	85	70	90	100
M 16	117	51,0	44,2	40	75,0	65	59	88	76	69	110	145	160	165	215	235	190	250	275
M 20	182	83,5	72	65,5	119	103	93	139	120	109	225	295	330	325	420	470	375	495	550
M 22	228	102	88	79,5	145	125	113	170	147	133	305	400	440	430	560	630	500	660	740
M 24	263	121	105	94,5	172	149	135	202	174	158	390	510	570	560	730	810	650	850	950
M 27	246	158	137	124	225	195	177	264	228	207	570	760	840	820	1100	1200	960	1250	1400
M 30	420	190	164	149	271	234	212	317	274	248	770	1000	1100	1100	1450	1600	1300	1700	1850
M 8 × 1	29,2	12,1	10,4	9,4	17,7	15,3	13,8	20,8	17,8	16,1	13	17	19	19	25	28	23	30	33
M 10 × 1	49	21,3	18,4	16,7	31,2	27	24,5	36,6	31,6	28,6	29	38	42	42	55	62	49	65	72
M 12 × 1,5	65,5	27,9	24	21,7	41,0	35,3	31,9	48	41,3	37,4	45	59	66	67	87	96	78	100	115
M 16 × 1,5	128	57,5	49,7	45,1	84,0	73	66	98,5	85,5	77,5	120	160	180	175	235	265	210	275	310
M 20 × 1,5	210	99,5	86,5	78,5	142	123	112	166	144	131	260	345	390	365	495	550	430	580	650

Sechskantmuttern DIN EN ISO 4032, 4033, 4034, 4035, 4036; 8673, 8674; 8675 : 2001-03

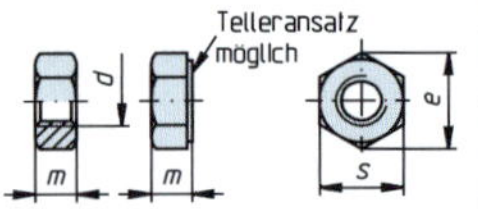

Regelgewinde:
DIN EN ISO 4032 (ISO 4032)
DIN EN ISO 4033 (ISO 4033)
Feingewinde:
DIN EN ISO 8673 (ISO 8673)
DIN EN ISO 8674 (ISO 8674)

Regelgewinde:
DIN EN ISO 4035 (ISO 4035)
Feingewinde:
DIN EN ISO 8675 (ISO 8675)

Regelgewinde:
DIN EN ISO 4034 (ISO 4034)

Regelgewinde:
DIN EN ISO 4036 (ISO 4036)

Sechskantmuttern mit Regelgewinde

ISO	Gewinde *d*	M3	M4	M5	M6	M8	M10	M12	M16	M20	M24	M30	M36
	s	5,5	7	8	10	13	16	18	24	30	36	46	55
	e	6	7,7	8,8	11,1	14,4	17,7	20	26,8	33	39,6	50,9	60,8
4032 1) 5)	*m*	2,4	3,2	4,7	5,2	6,8	8,4	10,8	14,8	18	21,5	25,6	31
4033 2)		–	–	5,1	5,7	7,5	9,3	12	16,4	20,3	23,9	28,6	34,7
4034 3)		–	–	5,6	6,1	7,9	9,5	12,2	15,9	19	22,3	26,4	31,5
4035 4) 6)		1,8	2,2	2,7	3,2	4	5	6	8	10	12	15	18
4036 4)		1,8	2,2	2,7	3,2	4	5	–	–	–	–	–	–

Sechskantmuttern mit Feingewinde

ISO	Gewinde *d* × *P*	M8×1	M10×1	M12×1,5	M16×1,5	M20×1,5	M24×2	M30×2	M36×3
	s	13	16	18	24	30	36	46	55
	e	14,4	17,7	20	26,8	33	39,6	50,9	60,8
8673 1) 5)	*m*	6,8	8,4	10,8	14,8	18	21,5	25,6	31
8674 8)		7,5	9,3	12	16,4	20,3	23,9	28,6	34,7
8675 1) 6)		4	5	6	8	10	12	15	18

Festigkeitsklassen:

1) 6; 8; 10 | 2) 9; 12 | 3) 4 (≤ M16); 4; 5 | 4) 04; 05 | 5) Nichtrostende Stähle A2-70, A4-70 (≤ M24); A2-50, A4-50 (> M24)

6) Nichtrostende Stähle: A2-035, A4-035 (≤ M24) A2-025, A4-025 (> M24); | 7) Mindesthärte 110 HV30 | 8) 8; 12 (≤ M16); 10 (≤ M36)

Bezeichnungsbeispiel: Sechskantmutter ISO 4032 – M12 – 8 Sechskantmutter mit Gewinde M12, Festigkeitsklasse 8

Kronenmuttern DIN 935-1 : 2000-10

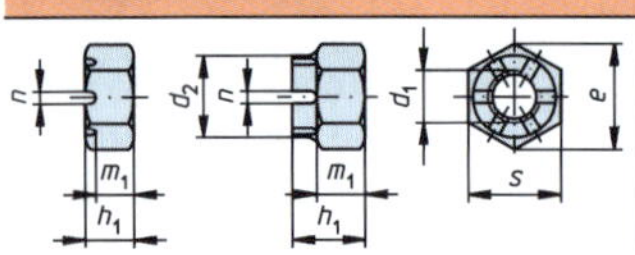

1) neue Schlüsselweiten nach DIN ISO 272

Festigkeitsklassen: 6; 8; 10

Bezeichnungsbeispiel:
Kronenmutter DIN 93 – M16 × 1,5 – 8
Kronenmutter mit Feingewinde M16 × 1,5, Festigkeitsklasse 8

Gewinde d_1 bzw. $d_1 \times P$	M6	M8	M10	M12	M16	M20	M24	M30
		M8 ×1	M10 ×1,25	M12 ×1,5	M16 ×1,5	M20 ×2	M24 ×2	M30 ×2
d_2	–	–	–	16 1)/17	22	28	34	42
n	2,5	2,5	2,8	3,5	4,5	4,5	5,5	7
h_1	7,5	9,5	12	15	19	22	27	33
m_1	5	6,5	8	10	13	16	19	24
s	10	13	16 1)/17	18 1)/19	24	30	36	46
e	11,1	14,4	17,7 1)/ 18,9	20 1)/21	26,8	33	39,6	50,9
Splint DIN 94	1,6×14	2×16	2,5×20	3,2×22	4×28	4×36	5×40	6,3×50

Vierkant-Schweißmuttern DIN 928 : 2000-01

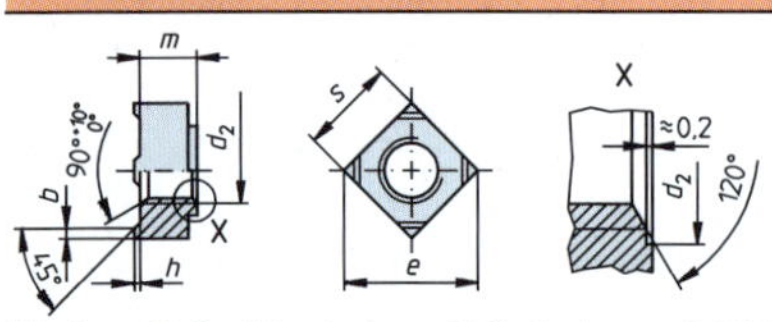

Werkstoff: Stahl mit max. C-Gehalt von 0,25 %

Bezeichnungsbeispiel:
Schweißmutter DIN 928 – M8 – St
Schweißmutter mit Gewinde M8 und Werkstoff Stahl

Gewinde d_1	M4	M5	M6	M8	M10	M12
				M8 ×1	M10 ×1,25	M12 ×1,25
b	0,8	1	1,2	1,5	1,8	2
d_2	5	6	7,5	10	12,5	13,5
e	9	12	13	18	22	25
h	0,6	0,8	0,8	1	1,2	1,4
m	3,5	4,2	5	6,5	8	9,5
s	7	9	10	14	17	19

Sechskant-Schweißmuttern — DIN 929 : 2000-01

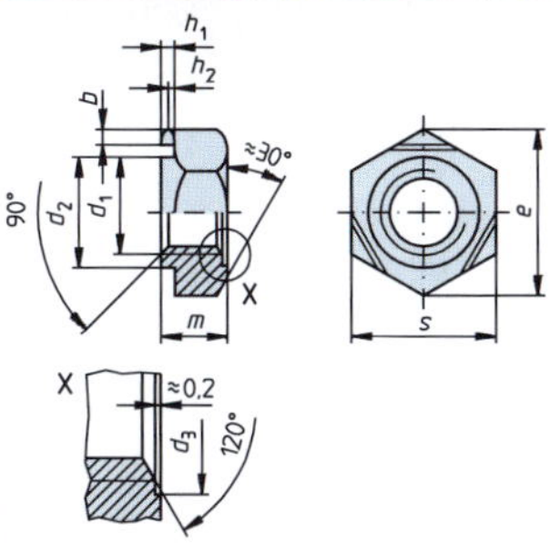

Gewinde d_1	M3	M4	M5	M6	M8	M10	M12	M16
b	0,8	0,8	0,8	0,9	1	1,25	1,25	1,5
d_2	4,5	6	7	8	10,5	12,5	14,8	18,8
d_3	4,5	6	7	8	10,5	12,5	14,8	18,8
e	8,2	9,8	11	12	15,4	18,7	20,9	26,5
h_1	0,55	0,65	0,7	0,75	0,9	1,15	1,4	1,8
h_2	0,25	0,35	0,4	0,4	0,5	0,65	0,8	1
m	3	3,5	4	5	6,5	8	10	13
s	7,5	9	10	11	14	17	19	24

Werkstoff: Stahl mit max. 0,25% C-Gehalt

Bezeichnungsbeispiel: Schweißmutter DIN 929 – M12 – St
Schweißmutter mit Gewinde M12, Werkstoff Stahl

Hutmuttern — DIN 917; DIN 1587 : 2000-10

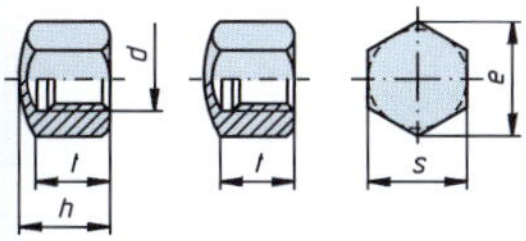

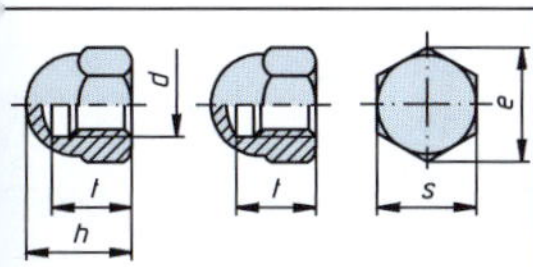

			M4	M5	M6	M8	M10	M12	M16	M20
Gewinde d			M4	M5	M6	M8	M10	M12	M16	M20
Gewinde $d \times P$			–	–	–	M8 ×1	M10 ×1,5	M12 ×1,5	M16 ×1,5	M20 ×2
DIN 917:	Niedrige Form	h	5,5	7	9	12	14	16	20	25
DIN 917:	Festigkeitsklasse: 5; 6 nichtrostende Stähle: A1-50	t	4,4	5,2	7	9,5	11	13,5	17	21
DIN 1587:	Hohe Form:	h	8	10	12	15	18	22	28	34
DIN 1587:	Festigkeitsklasse: 6 nichtrostende Stähle: A1-50	t	5,5	7,5	8	11	13	16	21	26

Bezeichnungsbeispiel: Hutmutter DIN 1587 – M12 – 6
Hutmutter mit Gewinde M12, Festigkeitsklasse 6

Ringmuttern, Ringschrauben — DIN 582, DIN 580 : 2003-08

DIN 582

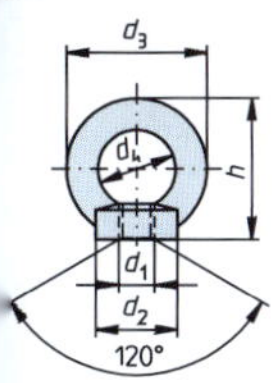

DIN 580

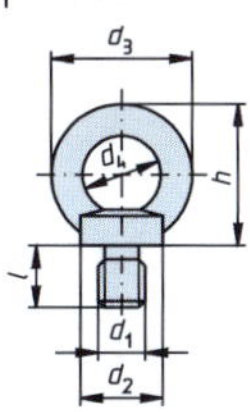

Gewinde d_1	M8	M10	M12	M16	M20	M24	M30	M36	M42	M48	M56
d_2	20	25	30	35	40	50	65	75	85	100	110
d_3	36	45	54	63	72	90	108	126	144	166	184
d_4	20	25	30	35	40	50	60	70	80	90	100
l	13	17	20,5	27	30	36	45	54	63	68	78
Tragfähigkeit in kg											
einsträngig	140	230	340	700	1200	1800	3200	4600	6300	8600	11500
zweisträngig 	100	170	240	500	860	1290	2300	3300	4500	6100	8200

Verkstoff: C15, normalgeglüht; nichtrostender austenitischer Stahl A2, A3, A4, A5

ezeichnungsbeispiel: Ringmutter DIN 582 – M36 – C15E
ingmutter mit Gewinde M36 aus Stahl C15E

Spannschlossmuttern aus Sechskantstahl — DIN 1479 : 2005-09

Mit überschnittenem Gewinde für Gewinde ≤ M 16

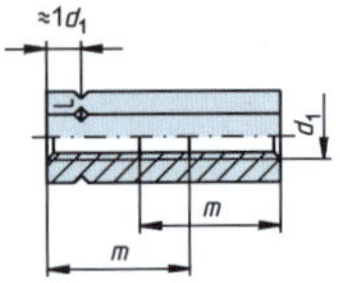

Mit Aussparung für Gewinde > M 16

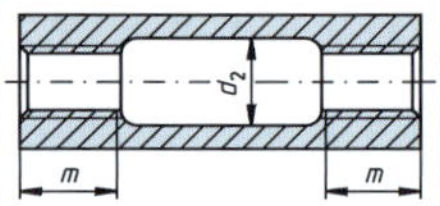

Linksgewinde gekennzeichnet: durch: „L" oder durch Rille über die Sechskantecken
Werkstoff: Stahl mit $R_m \geq 330$ N/mm²

Gewinde d_1	**M 6**	**M 8**	**M 10**	**M 12**	**M 16**	**M 20**	**M 24**	**M 30**
d_2	–	–	–	–	–	21	26	32
l	30	35	45	55	75	95	115	125
m	22,5	25	33	40	55	24	29	36
Sechs-kant-Schlüssel-weite	10	13	16	18	24	30	36	46
Nachstell-barkeit	15	15	21	25	35	47	57	53

Bezeichnungsbeispiel:
Spannschlossmutter DIN 1479 – M20
Spannschlossmutter mit Links-/Rechts-Gewinde M20

Flache Scheiben mit und ohne Fasen vorzugsweise für Sechskantschrauben und -muttern — DIN EN ISO 7089, DIN EN ISO 7090 : 2000-11

ISO 7089 ISO 7090

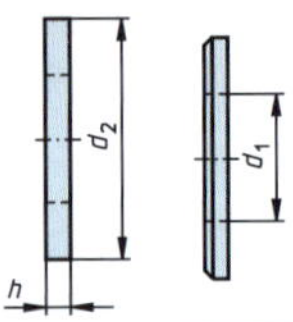

Bezeichnungsbeispiel:
Scheibe ISO 7089-12-200 HV
Scheibe mit Nenngröße 12 für Sechskantmutter(-schraube) M12, Härteklasse 200 HV

Werkstoffe	**Härteklasse**	**Härtebereich**
Stahl	200 HV	200–300 HV
	300 HV	300–400 HV
nicht rostender Stahl (A2, A4, F1, C1, C4)	200 HV	200-300 HV
Härteklasse 200 HV	für Schraubenfestigkeit ≤ 8.8	
Härteklasse 300 HV	für Schraubenfestigkeit ≤ 10.9	

Nenngröße	**3**	**4**	**5**	**6**	**8**	**10**	**12**	**16**	**20**	**24**	**30**	**36**	**48**	**60**
Innendurch-messer d_1	**3,2**	**4,3**	**5,3**	**6,4**	**8,4**	**10,5**	**13**	**17**	**21**	**25**	**31**	**37**	**52**	**70**
Für Gewinde	**M 3**	**M 4**	**M 5**	**M 6**	**M 8**	**M 10**	**M 12**	**M 16**	**M 20**	**M 24**	**M 30**	**M 36**	**M 48**	**M 64**
d_2	7	9	10	12	16	20	24	30	37	44	56	66	92	115
h	0,5	0,8	1	1,6	1,6	2	2,5	3	3	4	4	5	8	10

Flache Scheiben vorzugsweise für Sechskantschrauben und -muttern, Produktklasse C — DIN EN ISO 7091 : 2000-11

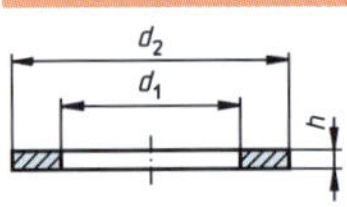

Bezeichnungsbeispiel:
Scheibe ISO 7091-8-100 HV
Scheibe mit Nenngröße 8 für Sechskantmutter(-schraube) M8, Härteklasse 100 HV

Werkstoffe	**Härteklasse**	**Härtebereich**
Stahl	100 HV	100 2 HV
Härteklasse 100 HV	für Schraubenfestigkeit ≤ 6.8	

Nenngröße	**3**	**4**	**5**	**6**	**8**	**10**	**12**	**16**	**20**	**24**	**30**	**36**	**48**	**64**
Innendurch-messer d_1	**3,4**	**4,5**	**5,5**	**6,6**	**9**	**11**	**13,5**	**17,5**	**22**	**26**	**33**	**39**	**52**	**70**
Für Gewinde	**M 3**	**M 4**	**M 5**	**M 6**	**M 8**	**M 10**	**M 12**	**M 16**	**M 20**	**M 24**	**M 30**	**M 36**	**M 48**	**M 64**
d_2	7	9	10	12	16	20	24	30	37	44	56	66	92	115
h	0,5	0,8	1	1,6	1,6	2	2,5	3	3	4	4	5	8	10

Flache Scheiben vorzugsweise für Zylinderschrauben DIN EN ISO 7092 : 2000-11

ISO 7092

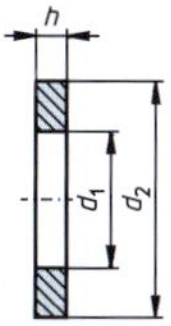

Bezeichnungsbeispiel:
Scheibe ISO 7092-12-200 HV
Scheibe mit Nenngröße 12 für Sechskantmutter(-schraube) M 12, Härteklasse 200 HV

Werkstoffe	Härteklasse	Härtebereich
Stahl	200 HV	200–300 HV
	300 HV	300–400 HV
nicht rostender Stahl (A2, A4, F1, C1, C4	200 HV	200-300 HV
Härteklasse 200 HV	für Schraubenfestigkeit ≤ 8.8	
Härteklasse 300 HV	für Schraubenfestigkeit ≤ 10.9	

Nenngröße	**3**	**4**	**5**	**6**	**8**	**10**	**12**	**16**	**20**	**24**	**30**	**36**
Innendurchmesser d_1	**3,2**	**4,3**	**5,3**	**6,4**	**8,4**	**10,5**	**13**	**17**	**21**	**25**	**31**	**37**
Für Gewinde	**M 3**	**M 4**	**M 5**	**M 6**	**M 8**	**M 10**	**M 12**	**M 16**	**M 20**	**M 24**	**M 30**	**M 36**
d_2	6	8	9	11	15	18	20	28	34	39	50	60
h	0,5	0,5	1	1,6	1,6	1,6	2	2,5	3	4	4	5

Scheiben für Bolzen DIN EN 28738 (ISO 8738) : 1992-10

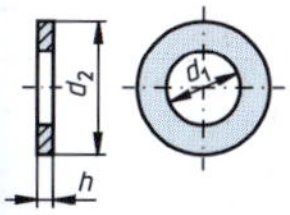

d_1 H11	5	6	8	10	12	14	16	20	24	30	33	36	40	45	50	55	60	70	80	90	100
d_2	10	12	15	18	20	22	24	30	37	44	47	50	56	60	66	72	78	92	98	110	120
h	1	1,6	2	2,5	3	3	3	4	4	5	5	6	6	6	8	8	10	10	12	12	12

Bezeichnungsbeispiel: Scheibe ISO 8738 – 30 – 160 HV
Scheibe für Bolzen mit einem Innendurchmesser $d_1 = 30$ mm, Härte 160 HV

Senkungen für Senkschrauben und Senk-Blechschrauben DIN 74 : 2003-04

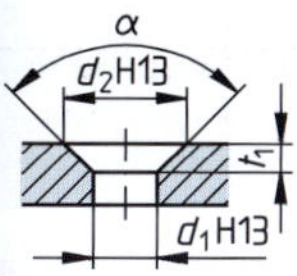

Form A: für Holz-Senkschrauben nach DIN 97 und DIN 7997; Linsensenk-Holzschrauben nach DIN 95 und DIN 7995

Form E: für Senkschrauben für Stahlkonstruktionen nach DIN 7969

Form F: für Senkschrauben mit Innensechskant nach DIN EN ISO 10642

Form A	**Für Gewindedurchmesser**	**1,6**	**2**	**2,5**	**3**	**3,5**	**4**	**4,5**	**5**	**5,5**	**6**	**7**	**8**
	d_1 H13	1,8	2,4	2,9	3,4	3,9	4,5	5	5,5	6	6,6	7,6	9
	d_2 H13	3,7	4,6	5,7	6,5	7,6	8,6	9,5	10,4	11,4	12,4	14,4	16,4
	t_1	0,9	1,1	1,4	1,6	1,9	2,1	2,3	2,5	2,7	2,9	3,3	3,7
	α	90°											

Form E	**Für Gewindedurchmesser**	**10**	**12**	**16**	**20**	**22**	**24**
	d_1 H13	10,5	13	17	21	23	25
	d_2 H13	19	24	31	34	37	40
	t_1	5,5	7	9	11,5	12	13
	α	75°			60°		

Form F	**Für Gewindedurchmesser**	**3**	**4**	**5**	**6**	**8**	**10**	**12**	**14**	**16**	**20**
	d_1 H13	3,4	4,5	5,5	6,6	9	11	13,5	15,5	17,5	22
	d_2 H13	6,94	9,18	11,47	13,71	18,25	22,73	27,21	31,19	33,99	40,71
	t_1	1,8	2,3	3	3,6	4,6	5,9	6,9	7,8	8,2	9,4
	α	90°									

Bezeichnungsbeispiel: Senkung DIN 74 – F 12
Senkung für Gewindedurchmesser 12 mm, Form F
Andere Senktiefen: Sind bei einzelnen Senkungen andere Senktiefen als in dieser Norm herzustellen, so ist die Senktiefe in der Bezeichnung anzugeben: Z. B.: Senkung DIN 74 – A4 × 3, Senkung, Form A für Gewindedurchmesser 4 mm mit der abweichenden Senktiefe $t_1 = 3$ mm

Senkungen für Schrauben mit Zylinderkopf — DIN 974-1 : 2008-02

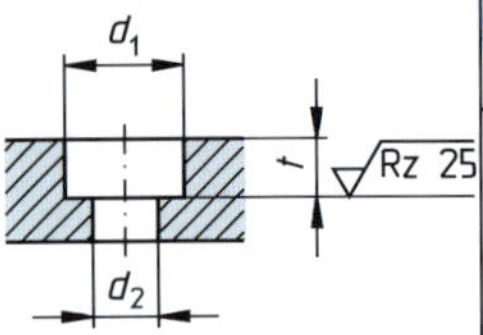

Ermittlung der Senktiefe t:
t = Kopfhöhe der Schraube
+ Höhe der Unterlegscheibe
+ Zugabe

Für Gewinde		M 3	M 4	M 5	M 6	M 8	M 10	M 12	M 16	M 20	M 24	M 30
Durchgangsloch d_2		3,4	4,5	5,5	6,6	9	11	13,5	17,5	22	26	33
d_1 H13	Reihe 1	6,5	8	10	11	15	18	20	26	33	40	50
	Reihe 4	7	9	11	13	16	20	24	30	36	43	54
	Reihe 5	9	10	13	15	18	24	26	33	40	48	61
	Reihe 6	8	10	13	15	20	24	33	43	48	58	73
Zugabe		0,4				0,6					0,8	1

Reihe 1: für Zylinderschrauben nach ISO 1207, DIN EN ISO 4762, 6912, 7984
Reihe 4: für Zylinderschrauben mit Scheiben DIN EN ISO 7092, DIN EN ISO 10673
Reihe 5: für Zylinderschrauben mit Scheiben DIN EN ISO 7089, DIN EN ISO 7090
Reihe 6: für Zylinderschrauben mit Spannscheiben DIN 6796 und 6908

Senkungen für Sechskantschrauben und Muttern — DIN 974-2 : 1991-05

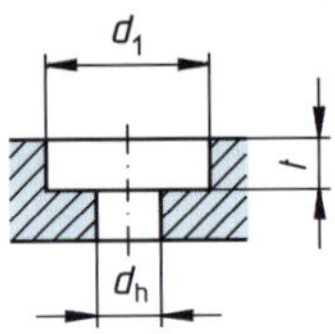

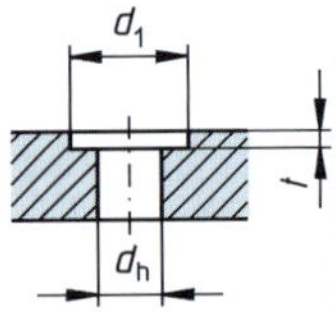

	Für Gewinde		M 3	M 4	M 5	M 6	M 8	M 10	M 12	M 16	M 20	M 24	M 30
Senkung	Schlüsselweite s		5,5	7	8	10	13	16	18	24	30	36	46
	Durchgangsloch d_h		3,4	4,5	5,5	6,6	9	11	13,5	17,5	22	26	33
Ansenkung	d_1 H13	Reihe 1	11	13	13	18	24	28	33	40	46	58	73
		Reihe 2	11	15	18	20	26	33	36	46	54	73	82
		Reihe 3	9	10	11	13	18	22	26	33	40	48	61
Senktiefe wie DIN 974-1	Zugabe		0,4				0,6					0,8	1

Reihe 1: Senkungen für Steckschlüssel DIN 659, 896, 3112 oder Steckschlüsselsätze DIN 3124
Reihe 2: Senkungen für Ringschlüssel DIN 838, 897 oder Steckschlüsseleinsätze DIN 3129
Reihe 3: Ansenkung bei beengten Platzverhältnissen

Nietzugabe und Nietschaftlänge bei Halbrund- und Senkniete

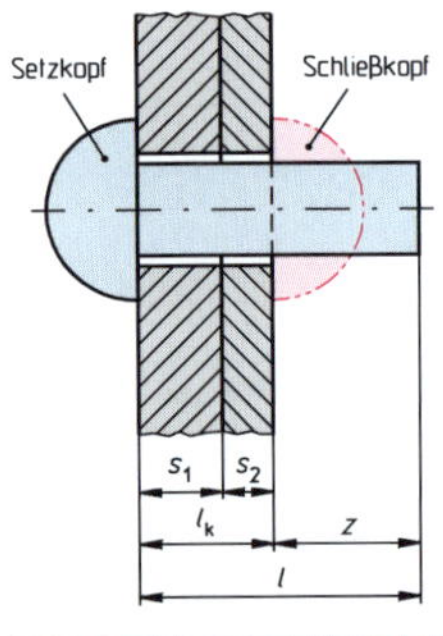

Die Zugabe z und damit die Nietschaftlänge l hängen von der Form des Schließkopfes und vom Nietverfahren „warm" oder „kalt" ab.

			Kaltnieten	Warmnieten
Schließkopfform	Halbrundkopf	Zugabe z	$z = 0{,}1 \cdot l_K + 1{,}3 \cdot d_1$	$z = 0{,}1 \cdot l_K + 1{,}5 \cdot d_1$
		Schaftlänge l	$l = 1{,}1 \cdot l_K + 1{,}3 \cdot d_1$	$l = 1{,}1 \cdot l_K + 1{,}5 \cdot d_1$
	Senkkopf	Zugabe z	$z = 0{,}1 \cdot l_K + 0{,}5 \cdot d_1$	$z = 0{,}1 \cdot l_K + 0{,}7 \cdot d_1$
		Schaftlänge l	$l = 1{,}1 \cdot l_K + 0{,}5 \cdot d_1$	$l = 1{,}1 \cdot l_K + 0{,}7 \cdot d_1$

Berechnung einer Blindnietverbindung

Sicherheit gegen Scherbruch des Niets

$F_{s\,zul} = 0{,}5\, Q_n$

Q_n = wirksame Scherbruchkraft in der Verbindung in N

$F_{s\,zul}$ = zul. Scherbruchkraft in N

Sicherheit gegen Versagen der Verbindung

$F_H = F_{BH} / S_g$

F_H = zul. Bruchlast in N

F_{BH} = Bruchlast in der Verbindung in N

S_g = Lastfaktor
Al-Niet: $S_g = 2{,}8$
St-Niet: $S_g = 2{,}4$

Sicherheit gegen Ausreißen vom Rand her

$F_K = 0{,}7 \cdot R_m \cdot t \cdot e / S_g$

F_K = zul. Bruchlast in N

R_m = Zugfestigkeit des Bauteilwerkstoffs

t = Dicke des dünneren Blechs in mm

e = Randabstand in mm

S_g = Lastfaktor (2,8 bzw. 2,4)

Sicherheit gegen Versagen des Niets

$R_Q = R_{p\,0{,}2} / 1{,}65$

R_Q = zul. Scherkraft im Niet in N

$R_{p\,0{,}2}$ = Proportionalitätsgrenze des Bauteilwerkstoffs in N

1,65 = Sicherheitsfaktor

Blindniete mit Sollbruchdorn und Flachkopf DIN EN ISO 15977; DIN EN ISO 15983:2003-04

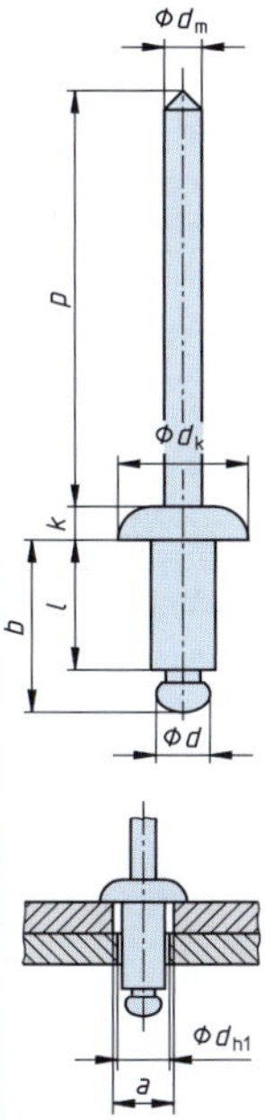

	Nennmaß d		2,4	3	3,2	4	4,8	5	6	6,4
Niethülse	d_k	max	5	6,3	6,7	8,4	10,1	10,5	12,6	13,4
		min	4,2	5,4	5,8	6,9	8,3	8,7	10,8	11,6
	k		1	1,3	1,3	1,7	2	2,1	2,5	2,7
	Nietloch-∅ d_{h1}		2,5–2,6	3,1–3,2	3,3–3,4	4,1–4,2	4,9–5,0	5,1–5,2	6,1–6,2	6,5–6,6
Nietdorn	ISO 15977: d_m		1,55	2	2	2,45	2,95	2,95	3,4	3,9
	ISO 15983: d_m		–	2,05	2,15	2,75	3,2	3,25	–	–
	ISO 15977: p		25	25	25	27	27	27	27	27
	ISO 15983: p		–	25	25	25	27	27	–	–
Einbaulänge $b = l_{max} + x$	ISO 15977: x		3,5		4		4,5		5	5,5
	ISO 15983: x		–	4		4,5	5		–	–
Schaftlänge l			Empfohlene Klemmlängenbereiche							
	Nennmaß min	max								
ISO 15977	4	5	0,5–2,0	0,5–1,5		–	–		–	–
	6	7	2–4	1,5–3,5		1–3	1,5–2,5		–	–
	8	9	4–6	3,5–5		3–5	2,5–4		2–3	–
	10	11	6–8	5–7		5–6,5	4–6		3–5	–
	12	13	8–9,5	7–9		6,5–8,5	6–8		5–7	3–6
	16	17	–	9–13		8,5–12,5	8–12		7–11	6–10
	20	21	–	13–17		12,5–16,5	12–15		11–15	10–14
	25	26	–	17–22		16,5–21,5	15–20		15–20	14–18
	30	31	–	–		–	20–25		20–25	18–23
ISO 15983	6	7	–	0,5–3		1–2,5	1,5–2		–	–
	8	9	–	3–5		2,5–4,5	2–4		–	–
	10	11	–	5–6,5		4,5–6,5	4–6		–	–
	12	13	–	6,5–8,5		6,5–8,5	6–8		–	–
	14	15	–	8,5–10,5		8,5–10,5	–		–	–
	16	17	–	10,5–12,5		10–12	8–11		–	–
	18	19	–	–		12–14	11–13		–	–
	20	21	–	–		14–16	13–16		–	–
	25	26	–	–		16–21	16–19		–	–
Mechanische Eigenschaften für ISO 15977	Klasse L	Scherkraft in N	250	400	500	850	1200	1400	2100	2200
		Zugkraft in N	350	550	700	1200	1700	2000	3000	3150
	Klasse H	Scherkraft in N	350	550	750	1250	1850	2150	3200	3400
		Zugkraft in N	550	850	1100	1800	2600	3100	4600	4850
	Bruchkraft des Nietdorns in N		2000	3000	3500	5000	6500	6500	9000	11 000
Mechanische Eigenschaften für ISO 15983	Scherkraft in N		–	1800	1900	2700	4000	4700	–	–
	Zugkraft in N		–	2200	2500	3500	5000	4700	–	–
	Bruchkraft des Nietdorns in N		–	4100	4500	6500	8500	9000	–	–

Werkstoffe:
ISO 15977: Niethülse aus Aluminiumlegierung (A1A) und einem Nietdorn aus Stahl (St)
ISO 15983: Niethülse und Nietdorn aus nichtrostendem austenitischen Stahl (A2)

Bezeichnungsbeispiel:
Blindniet ISO 15977 – 4 × 12 – A1A/St – L
Blindniet mit Sollbruchdorn und Flachkopf mit einem Nenndurchmesser von $d = 4$ mm und einer Schaftlänge von $l = 12$ mm, mit einer Niethülse aus Aluminiumlegierung und einem Nietschaft aus Stahl der Klasse L
Blindniet ISO 15983 – 4,8 × 12 – A2/A2
Blindniet mit Sollbruchdorn und Flachkopf mit einem Nenndurchmesser von $d = 4,8$ mm und einer Schaftlänge von $l = 12$ mm, mit einer Niethülse und einem Nietschaft aus nichtrostendem Stahl

Blindniete mit Sollbruchdorn und Senkkopf — DIN EN ISO 15978; DIN EN ISO 15984:2003-04

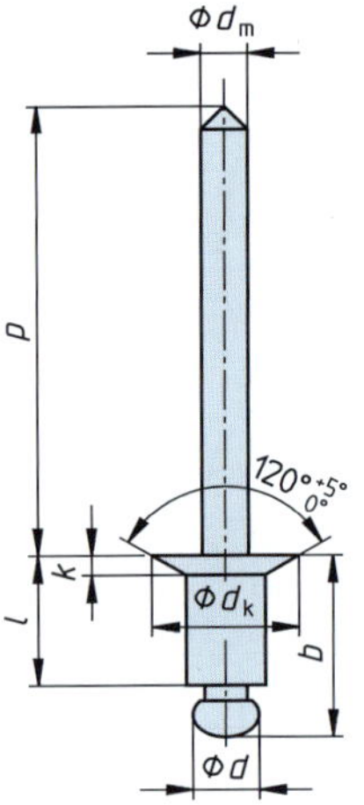

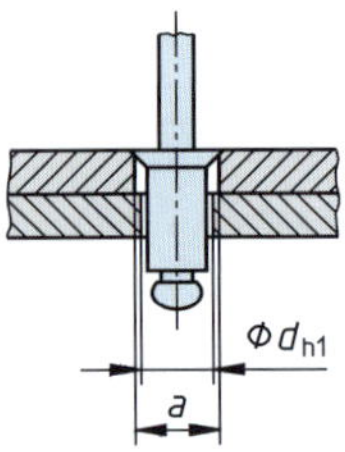

Niethülse	Nennmaß *d*		2,4	3	3,2	4	4,8	5
	d_k	max	5	6,3	6,7	8,4	10,1	10,5
		min	4,2	5,4	5,8	6,9	8,3	8,7
	k		1	1,3	1,3	1,7	2	2,1
	Nietloch-∅ d_{h1}		2,5–2,6	3,1–3,2	3,3–3,4	4,1–4,2	4,9–5,0	5,1–5,2
Nietdorn	ISO 15978: d_m		1,55	2	2	2,45	2,95	2,95
	ISO 15984: d_m		–	2,05	2,15	2,75	3,2	3,25
	ISO 15978: p		25	25	25	27	27	27
	ISO 15984: p		–	25	25	25	27	27
Einbaulänge $b = l_{max} + x$	ISO 15978: x		3,5		4		4,5	
	ISO 15984: x		–	4		4,5	5	
Schaftlänge *l*			**Empfohlene Klemmlängenbereiche**					
	Nennmaß min	max						
ISO 15978	4	5	0,5–2,0	0,5–1,5		–	–	
	6	7	2–4	1,5–3,5		1–3	1,5–2,5	
	8	9	4–6	3,5–5		3–5	2,5–4	
	10	11	6–8	5–7		5–6,5	4–6	
	12	13	8–9,5	7–9		6,5–8,5	6–8	
	16	17	–	9–13		8,5–12,5	8–12	
	20	21	–	13–17		12,5–16,5	12–15	
	25	26	–	17–22		16,5–21,5	15–20	
	30	31	–	–		–	20–25	
ISO 15984	6	7	–	0,5–3		1–2,5	1,5–2	
	8	9	–	3–5		2,5–4,5	2–4	
	10	11	–	5–6,5		4,5–6,5	4–6	
	12	13	–	6,5–8,5		6,5–8,5	6–8	
	14	15	–	8,5–10,5		8,5–10,5	–	
	16	17	–	10,5–12,5		10–12	8–11	
	18	19	–	–		12–14	11–13	
	20	21	–	–		14–16	13–16	
	25	26	–	–		16–21	16–19	
Mechanische Eigenschaften für ISO 15978	Klasse L	Scherkraft in N	250	400	500	850	1200	1400
		Zugkraft in N	350	550	700	1200	1700	2000
	Klasse H	Scherkraft in N	350	550	750	1250	1850	2150
		Zugkraft in N	550	850	1100	1800	2600	3100
	Bruchkraft des Nietdorns in N		2000	3000	3500	5000	6500	6500
Mechanische Eigenschaften für ISO 15984	Scherkraft in N		–	1800	1900	2700	4000	4700
	Zugkraft in N		–	2200	2500	3500	5000	5800
	Bruchkraft des Nietdorns in N		–	4100	4500	6500	8500	9000

Werkstoffe:
ISO 15977: Niethülse aus Aluminiumlegierung (A1A) und einem Nietdorn aus Stahl (St)
ISO 15983: Niethülse und Nietdorn aus nichtrostendem austenitischen Stahl (A2)

Bezeichnungsbeispiel:
Blindniet ISO 15978 – 4 × 12 – A1A/St – L
Blindniet mit Sollbruchdorn und Senkkopf mit einem Nenndurchmesser von $d = 4$ mm und einer Schaftlänge von $l = 12$ mm, mit einer Niethülse aus Aluminiumlegierung und einem Nietschaft aus Stahl der Klasse L
Blindniet ISO 15984 – 4,8 × 12 – A2/A2
Blindniet mit Sollbruchdorn und Senkkopf mit einem Nenndurchmesser von $d = 4{,}8$ mm und einer Schaftlänge von $l = 12$ mm, mit einer Niethülse und einem Nietschaft aus nichtrostendem Stahl

Halbrundniete (Nenn-∅ 1 … 8 mm) — DIN 660 : 1993-05
Senkniete (Nenn-∅ 1 … 8 mm) — DIN 661 : 1993-05

Halbrundniet DIN 660

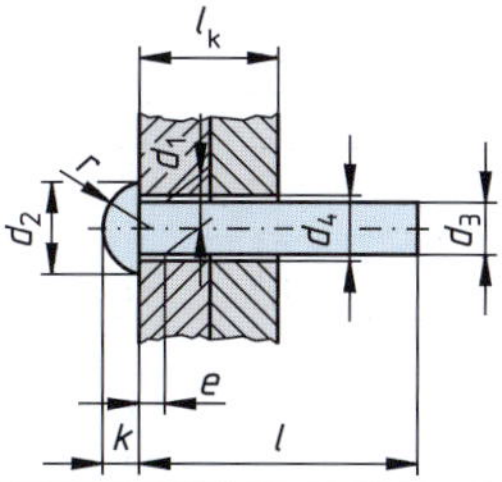

Senkniet DIN 661

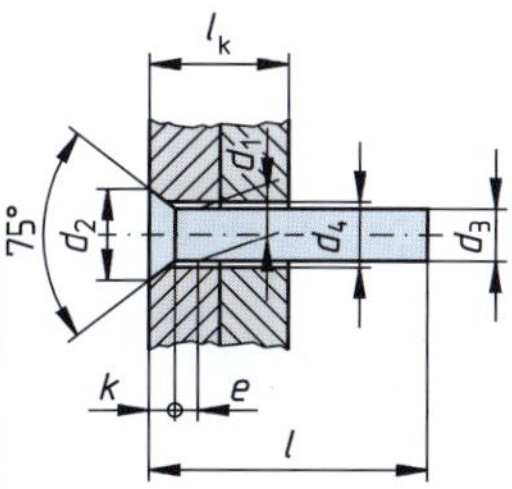

	Nenn-∅ d_1	1	1,2	1,6	2	2,5	3	4	5	6	8
	d_2	1,8	2,1	2,8	3,5	4,4	5,2	7	8,8	10,5	14
	d_3 min	0,93	1,13	1,52	1,87	2,37	2,87	3,87	4,82	5,82	7,76
	d_4 H12	1,05	1,25	1,65	2,1	2,6	3,1	4,2	5,2	6,3	8,4
	e_{max}	0,5	0,6	0,8	1	1,25	1,5	2	2,5	3	4
	r	1	1,2	1,6	1,9	2,4	2,8	3,8	4,6	5,7	7,5
DIN 660	k	0,6	0,7	1	1,2	1,5	1,8	2,4	3	3,6	4,8
	l von	2	2	2	2	3	3	4	5	6	8
	bis	6	8	12	20	25	30	40	40	40	40
	l_K von	0,5	0,5	0,5	0,5	0,5	0,5	1	2	2,5	2,5
	bis	3,5	5	8	14	18	23	30	30	28	27
DIN 661	k	0,5	0,6	0,8	1	1,2	1,4	2	2,5	3	4
	l von	2	2	2	3	4	5	6	28	10	12
	bis	5	6	8	10	12	16	20	25	30	40
	l_K von	1	1	0,5	1,5	2,5	3,5	3,5	5	6,6	7,5
	bis	3,5	4,5	6	7,5	9,5	12,5	15	20	24	31

Genormte Längen l: 2; 3; 4, 5; 6; 8; 10; 12 … 22; 25; 28; 30; 32; 35; 38; 40 mm

Werkstoff: Stahl QSt 32-3 oder QSt 36-3
Nichteisenmetall: CuZn37; SF-Cu; Al99,5
Nichtrostender Stahl (austenitisch): A2; A4 ($R_m \geq$ 500 N/mm²)

Bezeichnungsbeispiel: Niet DIN 660 – 6 × 32
Halbrundniet mit 6 mm Nenndurchmesser und 32 mm Länge

Halbrundniete (Nenn-∅ 10 … 36 mm) — DIN 124 : 1993-05
Senkniete (Nenn-∅ 10 … 36 mm) — DIN 302 : 1993-05

Halbrundniet DIN 124

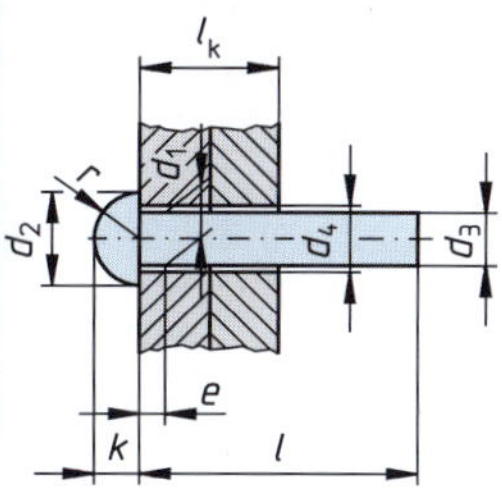

Senkniet DIN 302

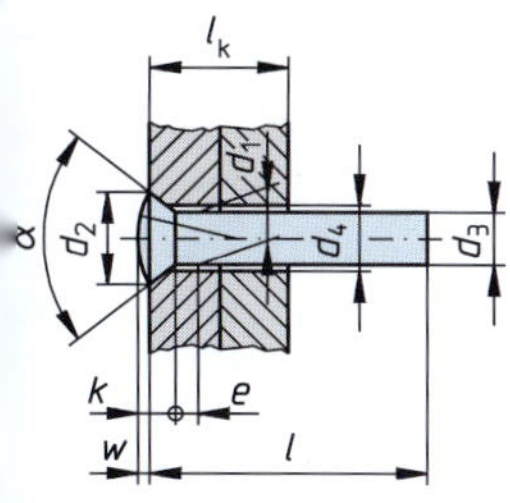

	Nenn-∅ d_1	10	12	(14)	16	(18)	20	(22)	24	30	36
d_2	DIN 124	16	19	22	25	28	32	36	40	48	58
	DIN 302	14,5	18	21,5	26	30	31,5	34,5	38	42,5	51
	d_3 min	9,4	11,3	13,2	15,2	17,1	19,1	20,9	22,9	28,6	34,6
	d_4 H12	10,5	13	15	17	19	21	23	25	31	37
	e_{max}	5	6	7	8	9	10	11	12	15	18
	r	8	9,5	11	13	14,5	16,5	18,5	20,5	24,5	30
DIN 660	k	6,5	7,5	9	10	11,5	13	14	16	19	23
	l von	16	18	20	24	26	30	34	38	50	60
	bis	50	60	70	80	90	100	110	120	150	160
	l_K von	5	5	4	6	5	6	9	7,3	15	19
	bis	33	38	45	52	59	65	73	78	101	103
DIN 661	k	3	4	5	6,5	8	10	11	12	15	18
	w	1	1	1	1	1	1	2	2	2	2
	α	75					60			45	
	l von	10	14	18	24	26	30	32	36	45	55
	bis	52	60	70	80	90	100	110	120	150	160
	l_K von	4	10	12	16	16	20	20	22	28	40
	bis	42	48	55	62	70	79	88	96	124	130

Genormte Längen 10; 12; 14; 16; 18; 20; 22 … 42; 45; 48; 50; 52; 55; 58; 60; 62; 65; 68; 70; 72; 75; 78; 80; 85; 90 … 160 mm

Werkstoff: Stahl QSt 32-3 oder QSt 36-3

Bezeichnungsbeispiel: Niet DIN 302 – 20 × 60
Halbrundniet mit 20 mm Nenndurchmesser und 60 mm Länge

Spannstifte — DIN EN ISO 8752 : 1998-03

Form A: Regelausführung
Form B: nicht verhakend
Nenndurchmesser
$d_1 \leq 12$ mm

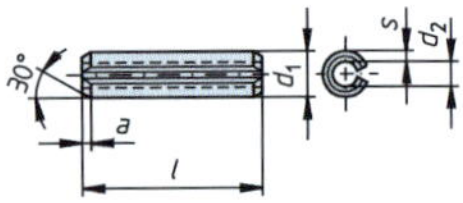

Nenndurchmesser
$d_1 \leq 12$ mm

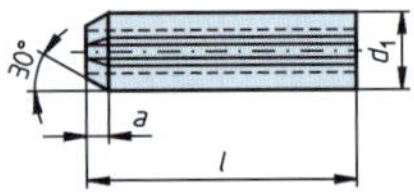

Nennmaß	2	3	4	5	6	8	10	12	14	16	20	25
d_1 min	2,3	3,3	4,4	5,4	6,4	8,5	10,5	12,5	14,5	16,5	20,5	25,5
a min	0,35	0,5	0,65	0,9	1,2	2	2	2	2	2	3	3
s	0,4	0,6	0,8	1	1,25	1,5	2	2,5	3	3	4	5
l von	4	4	4	5	10	10	10	10	10	10	10	14
bis	30	40	50	80	100	120	160	180	200	200	200	200
Mindestabscherkraft in kN, zweischnittig	2,8	6,3	11,2	17,5	26	42,7	70,1	104,1	144,7	171	280,5	

Genormte Längen *l*: 4, 5, 6, 8, 10, 12, 16, 18, 20, 22, 24, 26, 28, 30, 32, 35, 40, 45 ... 100, 120, 140, 160, 180, 200 mm

Werkstoff: Kohlenstoffstahl, gehärtet und angelassen, 420 ... 520 HV oder Silicium-Manganstahl, 420 ... 560 HV

Bezeichnungsbeispiel: Spannstift ISO 8752 12 × 32 St
Spannstift mit 12 mm Nenndurchmesser, 32 mm Länge, Form A

Zylinderstifte ungehärtet — DIN EN ISO 2338 : 1998-02

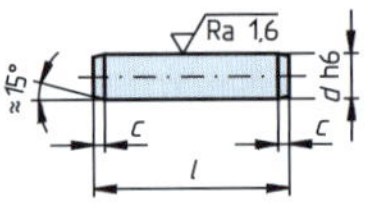

Nenn-∅ *d*	2	2,5	3	4	5	6	8	10	12	16	20	25	30	40	50
c	0,35	0,4	0,5	0,63	0,8	1,2	1,6	2	2,5	3	3,5	4	5	6,3	8
l von	6	8	8	8	10	12	14	18	22	26	35	50	60	80	95
bis	20	24	30	40	50	60	80	95	140	180	200	200	200	200	200

Genormte Längen *l*: 6, 8, 10, 12, 14, 16, 18, 20, 22, 24, 26, 28, 30, 32, 35, 40, 45 ... 100, 120, 140, 160, 180, 200 mm

Werkstoff: Automatenstahl (St), 125 ... 245 HV

Bezeichnungsbeispiel: Zylinderstift ISO 2338 – A – 8 × 28 – St
Ungehärteter Zylinderstift mit einem Nenndurchmesser von 8 mm und 28 mm Länge, Werkstoff Stahl

Zylinderstifte gehärtet — DIN EN ISO 8734 : 1998-03

Typ A durchgehärtet
Typ B einsatzgehärtet

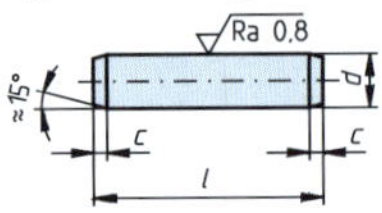

Nenn-∅ *d* m6	2	2,5	3	4	5	6	8	10	12	16	20
c	0,35	0,4	0,5	0,63	0,8	1,2	1,6	2	2,5	3	3,5
l von	5	8	8	10	12	14	18	22	26	40	50
bis	20	24	30	40	50	60	80	100	100	100	100

Genormte Längen *l*: 5, 6, 8, 10 ... 32, 35, 40, 45 ... 100 mm

Werkstoff: Typ A: 100Cr4 mit 550-650 HV 30
Typ B: 10Mn2 (oder ähnlich) mit 600 ... 700 HV

Bezeichnungsbeispiel: Zylinderstift ISO 8734 – 8 × 30 – A – St
Gehärteter Zylinderstift aus Stahl mit Nenndurchmesser 8 mm, 30 mm Länge, Typ A

Kegelstifte ungehärtet — DIN EN ISO 2338 : 1998-02

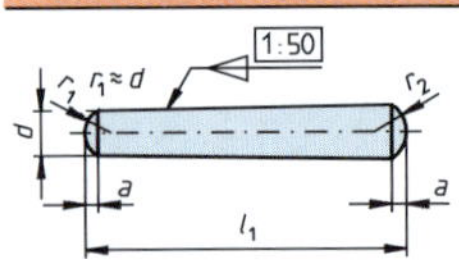

Typ A: geschliffen
Typ B: gedreht

Nenn-∅ *d* h10	2	2,5	3	4	5	6	8	10	12	16	20	25	30	40	50
l von	10	10	12	14	18	22	22	26	32	40	45	50	55	60	65
bis	35	35	45	55	60	90	120	160	180	200	200	200	200	200	200

Genormte Längen *l*: 6, 8, 10, 12, 14, 16, 18, 20, 22, 24, 26, 28, 30, 32, 35, 40, 45 ... 100, 120, 140, 160, 180, 200 mm

Werkstoff: Automatenstahl (St), 125 ... 245 HV

Bezeichnungsbeispiel: Kegelstift ISO 2339 – A – 8 × 40 – St
Ungehärteter Kegelstift aus Stahl Typ A (geschliffen) mit d_1 = 8 mm; Länge 40 mm

Kegelstifte mit Innengewinde, ungehärtet — DIN EN 28736 (ISO 8736) : 1992-10

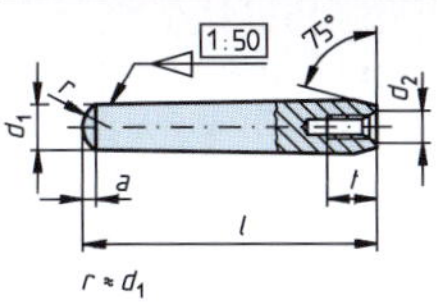

Typ A: geschliffen
Typ B: gedreht

Nenn-∅ d_1 h10	6	8	10	12	16	20	25	30	40	50
d_2	M 4	M 5	M 6	M 8	M 10	M 12	M 16	M 20	M 20	M 24
t	6	8	10	12	16	18	24	30	30	36
l von	16	18	22	26	32	40	50	60	80	100
bis	60	80	100	120	160	200	200	200	200	200

Genormte Längen: 16, 18, 20...32, 35, 40, 45...100, 120, 140...200 mm
Werkstoff: Automatenstahl mit 125...245 HV

Bezeichnungsbeispiel: Kegelstift ISO 8736 – A – 6 × 45 – St
Ungehärteter Kegelstift aus Stahl mit Innengewinde, geschliffen, Nenndurchmesser $d_1 = 6$ mm, Länge 45 mm

Kegelstifte mit Gewindezapfen, ungehärtet — DIN EN 28737 (ISO 8737) : 1992-10

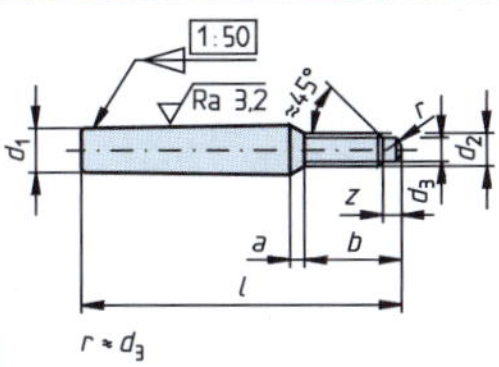

Werkstoff: Automatenstahl mit 125...245 HV

Nenn-∅ d_1 h10	5	6	8	10	12	16	20	25	30	40	50
a	2,4	3	4	4,5	5,3	6	6	7,5	9	10,5	12
b	15,6	20	24,5	27	30,5	39	39	45	52	65	78
d_2	M 5	M 6	M 8	M 10	M 12	M 16	M 16	M 20	M 24	M 30	M 36
d_3	3,5	4	5,5	7	8,5	12	12	15	18	23	28
z	1,5	1,7	2,2	2,7	3,2	4,3	4,3	5,3	6,3	7,5	9,4
l von	40	45	55	65	85	100	120	140	160	190	220
bis	50	60	75	100	120	160	190	250	280	320	400

Genormte Längen l: 40, 45...65, 75, 85, 100, 120...160, 190, 220, 250, 280, 320, 360, 400 mm

Bezeichnungsbeispiel: Kegelstift ISO 8737 – 10 × 75 – St
Ungehärteter Kegelstift aus Stahl mit Gewindezapfen, Nenndurchmesser $d_1 = 10$ mm; Länge $l = 75$ mm

Kerbstifte — DIN EN ISO 8740...8745 : 1998-03

Zylinderkerbstift

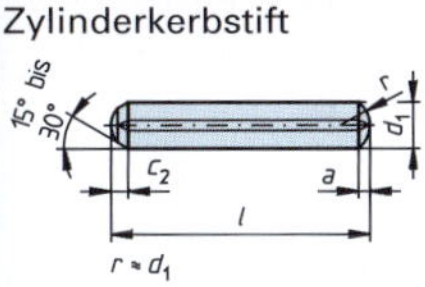

ISO 8740

Steckkerbstift

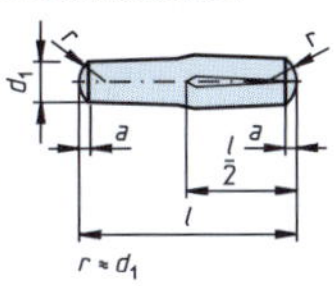

ISO 8741

Knebelkerbstift

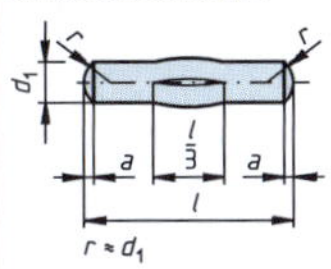

ISO 8742

Kegelkerbstift

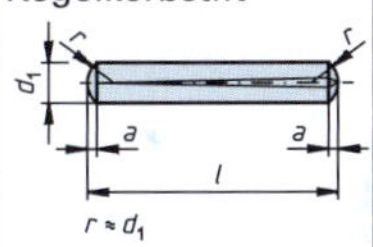

ISO 8744

Passkerbstift

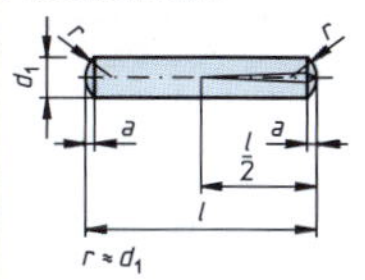

ISO 8745

Genormte Längen ?l: 8, 10, 12...32, 35, 40, 45, 50...100 mm
Werkstoff: ?Automatenstahl mit 125...245 HV

Nenn-∅ d_1 h11	2	2,5	3	4	5	6	8	10	12	16	20	25
c_2	0,8	1	1,2	1,4	1,7	2,1	2,6	3	3,8	4,6	6	7,5
a	0,2	0,3	0,4	0,5	0,6	0,8	1	1,2	1,6	2	2,5	3
l von	8	10	10	10	14	14	14	14	18	22	26	26
bis	30	30	40	60	60	100	100	100	100	100	100	100

Bezeichnungsbeispiel: Kerbstift ISO 8740 – 8 × 45 – St
Zylinderkerbstift aus Stahl mit Nenndurchmesser $d_1 = 8$ mm, Länge 45 mm

Bolzen ohne und mit Kopf

DIN EN 22340 (ISO 2340); DIN EN 22341 (ISO 2341): 1992-10

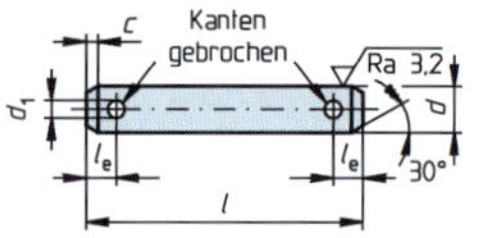

Bolzen ohne Kopf ISO 2340

d h11	3	4	5	6	8	10	12	14	16	18	20	22	24
d_K h14	5	6	8	10	14	18	20	22	25	28	30	33	36
d_1 H13	0,8	1	1,2	1,6	2	3,2	3,2	4	4	5	5	5	6,3
l_e	1,6	2,2	2,9	3,2	3,5	4,5	5,5	6	6	7	8	8	9
c	1	1	2	2	2	2	3	3	3	3	4	4	4
k	1	1	1,6	2	3	4	4	4	4,5	5	5	5,5	6
l von	6	8	10	12	16	20	24	28	32	35	40	45	50
bis	30	40	50	60	80	100	120	140	160	180	200	200	200

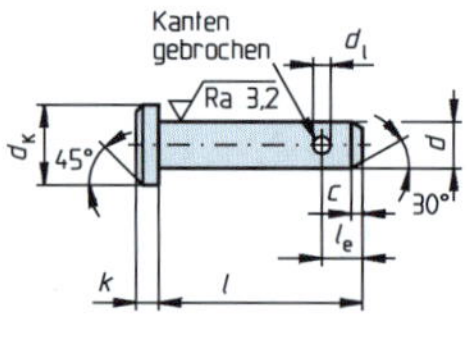

Bolzen mit Kopf ISO 2341

d h11	27	30	33	36	40	45	50	55	60	70	80	90	100
d_K h14	40	44	47	50	55	60	66	72	78	90	100	110	120
d_1 H13	6,3	8	8	8	8	10	10	10	10	13	13	13	13
l_e	9	10	10	10	10	12	12	14	14	16	16	16	16
c	4	4	4	4	4	4	4	6	6	6	6	6	6
k	6	8	8	8	8	9	9	11	12	13	13	13	13
l von	55	60	65	70	80	90	100	120	120	140	160	180	200
bis	200	200	200	200	200	200	200	200	200	200	200	200	

Form A: ohne Splintloch, Form B: mit Splintloch

Genormte Längen l: 6, 8, 10, 12, 14, 16, 18, 20, 22, 24, 26, 28, 30, 32, 35, 40, 45 ... 100, 120 ... 200 mm

Längen über 200 mm sind um jeweils 20 mm zu stufen

Werkstoff: Automatenstahl mit 125 ... 245 HV

Bezeichnungsbeispiel: Bolzen ISO 2341 – B –12 × 60 – St
Bolzen mit Kopf und Splintloch (Form B), Nenndurchmesser 12 mm, Länge 60 mm

Bolzen mit Kopf und Gewindezapfen

DIN 1445: 1977-02

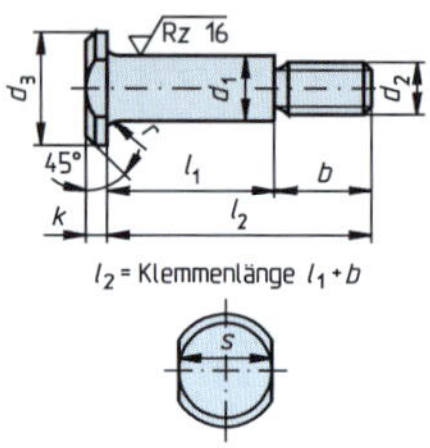

Werkstoff: 9SMnPb28K (Automatenstahl)

d_1 h11	8	10	12	14	16	18	20	24	27	30	40	50
b min	11	14	17	20	20	20	25	29	29	36	42	49
d_2	M 6	M 8	M 10	M 12	M 12	M 12	M 16	M 20	M 20	M 24	M 30	M 36
d_3 h14	14	18	20	22	25	28	30	36	40	44	55	66
k js14	3	4	4	4	4,5	5	5	6	6	8	8	9
r	0,6	0,6	0,6	0,6	0,6	1	1	1	1	1	1	1
s	11	13	17	19	22	24	27	32	36	36	50	60

Genormte Längen l: 16, 20, 25 ... 90 mm je 5 mm gestuft; 90 ... 200 mm je 10 mm gestuft; über 200 mm je 20 mm gestuft

Bezeichnungsbeispiel: Bolzen DIN 1445 – 10h 11 × 30 × 50 – St
Bolzen mit Kopf und Gewindezapfen mit einem Nenndurchmesser $d_1 = 10$ mm, Toleranzfeld h11, Klemmlänge $l_1 = 30$ mm, Gesamtlänge $l_2 = 50$ mm

Splinte

DIN EN ISO 1234: 1998-02

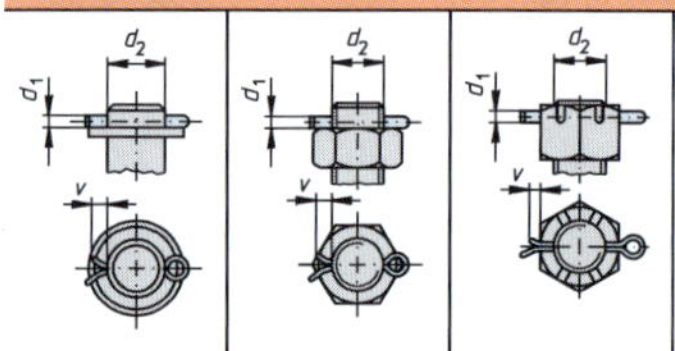

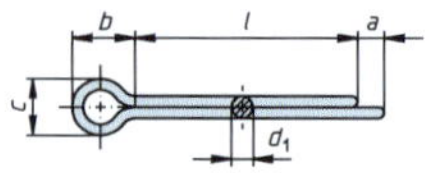

Nenn-∅ d_1		1	1,2	1,6	2	2,5	3,2	4	5	6,3	8	10	13	16
a max		1,6	2,5	2,5	5,5	2,5	3,2	4	4	4	4	6,3	6,3	6,3
b		3	3	3,2	4	5	6,4	8	10	12,6	16	20	26	32
c max		1,8	2	2,8	3,6	4,6	5,8	7,4	9,2	11,8	15	19	24,8	30,8
v min		4	5	5	6	6	8	8	10	12	14	16	20	25
l	von	6	8	8	10	12	14	18	22	32	40	45	71	112
	bis	20	25	32	40	50	63	80	100	125	160	200	250	280
Für Schrauben d_2	über	3,5	4,5	5,5	7	9	11	14	20	27	39	56	80	120
	bis	4,5	5,5	7	9	11	14	20	27	39	56	80	120	170
Für Bolzen d_2	über	3	4	5	6	8	9	12	17	23	29	44	69	110
	bis	4	5	6	8	9	12	17	23	29	44	69	110	160

Werkstoff: St, Cu, Al-Legierung, Zn

Genormte Längen l: 4, 5, 6, 8, 10, 12, 14, 16, 18, 20, 22, 25, 28, 32, 36, 40, 45, 50, 56, 63, 71, 80, 90, 100, 112, 125, 140, 160, 180, 200, 224, 250, 280 mm

Bezeichnungsbeispiel Splint DIN EN ISO 1234 – 4 × 32 – St
Splint aus Stahl mit 4 mm Nenndurchmesser, Länge 32 mm

Spannschlösser aus Stahlrohr oder Rundstahl — DIN 1478 : 2005-09

SP Spannschlossmutter bis M48 (aus Rohr gefertigt)

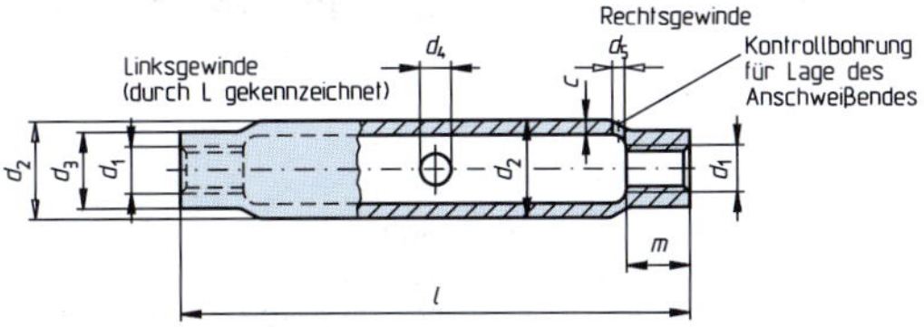

Werkstoff: Nahtlos gezogene Rohre aus Stahl L235 oder L355 nach DIN EN 10224
Spannschlossmuttern aus nichtrostendem Stahl: Austenitischer Stahl A4 nach DIN EN ISO 3506-2

SP Spannschlossmutter ab M56 (aus Rundstahl gefertigt)

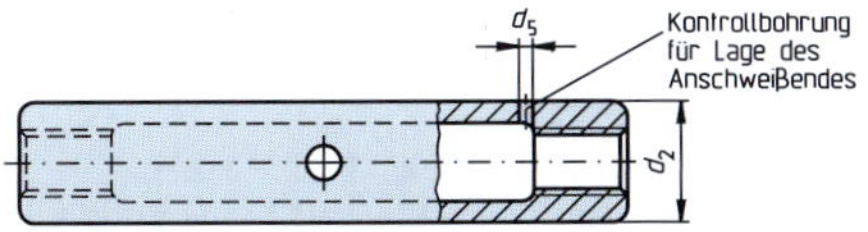

Werkstoff: Rundstahl nach DIN EN 10060 aus S235JR oder S355JR nach DIN EN 10025

Oberflächenschutz: Feuerverzinkt nach DIN EN ISO 10684; galvanischer Schutz nach DIN EN ISO 4042

Gewinde-∅ d_1	M6	M8	M10	M12	M16	M20	M24	M30	M36	M42	M48	M56	M64	M72 ×6	M80 ×6
d_2	17,2	17,2	21,3	25	30	33,7	42,4	51	63,5	70	82,5	90	100	110	120
d_3	9	12	15	18	24	30	33	41	50	60	72	–	–	–	–
d_4	6	8	8	10	10	12	12	16	16	20	20	25	25	30	30
c	2,9	3,6	4	4	4,5	5,6	6,3	8	8,8	10	15	16	17	18	18
l	110	110	125	125	170	200	255	255	295	330	355	355	425	425	440
m	27,5	10	12	15	20	24	29	36	43	51	58	68	77	87	96
Nachstell-barkeit ≈	90	85	95	90	120	140	180	160	180	200	210	190	240	210	210
d_5	4	4	4	4	4	4	4	4	6	10	10	10	10	10	10

Bezeichnungsbeispiel: Spannschlossmutter DIN 1478 – SP – M12 – L355
Spannschlossmutter mit Rechts-/Linksgewinde M12 aus Stahl L355

Spannschlösser geschmiedet (offene Form) — DIN 1480 : 2005-09

SP Spannschlossmutter

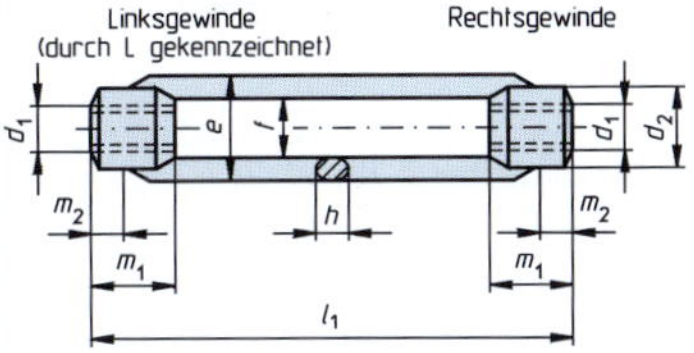

Werkstoff: Stahl S235JR, im Gesenk geschmiedet
Hinweis: Für Ausschweißenden gilt die Norm DIN 34828

Gewinde-∅ d_1	M6	M8	M10	M12	M16	M20	M24	M30	M36	M42	M48	M56
d_2	12	15	18	21	27	34	39	45	55	63	80	80
e	19	23	30	34	42	52	60	74	86	104	135	135
f	9	11	14	16	20	24	28	34	40	50	65	65
h min	6	8	9	11	14	17	20	23	28	32	40	40
l_1	110	110	125	125	170	200	255	255	295	330	355	355
m_1	12	15	18	21	27	24	29	45	55	63	78	78
m_2 max	6	8	9	11	14	17	20	23	28	32	39	39
b	65	65	75	75	100	120	150	160	180	200	220	230
l_2	120	120	150	150	200	220	260	260	300	350	380	380
Nachstellbarkeit ≈	80	75	85	80	110	130	170	160	180	200	195	195
Zulässige Tragkraft in kN	2,25	4,1	6,5	9,3	17,7	27,7	39,2	62,5	91	125	165	230

Oberflächenschutz: galvanischer Schutz nach DIN EN ISO 4042; feuerverzinkt nach DIN EN ISO 10684
Bezeichnungsbeispiel: Spannschlossmutter DIN 1480 – SP – M12
geschmiedete Spannschlossmutter mit Rechts-/Linksgewinde M12

Sechskant-Spannschlossmuttern — DIN 1479 : 2005-09

Ausführung bis M16 mit sich überschneidenden Gewinden

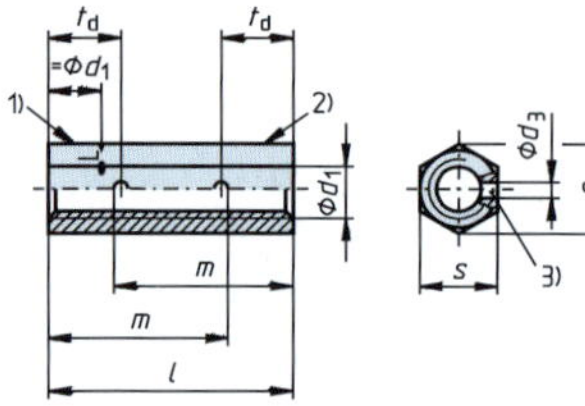

Werkstoffe:

St: Stahl mit Festigkeitsklasse 5
A: Austenitischer Stahl
A4-50 nach E DIN EN ISO 3506-2

[1]) Ende mit Linksgewinde, wahlweise durch L oder eine Rille gekennzeichnet
[2]) Ende mit Rechtsgewinde

Ausführung ab M20 mit Aussparung, nicht angegebene Maße und andere Festlegungen wie für Größen bis M16

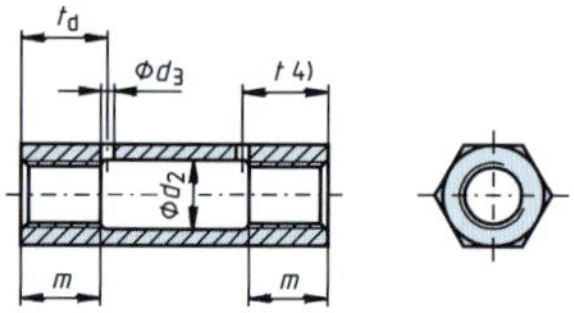

Gewinde-∅ d_1	M 6	M 8	M 10	M 12	M 16	M 20	M 24	M 30
d_2	–	–	–	–	–	21	26	32
d_3	4 ±0,3							
l	30	35	45	55	75	95	115	125
$m \approx$	22,5	25	33	40	55	24	29	36
Schlüsselweite t	10 9,5	13 12	16[1]) 14	18[1]) 17	24 22	30 26	36 31	46 38
Nachstellbarkeit ≈	15	15	21	25	35	47	57	53

[1]) Neue Schlüsselweiten

Bezeichnungsbeispiel:

Spannschlossmutter DIN 1479 – SP – M16 – 5
Spannschlossmutter SP mit Rechts- und Linksgewinde M16 aus Stahl mit Festigkeitsklasse 5

Spannschlossmutter DIN 1479 – SP – M12 – SW18 – A4-50
Spannschlossmutter mit Rechts- und Linksgewinde M12, mit neuer Schlüsselweite SW18 aus austenitischem Stahl A4 in Festigkeitsklasse 5

Spannschlösser mit Langaugen, Gabeln und Rundaugen — DIN 82004 : 1972-01

(Vorzugsweise für Deckausrüstungen auf Schiffen)

Spannschlossmutter

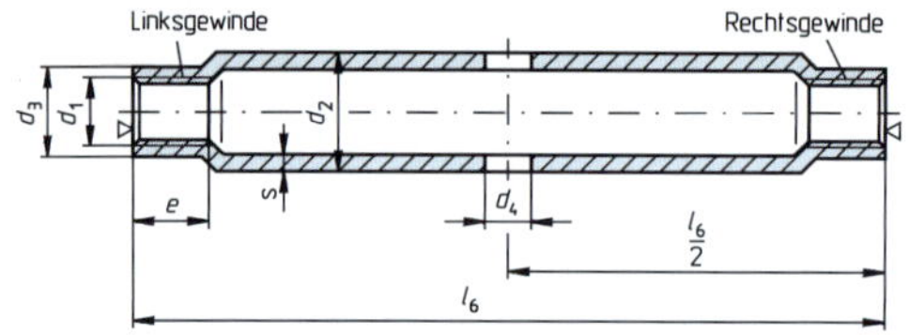

Werkstoff: für Spannschlossmutter St 35 nach DIN 1629; über $s = 12$ mm Wanddicke ist nur RSt 35 zulässig
Verwendbares Halbzeug: nahtloses Stahlrohr nach DIN EN 10 220
Ausführung: roh (ohne Oberflächenschutz)

Bezeichnung einer Spannschlossmutter mit der Nenngröße 3: **Spannschlossmutter 3 DIN 82 004**

Nenngröße	Rechts-/Linksgewinde d_1	$d_2 \times s$	d_3	d_4	e	l_6
0,4	M 12	25 × 4	18	12	12	180
0,6	M 16	30 × 4,5	23	12	16	200
1	M 18	31,8 × 4,5	25	12	18	220
1,6	M 22	38 × 5,6	30	14	22	240
2	M 24	42,4 × 5,6	33	14	24	260
2,5	M 27	44,5 × 6,3	37	14	27	280
3	M 30	51 × 6,3	41	18	30	300
4	M 33	57 × 8	46	18	33	320
5	M 36	63,5 × 8	50	18	36	340
6	M 42	70 × 8,8	57	22	42	380
8	M 45	76,1 × 10	63	22	45	420
10	M 52	88,9 × 10	72	22	52	460
12	M 56	88,9 × 11	78	26	56	500
16	M 64	108 × 12,5	90	26	64	540
20	M 72 × 6	127 × 12,5	100	26	72	580
25	M 76 × 6	152,4 × 14,2	104	33	76	620
32	M 80 × 6	152 × 16	112	33	80	660

Bezeichnung von Wälzlagern — DIN 623-1 : 1993-05

Beispiele: Rillenkugellager DIN 625 – S – 6210 – 2ZN/HT
Kegelrollenlager DIN 720 – S – 30208 – P5

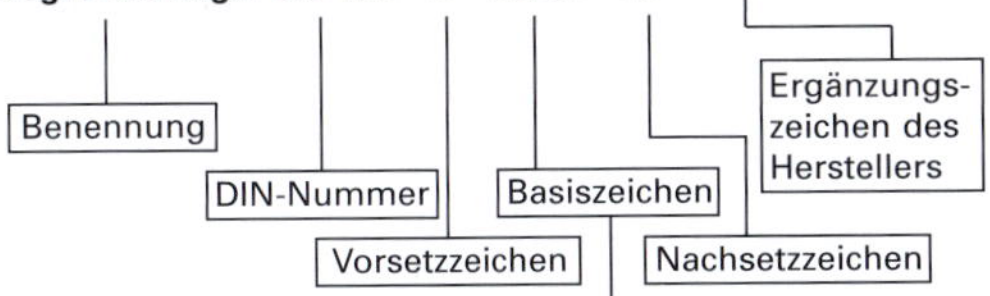

Erklärung des Basiszeichens (Beispiel):

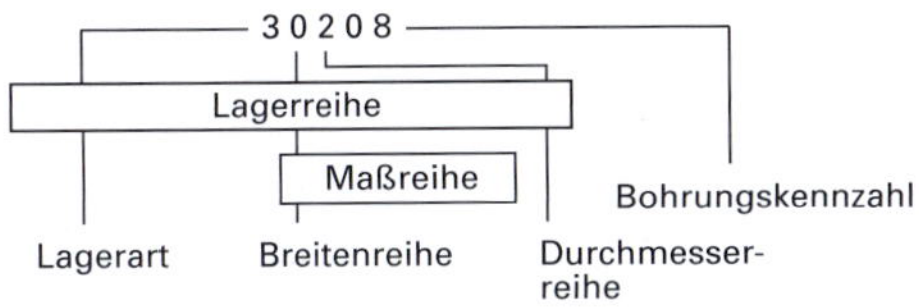

Basiskennzeichen (Lagerart)

1	Pendelkugellager	6	Rillenkugellager (radial/einreihig)
2	Pendelrollenlager	7	Schrägkugellager (radial/einreihig)
3	Kegelrollenlager	N	Zylinder-Rollenlager (radial/einreihig)
5	Axial-Rillenkugellager (einseitig wirkend)	NA	Nadellager

Breitenreihe: 0, 1, 2, 3, 4 | Durchmesserreihe: 0, 2, 3, 4

Vorsetzzeichen

K	Käfig mit Wälzkörper
L	Freier Ring
R	Ring mit Wälzkörperansatz
S	Nichtrostender Stahl

Nachsetzzeichen (Auswahl)

K	Kegelige Bohrung 1 : 12
N	Ringnut im Mantel des Außenrings
RS	Schleifende Dichtung
2RS	Schleifende Dichtung beidseitig
Z	Deckscheibe
2Z	Deckscheibe beidseitig
F	Massivkäfig
J	Stahlblechkäfig
L	Massivkäfig aus Leichtmetall
M	Massivkäfig aus Messing
P	Massivkäfig aus Polyamid

Bohrungskennzahl	Durchmesser der Lagerbohrung
00	10
01	12
02	15
03	17
$\frac{1}{5}$ von d	$D = 20 \ldots 480$

Rillenkugellager — DIN 625-1 : 1989-04

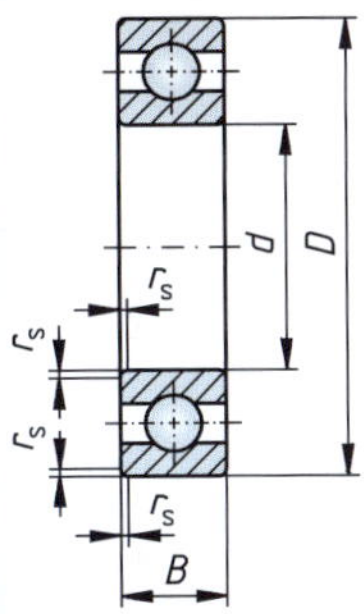

Ausführungen (Nachsetzzeichen):

- Z: 1 Deckscheibe
- 2Z: 2 Deckscheiben
- RS: 1 Dichtscheibe
- 2RS: 2 Dichtscheiben
- N: Nut im Außenring

d	Lagerreihe 60				Lagerreihe 62				Lagerreihe 63			
	D	B	r_s	Kurzz.	D	B	r_s	Kurzz.	D	B	r_s	Kurzz.
10	26	8	0,3	6000	30	9	0,6	6200	35	11	0,6	6300
12	28	8	0,3	6001	32	10	0,6	6201	37	12	1	6301
15	32	9	0,3	6002	35	11	0,6	6202	42	13	1	6302
17	35	10	0,3	6003	40	12	0,6	6203	47	14	1	6303
20	42	12	0,6	6004	47	14	1	6204	52	15	1,1	6304
25	47	12	0,6	6005	52	16	1	6205	62	17	1,1	6305
30	55	13	1	6006	62	16	1	6206	72	19	1,1	6306
35	62	14	1	6007	72	17	1,1	6207	80	21	1,5	6307
40	68	15	1	6008	80	18	1,1	6208	90	23	1,5	6308
45	75	16	1	6009	85	19	1,1	6209	100	25	1,5	6309
50	80	16	1	6010	90	20	1,1	6210	110	27	2	6310
55	90	18	1,1	6011	100	21	1,5	6211	120	29	2	6311
60	95	18	1,1	6012	120	23	1,5	6212	130	31	2,1	6312
65	100	18	1,1	6013	125	24	1,5	6213	140	33	2,1	6313
70	110	20	1,1	6014	125	24	1,5	6214	150	35	2,1	6314
75	115	20	1,1	6015	130	25	1,5	6215	160	37	2,1	6315
80	125	22	1,1	6016	140	26	2	6216	170	39	2,1	6316
90	140	24	1,5	6018	180	30	2,1	6218	190	43	3	6318
100	150	24	1,5	6020	180	34	2,1	6220	215	47	3	6320
110	170	28	2	6022	200	38	2,1	6222	240	50	3	6322
120	180	28	2	6024	215	40	2,1	6224	260	55	3	6324

Bezeichnungsbeispiel:
Rillenkugellager DIN 625 – 6010 – 2RS
Rillenkugellager der Lagerreihe 60 mit Bohrung $d = 50$ mm (Bohrungskennzahl 10) und 2 Dichtscheiben

Schrägkugellager DIN 628-1 : 2008-01, -3 : 2008-02

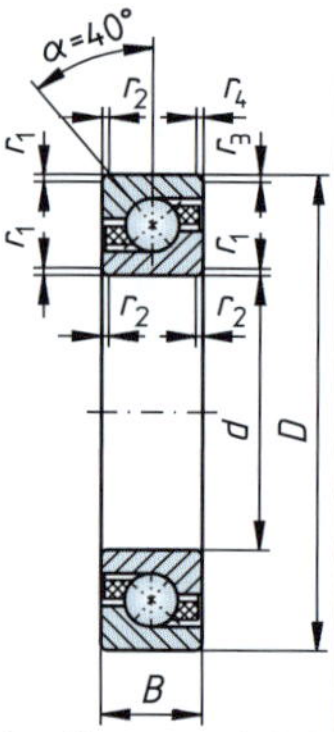

Berührungswinkel
$\alpha = 40$

d	*D*	*B*	r_{1s} r_{2s} min	r_{3s} r_{4s} min	Kurzz.
10	30	9	0,6	0,3	7200B
12	32	10	0,6	0,3	7201B
	37	12	1	0,6	7301B
15	35	11	0,6	0,3	7202B
	42	13	1	0,6	7302B
17	40	12	0,6	0,3	7203B
	47	14	1	0,6	7303B
20	47	14	1	0,6	7204B
	52	15	1,1	0,6	7304B
25	52	15	1	0,6	7205B
	62	17	1,1	0,6	7305B
30	62	16	1	0,6	7206B
	72	19	1,1	0,6	7306B
35	72	17	1,1	0,6	7207B
	80	21	1,5	1	7307B
40	80	18	1,1	0,6	7208B
	90	23	1,5	1	7308B
45	85	19	1,1	0,6	7209B
	100	25	1,5	1	7309B
50	90	20	1,1	0,6	7210B
	100	27	2	1	7310B

d	*D*	*B*	r_{1s} r_{2s} min	r_{3s} r_{4s} min	Kurzz.
55	100	21	1,5	1	7211B
	120	29	2	1	7311B
60	110	22	1,5	1	7212B
	130	31	2,1	1,1	7312B
65	120	23	1,5	1	7213B
	140	33	2,1	1,1	7313B
70	125	24	1,5	1	7214B
	150	35	2,1	1,1	7314B
75	130	25	1,5	1	7215B
	160	37	2,1	1,1	7315B
80	140	26	2	1	7216B
	170	39	2,1	1,1	7316B
85	150	28	2	1	7217B
	180	41	3	1,1	7317B
90	160	30	2	1	7218B
	190	43	3	1,1	7318B
95	170	32	2,1	1,1	7219B
	200	45	3	1,1	7319B
100	180	34	2,1	1,1	7220B
	215	47	3	1,1	7320B

d	*D*	*B*	r_{1s} r_{2s} min	r_{1s} r_{2s} min	Kurzz.
105	190	36	2,1	1,1	7221B
	225	49	3	1,1	7321B
110	200	38	2,1	1,1	7222B
	240	50	3	1,1	7322B
120	215	40	2,1	1,1	7224B
	260	55	3	1,5	7324B
130	230	40	3	1,1	7226B
	280	58	4	1,5	7326B
140	250	42	3	1,1	7228B
	300	62	4	1,5	7328B
150	270	45	3	1,1	7230B
	320	65	4	1,5	7330B
160	290	48	3	1,1	7232B
	340	68	4	1,5	7332B
170	310	52	4	1,5	7234B
	360	72	4	2	7334B
180	320	52	4	1,5	7236B
	380	75	4	2	7336B
190	340	55	4	1,5	7238B
	400	78	5	2	7338B
200	360	58	4	1,5	7240B
	420	80	5	2	7340B

Bezeichnungsbeispiel:
Schrägkugellager DIN 628 – 7206B
Einreihiges Schrägkugellager der Durchmesserreihe 2 mit *d* = 30 mm Bohrungsdurchmesser, *D* = 62 mm Außendurchmesser und *B* = 16 mm Breite, Toleranzklasse PN, Berührungswinkel = 40° (= Nachsetzzeichen B), Käfig nach Wahl des Herstellers

Axial-Rillenkugellager DIN 711 : 1988-02

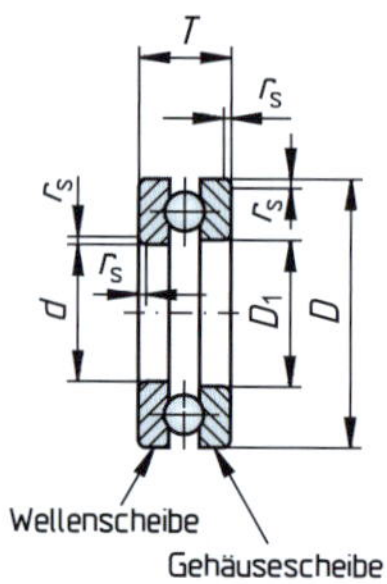

Bezeichnungsbeispiel:
Axial-Rillenkugellager DIN 711 – 512 12:
Schrägkugellager der Lagerreihe 512 mit Bohrung
d = 60 mm (Bohrungskennzahl 12)

d	D_1	Lagerreihe 512				Lagerreihe 513				Lagerreihe 514			
		D	*T*	r_s	Kurzz.	*D*	*r*	r_1	Kurzz.	*D*	*T*	r_s	Kurzz.
25	27	47	15	0,6	51205	52	18	1	51305	60	24	1	51405
30	32	52	16	0,6	51206	60	21	1	51306	70	28	1	51406
35	37	62	18	1	51207	68	24	1	51307	80	32	1,1	51407
40	42	68	19	1	51208	78	26	1	51308	90	36	1,1	51408
45	47	73	20	1	51209	85	28	1	51309	100	39	1,1	51409
50	52	78	22	1	51210	95	31	1,1	51310	110	43	1,5	51410
55	57	90	25	1	51211	105	35	1,1	51311	120	48	1,5	51411
60	62	95	26	1	51212	110	35	1,1	51312	130	51	1,5	51412
65	67	100	27	1	51213	115	36	1,1	51313	140	56	2	51413
70	72	105	27	1	51214	125	40	1,1	51314	150	60	2	51414

Zylinderrollenlager DIN 5412-1 : 2005-08

Lagerreihen
NU NJ NUP N

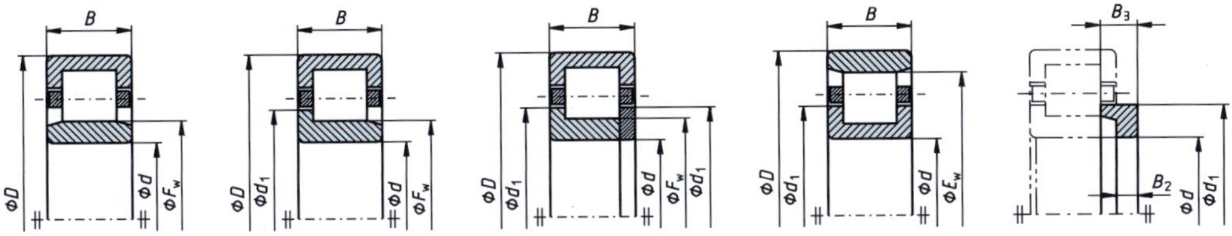

Hauptmaße								Kurzzeichen				
								Zylinderrollenlager – Bauformen				Winkelring
d	*D*	*B*	d_1	B_2	B_3	E_w	F_w	NU	NJ	NUP	N	HJ
25	47	12	33	3	6,25	–	30,5	NU 1005	NJ 1005	–	–	HJ 1005
	47	14	–	–	–	–	30,5	NU 2005E	–	–	–	–
	52	15	35,5	3	6	46,5	31,5	NU 205E	NJ 205E	NUP 205E	N 205E	HJ 205E
	52	18	35,5	3	6,5	–	31,5	NU 2205E	NJ 2205E	NUP 2205E	–	HJ 2205E
	62	17	39	4	7	54	34	NU 305E	NJ 305E	NUP 305E	N 305E	HJ 305E
	62	24	39	4	8	–	34	NU 2305E	NJ 2305E	NUP 2305E	–	HJ 2305E
30	55	13	39	3	6.5	–	36,5	NU 1006	NJ 1006	–	–	HJ 1006
	55	16	–	–	–	–	36	NU 2006E	–	–	–	–
	62	16	42	4	7	55,5	37,5	NU 206E	NJ 206E	NUP 206E	N 206E	HJ 206E
	62	20	42	4	7,5	–	37,5	NU 2206E	NJ 2206E	NUP 2206E	–	HJ 2206E
	72	19	45,5	5	8,5	62,5	40,5	NU 306E	NJ 306E	NUP 306E	N 306E	HJ 306E
	72	27	45,5	5	9,5	–	40,5	NU 2306E	NJ 2306E	NUP 2306E	–	HJ 2306E
	90	23	50,5	7	11,5	–	45	NU 406	NJ 406	NUP 406	–	HJ 406
35	62	14	45	4	7,75	–	42	NU 1007	NJ 1007	–	–	HJ 1007
	62	17	–	–	–	–	41,5	NU 2007E	–	–	–	–
	72	17	48,5	4	7	64	44	NU 207E	NJ 207E	NUP 207E	N 207E	HJ 207E
	72	23	48,5	4	8,5	–	44	NU 2207E	NJ 2207E	NUP 2207E	–	HJ 2207E
	80	21	51,5	6	9,5	70,2	46,2	NU 307E	NJ 307E	NUP 307E	N 307E	HJ 307E
	80	31	51,5	6	11	–	46,2	NU 2307E	NJ 2307E	NUP 2307E	–	HJ 2307E
	100	25	59	8	13	–	53	NU 407	NJ 407	NUP 407	–	HJ 407
40	68	15	50	4	8	–	47	NU 1008	NJ 1008	–	–	HJ 1008
	68	18	–	–	–	–	47	NU 2008E	–	–	–	–
	80	18	54,5	5	8,5	71,5	49,5	NU 208E	NJ 208E	NUP 208E	N 208E	HJ 208E
	80	23	54,5	5	9	–	49,5	NU 2208E	NJ 2208E	NUP 2208E	–	HJ 2208E
	90	23	58	7	11	80	52	NU 308E	NJ 308E	NUP 308E	N 308E	HJ 308E
	90	33	58	7	12,5	–	52	NU 2308E	NJ 2308E	NUP 2308E	–	HJ 2308E
	110	27	65	8	13	–	58	NU 408	NJ 408	NUP 408	–	HJ 408
45	75	16	56	4	8,25	–	52,5	NU 1009	NJ 1009	–	–	HJ 1009
	75	19	–	–	–	–	52,5	NU 2009E	–	–	–	–
	85	19	59,5	5	8,5	76,5	54,5	NU 209E	NJ 209E	NUP 209E	N 209E	HJ 209E
	85	23	59,5	5	9	–	54,5	NU 2209E	NJ 2209E	NUP 2209E	–	HJ 2209E
	100	25	65	7	11,5	88,5	58,5	NU 309E	NJ 309E	NUP 309E	N 309E	HJ 309E
	100	36	65	7	13	–	58,5	NU 2309E	NJ 2309E	NUP 2309E	–	HJ 2309E
	120	29	72	8	13,5	–	64,5	NU 409	NJ 409	NUP 409	–	HJ 409
50	80	16	61	4	8,25	–	57,5	NU 1010	NJ 1010	–	–	HJ 1010
	80	19	–	–	–	–	57,5	NU 2010E	–	–	–	–
	90	20	65	5	9	81,5	59,5	NU 210E	NJ 210E	NUP 210E	N 210E	HJ 210E
	90	23	65	5	9	–	59,5	NU 2210E	NJ 2210E	NUP 2210E	–	HJ 2210E
	110	27	71,5	8	13	97	65	NU 310E	NJ 310E	NUP 310E	N 310E	HJ 310E
	110	40	71,5	8	14,5	–	65	NU 2310E	NJ 2310E	NUP 2310E	–	HJ 2310E
	130	31	79	9	14,5	–	70,8	NU 410	NJ 410	NUP 410	–	HJ 410
55	90	18	68	5	10	–	64,5	NU 1011	NJ 1011	–	–	HJ 1011
	90	22	–	–	–	–	64	NU 2011E	–	–	–	–
	100	21	71	6	9,5	90	66	NU 211E	NJ 211E	NUP 211E	N 211E	HJ 211E
	100	25	71	6	10	–	66	NU 2211E	NJ 2211E	NUP 2211E	–	HJ 2211E
	120	29	78	9	14	106,5	70,5	NU 311E	NJ 311E	NUP 311E	N 311E	HJ 311E
	120	43	78	9	15,5	–	70,5	NU 2311E	NJ 2311E	NUP 2311E	–	HJ 2311E
	140	33	85,5	10	16,5	–	77,2	NU 411	NJ 411	NUP 411	–	HJ 411

Zylinderrollenlager (Fortsetzung)

Hauptmaße								Kurzzeichen				
								Zylinderrollenlager				Winkelring
d	*D*	*B*	d_1	B_2	B_3	E_w	F_w	NU	NJ	NUP	N	HJ
60	95	18	73	5	10	–	69,5	NU 1012	NJ 1012	–	–	HJ 1012
	95	22	–	–	–	–	69	NU 2012E	–	–	–	–
	110	22	78	6	10	100	72	NU 212E	NJ 212E	NUP 212E	N 212E	HJ 212E
	110	28	78	6	10	–	72	NU 2212E	NJ 2212E	NUP 2212E	–	HJ 2212E
	130	31	84,5	9	14,5	115	77	NU 312E	NJ 312E	NUP 312E	N 312E	HJ 312E
	130	46	84,5	9	16	–	77	NU 2312E	NJ 2312E	NUP 2312E	–	HJ 2312E
	150	35	92	10	16,5	–	83	NU 412	NJ 412	NUP 412	–	HJ 412
65	100	18	78	5	10	–	74,5	NU 1013	NJ 1013	–	–	HJ 1013
	100	22	–	–	–	–	74	NU 2013E	–	–	–	–
	120	23	85	6	10	108,5	78,5	NU 213E	NJ 213E	NUP 213E	N 213E	HJ 213E
	120	31	85	6	10,5	–	78,5	NU 2213E	NJ 2213E	NUP 2213E	–	HJ 2213E
	140	33	91	10	15,5	124,5	82,5	NU 313E	NJ 313E	NUP 313E	N 313E	HJ 313E
	140	48	91	10	18	–	82,5	NU 2313E	NJ 2313E	NUP 2313E	–	HJ 2313E
	160	37	98,5	11	18	–	89,3	NU 413	NJ 413	NUP 413	–	HJ 413
70	110	20	84	5	10	–	80	NU 1014	NJ 1014	–	–	HJ 1014
	110	24	–	–	–	–	79,5	NU 2014E	–	–	–	–
	125	24	90	7	11	113,5	83,5	NU 214E	NJ 214E	NUP 214E	N 214E	HJ 214E
	125	31	90	7	11,5	–	83,5	NU 2214E	NJ 2214E	NUP 2214E	–	HJ 2214E
	150	35	97,5	10	15,5	133	89	NU 314E	NJ 314E	NUP 314E	N 314E	HJ 314E
	150	51	97,5	10	18,5	–	89	NU 2314E	NJ 2314E	NUP 2314E	–	HJ 2314E
	180	42	111	12	20	–	100	NU 414	NJ 414	NUP 414	–	HJ 414
75	115	20	89	5	10	–	85	NU 1015	NJ 1015	–	–	HJ 1015
	115	24	–	–	–	–	84,5	NU 2015E	–	–	–	–
	130	25	94,5	7	11	118,5	88,5	NU 215E	NJ 215E	NUP 215E	N 215E	HJ 215E
	130	31	94,5	7	11,5	–	88,5	NU 2215E	NJ 2215E	NUP 2215E	–	HJ 2215E
	160	37	105	11	16.5	143	95	NU 315E	NJ 315E	NUP 315E	N 315E	HJ 315E
	160	55	105	11	19,5	–	95	NU 2315E	NJ 2315E	NUP 2315E	–	HJ 2315E
	190	45	116	13	21,5	–	104,5	NU 415	NJ 415	NUP 415	–	HJ 415
80	125	22	96	6	11,5	–	91,5	NU 1016	NJ 1016	–	–	HJ 1016
	125	27	–	–	–	–	91	NU 2016E	–	–	–	–
	140	26	102	8	12,5	127,3	95,3	NU 216E	NJ 216E	NUP 216E	N 216E	HJ 216E
	140	33	102	8	12,5	–	95,3	NU 2216E	NJ 2216E	NUP 2216E	–	HJ 2216E
	170	39	111	11	17	151	101	NU 316E	NJ 316E	NUP 316E	N 316E	HJ 316E
	170	58	111	11	20	–	101	NU 2316E	NJ 2316E	NUP 2316E	–	HJ 2316E
	200	48	123	13	22	–	110	NU 416	NJ 416	NUP 416	–	HJ 416
85	130	22	101	6	11,5	–	96,5	NU 1017	NJ 1017	–	–	HJ 1017
	130	27	–	–	–	–	96	NU 2017E	–	–	–	–
	150	28	108	8	12,5	136,5	100,5	NU 217E	NJ 217E	NUP 217E	N 217E	HJ 217E
	150	36	108	8	13	–	100,5	NU 2217E	NJ 2217E	NUP 2217E	–	HJ 2217E
	180	41	119	12	18,5	160	108	NU 317E	NJ 317E	NUP 317E	N 317E	HJ 317E
	180	60	119	12	22	–	108	NU 2317E	NJ 2317E	NUP 2317E	–	HJ 2317E
	210	52	126	14	24	–	113	NU 417	NJ 417	NUP 417	–	HJ 417
90	140	24	108	6	12	–	103	NU 1018	NJ 1018	–	–	HJ 1018
	140	30	–	–	–	–	102	NU 2018E	–	–	–	–
	160	30	115	9	14	145	107	NU 218E	NJ 218E	NUP 218E	N 218E	HJ 218E
	160	40	115	9	15	–	107	NU 2218E	NJ 2218E	NUP 2218E	–	HJ 2218E
	190	43	125	12	18,5	169,5	113,5	NU 318E	NJ 318E	NUP 318E	N 318E	HJ 318E
	190	64	125	12	22	–	113,5	NU 2318E	NJ 2318E	NUP 2318E	–	HJ 2318E
	225	54	137	14	24	–	123,5	NU 418	NJ 418	NUP 418	–	HJ 418
95	145	24	113	6	12	–	108	NU 1019	NJ 1019	–	–	HJ 1019
	145	30	–	–	–	–	107	NU 2019E	–	–	–	–
	170	32	122	9	14	154,5	112,5	NU 219E	NJ 219E	NUP 219E	N 219E	HJ 219E
	170	43	122	9	15,5	–	112,5	NU 2219E	NJ 2219E	NUP 2219E	–	HJ 2219E
	200	45	133	13	20,5	177,5	121,5	NU 319E	NJ 319E	NUP 319E	N 319E	HJ 319E
	200	67	133	13	24,5	–	121,5	NU 2319E	NJ 2319E	NUP 2319E	–	HJ 2319E
	240	55	147	15	25,5	–	133,5	NU 419	NJ 419	NUP 419	–	HJ 419

Bezeichnungsbeispiel: Zylinderrollenlager DIN 5412 – NU 2305 E-C3
einreihiges Zylinderrollenlager, Bauform NU, Maßreihe 23 mit 25 mm Bohrungsdurchmesser, in verstärkter Ausführung, Radiale Lagerluft C3 (nach DIN 620-4)

Kegelrollenlager — DIN 720-1 : 1979-02

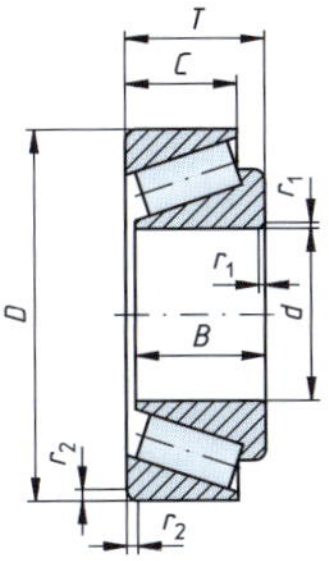

d	Lagerreihe 302							Lagerreihe 303						
	D	B	C	T	r_1	r_2	Kurzz.	D	B	C	T	r_1	r_2	Kurzz.
25	52	15	13	16,25	1	1	30205	62	17	15	18,25	1,5	1,5	30305
30	62	16	14	17,25	1	1	30206	72	19	16	20,75	1,5	1,5	30306
35	72	17	15	18,15	1,5	1,5	30207	80	21	18	22,75	2	1,5	30307
40	80	18	16	19,75	1,5	1,5	30208	90	23	20	25,25	2	1,5	30308
45	85	19	16	20,75	1,5	1,5	30209	100	25	22	27,25	2	1,5	30309
50	90	20	17	21,75	1,5	1,5	30210	110	27	23	29,25	2,5	2	30310
55	100	21	18	22,75	2	1,5	30211	120	29	25	31,5	2,5	2	30311
60	110	22	19	23,75	2	1,5	30212	130	31	26	33,5	3	2,5	30312
65	120	23	20	24,75	2	1,5	30213	140	33	28	36	3	2,5	30313
70	125	24	21	26,75	2	1,5	30214	150	35	30	38	3	2,5	30314
75	130	25	22	27,75	2	1,5	30215	160	37	31	40	3	2,5	30315
80	140	26	22	28,25	2,5	2	30216	170	39	33	42,5	3	2,5	30316
85	150	28	24	30,5	2,5	2	30217	180	41	34	44,5	4	3	30317
90	160	30	26	32,5	2,5	2	30218	190	43	36	46,5	4	3	30318
95	170	32	27	34,5	3	2,5	30219	200	45	38	49,5	4	3	30319
100	180	34	29	37	3	2,5	30220	215	47	39	51,5	4	3	30320
105	190	36	30	39	3	2,5	30221	225	49	41	53,5	4	3	30321
110	200	38	32	41	3	2,5	30222	240	50	42	54,5	4	3	30322
120	215	40	34	43,5	3	2,5	30224	260	55	46	59,5	4	3	30324
130	230	40	34	43,75	4	3	30226	280	58	49	63,75	5	4	30326
140	250	42	36	45,75	4	3	30228	300	62	53	67,75	5	4	30328

Nutmuttern für Wälzlager — DIN 981 : 1993-02

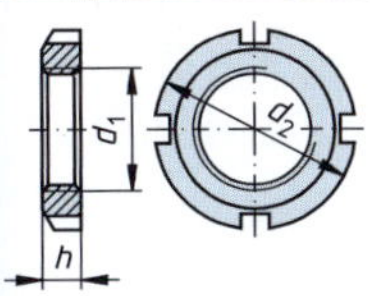

d_1	d_2	h	Kurzz.	d_1	d_2	h	Kurzz.	d_1	d_2	h	Kurzz.
M 20 × 1	32	6	KM 4	M 55 × 1,5	75	11	KM 11	M 90 × 2	120	16	KM 18
M 25 × 1,5	38	7	KM 5	M 60 × 2	80	11	KM 12	M 95 × 2	125	17	KM 19
M 30 × 1,5	45	7	KM 6	M 65 × 2	85	12	KM 13	M 100 × 2	130	18	KM 20
M 36 × 1,5	52	8	KM 7	M 70 × 2	92	12	KM 14	M 105 × 2	140	18	KM 21
M 40 × 1,5	58	9	KM 8	M 75 × 2	98	13	KM 15	M 110 × 2	145	19	KM 22
M 45 × 1,5	65	10	KM 9	M 80 × 2	105	15	KM 16	M 115 × 2	150	19	KM 23
M 50 × 1,5	70	11	KM 10	M 85 × 2	110	16	KM 17	M 120 × 2	155	20	KM 24

Bezeichnungsbeispiel: Nutmutter DIN 981 – KM 9: Nutmutter mit d_1 = M 45 × 1,5

Sicherungsbleche (für Nutmuttern nach DIN 981) — DIN 5406 : 1993-02

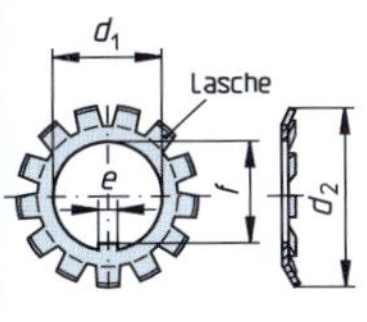

d_1	d_2	e	f	Kurzz.	d_1	d_2	e	f	Kurzz.	d_1	d_2	e	f	Kurzz.
20	36	4	18,5	MB 4	55	81	8	52,5	MB 11	90	126	10	86,5	MB 18
25	42	5	23	MB 5	60	86	8	57,5	MB 12	95	133	10	91,5	MB 19
30	49	5	27,5	MB 6	65	92	8	62,5	MB 13	100	142	12	96,5	MB 20
35	57	6	32,5	MB 7	70	98	8	66,5	MB 14	105	145	12	100,5	MB 21
40	62	6	37,5	MB 8	75	104	8	71,5	MB 15	110	154	12	105,5	MB 22
45	69	6	42,5	MB 9	80	112	10	76,5	MB 16	115	159	12	110,5	MB 23
50	74	6	47,5	MB 10	85	119	10	81,5	MB 17	120	161	14	115	MB 24

Bezeichnungsbeispiel: Sicherungsblech DIN 5406 – MB 8: Sicherungsblech mit d_1 = 40 mm

Auswahl wichtiger Wälzlagerbauformen

Eignung und Eigenschaften	Lagerbauart				
	Rillenkugellager	Schrägkugellager	Axial-Rillenkugellager	Kegelrollenlager	Zylinderrollenlager
Radiale Belastbarkeit	+	+	– –	++	++
Axiale Belastbarkeit	=	+	+	++	– –
Ausgleich von Fluchtfehlern	–	– –	=	–	–
Geringe Reibung	=	=	+	+	+
Hohe Drehzahl	++	++ (=)¹)	=	=	++
Hohe Belastbarkeit	=	+¹)	=	++¹	+
Geräuscharmer Lauf	++	+	–	–	=

++ sehr gut + gut = normal – schlecht – – nicht geeignet
¹) bei paarweisem Einbau

Geländerpfosten und Handlaufprofile

1. Berechnung mit σ_{zul} (zulässige Spannung)

Prinzip

1. Berechnen eines Bemessungswerts *BM* in Abhängigkeit von der Befestigungsart und Bekleidung (BM = Bemessungswert für Biegemoment in kNm pro m)
2. Berechnen des auftretenden Biegemoments $M = BM \cdot a$ (a = Pfostenabstand *a* in m, M = Biegemoment in kNm)
3. Berechnen des erforderlichen Widerstandsmoments für den Pfosten $W_{erf} = \dfrac{M \cdot 1000}{\sigma_{zul}}$

Werkstoff	S235JR (St 37-2)	S355JR (St 52-2)	EDELSTAHL Rostfrei®	EN-AW-6060 (AlMgSi 0,5 F 229)
σ_{zul} in N/mm²	160	240	160	95

4. Auswahl eines Pfostenprofils $W_{gewählt} \geq W_{erf}$ (siehe Profiltabelle S. W 15 f.)
5. Berechnen des erforderl. Widerstandsmoments für den Handlauf $W_{erfH} = \dfrac{W_{erf}}{4}$
6. Auswahl eines Handlaufprofils $W_{gewählt} \geq W_{erfH}$ (siehe Profiltabelle S. W 15 f.)

Befestigung von oben

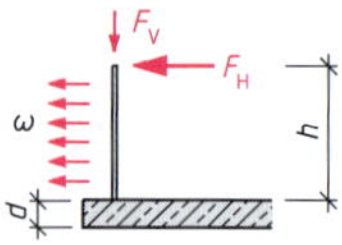

a) Stabgeländer (BM_1) $\quad BM_1 = F_H \cdot h + \dfrac{0{,}1 \cdot w_s \cdot h^2}{2}$

b) unten Stabgeländer, oben bekleidet (BM_2) $\quad BM_2 = F_H \cdot h + 0{,}1 \cdot w_s \cdot \left(\dfrac{h^2}{8} + 0{,}1 \cdot 3 \cdot \dfrac{h^2}{8}\right)$

c) voll verkleidet (BM_3) $\quad BM_3 = F_H \cdot h + w_s \cdot \dfrac{h^2}{2}$

a) 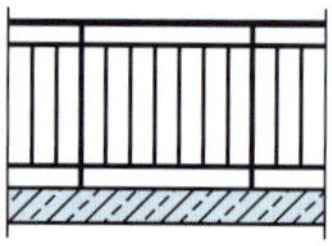 b) 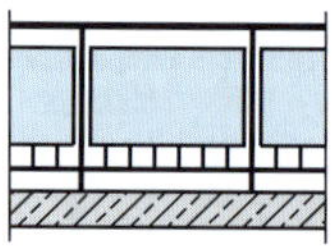 c) 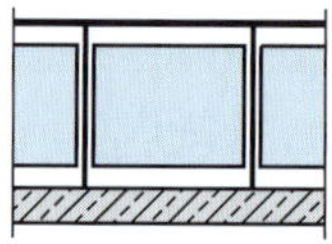

BM Bemessungswert für Biegemoment in kNm pro m

F_H Horizontallast am Handlauf in $\dfrac{kN}{m}$

0,5 $\dfrac{kN}{m}$ für Wohngebäude   1,0 $\dfrac{kN}{m}$ für öffentl. Gebäude

h Geländerhöhe ab Oberkante Rohfußboden in m

w_s Windsoglast in $\dfrac{kN}{m^2}$

Gebäude < 8 m: 0,5 $\dfrac{kN}{m^2}$ Gebäude 8 … 20 m: 0,8 $\dfrac{kN}{m^2}$

Windsog siehe S. G 57

0,1 Faktor für 10 % Windsog auf Geländerstäbe

c Randabstand des Dübels in m

d Dicke der Betonplatte in m

F_v Vertikallast in kN

$F_v = 0{,}5 \dots 1{,}5 \dfrac{kN}{m}$

t Dicke der Befestigungsplatte in m

l_1 Abstand Geländer bis Vorderkante Betonplatte in m

Auflehnen wird mit mit 0,5 $\dfrac{kN}{m}$ berücksichtigt, Blumenkästen mit 0,35 $\dfrac{kN}{m}$.

Befestigung von unten

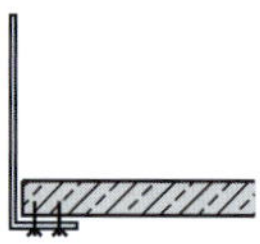

a) Stabgeländer (BM_1)

$$BM_1 = F_H \cdot (h + d + t) + F_v \cdot \left(\frac{t}{2} + l_1 + c\right) + 0{,}1 \cdot w_s \cdot \frac{(h + d + t)^2}{2}$$

b) unten Stabgeländer, oben bekleidet (BM_2)

$$BM_2 = F_H \cdot (h + d + t) + F_v \cdot \left(\frac{t}{2} + l_1 + c\right) + w_s \cdot \left[\frac{\left(\frac{h}{2} + d + t\right)^2}{2} + 0{,}1 \cdot \frac{h}{2}\left(3 \cdot \frac{h}{4} + d + t\right)\right]$$

c) voll verkleidet (BM_3)

$$BM_3 = F_H \cdot (h + d + t) + F_v \cdot \left(\frac{t}{2} + l_1 + c\right) + w_s \cdot \frac{(h + d + t)^2}{2}$$

Beispiel:

$$BM_1 = F_H \cdot h + \frac{0{,}1 \cdot w_s \cdot h^2}{2} = 0{,}5\,\frac{kN}{m} \times 1{,}1\,m + 0{,}1 \times 0{,}5\,\frac{kN}{m^2} \times \frac{1\,m^2}{2} = 0{,}575\,kN$$

$$M = BM \times a = 0{,}575\,kN \times 1{,}2\,m = 0{,}69\,kNm$$

$$W_{erf} = \frac{M \cdot 1000}{\sigma_{zul}} = 0{,}69\,kNm \times \frac{1000 \cdot mm^2}{160\,N} = 4{,}3\,cm^3$$

Gewählt: Rohr 50 × 25 × 2 mit $W = 4{,}5\,cm^3$ **oder** Quadratrohr 40 × 3,2 mit $W = 4{,}86\,cm^3$
Handlauf: $W_{erf} = 4{,}3\,cm^3/4 =$ **1,07 cm³** gewählt: Fl 35 × 8 mit $W = 1{,}63\,cm^3$

Befestigung von vorn

a) Stabgeländer (BM_1)

$$BM_1 = F_H \cdot (h + c) + \frac{0{,}1 \cdot w_s \cdot h^2}{2}$$

b) unten Stabgeländer, oben bekleidet (BM_2)

$$BM_2 = F_H \cdot (h + c) + w_s \cdot \left[\frac{\left(\frac{h}{2} + c\right)^2}{2} + 0{,}1 \cdot \frac{h}{2} \cdot (3 \cdot \frac{h}{4} + c) \right]$$

c) voll verkleidet (BM_3)

$$BM_3 = F_H \cdot (h + c) + w_s \cdot \frac{(h + c)^2}{2}$$

2. Bemessung mit Tabellen

Befestigung von oben

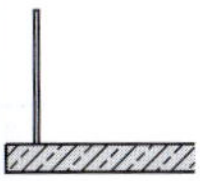

von vorne: ≈ Tabellenwert × 1,3

von unten: ≈ Tabellenwert × 1,5

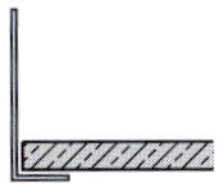

W_{erf} in cm^3 für Handlaufprofil: $\frac{W_{erf\,Pfosten}}{4}$

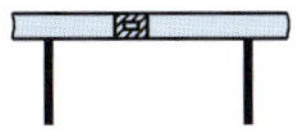

Erforderliches Widerstandsmoment W_{erf} in cm^3 für Pfostenprofil aus Stahl: Geländerhöhe 1,0 m (0,9 m + 0,1 m), Anpralllast F_H = 0,5 kN/m

Maximaler Abstand der Geländerpfosten in m	Gebäudehöhe 0...8 m			Gebäudehöhe 8...20 m		
	Geländer ohne Verkleidung (10 % Füllstäbe)	Geländerverkleidung in der unteren Hälfte	Vollverkleidung (Glas, Blech)	Geländer ohne Verkleidung (10 % Füllstäbe)	Geländeverkleidung in der unteren Hälfte	Vollverkleidung (Glas, Blech)
0,6	1,94	2,09	2,53	1,98	2,22	2,93
0,7	2,26	2,44	2,95	2,31	2,59	3,41
0,8	2,59	2,78	3,38	2,64	2,96	3,90
0,9	2,91	3,13	3,80	2,97	3,32	4,39
1,0	3,23	3,48	4,22	3,30	3,69	4,88
1,1	3,59	3,83	4,64	3,63	4,06	5,36
1,3	4,20	4,52	5,48	4,29	4,80	6,34
1,5	4,85	5,22	6,33	4,95	5,54	7,31
1,7	5,50	5,92	7,17	5,61	6,28	8,29
1,9	6,15	6,61	8,02	6,27	7,02	9,26
Faktor für Randbereich	1,1	1,2	1,5	1,1	1,3	1,7
Faktor für h = 1,1 m	1,11	1,13	1,16	1,12	1,14	1,17
Faktor für h = 1,2 m	1,22	1,26	1,32	1,23	1,28	1,35

Multiplikatoren für andere Werkstoffe: 0,7 für S355J0 (St 52-2), 0,7 ... 1,0 für Edelstahl ROSTFREI
1,7 für EN-AW 6060 (AlMgSi05 F22)

$W_{erf} = 4{,}2\ cm^3 \times 1{,}11$ (Faktor für $h = 1{,}1$) = $\mathbf{4{,}66\ cm^3}$

Gewählt: Pfosten:

Rohr 50 × 25 × 3 mit $W = 5{,}02\ cm^3$ **oder** Quadratrohr 40 × 3,2 mit $W = 4{,}86\ cm^3$

Handlauf: $W_{erf} = \frac{4{,}66\ cm^3}{4} = \mathbf{1{,}16\ cm^3}$ gewählt: Fl 35 × 8 mit $W = 1{,}63\ cm^3$

3. Berechnung nach DIN 18800-1

Prinzip

1. Ermitteln des Einspannmoments M_d aus Tabellen in Abhängigkeit von der Befestigungsart, Bekleidung, Gebäudehöhe und -art $\left(M_d = \text{Einspannmoment in } \frac{kNm}{m}\right)$
2. Berechnen des auftretenden Biegemoments $M = M_d \cdot a$ in kNm
3. Vergleich von Einspannmoment mit aufnehmbarem Moment $M_{R,d}$ und Wahl des Profils nach Art, Werkstoff und Lage (siehe Profiltabelle S. W 15 f.)
4. Auswahl eines Pfostenprofils $W_{gewählt} \geq W_{erf}$ (siehe Profiltabelle S. W 15 f.)
5. Berechnen des erforderl. Widerstandsmoments für den Handlauf $W_{erf\,H} = \frac{W_{erf}}{4}$

Theoretische Grundlagen
Technische Kommunikation
Werkstoffe
Bauelemente
Fertigungstechnik
Informations- und Steuerungstechnik
Anhang

Geländerpfosten und Handlaufprofile

Anschlussmomente und -kräfte eines Geländerpfostens in $\frac{kNm}{m}$ (1 m Pfostenabstand)

Befestigung	Einbauort	Höhe über Gelände	Alle Werte für 1 m Pfostenabstand und 1,0 und 1,1 m Geländerhöhe								
			Wohngebäude $F_H = 0{,}5\ \frac{kN}{m}$				Öffentl. Gebäude $F_H = 0{,}5\ \frac{kN}{m}$				alle Gebäude
			Anschlussmoment M_d in $\frac{kN}{m}$ für		Horizontalkraft F_{hd} in $\frac{kN}{m}$ für		Anschlussmoment M_d in $\frac{kN}{m}$ für		Horizontalkraft F_{hd} in $\frac{kN}{m}$ für		Vertikalkraft F_{Vd} in $\frac{kN}{m}$ für
			1,0	1,1	1,0	1,1	1,0	1,1	1,0	1,1	1 bzw. 1,1
von oben	im Freien	0 … 8	0,87	0,95	0,750	0,75	1,70	1,85	1,50	1,50	1,24
		8 … 20	0,98	1,16	1,56	1,72	1,70	1,85	1,50	1,50	1,24
		20 … 100	1,33	1,58	2,15	2,36	1,70	1,85	1,50	1,50	1,24
	innen		0,872	0,95	0,75	0,75	1,70	1,85	1,50	1,50	1,24
Industriegeländer $F_H = F_H = 0{,}3\ \frac{kN}{m}$							0,50	0,555	0,45	0,45	1,24
von vorn	im Freien	0 … 8	1,03	1,11	0,75	0,75	1,92	2,07	1,50	1,50	1,24
		8 … 20	1,23	1,42	1,84	2,00	1,92	2,07	1,50	1,50	1,24
		20 … 100	1,64	1,90	2,53	2,75	1,92	2,07	1,50	1,50	1,24
	innen		1,03	1,11	0,75	0,75	1,92	2,07	1,50	1,50	1,24
Industriegeländer $F_H = 0{,}3 F_H = 0{,}3\ \frac{kN}{m}$							0,546	0,591	0,45	0,45	1,24
von unten	im Freien	0 … 8	1,32	1,39	0,75	0,75	2,29	2,44	1,55	1,50	1,24
		8 … 20	1,66	1,87	2,03	2,18	2,29	2,44	1,50	1,50	1,24
		20 … 100	2,16	2,45	2,79	3,00	2,29	2,44	1,50	1,50	1,24
	innen		1,32	1,39	0,75	0,75	2,29	2,44	1,50	1,50	1,24
Industriegeländer $F_H = 0{,}3\ \frac{kN}{m}$							0,62	0,66	0,45	0,45	1,24

Profilauswahl

Widerstandsmoment W_x in cm^3				Aufnehmbares Moment $M_{R,d}$ in kNm für Pfosten bzw. Handlauf aus					
Pfostenprofil	Widerstandsmoment W_x in cm^3	Abmessung	Bemerkungen	Stahl S235 mit $f_{yk} = 240\ \frac{N}{mm^2}$		EDELSTAHL Rostfrei® mit $f_{yk} = 190\ \frac{N}{mm^2}$		Al-Legierung mit $f_{yk} = 160\ \frac{N}{mm^2}$	
				betoniert	geschraubt	betoniert	geschraubt	betoniert	geschraubt
Flachstahl DIN 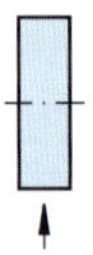	1,63	35 × 8	Berechnung $\frac{b \times h^2}{6}$	0,44	0,38	0,35	0,30	0,24	0,11
	2,13	40 × 8		0,57	0,51	0,46	0,41	0,32	0,15
	2,67	40 × 10		0,72	0,65	0,57	0,51	0,42	0,19
	2,70	45 × 8		0,72	0,66	0,558	0,53	0,41	0,18
	3,38	45 × 10		0,91	0,84	0,73	0,67	0,54	0,24
	4,05	45 × 12		1,10	1,01	0,87	0,80	0,66	0,29
	3,33	50 × 8		0,88	0,82	0,71	0,66	0,50	0,22
	4,17	50 × 10		1,13	1,05	0,90	0,83	0,67	0,29
		50 × 12		1,36	1,27	1,08	1,00	0,83	0,36
		60 × 8		1,25	1,20	1,01	0,96	0,70	0,30
	6,00	60 × 10		1,61	1,54	1,28	1,22	0,97	0,41
		70 × 8		1,68	1,62	1,36	1,31	0,92	0,39
Winkelprofil, gleichschenkelig DIN 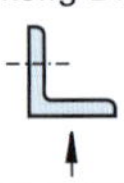	1,18	35 × 4	aus Profiltabelle S. W 27 $W_x = W_z$ bzw. W_y	0,34	0,31	0,27	0,25	0,21	0,09
	1,45	35 × 5		0,41	0,38	0,32	0,30	0,25	0,11
	1,56	40 × 4		0,45	0,42	0,35	0,33	0,28	0,12
	1,91	40 × 5		0,54	0,51	0,43	0,40	0,34	0,15
	3,05	50 × 5		0,87	0,84	0,69	0,66	0,56	0,245
T-Profil DIN 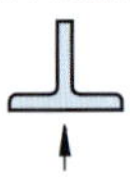	1,23	35 × 4,5	aus Profiltabelle S. W 23	0,53	0,34	0,42	0,27	0,22	0,14
	1,84	40 × 5		0,78	0,53	0,62	0,42	0,35	0,21
	3,36	50 × 6		1,46	1,09	1,16	0,86	0,72	0,39
	5,48	60 × 7		2,24	1,94	1,95	1,54	1,28	0,66

Geländerpfosten und Handlaufprofile

Profilauswahl (Fortsetzung)

Widerstandsmoment W_x in cm^3				Aufnehmbares Moment $M_{R,d}$ in kNm für Pfosten bzw. Handlauf aus					
Pfostenprofil	Widerstandsmoment W_x in cm^3	Abmessung	Bemerkungen	Stahl S235 mit $f_{yk} = 240 \frac{N}{mm^2}$		EDELSTAHL Rostfrei® mit $f_{yk} = 190 \frac{N}{mm^2}$		Al-Legierung mit $f_{yk} = 160 \frac{N}{mm^2}$	
				betoniert	geschraubt	betoniert	geschraubt	betoniert	geschraubt
Quadratrohr DIN 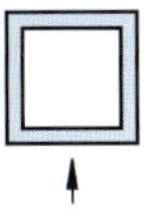	1,81	30×2	Berechnung	0,51	0,48	0,40	0,38	0,32	0,14
	2,67	30×3		0,72	0,66	0,57	0,52	0,44	0,19
	2,75	35×2		0,71	0,67	0,56	0,53	0,45	0,19
	3,78	35×3		1,01	0,95	0,79	0,75	0,63	0,27
	3,47	40×2		0,94	0,90	0,75	0,72	0,60	0,25
	4,86	40×3,2		1,42	0,36	1,123	1,08	0,90	0,38
		45×2		1,21	1,17	0,96	0,93	0,78	0,32
		45×3		1,73	1,68	1,37	1,33	0,12	0,47
		50×2		1,51	1,47	1,19	1,17	0,98	0,40
Rechteckrohr DIN 	2,03	20×40×2		0,53	0,50	0,42	0,40	0,35	0,16
	2,40	20×40×2,6		0,63	0,60	0,50	0,47	0,42	0,19
	3,14	20×50×2		0,83	0,79	0,65	0,62	0,55	0,24
	4,36	20×50×3		1,15	1,09	0,91	0,86	0,77	0,33
	4,50	25×50×2		1,19	1,13	0,94	0,89	0,79	0,34
	5,02	25×50×3		1,32	1,26	1,05	1,00	0,88	0,39
		20×60×2		1,42	1,35	1,12	1,07	0,95	0,42
		20×60×3		2,01	1,91	1,59	1,51	1,34	0,58
		25×60×3		1,76	1,68	1,39	1,33	1,18	0,52
		30×60×2		1,66	1,58	1,31	1,25	1,10	0,48
		30×60×3		1,98	1,88	1,56	1,48	1,32	0,58
Rundrohr 	1,49	1″		0,34	0,29	0,27	0,23	0,19	0,09
	2,45	$1^1/_4$″		0,66	0,60	0,52	0,47	0,40	0,18
	3,53	$1^1/_2$″		1,09	1,03	0,86	0,81	0,68	0,29
		2″		1,44	1,38	1,14	1,09	0,92	0,39
Winkelprofil, gleichschenkelig, paarweise 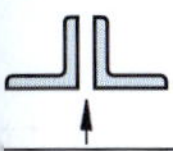		35×5		0,68	0,65	0,53	0,49	0,41	0,18
		40×4		0,90	0,86	0,71	0,66	0,55	0,23
		40×5		1,10	1,05	0,86	0,80	0,67	0,29
		50×5		1,76	1,67	1,38	0,35	1,07	0,46
		60×5		3,14	2,98	2,05	1,91	1,56	0,68
		65×7		4,13	3,93	3,27	3,06	2,52	1,09
Winkelprofil, ungleichschenkelig, paarweise („starke Achse") 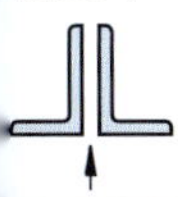		45×30×4		1,00	0,96	0,80	0,66	0,67	0,30
		45×30×5		1,24	1,18	1,00	0,82	0,83	0,34
		50×40×5		1,59	1,52	1,26	1,05	1,06	0,46
		60×30×5		2,15	2,04	1,70	1,42	1,43	0,62
		60×40×5		2,24	2,13	1,78	1,48	1,50	0,65
		60×40×6		2,65	2,53	2,10	1,75	1,77	0,77
Winkelprofil, ungleichschenkelig, paarweise („schwache Achse") 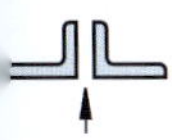		40×20×4		0,21	0,20	0,17	0,14	0,14	0,07
		45×30×4		0,48	0,46	0,38	0,32	0,32	0,14
		50×40×5		0,59	0,56	0,46	0,39	0,40	0,17
		60×30×5		0,60	0,57	0,48	0,40	0,41	0,18
		60×40×5		1,07	1,01	0,84	0,70	3,15	5,52
		60×40×6		1,26	1,20	0,99	0,83	0,84	0,36

Treppenberechnung

Treppe

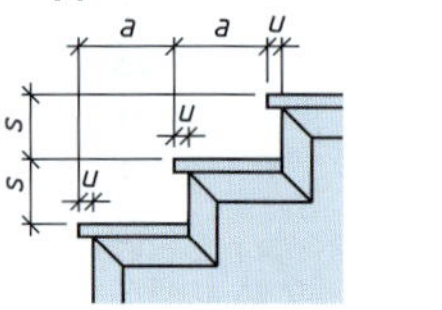

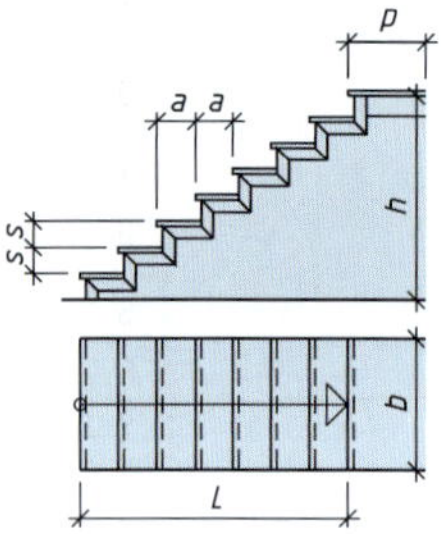

Formel

Festlegungen:

Schrittmaßformel:

$2 \cdot s + a \approx 630$ mm

Sicherheitsformel:

$a + s \approx 460$ mm

Bequemlichkeitsformel:

$a - s \approx 120$ mm

Lösungsgang:

1. Steigung s wählen (nach Tabelle)
2. Anzahl n der Steigungen berechnen (einschließlich Austritt).
   $n = \frac{h}{s}$ **Aufrunden!**
3. Anzahl t der Stufen berechnen (abhängig von der Konstruktion $t = n$ bzw. $t = n - 1$, wenn letzter Auftritt = FFB Obergeschoss).
4. Steigung s genau berechnen.
   $s = \frac{h}{n}$
5. Auftrittsbreite a berechnen.
   $a = \frac{L}{n-1}$
6. Treppenlänge L berechnen.
   $L = (n-1) \cdot a$

Formelzeichen	Erklärung
s	Steigung in mm
h	Treppenhöhe, Geschosshöhe in mm
a	Auftrittsbreite in mm
n	Anzahl der Steigungen
t	Anzahl der Stufen
L	Treppenlänge = Lauflänge in mm
u	Unterschneidung in mm
p	Podesttiefe in mm (Maße = b)
b	nutzbare Laufbreite in mm ($\geq$ 1,0 m, je nach Landesbauordnung)

Steigungsmaße nach DIN 18065 und Sonderbauordnungen

Gebäudeart	Treppenart	Nutzbare Treppenlaufbreite b in cm	Steigung s in cm	Auftrittsbreite a in cm
Wohngebäude $\leq$ 2 Wohnungen	zu Wohnräumen	$\geq$ 80	17 ± 3	28^{+9}_{-5}
	zu Keller etc.	$\geq$ 80	$\leq$ 21	$\geq$ 21
sonstige Gebäude		$\geq$ 100	17^{+2}_{-3}	28^{+9}_{-5}
Geschäftshäuser		$\geq$ 100	$\leq$ 17	$\geq$ 28
Versammlg.-Stätten		$\geq$ 100	$\leq$ 17	$\geq$ 28
Schulen		$\geq$ 120	17	28
Gaststätten			17	28
Krankenhäuser		$\geq$ 120	$\leq$ 17	$\geq$ 29
Garten- u. Freitr.		$\geq$ 100 (50)	14	$\geq$ 30

Treppenbelastung für geradläufige Treppen

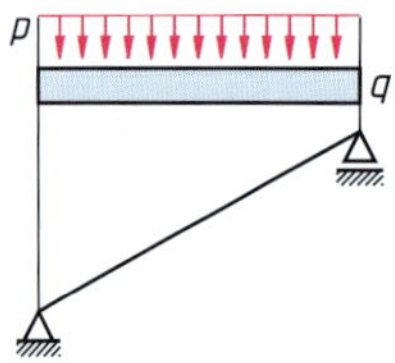

$g + p = q$

Formelzeichen	Erklärung
b	Treppenbreite = Stützweite in m
g	Eigenlast in $\frac{kN}{m^2}$
p	Verkehrslast in $\frac{kN}{m^2}$
q	Gesamtlast in $\frac{kN}{m^2}$
r	Laufbreite bei Spindeltreppen in m

Ausführung der Treppe	g in $\frac{kN}{m^2}$	Gebäudeart	p in $\frac{kN}{m^2}$	p in $\frac{kN}{\text{Stufe}}$
leicht	1,0	Wohngebäude	3,5	1,5
mittel	3,0	Öffentl. Gebäude	5,0	2,0
schwer	5,0	Kraftwerk etc.	5,0	2,0

Treppenmaße für geradläufige Treppen bei üblichen Geschosshöhen

berechnet aus der „Schrittmaßformel" $2 \cdot s + a \approx 630\,\text{mm}$ und $a = \frac{L}{n-1}$ und $t = n - 1$

Geschoss-höhe *h* in cm	Anzahl der Stufen *n*	Steigungs-höhe *h* in m	Anzahl der Auftritte *l*	Auftritts-breite *a* in cm	Treppen-länge *L* in cm	verfügbarer Bereich für die Treppen-länge *L* in cm
272	14 15 16	19,43 18,13 17,00	13 14 15	24,14 26,73 29,00	314 374 435	288...342 343...403 404...465
273	14 15 16	19,50 18,20 17,06	13 14 15	24,00 26,60 28,88	312 372 433	286...341 342...401 402...463
274	14 15 16	19,57 18,27 17,13	13 14 15	23,86 26,47 28,75	310 371 431	284...339 340...399 400...461
279	15 16 17	18,60 17,44 16,41	14 15 16	25,80 28,13 30,18	361 422 483	333...390 391...451 452...515
280	15 16 17	18,67 17,50 16,47	14 15 16	25,67 28,00 30,06	359 420 481	331...388 389...449 450...513
281	15 16 17	18,73 17,56 16,53	14 15 16	25,53 27,88 29,94	357 418 479	329...386 387...447 448...511
290	15 16 17	19,33 18,13 17,06	14 15 16	24,33 26,75 28,88	341 401 462	313...369 370...430 431...494
291	15 16 17	19,40 18,19 17,12	14 15 16	24,20 26,63 28,76	339 399 460	311...368 369...428 429...492
292	15 16 17	19,47 18,25 17,18	14 15 16	24,07 26,50 28,65	337 398 458	309...366 367...426 427...490
293	15 16 17	19,53 18,31 17,24	14 15 16	23,93 26,38 28,53	335 396 456	307...364 365...425 426...488
300	16 17 18	18,75 17,65 16,67	15 16 17	25,50 27,71 29,67	383 443 505	353...411 412...472 473...538

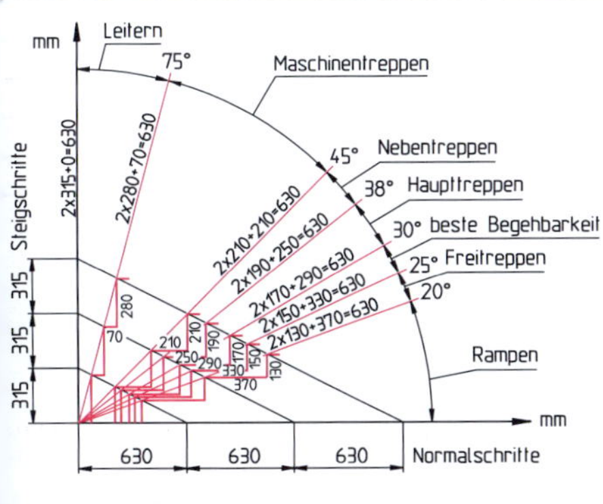

Steigungsverhältnisse an Treppen

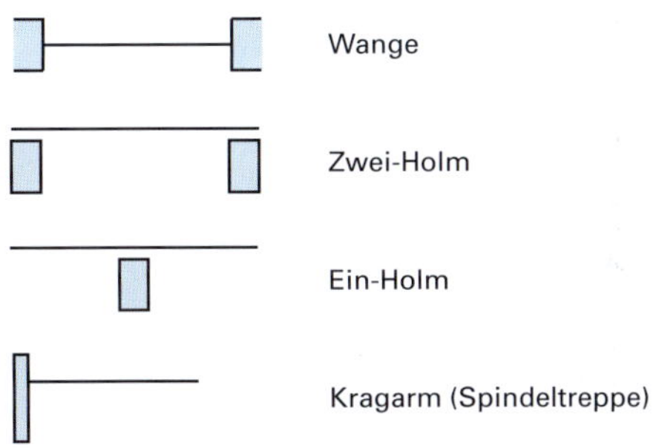

Tragsysteme für Treppenstufen

Entwurfstabellen für die Profilauswahl: Wangen- und Holmtreppen

Wangentreppe: Wohngebäude Verkehrslast $p = 3{,}5\ \frac{kN}{m^2}$ (Öffentliche Gebäude mit Verkehrslast $p = 5{,}0\ \frac{kN}{m^2}$)

Stützweite in m	Nutzbare Treppenlaufbreite								
	b = 0,8 m			b = 1,0 m			b = 1,25 m		
	Fl I	L	[	Fl I	L	[	Fl I	L	[
leichte Ausführung: Stufe aus Gitterrost, Riffelblech, Holz mit Eigenlast $g = 1{,}0\ \frac{kN}{m^2}$									
2,5	160×10	150×75×9	180	160×10	150×75×9	180	160×10	150×75×9	180
3,0	160×10	150×75×9	180	160×10	150×75×9	180	160×10	150×75×9	180
4,0	160×10 (160×12)	150×75×9	180	160×12 (180×12)	150×75×9 (180×90×10)	180	160×12 (200×12)	180×90×10	180
5,0	200×10 (200×12)	180×90×10	180	200×12 (200×15)	180×90×10 (200×100×10)	180	200×15	200×100×10 (200×100×14)	180
mittelschwere Ausführung: Stufe aus Stahlbeton, Glas mit Eigenlast $g = 3{,}0\ \frac{kN}{m^2}$									
2,5	160×10	150×75×9	180	160×10	150×75×9	180	160×10	150×75×9	180
3,0	160×10	150×75×9	180	160×10	150×75×9	180	160×10	150×75×9	180
4,0	180×10 (180×12)	150×75×9	180	200×12 (200×12)	180×90×10	180	200×12 (220×12)	180×90×10	180
5,0	220×12 (220×15)	180×90×10 (200×100×10)	180	220×15 (240×15)	200×100×10 (200×100×14)	180	240×15 (240×16)	200×100×14 (–)	180 (200)
schwere Ausführung: Stufe aus Naturstein mit Eigenlast $g = 5{,}0\ \frac{kN}{m^2}$									
2,5	160×10	150×75×9	180	160×10	150×75×9	180	160×10	150×75×9	180
3,0	160×10	150×75×9	180	160×10 (160×12)	150×75×9	180	160×12 (180×12)	150×75×9 (180×90×10)	180
4,0	180×12 (200×12)	180×90×10	180	200×12 (220×12)	180×90×10 (200×100×10)	180	200×15 (220×15)	200×100×10	180
5,0	220×12 (240×15)	200×100×10 (200×100×14)	180	240×15 (240×16)	200×100×14 (–)	200	240×16 (240×18)	(–) (–)	200 (200)

Zweiholmtreppe: Wohngebäude Verkehrslast $p = 3{,}5\ \frac{kN}{m^2}$ (Öffentliche Gebäude mit Verkehrslast $p = 5{,}0\ \frac{kN}{m^2}$)

Stützweite in m	Abstand der Holme								
	b = 0,8 m			b = 1,0 m			b = 1,25 m		
	I	□	Fl	I	□	Fl	I	□	Fl
leichte Ausführung: Stufe aus Gitterrost, Riffelblech, Holz mit Eigenlast $g = 1{,}0\ \frac{kN}{m^2}$									
3,0	120	90×50×5 100×60×5,6	90×50×5,0 100×60×5,6	120	100×60×5,6 120×60×6,3	100×60×5,6 120×60×6,3	120	100×60×5,6 120×60×6,3	100×60×5,6 120×60×6,3
4,0	120 (140)	120×60×6,3 140×80×5,0	120×60×6,3 140×80×5,0	140	140×80×5,0	140×80×5,0	140 160	140×80×5,0 160×90×5,6	140×80×5,0 160×90×5,6
5,0	160	160×90×5,6	160×90×5,6	160 180	160×90×5,6 180×100×7,1	160×90×5,6 180×100×7,1	180	180×100×7,1	180×100×7,1
mittelschwere Ausführung: Stufe aus Stahlbeton, Glas mit Eigenlast $g = 3{,}0\ \frac{kN}{m^2}$									
3,0	120	100×60×5,6 120×60×6,3	100×60×5,6 120×60×6,3	120	120×60×6,3	120×60×6,3	120	100×60×6,3 140×80×5,0	120×60×6,3 140×80×5,0
4,0	140 (160)	140×80×5,0 160×90×5,6	140×80×5,0 160×90×5,6	140 (160)	160×90×5,6 160×90×5,6	160×90×5,6	140 160	160×90×5,6	160×90×5,6
5,0	160 (180)	160×100×7,1	160×100×7,1	160 180	160×100×7,1	160×100×7,1	180	160×90×5,6 200×120×8	180×100×7,1 200×120×8
schwere Ausführung: Stufe aus Naturstein mit Eigenlast $g = 5{,}0\ \frac{kN}{m^2}$									
3,0	120	120×60×6,3	120×60×6,3	120 (140)	120×60×6,3 140×80×5,0	120×60×6,3 140×80×5,0	120	140×80×5,0	140×80×5,0
4,0	160	160×90×5,6	160×90×5,6	160 (160)	160×90×5,6	160×90×5,6	140 180	180×100×7,1	180×100×7,1
5,0	180 (200)	180×100×7,1	180×100×7,1	160 180	180×100×7,1 200×120×8	180×100×7,1 200×120×8	180	200×120×8	200×120×8

Entwurfstabellen für die Profilauswahl: Spindeltreppen

Spindelhöhe *h* in m	Treppendurchmesser *d* $\left(\text{Laufbreite } r \leq \frac{d}{2}\right)$ Vertikalkraft *V* in Richtung der Spindelachse, Horizontalkraft *H* senkrecht zur Spindelachse								
	d = 1,2 m, *H* = 0,3 kN, Rohr 101,6×4,5	*d* = 1,4 m, *H* = 0,5 kN, Rohr 101,6×4,5	*d* = 1,6 m, *H* = 0,8 kN, Rohr 101,6×4,5	*d* = 1,8 m, Rohr, *H* = 1,1 kN		*d* = 2,0 m, Rohr, *H* = 1,5 kN		*d* = 2,0 m, Rohr, *H* = 2,0 kN	
	Vertikalkraft *V* in kN	Vertikalkraft *V* in kN	Vertikalkraft *V* in kN	Rohr	Vertikalkraft *V* in kN	Rohr	Vertikalkraft *V* in kN	Rohr	Vertikalkraft *V* in kN
Spindeltreppen: Wohngebäude Verkehrslast $p = 3{,}5\ \frac{kN}{m^2}$									
leichte Ausführung: Stufe aus Gitterrost, Riffelblech, Holz mit Eigenlast $g = 1{,}0\ \frac{kN}{m^2}$									
2,5	6,4	8,7	11,3	101,6×4,5	14,3	114,3×4,5	17,7	114,3×4,5	21,4
3,0	7,6	10,4	13,6		17,2		21,2		25,7
3,5	8,9	12,1	15,8		20,0		24,7		29,9
4,0	10,2	13,9	18,1		22,9		28,3		34,2
4,5	11,5	15,6	20,4		25,8		31,8		38,5
5,0	12,7	17,3	22,6		28,6		35,3	133×5,6	42,8
5,5	14,0	19,1	24,9	114,3×4,5	31,5	133×5,6	38,9	133×5,6	47,0
Spindeltreppen: Öffentliche Gebäude Verkehrslast $p = 5{,}0\ \frac{kN}{m^2}$									
leichte Ausführung: Stufe aus Gitterrost, Riffelblech, Holz mit Eigenlast $g = 1{,}0\ \frac{kN}{m^2}$									
2,5	8,5	11,6	15,1	101,6×4,5	19,1	114,3×4,5	23,6	133×5,6	28,5
3,0	10,2	13,9	18,1		22,9		28,3		34,2
3,5	11,9	16,2	21,1		26,7		33,0		39,9
4,0	13,6	18,3	24,1		30,5		37,7		45,6
4,5	15,3	20,8	27,1	114,3×4,5	34,4	133×5,6	42,4		51,3
5,0	17,0	23,1	30,2	114,3×4,5	38,2	133×5,6	47,1		57,0
5,5	18,7	25,4	33,2	114,3×4,5	42,0	133×5,6	51,8		62,7

Gitterroste

Normstufen (ab Lager lieferbar) Stufen m. Tragstäben ∅ 30×3 u. 40×3 mm			Befestigung der Stufen: Sechskantschraube M12×35 ISO 4034; Sechskantmutter M12 DIN EN 24034; Scheibe A12 DIN 7989			
Stützweite *b*	**Stufenbreite a_1**	**~*a***	**~*b***	***c***	***d***	***e***
600	240	⍁ 30×3	55	70	120	85
	270		55	70	150	85
	305		55	70	180	90
800	240		55	70	120	85
	270		55	70	150	85
	305		55	70	180	90
1000	240		55	70	120	85
	270		55	70	150	85
	305		55	70	180	90
1200	240	⍁ 40×3	55	70	120	85
	270		55	70	150	85
	305		55	70	180	90
Bemerkung	Werte nach Herstellerfirma					

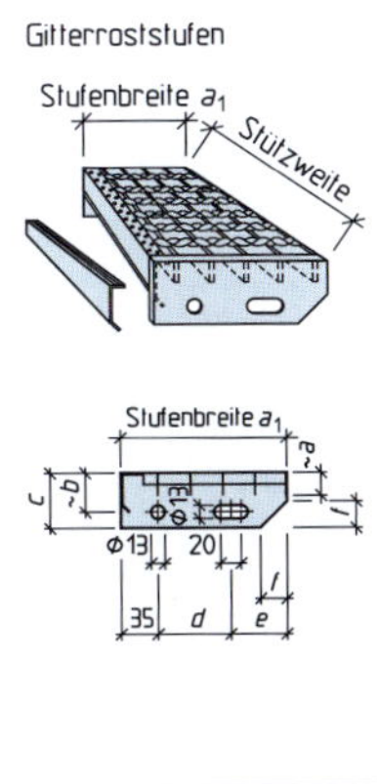

Einsteckschlösser: Bauarten, Maße — DIN 18251-1...-3 : 2002-07, -11

Schloss

Einsteckschloss: allgemein

kennzeichnende Schlossmaße:
- **Dornmaß *a***
- **Entfernung *e***
- **Drückernuss Vierkant *c***
- **Kastenbreite *b***
- **Kastendicke *d***
- **Stulpbreite b_s**

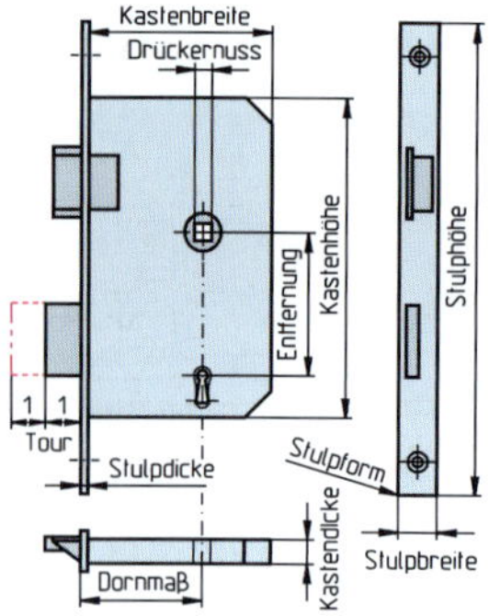

Schlösser mit einer Falle bzw. einem Riegel

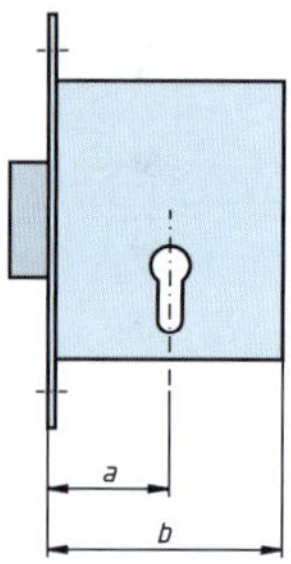

Sonderschlösser

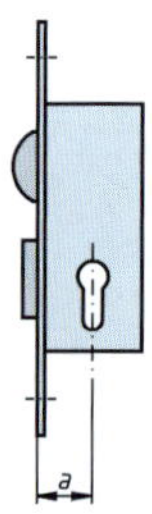

Technische Beschreibung / Schlossmaße in mm

Zimmertürschlösser

Technische Beschreibung	*a*	*e*	*c*	*b*	*d*	b_s
– ein- oder zweitourig – Buntbart- oder Chubbschloss – geringe Sicherheitsanforderungen – nur für Innenbereich	55 60 65 70 80 90	72	□ 8 □ 9 □ 10	88,5 93,5 98,5 103,5 113,5 123,5	13,5	20 für Falztür 24 für Stumpftür

Bezeichnungsbeispiel: Einsteck-Buntbartschloss DIN 18251 – BB55 – L – 1
(55 mm Dornmaß, DIN Links, Klasse 1)

Haustürschlösser

Technische Beschreibung	*a*	*e*	*c*	*b*	*d*	b_s
– zweitourig – für Chubbschloss oder vorbereitet für Profilzylinder	55 60 65	92	□ 8 □ 9 □ 10	95 85 90	13,5	20 (nur Falztür)

Bezeichnungsbeispiel: Einsteck-Türschloss DIN 18251 – PZ60W – R – 3
(60 mm Dornmaß, mit Wechsel, DIN Rechts, Klasse 3, für Schließzylinder)

Rohrrahmenschloss

Technische Beschreibung	*a*	*e*	*c*	*b*	*d*	b_s
– eintourig – vorgerichtet für Profilzylinder – links und rechts verwendbar – für den Außenbereich galvanisch verzinkt	20 22 25 27 30 35 40 45	72 und 92	□ 9 □ 10	36 38 41 43 46 51 56 61	19	24 (nur Stumpftür)

Bezeichnungsbeispiel: Einsteck-Rohrrahmenschloss DIN 18251 – PZ25 – L
(25 mm Dornmaß, DIN Links, für Schließzylinder)

Ein-Fallen-Schlösser

Technische Beschreibung	*a*	*e*	*c*	*b*	*d*	b_s
für untergeordnete Verwendung, z. B. Klappen, Schranktüren	25 30 35 40 45 50	–	□ 8	41 46 51 56 61 66	14	20

Bezeichnungsbeispiel: Einsteck–Einfallenschloss DIN 18251 – E 30 – R
(30 mm Dornmaß, DIN Rechts)

Ein-Riegel-Schlösser

Technische Beschreibung	*a*	*e*	*c*	*b*	*d*	b_s
für Türen, die immer versperrt sein sollen, z. B. in Sicherheitsbereichen	55	–	–	80	15	22
	60			85		

Bezeichnungsbeispiel: Einsteck-Riegelschloss DIN 18251 – BB – 60
(55 mm Dornmaß, DIN Rechts, für Profilzylinder)

Schloss mit Hakenfalle

Technische Beschreibung	*a*	*e*	*c*	*b*	*d*	b_s
für Schiebetüren, Schiebetore, Falt- und Harmonikatüren	50 55 60 65 70 80	55	□ 8	80 85 90 95 100 110		

Bezeichnungsbeispiel: Einsteck-Hakenfallenschloss DIN 18251 – BB – 60
(60 mm Dornmaß, Buntbartschloss)

Sonderschlösser, z. B. Rollenfallenschloss für Rahmenprofile

besitzen keine drückerbetätigte, sondern eine federnde Falle ohne Drücker, Drückernuss und Wechsel, für Türen/Tore mit hoher Benutzerfrequenz. Dornmaß *a*: 18 ... 40 mm, zugeordnete Kastenbreite *b* von 34 ... 56 mm, Kastendicke 19 mm, Stulpbreite 24 mm

Bezeichnungsbeispiel: Einsteck-Rollenfallenschloss DIN 18251 – PZ20
(20 mm Dornmaß, für Profilzylinder)

Einsteckschlösser: Bezeichnungen DIN 18251-1...-3 : 2002-07, -11

Kurzzeichen	BB	ZH	PZ	L	R	W
Bedeutung	Buntbartschloss	Chubbschloss Zuhaltungsschloss	Schloss für Profilzylinder vorbereitet	DIN-Links Schloss	DIN-Rechts Schloss	Schloss mit Wechsel
Bemerkungen	Sicherheit gegen Nachsperren sehr gering	Sicherheit gegen Nachsperren hoch, Schließanlage möglich	Nachsperrsicherheit hoch, Schließanlage möglich	Für Türen und Tore mit Bänder links	Für Türen und Tore mit Bänder rechts	Wechsel betätigt die Falle mit dem Schlüssel

Einsteckschlösser: Klassifizierung DIN 18251-1...-3 : 2002-07, -11

Klasse	Tür-/Torblattmasse in $\frac{kg}{m^2}$	Nutzungsfrequenz	Dornmaß *a* in mm	Bauart: Schlosskasten
1	≤ 20	gering, z. B. Wohnungen	55	offen (Einsteckschloss)
2	20 ... 25	unterdurchschnittlich, z. B. Miethäuser	55 und größer	offen (Einsteckschloss)
3	25 ... 30	durchschnittlich, z. B. Ladengeschäfte	55 und größer	allseitig geschlossen, auch als Kastenschloss
4	≥ 30	hoch, z. B. öffentliche Gebäude wie Schulen, Rathäuser	55 und größer	allseitig geschlossen, auch als Kastenschloss

Schließanlagen

Zentralschlossanlage

ein Zentralschloss z. B. Hauseingangschloss	viele verschiedene Einzelschlüssel z. B. Schlüssel der einzelnen Wohnungen, sperren das Zentralschloss, aber nicht eine andere Wohnung

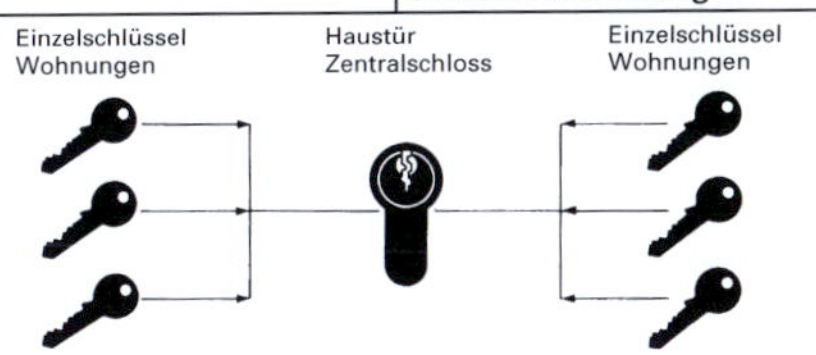

Hauptschlüsselanlage

ein Hauptschlüssel z. B. des Betriebsleiters sperrt alle Büros	viele verschiedene Schlösser, jedes Schloss besitzt einen eigenen Schlüssel

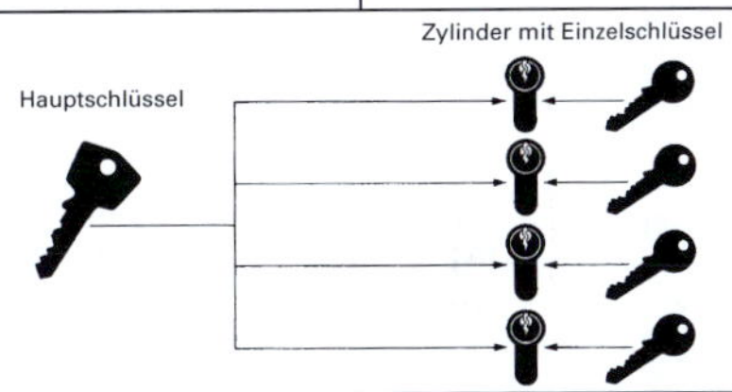

General-Hauptschlüsselanlage

ein Generalschlüssel z. B. des Direktors, mehrere Gruppenschlüssel z. B. der Abteilungsleiter	viele verschiedene Schlösser, jedes Schloss besitzt einen eigenen Schlüssel

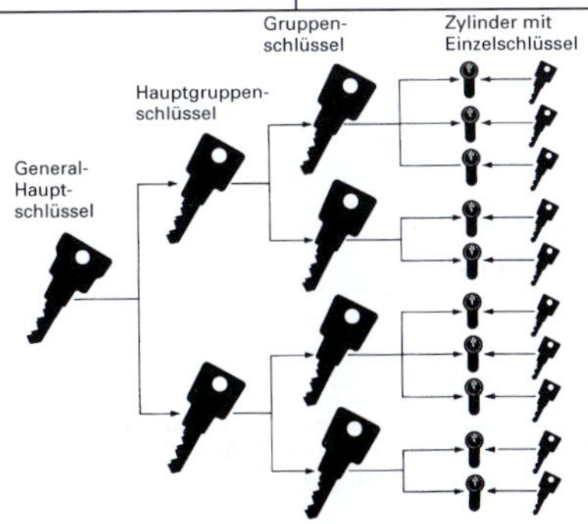

Hauptschlüssel-Zentralschlossanlage

ein Hauptschlüssel z. B. des Hausmeisters sperrt zentrale Räume, z. B. Haustüre, Gemeinschaftsräume	viele verschiedene Einzelschlüssel, z. B. Schlüssel der einzelnen Wohnungen, sperren das Zentralschloss, aber nicht eine andere Wohnung

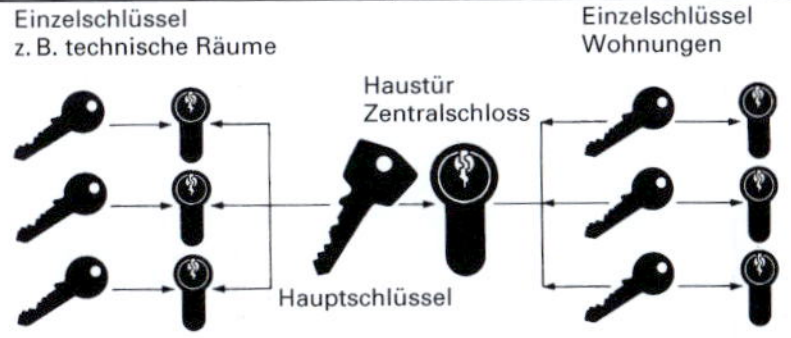

Schließzylinder: Bezeichnungen — DIN 18251-1...-3 : 2002-07, -11

Kurzzeichen	Z	DZ	H	EZ	HS	GHS	K	BS BZ
Bedeutung	(Profil) Zylinder allgemein	Doppelzylinder	Halbzylinder	Einzelzylinder	Zylinder für Hauptschlüsselanlage	Zylinder für General-Hauptschlüsselanlage	Zylinder mit Knauf	Zylinder mit – Bohrschutz – Bohr- und Ziehschutz

Schließzylinder: Klassifizierungen — DIN 18252:2006-12

Klasse	Stiftzuhaltungen	Schließungen	nachschließsicher
P1	min. 5 Stiftzuhaltungen	min. 30000	–
P2	min. 5 Stiftzuhaltungen	min. 30000	ja
P3	min. 6 Stiftzuhaltungen, 5 in einer Reihe	min. 100000	ja

Schließzylinder: Bauarten, Maße — DIN 18252:2006-12

Schließzylinder	Technische Beschreibung	Maße *A* (außen) in mm	Maße *B* (innen) in mm	
Profil-Doppelzylinder 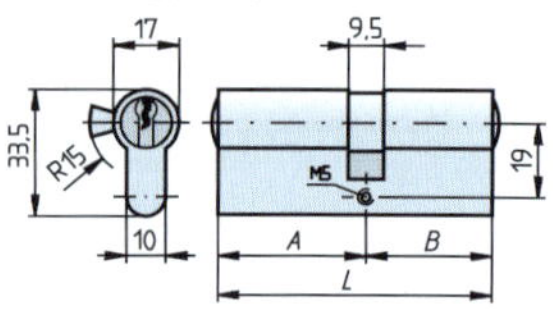 **Rundzylinder** 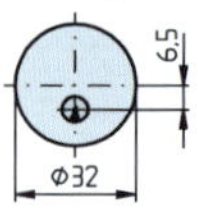	– mind. 5 Zuhaltungsstifte – mind. das erste Stiftpaar aus gehärtetem Stahl – Aufbohrschutz durch gehärtete Frontplatte – versetzter Zylinderkanal als Schutz gegen Abtasten – mit Verlängerungen links-rechts lieferbar für asymmetrische Schlosstaschen lieferbar	30,5 35,5 40,5 45,5 50,5 55,5 60,5 65,5 70,5 80,5 90,5 100,5 110,5 120,5 130,5	30,5 40,5 50,5 60,5 70,5 80,5 90,5 100,5 110,5 120,5 130,5	Die Gesamtlänge $L = A + B$ des Profilzylinders richtet sich nach der Stärke des Türblatts und wird ganzzahlig angegeben z. B. Zylinder 80/50: $A = 80{,}5$ mm $B = 50{,}5$ mm L = „außen" + „innen" = 131 mm Folgende Kombinationen sind **nicht** möglich: – 35/70 – 35/130 – 45/70 – 45/130 – 55/70 – 55/130 – 65/70 – 65/130

Ovalzylinder

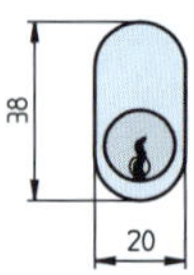

Profil-Knaufzylinder
Knauf immer innen

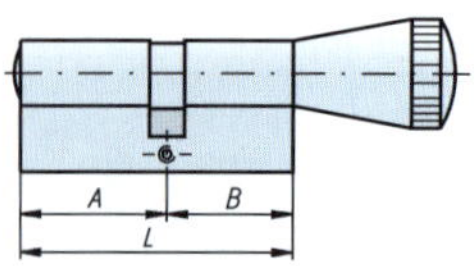

Bezeichnungsbeispiel:
Reihenfolge:
Benennung – DIN – Klassifizierung – Bezeichnung/Einsatz – Schließzylinderart – Schutz – Sicherungskarte (= LE = Legitimationsausweis)

Profilzylinder DIN 18252 – P2 – HS-D – BS – LE-60,5 – 50,5
= (P2) Klasse 2, (HS) für Hauptschließanlage, (D) Doppelzylinder, (BS) Bohrschutz, (LE) Legitimatiomskarte notwendig, außen $A = 60{,}5$ mm, innen $B = 50{,}5$ mm (= „Profilzylinder 60/50")
Bezeichnung/Einsatz können bei Einzelzylindern entfallen

Ovalzylinder DIN 18252 – P1 – D – BZ – 40,5 – 50,5
= Klasse 1, Doppelzylinder, Bohr- und Ziehschutz, außen $A = 40{,}5$ mm, innen $B = 50{,}5$ mm (= „Ovalzylinder 40/50")

Profil-Knaufzylinder DIN 18252 – P1 – D – EZ – 40,5 – 40,5
= Klasse 1, Doppelzylinder, Einzelzylinder (keine Schließanlage), außen $A = 40{,}5$ mm, innen $B = 40{,}5$ mm (= „Knaufzylinder 40/40")

Profil-Halbzylinder

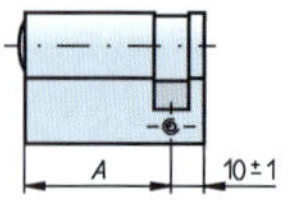

Schließzylinder	Technische Beschreibung	Maße
Profil-Halbzylinder	Für Türen, die von innen nicht sperrbar sein sollen	Angegeben wird das Außenmaß *a* in mm. Gesamtlänge $L = a + 10$ mm *a* in mm: 30, 35, 40, 45, 50, 55, 60, 65, 70, 80, 90, 100, 110, 120, 130

Bezeichnungsbeispiel:
Profilzylinder DIN 18252 – P1 – EZ – H – 50
= Klasse 1, Einzelzylinder (keine Schließanlage), Halbzylinder, außen $A = 50$ mm

Schließzylinder: Bauarten, Maße (Fortsetzung) DIN 18252:2006-12

Schließzylinder	Technische Beschreibung	Maße
Verlängerungen: Profilzylinder 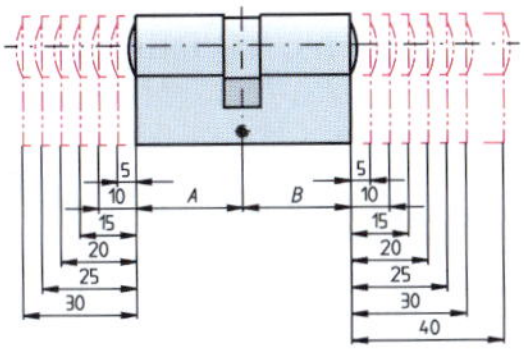 **Profil-Knaufzylinder** 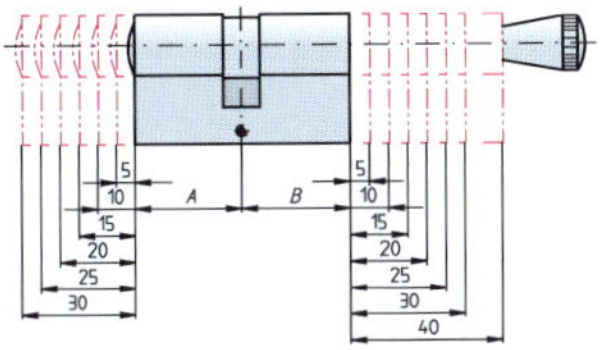	Für asymmetrische Lage der Schlosstasche im Türblatt, – Türblätter großer Dicke – aufwändige Türschilde	Profilzylinder: Verlängerungen zu *A* „außen“: V_A in mm: 5, 10, 15, 20, 25, 30, 40 Verlängerungen zu *B* „innen“: V_B in mm: 5, 10, 15, 20, 25, 30, 40 Profil-Knauf-Zylinder: Verlängerungen zu *A* „außen“: V_A in mm: 5, 10, 15, 20, 25, 30 Verlängerungen zu *B* „innen“: V_B in mm: 5, 10, 15, 20, 25, 30, 40 Berechnung: $V_A = l_{TA} + l_b - A$ $V_B = l_{TB} + l_b - B$ (jeweils auf nächste Verlängerung aufrunden) l_{TA} = Abstand in mm: Mitte Zylinderschraube – Türaußenkante l_{TB} = Abstand in mm: Mitte Zylinderschraube – Türinnenkante l_b = Schilddicke in mm

Beschläge: Türdrückergarnituren DIN 18255:2002-05

Türdrückergarnituren bestehen aus

Türdrücker = hebelartiges Bauteil, bestehend aus Türdrückerlochteil und Türdrückerstiftteil; es betätigt durch Niederdrücken über den Drückerstift (= □8, □9, □10) die Schlossnuss und zieht die Falle zurück.

Türschild = Abdeckplatte über den Aussparungen im Schlossbereich des Türblatts mit Führungslager für den Drücker und Aussparung für Schließzylinder oder Schlüssel. Drückerrosette und Schlüsselrosette können ein Türschild ersetzen.

Maße und Kräfte (Empfehlungen)

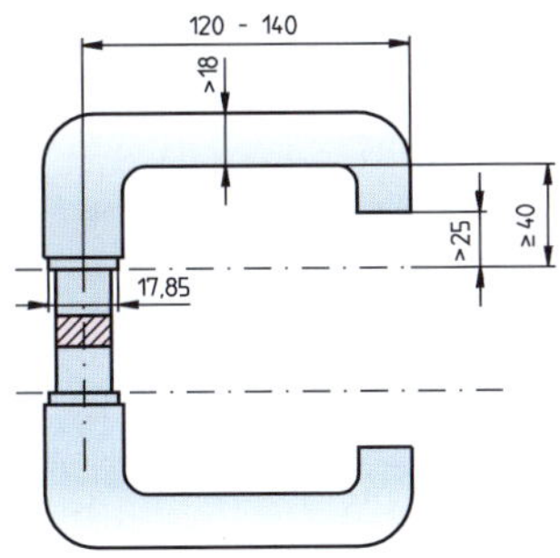

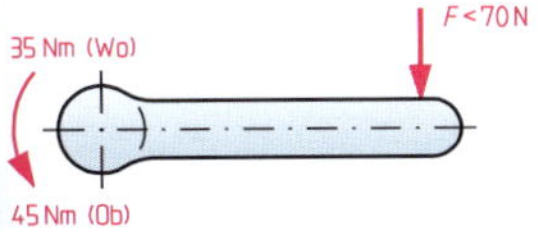

Langschild

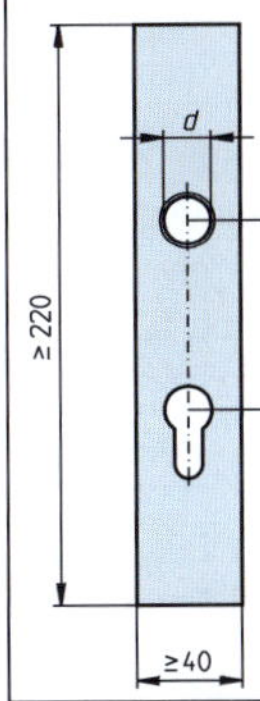

Kurzschild

$d = 18^{+0,1}$
$t \geq 5$

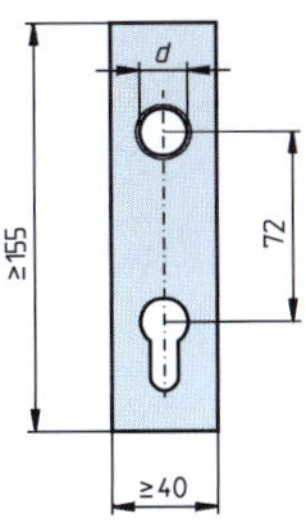

Bezeichnungen: L = Langschild K = Kurzschild R = Türrosette DR = Drückerrosette SR = Schlüsselrosette	PZ = Profilzylinderlochung BB = Buntbartlochung SO = Sonderlochung Wo = für Wohnbereich Ob = für Objektbereich

Bezeichnungsbeispiel: Garnitur DIN 18255 – L – PZ – Al – Ob = Türdrückergarnitur mit Langschild, Lochung für Profilzylinder, Werkstoff Aluminium, für Objektbereich (Schließanlage)

Dimensionierung des Rahmens

Annahmen: Zweigelenkrahmen mit biegesteifer Ecke in der Mitte, Konstruktion in einer Gebäudeecke, kein Windverband notwendig, Windlast $w = 0{,}50\ \text{kN/m}^2$, Traufhöhe $h = 2{,}5$ m, Scheibenlänge $L_s \leq 2{,}4$ m, Durchbiegung $f \leq 8$ mm bzw. $f \leq L_s/300$ (für Riegel **oder** Pfette), Abstand der Rahmen $a = 1{,}0$ m, Gebäudetiefe $b = 4$ m

Ergebnis: Ermittelt wird das minimale Widerstandsmoment W_x in cm³ für den Rahmen in Abhängigkeit von der Dachneigung α in ° und dem Abstand der Rahmen b in m.
Soll die Durchbiegung der gesamten Rahmenkonstruktion auf $f \leq 300\ (h + b)$ begrenzt werden, so müssen die ermittelten Tabellenwerte für W_x mit dem Faktor 1,5 multipliziert werden.

Ablesebeispiel: Dachneigung $\alpha = 30°$, Abstand der Rahmen $a = 1{,}2$ m, Gebäudetiefe $b = 4{,}40$ m, Begrenzung der Durchbiegung $f \leq 1/300$ Gesamtlänge:

Ergebnis: Tabellenwert für $\alpha = 30°$ und $b = 4{,}20$ m: $\boldsymbol{W_x = 33\ \text{cm}^3}$
Für $a = 1{,}2$ m und Begrenzung von $f \leq 1/300$ Gesamtlänge: $\boldsymbol{W_x = 33\ \text{cm}^3 \cdot 1{,}2 \cdot 1{,}5 = 59{,}4\ \text{cm}^3}$

Aus Profiltabellen ist ein Profil mit $W_x \geq 59{,}4\ \text{cm}^3$ auszuwählen. Werden Hohlprofile verwendet, so erhöhen Einschieblinge in der „steifen Ecke" die Steifigkeit der Konstruktion. Einschublänge beidseitig mind. 250 mm.

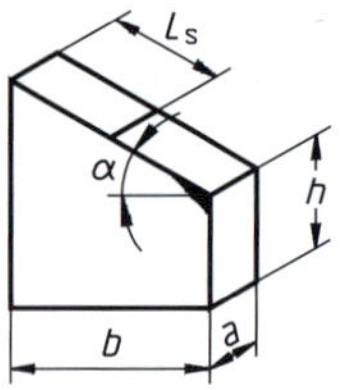

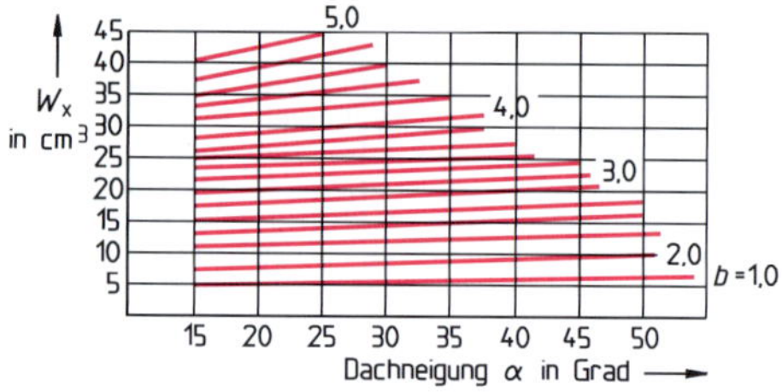

Dimensionierung eines Pultdachsparrens

Annahmen: Sparren = Träger auf zwei Stützen, Konstruktion in einer Gebäudeecke, kein Windverband notwendig, Windlast $w = 0{,}50\ \text{kN/m}^2$, Durchbiegung $f \leq 8$ mm bzw. $f \leq L_s/300$ (Sparren), Abstand der Sparren $a = 1{,}0$ m

Ergebnis: Ermittelt wird das minimale Widerstandsmoment W_x in cm³ für den Sparren in Abhängigkeit von Gebäudetiefe b in m und Dachneigung α in °.
Soll die Durchbiegung der gesamten Konstruktion auf $f \leq 300$ begrenzt werden, so müssen die ermittelten Tabellenwerte für W_x mit dem Faktor 1,9 multipliziert werden.

Ablesebeispiel: Gebäudetiefe $b = 5$ m, Dachneigung $\alpha = 35°$, Abstand der Sparren $a = 1{,}2$ m, Begrenzung der Durchbiegung $f \leq 1/300$ Gesamtlänge:

Ergebnis: Tabellenwert für Gebäudetiefe $b = 5$ m und $\alpha = 35°$: $\boldsymbol{W_x = 60\ \text{cm}^3}$
Für $a = 1{,}2$ m und Begrenzung von $f \leq 1/300$ Gesamtlänge: $\boldsymbol{W_x = 60\ \text{cm}^3 \cdot 1{,}2 \cdot 1{,}9 = 136{,}8\ \text{cm}^3}$

Aus Profiltabellen ist ein Profil mit $W_x \geq 136{,}8\ \text{cm}^3$ auszuwählen.

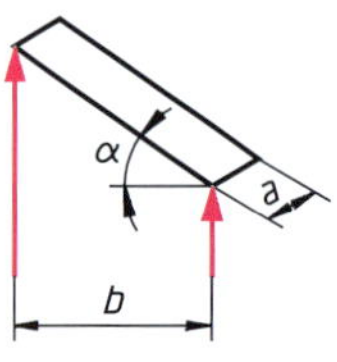

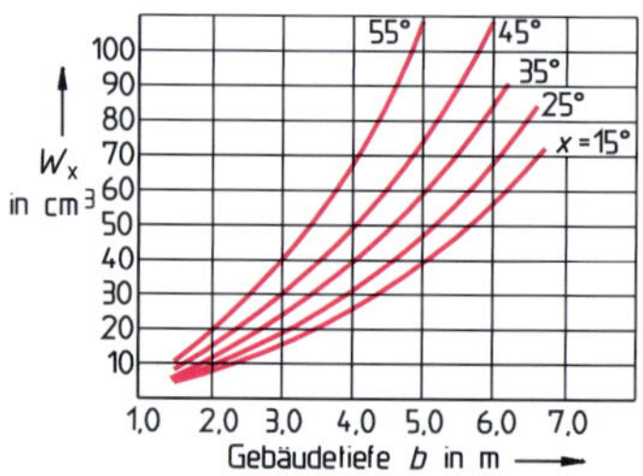

Profile mit einem Widerstandsmoment $W_x \geq 136{,}8\ \text{cm}^3$ (Auswahl: Stahlprofile)

Profil	□ 150 × 100 × 8 (hochkant) DIN EN 10210	□ 180 × 100 × 6,3 (hochkant) DIN EN 10210	□ 140 × 6,3 DIN EN 10210	2 L 180 × 90 × 10 verschweißt DIN EN 10056-1	2 L 150 × 15 verschweißt DIN EN 10056-1	Pressprofil eines Systemherstellers
W_x **in cm³**	**145**	**156**	**141**	2 · 75,1 = **150,2**	2 · 83,5 = **167**	siehe Profilkatalog

Pressprofile von Systemherstellern zeichnen sich gegenüber DIN-Profilen aus Stahl aus durch
- geringeres Metergewicht
- Anpassung der Querschnittsform an die Verwendung (Glasauflagen, Wasserrillen, etc.)
- höhere Werkstoffkosten
- geringere Bearbeitungskosten

Übersicht: Grundformen, Belastung, Beanspruchung

Drehtore ein-/zweiflügelig	Schiebetore auf Rollen	freitragend	hängend
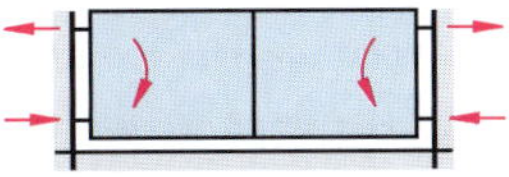	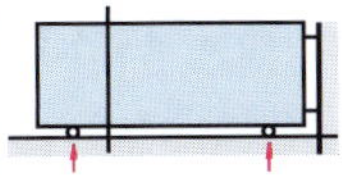	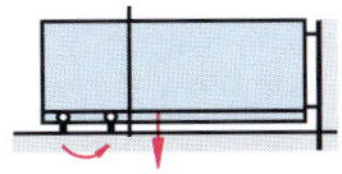	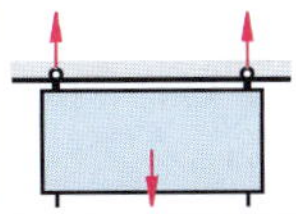
Flügelgewicht wird über die Bänder auf Torpfosten übertragen	Torflügel ruht auf zwei Rollen (Prinzip: Balken mit zwei Auflager)	Laufschienenprofil ist zwischen zwei Rollenböcken „eingespannt"	Torblatt hängt an zwei Rollensets (Prinzip: Balken an zwei Aufhängungen)

Drehtor: einflügelig

Gestaltung – Beanspruchung — nach Herstellerempfehlungen

$h = 2$ m, schwere Ausführung, Füllung z. B. Stäbe, Gitterwerk, bei Blech und Glas auf Winddruck/-sog achten. Torpfosten auf Biegung und Knickung nachrechnen, Fundament als durchgehender bewehrter Stahlbeton-Balken B25, min. 60 cm tief.

Gestaltung des Flügels	Masse m in kg	Kräfte in den senkrechten Rahmen in kN + Zug – Druck			Kräfte in den Gurten in kN + Zug – Druck				Kräfte in den Diagonalen in N + Zug – Druck	
		F_{s1}	F_{s2}	F_{s3}	F_{o1}	F_{o2}	F_{u1}	F_{u2}	F_{d1}	F_{d2}
1. $b = 2$ m 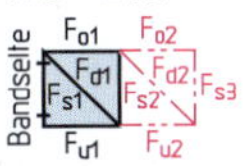	350	–3,5	–1,75	–	0	–	–1,75	–	+2,5	–
Profilempfehlung		□ 60 × 40 × 2							Rd 12	
2. $b = 3$ m 	550	–5,5	–2,75		0	–	–2,75	–	4,95	–
Profilempfehlung		□ 60 × 40 × 2							Rd 16	
3. $b = 4$ m 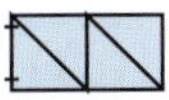	750	–7,5	0	–1,88	+1,88	0	–7,5	–1,88	+7,95	+ 2,65
Profilempfehlung		□ 80 × 40 × 4							Rd 20	
4. $b = 4$ m 	750	–7,5	–3,75	0	+1,88	+1,88	–7,5	0	+7,95	–2,65
Profilempfehlung		□ 80 × 40 × 4							40 × 40 × 3,2	
5. $b = 5$ m 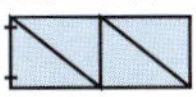	950	–9,5	–7,15	–3,40	+2,95	0	–11,9	–2,95	+11,1	+3,8
Profilempfehlung		□ 100 × 60 × 5							60 × 60 × 3,2	
6. $b = 5$ m 		–9,50	–4,75	0	+2,95	+2,95	–11,9	0	+11,1	–3,8
Profilempfehlung		□ 100 × 60 × 5							60 × 60 × 3,2	
7. $b = 6$ m 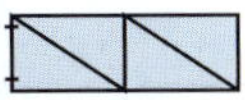	1200	–12,0	–9,0	–3,0	+4,5	0	–18,0	–4,5	+16,2	+5,4
Profilempfehlung		□ 100 × 60 × 5							Rd 24	
8. $b = 6$ m 	1200	–12,0	–6,0	0	+4,5	+4,5	–18,0	0	+16,5	–5,4
Profilempfehlung		□ 120 × 80 × 5							80 × 80 × 5	

Schiebetore: freitragend

Prinzip: Schiebetor

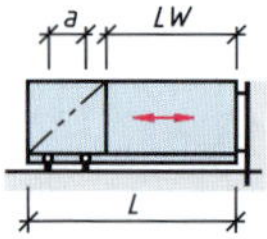

Laufschiene

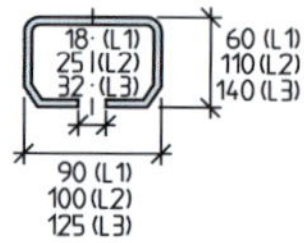

Gestaltung – Maße

Profile, Maße nach Herstellerempfehlungen

Torgestaltung: Rahmen und Füllung sollen eine möglichst geringe Masse haben, Art der Füllung beliebig, z. B. Stäbe, Gitterwerk, bei Blech und Glas auf Winddruck/-sog achten	**Profil**	**Lichte Weite LW in m** Felder – Durchfahrt – Rollenbereich	**Länge Laufschiene *L* in m**	**Abstand Rollenböcke *a* in m**	**Profilempfehlung: Vierkantrohr für Gurte und Friesstäbe bei einem Rahmenaufbau bzw. Profil mit $W_x \geq$** $h \leq 1{,}6$ m	$h \leq 2{,}20$ m
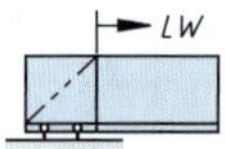	L1	2,0 – 1 Feld – 1 Feld	≥ 3,2	≥ 0,55	□ 80 × 80 × 3 ≥ 22 cm³	□ 80 × 80 × 3 ≥ 22 cm³
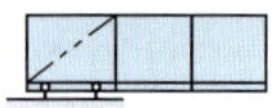		2,5 – 2 Felder – 1 Feld	≥ 4,0	≥ 0,85	□ 80 × 80 × 3 ≥ 22 cm³	□ 80 × 80 × 3 ≥ 22 cm³
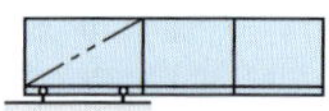		3,0 – 2 Felder – 1 Feld	≥ 5,0	≥ 1,35	□ 80 × 80 × 4 ≥ 27,5 cm³	□ 80 × 80 × 4 ≥ 27,5 cm³
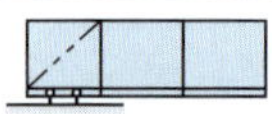	L2	2,75 – 2 Felder – 1 Feld	≥ 4,0	≥ 0,45	□ 80 × 80 × 4 ≥ 27,5 cm³	□ 80 × 80 × 4 ≥ 27,5 cm³
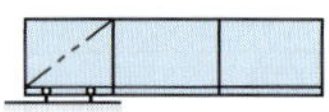		3,5 – 2 Felder – 1 Feld	≥ 5,0	≥ 0,75	□ 80 × 80 × 4 ≥ 27,5 cm³	□ 80 × 80 × 4 ≥ 27,5 cm³
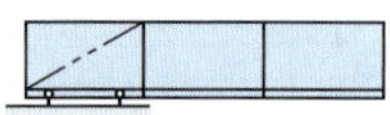		4,0 – 2 Felder – 1 Feld	≥ 6,0	≥ 1,20	□ 80 × 80 × 4 ≥ 27,5 cm³	□ 80 × 80 × 4 ≥ 27,5 cm³
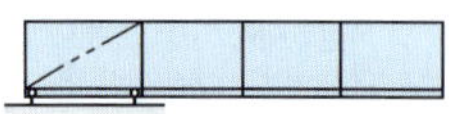		5,0 – 3 Felder – 1 Feld	≥ 7,0	≥ 1,75	□ 100 × 100 × 5 ≥ 55 cm³	□ 100 × 100 × 5 ≥ 55 cm³
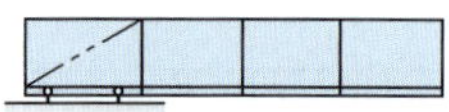	L3	5,0 – 3 Felder – 1 Feld	≥ 7,0	≥ 1,20	□ 100 × 100 × 5 ≥ 55 cm³	□ 100 × 100 × 5 ≥ 55 cm³
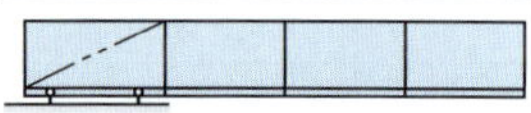		6,0 – 3 Felder – 1 Feld	≥ 8,4	≥ 1,50	□ 100 × 100 × 5 ≥ 55 cm³	□ 100 × 100 × 5 ≥ 55 cm³
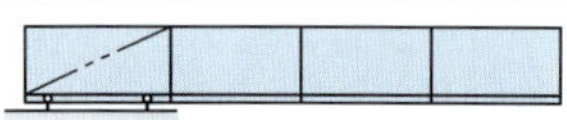		6,5 – 3 Felder – 1 Feld	≥ 9,0	≥ 1,70	□ 100 × 100 × 5 ≥ 55 cm³	□ 100 × 100 × 5 ≥ 55 cm³
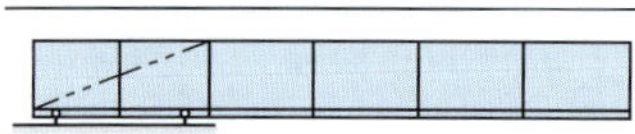		7,0 – 4 Felder – 2 Felder	≥ 10,0	≥ 2,20	□ 100 × 100 × 5 ≥ 55 cm³	□ 120 × 100 × 5 ≥ 75 cm³
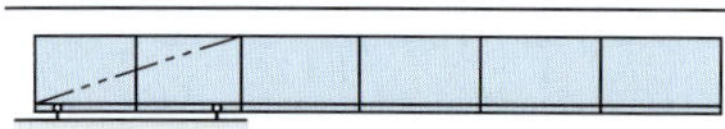		8,0 – 4 Felder – 2 Felder	≥ 11,5	≥ 2,70	□ 100 × 100 × 5 ≥ 55 cm³	□ 120 × 100 × 5 ≥ 75 cm³
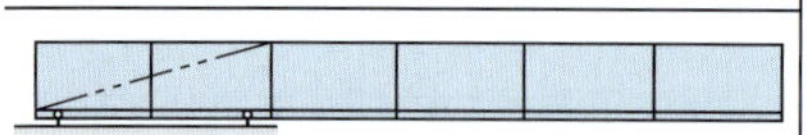		8,5 – 4 Felder – 2 Felder	≥ 12,5	≥ 3,20	□ 100 × 100 × 5 ≥ 55 cm³	□ 120 × 100 × 5 ≥ 75 cm³

Theoretische Grundlagen
Technische Kommunikation
Werkstoffe
Bauelemente
Fertigungstechnik
Informations- und Steuerungstechnik
Anhang

Schiebetore: hängend

Prinzip: Schiebetor

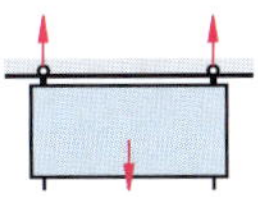

Laufschiene

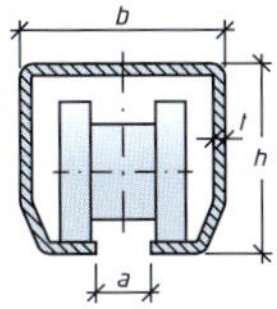

Boden-Führungsschiene

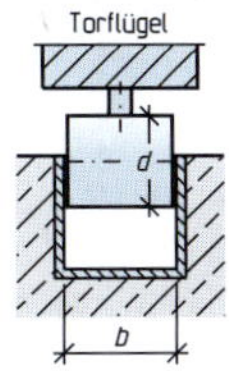

Torbauarten: I = Tor geradlaufend, II = Tor mit Antrieb, III = Falttor, IV = Garagentor mit Umlenkung

Maße: untere Führungsschiene

Boden-führungsprofil	Lauf-schienenprofil	Einlasstiefe *h* in mm	Breite *b* in mm	Blechdicke *t* in mm	Rollen - ∅ *d* in mm
U 1	L 1	15	15	1,2	12
U 2	L 2, L 3	25	25	2,0	18
U 3	L 4	40	40	3,0	32
U 4	L 5, L 6	50	60	4,0	50

Auswahl des Rollensets in Abhängigkeit vom Tür-/Torblatt Zuordnung: Herstellerempfehlungen

Rollenset		Masse des Tor-/Türflügels m_{max} in kg für Tür nach Bauart				Laufschienenprofil						
Nr.	*m* in kg	I	II	III	IV	Nr.	*h* in mm	*b* in mm	*a* in mm	*t* in mm	*m'* in kg/m	W_x in cm^3
RS 1	45	90	45	20	40	**L 1**	28,0	30,0	8,0	1,75	1,3	1,1
RS 2	85	170	90	40	80	**L 2**	35,0	40,0	11,0	2,75	2,6	2,6
RS 3	150	300	170	70	150	**L 3**	43,5	48,5	15,0	3,20	3,6	4,4
RS 4	300	600	300	150	300	**L 4**	60,0	65,0	18,0	3,60	5,7	10,0
RS 5	600	1200	600	300	600	**L 5**	75,0	80,0	22,0	4,50	8,9	20,0
RS 6	1000	2000	1200	500	1000	**L 6**	110,0	90,0	25,0	6,50	16,5	51,5

Ablesebeispiel: Ein Schiebetor der Bauart I mit einer Torblattmasse *m* = 260 kg erfordert ein Rollenset Nr. 4, ein Laufschienenprofil „oben" L 4 und eine Führungsschiene „unten" U 3

Einbauhöhe *h* in mm Rollenset in Abhängigkeit von Befestigung und Laufschienenprofil

Lauf-schie-nen-profil	Befestigung an senkrechter Wand mit Winkel	Muffe	Winkel und Muffe	Befestigung an Decke mit Platte	Klemmen	Biegeradius *R* in mm für gebogene Laufschienen (Draufsicht)
	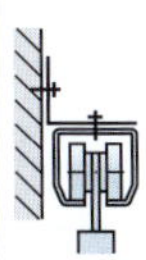	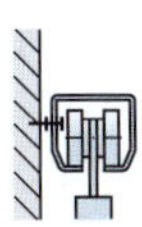	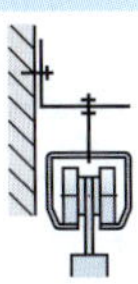	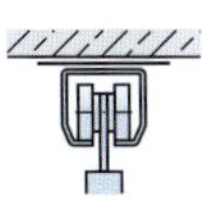	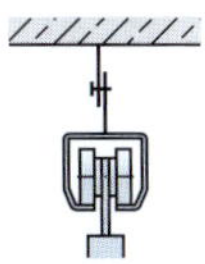	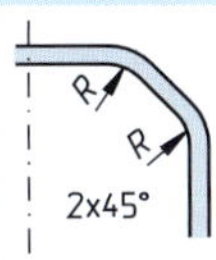
L 1	110 ± 10	86 ± 10	158 ± 22	89 ± 10	122 ± 10	650 ± 10
L 2	140 ± 12	110 ± 12	216 ± 32	115 ± 12	153 ± 12	630 ± 10
L 3	172 ± 14	131 ± 14	237 ± 36	137 ± 14	175 ± 14	610 ± 15
L 4	222 ± 16	172 ± 16	332 ± 50	180 ± 16	228 ± 16	605 ± 15
L 5	287 ± 36	224 ± 36	440 ± 70	234 ± 36	278 ± 36	790 ± 20
L 6	390 ± 40	314 ± 40	–	329 ± 40	366 ± 40	1035 ± 20

Anforderungen an ein Fenstersystem

Fenster

Aufmaß: Laibung

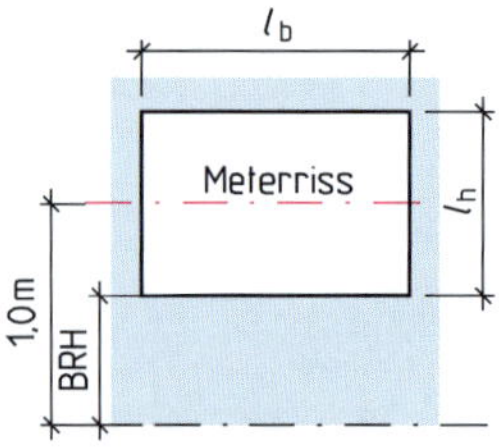

BRH = Brüstungshöhe
l_b = lichte Breite
l_h = lichte Höhe
OKFFB = Oberkante Fertigfußboden
l_{bs} = lichte Breite Scheibe
l_{hs} = lichte Höhe Scheibe

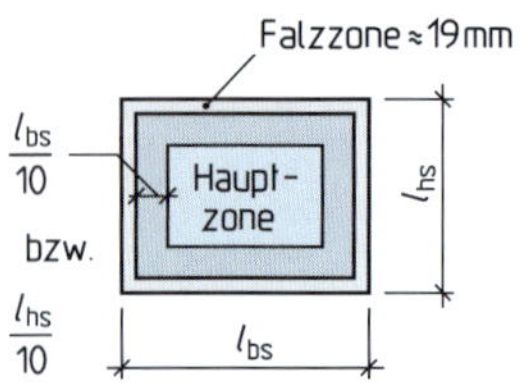

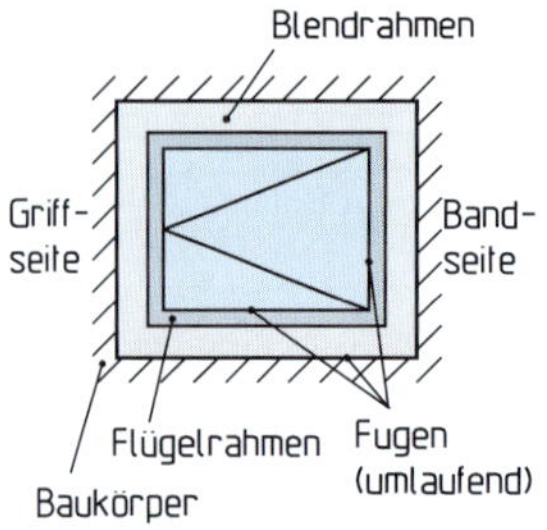

Anforderungen	abhängig von
Wärmeschutz	1. Rahmenmaterialgruppe 2. Glasscheibe: Art, Dicke, Scheibenzwischenraum (SZR) Maß: Wärmedurchlasswiderstand R (siehe G 40)
Schallschutz	1. Rahmenausführung 2. Glasscheibe: Art, Dicke, Anzahl Einteilung in Schallschutzklassen (siehe F 66) Maß: Schalldämmwert $R_w = 55 \dots 75$ dB(A)
Fugendichtigkeit	Abdichtung der Fugen, Fertigung, Dichtungswerkstoffen Maß: Fugendurchlässigkeit $a \leq 0{,}1$ m³/h + m
Gebrauchstauglichkeit gegenüber Winddruck, -sog	1. Flächenmoment 2. Grades des Rahmens in cm⁴ (siehe G 61 … G 64) 2. Dicke und Halterung der Scheibe
Lichtdurchlässigkeit	Glasscheibe: Art und Dicke Maß: Energiedurchlassgrad g: 50 … max. 90 %
Brandschutz	1. Rahmenausführung 2. Glasscheibe: Art, Dicke Einteilung in Feuerwiderstandsklassen F 30 bis F 240
Sicherheit gegen	Sicherheit geben 1. Rahmenausführung 2. Glasscheibe: Art, Dicke jeweils kombiniert mit Alarmeinrichtung: D: durch Alarmschleife an einer Scheibenecke B: durch Alarmgeber mit Randanschluss F: durch Alarmgeber mit Flächenanschluss
• Durchwurf	Widerstandsklassen WK 1–6, z. B. an Sporthallen, Schulen Glasdicke von 10 … 25 mm Beispiel: **Verglasung 1500 × 2500 WK 2, 25 mm, SZR 12 mm, F** = Verglasung mit einer Scheibenbreite von 1,5 m, Scheibenhöhe 2,5 m, erhöhter Durchwurfhemmung nach Klasse WK 2, 25 mm Scheibendicke, 12 mm Scheibenzwischenraum, Alarmgebung durch Flächenanschluss
• Durchbruch	Widerstandsklassen WK 2–6, z. B. für Sicherheitsbereiche wie Ladengeschäfte, Privatgebäude Glasdicke von 20 … 50 mm und flächenbezogenen Massen bis 90 kg/m²
• Durchschuss	Widerstandsklassen C 1 bis C 3, z. B. für Sicherheitsbereiche wie Banken, gefährdete Privatwohnungen, staatl. Einrichtungen Glasdicken von 20 … 70 mm und flächenbezogenen Massen bis 200 kg/m²
• Sprengung	Widerstandsklassen D 1 bis D 3, z. B. für Hochsicherheitsbereiche wie Gefängnisse, besonders gefährdete staatl. Einrichtungen Glasdicken von 25 … 60 mm und flächenbezogenen Massen bis 60 kg/m² und Explosionsdrücken bis 2 bar
• Durchsicht	Glasoberfläche und Struktur der Oberfläche Durchsichtshemmend sind Ätzungen, Einfärbung, Bekleben mit Folien, Gussglas und Floatglas mit ornamentierter Oberfläche, verspiegeltes Glas

Brandschutz – Feuerwiderstandsklassen:

Bezeichnung	Feuerwiderstandsdauer in min	bau-übliche Bezeichnung
F 30	30	feuerhemmend
F 60	60	
F 90	90	feuerbeständig
F 120	120	
F 180	180	hoch-feuerbeständig
F 240	240	

Standardzargen für gefalzte Türen

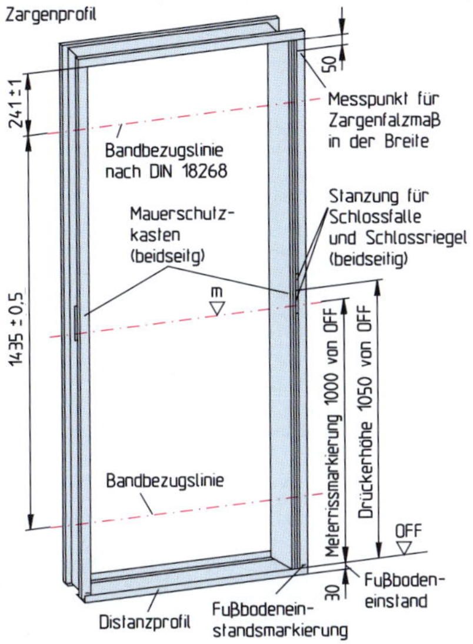

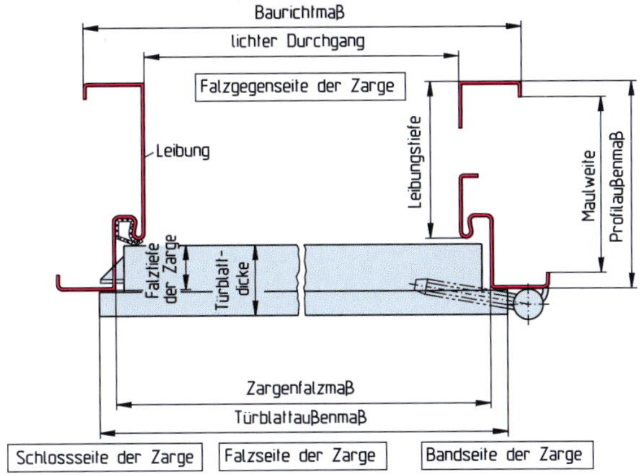

Maulweite (MW in mm) der Zarge und Fertigwanddicke
MW = Nennmaß rohe Wanddicke + 2 · Nenndicke Putz (15 mm)

Maulweiten: 80; 90; 100; 115; 130; ...

Bezeichnungsbeispiele:
Umfassungszarge:

Stahlzarge DIN 18111 – 145 – 750 × 2000 – VG
- Ausführung VG (Oberfläche vorbehandelt, allseitig grundiert, Gitterschnitt-Kennwert Gt 1)
- Baurichtmaß (Breite × Höhe)
- Maulweite der Umfassungszarge (mm)
- Normblatt

Eckzarge:

Stahlzarge DIN 18111 – E – 875 × 2125 – V
- Ausführung V (Oberfläche unbehandelt, Verzinkungsschäden durch Fertigung ausbessern)
- Baurichtmaß (Breite × Höhe)
- Eckzarge
- Normblatt

Maße für Standardzargen

Baurichtmaß in mm Breite × Höhe	Nennmaße der Wandöffnung in mm Breite × Höhe	Zargenfalzmaße in mm Breite × Höhe	Lichte Zargendurchgangsmaße in mm Breite × Höhe	Türblattaußenmaße in mm Breite × Höhe
875 × 1875	885 × 1880	841 × 1858	811 × 1843	860 × 1860
625 × 2000[1])	635 × 2005	591 × 1983	561 × 1968	610 × 1985
750 × 2000[1])	760 × 2005	716 × 1983	686 × 1968	735 × 1985
875 × 2000[1])	885 × 2005	841 × 1983	811 × 1968	860 × 1985
1000 × 2000[1])	1010 × 2005	966 × 1983	936 × 1968[2])	985 × 1985
750 × 2125	760 × 2130	716 × 2108	686 × 2093	735 × 2110
875 × 2125	885 × 2130	841 × 2108	811 × 2093	860 × 2110
1000 × 2125	1010 × 2130	966 × 2108	936 × 2093[2])	985 × 2110
1125 × 2125	1135 × 2130	1091 × 2108	1061 × 2093[2])	1110 × 2110

[1]) Diese Größen sind Vorzugsgrößen (Lagerzargen)
[2]) Nur diese Größen sind geeignet für Rollstuhlbenutzer (lichte Durchgangsbreite min. 850 mm, siehe DIN 18025-1)

Bauformen von Zargen

Umfassungszarge, Mauerwerk

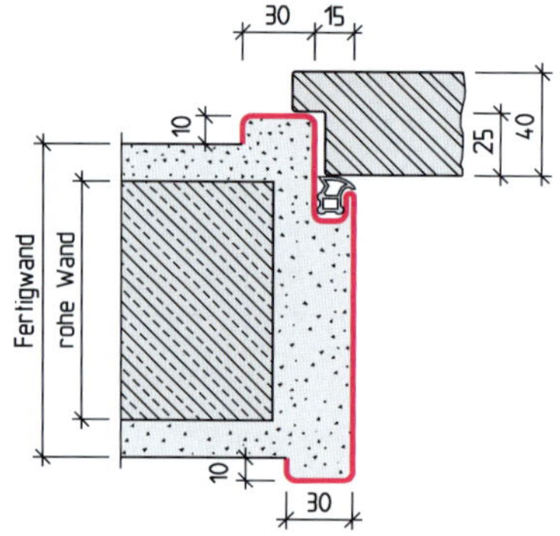

Z-Zarge mit Gegenzarge (Umfassungszarge)

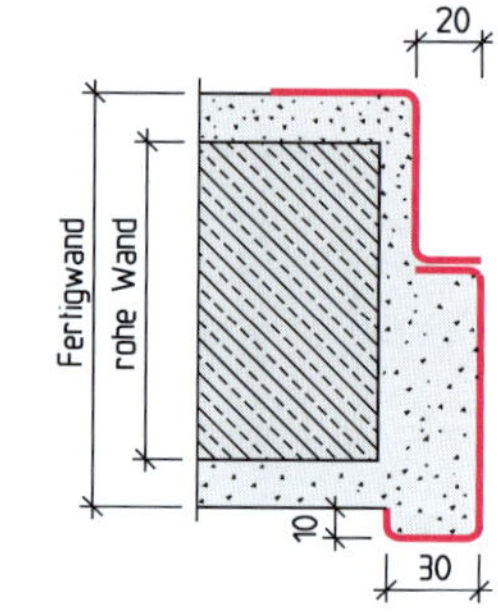

Umfassungszarge für Ständerwand

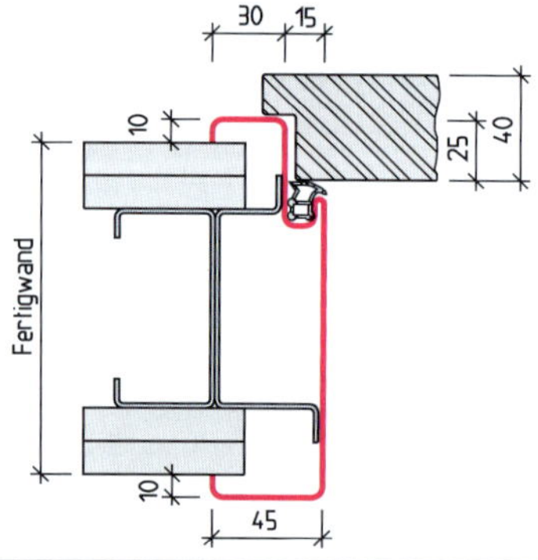

Umfassungszarge für nachträglichen Einbau

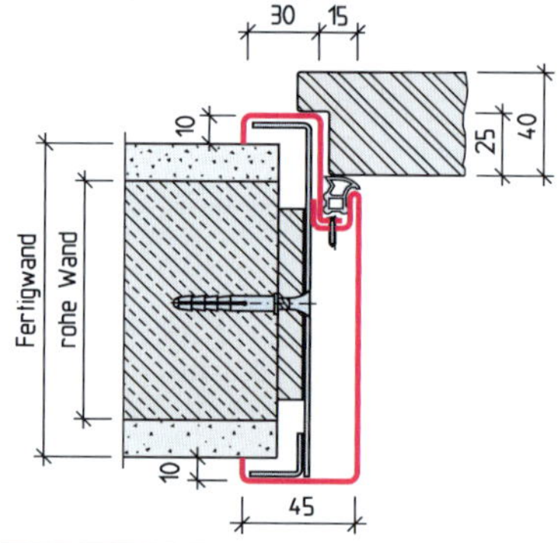

Anschweißmontage einer Eckzarge

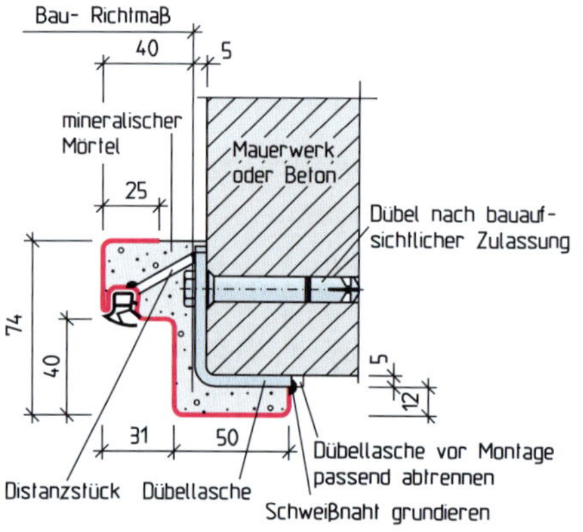

Anschweißmontage einer Eckzarge mit Gegenzarge

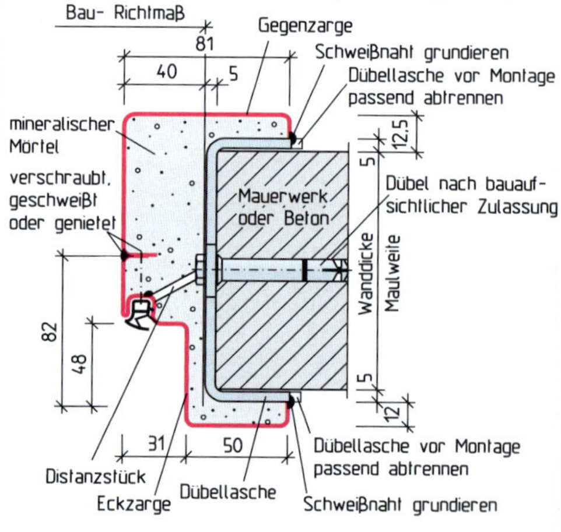

Türschließmittel mit kontrolliertem Schließablauf DIN EN 1154:2003-04

Tür-schließer-Größe	Empfoh-lene Tür-flügel-breite	Gewicht der Prüftür	Schließmoment				Öffnungs-moment zwischen 0° und 60°	Tür-schließer Wirkungs-grad zwischen 0° und 4°
			zwischen 0° und 4°		zwischen 88° und 92°	bei jedem anderen Öffnungs-winkel		
	mm max.	kg	Nm min.	Nm max.	Nm min.	Nm min.	Nm max.	% min.
1	750	20	9	13	3	2	26	50
2	850	40	13	18	4	3	36	50
3	950	60	18	26	6	4	47	55
4	1100	80	26	37	9	6	62	60
5	1250	100	37	54	12	8	83	65
6	1400	120	54	87	18	11	134	65
7	1600	160	87	140	29	18	215	65

Anmerkung 1: Beziehen sich tatsächliche Gewicht und die Größe der Tür, an die der Türschließer montiert wird, auf zwei Türschließer-Größen, sollte der größere Türschließer verwendet werden.

Anmerkung 2: Die Türbreiten gelten für Normalmontagen. Im Falle außergewöhnlich hoher oder schwerer Türen, windiger oder zugiger Umfeldbedingungen oder Spezialmontagen sollten größere Türschließer verwendet werden.

Kennzeichnung von Türschließern

Türschließer werden zur Unterscheidung wie folgt gekennzeichnet:

Beispiel: | 4 | 8 | 5–7 | 1 | 1 | 0 |

Anwen-dungsklasse	Prüfzyklen	Größe Türschließer	Brandverhalten	Sicherheit	Korrosions-beständigkeits-klasse
3 Schließen aus ≥ 105° Öffnung 4 Schließen aus ≥ 180° Öffnung	Nur Klasse 8: 500 000 Prüfzyklen	siehe Tabelle oben: einstellbarer Verwendungsbereich	0 nicht geeignet 1 geeignet für Feuer- und Rauchschutztüren	Nur Klasse 1: alle Türen besitzen Nutzungssicherheit	0 keine 1 gering 2 mittel 3 hoch 4 sehr hoch

Anschlag von Oben-Türschließern (Normalmontage) an Feuer- und Rauchschutztür-Drehfügeltüren

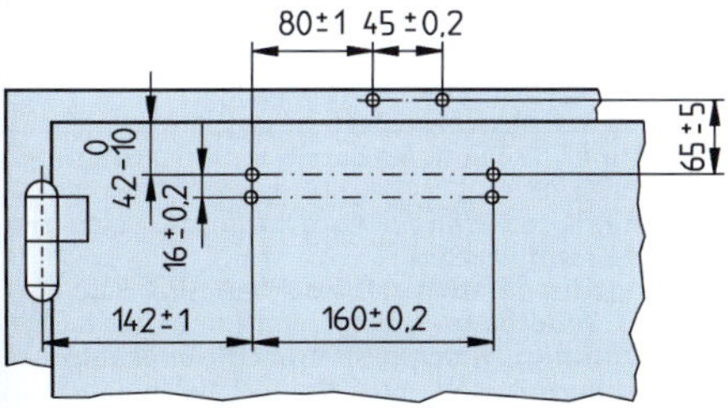

Bild 1: Anschlagmaße für Tür mit Linksflügel

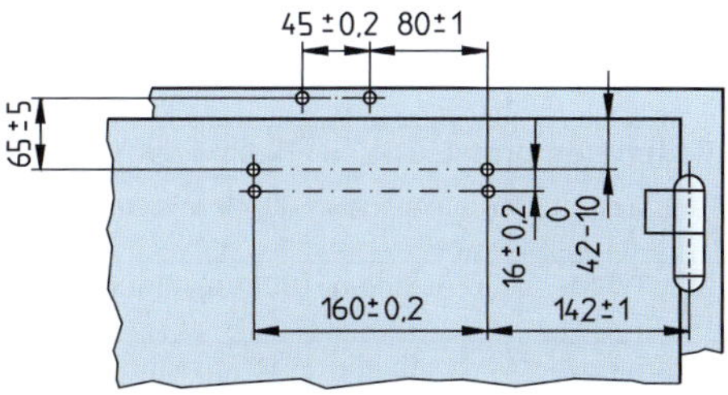

Bild 2: Anschlagmaße für Tür mit Rechtsflügel

Einbruchschutz — DIN V ENV 1627:1999 - 04

Widerstandsklasse	Tätertyp/Vorgehensweise	Einsatzort des einbruchhemmenden Bauteils: A Wohnobjekte	B Gewerbeobjekte öffentl. Objekte	C Gewerbeobjekte öffentl. Objekte (hohe Gefährdung)
WK 1	Grundschutz gegen Vandalismus wie Gegentreten, Gegenspringen, Schulterwurf, Hochschieben und Herausreißen (ohne Hebelwerkzeuge)	Wenn Einbruchhemmung gefordert wird, Widerstandsklasse WK 1 nur bei Bauteilen ohne direkten Zugang		
WK 2	Verwendung von Hebelwerkzeugen wie Schraubendreher, Zange, Keile bei verschlossenen und verriegelten Bauteilen (Gelegenheitstäter)	geringes Risiko	geringes Risiko	
WK 3	Verwendung zusätzlicher Werkzeuge wie zweiter Schraubendreher und Kuhfuß bei verschlossenen und verriegelten Bauteilen	hohes Risiko	hohes Risiko	
WK 4	Verwendung zusätzlicher Werkzeuge wie Säge, Schlagaxt, Stemmeisen, Hammer, Meißel sowie Akku-Bohrmaschine (erfahrener Täter)		geringes Risiko	geringes Risiko
WK 5	Verwendung zusätzlicher Elektrowerkzeuge, z. B. Bohrmaschine, Stich- und Säbelsäge, Winkelschleifer (erfahrener Täter)			durchschnittliches Risiko
WK 6	Verwendung zusätzlicher leistungsfähiger Elektrowerkzeuge			hohes Risiko

Legende: geringes Risiko | durchschnittliches Risiko | hohes Risiko

Feuerschutztüren — DIN 18093:1987 - 06

Widerstandsklasse des einbruchhemmenden Bauteils nach DIN V ENV 1627	Umgebende Wände aus Mauerwerk nach DIN 1053-1: Nenndicke mm min.	Druckfestigkeitsklasse der Steine	Mörtelgruppe min.	aus Stahlbeton nach DIN 1045: Nenndicke mm min.	Festigkeitsklasse min.
WK 1 und WK 2	≥ 115	≥ 12	II	≥ 100	B 15
WK 3	≥ 115	≥ 12	II	≥ 120	B 15
WK 4	≥ 240	≥ 12	II	≥ 140	B 15
WK 5	–	–	–	≥ 140	B 15
WK 6	–	–	–	≥ 140	B 15

Feuerwiderstandsklasse	Feuerwiderstandsdauer
T 30, T 60 = feuerhemmend (fh)	30/60 Minuten
T 90, T 120 = feuerbeständig (fb)	90/120 Minuten
T 180 = hoch feuerbeständig	180 Minuten

Feuerhemmende Türen für Lager, Keller- und Büroräume
Feuerbeständige Türen für Konzerträume, Heizungskeller und Brandwänden
Feuerschutztüren haben **selbstschließende Schließmittel**, z. B. Federbänder, Türschließer mit hydraulischer Dämpfung, Türschließer mit Öffnungsautomatik, feststellbare Türschließer, Kontergewichtsanlagen

Einbauvorschriften für Feuerschutztüren

Höhenlage der Leibungsanker

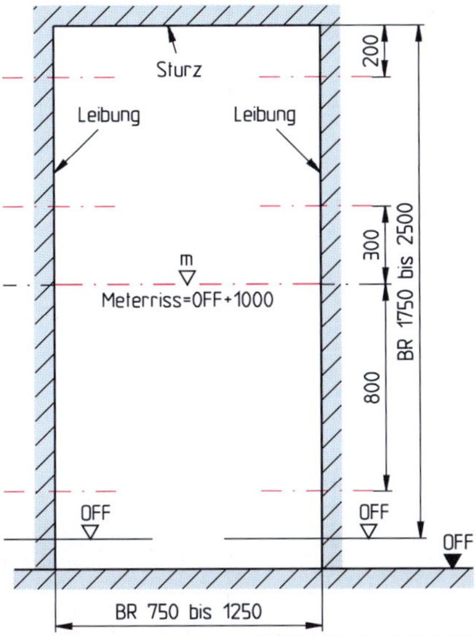

Seitenlage der Sturzanker

BR < 1250 mm **kein** Sturzanker

1250 mm ≤ BR ≤ 1500 mm **ein** mittiger Sturzanker

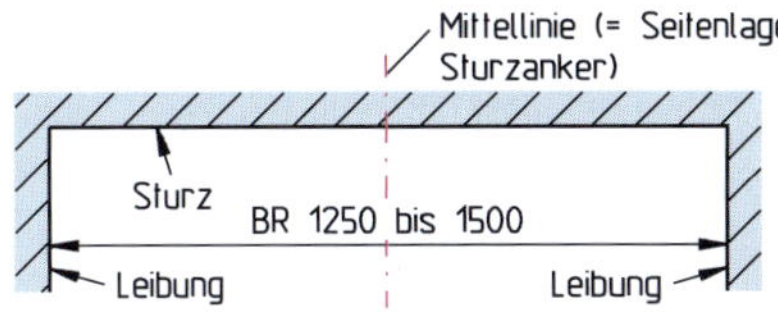

1500 mm ≤ BR ≤ 2500 mm zwei Sturzanker mit jeweils 400 mm Abstand zur Mittellinie

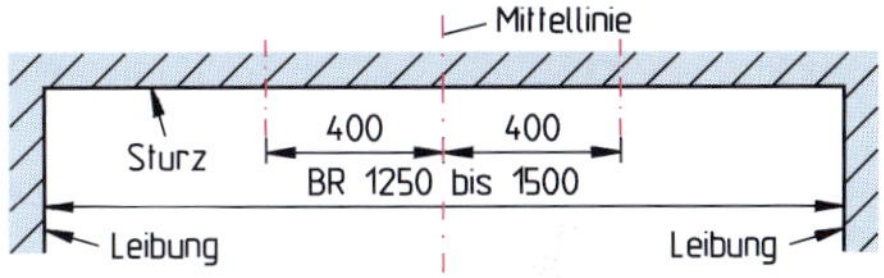

Wandaussparungen für Anker

Wandaussparungen sind nach den dargestellten Vorgaben vorzusehen, wenn Maueranker bzw. wie Maueranker benutzte Zargenanker verwendet werden. Oben genannte Verankerungspunkte müssen beachtet werden.

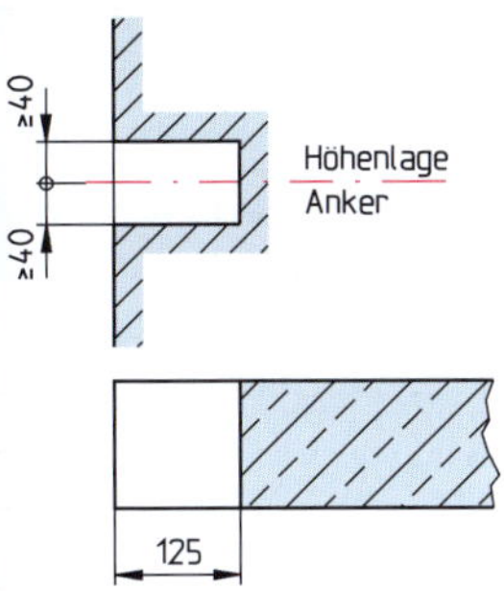

Grundriss dünne Wand, z. B. Nische

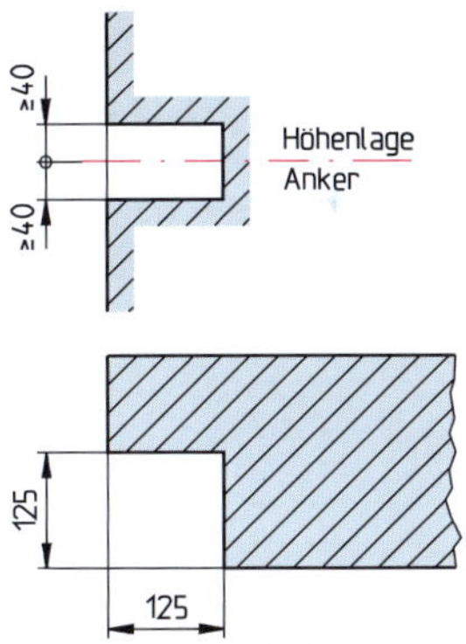

Grundriss dicke Wand, z. B. durchgehender Schlitz

Voraussetzungen für den Einbau von Feuerschutztüren

	Feuerschutztür	Wände¹) aus Mauerwerk Mindest-Nenndicke in mm	Wände¹) aus Stahlbeton Mindest-Nenndicke in mm
1	T 90	≥ 240	≥ 140
2 3	T 30	≥ 115	≥ 80²) ≥ 120³)

¹) Die genannten Mindestwanddicken sind anwendbar, wenn im Zulassungsbescheid für die Feuerschutztür keine anderen Wanddicken vorgegeben werden.
²) Nichttragende Wand F 30
³) Tragende Wand F 30

Bänder für Feuerschutztüren — DIN 18272:1987-08

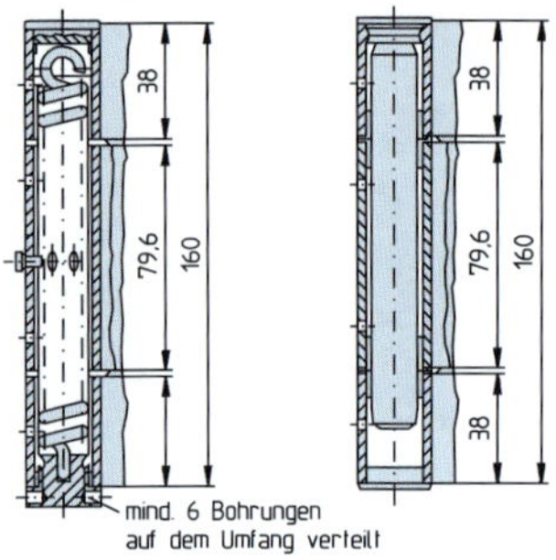

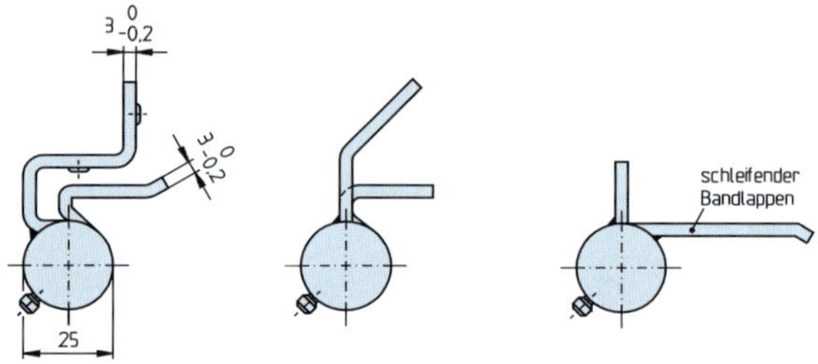

Federband FE Konstruktionsband KO mögliche Anschlussformen

Bezeichnungsbeispiele

Federband: Federband DIN 18272 – FE **Konstruktionsband:** Konstruktionsband DIN 18272 – KO	**Garnitur Feder- und Konstruktionsband** Garnitur DIN 18272 – FE/KO	**Garnitur zwei Konstruktionsbänder** Garnitur DIN 18272 – KO/KO

Mögliche Aufhängung von Feuerschutztüren

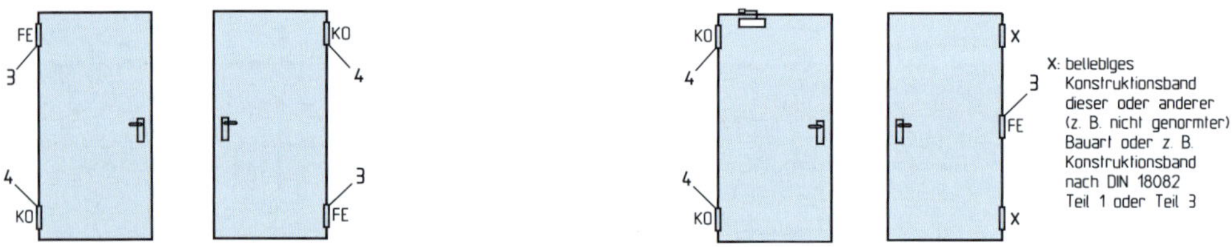

Hinweis: Einbaulage von Federband und Konstruktionsband wegen links/rechts Verwendbarkeit beachten!
Statt eines Federbandes kann ein Türschließer verwendet werden.

Bezeichnungsbeispiel für eine Feuerschutztür DIN 18082-1:1991-02 (zurückgezogen)

Stahltür T30 1 R 1000 × 2000 A DIN 18082

- Benennung – Stahltür
- Feuerbeständigkeit – T30
- Flügelzahl – 1
- Öffnungsrichtung – R
- Breite – 1000
- Höhe – 2000
- Rohbaurichtmaß in mm
- Größenbereich – A
- Normung – DIN 18082

Konstruktionsbänder für Türen und Tore

Typ	Maße in mm					
	a	b/c	d	e	f/g	h
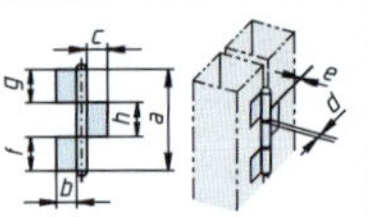	180	50	14	4	60	60
	220	50	14	4	70	80
	240	50	16	5	70	100

Typ	Maße in mm					
	a	b/c	d	e	f/g	h
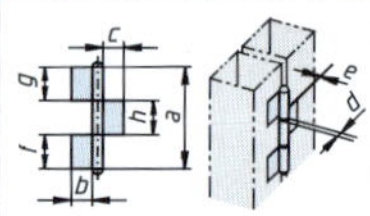	180	50	12	4	60	60
	220	50	12	3	70	80
	240	50	16	5	70	100

Typ	Maße in mm					
	a	b/c	d	e	f/g	h
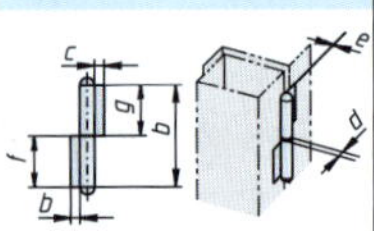	80	8	9	3	40	
	100	8	9	3	50	
	120	8	9	3	60	

Konstruktionsbänder für Stahlzargen und Stahlflügel, Lappen zum Anschweißen, verzinkter Ringstift, Knöpfe gerillt und verzinkt, zum Einschlagen auf Presssitz

Konstruktionsbänder für Gartentüren

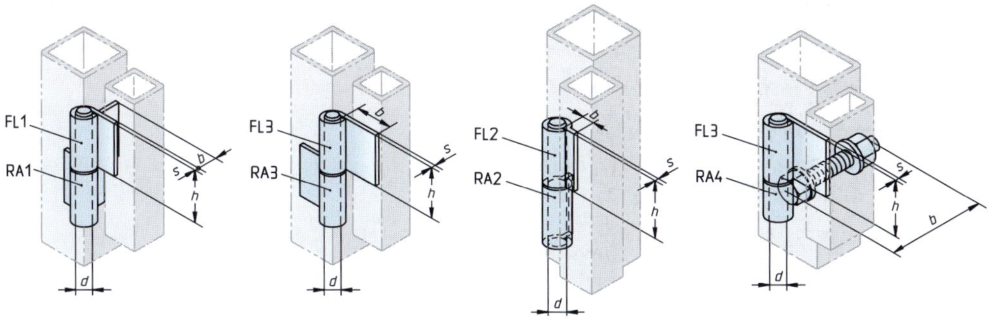

Typ	a	b	d	s	Merkmal	Typ	a	b	d	s	Merkmal
Fl 1	50	19	16	5	Winkellappen	RA 1	50	19	16	5	Winkellappen
Fl 2	50	11	16	5	kurzer Lappen	RA 2	50	11	16	5	kurzer Lappen
Fl 3	50	37	16	5	langer Lappen	RA 3	50	37	16	5	langer Lappen
						RA 4	50	85	16	M 16	Gewindebolzen

Anschweißbänder mit Lappen

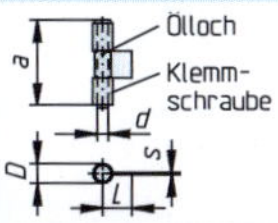

Maße in mm				
a	D	d	l	s
90	22	12	90	6
95	27	15	105	8
105	32	20	115	8

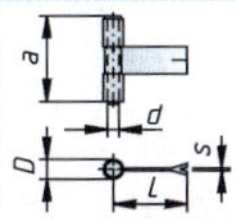

Maße in mm				
a	D	d	l	s
90	22	12	30	6
95	27	15	35	8
105	32	20	45	8

Anschweißbänder ohne Lappen

Mit Kante

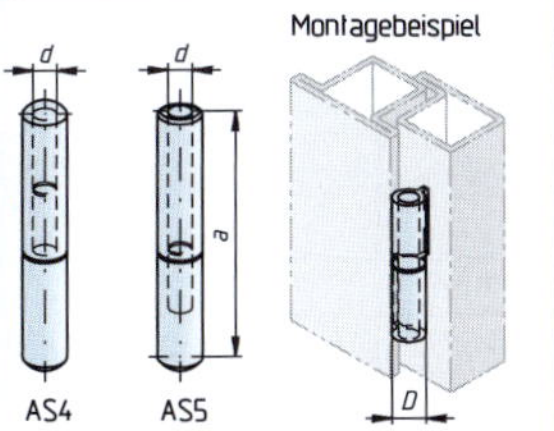

Maße in mm		
a	D	d
45	9	5
60	10	5
80	13	7
100	16	9
120	16	9
160	20	11

Ohne Kante

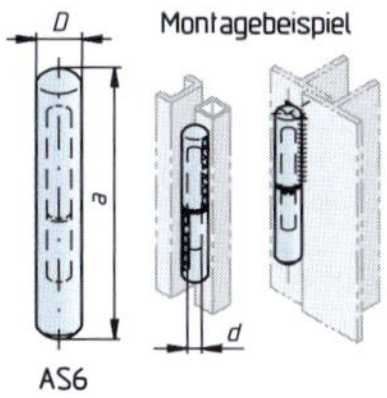

a	D	d
70	12	7
100	16	10
120	16	10

Laufringe

Gestanzte Fitschenringe aus Stahl

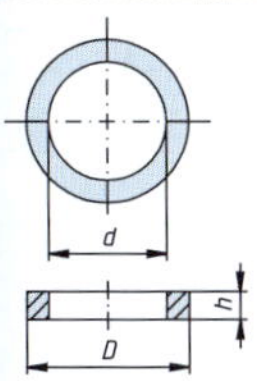

Maße in mm		
d	h	d
7	2	11,5
8	2	12,5
9	2	13,5
10	2	14,5
11	2	15,5
12	2	16,5
13	2	17,5
14	2	18,5

Laufringe mit gedrehtem Rand aus Messing

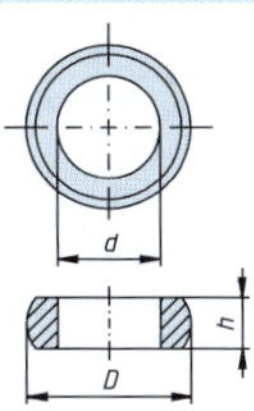

Maße in mm		
d	h	d
10	2	16
12	2,5	18
14	4	24
16	4	28

Hinweis: d = Stiftdurchmesser
Für d = 14,16 auch in Stahl erhältlich

Befestigungstechnik

Befestigungstechnik befasst sich mit Auswahl eines Befestigungssystems in Abhängigkeit von Befestigungsaufgabe, Baukörper, Befestigungselement und baurechtlichen Anforderungen, z. B. statische Nachweise, bauaufsichtliche zugelassene Befestigungssysteme, Zulassung im Einzelfall, etc.

Auswahl eines Befestigungssystems

Befestigungsaufgabe: z. B. Balkongeländer	Befestigungssystem: Anschweißen Anschrauben	Verankern	Montageschienen	Dübel mit Platte und Schraube
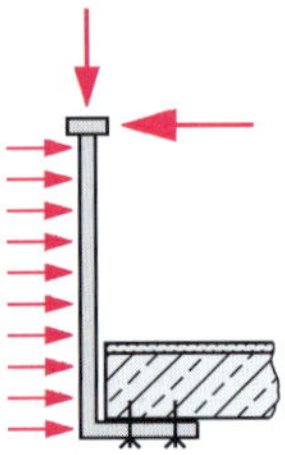	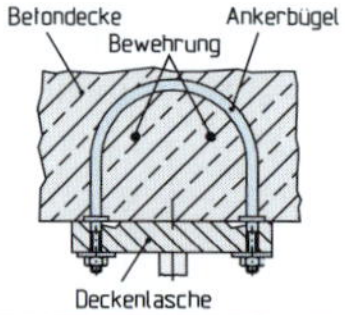	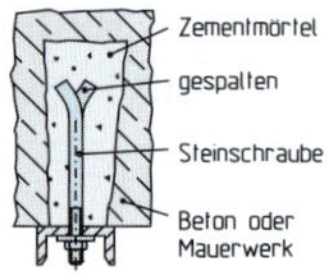	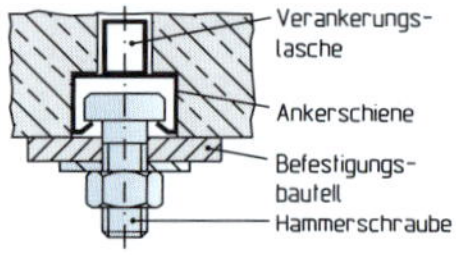	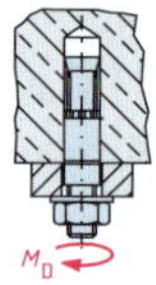
	am Baukörper muss eine Halterung aus Metall vorhanden sein. Das Bauteil wird direkt auf die Halterung geschweißt oder geschraubt	kein rechnerischer Nachweis möglich! Richtwerte für Bauteilmasse *m* in kg und Einmauerungstiefe *t* in cm *m* in kg / *t* in cm: 50 / ≈10 100 / ≈14 150 / ≈20	Schienen müssen bereits im Baukörper verankert sein, z. B. durch Einbetonieren. Lieferlänge: 2, 3, 6 m Die Anschlussplatte wird mit eingedrehten Hammerkopfschrauben befestigt	Rechnerischer Nachweis für Platten- und Dübelgröße, Auszugs- und Querkräfte möglich Dübelauswahl nach Art des Baukörpers, Last, bauaufsichtlichen Auflagen, etc.

Dübel: Übersicht

Bezeichnung/ Art	Werkstoffe/ System	Eignung und Verwendung	Durchmesser *d*, Länge *l* in mm Zul. Zugkraft *F* in kN für Beton B 25 (Auswahl)					
Kunststoffdübel 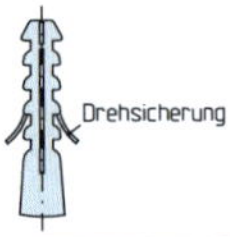	Dübel aus Polyamid Schraube beliebig Für Durchsteckmontage geeignet! Kraftschluss	Nur für untergeordnete Befestigungsaufgaben in Beton und Ziegelmauerwerk **Keine bauaufsichtliche Zulassung**	***d*** *l* ***F***	5 25 0,3	6 30 0,6	8 40 0,8	10 50 1,4	12 60 2,0
Bezeichnungsbeispiel: Kunststoffdübel 8 – 40 (8 = Durchmesser Bohrloch, 40 = Dübellänge)								
Kunststoff-Rahmendübel 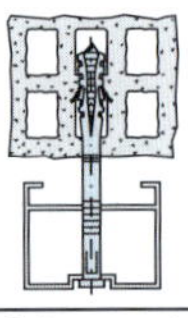	Dübel aus Polyamid Schraube *d* = 10 mm Für Durchsteckmontage geeignet! Kraftschluss	Für die Befestigung von Fensterrahmen und leichten Fassadenkonstruktionen in Beton und Mauerwerk **Keine bauaufsichtliche Zulassung**	***d*** *l* ***F*** ***t***	10/30 80 1,6 30	10/50 120 1,6 50	10/70 140 1,6 70	10/90 160 1,6 90	10/110 180 1,6 110
Bezeichnungsbeispiel: Kunststoff-Rahmendübel 10/50 – 120 (10 = Durchmesser Bohrloch, 50 = Rahmenstärke *t*, 120 = Schraubenlänge)								
Bezeichnungsbeispiel: Kunststoffdübel 8 – 40 (8 = Durchmesser Bohrloch, 40 = Dübellänge)								
Kunststoff Schlagdübel 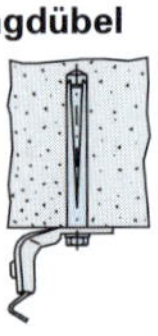	Dübel aus Polyamid Nagelschraube Für Durchsteckmontage geeignet! Kraftschluss	Für die Befestigung von Unterkonstruktionen aus Holz in Beton und Mauerwerk **Keine bauaufsichtliche Zulassung**	Durchmesser: 5, 6, 8 mm Dübellängen: 25, 35, …, 110 mm Zul. Zugkräfte: 0,15 … 0,35 kN					
Bezeichnungsbeispiel: Kunststoff-Schlagdübel 15 × 35 (15 = zul. Belastung in kN, 35 = Bohrlochtiefe)								

Dübel: Übersicht (Fortsetzung)

<table>
<tr><th>Bezeichnung/
Art</th><th>Werkstoffe/
System</th><th>Eignung
und Verwendung</th><th colspan="6">Durchmesser d, Länge l in mm
Zul. Zugkraft F in kN für Beton B 25
(Auswahl)</th></tr>
<tr><td>Einschlaganker
</td><td>Dübel aus Stahl mit Innengewinde, verzinkt
Sechskantschraube
Kraftschluss</td><td>Für die Befestigung von Bauteilen in ungerissenen und gerissenen Beton
Keine bauaufsichtliche Zulassung</td><td colspan="6">Durchmesser: M5, M8, M10, M12, M16, M20
Bohrloch um 2...5 mm größer als Dübeldurchmesser
Dübellängen: 32...85 mm
Zul. Zugkräfte: 1,0...11,0 kN in ungerissenem Beton
0,5 = 0,8 kN in gerissenem Beton</td></tr>
<tr><td colspan="9">Bezeichnungsbeispiel: Einschlaganker M10 – 33 (M10 = Befestigungsschraube, 33 = Dübellänge)</td></tr>
<tr><td>Durchsteckanker
</td><td>Dübel aus Stahl mit Außengewinde, Scheibe und Mutter verzinkt
Dübelhülse als Spezialanker
Kraftschluss
Für Durchsteckmontage</td><td>Für die Befestigung von Bauteilen in ungerissenen Beton
Bauteildicken 10...30 mm
Für gerissenen Beton liegen die zul. Zugkräfte geringfügig niedriger
Bauaufsichtliche Zulassung für einige Befestigungssysteme vorhanden</td><td>d
l
F</td><td>M8
75
2,8</td><td>M10
90
4,0</td><td>M12
110
5,7</td><td>M16
140
8,4</td><td>M20
170
11,2
170</td></tr>
<tr><td colspan="9">Bezeichnungsbeispiel: Durchsteckanker M10 – 90 (M10 = Befestigungsgewinde, 90 = Dübellänge)</td></tr>
<tr><td>Schwerlastanker
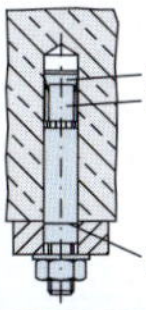
</td><td>Dübel aus Stahl mit Schraube, die beim Anziehen eine Hinterschnitthülse spreizt
verzinkt
Kraftschluss
Für Durchsteckmontage geeignet</td><td>Für die Befestigung von Bauteilen in ungerissenen und gerissenen Beton
Bauteildicken 10...30 mm
Bauaufsichtliche Zulassung für einige Befestigungssysteme vorhanden</td><td>d
l
F
t</td><td>M8
97
2,5
80</td><td>M10
109
3,5
90</td><td>M12
130
6,0
105</td><td>M16
152
9,0
125</td><td>M20
190
13,0
160</td></tr>
<tr><td colspan="9">Bezeichnungsbeispiel: Schwerlastanker M10 – 90 (M10 = Befestigungsgewinde, 90 = Bohrlochtiefe t)</td></tr>
<tr><td>Verbundanker
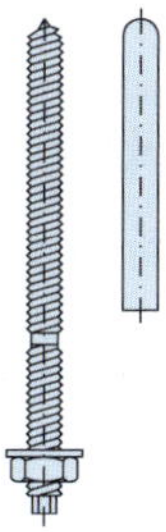</td><td>Anker aus Stahl mit Außengewinde, Scheibe und Schraube
Verbundpatrone aus Kunststoff oder Glas mit Füllung aus Härter, Reaktionsharz und Quarzsand
Beim Anziehen wird die Patrone zerstört und das Harz dringt in den Baustoff ein
Stoffschluss</td><td>Für die Befestigung von Bauteilen in ungerissenen Beton
Bauteildicken 10...30 mm
Bauaufsichtliche Zulassung für einige Befestigungssysteme vorhanden</td><td>d

l
F
t</td><td>M10
× 90
124
7,3
90</td><td>M12
× 110
158
10,8
110</td><td>M16
× 125
181
14,5
125</td><td>M16
× 145
201
19,8
145</td><td></td></tr>
<tr><td colspan="9">Bezeichnungsbeispiel: Verbundanker M10 × 90 (M10 = Befestigungsgewinde, 90 = Bohrlochtiefe t)</td></tr>
<tr><td>Injektionsanker für Hochlochsteine
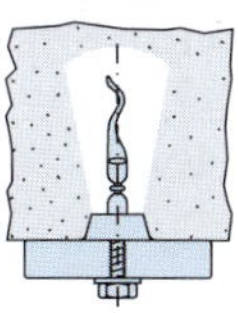</td><td>Gewindestange aus Stahl mit Außengewinde, verzinkt
Siebhülse aus Drahtgeflecht
Hybridmörtel in Beutel (330 bzw. 1100 cm³)
Formschluss/Stoffschluss</td><td>Für die Befestigung von Bauteilen in Hochlochziegeln und Hohlblocksteinen
Der Beutel bläht auf und dringt in die Kammern ein
Keine bauaufsichtliche Zulassung</td><td colspan="6">Durchmesser: M8, M10, M12
Bohrloch: 16 bzw. 26 mm
Länge der Gewindestange 100...115 mm
Zul. Zugkräfte: 0,8 kN bei Hochlochsteinen minderer Qualität
bis 1,4 kN bei Kalksandstein mit hoher Druckfestigkeit
Bauteildicke 10...20 mm</td></tr>
</table>

Hinweise:
1. Für statisch nachzuweisende Befestigungen dürfen nur bauaufsichtlich zugelassene Dübel und Befestigungssysteme verwendet werden (mit genormtem Prüfzeichen)
2. Bei den Rand- und Lochabständen sowie der Montage sind die Hersteller-Richtlinien zu beachten
3. Die Bohrverfahren sind in Abhängigkeit vom Baustoff zu wählen
4. Nach den Vorschriften des Dübelherstellers bzw. den Vorgaben der Bauaufsicht sind Ausziehversuche vorzunehmen
5. Dübel und Befestigungssysteme dürfen grundsätzlich nur einmal verwendet werden

Anschlagseile im Hebezeugbetrieb — DIN EN 13414:2004-07

Anschlagseilarten

Anschlagseilart N 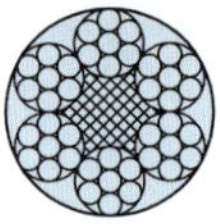	Anschlagseile aus einlagigen Rundlitzenseilen mit Fasereinlage und aus Litzen endlosgelegter Seile (EG) oder endlos gepresster Seile (EP)
Anschlagseilart F	Anschlagseile aus einlagigen Rundlitzenseilen mit Stahleinlage; Endverbindungen mit Flämischem Auge (PF)
Anschlagseilart K 	Kabelschlagseile mit zentraler Fasereinlage, deren Schenkel aus einlagigen Rundlitzenseilen mit Stahleinlage bestehen
Anschlagseilart G	Endlos gelegte Seile (Grummets) (EG), die aus einem einlagigen Rundlitzenseil mit Faser- oder Stahleinlage hergestellt sind

Ausführungsformen der Seil-Endverbindungen

Gepresst (P)	Gespleißt (S)	Flämisches Auge (PF)	Gepresst mit Kausche (PKF)	Flämisches Auge mit Kausche (PFKF)	Gespleißt mit Kausche (SKF)
		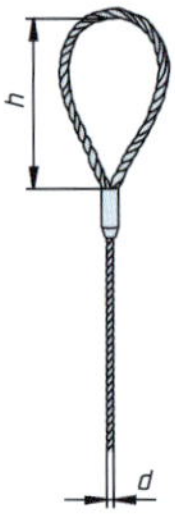			
Schlaufenlänge $h \geq 15 \cdot d$		Schlaufenlänge $h \geq 20 \cdot d$	Bei Verwendung von Aufhänge-, Zwischen- und/oder Endgliedern müssen Formstahlkauschen z. B. nach DIN 3090 oder ISO 2262:1984 verwendet werden		

Endlos gepresst (EP)

Abstand zw. Pressklemmen $\geq 3 \cdot$ Klemmlänge

Endlos gelegt (EG)

Tragfähigkeiten der Anschlagseilarten

Anschlagseilart K: Tragfähigkeiten in kg in Abhängigkeit von Aufbau und Anschlagart

Neigungswinkel β / Seilnenndurchmesser d	Einsträngige Anschlagseile – Anschlagart direkt kg	– geschnürt  kg	– zweifach umgelegt 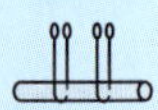 kg
24	3150	2500	12500
27	4000	3200	16000
30	4750	4000	19000
33	6000	4750	24000
36	7100	5600	28000
39	8000	6700	32000
42	9500	7500	38000
48	12500	10000	50000
54	16000	12500	64000
60	19000	15000	75000
Die obigen Tragfähigkeiten entsprechen ungefähr den nachstehenden Belastungsfaktoren:			
	1	0,8	2 × 2

Anschlagseilart G: Tragfähigkeiten in kg in Abhängigkeit von der Anschlagart

Seilnenndurchmesser d	Aus Rundlitzenseilen endlos gelegte Seile (Grummets) – Anschlagart direkt 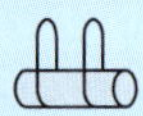 kg	geschnürt 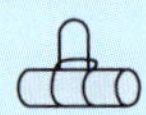 kg
24	11800	4750
27	15000	6000
30	18000	7100
33	22400	9000
36	26500	10600
39	30000	12500
42	35500	14000
48	47500	18000
54	60000	23600
60	71000	28000
Belastungsfaktoren	2 × 2	1,6

Tragfähigkeiten der Anschlagseilarten (Fortsetzung)

Anschlagseilart N: Tragfähigkeiten in kg in Abhängigkeit von Aufbau und Anschlagart

	Einsträngige Anschlagseile		Zweisträngige Anschlagseile				Drei- und Viersträngige Anschlagseile		Aus Rundlitzen endlos gelegte Seile und endlos gepresste Seile	
Neigungswinkel β	–	–	0 bis 45°		über 45 bis 60°		0 bis 45°	über 45 bis 60°		
	Anschlagart		**Anschlagart**				**Anschlagart**		**Anschlagart**	
Seilnenndurchmesser d	direkt	geschnürt	direkt	geschnürt	direkt	geschnürt	direkt		direkt[1][2]	geschnürt
	kg	kg	kg	kg	kg	kg	kg	kg	kg	kg
8	560	450	800	600	560	450	1180	850	2240	900
10	850	570	1200	950	850	670	1800	1250	3400	1400
12	1250	1000	1750	1400	1250	1000	2650	1900	5000	2000
14	1700	1400	2400	1900	1700	1400	3550	2500	6700	2800
16	2240	1800	3150	2500	2240	1800	4500	3350	9000	3800
18	2800	2240	4000	3150	2800	2240	6000	4200	11200	4500
20	3550	2800	5000	4000	3550	2800	7500	5000	14000	5600
22	4250	3350	6000	4750	4250	3350	9000	6300	17000	6700
24	5000	4000	7000	5600	5000	4000	10500	7500	20000	8000
26	6000	4750	8500	6700	6000	4750	12500	8500	24000	9500
28	6700	5300	9500	7500	6700	5300	14000	10000	26500	10600
32	9000	7000	12500	10000	9000	7000	19000	13500	36000	14000
36	11200	9000	16000	12500	11200	9000	23600	17000	45000	18000
40	14000	11200	19000	15000	14000	11200	29000	21000	56000	22400
44	17000	13200	24000	19000	17000	13200	35500	25000	68000	26500
48	20000	16000	28000	22400	20000	16000	42000	30000	80000	32000
52	23600	19000	33000	26500	23600	19000	50000	35500	94000	38000
56	26500	21200	37000	30000	28500	21200	–	–	–	–
60	31500	25200	44000	35000	31500	25000	–	–	–	–
Die obigen Tragfähigkeiten entsprechen ungefähr den nachstehenden Belastungsfaktoren:										
	1	0,8	1,4	1,12	1	0,8	2,1	1,5	2 × 2	1,6

[1]) Gilt auch für zweifach umgelegte einsträngige Anschlagseile
[2]) Handhabungstoleranz für β: 7°

Tragfähigkeiten bei unsymmetrischer Belastung
Es gelten die Tragfähigkeiten des Neigungswinkelbereichs β von 45° bis 60° bei den Anschlagseilarten N und F

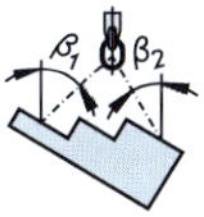

Tragfähigkeiten der Anschlagseilarten (Fortsetzung)

Anschlagseilart F: Tragfähigkeiten in kg in Abhängigkeit von Aufbau und Anschlagart

	Einsträngige Anschlagseile			Zweisträngige Anschlagseile				Drei- und Viersträngige Anschlagseile	
Neigungswinkel β	–	–	–	0 bis 45°		über 45 bis 60°		0 bis 45°	über 45 bis 60°
	Anschlagart			Anschlagart				Anschlagart	
Seildurchmesser d	direkt	geschnürt	zweifach umgelegt	direkt	geschnürt	direkt	geschnürt	direkt	
	kg	kg	kg	kg	kg	kg	kg	kg	kg
8	800	630	3 150	1 120	900	800	830	1 700	1 200
10	1 250	1 000	5 000	1 800	1 400	1 250	1 000	2 650	1 900
12	1 800	1 500	7 100	2 500	2 000	1 800	1 500	3 750	2 700
14	2 500	2 000	10 000	3 550	2 800	2 500	2 000	5 300	3 750
16	3 350	2 650	13 200	4 500	3 750	3 350	2 650	7 000	5 000
18	4 000	3 200	16 000	5 500	4 500	4 000	3 200	8 500	6 000
20	5 000	4 000	20 000	7 100	5 500	5 000	4 000	10 500	7 500
22	6 300	5 000	25 000	8 500	7 000	6 300	5 000	13 000	9 500
24	7 500	6 000	30 000	10 000	8 000	7 500	6 000	15 500	11 000
26	8 500	6 700	33 500	12 500	9 500	8 500	6 700	18 000	13 000
28	10 000	8 000	40 000	14 000	11 200	10 000	8 000	21 000	15 000
32	13 200	10 500	53 000	18 000	14 000	13 200	10 500	28 000	20 000
36	16 000	13 000	63 000	23 600	18 000	16 000	13 000	33 500	24 000
40	20 000	16 000	80 000	28 000	22 400	20 000	16 000	42 000	30 000
44	25 000	20 000	100 000	35 000	28 000	25 000	20 000		
48	30 000	24 000	–	40 000	33 500	30 000	24 000		
52	35 500	28 000	–	47 500	40 000	35 500	28 000		
56	40 000	31 500	–						
60	45 000	37 500	–						
Die obigen Tragfähigkeiten entsprechen ungefähr den nachstehenden Belastungsfaktoren:									
	1	0,8	2 × 2	1,4	1,12	1	0,8	2,1	1,5

Aufbau und Länge von Anschlagseilen

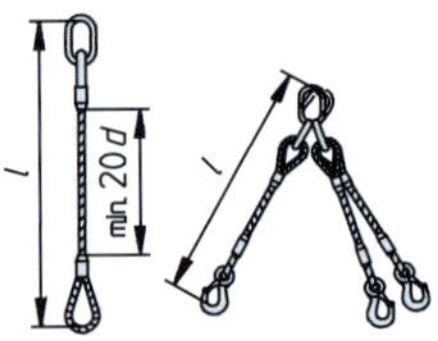

- Länge zwischen den Seilendverbindungen mindestens 20 · d.
- Bei mehrsträngigen Seilen ist die Länge eines Stranges so zu messen, dass der zu messende Strang und das Aufhängeglied auf einer Geraden liegen.
- Bei zweisträngigen Anschlagseilen dürfen die Einzelstränge direkt in das Aufhängeglied eingebaut werden; drei- und viersträngige Anschlagseile müssen mit einem Aufhängeglied und zwei Zwischengliedern zusammengebaut werden.

Aufhängeglieder, Zwischenglieder

Werkstoff: Stahl der Güteklasse 8 nach DIN 685-2

Aufhängeglieder sind entweder „A-Glieder“ oder „X-Glieder“.
Zwischenglieder sind stets „A-Glieder“.

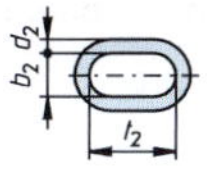

A-Glieder

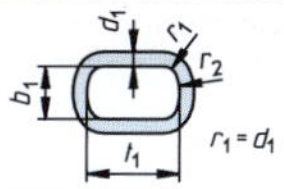

X-Glieder

A-Glieder; Maße

A-Glied	Nennmaß d_2	Grenzabmaße	t_2	Grenzabmaße	b_2	Grenzabmaße	Passend zu Lasthaken nach DIN 15 401-2:1983-09 Nr.
A 16	16	± 0,6	110	± 4	60	± 3	010 bis 04
A 18	18	± 0,9	135	± 7	75	± 3,7	012 bis 05
A 22	22	± 1,1	160	± 8	90	± 4,5	025 bis 1
A 26	26	± 1,3	180	± 9	100	± 5	04 bis 1,6
A 32	32	± 1,6	200	± 10	110	± 5,5	1 bis 1,6
A 38	36	± 1,8	260	± 13	140	± 7	1,6 bis 4
A 40	40	± 2	300	± 15	180	± 6	2,5 bis 5
A 45	45	± 2,2	340	± 17	180	± 9	4 bis 6
A 50	50	± 2,5	350	± 17	190	± 9,5	5 bis 8
A 58	56	± 2,8	400	± 20	200	± 10	6 bis 8
A 63	63	± 3	430	± 21	220	± 11	8 bis 10
A 72	72	± 3,6	460	± 23	250	± 12	10 bis 12

X-Glieder: Maße

X-Glied	Nennmaß d_1	t_1	b_1	r_2	Passend für Lasthaken nach DIN 15 401-2:1983-09 Nr.
X 22	22 ± 1,1	160 ± 8	100 ± 5	85 ± 5	025 bis 6
X 28	28 ± 1,5	200 ± 10	120 ± 6	118 ± 6	08 bis 12
X 40	40 ± 2	310 ± 16	170 ± 9	170 ± 9	2,5 bis 25
X 50	50 ± 2,5	380 ± 19	220 ± 11	212 ± 11	5 bis 40
X 72	72 ± 3,5	480 ± 23	270 ± 23	300 ± 15	10 bis 80

Zuordnung: Seilnenndurchmesser d_1, Aufhängeglied A, Zwischenglieder A

Seilart N					Seilart F					Seilart K	
Seilnenndurchmesser *d*	Einstrang A-Glied	Zweistrang A-Glied	Drei- und Vierstrang A-Glied	Drei- und Vierstrang Zwischenglied A-Glied	Seilnenndurchmesser *d*	Einstrang A-Glied	Zweistrang A-Glied	Drei- und Vierstrang A-Glied	Drei- und Vierstrang Zwischen-Glied A-Glied	Seilnenndurchmesser *d*	Einstrang A-Glied
8	A 18	A 16	A 16	A 15	8	A 18	A 16	A 18	A 16	–	–
10	A 18	A 16	A 16	A 16	10	A 16	A 16	A 18	A 16	–	–
12	A 16	A 16	A 18	A 18	12	A 18	A 18	A 22	A 18	–	–
14	A 16	A 18	A 22	A 18	14	A 18	A 22	A 26	A 22	–	–
16	A 18	A 18	A 22	A 18	16	A 22	A 22	A 28	A 22	–	–
18	A 18	A 22	A 26	A 22	18	A 22	A 26	A 32	A 26	–	–
20	A 22	A 22	A 26	A 22	20	A 22	A 28	A 38	A 26	–	–
22	A 22	A 26	A 32	A 28	22	A 26	A 32	A 38	A 32		
24	A 22	A 32	A 38	A 32	24	A 26	A 32	A 36	A 32	24	A 18
26	A 26	A 38	A 36	A 36	26	A 32	A 38	A 45	A 36	27	A 22
28	A 28	A 40	A 40	A 40	28	A 32	A 40	A 45	A 40	30	A 22
32	A 32	A 40	A 45	A 40	32	A 36	A 45	A 50	A 45	33	A 26
36	A 36	A 45	A 45	A 45	36	A 36	A 45	A 58	A 45	36	A 26
40	A 38	A 45	A 50	A 45	40	A 45	A 50	A 63	A 50	39	A 26
44	A 44	A 58	A 56	A 56	44	A 45	A 56	–	–	43	A 32
48	A 45	A 63	A 63	A 63	48	A 50	A 63	–	–	48	A 36
52	A 46	A 63	A 63	A 63	52	A 56	A 63	–	–	54	A 36
55	A 50	A 72	–	–	58	A 56	–	–	–	60	A 45
60	A 50	A 72	–	–	60	A 63	–	–	–		

Aufhängeglieder, Zwischenglieder (Fortsetzung)

Zuordnung: Seilnenndurchmesser *d*, Aufhängeglied X, Zwischenglieder A

Seilart N					Seilart F					Seilart K	
Seil-nenn-durch-mes-ser *d*	Ein-strang X-Glied	Zwei-strang X-Glied	Drei- und Vier-strang X-Glied	Drei- und Vier-strang Zwi-schen-glied A-Glied	Seil-nenn-durch-mes-ser *d*	Ein-strang X-Glied	Zwei-strang X-Glied	Drei- und Vier-strang X-Glied	Drei- und Vier-strang Zwi-schen-Glied A-Glied	Seil-nenn-durch-mes-ser *d*	Ein-strang X-Glied
8	–	–	–	–	8	–	–	–	–	–	–
10	X 22	X 22	X 22	A 16	10	X 22	X 22	X 22	A 16	–	–
12	X 22	X 22	X 22	A 18	12	X 22	X 22	X 22	A 18	–	–
14	X 22	X 22	X 22	A 18	14	X 22	X 22	X 28	A 22	–	–
16	X 22	X 22	X 22	A 18	16	X 22	X 22	X 28	A 22	–	–
18	X 22	X 22	X 28	A 22	18	X 22	X 28	X 40	A 26	–	–
20	X 22	X 22	X 28	A 22	20	X 22	X 28	X 40	A 28	–	–
22	X 22	X 28	X 40	A 28	22	X 28	X 40	X 40	A 32		
24	X 22	X 28	X 40	A 32	24	X 28	X 40	X 50	A 32	24	X 22
26	X 28	X 40	X 40	A 38	26	X 40	X 40	X 50	A 38	27	X 22
28	X 28	X 40	X 50	A 40	28	X 40	X 50	X 50	A 40	30	X 22
32	X 40	X 40	X 50	A 40	32	X 50	X 50	X 72	A 45	33	X 28
36	X 40	X 50	X 60	A 45	36	X 50	X 50	X 72	A 45	36	X 28
40	X 50	X 50	X 72	A 45	40	X 50	X 72	X 72	A 50	39	X 28
44	X 50	X 50	X 72	A 58	44	X 50	X 72	X 72	A 58	43	X 40
48	X 50	X 72	X 72	A 63	48	X 72	X 72	X 72	A 63	48	X 40
52	X 50	X 72	X 72	A 63	52	X 72	X 72	–	–	54	X 50
55	X 72	X 72	–	–	58	X 72	X 72	–	–	60	X 50
60	X 72	X 72	–	–	60	X 72	X 72	–	–		

Kennzeichnung von Anschlagseilen

Einsträngige Anschlagseile der Seilart F
Auf der Stahlhülse des Flämischen Auges sind anzugeben:
- Kennbuchstabe F
- Tragfähigkeit
- Das bei der DGWK hinterlegte Herkunftszeichen
- Verbandszeichen **DIN** (dieses Zeichen ist überstrichen)

Mehrsträngige Anschlagseile
Die am Aufhängeglied des mehrsträngigen Seiles befestigte **Plakette** enthält folgende Angaben:
- Anschlagart N oder F
- Tragfähigkeit für die Neigungswinkelbereiche 0 bis 45° und 45° bis 60°

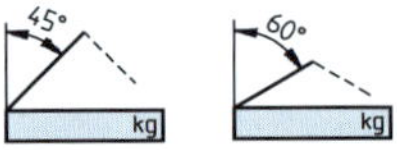

- Strangzahl
- Seilnenndurchmesser
- Das bei der DGWK hinterlegte Herkunftszeichen

Verbandszeichen **DIN**
(dieses Zeichen hat einen Überstrich)

Bezeichnung von Anschlagseilen

Drahtoberfläche: blank (bk) oder verzinkt (zn)
Festeingebaute Endbeschläge:
Ösenhaken H; Endglieder A;
Vollkauschen V; Schäkel Sch

Beispiele:
Einsträngiges Anschlagseil der Seilart N, Ausführung blank, mit einem Nenndurchmesser $d = 16$ mm, einer Länge $l = 4$ m, beide Enden verpresst
Anschlagseil EN 13 414-1N-bk-16 × 4-P-P

Dreisträngiges Anschlagseil der Seilart F, Ausführung verzinkt gezogen, mit einem Nenndurchmesser $d = 20$ mm; Länge 2,5 m, beidseitig Flämisches Auge mit Kausche, Aufhängeglied X und Ösenhaken H an allen Strängen
Anschlagseil
EN 13414-3F-zn k-20 × 2,5-PFKF-PFKF-X-H

Endlosseil der Seilart N, Verzinkt gezogen, mit einem Nenndurchmesser $d = 18$ mm und einer Umfangslänge $l = 6$ m, endlos gepresst
Anschlagseil EN 13414-N-zn k-18 × 6-EP

Kurzgliedrige Rundstahlketten für Hebezwecke DIN EN 818-1 bis 7 : 1996-08...2002-09

Die Güteklassen-Kennzeichnung ist gut lesbar gestempelt oder geprägt auf mindestens jedem 20. Kettenglied oder auf Kettengliedern in Abständen von 1 m anzubringen

	Nennspannung bei der festgelegten Mindestbruchkraft in $\frac{N}{mm^2}$				
Güteklasse	400	500	630	800	1000
feintoleriert	M	P	S	T	V
mitteltoleriert	4	5	6	8	10

Nenngröße der Anschlagkette mm	Tragfähigkeiten in t für 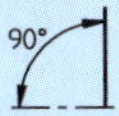 Einstrangkette	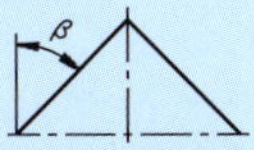 Zweistrangkette $0 < \beta \leq 45°$ Faktor 1,4	$45 < \beta \leq 60°$ Faktor 1,0	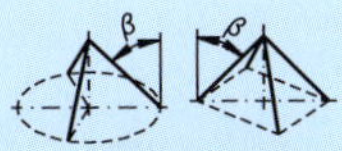 3- und 4-Strangkette $0 < \beta \leq 45°$ Faktor 2,1	$45 < \beta \leq 60°$ Faktor 1,5	 Kranzkette im Schnürgang Faktor 1,6	Metergewicht von Rundstahlketten Masse in $\frac{kg}{m}$
Tragfähigkeiten von Ketten der Güteklasse 4							
7	0,75	1,08	0,75	1,6	1,12	1,25	1,1
8	1	1,4	1	2,12	1,5	1,6	1,4
10	1,6	2,24	1,6	3,25	2,36	2,5	2,2
13	2,65	3,75	2,65	5,6	4	4,25	3,8
16	4	5,6	4	8,5	6	6,3	5,7
18	5	7,1	5	10,6	7,5	8	7,3
19	5,6	8	5,6	11,8	8,5	9	8,1
20	6,3	8,5	6,3	13,2	9,5	10	9
22	7,5	10,6	7,5	16	11,2	11,8	10,9
23	8	11,8	8	17	12,5	13,2	12
25	10	14	10	20	15	16	14,1
26	10,6	15	10,6	22,4	16	17	15,2
28	12,5	17	12,5	25	18	20	17,6
32	16	22,4	16	33,5	23,6	25	23
36	20	28	20	42,5	30	31,5	29
40	25	35,5	25	53	37,5	40	36
45	31,5	45	31,5	67	47,5	50	45,5
Tragfähigkeiten von Ketten der Güteklasse 8							
4	0,5	0,71	0,5	1,06	0,75	0,8	0,35
5	0,8	1,12	0,8	1,6	1,18	1,25	0,5
6	1,12	1,6	1,12	2,36	1,7	1,8	0,8
7	1,5	2,12	1,5	3,15	2,24	2,5	1,1
8	2	2,8	2	4,25	3	3,15	1,4
10	3,15	4,25	3,15	6,7	4,75	5	2,2
13	5,3	7,5	5,3	11,2	8	8,5	3,8
16	8	11,2	8	17	11,8	12,5	5,7
18	10	14	10	21,2	15	16	7,3
19	11,2	16	11,2	23,6	17	18	8,1
20	12,5	17	12,5	26,5	19	20	9
22	15	21,2	15	31,5	22,4	23,6	10,9
23	16	23,6	16	35,5	25	26,5	12
25	20	28	20	40	30	31,5	14,1
26	21,2	30	21,2	45	31,5	33,5	15,2
28	25	33,5	25	50	37,5	40	17,6
32	31,5	45	31,5	67	47,5	50	23
36	40	56	40	85	60	63	29
40	50	71	50	106	75	80	36
45	63	90	63	132	95	100	45,5

Anmerkung: Für die Kennzeichnung sollten bei Werten unter 1 t die Angaben in kg erfolgen.

Kettenanhänger für die Güteklassen 2, 4, 5 und 8 — DIN 685-4:2001-02, DIN EN 818-4:1996-08, -5:1999-07

Güteklasse 2 (grau)

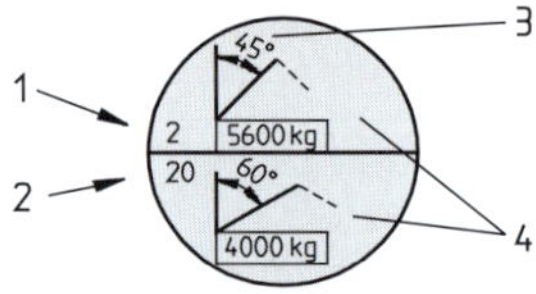

Vorderseite bei einseitiger Beschriftung

Güteklasse 5 (grün)

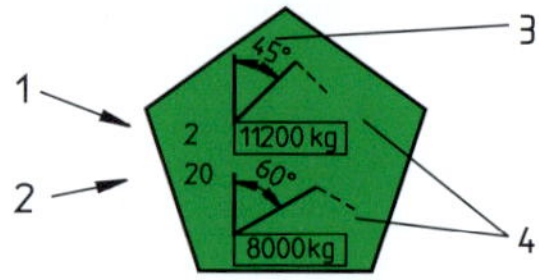

Bei einseitiger Beschriftung

Güteklasse 8 (rot)

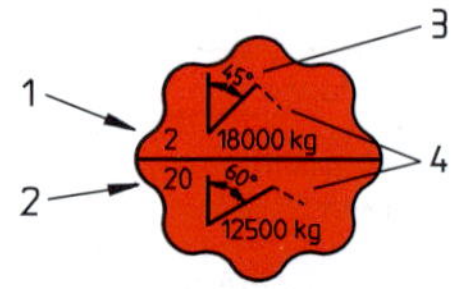

Bei einseitiger Beschriftung

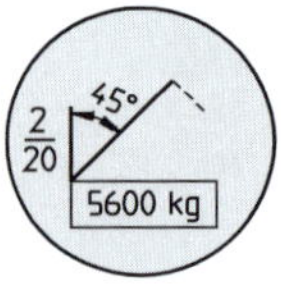

Vorderseite bei beidseitiger Beschriftung

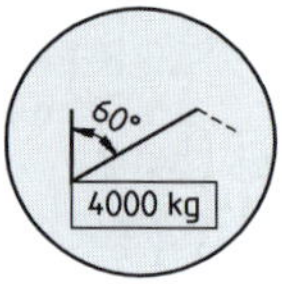

Rückseite

Vorderseite bei beidseitiger Beschriftung

Rückseite

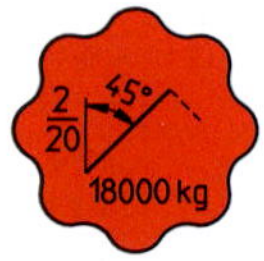

Vorderseite bei beidseitiger Beschriftung

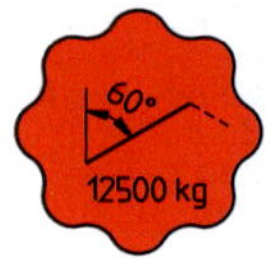

Rückseite

1 = Anzahl der Kettenstränge **3 = Neigungswinkel bei Mehrsträngigkeit**
2 = Nenndicke der Kette **4 = Tragfähigkeit in kg**

Güteklasse 4

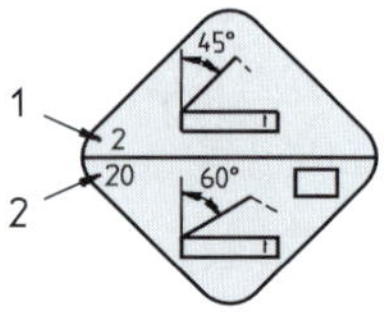

Vorderseite (Rückseite frei)

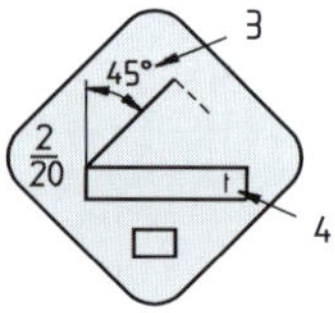

Vorderseite bei beidseitiger Anordnung der Angaben

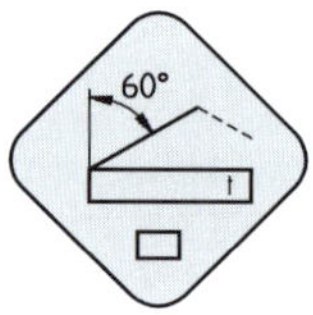

Rückseite

1 = Kennzahl für Anzahl der Kettenstränge **3 = Neigungswinkel**
2 = Kennzahl für Nenndicke der Kette in mm **4 = Tragfähigkeit in t**

Obwohl die Güteklasse 8 alle mechanischen Vorteile auf sich vereint, werden geschweißte Anschlagketten der Güteklasse 2 heute noch aus technischen Gründen hergestellt und verwendet: In Beizereien und Verzinkungsbädern können nur Ketten der Güteklasse 2 oder 4 verwendet werden. Ketten der Güteklasse 8 würden im Beizbad durch den in den Stahl diffundierenden Wasserstoff verspröden und unter schlagartiger Belastung spröde brechen.

Veränderung der Tragfähigkeiten in Abhängigkeit der Temperatur

nach DIN 685-5:1981-11

Güteklasse	Tragfähigkeit in % bei Kettentemperatur von °C unter −20 bis −40	unter −10 bis −20	unter 0 bis −10	von 0 bis 100	über 100 bis 150	über 150 bis 200	über 200 bis 250	über 250 bis 300	über 300 bis 350	über 350 bis 400
2	0	50	75	100	75	50	30	0	0	0
5	100	100	100	100	100	100	75	75	50	50
8	100	100	100	100	100	100	90	90	75	75

nach DIN EN 818-6:2000-03

Güteklasse	Temperatur in °C −40 bis 200	200 bis 300	300 bis 400	400 bis 475	über 475
Zulässige Belastungen ausgedrückt als Prozentsatz der Tragfähigkeit					
4	100	100	75	50	Nicht zulässig
8	100	90	75	Nicht zulässig	

Fertigungstechnik

Schweißverfahren – Lötverfahren: Übersicht
DIN EN ISO 4063:2000-04, DIN 1910-100:2008-02, DIN EN 14610:2005-02

Kennzahl nach DIN EN ISO 4063	Verfahren
0	**Schmelzschweißen**
1	Lichtbogenschweißen
11	Metall-Lichtbogenschweißen
111	Lichtbogenhandschweißen
114	Metall-Lichtbogenschweißen mit Fülldrahtelektrode
12	Unterpulverschweißen
13	Metall-Schutzgasschweißen
131	Metall-Inertgasschweißen
135	Metall-Aktivgasschweißen
136	Metall-Aktivgasschweißen mit Fülldrahtelektrode
137	Metall-Inertgasschweißen mit Fülldrahtelektrode
141	Wolfram-Inertgasschweißen
15	Plasmaschweißen
2	**Widerstandsschweißen**
21	Widerstands-Punktschweißen
22	Widerstand-Rollennahtschweißen
23	Buckelschweißen
24	Abbrennstumpfschweißen
3	**Gasschmelzschweißen**
311	Gasschmelzschweißen mit Acetylen als Brenngas
4	**Pressschweißen**
41	Ultraschallschweißen
42	Reibschweißen
47	Gaspressschweißen
5	**Strahlschweißen**
512	Elektronenstrahlschweißen in Atmosphäre
7	**Andere Schweißverfahren**
72	Elektroschlackeschweißen
781	Lichtbogenbolzenschweißen
9	**Löten**
91	Hartlöten
912	Flammhartlöten
94	Weichlöten
	Schweißen von Kunststoffen
	Heizelementschweißen, Warmgasschweißen, Lichtstrahlschweißen, Ultraschallschweißen, Reibschweißen, Hochfrequenzschweißen

Schweißeignung von unlegierten und legierten Stählen

Die Schweißeignung lässt sich mithilfe des Kohlenstoffäquivalents CEV[1] (früher mit K bezeichnet) bestimmen.

$$CEV = C + \frac{Mn}{6} + \frac{Cr + Mo + V}{5} + \frac{Ni + Cu}{15}$$

für C ≤ 0,40 %, Mn ≤ 1,6 %, Cr ≤ 1,0 %, Ni ≤ 3,5 %, Mo ≤ 0,60 %, Cu ≤ 1,0 %

CEV in %	Schweißeignung	Vorwärmen	Elektrodentyp
0 ...0,40	gut	nicht notwendig	alle geeignet
0,40...0,45	bedingt geeignet	100 °C...150 °C	basische Typen mit geringem Wasserstoffgehalt
0,45...0,60		150 °C...250 °C	basische Typen mit geringem Wasserstoffgehalt, austenitische Elektroden
> 0,60	nicht gewährleistet	250 °C...370 °C	basische Typen mit geringem Wasserstoffgehalt, austenitische Elektroden

[1]) nach Dearden und Neill

Schweißpositionen DIN EN ISO 6947 : 1997-05 (zurückgezogen: DIN 1912-2 : 1977-09)

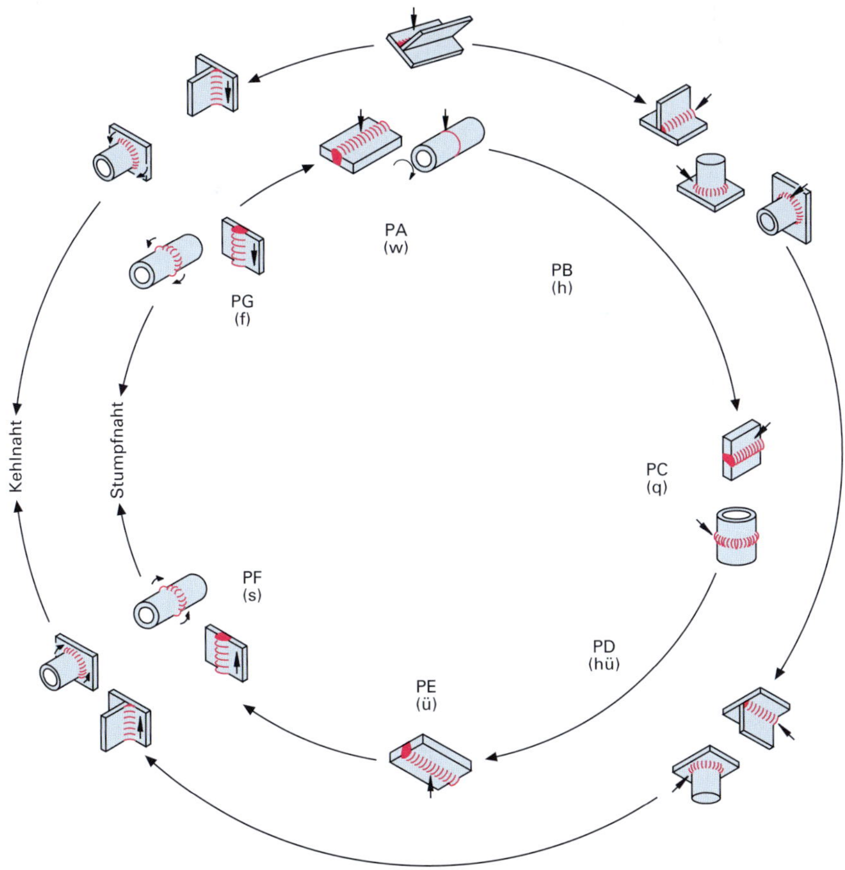

Anmerkung: Bezeichnung in Klammern gemäß zurückgezogener DIN 1912-2

Schweißnahtvorbereitung für Stahl und Aluminium (Stumpfstoß) DIN EN ISO 9692-1:2004-05, -3:2001-07

	Schweißnahtform: Fugenform / symbolhafte Darstellung	Blechdicke t in mm	Stahl: b in mm	Stahl: c in mm	Stahl: h in mm	Stahl: α, β °	Stahl: Verfahren	Aluminium: b in mm	Aluminium: c in mm	Aluminium: h in mm	Aluminium: α, β °	Aluminium: Verfahren
Bördelnaht	Bördelnaht 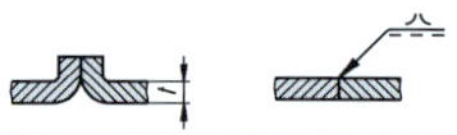	$t \leq 2$	–	–	–	–	3, 111, 141, 512	–	–	–	–	141
I-Naht	I-Naht, einseitig geschweißt 	$t \leq 4$	$b \approx t$	–	–	–	3, 111, 141	$b \leq 2$	–	–	–	141
								(Kantenbrechung an Wurzel empfohlen)				
	I-Naht, beidseitig geschweißt. Mit Badsicherung 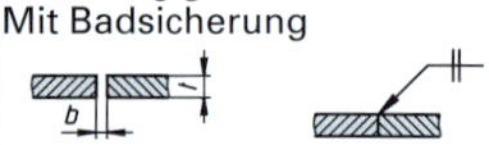	$t \leq 4$	$b \approx t$	–	–	–	111, 141	$b \leq 1{,}5$	–	–	–	141
		$3 \leq t \leq 8$	$6 \leq b \leq 8$	–	–	–	131, 135					
V-Nähte	V-Naht, einseitig geschweißt 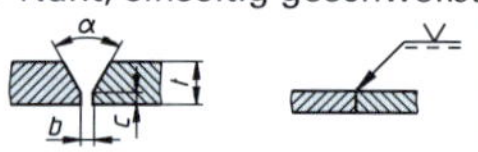	$3 \leq t \leq 10$	$b \leq 4$	$c \leq 2$	–	$40 \leq \alpha \leq 60$	3	$b \leq 3$	$c \leq 2$	–	$\alpha \geq 50$	141
								$b \leq 2$			$60 \leq \alpha \leq 90$	131
								(für Aluminium $3 \leq t \leq 10$)				
	V-Naht, mit Gegenlage 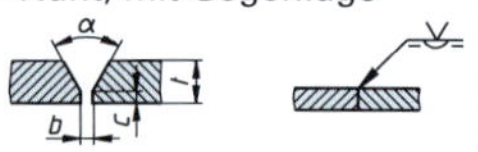	$3 \leq t \leq 40$	$b \leq 3$	$c \leq 2$	–	$\alpha = 60$	111, 141	–	–	–	–	–
						$40 \leq \alpha \leq 60$	131, 135					
	DV-Naht (Doppel-V-, X-Naht) 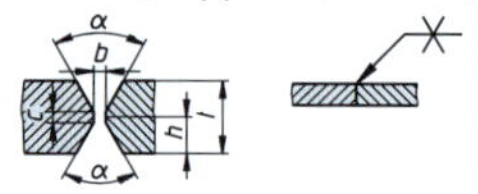	$t > 10$	$1 \leq b \leq 3$	$2 \leq c$	$h = 0{,}5t$	$\alpha = 60$	111, 141	$b \leq 3$	$c \leq 2$	–	$\alpha \geq 60$	141
								(für Aluminium $6 \leq t \leq 15$)				
						$40 \leq \alpha \leq 60$	131, 135				$\alpha \geq 70$	131, 141
								(für Aluminium $t \geq 15$)				
	HV-Naht, ohne/mit Gegenlage 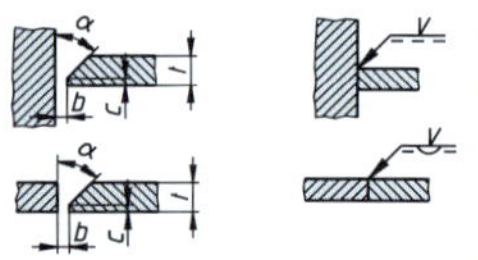	$3 \leq t \leq 10$	$2 \leq b \leq 4$	$1 \leq c \leq 2$	–	$35 \leq \alpha \leq 60$	111, 131,	$b \leq 3$	$c \leq 2$	–	50	131, 141
		$3 \leq t \leq 30$	$1 \leq b \leq 4$	$2 \leq c$	–		135, 141					
	DHV-Naht (Doppel HV-, K-Naht) 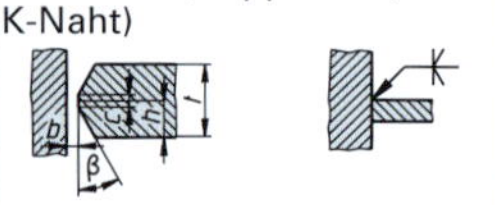	$t > 10$	$1 \leq b \leq 4$	$c \leq 2$	$h = 0{,}5t$ oder $h = 0{,}33t$	$35 \leq \alpha \leq 60$	111, 131, 135, 141	$b \leq 3$	$c \leq 2$	$h = 0{,}5t$	≈ 60	131, 141
								Nicht genormt				
Y-Nähte	Y-Naht, einseitig geschweißt 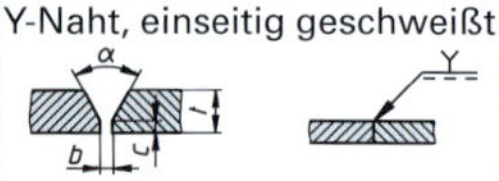	$5 \leq t \leq 40$	$1 \leq b \leq 4$	$2 \leq c \leq 4$		≈ 60	111, 131, 135, 141	$b < 2$	$c \leq 2$	–	$\alpha \geq 50$	131, 141
								(für Aluminium $3 \leq t \leq 15$)				
	DY-Naht (Doppel-Y-Naht) 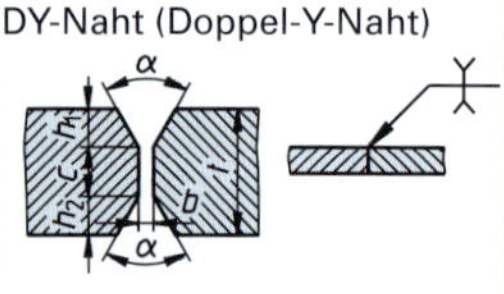	$t > 10$	$1 \leq b \leq 4$	$2 \leq c \leq 6$	$h_1 = h_2 = \frac{t-c}{2}$	$\alpha = 60$	111, 141	$b \leq 3$	$2 \leq c \leq 4$	$h_1 = h_2 = \frac{t-c}{2}$	$\alpha \leq 50$	141
								(für Aluminium $6 \leq t \leq 15$)				
						$40 \leq \alpha \leq 60$	131, 141		$2 \leq c \leq 6$		$60 \leq \alpha \leq 70$	131
								(für Aluminium $t \geq 15$)				

Übersicht und Kennwerte von Schweißmaschinen (Auswahl)

Maschinentyp	Inverter						Schweißgleichrichter	Schweißaggregate
Schweißverfahren	WIG AC/DC		WIG DC		Elektrodenschweißgerät	MAG/MIG	E, MIG/MAG	E, MAG
Ausführung	tragbar, gasgekühlt	fahrbar, wassergekühlt	tragbar, gasgekühlt	fahrbar, wassergekühlt	fahrbar, eingebaute Wasserkühlung	fahrbar, wassergekühlt	fahrbar	fahrbar
Anschluss in V	240/400	240/400	240/400	240/400	240/400	240/400	240/400	Dieselmotor/E-Motor
Einstellbereich in A	5…230	5…450	5…300	5…450	1…400	5…550	60…750	60…500
Arbeitsspannung in V	12…36				33…36	31…40	36…44	30…40
Leerlaufspannung in V	75	106/75	75/95/106	78/106	80	75	69	–
Schweißzusatzwerkstoff *d* in mm	1…4				1,5…6,0 Stab	0,6…1,6 Massivdraht, 1…1,6 Aluminiumdraht	0,6…1,6 Massivdraht	1,5…5,0
Sicherheitsklasse	S	S	S	S	S	S	S	

Hinweis: Inverter werden meist als Kombigeräte für WIG/Lichtbogenhandschweißen oder MIG/MAG angeboten. Je nach Hersteller verfügen moderne Schweißmaschinen über folgende Zusatzfunktionen: HF-Zündgeräte, Einstellen der Taktfrequenz, wahlweises Einstellen von AC oder DC[1]), Frequenzeinstellmöglichkeit bei AC für Dünnbleche, Einstellen der Wechselstrombalance für Alu-Schweißen, Hotstart für Stabelektroden, u. a. m.

[1]) AC = Wechselstrom, DC = Gleichstrom

Gegenüberstellung Bezeichnung von Stabelektroden nach DIN EN ISO 2560:2006-03 und zurückgezogener DIN 1913

DIN EN ISO 2560	DIN 1913	DIN EN ISO 2560	DIN 1913	DIN EN ISO 2560	DIN 1913
E 36 ZA 12	E 43 00 A 2	E 42 0 RR 12	E 51 32 RR 6	E 42 2 B 15 H 10	E 51 43 B 9
E 38 0 RC 11	E 43 22 R(C)3	E 38 2 RB 12	E 43 43 RR(B)7	E 38 2 B 12 H 10	E 51 43 B(R) 10
E 42 0 RC 11	E 51 32 R(C)3 E 51 22 R(C)3	E 42 2 RB 12	E 51 43 RR(B)8	E 42 4 B 32 H 10	E 51 54 B(R) 10
E 38 AR 12	E 43 21 R 3	E 38 2 RA 12	E 43 33 AR 7	E 38 5 B 73 H 10	E 51 55 B(R) 12 160
E 46 0 RR 12	E 51 32 RR 5	E 38 2 RA 73	E 51 43 AR 11 160 E 43 43 AR 11 160	E 42 6 B 42 H 10	E 51 55 B 10
E 42 0 RC 11	E 51 22 RR(C)6	E 38 0 RR 73	E 51 32 RR 11 160 E 51 32 RR 11 180	E 38 6 B 42 H 10	E 43 55 B 10
E 42 0 RR 12	E 51 22 RR 6	E 38 0 RR 53	E 51 22 RR 11 160	E 42 3 B 42 H 10	E 51 54 B 10
E 42 A RR 12	E 51 21 RR 6	E 42 0 RR 73	E 51 32 RR 11 160	E 46 3 B 83 H 10	E 51 43 B 12 160

Stabelektroden nach DIN EN ISO 2560:2006-03

Bezeichnungsbeispiel für Stabelektroden mit einer Zugfestigkeit und Kerbschlagarbeit von 47 J

Stabelektrode

ISO 2560-A – E 46 / 3 / 1 Ni / B / 5 / 4 / H5

A: Einteilung nach Streckgrenze und Kerbschlagarbeit von 47 J

46:

Mindestbruchdehnung in %	Zugfestigkeit in $\frac{N}{mm^2}$	Mindeststreckgrenze in $\frac{N}{mm^2}$	
22	440 ... 570	355	35
20	470 ... 600	380	38
20	500 ... 640	420	42
20	530 ... 680	460	46
18	560 ... 720	500	50

3:

Mindestkerbschlagarbeit bei 47J und °C	
keine Anforderung	Z
20	A
0	0
– 20	2
– 30	3
– 40	4
– 50	5
– 60	6

1 Ni:

Chemische Zusammensetzung in %			
Mn	Mo	Ni	
2,0	–	–	ohne Angabe
1,4	0,3 ... 0,6	–	Mo
>1,4 ... 2,0	0,3 ... 0,6	–	MnMo
1,4	–	0,6 ... 1,2	1Ni
1,4	–	1,8 ... 2,6	2Ni
1,4	–	2,6 ... 3,8	3Ni
>1,4 ... 2,0	–	0,6 ...1,2	Mn1Ni
1,4	0,3 ... 0,6	0,6 ...1,2	1NiMo

H5:

	Wasserstoffgehalt in $\frac{ml}{100g\ Schweißgut}$
H5	5
H10	10
H15	15

4:

	Schweißposition
1	alle
2	alle, außer Fallposition
3	Stumpfnaht in Wannenposition Kehlnaht in Wannen- und Horizontalposition
4	Stumpf- und Kehlnaht in Wannenposition
5	Fallposition und siehe 3

5:

	Ausbringung in %	Stromart
1	<105	~ und ⎓
2	<105	⎓
3	>105 ... 125	~ und ⎓
4	>105 ... 125	⎓
5	>125 ... 160	~ und ⎓
6	>125 ... 160	⎓
7	>160	~ und ⎓
8	>160	⎓

B:

	Umhüllungstyp
A	sauerumhüllt
B	basischumhüllt
C	zelluloseumhüllt
R	rutilumhüllt
RR	dick rutilumhüllt
RC	rutil-zelluloseumhüllt
RA	rutil-sauerumhüllt
RB	rutil-basischumhüllt

Hinweis: Die Anforderungen an Zugfestigkeit, Mindestkerbschlagarbeit beziehen sich auf das Schweißgut.
In der DIN EN ISO 2560 werden Stabelektroden unterschieden in ISO 2560-A und ISO 2560-B.
Stabelektroden mit der Bezeichnung ISO 2560-A entsprechen der alten EN 499. Die Bezeichnung der Stabelektroden nach ISO 2560-B findet ihre Anwendung im nichteuropäischen Raum und wird daher nicht dargestellt.

Zuordnung Stabelektroden für das Lichtbogenhandschweißen – Werkstoff DIN EN ISO 2560:2006-03 (Auswahl)

Stabelektroden nach DIN EN ISO 2560	Stahlsorten: Baustähle				Rohrstähle				Kesselbleche						
	S235JR (St 37-2)	S235J2G3* (St 37-3)	E295 (St 52-0)	S355J2G3* (St 52-3)	L235[5] (St 37-0)	L355[5] (St 52.0)	L275[5] (St 44.0)	L290NB (StE 290.7)	P235GH (HI)	P265GH (HII)	P295GH (17 Mn 4)	P355GH (19 Mn 6)	Stromart[1]	Position[2]	Umhüllung
E 42 0 RC 11	×	×		×	×	×	×	×	×	×	×	×	~, ⎓–	alle	Rutilzellulose
E 42 0 RR 12	×	×		×	×	×	×	×	×	×	×	×	⎓–, ~	Alle, bedingt PG(f)	Rutil, dickumhüllt
E 42 0 RC 11	×	×		×	×	×	×	×	×	×	×	×	~, ⎓–	alle	Rutilzellulose
E 42 0 RR 12[3]	×	×		×	×	×	×	×	×	×	×	×	⎓–, ~	Alle, bedingt PG(f)	Rutil, dickumhüllt
E 42 0 RR 12[4]	×	×		×	×	×	×		×	×			⎓–, ~	Alle, bedingt PG(f)	Rutil, dickumhüllt
E 38 2 RB 12	×	×		×	×	×	×	×	×	×	×	×	⎓–, ~	Alle, außer PG(f)	rutilbasisch
E 42 2 RB 12	×	×		×	×	×	×	×	×	×	×	×	⎓–, ~	Alle, außer PG(f)	rutilbasisch
E 38 0 RR 73	×	×		×	×	×	×	×	×	×	×	×	~, ⎓–	Bevorzugt PA(w), PB(h)	dickrutil
E 38 0 RR 53	×	×		×	×	×	×	×	×	×	×	×	~, ⎓–	Bevorzugt PA(w), PB(h)	dickrutil
E 42 0 RR 73	×	×		×	×	×	×	×	×	×	×	×	~, ⎓–	Bevorzugt PA(w), PB(h)	dickrutil
E 38 0 RR 73	×	×	×	×	×	×	×	×	×	×	×	×	~, ⎓–	Bevorzugt PA(w), PB(h)	dickrutil
E 42 2 B 15 H10	×	×	×	×	×	×	×	×	×	×	×	×	~, ⎓–	Bevorzugt PG(f)	basisch
E 38 2 B 12 H10	×	×	×	×	×	×	×	×	×	×	×	×	⎓±, ~	Alle, bedingt PG(f)	rutilbasisch
E 42 4 B 32 H10	×	×	×	×	×	×	×	×	×	×	×	×	⎓+, ~	Alle, außer PG(f)	rutilbasisch
E 38 5 B 73 H10	×	×	×	×	×	×	×	×	×	×	×	×	~, ⎓+	Bevorzugt PA(w), PB(h)	rutilbasisch
E 42 6 B 42 H10	×	×	×	×	×	×	×	×	×	×	×	×	⎓+, ~	Alle, außer PG(f)	basisch
E 38 6 B 42 H10	×	×	×	×	×	×	×	×	×	×	×	×	⎓+, ~	Alle, außer PG(f)	basisch
E 42 3 B 42 H10	×	×	×	×	×	×	×	×	×	×	×	×	⎓+, ~	Alle, außer PG(f)	basisch
E 43 3 B 83 H10	×	×		×	×	×	×	×	×	×	×	×	⎓+	Bevorzugt PA(w), PB(h)	basisch

1) ~ für Wechselstrom, ⎓– für Gleichstrom mit Elektrode an Minuspol, ⎓+ für Gleichstrom mit Elektrode an Pluspol
2) Position nach DIN EN ISO 6947 (DIN 1912 zurückgezogen)
3) Si 0,5, Mn 0,6 Gew.-%
4) Si 0,4, Mn 0,5 Gew.-%
5) Rohre, Rohrverbindungen und Fittings für den Transport wässriger Flüssigkeiten einschließlich Wasser
Güteklassen sind in DIN EN 10025 nicht mehr definiert.

Stabelektroden: Lieferformen, Einstelldaten (Auswahl)

Elektrodentyp nach DIN EN 2560	Stabelektrodendurchmesser *d* in mm											
	2		2,5		3,2		4		5		6	
	Stromstärke in A	Länge in mm	Stromstärke in A	Länge in mm	Stromstärke in A	Länge in mm	Stromstärke in A	Länge in mm	Stromstärke in A	Länge in mm	Stromstärke in A	Länge in mm
E 42 0 RC 11	50…60	250	60…85	350	95…130	350	125…170	350	–	–	–	–
E 42 0 RR 12	50…75	250 350	60…100	350	95…140	350	130…190	450	170…240	450	–	–
E 42 0 RC 11	–	–	55…85	350	90…135	350	130…170	350	175…220	450		
E 42 0 RR 12¹)	50…70	250 350	65…90	250 350	100…140	350 450	140…180	350 450	190…240	450	240…290	450
E 42 0 RR 12²)	50…70	250 350	65…90	250 350	90…140	350	120…180	350	170…240	450	–	–
E 38 2 RB 12	50…60	250	70…90	350	100…150	350 450	140…190	350 450	220…260	450	260…320	450
E 42 2 RB 12	50…60	250	70…95	250 350	100…150	350 450	140…190	350 450	200…250	450	–	–
E 38 0 RR 73	–	–	–	–	130…150	450	180…220	450	280…360	450	300…360	450
E 38 0 RR 53	–	–	–	–	140…160	450	180…230	450	260…340	450	–	–
E 42 0 RR 73	–	–	–	–	140…160	450	180…230	450	260…340	450	–	–
E 38 0 RR 73	–	–	–	–	120…180	450	180…220	450	260…310	450	340…400	450
E 42 2 B 15 H10*	–	–	–	–	–	–	140…200	450	220…270	450	–	–
E 38 2 B 12 H10*	55…65	350	60…90	350	95…150	350 450	140…190	450	190…250	450	260…330	450
E 42 4 B 32 H10*	–	–	65…90	350	100…140	450	140…190	450	190…250	450	260…340	450
E 38 5 B 73 H10*	–	–	–	–	–	–	160…220	450	220…320	450	–	–
E 42 6 B 42 H10*	–	–	65…90	350	100…140	350 450	140…190	450	190…250	450	260…340	450
E 38 6 B 42 H10*	–	–	60…85	350	90…140	350	140…190	450	190…250	450	–	–
E 42 3 B 42 H10*	–	–	65…90	350	100…140	450	140…190	450	190…250	450	260…340	450
E 46 3 B 83 H10*	–	–	50…100	350	110…160	450	160…210	450	200…280	450	–	–

Hinweis: Mit * gekennzeichnete Stabelektroden bei 300 bis 350 °C für 2 Stunden rücktrocknen.
Alle anderen im Bedarfsfall rücktrocknen bei 100 bis 110 °C für 1 Stunde.

¹) Si 0,5; Mn 0,6 Gew.-% ²) Si 0,4; Mn 0,5 Gew.-%

Elektrodenverbrauch pro Meter Naht (Stabelektrodenlänge 450 mm, Stummellänge 50 mm)

Nahtart		Bleckdicke in mm	Spaltbreite in mm	Elektrodenzahl Stück/Meter		
				∅ 2,5 mm	∅ 3,25 mm	∅ 4,0 mm
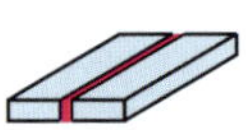 I-Naht	Einseitig Zweiseitig Zweiseitig	3 4 5	1,5 2 2	5,4 – –	2,4 2,9/2,9 3,5	 2,3
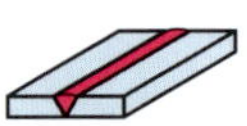 V-Naht 60°		6 8 10	1 1,5 2	– – –	4 4 } Wurzel 4	2,3 6,3 11,5
	Nahtdicke in mm					
 Kehlnaht	3 4 5	– – –	– – –	– – –	4 6 9,3	2,7 4 6,2

Theoretische Grundlagen
Technische Kommunikation
Werkstoffe
Bauelemente
Fertigungstechnik
Informations- und Steuerungstechnik
Anhang

Schweißverhalten und Klassenkennzeichnung von Gasschweißstäben DIN EN 12536:2000-08

Schweißstab-klasse nach DIN EN 12536	O I (G I)	O II (G II)	O III (G III)	O IV (G IV)	O V (G V)	O VI (G VI)	– (G VII)[1]
Fließverhalten	dünnfließend	weniger dünnfließend	zäh fließend				
Spritzer	viel	wenig	keine				
Porenneigung	ja	ja	nein				gering
Einprägung	I	II	III	IV	V	VI	VII
Farbe	–	Grau	Gold	Rot	Gelb	Grün	Silber
Lieferform	Stabdurchmesser: 1,5; 2,0; 2,5; 3,0; 4,0; 5,0 und 6,0 mm Stablängen: 1000 mm, verkupfert (Korrosionsschutz)						

1) Bezeichnungen in Klammern nach zurückgezogener DIN 8554. Der Schweißstab G VII wird in DIN EN 12536 nicht aufgenommen.

Zuordnung von Schweißstäben – Stahlsorte DIN EN 12536:2000-08

Gasschweißen

Werkstoffbenennung				Geeignete Schweißstabklasse DIN EN 12536					
Stahlart	**Norm**	**Stahlsorte Bezeichnung**	**früher:**	**O I (G I)**	**O II (G II)**	**O III (G III)**	**O IV (G IV)**	**O V (G V)**	**O VI (G VI)**
Allgemeine Baustähle	DIN EN 10025	S185	St 33, St 37-0, USt 37-0	×	×	×	×		
		S235JR	St 37-2		×	×	×		
		S235JRG1[3]	USt 37-2		×	×	×		
		S235JRG2[3]	RSt 37-2		×	×	×		
		S235J0	St 37-3 St 37-4 St 44-0	 ×	 ×	× × ×	× × ×		
		S275JR	St 44-2		×	×	×		
		S275J0	St 44-3 St 44-4			× ×	× ×		
		E295	St 52-0	×	×	×	×		
		S355J0	St 52-3 St 52-4			× ×	× ×		
Stahlrohre	DIN 1626[2] DIN 1629[2]		St 37.0, St 44.0 St 52.4	×	×	×	×		
	DIN 1628[2] DIN 1630[2]		St 37.4, St 44.4 St 52.4			×	×		
Rohre	DIN 17 175[2]		St 35.8 St 45.8			×	× ×		
Warmfeste Rohre	DIN 17 177[2]		St 37.8 St 42.8, 15 Mo 3			×	× ×		
Bleche Bänder	DIN EN 10028	P235GH P265GH	HI HII			× ×	× ×		
Bleche Bänder Rohre	DIN EN 10028 DIN 17 175	P295GH 13CrMo 4-5 10CrMo 9-10	17 Mn 4 13 CrMo 4 4 10 CrMo 9 10				×	 ×	 ×

2) nicht mehr gültig, jedoch noch im Handel; neue Normen siehe Anhang.
3) Güteklassen sind in DIN EN 10025 nicht mehr definiert.

Zuordnung Werkstoff zu Drahtelektrode für MAG-Schweißen DIN EN 440 : 1994-11

Werkstoff – Bezeichnung: DIN EN	Werkstoff – Bezeichnung: frühere DIN	Bezeichnung des Schweißgutes Bezeichnung der Drahtelektrode [1])	Anforderungen an Schweißgut: Mindeststreckgrenze in $\frac{N}{mm^2}$	Zugfestigkeit in $\frac{N}{mm^2}$	Mindestbruchdehnung in %	Mindestkerbschlagarbeit von 47J bei °C	Schutzgas
Unlegierte Baustähle							
DIN EN 10 025:	DIN 17 100:	G 46 2 C **G4 Si 1**	460	530…680	20	–20	CO_2/M2
S185, S235 bis	St 37-2 bis St 52-3	G 50 3 M **G4 Si 1**	500	560…720	18	–30	M2
S355, E295*,	St 50*, St 60*	G 42 1 C **G3 Si 1**	420	500…640	20	–10	CO_2/M2
E355*	* vorwärmen	G 46 2 M **G3 Si 1***	460	530…680	20	–20	CO_2/M2
* vorwärmen		G 42 2 M **G2 Mo***	420	500…640	20	–20	M2
		* kein St50, St60					
Kesselstähle							
DIN EN 10 028-1:	DIN 17 155:						
P235 bis P355	HI, HII 17Mn4	G 46 2 C **G4 Si 1**	460	530…680	20	–20	CO_2/M2
	19Mn5*	G 50 3 M **G4 Si 1**	500	560…720	18	–30	
	* vorwärmen						
P235 bis 295, 16Mo3	HI, HII, 17Mn4, 15 Mo 3	G 42 2 M **G2 Mo**	420	500…640	20	–20	z.B. M2
Rohrstähle							
DIN EN 10 224/ DIN EN 10 217-1	DIN 1626/1629:	G 46 2 C **G4 Si 1**	460	530…680	20	–20	CO_2/M2
L235 bis L355/ P235TR1 bis P265TR2	St 37.0 bis St 52.0	G 50 3 M **G4 Si 1**	500	560…720	18	–30	
	DIN 1628/1630:	G 42 1 C **G3 Si 1***	420	500…640	20	–10	
	St 37.4 bis St 52.4						
DIN EN 10 208-2	DIN 17 175:						
L 210GA (+M) bis L360NB	St 35.8 bis St 45.8						
	DIN 17 172:	* nur bis StE 320.7					
	StE 210 bis StE 360.7						
	15 Mo 3	G 42 2 M **G2 Mo**	420	500…640	20	–20	M2
Feinkornbaustähle							
DIN EN 10 028-1:	DIN 17 102:	G 46 2 C **G4 Si 1**	460	530…680	20	–20	CO_2/M2
P275 bis P355	StE 255 bis StE 355	G 50 3 M **G4 Si 1**	500	560…720	18	–30	
	WSt 255 bis WSt 355	G 42 1 C **G3 Si 1**	420	500…640	20	–10	
	TStE 255 bis TStE 355	G 46 2 M **G3 Si 1**	460	530…680	20	–20	
Schiffbaustähle	A, B, D, E						
Stahlguss	DIN 1681: GS-38, GS-45, GS52						

[1]) Fettgedruckter Teil entspricht der Bezeichnung der Drahtelektrode
Bezeichnungsbeispiel für das Schweißgut: Schweißgut EN 440 – G 46 2 M G3 Si
Bezeichnungsbeispiel für den Zusatzwerkstoff: Drahtelektrode EN 440 – G3 Si

Lieferformen von Schweißdrähten

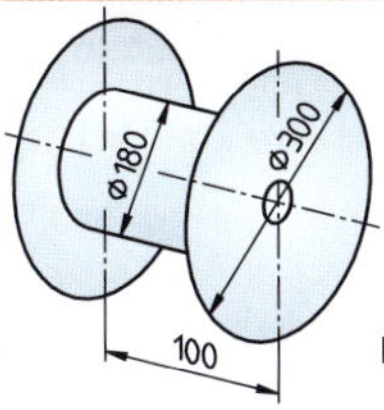

Korbspule

Drahtdurchmesser 0,8–1,6 mm
Spulengewicht max. 15 kg

Großspulen als Sonderanfertigung für Drahtgewichte bis 300 kg

Alle Drähte gezogen und verkupfert.

Schutzgasschweißen

Lieferformen von Schutzgasflaschen

Flaschenvolumen in l	Fülldruck in bar	Gasinhalt in m^3
10	200/300	2,2/3,1
20		4,4/6,2
50		10,7/15,2

Schutzgase zum Lichtbogenschweißen DIN EN 439 : 1995-05

Kurzbezeichnung Gruppe	Kurzbezeichnung Kennzahl	Komponenten in Volumenprozent: reduzierend H_2	inert Ar	inert He	oxidierend CO_2	oxidierend O_2	reaktionsträge N_2	Übliche Anwendung, Schweißverfahren	Bemerkung
R	1	>0 bis 15	Rest					141,15 Plasmaschneiden Wurzelschutz	reduzierend
	2	>15 bis 35	Rest						
I	1		100					131,141,15 Wurzelschutz	inert
	2			100					
	3		Rest	>0 bis 95					
M1	1		Rest		>0 bis 5			135	schwach oxidierend
	2		Rest		>0 bis 5				
	3		Rest			>0 bis 3			
	4		Rest		>0 bis 5	>0 bis 3			
M2	1		Rest		>5 bis 10				
	2		Rest			>3 bis 10			
	3		Rest		>0 bis 5	>3 bis 10			
	4		Rest		>5 bis 25	>0 bis 8			
M3	1		Rest		>25 bis 50				
	2		Rest			>10 bis 15			
	3		Rest		>5 bis 50	>8 bis 15			
C	1				100				
	2				Rest	>0 bis 30			
F	1						100	Plasmaschneiden,	reaktionsträge
	2	>0 bis 50					Rest	Wurzelschutz	reduzierend

Bezeichnungsbeispiel: Schutzgas DIN EN 439 – M3

→ Mischgas mit 5 ... 50 % CO_2 und 8 ... 15 % O_2, Rest Argon

Technische Gase DIN EN 962:1996-09, DIN EN 1089-3:2004-06

Gasart	Kennfarbe nach DIN EN 962 [1]		Kennfarbe nach DIN EN 1089-3 [1]		Anschlussgewinde	Flaschenvolumen in l	Fülldruck in bar	Füllmenge in kg	Füllmenge in l
Acetylen C_2H_2		gelb gelb und roter Ring		kastanienbraun kastanienbraun (schwarz, gelb)	Spannbügel	20 40 50	19 19 19	3,2 6,3 10	6000
Argon Ar		grau		dunkelgrün grau (dunkelgrün)	W21, 80 × 1/14" W21, 80 × 1/14"	10 50	200/300 200/300	– –	2000/3100 10000/15300
Helium He		grau		braun grau	W21, 80 × 1/14" W21, 80 × 1/14"	10 50	200/300 200/300	– –	2000/2600 10000/13200
Kohlendioxid CO_2		grau		grau grau	W21, 80 × 1/14" W21, 80 × 1/14"	10 50	58 58	7,5 20	580 2900
Sauerstoff O_2		blau		weiß blau (grau)	R3/4"	10 50	200/300 200/300	– –	2000/3100 10000/15200
Stickstoff N_2		grün		schwarz grau (dunkelgrün, schwarz)	W24, 32 × 1/14" W24, 32 × 1/14"	10 50	200/300 200/300	– –	2000/2600 10000/13200
Wasserstoff H_2		rot		rot rot	W21, 80 × 1/14" W21, 80 × 1/14"	10 50	200/300 200/300	– –	2000/2500 1800/12600
Mischgase CO_2 + Ar in verschiedenen Mischungsverhältnissen		grau		leuchtendgrün grau	W24, 32 × 1/14" W24, 32 × 1/14"	10 20 50	200 200 200	– – –	2000 4000 10000
Propan C_3H_3		rot	Norm gilt nicht für Flüssiggase		W21, 80 × 1/14" W21, 80 × 1/14"	10 50	8,3 8,3	4,2 21	– –

Hinweis: Die einzig verbindliche Kennzeichnung des Gasinhaltes erfolgt über den Gefahrgutaufkleber siehe F13

[1] Die Farbumstellung wurde zum 1. Juli 2006 durch die Hersteller abgeschlossen.

Farbkennzeichnung von Gasflaschen — DIN EN 1089-3:2004-06

Die einzig verbindliche Kennzeichnung des Gasinhaltes erfolgt auf dem Gefahrzettel (Gefahrgutaufkleber).

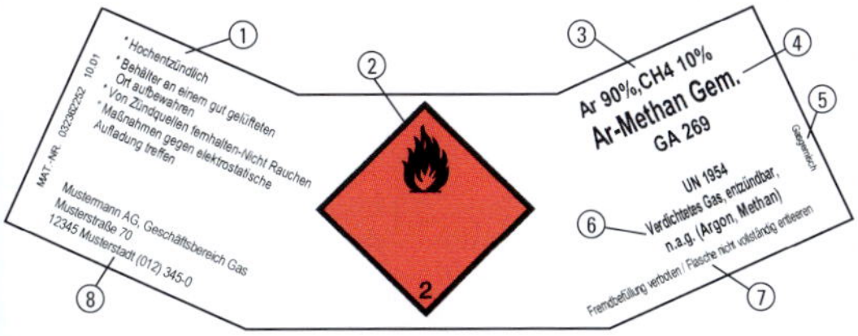

① Risiko und Sicherheitssätze
② Gefahrzeichen
③ Zusammensetzung des Gases bzw. des Gasgemisches
④ Produktbezeichnung des Herstellers
⑤ EWG-Nummer bei Einzelstoffen oder das Wort „Gasgemisch"
⑥ Vollständige Gasbenennung nach GGVS
⑦ Herstellerhinweis
⑧ Name, Anschrift und Telefonnummer des Herstellers

Die **Farbkennzeichnung** dient als zusätzliche Information über die Eigenschaften der Gase (brennbar, giftig, oxidierend). Sie ist nur für die Flaschenschulter vorgeschrieben. Die Farbe des zylindrischen Flaschenkörpers ist nicht festgelegt. Der Großbuchstabe „N" weist auf die Farbkennzeichnung nach der neuen Norm hin.

Farbkennzeichnung verlegter Rohrleitungen nach Durchflussstoffen nach DIN 2403:2007-05

Gruppe	Durchflussstoff	Kennfarbe	Gruppe	Durchflussstoff	Kennfarbe
1	Wasser	grün	6	Säuren	orange
2	Wasserdampf	rot	7	Laugen	violett
3	Luft	grau	8	Brennbare Flüssigkeiten	braun oder braun mit rot
4	Brennbare Gase	gelb oder gelb mit rot	9	Nicht brennbare Flüssigkeiten	Braun mit schwarz oder schwarz
5	Nicht brennbare Gase	gelb mit schwarz oder schwarz	10	Sauerstoff	blau

Einstellgrößen für das MAG-Schweißen von unlegierten und niedriglegierten Stählen in der Position PA (waagerecht)

Blech- bzw. Nahtdicke *t* in mm	Nahtart	Zusatzdraht *d* in mm	Schweißgeschwindigkeit *v* in $\frac{cm}{min}$	Stromstärke *I* in A	Spannung *U* in *V*	CO_2-Verbrauch V_{Gas} in $\frac{l}{min}$
1	I-Naht	0,8	40	60	18…20	8…10
2	I-Naht	1,2	36	120	18…20	8…10
3	I-Naht	1,2	36	180	20…21	12…16
4	I-Naht	1,2	36	180	20…21	12…16
8	I-Naht	1,6	33	180…240	21…27	16…18
10	I-Naht	1,6	36	180…240	21…30	16…18
3	Kehlnaht	1,2	33	160	23…25	12…16
4	Kehlnaht	1,6	50	350	42…50	18…20
5	Kehlnaht	1,6	50	350	42…50	18…20

Zuordnung von Werkstoff zu Schweißstäben beim WIG-Schweißen

DIN EN 1668 : 1997-10, DIN EN ISO 21952 : 2008-02, DIN EN 962 : 1996-09, DIN EN ISO 18273 : 2004-05 (alt: DIN 1732 : 1977-12)

Werkstoff Bezeichnung: DIN EN	 frühere DIN	Schweißstab Bezeichnung nach DIN EN 1668 (alt: DIN 8559), DIN EN 962, DIN EN ISO 21952, DIN EN ISO 18273 (alt: DIN 8575, DIN 1732)	Anforderungen an Schweißgut Mindeststreckgrenze in N/mm²	 Zugfestigkeit in N/mm²	 Mindestbruchdehnung in %	 Mindestkerbschlagarbeit	Schutzgas
Rohrstähle für Wurzellagen							
DIN EN 10224/ DIN EN 10217-1 L235 bis L355/P235TR1 bis P265TR2	DIN 1626/1629: St 37.0 bis St 52.0 DIN 1628/1630: St 37.4 bis St 52.4	Stab EN 1668-W46 3 **W2 Si** [1]) (alt: Stab DIN 8559-SG1)	460	530 ... 680	20	47 J bei –30 °C	Argon R
DIN EN 10208-2 L 210GA(+M) bis L360NB	DIN 17115: St 35.8 bis St 45.8 DIN 17172: StE 210 bis StE 350.7	Schweißstab DIN EN ISO 21952 **W Mo** [1])	355	510	22	> 47 J bei RT	
Feinkornbaustähle							
DIN EN 10028 : P275 bis P355	DIN 17102: StE 222 bis StE 355 WSt 255 bis WSt 355 TStE 255 bis TStE 255	Stab EN 1668-W46 3 **W2 Si** [1])	460	530 ... 680	20	47 J bei –30 °C	
		Schweißstab DIN EN ISO 21952 **W Mo**	470	570 ... 670	22	> 80 J bei RT	
Nichtrostende Stähle							
DIN EN 10088-1 X5CrNiMo 17-12-2		DIN EN 962 **W 19 12 3 L** [1]) (alt: Stab DIN 8556 SG X 2CrNiMo 19 12)	> 320	550 ... 650	> 35	> 80 J bei RT	
X6CrNiTi18-10		Stab DIN EN 962 **W 19 9 Nb** [1]) (alt: Stab DIN 8556 SG X 5 CrNiNb 19 9)	> 350	570 ... 670	> 30	> 60 J bei RT	
Aluminium							
DIN EN 485-2, DIN EN 573-3, DIN EN 1780, DIN EN 1706							Argon R Helium R
EN AW-1050A (Al 99,5) EN AW-1200 (Al 99) EN AW-1080A (Al 99,8) EN AW-1070A (Al 99,7)		Massivstab EN ISO 18273-S Al 1450 (Al99,5Ti) (alt: Stab DIN 1732 SG-Al 99, 5 Ti)	≥ 20	≥ 120	≥ 35		
EN AW-5754 (Al Mg 3) EN AW-5049 (Al Mg Mn 0,8) EN AW-5005 (Al Mg 1)		Massivstab EN ISO 18273-S Al 5754 (AlMg3) (alt: Stab DIN 1732 SG-Al Mg 3)	≥ 80	≥ 190	≥ 20		
EN AW-3207 (AlMn 0,6) EN AW-3103 (AlMn 1) EN AW-3003 (AlMnCu)		Massivstab EN ISO 18273-S Al 3103 (AlMn3) (alt: Stab DIN 1732 SG-Al Mn 1)					
EN AW-5019 (Al Mg 5) EN AW-5754 (Al Mg 3) EN AW-7020 (Al Zn 4,5 Mg 1)		Massivstab EN ISO 18273-S Al 5556A (AlMg5Mn) (alt: Stab DIN 1732 SG-Al Mg 5)	≥ 110	≥ 120	≥ 17		
EN AW-5083 (Al Mg 4,5 Mn) EN AW-5019 (Al Mg 5) EN AW-7020 (Al Zn 4,5 Mg 1)		Massivstab EN ISO 18273-S Al 5183 (AlMg4,5Mn0,7) (alt: Stab DIN 1732 SG-Al Mg 4,5 Mn)	> 125	≥ 275	≥ 17		
EN AW-6060 (Al Mg Si 0,5) EN AW-6005 (Al Mg Si 0,7) EN AW-6082 (Al Mg Si 1)		Massivstab EN ISO 18273-S Al 4043 (AlSi5) (alt: Stab DIN 1732 SG-Al Si 5)	≥ 40	≥ 120	≥ 17		

[1]) Fettgedruckter Teil entspricht der Bezeichnung der Drahtelektrode

Bezeichnungsbeispiele

Massivstab EN ISO 18273-S Al 4043 oder Massivstab EN ISO 18273-S Al 4043 (AlSi5)

Hinweis: Wird mit Massivdraht geschweißt, ändert sich die Bezeichnung durch Voranstellen des Wortes Massivdraht statt Massivstab

Einstellgrößen für das WIG-Schweißen für verschiedene Werkstoffe (Auswahl)

Werkstoff	Blechdicke t in mm	Nahtart	Zusatzdraht d in mm	Stromstärke I in A	Spannung U in V	Schweißgeschwindigkeit in $\frac{\text{cm}}{\text{min}}$	Ar-Verbrauch V_{Gas} in $\frac{\text{l}}{\text{min}}$
legierter Stahl	1	I-Naht	1,6	60	10…15	10…15	3
	2		2	105	10…15	20…25	3…4
	3		4	135	10…15	20…5	3…5
	5		4	195	15…20	15…20	4…5
Aluminium	1		2	45…50	20…25	≈20	3…4
	2		3	80…86	20…25	≈20	3…4
	4		3	160…180	20…25	≈16	4…5
Kupfer	1		1,5	70…100	20…25	≈32	4
	3		2	150…240	20…25	≈30	5
	5		3	220…350	25…30	≈24	5

Schweißnahtberechnungen

Nahtquerschnitt, Schweißgutmenge

	Formel	Formelzeichen	Erklärung
Nahtquerschnitt I-Naht 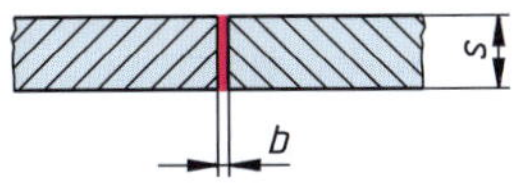	$A = b \cdot s$	A	Schweißnahtquerschnittsfläche in mm^2
		b	Spaltbreite in mm
		s	Blechdicke in mm
		α	Öffnungswinkel in °
		a	a-Maß
V-Naht 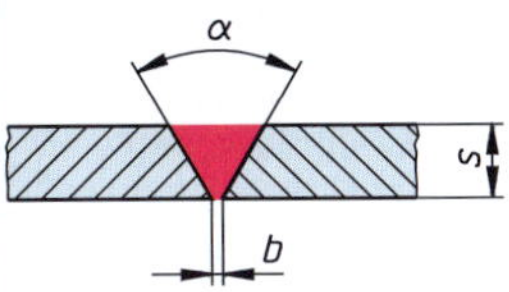	$A = s \cdot b + s^2 \cdot \tan\frac{\alpha}{2}$ $A = s \cdot (c \cdot s + b)$	c	Nahtformfaktor
			Berechnung des a-Maßes $a = 0{,}7 \cdot t$ bei einseitiger Kehlnaht $a = 0{,}5 \cdot t$ bei Doppelkehlnaht
Kehlnaht 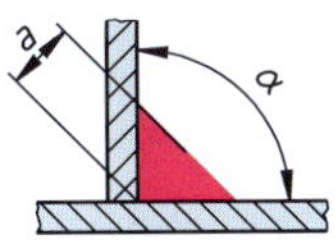	$A = a^2 \cdot \tan\frac{\alpha}{2}$ Für $\alpha = 90° \Rightarrow \tan\frac{\alpha}{2} = 1$ $A = a^2$		Nahtformfaktoren c (siehe Tabelle)

Nahtformfaktoren c

α in °	V-Naht	X-Naht
60	0,58	0,29
70	0,71	0,36
90	1,00	0,50

	Formel	Formelzeichen	Erklärung
Schweißgutmenge durch Massenberechnung 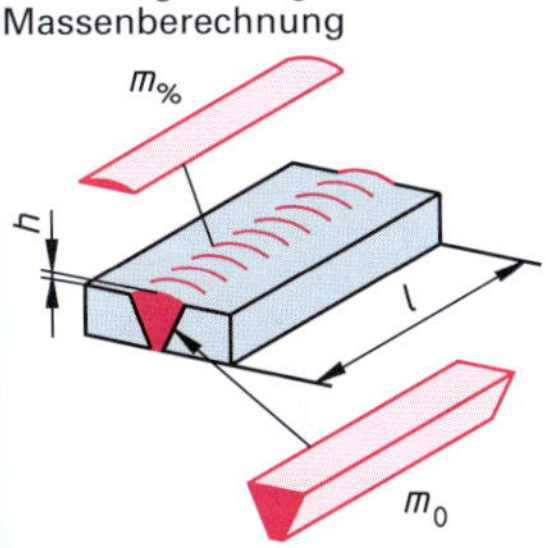	$V = A \cdot l$ $m_0 = A \cdot l \cdot \varrho$ $m_{\%} = m_0 \cdot x$ $m = m_0 \cdot (1 + x)$	V	Schweißnahtvolumen in cm^3
		A	Nahtquerschnitt in cm^2
		l	Nahtlänge in cm
		m_0	Schweißgutmasse in g
		ϱ	Schweißgutdichte in $\frac{\text{g}}{\text{cm}^3}$
		$m_{\%}$	Schweißgutmasse der Nahtüberhöhung in g
		x	Zuschlag für Nahtüberhöhung in % I-Naht: 10…15% V-Naht: 10…25% Kehlnaht: 10…25%
Schweißgutmenge aus Tabellen	$m = l \cdot m_T$	m	Schweißgutmasse in g
		l	Nahtlänge in m
		m_T	längengezogene Schweißgutmasse in $\frac{\text{g}}{\text{m}}$

Nahtüberhöhung

Kehlnaht $\alpha = 90°$

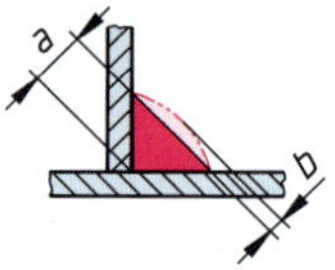

V-Naht $\alpha = 60°$

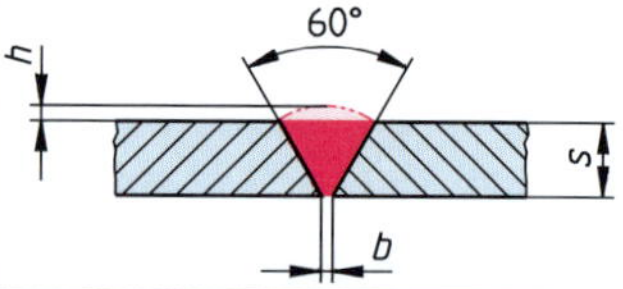

Nahtdicke a in mm	Schweißgutmasse in $\frac{g}{m}$ für Überhöhung b in mm			Zuschlag x in % für
	$b = 0{,}5$	$b = 1{,}0$	$b = 1{,}5$	$b = 0{,}5$
3	86,3	102	118	22,3
4	147	167,5	188,5	18,6
5	222	249	275	13,2
6	314	346	377	11,1
7	422	458	495	9,6

Nahtdicke s in mm	Spaltbreite b in mm	Schweißgutmasse in $\frac{g}{m}$ für Überhöhung h in mm			Zuschlag x in % für
		$h = 1{,}0$	$h = 1{,}5$	$h = 2{,}0$	$h = 0{,}5$
5	1	188	206	223	23
6	1	354	380	406	16,5
8	1,5	441	469	469	14,5
10	2	681	716	752	11,5
12	2	925	965	1010	9,8

Elektrodenverbrauch, Zeit, Energie

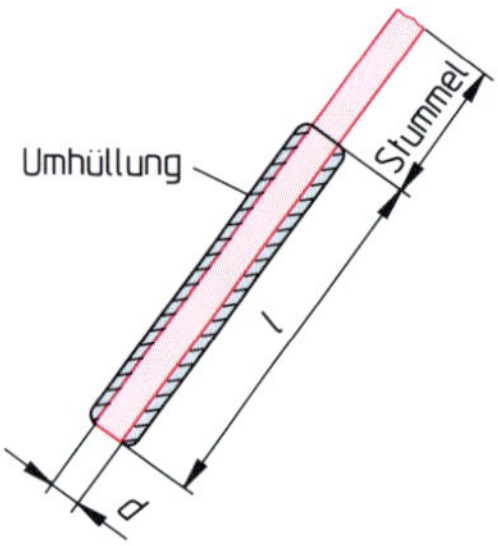

	Formel	Formelzeichen	Erklärung (Einheiten beachten!)
Elektrodenverbrauch durch Massevergleich	$n = \frac{m}{m_e}$	n	Anzahl der Elektroden
		m	Schweißgutmasse in g
	$m_e = \frac{\pi \cdot d^2}{4} \cdot l \cdot \varrho \cdot \frac{R}{100}$	m_e	Schweißgutmasse einer Elektrode in g
		d	Kerndurchmesser der Elektrode in mm
		l	nutzbare Elektrodenlänge in mm
		ϱ	Schweißgutdichte in $\frac{g}{cm^3}$
	$n = \frac{V}{V_E}$	R	Ausbringung in %
		V	Nahtvolumen in mm^3
		V_E	Volumen einer Elektrode in mm^3

Elektrodenverbrauch durch Volumenvergleich

Elektrode $d \times l$	1,5 × 200	2 × 250	2,5 × 300	3,2 × 350	3,2 × 450	4 × 350	4 × 450	5 × 450	6 × 450
V_E in mm^3	300	750	1550	2530	3410	3250	4150	8350	12 000

Abschmelzzeit

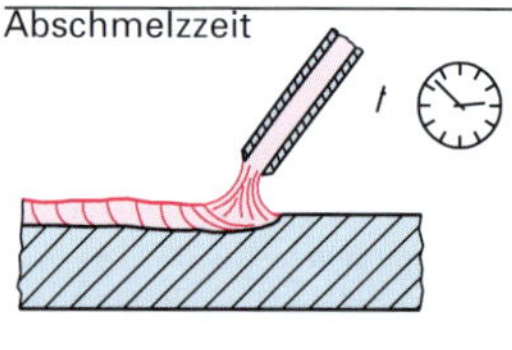

Formel	Formelzeichen	Erklärung
$t_n = n \cdot t_{1...3}$	t_n	Abschmelzzeit in s
$t_n = \frac{m \cdot 3600\ s}{\dot{m} \cdot 1\ h}$	n	Anzahl der Elektroden
	$t_{1...3}$	Schweißzeit pro Elektrode (aus Tabellen)
	m	Schweißgutmasse in kg
	$\dot{m}$	Einbringleistung in $\frac{kg}{h}$ (aus Tabellen)

Elektrodentyp nach DIN EN ISO 2560	Abmessung in mm	I_1 in A	t_1 in s	$\dot{m}_1$ in $\frac{kg}{h}$	I_2 in A	t_2 in s	$\dot{m}_2$ in $\frac{kg}{h}$	I_3 in A	t_3 in s	$\dot{m}_3$ in $\frac{kg}{h}$
E 38 0 RC 11	3,25 × 350	90	103	0,62	120	68	0,94	130	57	1,12
	4,00 × 350	140	74	1,33	160	64	1,54	180	57	1,72
E 42 0 RR 12	3,25 × 450	100	95	0,69	130	72	0,90	140	64	1,01
	4,00 × 450	140	129	1,03	170	101	1,32	180	93	1,43
E 38 2 B12 H10	3,25 × 450	95	122	0,78	140	82	1,16	150	74	1,29
	4,00 × 450	140	108	1,35	170	85	1,72	190	73	2,00
E 38 0 RR 73	3,25 × 450	120	119	1,24	140	96	1,55	160	77	1,91
	4,00 × 450	160	129	1,75	200	97	2,34	220	86	2,63

Richtwerte für den Gasverbrauch beim Stahlschweißen

Blechdicke in mm	Brenner Nr.	Durchmesser des Schweißstabes in mm	Sauerstoffverbrauch in $\frac{l}{h}$	Sauerstoffverbrauch in $\frac{l}{m}$	Acetylenverbrauch in $\frac{l}{h}$	Acetylenverbrauch in $\frac{l}{m}$	Zeitbedarf in $\frac{min}{m}$	Geschwindigkeit in $\frac{mm}{min}$
bis 1	0	1 bis 1,5	85	15	75	13	≈ 10	≈ 100
bis 2	1	2	165	33	150	30	≈ 12	≈ 80
bis 4	2	3	325	80	300	75	≈ 15	≈ 65
bis 6	3	4	500	165	475	160	≈ 20	≈ 50
bis 8	4	5	750	300	700	280	≈ 25	≈ 40

Ermittlung von Schweißgutkosten

Lichtbogenhandschweißen

$$K_{ges} = \frac{K_L \cdot 100}{A \cdot ED} + \frac{K_Z}{E} \cdot 100$$

K_{ges}: Gesamtkosten in $\frac{€}{kg}$ Schweißgut
K_L: Lohn- und Gemeinkosten in $\frac{€}{kg}$
A: Einbringleistung in $\frac{kg}{h}$
ED: Einschaltdauer in %
K_Z: Kosten für Zusatzwerkstoff
E: Ausbringung in %

Beispiel:

Gegeben:

Stabelektrode ISO 2560-A E 38 2 B 12 H10
Stummellänge 50 mm,
Stromstärke 190 A

$K_L = 40 \frac{€}{h}$ angenommen

$A = 2 \frac{kg}{h}$ aus Herstellertabelle

$ED = 30\,\%$ angenommen

$K_Z = 9{,}25 \frac{€}{kg}$ angenommen

$E = 103\,\%$

Lösung:

$$K_{ges} = \frac{K_L \cdot 100}{A \cdot ED} + \frac{K_Z}{E} \cdot 100$$

$$K_{ges} = \frac{40 \frac{€}{h} \cdot 100}{2 \frac{kg}{h} \cdot 30} + \frac{9{,}25 \frac{€}{kg}}{103} \cdot 100$$

$$K_{ges} = 75{,}65 \frac{€}{kg} \text{ Schweißgut}$$

Metall-Aktiv-Gasschweißen

$$K_{ges} = \frac{K_L \cdot 100}{A \cdot ED} + \frac{K_Z}{E} \cdot 100 + G_K \; (G_K = G_P \cdot G_V)$$

G_K: Gaskosten $\frac{€}{kg}$ Schweißgut

G_P: Gaspreis in $\frac{€}{l}$

G_V: Gasverbrauch in $\frac{l}{min}$ oder $\frac{l}{kg}$ Schweißgut

Beispiel:

Gegeben:

Massivdrahtelektrode EN 440 G 42 1 C G3 Si 1
Drahtdurchmesser 1,2 mm,
Stromstärke 300 A

$K_L = 40 \frac{€}{h}$ angenommen

$A = 5{,}0 \frac{kg}{h}$ aus Herstellertabelle

$ED = 40\,\%$ angenommen

$K_Z = 1{,}05 \frac{€}{kg}$ angenommen

$E = 95\,\%$

$G_{P_1} = 0{,}0026 \frac{€}{l}$ für CO_2

$G_{P_2} = 0{,}005 \frac{€}{l}$ für M 21

$G_V = 15 \frac{l}{min}$ entspricht $450 \frac{l}{kg}$

Lösung:

$$K_{ges1} = \frac{K_L \cdot 100}{A \cdot ED} + \frac{K_Z}{E} \cdot 100 + G_K \quad (G_K = G_P \cdot G_V)$$

$$K_{ges\,CO_2} = \frac{40 \frac{€}{h} \cdot 100}{5 \frac{kg}{h} \cdot 40} + \frac{1{,}05 \frac{€}{kg}}{95} \cdot 100 + \left(0{,}0026 \frac{€}{l} \cdot 450 \frac{l}{kg}\right)$$

$$K_{ges\,CO_2} = 22{,}28 \frac{€}{kg} \text{ Schweißgut}$$

$$K_{ges\,M_{21}} = 22{,}35 \frac{€}{kg} \text{ Schweißgut}$$

Hinweis: Die Maschinen- und Stromkosten sind verhältnismäßig gering und werden vernachlässigt.

Theoretische Grundlagen
Technische Kommunikation
Werkstoffe
Bauelemente
Fertigungstechnik
Informations- und Steuerungstechnik
Anhang

Gasverbrauch; Brenn- bzw. Schweißzeit

	Formel	Formelzeichen	Erklärung
Gasverbrauch beim Schweißen 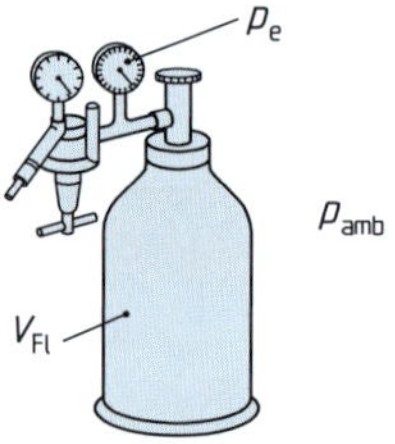 Eine Acetylenflasche mit 40 l enthält 13 l Aceton; 1 l Aceton löst 25 l Acetylen bei Normal-Luftdruck.	Sauerstoff, CO_2, Argon: $V_n = \frac{p_e \cdot V_{Fl}}{p_{amb}}$ $\Delta V = \frac{V_{Fl} \cdot (p_{e1} - p_{e2})}{p_{amb}}$ $\Delta p = p_{e1} - p_{e2}$ Acetylen: $V_n = 13 \cdot 25 \cdot p_e$ $V_n = 5850\ l$ Fülldruck der Flasche: $p_e = 18$ bar $\Delta V = \frac{V_{Fl} \cdot (p_{e1} - p_{e2})}{p_{Fl}}$ $\Delta V = (p_{e1} - p_{e2})\ \frac{325\ l}{bar}$	V_{Fl} V_n ΔV p_e p_{amb} p_{e1} p_{e2} p_{Fl} Δp $325 \frac{l}{bar}$	Volumen der Flasche in l nutzbares Gasvolumen in der Flasche in l Gasverbrauch in l Flaschendruck laut Inhaltsmanometer in bar Luftdruck in bar Druck vor Gasentnahme in bar Druck nach Gasentnahme in bar Fülldruck der Acetylenflasche in bar ($p_{Acetylen} = 18$ bar) Druckabfall am Inhaltsmanometer in bar Rechenwert: $\frac{5850\ l}{18\ bar}$
Brenn-/Schweißzeit 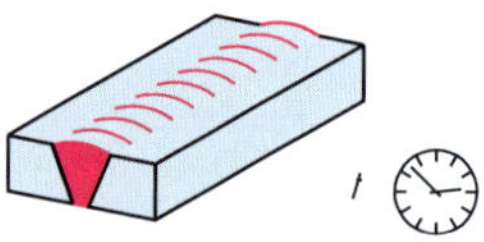	$t_n = \frac{\Delta V}{\dot{V}}$	t_n ΔV $\dot{V}$	Brenn-/Schweißzeit in min Gasverbrauch in l Gasverbrauch in $\frac{l}{min}$ (aus Tabellen)

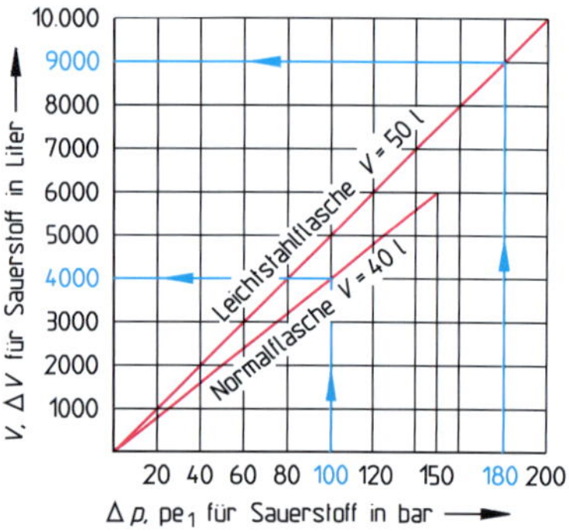

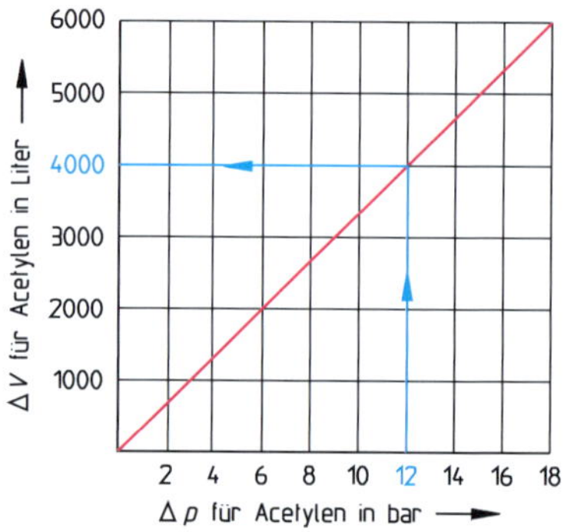

Ablesebeispiel

$\frac{\text{Flascheninhalt}}{\text{Vorderdruck } p_{e_1}} = 180$ bar

$V_{Fl} = 50\ l$

$V_{O_2} = 9000\ l$

Gasverbrauch

$\Delta p = 100$ bar

$V_{Fl} = 40\ l$

$V_{Gas} = 4000\ l$

$\frac{\text{Gasverbrauch}}{\Delta p = 12 \text{ bar}}$

$\Delta V = 4000\ l$

Spannungen in Schweißnähten

	Formel	Formelzeichen	Erklärung
Zug-/Druckspannung 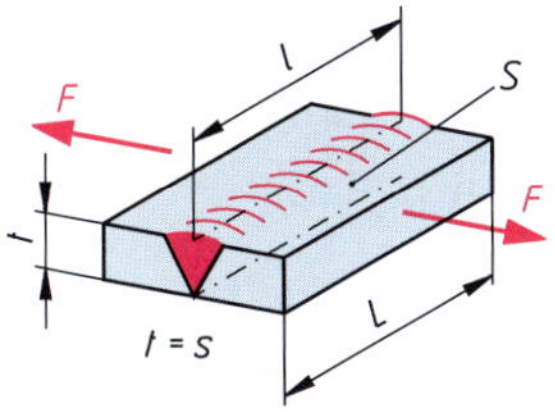 	$\sigma_z = \frac{F_z}{S}$ $\sigma_d = \frac{F_d}{S}$ $S = s \cdot l$ $l = L - 2 \cdot s$ Bei unterschiedlichen Bauteilen die Dicke des dünneren Bleches für s einsetzen.	σ_z F_z S σ_d F_d s l t L	Zugspannung in $\frac{N}{mm^2}$ Zugkraft in N Nahtquerschnitt in mm^2 Druckspannung in $\frac{N}{mm^2}$ Druckkraft in N Nahtdicke in mm tragende Nahtlänge in mm Bauteildicke in mm Nahtlänge in mm
Schubspannung 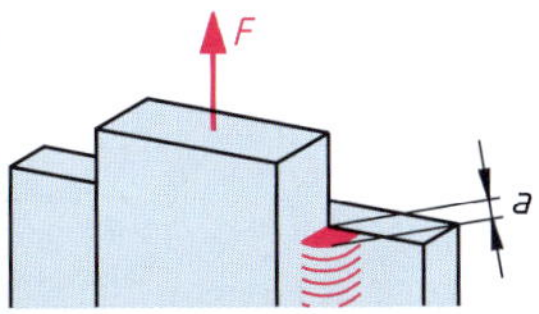 	$\tau = \frac{F}{S}$ $S = a \cdot l$	τ a F S l	Schubspannung in $\frac{N}{mm^2}$ a-Maß der Kehlnaht Kraft in N Nahtquerschnitt in mm^2 Nahtlänge in mm
Zulässige Spannungen	allgemein: $\sigma_{zul} = \frac{R_e}{\nu}$ $F_{zul} = \sigma_{zul} \cdot S$ $\tau_{zul} = \frac{\tau_{aB}}{\nu}$ $F_{zul} = \tau_{zul} \cdot S$ Im Stahlbau: Spezielle Berechnungsverfahren siehe G 46	σ_{zul} τ_{zul} ν R_e S τ_{aB} F_{zul}	zulässige Spannung in $\frac{N}{mm^2}$ zulässige Schubspannung in N/mm^2 Sicherheitszahl: $\nu > 1$ Streckgrenze in $\frac{N}{mm^2}$ Nahtquerschnitt in mm^2 Scherfestigkeit in $\frac{N}{mm^2}$ Tragfähigkeit der Naht in N

Nahtart	Nahtgüte	Spannungsart	S235 (St 37) Lastfall H	S235 (St 37) Lastfall HZ	S355 (St 52) Lastfall H	S355 (St 52) Lastfall HZ
Stumpfnaht	alle Nahtgüten	σ_{dzul}	160	180	240	270
HV-Naht HV-Naht HY-Naht HY-Naht	Nahtgüte nachgewiesen	σ_{zzul}				
	Nahtgüte nicht nachgewiesen		135	150	170	190
Kehlnähte	alle Nahtgüten	σ_{dzul}, σ_{zzul}				
alle Nähte		τ_{zul}				

Tragfähigkeit von Schweißnähten in kN pro 10 mm Schweißnahtlänge

Schweißnahtdicke *a* in mm	S235J0 zulässige Schweißnahtspannung in $\frac{N}{mm^2}$				S355J0 zulässige Schweißnahtspannung in $\frac{N}{mm^2}$			
	135	**150**	**160**	**180**	**170**	**190**	**240**	**270**
3	4,05	4,50	4,80	5,40	5,10	5,70	7,20	8,10
4	5,40	6,00	6,40	7,20	6,80	7,60	9,60	10,80
5	6,75	7,50	8,00	9,00	8,50	9,50	12,00	13,50
6	8,10	9,00	9,60	10,80	10,20	11,40	14,40	16,20
7	9,45	10,50	11,20	12,60	11,90	13,30	16,80	18,90
8	10,80	12,00	12,80	14,40	13,60	15,20	19,20	21,60
9	12,15	13,50	14,40	16,20	15,30	17,10	21,60	24,30
10	13,50	15,00	16,00	18,00	17,00	19,00	24,00	27,00

Schweißnahtlänge an Profilen — DIN 18800-1 : 1990-11

	Formel	Formelzeichen	Erklärung
Flankenkehlnaht 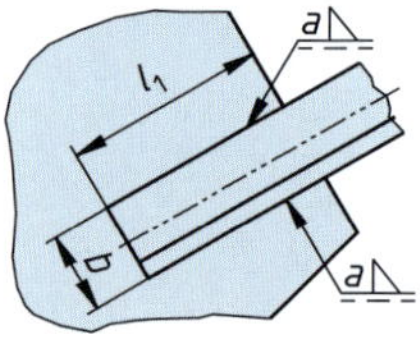 	$l = 2 \cdot l_1$	l l_1 b a	Schweißnahtlänge in mm Überlappungslänge in mm Profilbreite in mm *a*-Maß
Flankenkehlnaht und Stirnkehlnaht 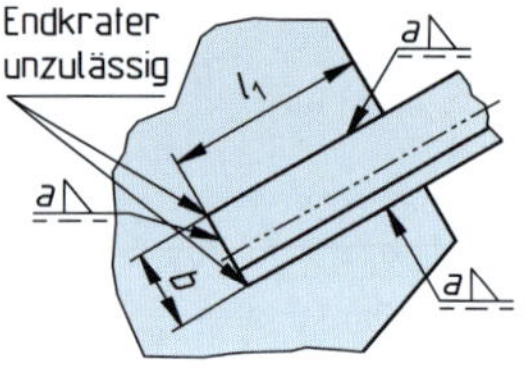 	$l = 2 \cdot l_1 + b$	l l_1 b a	Schweißnahtlänge in mm Überlappungslänge in mm Profilbreite in mm *a*-Maß
Umlaufende Kehlnaht, Schwerachse näher zur längeren Naht 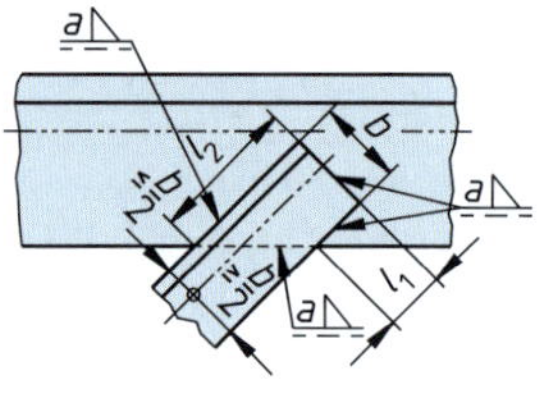 	$l = l_1 + l_2 + 2 \cdot b$	l l_1 l_2 b a	Schweißnahtlänge in mm kürzere Überlappungslänge in mm längere Überlappungslänge in mm Profilbreite in mm *a*-Maß
Umlaufende Kehlnaht, Schwerachse näher zur kürzeren Naht 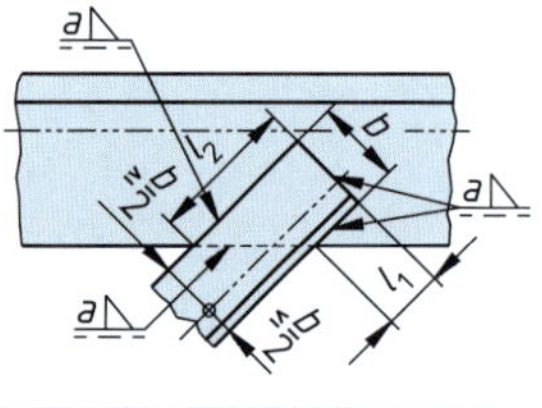 	$l = 2 \cdot l_1 + 2 \cdot b$	l l_1 l_2 b a	Schweißnahtlänge in mm kürzere Überlappungslänge in mm längere Überlappungslänge in mm Profilbreite in mm *a*-Maß
Kehlnaht oder HV-Naht bei geschlitztem Winkelprofil 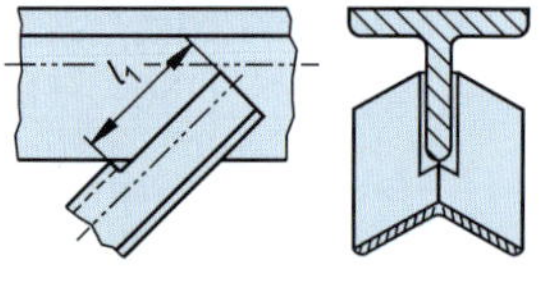 	$l = 2 \cdot l_1$	l l_1 b a	Schweißnahtlänge in mm Überlappungslänge in mm Profilbreite in mm *a*-Maß

Einstellwerte für das Rollennahtschweißen (Auswahl)

Werkstoff	Blechdicke t in mm	Kontaktbreite b in mm	Anpresskraft F in kN	Schweißzeit t_s in Perioden	Nachpresszeit t_p in Perioden	Schweißstrom I in kA	Vorschubgeschwindigkeit v_s in $\frac{cm}{min}$	Überlappbreite I_0 in mm
unlegierte Stähle	0,4	5	2,2	2	1	10	210	10
	0,8	6	3,3	3	2	13,5	180	12
	1	6	3,8	3	2	15	175	13
	1,2	8	4,5	3	2	16	170	14
	1,6	8	5,6	4	3	17,5	155	16
	2	10	6,7	5	4	19	145	18
rostbeständige Stähle	0,4	10	2,8	3	2	7	110	8
	0,8	13	4,6	3	3	11	110	10
	1	16	5,5	3	4	13	90	11
	1,2	16	6,4	4	4	14,3	85	12
	1,6	20	8,2	4	5	16,5	80	14
	2	20	10	4	6	17,9	85	16
Aluminium	0,25	2	1,9	1	2	10,5	100	
	0,5	2,5	2,4	2	2	24	100	
	1	3,5	3,4	3	4	32	90	
	1,5	4,5	4,3	4	6	37,5	80	
	2	5,5	4,9	5	10	40,5	60	

Näherungsformeln für Einstellwerte für das Widerstandpunktschweißen

Werkstoff	Schweißstrom I in A	Schweißzeit t_s in Perioden	Elektrodenkraft F in kN	Schweißpunktdurchmesser d in mm 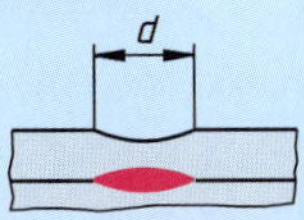	Linsendurchmesser d_1 in mm 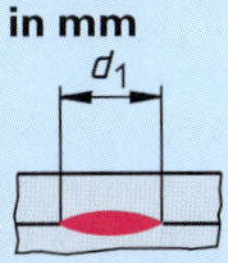	Punktabstand e in mm 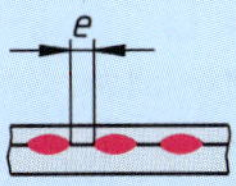	Randabstand e_1 in mm 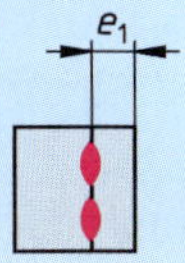
unlegierter Stahl	$9500 \cdot \sqrt{t}$ [1]	$8 \cdot \sqrt{t}$		$2 \ldots 2{,}5 \cdot \sqrt{t}$	$5 \ldots 5{,}5 \cdot \sqrt{t}$	$0{,}7 \ldots 0{,}8 \cdot \sqrt{t}$	$4 \ldots 5 \cdot d_1$
$\approx 1{,}5 \cdot d$	hochlegierter Stahl	$8000 \cdot \sqrt{t}$	$5 \cdot \sqrt{t}$	$4 \cdot \sqrt{t}$	$3{,}5 \ldots 4{,}5 \cdot \sqrt{t}$		
	Aluminium	$30000 \cdot \sqrt{t}$	$7 \cdot \sqrt{t}$	$2{,}5 \cdot \sqrt{t}$	$10 \ldots 11 \cdot \sqrt{t}$	$8 \ldots 10 \cdot d_1$	

[1] t = Blechdicke in mm

Einstellwerte für das Punktschweißen

Werkstoff	Blechdicke t in mm	Elektrodendurchmesser d in mm	Elektrodenkraft F in kN	Schweißzeit t in Perioden	Nachwärmzeit t in Perioden	Schweißstrom I in A	Schweißstrom I zum Nachwärmen in A	Überlapplänge $l_ü$ in mm	Punktabstand e in mm
unleg. Stahl	0,40	4	1000	4		5000		8	8
	0,60	5	1500	6		7000		10	12
	0,80	6	2000	7		8000		11	17
	1,00	6	2500	8		9000		13	20
13CrMo44	1,00	6	2500	12	30	7000	3000	13	20
	2,00	8	5000	22	30	10000	4000	18	32
	3,00	10	7500	40	40	14000	6000	22	46
verzinktes Stahlblech	0,60	5	1600	7		8500		11	12
	1,00	6	2250	10		13500		12,5	20
	1,50	6	4000	14		16500		16	30
Aluminium	0,50	13	2250	6		27000		12	
	1,00	13	2700	7		31000		20	
	1,50	13	3200	8		35000		26	

Einstellwerte wurden aus der Näherungsformel und Herstellerdaten ermittelt.
Maschinendaten beachten und Probebleche anfertigen.

Unterpulverschweißen DIN EN 756 : 2004-06

Zuordnung von Drahtelektroden zu Pulvertypen für UP-Schweißen von unlegierten Stählen und Feinkornbaustählen.

Drahtelektroden
S0, S1, S2, S3, S4
S1Si, S2Si2, S3Si, S4Si
S1Mo, S2Mo, S3Mo, S4Mo
S2Ni, S2Ni1, S2Ni2, S2Ni3
S2Ni1Mo, S3Ni1Mo, S3Ni1,5Mo

Pulvertypen			
MS	Mangan-Silikat	AB	Aluminat-basisch
CS	Calcium-Silikat	AS	Aluminat-Silikat
ZS	Zirkon-Silikat	AG	Al-Fluorid-basisch
RS	Rutil-Silikat	FB	Fluorid-basisch
AR	Aluminat-Rutil	Z	andere Typen

Bezeichnungsbeispiel
Draht-Pulver-Kombination EN 756 – S 46 3 AB S1

- S1 – Typ Drahtelektrode
- AB – Typ Pulver
- S 46 3 – Eigenschaften Schweißgut

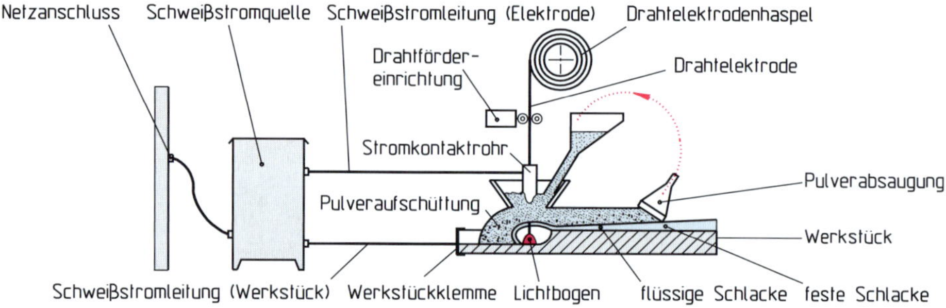

Einstellwerte für das Unterpulverschweißen (nicht genormt)

Nahtart	Werkstoffdicke in mm	Durchmesser Drahtelektrode in mm	Nahtdicke *a* in mm	Spannung *U* in V	Stromstärke *I* in A	Schweißgeschwindigkeit in $\frac{cm}{min}$
	≥ 6	3	3	30…32	450	75
	≥ 8	4	4	30…32	575	70
	≥ 10	4	5	30…32	650	60
	≥ 8	5	4	32…34	800	83
	≥ 12	5	6	32…34	850	58
	≥ 15	6	7	33…35	875	42

Nahtart	Werkstoffdicke in mm	Durchmesser Drahtelektrode in mm	Raupen Nr.	Spannung *U* in V	Stromstärke *I* in A	Schweißgeschwindigkeit in $\frac{cm}{min}$
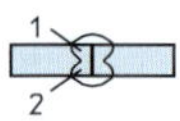	6	4	Raupe 1/2	35	300/350	83
	8	4	Raupe 1/2	35	450/500	77
	10	4	Raupe 1/2	35	500/550	70

Alle Angaben sind Herstellerangaben und können nur als Richtwerte betrachtet werden.

Schmelzschweißverbindungen an Stahl, Nickel, Titan und deren Legierungen (ohne Strahlschweißen)

Bewertungsgruppen von Unregelmäßigkeiten — DIN EN ISO 5817 : 2006-10

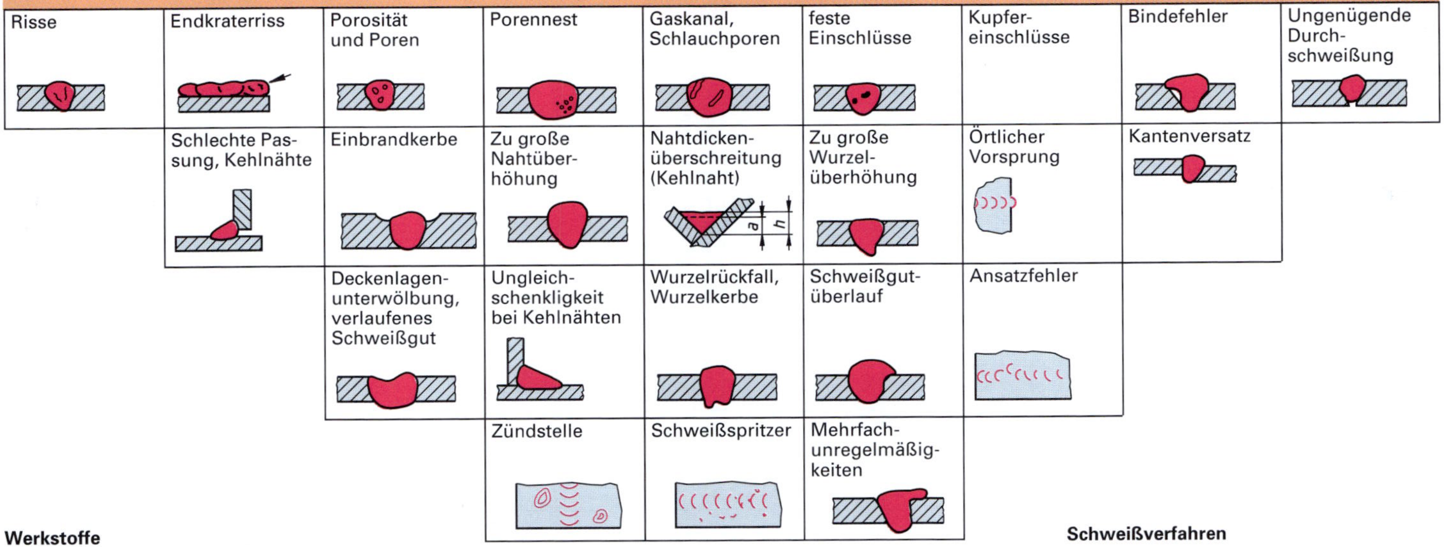

Werkstoffe

unlegierte und legierte Stähle

Metallurgische Gesichtspunkte

keine Erfassung von Korngröße u. a. m.

Bewertungsgruppen für Unregelmäßigkeiten	
Gruppe/Symbol	**Bewertungsgruppe**
D	**niedrig**
C	**mittel**
B	**hoch**

Schweißverfahren

11 Metall-Lichtbogenschweißen ohne Gasschutz
12 UP-Schweißen
13 Schutzgasschweißen
14 WIG
15 Plasmaschweißen

Bezüge

Die Norm erfasst nur die Schweißnaht und nicht das ganze Bauteil.
Verschiedene Nähte können unterschiedlich bewertet werden.
In der Regel erfolgt eine einheitliche Bewertung. Prüfverfahren werden nicht vorgeschrieben.
Die Bewertungsgruppe wird unter den Aspekten Konstruktionsgegebenheiten, nachfolgende Verfahren (z. B. Verzinken), Beanspruchungsarten (z. B. dynamisch), Betriebsbedingungen (z. B. Temperatur), Fehlerfolgen und Wirtschaftlichkeit bestimmt.

Nahtarten

Stumpfnähte
Kehlnähte
Nähte an Rohrabzweigungen

Nahtdicken

3 bis 63 mm

Schweißprozess

von Hand
mechanisiert
automatisiert

Hinweis: Die Grenzwerte für Unregelmäßigkeiten der Bewertungsgruppen sind der Norm zu entnehmen.

Weichlote (Auswahl) DIN EN ISO 9453:2006-12

Legierungsgruppe	Legierungs-Nr.	Legierungskurzzeichen	Schmelztemperatur in °C untere[1])	Schmelztemperatur in °C obere[2])	Verwendung
Zinn-Blei	101	S-Sn63Pb37	183		Universallot für alle Lötarbeiten, „Sickerlot"
	103	S-Sn60Pb40	183	190	Verzinnen, Edelstahl
	111	S-Pb50Sn50	183	215	Verzinnen, E-Technik
	113	S-Pb55Sn45	183	226	Feinblecharbeiten, Klempnerarbeiten
	114	S-Pb60Sn40	183	235	
	115	S-Pb65Sn35	183	245	
	116	S-Pb70Sn30	183	255	
	122	S-Pb90Sn10	268	302	
	124	S-Pb98Sn2	320	325	Kühlerbau
Zinn-Blei mit Antimon	131	S-Sn63Pb37Sb	183		Feinwerktechnik
	132	S-Sn60Pb40Sb	183	190	Feinlöten, Verzinnen
	133	S-Sn50Pb50Sb	183	216	Feinblecharbeiten, Verzinnen
	134	S-Sn58Pb40Sb2	185	231	Klempnerarbeiten
	135	S-Sn69Pb30Sb1	185	250	Bleilötungen
	136	S-Sn74Pb25Sb1	185	263	Kühlerbau, Schmierlot
	137	S-Sn78Pb20Sb2	185	270	Karosseriebau, Schmierlot
Zinn-Antimon	201	S-Sn95Sb5	230	240	Kältetechnik
Zinn-Blei-Bismut Bismut-Zinn	141	S-Sn60Pb38Bi2	180	185	Feinlötungen
	142	S-Pb49Sn48Bi3	178	205	
Zinn-Kupfer Zinn-Blei-Silber	401	S-Sn99Cu1	230	240	Kupferrohrinstallation, Edelstahl, E-Technik, gedruckte Schaltungen für hohe Betriebstemperaturen, Elektrogerätebau
	402	S-Sn97Cu3	230	250	
	161	S-Sn60Pb39Cu2	183	190	
	162	S-Sn50Pb49Cu	183	215	
Zinn-Indium	601	S-In52Sn48	118		Glas-Metall-Lötungen
Zinn-Silber Zinn-Blei-Silber	703	S-Sn96Ag4	221		Kupferrohrinstallation, Elektrogerätebau, Edelstahl Rostfrei
	702	S-Sn97Ag3	221	230	
	171	S-Sn62Pb36Ag2	178	190	

Bezeichnungsbeispiel: **Weichlot EN ISO 9453 S-Sn63Pb37**

- S-Sn63Pb37: Zusammensetzung, 63 % Sn und 37 % Pb
- S: Kurzzeichen für Weichlot
- EN ISO 9453: Normblattnummer

Hinweis: Bleihaltige Lote nicht in Anlagen der Lebensmitteltechnik einsetzen.

---

[1]) untere Schmelztemperatur entspricht Solidustemperatur
[2]) obere Schmelztemperatur entspricht Liquidustemperatur

Flussmittel zum Weichlöten — DIN EN 29 454-1 : 1994-02

Bezeichnungsbeispiel: Flussmittel ISO 9454-1.1.3.C

Normblattnummer

Flussmitteltyp	Flussmittelbasis	Flussmittelaktivator	Flussmittelart
1 Harz	1 Kolophonium 2 ohne Kolophonium	1 ohne 2 aktiviert mit Halogenen 3 aktiviert ohne Halogene	A flüssig B fest C Paste
2 organisch	1 wasserlöslich 2 nicht wasserlöslich		
3 organisch	1 Salze	1 mit Ammoniumchlorid 2 ohne Ammoniumchlorid	
	2 Säuren	1 Phosphorsäure 2 andere Säuren	
	3 alkalisch	1 Amine u./o. Ammoniak	

Wirkung von Flussmittelrückständen

stark korrodierend	bedingt korrodierend	nicht korrodierend
2.1.2. (F-LW 3) [1] 2.1.3. (F-LW 3) 3.1.1. (F-LW 1, F-SW 12) 3.2.1. (F-SW 13)	1.2.2. (F-SW 28) 2.1.2. (F-SW 25) 2.1.3. (F-SW 23) 3.1.1. (F-SW 21) 3.1.2. (F-SW 22)	1.1.1. (F-SW 31) 1.1.3. (F-SW 32) 1.2.3. (F-SW 33) 2.2.3. (F-SW 34)
Abwaschen mit Wasser u./o. verdünnter Salpetersäure; verkohlt über 300 °C		

[1]) Bezeichnung in Klammern nach zurückgezogener Norm DIN 8511

Zuordnung von Grundwerkstoff – Weichlot – Flussmittel

Weichlot nach DIN EN ISO 9453 (DIN 1707 zurückgezogen) \ Werkstoff	Stahl chromfrei	Stahl hochlegiert	GG, GT	Hartmetall, HSS	Kupfer	CuZn-Legierung	CuSn-Legierung	Cu-Ni-Zn-Legierung	Aluminium	Sn, Sn-Legierung	Zn, Zn-Legierung	Druckguss
S-Sn97Cu3 (L-SnCu3)								×				
S-Sn97Ag3								×				
S-Sn96Ag4								×				
S-Sn95Sb5 (L-SnSb5)					×	×						
S-Sn63Pb37 (L-Sn63)	×	×	×	×								
S-Sn60Pb40 (L-Sn60, L-Sn60Pb)	×	×	×	×	×	×						
S-In52Sn48							×			×		
S-Pb50Sn50 (L-SnPbCd18)			×		×							
S-Pb60Sn40 (L-PbSn40)				×		×						
Flussmittel, Weichlöten nach DIN EN 29 454-1 (DIN 8511)												
3.2.2. (F-SW11) anorganische Säure	×	×	×	×	×	×	×		×		×	×
3.1.1. (F-SW12) anorganisches Salz mit Ammoniumchlorid	×	×	×	×			×					
3.2.1. (F-SW13) Phosphorsäure	×	×	×	×			×					
3.1.1. (F-SW12) anorganisches Salz mit Ammoniumchlorid						×	×					
3.1.2. (F-SW22) anorganisches Salz ohne Ammoniumchlorid								×				
2.1.2. (F-SW25) organisches, wasserlösliches Flussmittel mit Halogenen aktiviert					×					×		
1.1.1. (F-SW31) Kolophonium									×			
3.1.1. (F-SW12) anorganisches Salz mit Ammoniumchlorid									×			
2.1.3. (F-LW3) organisches, wasserlösliches Flussmittel ohne Halogenen aktiviert												

Hartlote für Schwermetalle — DIN EN 1044 : 1999-07, DIN EN ISO 3677 : 1995-04, (DIN 8513-1 : 1979-10 alt)

Kurzzeichen nach DIN EN 1044	ISO-Kurzzeichen (Kurzzeichen nach zurückgezogener DIN 8513-1 bis DIN 8513-5)	Schmelztemperatur in °C		Arbeitstemperatur in °C	Verarbeitungshinweise		
		untere[1])	obere[2])		Grundwerkstoff	Form der Lötstelle	Art der Lotzuführung
Gruppe CU: Kupferhartlote							
CU 104 CU 104	B-Cu100-1085 (L-SFCu)	1083		1100	unlegierter Stahl	Spalt	eingelegt
CU 202	B-Cu88Sn(P)-825/990 (L-CuSn12)	825	990	990	St, Ni	Spalt	eingelegt
CU 301	B-Cu60Zn(Si)-875/900 (L-CuZn40)	875	900	900	St, GT, Cu, Cu-Leg., Ni, Ni-Leg.	Spalt, Fuge	eingelegt, angesetzt
	B-Cu54Zn-880/890 (L-CuZn46)	880	890	890	St, GT, Cu, Cu-Leg.	Spalt	eingelegt
	B-Zn58Cu-835/845 (L-ZnCu42)	835	845	845	vorwiegend Neusilber	Spalt	eingelegt
CU 305	B-Cu48ZnNi(Si)-890/920 (L-CuNi10Zn42)	890	920	910	St, GT, Ni, Ni-Leg., Gusseisen	Spalt, Fuge Fuge	eingelegt, angesetzt
Gruppe CP: Kupfer-Phosphorhartlote							
CP 201	B-Cu92P-710/770 (L-CuP8)	710	770	720	Cu, Rotguss, Cu-Zn-Leg., Cu-Sn-Leg.	Spalt	eingelegt angesetzt
CP 102	B-Cu80AgP-645/800 (L-Ag15P)	645	800	700	Cu, Rotguss, Cu-Zn-Leg., Cu-Sn-Leg	Spalt	angesetzt, eingelegt
CP 104	B-Cu89PAg-645/815 (L-Ag5P)	645	815	710		Spalt, Fuge	angesetzt, eingelegt
CP 105	B-Cu92PAg-645/825 (L-Ag2P)	645	825	740			
Gruppe AG: Silberhartlote							
	B-Cu50ZnAgCd-620/825 (L-Ag12Cd)	620	825	800	St, GT, Cu, Cu-Leg., Ni, Ni-Leg.	Spalt, Fuge	angesetzt
AG 207	B-Cu48ZnAg(Si)-800/830 (L-Ag12)	800	830	830		Spalt	angesetzt, eingelegt
AG 208	B-Cu55ZnAg(Si)-820/870 (L-Ag5)	820	870	860		Spalt, Fuge	angesetzt, eingelegt
	B-Ag67ZnCuCd-635-720 (L-Ag67Cd)	635	720	710	nur für Edelmetalle	Spalt	angesetzt, eingelegt
AG 306	B-Ag30CuCdZn-600/690 (L-Ag30Cd)	600	690	680	St, GT, Cu, Cu-Leg., Ni, Ni-Leg.	Spalt	angesetzt, eingelegt
AG 104	B-Ag45CuZnSn-640/680 (L-Ag45Sn)	640	680	670			
AG 206	B-Cu44ZnAg(Si)-690/810 (L-Ag20)	690	810	810		Spalt, Fuge	
AG 501	B-Ag85Mn-960/970 (L-Ag85)	960	970	960	St, Ni, Ni-Leg.	Spalt	
AG 502	B-Ag49ZnCuMnNi-680/705 (L-Ag49)	680	705	690	Hartmetall auf Stahl, W-Leg., Mo-Leg.	Spalt	

[1]) untere Schmelztemperatur entspricht Solidustemperatur
[2]) obere Schmelztemperatur entspricht Liquidustemperatur

Kurzzeichen nach DIN EN 1044	ISO-Kurzzeichen (Kurzzeichen nach zurückgezogener DIN 8513-1 bis DIN 8513-5)	Schmelztemperatur in °C		Arbeitstemperatur in °C	Verarbeitungshinweise		
		untere[1])	obere[2])		Grundwerkstoff	Form der Lötstelle	Art der Lotzuführung
Gruppe AL: Aluminiumhartlote							
AL 102	B-Al92Si-575/615 (L-AlSi7,5)	575	615	605...615	Lochplattiertes Blech (Kernwerkstoff vorzugsweise Legierungen des Typs AlMn)		
AL 103	B-Al90Si-575/595 (L-AlSi10)	575	595	595...605	Lochplattiertes Blech (Kernwerkstoff vorzugsweise Legierungen des Typs AlMn)		
AL 104	B-Al88Si-575/590 (L-AlSi12)	575	590	590...660	angesetzt, eingelegt		
Gruppe NI: Nickelhartlote							
NI 101	B-Ni73CrFeSiB(C)-980/1060 (L-Ni1)	980	1060		Stahl (niedrig- und hochlegiert), Ni, Co, Co-Legierung	Spalt	angelegt, eingelegt
NI 102	B-Ni82CrSiBFe-970/1000 (L-Ni2)	970	1000				
NI 103	B-Ni92SiB-980/1040 (L-Ni3)	980	1040				

Bezeichnungsbeispiel: Lotzusatz EN 1044 – AL104

- Benennung: Lotzusatz
- Normblattnummer: EN 1044
- Kurzzeichen für Lotzusatz: AL104

Lotzusatz EN 1044 – B – Al88Si 575/585

- Benennung: Lotzusatz
- Normblattnummer: EN 1044
- Kurzzeichen für Hartlöten: B
- Legierungsbestandteile: Al88Si
- ungefährer Schmelzbereich: 575/585

1) untere Schmelztemperatur entspricht Solidustemperatur
2) obere Schmelztemperatur entspricht Liquidustemperatur

Flussmittel zum Hartlöten — DIN EN 1045 : 1997-08

	Typ	Schmelztemperatur in °C		Arbeitstemperatur in °C	Wirkbestandteile	Verarbeitungshinweise	
		untere	obere			Werkstoffe	Korrosion
Schwermetalle	FH 10	550	800	600	Borverbindungen, komplexe Fluoride	Vielzweckflussmittel	• Korrodierend • Rückstände durch Beizen oder Waschen entfernen
	FH 11	550	800	600	Borverbindungen, komplexe Fluoride, Chloride	Cu-Al-Legierungen	
	FH 12	550	850	600	Borverbindungen, elementares Bor, einfache und komplexe Fluoride	rostfreie Stähle, hochlegierte Stähle, Hartmetalle	
	FH 20	700	1000	> 750	Borverbindungen, Fluoride	Vielzweckflussmittel	
	FH 21	750	1100	> 800	Borverbindungen	Vielzweckflussmittel	• Im Allgemeinen nicht korrosiv • mechanisch oder durch Beizen entfernen
	FH 30			> 1000	Borverbindungen, Phosphate, Silikate	für Kupfer- und Nickellote	
	FH 40	600	1000		Chloride, Fluoride	alle borfreien Anwendungen	• Korrodierend • Rückstände durch Beizen oder Waschen entfernen
Leichtmetalle	FL 10			> 550	hygroskopische Chloride, Lithiumverbindungen	Al, Al-Legierungen	
	FL 20				nicht hygroskopische Fluoride		• Im Allgemeinen nicht korrosiv • können auf dem Werkstück verbleiben

Bezeichnungsbeispiel: Flussmittel EN 1045-FH 10

- Flussmittel: Flussmittel
- Normblattnummer: EN 1045
- Hartlöten: H
- Typ: 10

Zuordnung von Grundwerkstoff – Hartlot

Hartlot [1]) nach DIN EN 1044 DIN EN ISO 3677	(DIN 8513 alt)	Werkstoff: Stahl chromfrei	Stahl hochlegiert	Hartmetall, HSS	Cu	Cu-Zn-Legierung	Cu-Sn-Legierung	Cu-Ni-Zn-Legierung	Cu-Ni-Zn-Legierung	Aluminium	Löttemperatur mind. in °C
CU 101		×	×	×							1100
CU 104 B-CU100-1985	(L-SFCu)	×	×	×							1100
CU 301 B-Cu60Zn(Si)-875/900	(L-CuZn40)	×		×	×	×		×			900
– B-Zn58Cu-835/845	(L-ZnCu42)	×			×				×		845
– B-Cu54Zn-880/890	(L-ZnCu46)	×			×	×			×		890
CU 305 B-Cu48ZnNi(Si)-920/980	(L-CuNi10Zn42)	×		×	×				×		950
CP 201 B-Cu92P-710/770	(L-CuP8)					×	×	×	×		720
AG 208 B-Cu55ZnAg(Si)-820/870	(L-Ag5)	×	×		×	×			×		860
AG 207 B-Cu48ZnAg-800/830	(L-Ag12)	×			×	×					830
– B-Cu50ZnAgCd-620/825	(L-Ag12Cd)	×			×	×			×		800
CP 102 B-Cu80AgP-645/800	(L-Ag15P)		×			×			×		710
AG 502 B-Ag49ZnCuMnNi-680/705	(L-Ag49)	×		×		×					690

[1]) Nicht alle Hartlote werden durch DIN EN 1044, DIN EN ISO 3677 bzw. DIN 8513-1 bis DIN 8513-5 erfasst

Brennschneiden

Einfluss der Legierungselemente auf die Brennschneideignung von Stahl (thermisches Trennen mit der Acetylen-Sauerstoffflamme)

Legierungselement		Ohne Vorwärmung brennschneidbar bei Anteilen in %	Ausnahmen
Kohlenstoff	C	0,3	Bei einem C-Gehalt von 0,3 bis 1,6 % kann nach Vorwärmung brenngeschnitten werden.
Silicium	Si	2,5	Bei einem Si-Gehalt von 2,5 bis 4 % kann nach Vorwärmung brenngeschnitten werden.
Mangan	Mn	13	Mit Vorwärmung brennschneidbar, wenn der Mn-Gehalt < 18 % und der C-Gehalt < 1,3 %.
Chrom	Cr	1,5	Bei einem Cr-Gehalt von 1,5 … 3 % vorwärmen auf 600 °C.
Wolfram	W	10	Dabei dürfen die folgenden Grenzwerte für Cr ≤ 0,5 %, Ni ≤ 0,2 % Ni und C ≤ 0,8 % nicht überschritten werden.
Nickel	Ni	7	Wenn der C-Gehalt < 0,3 % beträgt, darf der Ni-Gehalt bis 35 % betragen.
Molybdän	Mo	0,8	Bei einem Mo-Gehalt > 0,8 % geringere Brennschneidgeschwindigkeit; über 2,5 % ist der Werkstoff nicht mehr schneidbar.

Hinweis: Kohlenstoffäquivalent CEV auf Seite F3

Schneidparameter für Autogenes Brennschneiden von Stahl

Schnittdicke in mm	Düsengröße in mm	Düsenabstand in mm	Fugenbreite in mm		Heiz-Sauerstoff-Verbrauch in $\frac{m^3}{h}$		Heizgase Verbrauch in $\frac{m^3}{h}$			Heizgase Druck in bar			Schneidsauerstoff Verbrauch in $\frac{m^3}{h}$		Schneidsauerstoff Druck in bar	Schneidgeschwindigkeit in $\frac{mm}{min}$	
			A [1]	P [2], E [3]	A	P, E	A	P	E	O [4]	A	P, E	A	P, E	A, P, E	A	P, E
3	3…10	3…4	1,5	1,4	0,39	1,3	0,3	0,33	0,8	2	0,5	0,2	1,3	1,3	2	730	660
5																690	630
8		4…5		1,6									1,5	1,7	2,5	640	580
10				1,8									1,7		3	600	550
10	> 10…25		1,8	1,9	0,46	1,5	0,35	0,38	0,9	2,5			2,3	2,8	4	620	560
15		5…7											2,5	3	4,3	520	490
20				2									2,6	3,1	4,5	450	440
25													2,8	3,4	5	410	400
25	> 25…40		2	2,2									2,3	2,8	4	410	400
30													2,5	3	4,3	380	370
35													2,6	3,1	4,5	360	350
40													2,8	3,4	5	340	340

[1]) A = Acetylen
[2]) P = Propan
[3]) E = Erdgas, vorwiegend zum Abwracken
[4]) O = Sauerstoff

Schneidparameter für Plasmaschmelzschneiden

Werkstoff	Blechdicke in mm	Stromstärke in A	Schneidgasverbrauch in $\frac{m^3}{h}$ Luft	Schneidgasverbrauch in $\frac{m^3}{h}$ Ar/H_2	Schnittgeschwindigkeit in $\frac{m}{min}$ Luft	Schnittgeschwindigkeit in $\frac{m}{min}$ Ar/H_2
unlegierter Stahl	1	40	0,7	–	6	–
	2	40	0,7	–	6	–
	4	70	–	–	–	–
	6	80	0,7	–	2,4	–
hochlegierter Stahl	1	40	0,7	–	5	–
	2	60	0,7	–	2	–
	4	70	–	0,6	–	1,4
	6	120	–	0,9	–	1,3
	10	120	–	1,5	–	0,9
	20	200	–	1,5	–	0,7
	40	250	–	1,7	–	0,3
Aluminium	2	30	1,0	–	2,0	–
	4	45	–	1,0	–	5
	6	60	–	1,2	–	4
	8	80	–	1,3	–	3
	10	90	–	1,4	–	2
	12	90	–	1,5	–	1,4

Hinweis: Alle Werte sind Circa-Angaben und abhängig vom Durchmesser der Düsen; die Bedienungsanleitung der Hersteller ist unbedingt zu beachten.

Arbeitsgrößen beim Laserstrahlschneiden mit CO_2-Laser

Werkstoff	Dicke in t in mm	Schnittgeschwindigkeit v_c in $\frac{cm}{min}$	∅-Laserstrahl in mm	Schneidgas	Leistung in W
Unlegierter Stahl	1	300	0,1	O_2	200
	3	60	0,2		
	2,2	575	0,3		850
Nichtrostender Stahl	1	150	0,1		200
	3	250	0,3		850
	5	120			
	9	10			
Titanlegierung	2	350	0,2		200
Plexiglas	3	450	0,4	N_2	
	10	80	0,7		
	32	30	0,3	Ar	850
PVC-hart Polystyrol Polyester	3,2	120	0,5	N_2	200
		420	0,4		
	10	260			
Quarzglas	2	60	0,2	O_2	
Keramik	6,5	650	0,3	Ar	850
Holz	5	360	0,3		
	14	150	0,5		
	18	20	0,7	N_2	200

Hinweis: Für alle Nichtmetalle kann Luft als Schneidgas verwendet werden.
Güte und Maßtoleranzen beim Laserstrahlschneiden werden in E DIN EN ISO 9013 : 2000-06 festgelegt.
Siehe Seite K 42.

Richtwerte für funkenerosives Schneiden

Werkstoffart: Stahl mit 12 % Cr, Drahtdurchmesser $d = 0{,}25$ mm, Draht Cu

Werkstoffdicke t in mm	Vorschub in $\frac{mm}{min}$	Schneidrate in $\frac{mm^2}{min}$	Abtragrate in $\frac{mm^3}{min}$	Drahtgeschwindigkeit in $\frac{m}{min}$
10	3,9	39	9,75	90
20	2,45	49	12,25	
30	1,8	54	13,5	120
50	1,2	60	15	
70	0,9	63	15,75	

Richtwerte für Wasserstrahlschneiden

Werkstoff	Dicke t in mm	Vorschubgeschwindigkeit[1]) in $\frac{mm}{min}$	Werkstoff	Dicke t in mm	Vorschubgeschwindigkeit[1]) v_c in $\frac{m}{min}$
Aluminium	5/10/20/50	2100/980/450/140	GFK	5/10/20/50	4000/2100/630/40
Titan	5/10/20/50	1100/500/280/50	CFK	5/10/20/50	4000/2100/690/45
CrNi-Stähle	5/10/20/50	1000/450/190/40	Glas	5/10/20/50	4000/2800/6650/100

[1]) Werte aus Herstellerunterlagen; Unterlagen des Schneidanlagenherstellers beachten

Klebstoffe

Klebstoffart	Abkürzung	Basisstoffe des Klebers	Merkmale	Anwendungsgebiete
Dispersions-Klebstoffe	DK	Polyvinylacetat (PVAC) Polyacrylsäureester (PASE) Synthesekautschuk (BR)	in Wasser gelöste kleinste Klebstofftropfen	Baustoffe, Fliesenstoffe, Holzstoffe
Lösungsmittel-Klebstoffe	LK	Gelöster Nitrolack Gelöstes Celluloseacetat	Bestandteile: Klebstofflösung oder Lösungsmittel	Papier, Pappe, PVC, PS
Kontakt-Klebstoffe	KK	Polyisobutylen (PIB) Chloroprenkautschuk (CR) Nitrilkautschuk (NR)	kautschukartiger Klebstoff mit kleinen Lösungsmittelanteilen	Kunststoff – Kunststoff Kunststoff – Metall
Zweikomponenten-Reaktionsklebstoffe	ZK	Ungesättigtes Polyesterharz Epoxidharz Polyurethanharz	Binder und Härter vor Gebrauch mischen	Metall – Metall Metall – Keramik Universalkleber
Einkomponenten-Reaktionsklebstoffe	EK	Cyanacrylat (CY) Cyanacrylsäureester	Lösungsmittel verdunstet durch Luftfeuchtigkeit und härtet damit aus.	Kunststoffe Keramik Metalle
Schmelz-Klebstoffe	SK	Polyvinylbutyral (PVB) Polyiobutylen (PIB) Epoxidharz (EP)	Kleber wird zur Verarbeitung durch Erhitzen verflüssigt (Klebstoffpistole)	Universalkleber Kunststoffe

Zuordnung Werkstoffpaarung – Kleber

<table>
<tr><th colspan="2" rowspan="2">Werkstoff 1 / Werkstoff 2</th><th colspan="3">Metalle</th><th colspan="3">Kunststoffe</th><th colspan="5">andere Werkstoffe</th></tr>
<tr><th>Stahl: roh, grundiert, verzinkt</th><th>Aluminium: unbehandelt, eloxiert</th><th>Kupfer</th><th>PVC-hart</th><th>Acryl, Polycarbonatglas</th><th>Pressmassen</th><th>Glas, Keramik</th><th>Beton, Mauerwerk</th><th>Holz</th><th>Papier</th><th>Textil</th></tr>
<tr><th rowspan="3">Metalle</th><td>Stahl: roh, grundiert, verzinkt</td><td colspan="3" rowspan="3">ZK (EP, UP, PUR)
oder
EK (CY) und KK (CR)</td><td colspan="2" rowspan="3">EK (CY)
KK (CR, NR, BR)</td><td rowspan="3">ZK (EP, PUR, UP)
KK (CR)</td><td colspan="3" rowspan="3">KK (CR, BR, NR)
und
DK (PVAC, PASE)</td><td colspan="2" rowspan="3">KK (CR, BR, NR)</td></tr>
<tr><td>Aluminium: unbehandelt, eloxiert</td></tr>
<tr><td>Kupfer</td></tr>
<tr><th rowspan="3">Kunststoffe</th><td>PVC-hart</td><td colspan="3" rowspan="2">EK (CY)
KK (Cr, NR, BR)</td><td>PVC, Spezialkleber</td><td colspan="2">ZK (EP, PUR)
EK (CY)</td><td colspan="5">ZK (EP, PUR)</td></tr>
<tr><td>Acryl, Polycarbonatglas</td><td rowspan="2">ZK (EP, PUR)
EK (CY)</td><td colspan="7">ZK (EP, PUR), KK (CR), EK (CY)</td></tr>
<tr><td>Pressmassen</td><td colspan="3">ZK (EP, KK (CR) PUR, UP)</td><td colspan="7">ZK (EP, PUR, UP)</td></tr>
<tr><th rowspan="5">andere Werkstoffe</th><td>Glas, Keramik</td><td colspan="3" rowspan="3">KK (CR, BR, NR)
und
DK (PVAC, PASE)</td><td rowspan="5">ZK (EP, PUR)</td><td rowspan="5">ZK (EP, UR), KK (CR), EK (CY)</td><td rowspan="5">ZK (EP, PUR, UP)</td><td>ZK, EK</td><td>DK</td><td colspan="3" rowspan="2">KK, ZK (BR, (EP), CR, NR)</td></tr>
<tr><td>Beton, Mauerwerk</td><td>DK</td><td>DK</td></tr>
<tr><td>Holz</td><td colspan="2" rowspan="3">KK, ZK (BR, (EP) CR, NR)</td><td>DK, LK</td><td>LK</td><td>KK</td></tr>
<tr><td>Papier</td><td colspan="3" rowspan="2">KK (CR, BR, NR)</td><td>LK</td><td>LK</td><td>KK</td></tr>
<tr><td>Textil</td><td>KK</td><td>KK</td><td>KK</td></tr>
</table>

Erläuterung: ZK (EP, UP, PUR)

Kleberart: ZK; Basisstoffe: EP, UP, PUR

Leitlinien für die Oberflächenvorbereitung von Metallen und Kunststoffen vor dem Kleben (Auswahl) DIN EN 13887 : 2003-11

Werkstoff	Verfahren	Bemerkungen
Aluminium und seine Legierungen	**Verfahren 1:** – Öl- oder Fettverunreinigungen entfernen – Aufrauen durch Schleifen oder Strahlen mit Korund – Kleben $\leq$ 4 h **Verfahren 2:** – Öl- oder Fettverunreinigungen entfernen – Aufrauen mit Korund; zusätzlich Haftvermittler – Kleben $\leq$ 4 h **Verfahren 3:** – Öl- oder Fettverunreinigungen entfernen – Aufrauen mit Korund; zusätzlich Ätzen (chromfreie Ätzmittel verwenden) – Kleben $\leq$ 4 h **Verfahren 4:** – Öl- oder Fettverunreinigungen entfernen – Aufrauen durch Schleifen oder Strahlen mit Korund – Vorwärmen auf 80 $\pm$ 2 °C – Ätzen (temperierte Lösung 80 $\pm$ 2 °C) für 60 $\pm$ 10 s – sorgfältig spülen – Wasserfilmriss-Versuch[1] durchführen – Wasser ablaufen lassen (15 min) – mit Heißluft (sauber, ölfrei) ca. 10 min trocknen ($T \leq$ 60 °C) – Kleben $\leq$ 4 h	Es wird davon ausgegangen, dass Verfahren 4 das dauerhafteste ist. Haftvermittler auf Basis von Silanen können ähnliche Dauerhaftigkeit bewirken.
Kupfer- und Kupferlegierungen	– Öl- oder Fettverunreinigungen entfernen – Aufrauen mit Schleifmittel auf Aluminiumoxidbasis oder Ätzen bei Raumtemperatur – Spülen in kaltem destillierten oder voll entsalzten Wasser – Trocknen mit Druckluft – Kleben $\leq$ 4	Ätzlösungen: – Ammoniumpersulfat Tauchdauer ca. 1 min – Eisen-III-chlorid Tauchdauer ca. 1–2 min – Salpetersäure Tauchdauer ca. 30 s
Stahl (weich, legiert)	**Verfahren 1:** – Öl- oder Fettverunreinigungen entfernen – Schleifen und Strahlen – Kleben $\leq$ 4 h **Verfahren 2:** – Öl- oder Fettverunreinigungen entfernen – Aufrauen und zusätzlich Ätzen – Kleben $\leq$ 4 h **Verfahren 3:** – Öl- oder Fettverunreinigungen entfernen – Aufrauen und zusätzlich Haftvermittler – Kleben $\leq$ 4 h **Verfahren 4:** – Öl- oder Fettverunreinigungen entfernen – Schleifen oder Strahlen – Ätzen ca 10 min (T = 60 $\pm$ 2 °C) – Abbürsten von schwarzen Niederschlägen mit Nylon-Bürste unter Wasser – mit in Propan-2-ol getränkten Lappen abwischen und trocknen lassen – Erwärmen 1 h bei 120 $\pm$ 3 °C – Kleben $\leq$ 4 h	Haftvermittler können verwendet werden, was als das vorzugsweise anzuwendende Verfahren gilt.

[1] Wasserfilmriss-Versuch: Wasserfilm muss nach dem Eintauchen auf dem Objekt 30 s gleichmäßig und durchgehend bestehen bleiben; dann kann von einer reinen Oberfläche ausgegangen werden.

Werkstoff	Verfahren	Bemerkungen
Stahl nichtrostend	**Verfahren 1:** – Öl- oder Fettverunreinigungen entfernen – Schleifen oder Strahlen mit Korund – Kleben $\leq$ 4 h **Verfahren 2:** – Öl- oder Fettverunreinigungen entfernen – Aufrauen mit Gritstein auf Tonerde; Haftvermittler aufbringen – Kleben $\leq$ 4 h **Verfahren 3:** – Öl- oder Fettverunreinigungen entfernen – Schleifen oder Strahlen mit Korund – Waschen mit basischer Reinigungsmittellösung für 10 min bei 75 $\pm$ 5 °C – Abspülen mit destillierten oder entsalzten Wasser – Ätzen in Oxalsäure-Ätzlösung für 5–10 min bei 62 $\pm$ 2 °C – Abbürsten von schwarzen Niederschlägen mit Nylon-Bürste unter Wasser – Trocknen für 10 min bei $\leq$ 95 °C – Kleben $\leq$ 4 h	
ABS-Kunststoff	– Öl- oder Fettverunreinigungen entfernen – Schleifen nach Herstellerangabe mit silanbeschichteten Schleifmitteln – Kleben nach Herstellerangaben	Meist ohne Vorbehandlung klebbar mit Klebstoffen auf Acryl- oder Lösungsmittelbasis
PA-Kunststoff	– Öl- oder Fettverunreinigungen entfernen – Ätzen für 8 $\pm$ 2 s in Ätzlösung (Ethylacetat/Resorcinol 91/9 % Massenanteile) – Lüften bei 23 $\pm$ 2 °C bis 30 min – Kleben $\leq$ 4 h	
Thermoplaste	Diese Kunststoffe können schwierig zu kleben sein, selbst bei Anwendung von auf Acryl basierenden Klebstoffen.	Herstellerangaben erfragen und beachten
Duroplaste	Meist genügt ein Reinigen und Aufrauen vor dem Kleben	Herstellerangaben erfragen und beachten

Hinweis: Für besondere Klebeaufgaben Hersteller befragen

Konstruktionsbeispiele für Klebeverbindungen

Blechverbindungen

Gute Festigkeit.
Für dünne Querschnitte

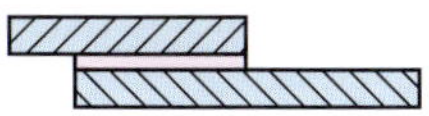

Gute Festigkeit.
Dicke Querschnitte

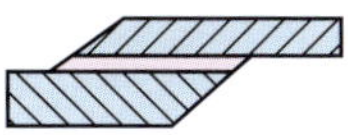

Gute Festigkeit nur bei großen Blechdicken

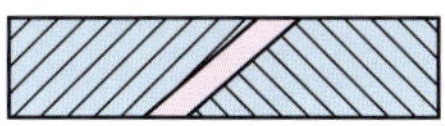

Hohe Festigkeit.
Keine ebene Verbindung

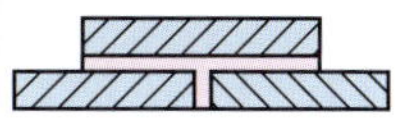

Eckverbindungen

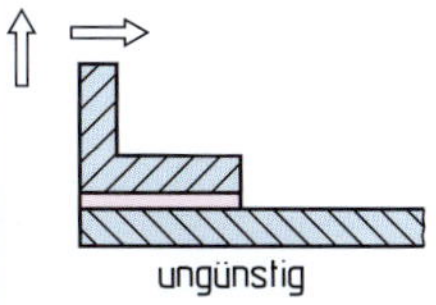

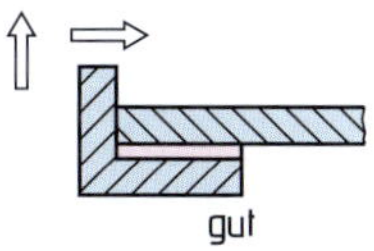

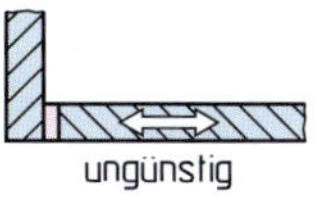

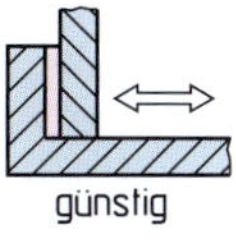

Rohrverbindungen

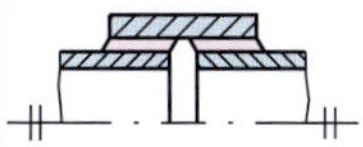

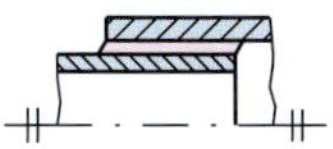

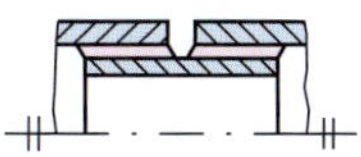

Die Konstruktion soll so ausgelegt sein, dass die Klebefläche möglichst groß wird.

Schneiden

Umdrehungsfrequenzdiagramme (früher: Drehzahldiagramme)

Lineare Teilung

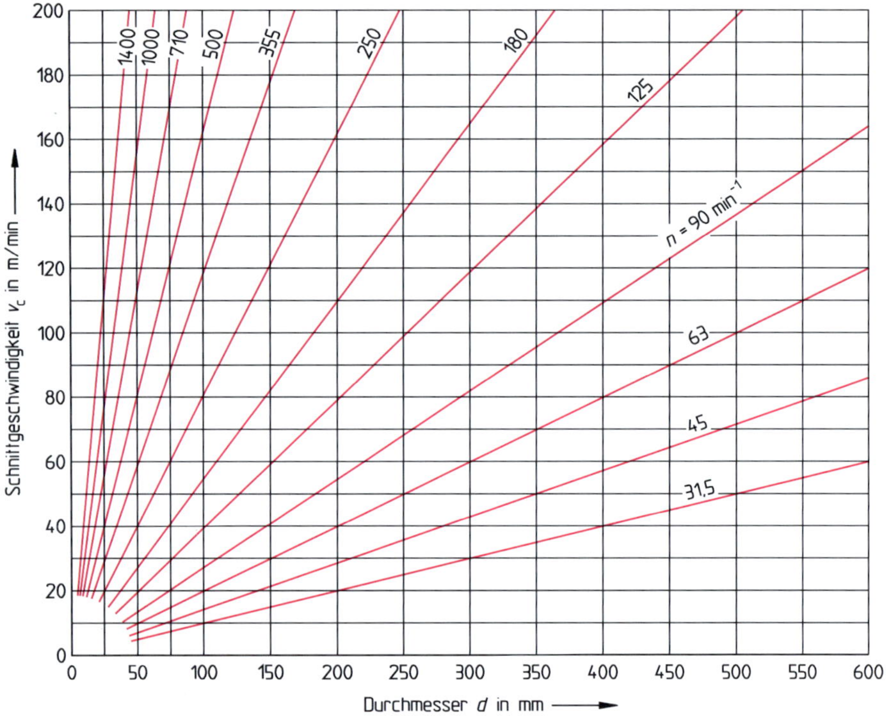

Logarithmische Teilung

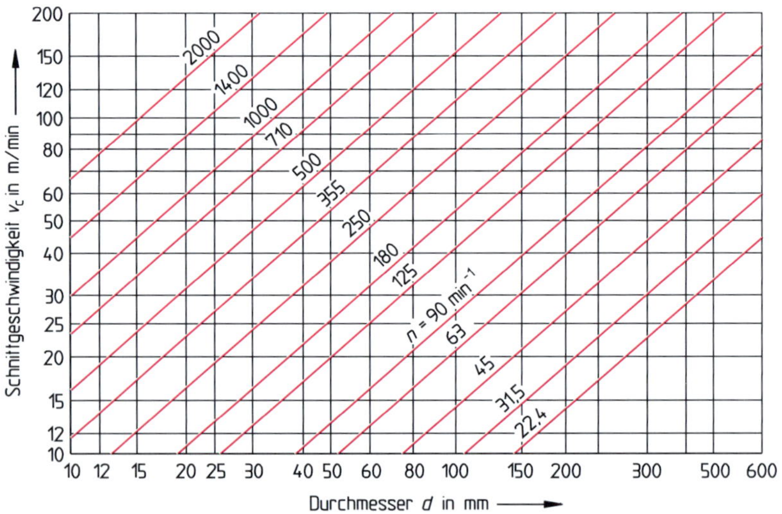

Schneidstoff-Anwendungsgruppen zum Zerspanen — DIN 1836 : 1984-01

Werkzeuge aus Schnellarbeitsstahl (HSS) werden überwiegend für Bohren, Gewindeschneiden, Fräsen und Reiben eingesetzt. Sie sind sehr zäh, leicht zu bearbeiten und preiswert.

Zu bearbeitender Werkstoff	Zugfestigkeit R_m in $\frac{N}{mm^2}$ bzw. Brinellhärte in HB	Schneidstoff-Anwendungsgruppe ×: Regelfall, ○: Sonderfall, –: ungeeignet Werkstoffeigenschaften N normale Festigkeit und Zähigkeit	H hart, zähhart und/oder kurzspanend	W weich, zäh und/oder langspanend
Allgemeiner Baustahl	≤ 600	×	–	○
	500 … 900	×	–	–
Automatenstahl	370 … 600	×	–	○
	550 … 1000	×	○	–
Einsatzstahl unlegiert	≤ 600	×	–	○
legiert	500 … 800	×	–	–
Nichtrostender Stahl	450 … 950	×	–	–
Nitrierstahl weichgeglüht	700 … 900	×	–	–
vergütet	800 … 1250	×	○	–
Vergütungsstahl weich- o. normalgeglüht	500 … 750	×	–	–
unlegiert, vergütet	700 … 1000	×	–	–
legiert, vergütet	700 … 1000	×	–	–
legiert, vergütet	900 … 1250	×	○	–
Werkzeugstahl legiert, vergütet	900 … 1250	×	–	–
unlegiert oder legiert weichgeglüht	180 … 240 HB	×	–	–
hochgekohlt und/oder legiert, weichgeglüht	220 … 300	○	×	–
Stahlguss	400 … 1100	×	–	–
Gusseisen mit Lamellengraphit	100 … 230 HB	×	–	–
	240 … 320 HB	○	×	–
mit Kugelgraphit	100 … 230 HB	×	–	–
	240 … 320 HB	○	×	–
Temperguss	110 … 270	×	–	–
Al-Knet- und Gusslegierungen (Si ≤ 10 %)	≤ 180	○	–	×
Al-Gusslegierungen (Si > 10 %)	150 … 250	×	–	○
Kupfer	200 … 400	○	–	×
Kupferlegierungen hoher Cu-Gehalt,	200 … 550	○	–	×
hohe Festigkeit	250 … 850	×	–	○
Holz	möglich, Spezialwerkzeuge für Holz beachten			
Beton	möglich, Bohrerspitze mit Hartmetall bestückt			
Glas	möglich			

Anwendung harter Schneidstoffe (Hartmetalle, Schneidkeramiken) zur Zerspanung — DIN ISO 513:2005-11

Zuordnung Werkstoff zum Anwendungsbereich

Werkstoff des Werkstückes	Anwendung	Merkmale	Kurzzeichen	Hauptgruppe, Kennfarbe
Stahl	Feindrehen, Feinbohren	↑ zunehmende Verschleißfestigkeit ↑ zunehmende Schnittgeschwindigkeit ↓ zunehmende Zähigkeit ↓ zunehmender Vorschub	P 01	P
Stahlguss	Drehen, Fräsen		P 10	
langspanender Temperguss	Drehen, Fräsen		P 20	blau
			P 30	
	Drehen		P 40	langspanende Werkstoffe
	Drehen, Nutenfräsen		P 50	
Stahl, Stahlguss, Gusseisen	Drehen		M 10	M
Nichtrostende Stähle	Drehen, Fräsen		M 20	gelb
Gusseisen	Drehen, Fräsen		M 30	lang- oder kurzspanende
NE- und Leichtmetalle	Drehen, Automatenarbeiten		M 40	Eisen- und NE-Metalle
gehärteter Stahl, Aluminium mit hohem Si-Gehalt, Kunststoff, Hartpapier, Keramik	Drehen, Fräsen		K 01	K
gehärteter Stahl, Al, Cu-Leg., Kunststoff, Glas, Hartgummi, Porzellan, Gestein	Drehen, Fräsen, Bohren		K 10	rot
Cu- und Al-Werkstoffe	Drehen, Fräsen		K 20	
Weicher Stahl, Schichtholz	Drehen, Fräsen		K 30	Kurzspanende Eisen- und NE-Metalle, nichtmetallische Werkstoffe
NE-Metalle, Weich- und Hartholz	Drehen, Fräsen		K 40	

Hartmetalle — DIN ISO 513:2005-11

Kennbuchstabe	Hartmetall	Bindemittel
HW	Wolframcarbid (WC), Korngröße $\geq 1\ \mu m$	Co
HT, Cermets[1])	Karbide und Nitride von Titan, unbeschichtet	Ni, Co, Mo
HC	wie HW und HT, beschichtet	
HF	Wolframcarbid (WC), Korngröße $< 1\ \mu m$	Co

[1]) **cer**amics + **met**als

Einteilung und Eigenschaften von Schneidkeramiken — DIN ISO 513:2005-11

Schneidkeramik	Eigenschaften	Einsatz	Beispiele
Oxidkeramik **CA** (Oxide)	vorwiegend Al_2O_3, verschleißfest, hochtemperaturbeständig	Drehen von Grauguss, Einsatz- und Vergütungsstahl	Aluminiumoxid Al_2O_3, Zirkonoxid ZrO_2, Titanate TiO_2, oxidische Mischkeramik Al_2O_3-ZrO_2
Mischkeramik **CM** (Oxide + Nichtoxide)	vorwiegend Al_2O_3 + anderen Oxidbestandteilen, sehr verschleißfest, gut temeperaturbeständig	Drehen und Fräsen von Hartguss und hartem Stahl	Aluminiumoxid-Titancarbid Al_2O_3-TiC Aluminiumoxid-Siliciumcarbid Al_2O_3-SiC
Nichtoxidkeramik Nichtoxide	Vorwiegend Si_3N_4, temperaturbeständig, sehr zäh	Drehen und Fräsen von Guss	Bornitrid **BN**, Siliciumnitrid **CN** (Si_3N_4), Siliciumcarbid SiC, beschichtete Schneidkeramik **CC**

Bohrer, Arten und Einsatz — DIN 1414-1:2006-11, -2 : 1998-06

Bohrertyp	Spitzenwinkel σ	Seitenspanwinkel γ_f	Werkstoff
Typ H 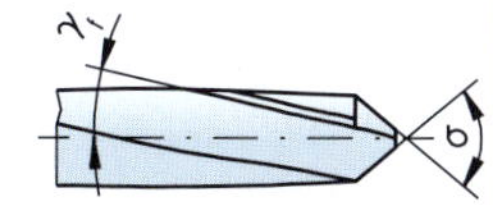	80°	10°...13°	Hartgummi, Kohle, Marmor, Schichtpressstoffe
	118°		weiche Kupfer-Zink-Legierung
	140°		austenitische Stähle, Magnesium-Legierungen
Typ N 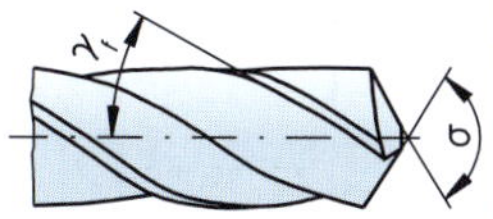	118°	16°...30°	Stahl und Stahlguss mit $R_m \leq 700\ N/mm^2$, Grauguss, Temperguss, Legierungen aus Kupfer-Zink und Kupfer-Nickel-Zink, Nickel
	130°		Stahl und Stahlguss mit $R_m > 700\ N/mm^2$
	140°		nicht rostender Stahl, Aluminium-Legierungen (spröde), Kupfer mit $d > 30$ mm, nicht geschichtete Kunststoffe
Typ W 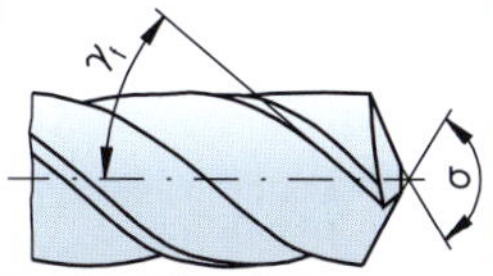	80°	35°...40°	Pressstoffe, Duroplaste
	118°		Zink-Legierung, Lagermetalle
	130°		Al, weiche Al-Legierungen, Kupfer $d \leq 30$ mm

Glasbohrer

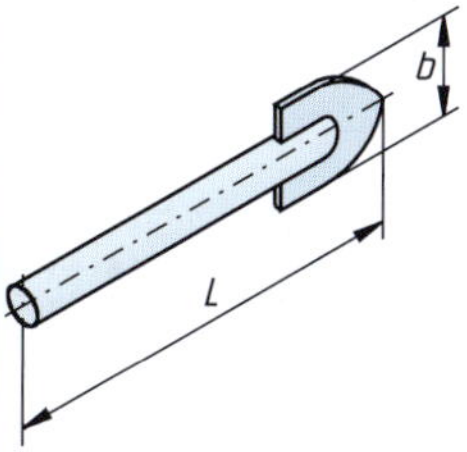

Bohr-∅ *D* in mm	Bohr-∅ *D* in Zoll	Länge *L* in mm
3	1/8	58
4	5/32	58
5	3/16	58
6	15/64	58
7	9/32	78
8	5/16	78
9	11/32	98
10	3/8	98
12	15/32	98

Bemerkungen

Ausführung: speziell geschliffene Hartmetallplatte Chromatierte Oberfläche

Einsatzmöglichkeit in allen Dreh- und Schlagbohrmaschinen
Nur drehend einsetzbar.

Einsatz: Niedrige Drehzahl (Drehfrequenz) einstellen. Ausreichend kühlen mit Wasser, Terpentin, Essig oder Petroleum.
Bei harten Werkstoffen mehrfach nachschleifen.

Richtwerte für das Bohren mit beschichteten Voll-Hartmetallbohrern

Werkstoff	v_c in $\frac{m}{min}$	*f* in mm bei Bohrerdurchmesser *d* in mm: 2,5	3,5	5	8	10	12	16	Kühl-Schmierstoff	Hartmetallsorte
S185 (St 33) S235 (St 37)	100 100	0,08	0,12	0,15	0,25	0,28	0,35	0,38	Emulsion	P 40
S355 (St 52)	85	0,05	0,08	0,11	0,18	0,2	0,25	0,27		
X5CrNi18 9	40	0,03	0,04	0,06	0,1	0,11	0,13	0,15	Emulsion, Öl	P 40
Al Mg Si 1	63	0,08	0,11	0,15	0,24	0,28	0,31	0,35	Emulsion	K 10, K 20
Cu Zn 40	100	0,06	0,09	0,13	0,2	0,23	0,26	0,3	Emulsion	K 10, K 20

Schnittwerte für Bohren mit Schnellarbeitsstahl (HSS)

Werkstoff	v_c in $\frac{m}{min}$	*f* in mm bei Bohrerdurchmesser *d* in mm: 2,5	3,5	5	8	10	12	16	Kühl-Schmierstoff
S185 (St 33) S235 (St 37) S355 (St 52)	25...35	0,03	0,05	0,08	0,1	0,12	0,14	0,25	Kühlschmier-Emulsion
X5CrNi18-9	≈ 10	0,03	0,04	0,06	0,08	0,09	0,1	0,13	
AlMgSi1	40...50	0,07	0,09	0,16	0,22	0,28	0,32	0,42	
CuZn40	30...60	0,06	0,1	0,16	0,2	0,22	0,25	0,3	Trocken (Druckluft)
PVC, Acrylglas	20...40	0,06	0,08	0,12	0,18	0,22	0,25	0,34	
Holz	30...60	Vorschub von Hand							

Hinweis: Die genannten Werte sind einem Herstellerkatalog entnommen und können nur als Richtwerte betrachtet werden, da die Werte bei unterschiedlichen Herstellern abweichen. Für Bohren in Beton Hinweise auf Bohrmaschinen beachten.

Schnittgeschwindigkeiten beim Trennen durch Spanen[1])

	Formel	Formelzeichen	Erklärung
Vorschubgeschwindigkeiten Bohren 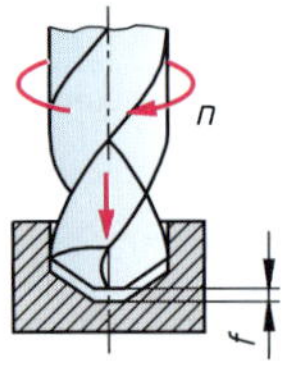 Drehen 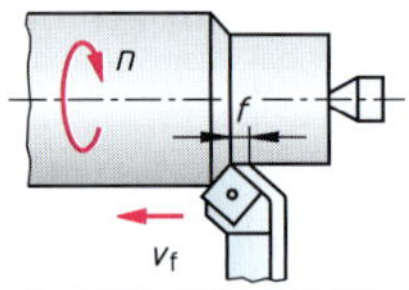	$v_f = n \cdot f$	v_f f n	Vorschubgeschwindigkeit z. B. in $\frac{mm}{min}$ Vorschub z. B. in mm Umdrehungsfrequenz (Drehzahl) in $\frac{1}{min}$
Schnittgeschwindigkeit Bohren, Drehen, Fräsen, Sägen 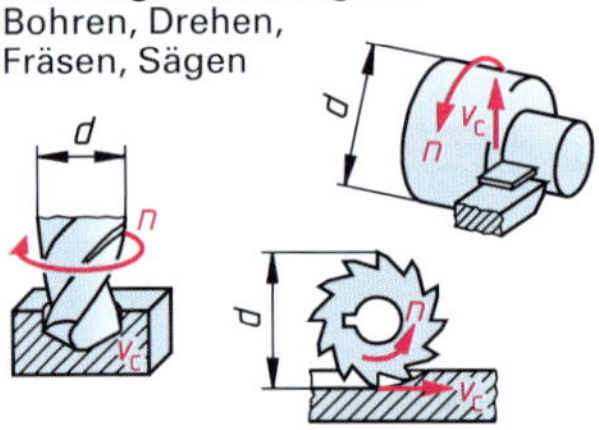	Allgemein: $v_c = \pi \cdot d \cdot n$ $n = \frac{v_c}{\pi \cdot d}$ $d = \frac{v_c}{\pi \cdot n}$ bei Beachtung der Einheiten: $n = \frac{1000 \cdot v_c}{\pi \cdot d}$ $d = \frac{1000 \cdot v_c}{\pi \cdot n}$	v_c d n	Schnittgeschwindigkeit in m/min Durchmesser in mm Drehzahl, Umdrehungsfrequenz in min^{-1}
Schnittgeschwindigkeit Schleifen 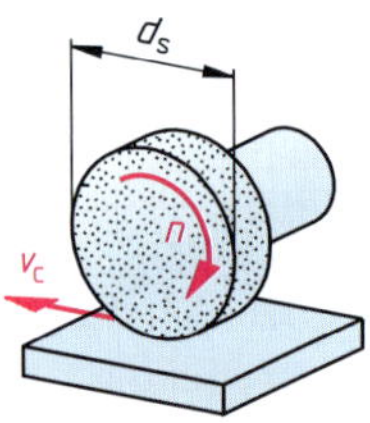	Allgemein: $v_c = \pi \cdot d_s \cdot n$ $n = \frac{v_c}{\pi \cdot d_s}$ $d_{smax} = \frac{v_{max}}{\pi \cdot n}$ bei Beachtung der Einheiten: $n = \frac{1000 \cdot v_c}{\pi \cdot d_s}$	v_c d_s n d_{smax} v_{max}	Schnittgeschwindigkeit in m/s Durchmesser der Schleifscheibe in mm Drehzahl in min^{-1} maximal (zulässiger) Durchmesser der Schleifscheibe in mm maximal (zulässige) Umfangsgeschwindigkeit der Schleifscheibe in min^{-1}
Auftragszeit Hauptnutzungszeit: Bohren 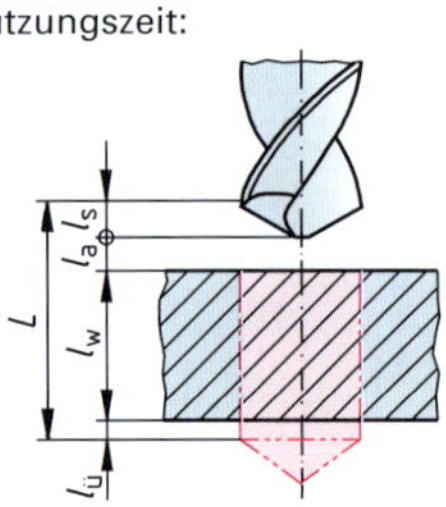	$T = t_r + t_a$ $t_a = m \cdot t_e$ vereinfacht: $t_e = t_{tu}$[1]) $t_{tu} = t_h$ $\quad t_h = \frac{L \cdot i}{f \cdot n}$ $L = l_w + l_s + l_a + l_ü$ Sackloch: $l_ü = 0$ Senken (Flach): $l_ü = 0$; $l_s = 0$	T t_r t_a t_e t_{tu} t_h m f i n L l_w f l_s l_a $l_ü$ α	Auftragszeit in min Rüstzeit in min Ausführungszeit in min Zeit pro Stück in min unbeeinflussbare Zeit in min Hauptnutzungszeit in min Stückzahl Vorschub in mm Anzahl der Bohrungen Drehzahl in min^{-1} Bearbeitungsweg in mm Werkstückdicke in mm Vorschub in mm Spitzenlänge in mm Anlaufweg ca. 2 mm Überlaufweg ca. 2 mm Spitzenwinkel des Bohrers in

α	80°	118°	130°	140°
l_s	$0{,}6 \cdot d$	$0{,}3 \cdot d$	$0{,}2 \cdot d$	$0{,}18 \cdot d$

[1]) In der Praxis kommen hier noch Zuschläge für Ein-/Ausspannen und für Verteilzeiten

Drehmeißel mit HSS-Schneide oder gelöteter Hartmetallschneide (Auswahl)
DIN 4982 : 1980-10

Bezeichnung: Drehmeißel DIN 4978 – R 2516 – P 10

Abgesetzter Eckdrehmeißel (4978)
rechter Drehmeißel (R)
Schaftquerschnitt (2516)
Zerspanungsgruppe (P 10)

Gerader Drehmeißel
ISO 1
DIN 4951 [1]
(DIN 4971) [2]

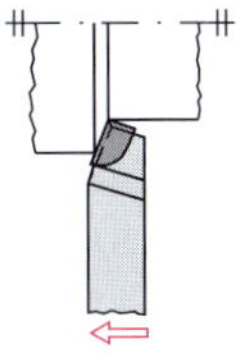

Abgesetzter rechter Seitendrehmeißel
ISO 6
DIN 4960 [1]
(DIN 4980) [2]

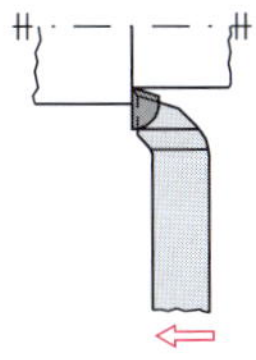

Gebogener rechter Drehmeißel
ISO 2
DIN 4952 [1]
(DIN 4972) [2]

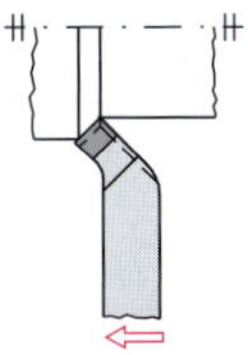

Stechdrehmeißel
ISO 7
DIN 4961 [1]
(DIN 4981) [2]

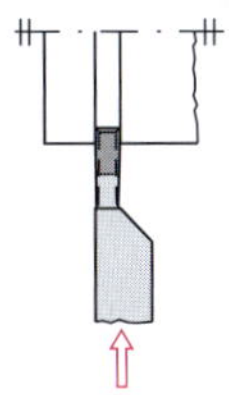

Abgesetzter rechter Eckdrehmeißel
ISO 3
–
(DIN 4978) [2]

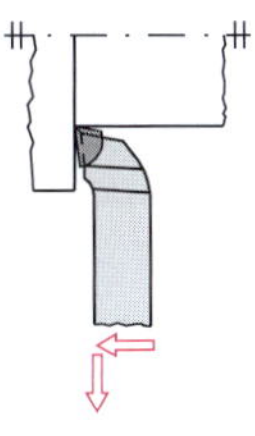

Inneneckdrehmeißel
ISO 9
DIN 4954 [1]
(DIN 4974) [2]

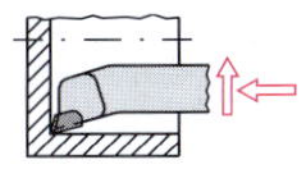

Abgesetzter rechter Stirndrehmeißel
ISO 5
–
(DIN 4977) [2]

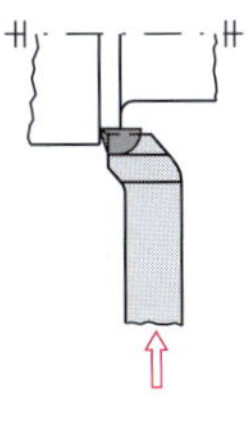

[1]) Meißel mit HSS-Schneide
[2]) Meißel mit Hartmetallschneide

Richtwerte für das Drehen für Drehmeißel aus HSS oder mit Wendeschneidplatten aus Hartmetall

Drehmeißel aus HSS

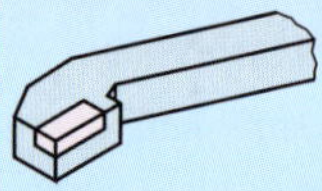

Werkstoff	Zugfestigkeit R_m in $\frac{N}{mm^2}$	Schnittgeschwindigkeit v_c in $\frac{m}{min}$	Vorschub f in mm	Schnitttiefe a_p in mm	Schneidwerkstoff	Standzeit in min
unlegierter Stahl	< 500	65 … 250	0,1 … 0,5	3	S10-4-3-10	60
		50 … 40	0,2 … 1	6	S18-1-2-10	
leg. Stahl, Einsatzstahl	500 … 900	70 … 50	0,1 … 0,5	3	S10-4-3-10	
		50 … 40	0,2 … 1	6	S18-1-2-10	
Vergütungsstahl	700	70 … 40	0,5 … 1	3 … 6	S18-1-2-10	
		50 … 20	0,1 … 0,5	3 … 6	S10-4-3-10	
Al-Legierungen	–	180 … 120	0,1 … 0,6	3 … 6	S10-4-3-10	240
Cu-Zn-Legierungen	–	–	–	–	–	–
Messing		120 … 80	0,1 … 0,3	6	S10-4-3-10	120
Bronze		150 … 100	0,1 … 0,6	3	S10-4-3-10	
Kunststoffe	–	–	–	–	–	–
Thermoplaste		400 … 200	0,1 … 0,25	3	S14-1-4-5	≤ 8 h
Duroplaste o. Füllstoff		250 … 150	0,1 … 0,25	3	S14-1-4-5	

Drehmeißel mit Wendeschneidplatten aus Hartmetall

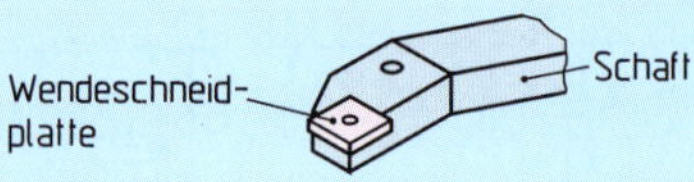

Werkstoff	Vorschub f in mm	Schnittgeschwindigkeit v_c in $\frac{m}{min}$					
		Hartmetall beschichtet			Hartmetall unbeschichtet		
		P15C	P25C	P35C	P10	P40	K10
unlegierter Stahl	0,1 … 0,5	260 … 230	200 … 170	160 … 130	170 … 150	115 … 95	–
	0,5 … 1,5	230 … 190	170 … 140	130 … 95	150 … 120	95 … 80	–
leg. Stahl, Einsatzstahl	0,1 … 0,5	270 … 220	240 … 200	170 … 140	160 … 140	95 … 80	–
	0,1 … 1,5	220 … 200	200 … 170	140 … 110	140 … 115	80 … 65	–
Vergütungsstahl	0,1 … 0,5	230 … 205	180 … 150	140 … 120	125 … 110	90 … 70	–
	0,5 … 1,5	205 … 180	150 … 130	120 … 90	110 … 90	70 … 60	–
Al-Legierungen	0,1 … 0,6	600 … 400	–	–	–	–	600 … 200
Cu-Zn-Legierungen	0,1 … 0,6	–	–	–	–	–	500 … 200
Messing	–	–	–	–	–	–	–
Bronze	–	–	–	–	–	–	–

Schneidbedingungen für das Fräsen mit Schnellarbeitsstählen (HSS)

Zu bearbeitende Werkstoffe	Schnitttiefe a_p in mm	Vorschub f_z in mm	Schnittgeschwindigkeit v_c in $\frac{m}{min}$									
			Walzenfräser bis 150 mm Fräsbreite 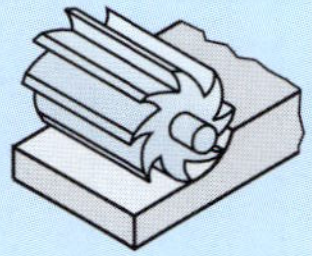		Walzenstirnfräser bis 100 mm Fräsbreite 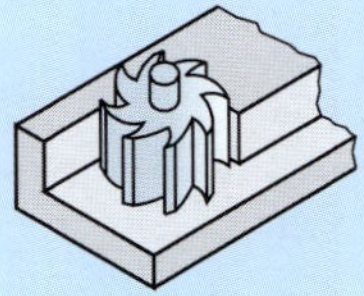		Scheibenfräser bis 32 mm Fräsbreite 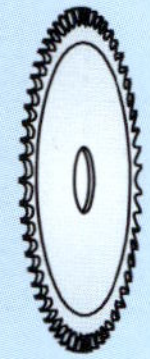		Schaftfräser bis 63 mm Fräsbreite 		Messerköpfe bis 300 mm Fräsbreite 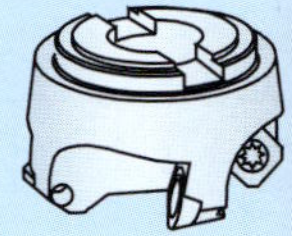	
			HSS	HM	HSS	HM	HSS	HM	HSS	HM	HSS	HM
Unlegierte Stähle, z. B. S235, S355, C15, 9S20	0,5 … 1	0,05 … 0,1	32	200	30	200	20	150	30	200	30	200
	1 … 2	0,1 … 0,2	30	180	28	180	16	120	25	160	28	180
	2 … 4	0,2 … 0,3	26	150	25	150	12	100	22	130	25	170
	4 … 8	0,3 … 0,4	24	120	20	120	10	80	20	100	20	160
Legierte Stähle, z. B. 100Cr6, 16MnCr5, 34CRMoV4	0,5 … 1	0,05 … 0,1	25	100	20	100	16	80	20	160	25	180
	1 … 2	0,1 … 0,2	18	80	16	80	12	65	16	130	20	160
	2 … 4	0,2 … 0,3	14	65	13	65	10	50	14	100	16	140
	4 … 8	0,3 … 0,4	10	50	10	50	8	40	12	80	12	130

a_p = Schnitttiefe bzw. Eingriffsgröße
f_z = Vorschub pro Zahn
v_c = Schnittgeschwindigkeit

Beachte: Genannte Werte sind Richtwerte, besondere Herstellerangaben sind zu beachten.

Schneidbedingungen für das Fräsen mit Hartmetallschneiden

Werkstoff des Werkstückes	R_m [1]) in $\frac{N}{mm^2}$	f_z [2]) in $\frac{mm}{Zahn}$	a_p [3]) in mm	v_c [4]) in $\frac{m}{min}$	Schneidwerkstoff
Stahl unlegiert	< 500	0,1	17	145 … 116	P40
			15	110 … 88	
		0,3	5	145 … 116	
			10	110 … 88	
		0,8	5	115 … 92	
			10	85 … 68	
Stahl unlegiert legiert	500 … 900	0,1	3	130 … 104	P30
			7	110 … 8	
		0,2	3	120 … 96	
			7	100 … 0	
		0,5	1	120 … 96	
			5	95 … 76	
Stahl, rost- und säurebeständig	≤ 700	0,1	0,5	75 … 60	
			3	55 … 44	
		0,3	0,5	60 … 48	
			3	45 … 36	
Aluminium-Legierungen	–	0,05 … 0,3	frei wählbar	1000 … 300	K20
		0,01 … 0,15		2000 … 1000	M10

[1]) R_m = Zugfestigkeit, [2]) f_z = Vorschub pro Zahn,
[3]) a_p = Schnitttiefe bzw. Eingriffsgröße, [4]) v_c = Schnittgeschwindigkeit

Zähnezahl *z* von Fräswerkzeugen bezogen auf den Fräserdurchmesser Werkzeug – Anwendungsgruppe N

Werkzeug	Werkzeug – Werkstoff HSS Fräserdurchmesser *d* in mm				
	≤ 20	30	40	50	63
Scheibenfräser	–	–	–	12 o. 16	12 o. 16
Schaftfräser	4	6	6	8	8
Walzenstirnfräser	–	–	6	8	8
Nutfräser (extra kurz)	2	2 o. 6	2 o. 8	8	–
T-Nutenfräser	6	8	10	10	10

Beachte: Zähnezahl kann je nach Hersteller abweichen

Zerspanungsrichtwerte beim Sägen

Werkstoff	Festigkeit in $\frac{N}{mm^2}$	Schnittgeschwindigkeit in $\frac{m}{min}$	Spanwinkel γ/ Freiwinkel α in °
S185 (St 33), S235 (St 37), 9 S 20 K, S275 (St 44), E295 (St 50), C15, C22, C45	330 … 450 450 … 600	25 … 35 19 … 24	15 … 18/12
E335 (St 60), E360 (St 70), C45, C60, 14 Cr 5	600 … 850,500 … 700	15 … 19	15 … 18/8 … 12
16MnCr5, 20MnCr5, 37MnSi5	600 … 800		15/18
50CrV4, 14NiCr5, 35CrNiMo6	600 … 900	10 … 12	15/6
22NiCr14, 35NiCr18	700 … 900	12 … 15	15/6
Nichtrostende Stähle	500 … 700	7 … 17	10 … 12/6
Walzprofile DIN 1024/25/26	340 … 450	19 … 35	18/8
Stahlrohre S235 (St 35) dünnwandig, normal und dickwandig	350 … 400 500 … 600	35 … 70 24 … 35	15 … 18/8
Kupfer	bis 600	60 … 400	18 … 20/8 … 10
Bronze		40 … 120	5 … 10/10
Messing		400 … 600	12/10
Zink-Legierungen		100 … 200	25/10
Alpaka-Neusilber		20 … 75	20/10
Al-Legierungen		500 … 2000	20 … 23/10

Zahnformen von Sägeblättern für das Sägen von Metall — DIN 1840 : 1970-08

Benennung	Bild	Kurzzeichen	Spanwinkel für Werkzeugtyp N ± 2°	H ± 2°	W ± 2°	Anwendung
Winkelzahn	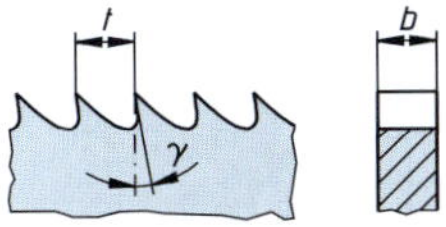	A	5°	0°	10°	DIN 1837 Regelausführung
Winkelzahn mit wechselseitiger Abkantung	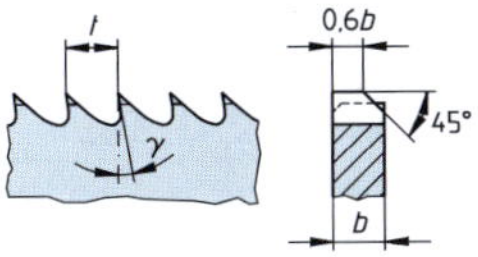	Aw	5°	0°	10°	DIN 1837 Sonderausführung
Bogenzahn	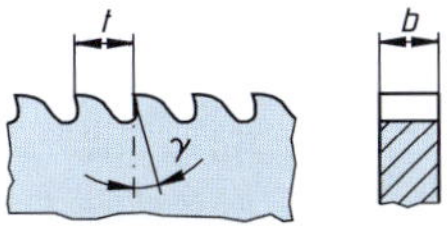	B	15°	8°	25°	DIN 1838 Regelausführung DIN 1837 bei $t \geq 3{,}15$ mm Sonderausführung
Bogenzahn mit wechselseitiger Abkantung	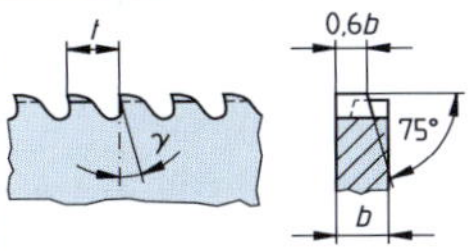	Bw	15°	8°	25°	DIN 1837 bei $t \geq 3{,}15$ mm und $b \geq 2$ mm Sonderausführung DIN 1838 bei $b \geq 2$ mm Sonderausführung
Bogenzahn mit Vor- und Nachschneider	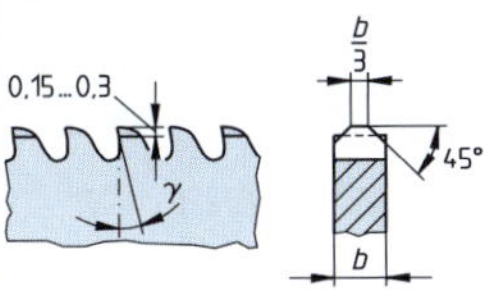	C	15°	8°	25°	DIN 1837 bei $t \geq 3{,}15$ mm und $b \geq 2$ mm Sonderausführung DIN 1838 bei $b \geq 2$ mm Sonderausführung

Richtwerte für das Sägen mit Bandsägen (Vollmaterial)[1]

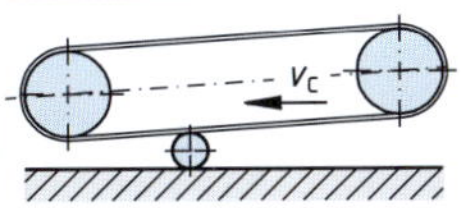

Werkstoff	Dicke t in mm	Schnittgeschwindigkeit v_c in $\frac{m}{min}$	Vorschub in $\frac{mm}{min}$	Zerspanleistung g in $\frac{cm^2}{min}$	Kühlung
Baustahl weich	$0 > t \leq 20$	80 ... 100	115 ... 190	23 ... 38	Emulsion 20 %
Baustahl hart	$0 > t \leq 20$	60 ... 75	90 ... 140	18 ... 28	Emulsion 15 %
Stahl rostfrei	$0 > t \leq 20$	25 ... 40	40 ... 50	8 ... 10	Emulsion 5 %
Alu + NE-Metalle	$0 > t \leq 20$	100 ... 2000	115 ... 190	–	Sprühöl, Emulsion 20 %

[1]) Angaben sind Richtwerte, Herstellerangaben beachten.

Verzahnungsempfehlungen für Bandsägen

Die folgenden Daten sind Herstellerunterlagen entnommen und sind Empfehlungen für eine Verzahnungsauswahl. (Bimetall-Metallsägeband)

Vollmaterial			
Normalverzahnung		**Kombiverzahnung**	
Werkstoffdicke in mm	**Zahnteilung in Zähne pro Zoll**	**Werkstoffdicke in mm**	**Zahnteilung in Zähne pro Zoll**
...10	14	...25	10/14
10–30	10	15–40	8/12
30–50	8	25–50	6/10
50–80	6	35–70	5/8
80–120	4	40–90	5/6
120–200	3	50–120	4/6 o. 4/5
200–400	2	80–180	3/4 o. 4/5
300–700	1,25	130–350	2/3

Rohre			
Normalverzahnung		**Kombiverzahnung**	
Werkstoffdicke in mm	**Zahnteilung in Zähne pro Zoll**	**Werkstoffdicke in mm**	**Zahnteilung in Zähne pro Zoll**
...10	14	...25	10/14
10–30	10	15–40	8/12
30–50	8	25–50	6/10
50–80	6	35–70	5/8
80–120	4	40–90	5/6
120–200	3	50–120	4/6 o. 4/5
200–400	2	80–180	3/4 o. 4/5
300–700	1,25	130–350	2/3

Richtwerte für die Auswahl der Sägeblattbreite und Sägeradius

Das Diagramm zeigt den kleinstmöglichen Sägeradius bezogen auf die Sägeblattbreite.
Beispiel: Blattbreite 16 mm, kleinster Sägeradius $R = 95$ mm

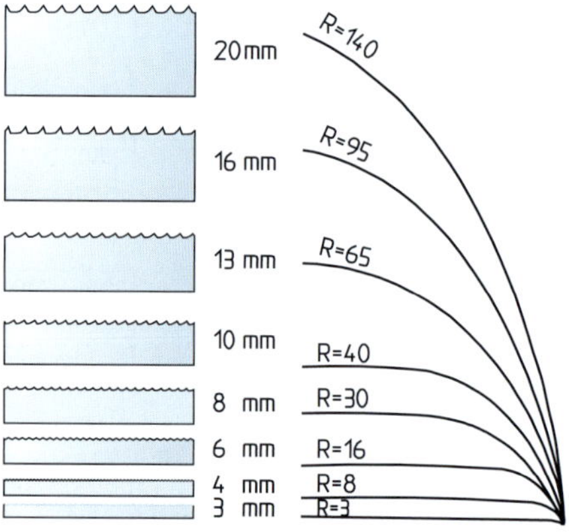

Metallkreissägeblätter, grobgezahnt (Auswahl) DIN 1838 : 1970-08

$d_{1\,H5}$	50		63		80		100		125		160		200	
$d_{2\,H7}$	13		16		22		22		22		32		32	
$d_{3\,H8}$	25		32		36		40		40		63		80	
	Teilung t und Zähnezahl z													
$b_{1\,H}$	$t\approx$	z	$t\approx$	z	$t\approx$	z	$t\approx$	z	$t\approx$	z	$t\approx$	z	$t\approx$	z
0,5	3,15	48	3,15	64										
0,6	3,15	48	4	48	4	64	4	80						
0,8	4	40	4	48	4	64	5	64	5	80				
1	4	40	4	48	5	48	5	64	5	80	6,3	80		
1,2	4	40	5	40	5	48	5	64	6,3	64	6,3	80	6,3	100
1,6	5	32	5	40	5	48	6,3	48	6,3	64	6,3	80	8	80
2	5	32	5	40	6,3	40	6,3	48	6,3	64	8	64	8	80
2,5	5	32	6,3	32	6,3	40	6,3	48	8	48	8	64	8	80
3	6,3	24	6,3	32	6,3	40	8	40	8	48	8	64	10	64
4	6,3	24	6,3	32	8	32	8	40	8	48	10	48	10	64

Bezeichnungsbeispiel:

Kreissägeblatt 160 × 3 BN DIN 1838-HSS
- *d* in mm
- *b* in mm
- Zahnform
- Werkzeugtyp
- Werkstoff

Kreissägeblatt 100 × 2 AN DIN 1837-SS
- *d* in mm
- *b* in mm
- Zahnform
- Werkzeugtyp
- Werkstoff

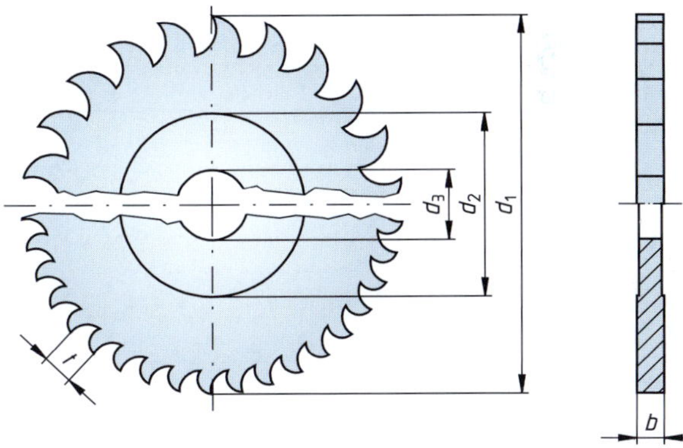

Metallkreissägeblätter, feingezahnt DIN 1837 : 1970-08

$d_{1\,H5}$	20		25		32		40		50		100		200	
$d_{2\,H7}$	5		8		8		10		13		22		32	
$d_{3\,H8}$	10		12		14		18		25		40		63	
	Teilung t und Zähnezahl z													
$b_{1\,H}$	$t\approx$	z	$t\approx$	z	$t\approx$	z	$t\approx$	z	$t\approx$	z	$t\approx$	z	$t\approx$	z
0,2	0,8	80	1	80	1	100	1	128	1,25	128				
0,4	1	64	1,25	64	1,25	80	1,25	100	1,6	100				
0,5	1,25	48	1,25	64	1,25	80	1,6	80	1,6	100	2	160		
0,8	1,25	48	1,6	48	1,6	64	1,6	80	2	80	2,5	128		
1	1,6	40	1,6	48	1,6	64	2	64	2	80	2,5	128	3,15	200
1,6	1,6	40	2	40	2	48	2	64	2,5	64	3,15	100	4	160
2	2	32	2	40	2	48	2,5	48	2,5	64	3,15	100	4	160
2,5	2	32	2	40	2,5	40	2,5	48	2,5	64	3,15	100	4	160
3	2	32	2,5	32	2,5	40	2,5	48	3,15	48	4	80	5	128
4	2,5	24	2,5	32	2,5	40	3,15	40	3,15	48	4	80	5	128
5	2,5	24	2,5	32	3,15	32	3,15	40	3,15	48	4	80	5	128

Langsägeblätter für Metallhandsägen DIN 6494 : 1999-10

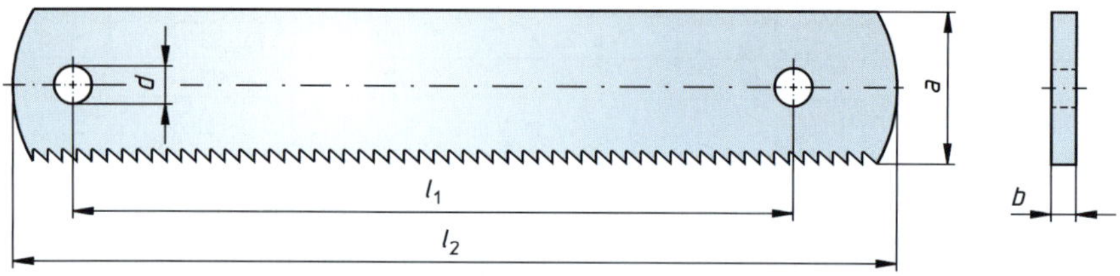

l_1 in mm ±2	*a* in mm	*b*	Zahnung		l_2 in mm max.	*d* in mm H14
			Steigung in mm	Zähnezahl auf 25 mm Länge		
300	12,5	0,63	0,8; 1; 1,4	32; 24; 18	315	4

Bezeichnungsbeispiel: Sägeblatt DIN 6494 300 × 12,5 × 0,63 × 1,0

Sägeblattlänge (300) – Sägeblattbreite (12,5) – Sägeblattdicke (0,63) – Steigung (1,0)

Sägeblätter für Bügelsägemaschinen DIN 6495 : 1999-10

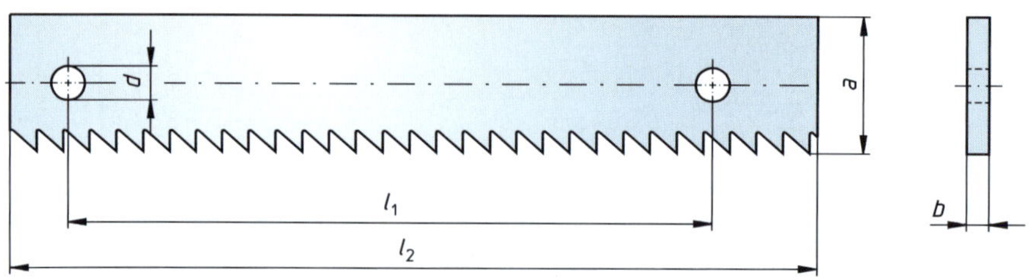

l_1 in mm	*a* in mm	*b*	Zahnung		l_2 in mm max.	*d* in mm
			Steigung in mm	Zähnezahl auf 25 mm Länge		
300	25	1,25	1,8; 2,5	14; 10	330	8
	25	1,5	1,8; 2,5	14; 2,5		
350	25	1,25	1,8; 2,5	14; 10	380	8
	25	1,5	1,8; 2,5	14; 10		
	30	1,5	1,8; 2,5; 3,2; 4	14; 10; 8; 6		
	30	2	2,5; 3,2; 4	10; 8; 6		
400	30	1,5	1,8; 2,5; 3,2; 4	14; 10; 8; 6	430	8
	30	2	1,8; 2,5; 3,2; 4; 6,3	14; 10; 8; 6; 4		
	40	2	4; 6,3	6; 4	435	10
450	30	2	2,5; 4	10; 6	485	10
	40	2	2,5; 3,2; 4; 6,3	10; 8; 6; 4		
500	40	2	4; 6,3	6; 4	535	10
600	50	2,5	4; 6,3	6; 4	640	12,5
700	50	2,5	6,3	4	740	12,5

Bezeichnungsbeispiel: Sägeblatt DIN 6495 300 × 25 × 1,25 × 1,8

Schleifmittel, Zuordnung Werkstoff-Schleifmittel
DIN ISO 525 : 2000-08, DIN EN 12 413 : 2007-09

Werkstoff	Schleifmittel	chemische Zusammensetzung in Masse %	Bezeichnung
nichtrostender Stahl	Zirkonkorund	$Al_2O_3 + ZrO_2$	Z
unlegierter + ungehärteter Stahl, Stahlguss, Temperguss	Normalkorund	Al_2O_3 + Beimengung	A
legierter + gehärteter Stahl, Titan, Glas	Edelkorund	Al_2O_3 in kristalliner Form	
Cu, Al, Kunststoffe, Gusseisen, Hartguss, Hartmetall, Gestein, Glas	Siliciumkarbid	SiC in kristalliner Form	C
Werkzeugstahl > 60 HRC, HSS	Bornitrid	BN in kirstalliner Form	CBN
lose Schleifmittel zum Läppen von Hartmetall	Borkarbid	BK	BK
Hartmetall, Glas, Gusseisen, Abrichten von Schleifscheiben, Keramik	Diamant	C in kristalliner Form	D

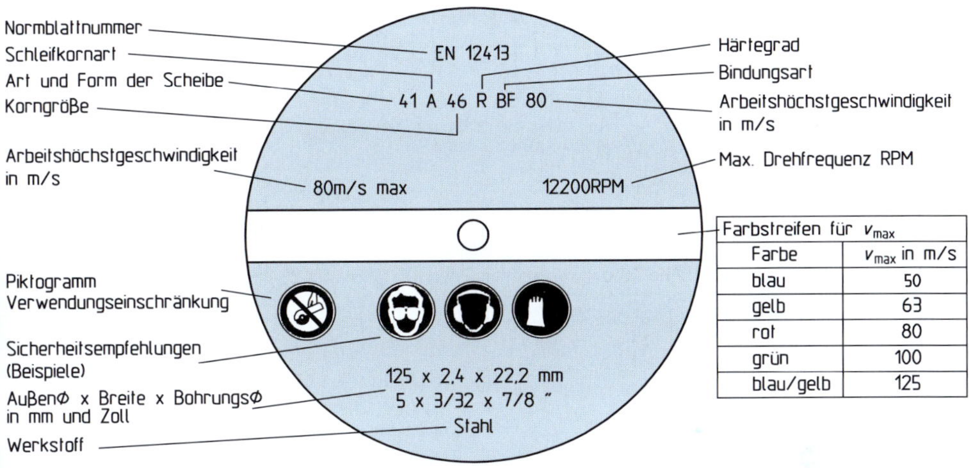

Farbstreifen für v_{max}	
Farbe	v_{max} in m/s
blau	50
gelb	63
rot	80
grün	100
blau/gelb	125

Körnung		Härtegrad		Gefüge		Bindung		Arbeitshöchstgeschwindigkeit v_{cmax} in $\frac{m}{s}$
Körnungsnummer	Bezeichnung	Kennbuchstabe	Bezeichnung	Art	Ziffer	Kennbuchstabe	Art	
4...24	grob	A, B, C, D	äußerst weich	geschlossen	0...4	V	keramisch	16, 20, 25, 32, 40, 50, 63, 80, 100, 125, 140, 160
30...60	mittel	E, F, G	sehr weich	normal	5...7	R	Gummi	
70...220	fein	H, I, J, K	weich	offen	8...11	RF	Gummi, faserverstärkt	
240...1200	sehr fein	L, M, N, O	mittel	sehr offen	12...14	B	Kunstharz	
		P, Q, R, S	hart			BF	Kunstharz, faserverstärkt	
		T, U, V, W	sehr hart			E	Schellack	
		X, Y, Z	äußerst hart			Mg	Magnesit	
						PL	Plastikbindung	

Vorzugsmaße für Schleifbänder (Auswahl) — DIN ISO 2976:2005-10

Grenzabmaß ± 3

Grenzabmaß	T \ L	330	400	450	457	480	520	533	550	560	610	620	750	760	800	860	900	1000
± 1	15	×				×	×											
± 1	20			×		×	×				×							
± 1	25			×		×					×			×				×
± 1	30			×								×			×			×
± 1	40			×			×						×		×			×
± 1	50			×								×	×		×			
± 1	60		×															×
± 1	75				×	×		×			×							
± 1	100			×						×	×	×			×	×	×	×
± 1	120																	
± 1	150																	
± 1	200								×				×					

Grenzabmaß ± 5

Grenzabmaß	T \ L	1100	1200	1250	1500	1600	1650	1750	1800	1850	2000	2250	2500	3000	3500	4000
± 1	15															
± 1	20										×		×		×	×
± 1	25				×						×		×		×	
± 1	30				×						×		×		×	×
± 1	40			×	×		×				×		×		×	×
± 1	50		×		×	×					×		×	×	×	×
± 1	60			×								×	×	×	×	
± 1	75				×						×	×	×	×	×	×
± 1	100	×			×				×		×		×	×	×	×
± 1	120				×						×		×	×	×	×
± 1	150				×			×			×	×	×	×	×	×
± 1	200				×	×			×	×	×		×	×	×	

Grenzabmaß ± 20

Grenzabmaß	T \ L	5000	6000	6500	7000	7100	7200	7500	7600	7700	7800	8000	8500	9000
± 1	15													
± 1	20													
± 1	25													
± 1	30													
± 1	40													
± 1	50													
± 1	60													
± 1	75													
± 1	100												×	×
± 1	120				×				×		×	×		
± 1	150	×[1]	×	×	×	×	×	×		×	×			×
± 1	200													

T Breite in mm
L Länge in mm

Berechnung der Schleifbandlänge:

$L = 2a + d \cdot \pi$ mit a = Achsabstand zwischen den Walzen
d = Walzendurchmesser

[1]) Grenzabmaß ±10

Rechteckige Schleifblätter — DIN ISO 21948 : 2001-11

Die Blattgrößen ergeben sich durch die Teilung des rechteckigen Schleifblattes 230 mm × 280 mm.

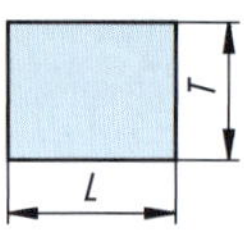

T ± 3 in mm	*L* ± 3 in mm
70	115
70	230
93	230
115	140
115	280
140	230
230	280

Bezeichnungsbeispiel: ISO 21948 – 230 × 280
Korngröße nach DIN ISO 6344 : 2000-04 angeben.

Runde Schleifblätter — DIN ISO 21950:2001-11

Form A ohne Loch

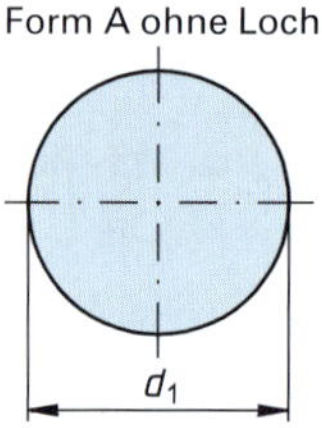

Bezeichnungsbeispiel:
Rundes Schleifblatt
ISO 21950 A100

Korngröße nach DIN ISO 6344 : 2000-04 angeben.

d_1 in mm	d_2 in mm 8	12	22	40
80	×			
100	×	×	×	
115	×	×	×	
125	×	×	×	
150		×	×	
180		×	×	×
200			×	×
235			×	×

Form B mit Loch

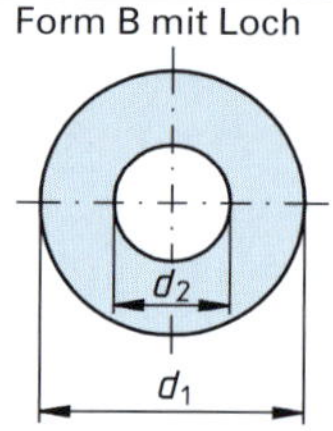

Bezeichnungsbeispiel:
Rundes Schleifblatt
ISO 21950 B140 × 12

Rollen von Schleifmitteln auf Unterlagen — DIN ISO 3366:2000-08

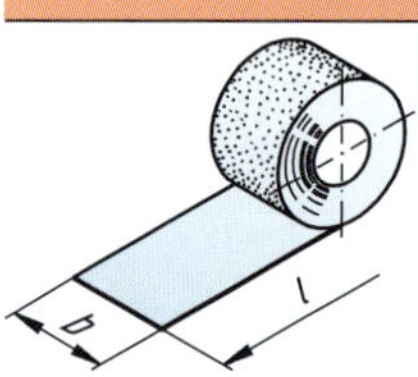

Breite *b* in mm	12,5	15	25	35	40	50	80	93	100	115	150	200	300	600
Länge *l* in m	25 oder 50								50 oder Mehrfaches von 50					
Lieferform	mit/ohne Kern oder Spule								ohne Kern, ohne Spule					

Körnungen für Schleifmittel auf Unterlagen — DIN ISO 6344 : 2000-04

Makrokörnungen			Mikrokörnungen		
P 12	P 36	P 100	P 240	P 500	P 1500
P 16	P 40	P 120	P 280	P 600	P 2000
P 20	P 50	P 150	P 320	P 800	P 2500
P 24	P 60	P 180	P 360	P 1000	
P 30	P 80	P 220	P 400	P 1200	

Beizeichnungsbeispiel für Mikrokörnungen aus Elektrokorund oder Siliciumkarbid:

Siliciumkarbid – P600

Benennung des Schleifmittels (Siliciumkarbid)

Körnungsbezeichnung (P600)

Kühlschmierstoffe, Benennung, Kurzzeichen, Eigenschaften — DIN 51 385 : 1991-06

Kennbuchstaben	Art	Kurzzeichen	Eigenschaften	Wirkungsweise
SN	nicht wassermischbare Kühlschmierstoffe	SN1	Schneidöl mit pflanzlichen oder synthetischen Fettzusätzen; gute Haftung; sehr gute Schmier- und Korrosionsschutzwirkung; nicht für hohe Temperaturen geeignet	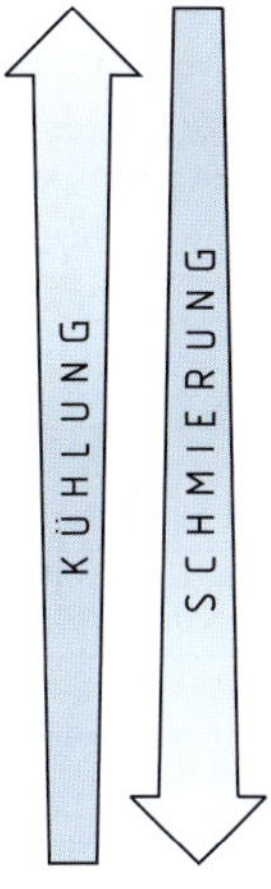
		SN2	Mild wirkender EP[1]) L-Zusatz; hohe Druck- und Temperaturbeständigkeit	
		SN3	Mild wirkender EP-Zusatz sowie Fettzusatz	
		SN4	Aktiv wirkender EP-Zusatz; Hohe Druck- und Temperaturbeständigkeit	
		SN5	Aktiv wirkender EP-Zusatz sowie Fettzusatz	
SESW	Lösungen in Wasser	SW1	Mit Wasser gemischter Kühlschmierstoff, z. B. Soda in Wasser. Einsatz überwiegend beim Schleifen	
		SW2	Mit Wasser gemischte synthetische Zusätze. Einsatz beim Bohren und Fräsen	
SEMW	Emulsionen (Öl in Wasser)	E2 ... E20	Emulsionen aus Wasser mit 2 % bis 20 % Zusätzen; gute Kühlung; geringe Schmierung. Umgangssprachliche Bezeichnung: Bohrwasser	

[1]) EP = extreme pressure ⇒ Hochdruck, Zusätze zur Steigerung der Aufnahme hoher Flächenpressung

Anwendung von Kühlschmierstoffen

Fertigungsverfahren	Stahl normal zerspanbar	Stahl schwer zerspanbar	Al, Al-Legierungen	Cu, Cu-Legierungen
Bohren	E2 % ... E5 %	E10 %, SN4	E5 %, SN1, SN2	trocken, E5 % ... E10 %
Drehen	E2 % ... E5 %	E10 %, SN4	E5 %, SW2, SN1	trocken, SW2, SN1, SN2
Fräsen	E5 % ... E10 % SW2, SN2	E10 %, SN4, SN5	E5 %, SN2, SN3	trocken, E5 %, SN1, SN2
Sägen	E10 %, SW2	E20 %, SW2	E5 %, SN2, SN3	E5 %, SN2, SN3
Schleifen	E2 % ... E5 %, SW2	E5 %, SW2	E2 % ... E5 %	E2 %, SW2

Schmierstoffe, Übersicht DIN 51502 : 1990-08

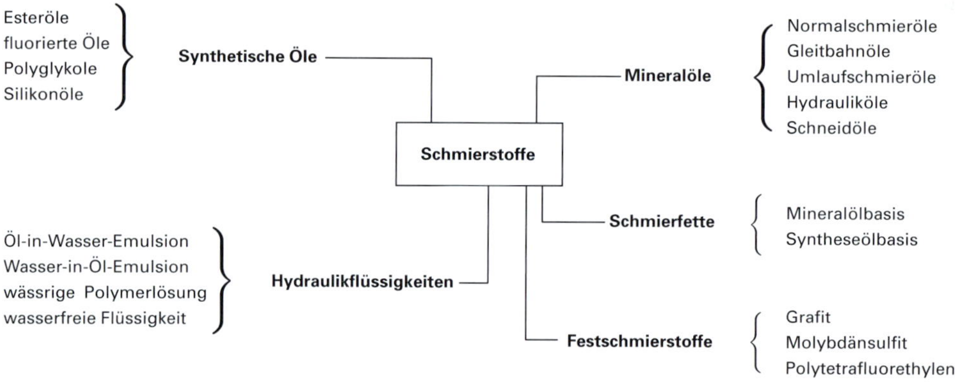

Symbole und Kennzeichen von Schmierölen, Hydraulikölen und Schmierfetten DIN 51502 : 1990-08

Stoffgruppe, Symbole	Kennbuchstabe	Stoffart, Anwendung	Festgelegt in DIN
Mineralöle 	AN	Normalschmieröle	51501
	B	bitumenhaltiges Schmieröl	51513
	C	Umlaufschmieröle	51517-1, -2, -3
	CG	Gleitbahnöle	
	H	Hydrauliköle	51524-1, -2
schwer entflammbare Hydraulikflüssigkeiten 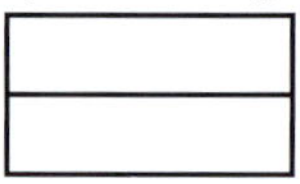	HFA	Öl-in-Wasser-Emulsionen	24320
	HFB	Wasser-in-Öl-Emulsion	
	HFC	wässrige Polymerlösungen, hydraulische Steuerungs- und Kraftanlagen	
Syntheseöle 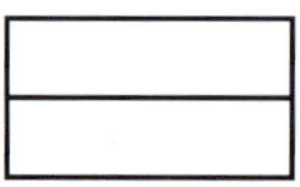	E	Ester, organische Lagerschmierungen	
	FK	Perfluor-Flüssigkeiten, Lager mit Notlaufeigenschaften	
Fette auf Mineralölbasis 	K	Gleitlager, Gleitflächen, Wälzlager	51825-1
	G	geschlossene Getriebe	51826
	OG	offene Getriebe, Verzahnungen	–
	M	Gleitlager, Dichtungen	
Fette auf Syntheseölbasis 		Schmierfette auf Synthesebasis werden in ihren Grundeigenschaften wie die oben stehenden auf Mineralölbasis gekennzeichnet, durch Hinzufügen der Kennbuchstaben	

Kennzeichnungsbeispiele für Schmieröl und Hydraulikflüssigkeit

Schmieröle

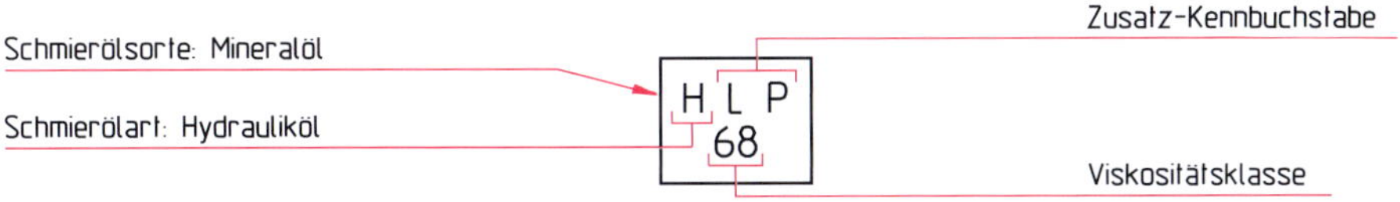

Hydraulikflüssigkeiten

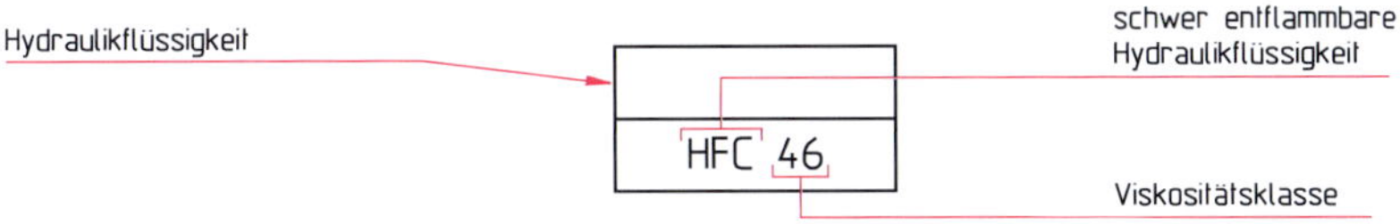

ISO-Viskositätsklassifikation

Viskositätsklasse	Kinematische Viskosität in $\frac{mm^2}{s}$ bei 20 °C	40 °C	50 °C	Viskositätsklasse	Kinematische Viskosität in $\frac{mm^2}{s}$ bei 20 °C	40 °C	50 °C	Viskositätsklasse	Kinematische Viskosität in $\frac{mm^2}{s}$ bei 20 °C	40 °C	50 °C
ISO VG 2	3,3	2,2	2,2	ISO VG 22	–	22	10	ISO VG 220	–	220	130
ISO VG 3	5	3,2	2,7	ISO VG 32	–	32	20	ISO VG 320	–	320	180
ISO VG 5	8	4,6	3,7	ISO VG 46	–	46	30	ISO VG 460	–	460	250
ISO VG 7	13	6,8	5,2	ISO VG 68	–	68	40	ISO VG 680	–	680	360
ISO VG 10	21	10	7	ISO VG 100	–	100	60	ISO VG 1000	–	1000	510
ISO VG 15	34	15	11	ISO VG 150	–	150	90	ISO VG 1500	–	1500	740

Die Viskositätsklassennummer entspricht ungefähr der kinematischen Viskosität bei 40 °C und der dynamischen Viskosität in mPa·s bei 40 °C.

Zusatzkennbuchstaben für Schmierstoffe

Zusatzkennbuchstabe	Schmierstoffart	Zusatzkennbuchstabe	Schmierstoffart
D	Schmieröle mit detergierenden Zusätzen, z. B. Hydrauliköl HLPD	M	Wassermischbare Kühlschmierstoffe mit Mineralölanteilen, z. B. Kühlschmierstoff SEM
E	Schmieröle, die in Mischung mit Wasser eingesetzt werden, z. B. Kühlschmierstoff SE	S	Wassermischbare Kühlschmierstoffe auf senthetischer Basis, z. B. Kühlschmierstoff SES
F	Schmierstoffe mit Festschmierstoff-Zusatz wie Grafit oder Molybdändisulfit, z. B. Schmieröl CLPF	P	Schmierstoff mit Wirkstoffen zum Herabsetzen der Reibung, des erschleißes im Mischreibungsgebiet und /oder zur Erhöhung der Belastbarkeit, z. B. Schmieröl CLP
L	Schmieröle mit erhöhtem Korrosionsschutz und/oder erhöhter Alterungsbeständigkeit, z. B. Schmieröl CL	V [1]	Mit Lösungsmitteln verdünnte Schmierstoffe, z. B. Schmieröl BB-V

[1]) Dieser Buchstabe kennzeichnet die Gefährlichkeit des Stoffes nach Gefahrstoffverordnung

Kennzeichnungsbeispiele für Schmierfette

Schmierfette auf Mineralölbasis

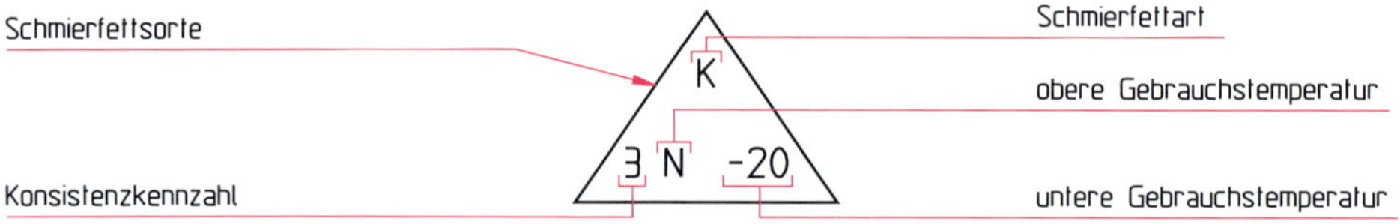

Schmierfette auf Syntheseölbasis

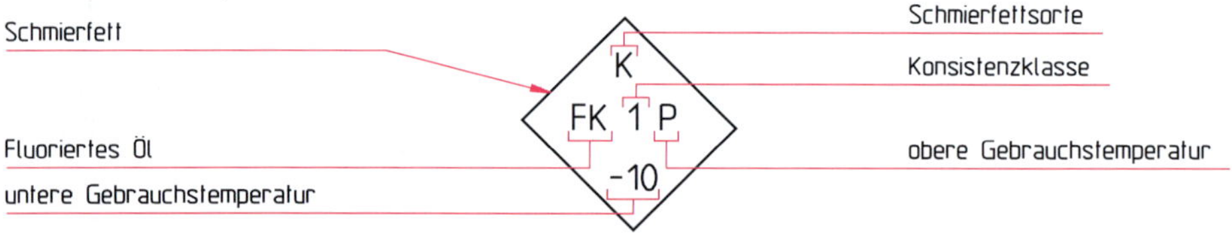

Konsistenzzahlen für Schmierstoffe

Kennzahl (NLGI-Klassen nach DIN 51818	Walkpenetration nach DIN ISO 2137 in $\frac{1}{10\,\text{mm}}$	Konsistenz	Anwendung
000	445 ... 475	sehr dickes Öl	Getriebe
00	400 ... 430	halb fließend	
0	355 ... 385	sehr weich	
1	310 ... 340	weich	
2	265 ... 295	salbenartig	Wälz- und Gleitlager
3	220 ... 250	nahe fest	
4	175 ... 205	fest	
5	130 ... 160	sehr fest	Blockfette
6	85 ... 115		

Kennbuchstaben für obere Gebrauchstemperatur und Verhalten gegenüber Wasser

Kennbuchstabe	Verhalten gegenüber Wasser nach DIN 51807-1 (Bewertungsstufe)	Obere Gebrauchstemperatur in °C
C	0–40[1]) oder 1–40	60
D	2–40 oder 3–40	
E	0–40 oder 1–40	80
F	2–40 oder 3–40	
G	0–90 oder 1–90	100
H	2–90 oder 3–90	
K	0–90 oder 1–90	120
M	2–90 oder 3–90	
N	Sondervereinbarung	140
P		160
R		180
S		200
T		220
U		>220

Untere Gebrauchstemperatur von Schmierfetten

Die Zusatzkennzahl entspricht der unteren Gebrauchstemperatur, z. B. –10 ⇒ –10 °C

[1]) erste Ziffer = Veränderung, steigend von 0 nach 3
zweite Ziffer = Prüftemperatur in °C

Biegeradien für das Kaltbiegen von Rohren — DIN 25570 : 2004-02

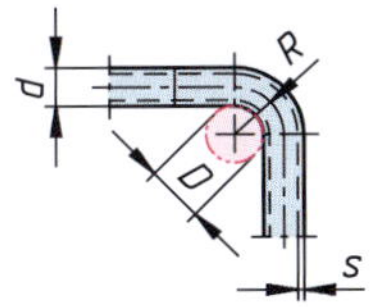

Rohre aus Stahl nach DIN EN 10220, z. B. P235TR1

D × *s* in mm	Biegeradius *R* in mm (R_{min} in mm)	Ungefährer Biegedorn-∅ in mm	*D* × *s* in mm	Biegeradius *R* in mm (R_{min} in mm)	Ungefährer Biegedorn-∅ in mm	*D* × *s* in mm	Biegeradius *R* in mm (R_{min} in mm)	Ungefährer Biegedorn-∅ in mm
21,3 × 2,6	55 (45)	90 (70)	38,0 × 4,0	100 (80)	160 (145)	60,3 × 3,6	180 (140)	300 (220)
25,0 × 2,0	65 (55)	105 (90)	42,4 × 3,2	110 (90)	140	60,3 × 4,5	180 (125)	300 (190)
26,9 × 3,2	70 (55)	115 (85)	42,4 × 4,0			70,0 × 2,9	200 (200)	330
30,0 × 2,6	80 (80)	130	44,5 × 2,6	100 (100)	150	76,1 × 2,9	250 (250)	440
30,0 × 5,0			48,3 × 2,6	125 (125)	200	88,9 × 3,2	350 (350)	610
31,8 × 2,6			48,3 × 3,2	125 (100)		108,0 × 3,6	400 (400)	690
31,8 × 4,0			48,3 × 4,0			108,0 × 5,0	400 (350)	690 (590)
38,0 × 2,6	100 (80)	160 (145)	60,3 × 2,9	200 (140)	340(220)	114,3 × 3,6	450 (400)	785 (685)

Nichtrostende Stahlrohre nach DIN EN ISO 1127, z.B. X5CrNi 18-10

D × *s* in mm	Biegeradius *R* in mm (R_{min} in mm)	Ungefährer Biegedorn-∅ in mm	*D* × *s* in mm	Biegeradius *R* in mm (R_{min} in mm)	Ungefährer Biegedorn-∅ in mm	*D* × *s* in mm	Biegeradius *R* in mm (R_{min} in mm)	Ungefährer Biegedorn-∅ in mm
6,0 × 1,0	25 (20)	44 (34)	12,0 × 1,0	32,5 (25)	53 (38)	22,0 × 1,6	65 (50)	108 (78)
8,0 × 1,0		42 (32)	12,0 × 1,6			25,0 × 2,0	65 (55)	105 (85)
10,0 × 1,0		40 (30)	16,0 × 1,6	40 (35)	64 (54)	26,4 × 3,2		104 (84)
10,0 × 1,6			18,0 × 1,6	45 (40)	72 (62)	42,4 × 1,6	110 (100)	178 (158)

Rohre aus Aluminium nach DIN EN 755-8 aus EN AW-6060

D × *s* in mm	Biegeradius *R* in mm (R_{min} in mm)	Ungefährer Biegedorn-∅ in mm	*D* × *s* in mm	Biegeradius *R* in mm (R_{min} in mm)	Ungefährer Biegedorn-∅ in mm	*D* × *s* in mm	Biegeradius *R* in mm (R_{min} in mm)	Ungefährer Biegedorn-∅ in mm
25,0 × 3,0	110 (110)	195	35,0 × 3,0	160 (160)	285	55,0 × 3,0	300 (300)	545
28,0 × 2,5	140 (125)	255(220)	40,0 × 2,0	200 (180)	360(320)	60,0 × 2,0	300 (300)	540
30,0 × 1,5			40,0 × 3,0			70,0 × 2,0	400 (350)	730(630)
32,0 × 3,0	160 (140)	290(250)	45,0 × 2,0	200 (200)	360	70,0 × 3,0		
35,0 × 1,5	160 (160)	285	50,0 x2,0	250 (250)	450	75,0 × 3,0	400 (400)	720

Anwärmlänge für das Warmbiegen von Stahlrohren mit 90°

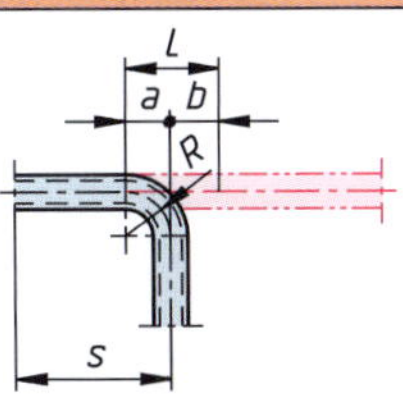

L Anwärmlänge in mm
R Biegeradius in mm
S Stichmaß in mm (Höhe des Rohrbogens)
a Länge des Maßschenkels in mm
b Länge des Biegeschenkels in mm

$$a = \frac{2}{3} \cdot L$$

$$b = \frac{1}{3} \cdot L$$

$$L = \frac{2 \cdot R \cdot \pi \cdot 90°}{360°}$$

Faustformel
$L = 1{,}5 \cdot R$

Biegeradien und Anwärmlänge

R in mm	*L* in mm	*a* in mm	*B* in mm	*R* in mm	*L* in mm	*a* in mm	*B* in mm	*R* in mm	*L* in mm	*a* in mm	*B* in mm
60	93	62	31	100	157	105	52	160	251	167	84
80	126	84	42	120	188	125	63	200	314	209	105
90	141	94	47	140	220	147	73	250	393	262	131

Umformen durch Biegen und Kanten

	Formel	Formelzeichen	Erklärung

Zuschnittlänge

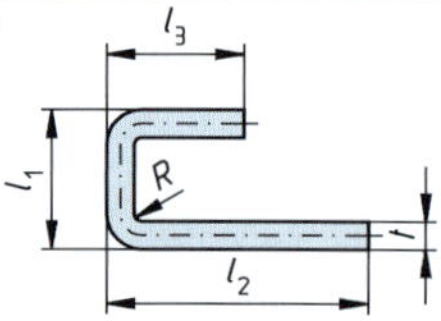

$L = l_1 + l_2 + l_3 + ... - n \cdot v$

v berechnen oder aus Tabellen (siehe Seite F 55)

Formelzeichen	Erklärung
L	gestreckte Länge in mm = Länge der neutralen Faser
$l_{1,2,3}$	Außenmaße in mm
n	Anzahl der Kantungen
v	Verkürzung
R	Biegeradius in mm
t	Blechdicke in mm
α	Biegewinkel in °
v_{90}	Verkürzung für 90° Biegewinkel
β	Öffnungswinkel

Verkürzung für

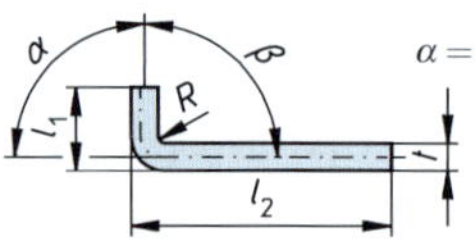

$\alpha = 90°;\ \beta = 90°$

$L = l_1 + l_2 - v_{90}$

$v = 0{,}43 \cdot R + 1{,}48 \cdot t$

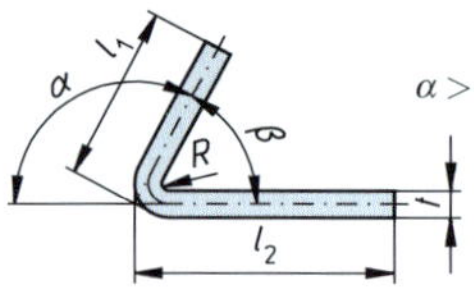

$\alpha > 90°;\ \beta < 90°$

$L = l_1 + l_2 - v$

$v = 2 \cdot (R + t) - \pi \cdot \left(R + \frac{t}{3}\right) \cdot \left(\frac{180° - \beta}{180°}\right)$

v wird negativ bei großen Biegeradien.

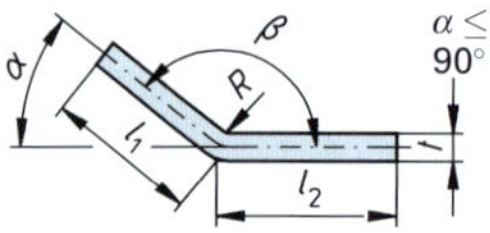

$\alpha \leq 30°;$
$90° < \beta \leq 150°$

$L = l_1 + l_2 - v$

$v = \frac{2 \cdot (R + t)}{\tan \frac{\alpha}{2}} - \pi \cdot \left(R + \frac{t}{3}\right) \cdot \left(\frac{180° - \beta}{180°}\right)$

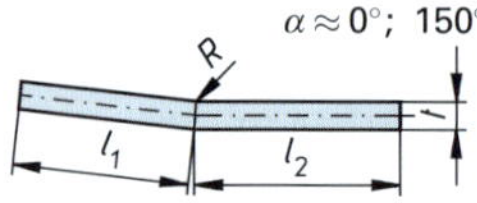

$\alpha \approx 0°;\ 150° < \beta \leq 180°$

$L \approx l_1 + l_2$

$v \approx 0$ (keine Verkürzung)

Zuschnittlänge
(Bemaßung: Schenkellängen)

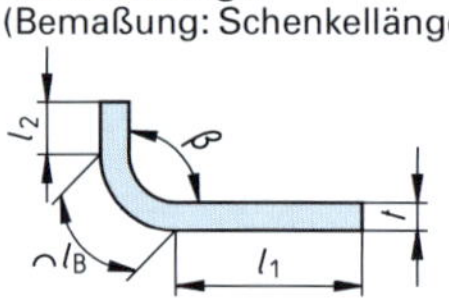

$L = l_1 + l_b + l_2$

$l_b = \pi \cdot \frac{\beta}{180°} \left(R + e \cdot \frac{t}{2}\right)$

für Biegewinkel $\beta = 90°$

$l_b = 1{,}57 \left(R + e \cdot \frac{t}{2}\right)$

Bogenlänge und Verkürzung aus Fluchtlinientafel:

Bogenlänge b_w in mm

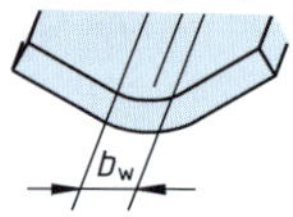

Fluchtlinientafel

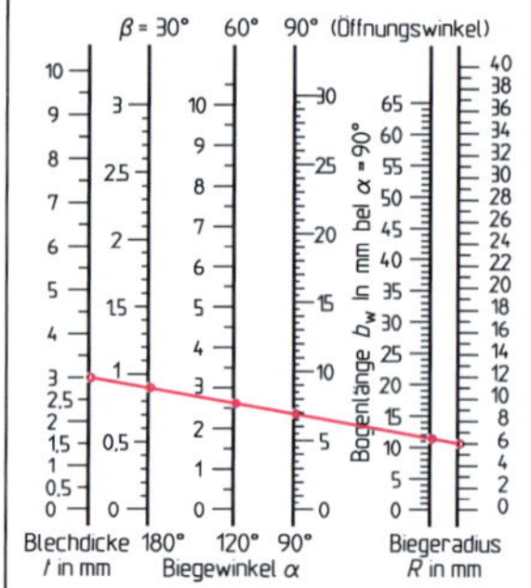

Biegekraft, Biegearbeit

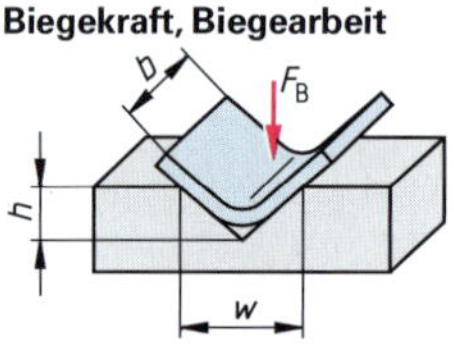

$F_b = 1{,}2 \cdot b \cdot t \cdot \frac{R_m}{w}$

$W = \frac{1}{3} \cdot F_b \cdot h$

Formelzeichen	Erklärung
F_b	Biegekraft in N
b	Werkstücklänge in mm
h	Einschnitttiefe im Gesenk in m
R_m	Bruchgrenze in N/mm^2
W	Biegekraft in NM
w	Gesenkweite $w \approx 5 \cdot R$ für $R = 2 \ldots 5\,t$; $w \approx 7\,R$ für $R \leq 2\,t$

Kleinster zulässiger Biegehalbmesser r in mm: Kaltbiegen von Flacherzeugnissen (Werkstattrichtwerte)

R_m in $\frac{N}{mm^2}$	Flachzeugdicke t in mm	≤ 1	≤ 1,5	≤ 2,5	≤ 3	≤ 4	≤ 5	≤ 6	≤ 8	≤ 10	≤ 12	≤ 16	≤ 18	≤ 20
bis 390		1	1,6	2,5	3	5	6	8	12	16	20	28	36	40
390 ... 490		1,2	2	3	4	5	8	10	16	20	25	32	40	45
490 ... 640		1,6	2,5	4	5	6	8	10	16	20	25	36	45	50

Die Werte gelten für Biegen quer zur Walzrichtung und für einen Biegewinkel ≤ 120°. Beim Biegen parallel zur Walzrichtung und für Biegewinkel > 120° ist der Wert für die nächsthöhere Blechdicke zu wählen.

Bevorzugte Biegehalbmesser r: 1 – 1,6 – 2,5 – 4 – 6 – 10 – 16 – 20 – 25 – 32 – 40 – 50 – 63 – 80 – 100

Tabellen für Verkürzungsfaktor *v* für Öffnungswinkel β (Werkstattrichtwerte)

Dicke *t*	Biegeradius 1,0	1,6	2,5	4	6	10	16	20	25	32	40	50	63	80
1	0,9	0,9	1,0	1,1	1,3	1,7	2,3	2,8	3,3	4,4	4,9	6,0	7,4	9,2
1,5		1,4	1,4	1,5	1,6	2,0	2,7	3,1	3,6	4,7	5,2	6,3	7,7	9,6
2			1,8	1,9	2,0	2,3	3,0	3,4	3,9	5,0	5,6	6,6	8,0	9,9
2,5			2,3	2,3	2,4	2,7	3,3	3,7	4,3	5,3	5,9	6,9	8,3	10,2
3				2,8	2,9	3,1	3,6	4,0	4,6	6,0	6,2	7,3	8,7	10,5
4	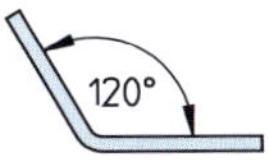				3,7	3,9	4,3	4,7	5,2	6,6	6,8	7,9	9,3	11,1
5					4,6	4,8	5,1	5,4	5,8	7,2	7,5	8,7	9,9	11,8
6						5,6	5,9	6,2	6,6	8,7	8,1	9,2	10,6	12,4
8							7,6	7,8	8,2		9,3	10,4	11,8	13,6
1	1,9	2,1	2,4	3,0	3,8	5,5	8,1	9,8	11,9	15,0	18,4	22,7	28,3	35,6
1,5		2,9	3,2	3,7	4,5	6,1	8,7	10,4	12,6	15,6	19,0	23,3	28,9	36,2
2			4,0	4,5	5,2	6,7	9,3	11,0	13,2	16,2	19,6	23,9	29,5	36,8
2,5			4,8	5,2	5,9	7,4	9,9	11,6	13,8	16,8	20,2	24,5	30,1	37,4
3				6,0	6,7	8,1	10,5	12,2	14,4	17,4	20,8	25,1	30,7	38,0
4	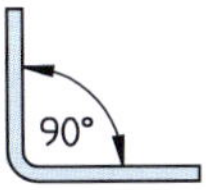				8,3	9,6	11,9	13,4	15,6	18,6	22,0	26,3	31,9	39,2
5					9,9	11,2	13,3	14,9	16,8	19,8	23,2	27,5	33,1	40,4
6							14,8	16,3	18,2	21,0	24,5	28,8	34,3	41,6
8							17,8	19,3	21,1	23,8	26,9	31,2	36,8	44,1
1	0,9	0,5	0,1	–0,6	–1,3	–2,7	–4,9	–6,3	–8,1	–10,6	–13,4	–17,0	–21,6	–27,7
1,5		1,3	0,8	0,1	–0,8	–2,3	–4,5	–5,9	–7,7	–10,2	–13,0	–16,6	–21,2	–27,3
2			1,5	0,7	–0,2	–1,9	–4,1	–5,5	–7,3	–9,8	–12,6	–16,2	–20,8	–26,9
2,5			2,2	1,4	0,4	–1,4	–3,6	–5,1	–6,9	–9,3	–12,2	–15,8	–20,4	–26,4
3				2,1	1,0	–0,8	–3,2	–4,7	–6,4	–8,9	–11,8	–15,3	–20,0	–26,0
4	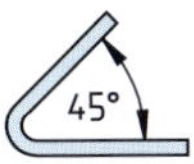				2,4	–0,4	–2,2	–3,8	–5,6	–8,1	–11,0	–14,5	–19,2	–25,2
5					3,8	1,7	–1,0	–2,7	–4,8	–7,3	–10,1	–13,7	–18,3	–24,4
6						3,1	0,2	–1,6	–3,7	–6,5	–9,3	–12,9	–17,5	–23,6
8							2,8	0,9	–1,4	–4,4	–7,7	–11,2	–15,9	–22,0

Das „–Zeichen“ vor einer Zahl bedeutet: Verlängerung des Zuschnitts

Umformen durch Drücken

	Formel	Formelzeichen	Erklärung
Drücken (DIN 8584) 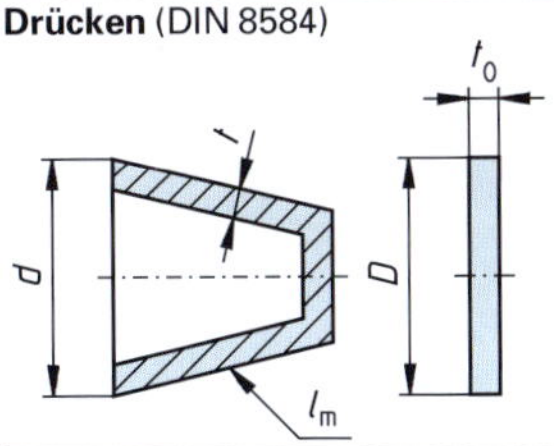	Wanddicke bleibt gleich. $t \approx t_0$ $D > d$ $D = l_m$ Hier: $l = 2 \cdot l_m + D$	t t_0 D d l_m	Wanddicke des Werkstücks in mm Dicke der Platine in mm Durchmesser der Platine in mm Durchmesser des Werkstücks in mm Mantellinienlänge des Werkstücks in mm
Drückwalzen (DIN 8583) 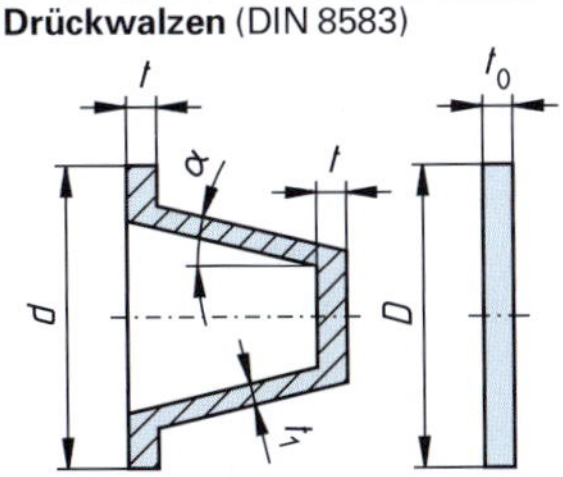	Wanddicke ändert sich. ungestreckte Teile: Boden, Zargenrand $t \approx t_0$ gestreckter Teil: Zargenmantel $t = t_0 \cdot \sin \alpha$ $D = d$	t t_0 D d t_0 l	Wanddicke des Bodens und der Zargenwand in mm Wanddicke der Platine in mm Durchmesser der Platine in mm Durchmesser des Werkstücks in mm Wanddicke des Mantels in mm Neigungswinkel des Zargenmantels in °
Kragenziehen 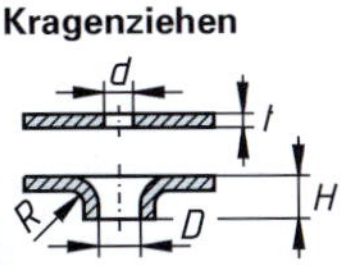	$d = D - 2\,(H - 0{,}43 \cdot R - 0{,}72 \cdot t)$	D d H R t	Kragendurchmesser in mm Lochung der Platine in mm Kragenhöhe in mm Radius in mm Blechdicke t in mm

Theoretische Grundlagen
Technische Kommunikation
Werkstoffe
Bauelemente
Fertigungstechnik
Informations- und Steuerungstechnik
Anhang

Zugaben an Blechformteilen

	Formel	Formelzeichen	Erklärung
Bördelnaht 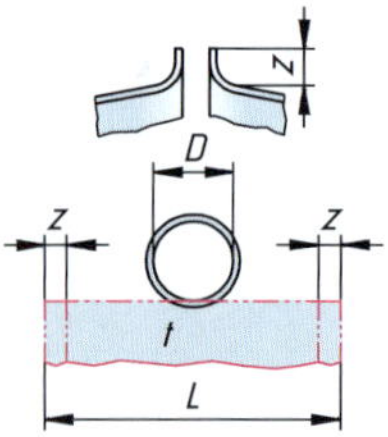	$L = \pi \cdot (D + t) + 2 \cdot z$ $z = 1{,}5 \cdot t$	L D t z	gestreckte Länge in mm Innendurchmesser der Zarge in mm Blechdicke in mm Zugabe in mm
Falznaht einfach 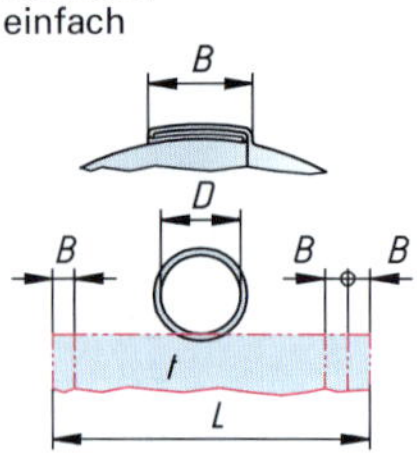	$L = \pi \cdot (D + t) + z$ $z = 3 \cdot B$ $B \approx 10 \cdot t$	L D t z B	gestreckte Länge in mm Innendurchmesser der Zarge in mm Blechdicke in mm Zugabe in mm Falzbreite in mm
doppelt 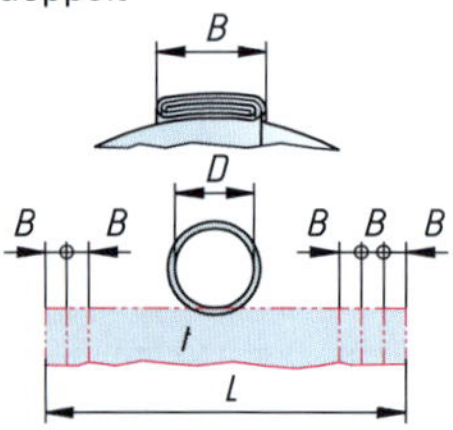	$L = \pi \cdot (D + t) + z$ $z = 5 \cdot B$ $B \approx 10 \cdot t$		
Überlappung zum Kleben 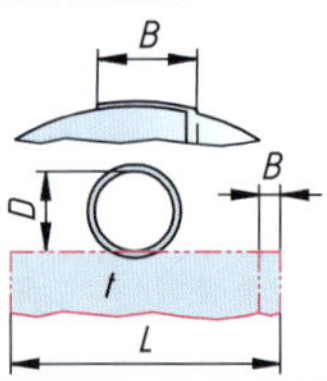	$L = \pi \cdot (D + t) + z$ $z = B$ $B \approx 10 \cdot t$	L D t z B	gestreckte Länge in mm Innendurchmesser der Zarge in mm Blechdicke in mm Zugabe in mm Falzbreite in mm
Wulste zur Randversteifung 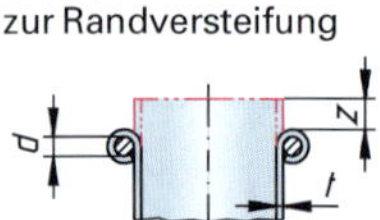	$z = 2 \cdot d - t$ $l = \pi \cdot (D + 2 \cdot t)$	z d l D t	Zugabe in mm Drahtdurchmesser in mm Drahtlänge in mm Innendurchmesser der Zarge in mm Blechdicke in mm
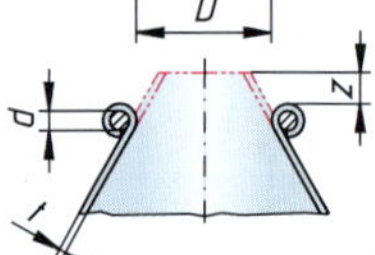	$z = 1{,}7 \cdot d - t$		
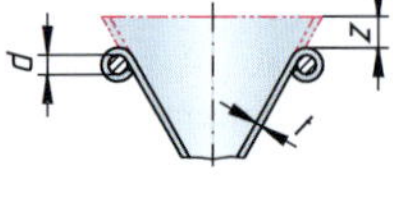	$z = 2{,}4 \cdot d - t$		

Schmieden

Grenzwerte für Schmiedeanfangstemperaturen

C-Gehalt in %	Höchste Schmiedetemperatur in °C
0,1	1350
0,2	1320
0,4	1270
0,5	1240
0,6	1210
0,7	1170
0,8	1150
0,9	1120
1,0	1100
1,1	1080
1,2	1050

Glühfarben und Strichspuren bei Aluminium

Strichspur	Temperatur in °C
hellbraun	ca. 350
sattbraun	ca. 400
dunkelbraun	ca. 450
schwarz	ca. 500

Kennwerte von Erwärmungseinrichtungen

Einrichtung	Wirkungsgrad η in %	Kohleverbrauch zum Erwärmen von 100 kg Stahl in kg	Spezifischer Energieverbrauch in $\frac{kWh}{kg}$
Schmiedeesse	4 ... 8	35 ... 100	–
geschlossener Ofen	8 ... 12	25 ... 35	–
Industrieofen	15 ... 25	12 ... 20	–
Gasofen	ca. 25	–	ca. 100
Induktionsofen	50 ... 60	–	50 ... 70

Schmiedebereich von Werkstoffen

Werkstoff	Schmiedeanfangstemperatur in °C	Schmiedeendtemperatur in °C
Unlegierter Stahl, z. B. S235JR (St 37-2)	1300	750
Unlegierter Stahl, z. B. C35E	1000	800
Ni-Cr-legierter Stahl, z. B. X5CrNi18-10	1300	900
Werkzeugstahl, z. B. 100Cr6	1200	900
Aluminium, z. B. ENAW-6060 (AlMgSi0,5)	550	300
Cu-Legierung, z. B. CuSn20	800	400

Temperaturen und Glühfarben bei Stahl

Farbbezeichnung	Temperaturbereich in °C
Weiß	1250 ... 1350
Hellgelb	1150 ... 1250
Dunkelgelb	1050 ... 1150
Gelbrot	880 ... 1050
Hellrot	830 ... 880
Hellkirschrot	800 ... 830
Kirschrot	780 ... 800
Dunkelkirschrot	750 ... 780
Dunkelrot	650 ... 750
Braunrot	580 ... 650
Schwarzbraun	520 ... 580

Schmiedetemperaturen von Stahl und Einfluss auf die Formbarkeit

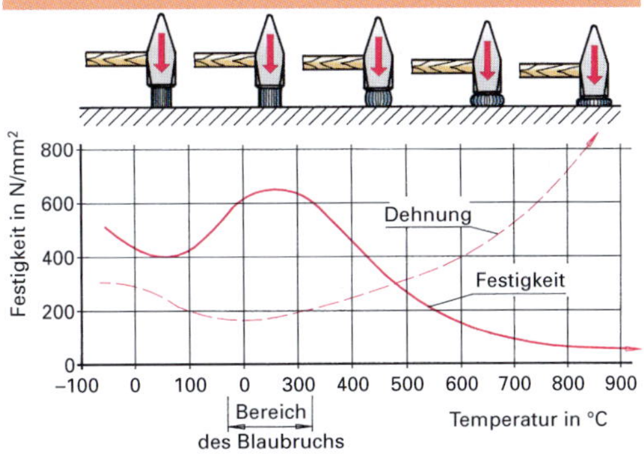

Theoretische Grundlagen
Technische Kommunikation
Werkstoffe
Bauelemente
Fertigungstechnik
Informations- und Steuerungstechnik
Anhang

Stahlbaugrundlagen

Stützenprofile aus S235JR (St 37-2)

für die Geschosshöhen $s_k = 3$ m, 3,60 m und 4,20 m

Annahmen: mittige Belastung der Stützen, beidseitig gelenkige Lagerung der Stützenenden

Geschosshöhe s_k in m	Stützenlast V in kN	Erforderliches Stützenprofil alle Höhen und Wandstärken in mm					
		HE-A (IPBI) DIN 1025-3 	HE-B (IPB) DIN 1025-2 	HE-M (IPBv) DIN 1025-4 	Geschweißte Kastenstütze 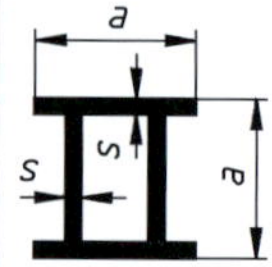 $a \times s$	Rohrprofil DIN EN 10210-2 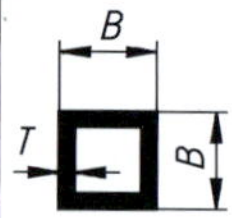 $B \times T$	Rohrprofil DIN EN 10220 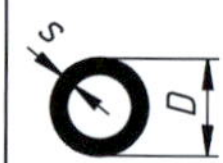 $D \times s$
3,00	100	100				80 × 5,0	101,6 × 3,6
	200	140	120	100		100 × 6,3	139,7 × 4,4
	300	160	140	100		120 × 6,3	177,8 × 5,0
	500	200	160	120		140 × 10,0	219,1 × 5,9
	800	240	200	160		200 × 10,0	298,5 × 7,1
	1000	260	220	180		220 × 10,0	
	1500	320	280	220	200 × 18	300 × 12,0	
	2000	450	320	240	240 × 18	350 × 12,5	
	3000		550	300	280 × 22		
	5000				300 × 40		
	8000				360 × 50		
	10000				450 × 50		
3,60	100	120	100			90 × 5,0	108,0 × 3,6
	200	140	120	100		120 × 6,0	152,4 × 4,5
	300	160	140	120		140 × 8,0	177,8 × 5,0
	500	200	180	140		160 × 8,0	219,1 × 5,9
	800	240	220	160		200 × 10,0	298,5 × 7,1
	1000	280	240	180		220 × 10,0	
	1500	340	280	220	200 × 18	300 × 12,0	
	2000	450	340	240	240 × 20	350 × 16,0	
	3000		600	300	280 × 25		
	5000				300 × 40		
	8000				360 × 50		
	10000				450 × 50		
4,20	100	120		100		90 × 6,0	127,0 × 4,0
	200	160	140	120		120 × 6,3	152,4 × 4,5
	300	180	160	120		140 × 8,0	177,8 × 5,0
	500	220	180	140		160 × 10,0	244,5 × 6,3
	800	260	220	180		200 × 10,0	298,6 × 7,1
	1000	280	240	200		260 × 12,0	
	1500	360	300	240	200 × 20	300 × 12,5	
	2000	500	360	240	240 × 20	350 × 16,0	
	3000			300	280 × 25		
	5000				300 × 40		
	8000				360 × 50		
	10000				450 × 50		

Walzträger

DASt-Richtlinien

Erforderliche Trägerhöhe h in cm (bei voller Ausnutzung der Tragfähigkeit und Begrenzung der Durchbiegung)

Zulässige Durchbiegung	Stahlsorte	Stützweite l in m 6	8	10	12	14	16	18	20
für Gleichstreckenlast g (kN/m)									
l/300	S235JR	25	33	42	50	58	67	75	83
	(S355J0)	38	50	63	75	88	100	113	125
l/500	S235JR	42	56	69	83	97	111	125	139
	(S355J0)	62	83	104	125	146	167	187	208
für Einzellast P (kN) in Feldmitte									
l/300	S235JR	20	27	33	40	47	53	60	67
	(S355J0)	30	40	50	60	70	80	90	100
l/500	S235JR	33	44	56	67	78	89	100	111
	(S355J0)	50	67	83	100	117	133	150	167

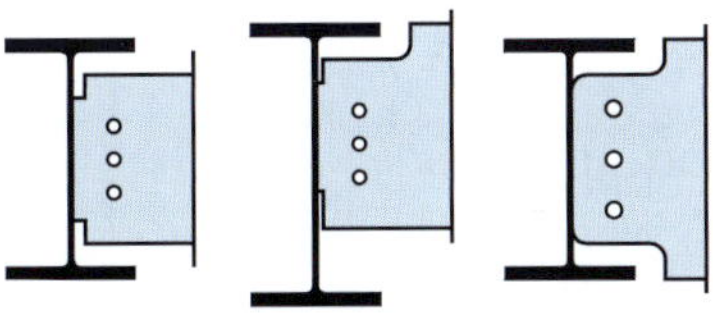

Tragfähigkeit von Steganschlüssen in kN (für Bauteile aus S235JR, Lastfall H, mit Schrauben nach DIN 7990, Güte 4.6)

Anschluss	Verbindungsmittel		Schraubenbild					Trägerstegdicke grenz t
Winkelanschluss (beidseitig)	2L90·9, M16		40	75				9,4
	2L100·9, M16		71	130	206			11,7
	2L120·9, M16		101	184	294	400		14,1
Steglaschenanschl. (eins.)	L90·9, M16		20	37				4,7
	L100·19, M20		36	65	103			5,8
	L120·12, M24		50	92	147	200		7,1
Stirnplattenanschluss)	Stirnpl. 10 mm dick	M 16	45	90	135			7,2–8,9
		M 20	70	141	211	282		9,8–10,8
		M 24	101	203	304	405	507	11,3–13,4

Voraussetzung für die Anwendung der Tabellenwerte ist die Einhaltung der Mindestabstände für die Schraubenlöcher (3 d untereinander, 1,5 d vom Rand), Bei Verwendung der Anschlusstypen für Träger mit Stegdicken t sind die Tabellenwerte linear abzumindern.

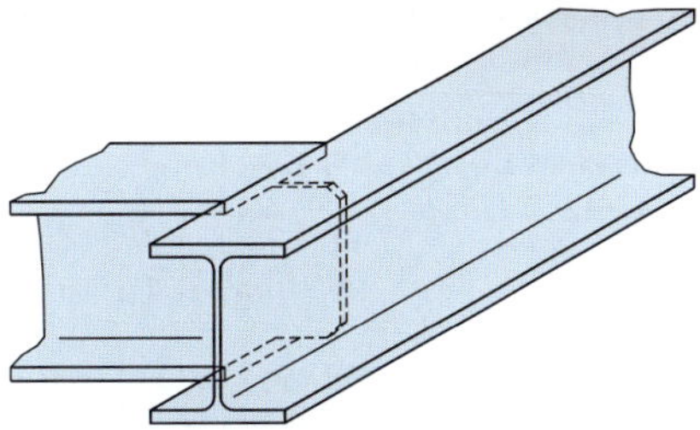

Übertragbare Querkräfte in kN bei Trägerkreuzungen ohne Steifen (für Bauteile aus S235JR, Lastfall H)

Nennhöhe	IPE	HEA	HEB	HEM
300	195	362	538	1558
330	234			
340		434	584	1583
360	262	470	666	1583
400	314	538	746	1583
450	357	591	808	1583
500	405	646	872	1583
600	556	733	972	1583
700		855	1110	1583
800		945	1212	1641

Die Tabellenwerte gelten für Trägerkreuzungen gleichartiger Profile. Bei Kreuzungen unterschiedlicher Profile sind die Werte des kleineren Trägers zu verwenden, siehe DSTV-Ringbuch, Kapitel IR

Schnittführung Wabenträger

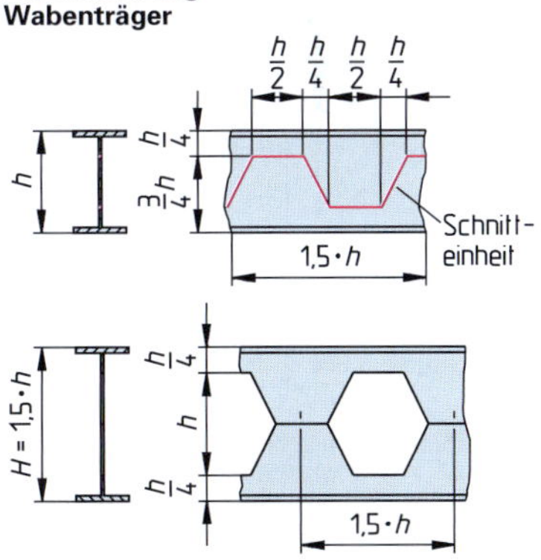

Wabenträger mit Zwischenblech

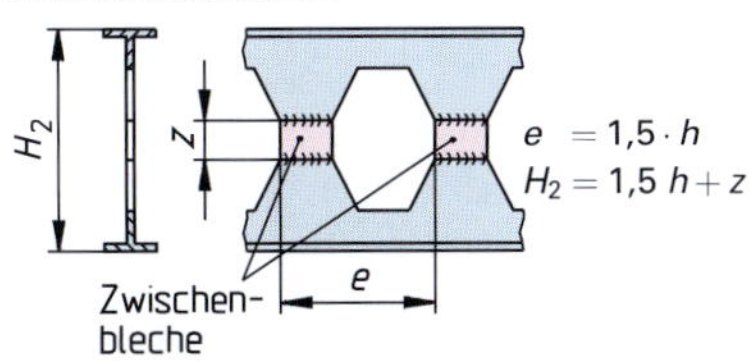

Grenzstützweiten für Walzprofile aus S235JR und S355J0 DIN 18800-1 : 1990-11

Annahmen: Grenzstützweite < 18 m (= max. Lieferlänge) und zulässige Spannungen nach DIN 18800-1
oberer Wert für S235, unterer Wert für S355

Belastung in	Profil IPE					Profil HE-A					Profil HE-B				
	300	330	360	400	450	300	340	360	400	450	300	340	360	400	450
kN/m	**gleichmäßig verteilte Streckenlast** 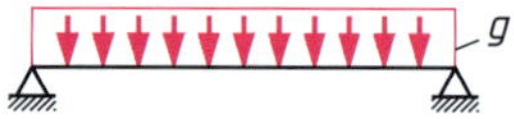														
10	9,9 12.1	11,2 13,7	12,6 15,4	14,2 17,4	16,2	14,8	17,1				17,1				
20	7,0 8,5	7,9 9,7	8,9 10,9	10,1 12,3	11,4 14,0	10,5 12,8	12,1 14,8	12,8 15,7	14,2 17,4	15,9	12,1 14,8	13,7 16,8	14,5 17,7	15,9	17,6
30	5,7 7,0	6,4 7,9	7,3 8,9	8,2 10,1	9,3 11,4	8,6 10,5	9,9 12,1	10,5 12,8	11,6 14,2	13,0 15,9	9,9 12,1	11,2 13,7	11,8 14,5	13,0 15,9	14,4 17,6
40	4,9 6,0	5,6 6,8	6,3 7,7	7,1 8,7	8,1 9,9	7,4 9,1	8,6 10,5	9,1 11,1	10,0 12,3	1,2 13,8	8,6 10,5	9,7 11,9	10,2 12,5	11,2 13,7	12,4 15,2
50	4,4 5,4	5,0 6,1	5,6 6,9	6,4 7,8	7,2 8,9	6,6 8,1	7,7 9,4	8,1 10,0	9,0 11,0	10,1 12,3	7,7 9,4	8,7 10,6	9,2 11,2	10,0 12,3	11,1 13,6
60	4,0 4,9	4,6 5,6	5,1 6,3	5,8 7,1	6,6 8,1	6,1 7,4	7,0 8,6	7,4 9,1	8,2 10,0	9,2 11,2	7,0 8,6	7,9 9,7	8,4 10,2	9,2 11,2	10,2 12,4
70	3,7 4,6	4,2 5,2	4,7 5,8	5,4 6,6	6,1 7,5	5,6 6,9	6,5 7,9	6,9 8,4	7,6 9,3	8,5 10,4	6,6 7.9	7,3 9,0	7,7 9,5	8,5 10,4	9,4 11,5
80	3,5 4,3	3,9 4,8	4,4 5,4	5,0 6,2	5,7 7,0	5,2 6,4	6,1 7,4	6,4 7,9	7,1 8,7	7,9 9,7	6,1 7,4	6,9 8,4	7,2 8,9	7,9 9,7	8,8 10,8
kN	**Einzellast in der Trägermitte** 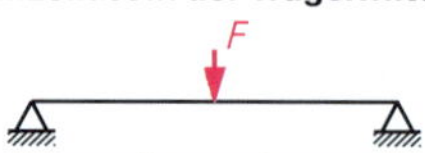														
100	4,8 7,1	6,1 9,1	7,7 11,3	9,7 14,3	12,3 18,0	10,4 15,1	13,4	14,8	17,6		13,3	16,4	17,9		
200	2,4 3,6	3,1 4,6	3,9 5,9	5,0 7,5	6,4 9,6	5,4 8,1	7,1 10,6	8,0 11,9	9,7 14,3	12,0 17,5	7,1 10,5	9,0 13,3	10,0 14,7	11,9 17,3	14,0
300	1,6 2,4	2,1 3,1	2,6 3,9	3,4 5,0	4,3 6,5	3,6 5,4	4,8 7,2	5,4 8,1	6,6 9,8	8,2 12,2	4,8 7,2	6,2 9,2	6,8 10,1	8,2 12,1	10,0 14,7
400	1,2 1,8	1,6 2,3	2,0 2,9	2,5 3,8	3,3 4,9	2,7 4,1	3,6 5,4	4,1 6,1	5,0 7,4	6,2 9,3	3,6 5,4	4,7 7,0	5,2 7,7	6,2 9,2	7,6 11,3
500	1,0 1,5	1,2 1,9	1,6 2,4	2,0 3,0	2,6 3,9	2,2 3,3	2,9 4,4	3,3 4,9	4,0 6,0	5,0 7,5	2,9 4,4	3,7 5,6	4,2 6,2	5,0 7,4	6,1 9,1
600	0,8 1,2	1,0 1,6	1,3 2,0	1,7 2,5	2,2 3,3	1,8 2,7	2,4 3,6	2,7 4,1	3,3 5,0	4,2 6,3	2,4 3,6	3,1 4,7	3,5 5,2	4,2 6,2	5,1 7,6
700	0,7 1,0	0,9 1,3	1,1 1,7	1,4 2,2	1,9 2,8	1,6 2,4	2,1 3,1	2,4 3,5	2,9 4,3	3,6 5,4	2,1 3,1	2,7 4,0	3,0 4,5	3,6 5,3	4,4 6,6
800	0,6 0,9	0,8 1,2	1,0 1,5	1,3 1,9	1,6 2,4	1,4 2,1	1,8 2,7	2,1 3,1	2,5 3,8	3,1 4,7	1,8 2,7	2,3 3,5	2,6 3,9	3,1 4,7	4,9 5,8

Ablesebeispiel: 1. Gegeben: Streckenlast 20 kN/m, Stützweite 9,0 m
Notwendiges Trägerprofil: IPE ≥ 400 (S235) oder IPE ≥ 330 (S355)
HE-A ≥ 300 bzw. HE-B ≥ 300 (S235 oder S355)

2. Gegeben: Stützweite l = 5,1 m, Profil HE-A 360 (S235)
Zulässige Belastung: Streckenlast 60 kN/m

Profilmassenberechnung

Rechteck-Hohlprofil DIN EN 10219-2:2006-07

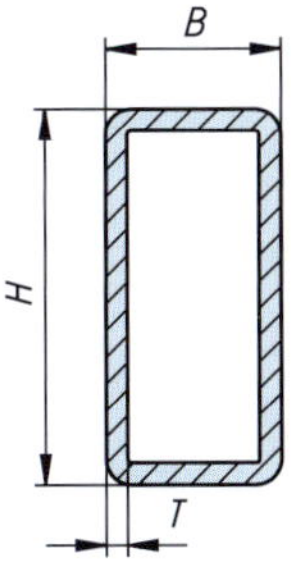

$H \times B$ in mm	40×20	40×20	50×30	50×30	60×40	60×40	80×40
T in mm	2	2,5	2	4,0	2	4	2
A in cm²	2,14	2,59	2,94	5,35	3,74	6,95	4,54
m' in $\frac{kg}{m}$	1,68	2,03	2,31	4,20	2,93	5,45	3,56
$H \times B$ in mm	80×40	100×60	100×60	120×80	120×80	140×80	140×80
T in mm	4	4,0	5	4	5	4	6,3
A in cm²	8,55	11,7	14,4	14,9	18,4	16,5	24,8
m' in $\frac{kg}{m}$	6,71	9,22	11,3	11,7	14,4	13,0	19,4
$H \times B$ in mm	150×100	150×100	160×80	160×80	180×100	180×100	200×120
T in mm	4	6,3	4	6,3	4	8	4
A in cm²	18,9	28,5	18,1	27,3	21,3	40,0	24,5
m' in $\frac{kg}{m}$	14,9	22,4	14,2	21,4	16,8	31,4	19,3

Handelsgewichte (immer höher als DIN-Gewicht)

DIN 1026 U		DIN 1025 IPE		DIN 1025 I		DIN 1025 HEA=IPBl		DIN 1025 HEB=IPB		DIN 1025 HEM=IPBv	
h in mm	m'_H in $\frac{kg}{m}$	h in mm	m'_H in $\frac{kg}{m}$	h in mm	m'_H in $\frac{kg}{m}$	h in mm	m'_H in $\frac{kg}{m}$	h in mm	m'_H in $\frac{kg}{m}$	h in mm	m'_H in $\frac{kg}{m}$
80	9,9	80	6,2	80	6,1	100	17,1	100	20,9	100	42,8
100	10,9	100	8,3	100	8,5	120	20,4	120	27,4	120	53,4
120	13,7	120	10,7	120	11,5	140	25,3	140	34,5	140	64,8
140	16,4	140	13,2	140	14,7	160	31,2	160	43,7	160	78,1
160	19,3	160	16,2	160	18,5	180	36,4	180	52,5	180	91,1
180	22,5	180	19,3	180	22,5	200	43	200	63	200	106
200	26	200	23	200	27	220	52	220	73	220	120
220	30	220	26,9	220	32	240	62	240	85	240	161
240	34	240	31,5	240	37	260	70	260	95	260	176
260	39	270	37	260	43	280	78	280	106	280	194
280	43	300	43,3	280	49	300	90	300	120	300	244
300	48	330	50,4	300	56	320	100	320	130	320/305	180
320	61	360	58,6	320	63	340	108	340	137	320	251
350	62	400	68	340	70	360	115	360	146	340	254
380	65	450	80	360	78	400	128	400	159	360	256
400	74	500	93	380	86	450	143	450	175	400	262
		550	109	400	95	500	159	500	192	450	270
		600	125	425	106	550	170	550	204	500	277
				450	118	600	182	600	217	550	285
				475	131	650	195	650	231	600	292
				500	145	700	209	700	247	650	300
				550	171	800	230	800	269	700	309
				600	203	900	258	900	298	800	325
						1000	279	1000	322	900	341
										1000	358

Massenberechnung mit Tabellen

DIN 1026 U *h* in mm	*m'* in kg/m	DIN 1025 IPE *h* in mm	*m'* in kg/m	DIN 1025 I *h* in mm	*m'* in kg/m	DIN 1025 HEA=IPBI *h* in mm	*m'* in kg/m	DIN 1025 HEB=IPB *h* in mm	*m'* in kg/m	DIN 1025 HEM=IPBv *h* in mm	*m'* in kg/m	DIN EN 10056 L *a×s* in mm	*m'* in kg/m	DIN EN 10056 L *a×b×s* in mm	*m'* in kg/m
30	4,27	80	6	30	5,94	100	16,7	100	20,4	100	41,8	20×3	0,88	30×20×3	1,11
40	4,87	100	8,1	100	8,34	120	19,9	120	26,7	120	52,1	25×3	1,12	40×20×4	1,77
50	5,59	120	10,4	120	11,1	140	24,7	140	33,7	140	63,2	30×4	1,78	45×30×4	2,25
60	5,07	140	12,9	140	14,3	160	30,4	160	42,6	160	76,2	40×4	2,42	50×30×4	2,41
65	7,09	160	15,8	160	17,9	180	35,5	180	51,2	180	88,9	40×5	2,97	50×40×4	2,71
80	8,64	180	18,8	180	21,9	200	42,3	200	61,3	200	103	50×5	3,77	60×30×5	3,37
100	10,6	200	22,4	200	26,2	220	50,5	220	71,5	220	117		4,47	60×40×6	4,46
120	13,4	220	26,2	220	31,1	240	60,3	240	83,2	240	157	60×6	5,42	70×50×6	5,40
140	16	240	30,7	240	36,2	260	68,2	260	93	260	172		7,09	30×40×6	5,41
160	18,8	270	36,1	260	41,9	280	76,4	280	103	280	189	70×7	7,38	80×65×8	8,66
180	22	300	42,2	280	47,9	300	88,3	300	117	300	238		2,26		6,82
200	25,3	330	49,1	300	54,2		97,6	320	127	320	245		2,82		6,85
220	29,4		57,1		92,4		105	340	137	340	248		3,31	120×80×10	15
240	33,2	400	66,3	500	141	360	112	360	142	360	250	140×13	3,92	130×90×12	19,7
260	33,9	450	77,6	600	199	400	125	400	155	400	256		4,21	150×100×10	19
280	41,8	500	90,7			500	155	500	187	500	270	160×15	4,49	160×80×12	21,6

DIN EN 10055-T *h* in mm	*m'* in kg/m	DIN 1024 (alt)-TB *h* in mm	*m'* in kg/m	DIN 59051-TPS *h* in mm	*m'* in kg/m	DIN 1027-Z *h* in mm	*m'* in kg/m	DIN EN 10056 *h* in mm	*m'* in kg/m
20	0,88	30	3,64	20	0,87	30	3,39	20×3	0,87
30	1,77	40	6,21	30	1,76	40	4,26	25×3	1,11
40	2,96	50	9,42	40	2,94	50	5,31	30×3	1,34
50	4,44	60	13,4			60	6,21	40×4	1,76
60	2,23					80	8,71	50×5	3,73
70	8,32					100	11,4		
80	10,7					120	14,3		
100	16,9	(nur noch Handelsware)				140	18		
120	23,2					160	21,6		
140	31,3								

Quadrat-Hohlprofil DIN EN 10219-2:2006-07

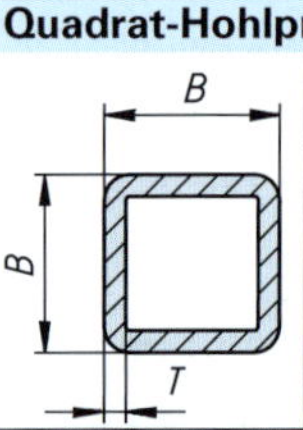

B in mm	20	30	40	40	50	50	60	60	80	80	100	120	140	160
T in mm	2	2	2	4,0	2	4	2	4	4,0	5	4	4	4	4
A in cm²	1,34	2,14	2,94	5,35	3,74	6,95	4,54	8,55	11,7	14,4	14,9	18,1	21,3	24,5
m' in kg/m	1,05	1,68	2,31	4,20	2,93	5,45	3,56	6,71	9,22	11,3	11,7	14,2	16,8	19,3

Rund-Hohlprofil DIN EN 10220, nahtlos und geschweißt

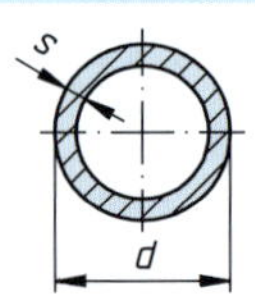

a in mm	33,7	42,4	48,3	48,3	60,3	60,3	76,1	76,1	88,9	101,6	101,6	114,3	114,3	139,7
s in mm	2,6	2,6	2,6	3,2	3,2	4	3,2	4	3,2	4	5	4	5	4
A in cm²	2,54	3,25	3,73	4,53	5,74	7,07	7,33	9,06	8,62	12,3	15,2	13,9	17,2	17,1
m' in kg/m	1,99	2,55	2,93	3,56	4,51	5,55	5,75	7,11	6,76	9,63	11,9	10,9	13,5	13,4

Vertikale Verglasungen an Fenstern und Fassaden

Berechnet werden die erforderliche Scheibendicke d und die vorhandene Durchbiegung f in Abhängigkeit von der Lagerung. Bei Verwendung von Verbundglas (VSG) wird nur die äußere Scheibe bemessen.

Vertikale Verglasungen (Fenster und Fassaden)

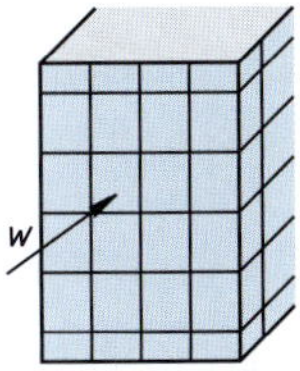

Lagerung

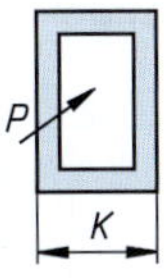

vierseitig

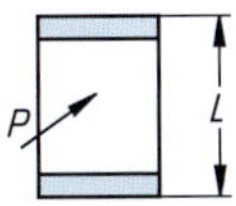

zweiseitig

Formel

Die Einwirkungen P auf die Verglasung sind vorwiegend Windlasten w

Winddruck $w = c_p \cdot q \cdot 1{,}25$

Windsog $w = c_p \cdot q$

Lagerung der Scheibe vierseitig:

$$d = \sqrt{\varphi \cdot P \cdot \left(\frac{K}{2}\right)^2 \cdot \frac{10^3}{\sigma_{zul}}}$$

$$f_{ist} = \psi \cdot P \cdot \left(\frac{K}{2}\right)^4 \cdot \frac{10^9}{E \cdot d^3}$$

$$f_{ist} \leq f_{zul}$$

$$f_{zul} \leq \frac{l}{300}$$

aber höchstens 8 mm

Lagerung der Scheibe zweiseitig:

$$d = \sqrt{3 \cdot P \cdot l^2 \cdot \frac{10^3}{4 \cdot \sigma_{zul}}}$$

$$f_{ist} = 60 \cdot P \cdot l^4 \cdot \frac{10^9}{384 \cdot E \cdot d^3}$$

$$f_{ist} \leq f_{zul}$$

$$f_{zul} \leq \frac{l}{300}$$

aber höchstens 8 mm

Formelzeichen	Erklärung
c_p	Druckbeiwert nach DIN 1055-4 in Abhängigkeit von Gebäuderichtung und Form (siehe G 57)
d	Scheibendicke in mm
E	Elastizitätsmodul in N/mm² (Glas: 70 000 N/mm²)
f_{ist}	vorhandene Durchbiegung in mm
f_{zul}	zulässige Durchbiegung in mm
K	kurze Scheibenkante in m
L	lange Scheibenkante in m
l	freie Stützweite der Scheibe in m
q	Staudruck auf die Verglasungsfläche in kN/m² (siehe G 57)
P	Einwirkungen = Gesamtlast auf die Verglasungsfläche in kN/m² (überwiegend Windlast w)
w	Winddruck/-sog in kN/m²
φ	Dickenbeiwert bei vierseitiger Lagerung
ψ	Durchbiegungsbeiwert bei vierseitiger Lagerung (siehe φ und ψ Tabelle unten)
σ_{zul}	zulässige Biegezugspannung von Glas in N/mm² (Herstellerangaben)

Glasart	σ_{zul} in N/mm²
Floatglas	15
ESG (= Einscheiben-Sicherheitsglas)	50
TVG (= Teilvorgespanntes Glas)	29
VSG (= Verbundsicherheitsglas)	$\frac{1}{2} \cdot \sigma_{zul}$ der verwendeten Glassorte
Gussglas	20
Drahtglas	20

Beiwerte φ und ψ in Abhängigkeit vom Verhältnis L/K

Verhältnis der Scheibenkanten L/K	Scheiben-Dickenbeiwert φ	Scheiben-Durchbiegungsbeiwert ψ	Verhältnis der Scheibenkanten L/K	Scheiben-Dickenbeiwert φ	Scheiben-Durchbiegungsbeiwert ψ
1,00	1,15	0,71	2,20	2,57	1,89
1,10	1,34	0,86	2,30	2,62	1,94
1,20	1,51	1,00	2,40	2,67	1,98
1,30	1,67	1,12	2,50	2,71	2,02
1,40	1,82	1,34	2,60	2,75	2,05
1,50	1,95	1,35	2,70	2,78	2,08
1,60	2,07	1,45	2,80	2,81	2,10
1,70	2,18	1,50	2,90	2,83	2,12
1,80	2,27	1,63	3,00	2,85	2,14
1,90	2,36	1,70	3,50	2,91	2,20
2,00	2,44	1,77	4,00	2,95	2,25
2,10	2,51	1,83	5,00	2,99	keine Angabe

Umwehrungen aus Glas (Geländerfüllungen)

Berechnet wird die erforderliche Scheibendicke *d* in Abhängigkeit von der Einspannung.

	Formel
Scheibe einseitig eingespannt (für $b > 1$ m) 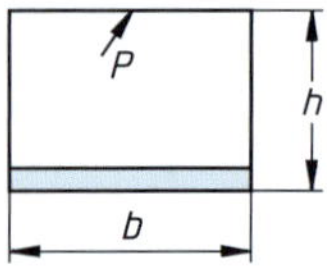	$d = \sqrt{6 \cdot P \cdot h \cdot 10^3 / \sigma_{zul}}$ grafische Bestimmung 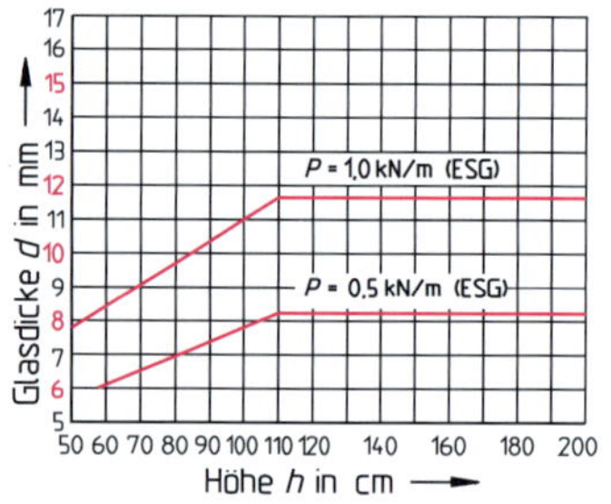
Scheibe zweiseitig waagerecht eingelagert 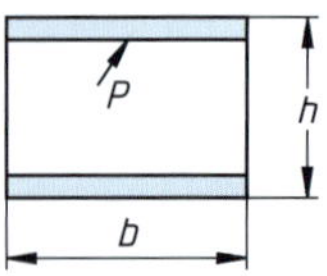	$d = \sqrt{3 \cdot P \cdot h \cdot 10^3 / 2 \cdot \sigma_{zul}}$ grafische Bestimmung 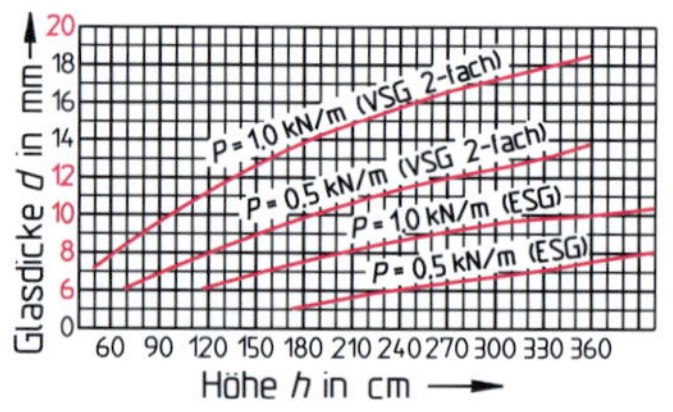
Scheibe vierseitig gelagert 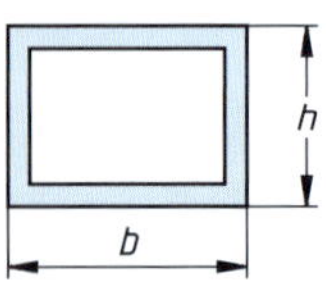	$d = \sqrt{6 \cdot P \cdot b \cdot 10^3 / 2 \cdot \sigma_{zul}}$ grafische Bestimmung 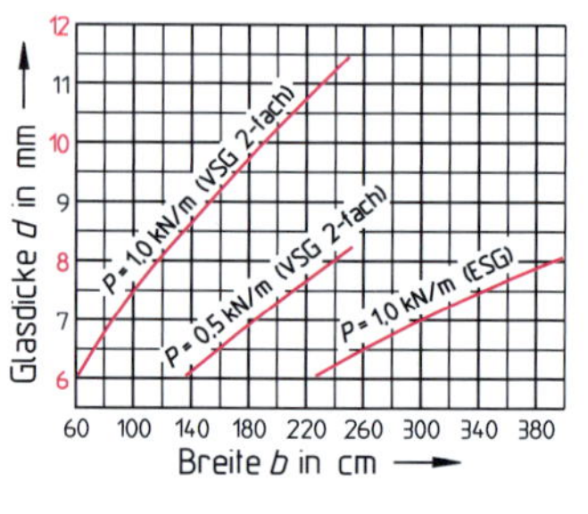
Scheibe punktförmig mit Klemmbeschlägen gelagert (für $b/h = 0{,}5 \ldots 2{,}0$) 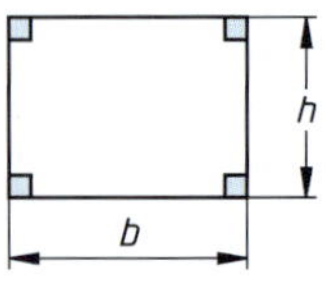	grafische Bestimmung 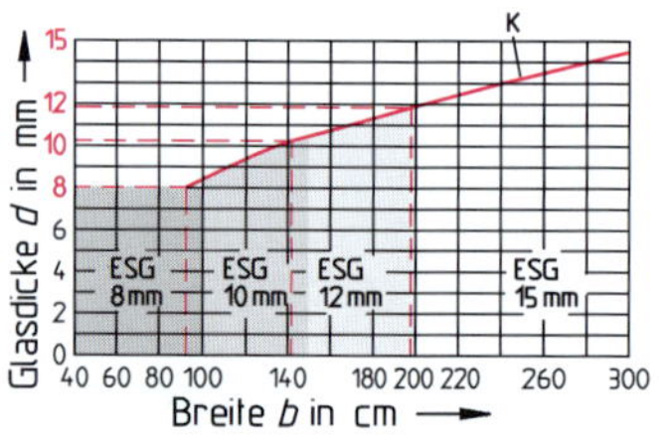

Formelzeichen	Erklärung
d	Scheibendicke in mm vorhandene Durchbiegung in mm
b	Scheibenbreite in m
h	Scheibenhöhe in m
P	waagerechte Verkehrslast auf die Verglasungsfläche in kN/m Empfehlung nach DIN 1055: private Gebäude $p = 0{,}5$ kN/m öffentliche Gebäude $p = 1{,}0$ kN/m
σ_{zul}	zulässige Biegezugspannung von Glas in N/mm² (siehe F 63)

Verklotzung von Scheiben

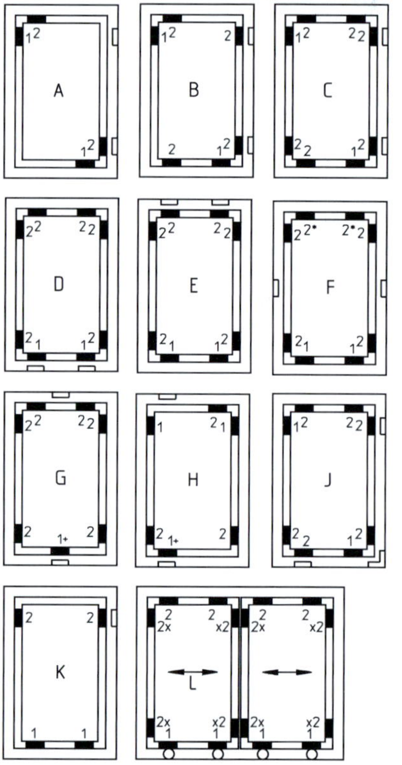

Klotzungsvorschläge für die Anordnung der Klötzchen bei Einfach- und Verbundfenstern sowie bei Isolierglaselementen; A Drehflügel, B Dreh-Kipp-Flügel, C Hebe-Dreh-Flügel, D Kippflügel, E Klappflügel, F Schwingflügel, G Wendeflügel, mittig, H Wendeflügel, außermittig, J Hebe-Dreh-Kipp-Flügel, K Festverglasung, L Horizontalschiebefenster, 1 Tragklötzchen, 2 Distanzklötzchen, 2* werden bei umgeschwungenem Flügel zu Tragklötzchen, 1⁺ bei über 1 m breiten Scheiben, 2 Klötzchen von mindestens 6 cm Länge über dem Drehlager, x-Distanzklötzchen aus stoßdämpfendem Kunststoff (Technische Richtlinien des Glaserhandwerks)

Fördertechnik

Bandförderer
Schüttgüter

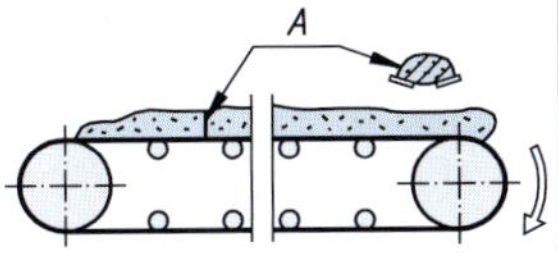

$$Q_v = 3600 \cdot v \cdot A \cdot k$$

Formelzeichen	Erklärung
Q_v	Förderstrom in m^3/h
v	Fördergeschwindigkeit in m/s
A	Querschnitt des Gurtstroms in m^2
k	Minderungsfaktor bei schräger Förderung
α	Neigungswinkel

α in °	0	10	15	20
k	1	0,95	0,85	0,75

Stückgüter

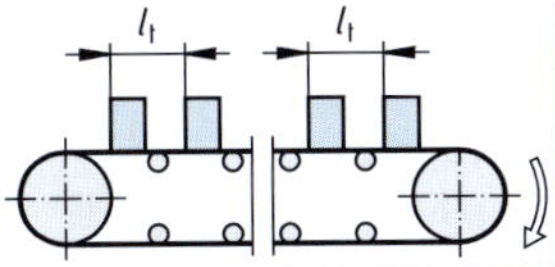

$$Q_{St} = \frac{3600 \cdot v}{l_t}$$

Formelzeichen	Erklärung
Q_{St}	Förderstrom in Stück/h
l_t	Teilung der Stückgüter in m

Becherwerk
Stückgüter

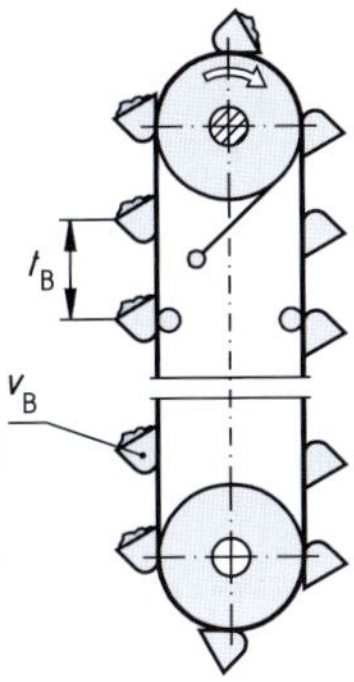

$$Q_v = 3{,}6 \cdot v \cdot \frac{V_B}{t_B} \cdot \varphi$$

Formelzeichen	Erklärung
Q_v	Förderstrom in m^3/h
v	Fördergeschwindigkeit in m/s
V_B	Becherinhalt in dm^3
t_B	Becherteilung in m
φ	Füllungsgrad (**$\varphi = 0{,}5 \dots 0{,}9$**)

Aufzüge
Umlaufzeit

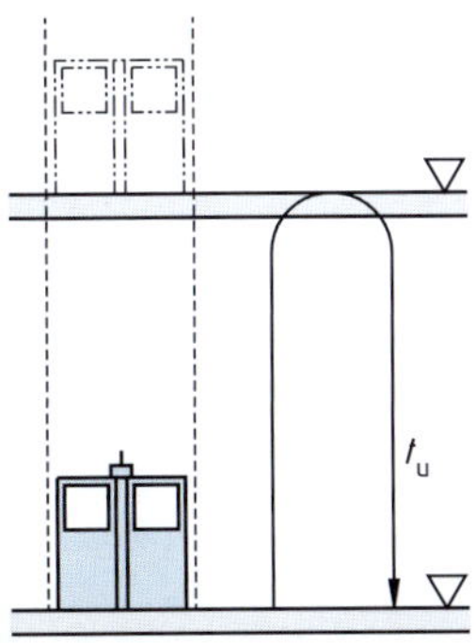

$$t_u = t_f + t_0$$

Förderleistung

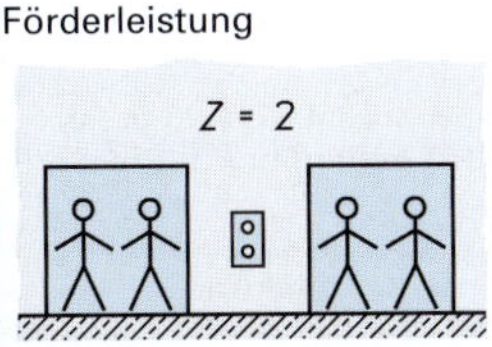

$$N_A = 60 \cdot \frac{T}{t_u}$$

$$T = \frac{Q \cdot \mu}{75}$$

$$t_w = \frac{t_u}{2 \cdot Z}$$

Formelzeichen	Erklärung
t_u	Umlaufzeit in s
t_f	Fahrzeit in s
t_0	Standzeit in s
N_A	Förderleistung in Personen/min
T	Zuladung (Personen)
Q	Tragfähigkeit in kg
μ	Füllungsgrad ca. 0,8
t_w	mittlere Wartezeit in s
Z	Anzahl der nebeneinanderliegenden Aufzüge

Schallschutz

Schallschutz umfasst alle Maßnahmen, die unerwünschte Schallereignisse (= Lärm) in der Umgebung des Menschen verringern.
Aktive Schutzmaßnahmen: Entstehung von Lärm vermeiden
Passive Schutzmaßnahmen: Schallausbreitung verhindern durch Dämmung und Dämpfung

Lärm und Schalldruckpegel

Schallereignis	Schallpegel in dB (A)	Empfindung für den Menschen
Stille	0 ... 10	Hörschwelle
leises Flüstern	≈ 10	
leise Unterhaltung	≈ 50	
Zimmerlautstärke	≈ 60	
Hauptverkehrsstraße	≈ 80	
PKW-Hupe, starker Verkehr	≈ 90	
Flugzeugturbine	≈ 120	Schmerzschwelle
Überschallflugzeug beim Start	≈ 140	
Explosion	≈ 150	

Eine Zunahme des Lärms um 5 dB(A) entspricht einer Verdoppelung der Lautstärke

Schalldämmmaß R_w von Fenstern und Außenbauteilen

Lärmpegelbereich	Maßgeblicher Außenlärmpegel in dB (A)	Raumart: Bettenräume in Krankenhäusern u. ä.	Raumart: Wohnräume, Klassenzimmer in Schulen u. ä.	Raumart: Büroräume u. ä.
		erforderl. Schalldämmmaß R_w des Außenbauteils in dB (z. B. Wand, Fenster)		
I	... 55	35	30	–
II	56 ... 60	35	30	30
III	61 ... 65	40	35	30
IV	66 ... 70	45	40	35
V	71 ... 75	50	45	40
VI	76 ... 80	[1])	50	45
VII	> 80	[1])	[1])	50

[1]) Mindestwerte für R_w im Einzelfall festlegen!

Schallschutzklassen von Fenstern

angegeben ist das bewertete Schalldämmmaß R_w in dB eines am Bauwerk funktionsfähig eingebauten Fensters

Schallschutzklasse	0	1	2	3	4	5	6
R_w in dB	0 ... 24	25 ... 29	30 ... 34	35 ... 39	40 ... 44	45 ... 50	≥ 50

Verglasungsart und Schalldämmmaß R_w in dB an Funktionsgläsern

Verglasungsart		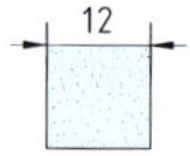	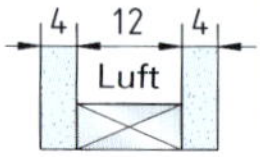	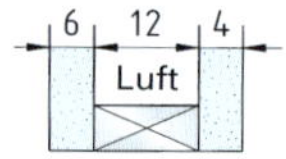	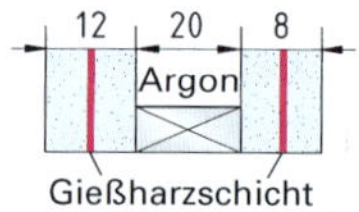
R_w in dB	28	33	30	37	55 (mit Spezialschallschutzglas)

Nomogramm zur Ermittlung des maßgeblichen Außenlärmpegels vor Gebäuden für typische Verkehrslärmsituationen und Art der Straße (Auszug aus DIN 4109) siehe Anhang A6.

Anmerkung: Die in dem Nomogramm angegebenen Pegel wurden für einige straßentypische Verkehrssituationen nach DIN 18005-1, Abschnitt 6 neu berechnet. Hierbei ist der Zuschlag von 3 dB(A) gegenüber der Freifeldausbreitung berücksichtigt.

Feuchteschutz

Feuchteschutz ist Schutz vor
- eindringender Außenfeuchte in Fugen und Anschlüssen zum Baukörper, z. B. an Fenstern
- Tauwasserausfall im Gebäudeinneren: tritt auf an kalten Außenwänden und Wärmebrücken

	Formel	Formelzeichen	Erklärung
Temperaturabsenkung durch ein Bauteil, das als Wärmebrücke wirkt **Wärmebrücke** 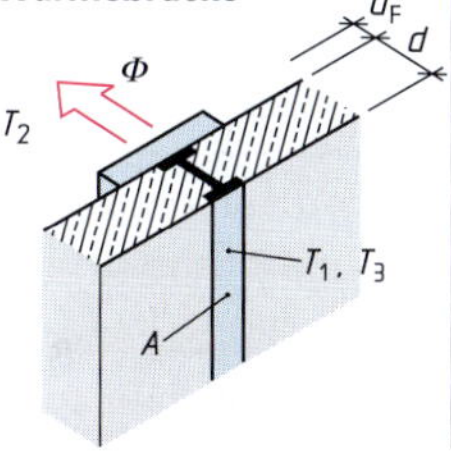	Innentemperatur des Bauteils, das die Wärmebrücke bildet $T_1 = \frac{\Phi \cdot d}{\lambda_B \cdot A_B} + T_2$ Notwendige Dicke der Isolierung an der Außenseite des Bauteils, das die Wärmebrücke bildet $d_F = \lambda_F \cdot A_F \cdot \frac{(T_3 - T_2)}{\Phi}$	λ_B λ_F A_F d d_F Φ T_1 T_2 T_3	Wärmeleitfähigkeit des Wärmebrückenbauteils in $\frac{W}{m \cdot K}$ Wärmeleitfähigkeit der Isolierung in $\frac{W}{m \cdot K}$ Bezugsfläche des Wärmebrückenbauteil in m^2 Dicke der Wand in m Dicke der Isolierung in m Wärmestrom(-verlust) in W Innentemperatur am Wärmebrückenbauteil in °C (K) Außentemperatur in °C erwünschte Innentemperatur am Wärmebrückenbauteil in °C

Taupunktdiagramm: Lufttemperatur und Wassergehalt

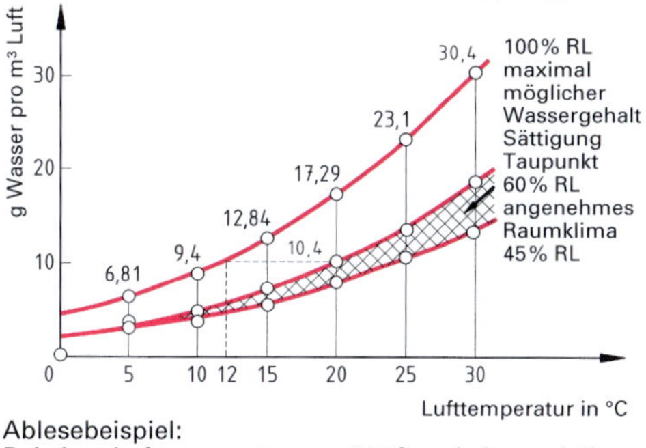

Ablesebeispiel:
Bei einer Lufttemperatur von 20 °C und einer relativen Luftfeuchte von 60 % liegt der Taupunkt bei 12 °C

Behaglichkeitsdiagramm nach Bedford und Liese

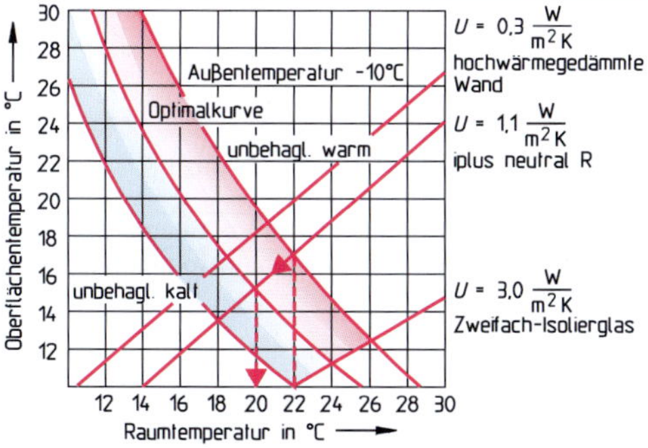

Beispiel: Bei einer Außentemperatur von –10 °C und einer Raumtemperatur von 22 °C beträgt die Oberflächentemperatur an einer Scheibe Typ iplus neutral R 17 °C; es ist unbehaglich warm. Optimal behaglich wäre für diesen Fall eine Raumtemperatur von 20 °C.

Taupunktdiagramm am Beispiel von Fensterscheiben

Aus dem Taupunktdiagramm lässt sich die Außentemperatur ermitteln, bei der eine Fensterscheibe auf der Raumseite beschlägt (= Taupunkt).
Eingezeichnetes Beispiel:
U-Wert 1,1 W/m²K, Raumtemperatur +21 °C, rel. Luftfeuchte 50 %. Ergebnis: erst bei –48,2 °C beschlägt die raumseitige Scheibe

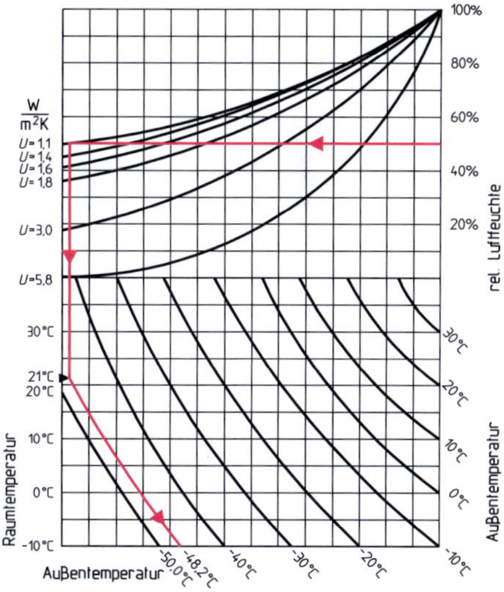

Korrosionsschutz

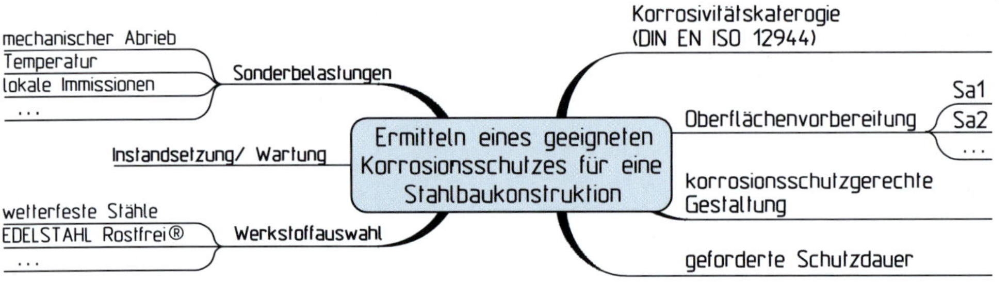

Korrosivität von verschiedenen Atmosphären — DIN EN ISO 12944 : 1998-07

Korrosivitätskategorie	Beispiele für typische Umgebungen im gemäßigten Klima (Mitteleuropa)		Massenverlust m_v in $\frac{g}{m^2}$ und Jahr, Dickenabnahme s_v pro Jahr in μm			
	außen	**innen**	m_v	s_v	m_v	s_v
C1 unbedeutend	–	Geheizte Gebäude mit neutralen Atmosphären (Büros, Läden, Schulen ...)	≤ 10	≤ 1,3	≤ 0,7	≤ 0,1
C2 gering	Landatmosphäre	Ungeheizte Gebäude mit zeitweiser Kondensatbildung (Lager, Hallen ...)	> 10 ... 200	> 1,3 ... 25	> 0,7 ... 5	> 0,1 ... 0,7
C3 mäßig	Stadt-/Industrieatmosphäre	Produktionsräume mit hoher Feuchtigkeit und mäßiger Luftverunreinigung (Wäschereien, Lebensmittelproduktion ...)	> 200 ... 400	> 25 ... 50	> 5 ... 15	> 0,7 ... 2,1
C4 stark	Industrieatmosphäre und Küstenatmosphäre mit mäßiger Salzbelastung	Chemieanlagen, Schwimmbäder, Bootsschuppen über Meerwasser	> 400 ... 600	> 50 ... 80	> 15 ... 30	> 2,1 ... 4,2
C5-I sehr stark	Industrieatmosphäre	Gebäude mit nahezu ständiger Kondensatbildung und starken Luftverunreinigungen	> 650 ... 1500	> 80 ... 200	> 30 ... 60	> 4,2 ... 8,4
C5-M sehr stark	Meeresatmospähre	Gebäude mit ständiger Kondensatbildung und starken Luftverunreinigungen	> 650 ... 1500	> 80 ... 200	> 30 ... 60	> 4,2 ... 8,4

Korrosivität von Wasser und Erdreich — DIN EN ISO 12944 : 1998-07

Korrosivitätskategorie	Umgebung	Beispiele
Im1	Süßwasser	Flussbauten, Wasserkraftwerke
Im2	Meer-/Brackwasser	Schleusen, Molen, Wasserwehre, Offshore-Anlagen
Im3	Erdreich	Erdbehälter, Stahlspundwände, erdverlegte Rohrleitungen

Brandschutz

Brandschutz ist Schutz vor
- dem Ausbreiten von Bränden, z.B. durch Sprinkleranlagen, unbrennbare bzw. schwerentflammbare Werkstoffe
- Verlust von Tragfähigkeit, z.B. durch Ummantelungen von brandgefährdeten Bauteilen und durch Verwendung von nicht brennbaren Werkstoffen.

Für die Ausbreitung sind maßgeblich die Brandlast q und die Einheitstemperatur-Brandkurve (ETK)
Im Metallbau maßgeblich der Widerstand der Bauteile gegen Feuereinwirkung (= Feuerwiderstandklasse)

Baustoffklassen — DIN 4102-1:1998-05

Feuerwiderstandsdauer in min	Eigenschaft des Bauteils	Tragende Wände, Decken, Treppen, Stützen	nichttragende Außenwände, Brüstungen	Feuerschutzabschlüsse, Türen, Klappen, Rollladen	Verglasungen
≥ 30	feuerhemmend	F 30	W 30	T 30	G 30
≥ 60	feuerhemmend	F 60	W 60	T 60	G 60
≥ 90	feuerbeständig	F 90	W 90	T 90	G 90
≥ 120	feuerbeständig	F 120	W 120	T 120	G 120
≥ 180	hoch-feuerbeständig	F 180	W 180	T 180	G 180

Hinweise: G-Verglasungen schützen nur gegen Durchschlag von Flammen, soll auch der Wärmestrom verhindert werden, ist eine F-Bauart zu wählen.
Beispiel: eine F 60-Tür mit G-Verglasung hemmt 60 min lang den Durchschlag von Feuer und den Wärmestrom

Baustoffklassen — DIN 4102-1:1998-05

Baustoffklasse	Kriterium		Nachweis	Beispiele
A nicht brennbare Baustoffe	ohne brennbare Bestandteile	genormte Baustoffe, i.d.R. bauaufsichtlich zugelassen	DIN 4102-4	Beton, Ziegel, Stahl, Gusseisen, bestimmte Mineralfaserplatten
		nicht genormte Baustoffe	Prüfzeugnis	Mineralfaserplatten aus Kalzium-Silicat
A 2 nicht brennbare Baustoffe	mit geringem Anteil an brennbaren Stoffen		Prüfbescheid mit Prüfzeichen	Steinfaserplatten mit Kunstharzbindung, Gipskartonplatten
B 1 Brennbare Baustoffe schwer entflammbar	keine Kriterien		DIN 4102-4 bzw. Prüfbescheid mit Prüfzeichen	Holzwolle, Spanplatten, Hartschaumplatten
B 2 Brennbare Baustoffe normal entflammbar	keine Kriterien		DIN 4102-4 bzw. Prüfbescheid mit Prüfzeichen	Papier, Holz unter 2 mm Dicke, Dachpappe, PU-Schaum
B 3 Brennbare Baustoffe leicht entflammbar	keine Kriterien		DIN 4102-4 bzw. Prüfbescheid mit Prüfzeichen	

Beispiel (in Verbindung mit der Baustoffklasse): T 90-A: Feuerbeständige Türe (90 min Widerstandsdauer) aus nichtbrennbaren Werkstoffen

Brandlast

	Formel	Formelzeichen	Erklärung
Brandlast Berechnung	$q_{Br} = \frac{\sum (M_i \cdot H_{iui} \cdot m_i)}{A}$	q_{Br}	Brandlast in kWh/m²
	Abstandfaktor m_i z.B. 0,2 für Spanplatten mit Zementbindung z.B. 1,0 für Holz	M_i	Masse des einzelnen brennbaren Stoffes in kg
		H_{iui}	Heizwert des einzelnen brennbaren Stoffes in kWh/m²
		m_i	Abstandfaktor des einzelnen brennbaren Stoffes
		A	rechnerische Fläche des Brandbekämpfungsabschnitts in m²

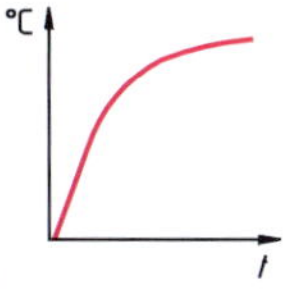

Brandausbreitung nach Einheitstemperaturzeitkurve (EKT)

Kostenrechnung

	Formel	Formelzeichen	Erklärung
Kalkulation für **einen** Auftrag	**Material** MEK + MGK = **MK** **Fertigung** FL + FGK = **FK** + **SEF** = **HK** **Verwaltung/Vertrieb** + VwGK, VtGK } + **EK** + **VVGK** + **SEV** = **SK**	MEK	Materialeinzelkosten in €
		MGK	Materialgemeinkosten in €
		MK	Materialkosten in €
		FL	Fertigungslohnkosten in €
		FGK	Fertigungsgemeinkosten in €
		FK	Fertigungskosten in €
		SEF	Sondereinzelkosten der Fertigung in €
		HK	Herstellkosten in €
		EK	Entwicklungs-/Konstruktionskosten in €
		VwGK	Verwaltungsgemeinkosten in €
		VtGK	Vertriebsgemeinkosten in €
		VVGK	Verwaltungs-/Vertriebsgemeinkosten in €
		SEV	Sondereinzelkosten des Vertriebs in €
		SK	Selbstkosten in €
Berechnung der Zuschlagsätze für **ein ganzes Jahr**	$MGKZ = \frac{\sum MGK \cdot 100}{\sum MEK}$ $\Rightarrow MGK = MEK \cdot \frac{MGKZ}{100}$ $FGKZ = \frac{\sum FGK \cdot 100}{\sum FL}$ $\Rightarrow FGK = FL \cdot \frac{FGKZ}{100}$ $VwGKZ = \frac{\sum VwGK \cdot 100}{\sum HK}$ $\Rightarrow \sum HK = \sum MGK + \sum MEK + \sum FL + \sum FGK$ $VtGKZ = \frac{\sum VtGK \cdot 100}{\sum HK}$ $\Rightarrow VwGK = HK \cdot \frac{VwGKZ}{100}$ $\Rightarrow VtGK = HK \cdot \frac{VtGKZ}{100}$	MGKZ	Materialgemeinkostenzuschlag in %
		$\sum MGK$	Summe der Materialgemeinkosten in €/Jahr
		$\sum MEK$	Summe der Materialeinzelkosten in €/Jahr
		FGKZ	Fertigungsgemeinkostenzuschlag in %
		$\sum FGK$	Summe der Fertigungsgemeinkosten in €/Jahr
		$\sum FL$	Summe der Fertigungslöhne in €/Jahr
		VwGKZ	Verwaltungsgemeinkostenzuschlag in %
		$\sum VwGK$	Summe der Verwaltungsgemeinkosten in €/Jahr
		$\sum HK$	Summe der Herstellkosten in €/Jahr
		VtGKZ	Vertriebsgemeinkostenzuschlag in %
		$\sum VtGK$	Summe der Vertriebsgemeinkosten in €/Jahr
Kosten an **einem** Arbeitsplatz pro Jahr	$FKS = \frac{\sum FL_F + \sum FGK_F}{n_F}$	FKS	Fertigungskostensatz des Arbeitsplatzes in €/h
		$\sum n_F$	Summe der Fertigungsstunden des Arbeitsplatzes in h/Jahr
		$\sum FL_F$	Summe der Fertigungslöhne des Arbeitsplatzes in €/Jahr
		$\sum FGK_F$	Summe der Fertigungsgemeinkosten des Arbeitsplatzes in € /Jahr

Kostenrechnung und Kalkulation: Stahl- und Metallbau

Die Kostenrechnung erfasst die Einzel- und Gemeinkosten im Betrieb, getrennt nach dem Aufwand für
- Technisches Büro
- Werkstatt
- Montage

und berechnet daraus die Zuschlagsätze für Material, Fertigung und Montage.
Die Kalkulation ermittelt die Herstellungs- und Selbstkosten. Sie sind als Vorkalkulation Grundlage für ein Angebot an den Kunden und als Nachkalkulation ein Controllinginstrument für den Betriebserfolg.

	Formel	Formelzeichen	Erklärung
Berechnung der Zuschlagsätze für ein Geschäftsjahr $\sum$HK: Lager $\sum$MEK, $\sum$MGK Werkstatt $\sum$FLK, $\sum$FGK Baustelle $\sum$FL, $\sum$FGK Verwalt. $\sum$VwGK Vertrieb $\sum$VtGK	$MGKZ = \frac{\sum MGK}{\sum MEK} \cdot 100$ $FGKZ = \frac{\sum FGK}{\sum FL} \cdot 100$ Getrennt für Werkstatt und Montage) $VwGKZ = \frac{\sum VGK}{\sum HK} \cdot 100$ $\sum HK = \sum (MEK + MGK + FL + FGK)$ $VtGKZ = \frac{\sum VtGK}{\sum HK} \cdot 100$	$\sum$MEK MGKZ $\sum$MGK $\sum$FLK FGKZ $\sum$FGK $\sum$VwGK VwGKZ $\sum$HK $\sum$VtGK VtGKZ	Summe der Materialeinzelkosten in €/a Materialgemeinkostenzuschlag in % Summe der Materialgemeinkosten in €/a Summe der Fertigungslohnkosten in €/a Fertigungsgemeinkostenzuschlag in % Summe der Fertigungsgemeinkosten in €/a Summe der Verwaltungsgemeinkosten in €/a Verwaltungsgemeinkostenzuschlag in % Kosten der Herstellung in €/a Summe der Vertriebsgemeinkosten in €/a Vertriebsgemeinkostenzuschlag in %
Berechnung der Gemeinkosten für einen Auftrag	$MGK = \cdot \frac{MGKZ}{100}$ $FGK = FL \cdot \frac{FGKZ}{100}$ $VwGK = HK \cdot \frac{VwGK}{100}$ $VtGK = HK \cdot \frac{VtGK}{100}$	MGK FGK VwGK VtGK HK	Materialgemeinkosten in € Fertigungsgemeinkosten in € Verwaltungsgemeinkosten in € Vertriebsgemeinkosten in € Herstellungskosten des Auftrags in € = MK + FK
2. Kalkulation für einen Auftrag	**Material:** MEK + MGK = MK **Fertigung:** **Werkstatt:** FL + FGK + SEF **Montage:** FL + FGK = FK = HK **Techn. Büro/Verwalt./Vertrieb** + EK + VwGK + VtGK + SEV = SK + Wagnis + Gewinn Netto-Angebotssumme + USt = Brutto-Angebotssumme	MEK MGK MK FL FGK FK EK SEF HK VwGK VtGK SEV SK USt	Materialeinzelkosten in € Materialgemeinkosten in € Materialkosten in € Fertigungslohnkosten in € Fertigungsgemeinkosten in € Fertigungskosten in € Entwicklungs-/Konstruktionskosten in € (= Techn. Büro) Sondereinzelkosten der Fertigung in € (z. B. Verzinken) Herstellkosten in € Verwaltungsgemeinkosten in € Vertriebsgemeinkosten in € Sondereinzelkosten des Vertriebs in € (z. B. Einweisung von Wartungspersonal) Selbstkosten in € Umsatzsteuer = Mehrwertsteuer z. Z. 19%

Aufmaßblatt Beispiel: Treppe

nur zur innerbetrieblichen Verwendung !

Aufmaßblatt: ***Treppe*** **Auftrag Nr.** ____________

Auftraggeber. ____________________ anwesend ☐ ja ☐ nein Datum:____________________

Entwurfsverfasser: ________________ anwesend ☐ ja ☐ nein Baustelle:____________________

Zeichnung: vorhanden ☐ ja ☐ nein

Fußboden: ☐ roh ☐ Belag
Podest : ☐ ja ☐ nein

Treppenart: (Maße nach Aufmaßskizze)

geradläufig		**gewendelt**			**Spindel**	**Sondertreppe**
☐ ohne Podest	☐ mit Podest	☐ rechts	☐ links	☐ 180°		

Gebäude:

☐ **Wohngebäude** 3,5 kN/m²	☐ **Öffentliches Gebäude** 5 kN/m²	☐ **Industrietreppe** 5 kN/m²	☐ ____________
☐ leicht ☐ mittel ☐ schwer	☐ leicht ☐ mittel ☐ schwer	☐ leicht ☐ mittel ☐ schwer	

Statisches System:

Wange				**Einholm**				**Zweiholm**				**Sonstiges**
IPE ☐	L ☐	U ☐	FL ___	☐ Q-Rohr	☐ R-Rohr	☐ RR-Rohr	Profil ___	☐ Q-Rohr	☐ R-Rohr	☐ RR-Rohr	Profil ___	____________

Belag:

Blech	**Gitterrost**	**Holz**	**Glas**	**Stein**	**Sonstiges**

Materialbereitstellung:

Pos.	Stück	Profil	Länge in m	Zuschnitt	kg/m	kg	EURO/kg	EURO	Bemerkungen

Vorkalkulation /Nachkalkulation

→ Kostenstelle	Lager	Zuschnitt	Werkstatt	Schweißen	Montage	Sondereinzelkosten in Euro	Summe = Herstellkosten (HK)	Verwaltung	Vertrieb	Summe = Selbstkosten	Angebot in EURO
Kostensatz in EURO/h						------	------	____% von HK	____% von HK	------	------
Zeit in h						-------	-------	-------	-------	-------	-------
Kosten in EURO											
Nachkalkulation + EURO - EURO											

erstellt:__________	Masse:__________kg	Kalkulation __________	abgerechnet:__________	Ausgangsrechnung
geprüft:__________	gewogen:__________kg	geprüft: __________	geprüft: __________	Datum: __________

Informations- und Steuerungstechnik

Grundbegriffe der Informationstechnik[1])

Deutsch	Englisch	Erläuterung
Adresse	adress	Zeichenfolge zur Kennzeichnung von Speicherplätzen
alphanumerisch	alphanumeric	Zeichenfolge aus Buchstaben und Ziffern
analog	analog	Größen, deren Änderung stetig entsprechend der Veränderung des Eingangssignals verläuft (z. B. verhält sich die Größe der Spannung einer Fotozelle analog zur Lichtintensität)
Befehl	command	direkt oder codiert ausgeführte Anweisung
Betriebssystem	operating system	mehrere Grundprogramme, die die Anwendungssoftware zum „Laufen" bringen, sie übernehmen die Aufarbeitung und Übertragung der Daten zwischen Tastatur und Verarbeitungseinheit, Drucker und anderen Peripheriegeräten (Disketten-, Festplattenlaufwerken usw.)
binäre Daten	binary	Größen, die nur zwei verschiedene Werte (Schaltzustände) einnehmen können, z. B. 0/1 oder ja/nein
bit	bit	kleinste binäre Informationseinheit
Byte	byte	1 Byte = 8 bit, gilt als Informationseinheit für Buchstaben, Ziffern und Zeichen, wird auch als Wort bezeichnet
Code	code	Zuordnung der Zeichen eines Zeichenvorrats zu denjenigen eines anderen Zeichenvorrats
Datei	file	unter einem gemeinsamen Namen gespeicherte Daten
Daten	data	Zeichen, die der Rechner verarbeiten kann; Zeichen, die als Ergebnis vorliegen
Datenflussplan	data flowchart	aus Symbolen bestehende Darstellung des Datenflusses (DIN 66001)
Datenträger	data medium	Speichermedium für Daten (Lochstreifen, Diskette, Festplatte, CD-ROM u. v. m.)
Dialogbetrieb	conversational processing	interaktive Dateneingabe nach Anweisung des Programms
dual	dual	Zahlensystem, dessen Ziffernvorrat aus den Zeichen 0 und 1 besteht
Emulator	emulator	Programm, zur Nachbildung der Eigenschaften des Systems A auf dem System B
Fehler	error	Unterschied zwischen eingegebenen Daten und programmtechnisch korrekten Daten
Festwertspeicher	read-only-memory	Speicher, dessen Inhalt nach dem Ausschalten des Systems nicht verloren geht
Flipflop	flipflop	Speicherglied mit zwei stabilen Zuständen
Format	format	Art der Anordnung von digitalen Daten auf Datenträgern
Hardware	hardware	Gesamtheit oder Einzelgerät einer Datenverarbeitungsanlage
Hauptspeicher	main-storage	Arbeitsspeicher eines Rechners für die Speicherung von Daten, die unmittelbar verarbeitet werden können
Kopieren	to copy	Daten lesen und unverfälscht an eine andere Stelle schreiben; die Ursprungsdaten bleiben unverändert an ihrem Platz
Laden	to load	Daten in den Hauptspeicher (Arbeitsspeicher) für die Bearbeitung übertragen
Löschen	to delete	Daten auf einem Speicher löschen
Maschinensprache	comp. language	Befehlscode des Microprozessors einer digitalen Rechenanlage
Monitor	monitor	Bildschirm
Multiplexer	multiplexer	Steuergerät, das Nachrichten innerhalb einer Rechenanlage auf verschiedene Kanäle verteilt
numerisch	numerical	Darstellung von Zahlen mit der Möglichkeit einer Ergänzung durch Buchstaben
Offline	offline	Datenaustausch zwischen Rechenanlage und Peripheriegeräten ist unterbrochen
Online	online	Datenaustausch zwischen Rechner und Peripheriegeräten findet statt
paralleler Betrieb	parallel processing	mehrere Daten werden gleichzeitig auf parallelen Leitungen übertragen
Plotter	plotter	computergesteuertes Gerät zur Erstellung Technischer Zeichnungen
Programm	program	Liste von Befehlen zur Lösung einer Aufgabe

[1]) gemäß ersatzlos zurückgezogener DIN 44300

Deutsch	Englisch	Erläuterung
Prozessor	microprozessor	Hauptbestandteil einer Verarbeitungseinheit, er erkennt Befehle, führt sie aus, wählt Speicherstellen aus, rechnet oder trifft Entscheidungen aufgrund vorliegender Rahmenbedingungen
Register	register	Kurzzeitspeicher für ein Wort mit schneller Zugriffszeit
Schnittstelle	interface	standardisierte Übergangsstelle zwischen zwei Einheiten der Hardware oder zwei Programmbausteinen; die gesendeten Informationen werden übertragen und angepasst
serieller Betrieb	seriell processing	Daten werden nacheinander auf einer Leitung übertragen
Software	software	Programme, die den Betrieb von Rechnersystemen (Systemsoftware) oder die Lösung von Anwenderproblemen (Anwendersoftware) ermöglichen
Sonderzeichen	special character	Zeichen mit Ausnahme der Ziffern, Buchstaben und des Leerzeichens
Speicher	memory	Einheit des Rechnersystems, auf dem Daten aufbewahrt und abgegeben werden können
Stapelverarbeitung	batch processing	Abarbeitung von Programmen in einer festen Reihenfolge; die Bearbeitung des vorherigen Programms ist Voraussetzung für die Bearbeitung des nachfolgenden Programms
Zentraleinheit	central unit	Hauptplatine des Computers; eingeschlossen sind Prozessoren, Ein- und Ausgabeeinheit sowie Zentralspeicher
Zugriffszeit	access time	Zeitspanne zwischen Datenaufnahme und Datenabgabe

Allgemeine Begriffe der Datenverarbeitung

Begriff	Bedeutung
ASCII	American Standard Code for Information Interchange, genormter 7-Bit- bzw. 8-Bit-Code
BASIC	Beginners All-purpose Symbolic Instrucion Code; einfache Programmiersprache für Dialogbetrieb
Backup	Datensicherung, wobei der gesamte Inhalt eines Datenträgers auf einem anderen Datenträger gespeichert wird
Baud	Einheit für die Geschwindigkeit bei der Datenübertragung: 1 baud = 1 bit/s
BCD-Code	binary coded decimal; binärer Code für die Dezimalzahlendarstellung
Bildwiederholfrequenz	Aufbau des Computerbildes pro Sekunde (mindestens 72-mal = 72 Hz)
BIOS	Basic Input/Output System; es regelt den internen Datenaustausch beim Starten des Computers
Booten	Starten des Computers: anschließend werden Betriebssystem und Anwenderprogramme geladen
Bus	Leitungssystem für den Transport von Adressen und Daten zwischen verschiedenen Computerkomponenten
C/C++	höhere Programmiersprache (in C sind z. B. Teile des Betriebssystems UNIX sowie bekannte CAD-Programme programmiert)
Cache	Speicher zur vorübergehenden Pufferung von Daten zwischen CPU und Arbeitsspeicher
CD-ROM	compact disk read only memory; Speicher mit einem nur lesenden, aber nicht schreibenden Zugriff
Co-Prozessor	Baustein zur Beschleunigung von Rechenvorgängen z. B. bei CAD-Anwendungen
Compiler	Übersetzerprogramm für die jeweilige Programmiersprache; Computerprogramme werden für den Prozessor lesbar
CPU	central processor unit; Zentraleinheit aus Rechenwerk, Steuerwerk und Hauptspeicher, führt arithmetische Operationen aus, steuert den Befehlsablauf, erzeugt die Taktsignale usw.
CTI	Computer telephony integration; mittels CTI kann der Computer als Telefon, Faxgerät oder Anrufbeantworter eingesetzt werden
Data Cartridge	Magnetband; Speichermedium eingesetzt für die Datensicherung
Debug	Entdecken, Orten und Entfernen von Fehlern; Debug-Programm (Fehler-Prüf- und Erkennungsprogramm)
Decoder	Umsetzer-Baustein
DOS	Disk Operating System; Betriebssystem
DVD	Digital Versatile Disk: doppelseitig beschreibbare CD-ROM hoher Speicherkapazität
Editor	Programm, mit dem Dateien erstellt und bearbeitet werden können
Flatscreen	Flachbildschirm (platzsparend)
Floppy-Disk	flexible Magnetscheibe (Diskette); Speichermedium für Datenaustausch und Datensicherung; Formatierung erforderlich
Freeware	meist kostenlose Software

Informationstechnik

Begriff	Bedeutung
Hard-Disk	Festplatte; Speichermedium fest in der Rechenanlage eingebaut zur Aufnahme großer Datenmengen
Hotline	Telefonnummer für die Hilfe bei Problemen mit Hard- und/oder Software durch Spezialisten der jeweiligen Hersteller
Hotline-protocol	über dieses Protokoll kann der Mitarbeiter der Hotline eines Herstellers zur Fernwartung via Internet auf den PC eines Kunden zugreifen und dort eventuelle Probleme lösen
Interface	Übergangsschnittstelle zwischen zwei Einheiten der Hardware
Intranet	Netzwerk von Computern innerhalb einer Firma
Joystick	ermöglicht Cursorsteuerung und Auswahl von Programmfunktionen (meist für Spielprogramme)
kompatibel	verträglich; Hard- und Software sind mit anderen Systemen austauschbar
LTP1/LTP2	Line Printer: parallele Schnittstelle (z. B. für Druckeranschluss)
LCD	Liquid Cristal Display: Bildschirmanzeige mittels Flüssigkeitskristallen
Laptop	Netzunabhängiger, tragbarer Kleincomputer
Maus	zur Cursorsteuerung und Anwahl von Programmfunktionen am PC
Menü	Benutzeroberfläche (z. B. Windows 98); durch Tastendruck oder per Maus-Klick kann eine Auswahl getroffen werden
Mikroprozessor	Rechen- und Steuereinheit des Computers (z. B. Pentium III)
Modem	modulator-demodulator; ermöglicht die Datenfernübertragung zwischen Rechnern über das Telefonnetz
Motherboard	Hauptplatine des Computers
Multimedia-PC	Computer, der die Ausgabe von Bild und Ton ermöglicht, z. B. als Video
Network	Netzwerk: Um ein Netzwerk aufzubauen, müssen alle Server und Clients (Arbeitsplatz-PCs) per Kabel verbunden sein; die Verbindungsart der Computer erfolgt meist seriell (Ethernet-Topologie)
OCR	Optical Character Recognition: Programm zur Umwandlung eingescannter Schriften in übliche Textformate
OS/2	Betriebssystem
PASCAL	Höhere Programmiersprache
RAM	Random Access Memory; Schreib-Lese-Speicher, der beliebig oft lesbar und überschreibbar ist; bei Ausfall der Versorgungsspannung sind die Daten verloren
ROM	Reed Only Memory: Festspeicher, dessen Inhalt nach dem Ausschalten des Computers nicht verloren geht
Scanner	Gerät zum Einlesen von Graphiken, Bildern und Schriften in den Computer
SCSI	Small Computer Systems Interface: Bussystem zur Datenübertragung zwischen Computer und Peripheriegeräten
Setup	Installationsprogramm für Anwendersoftware
Server	Zentraler Computer im Netzwerk, der Informationen liefert, die an zentraler Stelle und in der Regel unter größeren Sicherheitsvorkehrungen gespeichert sind; er kann aber auch mit Informationen gefüttert werden und selbst Aufgaben erledigen, z. B. Durchforschen eines Datenbestandes
Shareware	Testprogramme, die meist nach einer bestimmten Laufzeit kostenpflichtig werden
Soundkarte	Steckkarte, die die Ausgabe von Musik und Sprache über Lautsprecher ermöglicht
Standby-Modus	Bereitschaftsstellung des Computers (Ruhestellung bei geringem Stromverbrauch)
Taktfrequenz	Arbeitstakt des Rechners in MHz; bestimmt die Arbeitsgeschwindigkeit des Computers
Temporäre Datei	Datei, die nach dem Gebrauch wieder gelöscht werden
Treiber	Programm zur Sicherstellung der Kommunikation zwischen Hardwarekomponenten und Betriebsystem
UNIX	Mehrplatz-Betriebssystem
VGA	Video Graphics Array; Graphikstandard mit 640 × 480 Bildpunkten bei 16 gleichzeitig darstellbaren Farben (Grundversion)
Virenscanner	Programm zum Auffinden und Beseitigen von Computerviren
Virus	Dateiveränderndes oder -zerstörendes Programm, das meist über das Internet oder per email-attachments auf den PC gelangt
Windows	Betriebssystem mit graphischer Benutzeroberfläche

Internet

Begriff	Bedeutung
Internet	Abkürzung für „International Network"; weltweit verbundenes Netzwerk von Computern zur Informationsverbreitung und -austausch. Ein weltumspannender Verbund von Rechnern und Netzwerken. Mittels verschiedener Internetdienste wie **WWW, E-Mail, Usenet, FTP** usw. kann man über das Internet Daten austauschen, auf einem Server ablegen oder herunterladen.
Internetdienste	**E-Mail:** Standardisierte Kurzform für „Electronic Mail"; elektronische Post, die von speziellen Mail-Servern in die entsprechenden Mail-Boxen (persönlicher elektronischer Briefkasten) verteilt werden. Es ist ein Dienst des **Internet**, der den Austausch von Nachrichten ermöglicht. Es ist auch möglich, Dateien als **Attachements** mitzuschicken **FTP**: File Transfer Protocol, ermöglicht die Übertragung von (Programm-)Dateien von einem Rechner auf den anderen **WWW**: World Wide Web (weltweites Netz) – Dienst des Internet, in dem alle **Sites** zu finden sind, oft mit „Web" abgekürzt. Wird fälschlicherweise oft mit dem Internet gleichgesetzt, ist aber nur ein Teil davon **Newsgroups**: Diskussionsforen zu einem bestimmten Thema **Usenet**: Zusammenfassung aller Newsgroups

Aufbau einer Internetadresse

http://	**www**	.	**handwerk-technik-shop**	.	**de**	/	**seiten**	/	**verlag-wir.htm**
Hypertext Transfer protocol	World Wi-de Web		Domainname		Kennung der Adresse		Verzeichnis-pfad innerhalb des Servers, auf dem die nachfolgend angegebene Webseite abgelegt ist		Dateiname des aufge-rufenen Dokuments
	Startseite einer Website/Homepage								

Kennungen von Adressen

.at = Österreich	.de = Deutschland	.it = Italien	.com = Kommerzieller Anbieter	.edu = Bildungswesen, Schulen Universitäten
.ca = Canada	.fr = Frankreich	.uk = England	.net = Netzwerkorganisation	.org = Organisationen aller Art

Wichtige Internet-Begriffe

animated GIF	ein animiertes GIF-Bild enthält mehrere Einzelbilder, die wie ein Trickfilm nacheinander angezeigt werden
Applet	Programmcode, der als Objekt in eine **HTML**-Seite eingebunden ist
At	Bezeichnung des „Klammeraffen" @. Dieser ist Teil einer E-Mail-Adresse, z. B. @handwerk-technik.de
Attachement	Datei-Anhang an eine **E-Mail**
Bookmark	Lesezeichen. Der **URL** einer interessanten Seite kann in die Bookmark- bzw. Favoriten-Liste des **Browsers** eingetragen werden, damit man sie später leicht wiederfinden kann
Browser	Programm, mit dem Inhalte des **Internet** abgerufen und auf dem eigenen Rechner dargestellt werden. Leider hat jeder Browser gewisse Eigenheiten, sodass die Darstellung der Informationen ein wenig voneinander abweicht Die verbreitetsten Browser sind der Internetexplorer von Microsoft und der Navigator von Netscape.
Chat	„Schwatz", Unterhaltung mehrerer Personen miteinander per Tastatur
Client	ein Programm, welches für einen bestimmten **Internetdienst** zuständig ist (z. B. E-Mail-Client)
Cookie	Kleine Hilfsprogramme, die über das Internet verschickt werden und auf dem PC des Anwenders Aufgaben ausführen; diese Aufgaben können der Information dienen, es können aber auch Viren sein, die am Rechner Schaden anrichten. Man sollte sich daher vom Internet-browser warnen lassen und nur cookies aus vertraulicher Quelle annehmen
Counter	„Zähler", dient der Zählung von Zugriffen auf eine Seite, oftmals ist mit dem Zähler eine mehr oder minder umfangreiche Statistik verknüpft
Domain	Einprägsame Namen (Aufrufadressen) für Internet-Angebote, die sonst über die **IP-Adresse** aufgerufen werden müssten (umständlich und schwer zu merken); die Domainenamen werden durch spezielle DNS-Server (Domaine-Name-Server) verwaltet
Download	Herunterladen von Informationen und/oder Programmen aus dem Internet
E-Mail	Standardisierte Kurzform für „Electronic Mail"; elektronische Post, die von speziellen Mail-Servern in die entsprechenden Mail-Boxen (persönlicher elektronischer Briefkasten) verteilt werden. Es ist auch möglich, Dateien als **Attachements** mitzuschicken

Wichtige Internet-Begriffe (Fortsetzung)

Emoticon	mittels kleiner aus einzelnen Zeichen zusammengesetzter Gesichter kann man seine Gefühle ausdrücken, z. B. lächeln :-) oder ärgern :-(Diese Darstellungsform wird häufig in E-Mails verwendet.
FAQ	Frequently asked questions; Antworten auf die am häufigsten gestellten Fragen bei Problemen mit Hard- und/oder Software, die von den jeweiligen Herstellern vorweg im Internet als HTML-Dateien zur Verfügung gestellt werden
GIF	spezielles Bilder-Format, mit dem sich besonders Bilder mit maximal 256 Farben gut darstellen lassen
Hacker	jemand mit hervorragendem technischen Wissen, der in ein fremdes Computersystem eindringt und dort Daten ausspäht oder ggf. auch Schäden anrichtet
Homepage	Startseite einer Internetpräsentation
Host-Rechner	vgl. Server
HTML oder HTM	„Hypertext Markup Language“: Datenformat von Hypertext-Dokumenten im Internet; Seitenbeschreibungssprache, die dem **Browser** sagt, wie er eine Seite darzustellen hat
HTTP	Abkürzung für „HyperText Transfer Protocol“, das zum Übertragen von mit Hypertexten verknüpften Dokumenten im Internet verwendet wird
Hyperlink	aktive Stelle auf einer Seite, an der man zu einer anderen Stelle oder Seite innerhalb der selben Website oder zu einer anderen Website springen oder eine andere Aktion auslösen kann
IP-Adresse	Internet-PC-Adresse; im Internet hat jedes teilnehmende Netzwerk, jeder Computer oder Router eine eindeutige Adresse, die aus vier durch Punkte voneinander getrennte Zahlenblöcke zwischen 0 und 255 besteht
Internet-Telefonie	mit einem speziellen Programm und einer Soundkarte kann man insbesondere Auslandsgespräche über das Internet billiger führen, als über eine Telefon-Fernverbindung
JAVA	von der Firma SUN entwickelte Programmiersprache, die in Form von **Applets** in eine HTML-Seite eingebunden werden kann.
JavaScript	Eine Skript-Spache, die die Möglichkeiten von **HTML** stark erweitert. Code ist anders als bei **JAVA** im Klartext in eine Seite integriert. Leider haben die **Browser** immer wieder kleine Schwierigkeiten damit.
JPEG	spezielles Bilder-Format, mit dem Fotos in speicherplatzsparender Form komprimiert werden
Link	vgl. **Hyperlink**: Verweis bzw. Verzweigung auf eine andere Stelle. Diese kann sich auf der gleichen Seite befinden oder der gleichen **Web-Site** oder der eines anderen Anbieters irgendwo in den Weiten des Internet
Mailbox	„elektronischer Briefkasten“; Daten werden über das Telefonnetz empfangen und abrufbar gespeichert
Mailing-Liste	alle in eine solche Liste eingetragenen Empfänger erhalten in meistens regelmäßigen Abständen die neuesten Informationen des jeweiligen Anbieters per **E-Mail** zugesandt
META-Tag	**Tags**, die eine Seite beschreiben und Steuerhinweise für **Suchroboter** geben
offline	unterbrochene Verbindung zwischen Rechner und **Internet**
online	„auf der Leitung“, hergestellte Verbindung zwischen Rechner und **Internet** (auch zwischen Rechner und Drucker usw.)
Online-Dienst	bietet nicht nur einen Zugang zum **Internet**, sondern gleichzeitig ein eigenes Angebot, welches aber nur die eigenen Kunden nutzen können (ggf. gegen Aufpreis)
PlugIn	Erweiterung für einen **Browser**, um nicht standardmäßige Dateitypen darstellen zu können
PNG	neues Bilder-Format, hat sich noch nicht sehr etablieren können
POP	Post Office Protocol, dient dem Empfang von **E-Mails** (aktuell: POP3)
Provider	Anbieter für die Verbindung zum weltweiten Datennetz Internet; z. B. „Bürgernetze“, oder Online-Dienste wie T-Online, Compuserve, AOL (America Online), MSN (Microsoft Network)
Proxy	spezieller Server beim Zugangs-**Provider**, der alle Daten bereits besuchter Web-Seiten zwischenspeichert. Dadurch müssen diese Daten bei einem erneuten Besuch nicht über das ganze Internet übertragen werden und sind somit schneller verfügbar.
Robot	Roboter, auch Spider, ist ein Programm, welches selbstständig im Internet nach neuen Seiten sucht und deren **URL** sowie die in den **Meta-Tags** hinterlegte Beschreibung und den Seitentitel in seine Datenbank übernimmt
Server	ein leistungsstarker Rechner in einem Netzwerk (auch Internet), der Daten und Programme bereithält und mit dem daran angeschlossene Rechner kommunizieren können
Site	„Niederlassung“ im Internet, d. h. eine Präsentation mit allen ihren Seiten und Dateien in ihrer Gesamtheit, häufig auch **Web-Site** oder **Website**
SMTP	Simple Mail Transfer Protocol: Protokoll zum Senden von **E-Mails**
Suchmaschine (search engine)	suchen von Angeboten im Internet mittels eines auf einer **Website** installierten Programms nebst dazugehöriger Datenbank.
Tag	Steuerzeichen einer **HTML**-Seite, die den **Browser** veranlassen, die Seite entsprechend den Wünschen des Autors darzustellen

Wichtige Internet-Begriffe (Fortsetzung)

TCP/IP	„Transmission Control Protocol/Internet Protocol"; wichtigstes Steuerungs-Protokoll unter dem alle Übertragungen ablaufen; ein Standard zum Datenaustausch im Internet
Upload	das Heraufladen von Dateien auf einen **Server** im Internet, z. B. das Uploaden von Webseiten vom heimischen PC auf den Server des Providers
URL	Uniform resource locator: Adressbezeichnungen von Nutzern im Internet (Aufrufadressen von homepages)
Web-Seite	eine einzelne Seite (engl. Page) einer **Site**, die Start- bzw. Hauptseite nennt man **Homepage**
Web-Site	„Niederlassung im Netz", **Site:** Komplette Internetpräsentation incl. aller **Webseiten**
WebCam	Videokamera, die Bilder live ins Internet überträgt
Webspace	auch Web-Space, ist der Speicherplatz auf einem **Server** im Internet, auf dem die Dateien einer **Website** abgelegt sind
WWW	World Wide Web (weltweites Netz) – Dienst des Internet, in dem alle **Sites** zu finden sind, oft mit „Web" abgekürzt. Wird fälschlicherweise oft mit dem Internet gleichgesetzt, ist aber nur ein Teil davon.
VRML	Virtual Reality Markup Language, hiermit lassen sich dreidimensionale Seiten darstellen

Dateneingabe mit der PC-Tastatur — DIN 2137 : 2003-09

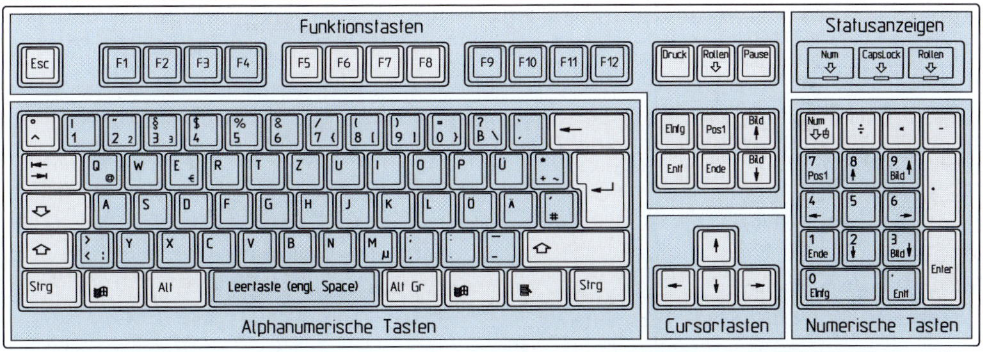

Deutsche Tastatur	ASCII-Tastatur	Bedeutung	Deutsche Tastatur	ASCII-Tastatur	Bedeutung
Esc		**Escape** (= entweichen) Abbrechen eines Vorgangs	⇩	Caps Lock	**Caps Lock** Dauernde Umschaltung auf Großbuchstaben
Tab (⇤ ⇥)		**Tabulator** (Tab) Bringt den Cursor in die nächste Tabulatorposition, zurück mit Shift + Tab	⇧	⇧ Shift	**Shift** (Umschalt) Großschreib- und Sonderzeichentaste sowie Capslock-Zurückschaltung
Bild ↓ Bild ↑	PgDn PgUp	Verschieben des Bildschirminhalts nach unten bzw. oben	Strg	Ctrl	**Steuerung** (Control) Programmbedingte Funktion beim gleichzeitigen Drücken mit anderen Tasten
Einfg	Ins	**Einfügen** (Insert) Der Einfügemodus wird aktiviert	Alt		**Alternative** (Auswahl) Eingabe von ASCII-Code-Zeichen mit Alt + Zahl
Pos1	Home	**Home** Cursor springt in die linke obere Ecke (Zeilenanfang)	Alt Gr		**Alternative/Grafik** Aufrufen einer dreifach belegten Taste
Ende	End	**End** Cursor springt an das Ende der Zeile	←		**Rück** (Back Space) Cursor geht um eine Stelle nach links und löscht das Zeichen
Entf	Del	**Entferne** (Delete) Zeichen an der Cursorposition wird gelöscht	↵		**Return** (Enter) Eingabe abschließen. Bestätigen

Datenflusspläne und Programmablaufpläne, Struktogramme DIN 66 001 : 1983-1

Datenflusspläne: zeigen die Daten und die Verarbeitung sowie die Verknüpfung von Daten mit der Verarbeitung

Programmabläufe: zeigen die Reihenfolge der Schritte bei der Datenverarbeitung, jedoch nicht die Daten

	process: Verarbeitung einschl. Ein-/Ausgabe
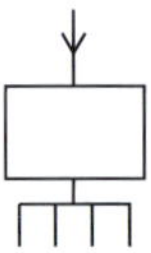	Verarbeitung mit Wirkrichtung und Auffächerung in 4 Ausgänge
	manual operation: manuelles Eingreifen manuelle Verarbeitungsstelle
	manual input: manuelle Eingabe, z. B. Tastatur
	allgemein für Daten, Datenträger, auch für Ein- und Ausgabe
	online storage: maschinell zu verarbeitende Daten
	offline storage: manuell zu verarbeitende Daten
	Zentralspeicher
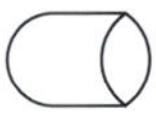	Direktzugriffsspeicher
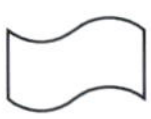	punched tape: Daten auf Lochstreifen

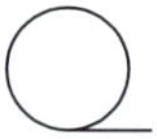	magnetic tape: Magnetband Speicher mit nur sequentiellem Zugriff
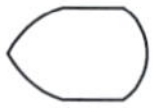	display: Anzeige
	document: Schriftstück
	punched card: Daten auf Lochkarte
	flow line: Ablauflinie ohne Pfeile: nach unten und rechts
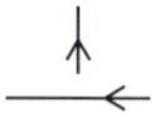	mit Pfeilen: in angegebene Richtung
	Zusammenführung
	Verbindung zur Datenübertragung
	Verfeinerung
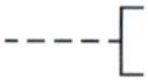	comment: Bemerkung
	connector: Übergangsstelle, Verbindungsstelle
	terminal, interrupt: Grenzstelle

	Synchronisiereinheit Synchronisierung paralleler Verarbeitungen
	branch with return: Sprung mit Rückkehr
	branch without return: Sprung ohne Rückkehr
	interrupt: Unterbrechung einer anderen Verarbeitung
	external control: Steuerung von außen
	decision: Verzweigung, Entscheidungsstelle
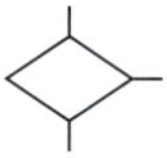	Verzweigung mit 2 Entscheidungen
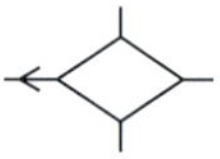	Verzweigung mit 3 Entscheidungen
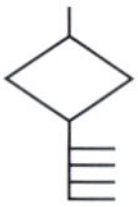	Verzweigung mit 4 Entscheidungen
	Schleifenbegrenzung Anfang einer Schleife
	Schleifenbegrenzung Ende einer Schleife

Datenflusspläne und Programmabläufe, Struktogramme DIN 66001 : 1983-12

Programmablaufplan (DIN 66001)	Struktogramm nach Nassi-Shneiderman (DIN 66261)	Erläuterung
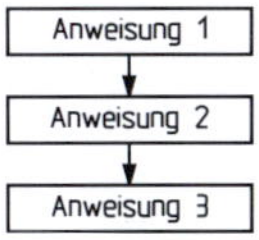	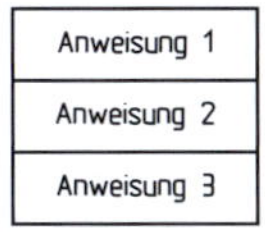	**Folgeblock** • Aneinanderreihung von mehreren Anweisungen oder Befehlen • Aufzählung nacheinander zu bearbeitender Aufgaben
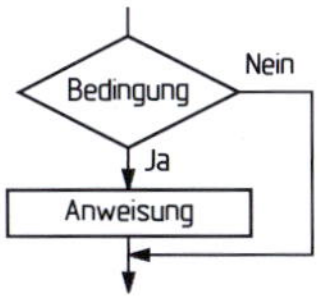	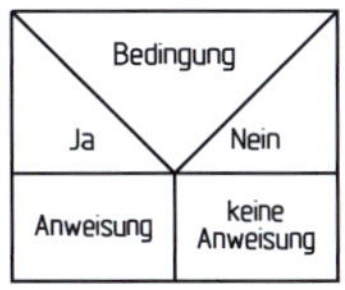	**Verzweigungen** **einseitig** • Ist die Bedingung erfüllt, wird die Anweisung ausgeführt; sonst wird die Anweisung übersprungen • IF-THEN-Abfrage
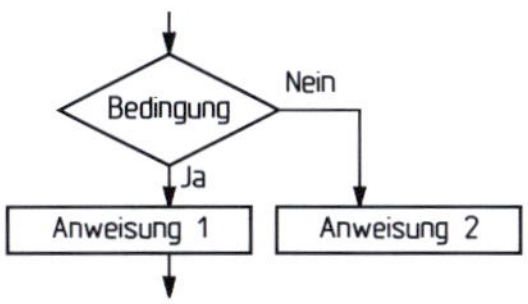	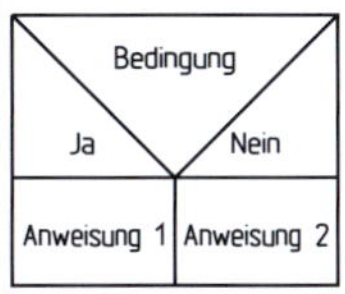	**zweiseitig** • Auswahl einer Verarbeitung von zwei möglichen aufgrund einer logischen Entscheidung • IF-THEN-ELSE-Abfrage: Wenn (IF) die Bedingung erfüllt ist, dann (THEN) wird die Anweisung 1 ausgeführt, sonst (ELSE) die Anweisung 2
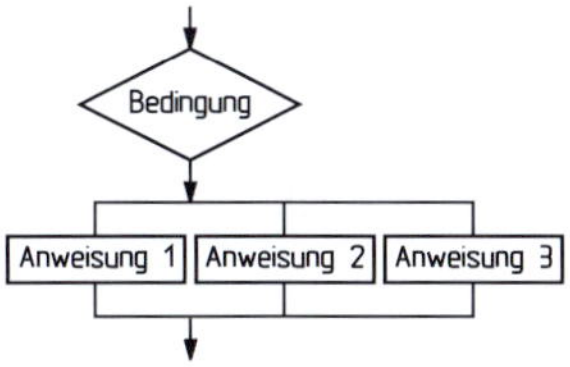	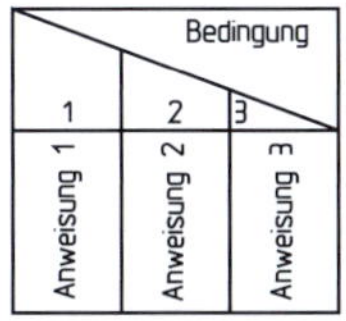	**mehrseitig** • Je nach Wert einer Variablen führt das Programm eine der Anweisungen aus
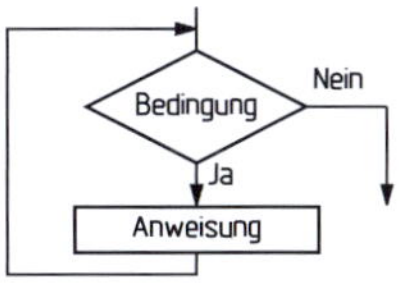	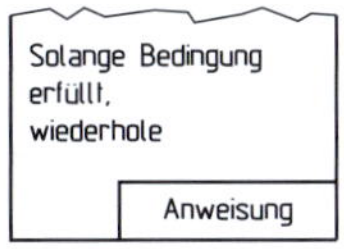	**Schleifenbegrenzung** **kopfgesteuerte Schleife** • Die Abfrage der Bedingung erfolgt vor der Durchführung der Anweisung: solange die Bedingung erfüllt ist, wird die Anweisung ausgeführt; sobald die Bedingung nicht mehr erfüllt ist, wird die Anweisung nicht ausgeführt. • WHILE-DO-Schleife
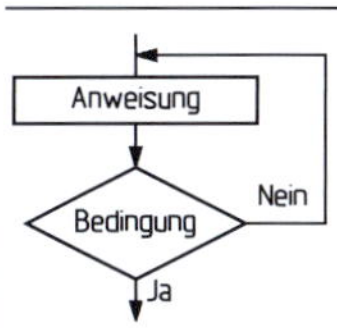	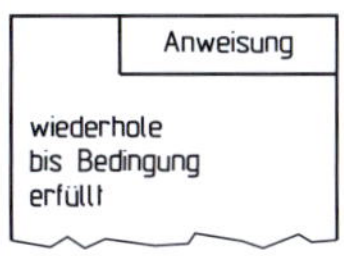	**fußgesteuerte Schleife** • Die Abfrage der Bedingung erfolgt nach dem Durchlauf der Anweisung: die Anweisung wird so lange ausgeführt, bis die Bedingung erfüllt ist. Die Anweisung wird mindestens einmal ausgeführt. • REPEAT-UNTIL-Schleife
		**zählgesteuerte Schleife** • Die Schleifendurchläufe werden durch einen vorgegebenen Wert festgelegt • FOR-TO-NEXT-Schleife

Programmablaufplan, Strukturprogramm am Beispiel einer Treppenberechnung

Programmablauf nach DIN 66001

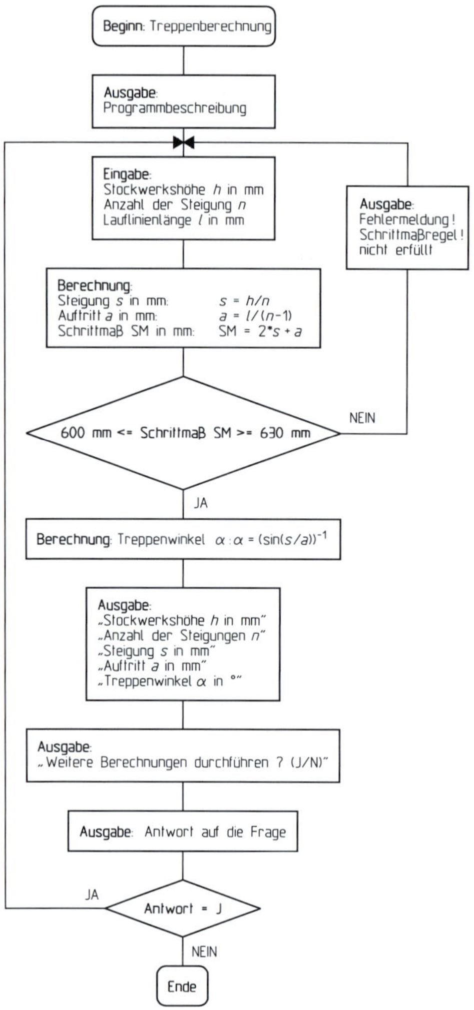

Struktogramm nach Nassi-Shneiderman

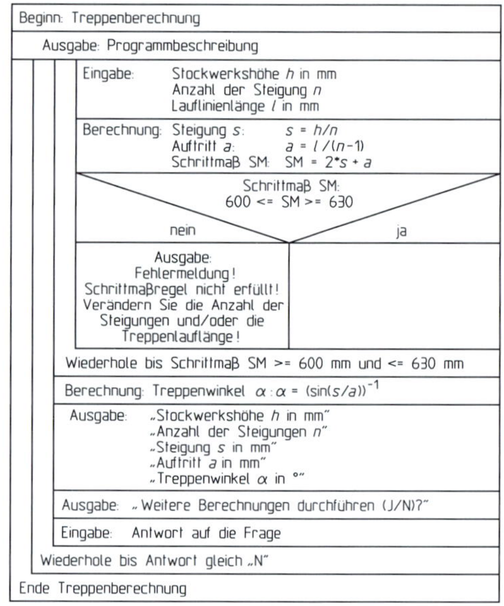

Steuerung DIN 19227-1 : 1993-10

- Beim Steuern beeinflussen eine oder mehrere Eingangsgrößen eine Ausgangsgröße.
- Die Ausgangsgröße wirkt aber auf die Eingangsgröße(n) nicht zurück, der Wirkungsablauf ist offen. Man spricht von einer Steuerkette.
- Störgrößen werden nicht kompensiert.

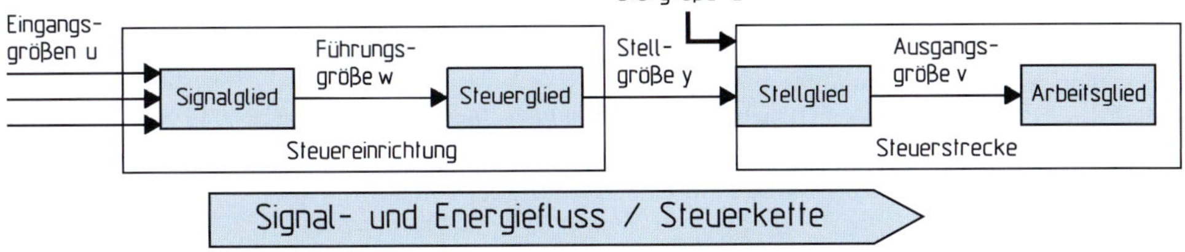

Schema einer Markisensteuerung

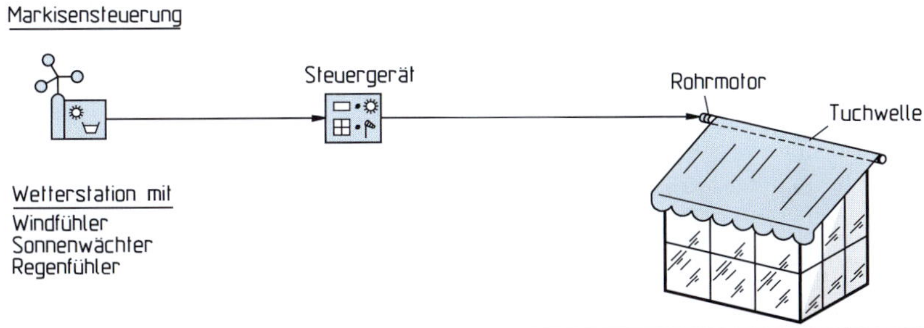

Regelung

- Die Regelgröße wird fortlaufend erfasst und mit dem Soll-Wert, der Führungsgröße verglichen.
- Solange die Regelgröße von der Führungsgröße abweicht, erfolgt eine Anpassung an den gewünschten Soll-Wert.
- Es besteht ein geschlossener Wirkungskreislauf, auch Regelkreis genannt, bei dem die Regelgröße fortlaufend sich selbst beeinflusst.
- Störgrößen werden ausgeglichen.

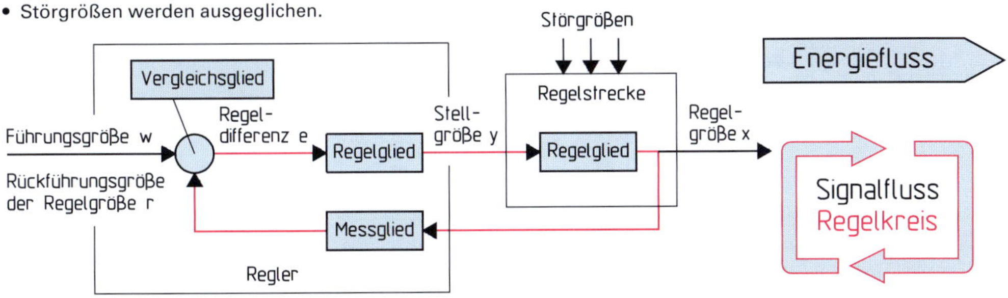

Schema einer Warmwasserregelung:

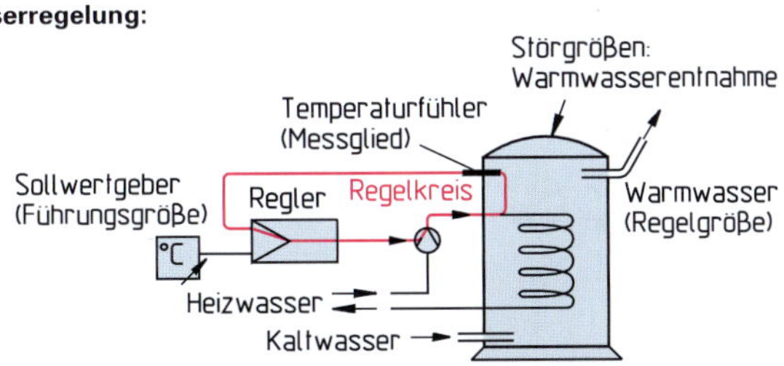

Steuerungs- und regelungstechnische Begriffe — DIN 19226-4 : 1994-02

Begriffe	Formelzeichen	Definition
Führungsgröße	*w*	von außen zugeführte, von der Regelung oder Steuerung unbeeinflusste Größe, der die Ausgangs- oder Regelgröße in vorgegebener Weise angepasst werden soll
Eingangsgröße	*u*	Größe, die auf ein System einwirkt, ohne selbst von ihm beeinflusst zu werden
Ausgangsgröße	*v*	Größe eines Systems, die nur von den Eingangsgrößen den dem System selbst beeinflusst wird
Regelgröße	*x*	die zu regelnde Größe, die über die Messeinrichtung erfasst und dem Regler zugeführt wird
Regeldifferenz	*e*	Unterschied zwischen der Führungsgröße und der Rückführungsgröße bzw. Regelgröße $e = w - r$ oder $e = w - x$
Rückführungsgröße	*r*	Größe, die durch das Messen der Regelgröße entsteht
Stellgröße	*y*	Ausgangsgröße der Steuer- oder Regeleinrichtung und zugleich Eingangsgröße für die Steuer- oder Regelstrecke
Störgröße	*z*	Von außen auf die Steuer- oder Regelstrecke einwirkende Größe, die die Ausgangs- oder Regelgröße unerwünscht beeinflusst
Signalglied		Am Anfang der Steuereinrichtung liegendes Gerät, das die Eingangsgröße(n) erfasst und eine der Steuerungsaufgabe entsprechende Führungsgröße bildet
Steuerglied		Am Ende der Steuer- oder Regeleinrichtung liegendes Gerät, das die Stellgröße zur Erzeugung des für die Steuerungs- oder Regelungsaufgabe erforderlichen Energiestromes liefert
Stellglied		Am Eingang der Steuer- oder Regelstrecke liegendes Gerät, das den Energiestrom entsprechend der Stellgröße beeinflusst
Steuerstrecke/ Regelstrecke		Der Teil des Systems, der die zu steuernde bzw. zu regelnde Größe gemäß der Aufgabenstellung unmittelbar beeinflusst
Regler (Regeleinrichtung)		Funktionseinheit aus Vergleichsglied und Regelglied, die über das Stellglied auf die Regelstrecke aufgabengemäß einwirkt
Vergleichsglied		Funktionseinheit, die die Regeldifferenz aus der Führungsgröße und der Rückführungsgröße (Regelgröße) erzeugt
Regelglied		Funktionseinheit, die die Regelgröße bei vorhandener Regeldifferenz so schnell wie möglich der Führungsgröße anpasst

Wirkungsplan — DIN 19226-1 : 1994-02

Elemente		Elemente	
Symbol	**Bedeutung**	**Symbol**	**Bedeutung**
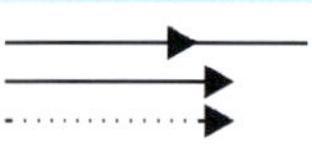	Wirkungslinie analoge Größe binäre Größe	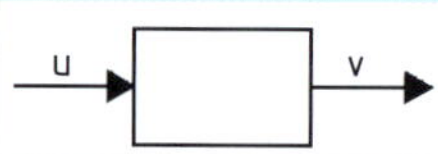	Block
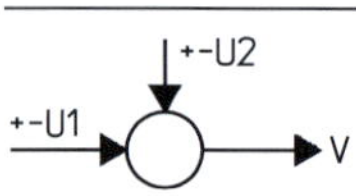	Addition $V = +-U1 +-U2$	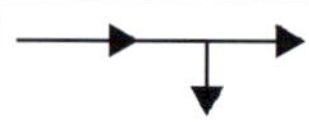	Verzweigung

Grundstrukturen

Reihenstruktur

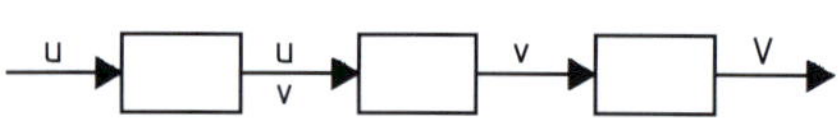

Parallelstruktur

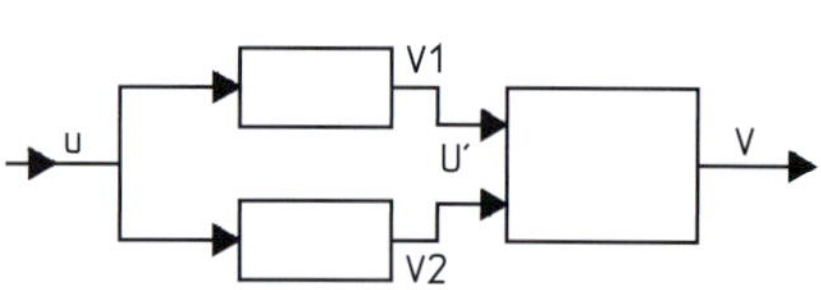

Kreisstruktur

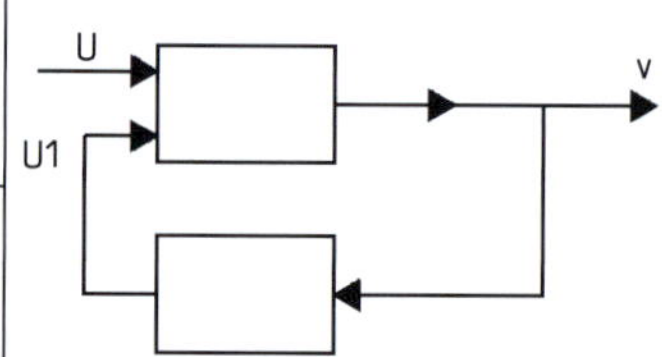

Aufgabenbezogene Kennbuchstaben und Bildzeichen der Prozessleittechnik

Kennbuchstaben für Elektro-, Mess, Steuerungs- und Regelungstechnik (EMSR-Technik)

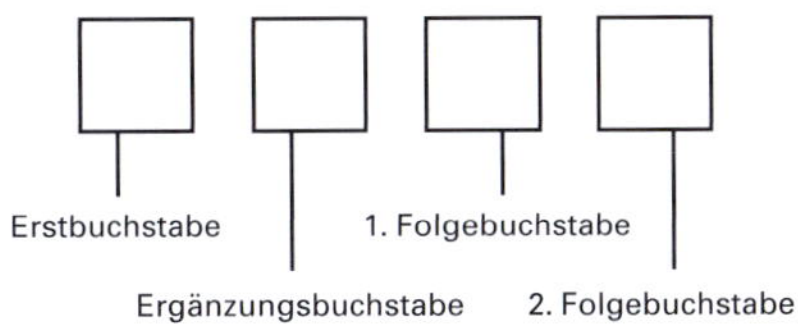

Beispiel: Differenzialdruckregelung mit Anzeige

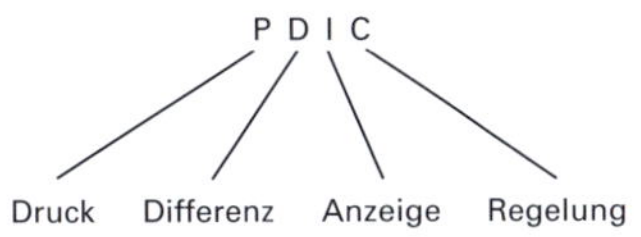

Erstbuchstaben

D	Dichte
E	Elektrische Größen
F	Durchfluss, Durchsatz
G	Abstand, Länge
H	Handeingabe
K	Zeit
L	Stand
M	Feuchte
P	Druck
Q	Stoffeigenschaft Qualitätsgrößen
R	Strahlungsgrößen
S	Geschwindigkeit, Drehfrequenz
T	Temperatur
W	Gewichtskraft, Masse

Ergänzungsbuchstaben

D	Differenz
F	Verhältnis
J	Messstellenabfrage
Q	Summe, Integral

Folgebuchstaben

A	Störungsmeldung
C	selbsttätige Regelung
E	Aufnehmerfunktion
H	oberer Grenzwert
I	Anzeige
L	unterer Grenzwert
R	Registrierung
S	Schaltung, Steuerung
T	Messumformer
V	Stellgerätefunktion
Z	Noteingriff Schutzeinrichtung

Bildzeichen zur Darstellung von EMSR-Aufgaben
Ausgabe und Bedienort

Grundsymbole	Grundsymbol	mit Prozessleitsystem	mit Prozessrechner
allgemein vor Ort			
mit Prozessleitwarte			
mit örtlichem Leitstand			

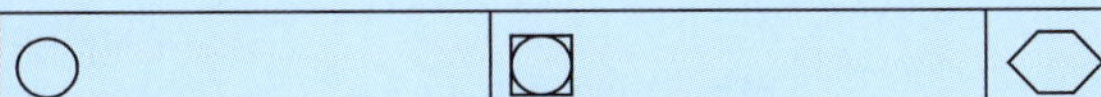

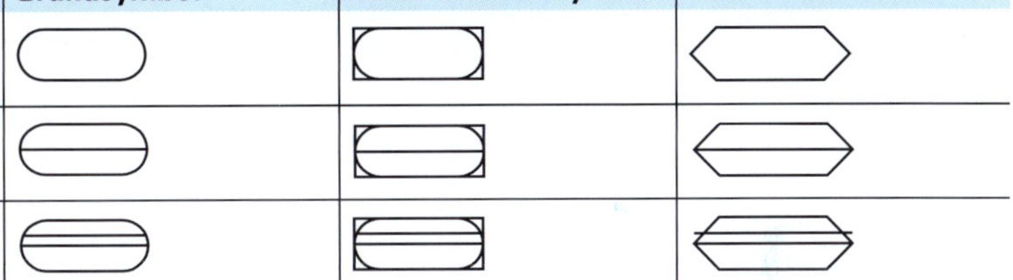

Messort

Bezugslinie

Messort, Fühler an der Messstelle anzubringen

Stellglied Stellort

Einwirkung auf die Strecke

Stellenantrieb allgemein — Stellenantrieb mit minimalem Energiefluss — Stellenantrieb mit maximalem Energiefluss

Einwirkung auf die Strecke

Stellgerät mit Stellort — Stellgerät bleibt in zuletzt eingenommener Stellung — Stellgerät bleibt in zuletzt eingenommener Stellung, Pfeil zeigt zusätzlich Driftstellung

Beispiel: Temperaturregelung, registriert und bedient im örtlichen Leitstand, Messstelle 250

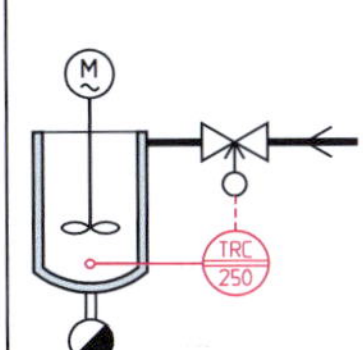

Lösungsbezogene Bildzeichen der Prozessleittechnik DIN 19227-2 : 1991-02

Aufnehmer

Aufnehmer allgemein für

*T	Temperatur
W	Gewichtskraft, Masse
S	Geschwindigkeit, Frequenz
P	Druck
L	Stand, Niveau

Thermoelement

Membranaufnehmer für Druck

Aufnehmer für Stand mit Schwimmer

Waage, anzeigend

Umdrehungsfrequenz mit Pulsgeber

Ausgeber

Anzeiger allgemein

Anzeiger analog

Anzeiger digital

Bildschirm

Regler

Regler allgemein

PD-Zeitpunktregler mit schaltendem Ausgang

PID-Regler: steigendes Ausgangssignal bei steigendem Eingangssignal

Anpasser

Signal- oder Messumformer (*vgl. Signalkennzeichen)

Analog-Digital-Umformer

Messumformer für Druck mit pneumatischem Signalausgang

Signalspeicher digital

Verstärker

Signalkennzeichen

elektrisches Signal

pneumatisches Signal

Analogsignal

Digitalsignal

Binärsignal

Bediengeräte

Einsteller allgemein

Signalsteller elektrisches Signal

Stellgeräte

Stellgeräte allgemein

Ventilstellglied

Motor-Stellantrieb

Leitungen

Rohr

EMSR-Leitung

Beispiel Drucklegung

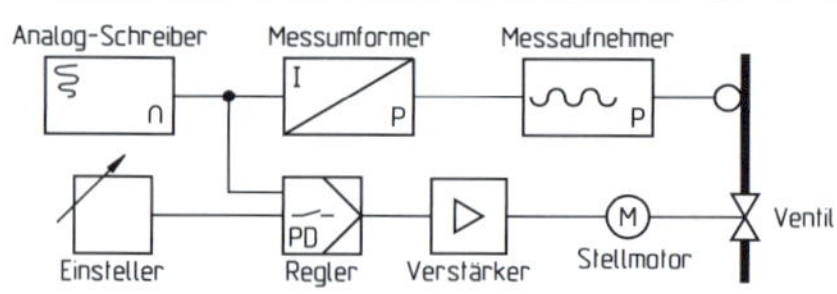

Regler und Reglerverhalten DIN 19226-2 : 1994-02

Unstetige Regler – Zweipunktregler

Zweipunktregelung eines Elektrohärteofens

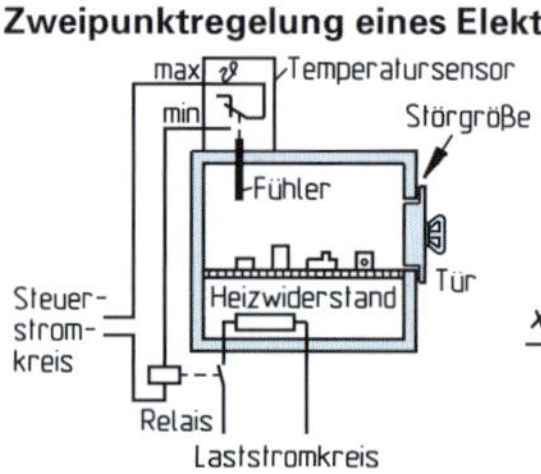

- Die Regelung erfolgt zwischen zwei einstellbaren Grenzwerten (maximaler und minimaler Grenzwert).
- Das Stellglied erlaubt nur zwei Schaltzustände EIN oder AUS (binäre Regelung, unstetige Regelung).
- Eine kleinere Regeldifferenz (kleinerer Abstand zwischen min. und max. Grenzwert) erhöht die Schaltfrequenz und damit die Genauigkeit des Reglers, vermindert aber seine Lebensdauer.

Das Übergangsverhalten eines Zweipunktreglers beschreibt den Verlauf des Stellsignals bei Eingabe eines Signaleingangs

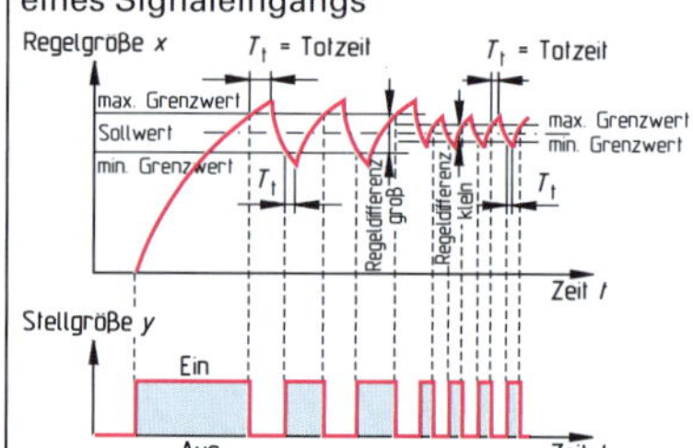

Es gibt Totzeiten in der Einschalt- und Ausschaltphase.

- Trotz Einschaltens des Reglers sinkt die Regelgröße weiter ab bzw.
- trotz Ausschaltens des Reglers steigt die Regelgröße noch weiter an.

Binäre Verknüpfungen

Bezeichnung Bool'sche Gleichung	Logiksymbole nach DIN EN 60617	Funktionstabelle E1 | E2 | A	Ersatzschaltung hydraulisch/pneumatisch DIN ISO 1219-1	Ersatzschaltung elektrisch nach DIN EN 61082	SPS Anweisungen Anweisungsliste nach DIN EN 61131
UND-Glied (AND) $A = E1 \wedge E2$	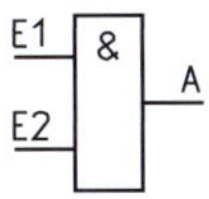	0 0 0 0 1 0 1 0 0 1 1 1	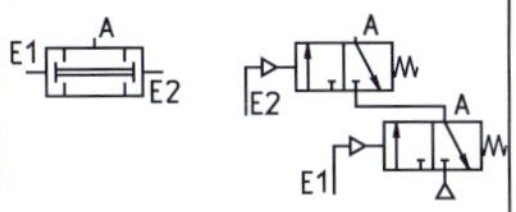	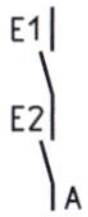	L E1 U E2 = A
ODER-Glied (OR) $A = E1 \vee E2$	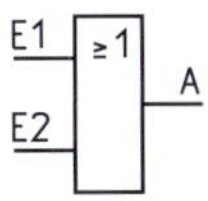	0 0 0 0 1 1 1 0 1 1 1 1	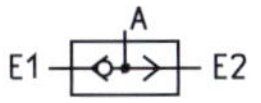	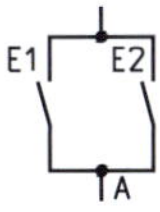	L E1 O E2 = A
NICHT-Glied NOT $E1 \wedge E2$	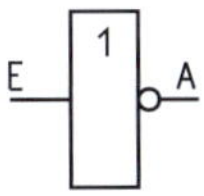	E A 0 1 1 0	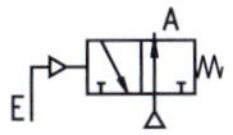	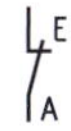	NA
UND-NICHT-Glied (NAND) $A = \overline{E1 \wedge E2}$	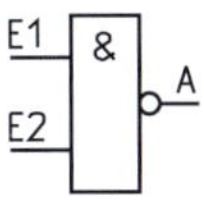	0 0 1 0 1 1 1 0 1 1 1 0	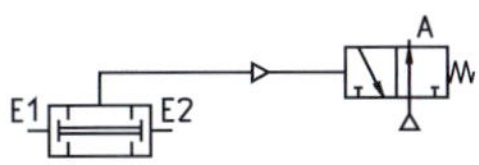	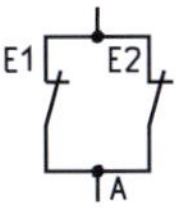	U E1 U E2 = NA
ODER-NICHT-Glied (NOR) $A = \overline{E1 \vee E2}$	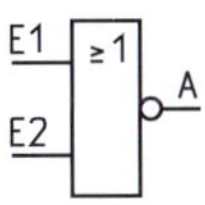	0 0 1 0 1 0 1 0 0 1 1 0	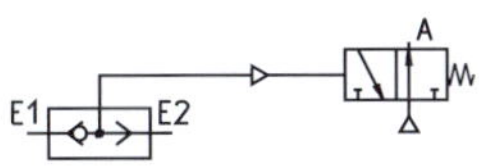	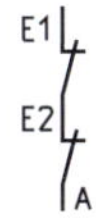	O E1 O E2 = NA

S – Kippglied

S = Setzen (engl. set)
R = Rücksetzen (engl. reset)

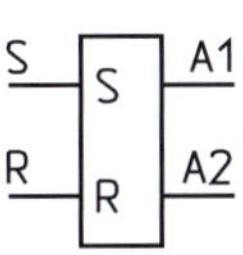

S	R	A 1	A 2
0	0	*	*
0	1	0	1
1	0	1	0
1	1	*	*

* Zustand wie vorher oder unbestimmt

Setzen

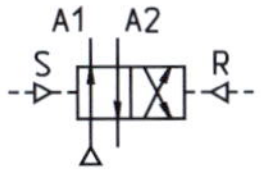

Rücksetzen

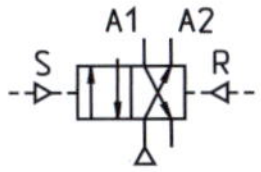

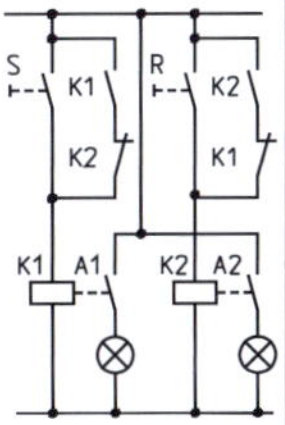

SA1
R A2

Funktionspläne — DIN EN 60 848 : 2002-12

Funktionspläne
- stellen den Ablauf einer Steuerung prozessorientiert dar, wobei keinerlei Angabe über die verwendeten Betriebsmittel, die Leitungsführung oder den Einbauort gemacht werden
- dienen als Kommunikationsmittel zwischen verschiedenen Berufsfeldern
- werden bei Verknüpfungs- und Ablaufsteuerungen verwendet
- werden unter Verwendung graphischer Symbole erstellt

Beispiel: Steuerung eines Schüttgutsilos
Durch das Öffnen eines Schiebers wird ein Transportbehälter gefüllt.
Wird der Taster 1S2 oder das Pedal 1S3 betätigt und ist zugleich der Grenztaster 1S4 durch Kontakt mit einem vorhandenen Behälter aktiviert, so fährt der Zylinder 1A1 ein, das Silo wird geöffnet, der Behälter gefüllt. Für das Füllen wir eine Wartezeit von 20 Sekunden veranschlagt, bis der Zylinder 1A1 bedingt durch den Grenztaster 1S1 wieder ausfährt und das Silo verschließt. Dabei betätigt der Zylinder 1A1 den Grenztaster 2S1, wodurch der Zylinder 2A1 ausfährt und den Container verschiebt. In der Endlage des Zylinders 2A1 bewirkt der Endlagenschalter 2S2 wieder das Einfahren von Zylinder 2A1.

Funktionsplan (FUP)

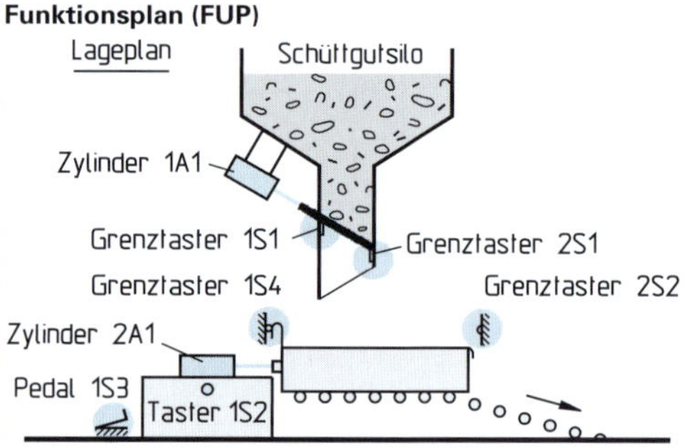

Funktionsdiagramme — DIN EN 60 848 : 2002-12

Funktionsdiagramme
- erleichtern die Planung, Konstruktion und Prüfung einer Steuerung
- zeigen graphisch die Zustände und Zustandsänderungen technischer Baueinheiten einer Steuerung
- stellen die Funktionsfolgen von Arbeitsabläufen und die steuerungstechnische Verknüpfung der Streuglieder in 2 Achsen dar:
  - senkrechte Achse: **Zustand** der Bauglieder (Weg)
  - waagrechte Achse: **Schritte** des Steuerungsablaufes (Weg/Schritt-Diagramm) oder **Zeit** des Steuerungsablaufes (Weg/Zeit-Diagramm)

Funktionsdiagramm: Beispiel: Pneumatisch gesteuertes Schüttgutsilo

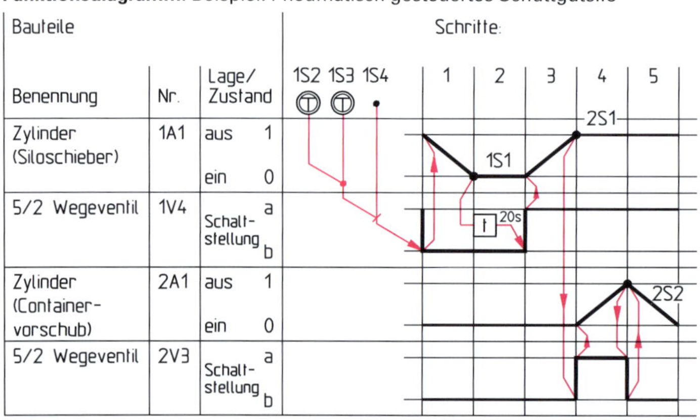

Signallinie (rot)

Funktionslinien:

Schmal: kennzeichnet Ruhe- oder Ausgangsstellung
Breit: kennzeichnet von der Ruhe- oder Ausgangsstellung abweichende Zustände

Beschreibung:
(vgl. auch Pneumatikschaltplan im Kap. Fluidtechnik)

Schritt 0:
Antippen von Signalglied 1S2 oder 1S3 und Signalglied 1S4
⇒ Stellglied 1V4 schaltet von Schaltstellung a nach b

Schritt 1:
Zylinder 1A1 fährt ein, betätigt in Endlage Signalglied 1S1

Schritt 2:
Signalglied 1S1 steuert Zeitglied an
⇒ nach 20 sec. Schaltet Stellglied 1V4 wieder von Stellung b nach a

Schritt 3:
Zylinder 1A1 fährt wieder aus und betätigt in seiner Endlage das Signalglied S21

Schritt 4:
Das Signalglied S21 veranlasst das Stellglied 2V2 zum Umschalten von Stellung b nach a
⇒ der Zylinder 2A1 fährt aus

Schritt 5:
Zylinder 2A1 betätigt in seiner Endlage das Signalglied 2S2
⇒ Zylinder 2A1 fährt wieder ein

Graphische Symbole

Signalglieder
Signalglieder **muskelkraftbetätigt**

Signalglied EIN	
Signalglied AUS	
Signalglied EIN-AUS	
Signalglied TIPPEN	Funktion wird nur während der Dauer der Betätigung ausgeführt
Signalglied AUTOMATIK-EIN	Startsignal für sich selbstständig wiederholenden Automatikablauf
Signalglied ZWEIHAND-EINRÜCKUNG	Startsignal durch Zweihandeinrückung

Signalglied WAHL-SCHALTER (E A)	z. B. für Umschaltung von Automatik auf Einzelschaltung

Signalglieder **mechanisch betätigt**

Signalglied, Grenztaster	in Endlage bzw. kurzzeitig über Wegstrecke betätigt

Signalglieder **pneumatisch bzw. hydraulisch betätigt**

Bezeichnung	Symbol	Erläuterung
Druckschalter	p 5bar	Rechteck, gekennzeichnet durch den Buchstaben *p* für den Druck. Einstellwert ist anzugeben (z. B. 5 bar)
Steuerglieder Zeitglied	t 1s	Rechteck, gekennzeichnet durch den Buchstaben *t* für die Zeit; Einstellwert ist anzugeben

Signallinien und Signalverknüpfungen

Signallinie

Signalverzweigung

ODER-Bedingung

S3 ∨ S5

UND-Bedingung

S3 ∧ S5

NICHT-Bedingung

$\overline{\text{S3}}$ Zeichen für NICHT-Bedingung (hochgesetzter waagerechter Strich über Signalgliedbezeichnung)

$\overline{\text{S3}}$

Signal zu anderer Maschine
gehend kommend

Fluidtechnik: Pneumatik und Hydraulik DIN ISO 1219 : 2007-12

Schaltplan: Beispiel Schüttgutsilo

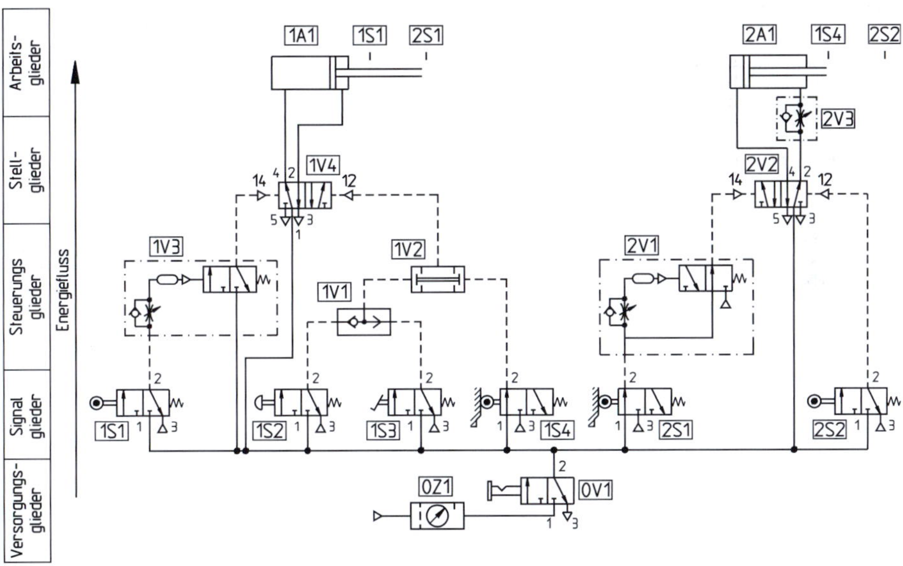

Aufbau eines Schaltplanes:

Die Steuerung wird in einzelne Steuerketten (Schaltkreise) untergliedert, die von links nach rechts dem Arbeitsablauf entsprechend nebeneinander angeordnet werden.

Arbeitszylinder und Wegeventile werden waagerecht und von unten nach oben in Richtung des Energieflusses gezeichnet.

Leitungen sind geradlinig und kreuzungsfrei an die Bauteile heranzuzeichnen.

Arbeitsleitungen sind als Volllinien, Steuerleitungen als Strichlinien gezeichnet.

Wird ein Signalglied über eine Kolbenstange betätigt (Grenztaster), wird die Einbaustelle durch einen Markierungsstrich und die Gerätekennung des Signalgliedes gekennzeichnet. Bei einseitig arbeitenden Rollenhebelventilen wird die Betätigungsrichtung durch einen Pfeil angegeben.

Gleichartige Bauglieder/Baugruppen sollen innerhalb einer Steuerkette auf gleicher Höhe gezeichnet werden.

In Pneumatik-Schaltplänen werden die Bauteile in der Ausgangsstellung der Anlage mit Druckbeaufschlagung dargestellt.

Kennzeichnung der Bauteile

- Die Kennzeichnungsnummer wird in einem Rahmen umfasst.
- Die Schaltkreise erhalten eine eigene Schaltkreisnummer, beginnend mit der Nummer 1.
- Die Versorgungsglieder (Aufbereitungseinheit, Hauptventil) erhalten demzufolge die Ziffer 0.
- Bauteile innerhalb einer Steuerkette erhalten fortlaufende Nummern, beginnend mit 1.
- Besteht ein Schaltplan aus mehreren Anlagen, so ist die Angabe einer Anlagennummer notwendig.
- Buchstaben kennzeichnen die Funktion der Bauteile im Schaltplan.

Bauteilkennzeichnung nach Buchstaben

P	Pumpen, Kompressoren	A	Antriebe
M	Antriebsmotoren	S	Signalaufnehmer
V	Ventile	Z	jedes andere Bauteil

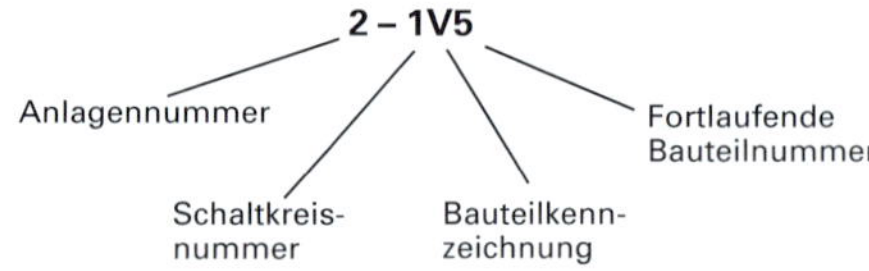

Anschlüsse an Ventile – gekennzeichnet mittels

Ziffern (neu)	**Buchstaben** (alt)	**Bedeutung**
	P	Druckanschluss
2, 4, 6	A, B, C	Anschlüsse an Arbeitsleitungen
3, 5, 7	R, S; T	Abfluss, Entlüftung
2, 14, 16	X, Y, Z	Steueranschlüsse

Beispiel neu

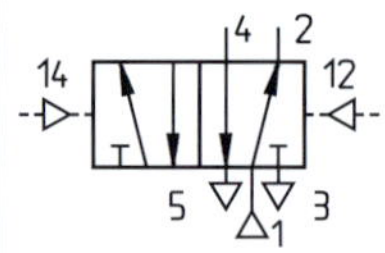

oder

alt

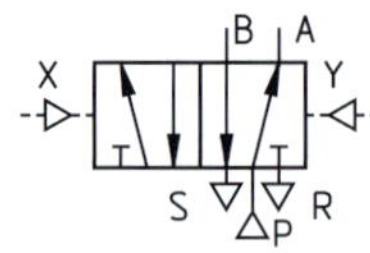

Schaltzeichen der Fluidtechnik — DIN ISO 1219-1 : 2007-12

Funktionssinnbilder

 Hydrostrom

 Druckluftstrom

 Strömungsrichtung

 Drehrichtung

 Verstellbarkeit

Pumpen, Kompressoren

Verdrängungsvolumen
konstant — veränderlich

Förderrichtung
1 — 2

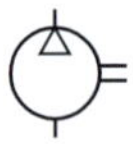 Kompressor mit konstantem Verdrängungsvolumen

Motoren

Konstantmotoren

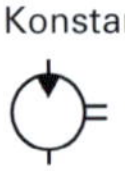 hydraulisch

pneumatisch 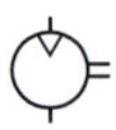

Motoren

Verstellmotoren

 hydraulisch

pneumatisch 

Zylinder

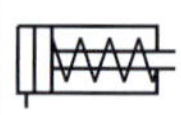 einfachwirkender Zyl. mit Federrückstellung

 doppeltwirkender Zyl.

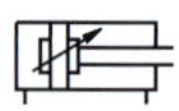 doppeltwirkender Zyl. mit beidseitig einstellbarer Endlagendämpfung

Energieübertragung/Aufbereitung

Druckquelle

 hydraulisch

 pneumatisch

Arbeitsleitung

Steuerleitung

Abfluss-/Leckleitung

Energieübertragung/Aufbereitung

 Flexible Leitung

 Leitungsverbindung

 Leitungskreuzung

Auslassöffnung

mit — ohne
Gewindeanschluss

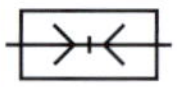 Schnellkupplung, verbunden

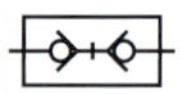 Schnellkupplung verbunden, mit Rückschlagventil

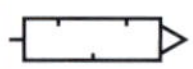 Geräuschdämpfer

 Behälter, Rohrende über Flüssigkeitsspiegel

 Druckbehälter

Schaltzeichen der Fluidtechnik (Fortsetzung) DIN ISO 1219-1 : 2007-12

Energieübertragung/ Aufbereitung

Hydrospeicher

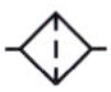
Filter, Sieb

Wasserabscheider

Lufttrockner

Öler

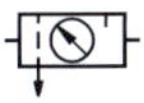
Aufbereitungseinheit mit Filter, Druckregler, Manometer, Öler

Sperrventile

Rückschlagventile

federbelastet

Sperrventile

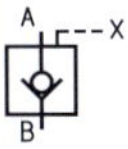

entsperrbar

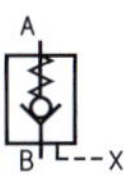

entsperrbar, gegen Feder öffnend

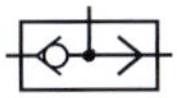
Wechselventil (ODER)

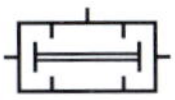
Zweidruckventil (UND)

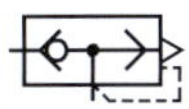
Schnellentlüftungsventil

Stromventile

Drosselventil, verstellbar „ohne Pfeil": nicht verstellbar

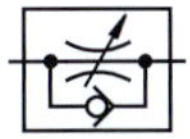
Drosselrückschlagventil

Stromventile

Stromregelventil mit einstellbarem Ausgangsstrom

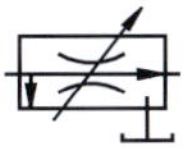
Stromregelventil mit Entlastungsöffnung zum Behälter

Druckventile

allgemein mit

externem

internem

Steuerkanal

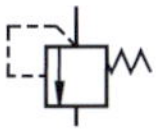
Druckbegrenzungsventil

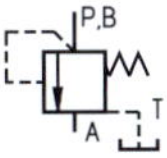

Folgeventil Auslass druckhaltend

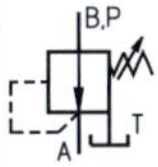

Druckreduzierventil

Wegeventile

Grundsymbol

Durchflusswege

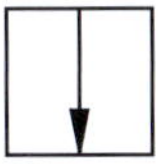
offen

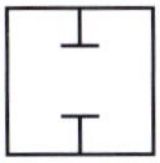
gesperrt

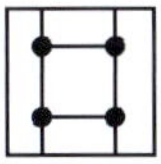
gekoppelt

Kurzbezeichnung der Wegeventile

Beispiel:
3/2 Wegeventil in Sperr-Ruhe-Stellung, druckknopfbetätigt mit Federrückstellung

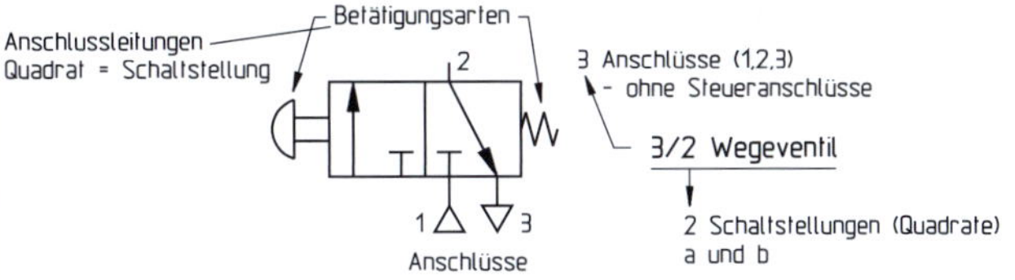

Beispiele von Wegeventilen

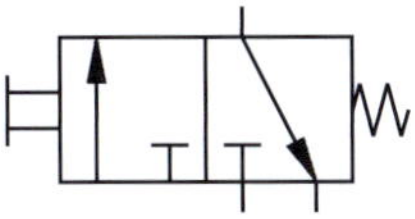
3/2 Wegeventil in Sperr-Ruhe-Stellung

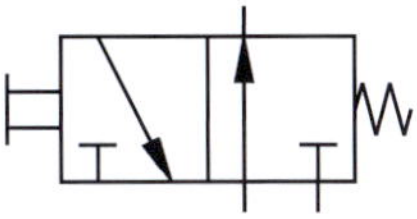
3/2 Wegeventil in Durchfluss-Ruhe-Stellung

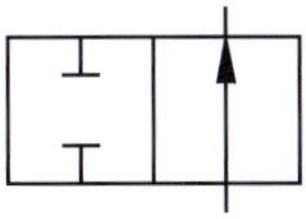
2/2 Wegeventil in Durchfluss-Ruhe-Stellung

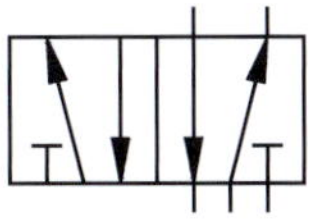
5/2 Wegeventil

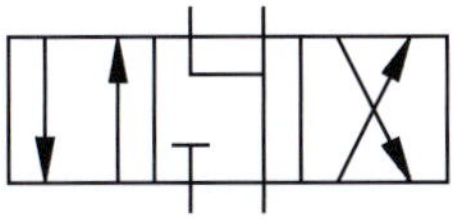
4/3 Wegeventil in Schwimm-Mittelstellung

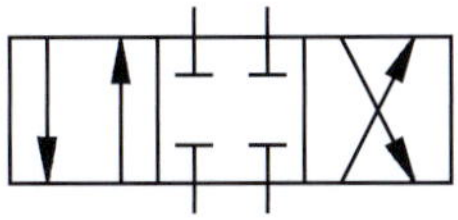
4/3 Wegeventil in Sperr-Mittelstellung

Betätigungsarten

Betätigung durch Muskelkraft

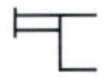 allgemein

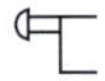 Druckknopf

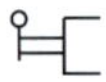 Hebel

 Pedal

Elektrische Bestätigung

 durch Elektromagnet

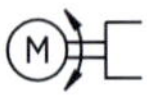

durch Elektromotor

Mechanische Betätigung

 Taster, Stößel

 Rolle

 Rolle, nur in einer Richtung arbeitend

 Feder

Mechanische Bestandteile

 Raste (auch mehrstufig)

Druckbetätigung

 direkte Druckbeaufschlagung, hydraulisch

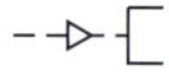 direkte Druckbeaufschlagung

 indirekte Druckbeaufschlagung, hydraulisch

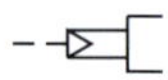 indirekte Druckbeaufschlagung, pneumatisch

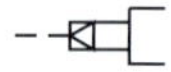 indirekte Betätigung durch Druckentlastung

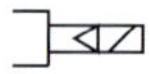 durch Elektromagnet und Vorsteuer-Wegeventil

Pneumatikzylinder

Zylinder-Kolbenflächen:

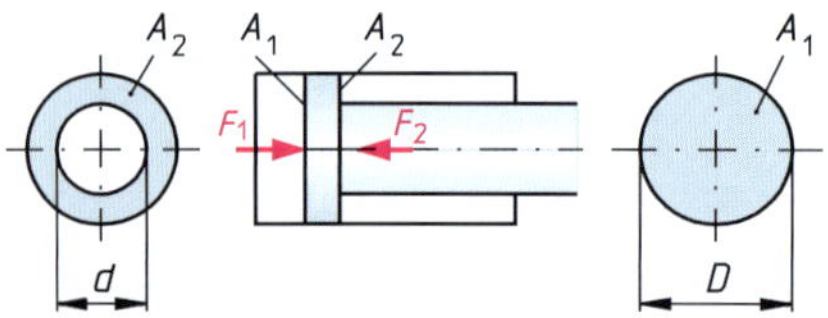

Kolbenflächen A_1 und A_2 in cm^2

$$A_1 = \frac{D^2 \cdot \pi}{4} \qquad A_2 = \frac{\Pi}{4} \cdot (D^2 - d^2)$$

Luftverbrauch bei Pneumatikzylindern

$$\dot{V} = q_L \cdot s \cdot n$$

$\dot{V}$: Volumenstrom in l/min
q_L: Luftverbrauch pro cm Hub
s: Hublänge in cm
n: Hubzahl pro Minute in 1/min

Pneumatikzylinder, Abmessungen und Luftverbrauch q_L

Kolben				Luftverbrauch q_L in $\frac{l}{cm}$ bei $p_e = 6$ bar und 10 mm Hublänge	
D mm	d mm	A_1 cm^2	A_2 cm^2	Kolbenseite	Stangenseite
8	4	0,5	0,38	0,004	0,003
10	4	0,79	0,66	0,006	0,005
12	6	1,1	0,85	0,008	0,006
16	8	2,0	1,5	0,015	0,011
20	8	3,1	2,6	0,022	0,019
25	10	4,9	4,1	0,035	0,029
32	12	8,0	6,9	0,056	0,049
40	16	12,6	10,6	0,088	0,074
50	20	19,6	16,5	0,137	0,116
63	20	31,2	28,0	0,218	0,197
80	25	50,3	45,4	0,352	0,318
100	25	78,5	73,6	0,550	0,516
125	32	122,7	114,7	0,859	0,803
160	40	201,1	188,5	1,408	1,320
200	40	314,2	301,6	2,200	2,111
250	50	490,9	471,3	3,437	3,300

Stromlaufplan DIN EN 61082-1 : 2007-03

Lageplan

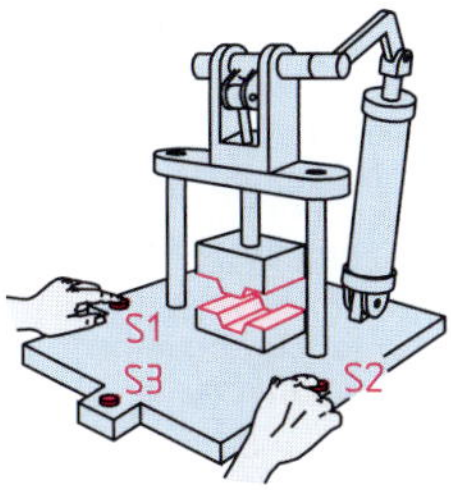

Pneumatikplan

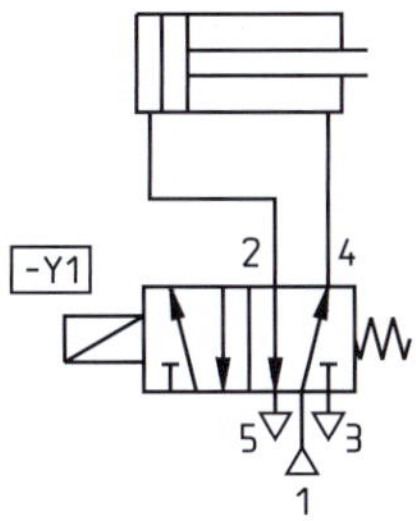

Beispiel: Blechbiegevorrichtung
Elektrischer Stromlaufplan

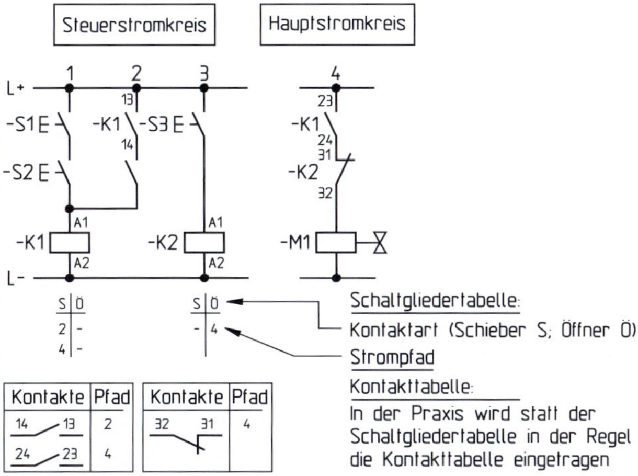

Kennzeichnungsblock zur Bauteilidentifizierung

– Art Zähl-Nr. Funktion

Kennbuchstaben (Auswahl) (können entfallen, wenn nicht nötig!)

A = Funktion Aus	B = Bewegungseinrichtung
C = Zählung	E = Funktion EIN
F = Schutz	K = Tastbetrieb
S = Speichern	

max. 3-stellig

Kennbuchstaben für Betriebsmittel

H = Meldeeinrichtung (z. B. Lampe)	M = elektrisch betätigtes mechanisches Mittel (z. B. Elektromagnet)
K = Relais, Schütz	B = Sensoren
S = Schalter, Taster	

Kennung für den Block

Der Stromlaufplan

- Der Stromlaufplan zeigt die **Verdrahtung der elektrischen Betriebsmittel** (Schalter, Relais usw.) sowie deren Zusammenwirken. Er wird aufgegliedert in den
- **Steuerstromkreis:** dieser enthält die Geräte für die Signaleingabe und Signalverarbeitung
- **Hauptstromkreis**: dieser enthält die Stellglieder für die Betätigung der Arbeitsglieder (Leistungsstromkreis)
- Der **Signalfluss** erfolgt von oben nach unten in durchnummerierten Strompfaden.
- Die elektrischen Betriebsmittel sind ohne Rücksicht auf die tatsächliche Anordnung in der Anlage dargestellt.
- Der Stromlaufplan ist grundsätzlich im **stromlosen** Zustand und die Schalter im **mechanisch unbetätigten Zustand** gezeichnet.

Kennzeichnung der elektrischen Betriebsmittel

- Alle Betriebsmittel erhalten entsprechend ihrer Funktion Kennbuchstaben und werden fortlaufend nummeriert (S1, S2 usw., K1, K2 usw.).
- Die Relaisspule und deren Kontakte sind mit der gleichen Kennziffer nummeriert.
  Beispiel: zu Relais K1 im Strompfad 1 gehören die Kontakte K1 in den Strompfaden 2 und 4.
- Jedes Relais (Schütz) erhält unter dem Strompfad eine Schaltgliedertabelle oder eine Kontakttabelle. Diese informieren, in welchen Strompfaden welche Art von Kontakten des betreffenden Relais angeschlossen sind.

Anschluss-Kennzeichnung von Relais

zum Relais gehörende Kontakte mit Anschlussnummerierung

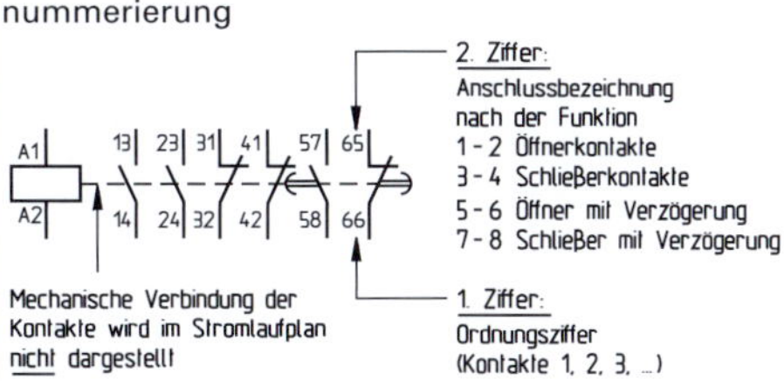

Schaltzeichen für Stromlaufpläne DIN EN 60617-2, -7 : 1997-08

Betätigungsarten

Rückstellung bei Abbruch der Betätigung

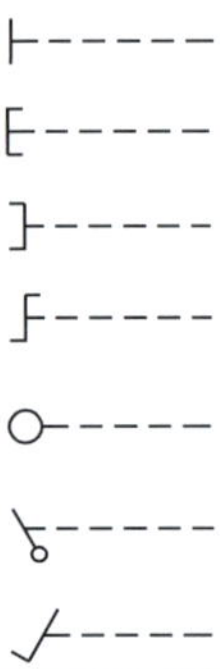

- allgemein, Hand
- durch Drücken
- durch Ziehen
- durch Drehen
- durch Rolle oder Nocken
- durch Hebel
- durch Pedal

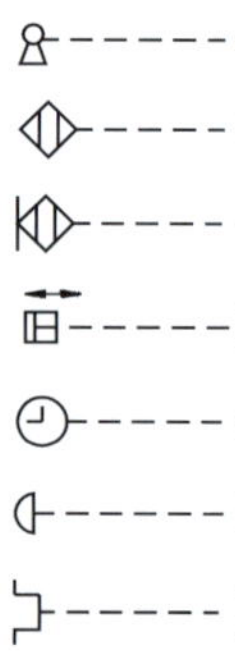

- durch Schlüssel
- durch Annäherung
- durch Berührung
- durch pneumatische oder hydraulische Kraft
- durch Uhr
- Notschalter
- durch thermischen Antrieb (z. B. Bimetall)

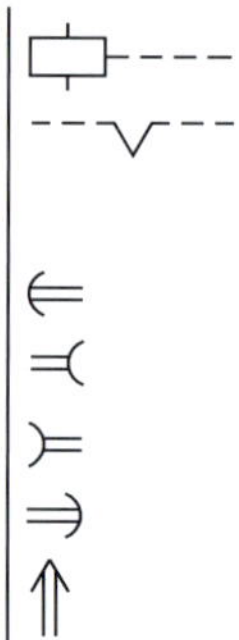

- durch Elektromagnet
- Raste
  Einrasten bei Betätigung, ausrasten bei erneuter Betätigung
- Verzögerung nach rechts („Bremsfallschirmwirkung")
- Verzögerung nach links
- Betriebszustand abweichend von der Regel-Darstellung[1])

Schaltgeräte

Schließer
Kontaktbezeichnungen 3 und 4

Öffner
Kontaktbezeichnungen 1 und 2

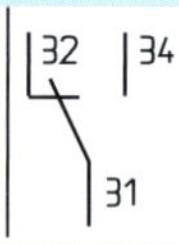

Wechsler
Kontaktbezeichnungen 1, 2 und 4

Elektromechanische Antriebe

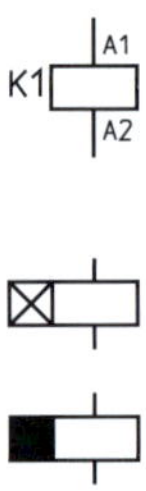

- K = Relaisbezeichnung K1, K2, K3, … Nummer des Relais im Stromlaufplan
  A = Anschlüsse für den elektrischen Betrieb
- Relais mit Ansprechverzögerung
- Relais mit Rückfallverzögerung

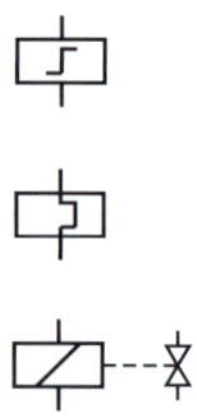

- Stromstoßrelais Beibehaltung der zuletzt eingenommenen Stellung auch bei Energieausfall[1])
- Thermorelais
- Ventilbetätigung mit Elektromagnet

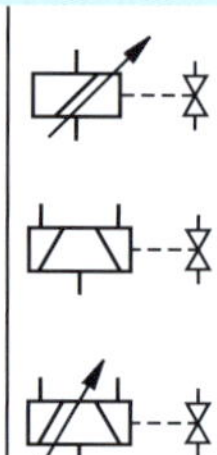

- Ventilbetätigung mit Proportionalmagnet[1])
- Ventilbetätigung[1]) in zwei Richtungen mit zwei gegensinnig wirkenden Wicklungen
- Proportionalmagnet mit zwei Kraftrichtungen[1])

Beispiele für Schalter mit Betätigung

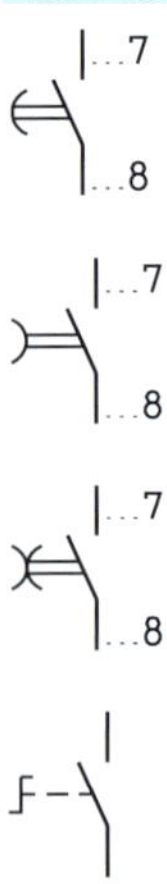

- Schließer, schließt verzögert
- Schließer, öffnet verzögert
- Schließer, öffnet verzögert, schließt verzögert
- Schließer, handbetätigt durch Drehen, rastend

- Wechsler, betätigt mit Rolle
- Stellschalter, Öffner handbetätigt durch Drücken
- Öffner, betätigter Zustand (in Ruhestellung geschlossen)[1])
- Schließer, betätigter Zustand (Ruhestellung offen)[1])

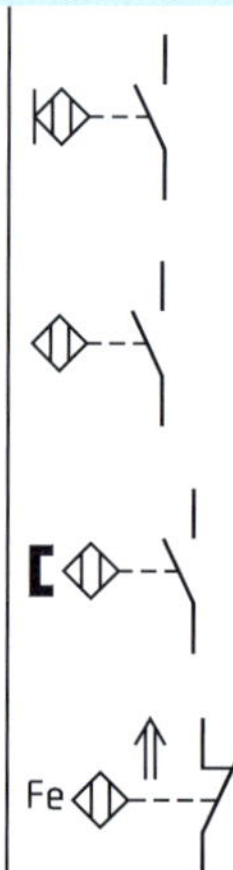

- berührungsempfindlicher Schalter, Schließer
- näherungsempfindlicher Schalter, Schließer
- näherungsempfindlicher Schalter, Schließer, betätigt durch Näherung eines Magneten
- näherungsempfindlicher Schalter, Schließer, betätigt durch Näherung von Eisen[1])

[1]) nicht genormt

Speicherprogrammierbare Steuerung (SPS)

Speicherprogrammierbare Steuerungen sind elektrische Steuerungen, die binäre Eingangssignale verarbeiten. Über die Ausgangssignale werden Prozesse überwacht (Verknüpfungssteuerungen) oder Abläufe gesteuert (Ablaufsteuerungen).
Die Programmierung kann durch Kontaktplan (KOP), Anweisungsliste (AWL) oder Funktionsplan (FUP) erfolgen.

Systematik einer SPS-Steuerung

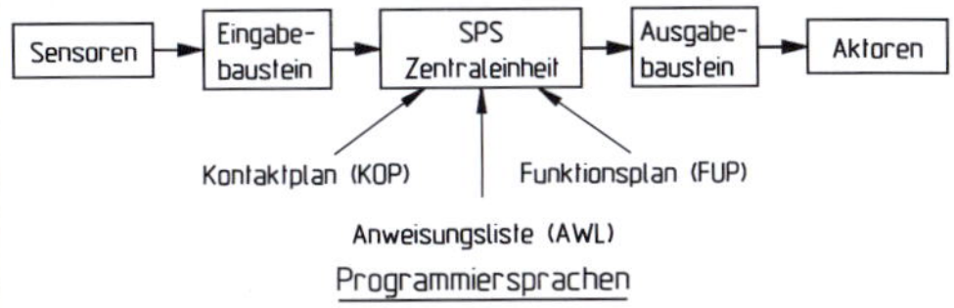

SPS-Programmierung durch Kontaktplan (KOP)

Kontaktsymbole

Symbole	Bedeutung
Eingänge	
-] [-	Betätigter Schließer oder unbetätigter Öffner; Eingang, der das Eingangssignal nicht umkehrt
-]/[-	Betätigter Öffner oder unbetätigter Schließer; Eingang, der das Eingangssignal umkehrt
Ausgänge	
-( )-	**Kontaktsymbol**, allgemein
-(/)-	negierter Ausgang
-(S)-	Ausgang setzen (Starten)
-(R)-	Ausgang rücksetzen
-(ZV)-	Zählen vorwärts
-(ZR)-	Zählen rückwärts

Darstellung des Stromweges

- Der gedachte Stromfluss erfolgt in den waagerechten Verbindungslinien von links nach rechts (Strompfade)
- Die Eingänge werden mit dem Buchstaben E und Ausgänge mit dem Buchstaben A sowie einer angehängten Ordnungszahl gekennzeichnet.
- Die Eingänge stehen an der linken Seite, die Ausgänge an der rechten Seite des Kontaktplanes und beenden den Signalweg
- Der Kontaktplan zeigt nicht die an die SPS angeschlossenen Signalglieder, sondern stellt lediglich die Weiterverarbeitung eines Eingangssignals dar.

Verknüpfung von Eingängen

Symbole	Bedeutung
Verknüpfungen	
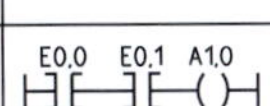	UND (Reihenschaltung)
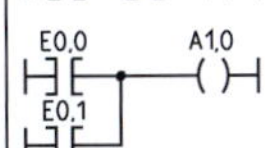	ODER (Parallelschaltung)
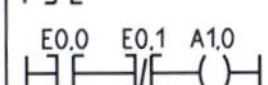	UND NICHT
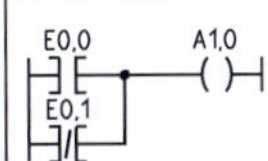	ODER NICHT
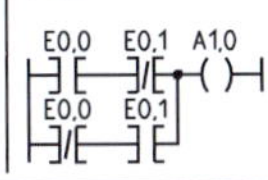	Exklusiv-ODER

SPS-Programmierung durch eine Anweisungsliste (AWL)

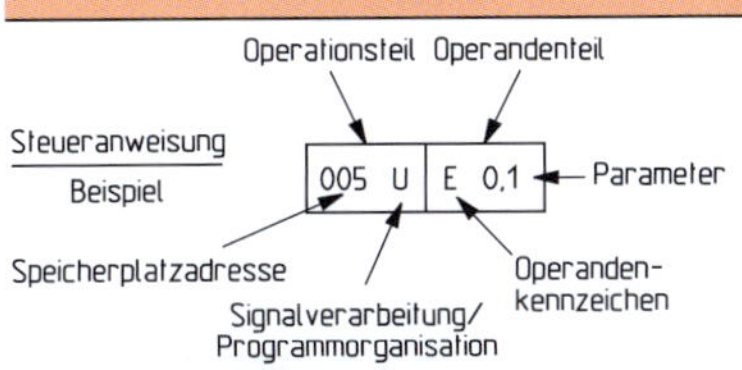

Operandenteil

dt.	engl.	Operand	dt.	engl.	Operand	dt.	engl.	Operand
E	I	Eingang	T	T	Zeitglied	I	P	Impuls
A	O	Ausgang	Z	C	Zähler	E	R	Einschalt-verzögerung
M	M	Merker	P	P	Programm-baustein	A	F	Ausschalt-verzögerung
K	K	Konstante	F	F	Funktions-baustein			

Operationsteil

dt.	engl.	binäre Operationen	dt.	engl.	Programm-organisation	dt.	engl.	binäre Operationen	dt.	engl.	Programm-organisation
U	A	UND-Funktion	NOP	NOP	NULLoperation	=	=	Zuweisung	BAB	CMC	Baustein-Aufruf bedingt
UN	AN	UND-NICHT-Funktion	L	L	Laden (Beginn einer Anweisungsfolge)	ZV	CU	Zählen, Vorwärts	BE	EM	Baustein-Ende
O	O	ODER-Funktion				ZR	CD	Zählen, Rückwärts	PE	EP	Programm-Ende
ON	ON	ODER-NICHT-Funktion	(/)	(/)	Klammer auf/zu	ADD	ADD	Addieren			
S	S	Setzen	SP	JP	Sprung unbedingt	SUB	SUB	Subtrahieren			Kommentar:
R	R	RÜCKSETZEN	SPB	JC	Sprung bedingt	MUL	MUL	Multiplizieren	"	"	Anfang
N	N	NICHT (Negation)	BA	CM	Baustein-Aufruf	DIV	DIS	Dividieren	"	"	Ende

Anwendungsbeispiele für Operationen der Signalverarbeitung

DIN EN 61 131-1 : 2004-03, -3 : 2003-12

Operation	Funktionsplan (FUP)	Kontaktplan (KOP)	Anweisungsliste (AWL) Adresse	Anweisung
=	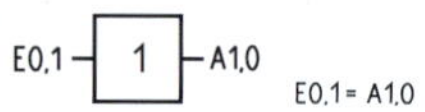		000 001 002	U E0.1 = A1.0 PE
NICHT	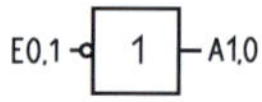 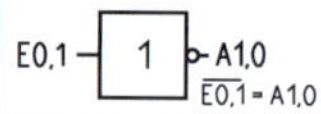		000 001 002	UN E0.1 = A1.0 PE
UND	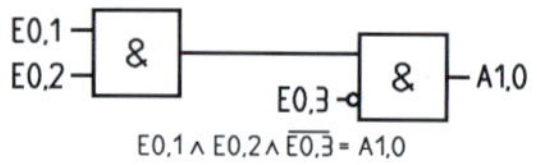		000 001 002 003 004	U E0.1 U E0.2 UN E0.3 = A1.0 PE
ODER	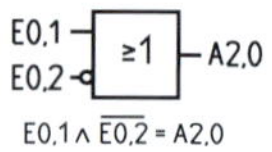	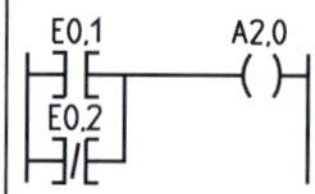	000 001 002 003	U E0.1 ON E0.2 = A2.0 PE
UND vor ODER **mit Merker**	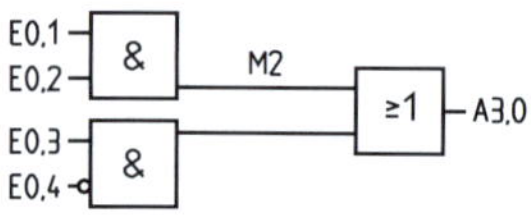	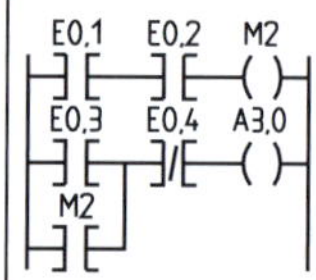	000 001 002 003 004 005 006 007	U E0.1 U E0.2 = M2 U E0.3 UN E0.4 O M2 = A3.0 PE
ODER vor UND **mit Merker**	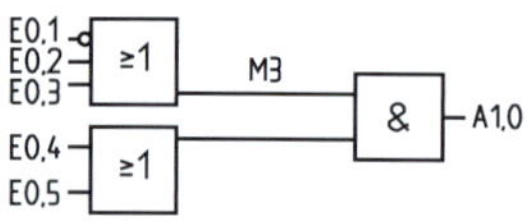	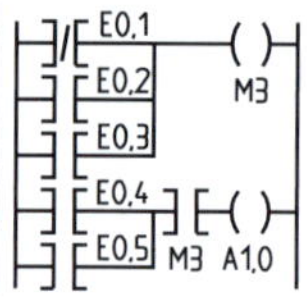	000 001 002 003 004 005 006 007 008	ON E0.1 O E0.2 O E0.3 = M3 O E0.4 O E0.5 U M3 = A1.0 PE
Exklusiv-ODER [Antivalenz]	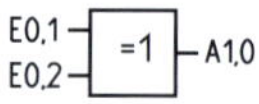	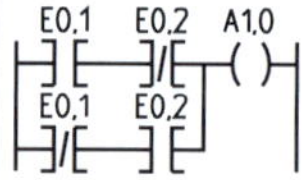	000 001 002 003 004 005 006 007	U E0.1 UN E0.2 O(UN E0.1 U E0.2) = A1.0 PE
Exklusiv-ODER negiert [Äqui-valenz]	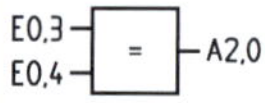	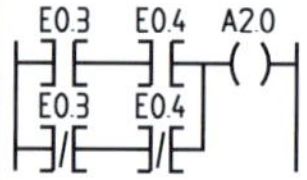	000 001 002 003 004 005 006 007	U E0.3 U E0.4 O(UN E0.3 UN E0.4) = A2.0 PE
R/S-Speicher **Setzen vorrangig**	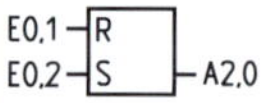	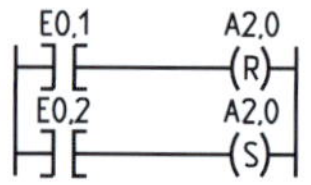	000 001 002 003 004	U E0.1 R A2.0 U E0.2 S A2.0 PE
R/S-Speicher **Rücksetzen vorrangig**	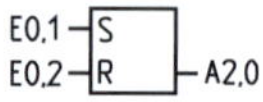	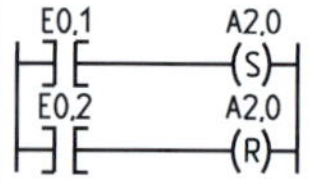	000 001 002 003 004	U E0.1 S A2.0 U E0.2 R A2.0 PE

Bei gleichzeitigem Setz- und Rücksetzbefehl dominiert die zuletzt programmierte Anweisung.

Rechtwinkliges Koordinatensystem an CNC-Werkzeugmaschinen — DIN 66217 : 1975-12

Die Koordinatenachsen X, Y und Z stehen senkrecht aufeinander (rechtwinkliges Koordinatensystem). Der Zusammenhang kann mit der „Rechten-Hand-Regel" verdeutlicht werden:

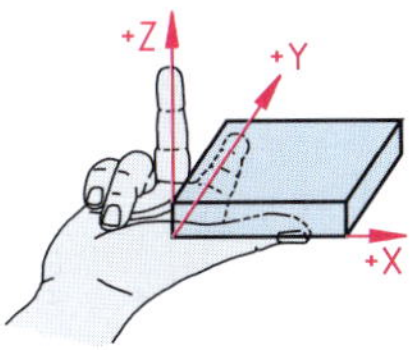

Achsbezeichnung bei vertikaler Z-Achse

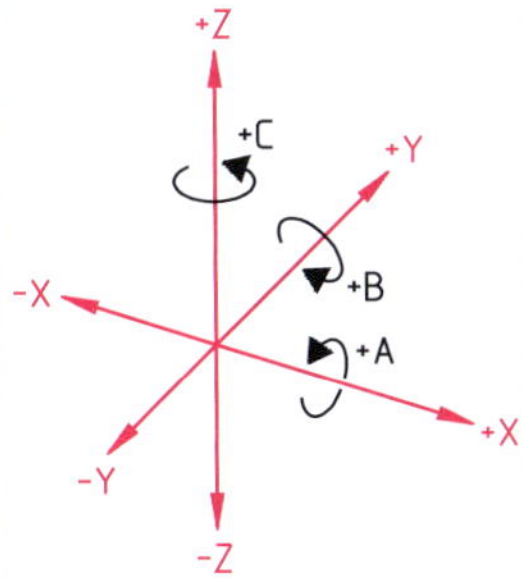

Kartesisches Koordinatensystem bei vertikaler Z-Achse

Koordinatenachsen

Z-Achse: fällt mit der Arbeitsspindel zusammen; die positive Richtung) verläuft vom Werkstück zum Werkzeug; die Z-Achse steht senkrecht zur Aufspannfläche des Werkstücks

X-Achse: liegt parallel zur Aufspannfläche und verläuft meist hozizontal

Y-Achse: ist durch die Lage der beiden Achsen X und Z festgelegt

Weitere Achsen, parallel zu X, Y und Z werden mit U, V und W bezeichnet.

Drehungen um die Koordinatenachsen

Drehrichtung A	dreht um	**X-Achse**
Drehrichtung B	dreht um	**Y-Achse**
Drehrichtung C	dreht um	**Z–Achse**

Die positive Drehrichtung ergibt sich durch die Drehung um die entsprechende Achse im Uhrzeigersinn; dies wird durch Hinzufügen des „+"-Zeichen verdeutlicht

Für die Programmierung gilt stets folgende Vereinbarung:
Das Koordinatensystem wird immer auf das Werkstück bezogen. Die Programmierung erfolgt damit unabhängig von den Bewegungen von Werkstück und Werkzeug. Bei der Programmierung wird immer angenommen, dass sich das Werkzeug relativ zum Werkstück bewegt.

Brennschneider

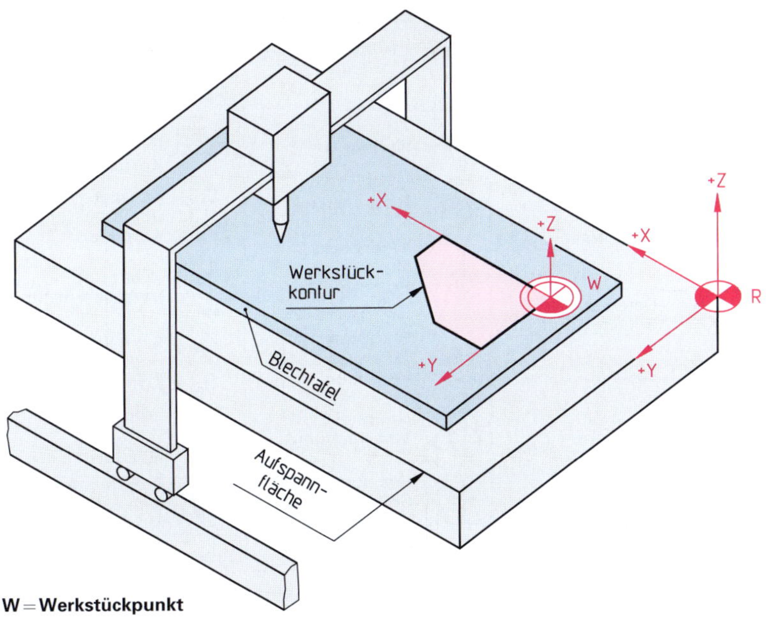

W = Werkstückpunkt

R = Referenzpunkt

Bildzeichen an CNC-Werkzeugmaschinen (nicht genormt)

Grundzeichen

- Programm ohne Maschinenfunktionen
- Programm mit Maschinenfunktionen
- Satz
- Speicher
- Ändern
- Wechseln
- Korrektur: Kompensation oder Verschiebung
- Datenträger
- Funktionspfeil
- Bezugspunkt; Ursprung

Funktionsbildzeichen

Programmeingabe

- Programm-Anfang
- Programm-Ende
- Programm-Einlesen ohne Maschinenfunktionen
- Programm-Einlesen mit Maschinenfunktionen
- Satzweises Einlesen ohne Maschinenfunktionen
- Satzweises Einlesen mit Maschinenfunktionen
- Suchlauf rückwärts zum Programmanfang o. Maschinenfunktion
- Programm-Ende, Datenträgerrücklauf, o. Maschinenfunktionen
- Hauptsatz-Suche vorwärts
- Hauptsatz-Suche rückwärts
- Satznummern-Suche rückwärts
- Satznummern-Suche vorwärts
- Suchlauf vorwärts
- Suchlauf rückwärts

Programmeingabe

- Wahlweise Satzunterdrückg.
- Handeingabe
- Unterprogramm

Datenein-/-ausgabe

- Daten-Eingabe in einen Speicher
- Daten-Ausgabe aus einem Speicher
- Daten-Ein-/Ausgabe Speicherdialog
- Programmspeicher
- Unterprogramm-Speicher
- Programm ändern
- Daten im Speicher ändern
- Löschen
- Rücksetzen
- Fehlerhafte Programmdaten
- Fehlerhafter Datenträger

Datenspeicher

- Speicherinhalt löschen
- Speicherinhalt zurücksetzen
- Vorwarnung, Speicherüberlauf
- Speicherüberlauf
- Speicherfehler

Programmfunktionen

- Absolute Maßangaben, entspricht G 90
- inkrementale Maßangaben, entspricht G 91
- Koordinaten-Nullpunkt
- Referenzpunkt
- Werkstück-Nullpunkt = Programmnullpunkt
- Startpunkt für erstes Werkzeug
- Nullpunkt-Verschiebung
- Positions-Sollwert programmiert
- Positions-Istwert

Programmfunktionen

- in Position
- Positioniergenauigkeit – fein
- Positioniergenauigkeit – mittel
- Positioniergenauigkeit – grob
- Kontur wiederanfahren
- Positionsfehler
- Werkzeug-Korrektur
- Werkzeuglängen-Korrektur
- Werkzeug durchmesser-Korrektur
- Werkzeug-Radiuskorrektur
- Schneidenradius-Korrektur
- Programmierter Halt entspricht M 00
- Programmierter wahlweiser Halt entspricht M 01
- Normale/spiegelbildliche Achssteuerung

Programmaufbau und Programmierung von CNC-Maschinen DIN 66025-1, -2 : 1983-01, 1988-09

Das Programm wird in Form von Programmsätzen in die Steuerung eingegeben. Jeder Satz kann aus mehreren Wörtern bestehen, die programmtechnische, geometrische und technologische Anweisungen enthalten können. Jedes Wort setzt sich aus einem Adressbuchstaben und einer Schlüsselzahl zusammen, z. B. G 01.

Reihenfolge der Wörter in einem Satz DIN 66025-1 : 1983-01

Satz-Nummer	Weg-bedingung	Koordinaten	Inter-polations-parameter	Vorschub	Spindel-drehzahl	Werkzeug-nummer u. Korrektur	Zusatz-funktion
N	G	X, Y, Z U, V, W A, B, C	I, J, K	F	S	T	M

Adressbuchstaben DIN 66025-1 : 1983-01

Buchstabe	Bedeutung	Buchstabe	Bedeutung
A	Drehung um die X-Achse	L	frei verfügbar
B	Drehung um die Y-Achse	M	Zusatzfunktion
C	Drehung um die Z-Achse	N	Satznummer
D	Werkzeugkorrekturspeicher (oder frei verfügbar)	O	frei verfügbar
E	zweiter Vorschub (oder frei verfügbar)	P	dritte Bewegung parallel zur X-Achse
F	Vorschub	Q	dritte Bewegung parallel zur Y-Achse
G	Wegbedingung	R	dritte Bewegung parallel zur Z-Achse
H	frei verfügbar	S	Spindelumdrehungsfrequenz
I	Interpolationsparameter oder Gewindesteigung parallel zur X-Achse Für Kreismittelpunkte: I entspricht X	T	Werkzeug
J	Interpolationsparameter oder Gewindesteigung parallel zur Y-Achse Für Kreismittelpunkte: J entspricht Y	U	zweite Bewegung parallel zur X-Achse
K	Interpolationsparameter oder Gewindesteigung parallel zur Z-Achse Für Kreismittelpunkte: K entspricht Z	V	zweite Bewegung parallel zur Y-Achse
		W	zweite Bewegung parallel zur Z-Achse
		X	Bewegung in Richtung X-Achse
		Y	Bewegung in Richtung Y-Achse
		Z	Bewegung in Richtung Z-Achse

Wegbedingungen DIN 66025-2 : 1988-09

Zeichen	Bedeutung	satzweise wirksam	gespeichert
G 00	Punktsteuerverhalten, Eilgang		×
G 01	Geradeninterpolation mit programmiertem Vorschub		×
G 02	Kreisinterpolation im Uhrzeigersinn		×
G 03	Kreisinterpolation gegen den Uhrzeigersinn		×
G 04	Verweilzeit mit programmierter Dauer; nach Zeitablauf automatische Fortsetzung des Programms	×	
G 06	Parabelinterpolation		×
G 08	gesteuerte Geschwindigkeitszunahme bis zum Zielpunkt	×	
G 09	gesteuerte Geschwindigkeitsabnahme bis zum Zielpunkt	×	
G 17	Auswahl der X/Y-Ebene, in der Bahnen berechnet werden		×
G 18	Auswahl der Z/X-Ebene, in der Bahnen berechnet werden		×
G 19	Auswahl der Y/Z-Ebene, in der Bahnen berechnet werden		×
G 33	Gewindeschneiden mit konstanter Steigung		×
G 34	Gewindeschneiden mit gleichmäßig zunehmender Steigung		×
G 35	Gewindeschneiden mit gleichmäßig abnehmender Steigung		×
G 40	Werkzeugbahnkorrektur aufheben		×
G 41	Werkzeugbahnkorrektur links von der Werkstückkontur betrachtet in Vorschubrichtung		×
G 42	Werkzeugbahnkorrektur rechts von der Werkstückkontur betrachtet in Vorschubrichtung		×
G 43	Werkzeugkorrektur positiv; in die Steuerung eingegebene Werte für Korrekturen (Werkzeuglänge, -radius, -lage) werden zum programmierten Koordinatenwert addiert	×	
G 44	Werkzeugkorrektur negativ; in die Steuerung eingegebene Werte für Korrekturen (Werkzeuglänge, -radius, -lage) werden vom programmierten Koordinatenwert subtrahiert	×	
G 53	Aufheben einer Nullpunktverschiebung (G 54–G 59) des letzten Bezugspunktes		×
G 54 … G 59	Verschiebung von Nullpunkten zur mehrfachen Bearbeitung gleicher Konturen, zur Verschiebung des Arbeitsbereiches bei Pendelbearbeitung oder zur Verschiebung von Bohr- und Fräsbildern		×
G 63	Gewindebohren	×	
G 70	Maßangabe in inch		×
G 71	Maßangabe in mm		×
G 74	Referenzpunkt anfahren	×	
G 80	Aufheben aller vorher programmierten Arbeitszyklen (G 81–G 89)		×
G 81 … G 89	In der Steuerung abgespeicherte Arbeitszyklen für häufig vorkommende Bearbeitungsaufgaben		×
G 90	absolute Maßangabe für die Programmierung der Koordinaten der Werkstückkontur		×
G 91	inkrementale Maßangabe für die Programmierung der Koordinaten der Werkstückkontur		×
G 92	Speicher setzen	×	
G 94	Direkte Angabe der Vorschubgeschwindigkeit in mm/min		×
G 95	Direkte Angabe des Vorschubweges in mm		×
G 96	Eingabe der Schnittgeschwindigkeit in m/min unter der Adresse für die Spindeldrehzahl		×
G 97	Eingabe der Umdrehungsfrequenz unter der Adresse der Spindeldrehzahl (G 96 wird aufgehoben)		×

Zusatzfunktionen — DIN 66025-2 : 1988-09

Zusatzfunktion	Auswirkung Zeitpunkt	Auswirkung Dauer	Bedeutung	Zusatzfunktion	Auswirkung Zeitpunkt	Auswirkung Dauer	Bedeutung
Klasse 0: Universelle Zusatzfunktionen							
M 00	2	4	Programmierter Halt	M 11	–	3	Lösen
M 01	2	4	Wahlweiser Halt	M 30	2	4	Programmende mit Rücksetzen
M 02	2	4	Programmende	M 48	2	4	Überlagerungen wirksam
M 06	–	4	Werkzeugwechsel	M 49	1	3	Überlagerungen unwirksam
M 10	–	3	Klemmen	M 60	2	4	Werkstückwechsel
Klasse 1: Fräs- und Bohrmaschinen, Lehrenbohrwerke, Bearbeitungszentren							
M 03	1	3	Spindel: Uhrzeigersinn	M 35	1	3	Spindeldruck reduziert
M 04	1	3	Spindel: Gegenuhrzeigersinn	M 41–M 45	1	3	Getriebestufe 1 bis Getriebestufe 5
M 05	2	3	Spindel: Halt				
M 07	1	3	Kühlmittel Nr. 2 ein	M 50	1	3	Kühlmittel Nr. 3 ein
M 08	1	3	Kühlmittel Nr. 1 ein	M 51	1	3	Kühlmittel Nr. 4 ein
M 09	2	3	Kühlmittel aus	M 71–M 78	1	3	Indexpositionen des Drehtisches
M 19	2	3	Spindelhalt mit definierter Einstellung				
M 34	1	3	Spindeldruck normal				
Klasse 2: Drehmaschinen, Dreh-Bearbeitungszentren							
M 03	1	3	Spindel: Uhrzeigersinn	M 54	1	3	Reitstock: Pinole zurück
M 04	1	3	Spindel: Gegenuhrzeigersinn	M 55	1	3	Reitstock: Pinole vor
M 05	2	3	Spindel: Halt	M 56	1	3	Reitstock: Pinole Aus
M 07	1	3	Kühlmittel Nr. 2 ein	M 57	1	3	Reitstock: Mitschleppen Ein
M 08	1	3	Kühlmittel Nr. 1 ein	M 58	1	3	Konstante Spindelumdrehungsfrequenz Aus
M 09	2	3	Kühlmittel aus				
M 19	2	3	Spindelhalt mit definierter Einstellung	M 59	1	3	Konstante Spindelumdrehungsfrequenz Ein
M 34	1	3	Spindeldruck normal				
M 35	1	3	Spindeldruck reduziert	M 80	1	3	Lünette 1 offen
M 40	1	3	Automatische Getriebeschaltung	M 81	1	3	Lünette 1 schließen
M 41 … M 45	1	3	Getriebestufe 1 bis Getriebestufe 5	M 82	1	3	Lünette 2 offen
				M 83	1	3	Lünette 2 schließen
M 50	1	3	Kühlmittel Nr. 3 ein	M 84	1	3	Lünette Mitschleppen Aus
M 51	1	3	Kühlmittel Nr. 4 ein	M 85	1	3	Lünette Mitschleppen Ein

Zusatzfunktionen (Fortsetzung)

Klasse 4: Maschinen zum Brenn-, Plasma-, Laser-, Wasserstrahlschneiden; Drahterodiermaschinen

M 03	1	3	Schneiden Aus	M 26	2	3	Mittelbrenner Aus
M 04	1	3	Schneiden Ein	M 27	1	3	Mittelbrenner Ein
M 08 *M 09*	*1*	*3*	*Vorwärmen Ein* *Vorwärmen Aus*	M 28	1	3	Automat. Tangentialsteuerung für Schrägbrenner
Diese Funktionen sind nicht genormt (herstellerabhängig!)				M 29	1	3	Programmierbare Winkelsteuerung für Schrägbrenner
M 14	2	3	Höhenregelung Aus				
M 15	1	3	Höhenregelung Ein	M 33	2	4	Zeitglied Eckenverzögerung
M 16	2	3	Schneidkopf zurück	M 63	1	3	Hilfsgas Luft
M 17	2	3	Powder Marker Swirl Off	M 64	1	3	Hilfsgas Sauerstoff
M 18	2	3	Signiereinrichtung Aus	M 80	1	–	Aufheben M 81, M 82, M 83
M 19	1	3	Signiereinrichtung Ein	M 90	2	3	Vorheizen Links Aus
M 20	2	3	Plasmabrenner Aus	M 91	1	3	Vorheizen Links Ein
M 21	1	3	Plasmabrenner Ein	M 92	2	3	Vorheizen Mitte Aus
M 22	2	3	Linker Schrägbrenner Aus	M 93	1	3	Vorheizen Mitte Ein
M 23	1	3	Linker Schrägbrenner Ein	M 94	2	3	Vorheizen Rechts Aus
M 24	2	3	Rechter Schrägbrenner Aus	M 95	1	3	Vorheizen Rechts Ein
M 25	1	3	Rechter Schrägbrenner Ein				

Klasse 7: Stanz- und Nibbelmaschinen

M 07	2	3	Körner Aus	M 72	–	–	Niedrige Hubzahl
M 08	1	3	Körner Ein Dauerlauf	M 73	–	–	Hohe Hubzahl
M 09	1	3	Körner Ein Einzelhub	M 74	1	3	Pratzen nachsetzen
M 34	–	–	Bohrzyklus	M 76	–	–	Verzögerte Stanzauslösung Aus
M 70	–	–	Stanzen Aus	M 77	–	–	Verzögerte Stanzauslösung Ein
M 71	–	–	Stanzen Ein				

Zeitpunkt der Auswirkung	1)	Zusatzfunktion wird sofort zusammen mit den anderen Satzangaben wirksam
	2)	Zusatzfunktion wird erst nach Ausführung der übrigen Satzangaben wirksam
Dauer der Auswirkung	3)	Die Zusatzfunktion bleibt solange wirksam, bis sie durch eine artgleiche Funktion überschrieben wird
	4)	Die Zusatzfunktion wirkt nur in dem Satz, in dem sie programmiert wurde

Programmierbeispiel an einer Brennschneidmaschine

Technische Zeichnung einer Lochplatte

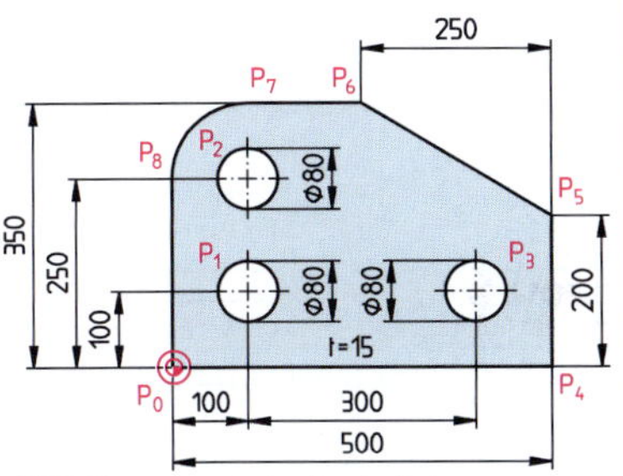

CNC-orientierte Bemaßung einer Lochplatte

Absolutbemaßung

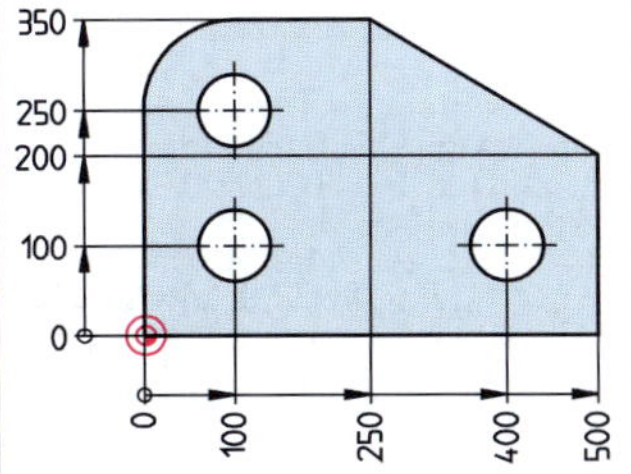

Inkrementalbemaßung

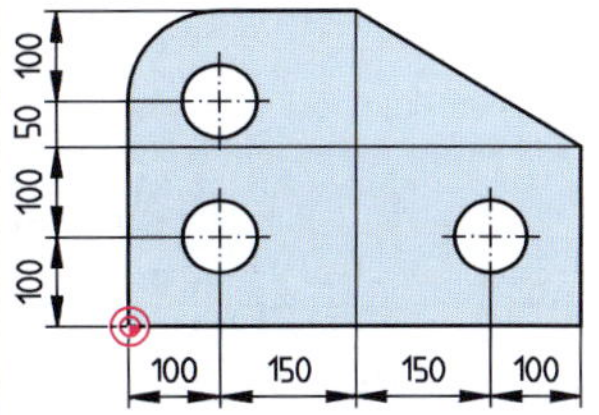

CNC-Programm der Lochplatte

```
%     Lochplatte
N 10  G 90                      F 500   T 1
N 20  G 92   X 0 Y 0
N 30  G 00   X 100     U 1
             Y 100
N 40  G 00   X 100     U 1
             Y 250
N 50  G 00   X 400     U 1
             Y 100
N 60  G 00   X-10 Y-10
N 70  G 04                      F 20    M 08
N 80  G 42
N 90  G 01   X 0 Y 0                    M 09
                                        M 04
N 100        X 500
             Y 0
N 110        X 500
             Y 200
N 120        X 250
             Y 350
N 130        X 100
             Y 350
N 140 G 03   X 0 Y 250 I 0 J-100
N 150 G 01   X 0 Y 0
N 160        X 0 Y-10
N 170 G 40                              M 03
N 180                                   M 30
U 1   (Unterprogramm Kreisschneiden)
N 10  G 91
N 20  G 00   X 0 Y-30
N 30  G 04                      F 20    M 08
N 40  G 42
N 50  G 01   X 0 Y-10                   M 09
                                        M 04
N 60  G 02   X 0 Y 0   I 0 J 40
N 70  G 40                              M 03
N 80  G 00   X 0 Y 40
N 90                                    M 12
```

Angabe der Kreismittelpunkts-Koordinaten I und J:

Die I-Koordinate entspricht der X-Richtung, die J-Koordinate der Y-Richtung. Die Koordinaten für den Kreismittelpunkt können auf zwei verschiedene Arten angegeben werden:
1) als Absolutmaße bezogen auf den Werkstücknullpunkt oder
2) als **Inkrementalmaße bezogen auf den Startpunkt des Kreises** (Regelfall)

Erläuterung

Die Lochplatte enthält außer der äußerlichen Kontur noch drei Kreisschnitte, die genau gleich sind. Damit die entsprechenden Sätze nicht mehrmals im Programm geschrieben werden müssen, verwendet man Unterprogramme.
Die **Datensätze** werden **in Zehnerschritten nummeriert**, um später noch Sätze für eventuelle Änderungen einschieben zu können.
Das %-Zeichen kennzeichnet den Programmanfang; dahinter kann der Programmname in Klammern eingegeben werden.
Im Satz N 10 werden die Bemaßungsart (Absolutwertbemaßung), die Vorschubgeschwindigkeit (500 mm/min) und die Brennerauswahl (Brenner 1) getroffen. Im Satz N 20 wird der Nullpunkt für die Wegmessung programmiert. Nun müssen zuerst alle drei Löcher ausgebrannt werden. Dazu fährt der Brenner im Eilgang den ersten Kreismittelpunkt an. Dort wird dann das Unterprogramm U 1 aufgerufen und abgearbeitet. Anschließend wird der zweite Kreismittelpunkt angefahren und wieder das Unterprogramm U 1 aufgerufen usw.
Unterprogramme werden am Ende des Hauptprogramms angefügt und mit dem Datenwort U 1, U 2 usw. aufgerufen und abgearbeitet.

Beschreibung des Unterprogramms U 1:

- Satz N 10: inkrementale Maßangabe
- Satz N 20: im Eilgang zum Durchstechpunkt
- Satz N 30: Schnellvorwärmung eingeschaltet, Verweilzeit 20 Sekunden
- Satz N 40: Werkzeugbahnkorrektur nach rechts
- Satz N 50: Schnellvorwärmung aus, Schneidsauerstoff ein, gerader Schnitt zum Kreisanfangspunkt
- Satz N 60: Kreisbogen im Uhrzeigersinn, Mittelpunktskoordinaten I und J
- Satz N 70: Werkzeugbahnkorrektur aus; Schneidsauerstoff aus
- Satz N 80: im Eilgang zum Kreismittelpunkt
- Satz N 90: Unterprogrammende (M 12!)

Beschreibung des Hauptprogramms:

- Satz N 10: Absolute Maßangabe, Vorschubgeschwindigkeit 500 mm/min
- Satz N 20: Werkstücknullpunkt setzen
- Satz N 30–N 50: Anfahren der Kreismittelpunkte für das Abarbeiten der Unterprogramme
- Satz N 60: im Eilgang zum Durchstechpunkt für die Bearbeitung der Außenkontur
- Satz N 70: Schnellvorwärmung ein; Verweilzeit 20 Sekunden
- Satz N 80: Werkzeugbahnkorrektur rechts
- Satz N 90: Schnellvorwärmung aus, Schneidsauerstoff ein, gerader Schnitt zum Werkstücknullpunkt P 0
- Satz N 100–N 130: Gerade Schnitte entlang der Punkte P 0–P 7
- Satz N 140: Kreisbogen gegen den Uhrzeigersinn mit Angabe der Kreismittelpunktskoordinaten I und J (inkremental vom Kreisstartpunkt aus
- Satz N 150: Gerader Schnitt bis zum Werkstücknullpunkt P 0
- Satz N 160: Brenner kreuzt Anfahrweg, damit die Kontur vollständig ausgeschnitten wird
- Satz N 170/N 180: Werkzeugbahnkorrektur aus, Schneidsauerstoff aus, Programmende

Besondere Bestimmungen für Handzeichen zwischen Kranführer und Anschläger beim Lastentransport

- Anweisungen per Handzeichen sind nur bei einwandfreier Sichtverbindung gestattet; ansonsten sind Sprechfunkgeräte einzusetzen.
- Handzeichen müssen eindeutig eingesetzt werden, leicht durchführbar und erkennbar sein und sich deutlich von anderen Handzeichen unterscheiden.
- Anschläger, die einweisen, müssen geeignete Erkennungszeichen tragen – vorzugsweise in gelber Ausführung (z. B. Westen, Kellen, Manschette, Armbinden, Schutzhelme).
- Sind mehrere Anschläger mit dem Transport einer Last beschäftigt, so ist dem Kranführer rechtzeitig mitzuteilen, wer für die Handzeichen zuständig ist.

1. Allgemeine Handzeichen

Bedeutung	Beschreibung	bildliche Darstellung	vereinfachte Darstellung
Achtung Anfang Vorsicht	Rechten Arm nach oben halten, Handfläche zeigt nach vorn		
Halt Unterbrechnung Bewegung nicht weiter ausführen	Beide Arme seitwärts waagerecht ausstrecken, Handflächen zeigen nach vorn		
Halt – Gefahr	Beide Arme seitwärts waagerecht ausstrecken, Handflächen zeigen nach vorn, und Arme abwechselnd anwinkeln und strecken	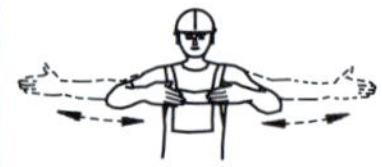	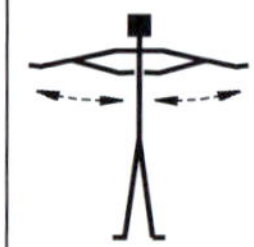

2. Handzeichen für horizontale Bewegungen

Bedeutung	Beschreibung	bildliche Darstellung	vereinfachte Darstellung
Abfahren	Rechten Arm nach oben halten, Handfläche zeigt nach vorn und Arm seitlich hin- und herbewegen		
Herkommen	Beide Arme beugen, Handflächen zeigen nach innen und mit den Unterarmen heranwinken		
Entfernen	Beide Arme beugen, Handflächen zeigen nach außen und mit den Unterarmen wegwinken		

2. Handzeichen für horizontale Bewegungen (Fortsetzung)

Bedeutung	Beschreibung	bildliche Darstellung	vereinfachte Darstellung
Rechts fahren – vom Einweiser aus gesehen	Den rechten Arm in horizontaler Haltung leicht anwinkeln und seitlich hin- und herbewegen	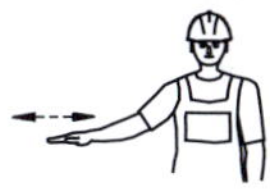	
Links fahren – vom Einweiser aus gesehen	Den linken Arm in horizontaler haltung leicht anwinkeln und seitlich hin- und herbewegen	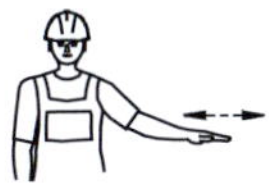	
Anzeige einer Abstands-verringerung	Beide Handflächen parallel halten und dem Abstand entsprechend zusammenführen		

3. Handzeichen für vertikale Bewegungen

Bedeutung	Beschreibung	bildliche Darstellung	vereinfachte Darstellung
Heben Auf	Rechten Arm nach oben halten, Handfläche zeigt nach vorn und macht eine langsame, kreisende Bewegung		
Senken Ab	Rechten Arm nach unten halten, Handfläche zeigt nach innen und macht eine langsame, kreisende Bewegung		
Langsam	Rechten Arm waagerecht aus-strecken, Handfläche zeigt nach unten und wird langsam auf- und abbewegt		

Arbeits- und Umweltschutz: Beschilderung DIN 4844-2:2001-02; BGV A8:2002-04

Verbotszeichen DIN 4844-2:2001-02; BGV A8:2002-04 [1]

Rauchen verboten	Feuer, offenes Licht und Rauchen verboten	Für Fußgänger verboten	Mit Wasser löschen verboten	Kein Trinkwasser

Hineingreifen verboten	Für Flurförderfahrzeuge verboten	Mitführen von Tieren verboten	Abstellen und Lagern verboten	Zutritt für Unbefugte verboten

Warnzeichen DIN 4844-2:2001-02; BGV A8:2002-04 [1]

Warnung vor feuergefährlichen Stoffen	Warnung vor explosionsgefährlichen Stoffen	Warnung vor giftigen Stoffen	Warnung vor ätzenden Stoffen	Warnung vor radioaktiven Stoffen

Warnung vor schwebender Last	Warnung vor Flurförderfahrzeugen	Warnung vor gefährl. elektrischer Spannung	Warnung vor einer Gefahrenstelle	Warnung vor Laserstrahl

Gebotszeichen DIN 4844-2:2001-02; BGV A8:2002-04 [1]

					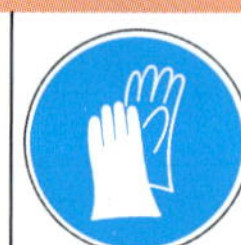
Augenschutz tragen	Schutzhelm tragen	Gehörschutz tragen	Atemschutz tragen	Schutzschuhe tragen	Schutzhandschuhe tragen

Rettungszeichen DIN 4844-2:2001-02; BGV A8:2002-04 [1]

		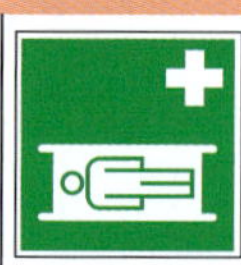	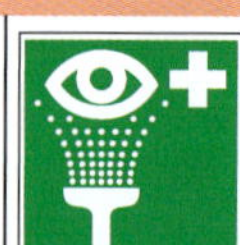	
Richtungsangabe für Rettung	Erste Hilfe	Krankentrage	Augenspüleinrichtung	Notdusche

Arzt	Rettungsweg, links	Rettungsweg, rechts	Sammelstelle	Notruftelefon

[1] Vorschriften der Berufsgenossenschaften

Kennzeichnungen und Symbole für Gefahrstoffe

Beispiel einer Behälter-Kennzeichnung

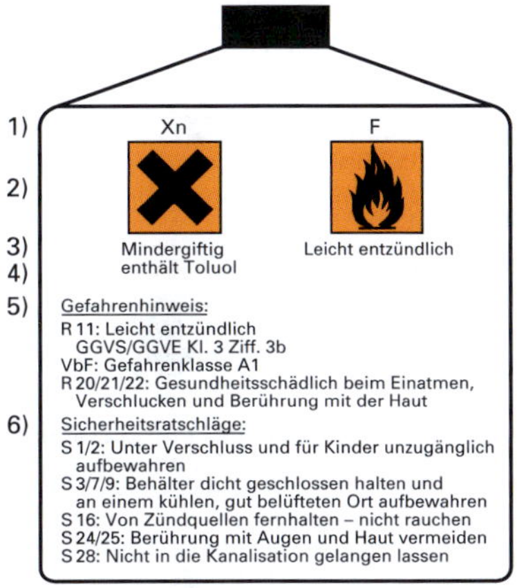

Hauptgefahren die von einem Stoff oder einer Zubereitung ausgehen, werden durch folgende Angaben gekennzeichnet:

1. Kennbuchstabe
2. Gefahrensymbol
3. Gefahrenbezeichnung
4. Name des Gefahrstoffes

Durch zusätzliche standardisierte Sätze können noch weitere

5. Gefahrenhinweise gegeben werden (sog. R-Sätze) und/oder
6. Sicherheitsratschläge zur Vermeidung bzw. Verminderung von Gefahren (sog. S-Sätze) gegeben werden.

Gefahrensymbol	Gefahrenbezeichnung [1]) und Kennbuchstabe	Gefahrensymbol	Gefahrenbezeichnung [1]) und Kennbuchstabe	Gefahrensymbol	Gefahrenbezeichnung [1]) und Kennbuchstabe
	Giftig T Sehr giftig T+ (T = Toxic)		Mindergiftig (gesundheitsschädlich) Xn Reizend Xi		Ätzend C (C = Corrosive)
	Explosionsgefährlich E (E = Explosive)		Brandfördernd O (O = Oxidizing)		Leichtentzündlich F Hochentzündlich F+ (F = Flammable)

[1]) vgl. Gefährlichkeitsmerkmale §4 GefStoffV

Zusätzliche Gefahrenhinweise (R-Sätze)

R 1 In trockenem Zustand explosionsgefährlich
R 2 Durch Schlag, Feuer oder andere Zündquellen explosionsgefährlich
R 3 Durch Schlag, Feuer oder andere Zündquellen besonders explosionsgefährlich
R 4 Bildet hochempfindliche explosionsgefährliche Metallverbindungen
R 5 Beim Erwärmen explosionsfähig
R 6 Mit und ohne Luft explosionsfähig
R 7 Kann Brand verursachen
R 8 Feuergefahr bei Berührung mit brennbaren Stoffen
R 9 Explosionsgefahr bei Mischung mit brennbaren Stoffen
R 10 Entzündlich
R 11 Leichtentzündlich
R 12 Hochentzündlich
R 13 Hochentzündliches Flüssiggas
R 14 Reagiert heftig mit Wasser
R 15 Reagiert mit Wasser unter Bildung leichtentzündlicher Gase
R 16 Explosionsgefährlich in Mischung mit brandfördernden Stoffen
R 17 Selbstentzündlich an der Luft
R 18 Bei Gebrauch Bildung explosionsfähiger/leichtentzündlicher Dampf-Luftgemische möglich
R 19 Kann explosionsfähige Peroxide bilden
R 20 Gesundheitsschädlich beim Einatmen
R 21 Gesundheitsschädlich bei Berührung mit der Haut
R 22 Gesundheitsschädlich beim Verschlucken
R 23 Giftig beim Einatmen
R 24 Giftig bei Berührung mit der Haut
R 25 Giftig beim Verschlucken
R 26 Sehr giftig beim Einatmen
R 27 Sehr giftig bei Berührung mit der Haut
R 28 Sehr giftig beim Verschlucken
R 29 Entwickelt bei Berührung mit Wasser giftige Gase
R 30 Kann bei Gebrauch leicht entzündlich werden
R 31 Entwickelt bei Berührung mit Säure giftige Gase
R 32 Entwickelt bei Berührung mit Säure sehr giftige Gase
R 33 Gefahr kumulativer Wirkungen
R 34 Verursacht Ätzungen
R 35 Verursacht schwere Ätzungen
R 36 Reizt die Augen
R 37 Reizt die Atmungsorgane
R 38 Reizt die Haut
R 39 Ernste Gefahr irreversiblen Schadens
R 40 Irreversibler Schaden möglich
R 41 Gefahr ernster Augenschäden
R 42 Sensibilisierung durch Einatmen möglich
R 43 Sensibilisierung durch Hautkontakt möglich
R 44 Explosionsgefahr bei Erhitzung unter Einschluss
R 45 Kann Krebs erzeugen
R 46 Kann vererbbare Schäden verursachen
R 47 Kann Missbildungen verursachen
R 48 Gefahr ernster Gesundheitsschäden bei längerer Exposition

Sicherheitsratschläge (S-Sätze)

S 1	Unter Verschluss aufbewahren
S 2	Darf nicht in Hände von Kindern gelangen
S 3	Kühl aufbewahren
S 4	Von Wohnplätzen fernhalten
S 5	Unter ... aufbewahren (geeignete Flüssigkeit vom Hersteller anzugeben)
S 6	Unter ... aufbewahren (inertes Gas vom Hersteller anzugeben)
S 7	Behälter dicht geschlossen halten
S 8	Behälter trocken halten
S 9	Behälter an einem gut belüfteten Ort aufbewahren
S 12	Behälter nicht gasdicht verschließen
S 13	Von Nahrungsmitteln, Getränken und Futtermitteln fernhalten
S 14	Von ... fernhalten (inkompatible Substanzen sind vom Hersteller anzugeben)
S 15	Vor Hitze schützen
S 16	Von Zündquellen fernhalten – nicht rauchen
S 17	Von brennbaren Stoffen fernhalten
S 18	Behälter mit Vorsicht öffnen und handhaben
S 20	Bei der Arbeit nicht essen und trinken
S 21	Bei der Arbeit nicht rauchen
S 22	Staub nicht einatmen
S 23	Gas/Rauch/Dampf/Aerosol nicht einatmen (geeignete Bezeichnungen vom Hersteller anzugeben)
S 24	Berührung mit der Haut vermeiden
S 25	Berührung mit den Augen vermeiden
S 26	Bei Berührung mit den Augen gründlich mit Wasser abspülen und Arzt konsultieren
S 27	Beschmutzte, getränkte Kleidung sofort ausziehen
S 28	Bei Berührung mit der Haut sofort abwaschen und mit viel ... (vom Hersteller anzugeben)
S 29	Nicht in die Kanalisation gelangen lassen
S 30	Niemals Wasser hinzugießen
S 33	Maßnahmen gegen elektrostatische Aufladungen treffen
S 34	Schlag und Reibung vermeiden
S 35	Abfälle und Behälter müssen in gesicherter Weise beseitigt werden
S 36	Bei der Arbeit geeignete Schutzkleidung tragen
S 37	Geeignete Schutzhandschuhe tragen
S 38	Bei unzureichender Belüftung Atemschutzgerät anlegen
S 39	Schutzbrille/Gesichtsschutz tragen
S 40	Fußboden und verunreinigte Gegenstände mit ... reinigen (vom Hersteller anzugeben)
S 41	Explosions- und Brandgase nicht einatmen
S 42	Beim Räuchern/Versprühen geeignetes Atemschutzgerät anlegen (vom Hersteller anzugeben)
S 43	Zum Löschen ... (vom Hersteller anzugeben) verwenden Kein Wasser verwenden (nur anfügen, wenn Wasser die Gefahr erhöht)
S 44	Bei Unwohlsein ärztlichen Rat einholen (wenn möglich dieses Etikett vorzeigen)
S 45	Bei Unwohlsein oder Unfall sofort Arzt zuziehen (wenn möglich dieses Etikett vorzeigen)
S 46	Bei Verschlucken sofort ärztlichen Rat einholen und Verpackung oder Etikett vorzeigen
S 47	Nicht bei Temperaturen über ... aufbewahren (vom Hersteller anzugeben)
S 48	Feucht halten mit ... (vom Hersteller anzugeben)
S 49	Nur im Originalbehälter aufbewahren
S 50	Nicht mischen mit ... (vom Hersteller anzugeben)
S 51	Nur in gut belüfteten Bereichen verwenden
S 52	Nicht großflächig für Wohn- und Aufenthaltsräume zu verwenden
S 53	Exposition vermeiden – vor Gebrauch besondere Anweisungen einholen

Pflichten zum Schutz vor Gefahrstoffen am Arbeitsplatz

Ermittlungspflicht (§16 GefStoffV)	• Der Arbeitgeber muss vor dem Einsatz eines Stoffes, einer Zubereitung oder eines Erzeugnisses in seinem Betrieb ermitteln, ob es sich um einen Gefahrenstoff handelt. • Der Arbeitgeber muss prüfen, ob Stoffe mit einem geringeren gesundheitlichen Risiko als die von ihm in Aussicht genommenen erhältlich sind. Ist dem Arbeitgeber die Verwendung dieser Ersatzstoffe zumutbar und zum Schutz der Arbeitnehmer erforderlich, so darf er nur diese verwenden.
Kennzeichnungs-pflicht (§23 GefStoffV)	• Gefährliche Stoffe, Zubereitungen und Erzeugnisse sind verpackungs- und kennzeichnungspflichtig auch bei ihrer Verwendung. • Die Kennzeichnung muß jederzeit gut lesbar sein; bei Bedarf muss sie überprüft, gereinigt oder erneuert werden. • Da bei der Kennzeichnungspflicht nicht sämtliche Inhaltsstoffe erfasst werden, gilt folgende Aussage: *Eine vorhandene Kennzeichnung weist immer auf eine bestehende Gefahr hin, keine Kennzeichnung schließt aber eine Gefahr nicht in jedem Fall aus!*
Überwachungs-pflicht (§17 GefStoffV)	• Ist das Auftreten eines Gefahrstoffes nicht sicher auszuschließen, so ist durch Messungen zu ermitteln, ob die maximale Arbeitsplatzkonzentration (MAK), die Technische Richtkonzentration (TRK) oder der Biologische Arbeitsplatztoleranzwert (BAT) unterschritten oder die Auslöseschwelle überschritten sind. • Die Ergebnisse der Ermittlungen und Messungen sind aufzuzeichnen und mindestens 30 Jahre aufzubewahren.
Betriebsanweisung (§20 GefStoffV)	• Es muss für den betreffenden Arbeitsplatz eine schriftliche Betriebsanweisung erstellt werden, in der die beim Umgang mit dem Gefahrstoff auftretenden Gefahren für Mensch und Umwelt sowie die erforderlichen Schutzmaßnahmen und Verhaltensregeln festgelegt werden. • Auch auf die sachgerechte Entsorgung entstehender gefährlicher Abfälle ist hinzuweisen. • Vor Beschäftigungsbeginn und dann mindestens einmal jährlich muss hierüber eine mündliche und arbeitsplatzbezogene Unterweisung stattfinden. Inhalt und Zeitpunkt der Unterweisung sind schriftlich festzuhalten und 2 Jahre aufzubewahren.
Rangfolge der Schutzmaßnahmen (§19 GefStoffV)	Arbeitsverfahren und Arbeitsplatz sind grundsätzlich so zu gestalten, dass 1. Gefahrstoffe nicht frei werden bzw. Arbeitnehmer mit Gefahrstoffen nicht in Berührung kommen, 2. Gefahrstoffe an der Entstehungsstelle abgesaugt werden können, 3. geeignete Lüftungsmaßnahmen getroffen werden können, 4. persönliche Schutzausrüstung zur Verfügung steht.

Anhang

Ersetzte Normen

bisher	ersetzt durch
DIN 6-1	DIN ISO 128-30, -34, -40, -44
DIN 125-1, -2	DIN EN ISO 7089; DIN EN ISO 7090
DIN 126	DIN EN ISO 7091
DIN 128	ersatzlos zurückgezogen
DIN 137	ersatzlos zurückgezogen
DIN 174	DIN EN 10 278
DIN 176	DIN EN 10 278
DIN 178	DIN EN 10 278
DIN 201	DIN ISO 128-50
DIN 433-1, -2	DIN EN ISO 7092
DIN 555	DIN EN 24 034
DIN 601	DIN EN ISO 4016
DIN 668	DIN EN 10 278
DIN 912	DIN EN ISO 4762
DIN 913	DIN EN ISO 4026
DIN 914	DIN EN ISO 4027
DIN 915	DIN EN ISO 4028
DIN 916	DIN EN ISO 4029
DIN 931	DIN EN ISO 4014
DIN 933	DIN EN ISO 4017
DIN 960	DIN EN ISO 8765
DIN 961	DIN EN ISO 8676
DIN 1013-1	DIN EN 10 060
DIN 1014	DIN EN 10 059
DIN 1015	DIN EN 10 061
DIN 1017	DIN EN 10 058
DIN 1024	DIN EN 10 055
DIN 1028	DIN EN 10 056-1
DIN 1029	DIN EN 10 056-1
DIN 1626	DIN EN 10 208-1, DIN EN 10 217-1 u. a.
DIN 1628	DIN EN 10 217-1, DIN EN 10 296-1
DIN 1629	DIN EN 10 208-1, DIN EN 10 216-1 u. a.
DIN 1630	ersatzlos zurückgezogen
DIN 1681	DIN EN 10 293
DIN 1732-1	DIN EN ISO 18 273
DIN 1751	DIN EN 1652, DIN EN 13 599
DIN 1756	DIN EN 13 601, DIN EN 12 163, DIN EN 12 164
DIN 1771	ersatzlos zurückgezogen
DIN 1910-2	DIN ISO 857-1
DIN 1912-2	DIN EN ISO 6947
DIN 1913	DIN EN 499
DIN 2310	DIN EN ISO 9013
DIN 2391-1, -2	DIN EN 10 305
DIN 2440	DIN EN 10 255
DIN 2448	DIN EN 10 220
DIN 2458	DIN EN 10 220
DIN 2999-1	DIN EN 10 226
DIN 3088	DIN EN 13 414
DIN 4664	DIN EN 962
DIN 4766	ersatzlos zurückgezogen
DIN 5517-6	ersatzlos zurückgezogen
DIN 6771-1	DIN EN ISO 7200
DIN 6771-2	ersatzlos zurückgezogen
DIN 6776-1	DIN EN ISO 3098-0
DIN 6902	DIN EN ISO 10 673
DIN 6914	DIN EN 14 399-4
DIN 6935	ersatzlos zurückgezogen
DIN 7337	DIN EN 15 977 u. a.
DIN 7504	DIN EN ISO 15 480…15 483
DIN 7999	DIN EN 14 399-8
DIN 8072	ersatzlos zurückgezogen
DIN 8513	DIN EN 1044
DIN 8554	DIN EN 12 536

bisher	ersetzt durch
DIN 8559	DIN EN 759, DIN EN 440, DIN EN 758, DIN EN 1668
DIN 8570	DIN EN ISO 13 920
DIN 9712	ersatzlos zurückgezogen
DIN 9713	ersatzlos zurückgezogen
DIN 9714	ersatzlos zurückgezogen
DIN 12 070	DIN EN ISO 21 952
DIN 12 072	DIN EN 962
DIN 16 773	DIN EN ISO 1874
DIN 17 006	ersatzlos zurückgezogen
DIN 17 100	DIN EN 10 222-1, DIN EN 10 025, DIN EN 10 250-1,-2
DIN 17 102	DIN EN 10 028-1, -3, DIN EN 10 113-1, -2
DIN 17 155	DIN EN 10 028-1, 2
DIN 17 172	DIN EN 10 208-2
DIN 17 175	DIN EN 10 216-2
DIN 17 177	DIN EN 10 217-2
DIN 17 212	DIN EN 10 083-1, -2, -3
DIN 17 350-10	DIN EN ISO 4957
DIN 17 660	ersatzlos zurückgezogen
DIN 18 082-1	ersatzlos zurückgezogen
DIN 40 719	DIN EN 60 848
DIN 44 300-1…9	ersatzlos zurückgezogen
DIN 50 101	DIN EN ISO 20 482
DIN 50 111	DIN EN ISO 7438
DIN 50 976	DIN EN ISO 1461
DIN 55 003	ersatzlos zurückgezogen
DIN 59 410	DIN EN 10 210-2, DIN EN 10 219-2
DIN 59 411	DIN EN 10 210-2, DIN EN 10 219-2
DIN 59 413	DIN EN 10 162
DIN 69 100-1	DIN ISO 525
DIN 69 130	DIN ISO 2976
DIN 69 176	DIN ISO 6344
DIN 69 177	DIN ISO 21 948, DIN ISO 21 949
DIN 69 178	DIN ISO 21 950, DIN ISO 21 951
DIN 69 179	DIN ISO 3366
DIN EN 499	DIN EN ISO 2560
DIN EN 10 113	DIN EN 10 025-1, -3, -4
DIN EN 10 142	DIN EN 10 327
DIN EN 10 147	DIN EN 10 326
DIN EN 10 155	ersatzlos zurückgezogen
DIN EN 24 014	DIN EN ISO 4014
DIN EN 24 016	DIN EN ISO 4016
DIN EN 24 017	DIN EN ISO 4017
DIN EN 24 018	DIN EN ISO 4018
DIN EN 24 032	DIN EN ISO 4032
DIN EN 24 033	DIN EN ISO 4033
DIN EN 24 034	DIN EN ISO 4034
DIN EN 24 035	DIN EN ISO 4035
DIN EN 24 036	DIN EN ISO 4036
DIN EN 25 817	DIN EN ISO 5817
DIN EN 28 673	DIN EN ISO 8673
DIN EN 28 674	DIN EN ISO 8674
DIN EN 28 675	DIN EN ISO 8675
DIN EN 28 676	DIN EN ISO 8676
DIN EN 28 765	DIN EN ISO 8765
DIN EN 29 453	DIN EN ISO 9453
DIN ISO 128-20	DIN EN ISO 128-20
DIN ISO 857-1	DIN 1910-100, DIN EN 14 610
DIN ISO 1302	DIN EN ISO 1302
E DIN ISO 128-24	DIN ISO 128-24
E DIN EN ISO 9013	DIN EN ISO 9013
DIN VDE 0100-470	DIN VDE 100-410
DIN VDE 0170	DIN EN 60 079-18
DIN V 17 006-100	DIN EN 10 027-1
DIN V 17 900	DIN EN CEN/TS 13 888

Normenverzeichnis

DIN

Normen und Verordnungen

DIN EN

DIN EN ISO

DIN ISO

DIN V

DIN EN CEN/TS

BGV

DIN VDE

CR ISO

EnEV

DaSt

EUROCODE

Diagramme

Nomogramm zur Ermittlung des maßgeblichen Außenlärmpegels vor Gebäuden für typische Verkehrslärmsituationen und Art der Straße (Auszug aus DIN 4109) (vgl. F 66)

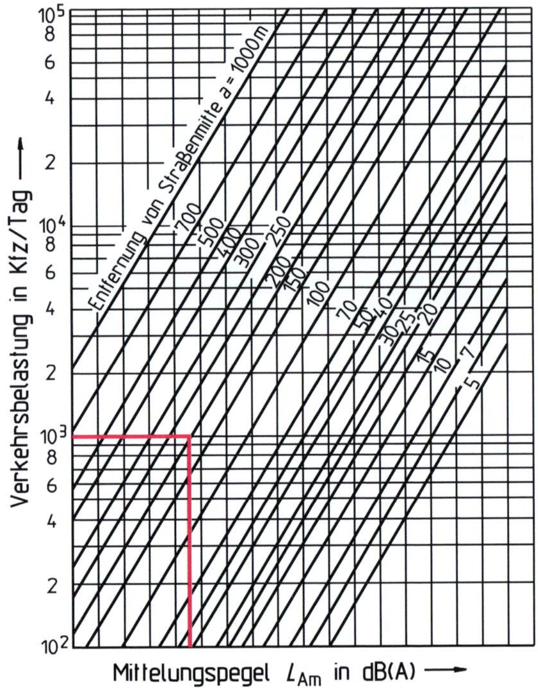

A	Autobahnen und Autobahnzubringer (25% Lkw-Anteil)	50 – 55 – 60 – 65 – 70 – 75
B	Bundes-, Landes-, Kreis-, Gemeindeverbindungsstraßen außerhalb des Ortsbereiches; Straßen in Industrie- und Gewerbegebieten (20% Lkw-Anteil)	50 – 55 – 60 – 65 – 70 – 75
C	Gemeinde-(Stadt-)straßen; Hauptverkehrsstraßen (2 bis 5-streifig, 10% Lkw-Anteil)	45 – 50 – 55 – 60 – 65 – 70
D	Gemeinde-(Stadt-)straßen; Wohn- und Wohnsammelstraßen (5% Lkw-Anteil)	40 – 45 – 50 – 55 – 60 – 65

Sachwortverzeichnis

Sachwortverzeichnis

Sachwortverzeichnis

Sachwortverzeichnis

Sachwortverzeichnis